TECHNISCHE STATIK

EIN LEHRBUCH
ZUR EINFÜHRUNG INS TECHNISCHE DENKEN

VON

WILHELM SCHLINK
DIPL.-ING. D. DR. PHIL.; PROFESSOR AN DER
TECHNISCHEN HOCHSCHULE DARMSTADT

UNTER MITARBEIT VON

HEINRICH DIETZ
DIPL.-ING.; ASSISTENT AN DER
TECHNISCHEN HOCHSCHULE DARMSTADT

MIT 463 ABBILDUNGEN IM TEXT

BERLIN
VERLAG VON JULIUS SPRINGER
1939

ISBN-13: 978-3-642-98258-3   e-ISBN-13: 978-3-642-99069-4
DOI: 10.1007/978-3-642-99069-4

Vorwort.

Das Buch ist im wesentlichen entstanden aus den Vorlesungen über Statik, die ich als ersten Teil der Technischen Mechanik an der Hochschule Darmstadt seit Jahren gehalten habe. Das Gebiet der Statik ist dabei sehr eng gefaßt: es werden lediglich starre Körper behandelt, während Spannungs- und Formänderungsbetrachtungen, die sonst in „Statik der Baukonstruktionen" oder „Baustatik" erörtert werden, fehlen. Aber ausführlich werden die inneren Einflüsse, Beanspruchungsgrößen, in den Konstruktionen gebracht. Erfahrungsgemäß machen diese Begriffe und ihre Berechnungen bei Konstruktionen, die von der allgemein üblichen Form etwas abweichen, den Studierenden und manchen Ingenieuren rechte Schwierigkeiten. Es gilt das besonders von räumlichen Konstruktionen, bei denen 6 innere Einflüsse (2 Querkräfte, 1 Längskraft, 2 Biegemomente, 1 Torsionsmoment) auftreten.

Überhaupt ist in dem Buch auf räumliche Probleme besonderer Wert gelegt. Der Ingenieur ist im allgemeinen viel zuviel daran gewöhnt, auch räumliche Konstruktionen als ebene oder als solche, die aus ebenen zusammengesetzt sind, zu betrachten, ohne sich über den wirklichen räumlichen Grundcharakter und die tatsächlich auftretenden Einflüsse klar zu werden; das gilt sowohl von den eigentlichen Tragkonstruktionen selbst als auch von den Lagern und Anschlüssen. Wie wenig denkt z. B. der Ingenieur daran, daß das gewöhnliche feste Auflager, das für den ebenen Träger zwei Unbekannte darstellt, für den Raum 5 Lagergrößen enthält.

Weite Teile des Buches sind dadurch entstanden, daß meine Vorlesungen nachgeschrieben und dann für den Druck bearbeitet wurden. Natürlich wird eine geschriebene Darstellung immer etwas anders gestaltet sein als die gesprochene. Der Hochschullehrer hat zu dozieren, wird also manches mit anderen Worten wiederholen, je nach dem Eindruck, den er von seinen Zuhörern hat. Für ein Buch ist solche Darstellungsweise aus äußeren Gründen nicht geeignet; aber trotzdem wurde versucht, wenigstens im ersten Abschnitt den Charakter der Vorlesung weitgehend zu wahren, weshalb auch meistens in der „wir"-Form gesprochen wird. Im weiteren Verlauf des Buches wird dann die Ausdrucksform gedrängter, in der Annahme, daß der Leser nun genügend eingearbeitet ist, um auch so die Ausführungen zu verstehen. Ausdrücklich sei darauf hingewiesen: Es wird nicht ausbleiben, daß der Leser an der einen oder anderen Stelle Schwierigkeiten für das Verständnis findet; dann soll er sich nicht zulange dabei aufhalten, sondern weiter lesen; gar manchmal kommt so die Einsicht in das Unverständliche. Der große Nachteil für den Leser eines Buches gegenüber dem Hörer einer Vorlesung ist der, daß er die Zeichnungen nicht entstehen sieht; um wenigstens am Anfang diese Schwierigkeiten zu verringern, wurden bei den gegebenen und gefundenen Kräften die Pfeile verschiedenartig ausgeführt.

Allerdings werden nicht alle im Buch behandelten Gebiete in der Vorlesung betrachtet, aber diese erstreckt sich durchaus nicht etwa nur auf ebene Probleme, sondern es werden auch verschiedene Abschnitte aus dem Gebiete der räumlichen Kräfte den Studierenden vorgetragen. Auch schwierigere Übungsbeispiele, wie die Transmissionswelle, Kurbelwelle, werden von den Studierenden im ersten oder zweiten Semester in den Übungen behandelt.

Bei den Übungsbeispielen sind absichtlich nicht lauter aus der Praxis entnommene Aufgaben gewählt, sondern auch allgemeiner gehaltene, um das Wesen der Anwendung grundsätzlich kennenzulernen und wirklich technisches Empfinden für die Kraftwirkungen zu wecken, besonders auch bei den räumlichen Konstruktionen.

Bei der ganzen Darstellungsweise wurde im übrigen berücksichtigt, daß das Buch nicht nur für Studierende, sondern auch für Ingenieure der Praxis und zum Selbststudium geeignet erscheint.

Zur Bezeichnung der vorkommenden Größen wurde die im allgemeinen übliche gewählt. Das Biegungsmoment wurde, der Bedeutung des Flugwesens entsprechend, wie bei der Deutschen Versuchsanstalt für Luftfahrt mit B und einem entsprechenden Anzeiger bezeichnet; der Buchstabe M bedeutet ein wirkendes äußeres Moment. —

Der Aufbau des Buches geht zur Genüge aus dem ausführlichen Inhaltsverzeichnis hervor. Es gliedert sich in zwei Hauptabschnitte, von denen der letztere die im Raum zerstreuten Kräfte enthält. Daß bereits im ersten Teil die Kräfte im Raum an dem gleichen Punkt betrachtet werden, geschieht aus rein didaktischen Gründen. Die drei ersten Teile bringen im wesentlichen den Stoff, den man auch sonst in einem Statikbuch findet, aber die Darstellung weicht vielfach von der in anderen Büchern ab, und manches wird hier gebracht, was in anderen nicht enthalten ist. Auf die Punkte, die dem Anfänger erfahrungsgemäß Schwierigkeiten machen, ist besonders ausführlich eingegangen, und immer wieder wird auf die Anleitung zum selbständigen Denken Wert gelegt. Bei den gestützten Balken werden die Beanspruchungsgrößen ausführlich behandelt; dabei wird auch die Belastung durch außermittige waagerechte Kräfte und Momente berücksichtigt. Auch die Betrachtung der Balken mit Nebenkonstruktionen wird dem Leser erwünscht sein.

Wichtig erschien, die Rahmen ausführlich zu erörtern und an verschiedenen Formen die Gestalt der Momenten- und Querkraftflächen zu zeigen. Es ist nötig, daß der Studierende bzw. der Ingenieur einmal solche Flächen vor sich sieht, um zu erkennen, wie sich die Beanspruchungsgrößen ändern; besonders gilt dies für gekrümmte Rahmen. Da bei symmetrischen Gebilden jede Belastung in einen symmetrischen und gegensymmetrischen Anteil zerlegt werden und so die Untersuchung wesentlich vereinfacht werden kann, ist auf diese Fragen besonders eingegangen. Mancher Leser wird erstaunt sein, wie sich die Beanspruchungsflächen z. B. für den Dreigelenkbogen darstellen. Bei den Gelenkträgern sind abgewinkelte Gerberträger besonders behandelt, da sie interessante Beanspruchungsbilder ergeben. Bei den ebenen Fachwerken wurde ausführlich auf schlaffe Gegendiagonalen eingegangen. Außer den eigentlichen Fachwerken werden auch die „Gemischtbauweisen" behandelt, d. h. Gebilde aus einzelnen miteinander verbundenen Konstruktionsteilen, die aber nicht nur durch Längskräfte, sondern auch auf Biegung beansprucht sind. Eine geschlossene Darstellung dieser Gebilde, die man sonst kaum findet, ist für das Verständnis allgemeiner Konstruktionen von sehr großer Bedeutung.

Mit dem fünften Teil (Kräfte im Raum zerstreut) beginnt der zweite Abschnitt des Buches, der auch für den praktisch tätigen Ingenieur manches Neue enthält. Ausführlich erörtert werden die verschiedenen Möglichkeiten zur Festlegung der Körper, dabei die praktischen Anschlüsse und Lagerungen betrachtet und die sechs Beanspruchungsgrößen eines beliebigen Querschnitts. Besonderer Wert wird auf die Behandlung der räumlich belasteten Rahmen gelegt, dabei hervorgehoben, daß man beim ebenen Rahmen die räumliche Belastung trennen kann in eine solche in der Rahmenebene und eine senkrecht dazu, die beide getrennt untersucht werden können. Als Beispiele für einen allgemeinen räumlichen Rahmen werden eine Schraubenfeder und ein Sesselrahmen betrachtet; letztere Anwendung vermittelt ein klares Bild vom inneren Kräftespiel, das nicht so leicht zu übersehen ist. Die Ausführungen über Symmetrie und Gegensymmetrie zeigen die bei symmetrischer Bauweise bestehenden Erleichterungsmöglichkeiten. Von Interesse werden sicher auch die sonst nicht zu findenden Betrachtungen über die verschiedenen Gelenke und Gelenkträger sein, weil hier klar zusammengestellt ist, welche gelenkartigen Verbindungen möglich sind.

Der letzte Teil behandelt Raumfachwerke und räumliche Gebilde, die aus Stäben und Balken zusammengesetzt sind, „allgemeine Raumwerke". Bei der Berechnung des Raumfachwerks wurde das „Verfahren der zugeordneten ebenen Abbildung" erläutert, das erlaubt, räumliche Kräfteaufgaben auf ebene zurückzuführen und dadurch mancherlei Vorzüge bietet. Ausführlich wird darauf eingegangen, wie häufig für ein Raumfachwerk eine Vereinfachung der Rechnung durch Sonderverfahren statt der allgemeinen Verfahren erzielt wird. Die Beispiele weisen besonders auch auf den Wert der Momentenmethode hin. Bei den allgemeinen Raumwerken (Gemischtbauweise), über die in der Literatur wenig angegeben ist, wird ausführlich auf den Aufbau eingegangen, und insbesondere die Verschiedenheit gezeigt, die für Raumwerke, bei denen alle Balken torsions*frei* belastet sind, und für solche *mit* Torsionsbelastung auftritt. Am Schluß wird nochmals ausführlich auf die Zurückführung von statisch unbestimmten räumlichen Gebilden auf statisch bestimmte eingegangen und an verschiedenen Beispielen gezeigt, welche Größe als „unbestimmte" oder „überzählige" eingeführt werden können. Dies zu erkennen, ist nicht immer einfach, und darum sind die Ausführungen von Wichtigkeit.

Unter den Abschnitten, die über den Rahmen der Vorlesungen hinausgehen, hat einzelne mein erster Assistent, Dipl.-Ing. HEINRICH DIETZ, selbständig behandelt, z. B. Nr. 93, 98, 99, 109; er hat auch die meisten Beispiele entworfen und einen großen Teil der schwierigeren selbst gerechnet und gezeichnet. Für seine umfassende und wertvolle Mithilfe sei ihm an dieser Stelle besonders herzlich gedankt. Der Dank gilt auch meinen jüngeren Assistenten, Dipl.-Ing. STAHL, ROEDIGER, SCHULTHEIS für ihre Mithilfe bei der Durchführung der Aufgaben. Nicht zuletzt sei der Verlagsbuchhandlung Julius Springer für die Ausstattung des Buches aufrichtig gedankt und für die stete Bereitwilligkeit, mit der sie auf Wünsche während des Druckes eingegangen ist.

Darmstadt, Juni 1939.

WILHELM SCHLINK.

Inhaltsverzeichnis.

Inhaltsverzeichnis. **VII**

Dritter Teil.

Anwendung auf ebene gestützte Körper (Scheiben).

Vierter Teil.
Das ebene Fachwerk.

Fünfter Teil.
Zerstreute Kräfte im Raum.

Sechster Teil.
Der durch Stäbe oder Lager abgestützte Körper.

Vorbemerkungen.

Die Mechanik ist eine Naturwissenschaft. Sie hat die Aufgabe, die beobachtbaren Naturerscheinungen von wägbaren Körpern zu beschreiben. Die Gesetze der Mechanik sind der Naturbeobachtung entnommen, d. h. auf Grund von sehr vielen Beobachtungen werden gewisse Sätze und Gesetze aufgestellt; sie gelten so lange, als auf Grund von neuen Beobachtungen ihre Unrichtigkeit nicht erwiesen ist. Auf solchen Grundgesetzen baut die Mechanik auf. Aus ihnen werden auf rein mathematischem Wege neue Sätze abgeleitet, die dann jederzeit wieder an Hand der Wirklichkeit bzw. von Versuchen nachgeprüft werden können.

Die Mechanik beschäftigt sich mit Körpern, die unter dem Einfluß von Kräften stehen. Die Kraft möge aufgefaßt werden als Ursache einer Bewegungsänderung. Also wenn ein Körper in Ruhe ist und es wirkt eine Kraft auf ihn, so kommt er in Bewegung; oder wenn ein Körper unter dem Einfluß von Kräften eine bestimmte Bewegung ausführt und es treten neue Kräfte hinzu, so nimmt der Körper eine andere Bewegung an.

In der Statik fragen wir nicht nach der Art der bewirkten Bewegung, sondern wir beschäftigen uns im allgemeinen mit der Frage, unter welchen Umständen sich ein starrer Körper oder ein Punkt in Ruhe befindet. Die besondere Aufgabe der Statik ist also die Betrachtung von Gleichgewichtszuständen und im Zusammenhang damit die Zusammensetzung und Zerlegung von Kräften. Unter der Einwirkung von Kräften nehmen die Körper eine Gestaltsänderung an. Auf diese wird aber in der Statik nicht eingegangen. Es werden die Körper also als starr angesehen.

Für die Untersuchung von Kräftesystemen sind zwei Begriffe von Bedeutung: einerseits die *Resultierende*, Resultante oder Mittelkraft, andererseits die Komponente oder Teilkraft. Man versteht unter der Resultierenden diejenige Kraft, die die Wirkung einer Reihe von Kräften auf den Körper ersetzt, die also die gleiche Wirkung ausübt wie die Gemeinschaft der vorhandenen Kräfte. Umgekehrt nennt man die Kräfte, die zusammengenommen die gleiche Wirkung haben wie eine einzelne Kraft, die *Komponenten* oder Teilkräfte dieser Kraft. Die Resultierende ist also die Ersatzkraft für eine Reihe von Kräften und die Gemeinschaft der Komponenten der Ersatz für eine einzelne Kraft.

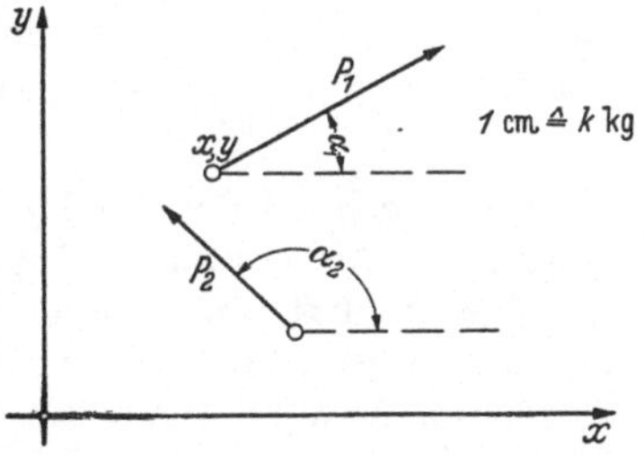

Wie kann man nun eine Kraft darstellen? Was gehört zu ihrer Festlegung? Die Kraft ist durch ihre Lage (Wirkungslinie), Richtung und Größe bestimmt. Man kann sie sowohl zeichnerisch als auch rechnerisch darstellen. Wir betrachten dies zunächst für eine Kraft in der Ebene. *Zeichnerisch*

Abb. 1. Darstellung einer Kraft in der Ebene.

ist sie eindeutig gegeben durch eine in ihrer Wirkungslinie liegende Strecke mit Richtungspfeil (Abb. 1). Wir müssen dabei nur noch wissen, was 1 cm dieser Strecke bedeutet, d. h. den Kräftemaßstab kennen, z. B. 1 cm $\widehat{=}$ k kg. Die Größe der Kraft wollen wir im allgemeinen durch den Buchstaben P angeben. Die Kraft ist also durch eine gerichtete Strecke, eine Strecke mit Richtungspfeil, eindeutig festgelegt. Eine solche gerichtete Strecke nennt man einen Vektor.

Soll aus irgendwelchen Gründen besonders betont werden, daß es sich um einen Vektor oder um eine vektorielle Größe handelt, so wird ein Strich über das P gefügt, also $\bar{P}$.

In *analytischer* Darstellung ist die Kraft festgelegt:

nach *Größe* durch die Anzahl der kg, also P kg;

nach *Lage* durch einen ganz beliebigen Punkt auf der Kraft, dessen Koordinaten gegenüber einem willkürlich eingeführten Achsenkreuz mit x, y bezeichnet werden mögen;

nach *Richtung* durch den Winkel, den die Kraft mit einer festliegenden Geraden, z. B. gegen die positive x-Achse bildet (Abb. 1). Dabei muß dieser Richtungswinkel α klar definiert werden; wir bezeichnen mit α den Winkel, der gewonnen wird, wenn wir die Kraft im Uhrzeigersinn bis zur positiven x-Richtung drehen.

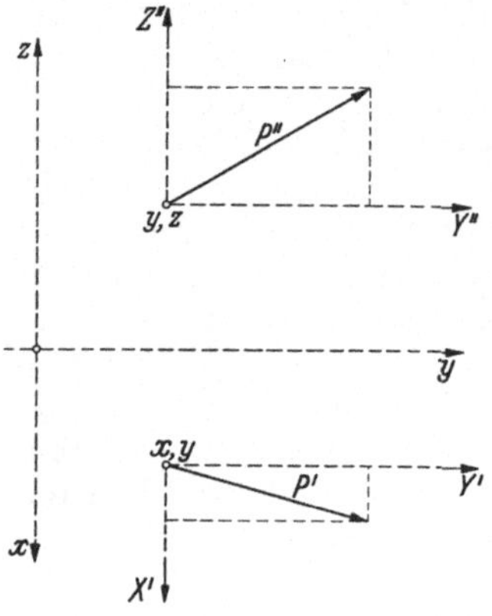

Im Raume kann man selbstverständlich eine Kraft ebenfalls zeichnerisch und analytisch darstellen: *zeichnerisch* durch die streckenmäßige Darstellung der Kraft im Aufriß und Grundriß (Abb. 2), (wobei in manchen Fällen noch die Zeichnung im Seitenriß erwünscht ist); dann *analytisch*:

nach *Größe* durch die Anzahl der P kg;

nach *Lage* durch die Koordinaten eines beliebigen Punktes auf der Kraft, x, y, z;

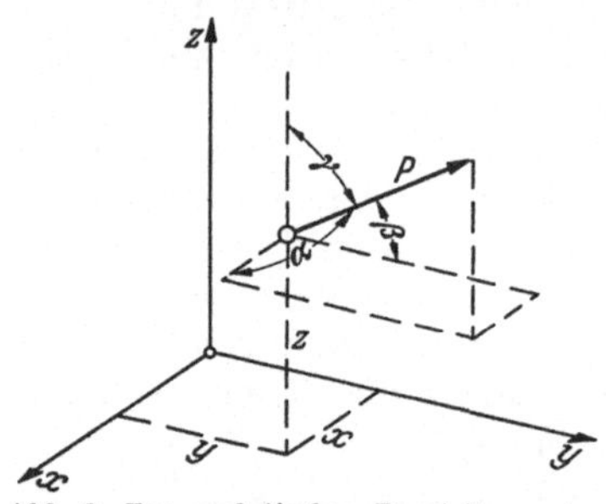

Abb. 2. Darstellung einer Kraft im Raum.

nach *Richtung* durch Angabe dreier Winkel, die die Kraft P mit drei festen Achsen einschließt, α, β, γ (Abb. 3). Zur Festlegung im Raume genügt nicht mehr die Angabe eines Winkels. Die drei Winkel α, β, γ sind allerdings nicht unabhängig voneinander, sondern sind, wie die analytische Geometrie des Raumes lehrt, verbunden durch die Gleichung:

$$\cos^2\alpha + \cos^2\beta + \cos^2\gamma = 1. \qquad (1)$$

Man braucht also tatsächlich zur Festlegung der Richtung von P nur zwei Winkel zu kennen; der dritte ist eine Folge der beiden ersten.

Es sind also im ganzen sechs Grundwerte zur Festlegung einer Kraft im Raume nötig: $P, \alpha, \beta, x, y, z$.

Abb. 3. Zur analytischen Darstellung einer Kraft im Raum.

Entsprechend den beiden Darstellungsweisen der Kraft wird man die ganze Statik graphisch und analytisch aufbauen können. Man unterscheidet danach graphische und analytische Statik. Wir behandeln im folgenden beide Darstellungsweisen nebeneinander; es wird sich dabei zeigen, daß vielfach bei bestimmten Anwendungen die graphische und bei anderen wieder die analytische Behandlungsweise vorzuziehen ist.

Erster Teil.

Kräfte an dem gleichen Punkt angreifend.

Kräfte, die an einem Punkt wirken, können entweder in einer Ebene oder im Raume liegen.

I. Kräfte in der gleichen Ebene.

1. Erfahrungssätze. Wie schon oben erwähnt, ist die Mechanik aufgebaut auf Erfahrungssätzen oder Erfahrungsgesetzen, die wir dementsprechend an die Spitze der Statik stellen müssen.

1. Wirken zwei gleich große Kräfte in gleicher Geraden in entgegengesetzter Richtung auf einen in Ruhe befindlichen Punkt (Abb. 4), dann kann man schon rein gefühlsmäßig sagen, daß der Punkt keine Bewegung erfährt, d. h. die beiden Kräfte heben sich auf. Der Versuch bestätigt dies. Es lautet demgemäß der erste Erfahrungssatz:

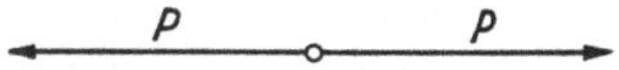

Abb. 4. Erster Erfahrungssatz.

„Greifen an einem Punkt oder an einem starren Körper zwei gleich große, entgegengesetzt gerichtete Kräfte an, deren Wirkungslinien in eine Gerade fallen, so üben sie keine Wirkung aus, sie heben sich auf, d. h. sie stehen im Gleichgewicht."

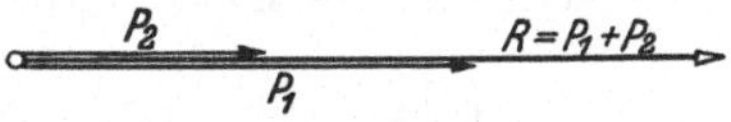

2. Wirken nun zwei beliebig große Kräfte P_1, P_2 in der gleichen Geraden und Richtung an einem Punkt (Abb. 5), so wird sich der

Abb. 5. Zwei Kräfte in gleicher Geraden mit gleicher Richtung.

Punkt im Sinne dieser Kräfte verschieben. Die Wirkung ist erfahrungsgemäß die gleiche, wie wenn eine Kraft von der Größe $(P_1 + P_2)$ an dem Punkt angreift. Die Resultierende ist also gegeben durch:

$$R = P_1 + P_2.$$

Sind die beiden Kräfte entgegengerichtet (Abb. 6), so erkennen wir, daß der Punkt in Richtung der größeren Kraft fortbewegt wird. Die gleiche Wirkung wird, wie der Versuch zeigt, erreicht durch eine Kraft von der Größe $(P_1 - P_2)$. Beide Kräfte können also durch eine Kraft $(P_1 - P_2)$ ersetzt werden, d. h. ihre Resultierende ist gegeben durch:

$$R = P_1 - P_2.$$

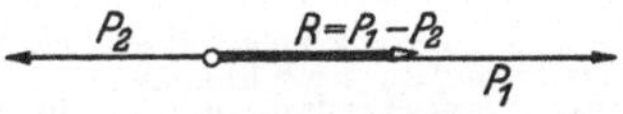

Abb. 6. Zwei Kräfte in gleicher Geraden mit entgegengesetzter Richtung. (Zweiter Erfahrungssatz.)

Die beiden Fälle lassen sich zusammenfassen, wenn man die Richtung der Kräfte durch ein Vorzeichen ausdrückt. Bezeichnen wir etwa die Richtung nach rechts positiv, nach links negativ, so sind im ersten Fall die beiden Kräfte positive Größen, im zweiten Fall ist P_1 positiv, P_2 negativ. Für beide Fälle wird also die Resultierende gefunden als algebraische Summe der einzelnen Kräfte: $R = P_1 + P_2$. Die beiden Glieder P_1 und P_2 sind hierbei in einer bestimmten Aufgabe mit dem Vorzeichen behaftet, das ihrer Richtung entspricht. Es ergibt sich demgemäß der zweite Erfahrungssatz:

„Greifen an einem Punkt oder an einem starren Körper zwei in derselben Geraden wirkende Kräfte an, und bezeichnet man die eine Richtung als positiv, die

1*

entgegengesetzte als negativ, so ist die Resultierende gegeben durch die algebraische Summe der beiden Kräfte."

3. Fallen zwei gegebene Kräfte, die an einem Punkt angreifen, nicht in eine Gerade, so können wir rein gefühlsmäßig nicht mehr genau angeben, wie sich der Punkt bewegt. Wir sind jetzt auf den Versuch angewiesen, der uns zeigt, daß sich der Punkt in Richtung der Diagonalen des aus beiden Kräften gebildeten Parallelogramms bewegt (Abb. 7), und zwar so, als ob auf ihn nur eine Kraft wirkt, die nach Größe und Richtung durch die Diagonale R dieses Kräfteparallelogramms gegeben ist. Es lautet demgemäß der dritte Erfahrungssatz:

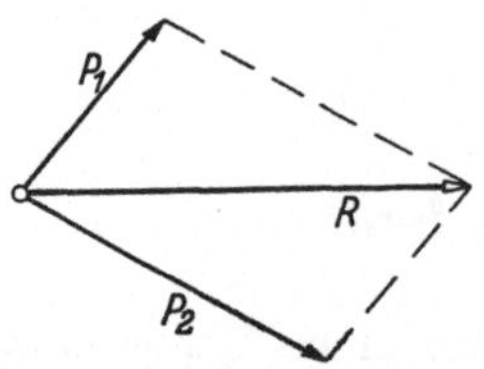

Abb. 7. Parallelogramm der Kräfte. (Dritter Erfahrungssatz.)

"Die Resultierende zweier Kräfte mit gemeinsamem Angriffspunkt ist der Größe und Richtung nach gegeben durch die von diesem Angriffspunkt ausgehende Diagonale des aus beiden Kräften gebildeten Kräfteparallelogramms. Die Kräfte sind dabei so angeordnet, daß sie entweder beide nach dem Angriffspunkt hin (Abb. 8) oder beide von ihm weggerichtet sind; die Resultierende ist dann ebenfalls nach dem Angriffspunkt hin bzw. von ihm weggerichtet."

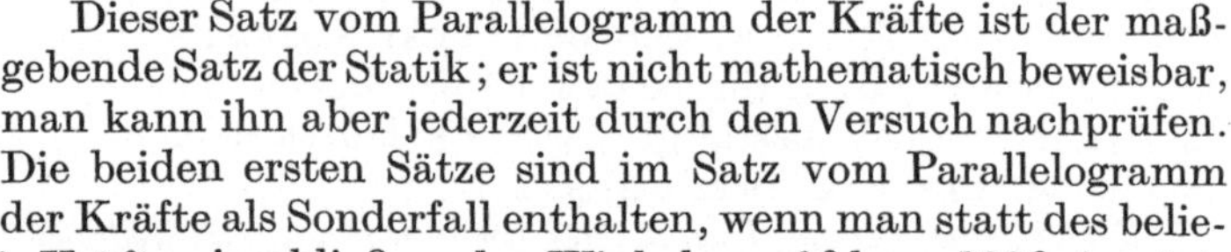

Abb. 8. Parallelogramm der Kräfte.

Dieser Satz vom Parallelogramm der Kräfte ist der maßgebende Satz der Statik; er ist nicht mathematisch beweisbar, man kann ihn aber jederzeit durch den Versuch nachprüfen. Die beiden ersten Sätze sind im Satz vom Parallelogramm der Kräfte als Sonderfall enthalten, wenn man statt des beliebigen Winkels, den die Kräfte einschließen, den Winkel von 0° bzw. 180° einsetzt.

4. Der vierte Erfahrungssatz stellt etwas ganz Neues dar:

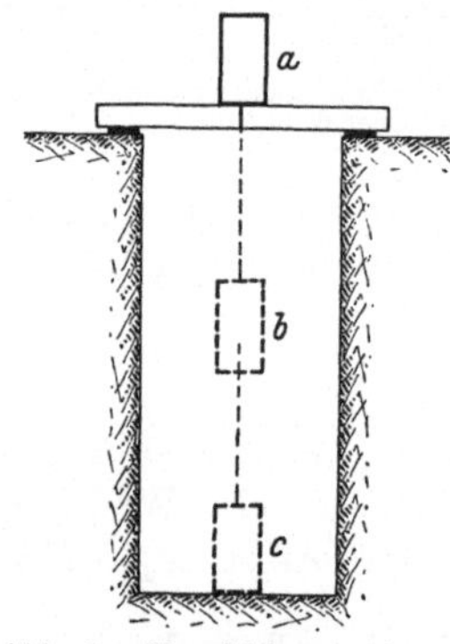

Abb. 9. Verschiebung einer Kraft in der eigenen Wirkungslinie. (Vierter Erfahrungssatz.)

"Eine an einem starren Körper angreifende Kraft kann in ihrer Wirkungslinie beliebig verschoben werden, ohne daß sich die Wirkung der Kraft auf den Körper ändert."

Bei dem Satz ist eine gewisse Vorsicht zu beachten. Er gilt nur, solange sich die physikalischen Grundlagen nicht ändern. Z. B. beim Balken der Abb. 9 ist der Angriffspunkt der Last verschoben. Die Stellungen a und b sind in ihrer Wirkung auf den Balken gleichwertig, bei Stellung c ist die Sachlage geändert, die Wirkung ist nicht mehr dieselbe.

Mit der Zusammenfassung der drei ersten Sätze zu einem Satz stellen wir also an die Spitze der Statik *zwei* Erfahrungssätze, aus denen weitere Sätze abzuleiten sind. Mit diesen beiden Grundlagen steht und fällt die Richtigkeit der Statik.

2. Beliebig viele Kräfte in der gleichen Geraden. Betrachten wir nun mehr als zwei Kräfte, die in einer Geraden liegen (Abb. 10). Wie kann ich die gemeinsame Wirkung dieser Kräfte möglichst einfach beschreiben? oder: wie ist die Resultierende beschaffen?

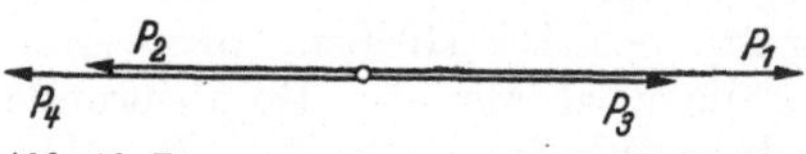

Abb. 10. Zusammensetzung mehrerer Kräfte in derselben Geraden.

Mit Hilfe des zweiten Erfahrungssatzes bestimmen wir eine Resultierende nach rechts von der Größe $(P_1 + P_3)$, nach links eine Resultante von der Größe $(P_2 + P_4)$ und als Schlußkraft demnach:

$$R = (P_1 + P_3) - (P_2 + P_4),$$

wobei das Vorzeichen der zweiten Teilresultierenden, entsprechend der Richtung nach links, negativ eingesetzt ist. Das Ergebnis läßt sich allgemein schreiben:

$$R = P_1 + P_2 + P_3 + P_4$$

mit dem Zusatz, daß die nach der rechten Seite gehenden Kräfte positiv, die nach der linken Seite laufenden Kräfte negativ einzusetzen sind.

Was für vier Kräfte gilt, läßt sich ohne Schwierigkeit auf mehr Kräfte übertragen: wirkt noch eine fünfte Kraft, so wird man die Resultierende der vier ersten Kräfte mit P_5 zusammensetzen, um die Resultante der fünf Kräfte zu erhalten. Bei n Kräften wird demgemäß die Resultierende durch die Formel erhalten:

$$R = P_1 + P_2 + P_3 + \cdots + P_n .$$

Man hebt sehr häufig bei der Angabe solcher Summen ein mittleres Glied besonders hervor und bezeichnet dieses mit dem Anzeiger i. Man hat das Ergebnis:

$$R = P_1 + P_2 + \cdots P_i + \cdots P_n .$$

Die Resultierende einer Reihe von Kräften in derselben Geraden ist gegeben durch die algebraische Summe der einzelnen Kräfte. Ist die algebraische Summe nach Größe und Richtung positiv, dann geht die Resultante nach unserer Einführung nach rechts, ist die Summe negativ, dann läuft die Resultierende nach links. Diese algebraische Summe schreibt man in abgekürzter Form unter Verwendung des griechischen Buchstabens Σ

$$R = i \sum_1^n P_i = \sum P_i \tag{2}$$

und liest sie: Die Resultante ist gleich der Summe aller P_i. Die Anzeiger $1 - n$ können weggelassen werden, sofern über die in der Summe enthaltenen Glieder kein Zweifel entstehen kann.

Stehen die Kräfte im Gleichgewicht, dann darf die Resultierende keine Wirkung auf den Punkt haben, d. h. aber, die Resultierende muß die Größe Null besitzen.

Kräfte in derselben Geraden stehen im Gleichgewicht, wenn ihre Resultierende verschwindet oder, anders ausgedrückt, wenn ihre algebraische Summe Null wird.

$$\sum P_i = 0 . \tag{3}$$

Bei Kräften, die nicht mehr in derselben Geraden wirken, wollen wir zunächst das analytische und graphische Verfahren trennen und zuerst das analytische Verfahren betrachten.

3. Analytische Zusammensetzung von Kräften in der Ebene. Als Grundlage brauchen wir zwei Sätze, die aus den vorhergehenden Erörterungen abzuleiten sind.

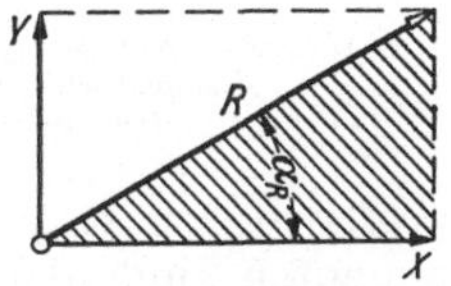

a) *Zusammensetzung zweier zueinander lotrechten Kräfte.* Wir bezeichnen die Kräfte, die aufeinander senkrecht stehen, mit X und Y und setzen beide nach dem Kräfteparallelogramm zusammen (Abb. 11). Die entstehende

Abb. 11. Resultierende zweier aufeinander lotrechten Kräfte.

Figur dient uns zur Ableitung eines analytischen Ausdrucks für R.

Die Lage ist ohne weiteres gegeben, da die Resultierende durch den gegebenen Angriffspunkt hindurch gehen muß. Die Größe ist aus dem schraffierten Dreieck zu ermitteln:

$$R^2 = X^2 + Y^2,$$
$$R = \sqrt{X^2 + Y^2}. \tag{4}$$

Die Richtung ist bestimmt durch den Winkel, den die Kraft R mit der positiven x-Achse einschließt:

$$\operatorname{tg} \alpha_R = \frac{Y}{X}. \tag{5}$$

Diese beiden Formeln lösen die Aufgabe ganz allgemein, einerlei wie die Richtung von X oder Y auch sein mag. Bei der Anordnung der Abb. 12 muß X negativ und Y positiv eingesetzt werden, also

$$\operatorname{tg} \alpha_R = \frac{+Y}{-X}.$$

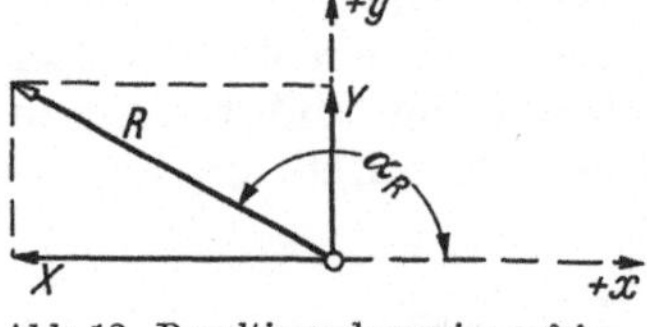

Abb. 12. Resultierende zweier aufeinander lotrechten Kräfte.

Die Tangente des Winkels ist negativ, entsprechend dem Winkel im zweiten Quadranten. Wenn man nur das Vorzeichen von dem ganzen Quotienten berücksichtigt, also $-\dfrac{Y}{X}$, ist die Lösung nicht eindeutig, denn in vorliegendem Falle wäre lediglich abzulesen, daß $\operatorname{tg} \alpha_R$ negativ ist, d. h. daß der Winkel entweder im zweiten oder im vierten Quadranten liegt; es könnte also allein danach die Resultierende sowohl nach links oben als auch nach rechts unten zu ziehen sein. Die Eindeutigkeit der Rechnung ist dadurch bestimmt, daß man das Vorzeichen von X und Y einzeln für sich berücksichtigt,

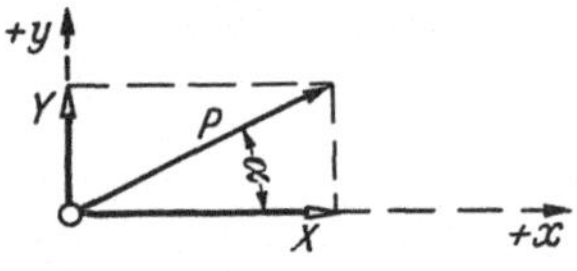

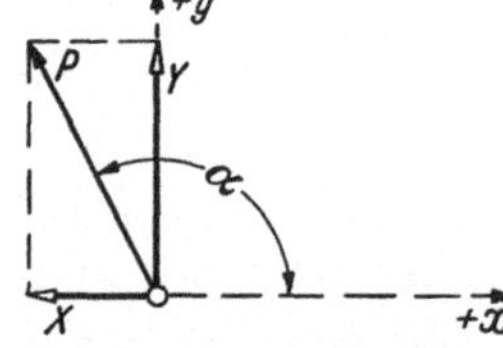

Abb. 13. Zerlegung einer Kraft in zwei zueinander senkrecht stehende Komponenten.

hier also X negativ, Y positiv; d. h. R muß so laufen, daß seine x-Komponente nach links, die y-Komponente nach oben geht.

b) *Zerlegung einer Kraft in zwei lotrechte Komponenten.* Im Falle a) war X und Y gegeben, R und der Winkel α_R waren gesucht. Jetzt ist eine Kraft P und ihr Richtungswinkel α gegeben, selbstverständlich auch der Punkt, durch den sowohl die Kraft als auch die Ersatzkräfte gehen sollen; gesucht sind X und Y. Diese Kräfte X und Y sind durch die Forderung bestimmt, daß ihre Resultierende die gegebene Kraft P ist, sie müssen also (Abb. 13) die Seiten eines Parallelogramms bilden, dessen Diagonale gleich der gegebenen Kraft P ist. Damit ist die Aufgabe zeichnerisch eindeutig bestimmt: man zieht durch den Endpunkt von P Parallelen zu der x- und y-Richtung. Aus diesem Parallelogramm lesen wir ab:

$$\left.\begin{aligned} X &= P \cdot \cos\alpha, \\ Y &= P \cdot \sin\alpha. \end{aligned}\right\} \tag{6}$$

Das Vorzeichen von $\cos\alpha$ bzw. $\sin\alpha$ ändert sich, je nachdem welchem Quadranten der Winkel α angehört; z. B. wird bei der Darstellung der Abb. 14 $\cos\alpha$ negativ, $\sin\alpha$ positiv, d. h. für die X-Komponente erhalten wir ein negatives Vorzeichen, für die Y-Komponente ein

Abb. 14. Zerlegung einer Kraft in zwei zueinander senkrecht stehende Komponenten.

positives, wie es ja auch mit der Zerlegung im Bild übereinstimmt. Die Komponenten sind nichts anderes als die Projektionen der Kraft auf die x- bzw. y-Achse einschließlich Vorzeichen.

Zusammenfassend haben wir also

bei der Zusammensetzung: $\quad R = \sqrt{X^2 + Y^2}; \quad \operatorname{tg} \alpha_R = \dfrac{Y}{X};$

bei der Zerlegung: $\qquad\qquad X = P \cdot \cos\alpha; \quad Y = P \cdot \sin\alpha.$

Diese wichtigen Formeln werden uns in der ganzen Statik begleiten.

Ausdrücklich sei hierbei auf folgendes hingewiesen: Steht die Kraft senkrecht zu einer Komponentenrichtung, so ist der Winkel $\alpha = 90°$, d. h. die Komponente in dieser lotrechten Richtung verschwindet ($\cos 90° = 0$) (Abb. 15). Dasselbe Ergebnis liefert die Projektion der Kraft auf eine zu ihr lotrechte Achse: die Projektion (Komponente) erscheint als Punkt, d. h. die Größe der Komponente ist Null.

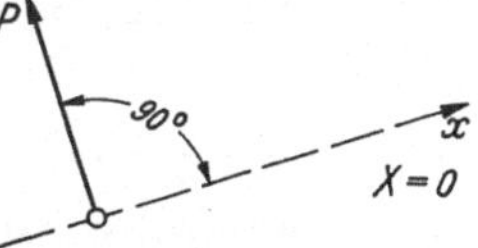

Abb. 15. Komponente in Richtung senkrecht zu einer Kraft.

Mit Hilfe der beiden gefundenen Formeln wenden wir uns nun zur Zusammensetzung beliebiger Kräfte der Ebene an demselben Punkt. Bekannt sind:

Die Lage des Punktes, durch den alle Kräfte gehen, die Größe der Kräfte $P_1 \ldots P_i \ldots P_n$,

die Winkel, die die Kräfte mit der positiven x-Richtung einschließen, $\alpha_1 \ldots \alpha_i \ldots \alpha_n$ (Abb. 16).

Gesucht ist die Resultierende R und ihr Winkel α_R.

Zur Lösung der Aufgabe zerlegen wir jede einzelne der gegebenen Kräfte P_i in ihre Komponenten in der x- bzw. y-Richtung, die mit X_i, Y_i bezeichnet werden mögen. Diese Komponenten sind durch die Formel (6)

$$X_i = P_i \cdot \cos \alpha_i,$$
$$Y_i = P_i \cdot \sin \alpha_i$$

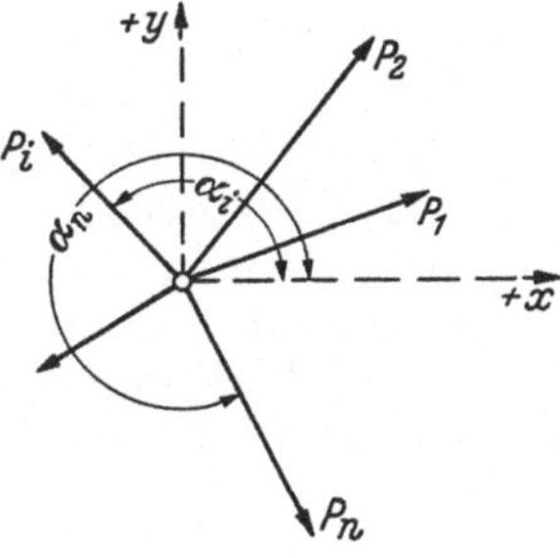

Abb. 16. Zur analytischen Zusammensetzung mehrerer Kräfte an demselben Punkt.

eindeutig bestimmbar, da die Werte P_i und die Winkel α_i bekannt sind; natürlich werden die Komponenten je nach der Winkelgröße α_i verschiedene Vorzeichen besitzen.

Damit treten statt der n Kräfte $2n$ Kräfte auf. Die X-Komponenten geben nach der Formel (2) in ihrer algebraischen Summe eine einzige X-Kraft, ebenso lassen sich die Y-Komponenten zu einer einzigen Y-Kraft zusammensetzen. Wir erhalten also als vorläufiges Ergebnis *eine* Kraft in der x-Richtung von der Größe $\sum X_i$ und *eine* Kraft $\sum Y_i$ in der Y-Richtung (Abb. 17). Wir haben:

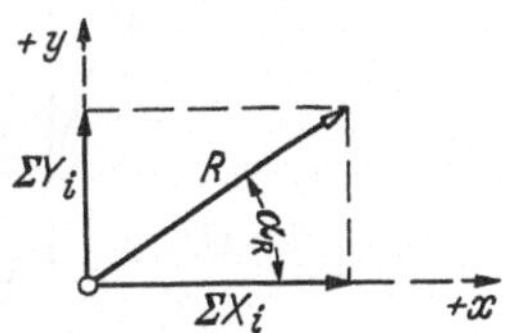

Abb. 17. Zur analytischen Zusammensetzung mehrerer Kräfte an demselben Punkt.

$$X_1 = P_1 \cdot \cos \alpha_1$$
$$\cdots\cdots\cdots\cdots$$
$$X_i = P_i \cdot \cos \alpha_i$$
$$\cdots\cdots\cdots\cdots$$
$$\underline{X_n = P_n \cdot \cos \alpha_n}$$
$$\sum X_i = P_1 \cos \alpha_1 + \cdots P_i \cos \alpha_i + \cdots P_n \cos \alpha_n$$

$$Y_1 = P_1 \cdot \sin \alpha_1$$
$$\cdots\cdots\cdots\cdots$$
$$Y_i = P_i \cdot \sin \alpha_i$$
$$\cdots\cdots\cdots\cdots$$
$$\underline{Y_n = P_n \cdot \sin \alpha_n}$$
$$\sum Y_i = P_1 \sin \alpha_1 + \cdots P_i \sin \alpha_i + \cdots P_n \sin \alpha_n.$$

$\sum X_i =$ algebraische Summe aller X-Komponenten, stellt die Resultierende aller X-Kräfte dar, ist also *eine* Kraft.

$\sum Y_i =$ algebraische Summe aller Y-Komponenten, stellt die Resultierende aller Y-Kräfte dar.

Damit sind die ursprünglichen n Kräfte zurückgeführt auf zwei aufeinander senkrecht stehende Kräfte, die wir nur noch zusammenzusetzen brauchen, um

die endgültige Resultierende zu erhalten. Setzen wir in der Formel (4) für die
Zusammensetzung zweier Kräfte statt X die Kraft $\sum X_i$ und entsprechend statt
Y die Kraft $\sum Y_i$, so wird die Resultierende:

$$R = \sqrt{(\sum X_i)^2 + (\sum Y_i)^2}\,. \tag{7}$$

Den Winkel finden wir mittels der zweiten Formel für die Zusammensetzung
zweier Kräfte (5), indem wir wieder

X ersetzen durch die Kraft $\sum X_i$,

Y ersetzen durch die Kraft $\sum Y_i$,

$$\operatorname{tg}\alpha_R = \frac{\sum Y_i}{\sum X_i}\,. \tag{8}$$

$\sum X_i$ und $\sum Y_i$ sind also die Komponenten der gesuchten Resultierenden R
(Abb. 17). Diese Komponenten können selbstverständlich wieder verschiedene
Vorzeichen haben und bestimmen dadurch die Richtung der Resultierenden
(Lage in einem der vier Quadranten), (Abb. 18).

Für die Bestimmung der Komponenten sei an dieser Stelle allgemein darauf
hingewiesen, daß sich die Komponenten auch ohne Verwendung der Winkel der

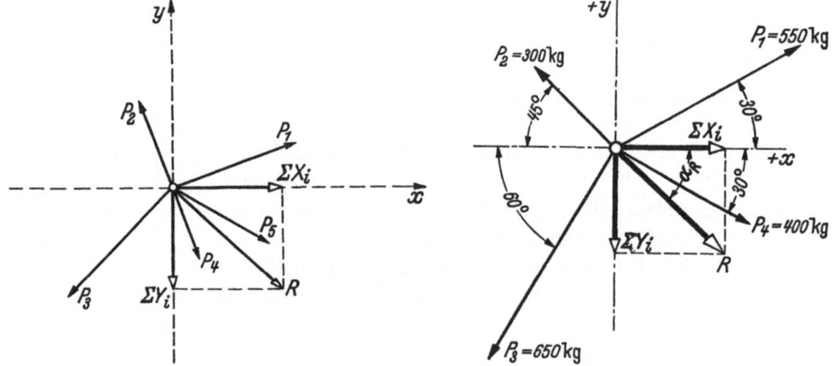

Abb. 18. Zur Bestimmung der Vorzeichen der   Abb. 19. Zahlenbeispiel für die Zusammen-
           Komponenten.   setzung von Kräften.

höheren Quadranten lediglich unter Benutzung der entsprechenden Winkel im
ersten Quadranten berechnen lassen, sofern man das Vorzeichen aus der An-
schauung der Skizze feststellt. Bei verschieden gerichteten Kräften (Abb. 18)
sind die X-Komponenten all *der* Kräfte positiv, die von der y-Achse weg nach
rechts streben (P_1, P_4, P_5), negative X-Komponenten haben die Kräfte, die
nach links gehen (P_2, P_3). Die Y-Komponenten sind positiv, wenn die Kräfte
von der x-Achse weg nach oben streben (P_1 und P_2). Deckt man also in einem
Kräftebild, in dem alle Kräfte vom Punkt weggehend eingezeichnet sind, die
Fläche links von der y-Achse zu, so sieht man alle diejenigen Kräfte, die in der
ersten Summe $\sum X_i$ mit positivem Vorzeichen einzuführen sind. Umgekehrt erscheinen beim Abdecken der rechten Hälfte alle negativ einzuführenden Kräfte X_i.
Entsprechend lassen sich die Vorzeichen in dem zweiten Ausdruck $\sum Y_i$ durch
Abdecken der unteren bzw. oberen Hälfte von der x-Achse bestimmen. Zum
besseren Verständnis sei hier ein Zahlenbeispiel eingefügt.

Es seien vier Kräfte an dem gleichen Angriffspunkt gegeben (Abb. 19). Alle
Kräfte, die von der y-Achse aus nach rechts abweichen (P_1, P_4) haben eine
positive X-Komponente, die nach links abweichenden (P_2, P_3) eine negative.
Andererseits weisen die nach oben gerichteten Kräfte (P_1, P_2) eine positive

Y-Komponente auf, die nach unten laufenden (P_3, P_4) eine negative. Wir haben demgemäß:

$$\sum X_i = P_1 \cdot \cos 30° - P_2 \cdot \cos 45° - P_3 \cdot \cos 60° + P_4 \cdot \cos 30°$$
$$= 550 \cdot 0{,}886 - 300 \cdot 0{,}707 - 650 \cdot 0{,}500 + 400 \cdot 0{,}866$$
$$= +285 \text{ kg}$$

$$\sum Y_i = P_1 \cdot \sin 30° + P_2 \cdot \sin 45° - P_3 \cdot \sin 60° - P_4 \cdot \sin 30°$$
$$= 550 \cdot 0{,}500 + 300 \cdot 0{,}707 - 650 \cdot 0{,}866 - 400 \cdot 0{,}500$$
$$= -276 \text{ kg.}$$

$\sum X_i$ stellt die X-Komponente und $\sum Y_i$ die Y-Komponente von R dar; erstere verläuft nach rechts, letztere nach unten, demgemäß R schräg nach unten. Es ist

$$\operatorname{tg} \alpha_R = \frac{\sum Y_i}{\sum X_i} = \frac{-276}{285} = -0{,}968.$$

Es liegt ein Winkel im vierten Quadranten vor oder anders ausgedrückt:

$$\alpha_R = -45°5',$$
$$R = \sqrt{(\textstyle\sum X_i)^2 + (\textstyle\sum Y_i)^2} = \sqrt{285^2 + 276^2} = 396{,}8 \text{ kg.}$$

4. Analytische Bedingungen für Gleichgewicht an demselben Punkt. Wenden wir uns nun auch hier zu der Frage: „Unter welchen Umständen stehen die Kräfte, die auf einen Punkt wirken, im Gleichgewicht?", so lautet die Antwort:

Gleichgewicht besteht, wenn die Resultierende verschwindet $(\bar R = 0)$. Diese Antwort ist unter allen Umständen richtig; sie stellt die *vektorielle* Bedingung dar. Man kann die Gleichgewichtsbedingung aber auch anders formulieren: Wir haben in dem Wurzelausdruck für die Resultierende eine Summe von zwei Quadraten, also positiven Größen; damit diese Summe Null wird, muß jedes Glied für sich verschwinden, d. h.

$$\sum X_i = 0 \quad \text{und} \quad \sum Y_i = 0 \tag{9}$$

sein. Also es bestehen als Gleichgewichtsbedingungen entweder:

$\bar R = 0$, vektorielle Bedingung (zwei Unbekannte: Größe und Richtung),

oder
$$\left.\begin{array}{l}\sum X_i = 0 \\ \sum Y_i = 0\end{array}\right\} \text{ algebraische Bedingungen.}$$

(In der Bedingung $\bar R = 0$ sind diese *beiden* Bedingungen $\sum X_i = 0$ und $\sum Y_i = 0$ enthalten.) Zahlenmäßig kann man mit Vektoren nicht rechnen; wir müssen für Rechenzwecke stets die algebraische Form einführen.

Bei der hier gewählten Ableitung wurden die Kräfte P in zwei zueinander senkrechte Richtungen x, y zerlegt. Man kann aber eine entsprechende Betrachtung auch für zwei beliebige Richtungen durchführen und erhält dann die Bedingung, daß die Summen der Komponenten in zwei beliebigen Richtungen verschwinden müssen. Es entsteht der Satz:

Kräfte in derselben Ebene mit gemeinsamem Angriffspunkt stehen im Gleichgewicht, wenn für zwei beliebige Richtungen je die Summe der Komponenten der Kräfte verschwindet.

Wesentlich ist der Umstand, daß wir hier *zwei* Gleichungen bekommen. Bei Gleichgewichtsaufgaben, die sich auf Kräfte in der gleichen Ebene an gemeinsamem Angriffspunkt beziehen, dürfen und müssen also zwei Unbekannte vorliegen, wenn eindeutige Lösung möglich sein soll, da die Zahl der Gleichungen gleich der Zahl der Unbekannten sein muß.

Der einfachste Fall wäre nun der, daß wir eine gegebene Kraft mit zwei anderen Kräften in vorliegenden Geraden ins Gleichgewicht setzen sollen: auf einen Punkt wirkt eine gegebene Kraft P, gegeben sind ferner zwei Wirkungslinien g_1 und g_2 (Abb. 20); gesucht sind die Kräfte P_1 und P_2, die der Kraft P das Gleichgewicht halten.

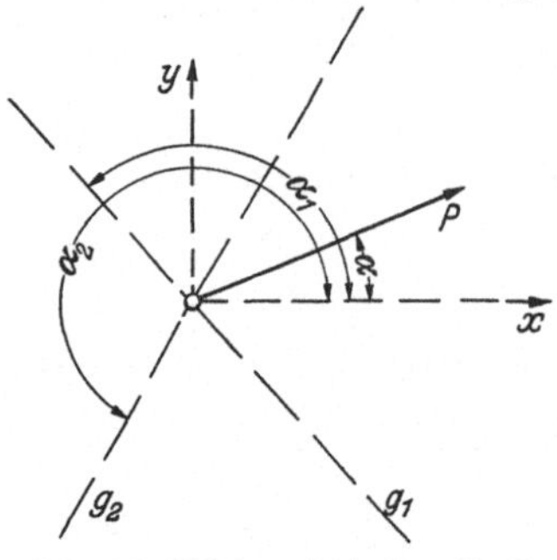

Die analytische Lösung bedingt eine Zerlegung von P in Komponenten

$$\text{in der } x\text{-Richtung:} \quad +P \cdot \cos\alpha,$$
$$\text{in der } y\text{-Richtung:} \quad +P \cdot \sin\alpha.$$

Um die beiden Bedingungen für das Gleichgewicht

$$\sum X_i = 0; \quad \sum Y_i = 0$$

aufstellen zu können, müssen wir auch die X-Komponente und die Y-Komponente der beiden gesuchten Kräfte P_1, P_2 einführen. Da ergibt sich nun die

Abb. 20. Gleichgewicht einer Kraft mit zwei anderen.

Schwierigkeit, daß wir keine Angaben haben, wie diese Kräfte gerichtet sind; denn je nach der Richtung, in der die einzelne Kraft verläuft, ist das Vorzeichen der Komponenten verschieden. Im Ansatz dürfen wir aber keine mathematische Unklarheit lassen. Wir führen deshalb — wie wir dies auch für die späteren analytischen Rechengänge ganz allgemein tun werden — den Richtungspfeil zunächst einmal ganz willkürlich ein und rechnen die Aufgabe mit dieser angenommenen Richtung durch. Wenn die Rechnung im Endergebnis ein positives Vorzeichen liefert, so bedeutet das, daß das angenommene Vorzeichen, also auch die Richtungsannahme, richtig war; ergibt sich ein negatives Vorzeichen, so muß der angenommene Richtungspfeil geändert werden. Nehmen wir bei dem gegebenen Beispiel (Abb. 20) an, die Kraft in g_1 gehe nach links oben und die Kraft in g_2 nach links unten, dann wären für die Gleichungen die Komponenten mittels dieser eingeführten Richtungen zu bilden. Es ist besonders zu beachten, daß der durch Annahme der Richtung festgelegte Winkel entsprechend der früheren Regel genommen wird, das ist der Winkel, der die Kraft — im Uhrzeigersinn gedreht — in die positive x-Achse bringt (die im Bild eingezeichneten Winkel α_1 und α_2). Hätten wir die Richtungspfeile anders gewählt, dann wären die Winkel von den jetzigen um 180° verschieden.

Nun kann man die Komponentenbedingungen aufstellen:

$$\sum X_i = 0: \quad P_1 \cdot \cos\alpha_1 + P_2 \cdot \cos\alpha_2 + P \cdot \cos\alpha = 0,$$
$$\sum Y_i = 0: \quad P_1 \cdot \sin\alpha_1 + P_2 \cdot \sin\alpha_2 + P \cdot \sin\alpha = 0.$$

Das Vorzeichen erscheint nicht in dieser allgemeinen Gleichung, es steckt in den Winkelfunktionen. Im vorliegenden Falle sind $\sin\alpha_1$ positiv, dagegen $\cos\alpha_1$, $\sin\alpha_2$, $\cos\alpha_2$ alle negativ. Natürlich kann man auch statt dieser Winkel solche im ersten Quadranten einführen, wie dies bei obigem Beispiel gezeigt war. Dann muß man an Hand der für P_1 und P_2 eingeführten Richtungspfeile die Komponentenvorzeichen bestimmen (Y_1 positiv, aber X_1, X_2, Y_2 negativ). Im praktischen Beispiel werden wir also Summanden mit positiven und negativen Vorzeichen haben. Die beiden Gleichungen haben nun zwei Unbekannte, die zahlenmäßig ermittelt werden können. Ist das Vorzeichen des erhaltenen Zahlenwertes für eine Unbekannte positiv, so sagt das aus, daß die eingeführte Richtung bzw. das eingeführte Vorzeichen richtig gewählt war. Ein negatives Vorzeichen vor dem errechneten Zahlenwert bedeutet, daß die willkürlich gewählte Richtung umzudrehen ist.

Es war eben der Fall betrachtet, daß die bei dem Gleichgewichtszustand erscheinenden Unbekannten als Kraftgrößen auftraten; die Wirkungslinien der Kräfte, die mit den gegebenen Kräften im Gleichgewicht stehen sollen, waren gegeben, die Kraftgrößen gesucht. Natürlich können auch andere Kennwerte als Unbekannte auftreten, jedoch müssen stets *zwei* Unbekannte vorliegen. Wir haben demnach bei Gleichgewichtsaufgaben in der Ebene für Kräfte durch einen Punkt vier Möglichkeiten:

1. Die Wirkungslinien der zwei gesuchten Kräfte sind bekannt, es fehlt ihre Größe.

2. Die Größen der zwei noch zu bestimmenden Kräfte sind gegeben, gesucht sind ihre Wirkungslinien.

3. Von einer der beiden noch zu bestimmenden Kräfte ist die Größe bekannt, von der anderen die Richtung, gesucht ist die Richtung der ersten und die Größe der zweiten Kraft.

4. Gesucht ist eine Kraft nach Größe und Richtung, die mit den anderen gegebenen Kräften Gleichgewicht halten soll.

5. Das Kraftdreieck. Durch den Satz vom Parallelogramm der Kräfte ist die Resultierende als Diagonale des Parallelogramms bestimmt. Dabei ist eine gewisse Vorsicht nötig. Wenn beispielsweise die in Abb. 21 dargestellten Kräfte vorliegen, dann kann man aus diesen beiden nicht ohne weiteres ein Kräfteparallelogramm bilden. Würde man dies ganz ohne Überlegung machen, so würde man als Diagonale die Strecke AB erhalten. Aber man erkennt sofort, daß dies nicht die richtige Resultierende sein kann, weil der Angriffspunkt durch P_1 nach rechts verschoben wird, durch P_2 nach unten, also unter dem

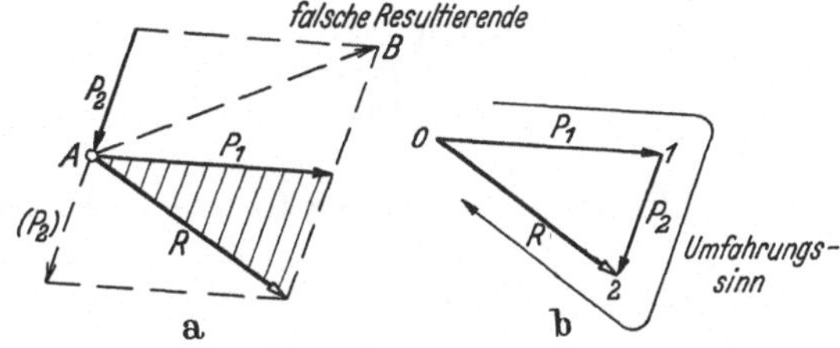

Abb. 21. Ersatz des Kräfteparallelogramms durch das Kraftdreieck.

Einfluß der beiden Kräfte zusammen eine Bewegung nach rechts unten annehmen wird und sicher nicht nach rechts oben, wie die Richtung AB angibt. Der Fehler liegt darin, daß die grundlegende Wirkungsweise der beiden Kräfte auf den Angriffspunkt A nicht die gleiche ist. P_1 wirkt kurz gesagt ziehend, P_2 dagegen drückend. Man muß, wie schon beim dritten Erfahrungssatz bemerkt wurde, um zur richtigen Resultierenden zu kommen, entweder beide Kräfte vom Punkt weggehend [in Abb. 21 die gestrichelte Kraft (P_2)] oder zum Punkt hinstrebend zeichnen. Das geschieht bei den gegebenen Kräften in der Weise, daß eine davon in ihrer eigenen Wirkungslinie verschoben wird, was ja nach dem vierten Erfahrungssatz geschehen darf.

Man kann sich von dieser Zwischenüberlegung frei machen, wenn man die Zusammensetzung der Kräfte in etwas anderer Weise vornimmt. Bei der Betrachtung des Parallelogramms sehen wir nämlich, daß es aus zwei Dreiecken besteht, die beide die Größen der Kräfte enthalten. Zur Ermittlung der Größe der Resultierenden genügt also eines der beiden Dreiecke, z. B. das in Abb. 21 schraffierte. Dies möge, losgelöst von dem gemeinschaftlichen Angriffspunkt, in einem besonderen Dreieck gezeichnet werden (Abb. 21 b). An die Kraft P_1 fügen wir in Punkt 1 die Kraft P_2 mit Berücksichtigung ihres Richtungspfeiles an, so daß der Endpunkt von P_1 mit dem Anfangspunkt P_2 zusammenfällt (Zweiseit 0 1 2). Die Resultierende ist dann gegeben durch die Verbindungslinie 0—2, die als Schlußlinie bezeichnet wird. Man nennt die so entstehende Figur „das Kraftdreieck" oder einfach „das Krafteck". Die Richtung der Resul-

tierenden verläuft vom Anfangspunkte 0 des Kraftecks nach dem Endpunkt 2;
sie liegt natürlich in Wirklichkeit nicht im Krafteck, sondern muß durch den
Angriffspunkt A von P_1 und P_2 hindurchgehen (Abb. 21a).

Für die späteren Ausführungen ist noch eine andere Aussage über die Richtung der Resultierenden von Bedeutung, die an diesem Krafteck gezeigt werden
möge. In dem Kraftdreieck, das durch das Aneinanderfügen der beiden gegebenen Kräfte P_1 und P_2 unter Berücksichtigung der Richtungspfeile entstand
(Abb. 21b), haben wir durch deren Richtungen einen gewissen „Umfahrungssinn“ erhalten. Beachten wir nun die Richtung der eingezeichneten Resultanten
in bezug auf diesen Umfahrungssinn, so können wir sagen: Die Resultierende
ist dem durch P_1 und P_2 festgelegten Umfahrungssinn entgegengerichtet. Diese
Aussage ist allgemeiner als diejenige, daß die Resultierende von dem Anfangspunkt des Kraftecks nach dem Endpunkt verläuft. Für die späteren Ausführungen ist es wichtig zu beachten, daß man, wie es ja hier schon geschehen ist,
das Krafteck von dem Angriffspunkt weg verschieben kann. Das Krafteck ist
also von der gegebenen Wirklichkeit, von der technischen Zeichnung, losgetrennt;
es enthält dementsprechend auch nicht mehr den wirklichen Angriffspunkt. Der
Zeichnung entsprechend wollen wir unterscheiden zwischen der physikalischen
oder technischen Figur (Kraftbild) und der mathematischen oder statischen
Lösungsfigur (Krafteck). Die Lage des Kraftecks wird beliebig gewählt, d. h.
wir können an einem ganz beliebigen Punkt 0 die erste Kraft P_1 antragen
(Abb. 21b). Die Resultierende ist die dem Umfahrungssinn entgegengerichtete
Schlußgerade des Kraftecks, die, parallel verschoben ins technische Kraftbild,
eine eindeutige Resultierende ergibt.

Die Verwendung des Kraftdreiecks bietet den wesentlichen Vorteil, daß man
sich gar keine Gedanken darüber zu machen braucht, ob die einzelne Kraft
nach dem Angriffspunkt hingerichtet oder von ihm weggewendet ist, während dies
bei Verwendung des Kräfte-
parallelogramms ja von Bedeutung war. Dazu hat die
Trennung der beiden Figuren
den Vorzug einer besseren Über-
sicht. In der technischen Figur
wird man im allgemeinen nur
die Richtungslinien der gegebenen Kräfte angeben, aber
nicht ihre Größen auftragen,
die zahlenmäßig bekannt sind.
Die Größen erscheinen erst im
Krafteck, wo die Längen der

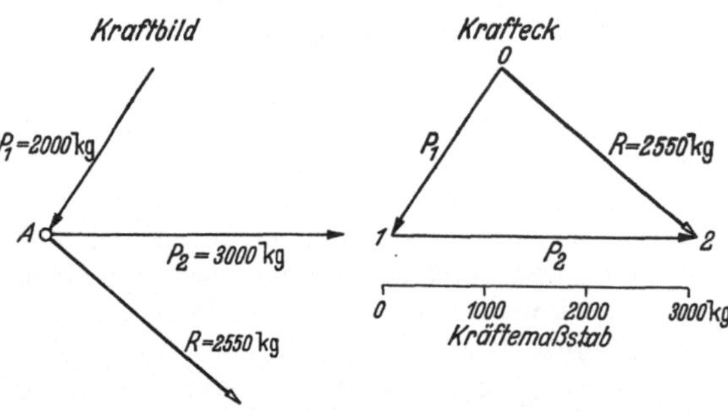

Abb. 22. Das allgemeine Kraftdreieck.

bekannten Kräfte unter Berücksichtigung eines beliebig gewählten Kräftemaßstabes eingezeichnet werden; für das technische Kraftbild haben wir also
keinen Kräftemaßstab nötig. Bei einer bestimmten Aufgabe (Abb. 22) ziehen
wir also, ausgehend vom willkürlich gewählten Punkt 0, eine Parallele zur
Wirkungslinie von P_1 im technischen Kraftbild und geben dieser nach Wahl
eines Kräftemaßstabes die ihr zukommende Größe (2000 kg). In dem nun erhaltenen Punkt 1 tragen wir die Kraft P_2 in dem gleichen Kräftemaßstab mit
der Größe 3000 kg an. Die Resultierende erhalten wir dann nach Größe und
Richtung als Schlußlinie des Kraftecks, dem Umfahrungssinn entgegengerichtet;
für sie gilt der gleiche Kräftemaßstab wie für P_1 und P_2. Für viele Fälle
wird es wohl nicht mehr nötig sein, die Resultierende in das technische
Kraftbild einzuzeichnen, da die Lage ja durch den gegebenen Punkt, an dem

die Kräfte angreifen, die Größe und Richtung aber eindeutig durch das Krafteck festgelegt ist.

6. Graphische Zusammensetzung mehrerer Kräfte. Allgemeines Krafteck.

Die Zusammensetzung zweier Kräfte dient als Grundlage für die Zusammensetzung mehrerer Kräfte. Es seien vier Kräfte an demselben Punkte in allgemeiner Lage gegeben (Abb. 23). Gesucht ist die Resultierende dieser Kräfte.
Die Lösung beruht auf der dreimaligen Zusammensetzung zweier Kräfte mittels
des Kraftdreiecks. Wir bilden zunächst das Kraftdreieck aus den beiden Kräften P_1 und P_2 und erhalten als Schlußlinie des Zweiseits 012 die Teilresultierende R_{12}, die wir als Einzelkraft
wieder mit P_3 zusammensetzen können. Wir finden so eine neue Teilresultierende, die die Wirkung der
Kraft R_{12} und der Kraft P_3 ersetzt;
da aber R_{12} bereits die gleiche Wirkung wie die Kräfte P_1 und P_2 hat,
stellt die neue Teilresultierende R_{123}
die Resultierende der drei Kräfte P_1
bis P_3 dar; sie verläuft dem Umfahrungssinn 0, 2, 3 entgegengerichtet.

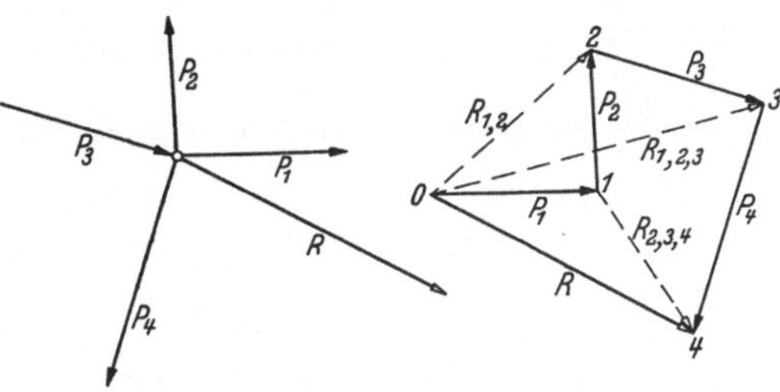

Abb. 23.　Graphische Zusammensetzung von Kräften in
der Ebene.

Diese Größe R_{123} als Kraft wieder mit P_4 zusammengesetzt, Kraftdreieck 034,
liefert die Resultierende R der vier Kräfte nach Größe und Richtung; ihre Richtung verläuft dem Umfahrungssinn 0, 3, 4 entgegen. Betrachten wir nun die
entstandene Lösungsfigur, so sehen wir, daß wir uns das Einzeichnen der Teilresultierenden (R_{12} und R_{123}) sparen können, und erhalten folgendes Ergebnis:

*Um die Resultante mehrerer Kräfte mit gemeinsamem Angriffspunkt, die in
derselben Ebene wirken, auf zeichnerischem Wege zu erhalten, fügt man die Kräfte
unter Berücksichtigung ihrer Richtungspfeile in einem einheitlichen Umfahrungssinn aneinander, bildet also ihr Krafteck. Die vom Anfangspunkt der ersten nach
dem Endpunkt der letzten Kraft gerichtete Strecke (Schlußlinie) stellt die Resultante
der Größe und Richtung nach dar; ihr Richtungssinn ist dem durch die gegebenen
Kräfte festgelegten Umfahrungssinn des Kraftecks entgegengesetzt, und ihre Lage
ist dadurch bestimmt, daß sie durch den gemeinsamen Angriffspunkt der gegebenen
Kräfte hindurchgeht.*

In diesem Krafteck lassen sich sehr leicht auch Teilresultierende bestimmen,
so ist z. B. die Resultierende der Kräfte P_2, P_3 und P_4 als Verbindungslinie der
Punkte 1 und 4 des Kraftecks zu erhalten: R_{234}. Zum Beweis denken wir uns
nur die Kräfte P_2, P_3 und P_4 gegeben, ihr Krafteck ist dann zu zeichnen; es
läßt sich an einem beliebigen Punkt, also auch an Punkt 1 beginnen; die Schlußlinie ist die Strecke 1—4. Die Lage dieser Teilresultierenden ist selbstverständlich, wie die aller anderen Teilresultierenden (R_{12}, R_{123}), gegeben durch den
gemeinsamen Angriffspunkt der Kräfte im technischen Kraftbild.

Auch hier wieder braucht man in der technischen Figur nur die Wirkungslinien und die Richtungen zu geben, es ist also für das technische Bild keine
Angabe des Kraftmaßstabs notwendig. Die Kräfte sind zahlenmäßig angegeben
und werden nur im Krafteck maßgerecht aufgetragen. Für den Aufbau des
Kraftecks ist die Reihenfolge der Kräfte völlig willkürlich, es muß aber darauf
geachtet werden, daß der Umfahrungssinn der in beliebiger Reihenfolge angeordneten Kräfte einheitlich ist, d. h. daß die Kräfte unter Berücksichtigung
ihrer Richtungspfeile aneinandergetragen werden.

7. Gleichgewicht von Kräften der Ebene an demselben Punkt in graphischer Behandlung.

Wie schon mehrfach bemerkt, besteht bei Kräften, die um einen

Punkt herumliegen, Gleichgewicht, wenn die Resultierende verschwindet. Das bedeutet beim graphischen Verfahren, daß im Gleichgewichtsfall im Krafteck der

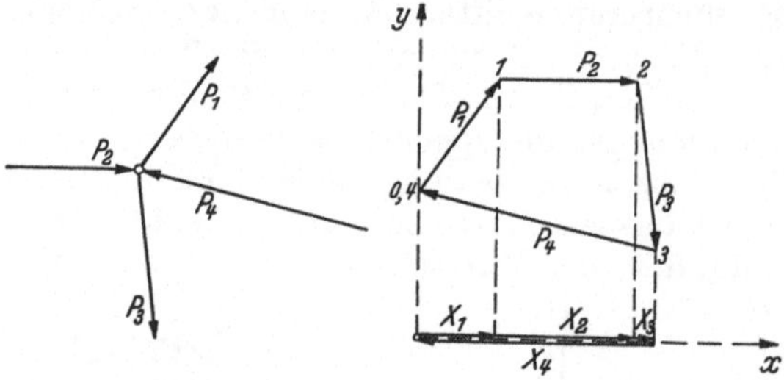

Abb. 24. Das geschlossene Krafteck (Gleichgewicht).

Abb. 24 keine Schlußlinie übrig bleiben darf, daß der letzte Punkt, der Endpunkt 4, mit dem Anfangspunkt 0 zusammenfallen, also das Krafteck geschlossen sein muß.

Das Gleichgewichtskriterium stellt sich also jetzt folgendermaßen dar:

In gleicher Ebene wirkende Kräfte mit gemeinsamem Angriffspunkt stehen im Gleichgewicht,

a) *(analytisch): wenn für zwei beliebige Richtungen die Summen der Komponenten aller Kräfte verschwinden:*

$$\sum X_i = 0; \qquad \sum Y_i = 0;$$

b) *(graphisch): wenn das zugehörige Krafteck geschlossen ist.*

Die beiden Aussagen kommen auf dasselbe heraus, wie Abb. 24 zeigt. Die Komponenten der Kräfte P_1 bis P_4 in einer beliebigen Richtung (z. B. der x-Richtung) lassen sich leicht durch die Projektion der Kräfte auf diese Richtung angeben, und wir sehen, daß ihre Summe, z. B. die aller X-Komponenten, Null wird. Das gilt aber für jede Richtung, die Lage der Projektionsgeraden ist beliebig. Demnach erhalten wir das zunächst merkwürdige Resultat, daß im Gleichgewichtsfall die Summe der Komponenten für *jede beliebige* Richtung verschwinden muß, daß wir also auch beliebig viele Komponentenbedingungen aufstellen können. Diese Gleichungen sind aber nicht alle unabhängig voneinander; es gibt deren nur zwei. Denn wenn für zwei Richtungen die Projektionen aller Kräfte verschwinden, dann muß das Krafteck geschlossen sein. Alle anderen Gleichungen folgen aus diesen beiden Bedingungen.

8. Der einfachste Gleichgewichts- und Zerlegungsfall. Gegeben seien eine Kraft P und zwei Richtungsgeraden g_1 und g_2, in denen Kräfte P_1 und P_2 wirken sollen, die mit P im *Gleichgewicht* stehen. Zur Lösung verhilft uns der

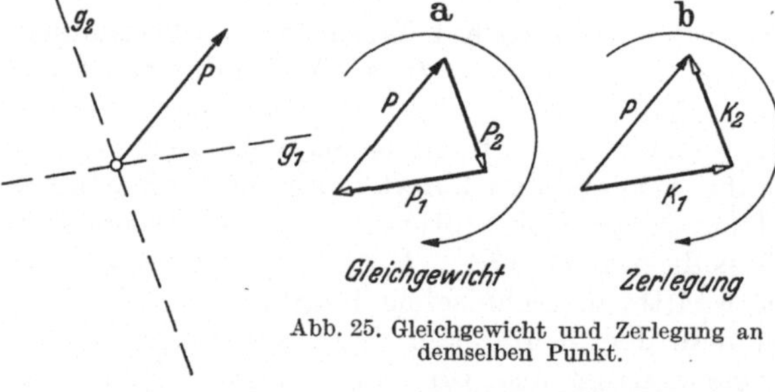

Abb. 25. Gleichgewicht und Zerlegung an demselben Punkt.

Satz, daß das zugehörige Krafteck geschlossen sein muß. Das Krafteck läßt sich eindeutig durch Ziehen von Parallelen konstruieren. Eine wichtige Frage ist nun die nach dem Vorzeichen, d. h. nach der Richtung der gefundenen Kräfte. Es muß nach dem Satz auf Seite 13 das Krafteck als ein im einheitlichen Umfahrungssinn gezeichnetes Vieleck geschlossen sein. Die gefundenen Kräfte müssen demnach mit der gegebenen Kraft P zusammen einen einheitlichen Umfahrungssinn ergeben, d. h. *die Richtungspfeile sind im Umfahrungssinn einzuzeichnen* (Abb. 25a).

Nun möge die gleiche Aufgabe betrachtet werden mit der Abänderung, daß jetzt die gegebene Kraft P in zwei Komponenten K_1 und K_2 *zerlegt* werden soll, die in den Wirkungslinien g_1 und g_2 liegen. Die Komponenten von P suchen, heißt doch: die Kräfte K_1 und K_2 sind derart zu bestimmen, daß ihre Resultierende die gegebene Kraft P ergibt. Der Lösungsweg geht zunächst genau in gleicher Art wie bei der Gleichgewichtsaufgabe. Bei der Bestimmung der Richtungspfeile müssen wir aber darauf achten, daß jetzt *die Richtungen der gefundenen Komponenten dem Umfahrungssinn entgegengerichtet* einzuzeichnen sind (Abb. 25b). Die Richtigkeit dieser Aussage geht sofort klar daraus hervor, daß P die Resultierende von K_1 und K_2 sein muß; bei der Konstruktion der Resultierenden war aber festgestellt worden, daß im Krafteck ihre Richtung dem gegebenen Umfahrungssinn entgegengerichtet verlief. Das Zusammenwirken von K_1 und K_2 ist als „Ersatz" der Kraft P anzusehen; sie ersetzen die Wirkung von P genau so, wie die Resultierende zweier Kräfte deren Wirkung ersetzt. Wir fassen also zusammen:

Bei der Gleichgewichtsaufgabe sind die gefundenen Kräfte dem durch die gegebenen Kräfte festgelegten Umfahrungssinn gleichgerichtet, bei der Zerlegungs- oder „Ersatz"-Aufgabe (Ersetzen von Kräften durch eine Resultierende oder durch Komponenten) sind die gefundenen Kräfte dem gegebenen Umfahrungssinn entgegengerichtet.

An dieser Stelle wollen wir uns noch den Sonderfall überlegen, daß die beiden Richtungen g_1 und g_2 parallel laufen (Abb. 26). P ist der Größe, Lage und Richtung nach bekannt, ebenso sind die Wirkungslinien der beiden Komponenten bzw. Gleichgewichtskräfte gegeben. Wir sehen, daß uns hier das angewandte graphische Verfahren im Stich läßt, obwohl die drei Kräfte noch durch einen (unendlich fernen) Punkt gehen. Wir bekommen keinen eindeutigen Schnittpunkt im Krafteck. Die Aufgabe ist nur mit besonderen Hilfsmitteln zu lösen, die wir erst später kennenlernen.

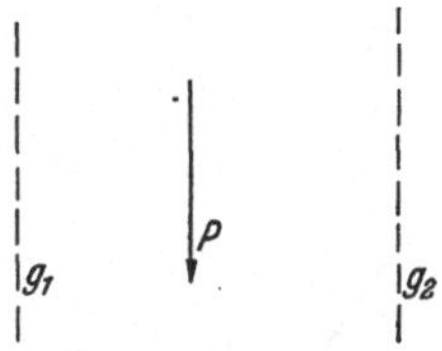

Abb. 26. Gleichgewicht einer Kraft mit zwei parallelen Kräften.

Übungsaufgaben.

Auf Seite 11 wurde bemerkt, daß zur eindeutigen Lösung von Gleichgewichtsaufgaben von Kräften in der Ebene an demselben Punkte zwei Unbekannte vorliegen müssen und daß dadurch vier verschiedene Fragestellungen möglich sind. Es sei zunächst auf diese Fälle allgemein eingegangen.

1. Aufgabe. Gegeben sind vier Kräfte nach Größe und Richtung und zwei Wirkungslinien g_1 und g_2 (Abb. 27); gesucht sind die Kräfte G_1

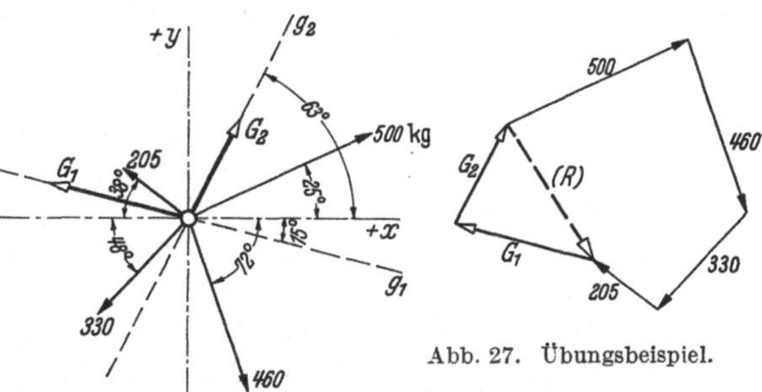

Abb. 27. Übungsbeispiel.

und G_2, die mit den vier Kräften $P_1 \ldots P_4$ im Gleichgewicht stehen (die Unbekannten sind also jetzt G_1 und G_2).

Graphische Lösung. Man bestimmt aus den vier Kräften vermittels des Kraftecks die Resultierende (R) und zeichnet dann aus der Resultierenden und den Parallelen zu g_1 und g_2 das Kraftdreieck, hierdurch sind G_1 und G_2 bestimmt. Man erkennt, daß die Resultierende nur ein Hilfsmittel ist; man braucht lediglich das Kraftsechseck 0 ... 6, und der Umfahrungssinn dieses Kraftecks gibt die Richtung der gesuchten Kräfte G_1 und G_2 an.

Analytische Lösung. Man muß den Richtungspfeil der gesuchten Kräfte G_1 und G_2 zunächst annehmen und bildet damit $\sum X_i = 0$ und $\sum Y_i = 0$; man erhält so zwei Gleichungen mit zwei Unbekannten.

2. Aufgabe. Gegeben sind vier Kräfte $P_1 \ldots P_4$ nach Größe und Richtung; gesucht ist nach Größe und Richtung eine Kraft G, die mit den vier Kräften Gleichgewicht bildet (die Unbekannten sind also jetzt G und ihre Wirkungslinie g; Abb. 28).

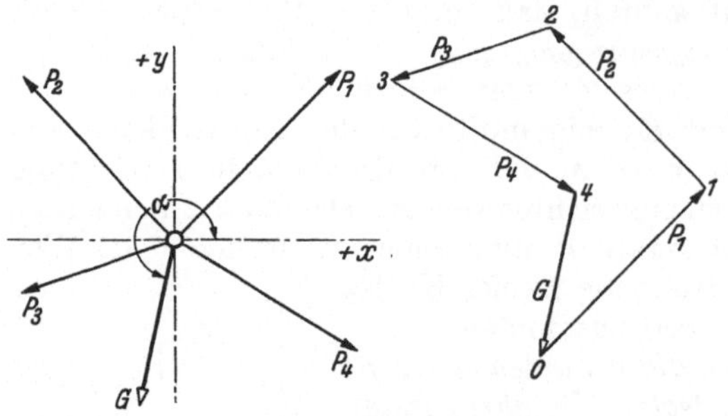

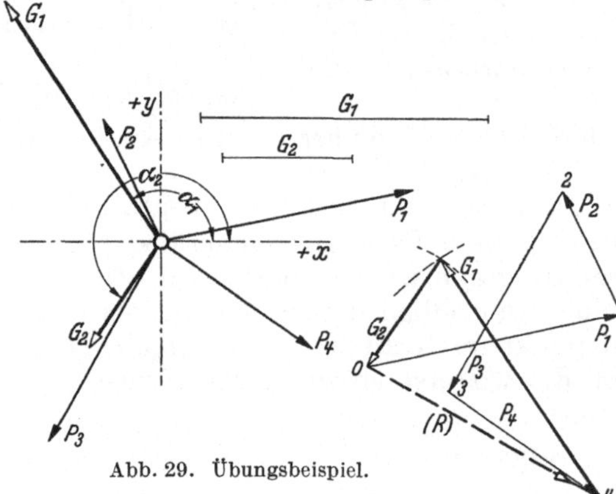

Abb. 28. Übungsbeispiel.

Abb. 29. Übungsbeispiel.

Graphische Lösung. Man bildet das Krafteck der vier Kräfte; das ist natürlich offen. Die Strecke 4, 0 gibt dann die gesuchte Kraft G nach Größe und Richtung an.

Analytische Lösung. Man nimmt die Wirkungslinie und die Richtung der gesuchten Kraft G an, bildet damit $\sum X_i + X_g = 0$ und $\sum Y_i + Y_g = 0$, wobei $X_g = G \cdot \cos \alpha$ und $Y_g = G \cdot \sin \alpha$, und hat so zwei Gleichungen zur Berechnung von G und α. Das Vorzeichen von G und α gibt an, in welchem Quadranten die Kraft G liegt.

3. Aufgabe. Gegeben sind vier Kräfte durch einen Punkt nach Größe und Richtung, außerdem zwei Kraftgrößen G_1 und G_2; gesucht sind deren Richtungen, so daß die sechs Kräfte $P_1 \ldots P_4$ und G_1, G_2 im Gleichgewicht stehen (Abb. 29).

Graphische Lösung. Man ermittelt die Resultierende aus den gegebenen Kräften $P_1 \ldots P_4$ und bildet dann aus dieser und G_1 und G_2 das Kraftdreieck, indem man um die Endpunkte von (R) Kreisbögen mit G_1 und G_2 schlägt. Man erkennt, daß die Resultierende nur eine Hilfslinie bedeutet.

Analytische Lösung. Wie in Aufgabe 2, wird man die Wirkungslinien und die Richtungspfeile der Kräfte willkürlich annehmen und die beiden Gleichgewichtsbedingungen aufstellen. Aus den beiden Gleichungen sind die Winkel α_1 und α_2 zu berechnen.

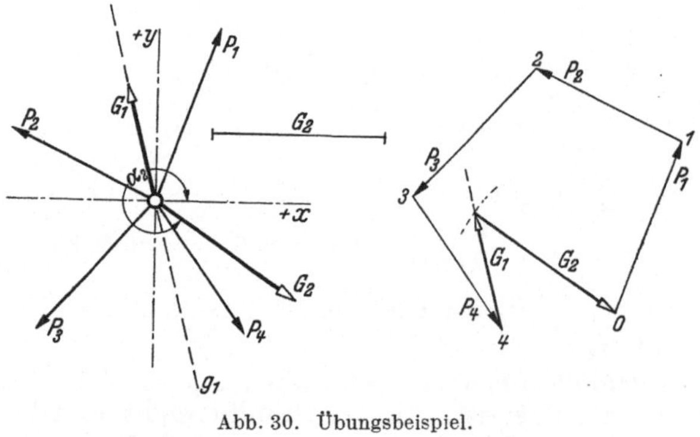

4. Aufgabe. Gegeben sind vier Kräfte $P_1 \ldots P_4$ nach Größe und Richtung, ferner eine Wirkungslinie g_1 und die Größe einer Kraft G_2. Gesucht ist die in g_1 wirkende Kraft G_1 und die Lage der Wirkungslinie von G_2, damit Gleichgewicht herrscht (also unbekannt sind jetzt G_1 und g_2; Abb. 30).

Graphische Lösung. Über der Strecke 4, 0 im Krafteck wird ein Dreieck konstruiert durch eine Parallele zu g_1 und einen Kreisbogen, der mit G_2 um den anderen Endpunkt 0 beschrieben wird.

Abb. 30. Übungsbeispiel.

Analytische Lösung. Es sind wieder die zwei Gleichungen aufzustellen, aus denen jetzt G_1 und α_2 berechnet werden können.

5. Aufgabe. An einem Halteseil ist eine Rolle befestigt, über die ein Seil gelegt ist, das auf der einen Seite die Last Q trägt und auf der anderen Seite mit der Kraft P so gezogen wird, daß Q in Ruhe bleibt (Abb. 31). Wie stellt sich das Halteseil ein und wie groß ist die Seilkraft S? (Die Aufgabe entspricht dem oben behandelten Fall 2.)

Lösung. An der Rolle, die durch das Halteseil von oben festgehalten ist, greifen die Last $Q = 500$ kg und die Zugkraft P an, die die Abwärts- und Aufwärtsbewegung von Q verhüten soll; bei Vernachlässigung der Reibung an der Rolle muß $P = Q$ sein. Außerdem wirkt auf die Rolle nur noch die in dem Halteseil entstehende Kraft S, so daß an ihr drei Kräfte Q, P und S angreifen. Der Körper, an dem der Ausgleich der Kräfte eintritt, ist die Rolle. Die Resultante R aus P und Q, die beide gleich groß sind, fällt in die Winkelhalbierende von P und Q, läuft

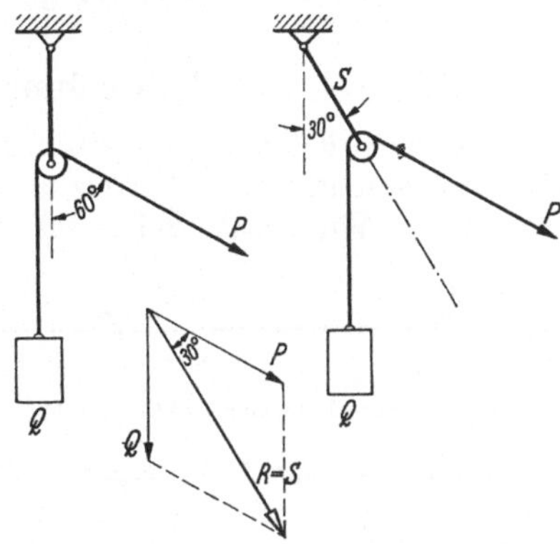

Abb. 31. Übungsbeispiel.

also durch den Mittelpunkt der Rolle. Durch diesen Punkt geht auch die Haltekraft S. Die Resultierende von P und Q ersetzt die Wirkung dieser beiden Kräfte, also muß sie mit S im Gleichgewicht stehen. Zwei Kräfte können aber nur Gleichgewicht halten, wenn sie in dieselbe Linie fallen, demgemäß muß sich das Seil in die Richtung dieser Resultierenden R einstellen und die Seilkraft gleich dieser Resultierenden sein. Die Lösung führt man am besten so durch, daß man eine kleine Handskizze von dem Kraftdreieck P, Q, R zeichnet und dieses ins Analytische überträgt.

$$\frac{R}{2} = Q \cdot \cos 30° = 500 \cdot \cos 30° = 433 \text{ kg}.$$

Es ist $R = S = 866$ kg.

Der Winkel von R mit der lotrechten Richtung ist $30°$, also stellt sich das Halteseil unter $30°$ ein.

6. Aufgabe. An den Enden eines Seiles, das über zwei Rollen geführt ist, hängen zwei Gewichte P_1 und P_2, außerdem zwischen den Befestigungspunkten

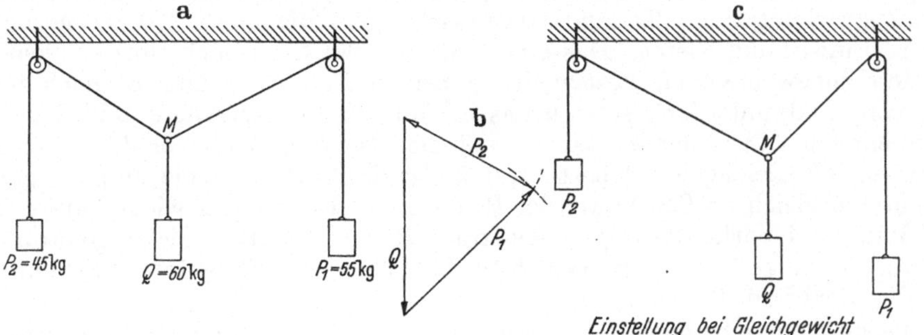

Abb. 32. Übungsbeispiel.

eine weitere Last Q (Abb. 32). Wie stellt sich das Seil ein? (Die Aufgabe entspricht dem oben erwähnten Fall 3.)

Schlink, Statik. 2

Lösung. An dem Punkte M wirken Q und die beiden Seilkräfte, die bei Vernachlässigung von Reibung gleich P_1 bzw. P_2 sind. Man konstruiert (Abb. 32b) das Kraftdreieck aus der Last Q, die nach Größe und Richtung bekannt ist, und P_1, P_2, die ihrer Größe nach gegeben sind. Die parallel zu den gefundenen Richtungen von P_1 und P_2 durch die Befestigungspunkte gezogenen Geraden (Abb. 32c) schneiden sich im gesuchten Punkte M.

II. Anwendung auf einfache Stabsysteme.

9. Beanspruchung eines Stabes auf Zug und Druck. Wir haben seither freie Kräfte betrachtet, d. h. Kräfte unabhängig von einer Konstruktion; solche Kräfte sind z. B. Windkraft, Schwerkraft u. a. Meistens ist aber das Auftreten von Kräften an eine Konstruktion gebunden, auch Windkräfte und Schwerkraft werden vielfach durch Konstruktionen aufgenommen und weitergeleitet. Wir behandeln jetzt Kräfte, die an eine Konstruktion gebunden sind.

Abb. 33. Beanspruchung eines Stabes auf Zug.

Der einfachste Fall einer Kraftleitung ist der Stab, durch den eine Kraft weitergeführt wird. Der Stab ist also Kraftträger.

Wenn ich an einem Stab mit der Kraft P ziehe (Abb. 33), dann muß an der Haltekonstruktion (Punkt B) eine Gegenkraft aufgebracht werden, die genau so groß wie P ist, damit der Stab im Gleichgewicht, also in Ruhe bleibt. Diese „Gegenkraft" oder „Reaktion" ist also gleich P, aber entgegengesetzt gerichtet. Denken wir nun uns selbst an Stelle des Stabes mit beiden Armen als Kraftleiter zwischen A und B eingeschaltet, und an dem einen Ende, also einer Hand (A) gezogen, dann empfinden wir diese Zugkraft im Körper und setzen diesem Ziehen eine Gegenkraft nach innen entgegen, und zwar ziehen wir sowohl an A nach innen, d. h. nach der Körpermitte, als auch an B, wo wir uns geradezu abzuziehen suchen von der Befestigungsstelle. Andernfalls wäre kein Gleichgewicht möglich, d. h. wir könnten die Zugkraft nicht ausgleichen. Wir üben also mit unserem Körper sowohl auf den Kraftangriffspunkt A wie auch auf den Haltepunkt B eine Zugwirkung aus. Es sind Gegenwirkungen, die unser Körper gegen die äußere Einwirkung leistet. Dasselbe muß nun der Stab auch tun: er zieht mit der ihm innewohnenden Festigkeit an beiden Enden (A und B) nach innen, also vom Endpunkt fort, so daß das in Abb. 33 eingezeichnete Bild der Stabkraft entsteht. Aus der Tatsache, daß die Öse B in Ruhe bleibt, folgt ohne weiteres, daß Gleichgewicht besteht, daß also der Stab mit einer entgegengesetzt gerichteten gleich großen Kraft der Reaktion P das Gleichgewicht halten muß. Am Punkte A wirkt die *äußere* Zugkraft P, mit ihr steht die Gegenkraft des Stabes, die *innere* Kraft P im Gleichgewicht; ebenso an B die innere Stabkraft P mit der Reaktion P.

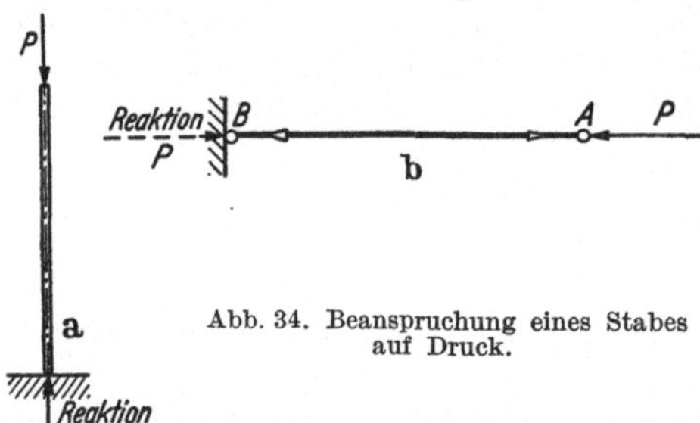

Abb. 34. Beanspruchung eines Stabes auf Druck.

Die gleichen Überlegungen lassen sich an einem auf Druck beanspruchten Stab anstellen (Abb. 34). Der Stab wehrt sich jetzt mit einer Kraft von innen nach außen, also nach den Endpunkten hin, gegen eine Zusammendrückung, d. h. gegen die Störung des Gleichgewichts. Diese Gegenwirkung des Stabes muß sowohl gegen B als auch gegen A auftreten.

Diese *Kräfte des Stabes* (innere Kräfte, Reaktionen des Stabes) zeichnen wir bei den Aufgaben der Statik ein; also nicht die Kräfte, die auf den Stab wirken, sondern die Gegenkräfte, *die der Stab auf seine beiden Endpunkte ausübt*, werden

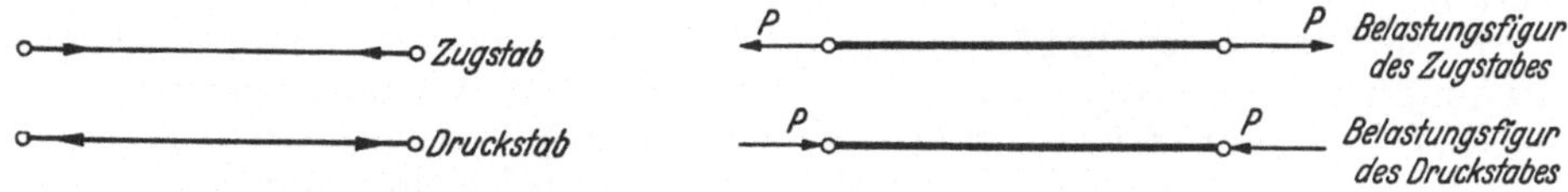

Abb. 35. Darstellung der inneren Stabkraft.

Abb. 36. Die äußeren Einwirkungen eines Zug- und Druckstabes.

eingetragen. Der Zug- und Druckstab in der in Abb. 35 gezeichneten Form ist dann die grundlegende statische Figur der technischen Stabkonstruktionen.

Es sei an dieser Stelle ausdrücklich auf folgendes hingewiesen. Ein gezogener oder gedrückter Stab wird von außen her stets durch zwei Kräfte P beeinflußt (Abb. 36), die sich gegeneinander aufheben müssen, denn sonst besteht kein Gleichgewicht. (In Abb. 33 und 34 war die eine Kraft P die Reaktion in B.) Der Stab ist aber dann nicht etwa durch die Kraft $2P$, sondern nur durch P, die durch ihn weitergeleitet wird, beansprucht.

Wirkt auf einen Stab eine Kraft, deren Wirkungslinie nicht mit der Stabmittellinie zusammenfällt, z. B. die in Abb. 37 gestrichelt eingezeichnete Kraft K, dann kann diese nicht vom Stab aufgenommen werden; der Stab bleibt nicht in Ruhe; er würde um den Anschluß-gelenkpunkt gedreht werden, sobald die aufgegebene

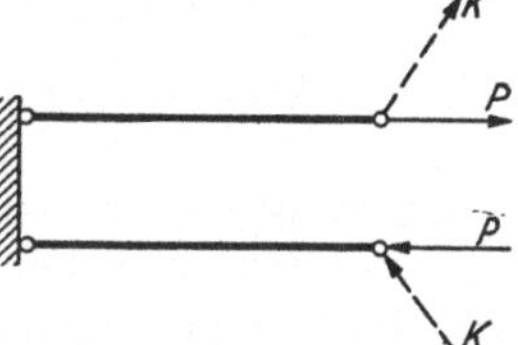

Abb. 37. Die Wirkungen einer schräg zur Stabachse gerichteten Kraft.

Kraft auch nur um einen kleinen Winkel abweichend von der Stabachse angreift.

Zum Unterschied von anderen, später weiter erklärten Kräften, die in stabartigen Gebilden auftreten können, nennt man die in der Stabachse weitergeleitete Kraft auch die „Längskraft" (Achsialkraft) im Stab.

10. Das zweibeinige Bockgerüst. Graphisches Verfahren. Es seien nun zwei am Boden drehbar angeschlossene Stäbe so aneinandergefügt, daß sie in ihrem Treffpunkt 0 eine Last P tragen können (Abb. 38). Ein solches System von Stäben nennt man Bockgerüst, und da es sich hier um die Verbindung zweier Stäbe handelt, heißt das Gebilde zweibeiniges Bockgerüst. Lassen wir nun auf dieses Stabsystem am Punkte 0 die Last P wirken, so hat sie offenbar das Bestreben, den Punkt 0 (Befestigungsöse) nach unten zu verschieben. Die beiden Stäbe zwingen aber, vorausgesetzt, daß sie genügend stark sind, den Punkt, in Ruhe zu bleiben. Wie ist das nun statisch zu erklären? Die beiden Stäbe ①

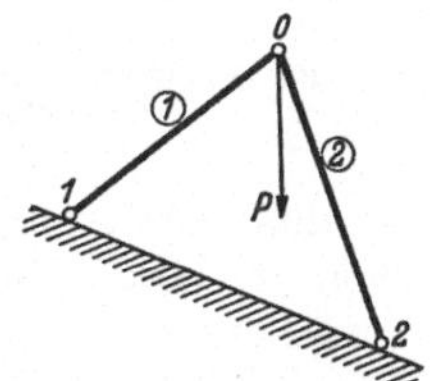

Abb. 38. Zweibeiniges Bockgerüst.

und ② wehren sich gegen die Verschiebung mit einer Kraft, die sie auf den Punkt 0 ausüben. Es wirken also auf diesen Punkt, den man Knotenpunkt oder Knoten nennt, außer der äußeren Kraft P noch zwei Kräfte, die von den Stäben herrühren, also „Stabkräfte" oder „innere Kräfte" sind. Wir können jetzt rein statisch sagen: Die Kraft P und die beiden Stabkräfte müssen im Gleichgewicht stehen, sofern Punkt 0 in Ruhe bleiben soll. Die Kraft P ist nach Größe und Richtung gegeben; die beiden Stabkräfte, die wir mit S_1 und S_2 bezeichnen wollen, sind ihrer Wirkungslinie nach bekannt, da ja bei gelenkigem Anschluß der Stäbe die Kraft der Stabmittellinie entlang geht. Es liegen also beim zweibeinigen Bockgerüst zwei Unbekannte vor, nämlich die zwei Stabkräfte (Längskräfte) S_1 und S_2 einschließlich ihres Vorzeichens (Zug oder Druck). Sie sind nach früheren Ausführungen eindeutig zu lösen, da es sich um Kräfte an dem gleichen Punkt handelt, wofür zwei Gleichgewichtsbedingungen zur Verfügung stehen. Die Lösung kann natürlich graphisch und analytisch erfolgen; wir betrachten zunächst das graphische Verfahren.

Es muß das zu den drei Kräften, der bekannten Kraft P und den unbekannten Stabkräften S_1 und S_2, gehörige Krafteck geschlossen sein. Das Krafteck ist durch P und die Parallelen zu den Stäben eindeutig bestimmbar (Abb. 39). Der

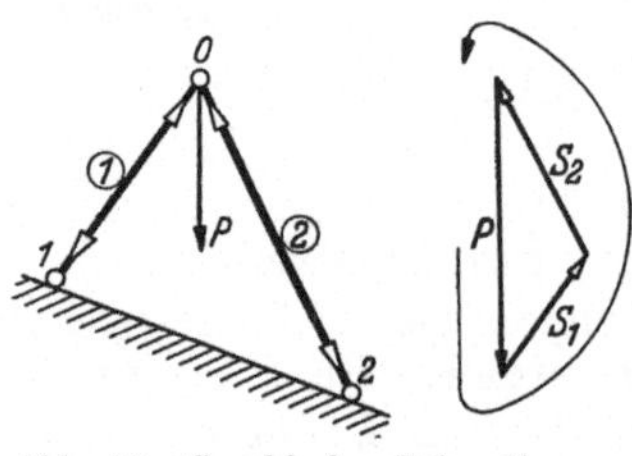

Abb. 39. Graphische Behandlung eines zweibeinigen Bockgerüstes.

durch P festgelegte Umfahrungssinn gibt unmittelbar die Richtung von S_1 und S_2 an, d. h. sie stimmen mit dem Umfahrungssinn überein. Was bedeutet der gewonnene Richtungspfeil für unsere Stäbe? Wir bedenken, daß wir am Punkt 0 Gleichgewicht hergestellt haben, daß wir als Ergebnis also Kräfte erhalten, die, auf den Punkt 0 wirkend, diesen in Ruhe halten. Zeichnen wir die erhaltenen Kräfte mit ihren Richtungen an dem Knotenpunkt 0 ein, so gibt das die Wirkung der Stabkraft auf den

Knotenpunkt an, d. h. die Gegenkraft des Stabes gegen die äußere Einwirkung (also die früher festgelegte Darstellung der Stabkraft). Da in beiden Stäben der Richtungspfeil *nach* dem Knotenpunkt gerichtet ist, liegt hier Druck vor. Ebenso wie der Stab auf den Knotenpunkt 0 wirkt, wirkt er auch auf seine Unterlage, er stützt sich ab. Tragen wir diese Wirkung an den Bodenanschlüssen ein, so erhalten wir das frühere Bild von Druckstäben. Es ist darauf zu achten, daß stets die Pfeile *dahin*gehend und an *dem* Endpunkt eingetragen werden, an dem die Gleichgewichtsbetrachtung angestellt wurde. Das Krafteck liefert dann also die Größe der Stabkräfte, während der Charakter des Stabes (ob Zug- oder Druckstab) nach Einführung der Richtungs-

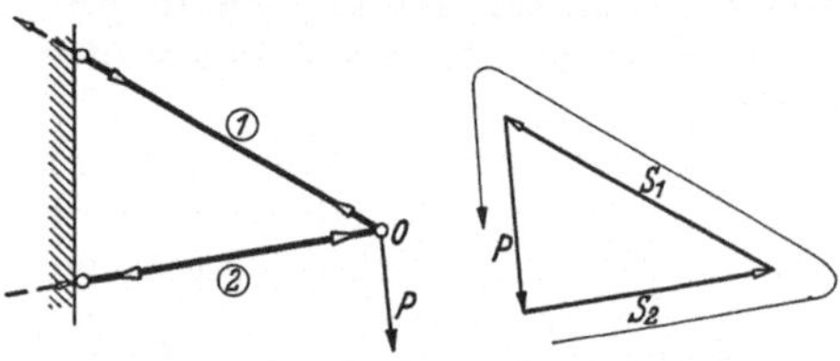

Abb. 40. Graphische Behandlung eines zweibeinigen Bockgerüstes.

pfeile an dem betreffenden Knotenpunkt aus dem technischen Kraftbild bzw. der Konstruktionsskizze zu ersehen ist.

Betrachten wir als weiteres Beispiel das in Abb. 40 dargestellte Stabsystem, auf das wieder eine gegebene Kraft P wirkt. Zu ermitteln sind abermals die beiden Stabkräfte S_1 und S_2. Durch P und die Parallelen zu den beiden Stäben

ist das Krafteck eindeutig festgelegt. Der Umfahrungssinn wird durch P bestimmt. Die erhaltenen Richtungspfeile sind am Knotenpunkt 0 in den entsprechenden Stäben einzutragen. Im Stabe ① geht der Pfeil vom Knotenpunkt weg, also tritt Zug auf, im Stabe ② ist der Pfeil nach dem Endpunkt 0 hingerichtet, demgemäß Druck. Zur Vervollständigung des Bildes tragen wir die umgekehrten Pfeile am anderen Ende der Stäbe ein. Die Größe der Stabkraft geht aus dem Krafteck hervor, zu dessen Aufzeichnung ein Kräftemaßstab gewählt werden mußte.

Wir bekommen durch diese Gleichgewichtslösung also immer die Kräfte, die der Stab auf die Knotenpunkte bzw. die Anschlußpunkte ausübt. Fragen wir nun nach den Kräften, die auf die einzelnen Stäbe wirken, dann müssen wir P *zerlegen* in die Komponenten K_1 und K_2, deren Richtungen durch die beiden Stabachsen gegeben sind (Abb. 41). Das Zerlegungskrafteck ist geometrisch gleich dem Gleichgewichtskrafteck, nur müssen wir beachten, daß entsprechend der Zerlegung die Richtungen der Teilkräfte dem Umfahrungssinn entgegengerichtet sind. Wir ersetzen also die Wirkung von P durch die Wirkung der beiden Kräfte K_1 und K_2. K_1 wirkt auf den Stab ① und weckt in diesem die Stabkraft S_1, die ihrerseits die Bodenreaktion am anderen Ende zur Folge hat. Entsprechend erfährt die zweite Komponente K_2 in ihrer Wirkung auf den Stab ② eine Gegenkraft von seiten des Stabes. Es ist wichtig, hier ganz scharf zu unterscheiden zwischen den Kräften, die auf die Konstruktion wirken (äußere Kräfte), und solchen, mit denen sich die Konstruktion gegen den äußeren Einfluß, also eine Verschiebung, wehrt (innere Kräfte).

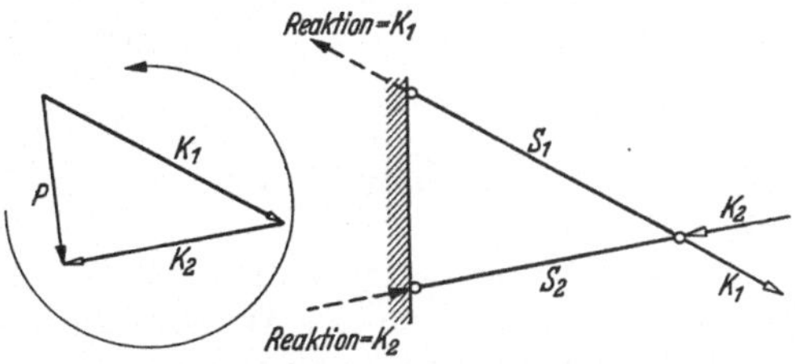

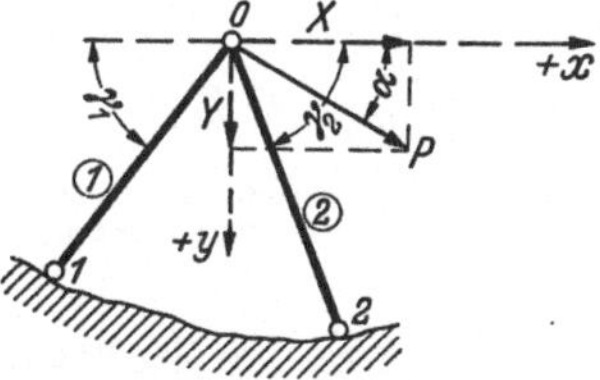

Abb. 41. Die äußeren Einflüsse auf ein Bockgerüst.

11. Zweibeiniges Bockgerüst; analytisches Verfahren. Auf das zweibeinige Bockgerüst sollen beliebige Kräfte wirken, die sich zu der Kraft P zusammenfassen lassen (Abb. 42). Gesucht sind wieder die Stabkräfte S_1 und S_2. Zur analytischen Behandlung stehen uns zwei Gleichungen zur Verfügung:

$$\sum X_i = 0 \quad \text{und} \quad \sum Y_i = 0.$$

P läßt sich zerlegen in die beiden Komponenten X und Y; es ist

$$X = P \cdot \cos\alpha \quad \text{und} \quad Y = P \cdot \sin\alpha.$$

Die beiden Stabkräfte müssen wir nun ebenfalls in ihre X- und Y-Komponenten zerlegen. Da wir die Richtungen der Kräfte nicht kennen, nehmen wir zunächst wieder eine Richtung für jede Stabkraft an, d. h. wir wählen zunächst ganz willkürlich eine Zugkraft oder Druckkraft. Im allgemeinen führt man als vorläufige Annahme ein, daß alle Stäbe Zugstäbe seien. Mit diesen gewählten Richtungen wird dann gerechnet.

Abb. 42. Analytische Betrachtung eines Bockgerüstes.

Nach dieser Annahme für die Richtung der Stabkräfte sind alle Kräfte mit einem Vorzeichen behaftet, und man kann auch die Komponenten von S_1 und S_2 bilden. Mit γ_1 und γ_2 als Winkel im ersten Quadranten treten unter der Annahme von Zugstäben (Pfeile vom Punkte 0 fortgerichtet!) als Komponenten der Stabkräfte auf:

$$\text{für } S_1: \quad X_1 = -S_1 \cdot \cos\gamma_1 \quad \text{und} \quad Y_1 = +S_1 \cdot \sin\gamma_1,$$
$$\text{für } S_2: \quad X_2 = +S_2 \cdot \cos\gamma_2 \quad \text{und} \quad Y_2 = +S_2 \cdot \sin\gamma_2.$$

Dabei ist die x-Richtung nach rechts positiv und die y-Richtung nach unten positiv festgelegt. Diese Vorzeichenfrage der Komponenten muß von vornherein nach Annahme der Zugwirkung in den Stäben klargestellt werden, erst dann lassen sich die Gleichungen anschreiben.

$$\sum X_i = 0: \quad X - S_1 \cdot \cos\gamma_1 + S_2 \cdot \cos\gamma_2 = 0,$$
$$\sum Y_i = 0: \quad Y + S_1 \cdot \sin\gamma_1 + S_2 \cdot \sin\gamma_2 = 0.$$

Wir haben beim Ansetzen dieser Gleichungen vorausgesetzt, daß beide Stäbe Zugstäbe sind. Wird nun das Ergebnis für S_1 bzw. S_2 positiv, dann war die eingeführte Richtung der Stabkraft richtig, kommt ein negatives Ergebnis heraus, so war die Annahme falsch; wir müssen dann den umgekehrten Richtungspfeil annehmen, d. h. der Stab wird gedrückt. Solange in unserem Beispiel $\alpha < \gamma_2$, wird S_1 positiv, also ist der Stab ① ein Zugstab, S_2 wird negativ, d. h. S_2 ist eine Druckkraft.

Natürlich kann man auch allgemein von den Winkeln ausgehen, die die einzelnen Stäbe mit der positiven x-Achse einschließen (hier entgegengesetzt dem Uhrzeigersinn drehend), und hat dann (Abb. 43):

$$X + S_1 \cdot \cos\beta_1 + S_2 \cdot \cos\beta_2 = 0\,,$$

$$Y + S_1 \cdot \sin\beta_1 + S_2 \cdot \sin\beta_2 = 0\,,$$

wobei aber je nach dem Quadranten die Vorzeichen der Winkelfunktionen verschieden sind.

Dieses Lösungsverfahren läßt sich in einfachster Weise anders gestalten. Wir wollen die Funktionen der Winkel, die die Stäbe mit der x-Achse einschließen, durch Strecken ausdrücken; die in Abb. 43 eingezeichneten Winkel sollen in ihren Beziehungen dargestellt werden durch die Koordinaten der Anschlußpunkte der Stäbe am Boden, bzw. durch die Längen der Stäbe. Der Koordinatenanfang fällt mit dem Punkt 0 zusammen. Es wird:

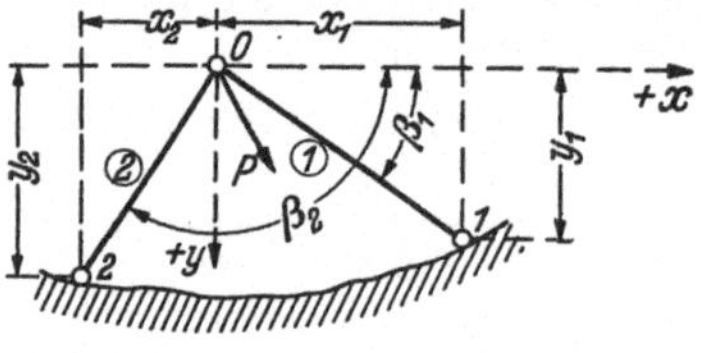

$$\cos\beta_1 = \frac{x_1}{l_1}\,; \qquad \sin\beta_1 = \frac{y_1}{l_1}$$

und entsprechend:

$$\cos\beta_2 = \frac{x_2}{l_2}\,; \qquad \sin\beta_2 = \frac{y_2}{l_2}\,;$$

Abb. 43. Betrachtung des Zweibockes mit Hilfe der Koordinaten.

l_1 und l_2 sind die Stablängen. Die Vorzeichen der trigonometrischen Funktionen sind in den neuen Ausdrücken enthalten, da ja die Koordinaten mit Vorzeichen versehen sind. So ist z. B. $\cos\beta_2$ negativ, da der Winkel β_2 im zweiten Quadranten liegt, entsprechend hat x_2/l_2 ein negatives Vorzeichen, da x_2 nach links negativ ist. Wir sehen daraus, daß die Vorzeichenfrage keine Schwierigkeiten bietet, weil bei einem Stabsystem die Stäbe und damit auch die Koordinaten der Stäbe einschließlich der Vorzeichen festliegen. Sind also bei einem gegebenen Stabsystem die geometrischen Dimensionen des Bockgerüstes und die Belastung gegeben, dann lassen sich die Stabkräfte errechnen aus den Gleichgewichtsbedingungen:

$$\left.\begin{aligned}X + S_1 \cdot \frac{x_1}{l_1} + S_2 \cdot \frac{x_2}{l_2} &= 0\,,\\[2mm] Y + S_1 \cdot \frac{y_1}{l_1} + S_2 \cdot \frac{y_2}{l_2} &= 0\,.\end{aligned}\right\} \tag{10}$$

Die Koordinaten sind hierbei gegeben durch die Projektionen der Stablängen auf die x- bzw. y-Achse. Fällt diese Projektion auf den positiven Teil einer Achse, so ist diese, also auch die betreffende Koordinate, positiv; fällt die Projektion auf die negative Seite der Achse, so kommt das negative Vorzeichen in Frage. Wir können also ganz schematisch die Projektionen der Stablängen in diese beiden Gleichungen einsetzen und die beiden Unbekannten S_1 und S_2 berechnen. Wenn sich für die Stabkraft S_1 oder S_2 ein positiver Wert ergibt, so bedeutet das einen Zugstab, ein negativer Wert stellt einen Druckstab dar. Die Werte l_1 und l_2 können aus einer maßstäblichen Konstruktionszeichnung entnommen (abgemessen) oder errechnet werden mit den Formeln

$$l_1 = \sqrt{x_1^2 + y_1^2}\,, \qquad l_2 = \sqrt{x_2^2 + y_2^2}\,.$$

Zahlenbeispiel. Gegeben: die Kraft $P = 1000$ kg, die mit der x-Achse den angegebenen Winkel $\alpha = 30°$ einschließt, und die geometrischen Dimensionen des Bockgerüstes (konstruktiven Maße) (Abb. 44). Das rechtwinklige Koordinatensystem können wir durch den Punkt 0 beliebig legen; wir werden uns natürlich zweckmäßig an die technischen Maßangaben halten, so daß das Koordinatensystem praktisch wohl immer mit einer Achse horizontal zu liegen kommt. Die Koordinaten der Fußpunkte schreiben wir in einer Tabelle zusammen:

Achse \ Punkt	1	2
x	-1	$+3$
y	$+4$	-2

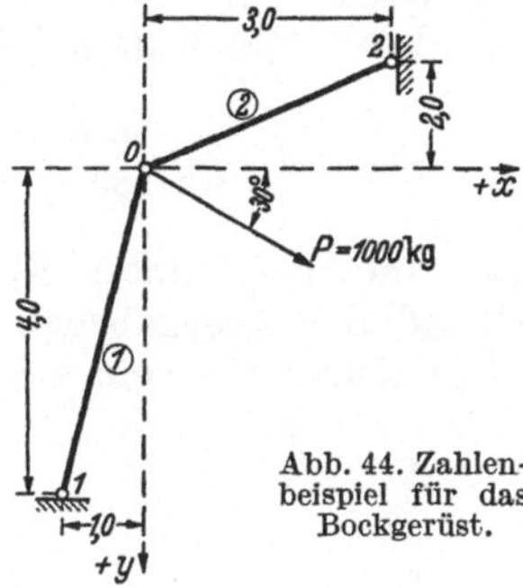

Abb. 44. Zahlenbeispiel für das Bockgerüst.

Die Projektion der Stablänge l_1 auf die x-Achse fällt auf deren negativen Teil, es ist also x_1 negativ; ebenso y_2. Die Stablängen ergeben sich zu

$$l_1 = \sqrt{1,0^2 + 4,0^2} = 4,123 \text{ m},$$

$$l_2 = \sqrt{3,0^2 + 2,0^2} = 3,606 \text{ m}.$$

Das negative Vorzeichen der Koordinaten hat in dem letzten Ausdruck keine Bedeutung, da die Zahlen im Quadrat vorkommen. Wir erhalten für die Stablängen also immer positive Werte. Unsere Gleichungen lauten jetzt:

$$S_1 \cdot \frac{(-1)}{4,123} + S_2 \cdot \frac{(+3)}{3,606} + 1000 \cdot \cos 30° = 0,$$

$$S_1 \cdot \frac{(+4)}{4,123} + S_2 \cdot \frac{(-2)}{3,606} + 1000 \cdot \sin 30° = 0.$$

Die beiden Unbekannten S_1 und S_2 lassen sich aus den zwei Gleichungen bestimmen. Zweckmäßig führt man statt der Unbekannten S_i die Größe S_i/l_i als Unbekannte ein und löst die Gleichungen auf:

$$\frac{S_1}{l_1} \cdot (-1) + \frac{S_2}{l_2} \cdot (+3) + 1000 \cdot \cos 30° = 0,$$

$$\frac{S_1}{l_1} \cdot (+4) + \frac{S_2}{l_2} \cdot (-2) + 1000 \cdot \sin 30° = 0.$$

Auf diese Weise ist die Zahlenrechnung etwas bequemer, da wir am Schluß nur einmal mit l_1 und einmal mit l_2 zu multiplizieren haben. Man findet:

$$\frac{S_1}{l_1} = -323,2 \text{ kg/m}, \qquad \frac{S_2}{l_2} = -396,4 \text{ kg/m}$$

und daraus:

$$S_1 = -4,123 \cdot 323,2 = -1332,6 \text{ kg}$$

$$\text{und} \quad S_2 = -3,606 \cdot 396,4 = -1429,4 \text{ kg}.$$

Das Endergebnis zeigt einen negativen Wert für beide Stäbe, d. h. ① und ② sind Druckstäbe, da wir von vornherein Zugstäbe eingeführt hatten.

12. Verbindung von graphischem und analytischem Lösungsgang. (Graphoanalytisches Lösungsverfahren.) Vielfach empfiehlt es sich, eine Verbindung der beiden Rechenverfahren anzuwenden. Das Wesen dieses Lösungsganges beruht darauf, daß man die geometrische Lösungsfigur benutzt, um mathematische Ausdrücke daraus abzuleiten. Eine maßstäbliche Zeichnung ist dabei nicht erforderlich, es genügt eine ungefähre Skizze (Handskizze) des Kraftecks.

Gegeben sind: das Stabsystem durch die Winkel γ_1 und γ_2, Kraft P nach Größe und Richtung (Winkel α) (Abb. 45). Die Stablängen brauchen nicht gegeben zu sein. Gesucht sind die Stabkräfte.

Wir skizzieren uns das Krafteck auf, ohne Wert auf den Maßstab zu legen, und finden aus dem Umfahrungssinn:

$$S_1 = \text{Zugkraft}; \quad S_2 = \text{Druckkraft}.$$

Die Größe der Kräfte wird aus trigonometrischen Beziehungen des Kraftecks errechnet. Nach dem Sinussatz ergibt sich:

$$S_1 = P \cdot \frac{\sin(\gamma_2 - \alpha)}{\sin(180 - (\gamma_1 + \gamma_2))} = P \cdot \frac{\sin(\gamma_2 - \alpha)}{\sin(\gamma_1 + \gamma_2)} \; ; \qquad S_2 = P \cdot \frac{\sin(\alpha + \gamma_1)}{\sin(\gamma_1 + \gamma_2)} .$$

Bei einer bestimmten Konstruktion wird man natürlich die Dreieckswinkel auf Grund der angegebenen Winkelgrößen unmittelbar feststellen und nicht von allgemeinen Formeln ausgehen. Mit den für α, γ_1 und γ_2 angegebenen Winkelgrößen hat man die im Kraftdreieck (Abb. 45) eingetragenen Winkel, und es ergibt sich damit:

$$S_1 = P \cdot \frac{\sin 40°}{\sin 75°} \; ;$$

$$S_2 = P \cdot \frac{\sin 65°}{\sin 75°} .$$

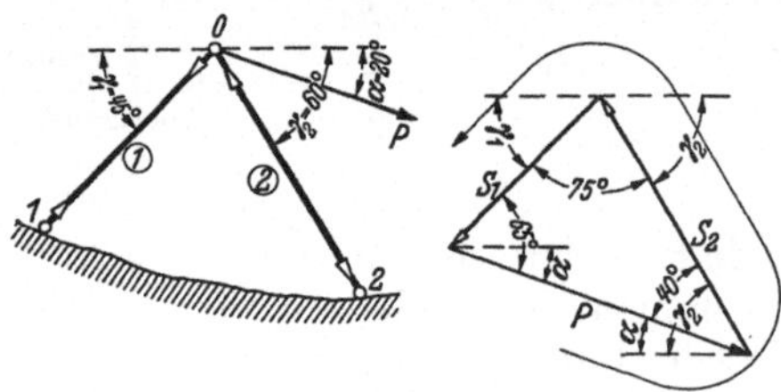

Abb. 45. Zur grapho-analytischen Behandlung eines Bockgerüstes.

Wir haben hier den Vorteil, daß wir jede Unbekannte unabhängig von der anderen berechnen, also zweimal eine Gleichung mit je einer Unbekannten lösen können.

Als weiteres Beispiel zu diesem Verfahren sei ein anderes Zweibockgerüst mit seinen geometrischen Maßen gegeben (Abb. 46). Wir skizzieren wieder das Krafteck auf und suchen aus der Figur analytische Beziehungen zur Berechnung der Stabkräfte S_1 und S_2. Wir finden eine ganz einfache Beziehung aus der Ähnlichkeitsbetrachtung der geometrischen Figur der Konstruktion und des Kraftecks.

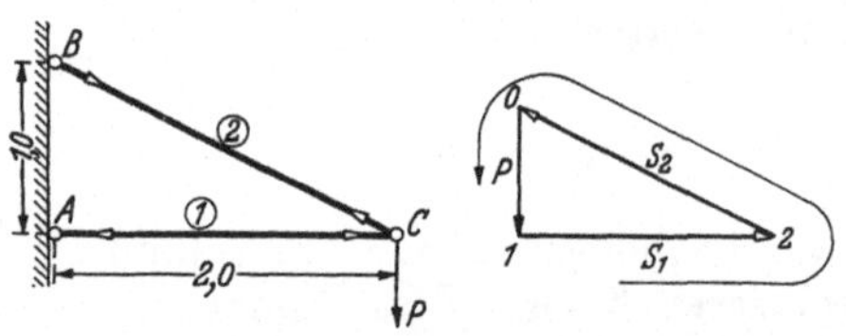

Abb. 46. Zur grapho-analytischen Behandlung eines Bockgerüstes.

$$P : S_1 = AB : AC = 1 : 2,$$
$$S_1 = 2\,P$$
und
$$P : S_2 = 1 : \sqrt{5},$$
$$S_2 = 2{,}236\,P .$$

Das Verfahren ist also tatsächlich ein rein rechnerisches, bei dem keinerlei zeichnerisches Handwerkszeug gebraucht wird; die Skizze des Kraftecks dient nur zur Ableitung von Beziehungen, mit denen der gesuchte Wert errechnet wird. Es gehört bei diesem Verfahren eine gewisse Gewandtheit dazu, jeweils die einfachste Rechenmethode zu erkennen.

An Hand der Abb. 46 sei noch auf eine Beziehung hingewiesen, die besondere Bedeutung für Kräfte im *Raume* hat. Die Projektion der Stablänge ② im technischen Bild auf die lotrechte Richtung ist durch die Länge AB gegeben, die Projektion der Stabkraft S_2 im Krafteck auf die vertikale Richtung durch 0 1; die Ähnlichkeit der Dreiecke ergibt, daß *sich die Stablänge zu ihrer Projektion verhält wie die Stabkraft zu ihrer Projektion auf die gleiche Richtung.* Dieser Satz gilt allgemein, wie sich aus der Betrachtung des technischen Bildes und des Kraftecks erkennen läßt. Der früher gewonnene Ausdruck $X_i = S_i \cdot \dfrac{x_i}{l_i}$ ist in dieser Aussage enthalten.

13. Projektionsverfahren. Bei dem unter Nr. 11 betrachteten analytischen Verfahren hatten wir als Lösungsweg zwei Gleichungen mit zwei Unbekannten gefunden, bei dem Verfahren unter Nr. 12 dagegen zweimal eine Gleichung mit je einer Unbekannten. Solche Gleichungen lassen sich auch erreichen durch Einführung zweckmäßig gewählter Richtungen, statt der seither verwandten x- und y-Richtung für die Komponenten. Wollen wir z. B. (Abb. 47) nur S_1 berechnen, so müssen wir eine Gleichung aufstellen, in der S_2 verschwindet. Das gelingt uns, wenn wir eine Richtung wählen, in der S_2 keine Komponente aufweist, das ist die Richtung senkrecht zu S_2, (I—I); wir haben dann die Projektionen aller Kräfte, die im Gleichgewicht stehen sollen, für diese Achse zu bilden und die Summe aller dieser Komponenten in Richtung der Achse I—I gleich Null zu setzen. Die Gleichung wird wie früher angesetzt, indem wir einerseits für die Stabkraft S_1

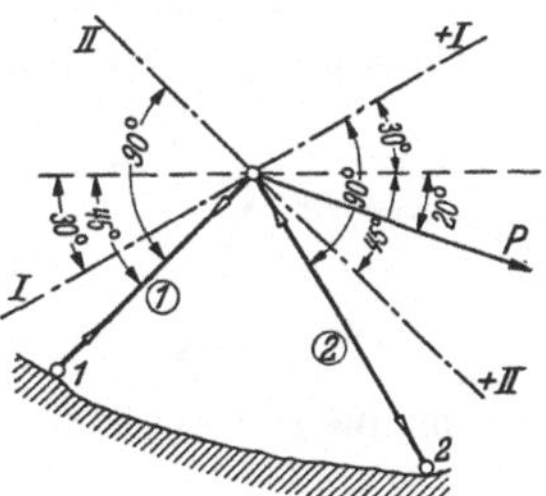

Abb. 47. Das Projektionsverfahren beim Zweibock.

zunächst die Richtung als Zugstab einführen, andererseits nach einer Seite der Achse das positive Vorzeichen festlegen (hier nach rechts oben).

$$P \cdot \cos 50° - S_1 \cdot \cos 15° + S_2 \cdot 0 = 0.$$

Wir erhalten also eine Gleichung mit einer Unbekannten.

Wollen wir S_2 berechnen, dann werden wir S_1 aus der Gleichung herausbringen, indem wir die Komponenten für eine Achse senkrecht zu S_1 ansetzen, d. i. Achse II—II. Die Gleichung lautet, wenn man zunächst auch hier einen Zugpfeil für S_2 einführt und die positive Richtung von II nach rechts unten wählt:

$$P \cdot \cos 25° + S_1 \cdot 0 + S_2 \cdot \cos 15° = 0.$$

Was wir nun hingeschrieben haben, ist lediglich eine Darstellung der Gleichgewichtsbedingungen: die Summen der Komponenten aller Kräfte für zwei beliebige Achsen müssen verschwinden. Es ist natürlich nicht die einzelne Kraft zerlegt in die Richtungen I—I und II—II, sondern erst wurde jede Kraft zerlegt gedacht in Richtung I—I und senkrecht dazu, aber nur die erste Komponente benutzt; dann wurde jede Kraft zerlegt gedacht in Richtung II—II und senkrecht dazu und wiederum nur die erste Komponente verwandt. Die Gleichungen sind nun so aufgebaut, daß in jeder nur eine Unbekannte vorkommt. Wir erhalten:

$$S_1 = P \cdot \frac{\cos 50°}{\cos 15°} \quad \text{(Zugkraft)},$$

$$S_2 = . - P \cdot \frac{\cos 25°}{\cos 15°} \quad \text{(Druckkraft)}.$$

Wir sparen also bei diesem vierten Verfahren gegenüber dem zweiten Rechenarbeit, müssen aber bei Aufstellung der Gleichungen mehr Denkarbeit leisten. Das zweite Verfahren andererseits ist schematischer in der Anwendung, erfordert aber dafür mehr Rechenarbeit.

Das nach dem Projektionsverfahren gewonnene Ergebnis für die Stabkräfte S_1 und S_2 muß natürlich mit demjenigen des dritten Verfahrens übereinstimmen, da es sich in beiden Fällen um das gleiche Beispiel handelt. Das ist aber auch der Fall, denn es ist $\cos 50° = \sin 40°$.

Es läßt sich noch ein fünftes Verfahren zur Ermittlung der Stabkräfte im zweibeinigen Bockgerüst aufstellen, das wir aber noch zurückstellen müssen für ein späteres Kapitel; es sei als *Momentenverfahren* bezeichnet.

14. Sonderfälle bei Kräften der Ebene an dem gleichen Punkt. Da Sonderfälle von großer Bedeutung sind, möge im folgenden auf solche eingegangen werden.

Wenn eine auf ein zweibeiniges Bockgerüst wirkende Kraft P in die Richtung eines Stabes fällt (Abb. 48), wird sie von diesem Stab ganz aufgenommen und der andere Stab erhält die Stabkraft Null. Der Beweis ergibt sich sofort, wenn man die Summe aller Kraftkomponenten in Richtung senkrecht zum Stab ① aufstellt:

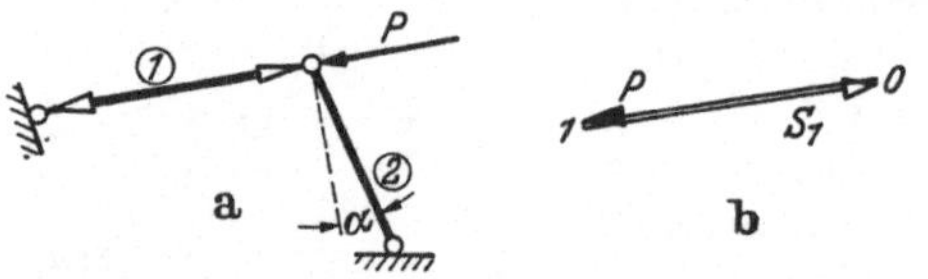

$$S_2 \cdot \cos \alpha = 0.$$

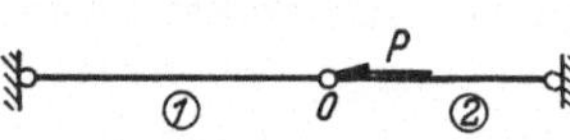

Abb. 48. Die Last fällt in Richtung eines Stabes.

Da aber $\cos \alpha$ nicht gleich Null ist, muß S_2 gleich Null sein. Nachdem dies feststeht, liefert die Komponentenbedingung für die Richtung des Stabes ① unmittelbar $S_1 = P$, wobei S_1 bei der hier wirkenden Kraft Druck ist. Das gleiche Ergebnis findet man, wenn man für den Punkt 0 das Kraftdreieck zeichnet: man hat (Abb. 48b) durch den einen Endpunkt von P die Parallele zu ① zu ziehen, durch den anderen die Parallele zu ②; man erkennt, daß das Dreieck auf ein Zweiseit (Gerade) zusammenschrumpft mit dem Ergebnis $S_1 = P$ und $S_2 = 0$. Ein derartiger Belastungsfall, daß an einem Knotenpunkt mit zwei Stäben die äußere Kraft in die Richtung des einen Stabes fällt, kommt bei Stabsystemen vielfach vor.

Wirkt auf das Bockgerüst überhaupt keine Kraft, ist also P gleich Null, dann entsteht in den beiden Stäben keine Spannung oder, schärfer ausgedrückt, in den Stäben tritt eindeutig die innere Kraft Null auf. Da P gleich Null, schrumpft nämlich das zugehörige Krafteck in einen Punkt zusammen, also haben die Parallelen zu den Stäben ① und ② die Größe Null. Man findet natürlich dieses Ergebnis auch sofort aus den Komponentenbedingungen, da hier ein Sonderfall von dem der Abb. 42 vorliegt.

Abb. 49. Sonderfall eines zweibeinigen Bockgerüstes.

Eine Sonderanordnung des Zweistabsystems liegt dann vor, wenn die beiden Stäbe in die gleiche Gerade fallen. Falls nun eine Kraft P in der Linie der Stäbe wirkt (Abb. 49), so ergibt die Gleichgewichtsbedingung, wenn zunächst Zugpfeile am Punkt 0 eingetragen werden:

$$S_1 + P = S_2 \quad \text{oder} \quad S_2 - S_1 = P.$$

Eine weitere Aussage kann man über die Größen S_1 und S_2 nicht machen, d. h. die Aufgabe ist unbestimmt. Wir haben hier zwei Unbekannte, aber, weil alle Kräfte in derselben Geraden liegen, nur eine Gleichung. Eine Aufgabe, bei der mehr Unbekannte vorliegen, als statische Gleichungen zur Verfügung stehen, nennt man statisch unbestimmt; sie kann auf dem Wege der Statik allein nicht gelöst werden. Wirkt auf das gezeichnete Bild keine Kraft, ist also $P = 0$, so ergibt sich lediglich $S_1 = S_2$, aber keine Aussage darüber, wie groß die einzelne Kraft ist.

Wenn auf dieses Stabsystem eine lotrechte Kraft wirkt (Abb. 50a), ergeben sich ganz andere Verhältnisse. Die Aufstellung der Komponentengleichung für die waagerechte Richtung liefert $S_1 = S_2$, aber in lotrechter Richtung kann die Summe der Komponenten gar nicht verschwinden, denn es wirkt ja P allein in dieser Richtung. Da aber im Gleichgewichtsfalle die Summe der Kraftkomponenten in jeder beliebigen Richtung verschwinden muß, so kann eben hier kein Gleichgewicht herrschen, solange die Stäbe in die gleiche Richtung fallen. In Wirklichkeit sind allerdings die Stäbe mehr oder weniger elastisch, unter dem

Einfluß von P wird der Punkt 0 bei der Nachgiebigkeit der Stäbe etwas verschoben und die Stäbe ① und ② laufen nicht mehr parallel (Abb. 50c). Sie schließen aber einen sehr großen Winkel ein und so entstehen sehr große Stabkräfte; man hat die Komponentenbedingung:

$$S_1 \cdot \sin\gamma + S_2 \cdot \sin\gamma = P,$$

also

$$S_1 + S_2 = \frac{P}{\sin\gamma};$$

da γ ein sehr kleiner Winkel ist, werden die Stabkräfte sehr groß. Das erkennt man auch sofort aus dem Kraftdreieck. Wird nun der Winkel $\gamma = 0$, so entsteht

$$S_1 + S_2 = \infty,$$

und da andererseits beide Kräfte gleich groß sein sollen, wird jede dieser Stabkräfte unendlich groß. Das zeigt auch das Kraftdreieck: da die Parallelen zu den Stabkräften ① und ② sich erst im Unendlichen schneiden (Abb. 50b),

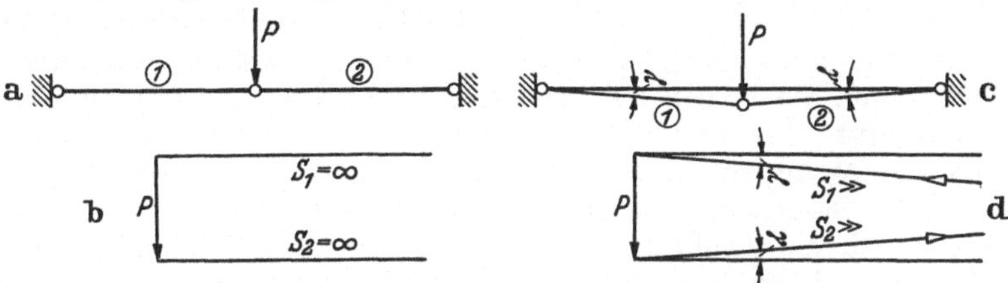

Abb. 50. Sonderfall eines zweibeinigen Bockgerüstes.

werden sie beide entweder $+\infty$ oder beide $-\infty$. Das würde besagen: Gleichgewicht kann nur bestehen, wenn die Stabkräfte selbst unendlich groß werden oder, anders ausgedrückt, wenn die Stäbe unendlich große Kräfte übertragen könnten. Das ist aber praktisch nicht möglich, infolgedessen ist kein Gleichgewichtszustand vorhanden. Immer dann, wenn unendlich große innere Kräfte auftreten, liegt der Fall einer (mindestens unendlich kleinen) Beweglichkeit vor.

Wirkt auf zwei Stäbe in derselben Geraden am Knotenpunkt eine schräggerichtete Kraft (Abb. 51), so ergibt sich wieder für die inneren Kräfte S_1 und S_2 ein unendlich großer Wert, aber jetzt ist S_1 nicht mehr gleich S_2, sondern es ist:

$$S_2 - S_1 = P \cdot \cos\alpha,$$

d. h. $\infty - \infty = P \cdot \cos\alpha$.

$(\infty - \infty)$ gehört zu den unbestimmten Zahlen wie auch die Größen $0/0, 0 \cdot \infty$ usw. Solche unbestimmten Ausdrücke können einen beliebigen Zahlenwert annehmen; sie sind also, als allgemeine Größen gesehen, vieldeutig, erhalten aber in einer bestimmten Aufgabe einen eindeutigen Wert. Dieser eindeutige Wert ist hier gerade $P \cdot \cos\alpha$. In der Mathematik sagt man: wenn ein bestimmter Grenzübergang bei diesen unbestimmten Größen vorgenommen wird, entsteht ein eindeutiger Wert.

Falls drei unbekannte Stabkräfte in der Ebene an demselben Punkt vorliegen (Abb. 52), dann ist die Lösung vieldeutig, da den drei Unbekannten nur zwei Gleichgewichtsbedingungen gegenüberstehen. Wir haben also wieder ein statisch unbestimmtes System.

Wenn auf ein solch ebenes dreibeiniges Bockgerüst eine Last P in Richtung eines Stabes wirkt, so braucht durchaus nicht diese Stabkraft gleich P zu sein, sondern weil es sich um eine statisch unbestimmte Konstruktion handelt, kann S_2 ganz verschiedene Werte aufweisen. Man kann S_2 ganz willkürlich wählen und hat erst damit die anderen Stabkräfte S_1 und S_3 bestimmt. In Abb. 52b ist für S_2 eine Zugkraft gewählt und in Abb. 52c eine Druckkraft für S_2 eingeführt.

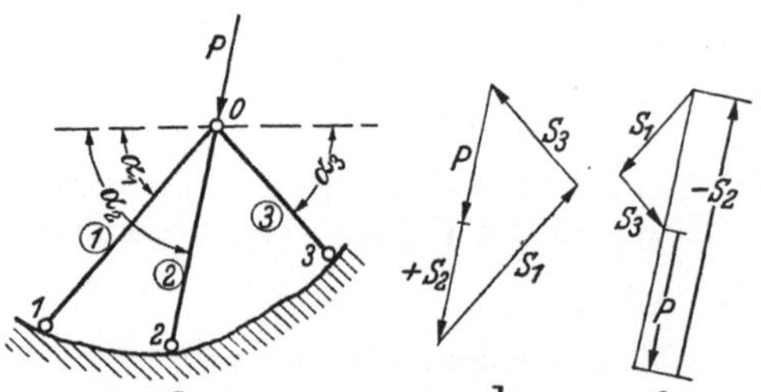

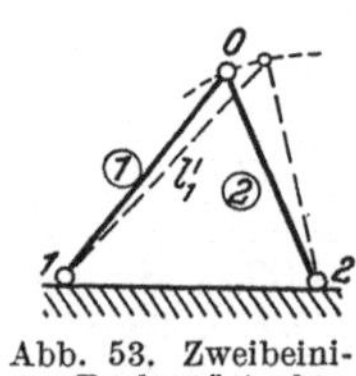

Abb. 52. Dreibeiniges Bockgerüst in der Ebene.

Wirkt nun auf ein solches Stabgebilde keine Kraft, also P gleich Null, so muß die Aufgabe auch unbestimmt sein. Unter Einführung von Zugpfeilen lauten die Komponentenbedingungen:

$$-S_1 \cos \alpha_1 - S_2 \cos \alpha_2 + S_3 \cos \alpha_3 = 0,$$
$$S_1 \sin \alpha_1 + S_2 \sin \alpha_2 + S_3 \sin \alpha_3 = 0.$$

Erst nach Annahme einer der drei Kräfte sind die beiden anderen bestimmt. Das zeigt auch die graphische Behandlung. Nimmt man etwa $S_2 = 0$ an, so werden auch die beiden anderen Stabkräfte Null. Es brauchen also hier die Stabkräfte durchaus nicht Null zu werden, können es aber sein. Wenn die drei Stäbe ganz genau die vorgeschriebene geometrische Länge haben und bei gleicher Temperatur aufgebaut werden, so werden zunächst keine Stabkräfte auftreten. Wenn aber dann etwa der Stab ② sich erwärmt, dagegen ① und ③ nicht, dann sucht sich der Stab ② auszudehnen. Er übt auf den Punkt 0 eine Kraft aus, und dieser Einwirkung setzen die Stäbe ① und ③ Widerstand entgegen; so entstehen also Stabkräfte. Das gilt für alle statisch unbestimmten Konstruktionen: allein durch Temperatureinflüsse entstehen in ihnen innere Kräfte. Bei statisch bestimmten Konstruktionen ist dies nicht der Fall: wenn etwa in Abb. 53 der Stab ① eine Temperaturerhöhung erfahren würde, dann könnte sich dieser Stab ungehindert verlängern. Der Punkt 0 würde dabei einen Kreisbogen um den Endpunkt von 2 (Gelenk!) beschreiben und so eine neue Lage einnehmen, die durch die größere Stablänge l_1' und die Stablänge l_2

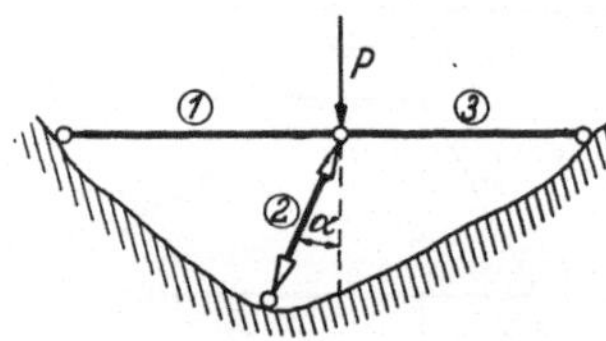

Abb. 53. Zweibeiniges Bockgerüst ohne Last.

bestimmt ist. Aber diese Bewegung geht hemmungslos vor sich, sofern in dem Drehpunkt keine Reibung auftritt. Im Stab ② wird kein Widerstand entstehen, also beide Stabkräfte bleiben Null.

Auf folgende Sonderfälle, die für größere Stabsysteme Bedeutung haben, sei noch besonders hingewiesen; sie sind auch alle vieldeutig, erlauben aber, *eine* Stabkraft eindeutig zu bestimmen. Für die Anordnung der Abb. 54 ergeben sich unter Einführung von Zugpfeilen die Komponentenbedingungen:

Abb. 54. Sonderfall eines dreibeinigen ebenen Bockgerüstes.

$$P + S_2 \cos \alpha = 0$$

und

$$S_1 + S_2 \sin \alpha - S_3 = 0.$$

Aus der ersten Gleichung ergibt sich S_2 eindeutig als Druck, die letztere liefert die Differenz von S_1 und S_3:

$$S_1 - S_3 = +P \cdot \operatorname{tg} \alpha,$$

aber nicht den Einzelwert der beiden Stabkräfte. Wirkt überhaupt keine Last, also ist P gleich Null, dann tritt auch im Stab ② keine innere Kraft auf, wohl aber werden die Stäbe ① und ③ gleich große Kräfte erhalten, die allerdings auch Null sein können. Wirkt eine Kraft in Richtung der beiden Stäbe (Abb. 55), dann tritt in Stab ② eindeutig die Stabkraft

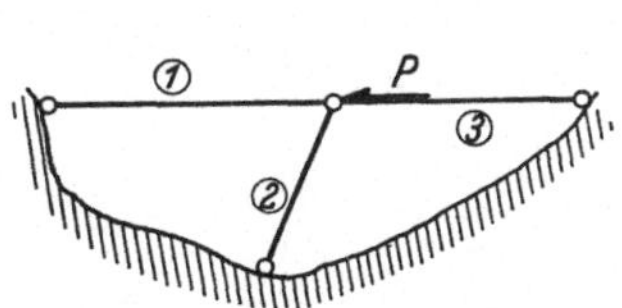

Abb. 55. Sonderfall eines dreibeinigen ebenen Bockgerüstes.

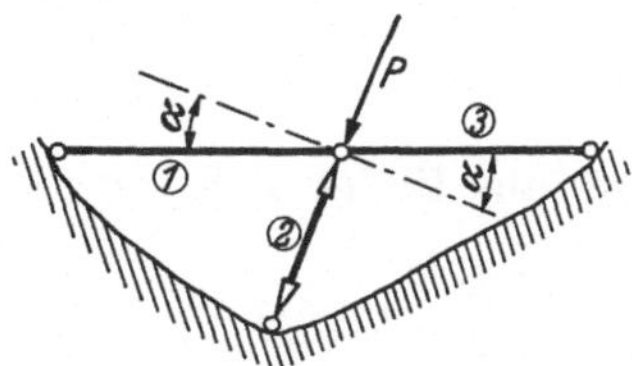

Abb. 56. Sonderfall eines dreibeinigen ebenen Bockgerüstes.

Null auf. Fällt aber P in Richtung des Stabes ② (Abb. 56), dann erhält dieser Stab eine Druckkraft P, während S_1 und S_3 wieder gleich groß sind, wie sich aus der Komponentenbedingung für die Richtung senkrecht zu P ergibt. Natürlich können diese beiden Stäbe auch frei von Kraft sein.

Alle diese Fälle sind von Bedeutung bei Gebilden, die aus Stäben zusammengesetzt sind. In Abb. 57 bleiben die Stäbe 1, 2, 9, 14, 17 ohne weiteres spanungsfrei, die Stäbe 5 und 13 erhalten dagegen eine innere Kraft von der Größe P_1 bzw. P_2.

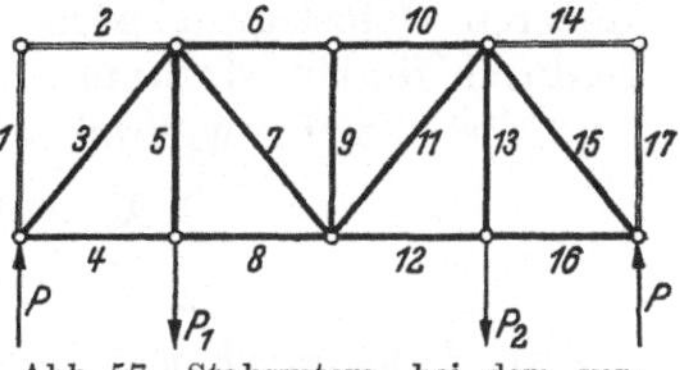

Abb. 57. Stabsystem, bei dem verschiedene Stäbe keine Kraft erhalten.

Übungsaufgaben.

1. Aufgabe. Eine Lampe von gegebenem Gewicht hänge an zwei Kabeln mit gegebener Länge l_1 und l_2 fest; gesucht sind die Kräfte in den Kabeln (Abb. 58).

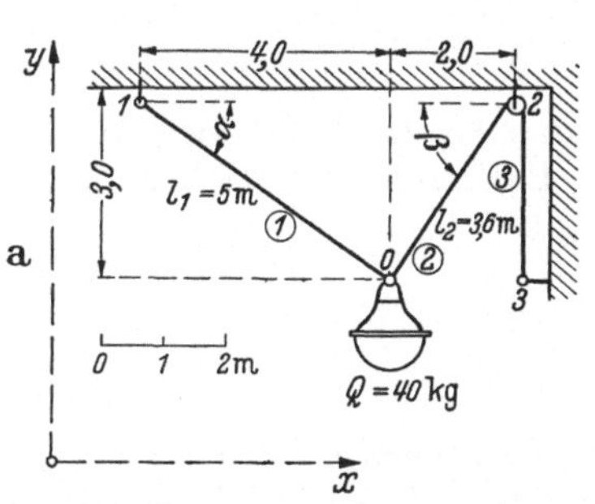

Abb. 58. Übungsbeispiel.

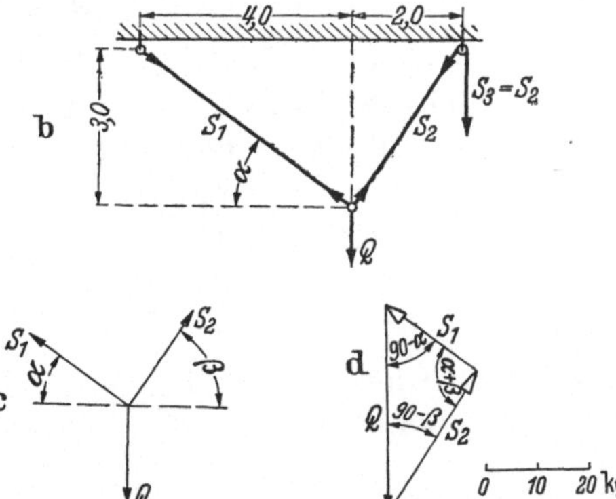

Lösung. Wir haben ein geometrisch festliegendes Gebilde. Die Kabelkräfte S_1 und S_2 müssen mit Q im Gleichgewicht stehen. Die Lösung ist verschiedenartig möglich.

a) *Analytische Lösung nach den angegebenen Formeln* (10). Die Koordinaten und Stablängen sind gegeben durch

$$x_1 = -4{,}0 \qquad y_1 = +3{,}0 \qquad l_1 = \sqrt{x_1^2 + y_1^2} = 5{,}0,$$
$$x_2 = +2{,}0 \qquad y_2 = +3{,}0 \qquad l_2 = \sqrt{x_2^2 + y_2^2} = 3{,}6.$$

Die wirkende Last Q hat die Komponenten $X = 0$, $Y = -Q = -40$ kg. Die Gleichungen

$$\frac{S_1}{l_1} \cdot x_1 + \frac{S_2}{l_2} + X = 0,$$
$$\frac{S_2}{l_2} \cdot y_1 + \frac{S_2}{l_2} + Y = 0$$

gehen über in

$$-\frac{S_1}{5,0} \cdot 4,0 + \frac{S_2}{3,6} \cdot 2,0 + 0 = 0 \,,$$

$$\frac{S_1}{5,0} \cdot 3,0 + \frac{S_2}{3,6} \cdot 3,0 - 40 = 0 \,;$$

daraus findet sich

$$\frac{S_1}{5} = 4,44 \text{ kg}\,, \qquad \frac{S_2}{3,6} = 8,89 \text{ kg}\,,$$

$$S_1 = 22,20 \text{ kg}\,, \qquad S_2 = 32,00 \text{ kg}\,.$$

Beide sind positiv, stellen also beide Zugkräfte dar, was ja zu erwarten war. Die Kräfte S_1 und S_2 wirken auf den Knoten 0, ebenso wirken sie auch vermittels der Kabel auf die anderen Endpunkte 1 und 2 als Zugkräfte ein. Die Kraft in ③ ist gleich S_2 und wirkt sowohl auf die Rolle 2 wie auch auf den unteren Befestigungspunkt 3. Man kann natürlich S_1 und S_2 analytisch auch dadurch finden, daß man die Kräfte selbst am Punkte 0 unmittelbar betrachtet und die Gleichgewichtsbedingungen aufstellt (Abb. 58c)

$$\sum X_i = 0\colon \quad S_1 \cdot \cos\alpha = S_2 \cdot \cos\beta\,,$$
$$\sum Y_i = 0\colon \quad S_1 \cdot \sin\alpha + S_2 \cdot \sin\beta - Q = 0\,.$$

b) *Reine graphische Lösung.* Man wählt einen beliebigen Kräftemaßstab und zeichnet das Krafteck aus Q und den Parallelen zu ① und ② (Abb. 58d). Die gefundenen Seiten des Kraftdreiecks ergeben die Größen S_1 und S_2 unter Berücksichtigung des gewählten Kräftemaßstabes. Die Richtungspfeile sind durch den Umfahrungssinn bestimmt und an dem Punkte 0 einzutragen (Abb. 58b). Unter Benutzung des hier gewählten Kräftemaßstabes findet sich

$$S_1 = 22,2 \text{ kg}$$
und
$$S_2 = 32,0 \text{ kg}.$$

c) *Grapho-analytische Lösung.* Man zeichnet das Krafteck flüchtig hin, um daraus eine analytische Bestimmung abzulesen. Es findet sich nach Abb. 58d

$$\frac{S_1}{Q} = \frac{\sin(90-\beta)}{\sin(\alpha+\beta)} = \frac{\cos\beta}{\sin(\alpha+\beta)}\,,$$

$$\frac{S_2}{Q} = \frac{\sin(90-\alpha)}{\sin(\alpha+\beta)} = \frac{\cos\alpha}{\sin(\alpha+\beta)}\,;$$

so sind zwei Gleichungen mit je einer Unbekannten gewonnen, während unter a) zwei Gleichungen mit je zwei Unbekannten auftraten. Nach der Abb. 58a ist

$$\cos\alpha = \frac{4,0}{\sqrt{3,0^2 + 4,0^2}}\,,$$

$$\cos\beta = \frac{2,0}{\sqrt{2,0^2 + 3,0^2}}\,,$$

$$\sin(\alpha+\beta) = \sin\alpha \cos\beta + \cos\alpha \sin\beta = \frac{3,0 \cdot 2,0 + 4,0 \cdot 3,0}{\sqrt{4,0^2 + 3,0^2} \cdot \sqrt{2,0^2 + 3,0^2}}\,.$$

Man findet damit

$$\frac{S_1}{Q} = 0,55$$
und
$$\frac{S_2}{Q} = 0,80\,.$$

2. Aufgabe. Die vorhergehende Aufgabe möge nun etwas verändert werden. Es soll nämlich die Lampe hochgezogen werden mit einer Kraft P, die praktisch vermittels einer Handwinde ausgeübt werden kann. Wie groß ist die Kraft in verschiedenen Höhenlagen der Lampe, d. h. wie stellt sich P in Abhängigkeit von α dar? Die Länge l des linken Kabels soll konstant bleiben (Abb. 59).

a) *Analytische Lösung.* Was vorhin S_1 war, ist jetzt S, und was S_2 war, ist nun P. Unter dieser Berücksichtigung hat man nach der unter c) entwickelten Formel:

$$P = Q \cdot \frac{\cos\alpha}{\sin(\alpha + \beta)}.$$

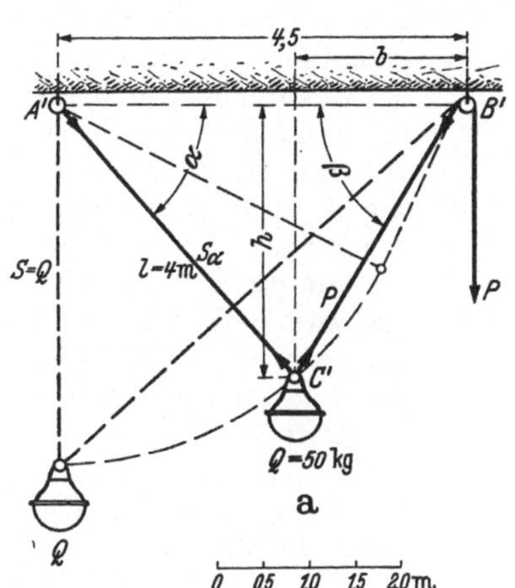
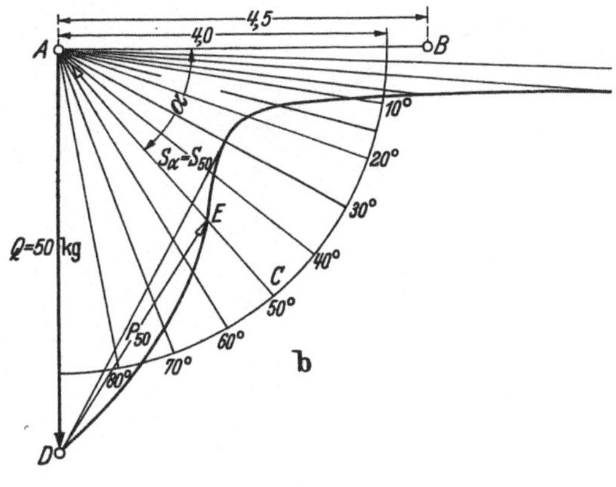

Abb. 59a und b. Übungsbeispiel.

Damit ist P abhängig von α *und* β dargestellt. Es muß noch eine Bestimmung zwischen α und β angegeben werden. Es ist

$$\operatorname{tang}\beta = \frac{h}{b} = \frac{4,0 \cdot \sin\alpha}{4,5 - 4,0 \cdot \cos\alpha}.$$

Wir haben damit zwei transzendente Gleichungen gefunden. Grundsätzlich könnte man für verschiedene Werte α den zugehörigen Winkel β aus der letzten Gleichung ausrechnen und würde dann mit der ersten Gleichung tatsächlich P für die verschiedenen Werte α erhalten. Man erkennt, daß eine umfangreiche Rechnung damit verbunden ist.

b) Die *graphische Lösung* ist bequemer durchzuführen. Wir tragen (Abb. 59b) von einem Punkte A aus auf der Waagerechten die gegebene Strecke 4,5 m auf und schlagen um A einen Kreisbogen mit der gegebenen Kabel-

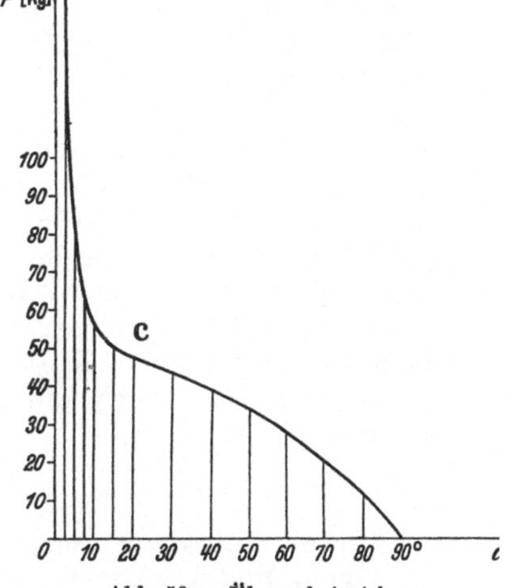

Abb. 59c. Übungsbeispiel.

länge 4,0. Für einen beliebigen Winkel α können wir dann die Lage der Lampe einzeichnen, indem wir unter α einen Radius ziehen und den Kreisschnittpunkt C mit dem Endpunkt B verbinden. Tragen wir nun andererseits auf einer Lotrechten durch A die Kraft Q in einem beliebigen Kräftemaßstab (gleich AD) auf, so erhalten wir das der gegebenen Lage entsprechende Kraftdreieck ADE, indem wir die unter α gezogene Gerade benutzen und andererseits durch den unteren Endpunkt D von Q eine Parallele zur Geraden CB ziehen. Der Schnittpunkt E liefert die Größe von S, indem $S = AE$ ist. Man führt dieses nun für die Strahlen S bei den verschiedenen Winkeln α aus, bekommt immer in einfachster Weise die

Endpunkte E und damit die jeweiligen Kabelkräfte S_α. Andererseits sind die Strecken ED stets ein Maß für die zu dem betreffenden Winkel α zugehörige Kraft P. Für $\alpha = 0$ werden beide Strahlen sowohl EA wie ED unendlich groß. Die Endpunkte E sind in der Abb. 59b durch eine Kurve verbunden, und in Abb. 59c sind die erhaltenen Werte P abhängig von α in einem rechtwinkligen Koordinatensystem aufgetragen. Man erkennt auch hier, daß für $\alpha = 0$ die Kraft P unendlich groß wird.

3. Aufgabe. Wie groß ist bei dem Ladebaum der Abb. 60 der Windenzug W, der Seilzug Z und die Kraft D in der Strebe?

Auf die Rolle a wirken Q und zwei Seilkräfte in 1 und 2; beide müssen $Q/2$ sein. An Rolle b greifen diese beiden Seilkräfte $Q/2$ an, ferner die Seilkraft W, die ebenfalls $Q/2$ sein muß, und die Kraft in dem kleinen Verbindungsseil bc. Da S_1 durch den Rollenmittelpunkt geht, und die

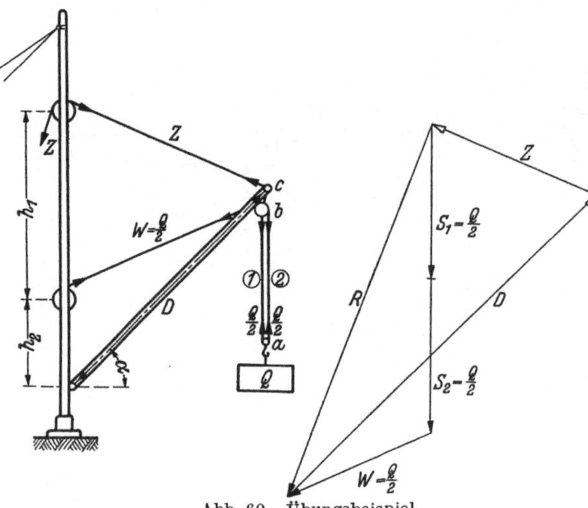

Abb. 60. Übungsbeispiel.

Resultierende aus S_2 und W ebenfalls durch diesen Mittelpunkt läuft, geht auch die Resultante R aus S_1, S_2, W stets durch den Mittelpunkt der Rolle b. Das Halteseil bc stellt sich in Richtung dieser Resultierenden ein und hat eine Zugkraft gleich dieser Resultanten R. Wir können demgemäß auch sagen, die Resultierende aus S_1, S_2, W wirkt im Punkte c. Sie muß im Gleichgewicht stehen mit den Kräften D und Z. Die Resultante R ist durch das Krafteck S_1, S_2, W gefunden, wobei R dem Umfahrungssinn entgegengesetzt läuft; andererseits sind die Kräfte Z und D aus dem Kraftdreieck RDZ bestimmt, und zwar unmittelbar durch den Umfahrungssinn. Es ergibt sich für Z eine Zug- und für D eine Druckkraft. Diese Kräfte Z und D wirken auch auf den Mast des Ladebaums ein.

An dem Mast greifen also an: die eben ermittelten Kräfte Z, D, außerdem W. Durch diese Kräfte werden im Mast nicht nur Längskräfte bewirkt, sondern es treten noch andere Beanspruchungsgrößen auf, auf die später eingegangen wird.

III. Kräfte im Raum.

Unsere seitherigen Betrachtungen bezogen sich alle auf Kräfte in der Ebene an einem Punkt. Die geringste Zahl von Kräften, die im Raum betrachtet werden kann, ist drei, denn zwei Kräfte, die durch einen Punkt gehen, liegen immer in einer Ebene. Von dieser einfachsten Aufgabe gehen wir aus und werden auch hier wieder ein graphisches und ein analytisches Verfahren der Behandlung der Kräfte kennenlernen.

15. Geometrische Zusammensetzung von Kräften im Raume und Gleichgewicht. Gegeben seien drei durch einen Punkt gehende Kräfte P_1, P_2 und P_3 nach Größe und Richtung (Abb. 61a). Sie sollen zu einer Resultierenden zusammengesetzt, also durch eine einzige Kraft R ersetzt werden. Der Gedankengang der Lösung ist folgender: es läßt sich durch P_1 und P_2 eine Ebene legen, in der die beiden Kräfte mittels des Satzes vom Parallelogramm der Kräfte zu einer Teilresultierenden R_{12} zusammengefaßt werden können (Kraftdreieck 0, 1, 2). Diese Teilresultierende R_{12} und die Kraft P_3 liegen wieder in einer Ebene, sie lassen sich also in ihrer eigenen Ebene (Kraftdreieck 0, 2, 3) zusammensetzen zu R, die die Resultante oder „Ersatzkraft" für R_{12} und P_3 darstellt. Da aber R_{12} die Kräfte P_1 und P_2 ersetzt, ist R die Resultierende von P_1, P_2 und P_3.

Wenn wir das nun entstandene Bild durch Parallelziehen vervollständigen, entsteht ein Parallelepiped, in dem R die Raumdiagonale und die Kräfte P_1, P_2 und P_3 die Kanten darstellen. Wir können also sagen:

Bei drei räumlich angeordneten Kräften durch einen Punkt ist die Resultierende durch die Raumdiagonale des mit den drei gegebenen Kräften als Kantenlängen konstruierten Parallelepipeds bestimmt. Sind die drei Kräfte P_1, P_2 und P_3 vom Angriffspunkt weggerichtet, so geht auch die Resultante vom Punkt weg, und umgekehrt.

Fragen wir uns nun an Hand der entstandenen Figur: wie kann der Endpunkt der Resultierenden am einfachsten festgelegt werden? Wir können offenbar den Punkt 3 dadurch gewinnen, daß wir die drei gegebenen Kräfte unter Berücksichtigung ihrer Pfeile aneinandertragen; es entsteht der räumliche Kräftezug 0, 1, 2, 3 (Abb. 61). Wir bekommen also wieder ein Krafteck, das genau so definiert ist wie in der Ebene, aber es handelt sich jetzt um ein räumliches Kraft-

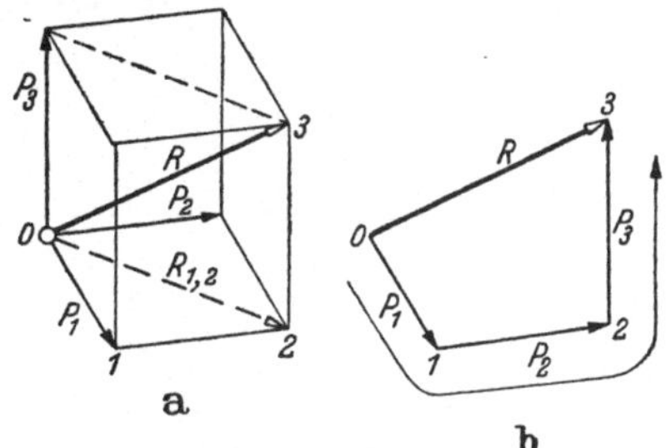

Abb. 61. Kräfteparallelepiped und räumliches Krafteck.

eck 0, 1, 2, 3. Auch die Aussage der Ebene: die Resultierende läuft dem gegebenen Umfahrungssinn entgegengerichtet, stimmt bei der Zusammensetzung der drei Kräfte im Raum. Selbstverständlich kann dieses räumliche Krafteck auch wieder als besondere Figur gezeichnet werden.

Haben wir nun vier oder noch mehr Kräfte an einem Punkt im Raume wirkend, dann stellt deren Zusammensetzung nur eine Erweiterung des Verfahrens dar, denn eine weitere Kraft P_4 kann mit der Resultierenden der drei ersten Kräfte wieder zu einer neuen Resultanten zusammengefügt werden usw. Wir erhalten also den Satz:

Um Kräfte im Raum mit gemeinsamem Angriffspunkt zu einer Resultierenden zu vereinen, fügt man die Kräfte unter Berücksichtigung ihrer Richtungspfeile zu einem räumlichen Krafteck zusammen und zieht die Schlußlinie ein. Diese, mit dem Richtungspfeil dem gegebenen Umfahrungssinn entgegengerichtet, stellt die Resultierende aller Kräfte nach Größe und Richtung dar. Ihre Lage ist dadurch bestimmt, daß sie durch den gemeinsamen Angriffspunkt der gegebenen Kräfte hindurchgeht. Der Unterschied zur Ebene liegt nur im räumlichen Charakter des Kraftecks.

Soll eine solche Aufgabe praktisch durchgeführt werden, wird man mit Grundriß und Aufriß arbeiten. In Abb. 62a, b sind fünf Kräfte im Raume durch ihre Projektionen gegeben; Abb. 62c stellt den Aufriß des räumlichen Kraftecks dar; Abb. 62d den Grundriß. Damit ist die Resultierende R in Grund- und Aufriß gefunden. Die Ermittlung der wahren Größe ist in der gesonderten Abb. 62e angegeben.

Die Frage nach dem Gleichgewicht von Kräften im Raume um den gleichen Punkt ist auch sofort zu beantworten, wenn man bedenkt, daß wieder die Gesamtresultierende verschwinden muß. Es ergibt sich der Satz:

Gleichgewicht besteht bei Kräften im Raume durch einen Punkt, wenn der letzte Punkt des aus den gegebenen Kräften entstandenen Kraftecks mit dem Anfangs-

punkt zusammenfällt oder, anders ausgedrückt, wenn das zugehörige räumliche Krafteck geschlossen ist.

Ebenso wie wir drei Kräfte zu einer Resultierenden zusammengesetzt haben, können wir auch umgekehrt eine Kraft in drei Komponenten eindeutig zerlegen. Daß diese Aufgabe eindeutig lösbar ist, geht aus dem Kräfteparallelepiped her-

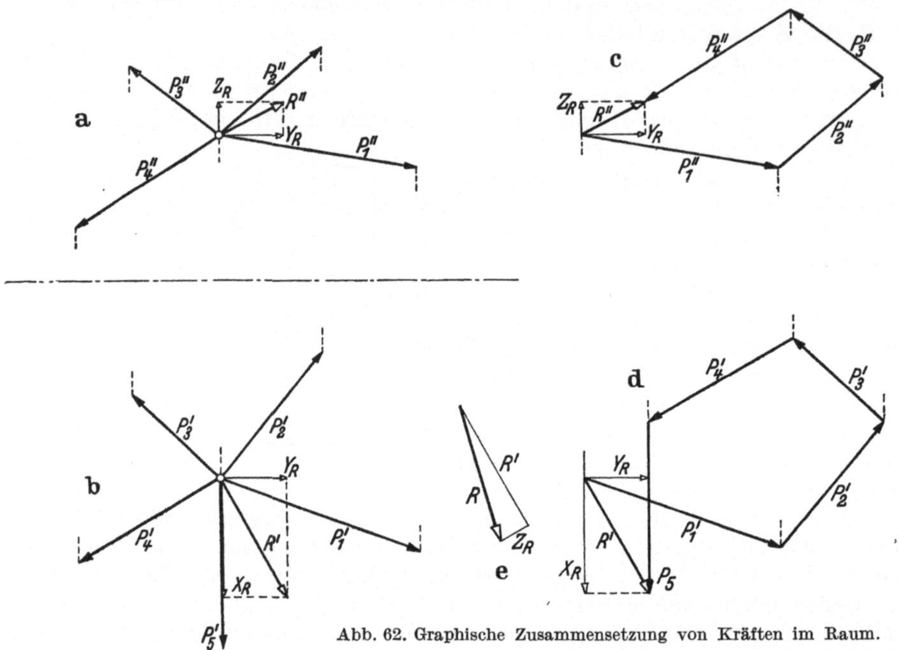

Abb. 62. Graphische Zusammensetzung von Kräften im Raum.

vor: bei einer gegebenen Kraft P und drei gegebenen Richtungslinien gibt es nur ein Parallelepiped, das die gegebene Kraft als Raumdiagonale hat und dessen Kanten mit den gegebenen Richtungslinien zusammenfallen. Die gegebene Kraft P ist dann die Resultierende der gesuchten Komponenten. Was in der Ebene die Zahl 2 bedeutete, bedeutet jetzt im Raum die Zahl 3. Auf diese Zerlegungsaufgabe wird später noch eingegangen.

16. Analytische Zusammensetzung der Kräfte im Raum und Gleichgewicht.

Den Ausführungen der Ebene entsprechend haben wir jetzt als Grundaufgaben: einerseits die Zusammensetzung dreier aufeinander senkrechten Kräfte X, Y, Z zu einer Resultierenden R,

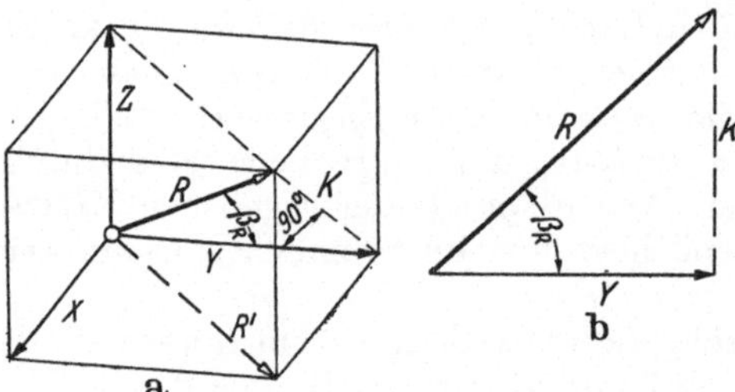

Abb. 63. Zusammensetzung dreier lotrechter Kräfte.

andererseits die Zerlegung einer Kraft P in drei Komponenten X, Y, Z.

1. Gegeben sind drei aufeinander senkrecht stehende Kräfte X, Y, Z; gesucht ist ihre Resultierende nach Größe und Richtung (Winkel α_R, β_R und γ_R).

R ist dargestellt durch die Hauptdiagonale des rechtwinkligen Parallelepipeds (Abb. 63). R' ist die Resultierende aus X und Y. Da X und Y senkrecht aufeinanderstehen, ist R' Diagonale in einem Rechteck, läßt sich also ausdrücken durch:

$$R'^2 = X^2 + Y^2.$$

Weiter steht Z senkrecht auf der Ebene XY und bildet mit R' und den Parallelen zu Z und R' ein Rechteck, dessen Diagonale die Größe R ist, also

$$R^2 = R'^2 + Z^2.$$

Für R' den oben erhaltenen Wert eingesetzt, erhalten wir als Ausdruck für die Größe der Resultierenden:

$$R = \sqrt{X^2 + Y^2 + Z^2}. \tag{11}$$

Um die Richtungswinkel der Resultierenden bestimmen zu können, betrachten wir die Ebenen, in denen diese Winkel liegen, z. B. das rechtwinklige Dreieck Y, K, R (Abb. 63b), in dem der Winkel β_R liegt. Daraus geht hervor, daß

$$\cos\beta_R = \frac{Y}{R}$$

ist. Entsprechend finden wir die anderen Winkel aus ihren zugehörigen Dreiecken; es ist also

$$\cos\alpha_R = \frac{X}{R}; \quad \cos\beta_R = \frac{Y}{R}; \quad \cos\gamma_R = \frac{Z}{R}. \tag{12}$$

Dabei sind α_R der Winkel, den die Resultierende mit der positiven x-Richtung einschließt, β_R und γ_R die Winkel, die R mit der positiven y- bzw. z-Richtung bildet. Die drei Winkel hängen, wie schon früher erwähnt wurde, zusammen:

$$\cos^2\alpha_R + \cos^2\beta_R + \cos^2\gamma_R = 1.$$

Daß dieses richtig ist, erkennen wir sofort, wenn wir die obigen Werte für $\cos\alpha_R$, $\cos\beta_R$ und $\cos\gamma_R$ einsetzen:

$$\frac{X^2}{R^2} + \frac{Y^2}{R^2} + \frac{Z^2}{R^2} = 1.$$

Die Formeln der Ebene müssen natürlich als Sonderfall des Raumes geschrieben werden können, wenn wir die Z-Komponente verschwinden lassen; es ist (Abb. 64):

$$\cos\alpha_R = \frac{X}{R}; \quad \cos\beta_R = \frac{Y}{R}.$$

Da aber $\cos\beta_R = \sin\alpha_R$, entsteht:

$$\sin\alpha_R = \frac{Y}{R};$$

das sind aber die früheren Formeln.

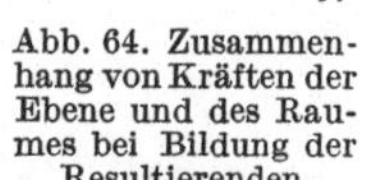

Abb. 64. Zusammenhang von Kräften der Ebene und des Raumes bei Bildung der Resultierenden.

2. Nun zur umgekehrten Aufgabe: Die Kraft P sei gegeben nach Größe (P) und Richtung (α, β, γ, wobei $\cos^2\alpha + \cos^2\beta + \cos^2\gamma = 1$); gesucht sind die Komponenten X, Y, Z der Kraft P.

Wenn X, Y, Z die Komponenten der Kraft P sein sollen, dann muß umgekehrt P die Resultierende von X, Y, Z sein, d. h. die gleichen Formeln wie bei der Zusammensetzung haben auch hier Gültigkeit:

$$\cos\alpha = \frac{X}{P}$$

oder anders geschrieben:

ebenso

$$\left.\begin{aligned} X &= P \cdot \cos\alpha, \\ Y &= P \cdot \cos\beta, \\ Z &= P \cdot \cos\gamma. \end{aligned}\right\} \tag{13}$$

Man kann also eine gegebene Kraft eindeutig in drei senkrechte Komponenten zerlegen.

Nach dieser Vorarbeit können wir jetzt die allgemeine Aufgabe behandeln: Mehrere Kräfte, die im Raume an einem Punkt angreifen, sollen zu einer Resultierenden zusammengesetzt werden.

Gegeben: Die *Größe* der Kräfte $P_1 \ldots P_i \ldots P_n$, ferner die *Winkel*, die die Richtung festlegen: $\alpha_1\beta_1\gamma_1 \ldots \alpha_i\beta_i\gamma_i \ldots \alpha_n\beta_n\gamma_n$ (Abb. 65); dabei sollen bedeuten:

$\alpha_i =$ der spitze Winkel, den die Kraft P_i mit der x-Achse einschließt,

$\beta_i =$ der spitze Winkel, den die Kraft P_i mit der y-Achse einschließt,

$\gamma_i =$ der spitze Winkel, den die Kraft P_i mit der z-Achse einschließt.

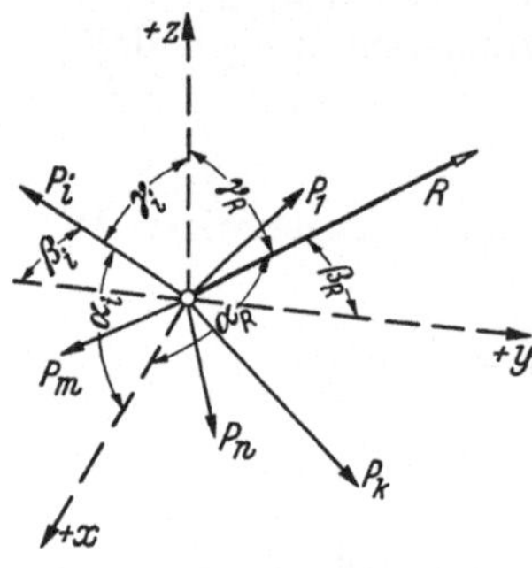

Abb. 65. Analytische Zusammensetzung von Kräften im Raum.

Selbstverständlich muß dabei beachtet werden, welche Vorzeichen den einzelnen Kraftkomponenten auf Grund der Kraftrichtung zukommen. Die drei Winkel $\alpha_i\beta_i\gamma_i$ sind hierbei nicht willkürlich; es ist bei jeder Kraft P_i

$$\cos^2\alpha_i + \cos^2\beta_i + \cos^2\gamma_i = 1.$$

Gesucht: die Resultierende nach Größe und Richtung, also R und α_R, β_R und γ_R.

Der Gedankengang, der uns zum Ziele führt, ist der gleiche wie in der Ebene. Wir zerlegen jede Kraft in ihre drei Komponenten, erhalten dadurch dreimal n Kräfte in der gleichen Wirkungslinie, die wir addieren können. Die Zerlegung liefert:

$$X_1 = P_1 \cdot \cos\alpha_1; \qquad Y_1 = P_1 \cdot \cos\beta_1; \qquad Z_1 = P_1 \cdot \cos\gamma_1;$$

$$\cdots \cdots \cdots \cdots \cdots \cdots \cdots \cdots \cdots \cdots \cdots \cdots$$

$$X_i = P_i \cdot \cos\alpha_i; \qquad Y_i = P_i \cdot \cos\beta_i; \qquad Z_i = P_i \cdot \cos\gamma_i;$$

$$\cdots \cdots \cdots \cdots \cdots \cdots \cdots \cdots \cdots \cdots \cdots \cdots$$

$$X_n = P_n \cdot \cos\alpha_n; \qquad Y_n = P_n \cdot \cos\beta_n; \qquad Z_n = P_n \cdot \cos\gamma_n.$$

In jeder Richtung werden die n Kräfte algebraisch summiert. Jede dieser Summen von Kraftkomponenten liefert *eine* Kraft, da es sich um Kräfte in der gleichen Geraden handelt.

$$\sum X_i = P_1 \cdot \cos\alpha_1 + \cdots P_i \cdot \cos\alpha_i + \cdots P_n \cdot \cos\alpha_n,$$
$$\sum Y_i = P_1 \cdot \cos\beta_1 + \cdots P_i \cdot \cos\beta_i + \cdots P_n \cdot \cos\beta_n,$$
$$\sum Z_i = P_1 \cdot \cos\gamma_1 + \cdots P_i \cdot \cos\gamma_i + \cdots P_n \cdot \cos\gamma_n.$$

Diese drei Kräfte in der x-, y- bzw. z-Richtung sind die Komponenten der Resultierenden. Wir bilden die Resultierende nach Gleichung (11) mit $\sum X_i$ statt X, $\sum Y_i$ statt Y und $\sum Z_i$ statt Z:

$$R = \sqrt{\left(\sum X_i\right)^2 + \left(\sum Y_i\right)^2 + \left(\sum Z_i\right)^2}, \tag{14}$$

$$\cos\alpha_R = \frac{\sum X_i}{R}; \qquad \cos\beta_R = \frac{\sum Y_i}{R}; \qquad \cos\gamma_R = \frac{\sum Z_i}{R}. \tag{15}$$

Mit diesen Formeln ist die gestellte Aufgabe eindeutig analytisch gelöst.

17. Gleichgewichtszustand von Kräften im Raume. Unter welchen Umständen stehen nun Kräfte im Raum durch einen Punkt im Gleichgewicht? Diese Frage wird wieder gelöst durch die Antwort: wenn die Resultierende verschwindet, d. h. wenn $R = 0$. Das ist aber nur der Fall, wenn jedes Glied der Summe unter der Wurzel verschwindet, wenn also:

$$\sum X_i = 0; \qquad \sum Y_i = 0; \qquad \sum Z_i = 0. \tag{16}$$

Das sind im ganzen drei Gleichgewichtsbedingungen. Wir sehen also hier bestätigt, was schon beim Parallelepiped gesagt war, daß zur Eindeutigkeit der Aufgabe drei unbekannte Kräfte nötig sind, denn wenn wir eine Kraft eindeutig in drei Komponenten zerlegen können, müssen auch drei unabhängige Gleichgewichtsbedingungen vorhanden sein.

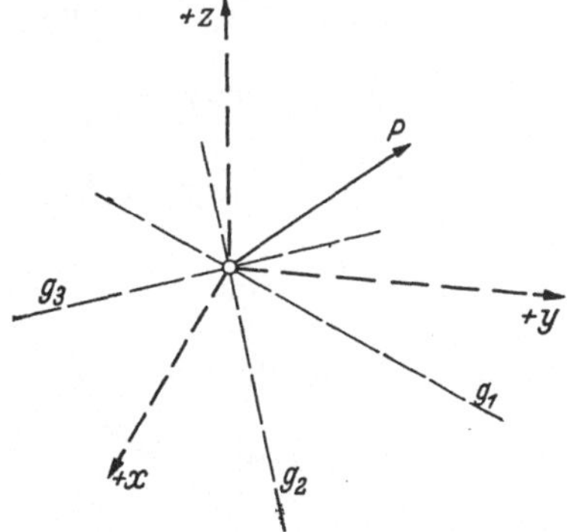

Abb. 66. Die Grundaufgabe der räumlichen Statik.

Der Gleichgewichtsfall der Ebene ist natürlich als Sonderfall in den drei Gleichgewichtsbedingungen des Raumes enthalten: wenn nämlich die z-Richtung verschwindet, werden alle Z-Komponenten von selbst Null. Wie in der Ebene kann auch hier die Durchführung für ein schiefwinkliges Koordinatensystem geschehen, und man erhält damit den Satz:

Kräfte im Raum an demselben Punkt stehen im Gleichgewicht, wenn die Summen ihrer Komponenten in drei beliebigen Richtungen verschwinden.

Die hier in Frage kommende Grundaufgabe ist: eine bekannte Kraft P mit drei durch den gleichen Punkt gehenden Kräften, deren Wirkungslinien g_1, g_2, g_3 gegeben sind, ins Gleichgewicht zu setzen. Sie ist eindeutig bestimmbar, solange die drei Geraden g_1, g_2, g_3 nicht in eine Ebene fallen (Abb. 66). Die Richtungspfeile der drei Gleichgewichtskräfte sind vorläufig noch nicht bekannt. Wir führen deshalb, in Anlehnung an die entsprechende Aufgabe der Ebene, zunächst einmal die Richtungspfeile willkürlich ein, bilden die X-, Y- und Z-Komponenten der vier Kräfte (P und der drei gesuchten Kräfte P_1, P_2, P_3) und erhalten so drei Gleichungen mit den drei unbekannten Größen der Kräfte. Wir untersuchen die Aufgabe sofort an einem konkreten Konstruktionsbeispiel, dem räumlichen Dreibockgerüst.

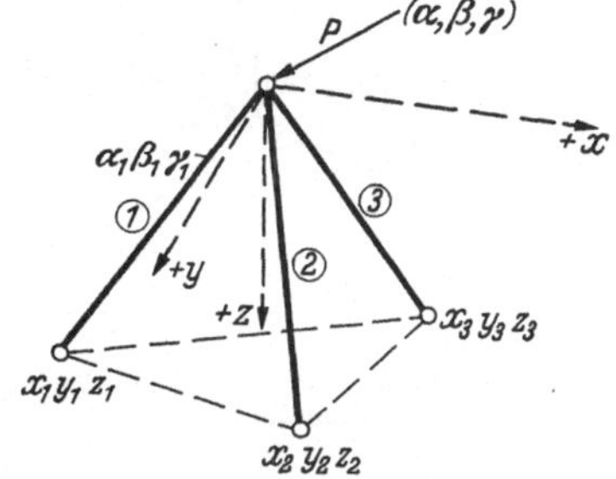

Abb. 67. Analytische Behandlung eines Dreibockes.

18. Behandlung des dreibeinigen Bockgerüstes. Gegeben sei die Konstruktionsfigur der Abb. 67 und die Kraft P in allgemeiner Lage; dabei kann das Bockgerüst durch die Winkel der Stäbe oder durch die Koordinaten der Fußpunkte, d. h. anders ausgedrückt durch die Projektionen der Stablängen auf die drei Achsenrichtungen, gegeben sein; gesucht sind die Kräfte in den drei Stäben (Stabkräfte) S_1, S_2 und S_3.

Wir haben also eine Gleichgewichtsaufgabe mit drei Unbekannten. Zur Verfügung stehen drei Gleichungen:

$$\sum X_i = 0; \quad \sum Y_i = 0; \quad \sum Z_i = 0;$$

wir können somit eine eindeutige Lösung erwarten. Die Komponenten von P sind ohne weiteres nach den Formeln (13) zu ermitteln, sie seien allgemein X, Y, Z genannt. Wir führen wieder einen Richtungspfeil beliebig ein; dabei wollen wir, wie bei allen Stabkonstruktionen, zunächst die Richtung einführen, die einer Zugkraft entspricht. Wir erhalten dann als Gleichungen:

$$\sum X_i = 0: \quad X + S_1 \cdot \cos\alpha_1 + S_2 \cdot \cos\alpha_2 + S_3 \cdot \cos\alpha_3 = 0,$$
$$\sum Y_i = 0: \quad Y + S_1 \cdot \cos\beta_1 + S_2 \cdot \cos\beta_2 + S_3 \cdot \cos\beta_3 = 0,$$
$$\sum Z_i = 0: \quad Z + S_1 \cdot \cos\gamma_1 + S_2 \cdot \cos\gamma_2 + S_3 \cdot \cos\gamma_3 = 0.$$

In diesen Gleichungen sind natürlich die einzelnen Komponentenglieder mit den ihnen nach Einführung der Zugpfeile zukommenden Vorzeichen einzusetzen.

Mit den gleichen Überlegungen wie in der Ebene lassen sich die Winkelbeziehungen wieder durch Koordinaten und Stablängen ausdrücken:

$$\cos\alpha_1 = \frac{x_1}{l_1}\,; \qquad \cos\alpha_2 = \frac{x_2}{l_2}\,; \qquad \cos\alpha_3 = \frac{x_3}{l_3}\,;$$

$$\cos\beta_1 = \frac{y_1}{l_1}\,; \qquad \cos\beta_2 = \frac{y_2}{l_2}\,; \qquad \cos\beta_3 = \frac{y_3}{l_3}\,;$$

$$\cos\gamma_1 = \frac{z_1}{l_1}\,; \qquad \cos\gamma_2 = \frac{z_2}{l_2}\,; \qquad \cos\gamma_3 = \frac{z_3}{l_3}\,;$$

worin l_1, l_2, l_3 die Stablängen darstellen, die sich errechnen lassen aus:

$$l_1 = \sqrt{x_1^2 + y_1^2 + z_1^2}\,,$$
$$l_2 = \sqrt{x_2^2 + y_2^2 + z_2^2}\,,$$
$$l_3 = \sqrt{x_3^2 + y_3^2 + z_3^2}\,.$$

Wenn man diese Ausdrücke für die Winkelbeziehungen einsetzt, erhält man:

$$\left.\begin{aligned}
S_1 \cdot \frac{x_1}{l_1} + S_2 \cdot \frac{x_2}{l_2} + S_3 \cdot \frac{x_3}{l_3} &= -X\,,\\[4pt]
S_1 \cdot \frac{y_1}{l_1} + S_2 \cdot \frac{y_2}{l_2} + S_3 \cdot \frac{y_3}{l_3} &= -Y\,,\\[4pt]
S_1 \cdot \frac{z_1}{l_1} + S_2 \cdot \frac{z_2}{l_2} + S_3 \cdot \frac{z_3}{l_3} &= -Z\,.
\end{aligned}\right\} \quad (17)$$

Es sei ausdrücklich nochmals betont, daß die Koordinaten nichts anderes sind als die Projektionen der Stablängen auf die Achse; fällt die Projektion auf den positiven Teil der Achse, so ist die entsprechende Koordinate positiv, andernfalls negativ.

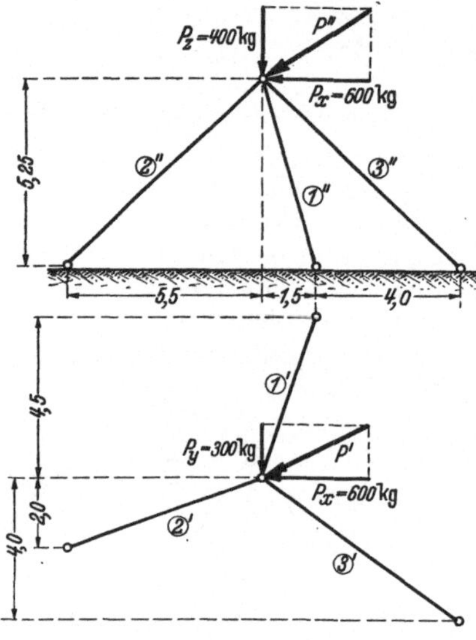

Abb. 68. Zahlenbeispiel der analytischen Behandlung.

Die so entstandenen Gleichungen sind einfach Erweiterungen der Gleichgewichtsbedingungen der Ebene: drei Gleichungen mit drei Unbekannten. Für die praktische Durchführung einer derartigen Aufgabe wird man wiederum zweckmäßig nicht S_1, S_2, S_3 als Unbekannte einführen, sondern S_1/l_1, S_2/l_2, S_3/l_3. Ein Zahlenbeispiel diene zum besseren Verständnis.

In Abb. 68 ist ein Dreibock im Aufriß und Grundriß gegeben. Durch die eingetragenen Maße sind die Projektionen der Stablängen auf die Achsen bestimmt: die Projektionen auf die x-Achse sind für ① und ③ positiv, für ② negativ; die y-Projektionen von ② und ③ sind positiv, von ① dagegen negativ, die z-Projektionen sind alle drei positiv; dabei sind eingeführt: die x-Richtung positiv nach rechts, die y-Richtung nach vorne, die z-Richtung nach unten. Es ergeben sich die Gleichungen:

$$\frac{S_1}{l_1} \cdot 1{,}5 + \frac{S_2}{l_2}\,(-5{,}5) + \frac{S_3}{l_3} \cdot 5{,}5 - 600 = 0\,,$$

$$\frac{S_1}{l_1}\,(-4{,}5) + \frac{S_2}{l_2} \cdot 2{,}0 + \frac{S_3}{l_3} \cdot 4{,}0 + 300 = 0\,.$$

$$\frac{S_1}{l_1} \cdot 5{,}25 + \frac{S_2}{l_2} \cdot 5{,}25 + \frac{S_3}{l_3} \cdot 5{,}25 + 400 = 0\,,$$

Dabei ist:

$$l_1 = \sqrt{1{,}5^2 + 4{,}5^2 + 5{,}25^2} = 7{,}08\ \text{m}; \quad l_2 = \sqrt{5{,}5^2 + 2{,}0^2 + 5{,}25^2} = 7{,}86\ \text{m};$$
$$l_3 = \sqrt{5{,}5^2 + 4{,}0^2 + 5{,}25^2} = 8{,}59\ \text{m}.$$

Zur Lösung der drei Gleichungen wurde zunächst aus der ersten Gleichung S_1 durch S_2 und S_3 ausgedrückt:

$$\frac{S_1}{l_1} = \frac{1}{1{,}5}\left(\frac{S_2}{l_2} \cdot 5{,}5 - \frac{S_3}{l_3} \cdot 5{,}5 + 600\right).$$

Mit diesem Werte ergibt die zweite Gleichung nach entsprechenden Umrechnungen:

$$\frac{S_2}{l_2} = \frac{S_3}{l_3} \cdot 1{,}414 - 103{,}5.$$

Wird diese Größe in die obige Gleichung eingesetzt, so erhält sie nach Umrechnung die Gestalt:

$$\frac{S_1}{l_1} = \frac{S_3}{l_3} \cdot 1{,}518 + 20{,}5.$$

Diese beiden Ausdrücke für S_2/l_2 und S_1/l_1 in die letzte der drei Gleichungen eingesetzt, ergibt:

$$5{,}25 \cdot \frac{S_3}{l_3}(1{,}414 + 1{,}518 + 1{,}0) + 5{,}25 \cdot (20{,}5 - 103{,}5) + 400 = 0.$$

Daraus $$\frac{S_3}{l_3} = +1{,}732.$$

Mit diesem Wert findet sich:

$$\frac{S_2}{l_2} = +1{,}732 \cdot 1{,}414 - 103{,}5 = -101{,}15,$$

$$\frac{S_1}{l_1} = +1{,}732 \cdot 1{,}518 + 20{,}5 = +23{,}13.$$

Es ergeben sich hiernach die Stabkräfte:

$$S_1 = +\ \ 23{,}13\ \ \cdot 7{,}08 = +163{,}76\ \text{kg},$$
$$S_2 = -101{,}15\ \ \cdot 7{,}86 = -797{,}06\ \text{kg},$$
$$S_3 = +\ \ \ 1{,}732 \cdot 8{,}59 = +\ 14{,}88\ \text{kg},$$

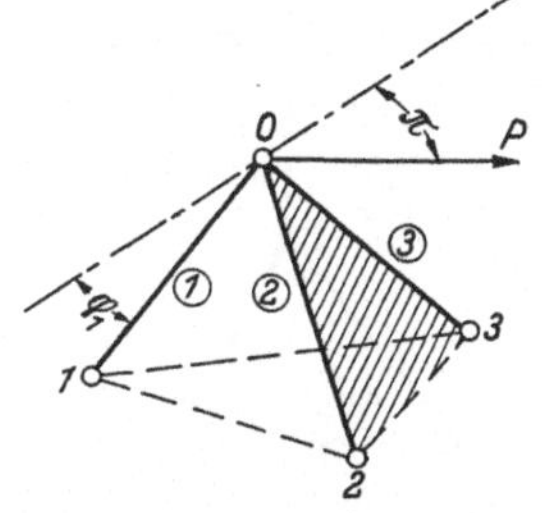

Abb. 69. Das Projektionsverfahren beim Dreibock.

es wird also Stab ② gedrückt, dagegen Stab ① und ③ gezogen.

Wir haben in der Ebene gesehen, daß wir durch eine entsprechende Projektionsrichtung die Lösungsgleichungen mathematisch vereinfachen konnten (Projektionsverfahren), indem wir zwei Gleichungen aufstellten, in denen nur je eine Unbekannte vorkam. Das Entsprechende können wir auch bei den Kräften im Raum durch eine Projektion erreichen. Wir wollen also drei Gleichungen aufstellen, in denen nur je eine Unbekannte vorkommt. Soll z. B. eine Gleichung nur die Stabkraft S_1 als Unbekannte enthalten, so müssen wir als Bezugsachse eine Gerade wählen, für die die beiden Stabkräfte S_2 und S_3 keine Komponenten ergeben, d. h. die Achse muß nach früheren Ausführungen zu beiden Stabrichtungen senkrecht stehen (Abb. 69). Es ist dies die Normale zur Ebene aus ② und ③: N_{23}. Stellen wir jetzt die Summe aller Kraftkomponenten in der Richtung von N_{23} auf, so sehen wir, daß nur P und S_1 Werte für diese Gleichung liefern; die Komponenten von S_2 und S_3 werden Null, da diese Kräfte senkrecht zu N_{23} verlaufen. Unter Einführung des Zugpfeiles für S_1 lautet die Gleichung:

$$P \cdot \cos\pi - S_1 \cdot \cos\varphi_1 = 0.$$

Es wird also hier der Stab gezogen, da sich die Größe S_1 als positiv ergibt. Auf eine Schwierigkeit muß allerdings hingewiesen werden: die Winkel φ_1 und π sind im allgemeinen Fall nur durch umständliche Projektionen zu gewinnen; das Verfahren wird deshalb nur für besondere Fälle Bedeutung haben.

Es war oben bei der Aufstellung der Gleichgewichtsbedingungen schon gesagt, daß die Wirkungslinien der drei Gleichgewichtskräfte nicht in einer Ebene liegen dürfen. Ist dies der Fall und wirkt die Kraft P in derselben Ebene,

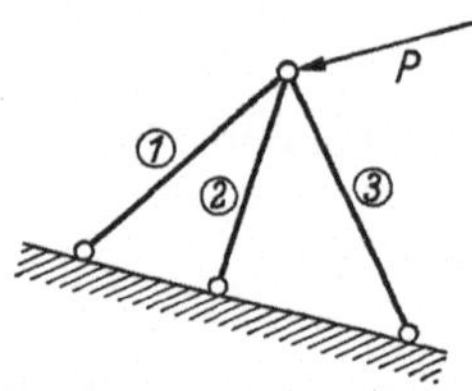

Abb. 70. Eine Kraft schräg zur Ebene dreier Stäbe.

dann ist die Aufgabe vieldeutig, da bei Kräften der Ebene an dem gleichen Punkt nur zwei Gleichungen vorhanden sind, denen hier drei Unbekannte gegenüberstehen. Wir haben also, wie früher erwähnt, ein statisch unbestimmtes System. Solche Gebilde können mit Hilfe der statischen Gesetze allein nicht gelöst werden. Wirkt P dagegen unter einem gewissen Winkel gegen die Ebene der drei Stäbe (Abb. 70), dann wird das Stabsystem sich um die drei Fußpunkte drehen. Die drei Fußpunktgelenke wirken wie ein Scharnier. Es ist also kein Gleichgewicht möglich. Analytisch können wir die Unmöglichkeit des Gleichgewichtsfalles dadurch sehen, daß die Komponentenbedingung senkrecht zu der Stabebene nicht erfüllt werden kann, da ja S_1, S_2, S_3 keine Komponenten in der Richtung senkrecht zur Ebene haben; eine Komponente von P senkrecht zur Ebene der drei Stäbe kann also keine Gegenkraft erfahren, d. h. sie kann nicht aufgenommen werden.

19. Die graphische Behandlung des dreibeinigen Bockgerüstes. Die graphische Ermittlung der Stabkräfte im räumlichen Dreibockgerüst kann nach verschiedenen Verfahren vorgenommen werden. Sehr naheliegend ist der Gedanke, die

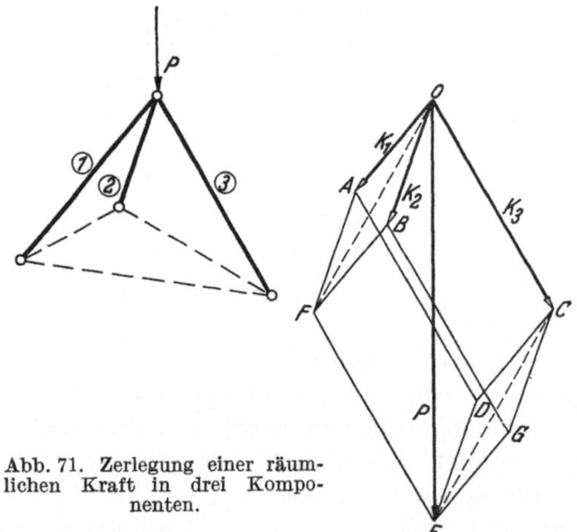

Abb. 71. Zerlegung einer räumlichen Kraft in drei Komponenten.

Aufgabe anschließend an das Kräfteparallelepiped zu lösen. Denn aus diesem geht hervor, daß die Zerlegung der Kraft in ihre drei Komponenten, deren Richtungen durch die Stabachsen gegeben sind, möglich ist, indem wir, wie oben bemerkt, mit Hilfe der gegebenen Richtungen um die Kraft P ein Parallelepiped aufbauen (Abb. 71), d. h. ein solches herstellen, in dem P die Raumdiagonale darstellt und die Kanten mit den gegebenen Komponentenlinien zusammenfallen. Die so erhaltenen Komponenten K_1, K_2, K_3 stellen dann die Wirkungen der Kraft P auf die Stäbe dar. Die Stabkräfte selbst sind diesen Kraftkomponenten entgegengesetzt gerichtet, aber gleich groß. Wenn wir also die gegebene Kraft P in ihre drei Komponenten in den Stabrichtungen zerlegen und diesen erhaltenen Kräften das umgekehrte Vorzeichen am Knotenpunkt 0 geben, erhalten wir die Stabkräfte, d. h. also die inneren Kräfte, die P das Gleichgewicht halten. Um das Parallelepiped zeichnen zu können, legen wir durch den Endpunkt E der Kraft P eine Ebene parallel zur Ebene der zwei Stäbe ① und ②. Der Durchstoßpunkt des dritten Stabes ③ durch diese Ebene ergibt die Größe dieser dritten Kraft (OC). Verbindet man den so gewonnenen Punkt C mit E und zieht durch O eine gleich große Parallele OF, so entsteht das Parallelogramm O, C, E, F, in dem die Strecke OF die

Resultierende der beiden noch fehlenden Kräfte K_1 und K_2 ist. Man hat also diese Resultierende zu zerlegen in die Richtung ① und ②.

Das Bockgerüst wird in weitaus den meisten Fällen im Grundriß und Aufriß in beliebiger Lage gegeben sein. Um die durch den Punkt E zu legende parallele Ebene bequemer finden zu können, wird man eine neue Projektion (Seitenriß) so zeichnen (Abb. 72), daß sich in ihr zwei Stäbe (① und ③) überdecken und faßt nun diesen neuen Riß (Abb. 72c) als Aufriß auf, der zu dem gegebenen Grundriß gehört. Um den alten Aufriß braucht man sich nicht mehr zu kümmern. Nun kann man in diesem neuen Aufriß das angegebene Parallelogramm O, C, E, F zeichnen. Den Grundriß dieses Parallelogramms erhält man, indem man den Endpunkt C auf den Stab ② herunterprojiziert, diesen Punkt mit E verbindet und die Parallele durch O' zeichnet. In Strecke OF im Grundriß und Aufriß hat man die Resultierende von K_1 und K_3. Die Zerlegung von OF im Grundriß liefert die Komponenten K_1', K_3' (die auch in den alten Aufriß übertragen werden können). Die so gefundenen Größen K_1, K_2, K_3 sind die Komponenten von P; sie wirken auf die einzelnen Stäbe ein und erzeugen in diesen Kräfte, die umgekehrt auf den Punkt 0 wirken, d. h. S_1 und S_3 sind Druckkräfte, dagegen ist S_2 Zugbeanspruchung. Für die endgültige Lösung der Aufgabe benötigt man natürlich die wahre Größe von K_1, K_2, K_3 bzw. S_1, S_2, S_3. Sie kann in be-

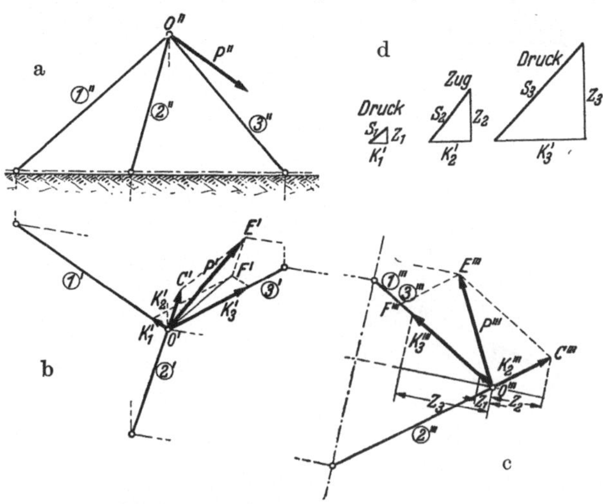

Abb. 72. Gleichgewicht einer Kraft mit drei Kräften im Raum.

kannter Weise nach den Regeln der darstellenden Geometrie aus Grundriß und Aufriß ermittelt werden (Abb. 72d). Man kann aber auch den übersichtlicheren Grundriß allein verwenden, indem man Gebrauch davon macht, daß sich die wahre Kraft $S_1 (= K_1)$ zur Grundrißprojektion verhält wie die wahre Stablänge zu ihrer Grundrißprojektion.

Dieses Verfahren bietet bei einem Bockgerüst in allgemeiner Lage meistens wenig übersichtliche Figuren. Der darin liegende Grundgedanke erweist sich aber vielfach zweckmäßig bei Sonderlagen der durch einen Punkt gehenden Stäbe, wie das Übungsbeispiel auf Seite 46 zeigt.

Bei allgemeiner Anordnung eines dreibeinigen Bockgerüstes geschieht die Ermittlung der Stabkräfte am besten nach dem Verfahren von CULMANN[1]. Gegeben sei wieder das Bockgerüst (Abb. 73) mit der Kraft P, im Grundriß und Aufriß. (Die wahre Größe der Kraft P läßt sich leicht durch die beiden Projektionen ermitteln.) Statt nun zu sagen, P muß im Gleichgewicht stehen mit S_1, S_2 und S_3, kann man auch sagen: die Resultierende von zweien der vier Kräfte, etwa von S_1 und S_3, muß im Gleichgewicht stehen mit der Resultierenden der beiden anderen Kräfte, also P und S_2. Zwei Kräfte können aber nur im Gleichgewicht

---

[1] CULMANN ist als Begründer der Graphischen Statik anzusehen. Er war bei Gründung der Eidgenössischen Technischen Hochschule 1855 in Zürich dorthin als Professor aus Deutschland berufen worden.

stehen, wenn sie in dieselbe Linie fallen, d. h. die Resultierende aus S_1 und S_3 muß in die gleiche Gerade fallen wie diejenige von P und S_2. Andererseits fällt aber die Resultante von zwei Kräften in derselben Ebene (S_1, S_3 bzw. P, S_2) in diese Ebene; demgemäß verläuft die Resultierende von S_1 und S_3 in der Ebene 1—0—3 und diejenige von P und S_2 in der Ebene p—0—2, wobei p der Durchdringungspunkt der Kraft P mit der Grundrißtafel ist. Da aber diese Resultierenden auch in die gleiche Linie fallen müssen, liegen beide in der Schnittlinie h der erwähnten Ebenen 1—0—3 und p—0—2. Diese Schnittlinie ist sofort zu konstruieren durch zwei Punkte; ein Punkt der Schnittlinie ist der Punkt 0, der ja beiden Ebenen angehört; andererseits sind die Geraden 2—p bzw. 1—3 (vgl. den Grundriß Abb. 73 b) die Grundrißspuren der fraglichen Ebenen; der Schnittpunkt s beider Spuren ist ein wirklicher Schnittpunkt, der also auch beiden Ebenen 1—0—3 und p—0—2 angehört. Die Verbindungslinie der Punkte 0 und s liefert zunächst im Grundriß die Schnittlinie h. Sie ist in den Aufriß zu übertragen. In dieser Schnittlinie liegt sowohl die Resultierende von P und S_2 als auch diejenige von S_1 und S_3 (R_{13}). Zur

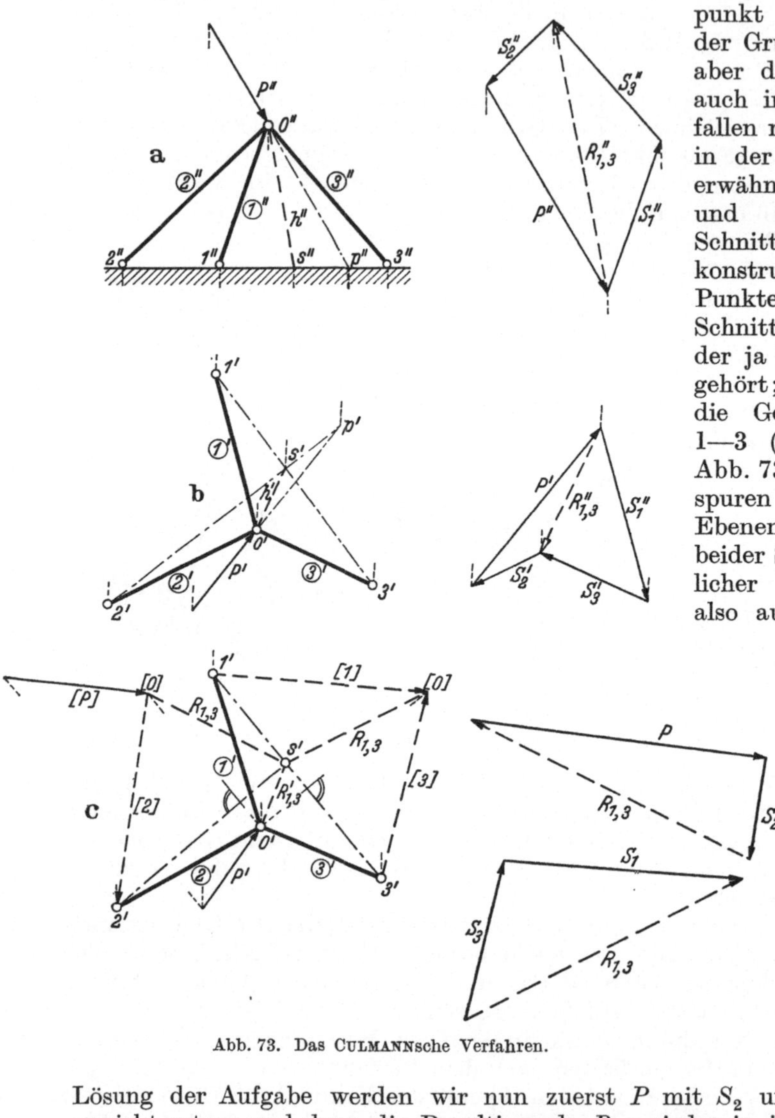

Abb. 73. Das CULMANNsche Verfahren.

Lösung der Aufgabe werden wir nun zuerst P mit S_2 und R_{13} ins Gleichgewicht setzen und dann die Resultierende R_{13} wieder in ihre Bestandteile S_1 und S_3 zerlegen. Die praktische Durchführung dieses zweiten statischen Teiles der Aufgabe kann auf zwei verschiedene Arten erfolgen.

1. Man zeichnet den Grundriß und Aufriß für das Kraftdreieck aus der gegebenen Kraft P und den Parallelen zu den Unbekannten R_{13} und S_2; dann zum Zwecke der Zerlegung der Kraft R_{13} das Kraftdreieck aus dieser Kraft und den Parallelen zu S_1 und S_3. Die Resultierende R_{13} stellt für die praktische Lösung der Aufgabe nur eine Hilfslinie dar, um das räumliche Krafteck P—S_1—

S_3—S_2 zu konstruieren, dessen Grundriß und Aufriß in Abb. 73a und b dargestellt ist. Der Umfahrungssinn dieses Kraftecks gibt den Richtungssinn der Stabkräfte an. Natürlich müssen Grund- und Aufriß den gleichen Richtungssinn ergeben, und die gewonnenen Eckpunkte beider Projektionen müssen lotrecht übereinander-liegen. Aus den so gewonnenen Projektionen der gesuchten Stabkräfte sind dann noch ihre wahren Größen zu bestimmen.

2. Man kann aber auch zur Ermittlung der Stabkräfte S_1, S_2, S_3 die ge-wonnenen Dreiecke 1—0—3 bzw. p—0—2 um ihre Grundrißspuren umklappen, bis sie in der Grundrißtafel liegen (Abb. 73c) und nimmt dann die Gleich-gewichtsaufgabe und Zerlegung an den in wirklicher Länge erscheinenden Größen vor, zunächst das Krafteck aus [P], [2], R_{13}, dann das aus R_{13} und den Parallelen zu [1] und [3]. Das letzte Verfahren hat den Vorteil, daß die Stabkräfte dann sofort in wahrer Größe erscheinen, während beim ersten Ver-fahren als Ergebnis zunächst die Projektionen der Stabkräfte vorkommen und deren wahre Größen dann noch durch Drehen oder Umklappen zu gewinnen sind. Eine Anwendung des CULMANNschen Verfahrens ist in dem Beispiel auf Seite 47 gezeigt.

Der Grundgedanke der CULMANNschen Lösung ist der gleiche wie beim Ver-fahren mittels des Kräfteparallelepipeds: Die Kraft P ist ins Gleichgewicht zu setzen mit einer der drei gesuchten Kräfte und der Resultierenden der beiden anderen Stabkräfte, und dann ist diese Resultierende wieder zu zerlegen; es ist lediglich ein anderer Gedankengang für die Ausführung verwandt.

20. Sonderfälle bei räumlichen Kräften. Zum Abschluß der Erörterungen über räumliche Kräfte an dem gleichen Punkt mögen noch Sonderfälle betrachtet werden, wie wir dies auch bei den Kräften in der Ebene getan haben. Wenn auf das dreibeinige Bockgerüst keine Kraft wirkt, dann werden die Stabkräfte eindeutig Null, denn das Kräfteparallelepiped schrumpft in einen Punkt zu-sammen. Fällt die Last in die Richtung eines Stabes (Abb. 74), so nimmt dieser

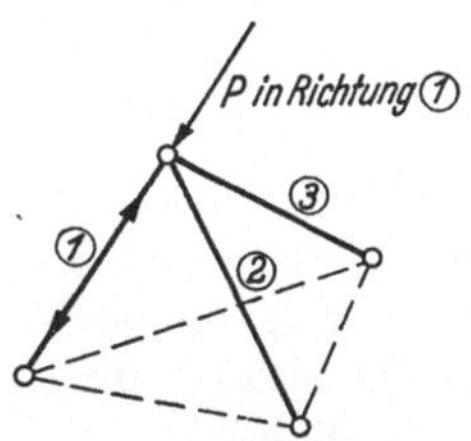

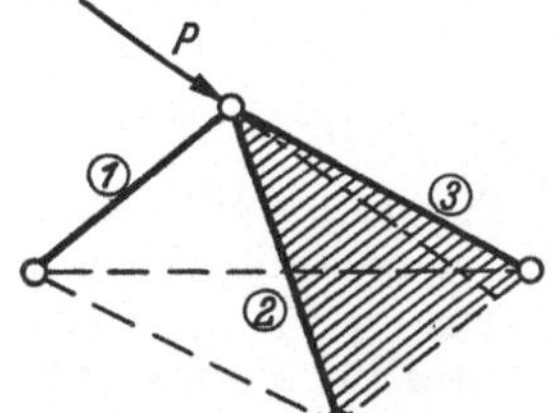

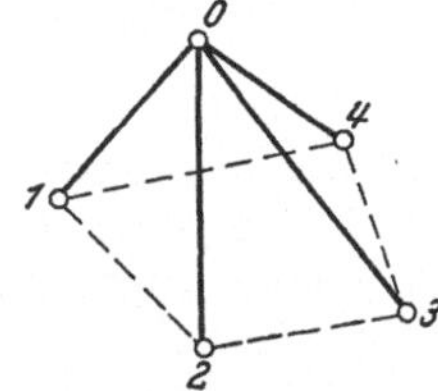

<table>
<tr><td>Abb. 74. Sonderbelastung eines dreibeinigen Bockge-rüstes ($S_1 = P$).</td><td>Abb. 75. Sonderbelastung eines dreibeinigen Bockgerüstes ($S_1 = O$).</td><td>Abb. 76. Vierbeiniges Bockgerüst; statisch un-bestimmt.</td></tr>
</table>

Stab ① die ganze Last auf (hier als Druck) und die beiden anderen Stäbe wer-den keine Kraft erhalten; es folgt dieses unmittelbar aus der Bedingung, daß die Summe der Komponenten aller Kräfte in einer Richtung senkrecht zur Stab-ebene ②, ③ Null sein muß. Fällt umgekehrt die Kraft in die Ebene zweier Stäbe (Abb. 75), z. B. ② und ③, so liefert die angegebene Komponentenbedin-gung, daß S_1 Null wird. Die Stabkräfte S_2 und S_3 werden dadurch gefunden, daß in der Ebene 2, 3 das Parallelogramm aus P, S_2 und S_3 gebildet wird. Es ergibt sich eine eindeutige Lösung.

Gehen durch einen Punkt mehr als drei Stäbe im Raum, dann ist die Auf-gabe statisch unbestimmt, da ja nur drei Gleichgewichtsbedingungen zur Ver-fügung stehen. Wenn also keine Kraft wirkt (Abb. 76), dann brauchen diese Stabkräfte nicht Null zu werden, sondern können irgendeinen beliebigen Wert annehmen. Ähnlich wie in der Ebene gibt es natürlich auch hier Fälle, wo trotzdem ein einzelner Stab von den vieren eine bestimmte Stabkraft aufweist. Wenn

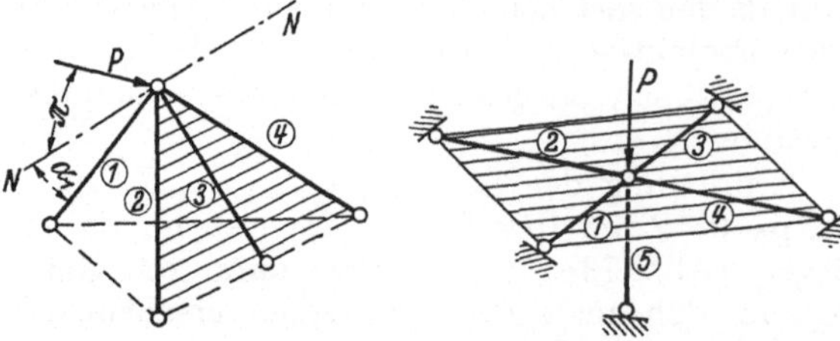

Abb. 77. Vierbeiniges Bockgerüst, teilweise unbestimmt.   Abb. 78. Teilweise bestimmtes Stabsystem.

z. B. (Abb. 77) drei von den vier Stäben in einer Ebene liegen (S_2, S_3, S_4), dann ist die Kraft S_1 eindeutig bestimmt; man braucht nur die Summe der Komponenten aller Kräfte für die Richtung N senkrecht zu dieser Ebene gleich Null zu setzen:

$$P \cdot \cos \pi - S_1 \cdot \cos \alpha_1 = 0.$$

Entsprechendes würde auch gelten, wenn mehr als drei Stäbe sich in einer Ebene befinden (Abb. 78). Es ergibt sich hier sofort:

$$S_5 = -P.$$

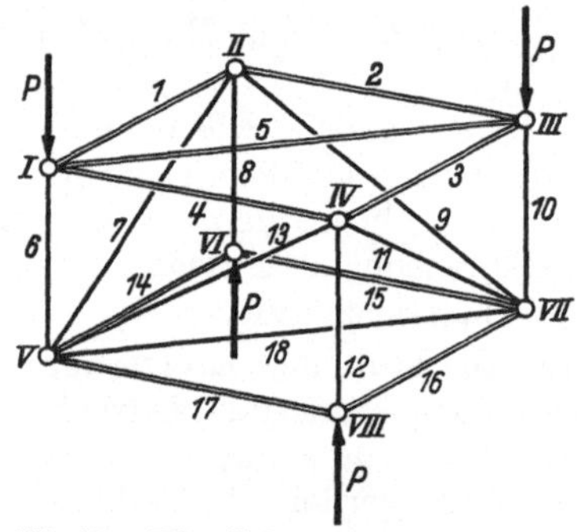

Abb. 79. Räumliches Stabsystem, bei dem verschiedene Stäbe Null werden.

Dagegen sind die Stabkräfte S_1, S_2, S_3, S_4 unbestimmt. Wirkt in solchen Fällen überhaupt keine Last, so erhält immer der Stab, der aus der Ebene herausfällt, eindeutig die Kraft Null, während die anderen Stäbe vieldeutige Kräfte aufweisen.

Derartige Sonderfälle können bei räumlichen Stabgebilden vielfach vorkommen. Für die Anordnung der Abb. 79 würde sich z. B. aus Knoten I ergeben, daß die Stabkraft S_6 gleich P ist, ebenso wird an Knoten III die Stabkraft $S_{10} = P$; Knoten VI liefert $S_8 = P$ und andererseits $S_{14} = S_{15} = 0$; entsprechend ergibt Knoten VIII die Werte $S_{12} = P$ und $S_{16} = S_{17} = 0$.

Übungsaufgaben.

1. Aufgabe. Der in Abb. 80 dargestellte Mast sei zunächst durch die sechs Kabel 1 ... 6 gegen die Erde verspannt; es werden dann diese sechs Spannkabel ersetzt durch vier andere $e_1 ... e_4$. In welchem Verhältnis stehen die Seilkräfte in beiden Fällen, wenn für die Standfestigkeit des Mastes die gleichen Voraussetzungen (gleiche Bodendruckkraft) gegeben sein sollen?

Lösung. Da die Fußpunkte der ersten Kabel in einem Kreis mit einem Durchmesser von 80 m liegen und die anderen Enden in einer Höhe von 60 m angeschlossen sind, wird der Neigungswinkel gegen die Lotrechte bestimmt durch

$$\operatorname{tg} \alpha = \frac{40 - 10}{60} = \frac{30}{60}.$$

Die Kabel $e_1 ... e_4$ dagegen schließen mit der Lotrechten einen Winkel β ein:

$$\operatorname{tg} \beta = \frac{55 - 10}{60} = \frac{45}{60}.$$

Die sin- und cos-Werte sind bestimmt durch:

$$\cos \alpha = \frac{60}{\sqrt{60^2 + 30^2}}, \qquad \sin \alpha = \frac{30}{\sqrt{60^2 + 30^2}},$$

$$\cos \beta = \frac{60}{\sqrt{60^2 + 45^2}}, \qquad \sin \beta = \frac{45}{\sqrt{60^2 + 45^2}}.$$

Die vom Boden auf den Mast wirkende Kraft N muß mit den in den Kabeln
1 … 6 bzw. $e_1 … e_4$ wirkenden Kräften im Gleichgewicht stehen. Da es sich hier
um Kräfte an dem gleichen Angriffspunkt handelt, müssen die drei Bedingungen
erfüllt sein:
$$\sum X_i = 0; \quad \sum Y_i = 0; \quad \sum Z_i = 0.$$

Die Komponentenrichtungen dürfen beliebig gewählt werden; wir werden dabei
zweckmäßig die in dem Bild vorhandene Symmetrie verwenden und wählen die
z-Richtung nach abwärts, die x-Richtung
im Grundriß von links nach rechts, die
y-Richtung von vorne nach hinten.
Zwecks Zerlegung der Kabelkraft S in
diese Richtungen denkt man sich durch
ein Kabel und die Mittelachse des Mastes
eine lotrechte Ebene gelegt und zerlegt
die Kraft S in dieser Ebene in eine waagerechte und eine lotrechte Komponente.
Erstere ist bestimmt durch $S' = S \cdot \sin\alpha$,
letztere dagegen durch $Z = S \cdot \cos\alpha$. Die
lotrechten Komponenten müssen sich mit
N aufheben, es muß also sein:

$$(S_1 + S_2 + S_3 + S_4 + S_5 + S_6)\cos\alpha = N.$$

Die Richtungen der ersteren Komponenten S' stimmen mit den Grundrißprojektionen der Drahtkabeln überein und haben
die Größe $S_1 \cdot \sin\alpha$ …. Unter Annahme
voller Belastungssymmetrie (d. h. wenn
gleiche Vorspannungen in den Kabeln vorliegen) müssen die Stabkräfte $S_1 … S_6$
gleich groß sein; dann sind auch $S'_1 … S'_6$
einander gleich, und es wirken demgemäß
in der Ringebene sechs gleich große Kräfte
in den im Grundriß angegebenen Richtungen $1' … 6'$. Ihr zugehöriges Krafteck
ist geschlossen. Es stehen also die Horizontalkomponenten der Kräfte $S_1 … S_6$
für sich im Gleichgewicht, und andererseits ist:
$$6 S \cdot \cos\alpha = N.$$

Aus letzterer Gleichung berechnet sich

$$S = \frac{N}{6\cos\alpha}.$$

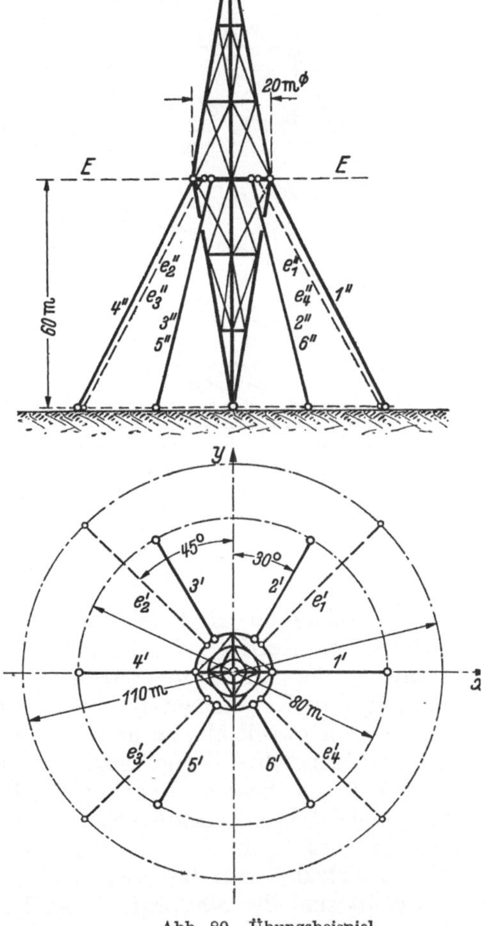

Abb. 80. Übungsbeispiel.

Soll der Mast durch die vier Kabel $e_1 … e_4$ gehalten werden, so läßt sich
eine entsprechende Betrachtung durchführen. Die waagerechten Komponenten
der vier gleich großen Spannkräfte $\overline{S}_1 … \overline{S}_4$ heben sich wieder auf und andererseits ist
$$4\overline{S} \cdot \cos\beta = N,$$
$$\overline{S} = \frac{N}{4\cos\beta}.$$

Die Spannkräfte in den Drahtkabeln der verschiedenen Kabelanordnungen verhalten sich also
$$\frac{S}{\overline{S}} = \frac{2}{3} \cdot \frac{\cos\beta}{\cos\alpha} = 0{,}596.$$

Wollte man mit den X-, Y-Komponenten analytisch weiterrechnen, so müßten die waagerechten Komponenten S' bzw. $\overline{S}'$ in eine X- und eine Y-Komponente zerlegt und dann die Summen der Komponenten in diesen Richtungen aufgestellt werden. Man erhält für die sechs Kabel:

$$S_1' + S_2' \cdot \sin 30^\circ + S_6' \cdot \sin 30^\circ - S_4' - S_3' \cdot \sin 30^\circ - S_5' \cdot \sin 30^\circ = 0,$$
$$S_2' \cdot \cos 30^\circ + S_3' \cdot \cos 30^\circ - S_5' \cdot \cos 30^\circ - S_6' \cdot \cos 30^\circ = 0.$$

Man erkennt sofort, daß die Gleichungen erfüllt sind, da die Kräfte $S_1' \ldots S_6'$ einander gleich sind. Entsprechendes gilt für die vier Kabel.

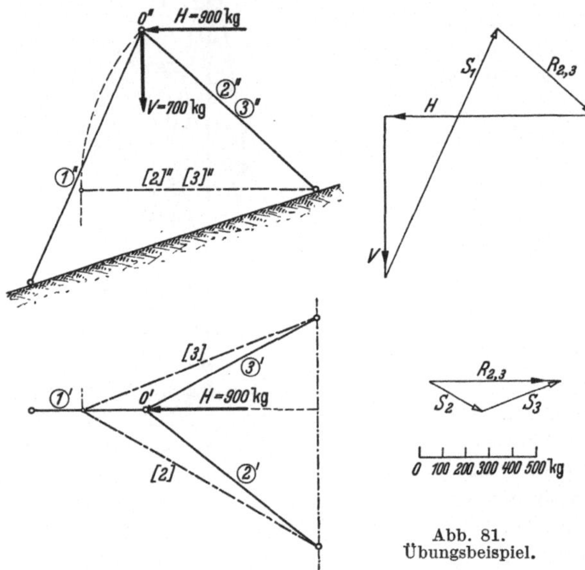

Abb. 81.
Übungsbeispiel.

2. Aufgabe. Der in Abb. 81 in Grundriß und Aufriß dargestellte Dreibock stehe unter dem Einfluß einer waagerechten und einer lotrechten Kraft. Gesucht sind die Stabkräfte.

Lösung. Die Resultierende der Stabkräfte S_2 und S_3 liegt einerseits in der Ebene der Stäbe ② und ③, andererseits in der Ebene der Kräfte H, V, S_1, d. h. sie muß in der Schnittlinie der beiden Ebenen liegen; da sich in der Aufrißprojektion die Stäbe ② und ③ überdecken, fällt auch R_{23} in diese Spur. Man hat demgemäß im Aufriß das Kraft-eck zu bilden aus H, V und den Parallelen zu den Stäben ② bzw. ③ und ①. Die so im Aufriß gefundene Kraft S_1 ist bereits die wahre Stabkraft, weil Stab ① der Aufrißtafel parallel läuft. Um S_2 und S_3 zu ermitteln, ist dann R_{23} in ihre Komponenten in den beiden Richtungen ② und ③ zu zerlegen. Zu diesem Zweck klappt man am besten ihre Ebene um die beiden Fußpunkte in die Grundrißtafel und zerlegt in dieser die Resultierende R_{23} in ihrer wahren Größe in die beiden Richtungen. Die umgeklappte Ebene ist gestrichelt eingezeichnet. Das Kraftdreieck für die umgeklappte Ebene gibt die wahre Größe von S_2 und S_3 an.

3. Aufgabe. Auf das Bockgerüst der Abb. 82 wirkt eine waagerechte Kraft P. Gesucht sind die Stabkräfte. Die Lösung erfolge mit Hilfe des Culmannschen Verfahrens.

Lösung. Wir fassen P, S_1 und S_2, S_3 zusammen, bestimmen also nach Seite 42 die Schnittlinie h der Ebene aus P und Stab ① und der Ebene der Stäbe ②, ③. Um diese zu gewinnen, gehen wir vom Grundriß aus. Ein gemeinschaftlicher Punkt der beiden Ebenen ist der Punkt 0, ein anderer Punkt der gesuchten Schnittlinie h ist der Schnittpunkt der Grundrißspuren der beiden Ebenen. Da P horizontal verläuft, also parallel der Grundrißtafel, verläuft die Grundrißspur der Ebene P, ① parallel zu P' durch den Punkt 1′. Die Grundrißspur der Ebene ②, ③ ist durch die Verbindungslinie der Punkte 2′ und 3′ gegeben. Der Schnittpunkt s' der beiden Spuren gibt den zweiten Punkt der Schnittlinie h an, so daß diese also gegeben ist durch die Verbindungslinie der Punkte s' und 0′. s in den Aufriß übertragen, ergibt die Linie h''. Man hat nun Gleichgewicht herzustellen zwischen P, S_1 und R_{23}, und dann R_{23} in die Richtung der Stäbe ② und ③ zu zerlegen. Um sofort die wahre Größe der Stabkräfte zu erhalten, sind hier

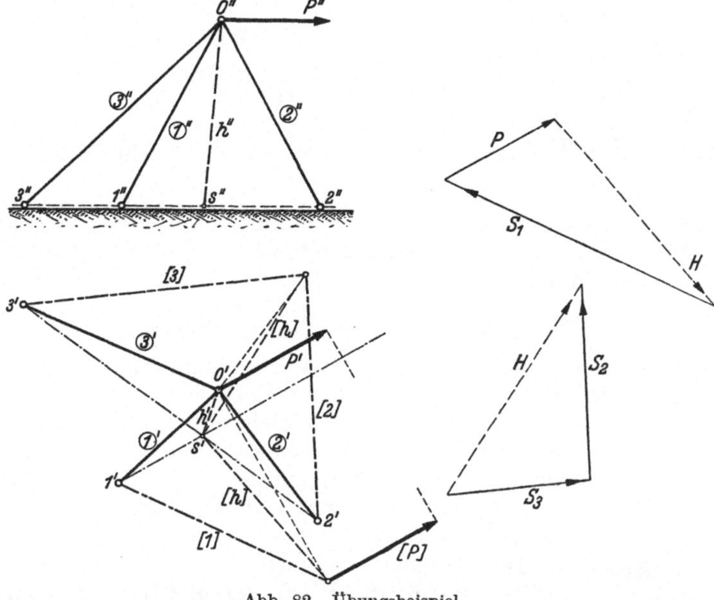

Abb. 82. Übungsbeispiel.

die entsprechenden Dreiecke s', $1'$, $0'$ bzw. $2'$, $3'$, $0'$ in die Grundrißebene umgeklappt und dann die Kraftdreiecke aus $[P]$ und den Parallelen zu $[1]$ und $[h]$ bzw. aus dem so gefundenen H und den Parallelen zu $[2]$, $[3]$ gezeichnet.

Zweiter Teil

Kräfte in der Ebene zerstreut auf einen Körper wirkend.

Die jetzt zu betrachtenden Kräfte gehen nicht mehr durch einen Punkt. Durch die Wirkung der zerstreut liegenden Kräfte treten neue Begriffe auf, die wir erst kennenlernen wollen.

IV. Statisches Moment. Kräftepaare.

21. Vom statischen Moment. Denken wir uns eine gewichtslose Platte, etwa eine dünne Holzplatte, in einem Punkt C durch einen Stift festgehalten (Abb. 83),

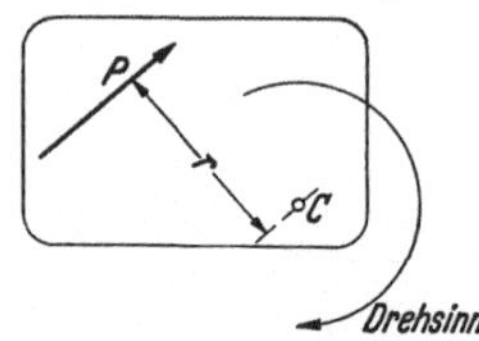

Abb. 83. Das Drehmoment oder statische Moment.

dann wird sich die Platte unter dem Einfluß einer beliebigen Kraft in ihrer Ebene drehen, sofern diese Kraft P nicht durch den Festpunkt C geht. Eine derartige Drehwirkung tritt in der Praxis sehr häufig auf, wir brauchen deshalb ein Maß für diese Drehung.

Die Drehwirkung wird offenbar um so größer, je größer die Kraft P ist bei gleichem Abstand r, und andererseits wächst sie mit größerem r bei gleicher Kraft P. Ein bestimmtes Maß der Drehung kann man offenbar erreichen durch eine kleinere Kraft in größerer Entfernung oder eine entsprechend größere Kraft in kleinerer Entfernung. Zusammengefaßt können wir sagen: Die Drehwirkung ist proportional $P \cdot r$, d. h. $(P \cdot r)$ gibt ein Maß für die Drehwirkung an. Diese Größe nennt man nun das *statische Moment* oder *Drehmoment* der Kraft P bezüglich des Punktes C:

$$M = P \cdot r. \tag{18}$$

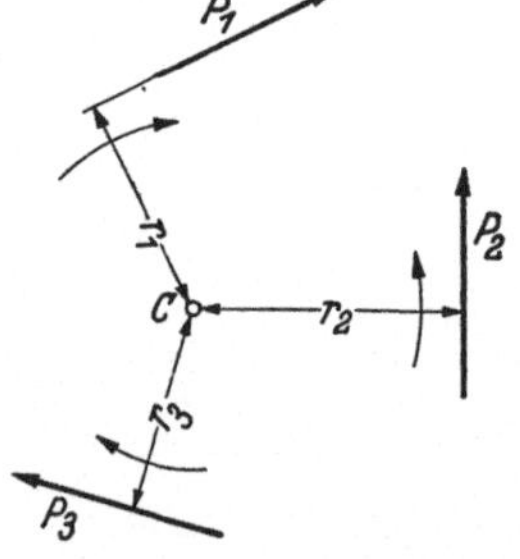

Abb. 84. Das statische Moment verschiedener Kräfte.

Die Entfernung r wird Hebelarm und der Punkt C Drehpunkt oder Momentenpunkt genannt. Durch den Ausdruck $(P \cdot r)$ ist aber das Moment noch nicht ganz gekennzeichnet, denn die Drehwirkung ist nicht allein durch die Größe festgelegt, sondern sie ist auch geknüpft an einen Drehsinn, etwa Uhrzeigersinn oder umgekehrt. Allgemein wird es positiv genannt, wenn es im Uhrzeigersinn dreht, andernfalls negativ. Demgemäß ist als statisches Moment das mit dem Vorzeichen versehene Produkt von $P \cdot r$ zu bezeichnen. Man erkennt sofort, daß in Abb. 83 die Platte im Uhrzeigersinn gedreht wird; das ausgelöste Drehmoment ist also positiv.

Vielfach sind die Kräfte unabhängig von dem auf sie wirkenden Körper gezeichnet (Abb. 84). Um hier den Drehsinn des Moments festzustellen, ist es für den Anfänger zweckmäßig, den Hebelarm als Kurbelarm aufzufassen, der im Punkt C drehbar befestigt ist, und dann nachzuprüfen, ob dieser Kurbelarm durch die betreffende Kraft im Uhrzeigersinn gedreht wird oder umgekehrt. Man erkennt sofort, daß in Abb. 84 die Momente von P_1 und P_3 positiv sind, dagegen dasjenige von P_2 negativ ist.

Da das Moment durch das Produkt von $P \cdot r$ gegeben ist, verschwindet es, wenn entweder $P = 0$ ist oder $r = 0$, d. h. wenn die Kraft durch den Momentenpunkt hindurchgeht, liefert sie kein Moment.

Ein anschauliches Maß für die Größe des Drehmoments erhält man dadurch, daß man die Endpunkte der Kraft P mit dem Momentenpunkt verbindet; der Inhalt des so entstandenen Dreiecks (Abb. 85) ist gegeben durch $\frac{P \cdot r}{2}$. Demgemäß ist das Moment selbst dargestellt durch den doppelten Inhalt dieses Dreiecks. Man erkennt auch leicht, daß der Drehsinn des Moments dem durch P festgelegten Umlaufsinn des Dreiecks entspricht, d. h. wenn der durch P gegebene Umlaufsinn der Uhrzeigerdrehung entspricht, dreht auch die Kraft P im Uhrzeigersinn und umgekehrt. Natürlich ist hier der Begriff „Flächeninhalt" weiter zu fassen, da es sich ja nicht um eine eigentliche Fläche in cm² handelt, indem die Grundlinie eine Kraft und die Höhe eine Länge darstellt, also die Dimension kg · cm vorliegt.

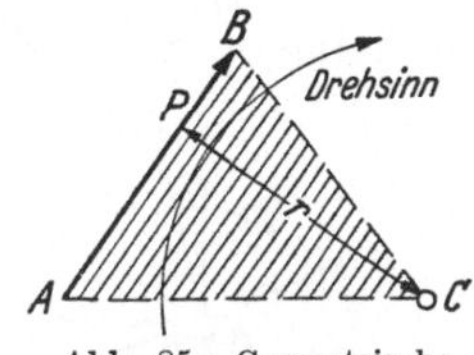

Abb. 85. Geometrische Darstellung des statischen Momentes.

An Stelle des Ausdrucks $P \cdot r$ kann man auch einen anderen einführen, der sich aus Abb. 86 ergibt. Durch den ganz beliebig gewählten Momentenpunkt C sei ein rechtwinkliges Koordinatenkreuz gelegt; der Anfangspunkt A der Kraft P besitze die Koordinaten x, y. Dann ist der Hebelarm gegeben durch:

$$r = y \cdot \cos\alpha - x \cdot \sin\alpha,$$

demgemäß

$$M = P \cdot r = P \cdot (y \cdot \cos\alpha - x \cdot \sin\alpha)$$

oder

$$M = (P \cdot \cos\alpha) \cdot y - (P \cdot \sin\alpha) \cdot x.$$

Nun ist aber $P \cdot \cos\alpha$ die X-Komponente von P und $P \cdot \sin\alpha$ die Y-Komponente, so daß entsteht:

$$M = X \cdot y - Y \cdot x. \tag{19}$$

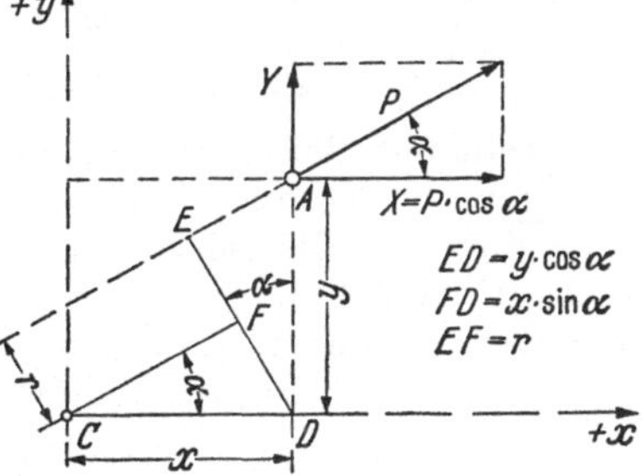

Abb. 86. Zum algebraischen Ausdruck des statischen Momentes.

Die Kraft P, d. h. ein Vektor, ist also jetzt ersetzt durch die Komponenten X und Y. Die erste Darstellungsweise von M ist eine vektorielle Darstellung, die zweite dagegen eine algebraische. Der Ausdruck

$$X \cdot y - Y \cdot x$$

erlaubt noch eine besondere statische Deutung. Da y die Entfernung der Kraft X vom Momentenpunkt C ist, stellt $(X \cdot y)$ das Moment der Kraft X für den Punkt C dar, und zwar einschließlich des Vorzeichens. Ebenso ist $-(Y \cdot x)$ das Moment der Kraft Y um den Punkt C, die umgekehrt dem Uhrzeigersinn dreht. Es stellt also der Ausdruck $(X \cdot y - Y \cdot x)$ die algebraische Summe der Momente der Komponenten X und Y für den Punkt C dar. Demnach ist das Moment der Kraft P für einen beliebigen Punkt gleich der algebraischen Summe der Momente ihrer Komponenten X und Y für denselben Punkt; oder umgekehrt: die Summe der Momente zweier Kräfte X, Y ist gleich dem Moment ihrer Resultierenden P für denselben Punkt.

Dieser Satz gilt auch, wenn P in zwei Komponenten zerlegt ist, die nicht aufeinander senkrecht stehen, er gilt sogar auch für beliebig viele Kräfte (Abb. 87). Man nennt ihn den Satz vom statischen Moment der Kräfte:

Die algebraische Summe der Momente der Kräfte $P_1 \ldots P_n$ für irgendeinen Punkt C ist gleich dem Moment ihrer Resultierenden R für denselben Punkt.

Für den Beweis möge das Moment der Kräfte $P_1 \ldots P_n$ für den Punkt C mit $M_1 \ldots M_n$ bezeichnet werden und das Moment von R für denselben Punkt C mit M_R; so kann der Satz durch die Formel dargestellt werden:

$$M_R = \sum M_i, \tag{20}$$

wobei $\sum M_i$ die algebraische Summe der Momente aller Kräfte bedeutet. Die Komponenten der Kräfte P_i seien mit X_i, Y_i bezeichnet, dann stellen sich die einzelnen Momente der Kräfte P_i nach der Gleichung (19) in der Form dar:

$$M_1 = X_1 y - Y_1 x,$$
$$\cdot \ \cdot \ \cdot \ \cdot \ \cdot \ \cdot \ \cdot \ \cdot \ \cdot \ \cdot$$
$$M_i = X_i y - Y_i x,$$
$$\cdot \ \cdot \ \cdot \ \cdot \ \cdot \ \cdot \ \cdot \ \cdot \ \cdot \ \cdot$$
$$M_n = X_n \cdot y - Y_n \cdot x,$$

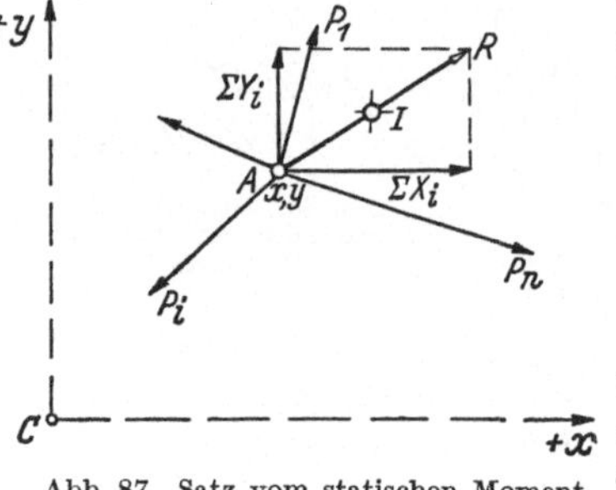

Abb. 87. Satz vom statischen Moment der Kräfte.

wobei x, y für alle Momente die gleichen Größen sind, weil ja alle Kräfte nach Voraussetzung durch denselben Punkt hindurchgehen. Bildet man die Summe, so erhält man:

$$\sum M_i = (X_1 + \cdots X_i + \cdots X_n) \cdot y - (Y_1 + \cdots Y_i + \cdots Y_n) \cdot x,$$
$$\sum M_i = (\sum X_i) \cdot y - (\sum Y_i) \cdot x.$$

Was stellt nun die rechte Seite dieser Gleichung dar? Nach früherem sind $\sum X_i$ und $\sum Y_i$ die Komponenten der Resultierenden; also ist die rechte Seite genau so gebildet wie diejenige von M_i, nur sind die Komponenten der Kraft P_i ersetzt durch die Komponenten der Resultierenden. Da andererseits x, y unverändert geblieben sind, ist die rechte Seite der Gleichung nichts anderes als das Moment der Resultierenden R für den Punkt C:

$$(\sum X_i) y - (\sum Y_i) x = M_R.$$

Damit ist in der Tat gezeigt, daß $\sum M_i = M_R$.

22. Gleichgewichtsaussagen. Mit Hilfe dieses Satzes kann eine neue Gleichgewichtsaussage gemacht werden, die für viele Aufgaben von Bedeutung ist. Wenn die auf einen Punkt wirkenden Kräfte im Gleichgewicht stehen sollen, dann muß ihre Resultierende verschwinden. Infolgedessen muß auch das Moment der Resultanten für jeden beliebigen Drehpunkt Null werden, also auch für C. Da aber das Moment der Resultierenden gleich der Summe der Momente der einzelnen Kräfte ist, muß für den Fall des Gleichgewichts $\sum M_i$ verschwinden. Es ist damit das Ergebnis gewonnen:

Stehen Kräfte in der Ebene an demselben Punkt im Gleichgewicht, so ist die algebraische Summe der Momente aller Kräfte für jeden beliebigen Punkt der Ebene gleich Null.

Der Satz ist hier bewiesen für Kräfte an demselben Punkt; er gilt aber, wie sich später zeigen wird, ganz allgemein für jeden Gleichgewichtszustand beliebiger Kräfte.

Da für jeden Punkt die Summe der Momente verschwinden muß, kann man beliebig viele Gleichgewichtsbedingungen dieser Art aufstellen; sie müssen tatsächlich alle erfüllt sein. Andererseits haben wir aber schon früher festgestellt, daß für Kräfte in der gleichen Ebene an demselben Punkt nur zwei selbständige Gleichgewichtsbedingungen vorhanden sind, infolgedessen können auch hier von den beliebig vielen Momentengleichungen nur zwei voneinander unabhängig sein, alle übrigen müssen eine Folge dieser beiden sein. *Eine* Momentengleichung sichert noch kein Gleichgewicht; denn wenn die durch einen Punkt laufenden Kräfte P_i (Abb. 87) eine Resultierende haben, so verschwindet ja deren Moment und damit auch die Summe der Momente der Kräfte für jeden Punkt auf R. Wenn wir also bei der Nachprüfung der Frage, ob $\sum M_i = 0$, zufällig einen Momentenpunkt I auf der etwa vorhandenen Resultierenden R annehmen, dann ist $(\sum M_i)_I = 0$, obwohl R tatsächlich vorhanden ist. Wenn wir andererseits noch einen zweiten Punkt einführen, um die Nachprüfung der Gleichung $\sum M_i = 0$ vorzunehmen, so dürfen wir diesen nicht auf der Verbindungslinie von dem ersten Punkt I nach dem Schnittpunkt der Kräfte A einführen, denn es könnte die Tücke des Zufalls wollen, daß dann beide Momentenpunkte tatsächlich auf der Resultierenden, deren Vorhandensein wir ja von vornherein nicht kennen, liegen, und dann wäre für beide Momentenpunkte $\sum M_i = 0$ und trotzdem eine Resultante vorhanden. Also wenn $\sum M_i$ für zwei Punkte verschwindet, die auf einer Geraden durch den gemeinsamen Angriffspunkt liegen, so ist damit noch kein Beweis für den Gleichgewichtszustand gegeben, da ja auch $\sum M_i = 0$ ist, wenn zufällig die wirklich vorhandene Resultante in diese Verbindungslinie fällt. *Gleichgewicht liegt aber dann mit Sicherheit vor, wenn die Summe der Momente aller Kräfte für zwei Punkte verschwindet, deren Verbindungsgerade nicht durch A geht.* — Daß die Summe der Momente aller Kräfte mit dem gleichen Angriffspunkt für diesen Punkt als Momentenpunkt immer verschwindet, ist selbstverständlich, da alle Kräfte durch diesen Punkt hindurchlaufen. Diese Momentenbedingung sagt also gar nichts aus.

Früher haben wir kennengelernt, daß beim Gleichgewichtszustand die Summe der Komponenten aller Kräfte in jeder beliebigen Richtung verschwinden muß (man denke daran, daß die Projektion des geschlossenen Kraftecks auf jede beliebige Gerade gleich Null ist); jetzt wurde festgestellt, daß beim Gleichgewichtszustand auch die Summe der Momente aller Kräfte für jeden beliebigen Momentenpunkt verschwinden muß. Wir können also im Falle des Gleichgewichts sowohl beliebig viele Komponentenbedingungen als auch Momentenbedingungen aufstellen, aber unter all diesen Bedingungen sind nur zwei unabhängige. Es kann demgemäß eine Gleichgewichtsaufgabe für Kräfte mit dem gleichen Angriffspunkt gelöst werden: entweder mit zwei Komponentenbedingungen oder mit einer Komponenten- und einer Momentenbedingung oder mit zwei Momentenbedingungen.

Letzteres möge an einem zweibeinigen Bockgerüst gezeigt werden, und dadurch wird das auf Seite 25 erwähnte *Momentenverfahren* zur Ermittlung der Stabkräfte eines ebenen Zweibockgerüstes durchgeführt.

Das Stabsystem sei in seinen konstruktiven Abmessungen gegeben (Abb. 88). Als Belastung wirke die Kraft P. Am Punkt 0 muß Gleichgewicht bestehen. Dieses Gleichgewicht ist nach der neuen Erkenntnis gesichert, wenn für zwei beliebige Punkte (außer 0) die Summen der Momente der Kräfte verschwinden. Wie schon früher, müssen wir auch hier vor Beginn der Rechnung Richtungspfeile für die unbekannten Kräfte einführen. Wir nehmen also wieder an, beide Stäbe wirken als Zugstäbe auf den Knotenpunkt 0, sind also von 0 fortgerichtet. Da die Momentenpunkte beliebige Lage haben können, werden wir sie natürlich möglichst zweckmäßig wählen, d. h. so, daß die Gleichungen einfach

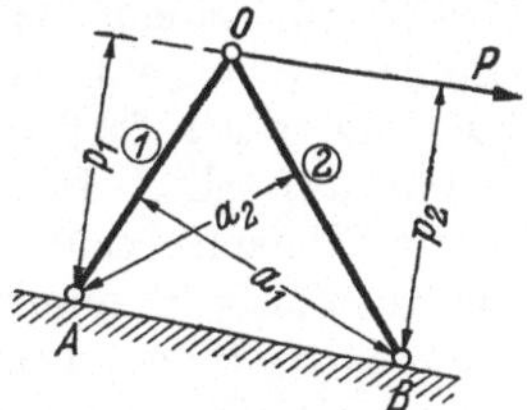

Abb. 88. Das Momentenverfahren beim zweibeinigen Bockgerüst.

werden, daß wir also möglichst wenig Rechenarbeit zu leisten haben. Zur Berechnung der Stabkraft S_1 werden wir den Momentenpunkt am günstigsten auf die Wirkungslinie von S_2 legen, z. B. in den Punkt B, da ja für ihn die Kraft S_2 kein Moment liefert. Dann ist

$$(\textstyle\sum M_i)_B = 0$$

gegeben durch die Gleichung:

$$P \cdot p_2 - S_1 \cdot a_1 = 0.$$

Es sei hier nochmals darauf hingewiesen, daß der Drehsinn des Momentes durch das Vorzeichen ausgedrückt wird. In der vorstehenden Gleichung ist, wie oben eingeführt, der rechtsdrehende (Uhrzeiger-) Drehsinn positiv angenommen. Die einzuführende Kraft S_1 greift an O an (nicht an A!), ihr Moment dreht bei dem angenommenen Zugpfeil entgegengesetzt dem Uhrzeigersinn. Wir erhalten aus der Gleichung

$$S_1 = P \cdot \frac{p_2}{a_1}.$$

Zur Errechnung von S_2 erhalten wir als Momentengleichung für den Fußpunkt A

$$(\textstyle\sum M_i)_A = 0: \quad P \cdot p_1 + S_2 \cdot a_2 = 0,$$

also

$$S_2 = -P \cdot \frac{p_1}{a_2},$$

d. h. S_1 wird Zug, dargestellt durch das positive Vorzeichen des Ergebnisses, S_2 wird Druck, da der erhaltene Wert negatives Vorzeichen besitzt.

Das Verfahren bietet gleichungsmäßig dieselben Vorteile wie das Projektionsverfahren (Nr. 13), ist aber in seiner Anwendung, d. h. in der Aufstellung der beiden Gleichgewichtsbedingungen, übersichtlicher und demgemäß einfacher zu handhaben.

Solche Momentenverfahren werden später eine große Rolle spielen und haben vor allem besondere Bedeutung, wenn die Kräfte nicht mehr durch einen Punkt gehen.

23. Kräftepaare in der Ebene. Wir kommen nun zu dem Begriff des Kräftepaares. *Ein Kräftepaar ist die Gemeinschaft zweier paralleler, gleich großer, aber entgegengesetzt gerichteter Kräfte* (Abb. 89). Durch das Kräftepaar ist eine Ebene

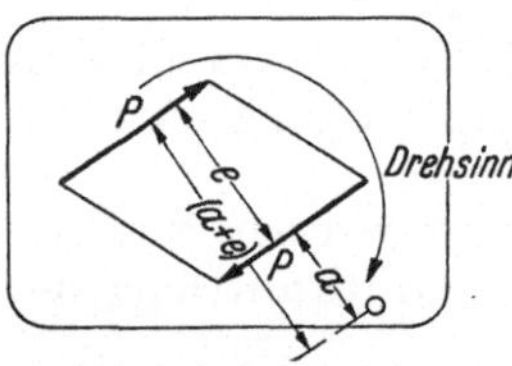

Abb. 89. Drehwirkung eines Kräftepaares.

bestimmt. Diese Ebene möge mit derjenigen einer Platte oder Scheibe zusammenfallen, also das Kräftepaar in der Ebene der Scheibe wirken. Dann erkennt man sofort, daß die Wirkung des Kräftepaares eine Drehung ist. Die Drehwirkung wird wieder durch ein Moment gemessen. *Wir wollen nun als Moment des Kräftepaares definieren: die algebraische Summe der Momente der beiden Kräfte für einen ganz beliebigen Punkt als Momentenpunkt.* Es erscheint diese Aussage, daß das Moment der Kräfte für einen beliebigen Punkt aufgestellt werden kann, zunächst eigentümlich; das sieht nach Vieldeutigkeit, nach Unbestimmtheit aus. Aber die Klärung tritt sofort auf, wenn man tatsächlich das Moment für einen beliebigen Punkt aufstellt. Der Hebelarm $(a + e)$ wird unter dem Einfluß der oberen Kraft P nach rechts gedreht und es entsteht das Moment $+ P(a + e)$. Die untere Kraft P dagegen dreht den Hebelarm a nach links und liefert das Moment $- P \cdot a$. Die algebraische Summe ist also:

$$M = P \cdot (a + e) - P \cdot a = + P \cdot e. \tag{21}$$

Man erkennt, daß die Lage des Momentenpunktes in der Gleichung überhaupt nicht in Erscheinung tritt, also von gar keiner Bedeutung ist. Das Moment des Kräftepaares ist einfach dargestellt durch das Produkt aus Kraft mal Entfernung der beiden Kräfte. Da man den Momentenpunkt beliebig wählen kann, kann man ihn auch auf eine der beiden Kräfte selbst legen (Abb. 90), dann hat die untere Kraft das Moment Null, die obere das Moment $+P \cdot e$, d. h. das gesamte Moment hat die Größe $P \cdot e$ und dreht im Uhrzeigersinn. Wenn also dies Kräftepaar auf eine Platte wirkt, so führt diese eine Drehung im Uhrzeigersinn aus. Vom statischen Gesichtspunkt aus ist die Annahme eines derartigen Momentenpunktes am zweckmäßigsten, zumal sie auch sofort den Drehsinn des Momentes, also auch des Kräftepaares ergibt. Man erkennt daraus, *daß*

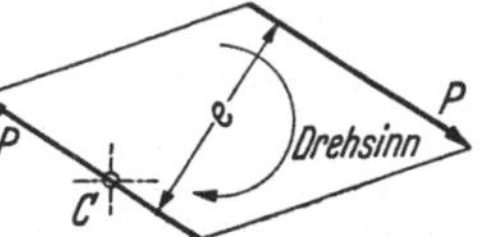

Abb. 90. Das Moment eines Kräftepaares.

das Moment des Kräftepaares ersetzt werden kann durch das statische Moment einer einzelnen Kraft (Abb. 91). Dies ist für spätere Betrachtungen von Wichtigkeit.

An die Aussage, daß das Moment des Kräftepaares gegeben ist durch das Moment der beiden Kräfte für einen beliebigen Punkt C, kann man folgende Überlegung anschließen: Die Lage des Momentenpunktes gegenüber dem Kräftepaar ist von keiner Bedeutung; es kann also auch ein Kräftepaar gegenüber einem angenommenen festliegenden Momentenpunkt beliebig verschoben werden. Immer bleibt das gleiche Moment, d. h. die Wirkung des Kräftepaares auf den betreffenden Körper, etwa eine Scheibe, ist immer die gleiche, solange der Körper als masselos vorausgesetzt wird. Es ergibt sich der Satz:

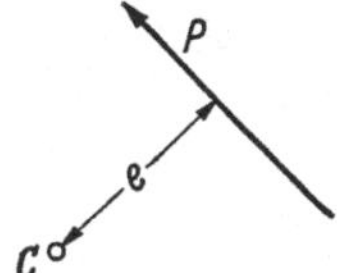

Abb. 91. Zusammenhang zwischen statischem Moment und Kräftepaar.

Ein auf einen Körper wirkendes Kräftepaar kann in seiner eigenen Ebene willkürlich verschoben werden, ohne daß sich seine Wirkung auf den betreffenden Körper ändert.

Der Ausdruck $P \cdot e$ für das Moment des Kräftepaares erlaubt uns noch eine andere Deutung: wenn man die Endpunkte der beiden Kräfte des Kräftepaares miteinander verbindet (Abb. 92), so entsteht ein Parallelogramm, dessen Flächeninhalt durch $P \cdot e$ gegeben ist. Es ist also demgemäß das Moment, d. h. der Wert des Kräftepaares, darstellbar durch den Inhalt dieses Parallelogramms. Man erkennt sofort, daß der durch die gegebenen Kräfte festgelegte Umlaufsinn zugleich den Drehsinn des Kräftepaares angibt. In Abb. 91 geht der durch die Kraft P bedingte Umlaufsinn entgegengesetzt dem Uhrzeigersinn, und ebenso dreht das Kräftepaar eine Scheibe. Nun kann man ja ein Parallelogramm in der mannigfaltigsten Weise in andere flächengleiche Parallelogramme verwandeln. Da wir aber jedes Parallelogramm zur Grundlage eines Kräftepaares machen können, so sind die so entstehenden — d. h. durch flächengleiche Parallelogramme dargestellten — Kräftepaare alle gleichwertig, d. h. sie üben dieselbe Wirkung aus. Die in Abb. 93 dargestellten Kräftepaare haben alle das gleiche Moment nach Größe und Richtung.

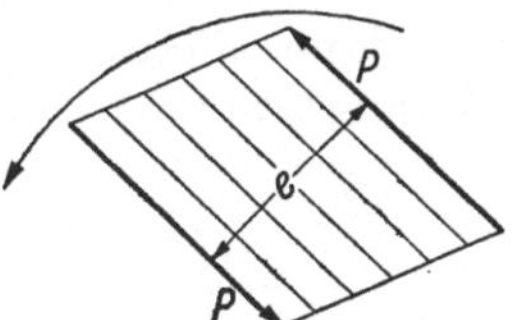

Abb. 92. Darstellung der Größe eines Kräftepaares durch ein Parallelogramm.

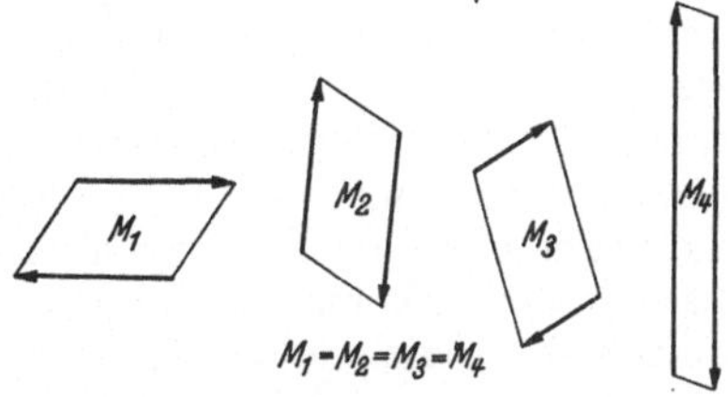

Abb. 93. Gleichwertige Kräftepaare.

Für den Wert eines Kräftepaares kommt es nicht auf die einzelne Größe von P oder e an, sondern nur auf die Größe von $(P \cdot e)$. Gerade deswegen kann man ja ein Kräftepaar in so vielfacher Weise durch ein Parallelogramm darstellen. Dieser Umstand gibt uns nun die Möglichkeit zu einer ganz neuen Definition des Kräftepaares. Um dies zu erkennen, nehmen wir ein gegebenes Kräftepaar von 2400 kg·m an. Man kann dieses Kräftepaar etwa darstellen, indem man $P = 2400$ kg und $e = 1$ m wählt. Nun kann man P immer kleiner werden lassen und entsprechend e immer größer, beispielsweise:

$$P = 2400 \text{ kg}, \qquad e = 1,0 \text{ m},$$
$$P = 2000 \text{ kg}, \qquad e = 1,2 \text{ m},$$
$$P = 100 \text{ kg}, \qquad e = 24 \text{ m},$$
$$P = 1 \text{ kg}, \qquad e = 2400 \text{ m}.$$

Bei weiterer Verkleinerung von P und Vergrößerung von e kommt man schließlich auf $P = 0$ und $e = \infty$. Es ist also dann

$$P \cdot e = 0 \cdot \infty,$$

d. h. wir haben zwei unendlich kleine Kräfte in unendlich großer Entfernung. Nun hat eine Kraft von der Größe Null, die in sichtbarer Nähe wirkt, naturgemäß keine Wirkung, aber mit der Kraft Null in unendlich großer Entfernung müssen wir vorsichtig sein, da die Unendlichkeit begrifflich nicht zu erfassen ist. Wir können also sagen:

Ein Kräftepaar ist darstellbar durch eine Kraft von der Größe Null in unendlich großer Entfernung.

Mit dieser Aussage können wir allerdings keine Vorstellung verknüpfen, und man fragt sich unwillkürlich, warum stellt man eine solche Definition für das Kräftepaar auf, die uns scheinbar doch nur Schwierigkeiten macht. Der Grund ist der, daß man bei praktischen Aufgaben nicht selten auf eine Kraft von der Größe Null in unendlich großer Entfernung kommt, und dann weiß man eben, daß hier tatsächlich ein Kräftepaar vorliegt. Das Moment dieses Kräftepaares muß dann allerdings noch bestimmt werden. Wie dies geschieht, werden wir bei verschiedenen Aufgaben kennenlernen.

Mathematisch ist zu dieser Darstellung des Kräftepaares noch folgendes zu bemerken: Der Ausdruck $0 \cdot \infty$ ist eine sogenannte unbestimmte Größe; er kann tatsächlich irgendeinen Zahlenwert bedeuten, wird aber bei einer bestimmten Aufgabe einen ganz bestimmten Wert besitzen. In obigem Beispiel bedeutet $0 \cdot \infty$ gerade 2400 und nichts anderes; denn von dieser Größe sind wir ausgegangen und haben gesehen, daß sie auch durch $0 \cdot \infty$ ausgedrückt werden kann.

Wir wollen uns nun weiter mit der Frage beschäftigen: Wie kann man verschiedene Kräftepaare zusammensetzen? Man denke daran, daß Kräftepaare durch Parallelogramme dargestellt werden können. Nun kann man ja die Inhalte von Parallelogrammen zusammensetzen und den so erhaltenen Flächenwert durch *ein* Parallelogramm darstellen. Diese einzelnen Parallelogramme werden zum Teil positiv, zum Teil negativ sein, je nachdem der Umlaufsinn im Uhrzeigersinn oder umgekehrt geht. So gut man nun durch algebraische Addition der einzelnen Parallelogramme ein neues Parallelogramm bekommt, kann man auch eine Reihe von Kräftepaaren in der gleichen Ebene durch ein einzelnes, resultierendes Kräftepaar ersetzen, indem man die einzelnen Kräftepaar-Parallelogramme unter Berücksichtigung ihres Vorzeichens addiert und das Additionsparallelogramm wiederum durch ein Kräftepaar ersetzt. Dieses resultierende Kräftepaar ist offenbar durch die algebraische Summe der einzelnen Kräftepaare gegeben. Es hat die gleiche Wirkung auf einen Körper wie die gegebenen Kräftepaare zusammengenommen. Wir erhalten damit den Satz:

Eine Reihe von Kräftepaaren in der gleichen Ebene läßt sich durch ein einziges resultierendes Kräftepaar M_r ersetzen, dessen Moment gegeben ist durch

$$M_r = \sum M_i. \tag{22}$$

Dieses resultierende Kräftepaar kann beliebig in der Ebene verschoben werden, ohne daß sich seine Wirkung ändert; in jeder Lage ruft es dieselbe Drehwirkung hervor wie die Gesamtheit der einzelnen Kräftepaare.

Man erkennt, daß Kräftepaare, die in derselben Ebene zerstreut sind, einfacher zusammengesetzt werden können als Kräfte an dem gleichen Punkt. Während wir bei ersteren nur die algebraische Summe zu bilden haben, muß bei den Kräften entweder der Ausdruck

$$R = \sqrt{(\textstyle\sum X_i)^2 + (\textstyle\sum Y_i)^2}$$

berechnet oder das Krafteck gebildet werden. Eine solche Operation nennt man geometrische Addition. Demgemäß werden also Kräfte zusammengesetzt mittels einer geometrischen Summierung, dagegen Kräftepaare in der gleichen Ebene mit Hilfe einer algebraischen Addition, die natürlich bequemer ist als die erste.

Naturgemäß kann es auch vorkommen, daß die auf eine Platte wirkenden Kräftepaare im ganzen keine Drehwirkung hervorrufen, daß die Platte in Ruhe bleibt. Es heben sich dann die Kräftepaare gegeneinander auf (Abb. 94). Das würde bedeuten, daß $M_r = 0$, denn M_r gibt ja die Gesamtwirkung der Kräftepaare an. Da aber

$$M_r = \sum M_i$$

ist, muß, wenn $M_r = 0$ ist, auch

$$\sum M_i = 0$$

sein, d. h.

Kräftepaare in derselben Ebene stehen im Gleichgewicht, wenn ihre algebraische Summe verschwindet.

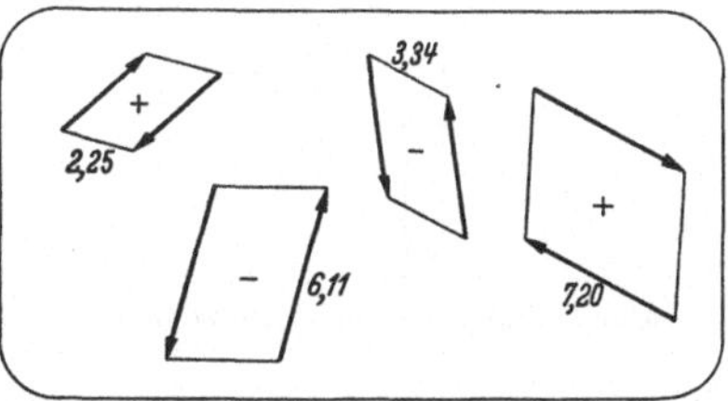

Abb. 94. Kräftepaare im Gleichgewicht.

Für Kräfte mit demselben Angriffsmoment war der Satz vom statischen Moment bewiesen, der sich in der Form darstellte:

$$M_R = \sum M_i.$$

Das ist dieselbe Gleichung, die auch jetzt bei der Zusammensetzung der Kräftepaare auftritt. Dort war allerdings M_i das statische Moment der Kraft für einen beliebigen Punkt und M_R das Moment einer Resultierenden; hier dagegen ist M_i das Moment eines Kräftepaares und M_r dasjenige des resultierenden Kräftepaares. Immerhin ist aber ein enger Zusammenhang vorhanden, und das muß ja auch sein, weil das Moment eines Kräftepaares unmittelbar gegeben ist durch das statische Moment der einen Kraft für irgendeinen Punkt auf der anderen Kraft als Momentenpunkt. Wenn wir

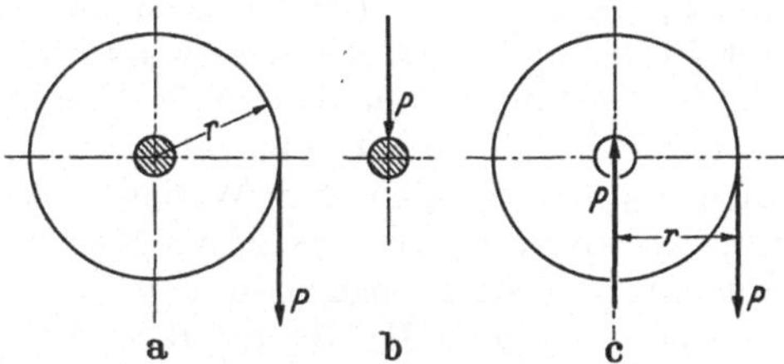

Abb. 95. Wirkung einer Kraft P auf ein Wellrad.

also das statische Moment der Kraft P für den Punkt C bilden (Abb. 91), so ist dies genau dasselbe wie das Moment des in Abb. 92 angegebenen Kräftepaares. Man kann in einem solchen Falle gerade so gut vom statischen Moment der Kraft P sprechen wie vom Moment des Kräftepaares. Bei den Aufgaben der Praxis werden Drehmomente fast immer durch Kräftepaare erzeugt. Betrachten wir beispielsweise eine Welle, auf der ein Rad angebracht ist, das durch eine Last P gedreht wird (Abb. 95a). Wir haben hier ein statisches Moment, ein Drehmoment von der Größe $P \cdot r$, bezogen auf den Wellenmittelpunkt. Von einem Kräftepaar ist zunächst nichts zu bemerken. Ganz anders wird aber die Sachlage, wenn wir das vollständige Kraftbild für die ganze Konstruktion einzeichnen. Unter dem Einfluß von P wird das Rad nach unten gedrückt, das Rad (als gewichtslos vorausgesetzt) drückt dadurch mit der Kraft P auf die Welle (Abb. 95 b) und will diese nach unten verschieben. Das würde tatsächlich geschehen, wenn nicht von der Welle eine Gegenkraft von der gleichen Größe ausgeübt würde; die Welle wehrt sich gegen die drückende Kraft P und bewirkt eine gleich große Kraft P nach oben. An dem Rad selbst greifen also tatsächlich die gegebene äußere Kraft P nach unten und die eben erwähnte Gegenkraft P nach oben an (Abb. 95 c). Beide zusammengenommen bilden ein Kräftepaar. Das Moment dieses Kräftepaares ist genau so groß und hat denselben Drehsinn wie das auf das Rad wirkende Drehmoment $P \cdot r$. Das Gesamtkräftebild der beiden Abb. 95 b und c ist das gleiche wie in Abb. 95 a, da zwischen Welle und Rad zwei gleich große Kräfte P in der gleichen Geraden wirken, die sich aufheben.

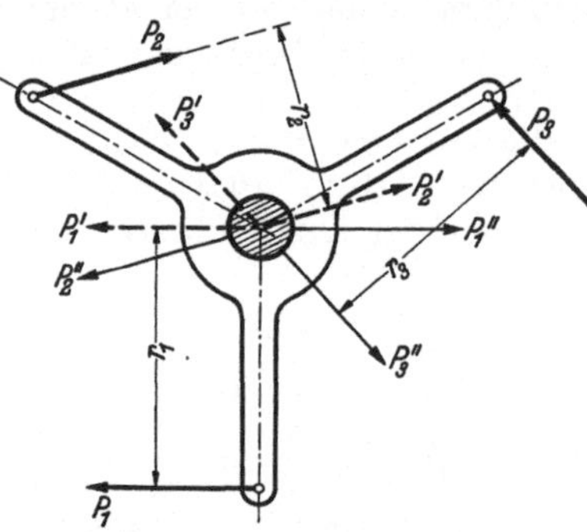
Abb. 96. Scheibe auf einer Welle.

Die hier vorliegende Konstruktion besteht aus zwei Teilen: aus der Welle und dem Rad. Von dem einen Teil werden Kräfte auf den anderen Teil übertragen, also vom Rad auf die Welle und umgekehrt, von der Welle auf das Rad; sie sind als Kraft und Gegenkraft gleich groß. Diese Verbindungskräfte, Zwischenkräfte oder innere Kräfte, treten immer auf, wenn eine Konstruktion, wie das meistens der Fall ist, aus verschiedenen Teilen besteht. Sie sind für die meisten Aufgaben von besonderer Bedeutung und werden uns später noch vielfach beschäftigen. Im Zusammenhang damit möge noch der Fall Abb. 96 betrachtet werden: eine Scheibe sei mit einer Welle verbunden; auf sie wirken vermittels besonderer Arme Kräfte P_1, P_2, P_3 ein. Es handelt sich also hier um Kräfte, die nicht durch einen Punkt gehen. Jede Kraft wird ihren Einfluß auf die Welle ausüben; P_1 möchte die Welle in der Richtung von P_1' verschieben. Die Welle ihrerseits erzeugt demgegenüber eine Gegenkraft von gleicher Größe wie P_1. Diese Gegenkraft wirkt von der Welle auf die Scheibe und ist in der Abbildung mit P_1'' bezeichnet. Ebenso entstehen durch die Einwirkung der Kräfte P_2 und P_3 auch wieder Gegenkräfte als Zwischenkräfte zwischen Welle und Scheibe. Auf die Scheibe wirken also tatsächlich die gegebenen äußeren Kräfte P_1, P_2, P_3, die nicht durch einen Punkt gehen, und die Gegenkräfte P_1'', P_2'', P_3'', die durch einen Punkt, nämlich den Wellenmittelpunkt, laufen. Wir haben demgemäß drei Kräftepaare mit den Momenten $(+P_1 r_1)$, $(+P_2 r_2)$ und $(-P_3 r_3)$. Diese Momente der Kräftepaare sind genau so groß wie die statischen Momente der gegebenen äußeren Kräfte für den Wellenmittelpunkt. In Wirklichkeit wirken also auf die Scheibe Kräftepaare, nicht die äußeren Kräfte allein. Diese Kräftepaare lassen sich zu einem resultierenden Kräftepaar mit dem Moment M_r zusammensetzen; Größe und Drehsinn dieses Moments ist bestimmt durch die algebraische Summe der Momente der einzelnen Kräftepaare oder, anders ausgedrückt, durch die algebraische Summe der statischen Momente der gegebenen äußeren Kräfte für den Wellenmittelpunkt:

$$M_r = P_1 r_1 + P_2 r_2 - P_3 r_3.$$

Selbstverständlich könnte auch die Scheibe unter dem Einfluß der Kräfte P_i im Gleichgewicht stehen. Dann müßte M_r verschwinden, d. h. es müßte die

Summe der statischen Momente der Kräfte P_i für den Drehpunkt Null werden. Man sieht daraus, daß das früher gewonnene Ergebnis: „Im Gleichgewichtsfall muß die Summe der statischen Momente gleich Null werden", hier auch gilt für Kräfte, die nicht durch einen Punkt hindurchgehen.

24. Parallelverschiebung von Kräften. Die Begriffe des statischen Momentes und des Kräftepaares spielen eine wichtige Rolle bei der Zusammensetzung beliebiger Kräfte in der Ebene. Bevor wir darauf eingehen, ist es nötig, zwei Hilfssätze kennenzulernen.

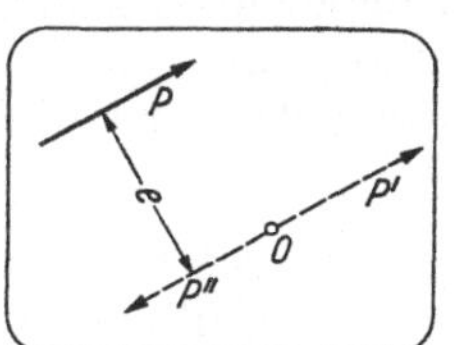

Abb. 97. Verschiebung einer Kraft P parallel zu sich selbst.

Auf eine ebene Scheibe wirke in ihrer Ebene eine Kraft P (Abb. 97). Sie soll aus irgendeinem Grunde in der Ebene parallel zu sich selbst nach dem beliebigen Punkt 0 verschoben werden. Unter welchen Umständen kann dies geschehen, ohne daß sich die Wirkung auf die Scheibe ändert? Um die Frage zu beantworten, denkt man sich im Punkt 0 zwei gleich große, entgegengesetzt gerichtete Kräfte, die mit der gegebenen Kraft P gleich groß und ihr parallel laufen, angebracht. Da sich die beiden hinzugefügten Kräfte P' und P'' gegenseitig aufheben, ist die Wirkung der drei Kräfte P, P', P'' auf die Platte genau so groß wie die der ursprünglichen Kraft P allein. Nun stellt aber diese letztere und die eine der neuen Kräfte, P'', ein Kräftepaar dar, so daß im ganzen vorliegen: die nach O parallel zu sich selbst verschobene Kraft P (P') und das Kräftepaar mit dem Moment $P \cdot e$. Also übt die Gemeinschaft der verschobenen Kraft P' und des angegebenen Kräftepaares zusammen die gleiche Wirkung aus wie die ursprüngliche Kraft P allein. Daraus ergibt sich, daß wir eine Kraft P nicht ohne weiteres parallel zu sich selbst nach einem beliebigen Punkt 0 verschieben dürfen, daß

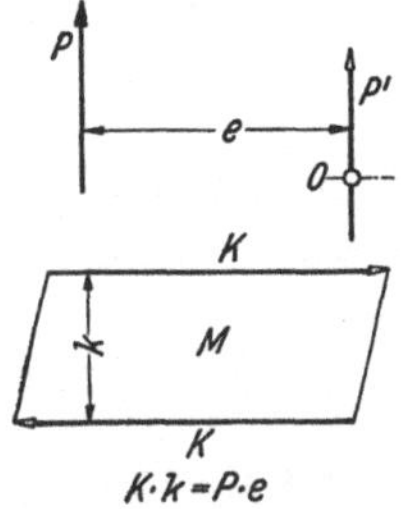

Abb. 98. Verschiebung einer Kraft P nach einem gegebenen Punkt 0.

vielmehr nur dann die Wirkung die gleiche bleibt, wenn noch das erwähnte Kräftepaar hinzugefügt wird, dessen Moment nach Größe und Drehsinn gleich ist dem statischen Moment der ursprünglichen Kraft P für den Punkt 0. Wir gewinnen demgemäß den Satz:

Eine Kraft P kann nur dann ohne Änderung ihrer Wirkung nach einem beliebigen Punkt 0 verschoben werden, wenn zu der verschobenen Kraft noch in der durch die ursprüngliche Kraft P und den Punkt 0 bestimmten Ebene ein Kräftepaar hinzugefügt wird, dessen Moment gegeben ist durch das statische Moment der Kraft P für den Punkt 0.

Selbstverständlich kann das Kräftepaar vom Moment $P \cdot e$ auch durch ein anderes Kräftepaar, d. h. durch ein solches mit anderer Grundkraft ersetzt werden, denn wir haben ja gesehen, daß alle Kräftepaare mit gleichem Parallelogramminhalt und gleichem Drehsinn auch gleichwertig sind. In Abb. 98 ist das Moment des gezeichneten Kräftepaares $K \cdot k$

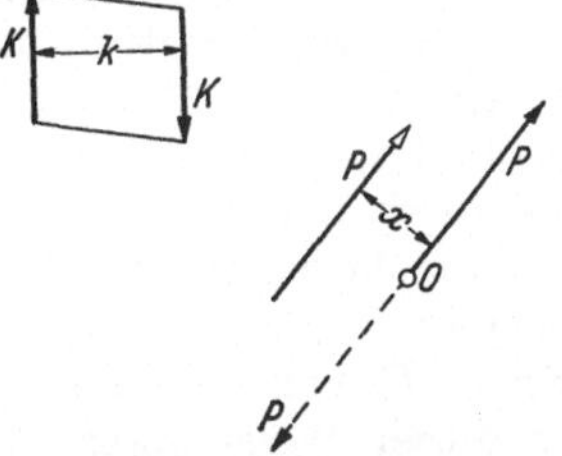

Abb. 99. Zusammensetzung von Kräftepaar und Kraft.

nach Größe und Drehsinn gleich dem Moment der Kraft P für den Punkt 0 ($K \cdot k = P \cdot e$). Also üben dieses Kräftepaar und die verschobene Kraft P' zusammen die gleiche Wirkung auf den betreffenden Körper aus wie die ursprüngliche Kraft P. Dabei ist selbstverständlich stets darauf zu achten, daß der Drehsinn des Kräftepaares mit dem des Momentes der Kraft P für den Punkt 0 übereinstimmt.

Nun der zweite Satz, der dem Sinn nach die Umkehrung des ersten ist: es sei gegeben (Abb. 99) ein Kräftepaar vom Moment $M = K \cdot k$ und in der gleichen Ebene eine Kraft von der Größe P durch einen beliebigen Punkt 0 laufend. Können diese beiden Einflüsse (Kräftepaar und Kraft) zusammengesetzt werden? Man kann das Kräftepaar umwandeln in ein anderes mit der Grundkraft P, wobei dann der Abstand x der neuen Kräfte P so groß gemacht werden muß, daß

$$P \cdot x = M = K \cdot k$$

ist. Dieses neue Kräftepaar, das dem alten gleichwertig ist, verschieben wir nun so, daß die eine Kraft P (gestrichelt eingezeichnet) im gegebenen Punkt 0 angreift und der gegebenen Kraft P entgegengesetzt verläuft. Man erkennt, daß dann diese Kraft und die ursprüngliche Kraft P sich aufheben, und es bleibt nur noch übrig die parallel zur ursprünglichen Kraft P verlaufende Kraft P

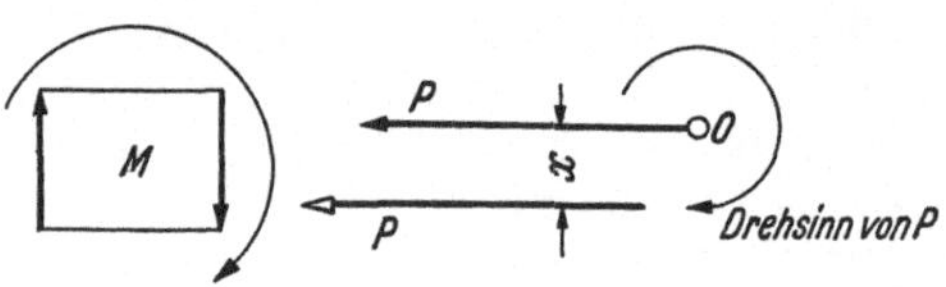

Abb. 100. Zusammensetzung von Kräftepaar und Kraft.

im Abstand x von O. Dieser Abstand x ist dadurch bestimmt, daß das Moment des Kräftepaares $P \cdot x$ gleich dem gegebenen Moment M ist. Nun ist aber doch $P \cdot x$ das statische Moment der verschobenen Kraft P für den Punkt 0, und man gewinnt damit den Satz:

Ein Kräftepaar vom Moment M und eine in dessen Ebene liegende, durch einen beliebigen Punkt 0 gehende Kraft P können ersetzt werden durch eine einzige Kraft P, die durch eine Parallelverschiebung der ursprünglichen Kraft P entsteht und deren Lage dadurch bestimmt ist, daß ihr statisches Moment für den Punkt 0 gleich ist dem Moment M des gegebenen Kräftepaares.

Es ist auch jetzt wieder darauf zu achten, daß das Moment der gefundenen Kraft P den gleichen Drehsinn besitzen muß wie das Moment des gegebenen Kräftepaares. Bei den in Abb. 100 angenommenen Verhältnissen wäre die Kraft P unterhalb des Punktes 0 anzuordnen, damit sie den gleichen Drehsinn liefert wie das Kräftepaar. Es ist nicht zweckmäßig, zu sagen, die neue Kraft P hat die Entfernung $x = M/P$ vom Punkte 0, weil dadurch der Drehsinn zu leicht übersehen wird, sondern man halte fest, daß einschließlich des Drehsinns $P \cdot x = M$ sein muß.

V. Analytische Zusammensetzung beliebiger Kräfte in der Ebene.

25. Die möglichen Fälle. Es seien n in der Ebene zerstreute Kräfte gegeben nach Größe, Richtung und Lage. Die Größe der einzelnen Kraft wird wieder bezeichnet mit P_i. Die Richtung sei festgelegt durch die früher eingeführten Winkel α_i der einzelnen Kräfte P_i mit der positiven x-Richtung. Die Lage können wir etwa dadurch angeben, daß für jede Kraft die Koordinaten eines beliebig auf ihr liegenden Punktes eingeführt werden, beispielsweise x_i, y_i. Man kann aber auch die Lage dadurch bestimmen, daß man die Entfernung der einzelnen Kraft P_i von einem Punkt 0 einführt, den man ganz willkürlich wählen kann. In dieser Weise möge es hier geschehen: die Abstände r_i bestimmen die Lage der einzelnen Kräfte P_i; dabei muß natürlich hinzugefügt werden, ob das betreffende r_i nach links oder rechts bzw. oben oder unten abweicht.

Gegeben sind also n Kräfte:

$$\text{nach Größe durch } P_1 \ldots P_i \ldots P_n,$$
$$\text{nach Richtung durch } \alpha_1 \ldots \alpha_i \ldots \alpha_n,$$
$$\text{nach Lage durch } r_1 \ldots r_i \ldots r_n.$$

Gesucht ist ihre Zusammensetzung.

Zum Zwecke der Lösung verschieben wir jede Kraft nach dem *ganz willkürlich* gewählten Punkt 0, der in der Ebene der Kräfte P_i liegt (Abb. 101). Bei dieser Verschiebung bleibt die Gesamtwirkung der Kräfte auf den Körper, an dem sie angreifen, dann die gleiche, wenn wir zu jeder verschobenen Kraft noch ein Kräftepaar hinzufügen. Von diesen Kräftepaaren ist in der Abb. 101 nur das von P_1 angedeutet. Es entstehen also durch die Verschiebung der n Kräfte nach dem gleichen Punkt 0 noch n Kräftepaare, die in der gleichen Ebene mit den Kräften P_i und dem Punkt 0 liegen. Nun können aber diese n verschobenen Kräfte zu einer Resultierenden zusammengesetzt werden, da sie durch den gleichen Punkt 0 gehen, und ebenso die n Kräftepaare zu einem resultierenden Kräftepaar, weil sie in der gleichen Ebene liegen. Betrachten wir zunächst die Kräftepaare: jedes der entstandenen Kräftepaare hat ein Moment von der Größe $P_i \cdot r_i$, da ja r_i der Abstand der beiden Grundkräfte ist; dieses Moment ist aber nichts anderes als das statische Moment der ursprünglichen Kraft P_i für den Punkt 0, einschließlich des Drehsinns.

Das Moment des resultierenden Kräftepaares ist nach früherem gegeben durch

$$M_r = \sum M_i,$$

wobei M_i das Moment des einzelnen Kräftepaares bedeutet. Dieses ist aber, wie eben bemerkt, gleich dem statischen Moment der Kraft P_i für den Punkt 0, d. i. $P_i \cdot r_i$, so daß das resultierende Kräftepaar den Momentenwert besitzt:

$$M_r = P_1 r_1 + \cdots P_i r_i + \cdots P_n r_n,$$

d. h. das Moment des resultierenden Kräftepaares ist dargestellt durch die Summe der statischen Momente der einzelnen Kräfte P_i für den von vornherein willkürlich gewählten Punkt 0.

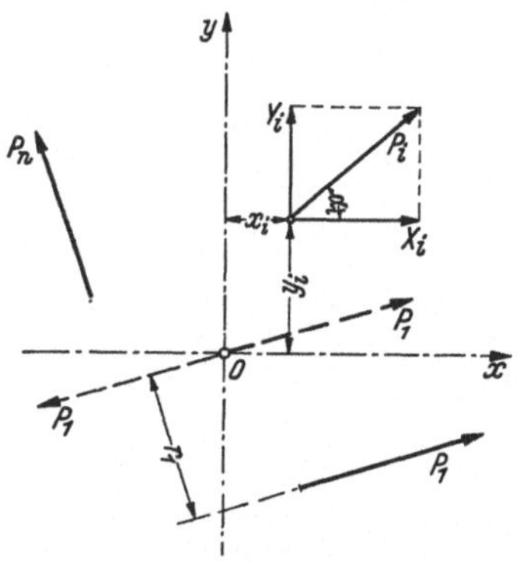

Abb. 101. Zur analytischen Zusammensetzung von zerstreuten Kräften in der Ebene.

Die n nach dem Punkt 0 verschobenen Kräfte P_i ergeben eine Resultante, die bezüglich Größe und Richtung durch die Gleichungen (7) und (8) bestimmt ist:

$$R = \sqrt{\left(\sum X_i\right)^2 + \left(\sum Y_i\right)^2}, \qquad \operatorname{tg} \alpha_R = \frac{\sum Y_i}{\sum X_i}.$$

Dabei sind X_i und Y_i die Komponenten der nach O' verschobenen Kraft P_i. Da aber diese parallel verschobene Kraft dieselben Komponenten besitzt wie die ursprüngliche Kraft P_i, so sind X_i, Y_i die Komponenten der gegebenen Kraft P_i:

$$X_i = P_i \cos \alpha_i; \qquad Y_i = P_i \sin \alpha_i.$$

Als Ergebnis der seitherigen Ausführungen haben wir also folgendes: *Die ursprünglichen n Kräfte können ersetzt werden durch eine durch den willkürlich angenommenen Punkt 0 hindurchgehende Resultierende, deren Größe und Richtung durch die angegebenen Formeln bestimmt ist, und durch ein resultierendes Kräftepaar, dessen Moment durch die Summe der statischen Momente der gegebenen Kräfte für den gewählten Punkt 0 festgelegt ist.*

Es erscheint ja zunächst merkwürdig, daß der Punkt 0, durch den die Resultierende verläuft, willkürlich gewählt werden darf, es sieht fast nach Vieldeutigkeit aus. Aber man bedenke: Wenn man einen anderen Punkt 0 wählt, dann geht wohl R durch einen anderen Punkt, hat also eine andere Lage, aber andererseits ändern sich auch die Werte r_i, und dadurch wird das Moment des resultierenden Kräftepaares geändert; das Zusammenwirken der neuen Kraft R

mit dem neuen M_r ist dann völlig gleichwertig dem Zusammenwirken der früheren Resultierenden durch ihren Punkt 0 und dem früheren M_r.

Man kann das gewonnene Ergebnis auch anders darstellen: die gefundene Resultierende R und das resultierende Kräftepaar M_r liegen beide in der gleichen Ebene. Nun kann man aber doch nach dem auf Seite 58 angegebenen Satz eine Kraft P und ein Kräftepaar zu einer Kraft zusammensetzen, die durch Parallelverschiebung der gegebenen Kraft entsteht und eine solche Lage hat, daß ihr Moment für einen Punkt der gegebenen Kraft gleich ist dem Moment des gegebenen Kräftepaares: $P \cdot x = M$. In unserem Fall ist die fragliche Kraft: die Resultierende R und das fragliche Kräftepaar: das resultierende Kräftepaar vom Moment M_r. Sie können also ersetzt werden durch *eine* Kraft R, die durch Parallelverschiebung der ermittelten Resultierenden entsteht, und die in bezug auf den gewählten Punkt 0 eine solche Lage haben muß, daß ihr statisches Moment für diesen gleich dem Moment des Kräftepaares M_r ist. Das resultierende Moment war aber aufgestellt durch

$$M_r = P_1 r_1 + \cdots P_i r_i + \cdots P_n r_n,$$

d. h. das Moment des resultierenden Kräftepaares ist bestimmt durch die Summe der statischen Momente der gegebenen Kräfte P_i für den willkürlich gewählten Punkt 0. Dabei sind die einzelnen Glieder natürlich mit dem Vorzeichen einzusetzen, das dem Drehsinn des einzelnen Moments $P_i r_i$ entspricht. Also die Lage von R ist dadurch bestimmt, daß ihr Moment $R \cdot x$ für den Punkt 0 nach Größe und Drehsinn gleich ist der Summe der statischen Momente aller Kräfte P_i für denselben Punkt 0. Da aber der Punkt 0 ganz willkürlich gewählt werden durfte, so ist die Summe der statischen Momente von beliebigen Kräften der Ebene gleich dem Moment ihrer Resultierenden für jeden beliebigen Momentenpunkt. Das ist aber nichts anderes als der Satz vom statischen Moment der Kräfte, der früher nur für Kräfte mit demselben Angriffspunkt bewiesen war, der nach den jetzigen Ausführungen also auch für beliebige Kräfte der Ebene gilt.

Man hat demgemäß folgendes Ergebnis:

Beliebige Kräfte in einer Ebene können im allgemeinen ersetzt werden durch eine Resultierende, die der Größe und Richtung nach bestimmt ist durch

$$R = \sqrt{\left(\sum X_i\right)^2 + \left(\sum Y_i\right)^2}\,; \qquad \operatorname{tg}\alpha_R = \frac{\sum Y_i}{\sum X_i},$$

und deren Lage dadurch gegeben ist, daß das Moment dieser Resultierenden für einen ganz beliebigen Punkt 0 der Ebene gleich ist der Summe der statischen Momente der gegebenen Kräfte P_i für denselben Punkt 0:

$$M_R = \sum M_i = P_1 \cdot r_1 + \cdots P_i \cdot r_i + \cdots P_n \cdot r_n .$$

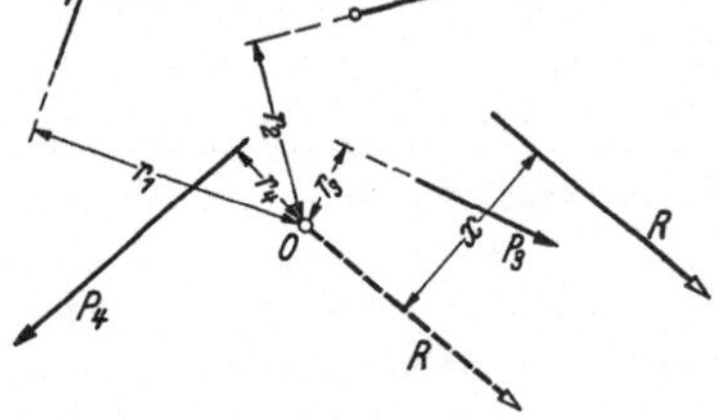

Für die praktische Durchführung einer solchen Zusammensetzung von Kräften in der Ebene ist nur das Ergebnis von Bedeutung; das, was vorher über die Parallelverschiebung der Kräfte nach einem Punkt gesagt war, war nur zum Beweis nötig. Die Lösung würde sich also bei einer vorliegenden Aufgabe folgendermaßen gestalten: man bildet von jeder der gegebenen

Abb. 102. Zur analytischen Zusammensetzung von zerstreuten Kräften in der Ebene.

Kräfte (Abb. 102) ihre Komponenten X_i und Y_i nach Größe und Richtung, etwa unter Verwendung der Formeln

$$X_i = P_i \cdot \cos\alpha_i,$$
$$Y_i = P_i \cdot \sin\alpha_i,$$

und rechnet R und $\operatorname{tg}\alpha_R$ nach den angegebenen Formeln aus. Dadurch ist die Resultierende nach Größe und Richtung gegeben. Dann ermittelt man für einen ganz beliebigen Punkt 0 die Summe der statischen Momente der gegebenen Kräfte und muß nun die Resultierende in solcher Lage eintragen, daß ihr Moment für den Punkt 0 gleich ist dieser Summe der statischen Momente, also

$$R \cdot x = P_1 r_1 + \cdots P_i r_i \cdots + P_n r_n.$$

In Abb. 102 ergibt sich die Resultierende nach rechts unten verlaufend, sie ist im beliebigen Punkt 0 gestrichelt eingetragen; da $\sum M_i$ hier positiv ist, ist nun R so zu verschieben, daß ihr Moment rechts herum dreht, d. h. sie muß oberhalb des Punktes 0 liegen.

Für die Lösung der Aufgabe, d. h. für die eindeutige Zusammensetzung der Kräfte, ist die Ermittlung der Größen $\sum X_i$, $\sum Y_i$ und $\sum M_i$ nötig. Die beiden ersten brauchen wir zur Bestimmung von Größe und Richtung der Resultanten, die letzte für ihre Lage. Wenn $\sum X_i = 0$ ist, dann fällt die Resultierende in die y-Richtung, und wenn $\sum Y_i = 0$ ist, verläuft sie in der x-Richtung. Verschwinden beide Ausdrücke, so gibt es überhaupt keine Resultierende. Hieraus geht hervor, daß nicht immer eine Resultierende vorhanden sein muß.

Im ganzen können wir vier Fälle unterscheiden, je nachdem die Größen R bzw. $\sum M_i$ gleich Null oder von Null verschieden sind.

1. $R \neq 0$, $\sum M_i \neq 0$. Dann ist das gegebene Kräftesystem ersetzbar durch eine eindeutige Resultierende, deren Größe und Richtung durch die oben angegebenen Ausdrücke für R und α_R festgelegt sind, und deren Lage durch den Satz vom statischen Moment der Kräfte für einen beliebigen Punkt 0 eindeutig gegeben ist. Es ist dies der Fall, den wir seither betrachtet haben.

1a. $R \neq 0$, $\sum M_i = 0$. Es läßt sich das gegebene Kräftesystem ebenfalls durch eine Resultierende ersetzen. Da aber jetzt $\sum M_i = 0$ ist, ist die Lage der Resultierenden bestimmt durch $R \cdot x = 0$, d. h. x muß gleich Null sein, weil ja $R \neq 0$ ist. Es geht also jetzt die Resultierende R durch den willkürlich gewählten Punkt 0 hindurch; d. h. zufällig wurde dieser Punkt 0 so eingeführt, daß er auf der zu errechnenden Resultierenden R liegt. Dieser Fall ist lediglich ein Sonderfall von 1.

2. $R = 0$, $\sum M_i \neq 0$. Dann läßt sich das gegebene Kräftesystem zurückführen auf ein einziges Kräftepaar, dessen Moment M_r bestimmt ist durch das statische Moment der gegebenen Kräfte P_i für einen ganz willkürlich gewählten Punkt 0; denn der Ausdruck $\sum M_i$ stellt ja sowohl die Summe der statischen Momente der Kräfte dar, als auch andererseits die Summe der oben erwähnten Kräftepaarmomente, also wieder ein Kräftepaar, nämlich M_r. Die Wirkung der gegebenen Kräfte auf den betreffenden Körper, an dem sie angreifen, wird also eine Drehwirkung sein. Wenn man die Bedingung $R \cdot x = \sum M_i$ auf diesen Fall anwendet, so lautet die Gleichung:

$$0 \cdot x = \sum M_i$$

oder

$$x = \frac{\sum M_i}{0} = \infty.$$

Wir haben also eine Resultierende von der Größe Null in einer unendlich großen Entfernung, und das ist nach früherem (Seite 54) ein Kräftepaar.

Daß hier, wo keine Resultierende auftritt, doch noch eine Drehwirkung vorhanden sein muß, macht dem Anfänger manchmal Schwierigkeiten. Die Sachlage wird klar, wenn man bedenkt, daß R dann Null wird, wenn $\sum X_i = 0$ und $\sum Y_i = 0$ sind, d. h. die gegebenen Kräfte müssen dann so beschaffen sein, daß die Summen ihrer X-, Y-Komponenten verschwinden. Dieser Fall liegt aber bei einem Kräftepaar vor (Abb. 103), weil die X- und Y-Komponenten beider Kräfte P gleich groß und entgegengesetzt gerichtet sind. Es ist also bei dem Kräftepaar auch $R = 0$. Der Ausdruck $\sum M_i$ ist hier das Moment der beiden Kräfte P für einen beliebigen Punkt 0, das ist aber nichts anderes als das Moment des Kräftepaares selbst.

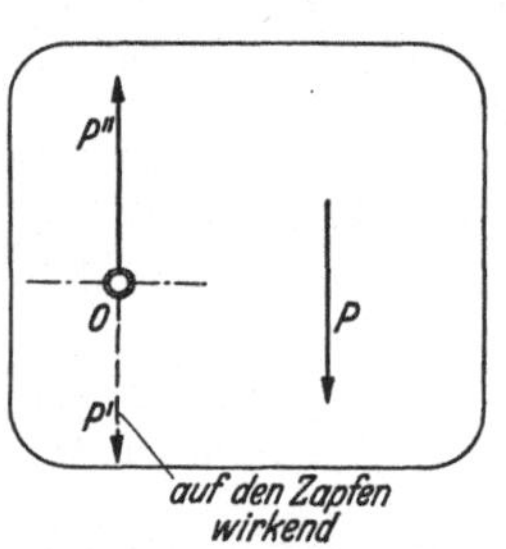

Abb. 103. Die Komponenten eines Kräftepaares.

Ein ähnlicher Fall liegt vor, wenn z. B. eine Platte auf einer Welle befestigt ist und nur eine Kraft P auf sie wirkt (Abb. 104). Unter dem Einfluß von P entsteht eine Druckwirkung auf die Welle bzw. den Zapfen von der gleichen Kraft P, die ihrerseits, wie auf Seite 56 ausgeführt, wieder eine Reaktion nach oben von derselben Größe erzeugt. Auf die Scheibe wirken demgemäß die beiden ausgezogenen Kräfte, nämlich die ursprüngliche Kraft P und die gleich große, aber entgegengesetzte Reaktion P''. Wir haben also wieder ein Kräftepaar. Die Resultierende dieser beiden Kräfte ist Null, aber ihre Wirkung stellt sich als Drehung dar, wobei das Drehmoment durch das statische Moment der Kraft P für den Wellenmittelpunkt gegeben ist.

    3. $R = 0$, $\sum M_i = 0$. Dann stehen die gegebenen Kräfte P_i im Gleichgewicht. Wir haben keine Resultierende mehr, wir haben auch kein resultierendes Kräftepaar, dessen Moment ja durch $\sum M_i$ gegeben ist, d. h. die auf einen Körper wirkenden Kräfte üben überhaupt keinen Bewegungseinfluß mehr aus. Es ist Gleichgewichtszustand.

    Nun verschwindet aber doch R nur dann, wenn $\sum X_i = 0$ und $\sum Y_i = 0$, so daß Gleichgewicht besteht, wenn

$$\sum X_i = 0, \quad \sum Y_i = 0 \quad \text{und} \quad \sum M_i = 0. \qquad (23)$$

Die letztere Bedingung sagt aus, daß die Summe der statischen Momente aller Kräfte für einen beliebigen Punkt Null werden muß, denn es war ja

$$\sum M_i = \sum P_i \cdot r_i.$$

Die zwei ersten Bedingungen geben an, daß die Summen der Komponenten in der x- und y-Richtung verschwinden müssen. Nun kann man aber die ganze Überlegung auch durchführen mit einem schiefwinkligen Achsenkreuz und kommt dadurch zu Komponenten in zwei beliebigen Richtungen, geradeso wie dies auch schon bei Kräften an demselben Punkt der Fall war. Wir erhalten damit den Satz:

Zerstreute Kräfte in einer Ebene stehen im Gleichgewicht, wenn die Summen ihrer Komponenten in zwei beliebigen Richtungen verschwinden und außerdem die Summe ihrer statischen Momente für einen ganz beliebigen Punkt ebenfalls Null wird.

Natürlich wird man den Momentenpunkt, den man willkürlich wählen darf, in einem praktischen Beispiel möglichst günstig annehmen (vgl. die Berechnung auf Seite 65).

26. Gleichgewichtsbetrachtungen von Kräften in der Ebene. Bei zerstreuten Kräften der Ebene treten also drei Gleichgewichtsbedingungen auf, während bei Kräften in der Ebene an dem gleichen Punkt nur zwei Gleichgewichtsbedingungen vorhanden waren. Demgemäß dürfen und müssen bei Gleichgewichtsaufgaben, die sich auf zerstreute Kräfte in der Ebene beziehen, drei Unbekannte vorhanden sein, damit wir eindeutige und endliche Lösungen erwarten können. Die einfachste Aufgabe für solche Kräfte ist die, eine Kraft mit drei anderen ins Gleichgewicht zu setzen, die sich nicht auf ihr schneiden.

Bevor auf diese Aufgabe näher eingegangen wird, möge zunächst auf folgendes hingewiesen werden. Wir betrachten eine Platte, die zwei Schlitze in waagerechter und lotrechter Richtung besitzt, die sich über einen genau passenden Bolzen verschieben können (Abb. 105). Auf die Platte wirken Kräfte P_1 bis P_4. Wenn die Summe der X-Komponenten nicht verschwindet, dann wird sich die Platte entsprechend dem Werte von $\sum X_i$ unter Benutzung des waagerechten Schlitzes verschieben; eine Verschiebung in der x-Richtung wird nicht eintreten, wenn $\sum X_i = 0$. Ebenso wird vermittels des senkrechten Schlitzes eine Verschiebung auftreten, solange $\sum Y_i$ von Null verschieden ist. Wenn nun $\sum X_i = 0$ *und* $\sum Y_i = 0$, dann ist die Bewegung in den Schlitzen ausgeschlossen, aber es besteht durchaus noch kein Gleichgewicht, solange nicht auch die Summe der Drehmomente für den Bolzen gleich Null ist. Man erkennt daran klar die physikalische Bedeutung der drei Gleichgewichtsbedingungen als notwendige Forderungen für den Ruhezustand.

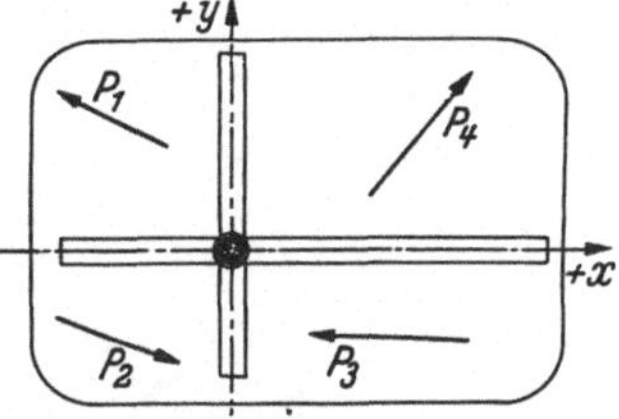

Abb. 105. Platte mit zwei Schlitzen unter der Einwirkung von Kräften.

Wie liegen nun die Verhältnisse, wenn die Platte keine Schlitze besitzt, aber in einem Bolzen befestigt ist (Abb. 106)? Durch die Kräfte P_1 und P_2 werden, wie schon auf Seite 56 bemerkt, Kräfte auf den Bolzen ausgeübt; dadurch entstehen vom Bolzen gegen die Scheibe Gegenkräfte — Reaktionen — von der Größe P_1, P_2, vorausgesetzt, daß der Bolzen fest genug ist, sich also gegen den Einfluß von P_1 und P_2 wehren kann. Es wirken demgemäß auf die Scheibe jetzt vier Kräfte, und zwar in Gestalt von zwei Kräftepaaren mit den Momenten $-P_1 \cdot r_1$ und $+P_2 \cdot r_2$. Die Summen der Komponenten in zwei Richtungen sind wieder Null, also tritt eine Verschiebung der Platte nicht ein, wohl aber ist eine Drehung um den Bolzen möglich, und zwar tritt dies immer dann ein, wenn

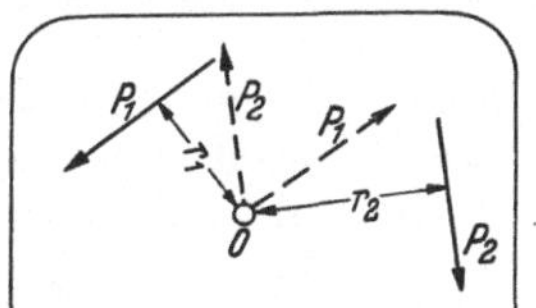

Abb. 106. Scheibe auf einem Bolzen drehbar befestigt.

$$\sum M_i = -P_1 \cdot r_1 + P_2 \cdot r_2 \gtrless 0.$$

Ist aber
$$P_1 r_1 = P_2 r_2,$$

dann haben wir völligen Ruhezustand. Man sieht hier wieder sehr klar, daß die Drehwirkung durch Kräftepaare erzeugt wird, die allerdings erst in Erscheinung treten, wenn man die Gegenwirkungen gegen die Scheibe berücksichtigt. In praktischen Fällen liegt jeder reinen Drehung ein Kräftepaar zugrunde.

Es wurde oben gesagt, daß eine Kraft mit drei anderen, die sich nicht auf ihr schneiden, ins Gleichgewicht gesetzt werden kann. Es sind, bei dieser Aufgabe in der einfachsten Gestalt, gegeben eine Kraft P und außerdem drei Wirkungslinien, in denen die unbekannten Kräfte P_1, P_2, P_3 wirken sollen. Um statische Gleichungen aufstellen zu können, muß man zunächst die Richtung dieser Kräfte, wie schon früher bemerkt, willkürlich annehmen. Man kann dann die drei obenerwähnten Gleichgewichtsbedingungen anschreiben. Es möge dies gleich an einer technischen Anwendung gezeigt werden, um daran Bemerkungen über verschiedene Fälle der Gleichgewichtslage bei einem unterstützten Körper anzuknüpfen.

Bei Kräften, die durch einen Punkt gehen, hatten wir ein System von zwei Stäben betrachtet, da damals zwei Gleichgewichtsbedingungen gültig waren, denen als Unbekannte die zwei Stabkräfte gegenüberstanden. Jetzt werden wir eine Anordnung von drei Stäben zugrunde legen, die nicht durch einen Punkt gehen. Durch drei derartige Stäbe möge (Abb. 107) ein Balken gegenüber der Erde abgestützt sein. Der Balken trage in der gleichen Ebene, in der die Stäbe liegen, eine Last Q. Die Stäbe seien sowohl am Boden als auch am Balken drehbar befestigt, damit Kräfte nur in der Stabachse auftreten (Längskräfte!). Die Last Q wirkt auf den Balken, der infolge der Abstützung durch die drei Stäbe in Ruhe bleibt. Diese Stäbe dienen als Kraftleiter nach der Erde. In ihnen werden innere Kräfte — Stabkräfte — geweckt werden. Das statische Bild ist also folgendes: infolge der Last Q übt der Balken auf die Stäbe Kräfte aus; die Stäbe wehren sich dagegen, wirken also ihrerseits auf den Balken, so daß im ganzen am Balken angreifen: die Last Q und die Stabkräfte S_1, S_2 und S_3. Diese Kräfte müssen im Gleichgewicht stehen, da der Balken in Ruhe bleibt. Von ihnen sind bekannt Lage, Größe und Richtung von Q und die Wirkungslinien der Stabkräfte. Wie bei jeder statischen Behandlung von Konstruktionsauf-

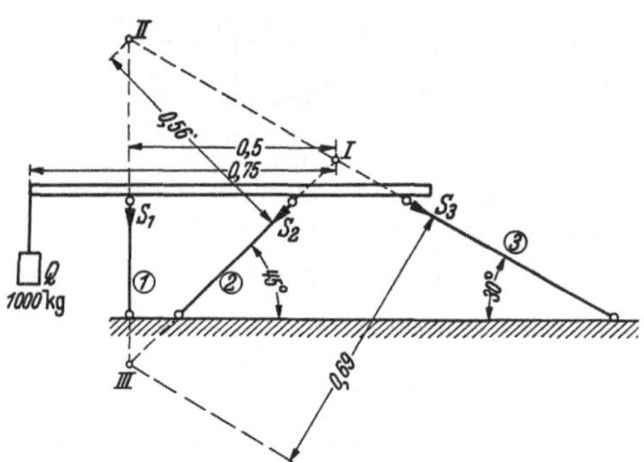

Abb. 107. Balken, durch drei Stützungsstäbe mit der Erde verbunden.

gaben ist es auch hier sehr wesentlich, darüber klarzuwerden, welcher Konstruktionsteil der eigentliche Träger des Gleichgewichtszustandes ist: das ist hier der Balken. Die Lösung der Aufgabe erfordert gemäß den seitherigen Ausführungen die Aufstellung von zwei Komponentenbedingungen und einer Momentengleichung. Diese können erst aufgestellt werden, wenn über die Richtung der Kräfte etwas gesagt ist. Nun ist aber nur die Richtung von Q gegeben; es muß deshalb, genau so wie bei den Bockgerüsten, in den Stäben zunächst ein bestimmter Richtungssinn angenommen werden, und zwar möge wieder eine Zugkraft zugrunde gelegt sein. Die Zugkraft eines Stabes wirkt von den Endpunkten weg, d. h. auf den Balken wirken die Zugkräfte mit dem Pfeil vom Balken nach der Stabmitte hin, wie sie in Abb. 107 eingetragen sind. Wir können uns geradezu den Balken losgelöst denken und ihn als eine freie Konstruktion betrachten, auf den die vier Kräfte Q, S_1, S_2, S_3 wirken. Für die beiden ersten Gleichgewichtsbedingungen kann die x-, y-Richtung willkürlich gewählt, für die dritte der Momentenpunkt beliebig eingeführt werden. Wir wählen die positive x-Richtung horizontal nach rechts, die positive y-Richtung nach unten.

1. $\sum X_i = 0$. Da Q und S_1 senkrecht zur x-Richtung verlaufen, haben sie keine X-Komponenten. Die X-Komponente von S_2 verläuft bei dem eingeführten Zugpfeil nach links, diejenige von S_3 nach rechts:

$$-S_2 \cdot \cos 45° + S_3 \cdot \cos 30° = 0.$$

2. $\sum Y_i = 0$. Da Q und S_1 in die y-Richtung fallen, treten sie in voller Größe als Y-Komponenten auf; alle Kräfte haben eine positive Y-Komponente:

$$Q + S_1 + S_2 \cdot \sin 45° + S_3 \cdot \sin 30° = 0.$$

3. $\sum M_i = 0$. Der Momentenpunkt ist ganz beliebig; man wird ihn selbstverständlich möglichst bequem einführen. Legt man ihn nun auf einen Stab,

so fällt die betreffende Stabkraft aus der Momentengleichung heraus; legt man ihn in den Schnittpunkt zweier Stäbe, z. B. von S_2 und S_3, d. i. der Momentenpunkt I, so fehlen diese beiden Kräfte in der Momentengleichung, da ja beide den Hebelarm Null haben. Ein solcher Schnittpunkt zweier Stäbe ist der günstigste Momentenpunkt. Stellen wir die Momente dementsprechend für den Punkt I auf, so haben wir nur Momente von Q und S_1. Q dreht um den Punkt I links herum, S_1 bei dem angegebenen Zugpfeil ebenfalls links herum. Unter Benutzung der eingetragenen Hebelarme entsteht die Gleichung:

$$-Q \cdot 0{,}75 - S_1 \cdot 0{,}50 + S_2 \cdot 0 + S_3 \cdot 0 = 0.$$

Aus diesen drei Gleichungen kann man die Unbekannten berechnen. Aus der dritten Gleichung ergibt sich

$$S_1 = -1000 \cdot \frac{0{,}75}{0{,}5} = -1500 \text{ kg},$$

aus der Verbindung der ersten und zweiten Gleichung:

$$S_2 = +447 \text{ kg}; \quad S_3 = +363 \text{ kg}.$$

Da S_2 und S_3 positiv sind, werden diese Stäbe tatsächlich gezogen; dagegen wird Stab ① gedrückt, weil der eingeführte Richtungspfeil mit Rücksicht auf das negative Vorzeichen von S_1 umzukehren, also in einen Druckpfeil umzuwandeln ist.

Die drei Gleichungen sind ganz verschiedenartig gebaut; jede der beiden ersten enthält mehrere Unbekannte, die letzte dagegen nur eine Unbekannte. Das ist kein Zufall, denn es wurde ja der Momentenpunkt absichtlich so gewählt, daß zwei Unbekannte (S_2 und S_3) aus der Momentengleichung herausfielen. Nun muß aber doch im Gleichgewichtsfall die Summe der Momente für *jeden* beliebigen Momentenpunkt verschwinden. Geradesogut wie wir ihn in den Schnittpunkt von S_2 und S_3 gelegt haben, könnten wir auch Punkt II (Schnittpunkt von S_1 und S_3) oder Punkt III (Schnittpunkt von S_1 und S_2) als Momentenpunkt wählen. Für jeden dieser Momentenpunkte muß die Summe der statischen Momente aller Kräfte verschwinden und jede dieser Gleichungen hat die Eigentümlichkeit, daß nur *eine* Unbekannte in ihr auftritt. Wir bekämen also dann statt der ursprünglichen drei Gleichungen deren fünf, da die zwei neuen Momentengleichungen noch hinzukommen. Aber diese fünf Gleichungen sind tatsächlich nicht voneinander unabhängig. Für zerstreute Kräfte in der Ebene gibt es in Wirklichkeit nur drei voneinander unabhängige Gleichgewichtsbedingungen, wie aus den früheren Ausführungen hervorgeht. Wohl können wir beliebig viele Momentengleichungen anschreiben, wie auch beliebig viele Komponentenbedingungen angesetzt werden können, aber alle sind Folgerungen von drei Gleichungen.

Wir wollen nun für das vorliegende Beispiel als grundlegende Gleichungen die drei Momentenbedingungen anschreiben:

1. $(\sum M_i)_\mathrm{I} = 0:$ $-Q \cdot 0{,}75 - S_1 \cdot 0{,}50 = 0\,;$

es ergibt sich $S_1 = -1500 \text{ kg}.$

2. $(\sum M_i)_\mathrm{II} = 0:$ $-Q \cdot 0{,}25 + S_2 \cdot 0{,}56 = 0\,;$

     $S_2 = +447 \text{ kg}.$

3. $(\sum M_i)_\mathrm{III} = 0:$ $-Q \cdot 0{,}25 + S_3 \cdot 0{,}69 = 0\,;$

     $S_3 = +363 \text{ kg}.$

Das Ergebnis stimmt mit den, aus den ursprünglichen Gleichungen ermittelten Werten überein. Wenn man nun für irgendwelche andere Punkte die Summe der Momente aller Kräfte aufstellt und die hier gewonnenen Werte einsetzt, so müssen alle diese Summen den Wert Null ergeben, da ja im Gleichgewichtsfalle die Summe der Momente für jeden beliebigen Punkt verschwinden muß. Ebenso muß mit den hier gefundenen Werten jede beliebige Komponentenbedingung erfüllt sein. Wir können also nach Gewinnung der drei Unbekannten mit Hilfe von Momentengleichungen jede weitere Momentengleichung oder auch jede Komponentenbedingung als Probe verwenden.

$$\text{Probe:} \quad \textstyle\sum X_i = 0: \quad -447 \cdot \cos 45° + 363 \cdot \cos 30° = 0,$$
$$\textstyle\sum Y_i = 0: \quad 1000 - 1500 + 447 \cdot \sin 45° + 363 \cdot \sin 30° = 0.$$

Der hier beschriebene Rechnungsgang empfiehlt sich häufig als vorteilhaftester: man rechnet die Unbekannten durch Momentenbedingungen mit möglichst günstig eingeführten Momentenpunkten aus und prüft die Richtigkeit der errechneten Werte mit Hilfe von Komponentenbedingungen nach. Jedenfalls soll man nie versäumen, die errechneten Unbekannten nachzuprüfen.

Welche Gleichungen wir als die drei Ausgangsgleichungen einführen, ist grundsätzlich gleichgültig: entweder drei Momentenbedingungen oder zwei Momentenbedingungen *und* eine Komponentenbedingung oder eine Momentenbedingung *und* zwei Komponentenbedingungen. Allerdings können nicht drei unabhängige Komponentenbedingungen aufgestellt werden, da in der Ebene eine Kraft nur in zwei Komponenten eindeutig zerlegt werden kann. Durch Benutzung weiterer Gleichgewichtsbedingungen erhalten wir dann immer die erwünschte Probe.

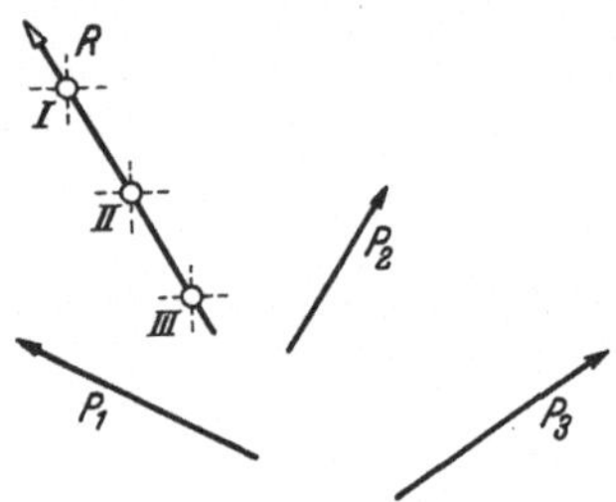

Abb. 108. Zur Momentenbedingung von Kräften.

Es war gesagt, daß wir als Gleichgewichtsbedingung drei Momentengleichungen aufstellen könnten. Dazu ist noch eine Bemerkung nötig. Es dürfen nämlich die drei gewählten Momentenpunkte nicht auf einer Geraden liegen, wenn das Gleichgewicht mit Sicherheit vorhanden sein soll. Das ergibt sich aus folgender Überlegung: nehmen wir an, es lägen Kräfte vor, die tatsächlich eine Resultierende R haben (Abb. 108). Dann verschwindet doch für jeden auf R liegenden Punkt die Summe der Momente der Kräfte P_i, da die Resultierende selbst für jeden dieser Punkte das Moment Null hat und andererseits die Summe der Momente der Kräfte gleich ist dem Moment der Resultierenden. Wenn man nun nachprüfen will, ob die gegebenen Kräfte im Gleichgewicht stehen, weiß man zunächst nicht, ob etwa eine Resultante vorhanden ist. Wählt man die drei Momentenpunkte dann zufällig so, daß sie auf der vorhandenen Resultierenden liegen, so verschwindet die Summe der Momente aller Kräfte für diese drei Punkte, obwohl eine Resultierende vorliegt. Werden aber die drei Momentenpunkte nicht auf einer Geraden gewählt, so können bei Vorhandensein einer Resultierenden wohl die Momente für zwei Punkte verschwinden (wenn die Resultierende zufällig durch die beiden Punkte geht), aber nicht für drei Punkte. Es ergibt sich also der Satz:

Zerstreute Kräfte in der Ebene stehen im Gleichgewicht, wenn die Summen ihrer Momente für drei Punkte verschwinden, die nicht auf einer geraden Linie liegen.

Im Zusammenhang mit dem letzten Beispiel sei noch auf folgendes hingewiesen: wenn die drei Stäbe durch einen Punkt hindurchgehen, dann ist das System je nach Art der Belastung entweder nicht mehr fest oder die Stabkräfte werden vieldeutig. Geht nämlich (Abb. 109a) die Last nicht durch den gemeinsamen Punkt 0, dann ist für diesen Punkt die Summe der Momente nicht mehr Null, da ja P einen Momentenbeitrag aufweist. Im Gleichgewichtsfalle muß aber die Summe der Momente für jeden beliebigen Punkt verschwinden; also ist kein Gleichgewicht bei dieser Belastung möglich, d. h. die Konstruktion ist beweglich. Geht die Last dagegen durch den Schnittpunkt der drei Stäbe hindurch (Kraft P in der Abb. 109 b), so verschwindet allerdings das Moment aller Kräfte für den Punkt 0, und es besteht Gleichgewicht, wenn die Summen der Komponenten in zwei beliebigen Richtungen verschwinden. Da aber nur zwei unabhängige Gleichgewichtsbedingun-

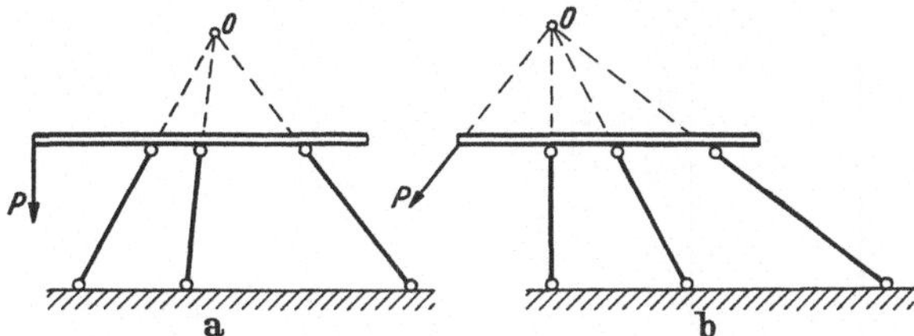
Abb. 109. Balken, gegenüber der Erde verschieblich angeschlossen.

gen vorliegen (Kräfte durch einen Punkt!), denen drei Unbekannte gegenüberstehen, ist die Aufgabe vieldeutig. Es darf also nicht eine Scheibe durch drei Stäbe mit der Erde verbunden werden, die sich in einem Punkt schneiden. Das wäre auch der Fall, wenn die drei Stäbe einander parallel laufen (Abb. 110).

27. Gleichgewicht von drei Kräften. Es wurde oben der Fall betrachtet, daß eine Kraft mit drei anderen ins Gleichgewicht gesetzt werden soll, die nicht durch einen Punkt hindurchgehen. Daran anschließend möge gefragt werden: Wann kann überhaupt eine Kraft mit zwei anderen Kräften derselben Ebene ins Gleich-

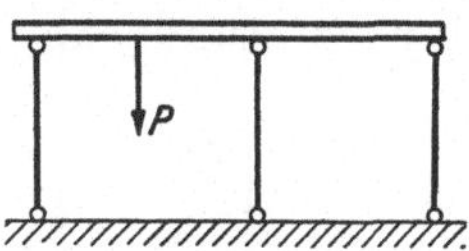
Abb. 110. Balken, durch drei parallele Stützungsstäbe mit der Erde verbunden.

gewicht gesetzt werden? Man beachte wieder, daß Gleichgewicht nur bestehen kann, wenn die Summe ihrer Momente für jeden beliebigen Punkt verschwindet. Nun verschwindet aber doch sicher nicht das Moment der Kraft P_3 (Abb. 111) für den Schnittpunkt von P_1 und P_2, da P_3 nicht durch diesen Punkt hindurchgeht. Es ist also Gleichgewicht bei dieser Anordnung unmöglich. Das Moment kann nur dann *allgemein* verschwinden, wenn P_3 durch den Schnittpunkt von P_1 und P_2 läuft, d. h.:

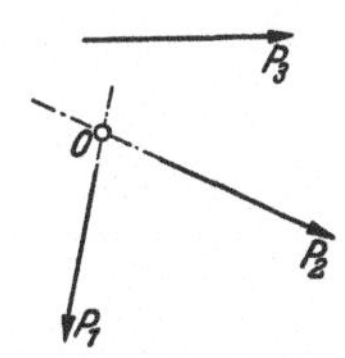
Abb. 111. Zum Gleichgewichtsfall dreier Kräfte.

Drei Kräfte können nur im Gleichgewicht stehen, wenn sie durch einen Punkt hindurchgehen und in der gleichen Ebene liegen.

Das ist notwendige Voraussetzung. Damit tatsächlich dann der Gleichgewichtsfall vorliegt, muß im übrigen die Summe der Komponenten in zwei Richtungen verschwinden, *oder* es muß die Summe der Momente für zwei weitere Punkte verschwinden bzw. die Summe der Komponenten in einer Richtung und die Summe der Momente für einen Punkt, *oder* es muß das zugehörige Krafteck geschlossen sein.

28. Zusammensetzung und Zerlegung bei parallelen Kräften. Liegt ein System von parallelen Kräften vor, so ist ihre Resultierende durch die algebraische Summe der einzelnen Kräfte gegeben und läuft parallel zu diesen Kräften. Der Beweis beruht auf den Formeln

$$R = \sqrt{(\textstyle\sum X_i)^2 + (\textstyle\sum Y_i)^2}; \quad \operatorname{tg} \alpha_R = \frac{\sum Y_i}{\sum X_i};$$

denn wenn man die gegebene Kraftrichtung als y-Richtung wählt (Abb. 112), wird $\sum X_i = 0$ und $\sum Y_i$ gleich der Summe der gegebenen Kräfte. Die Lage der Resultanten ist, wie bei Kräften in allgemeiner Lage, bestimmt durch den Satz vom statischen Moment der Kräfte, bezogen auf irgendeinen Punkt 0:

$$R \cdot x = \sum M_i.$$

Gesucht sei nun die Resultierende zweier parallelen Kräfte P_1 und P_2 nach ihrer Größe, Richtung und Lage (Abb. 112). Ihre Größe ist bestimmt durch

$$R = P_1 + P_2.$$

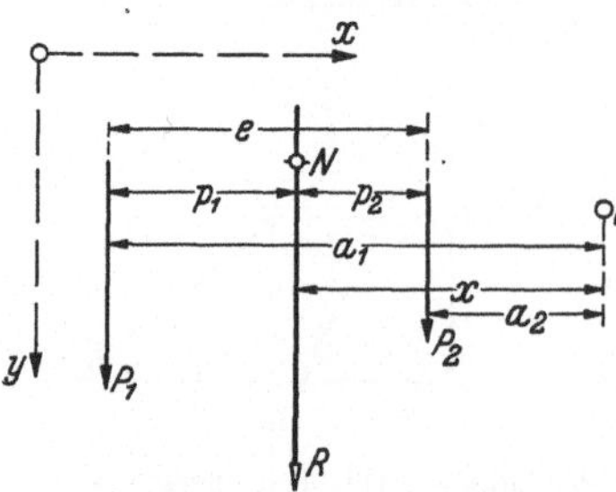

Ihre Richtung, wie oben erwähnt, durch die Richtung der Kräfte. Zur Bestimmung der Lage kann man einen beliebigen Punkt 0 wählen und stellt die Gleichung auf:

$$-P_1 \cdot a_1 - P_2 \cdot a_2 = -R \cdot x,$$

wodurch x bestimmt ist. Nun kann man aber den Punkt 0 ganz beliebig wählen, und wir werden ihn selbstverständlich so einführen, daß die Gleichung möglichst einfach wird. Dies ist der Fall, wenn der Momentenpunkt auf der Wirkungslinie der

Abb. 112. Die Resultierende zweier paralleler und gleichgerichteter Kräfte.

Resultierenden selbst liegt. Wir nehmen also die Lage der Resultierenden an, und nach Einführung der Entfernungen p_1, p_2 von den Kräften lautet die Momentengleichung für einen Punkt N auf ihr:

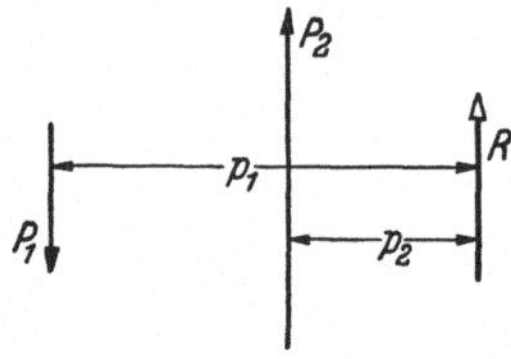

$$R \cdot 0 = -P_1 \cdot p_1 + P_2 \cdot p_2$$

oder $\qquad P_1 \cdot p_1 = P_2 \cdot p_2.$

Durch diese Gleichung ist tatsächlich die Lage der Resultierenden bestimmt, da

$$p_1 + p_2 = e$$

Abb. 113. Die Resultierende zweier paralleler und entgegengesetzt gerichteter Kräfte.

ist und die Entfernung e gegeben war, so daß die Gleichung (das Hebelgesetz) nur eine Unbekannte aufweist.

Sind die beiden parallelen Kräfte entgegengesetzt gerichtet (Abb. 113), so ist die Resultierende R bestimmt durch

$$R = P_2 - P_1;$$

ihre Richtung fällt mit der der größeren der beiden Kräfte zusammen. Die Lage der Resultierenden wird wieder ganz schematisch dadurch bestimmt, daß für einen beliebigen Punkt auf ihr das Hebelgesetz erfüllt sein muß:

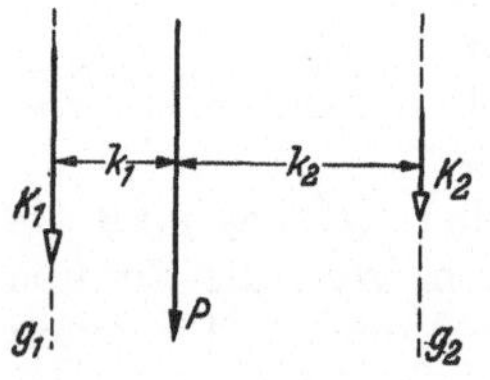

$$P_1 \cdot p_1 = P_2 \cdot p_2.$$

Da diese Gleichung nur befriedigt werden kann, wenn zur größeren Kraft P_2 der kleinere Hebelarm p_2 gehört und umgekehrt, so muß die Resultierende außerhalb der größeren der beiden Kräfte liegen.

Soll umgekehrt (Abb. 114) eine Kraft P in zwei Komponenten in gegebenen Parallelen g_1 und g_2 zerlegt werden, so führt man zunächst Richtungspfeile für diese Komponenten ein unter Berücksichtigung der Beziehung

Abb. 114. Zerlegung einer Kraft in zwei Parallelen.

$$P = K_1 + K_2$$

und schreibt für einen beliebigen Punkt von P das Hebelgesetz an:

$$K_1 \cdot k_1 = K_2 \cdot k_2.$$

Mit Hilfe der so erhaltenen zwei Gleichungen ist die Aufgabe zu lösen.

Da die Aufgabe, eine Kraft P in zwei Komponenten K_1 und K_2 zu zerlegen, gerade so zu behandeln ist wie diejenige, eine Kraft P mit zwei gesuchten

Kräften P_1 und P_2 ins Gleichgewicht zu setzen, und lediglich die Kräfte P_1 und P_2 entgegengetzten Richtungspfeil wie K_1 und K_2 aufweisen, kann diese Gleichgewichtsaufgabe ganz entsprechend gelöst werden (Abb. 115); jetzt muß sein:

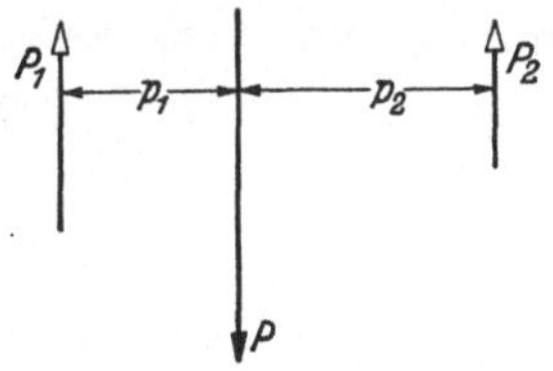

$$P_1 + P_2 = -P$$

und
$$P_1 \cdot p_1 = P_2 \cdot p_2.$$

Abb. 115. Gleichgewicht einer Kraft mit zwei parallelen Kräften.

Übungsaufgaben für zerstreut in der Ebene liegende Kräfte.

1. Aufgabe. Ein gewichtsloses Seil von der Länge $l = 60$ cm liege auf einer Zylinderwalze mit dem Halbmesser $r = 50$ cm (Abb. 116) und trage an seinen Enden Gewichte von $G_1 = 30$ kg, $G_2 = 10$ kg. Wie groß sind im Gleichgewichtsfall die Winkel φ_1 und φ_2?

Lösung. Das Konstruktionsglied, das hier im Ruhezustand stehen soll, ist das erwähnte Seil mit seinen Endgewichten. Es ist offenbar Ruhe vorhanden,

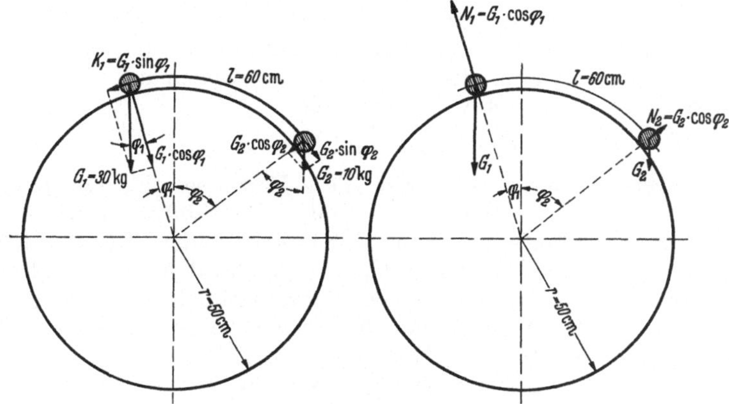

Abb. 116. Übungsbeispiel.

wenn die durch G_1 hervorgerufene nach links ziehende Kraft K_1 gleich ist der durch G_2 bewirkten nach rechts ziehenden Kraft K_2. Diese beiden Kräfte wirken tangential und sind gegeben durch:

$$K_1 = G_1 \cdot \sin\varphi_1,$$
$$K_2 = G_2 \cdot \sin\varphi_2.$$

Wir bekommen also die Gleichung:

$$G_1 \cdot \sin\varphi_1 = G_2 \cdot \sin\varphi_2;$$

andererseits ist
$$l = r \cdot (\varphi_1 + \varphi_2),$$

$$\varphi_1 + \varphi_2 = \frac{l}{r} = \frac{60}{50} = 1{,}2.$$

Die wirkliche Größe ist leicht zu finden, wenn man bedenkt, daß zum Bogen π der Winkel 180° gehört:

$$\frac{180°}{\pi} = \frac{(\varphi_1 + \varphi_2)°}{1{,}2},$$

$$\varphi_1 + \varphi_2 = 68° \, 40',$$
$$\varphi_1 = 68° \, 40' - \varphi_2;$$

mit diesem Wert lautet die obige Gleichung:

$$G_1 \cdot (\sin 68^\circ 40' - \varphi_2) = G_2 \cdot \sin\varphi_2,$$
$$G_1 \cdot (\sin 68^\circ 40' \cdot \cos\varphi_2 - \cos 68^\circ 40' \cdot \sin\varphi_2) = G_2 \cdot \sin\varphi_2,$$
$$G_1 \cdot (\sin 68^\circ 40' \cdot \operatorname{ctg}\varphi_2 - \cos 68^\circ 40') = G_2,$$
$$\operatorname{ctg}\varphi_2 = \frac{G_2 + G_1 \cdot \cos 68^\circ 40'}{G_1 \cdot \sin 68^\circ 40'},$$
$$\operatorname{ctg}\varphi_2 = 0{,}748.$$

Demgemäß:
$$\varphi_2 = 53^\circ 20',$$
$$\varphi_1 = 15^\circ 30'.$$

Nun muß aber im Gleichgewichtszustand auch die Summe der Momente aller wirkenden Kräfte für einen beliebigen Punkt gleich Null sein. Auf das Seil wirken als gegebene Kräfte G_1 und G_2. Stellen wir das Moment für den Angriffspunkt von G_2 auf, so entsteht

$$G_1 \cdot (r \cdot \sin\varphi_1 + r \cdot \sin\varphi_2).$$

Das ist aber nicht Null, also muß irgend etwas unberücksichtigt geblieben sein. Tatsächlich wirken aber auch auf die Endpunkte des Seiles nicht die Kräfte G_1 und G_2 allein; denn durch die Lagerung der Kugeln auf der Walze werden gegen diese Kräfte ausgeübt von der Größe

$$G_1 \cdot \cos\varphi_1 \quad \text{und} \quad G_2 \cdot \cos\varphi_2.$$

Die Walze ihrerseits wehrt sich gegen diese Einflüsse und erzeugt gleich große Gegenkräfte N_1 und N_2, so daß auf die Endpunkte tatsächlich wirken G_1 und N_1 bzw. G_2 und N_2. Die erste Zeichnung war unvollständig. Die Resultante aus G_1 und N_1 ist die oben benutzte Kraft K_1, entsprechend K_2 die Resultante aus N_2 und G_2; die Summe der Momente dieser vier tatsächlich auf die Seilenden wirkenden Kräfte G_1, N_1, G_2, N_2 muß nun für jeden beliebigen Punkt der Ebene verschwinden, z. B. auch für den Mittelpunkt der Walze. Durch diesen Punkt laufen N_1 und N_2 hindurch, haben kein Moment und es bleibt nur übrig:

$$-G_1 \cdot r \cdot \sin\varphi_1 + G_2 \cdot r \cdot \sin\varphi_2 = 0.$$

Damit ist dieselbe Gleichung gewonnen, die oben erhalten worden war.

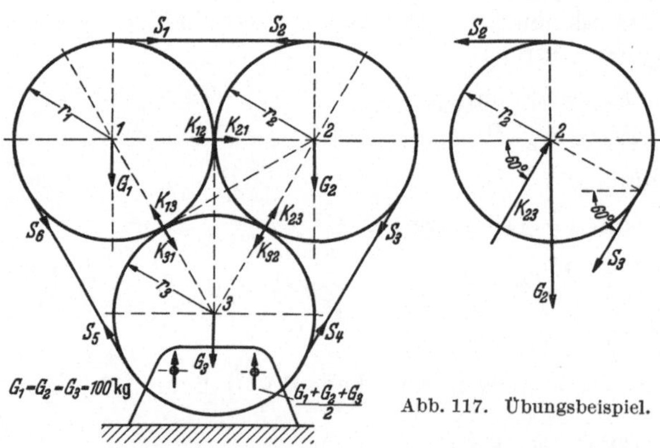

Abb. 117. Übungsbeispiel.

2. Aufgabe. Um drei gleich große Walzen ist ein Band ohne Vorspannung gelegt, das die Walzen in der gezeichneten Lage hält (Abb. 117). Wie groß ist die Seilkraft?

Lösung. Das Gebilde aus den drei Walzen mit dem umgelegten Band ist im Lager durch zwei Bolzen befestigt; unter Vernachlässigung des Gewichtes des Bandes wirkt lediglich die Schwere der drei Walzen auf die Bolzen, und es entsteht demgemäß für jeden Bolzen eine drückende Kraft von der Größe

$$\frac{G_1 + G_2 + G_3}{2}.$$

Gegen diese Drücke wehrt sich das Lager bzw. das Bolzenpaar und es werden also gegen das Walzensystem die beiden Kräfte

$$\frac{G_1 + G_2 + G_3}{2}$$

wirken.

Die beiden Walzen 1 und 2 haben das Bestreben, von der unteren Walze abzurutschen, daran werden sie durch das umschlungene Band verhindert, also entstehen in diesem Band Kräfte, die auf die einzelnen Walzen wirken; so wirkt beispielsweise auf Walze 2 die Bandkraft S_2 und die Bandkraft S_3. Andererseits drückt diese Walze 2 mit einer Kraft K_{32} auf die Walze 3, diese wehrt sich dagegen und erzeugt die gleich große Gegenkraft K_{23}. Beide Kräfte müssen, solange keine Reibung vorhanden ist, in die Richtung der Radien fallen. Entsprechendes gilt von den Kräften zwischen den Rollen 1 und 3. Es entsteht so das in der Abb. 117 dargestellte Kraftbild, wobei der erste Anzeiger von K die Walze angibt, auf die die Kraft wirkt, ($K_{12} = K_{21} = 0$). Auf die Rolle 2 wirken demgemäß G_2, S_2, S_3, K_{23}. Diese müssen im Gleichgewicht stehen, also drei Bedingungsgleichungen erfüllen:

1. $(\sum M)_2 = 0$: $\quad -S_2 \cdot r + S_3 \cdot r = 0$,

$$S_2 = S_3.$$

2. $\sum X_i = 0$:

$$-S_2 - S_3 \cdot \cos 60° + K_{23} \cdot \cos 60° = 0,$$

$$S_3 = \frac{K_{23} \cdot \cos 60°}{1 + \cos 60°}.$$

3. $\sum Y_i = 0$:

$$-K_{23} \cdot \sin 60° + G_2 + S_3 \cdot \sin 60° = 0,$$

$$K_{23} = S_3 + \frac{G_2}{\sin 60°}.$$

Daraus ergibt sich:

$$S_3 + S_3 \cdot \cos 60° = S_3 \cdot \cos 60° + G_2 \cdot \operatorname{ctg} 60°,$$

$$S_3 = G_2 \cdot \operatorname{ctg} 60° = \frac{G}{\sqrt{3}} = \frac{100}{\sqrt{3}} = 57{,}7 \text{ kg}.$$

Da $S_3 = S_4$ sein muß, ferner an Rolle 3 die Bandkraft $S_4 = S_5$, weiter $S_5 = S_6$ und an Rolle 1 auch $S_6 = S_1$, so erkennt man, daß die Seilkraft für das ganze Band gleich groß ist. Damit ist die ganze Aufgabe gelöst.

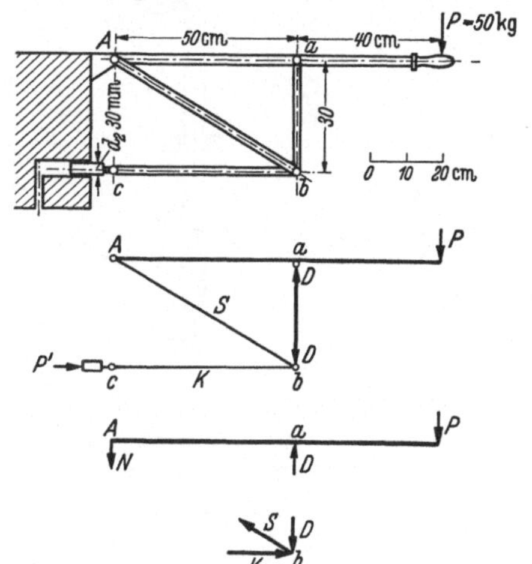

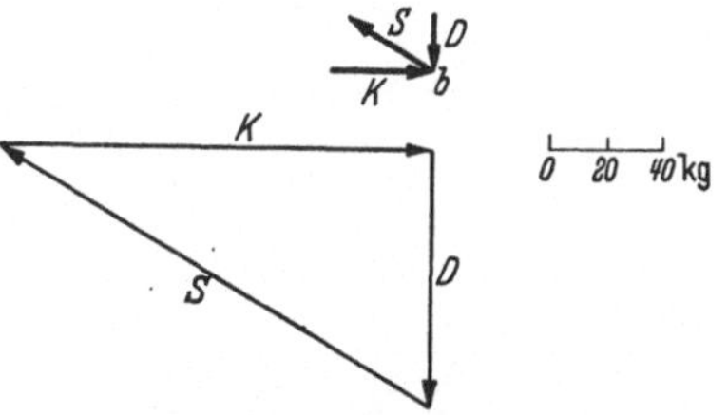

Abb. 118. Übungsbeispiel.

3. Aufgabe. Welchen Druck p kann man mit der Anordnung nach Abb. 118 erzeugen, wenn die Handkraft $P = 50$ kg beträgt und der Kolbendurchmesser 30 mm ist?

Lösung. Wir betrachten die Gleichgewichtszustände an den einzelnen Teilen der Konstruktion; zunächst am Hebel $A\,a$, dann am Punkt b und c. Auf den Hebel wirkt außer P noch die Stabkraft D und ferner an der Befestigungsstelle A eine Kraft N gegen den Hebel. Da uns diese letztere nicht interessiert, stellen wir für den Anschlußpunkt A die Momentengleichung auf:

$$P \cdot 90 - D \cdot 50 = 0,$$

$$D = \frac{9}{5} \cdot P = 90 \text{ kg}.$$

Am Punkt b muß Gleichgewicht bestehen zwischen den drei zusammentreffenden Stabkräften D, K, S. Das Kraftdreieck ergibt für K eine Druckkraft, für S eine Zugkraft:

$$K = D \cdot \frac{50}{30} = \frac{9}{5} \cdot P \cdot \frac{5}{3} = 3P = 150 \text{ kg}.$$

$$S = D \cdot \frac{\sqrt{50^2 + 30^2}}{30} = 174,9 \text{ kg}.$$

Schließlich muß sich am Punkte c die Kraft K aufheben mit der Kraft P', die durch den Druck p entsteht. Unter dem Druck versteht man die Kraft auf 1 cm^2; beim Kolbendurchmesser von d cm entsteht also dann eine Kolbenkraft K:

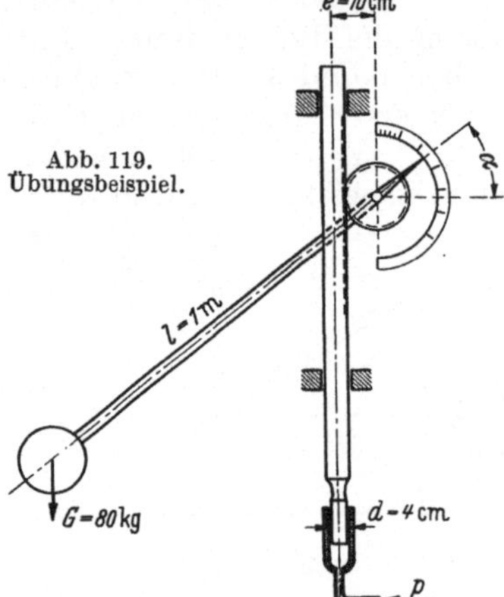

Abb. 119.
Übungsbeispiel.

$$K = \pi \cdot \frac{d^2}{4} \cdot p.$$

In unserem Falle ergibt sich:

$$K = \pi \cdot \frac{3,0^2}{4} \text{ cm}^2 \cdot p \frac{\text{kg}}{\text{cm}^2},$$

daraus $p = 21,2 \text{ kg/cm}^2$.

4. Aufgabe. Nach welchem Gesetz ist eine Skala für den Druckanzeiger der Abb. 119 aufzutragen? Gesucht ist also: $\alpha = f(p)$.

Lösung. Die Kraft, die auf die Zahnstange durch den Druck p ausgeübt wird, ist gegeben durch:

$$P = \pi \frac{d^2}{4} \cdot p = \pi \cdot \frac{4,0^2}{4} \cdot p = 12,57 \cdot p.$$

Diese Kraft greift an dem Zahnrad in der Entfernung $(e - d/2)$ vom Zahnradmittelpunkt an und sucht dieses nach rechts zu drehen, während das Gewicht G an dem mit dem Zahnrad fest verbundenen Hebel dieses nach links zu drehen

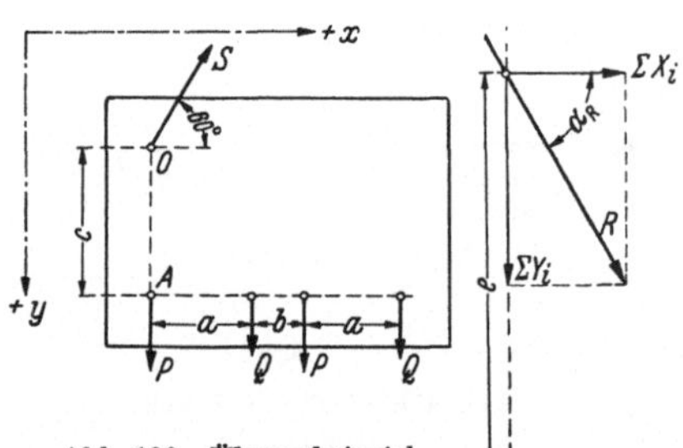

Abb. 120. Übungsbeispiel.

sucht. Das Gewicht wird so lange gehoben, bis sein Moment gleich dem Moment von P ist:

$$G \cdot 100,0 \cdot \cos \alpha = P \cdot (10,0 - 2,0),$$
$$80 \cdot 100,0 \cdot \cos \alpha = 12,57 \cdot p \cdot 8,0,$$
$$\cos \alpha = \frac{12,57 \cdot p \cdot 8,0}{80 \cdot 100} = 0,01257 \cdot p.$$

5. Aufgabe. Die in Abb. 120 angegebenen Kräfte, die auf eine Platte in ihrer Ebene wirken, sollen zusammengesetzt werden. Es sei

$$P = 100 \text{ kg}, \quad Q = 80 \text{ kg}, \quad S = 200 \text{ kg}, \quad a = 20 \text{ cm}, \quad b = 10 \text{ cm}, \quad c = 30 \text{ cm}.$$

Lösung. Die Aufgabe wird analytisch gelöst. Die Resultierende ist nach Größe und Richtung durch ihre Komponenten $\sum X_i$ und $\sum Y_i$ bestimmt, nach Lage durch den Satz vom statischen Moment der Kräfte (S. 49). Unter Einführung der positiven Richtung nach rechts bzw. nach unten ist:

$$\sum X_i = S \cdot \cos 60° = 200 \cdot 0,5 = +100 \text{ kg} \text{ (also nach rechts)},$$
$$\sum Y_i = 2P + 2Q - S \cdot \sin 60° = +186,8 \text{ kg} \text{ (also nach unten)},$$
$$(\sum M_i)_0 = Q \cdot a + P \cdot (a + b) + Q \cdot (2a + b) = 8600 \text{ kgcm}.$$

Der Punkt 0 wurde als Momentenpunkt gewählt, weil sich auf ihm die beiden Kräfte S und P schneiden. Es findet sich weiter:

$$R = \sqrt{(\textstyle\sum X_i)^2 + (\textstyle\sum Y_i)^2} = 211{,}8 \text{ kg},$$

$$\operatorname{tg} \alpha_R = \frac{\sum Y_i}{\sum X_i} = \frac{186{,}8}{100} = 1{,}9,$$

$$\alpha_R = 62^\circ 15'.$$

Die Resultierende verläuft nach rechts unten. Da die Summe der Momente für den Punkt 0 ein positives Vorzeichen ergab, dreht dieses Moment im Uhrzeigersinn. R muß nun so liegen, daß ihr Moment den gleichen Drehsinn ergibt, d. h. da sie nach rechts unten verläuft, oberhalb von 0. Die Größe des Momentes von R muß gleich $\sum M_i$ sein. Wir denken R, dessen Lage noch nicht bekannt ist, in seinem Schnittpunkt mit der Linie $A\,0$ zerlegt in eine waagerechte und lotrechte Komponente, deren Größen durch $\sum X_i$ und $\sum Y_i$ gegeben sind. Letztere hat für den Punkt 0 kein Moment, erstere dagegen das Moment $(\sum X_i) \cdot e$, wobei e noch unbekannt ist:

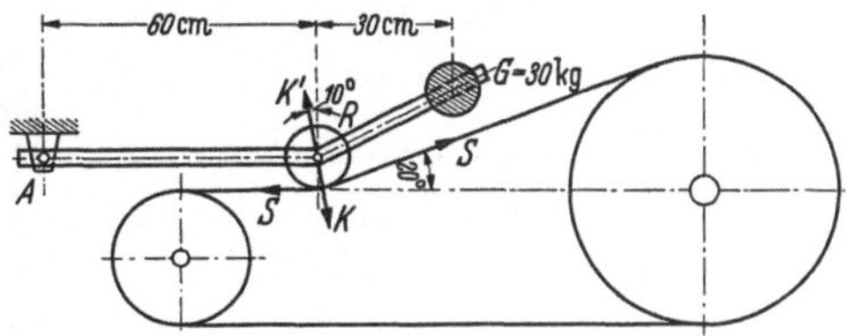

$$e \cdot \sum X_i = (\textstyle\sum M_i)_0,$$

$$e = \frac{8600}{100} = 86 \text{ cm}.$$

6. Aufgabe. Wie groß ist bei dem in Abb. 121 gezeichneten Spannrollentrieb in der angegebenen Lage und bei einem Gewicht $G = 30$ kg der Riemenzug S?

Lösung. Betrachten wir zunächst den Hebel mit der Rolle R. Durch den herabdrückenden Hebel wirkt

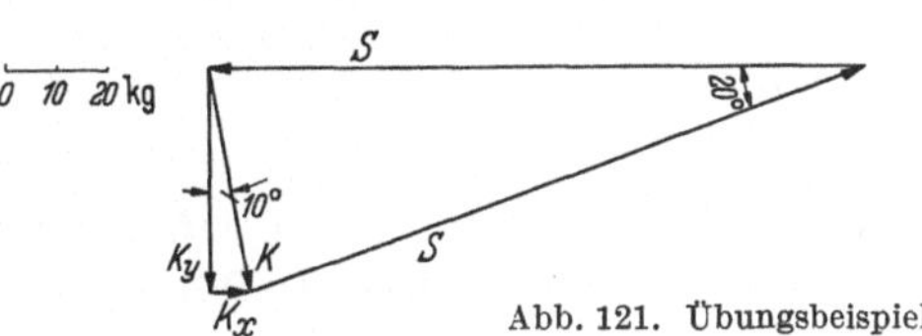

Abb. 121. Übungsbeispiel.

von der Rolle auf den Riemen eine Kraft K und umgekehrt eine gleich große Kraft K' vom Riemen auf den Hebel. Am Hebel greifen also an die eben erwähnte Kraft K', ferner das Gewicht G und die Kraft an der Befestigungsstelle A. Diese drei müssen im Gleichgewicht stehen. Es muß also ihr Moment für einen beliebigen Punkt verschwinden, z. B. für A. Für diesen Punkt liefert die Befestigungskraft selbst keinen Momentenbeitrag, und wir haben:

$$G \cdot (300 + 600) - K' \cdot \cos 10^\circ \cdot 600 = 0,$$

$$K' = \frac{30 \cdot 900}{600 \cdot \cos 10^\circ} = \frac{45}{\cos 10^\circ}.$$

An der Berührungsstelle von Rolle und Riemen wirken vom Hebel her die Kraft K, ferner vom Riemen nach links und rechts die unbekannte Kraft S. Diese drei Kräfte müssen im Gleichgewicht stehen, also muß

$$\sum Y_i = 0$$

erfüllt sein. Das ergibt

$$K \cdot \cos 10^\circ - S \cdot \sin 20^\circ = 0,$$

$$S = \frac{45}{0{,}342} = 131{,}6 \text{ kg}.$$

Als Probe kann verwendet werden:

$$\sum X_i = 0,$$

$$K \cdot \sin 10^\circ + S \cdot \cos 20^\circ - S = 0.$$

Die graphische Lösung ist durch das Kraftdreieck aus K und den beiden Kräften S gegeben. Es findet sich aus dem Kraftdreieck:

$$\frac{K}{2} = S \cdot \sin 10^\circ,$$

also das gleiche Ergebnis wie oben, da ja

$$\sin 20^\circ = 2 \cdot \sin 10^\circ \cdot \cos 10^\circ$$

ist.

7. Aufgabe. Wie groß muß bei dem in Abb. 122 dargestellten Ventil die Entfernung x sein, wenn das Ventil bei 15 atü abblasen soll?

Lösung. Es liegen hier drei Konstruktionsteile vor: der Hebel I drehbar um A, der Hebel II drehbar um C, und der Ventildeckel. Der Hebel I drückt an der Stelle B auf den Hebel II, dieser letztere wehrt sich dagegen mit der gleich großen Kraft B'. Es greifen demgemäß am Hebel I (Abb. 122 b) an: G, B' und die Kraft in A. Die Momentengleichung für A ergibt:

$$G \cdot (70 + x) - B' \cdot 70 = 0,$$
$$x = \frac{B' - G}{G} \cdot 70.$$

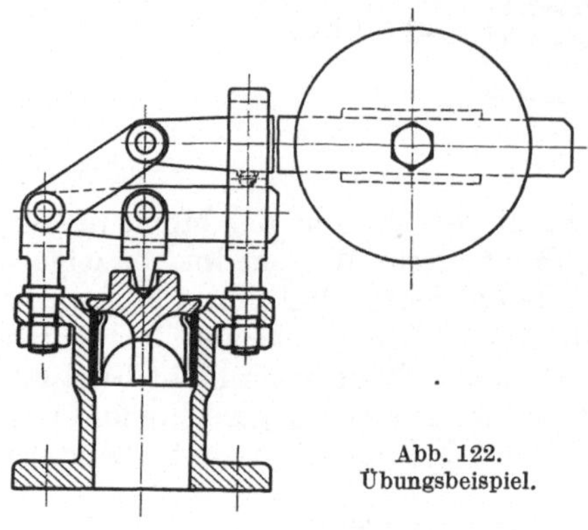

Abb. 122.
Übungsbeispiel.

Auf den Hebel II (Abb. 122 c) wirkt die eben berücksichtigte Kraft B, ferner die Ventilkraft K und die Befestigungskraft C. Die Momentengleichung für C ergibt:

$$B \cdot 140 - K \cdot 70 = 0.$$

Andererseits haben wir für das Ventil (Abb. 122 d):

$$K' = K = 7{,}5^2 \frac{\pi}{4} \cdot p = 663 \text{ kg}.$$

Wir erhalten damit $B = 332$ kg, dann aus der ersten Gleichung, mit $G = 30$ kg, $x = 700$ mm.

8. Aufgabe. Wie groß muß bei dem in Abb. 123 dargestellten Panzerwagen das Antriebsmoment des Zahntriebes sein, wenn der Radius des Zahnrades $r = 25$ cm beträgt und die Neigung $\alpha = 10^\circ$?

Lösung. Das gesamte Gewicht wirkt im Schwerpunkt des Körpers. Seine beiden Komponenten,

$$G \cdot \cos \alpha \quad \text{und} \quad G \cdot \sin \alpha,$$

greifen ebenfalls dort an. Die Kraft $G \cdot \cos \alpha$ wird durch die Gegenkraft N aufgehoben.

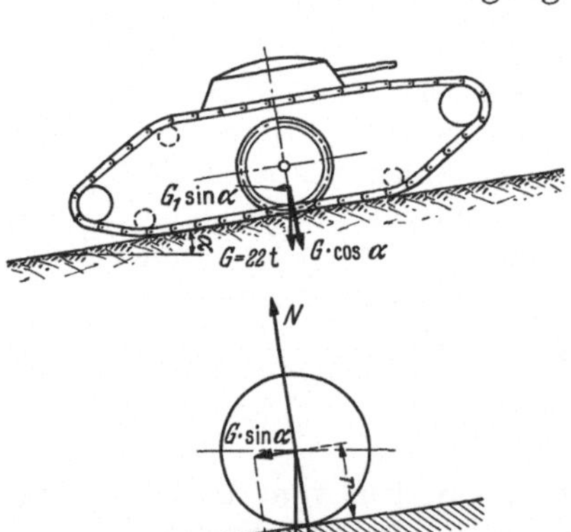

Abb. 123. Übungsbeispiel.

Die Komponente $G \cdot \sin \alpha$ muß durch eine Aufwärtswirkung überwunden werden, diese wird aber am Radkranz übertragen. Auf das Antriebsrad wirkt also nach abwärts die Gewichtskomponente $G \cdot \sin \alpha$, die vom Wagen auf den Zapfen drückt, und am Radkranz die Gegenkraft des Bodens von gleicher

Größe; das ergibt ein reines Kräftepaar vom Drehmoment $G \cdot (\sin \alpha) \cdot r$. Dieses Moment muß durch das Antriebsmoment überwunden werden.

$$M = G \cdot \sin \alpha \cdot r,$$
$$M = 22000 \cdot 0,1736 \cdot 25,0 = 95500 \text{ kgcm},$$
$$M = 955 \text{ kgm}.$$

9. Aufgabe. Wie groß muß in der in Abb. 124 dargestellten Wagenbremse die Entfernung x sein, damit die Normalkräfte N_1 und N_2 gleich groß werden?

Lösung. Wir haben drei Hebel als Hauptkonstruktionsteile, die in den Abb. 124b, c, d herausgezeichnet sind. Am Hebel I lautet die Momentengleichung für den Punkt A:

$$P \cdot 40 - S \cdot 20 = 0, \quad \text{also} \quad S = 2\,P.$$

Am Hebel II werden zwei Momentengleichungen aufgestellt:

für B: $\quad -S \cdot 50 + K_H \cdot 30 = 0,$

$$K_H = \frac{5}{3} \cdot S = \frac{10}{3} \cdot P;$$

für C: $\quad -S \cdot 80 + N_2 \cdot 30 = 0,$

$$N_2 = \frac{80}{30} \cdot S = \frac{16}{3} \cdot P.$$

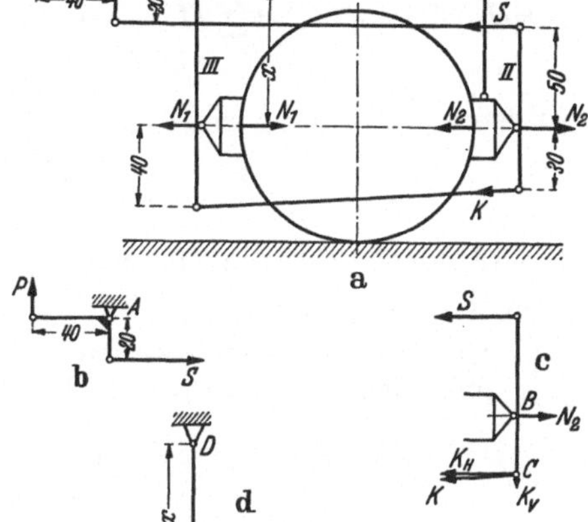

Der Hebel III liefert schließlich für den Punkt D die Momentengleichung:

$$N_1 \cdot x - K_H \cdot (40 + x) = 0,$$
$$N_1 \cdot x = \frac{10}{3} \cdot P \cdot 40 + \frac{10}{3} \cdot P \cdot x.$$

Abb. 124. Übungsbeispiel.

Da nun $N_1 = N_2$ sein soll, haben wir:

$$\frac{16}{3} \cdot P \cdot x = \frac{10}{3} \cdot P \cdot 40 + \frac{10}{3} \cdot P \cdot x.$$

Hieraus findet sich:

$$x = 66,67 \text{ cm}.$$

10. Aufgabe. Welche Stellung muß bei der in Abb. 125 dargestellten Schenckschen Zerreißmaschine das Laufgewicht Q haben, damit der zu prüfende Stab, mit einer Bruchfestigkeit von 60 kg/mm², reißt? Der Durchmesser des Stabes sei 15,95 mm.

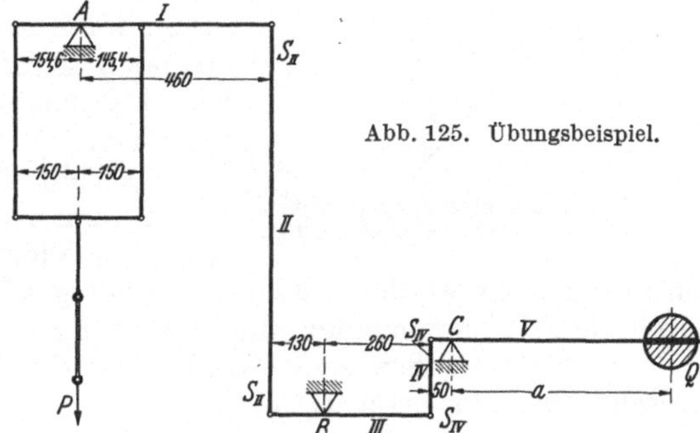

Abb. 125. Übungsbeispiel.

Lösung. Wenn die Zerreißfestigkeit 6000 kg/cm² betragen soll, dann muß P einen Wert annehmen, der gegeben ist durch das Produkt von F (Querschnitt des Stabes) mal der Bruchfestigkeit σ_B:

$$P = F \cdot \sigma_B,$$
$$P = \frac{\pi \cdot d^2}{4} \text{ mm}^2 \cdot 60 \text{ kg/mm}^2 = 200 \cdot 60 = 12000 \text{ kg}.$$

Diese Kraft verteilt sich zu gleichen Teilen in die beiden Zugstangen am Hebel I. Um die Größe a ausrechnen zu können, werden der Reihe nach die Momentengleichungen für die Hebel I, III, V bezüglich ihrer Festpunkte aufgestellt:

Hebel I:

$$(\textstyle\sum M)_A = 0,$$
$$-154{,}6 \cdot 6000 + 145{,}4 \cdot 6000 + S_{\mathrm{II}} \cdot 460{,}0 = 0,$$
$$S_{\mathrm{II}} = 120 \text{ kg}.$$

Hebel III:

$$(\textstyle\sum M)_B = 0,$$
$$-120 \cdot 130{,}0 + S_{\mathrm{IV}} \cdot 260{,}0 = 0,$$
$$S_{\mathrm{IV}} = 60 \text{ kg}.$$

Hebel V:

$$(\textstyle\sum M)_C = 0,$$
$$S_{\mathrm{IV}} \cdot 50{,}0 = Q \cdot a.$$

Aus letzter Gleichung ergibt sich, mit $Q = 2{,}5$ kg:

$$a = 1200 \text{ mm}.$$

VI. Graphische Behandlung von Kräften, die in der Ebene zerstreut wirken.

29. Krafteck und Seileck. Gegeben sei eine Reihe von Kräften, die wir graphisch zusammensetzen wollen. Die Kräfte P_1, P_2, P_3, P_4 seien nach Größe, Lage und Richtung bekannt (Abb. 126). Nach früheren Überlegungen können wir zum Ziele kommen, wenn wir erst die Kräfte P_1 und P_2 zu einer Teilresultierenden R_{12} zusammenfassen. Wir verschieben dazu beide Kräfte nach ihrem Schnittpunkt A; in diesem kann dann die Zusammensetzung der beiden Kräfte mittels Kräfteparallelogramm oder Krafteck erfolgen. Diese Teilresultierende R_{12} läßt sich in gleicher Weise mit P_3 zusammensetzen zur Resultierenden R_{123}, und diese weiter mit P_4 zusammengesetzt ergibt die endgültige Resultierende der vier Kräfte. Wir sehen schon an diesem Beispiel, daß dieses Verfahren zu einer unübersichtlichen Zeichnung führt, ja es läßt uns sogar ganz im Stich, wenn zufällig eine Teilresultierende zu der nächsten Kraft parallel liegt. Daran erkennen wir, daß das Verfahren keine allgemeine Bedeutung hat.

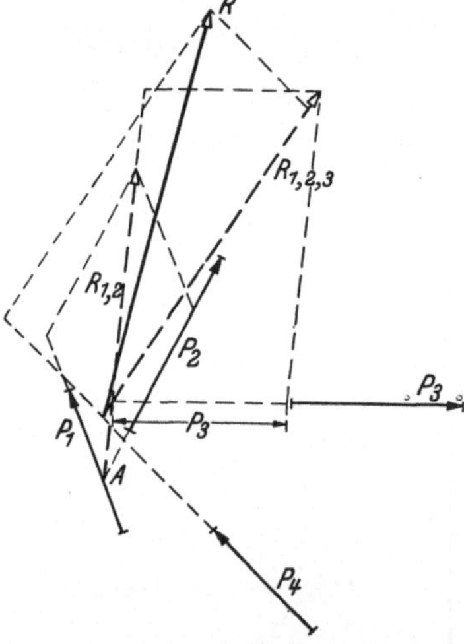

Abb. 126. Zusammensetzung zerstreuter Kräfte in der Ebene mittels Verschiebung.

Ein sehr übersichtliches Verfahren benutzt neben dem seither verwendeten Krafteck noch ein neues Vieleck, das sogenannte Seileck. Dies soll nun gezeigt werden. Es seien beliebig viele in der Ebene zerstreute Kräfte durch ihre Wirkungslinien und Richtungen gegeben; ihre Größe soll wieder zahlenmäßig festgelegt sein. Wir sollen die Resultierende dieser Kräfte zeichnerisch ermitteln (Abb. 127).

Wir zeichnen zunächst das Krafteck, d. h. wir tragen in einem von der technischen Figur gesonderten Bild die Kräfte so aneinander, daß sie einem einheitlichen Umfahrungssinn entsprechen. Das Bild des Kraftecks sieht also zunächst genau so aus, als gingen die Kräfte durch einen Punkt (Abb. 127b). Die erhaltene Schlußlinie liefert auch jetzt wieder, wie bewiesen wird, Größe und Richtung der wirklichen Resultierenden R aller zerstreut wirkenden Kräfte.

Es fehlt dann nur noch die Lage der Resultierenden; zu ihrer Ermittlung nehmen wir einen ganz beliebigen Punkt C an, den wir *Pol* nennen wollen. Diesen Pol, der also in seiner Lage an keinerlei Bedingungen geknüpft ist, verbinden wir mit den Anfangs- und Endpunkten der Kräfte im Krafteck (Eckpunkte des Kraftecks). Die Verbindungslinien, die den Namen *Polstrahlen* führen, gehen also von C nach 0, I, II usw. Die Strahlen wollen wir numerieren mit 0 (von C nach 0), 1 (von C nach I) usw. Zu diesen Polstrahlen zeichnen wir nun im technischen Kraftbild Parallelen und beginnen damit in einem wieder völlig beliebigen Punkt A, durch den wir eine Parallele zu Polstrahl 0 ziehen. Die gezeichnete Gerade $0'$, die *Seillinie, Seilseite* oder *Seilstrahl* genannt wird, schneidet die Wirkungslinie von P_1 in einem Punkt. Durch diesen Schnittpunkt ziehen wir dann eine Parallele zum nächsten Polstrahl 1. Den Schnittpunkt dieses neuen Seilstrahls $1'$ mit der Wirkungslinie der Kraft P_2 benutzen wir wieder als Ausgangspunkt für den Seilstrahl $2'$, der, entsprechend den früheren, parallel

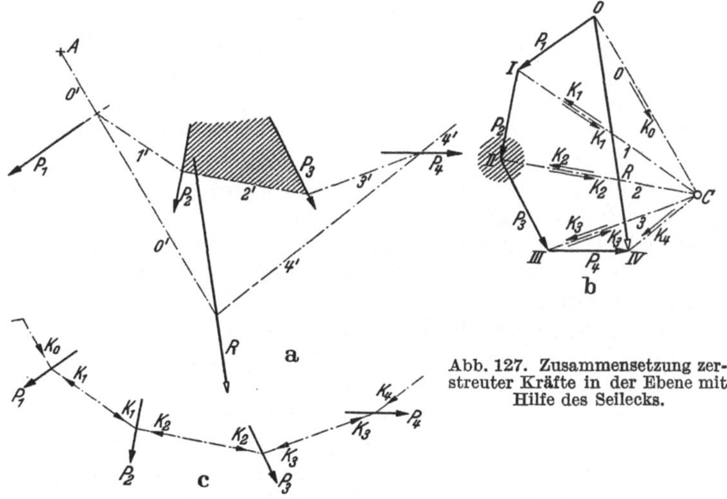

Abb. 127. Zusammensetzung zerstreuter Kräfte in der Ebene mit Hilfe des Seilecks.

zum Polstrahl 2 liegen muß. In gleicher Weise erhalten wir die Seilseiten $3'$ und $4'$, immer ausgehend von dem Schnittpunkt des vorhergehenden Seilstrahles mit der zugehörigen Kraft. Es sei hier schon darauf hingewiesen, daß die Reihenfolge der Seilstrahlen mit der Reihenfolge der Polstrahlen übereinstimmen muß; z. B. werden die beiden Seilstrahlen $2'$ und $3'$, die an der Kraft P_3 anschließen, d. h. sich auf ihr schneiden, durch dieselbe Kraft P_3 im Krafteck in ihrer Richtung festgelegt. Der von den Seilstrahlen gebildete Linienzug $0', 1', 2', 3', 4'$ heißt *Seileck* oder *Seilpolygon*. Die Lage der Resultierenden ist dann dadurch bestimmt, daß sie durch den Schnittpunkt der äußersten Seilseiten geht. Wir verlängern also die beiden Seilstrahlen $0'$ und $4'$ bis zu ihrem Schnittpunkt und legen die Resultierende, die aus dem Krafteck nach Größe und Richtung bekannt ist, durch diesen Punkt.

Zum Beweis der Richtigkeit unserer Behauptung denken wir uns jede Kraft im technischen Kräftebild zerlegt in zwei Komponenten (Abb. 127c), deren Richtungen durch die anschließenden Seilstrahlen gegeben sind, also P_1 in die Richtung $0'$ und $1'$, P_2 in $1'$ und $2'$ usw. Das zur Zerlegung jeder dieser Kräfte P_i nötige Kraftdreieck finden wir bereits im Krafteck vor, z. B. das Dreieck $0\,C\,I$ für die Kräfte in $0'$ und $1'$. Die Längen der beiden Polstrahlen $0\,C$ und $I\,C$ stellen die Komponenten K_0, K_1 der Kraft P_1 der Größe nach dar; dabei ist der Kräftemaßstab der gleiche, wie er für die Aufzeichnung der Kräfte P_i gewählt war; die Richtungspfeile der Ersatzkräfte K_0 und K_1 sind dem durch die Kraft P_1 gegebenen Umfahrungssinn entgegengerichtet; (in der Figur sind die Pfeile neben die Polstrahlen gezeichnet). Mittels dieser Zerlegungen erhalten wir also statt der vier Kräfte P_1 bis P_4 acht Komponenten, d. h. acht Kräfte, die den gegebenen vier gleichwertig und nun zusammenzusetzen sind. Von diesen acht Kräften K_0, K_1, K_1, K_2, K_2, ... K_4 heben sich verschiedene gegeneinander auf, denn die Komponenten K_1 von P_1, in Richtung des Seilstrahls $1'$, und K_1, als Komponente von P_2 in der gleichen Linie $1'$, sind gleich groß, aber entgegengesetzt gerichtet. Entgegengesetzt gerichtete gleich große Kräfte in der gleichen Geraden heben sich aber auf. Wir erkennen, daß von den acht Ersatzkräften nur K_0 und K_4 übrigbleiben, deren Größen im Krafteck durch die beiden Polstrahlen 0 und 4, und deren Lagen durch die Seilstrahlen $0'$ und $4'$ gegeben sind. Diese beiden Kräfte ersetzen nach der durchgeführten Überlegung die ursprünglichen Kräfte $P_1 ... P_4$. Ihre Resultierende ist demgemäß auch die Resultante der gegebenen Kräfte. Wir setzen nun diese beiden Kräfte K_0 und K_4 mit Hilfe des Kraftecks 0, IV, C zur Resultierenden R zusammen, die ihrerseits selbstverständlich durch den Schnittpunkt der beiden Wirkungslinien $0'$ und $4'$ gehen muß.

Wir erhalten also bei der graphischen Zusammensetzung beliebiger Kräfte in der Ebene:

die Größe und Richtung der Resultierenden durch das Krafteck,
die Lage der Resultierenden durch das Seileck.

Letzteres Vieleck wird Seileck genannt, weil ein gewichtsloses, in zwei Punkten gehaltenes Seil, das unter dem Einfluß von Kräften P_i steht, die Gestalt eines solchen Seilecks annimmt.

30. Die drei möglichen Fälle bei Zusammensetzung ebener Kräfte. Die drei Fälle, die wir bei der analytischen Lösung der gleichen Aufgabe unterschieden haben, müssen uns auch hier wieder begegnen.

1. Fall. Ergebnis: eine eindeutige Resultierende. Die Aufgabe wurde eben behandelt. Wir sahen, daß die Schlußlinie des Kraftecks die Größe und Richtung der Resultanten darstellt, daß diese Schlußlinie im Fall 1 also nicht verschwinden darf. Außerdem war die Lage der Resultanten bestimmt durch den Schnittpunkt des ersten und letzten Seilstrahls, d. h. im Fall 1 müssen diese beiden Strahlen einen eindeutigen Schnittpunkt haben. Wir sagen kurz: das Krafteck und das Seileck ist offen.

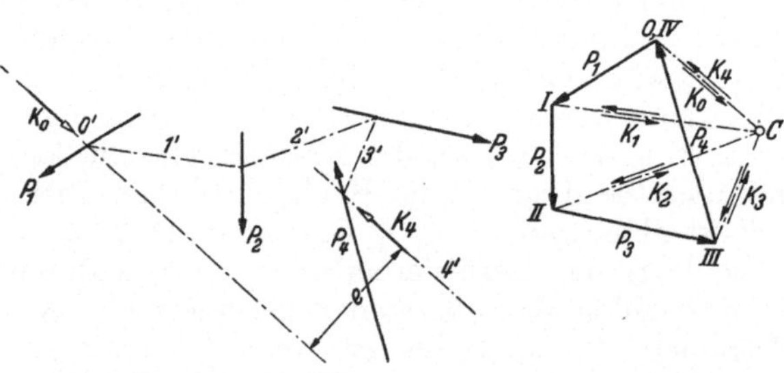

Abb. 128. Zerstreute Kräfte, die ein Kräftepaar ergeben.

2. Fall. Ergebnis: ein bestimmtes Kräftepaar. Jetzt muß, entsprechend der analytischen Lösung, die Resultierende verschwinden. Wir zeichnen das Krafteck zu den gegebenen Kräften und sehen, daß bei den hier vorliegenden Kräften der Anfangspunkt 0 der ersten Kraft P_1 mit dem Endpunkt IV der letzten P_4 zusammenfällt (Abb. 128), das Krafteck ist also geschlossen, d. h. $R = 0$. Mit dem willkürlich gewählten Pol C ziehen wir wie oben die Polstrahlen und zeichnen parallel dazu in das technische Kräftebild die zugehörigen Seilstrahlen $0'$, $1' ... 4'$. Da sich im Krafteck die Polstrahlen 0 und 4 decken, müssen die dazu parallelen Seilstrahlen $0'$ und $4'$ einander parallel laufen. Das

Charakteristische des Falles 2 ist also, daß das Krafteck geschlossen ist und daß
der erste und letzte Seilstrahl einander parallel laufen. Das Seileck ist demnach
nicht geschlossen. Der Schnittpunkt der Seilstrahlen 0′ und 4′, durch den ja
die Resultierende gehen muß, liegt unendlich fern. Wir erhalten den vorhergehenden Betrachtungen zufolge eine Kraft von der Größe Null in unendlich
großer Entfernung. Dieses Ergebnis stellt aber nach früherem (S. 54) ein Kräftepaar dar. Es fehlt noch die Größe des Momentes dieses Kräftepaares. Wir finden
es, wenn wir uns die vier gegebenen Kräfte wieder durch ihre Polstrahlen-Kom-
ponenten ersetzt denken. Die einzelnen Komponenten heben sich wieder auf
bis auf die beiden Kräfte K_0, K_4, die in den Seillinien 0′ und 4′ liegen und die
durch die Länge der Polstrahlen 0 und 4 dargestellt sind; K_0 geht nach dem
Pol C hin, K_4 geht vom Pol weg. Diese Kräfte des Kraftecks ins Seileck übertragen, liefern eine Kraft K_4 nach links oben und eine parallele, gleich große
Kraft K_0 nach rechts unten ($K_0 = K_4 = K$). Das ist aber die Darstellung eines
Kräftepaares von der Größe ($-K \cdot e$). Wir haben also die Größe des Polstrahls 0
bzw. 4 aus dem Krafteck, das ja in einem bestimmten Kräftemaßstab aufgezeichnet ist, als Kraft $K (= K_0 = K_4)$ zu entnehmen und mit dem Abstand e,
der aus dem technischen Kräftebild abzumessen ist, zu multiplizieren, und erhalten dann als Ergebnis der Zusammensetzung das resultierende Moment

$$M_r = -K \cdot e.$$

3. Fall. Ergebnis: Gleichgewichtszustand (Abb. 129). Das Krafteck ist dem
des zweiten Falles gleich; es ist wieder geschlossen. Der Unterschied gegenüber diesem Fall liegt im Seileck und besteht darin, daß jetzt die beiden äußersten Seilstrahlen 0′ und 4′ in die
gleiche Linie fallen. Was bedeutet das? Gehen wir von der
gleichen Grundlage aus wie im
Fall 2, so sehen wir hier wieder
die Resultierende im Krafteck
verschwinden. Übrig bleiben
abermals nur die beiden Kräfte
K_0 und K_4, die aber jetzt nicht
nur parallel zueinander liegen,
sondern sogar in gleicher Wirkungslinie 0′ und 4′, d. h. das

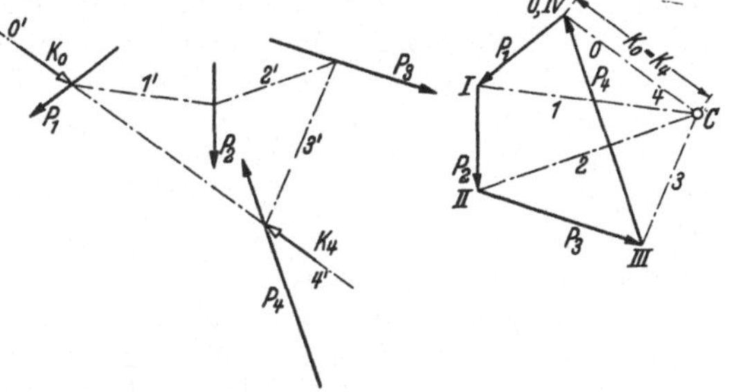

Abb. 129. Zerstreute Kräfte, die im Gleichgewicht stehen.

Kräftepaar $K \cdot e$ verschwindet. Die beiden gleich großen entgegengerichteten
Kräfte heben sich auf. Es wird also die Resultierende *und* das Moment gleich
Null; das war aber die Voraussetzung für den Gleichgewichtsfall.

Fassen wir die Einzelfälle nochmals zusammen:

1. Fall: Krafteck offen, Seileck offen: eindeutige Resultierende.

2. Fall: Krafteck geschlossen, Seileck offen: Kräftepaar (Moment).

3. Fall: Krafteck geschlossen, Seileck geschlossen: Gleichgewicht.

Es ließe sich aus der Zusammenstellung noch ein vierter Fall konstruieren:
Krafteck offen, Seileck geschlossen, der aber nur als Sonderfall des Falles 1 erscheint. Das Ergebnis dieses Falles ist, wie beim ersten Fall, eine eindeutige
Resultierende, die als Wirkungslinie die Seilseiten 0′ und 4′ hat (die ja dann
zusammenfallen) (Abb. 130). Er kann überhaupt nur auftreten, wenn der Pol C
in der Verbindungslinie des Anfangspunktes 0 des Kraftecks und des Endpunktes IV liegt. Es gehört aber dann ein besonderer Zufall dazu, daß in diesem
Fall auch tatsächlich das Seileck geschlossen ist, daß also 0′ und 4′ in dieselbe
Gerade fallen (Abb. 130a). Alsdann ist die gesuchte Resultierende gegeben durch

die Differenz der beiden Ersatzkräfte K_0 und K_4. Meistens werden aber bei dieser Sonderlage des Pols die Seilseiten $0'$ und $4'$ nicht in dieselbe Gerade fallen, also das Seileck wird nicht geschlossen sein (Abb. 130b). Dann haben wir als Ersatzkräfte zwei parallele Kräfte K_0 und K_4 von verschiedener Größe, die nach bekanntem Verfahren zu einer Resultierenden, d. i. eben die gesuchte Resultante, zusammengesetzt werden können. Man erkennt, daß eine allgemeine Lage des Pols C zur einfacheren Lösung führt und wird also die Sonderlage des Pols auf der Geraden 0—IV vermeiden. —

Der Gleichgewichtszustand war in der analytischen Darstellung durch die Aussage gegeben: die Komponenten in zwei verschiedenen Richtungen müssen verschwinden, und außerdem muß die Summe der Momente aller Kräfte für einen beliebigen Punkt Null sein. Demgegenüber stehen die gleichwertigen Bedingungen bei der zeichnerischen Lösung: Krafteck und Seileck müssen geschlossen sein. Wenn das Krafteck geschlossen ist, verschwinden nach früherem auch die Summen der Kraftkomponenten in zwei beliebigen Richtungen; andererseits ist aber bei geschlossenem Seileck auch kein Moment vorhanden. All-

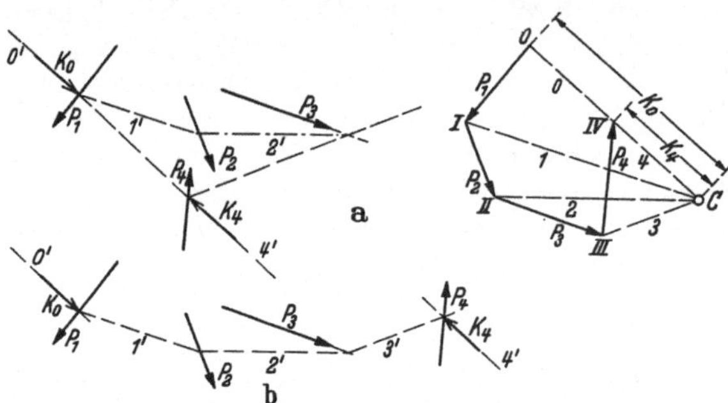

Abb. 130. Sonderfall: Krafteck offen, Seileck geschlossen.

gemein wird also das Krafteck zu den Größen $\sum X_i$ und $\sum Y_i$ in Beziehung stehen, das Seileck zu $\sum M_i$. Wir erkennen insbesondere für den Gleichgewichtsfall, daß das geschlossene Krafteck den früheren Komponentenbedingungen, das geschlossene Seileck der früheren Momentenbedingung entspricht. Es lassen sich diese graphischen und analytischen Bedingungen des Gleichgewichts auch austauschen, so daß wir eine Gleichgewichtsaufgabe auch halb graphisch, halb analytisch lösen könnten; es wäre z. B. Gleichgewicht vorhanden, wenn das Krafteck der gegebenen Kräfte geschlossen ist und außerdem ihr Moment für einen beliebigen Punkt verschwindet.

Zu den beiden Figuren Seileck und Krafteck mit den Polstrahlen sei noch einiges bemerkt. Die Polstrahlen bilden mit den entsprechenden Kräften nach der Ableitung Kraftdreiecke. Es entspricht also einem Punkt im Seileck ein Dreieck im Krafteck. Das gilt aber auch umgekehrt: einem Punkt im Krafteck ist ein Dreieck im Seileck zugeordnet, wie man sich leicht durch Betrachten der beiden Figuren Abb. 127a u. b überzeugen kann; z. B. entspricht dem Punkt II des Kraftecks das Polygon aus Seilseite $2'$ und den Wirkungslinien von P_2 und P_3 im Seileck. Dieses gegenseitige Verhältnis macht das Krafteck und das Seileck zu reziproken Figuren der graphischen Statik. Die Wechselbeziehungen stellen für den Bearbeiter der Aufgaben Kontrollmöglichkeiten dar. Es läßt sich an jedem beliebigen Punkt die Probe anstellen, ob das Seileck dem gezeichneten Krafteck richtig zugeordnet ist, indem man z. B. nachprüft, ob eine Kraft P_2, die im Schnittpunkt von zwei Seilseiten ($1'$, $2'$) liegt, im Krafteck von den zugehörigen Polstrahlen (1, 2) eingeschlossen wird. Diese Kontrolle ist besonders wertvoll, wenn die Kräfte kein übersichtliches Krafteck ergeben und dadurch leicht ein Fehler in der Reihenfolge der entsprechend unübersichtlich liegenden Polstrahlen auftritt.

Die Wahl des Poles C ist beliebig. Wir bekommen also bei einer bestimmten Aufgabe stets die gleiche Resultierende, wenn wir den Pol an verschiedenen

Stellen wählen. Haben wir also den Pol unglücklich gewählt, so, daß der Schnitt der beiden äußersten Seilstrahlen (0′ und 4′) sehr weit weg liegt (außerhalb des Zeichenblattes), so können wir einen zweiten Pol C' annehmen, der uns mit den Seilstrahlen 0″ bis 4″ einen näher liegenden Schnittpunkt der äußersten Seilstrahlen liefert. (Schlechte bzw. weit entfernte Schnittpunkte treten dann auf, wenn der Pol C zu nahe an der Schlußlinie des Kraftecks liegt. Im Grenzfall, wenn der Pol auf diese Schlußlinie fällt, laufen die äußersten Seilstrahlen parallel, schneiden sich also erst im Unendlichen.)

Erwähnt sei, daß sich bei zwei Seilecken, die zu demselben Krafteck gehören, die zum ersten Pol C zugehörigen Seilstrahlen und die entsprechenden des zweiten Pols C' (also 0′, 0″ bzw. 1′, 1″) jeweils auf einer Geraden schneiden, die der Verbindungslinie der beiden Pole C, C' im Krafteck parallel läuft (Abb. 131). Dies gilt allgemein und läßt sich geometrisch beweisen. Der Beweis ist auch dadurch gegeben, daß das zweite Polstrahlenbild eine zeichnerische Erweiterung des Kraft-

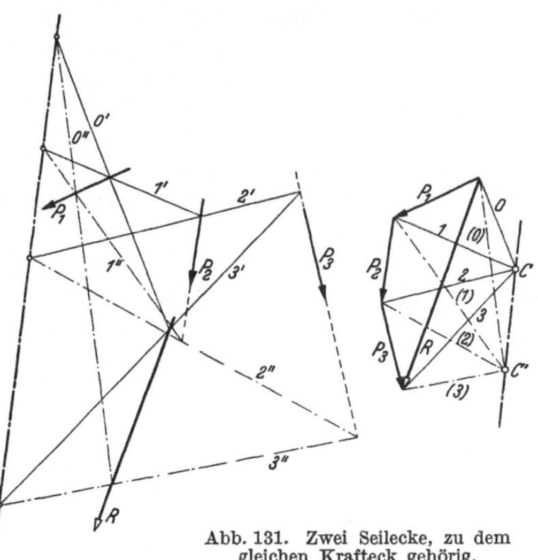

Abb. 131. Zwei Seilecke, zu dem gleichen Krafteck gehörig.

ecks darstellt. Es kann z. B. (3) als zusätzliche Kraft an P_3 aufgefaßt werden, CC' ist der zugehörige Polstrahl und die Parallele zu CC' im Kräftebild die entsprechende Seilseite.

31. Graphische Zusammensetzung paralleler Kräfte. Wir behandeln die gegebenen parallelen Kräfte, die nicht gleiche Richtung zu haben brauchen, wie zerstreut liegende Kräfte in der Ebene, bilden also die Resultierende mit Hilfe des Kraft- und Seilecks. Das Krafteck fällt hierbei in eine Gerade zusammen. Die Größe und Richtung der Resultierenden ist gegeben durch die Schlußlinie des Kraftecks mit dem Richtungspfeil, der dem gegebenen Umfahrungssinn entgegengesetzt verläuft bzw. vom Anfangspunkt 0 nach Endpunkt IV geht. Die Resultierende paralleler

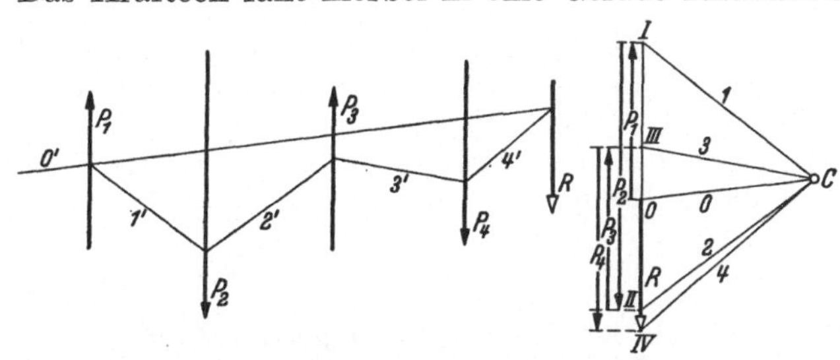

Abb. 132. Graphische Zusammensetzung paralleler Kräfte.

Kräfte verläuft also stets, wie wir schon früher gesehen haben, auch parallel zu den gegebenen Kräften und ist gegeben durch die algebraische Summe der Kräfte. Zur Ermittlung der Lage wählen wir wieder einen beliebigen Pol C, ziehen die Polstrahlen und übertragen diese parallel in das Kräftebild in entsprechender Reihenfolge, d. h. unter Beobachtung der unter Nr. 29 angegebenen Regeln (Abb. 132). Um die richtige Reihenfolge zu gewährleisten, ist es dringend zu empfehlen, die Polstrahlen und die entsprechenden Seilseiten zu beziffern, da sonst eine Vertauschung der Seilstrahlen sehr leicht vorkommen kann. Das so entstandene Seileck liefert die Lage der Resultierenden durch den

Schnittpunkt des ersten und letzten Seilstrahles. Auch hier bei der Zusammensetzung paralleler Kräfte lassen sich wieder die drei Fälle unterscheiden, die bei den in allgemeiner Lage liegenden Kräften besprochen wurden (Resultierende, Kräftepaar, Gleichgewicht).

32. Anwendung des Seilecks zur Ermittlung von Momenten. Gegeben sei eine Anzahl paralleler Kräfte nach Größe, Lage und Richtung. Es soll das Moment einer Reihe von Kräften für einen beliebigen Punkt i aufgestellt werden, z. B. aller Kräfte links von diesem Punkt (Abb. 133). Diese Aufgabe könnten wir direkt lösen, indem wir die Summe der Momente der einzelnen Kräfte analytisch bilden; die Lösung kann aber auch indirekt erfolgen, indem wir erst die Resultierende der in Frage kommenden Kräfte (links vom Punkt i) ermitteln und das Moment dieser Resultierenden aufstellen. Zu diesem Zwecke bedienen wir uns des Kraft- und Seilecks, die in Abb. 133 in der bekannten Weise dargestellt sind. Links vom Punkt i liegen die Kräfte P_1, P_2, P_3, ihre Resultierende ist durch die Strecke $0\,\mathrm{III}$ im Krafteck dargestellt, ihre Lage

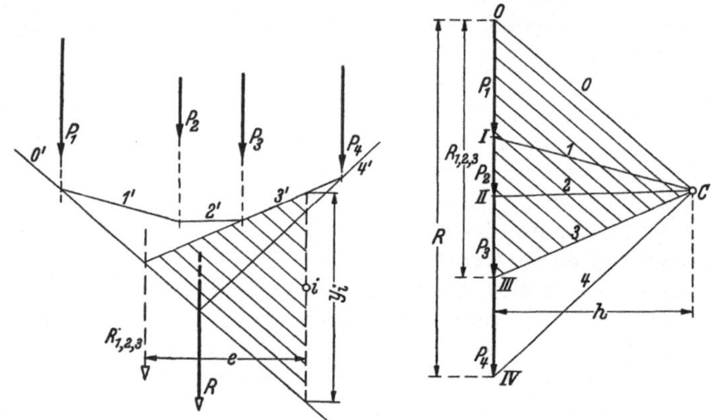

Abb. 133. Graphische Ermittlung von statischen Momenten.

durch den Schnittpunkt der zu den fraglichen Kräften P_1, P_2, P_3 gehörigen äußersten Seilseiten $0'$, $3'$; durch deren Schnittpunkt muß R_{123} gehen. (Zu den Kräften P_1, P_2, P_3 gehören die Seilstrahlen $0'$, $1'$, $2'$, $3'$; $1'$ und $2'$ verlaufen zwischen zwei Kräften, also sind $0'$ und $3'$ äußere Seilseiten.) Das Moment dieser Resultanten für den Punkt i ist gegeben durch

$$M_i = R_{123} \cdot e\,;$$

dieses Produkt ist also gleich dem gesuchten Moment der drei Kräfte P_1, P_2, P_3. Ein weiterer Lösungsweg, der für besondere, später näher erörterte Fälle große Vorteile bietet, ist folgender: wir ziehen durch den Punkt i eine Parallele zu der Kraftrichtung; mit dieser Geraden bringen wir diejenigen Seilstrahlen zum Schnitt, die für die in Frage kommenden Kräfte (P_1, P_2, P_3) die äußersten Seilseiten sind, also die eben erwähnten Seilstrahlen $0'$ und $3'$. Durch diese beiden Seilstrahlen wird auf der Parallelen zu den Kräften eine Strecke von der Größe y_i ausgeschnitten. Es läßt sich nun nachweisen, daß das gesuchte Moment der Kräfte links vom Punkt i gegeben ist durch das Produkt aus dieser Strecke y_i und dem Abstand h des Poles C von den Kräften im Krafteck:

$$M_i = y_i \cdot h. \tag{24}$$

Zum Beweis, daß diese Formel tatsächlich das Moment der drei Kräfte P_1, P_2 und P_3 in bezug auf den Punkt i darstellt, gehen wir von der oben festgestellten Beziehung

$$M_i = R_{123} \cdot e$$

aus und vergleichen nun die bei der Konstruktion der Strecke y_i und der Konstruktion der Resultierenden R_{123} entstandenen Dreiecke, gebildet einerseits aus der Resultierenden R_{123} (Kraftstrecke OIII) und den Polstrahlen 0 und 3 (im Krafteck), andererseits aus der Strecke y_i und den beiden Seilstrahlen 0' und 3'. Diese Dreiecke sind ähnlich, da ihre Seiten parallel laufen. In ähnlichen Dreiecken sind aber entsprechende Stücke einander proportional. Wir dürfen demnach schreiben: die Verhältnisse der Grundlinien zur Höhe sind in beiden Dreiecken die gleichen:

$$\frac{y_i}{e} = \frac{R_{123}}{h}.$$

Das Verhältnis y_i/e ist der Quotient zweier Strecken, der Ausdruck ist also dimensionslos. Dementsprechend muß auch die rechte Seite der Gleichung R_{123}/h eine reine Zahl darstellen; dies kann aber nur der Fall sein, wenn wir h, den Abstand des Pols von den Kräften im Krafteck, ebenfalls als Kraft auffassen. Also ist h, genau so wie früher die Polstrahlen, im Kräftemaßstab des Kraftecks zu messen. Durch Umstellen der Größen erhalten wir:

$$y_i \cdot h = R_{123} \cdot e.$$

Das Produkt der rechten Seite kennen wir aber bereits als Ausdruck für das gesuchte Moment der drei Kräfte in bezug auf den Punkt i:

$$M_i = R_{123} \cdot e.$$

Damit ist die Richtigkeit unserer obigen Behauptung bewiesen, daß

$$M_i = y_i \cdot h.$$

Dazu ist jedoch zu bemerken, daß sowohl h als auch y_i mit einem Maßstabsfaktor behaftet ist. h ist in kg (Kräftemaß) auszudrücken, wobei derjenige Kräftemaßstab maßgebend ist, in dem die Kräfte P_i im Krafteck dargestellt sind, etwa $1 \text{ cm} \mathrel{\widehat{=}} k$ kg. y_i ist eine Länge, die, je nach der Auftragung des technischen Kräftebildes, in einem bestimmten Verzerrungsverhältnis erscheint, und zwar gilt für die Strecke y_i der Längenmaßstab, der bei Auftragung des Kräftebildes verwendet wurde. Ist die Lage der Kräfte im Maßstab $1:n$ aufgetragen, so ist für y_i der Längenmaßstab: $1 \text{ cm} \mathrel{\widehat{=}} n$ cm, für h der Kräftemaßstab: $1 \text{ cm} \mathrel{\widehat{=}} k$ kg zu beachten, so daß

$$M_i = [y_i] \cdot [h] \cdot k \cdot n \text{ (cmkg)} \tag{25}$$

wird. Die Größen $[y_i]$ und $[h]$ sind dann die aus Kräftebild und Krafteck abgegriffenen Strecken in cm.

Es läßt sich übrigens ohne weiteres erkennen, daß dieses Ergebnis nicht nur gilt für das Moment einer Reihe von Kräften links von einem beliebigen Punkt i, sondern allgemein für das Moment einer Reihe aufeinanderfolgender, z. B. auch *aller* Kräfte für einen Punkt i. Jedoch werden wir später gerade das Moment der Kräfte auf der einen Seite von einem beliebigen Punkt i viel benötigen und das hier erhaltene Ergebnis, daß das Moment der Kräfte links von einem bestimmten Punkt dargestellt werden kann durch das Produkt, gebildet aus einer Strecke y_i und dem Polabstand h des Kraftecks, in einer späteren Betrachtung noch weiter verwerten. Vorläufig können wir die Zweckmäßigkeit dieser neuen Formel noch nicht erkennen, denn die Ermittlung des fraglichen Moments auf Grund des Ausdrucks $y_i \cdot h$ ist nicht schneller durchzuführen als die mit Hilfe von $R_{123} \cdot e$.

Für beliebig zerstreut liegende Kräfte läßt sich eine gleiche Darstellungsart des Momentes der Kräfte für irgendeinen Bezugspunkt aufstellen. Es ist dann durch den Punkt i eine Parallele zur Resultierenden der fraglichen Kräfte zu ziehen. Der Beweis folgt wieder aus der Betrachtung ähnlicher Dreiecke. Doch hat die Übertragung auf beliebige zerstreute Kräfte keine weitere Bedeutung für Anwendungen.

VII. Die möglichen Gleichgewichtsfälle (Zerlegungen) in der Ebene in graphischer Behandlung.

Im folgenden seien die verschiedenen Gleichgewichtszustände nochmals zusammenhängend betrachtet.

33. Gleichgewicht einer Kraft mit zwei anderen. Es soll eine gegebene Kraft P mit zwei Kräften, deren Richtungen g_1 und g_2 gegeben sind, ins Gleichgewicht gesetzt werden. Diese Aufgabe ist nach Seite 67 nur eindeutig, wenn sich die beiden Richtungen g_1 und g_2 auf der Wirkungslinie der Kraft P schneiden. Wie schon früher angegeben, zeichnen wir die Kraft P in einer gesonderten statischen Figur maßstäblich auf und ziehen durch die Endpunkte der Kraft Parallelen zu den Wirkungslinien g_1 und g_2.

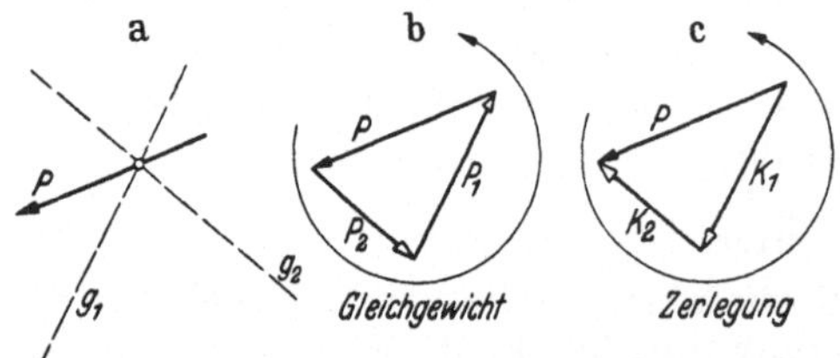

Abb. 134. Gleichgewicht und Zerlegung bei drei Kräften.

Als Ergebnis erhalten wir ein eindeutiges Kraftdreieck. Im *Gleichgewichtsfall* (Abb. 134 b) gibt der durch P festgelegte Umfahrungssinn die Richtung der Gleichgewichtskräfte P_1 und P_2 an.

Fragen wir bei der gleichen Aufgabestellung nach der *Zerlegung* der Kraft P in zwei Komponenten K_1, K_2 in den Richtungen g_1 und g_2, so ist die Lösung zunächst die gleiche. Der Umfahrungssinn ist in gleicher Weise wieder durch P festgelegt; aber die Richtungen der Komponenten sind jetzt dem Umfahrungssinn entgegengerichtet (Abb. 134 c).

Ein Sonderfall dieser Aufgabe ist der, daß sich die drei fraglichen Kräfte in einem unendlich fernen Punkt schneiden, d. h. parallel zueinander laufen: es sei die Kraft P nach Lage, Größe und Richtung bekannt, ferner die beiden Wirkungslinien g_1 und g_2 parallel zur Kraft P

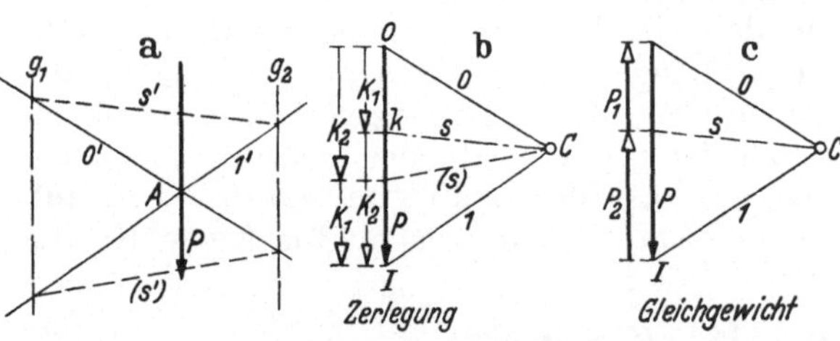

Abb. 135. Die graphische Behandlung von Gleichgewicht und Zerlegung bei drei parallelen Kräften.

gegeben (Abb. 135); gesucht sind die Komponenten der Kraft P in den Wirkungslinien g_1 und g_2.

Mit dem Krafteck allein kommen wir nicht zum Ziele, wohl aber bei Verwendung des Seilecks. Wir tragen die Kraft P in einem Krafteck maßstäblich auf, wählen einen beliebigen Pol C und zeichnen die beiden Polstrahlen 0 und 1 nach Anfangs- und Endpunkt der Kraft P. Zu diesen Polstrahlen ziehen wir die parallelen Seilstrahlen $0'$ und $1'$ durch einen beliebigen Punkt A von P. Diese beiden Seilseiten schneiden die Wirkungslinien g_1 und g_2. Verbinden wir nun diese Schnittpunkte miteinander durch die Linie s' und ziehen durch den

Pol C einen Polstrahl s parallel zu s', so teilt dieser Polstrahl in seinem Schnittpunkt mit der Kraft P diese in die beiden Komponenten K_1 und K_2. Die Komponenten K_1 und K_2 sind nach unten gerichtet, da sie als Ersatzkräfte dem durch die Kraft P gegebenen Umfahrungssinn entgegengerichtet sein müssen. Warum soll nun gerade der Teil zwischen 0 und s im Krafteck die Komponente K_1 und der Teil zwischen 1 und s die Komponente K_2 darstellen? Wir denken an das früher über die Beziehungen zwischen Krafteck und Seileck Gesagte: wenn sich zwei Seilstrahlen auf einer Kraft schneiden, so müssen die parallelen Polstrahlen diese Kraft einschließen; nun schneiden sich aber $0'$ und s' auf g_1, also ist die Strecke zwischen 0 und s im Krafteck die Kraft K_1. Entsprechendes gilt für K_2.

Der Beweis für die Richtigkeit dieser Konstruktion geht aus der umgekehrten Betrachtung der Aufgabe hervor: wenn K_1 und K_2 die Komponenten der Kraft P sein sollen, muß umgekehrt die Kraft P die Resultierende der beiden Kräfte K_1 und K_2 sein. Wären aber die Kräfte K_1 und K_2 gegeben, so hätten wir die Polstrahlen 0, s und 1 zu zeichnen, dazu die parallelen Seilstrahlen $0'$, s' und $1'$, und fänden die Lage der Resultierenden P durch den Schnittpunkt der äußersten Seilstrahlen $0'$ und $1'$. Die Größe der Resultierenden P ist im Krafteck durch die Schlußlinie 01, d. i. hier durch die Summe der beiden Kräfte K_1 und K_2, dargestellt.

Damit ist also ein allgemeines Verfahren zur Zerlegung einer Kraft in parallel zu ihr liegende Komponenten gegeben. Es sei hierzu bemerkt, daß die Schnittpunkte der Seilstrahlen $0'$ und $1'$ mit den beiden Wirkungslinien g_1 und g_2 auch auf der anderen Seite genommen werden können, also der Schnittpunkt $0'$ mit g_2 und der Schnittpunkt $1'$ mit g_1. Die Konstruktion bleibt grundsätzlich die gleiche. Wir finden das gleiche Ergebnis, nur ist die Reihenfolge der Komponenten vertauscht (Abb. 135b). Der Grund für diese Vertauschung liegt in den oben wiedergegebenen Beziehungen zwischen Seileck und Krafteck.

Sind zur Kraft P zwei Kräfte P_1 und P_2 gesucht, die in den Wirkungslinien g_1 und g_2 der Kraft P das Gleichgewicht halten sollen, dann bleibt die Konstruktion die gleiche, nur sind die Richtungen der Kräfte umzudrehen (Abb. 135c), da Gleichgewichtskräfte dem gegebenen Umfahrungssinn gleichgerichtet sind. Es ergibt sich, daß alsdann das zu P, P_1, P_2 gehörige Krafteck 0, 1, s, 0 und Seileck geschlossen ist, wie es nach den früheren Betrachtungen ja auch sein muß.

Nun braucht natürlich die Kraft P nicht zwischen den beiden Wirkungslinien zu liegen; sie kann auch außerhalb von g_1 oder g_2 sein (Abb. 136). Bei der Lösung dieser Aufgabe gehen wir ganz schematisch nach oben angegebener Regel vor: durch den beliebig gewählten Pol C werden die Polstrahlen 0 und 1

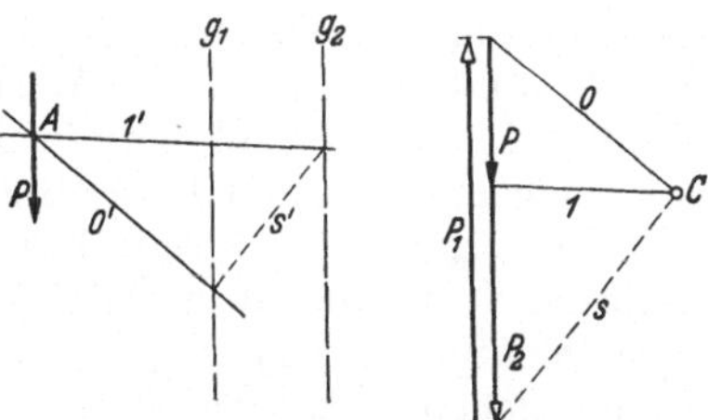

Abb. 136. Gleichgewicht, wenn die gegebene Kraft außerhalb der gegebenen Wirkungslinien fällt.

gezogen, dazu parallel durch einen beliebigen Punkt A auf der Wirkungslinie der Kraft P die beiden Seilstrahlen $0'$ und $1'$. Diese Seilstrahlen, zum Schnitt mit den Wirkungslinien der gesuchten Kräfte gebracht, liefern die Schlußlinie s', die, ins Krafteck übertragen, dort den Polstrahl s ergibt; s schneidet auf der Kraft P (bzw. ihrer Verlängerung) die beiden Gleichgewichtskräfte P_1 und P_2 aus. Die Kraft P_1 muß dabei, entsprechend dem Schnitt der beiden Seilstrahlen $0'$ und s' auf der Wirkungslinie g_1, eingeschlossen sein von den Polstrahlen 0 und s. Soll nun Gleichgewicht zwischen den drei Kräften bestehen, so muß das Krafteck geschlossen sein, d. h. die Richtungen von P_1 und P_2 müssen mit dem durch P gegebenen Umfahrungssinn übereinstimmen. Es verläuft demgemäß die Kraft P_2 nach unten und die Kraft P_1 nach oben.

34. Gleichgewicht einer Kraft mit drei anderen in der Ebene (Culmannsches Verfahren). Gegeben sind eine Kraft P nach Größe und Richtung und drei Wirkungslinien g_1, g_2 und g_3 von zunächst unbekannten Kräften P_1, P_2, P_3, die mit P ins Gleichgewicht gesetzt werden sollen. Die drei Wirkungslinien dürfen sich nicht in einem Punkt schneiden (Abb. 137).

Zur Lösung bedenken wir folgendes: statt zu sagen, die Kraft P soll mit den drei Kräften P_1, P_2, P_3 im Gleichgewicht stehen, können wir die Aufgabe auch formulieren: Zwei der vier Kräfte, z. B. P und P_1, sollen mit den beiden anderen Kräften P_2 und P_3 im Gleichgewicht stehen, oder auch: Die Resultierende aus P und P_1 soll mit der Resultierenden aus P_2 und P_3 Gleichgewicht halten. Nach der letzten Fassung sollen zwei Kräfte im Gleichgewicht stehen;

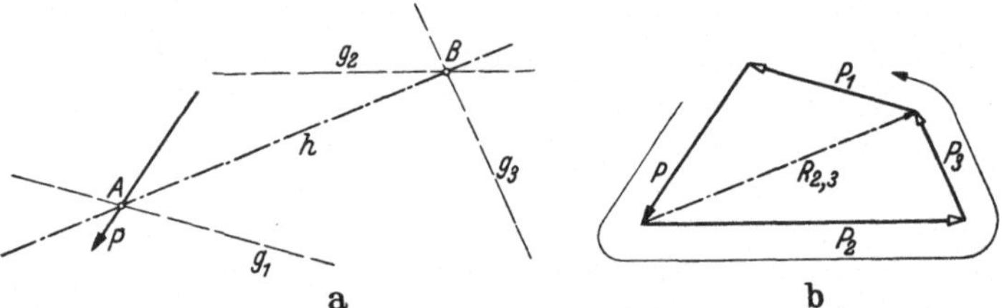

a   b

Abb. 137. Das Culmannsche Verfahren in der Ebene.

das kann aber nur der Fall sein, wenn beide Kräfte, d. i. die Resultierende von P und P_1 bzw. die Resultierende aus P_2 und P_3, in die gleiche Gerade fallen. Die Resultierende von P und P_1 muß aber durch den Schnittpunkt A ihrer Wirkungslinien gehen, in gleicher Weise muß die Resultierende der Kräfte P_2 und P_3 durch den Schnittpunkt B der Geraden g_2 und g_3 laufen. Andererseits müssen jedoch nach obiger Aussage beide Resultierenden in gleicher Wirkungslinie liegen, d. h. also, sie müssen in die Verbindungslinie der angegebenen Schnittpunkte fallen, oder die eingezeichnete Richtung h muß Wirkungslinie für beide Resultierenden, sowohl von P und P_1 wie auch von P_2 und P_3, sein. Die Lösung der Aufgabe gestaltet sich hiernach folgendermaßen: wir stellen Gleichgewicht her zwischen der Kraft P, der Kraft P_1 und der Resultierenden R_{23} aus P_2 und P_3, die in der Wirkungslinie h liegt (drei Kräfte an dem gleichen Punkt A). Die Resultierende R_{23} zerlegt man dann in die Komponenten in den Richtungen g_2 und g_3 und findet damit auch die Kräfte P_2 und P_3 (Abb. 137b).

Die praktische Durchführung ist damit auf bekannte Methoden zurückgeführt, denn sowohl die Gleichgewichtsaufgabe (P, P_1, R_{23}) als auch die Zerlegungsaufgabe (R_{23}, P_2, P_3) wird an Kräften durchgeführt, die durch einen Punkt gehen. Betrachten wir die entstandene Gesamtfigur der Kraftecke, so sehen wir, daß die Kraft P mit den gesuchten Kräften P_1, P_2 und P_3 einen einheitlichen Linienzug (Krafteck) bildet, der entsprechend der bekannten Gleichgewichtsbedingung geschlossen ist. — Zur Lösung bringt man also je zwei der vier Kräfte zum Schnitt und zieht die Verbindungslinie h, geht dann aus von dem Schnittpunkt, der auf der bekannten Kraft P liegt, zeichnet das Kraftdreieck, macht dasselbe für den anderen Schnittpunkt und stellt schließlich den Richtungspfeil der so ermittelten Kräfte P_1, P_2 und P_3 mittels des Umfahrungssinnes des gewonnenen Kraftvierecks fest. Die Linie h hat dann lediglich die Bedeutung einer Hilfsgeraden.

Das Verfahren wurde zuerst von Culmann angegeben und trägt auch dessen Namen. Das Culmannsche Verfahren löst also die Aufgabe: eine Kraft mit drei anderen Kräften, die sich nicht auf einer Geraden schneiden, ins Gleichgewicht zu setzen. Der verwendete Grundgedanke ist der gleiche wie der beim CULMANNschen Verfahren für Kräfte im Raum (S. 41).

Als praktisches Beispiel zur Anwendung des Verfahrens betrachten wir wieder einen Balken, der in der Ebene durch drei Stäbe festgelegt ist (Abb. 138); die drei Stützungsstäbe sind in ihrer konstruktiven Lage zum Balken gegeben. Der Balken sei belastet mit der einzelnen Kraft P (die natürlich auch Resultierende mehrerer Kräfte sein kann). Gesucht sind die Stabkräfte S_1, S_2 und S_3, die in den Stäben geweckt werden. Die drei Stäbe dürfen, wie früher (S. 67) schon gezeigt, nicht durch einen Punkt gehen, da sie als Wirkungslinien von Kräften aufgefaßt werden müssen, die ihrerseits der gegebenen Belastung das Gleichgewicht halten; denn es müssen den drei Unbekannten drei Gleichgewichtsbedingungen entsprechen.

Wir fragen uns zunächst wie bei *jeder* Gleichgewichtsaufgabe: An welchem Konstruktionsteil besteht Gleichgewicht? Der fragliche Konstruktionsteil ist hier der Balken. Wir müssen also alle gegebenen Kräfte so einführen, wie sie auf den Balken wirken, und werden andrerseits auch alle gesuchten Kräfte (S_1, S_2, S_3) so erhalten, wie sie am Balken angreifen.

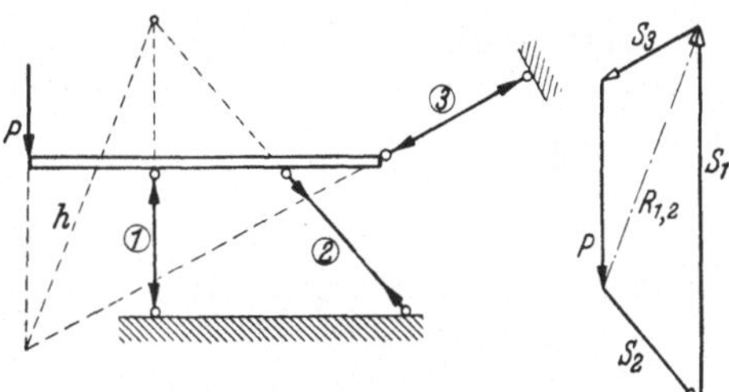

Abb. 138. Anwendung des CULMANNschen Verfahrens.

Zur Lösung bringen wir je zwei Kräfte zum Schnitt, z. B. in unserer Aufgabe P und S_3 und entsprechend die Kräfte S_2 und S_1; (die Stabkräfte sind ja in ihren Wirkungslinien durch die Stabachsen gegeben). Die Verbindungslinie der beiden Schnittpunkte liefert die Hilfsgerade h, in der die Resultierende von S_1 und S_2 liegen muß. Wir gehen von dem Schnittpunkt auf der Kraft P aus und zeichnen das Krafteck aus P, S_3 und der Kraft in der Verbindungsgeraden h, die die Resultierende R_{12} aus S_1 und S_2 darstellt. Dann gehen wir zum anderen Schnittpunkt (S_1 und S_2) über und zeichnen wiederum ein Kraftdreieck über der gefundenen Strecke R_{12}. Die Richtungen der so erhaltenen Stabkräfte sind aus dem gesamten Krafteck abzulesen: es müssen die Kräfte in dem durch die Kraft P bestimmten Umfahrungssinn gerichtet sein. Wie schon oben bemerkt, erhalten wir auf Grund dieser Gleichgewichtsbetrachtung die Stabkräfte so, wie sie auf den Balken wirken. Wir führen dementsprechend die erhaltenen Richtungspfeile an den am Balken angeschlossenen Enden der Stäbe ein und erkennen, daß Stab ① und ③ drückend auf den Balken wirkt, Stab ② dagegen ziehend. Entsprechend wirken die Stäbe auf ihre anderen Anschlußstellen; die da auftretenden Pfeile laufen den vorher gefundenen entgegengesetzt gerichtet. Wir sehen, daß ① und ③ Druckstäbe sind, ② dagegen ein Zugstab ist.

Wir hätten bei vorliegender Aufgabe naturgemäß auch P mit Stab ① und andrerseits Stab ② mit ③ zum Schnitt bringen können. Dann würde aber die Lösung umständlicher, da der Schnittpunkt von P und ① in die Unendlichkeit fällt, und die Linie h eine durch den Schnittpunkt von ② und ③ gehende Parallele zu P wäre. Um nun Gleichgewicht zwischen P, S_1 und der Kraft in h herzustellen, käme man aber mit dem einfachen Kraftdreieck nicht aus (parallele Kräfte).

Auf zwei Sonderfälle sei bei dem angegebenen Gleichgewichtsfall noch hingewiesen (Abb. 139). Wirkt nur eine Last P_1, die durch den Schnittpunkt zweier Stäbe geht, dann tritt im dritten Stab keine Kraft auf ($S_3 = 0$). Die

Richtigkeit ergibt sich aus der Momentenbedingung für den Schnittpunkt III. Wirkt andererseits nur eine Last P_{II} in Richtung eines Stabes ③, dann erhalten die beiden anderen Stäbe keine Beanspruchung.

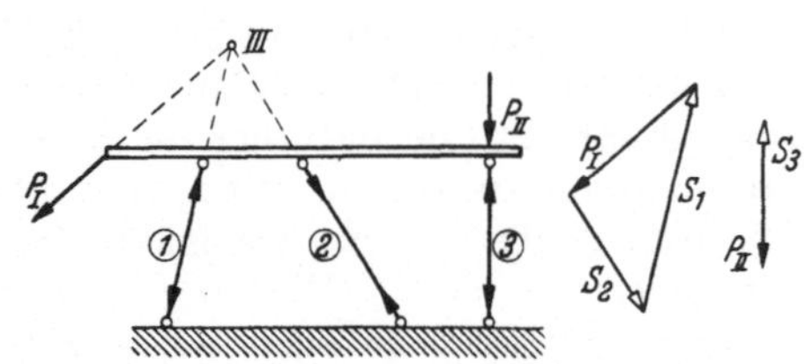

Abb. 139. Sonderbelastung beim abgestützten Balken.

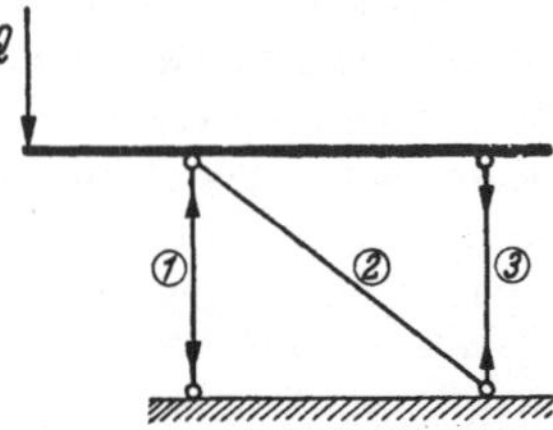

Abb. 140. Sonderlagen der Stützungsstäbe.

Haben wir zwei parallele Stäbe, etwa lotrecht, ① und ③, und wirkt eine Last in der gleichen Richtung (Abb. 140), so ist S_2 gleich Null. Es folgt dies sofort aus der Komponentenbedingung:

$$\sum Y_i = 0: \quad S_2 \cdot \cos\alpha = 0.$$

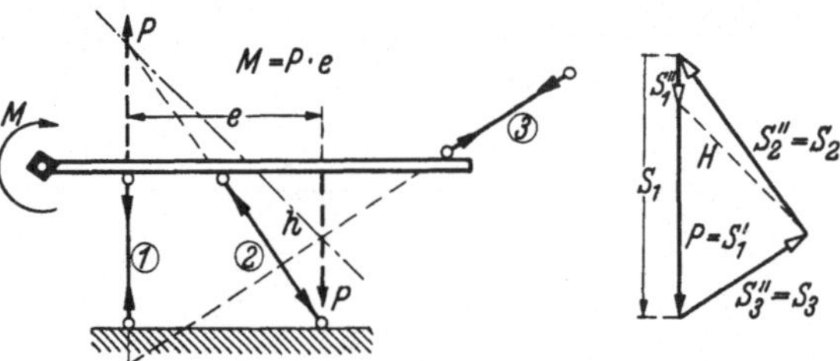

Abb. 141. Belastung des abgestützten Balkens durch ein Kräftepaar.

Wenn etwa auf den Balken lediglich ein Drehmoment von der Größe M wirkt und man will die Stabkräfte auf graphischem Wege ermitteln, so stellt man das Moment durch ein Kräftepaar dar, d. h. man führt zwei beliebig große Kräfte P ein mit solchem Abstand e, daß

$$P \cdot e = M$$

ist, wobei natürlich der Drehsinn des Kräftepaares mit dem Drehsinn von M übereinstimmen muß. Die Lage des Kräftepaares ist dabei gleichgültig. Dann führt man für jede Kraft P das CULMANNsche Verfahren durch. Da man das Kräftepaar beliebig legen kann, wird man es möglichst günstig annehmen, z. B. eine Kraft mit einem Stabe (etwa ①) zusammenfallend (Abb. 141); durch diese Kraft entsteht $S_1' = +P$, $S_2' = 0$, $S_3' = 0$; die andere Kraft P hat man nach CULMANN zu behandeln und die so ermittelte Kraft S_1''

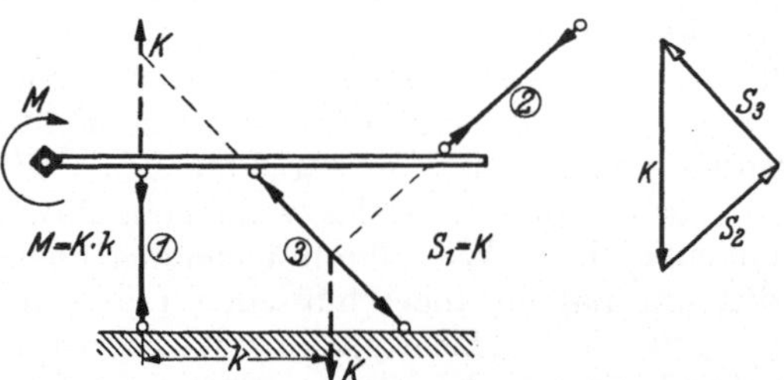

Abb. 142. Zweckmäßigste Behandlung bei Wirkung eines Kräftepaares.

mit S_1' algebraisch zu addieren, während S_2'' und S_3'' schon die wirklichen Stabkräfte darstellen. Bildet man das Kräftepaar so (Abb. 142), daß die eine Kraft K in die Linie von S_1 fällt, die andere in den Schnittpunkt von S_2 und S_3 (wobei natürlich $K \cdot k = M$ sein muß), so ist S_1 nur von dem einen K abhängig, dagegen S_2 und S_3 nur von dem anderen K.

Übungsaufgaben für ebene Stützungen.

1. Aufgabe. Der in der Abb. 143 dargestellte schrägliegende Balken ist durch drei Stützungsstäbe mit der Erde verbunden und wird durch eine gleichmäßig verteilte Last beansprucht. Die drei Stabkräfte sind zu ermitteln.

Lösung. Die drei Stabkräfte S_1, S_2, S_3 müssen mit G im Gleichgewicht stehen, sie seien zunächst als Zugkräfte eingeführt. Es ergibt sich aus den Momentengleichungen für den Punkt I und II:

$$1. \quad -S_1 \cdot 6{,}0 - G \cdot 3{,}0 = 0,$$

$$S_1 = -\frac{G}{2};$$

$$2. \quad +G \cdot 3{,}0 + S_3 \cdot 6{,}0 = 0,$$

$$S_3 = -\frac{G}{2}.$$

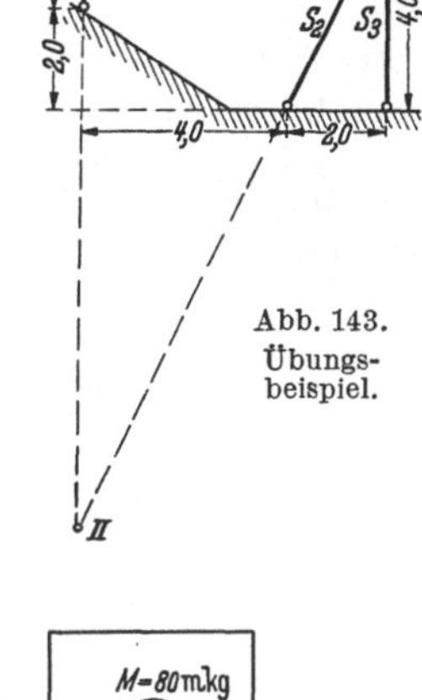

Abb. 143.
Übungs-
beispiel.

Die beiden Stäbe werden also gedrückt. In den beiden Momentengleichungen fällt S_2 heraus, weil es durch den betreffenden Momentenpunkt hindurchgeht. Die dritte Momentengleichung wäre entsprechend aufzustellen für den Schnittpunkt von S_1 und S_3; sie läßt uns aber im Stich, da der Schnittpunkt dieser beiden Stäbe in die Unendlichkeit fällt. Man nimmt deshalb als dritte Gleichung eine Komponentenbedingung:

$$3. \quad \sum X_i = 0: \quad S_2 \cdot \cos\beta = 0,$$

$$S_2 = 0.$$

Probe: $\quad G - S_1 + S_2 \cdot \sin\beta - S_3 = 0.$

Die Belastung wird also nur durch die Stäbe ① und ③ als Druckstäbe weitergeleitet, während Stab ② spannungslos bleibt.

2. Aufgabe. Auf die durch drei Stäbe abgestützte Platte in Abb. 144 wirkt ihr eigenes Gewicht von 120 kg und ein Kräftepaar vom Moment 80 mkg. Wie groß werden die Stabkräfte?

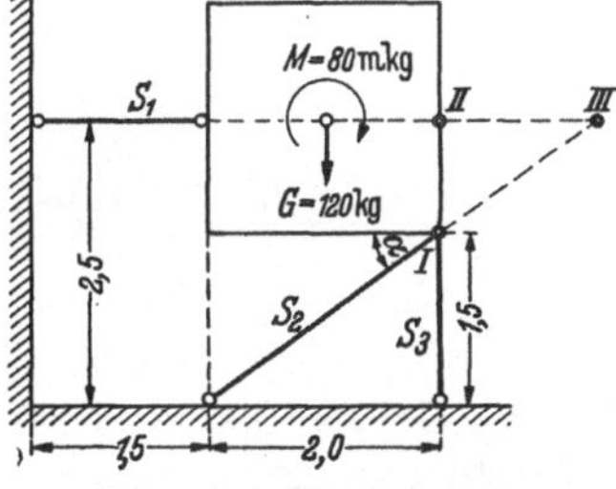

Abb. 144. Übungsbeispiel.

Lösung. Die beiden äußeren Einflüsse, d. i. das Gewicht G und das Kräftepaar mit dem Moment M, müssen durch die Stäbe ①, ②, ③ nach der Wand bzw. der Erde übertragen werden, oder anders ausgedrückt: die Stabkräfte müssen mit diesen beiden Einflüssen im Gleichgewicht stehen. Wo das Kräftepaar auf der Scheibe wirkt, ist hierbei gleichgültig, da es beliebig verschoben werden kann, ohne daß sich die Gesamtwirkung ändert. Als Gleichgewichtsbedingungen kann man Komponentenbedingungen (aber nicht mehr als zwei) oder Momentenbedingungen verwenden. Bezüglich der Komponenten ist zu bemerken, daß für ein Kräftepaar die Summe der Komponenten in jeder beliebigen Richtung verschwindet, weil die Projektionen der beiden Kräfte sich aufheben. Es mögen hier drei Momentenbedingungen verwendet werden. Unter Einführung von Zugkräften in den drei Stäben ergibt sich:

$$1. \quad \left(\sum M_i\right)_\text{I} = 0: \quad -G \cdot 1{,}0 - S_1 \cdot 1{,}0 + M = 0,$$

$$S_1 = -40 \text{ kg} \quad \text{(Druck)}.$$

$$2. \quad \left(\sum M_i\right)_\text{II} = 0: \quad M - G \cdot 1{,}0 + S_2 \cdot \cos\alpha \cdot 1{,}0 = 0,$$

$$S_2 = +50 \text{ kg} \quad \text{(Zug)}.$$

$$3. \quad \left(\sum M_i\right)_\text{III} = 0: \quad M - G \cdot \left(1{,}0 + 1{,}0 \cdot \frac{2{,}0}{1{,}5}\right) - S_3 \cdot 1{,}0 \cdot \frac{2{,}0}{1{,}5} = 0,$$

$$S_3 = -150 \text{ kg} \quad \text{(Druck)}.$$

Probe. $\quad \sum Y_i = 0: \quad G + S_2 \cdot \sin\alpha + S_3 = 0.$

3. Aufgabe. Die Befestigungskräfte des in Abb. 145 gezeichneten Baukranes sind zu ermitteln.

Lösung. Als eigentliche Tragkonstruktion erscheint der Galgen, der unten in I drehbar befestigt und außerdem durch den Stab K an die Erde angeschlossen ist. In dem Punkt I stützt sich der Kran gegen das Fundament, übt also auf diesen eine Kraft aus. Das Fundament seinerseits wehrt sich dagegen mit einer gleich großen Gegenkraft. Diese Gegenkraft ist zunächst nach Größe und Richtung unbekannt; ihre Komponenten seien R_V und R_H genannt. Es liegen demgemäß im ganzen drei Fesseln vor: zwei Gegenkräfte R_H, R_V am Anschlußpunkt I und die Strebenkraft K. Durch die Last von 1500 kg wird in dem Seil eine gleich große Kraft erzeugt, die an den verschiedenen Rollen zur Wirkung kommt. Die untere Kraft geht direkt in die Erde, die vier anderen Seilkräfte

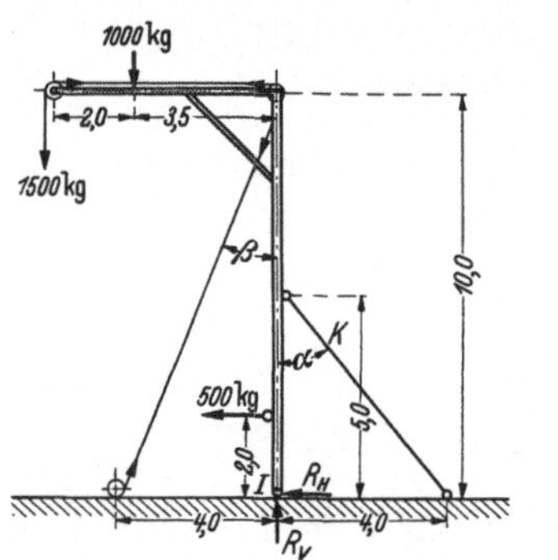

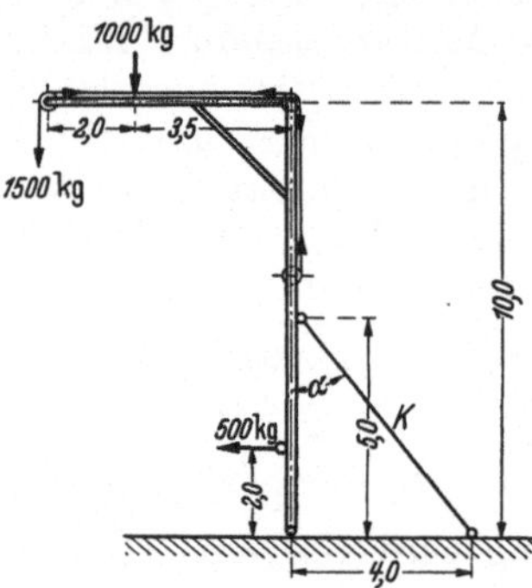

Abb. 145. Übungsbeispiel.

von der Größe 1500 kg wirken auf die Tragkonstruktion ein. Als Gleichgewichtsbedingungen seien verwendet eine Momentenbedingung für den Punkt I und zwei Komponentenbedingungen.

1. $(\sum M)_\mathrm{I} = 0$:

$$-1500 \cdot 5{,}5 - 1000 \cdot 3{,}5 - 500 \cdot 2{,}0 - 1500 \cdot 10{,}0 \cdot \sin\beta + K \cdot \sin\alpha \cdot 5{,}0 = 0$$

(dabei ist K in eine horizontale und vertikale Komponente zerlegt),

$$K = 5888 \text{ kg.}$$

2. $\sum X_i = 0$: $500 + R_H + 1500 - 1500 + 1500 \cdot \sin\beta - K \cdot \sin\alpha = 0$,

$$R_H = 2610 \text{ kg.}$$

3. $\sum Y_i = 0$: $1500 + 1000 + 1500 \cdot \cos\beta + K \cdot \cos\alpha = R_V$,

$$R_V = 8490 \text{ kg.}$$

Als Probe kann man etwa verwenden: $(\sum M)_\mathrm{II} = 0$, wobei II z. B. am Anschlußpunkt der Strebe K gewählt werden kann.

Ganz anders stellt sich das Kraftbild dar, wenn die untere Rolle (Winde) am Kranpfosten selbst angebracht ist (Abb. 145 b): jetzt wirken alle fünf Seilkräfte auf die Konstruktion selbst ein, und die Momentengleichung für den Punkt I lautet:

$$-1500 \cdot 5{,}5 - 1000 \cdot 3{,}5 - 500 \cdot 2{,}0 + K \cdot \sin\alpha \cdot 5{,}0 = 0.$$

4. Aufgabe. Auf die in Abb. 146 dargestellte Feuerwehrleiter wirken die angegebenen Kräfte. Wie groß sind die Fesselkräfte in A und S für die Leiter?

Lösung. Die Aufgabe möge graphisch gelöst werden. Man kann mit Hilfe von Krafteck und Seileck Größe und Lage der Resultierenden der wirkenden Lasten ermitteln und dann S mit R zum Schnitt bringen und durch diesen Schnittpunkt eine Gerade nach dem Gelenkpunkt A ziehen, die die Richtung der Lagerreaktion A angibt. Man kann es aber auch etwas bequemer machen, indem man unmittelbar davon ausgeht, daß die gegebenen Lasten mit der Lagerkraft A und der Stabkraft S im Gleichgewicht stehen müssen, daß also ihr Krafteck und Seileck geschlossen sein muß. Man legt die erste Seilseite $0'$ durch den Punkt A, die letzte Seilseite $6'$ schneidet die Kraft S im Punkte T (Abb. 146c). Die Verbindungslinie von T mit Punkt A gibt die Schlußlinie s' an, und zwar

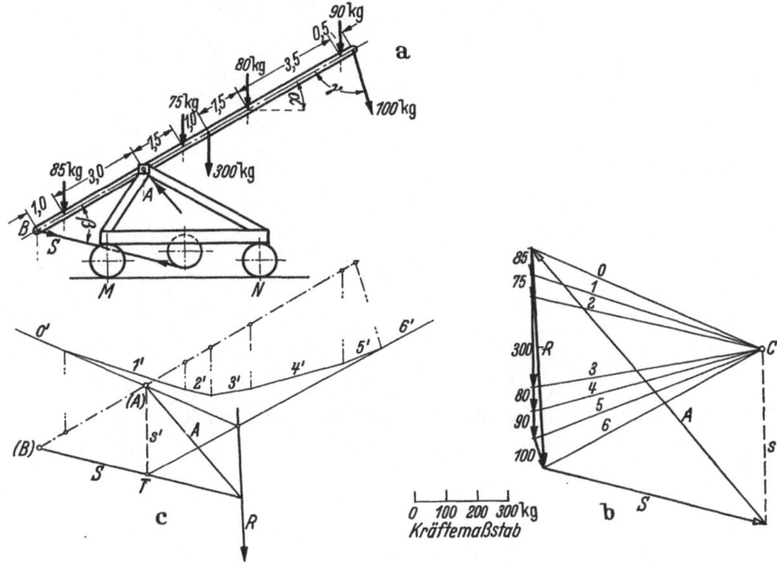

Abb. 146. Übungsbeispiel.

ganz gleichgültig, wie auch die Lagerkraft A gerichtet ist, da ja $0'$ durch den Punkt A gelegt wurde, und durch ihn unter allen Umständen die Lagerkraft A unabhängig von ihrer Richtung geht. Zieht man dann durch den Pol C eine Parallele zu s', so schneidet diese aus der Parallelen zu S die Größe dieser Kraft ab. Die Verbindungslinie dieses Endpunktes mit dem Anfangspunkt des Kraftecks stellt A dar, da ja das Krafteck aus den Lasten und A und S geschlossen sein muß.

Die umgekehrten Kräfte S und A wirken auf den Wagen ein. Verläuft ihre Resultierende zwischen den Radpunkten M und N, dann werden beide Räder auf den Boden gedrückt; ein Abhebebestreben liegt dann nicht vor, d. h. der Wagen steht fest.

5. Aufgabe. Das in Abb. 147 dargestellte Flugzeug ist an den Rädern fest gebremst. Wie groß sind die entstehenden Reaktionen?

Lösung. Es liegt eine Konstruktion vor mit einem festen Drehanschluß A und einer verschieblichen Stützung B (weil der Sporn auf dem Boden verschieblich ist). Wenn man hier die Resultante der gegebenen Lasten bildet, um sie dann mit B (senkrecht zum Boden gerichtet) und A ins Gleichgewicht zu setzen, so bereitet dies Schwierigkeiten, da der Schnittpunkt von R und B oft sehr weit nach außen fällt. Dagegen führt die oben angegebene Konstruktion leicht zum

Ziel. Man zeichnet das Krafteck aus S, G und P_H, legt den ersten Polstrahl durch den Punkt A, bringt die letzte Seilseite $3'$ mit Kraft B zum Schnitt und

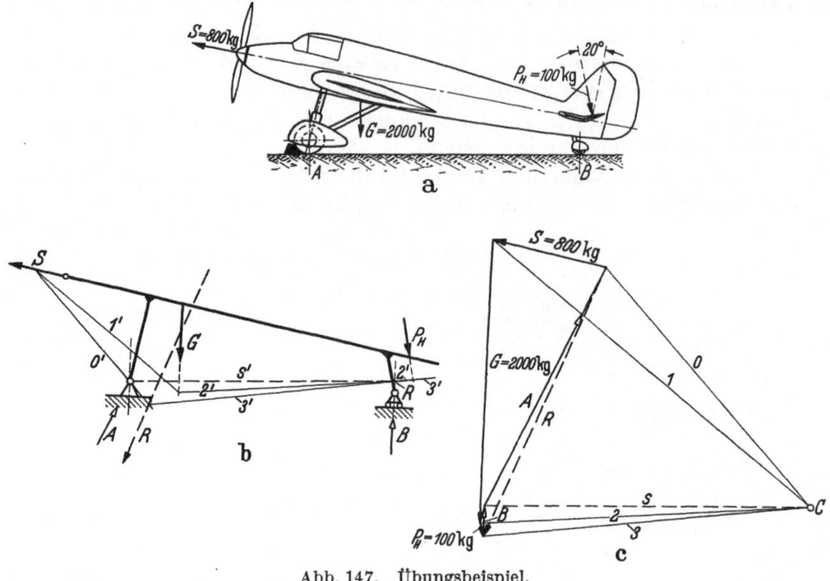

Abb. 147. Übungsbeispiel.

verbindet diesen Punkt R mit dem Stützpunkt A. Diese Verbindungslinie ergibt die Schlußlinie s'; der parallele Polstrahl s schneidet B aus. Die Verbindungslinie dieses Endpunktes mit dem ersten Punkt des Kraftecks gibt Größe und Richtung von A an.

Dritter Teil.

Anwendung auf ebene gestützte Körper (Scheiben).

VIII. Der einfach gestützte Körper. Die verschiedenen Gleichgewichtszustände.

35. Der gestützte Körper als ebenes Problem. Grundsätzlich wird uns in der technischen Anwendung immer ein räumliches Gebilde begegnen. Da aber nun die meisten Körper, auch die abgestützten, in ihrer Tiefenausdehnung meist zu einer Mittelebene symmetrisch angeordnet sind und von Kräften beansprucht werden, die ebenfalls in dieser Symmetrieebene liegen, können solche Körper für statische Betrachtungen als ebene Gebilde behandelt werden. Wir können sie geradezu als unendlich dünne Scheiben ansehen, auf die sämtliche Kräfte in der Ebene dieser dünnen Scheibe wirken, d. i. praktisch in der Mittelebene des Körpers. Dann liegt tatsächlich ein ebenes Problem vor.

36. Der einfach gestützte Körper. Wir betrachten zunächst den einfach gestützten Körper, wobei es gleichgültig ist, ob die „Stützung" eine Aufhängung oder eine Auflagerung auf einer Fläche darstellt. Kann ein Körper, der nur an einer Stelle drehbar gestützt ist, im Gleichgewicht stehen?

Wir untersuchen:

1. einen Körper, der in seinem unteren Teil als Halbzylinder ausgeführt ist und dessen oberer Teil zur Untersuchung der Gleichgewichtszustände entsprechend den Abb. 148, 151, 154 geändert wird;

2. einen stabartig ausgebildeten Körper, der an verschiedenen Stellen gestützt wird, Abb. 149, 152, 155;

3. einen zylinderförmigen Körper, der stets an gleicher Stelle gestützt wird, bei dem aber die Art der Ausbildung der Unterlage geändert wird, Abb. 150, 153, 156.

Bei allen betrachteten Körpern soll es sich um ein ebenes Problem handeln, d. h. der Körper ist zu seiner Mittelebene symmetrisch, kann also als dünne Scheibe aufgefaßt werden.

1. Fall, Abb. 148, 149, 150. Der Körper I stelle einen Halbzylinder auf einer Ebene dar. Der Stab II ist prismatisch oder zylindrisch und wird an seinem oberen Ende aufgehängt. Der Zylinder III liege im Innenraum eines Hohlzylinders mit endlichem Radius.

Der Körper drückt mit seinem Gewicht G auf seine Unterlage bzw. zieht mit seinem Gewicht an seiner Aufhängung. Durch diese Kraft wird eine Gegenkraft in der Unterlage (im Aufhängebolzen) erzeugt, die dem Gewicht G das Gleichgewicht hält (Aktion = Reaktion, Wirkung = Gegenwirkung). Gewicht und Gegenkraft, die wir hier Normalkraft N nennen wollen, sind also gleich groß und fallen in die gleiche Wirkungslinie. Die Richtungen beider Kräfte sind entgegengesetzt zueinander. Es besteht also, wie uns auch der Versuch bestätigen wird, Gleichgewicht. Drehen wir nun den Körper etwas aus seiner Gleichgewichtslage (Abb. 148b), dann fallen die Wirkungslinien der beiden auftretenden Kräfte G und N nicht mehr in die gleiche Gerade. Da aber die Normalkraft N immer gleich der Schwere G sein muß (es hat sich ja an der Größe der Kräfte nichts geändert), entsteht ein Kräftepaar. Dieses Kräftepaar übt aber eine Drehwirkung auf den Körper aus, und wir erkennen, daß diese bei den drei betrachteten Körpern so gerichtet ist, daß ein Zurückdrehen des Körpers in seine alte Lage bewirkt wird, d. h. das Kräftepaar bringt den ausgelenkten Körper in seine Gleichgewichtslage zurück. Wir sprechen in diesem Fall vom *stabilen oder sicheren Gleichgewicht.*

2. *Fall*, Abb. 151, 152, 153. Der Körper I ist als Zylinder ausgebildet (betrachtet als kreisförmige Scheibe). Der Stab II sei in seinem Schwerpunkt auf-

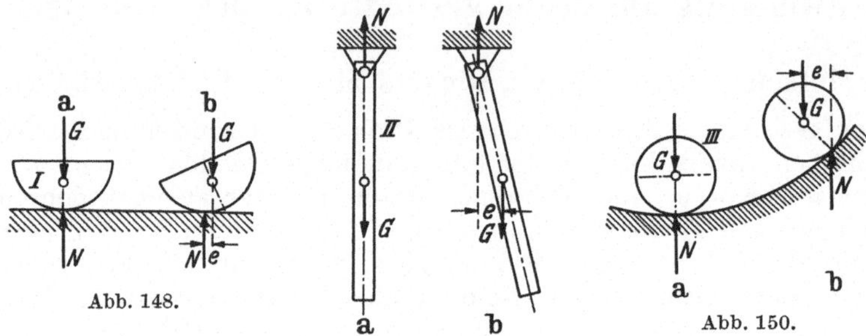

Abb. 148.   Abb. 150.

Abb. 149.

Abb. 148 bis 150.   Sicheres, stabiles Gleichgewicht.

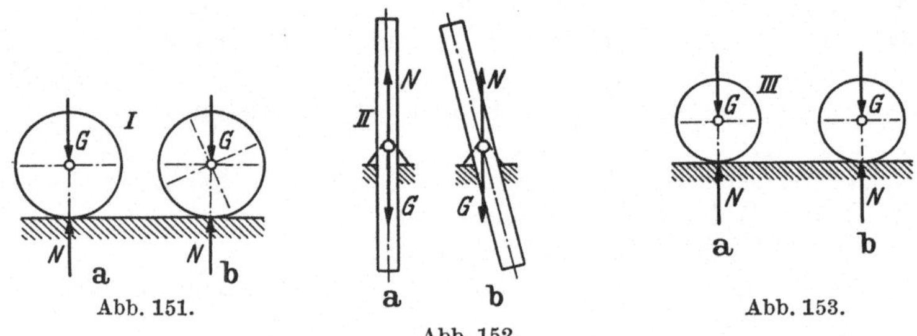

Abb. 151.   Abb. 152.   Abb. 153.

Abb. 151 bis 153.   Gleichgültiges, indifferentes Gleichgewicht.

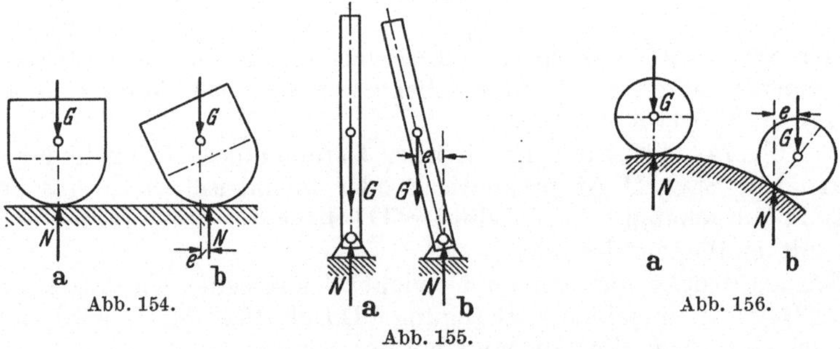

Abb. 154.   Abb. 155.   Abb. 156.

Abb. 154 bis 156.   Unsicheres, labiles Gleichgewicht.

gehängt und der Zylinder III liege auf einer Ebene (Zylinderfläche mit $r = \infty$). Es stehen wieder alle drei Körper im Gleichgewicht. Das Gewicht G erzeugt die gleich große Normalkraft (Reaktion) N in gleicher Wirkungslinie. Bei einer Auslenkung (Abb. 151 b) wird für alle drei Körper dieser Gleichgewichtszustand nicht gestört. Es stehen sich bei einer beliebigen Lage der Körper stets die beiden gleichen Kräfte, Aktion G und Reaktion N, in gleicher Wirkungslinie gegenüber, so daß der Körper in jeder neuen Lage stehenbleibt. Wir sprechen jetzt von dem *indifferenten Gleichgewicht (astatisch, gleichgültig).*

3. Fall, Abb. 154, 155, 156. Der Körper I sei in seinem unteren Ende ein Halbzylinder, der am oberen Ende durch ein rechteckiges Prisma vervollständigt wird. Stab II ist an seinem unteren Ende drehbar festgehalten. Der Zylinder III liege auf der Außenseite eines Zylinders mit endlichem Radius. Zunächst besteht auch hier Gleichgewicht: Normalkraft N und Gewicht G liegen in gleicher Wirkungslinie und sind entgegengesetzt gleich groß. Bei einer Auslenkung der Körper aus ihrer Gleichgewichtslage entsteht jetzt wieder ein Kräftepaar aus den beiden gleich großen Kräften N und G, das aber den Körper mit seiner Drehwirkung weiter von der alten Lage entfernt. Der angestoßene Körper fällt also um bzw. weicht von der Gleichgewichtslage immer weiter ab. Wir sprechen hier von dem *labilen oder unsicheren Gleichgewicht.*

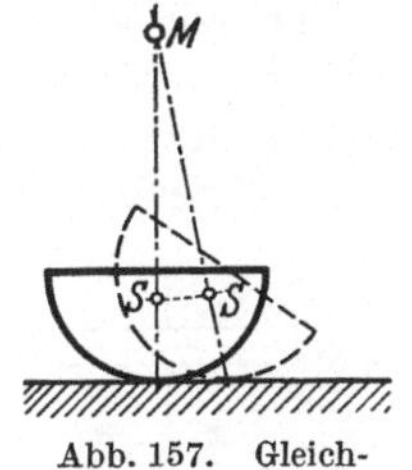

Abb. 157. Gleichgewichtszentrum.

Fassen wir die drei Fälle zusammen, so können wir als kennzeichnenden Punkt für alle Auslenkungsbewegungen der Körper einen maßgeblichen Punkt M konstruieren (Abb. 157), der gegeben ist durch den Krümmungsmittelpunkt der Schwerpunktsbahn. Liegt der Schwerpunkt S unter diesem Zentrum M, so besteht stabiles Gleichgewicht (sicheres Gleichgewicht), liegt der Drehpunkt M im Unendlichen oder im Schwerpunkt des Körpers, so ist das Gleichgewicht indifferent (astatisch, gleichgültig). Liegt der Schwerpunkt S aber über dem Drehpunkt M, so ist das Gleichgewicht labil (unsicher).

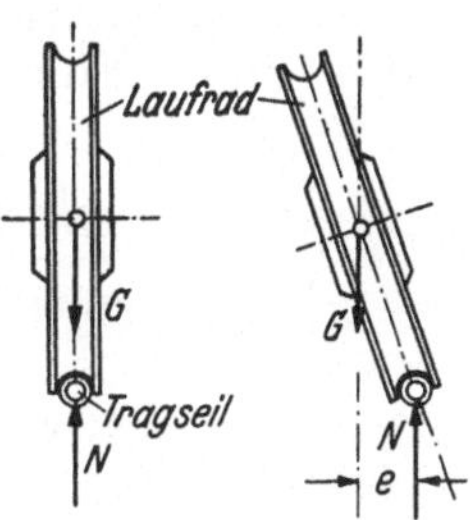

Abb. 158. Labile Anordnung eines Laufrades.

Für die technischen Konstruktionen, die bei einfacher Lagerung stabil gestützt sein müssen, können wir unter der Anwendung obiger Erkenntnisse das stabile Gleichgewicht durch die Feststellung der Drehwirkung des entstehenden Kräftepaares eindeutig festlegen.

Betrachten wir z. B. das Laufrad einer Seilschwebebahn. Das Rad allein ist labil gestützt, denn bei einer kleinen Auslenkung wird das entstehende Kräftepaar die Rolle zum Kippen bringen (Abb. 158). Durch Anordnung eines tieferliegenden Gegengewichtes (Förderkorb) legen wir den Schwerpunkt unter die Unterstützung. Lenken wir jetzt die Konstruktion aus ihrer Ruhelage aus, so sehen wir, daß das entstehende Kräftepaar ein drehendes Moment ausübt, derart, daß die Konstruktion wieder in ihre alte Gleichgewichtslage zurückgedreht wird (Abb. 159).

In ähnlicher Weise sind unsere Waagen konstruiert. Der Waagebalken liegt mit seinem Eigengewicht über dem Unterstützungspunkt, der hier zugleich Drehpunkt und

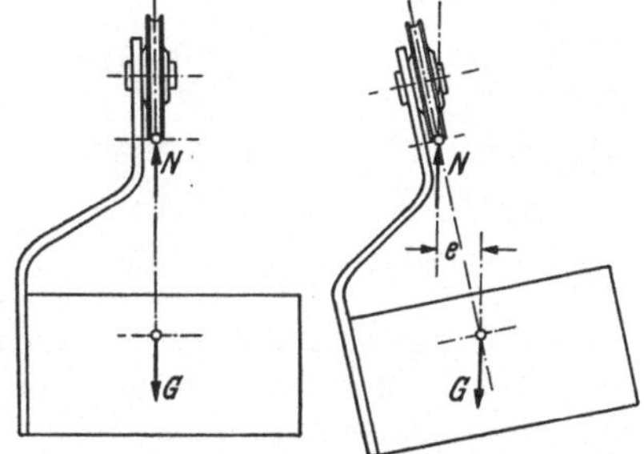

Abb. 159. Stabile Anordnung eines Förderkorbes.

Zentrum ist. Durch die Waagschalen und die daraufliegenden Gewichte liegt aber der Gesamtschwerpunkt unter dem Drehpunkt. Eine Störung der Gleichgewichtslage hat ein rückdrehendes Kräftepaar zur Folge. Aus der Betrachtung der Kräftepaare sehen wir, daß das Maß der rückstellenden Momentengröße abhängig ist von der Entfernung des Schwerpunkts vom Drehpunkt. Bei einer „empfindlichen" Waage, die schon auf ganz kleine Gewichtsunterschiede reagieren soll, werden wir demgemäß den Schwerpunkt möglichst nahe unter den Drehpunkt legen. Es ist also diese Entfernung ein reziprokes Maß für die Empfindlichkeit einer Waage.

IX. Der Balken auf zwei Stützen.

37. Die verschiedenen Befestigungsarten (Anschlüsse). Unter „Balken“ wollen wir einen Körper verstehen, der im wesentlichen der Länge nach ausgebildet ist. Auch hier wieder schaffen wir uns aus dem grundsätzlich räumlichen Bild des Balkens ein ebenes Problem. Wir nehmen an, der Balken sei symmetrisch zu einer Mittelebene ausgebildet, und alle Kräfte, auch die Gegenkräfte von der Unterlage gegen den Balken, wirken in dieser Mittelebene; dann tritt tatsächlich wieder ein ebenes Problem auf. Wir können uns zur Betrachtung das Bild des Balkens

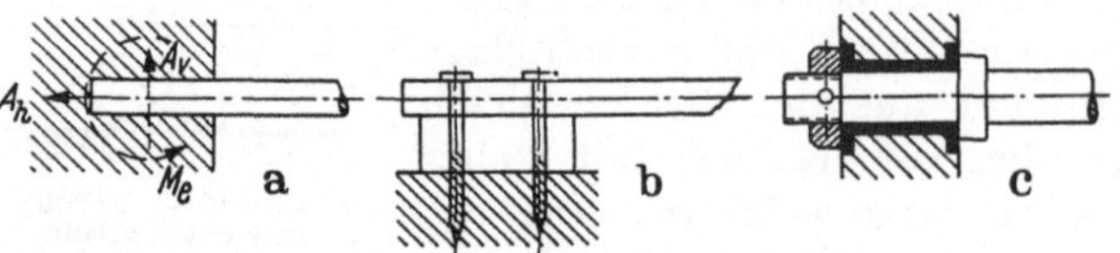

Abb. 160. Die Einspannung beim Balken.

als ebene ganz dünne Platte idealisieren; für die meisten Fälle der *statischen* Betrachtungen genügt sogar die Darstellung der Balkenachse allein. Wie können wir nun den Balken mit seiner Unterlage (bzw. anderem Konstruktionsteil oder Erde) verbinden?

1. Die physikalisch einfachste Festlegung eines Balkens in der Ebene geschieht durch Einmauern oder Einklemmen des Balkens (Abb. 160a, b). Man nennt diese Art von Festlegung in der Statik „*Einspannung*“. Es ist bei der Einspannung eines Balkens nicht möglich, diesen von seiner Unterlage zu trennen (lotrechte Bewegung), ihn in seiner Ebene zu verschieben (waagerechte Bewegung) oder zu drehen.

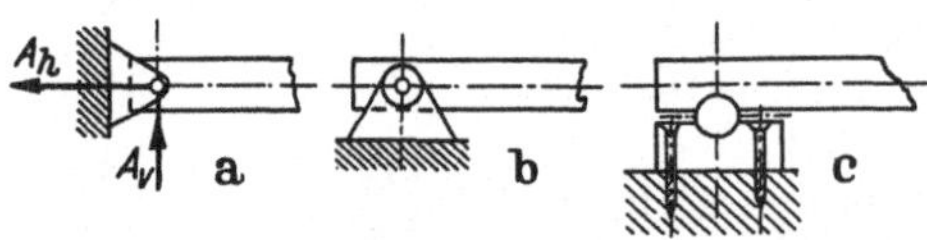

Abb. 161. Festes Auflager.

Die Lagerung einer Welle, deren Belastung durch die Wellenachse geht, wird sich entsprechend der Lagerung eines Balkens definieren lassen; ihre Lagermöglichkeiten sind gerade so gegeben wie für den ruhenden Balken; so ist z. B. in Abb. 160c ein festes „Einspannungs“lager dargestellt.

2. Die Statik kennt aber auch noch andere Befestigungsarten in der Ebene, bei denen nicht gleichzeitig alle drei möglichen Sperrungen: untrennbar, unverschieblich und undrehbar, vorhanden sind. So ist z. B. die Anordnung des Balkens mit einem Drehbolzen nur untrennbar und unverschieblich (Abb. 161). Der so befestigte Balken ist aber noch nicht eindeutig in der Ebene festgelegt. Es bleibt eine Drehmöglichkeit bestehen,

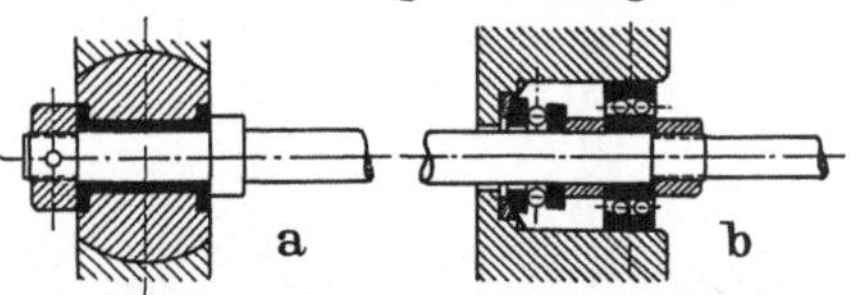

Abb. 162. Festes Auflager bei einer Welle.

die durch irgendeine andere Anordnung (Fesselung) noch beseitigt werden muß, wenn der Balken für eine allgemeine ebene Belastung festliegen soll. Der Fall, daß die Resultierende der äußeren gegebenen Kräfte durch diesen Drehpunkt geht, stellt den einfach gestützten Körper dar, der oben behandelt wurde. Bei Wellen, die in einer Ebene belastet sind, finden wir wieder eine entsprechende Lagerung, die in den beiden Abb. 162a und b angegeben ist. Wir nennen die Lagerung mit den zwei Sperrungen (unverschieblich und untrennbar) „*festes Lager*“.

3. Eine dritte grundlegende Befestigungsmöglichkeit in der Ebene ist das „*bewegliche Lager*“. Die Bedingung ist hierfür nur untrennbar, das Lager ist verschieblich und drehbar in bezug auf den Balken angeordnet. Die Bedingung „untrennbar“ ist hier noch etwas genauer zu erklären: bei den eingezeichneten Beispielen (Abb. 163) ist gefühlsmäßig noch ein Abheben möglich, aber nicht ein Verschieben nach unten. Die Lagerung wird in dieser Weise ausgeführt,

wenn tatsächlich nur eine Verschiebung nach unten verhindert werden soll
(Brücken, Fahrzeuge unter Eigengewicht usw.). Ist durch die äußere Belastung
eine Verschiebung nach oben (Abheben) zu erwarten, so muß die Lagerung

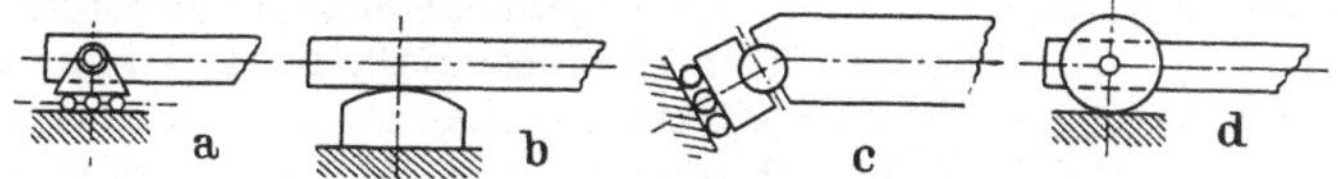

Abb. 163. Bewegliches Auflager.

naturgemäß diese Verschiebung verhindern, also praktisch so ausgeführt werden, wie es den Anordnungen der Abb. 164 entspricht. Die dem beweglichen
Lager gleichwertigen Lagerungen einer Welle sind in Abb. 165 zusammengestellt.

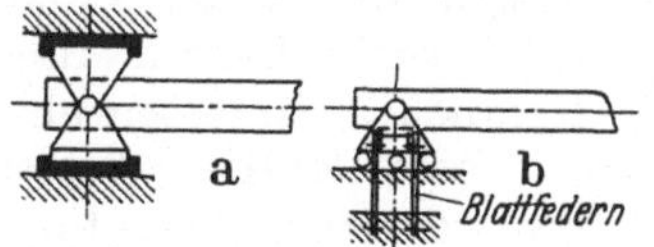
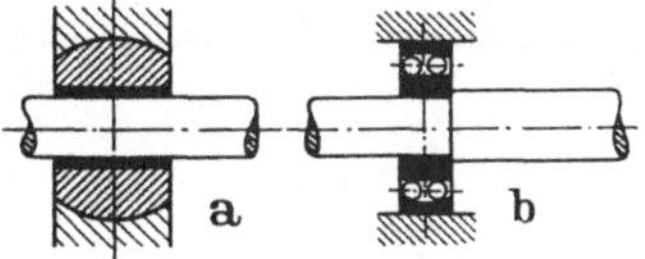

Abb. 164. Bewegliches Lager mit Sicherung gegen Abheben.   Abb. 165. Bewegliches Lager bei einer Welle.

Es lassen sich also eben belastete Wellen als eben belastete Balken behandeln,
was ja eigentlich in der Definition des Balkens schon ausgedrückt ist (der Länge
nach ausgedehnte Körper). — Man achte darauf, daß sowohl
beim festen wie beim beweglichen Auflager durch ein
„Gelenk“ die Drehmöglichkeit gegeben ist.

Um eine einheitliche Bezeichnung der Lagermöglichkeiten
zu haben, führen wir symbolisch ein:

Abb. 166a als Darstellung für den eingespannten Balken
oder die „eingespannte“ Welle,

Abb. 166b für das feste Lager,

Abb. 166c für das bewegliche Lager, wobei dieses Symbol
auch die Fälle einschließen soll, bei denen durch Verankerung u. dgl. eine Abhebung verhindert wird.

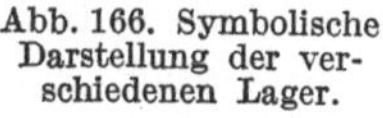

Abb. 166. Symbolische Darstellung der verschiedenen Lager.

38. Der Balken auf zwei Stützen. Wollen wir einen Balken in der Ebene
festlegen, so genügt das einfache feste Lager nicht, wenn eine allgemeine Belastung vorliegt. Wir gehen nun einmal davon aus, daß zur Festlegung des
Balkens zwei solcher fester Lager verwandt wurden, und untersuchen, ob der
Balken damit festgelegt ist und eindeu-
tige Kräfte aufweist. Daß durch diese
beiden Bolzenlagerungen (Gelenke) der
ganze Balken in der Ebene unverschieblich, undrehbar ist, erkennt man ohne
weiteres (Abb. 167). An den Lagerstellen A und B hat der Balken mit der
Unterlage nur die Bolzen gemeinsam,

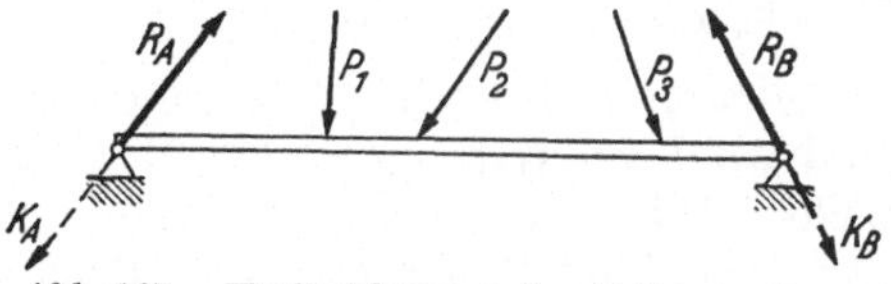

Abb. 167. Kraftwirkung beim Balken mit zwei
festen Auflagern.

die als Punkt angesehen werden mögen. Es kann also eine Kraft vom Balken
in die Unterlage nur durch diese Punkte weitergeleitet werden. Wirken nun
auf einen Balken Kräfte, so drückt der Balken seinerseits mit einer gewissen
Kraft in den beiden Punkten A und B auf seine Unterlage. Die so bewirkten
Kräfte seien K_A und K_B genannt. Die beiden Kräfte K_A und K_B ersetzen die
gegebenen äußeren Kräfte, sind also Komponenten der Resultierenden aller
äußeren gegebenen Kräfte (Lasten). Die Wirkung des Balkens auf seine Unterlage hat wieder eine Gegenwirkung zur Folge. Die so entstehenden Reaktions-

kräfte R_A und R_B, die wir künftig mit A und B bezeichnen wollen, sind von gleicher Größe wie die Aktionskräfte K_A und K_B, aber entgegengesetzt gerichtet. Wir können also sagen, die beiden Reaktionskräfte stehen mit den Kräften K_A und K_B, d. h. aber auch mit den gegebenen äußeren Kräften im Gleichgewicht. Für die Lagerreaktionen eines Balkens ist demnach die Bedingung gegeben, daß sie mit den wirkenden Lasten im Gleichgewicht stehen müssen; darauf beruht ihre Berechnung. Statt der äußeren Kräfte können auch Momente auf den Balken wirken; wir werden deshalb vielfach von äußeren „Einflüssen" sprechen, die sowohl Kräfte als auch Momente sein können.

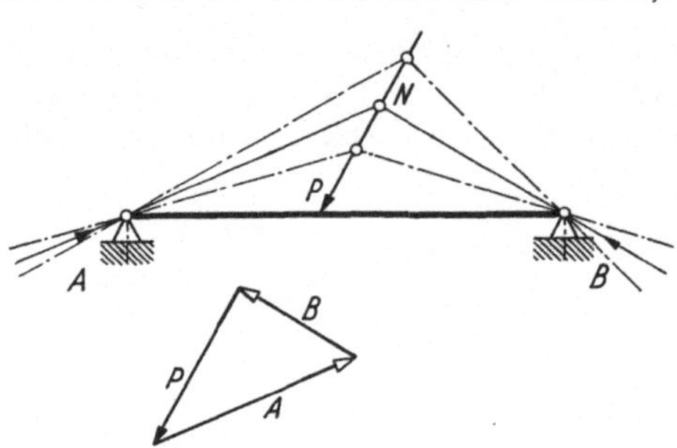

Abb. 168. Balken auf zwei festen Auflagern mit Einzellast, graphische Behandlung.

Gehen wir nun zur Ermittlung der Reaktionen von dem ganz einfachen Fall aus, daß der Balken mit den beiden festen Lagern durch eine Kraft P (auch aufzufassen als Resultierende vieler Kräfte) belastet sei (Abb. 168). Gegeben ist also P und jeweils ein Punkt der Reaktionswirkungslinien von A und B, die mit P im Gleichgewicht stehen müssen. Zur graphischen Lösung der Aufgabe benutzt man den Satz, daß drei Kräfte nur dann im Gleichgewicht stehen können, wenn ihre Wirkungslinien durch einen Punkt gehen. Wählen wir einen beliebigen Punkt N auf der Wirkungslinie der Kraft P und verbinden diesen mit den Lagerpunkten, so stellen die Verbindungslinien mögliche Wirkungslinien für A und B dar; ihre Größen sind durch das zugehörige Kraftdreieck bestimmt. Da wir aber über die Lage des Punktes N weiterhin keine Aussage machen können, läßt sich auch die Aufgabe mit jedem beliebigen Punkt auf der Wirkungslinie der Kraft P durchführen, und wir erhalten dabei jedesmal andere Reaktionskräfte. Daraus ersehen wir also, daß die Aufgabe vieldeutig oder, wie wir früher schon gesagt haben, statisch unbestimmt ist.

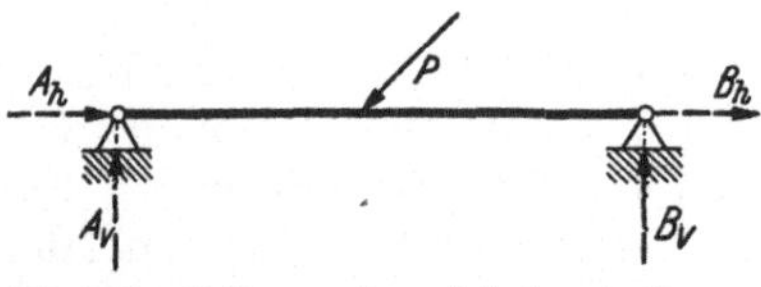

Abb. 169. Balken auf zwei festen Auflagern mit Einzellast, analytische Behandlung.

Wie äußert sich das nun bei der analytischen Betrachtung der Aufgabe? Die Zahl der Unbekannten ist vier: die Reaktionskraft A ist unbekannt nach Größe und Richtung, ebenso die Reaktionskraft B. Wir denken uns zweckmäßig bei diesen Aufgaben die Reaktionskräfte in ihre Komponenten in horizontaler und vertikaler Richtung A_v, A_h bzw. B_v, B_h zerlegt (Abb. 169), dann sind wohl die Wirkungslinien dieser Komponenten bekannt, aber deren Größen nicht. Wir haben also insgesamt vier Unbekannte in der Aufgabenstellung. Demgegenüber stehen nur drei Gleichgewichtsbedingungen zur Verfügung. Rein mathematisch gesehen, erhalten wir also zur Lösung ein System von drei Gleichungen mit vier Unbekannten, d. h. die Aufgabe ist mit den Sätzen der Statik nicht zu lösen oder, anders ausgedrückt, die Aufgabe ist statisch unbestimmt.

Wollen wir die Aufgabe statisch lösbar bzw. statisch bestimmt machen, so müssen wir die Konstruktion so umändern, daß entweder eine neue Gleichung hinzukommt (Nr. 61) oder eine Unbekannte wegfällt. Der statisch bestimmte Aufbau einer Konstruktion ist in vielen Fällen auch technisch aus verschiedenen Gründen gefordert. Der betrachtete Balken wird nun statisch bestimmt, wenn wir statt des einen festen Lagers ein bewegliches Lager einführen. Dann kann das Lager B keine Horizontalkraft mehr aufnehmen, denn die geringste waagerechte Kraft auf ein derartiges System mit Rollenlagerung (Abb. 170) würde ein Wegfahren (Verschieben) dieses Lagers zur Folge haben (sofern keine Reibung vorhanden ist): es wird also vom Balken auf die Unterlage keine Horizontalkraft übertragen, und es kann dementsprechend auch keine waagerechte Gegenkraft entstehen, d. h. es tritt keine horizontale Lagerreaktion auf. Im beweglichen Auflager muß also die Reaktion senkrecht zur Bewegungsrichtung stehen, es ist dadurch ihre Richtung bekannt, es fehlt nur die Größe; das bewegliche Lager stellt somit nur eine Unbekannte dar. Die Zahl der Unbekannten ist dadurch auf drei herabgesetzt und die Zahl der Gleichungen deckt sich mit der Zahl der Unbekannten.

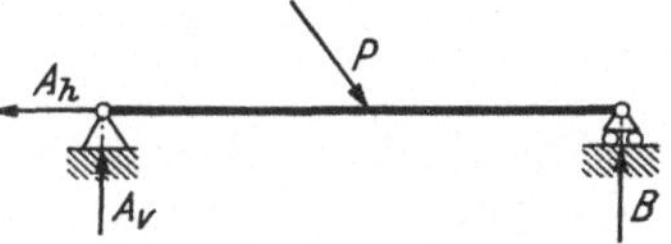

Abb. 170. Balken auf einem festen und einem beweglichen Lager.

Solange der Balken frei, d. h. nicht gelagert ist, kann er eine dreifache Bewegung ausführen: er kann sich in waagerechter und senkrechter Richtung verschieben und außerdem um einen Punkt drehen. Man sagt, der Balken hat in seiner Bewegung drei Freiheitsgrade. Diese drei Bewegungsfreiheiten müssen zur Festlegung des Balkens aufgehoben werden durch drei „Fesseln". Jede Fessel stellt eine Unbekannte dar, also benötigen wir eine Lagerung mit drei Unbekannten. Diese liegt hier vor durch das feste Lager mit zwei Unbekannten und das bewegliche Lager mit einer Unbekannten.

Es wirke nun auf den Balken, der konstruktiv mit einem festen und einem beweglichen Lager festgelegt ist, eine nach Lage, Größe und Richtung bekannte Kraft P; die Lagerreaktionen sollen ermittelt werden (Abb. 171). Die Lösung erfolge zunächst auf graphischem Wege. Von der Reaktionskraft B kennen wir die Richtung (in B kann ja nur eine senkrechte Kraft übertragen werden) und einen Punkt, durch den sie gehen muß. Von der Reaktionskraft A kennen wir nur einen Punkt, aber nicht ihre Richtung. Der Satz, daß die drei im Gleichgewicht stehenden Kräfte P, A und B sich in einem Punkt schneiden müssen, erlaubt hier nur eine eindeutige Lösung, da der Schnittpunkt der drei Kräfte durch denjenigen der Wirkungslinien der Kraft P und der Auflagerreaktion B gegeben ist. Die Auflagerreaktion A

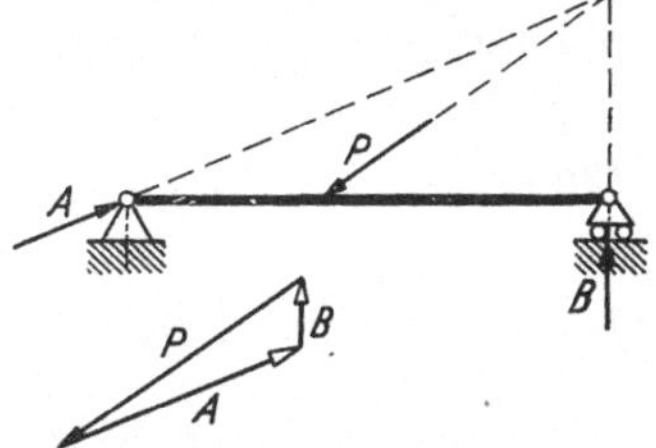

Abb. 171. Graphische Behandlung eines Balkens mit einem festen und einem beweglichen Auflager.

muß also durch diesen gemeinsamen Schnittpunkt gehen, und damit erhalten wir die Wirkungslinie dieser Reaktion als Verbindungslinie des gemeinsamen Schnittpunktes mit der Lagerstelle. Das Krafteck gibt die Größen der Reaktionskräfte an, deren Richtungen dem durch P gegebenen Umfahrungssinn gleichlaufend sein müssen. Zur Aufzeichnung des technischen Bildes benötigen wir hierbei einen Längenmaßstab ($1:n$) und für das Krafteck einen Kräftemaßstab 1 cm $\triangleq k$ kg.

Für die analytische Berechnung sei der Balken nach Abb. 172 zugrunde gelegt. Der Balken von der Länge l ist an seinen Enden mit einem festen und einem beweglichen Lager gestützt. Auf ihn wirke im Abstand a vom linken Ende eine Kraft P, die unter dem Winkel α gegen die Balkenachse geneigt ist. Gesucht sind wieder die Lagerreaktionen, die den Balken im Gleichgewicht halten.

Wir wissen, daß die Reaktion in B senkrecht steht zur Bewegungsmöglichkeit des Lagers, d. i. hier senkrecht zur Balkenachse. Das linke Lager hat dagegen eine schief gerichtete Reaktionskraft A, die je nach der Belastung in jeder beliebigen Richtung möglich ist; wir können sagen, es wird im linken Lager eine waagerechte Reaktionskraft A_h und eine lotrechte Reaktionskraft A_v

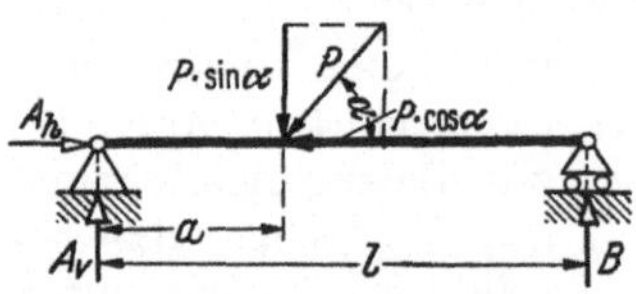

auftreten. Es liegen also die drei Unbekannten A_v, A_h, B vor. Bei der analytischen Betrachtung von Gleichgewichtsaufgaben jeglicher Art müssen wir, wie schon mehrfach bemerkt, zunächst Richtungen für die unbekannten Kräfte annehmen und diese bei negativem Ergebnis umkehren. Wir wollen einführen: die waagerechte Reaktion A_h nach rechts, die beiden lotrechten Reaktionen A_v und B nach oben gerichtet.

Abb. 172. Analytische Behandlung eines Balkens mit einem festen und einem beweglichen Auflager.

Die Horizontalkomponente A_h wird am bequemsten aus der Komponentenbedingung für die waagerechte Richtung berechnet.

$$1. \quad \sum H = 0: \qquad A_h - P \cdot \cos\alpha = 0,$$
$$\text{daraus} \quad A_h = P \cdot \cos\alpha.$$

(Die hier eingeführte Gleichung $\sum H = 0$ ist nur eine andere Schreibweise für $\sum X_i = 0$. Ähnlich ersetzen wir bei der Ermittlung der Reaktionen eines Balkens auch $\sum Y_i = 0$ durch die Schreibweise $\sum V = 0$, d. i. Summe aller Vertikalkräfte gleich Null.)

A_h wird positiv, d. h. die vorher angenommene Richtung war richtig: A_h geht nach rechts.

Für die Berechnung der beiden lotrechten Lagerkräfte wählen wir zweckmäßig Momentenbedingungen, und zwar nehmen wir einmal den einen Lagerpunkt A als Momentenpunkt, dann den anderen B. In der ersten Gleichung tritt nur B als Unbekannte auf, in der zweiten A.

$$2. \quad (\sum M)_A = 0: \quad -B \cdot l + (P \cdot \sin\alpha) \cdot a + (P \cdot \cos\alpha) \cdot 0 + A_h \cdot 0 + A_v \cdot 0 = 0,$$
daraus
$$B = \frac{a}{l} \cdot P \cdot \sin\alpha.$$

Das Moment der Kraft P ist hier so aufgestellt, daß P in zwei Komponenten zerlegt und dann, nach dem Satz vom statischen Moment der Kräfte, die Summe der Momente dieser Komponenten gebildet wurde. Aus dieser Gleichung errechnet sich die Reaktion B unabhängig von A_h und A_v.

Als dritte Gleichung zur Ermittlung der noch unbekannten Kraft A_v verwenden wir die Momentenbedingung um den Lagerpunkt B:

$$3. \quad (\sum M)_B = 0:$$
$$A_v \cdot l + A_h \cdot 0 - (P \cdot \cos\alpha) \cdot 0 - (P \cdot \sin\alpha) \cdot (l - a) + B \cdot 0 = 0$$
und daraus
$$A_v = \frac{(l - a)}{l} \cdot P \cdot \sin\alpha.$$

Diese Gleichung gestaltet sich wieder unabhängig von der Ermittlung der beiden anderen Unbekannten, da diese um den Momentenbezugspunkt keine Drehwirkung haben (Hebelarm = 0), in der Momentengleichung also verschwinden.

Damit sind die drei Unbekannten errechnet. A_v und B sind positiv, d. h. die angenommene Richtung war richtig eingeführt, sie gehen nach oben. Wir können nun aber noch mehr Gleichgewichtsbedingungen, irgendeine Komponentenbedingung oder eine Momentenbedingung, aufstellen, die selbstverständlich alle erfüllt sein müssen, so z. B.

$$\sum V = 0: \qquad P \cdot \sin\alpha - A_v - B = 0,$$
$$\text{daraus} \qquad A_v + B = P \cdot \sin\alpha.$$

Es kann diese Gleichung als Probe für die richtige Ermittlung der Reaktionen verwendet werden.

Bei vorliegenden Aufgaben sollte nie versäumt werden, nach Ermittlung der Unbekannten die Richtigkeit der Lösung durch eine Komponentenbedingung zu prüfen. Die Komponenten A_v und A_h lassen sich zur Reaktionskraft A zusammensetzen. Ist A richtig ermittelt, so muß diese Kraft durch den Schnittpunkt der Kraft P mit der Wirkungslinie der Reaktion B gehen.

39. Zusammenhang zwischen Lagern und Stützungsstäben. Nun haben wir früher schon einmal einen Balken (Körper) in der Ebene festgelegt durch drei Stäbe und die in den Stäben auftretenden Stabkräfte errechnet, indem wir sagten, die drei Stabkräfte müssen mit der gegebenen Kraft im Gleichgewicht stehen. Die Aufgabe war eindeutig, demnach kann der Balken auch durch drei Stäbe, sogenannte *Stützungsstäbe*, die wieder Fesseln darstellen, festgelegt werden; es wird also ein Zusammenhang bestehen zwischen der Stützung in den beiden Lagern und den Stützungsstäben. Dies soll nun festgestellt werden.

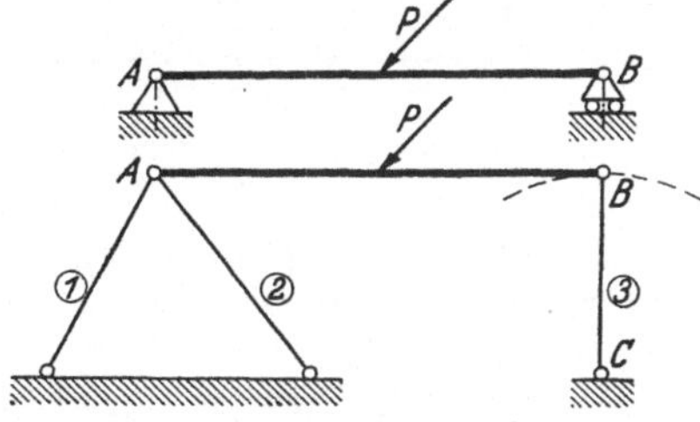

Abb. 173. Zusammenhang zwischen Lager und Stützungsstäben.

Wollen wir einen Punkt (A in Abb. 173) in der Ebene festlegen, so gelingt uns das mit zwei nach ihm laufenden Stäben, die gelenkig miteinander verbunden sind (vgl. ebenes Zweibockgerüst). Um diesen Punkt kann sich allerdings der Balken noch drehen. Wir haben also die gleiche Sachlage wie beim festen Lager, d. h. *es kann das feste Auflager ersetzt werden durch zwei Stützungsstäbe, die durch den Auflagerpunkt hindurchgehen und nicht in dieselbe Gerade fallen.* Wenn andererseits ein Punkt (B) nur durch einen Stab an die Erde angeschlossen ist, so kann er sich auf einem Kreisbogen um den Anschlußpunkt C drehen. Praktisch kommt für die Bewegung des Punktes B von diesem Kreisbogen nur ein kleines Stückchen in Frage, da ja B mit A durch den Balken verbunden ist und dieser nur eine geringe Längenänderung durch die Nachgiebigkeit des Materials erlaubt. Dieses kleine Kreisstück ist das waagerechte Bogenelement des Kreises. Die dadurch bewirkte Verschiebungsmöglichkeit deckt sich aber mit der, die durch das horizontal geführte Lager gegeben ist. *Demgemäß kann das bewegliche Lager ersetzt werden durch einen Stützungsstab, der senkrecht steht zur Bewegungsbahn.* Die Zahl der Stützungsstäbe

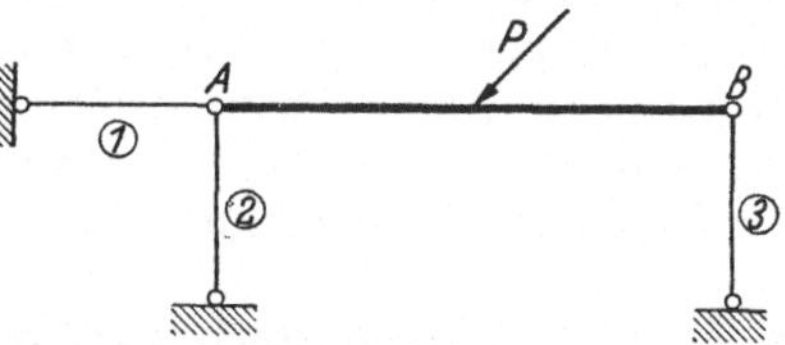

Abb. 174. Sonderanordnung von Stützungsstäben.

stimmt mit der Zahl der Unbekannten bei den Lagern überein, da ja das feste Auflager zwei, dagegen das bewegliche Auflager nur eine Unbekannte darstellt. Die Resultierende der Stabkräfte S_1 und S_2 gibt die Lagerreaktion im festen Lager an, die Stabkraft S_3 die Lagerreaktion im beweglichen Lager; letztere fällt ja auch mit der Richtung der Lagerkraft B zusammen. Selbstverständlich kann man die Stützungsstäbe für das feste Auflager auch in horizontaler und vertikaler Richtung anordnen (Abb. 174), so daß ihre Kräfte unmittelbar mit den üblichen Lagerkraftkomponenten zusammenfallen.

Nach diesen Ausführungen können also jederzeit statt der Lager Stützungsstäbe eingeführt werden und umgekehrt. Tatsächlich kommen außer den Lagern öfters Stützungsstäbe vor. Auch gemischte Lagerungen mit Stützungsstäben und Auflagern finden sich bei praktischen Ausführungen, z. B. nach Abb. 175, wo der Stützungsstab C als Pendelstütze ausgebildet ist, die oben und unten drehbar angeschlossen ist. (Das hier gezeichnete System hat allerdings vier Fesseln und ist deshalb statisch unbestimmt.)

Die drei Stützungsstäbe, die zur Festlegung eines Balkens nötig sind, brauchen natürlich nicht so angeordnet zu sein, daß zwei durch einen Punkt hindurchgehen (Abb. 176). Wie schon früher (S. 67) gezeigt, dürfen lediglich die Stäbe

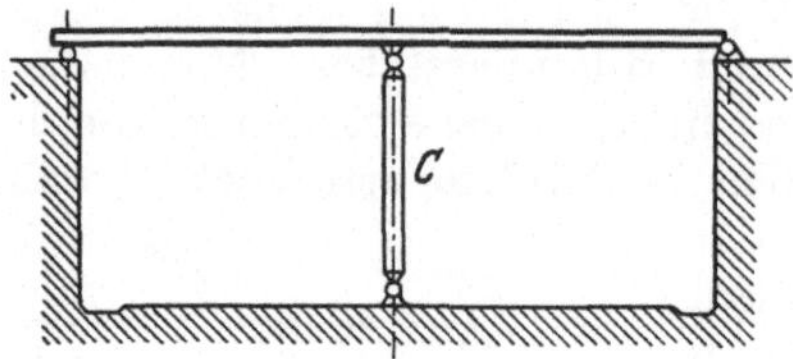

Abb. 175. Gleichzeitige Anordnung von Stützungsstäben und Lagern.

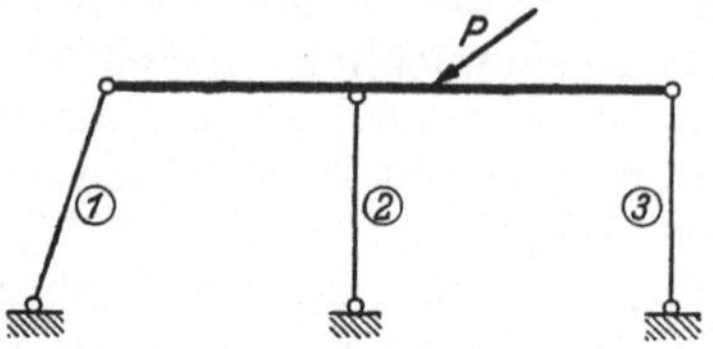

Abb. 176. Unverschieblicher Balken mit drei Stützungsstäben.

nicht alle drei durch einen Punkt hindurchlaufen. Da nun jeder einzelne Stützungsstab durch ein bewegliches Lager ersetzt werden kann, kann ein Balken auch durch drei bewegliche Lager festgelegt werden, deren Reaktionen aber nicht durch einen Punkt gehen (Abb. 177), also auch nicht parallel laufen dürfen. Es darf also der Balken auch nicht auf drei bewegliche Lager, die alle auf horizontaler Bahn laufen, gestützt werden (Abb. 178), wenn er für jede

Abb. 177. Unverschieblicher Balken mit drei beweglichen Auflagern.

Abb. 178. Verschieblich gestützter Balken mit drei beweglichen Lagern.

beliebige Belastung in Ruhe bleiben soll. Man erkennt übrigens die Beweglichkeit sofort, wenn man eine schiefe Kraft auf ihn einwirken läßt.

40. Belastung durch lotrechte Kräfte. Sehr häufig sind in der Praxis die Fälle, daß der Balken nur lotrechte Kräfte (Gewichte) aufzunehmen hat. Betrachten wir einmal einen derartigen Balken, der auf zwei Stützen statisch bestimmt gelagert ist, und auf den nur die lotrechten Kräfte P_1, P_2 und P_3 wirken. Gegeben sind außer den Größen dieser Lasten die konstruktiven Werte, Größe des Balkens und Angriffspunkte der Kräfte (Abb. 179).

1. Die erste Gleichung
$$\sum H = 0$$

zeigt, daß A keine Horizontalkomponente besitzt:

$$A_h = 0.$$

Rein physikalisch bedeutet das: wenn keine äußere Horizontalkraft (oder -komponente) vorhanden ist, wird keine Verschiebungswirkung auftreten, wir brauchen also auch keine Verschiebung zu verhindern. Es werden an beiden Lagerstellen demgemäß nur Vertikalreaktionen entstehen. Man könnte, rein statisch gesehen, diesen Balken also auf zwei beweglichen Lagern stützen. Praktisch darf man das natürlich nicht durchführen, da der geringste seitliche Einfluß (Windkräfte, kleine Höhendifferenz der Lagerstellen usw.) schon eine Verschiebung des Balkens hervorbringt, der dann ja in keiner Weise gegen ein Fortrollen gesichert ist.

Die beiden auftretenden Lagerkräfte A und B werden wieder am besten durch zwei Momentengleichungen ermittelt. Die weitere Bedingung:

$$\sum V = 0$$

werden wir dann als Probe für die richtige Ermittlung der Reaktionen anwenden. Es wird, wenn die Lagerreaktionen mit dem Pfeil nach oben eingeführt werden:

2. $(\sum M)_A = 0$: $P_1 \cdot a_1 + P_2 \cdot a_2 + P_3 \cdot a_3 - B \cdot l = 0$,

$$B = \frac{P_1 \cdot a_1 + P_2 \cdot a_2 + P_3 \cdot a_3}{l};$$

die Reaktion B wird positiv, d. h. die nach oben eingeführte Richtung der Lagerreaktion B war richtig.

Die Momentengleichung um den rechten Lagerpunkt lautet:

3. $(\sum M)_B = 0$: $A \cdot l - P_1(l - a_1) - P_2(l - a_2) - P_3(l - a_3) = 0$,

$$A = \frac{P_1 \cdot (l - a_1) + P_2 \cdot (l - a_2) + P_3 \cdot (l - a_3)}{l}.$$

Als Probe stellen wir fest, daß:

$$P_1 + P_2 + P_3 = A + B.$$

Diese Art der Ausrechnung der Lagerreaktionen ist im allgemeinen die zweckmäßigste: wir ermitteln sie also mit Hilfe von Momentenbedingungen und prüfen unsere Rechnung mit der Komponentenbedingung für die lotrechte Richtung nach.

Bei der graphischen Ermittlung der Lagerreaktionen gehen wir wieder von der Erkenntnis aus, daß die gegebenen äußeren Lasten mit den gesuchten Lagerreaktionen im Gleichgewicht stehen müssen. Wir wissen, daß im

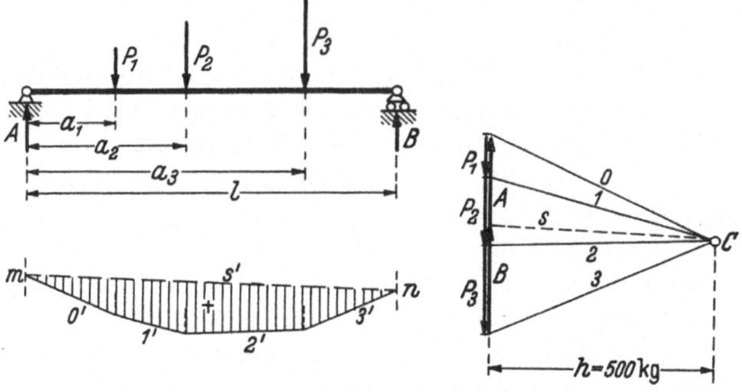

Abb. 179. Balken auf zwei Stützen, durch lotrechte Lasten beansprucht.

Gleichgewichtsfall das durch die Kräfte bestimmte Krafteck und das zugehörige Seileck geschlossen sein muß, also müssen hier das zu den Kräften P_i und A und B gehörige Krafteck und Seileck geschlossen sein. Wir zeichnen zunächst das Krafteck (Abb. 179), gebildet aus den gegebenen Kräften P_1, P_2 und P_3. Nach Wahl eines beliebigen Poles C am Krafteck liegen die Polstrahlen 0, 1, 2, 3 fest, zu denen parallel im technischen Kräftebild, d. i. jetzt der Balken mit seinen Kräften, die Seilstrahlen 0', 1', 2' und 3' gezeichnet werden. Die Zuordnung der Strahlen muß wieder der Reziprozität der beiden Figuren Krafteck und Seileck entsprechen. Auf diese Weise ist ein offenes Krafteck und ein offenes Seileck 0', 1', 2', 3' entstanden; sie können aber auch nicht geschlossen sein, da sie nur zu den gegebenen Kräften P_i gehören und diese für sich (ohne A und B) nicht im Gleichgewicht stehen. A und B müssen nun so eingeführt werden, daß das alsdann entstehende Kraft- und Seileck geschlossen ist. Wir betrachten zunächst das Seileck: durch Berücksichtigung einer Kraft in der Wirkungslinie von A muß das Seileck auf dieser Geraden einen Knick bekommen, ebenso auf der Wirkungslinie von B; also das Seileck schließt nicht mit 0' und 3' ab, sondern erhält an den Stellen m und n noch je eine neue Seite. Diese neuen Seiten stellen dann die äußersten Seiten vor. Da aber das Seileck geschlossen sein muß, müssen diese beiden Seilstrahlen in dieselbe Gerade fallen, d. h. in die

Verbindungslinie $m\,n$. Diese Verbindungslinie heißt die Schlußlinie (s'). Dadurch ist das Seilpolygon *aller* fraglichen Kräfte (P_i und A, B) geschlossen. Zieht man zur Schlußlinie s' einen parallelen Polstrahl durch C, so schneidet dieser aus dem Krafteck die gesuchten Lagerreaktionen A und B heraus. So entsteht auch ein geschlossenes Krafteck: P_1, P_2, P_3, B, A. Die Strecke zwischen den Polstrahlen 0 und s stellt A dar, weil sich die zu 0 und s parallelen Seilstrahlen auf A schneiden; entsprechend liegt B zwischen den Polstrahlen s und 3 im Krafteck. Der Richtungssinn der beiden Lagerkräfte ist durch den Umfahrungssinn des Kraftecks festgelegt.

Durch die angegebene Konstruktion hat man tatsächlich für die Lasten und Lagerreaktionen ein geschlossenes Krafteck und Seileck erhalten, also stehen diese im Gleichgewicht, d. h. auf diese Weise sind die Lagerreaktionen eindeutig ermittelt worden. Für die Bestimmung der Lagerreaktionen bei einem nur durch lotrechte Kräfte belasteten Balken gilt also folgende Regel:

Man zeichnet zunächst Krafteck und Seileck für die gegebenen Lasten ohne Berücksichtigung der Lager, bringt dann die äußersten Seilseiten des so gewonnenen Seilecks mit den Wirkungslinien der Auflagerkräfte zum Schnitt, verbindet diese Schnittpunkte durch eine Gerade (Schlußlinie s') und zieht durch den Pol C einen zu s' parallelen Strahl. Dieser schneidet aus dem Krafteck die gesuchten Reaktionen aus.

41. Biegemoment, Querkraft und Längskraft. Im Zusammenhang mit der eben betrachteten Aufgabe wollen wir nun zwei neue Begriffe kennenlernen, die für die Gestaltung (Dimensionierung) des Balkens von Bedeutung sind:

1. das *Biegungsmoment* oder Biegemoment,
2. die *Querkraft*, auch Schub- oder Scherkraft genannt.

Dazu tritt noch

3. die *Längskraft*, die schon früher (S. 19) kurz erwähnt war.

Diese drei Begriffe spielen in der Statik eine sehr große Rolle. Das Biegungsmoment ist, wie schon der Name sagt, die Ursache für die Durchbiegung (Krümmung) des Balkens. Es gibt — wie in der Festigkeitslehre gezeigt wird — zugleich an, wie stark der Balken bei dieser Biegung beansprucht wird, ist also von großer Wichtigkeit für die bauliche Gestaltung eines Balkens.

Die Querkraft gibt in ähnlicher Art ein Maß für die Abscherungsgefahr eines Balkens, also für die Beanspruchung auf Schub, ist demgemäß ebenso von Wichtigkeit für die Dimensionierung, sobald eine Abschergefahr für den Balken besteht.

Die Längskraft ist in gleicher Art eine Kenngröße für die Gefahr des Auseinanderreißens oder Zusammendrückens eines Balkens. Wir haben bereits Längskräfte in den Stabkräften kennengelernt.

Die drei Begriffe lassen sich folgendermaßen definieren.

1. *Das Biegemoment für einen bestimmten Querschnitt eines Balkens ist gegeben durch die Summe der statischen Momente aller Kräfte links oder rechts von dieser Schnittstelle, meistens bezogen auf den Schwerpunkt (Mittelpunkt) des Querschnitts an der untersuchten Stelle.*

Man bezeichnet das Biegemoment positiv, wenn es für den linken Teil im Uhrzeigersinn, für den rechten Teil gegen den Uhrzeigersinn dreht. (Als Merkbild: $\overset{+}{(B_i)}$.)

Dieser scheinbare Widerspruch in der Vorzeichenregel klärt sich sofort auf, wenn wir einen Balken betrachten, der unter dem Einfluß von Lasten durchgebogen ist (Abb. 180). Der Punkt i (beliebiger Punkt) hat dabei seine Lage geändert, er hat sich nach unten verschoben. Wollen wir die Verschiebung dieses Punktes mit Hilfe der Biegungsdrehung durch ein Moment auf der einen

Balkenseite erreichen, so ist dazu links eine Drehung im Uhrzeigersinn, rechts eine solche gegen den Uhrzeigersinn nötig. Beide Momente haben also trotz ihres entgegengesetzten Drehsinns die gleiche Wirkung. Wir sehen daraus, daß in der Festlegung des Vorzeichens diese verschiedenen Drehsinne auf beiden Seiten mit dem gleichen Vorzeichen versehen werden müssen, wenn dasjenige Biegungsmoment, links und rechts, das die gleiche Wirkung hervorruft, auch dasselbe Vorzeichen besitzen soll.

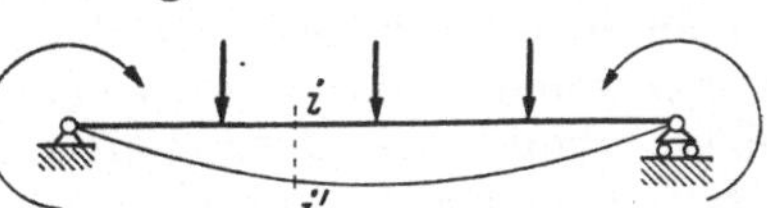

Abb. 180. Vorzeichen des Biegemomentes.

2. *Die Querkraft für einen bestimmten Querschnitt ist gegeben durch die algebraische Summe der senkrecht zur Balkenachse gerichteten Kräfte links oder rechts von dieser Schnittstelle.*

Man bezeichnet die Querkraft als positiv, wenn sie für den linken Teil nach oben, für den rechten Teil nach unten gerichtet ist. (Merkbild: $\uparrow Q_i \downarrow$.)

Auch hier besteht scheinbar ein Widerspruch in der Vorzeichenregel. Es läßt sich die gleichartige Wirkung der Querkräfte auf beiden Seiten mit gleichem Vorzeichen leicht einsehen, wenn wir an die Bedeutung der Querkraft als Abscherungskraft denken; zwei nebeneinander liegende Querschnitte (Abb. 181) werden dann gegeneinander verschoben, wenn auf der einen Seite nach oben, auf der anderen aber nach unten gedrückt wird. Also gleiche Wirkung bedingt auch hier gleiches Vorzeichen.

3. *Die Längskraft für einen bestimmten Querschnitt ist gegeben durch die algebraische Summe der in Richtung der Balkenachse liegenden Kräfte links oder rechts von dieser Schnittstelle.*

Man bezeichnet die Längskraft als positiv, wenn sie für den linken Teil nach links, für den rechten Teil nach rechts geht. Durch eine positive Längskraft werden zwei benachbarte Querschnitte auseinander gezogen. **(Die linke Längskraft wirkt auf den rechten Teil.)**

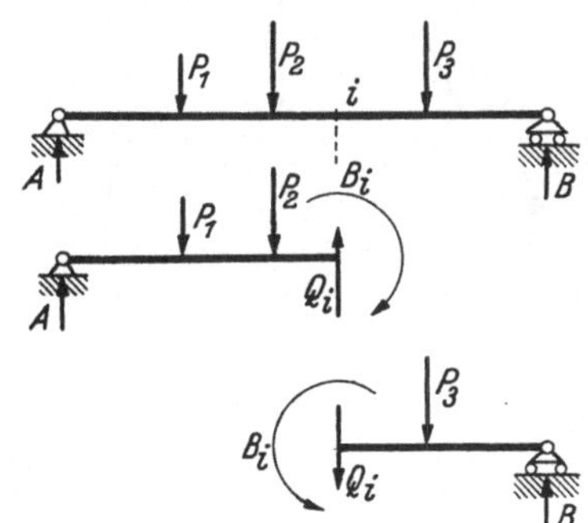

Abb. 181. Vorzeichen der Querkraft.

Die Vorzeichenregel wird uns hier sofort geläufig, wenn wir an die Stabkraft denken. Der Stab als reiner Längskraftträger wird als Zugstab an irgendeiner Schnittstelle auseinandergezogen; der Zugstab wäre demnach mit positivem Vorzeichen zu versehen. In dem in Abb. 182 gezeichneten Balken entsteht Druck; denken wir uns etwa die Hand in die Schnittstelle gelegt, so wird sie von beiden Seiten gedrückt.

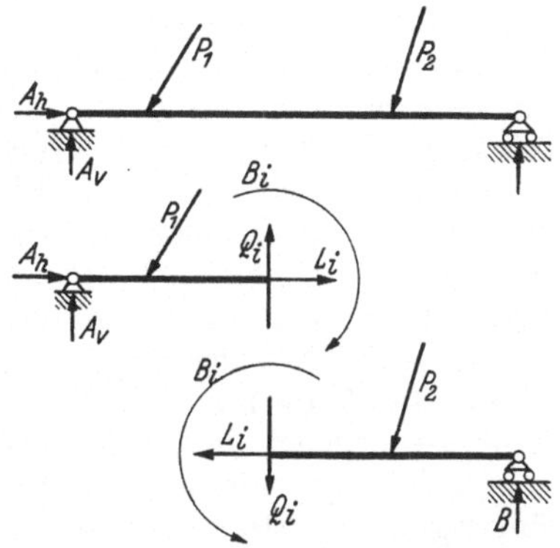

Abb. 182. Vorzeichen der Längskraft.

Die Längskräfte verschwinden ganz bei Balken mit senkrechten Lasten. Wir haben also bei dem vorigen Beispiel (Abb. 181) an einer beliebigen Schnittstelle nur Querkräfte und Biegemomente zu erwarten.

Zum Verständnis dieser Größen ist noch folgende Betrachtung von Wichtigkeit: der Balken hat die Lasten nach den Lagern zu übertragen; es wird dabei durch jeden Querschnitt eine Kraftwirkung von dem einen Balkenteil nach dem anderen weitergeleitet. Die Kraft, die durch einen Querschnitt i von der einen

Seite nach der anderen übertragen wird, ist offenbar nichts anderes als die Resultierende aller Kräfte links vom Querschnitt, in Abb. 183 die Resultierende R' von A_v, A_h, P_1, P_2, denn diese Resultante ersetzt ja die Wirkung aller Kräfte, die an dem linken Teil angreifen, deren Einfluß also durch den Querschnitt nach rechts weitergeführt werden muß. Diese Resultierende können wir nach irgendeinem Punkt des Querschnitts, somit auch nach dem Schwerpunkt M, verschoben denken und erhalten die gleiche Wirkung, wenn wir außer der parallel verschobenen Kraft noch eine Kräftepaar einführen, dessen Moment gegeben ist durch das statische Moment der Kraft R' für den Punkt M. Dieses Moment ist aber nach dem Satz vom statischen Moment der Kräfte gleich der Summe der Momente von A_v, A_h, P_1, P_2 für denselben Punkt M, d. h. gleich dem Biegemoment. Demgemäß haben wir als gleichwertige Wirkung, statt der Kraft R': die durch den Punkt M gehende Kraft R'' ($= R'$) und das Biegungsmoment B_M. Nun können wir R'' in zwei Komponenten zerlegen, eine in Richtung der Balkenachse L_i und eine senkrecht dazu Q_i. Diese beiden Komponenten sind nichts

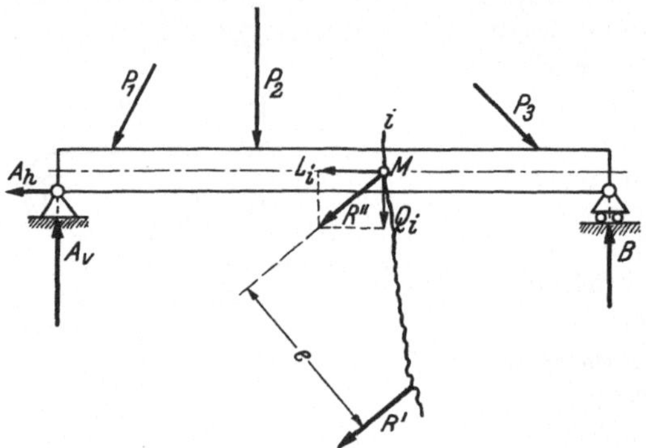

Abb. 183. Die Beanspruchungsgrößen eines Querschnittes.

anderes als die oben definierte Längskraft und Querkraft. Wir erhalten damit das Ergebnis, daß die Resultierende R' links vom Querschnitt ersetzt ist durch die Querkraft und Längskraft, die durch den gewählten Punkt M gehen, und durch das Biegungsmoment $B_M = B_i$. Diese Einflüsse L_i, Q_i, B_i, die man als Beanspruchungsgrößen bezeichnen kann, wirken nun auf den rechten Teil ein. Es ist also nicht so, daß die Zusammenwirkung der hier betrachteten Einflüsse L_i, Q_i, B_M mit den auf den linken Teil wirkenden Kräften (A_v, A_h, P_1, P_2) Gleichgewicht hält, sondern sie ersetzen diese Kräfte. Dreht man die drei Einflüsse in ihrer Richtung bzw. ihrem Drehsinn um, so bekommt man diejenigen Einflüsse, die von dem rechten Teil gegen den linken wirken, und dann mit den am linken Teil angreifenden äußeren Kräften im Gleichgewicht stehen.

Betrachten wir an einer Schnittstelle die drei Größen Querkraft, Längskraft, Biegemoment zusammen, so erkennen wir in ihnen die Einflüsse, die ein Verschieben der beiden Schnittufer des Balkenschnittes (Querverschiebung), ein Auseinandergehen (Trennen) der Schnittufer und eine Verdrehung der Querschnitte im Sinne der Biegung zu bewirken versuchen.

42. Die Ermittlung der Beanspruchungsgrößen. Die *rechnerische* Ermittlung dieser Beanspruchungsgrößen erfolgt dadurch, daß wir entsprechend der Definitionen die algebraischen Summen der angegebenen Werte bilden. Die Durchführung wird später erläutert.

Die *graphische* Ermittlung des Biegungsmomentes kann in einfacher Weise mittels des Seilecks erfolgen, das zur Bestimmung der Lagerreaktion auf Seite 103 gezeichnet wurde. Zum Beweis dieser Behauptung sei ein weiteres Beispiel (Abb. 184) mit rein lotrechter Belastung durch drei Kräfte, die der Größe und Lage nach bekannt sind, betrachtet.

Wir zeichnen den Balken in einem bestimmten Maßstab auf. Dieser Längenmaßstab sei $1 : n$ (d. h. 1 cm in der Zeichnung bedeutet n cm in der Wirklichkeit). Die Kräfte sind an diesem Balken durch ihre Wirkungslinien festgelegt. Die

Größen der Kräfte werden nun in einem bestimmten Kräftemaßstab $1\,\mathrm{cm} \triangleq k\,\mathrm{kg}$ im Krafteck dargestellt, das jetzt auf eine Gerade zusammenschrumpft. Dann wird ein willkürlicher Pol C gewählt, dessen Abstand von den aneinandergetragenen Kräften wir mit h bezeichnen wollen; durch ihn sind die Polstrahlen als Verbindungslinien dieses Poles mit den Anfangs- und Endpunkten der Kräfte festgelegt. Wir beachten dabei, daß — wie aus den grundlegenden Ausführungen über das Seileck, Nr. 29, ersichtlich — für jede Strecke im Krafteck, also auch für die Polstrahlen und den Abstand des Pols vom Krafteck, der Kräftemaßstab gilt. Die Strecke h ist also in Wirklichkeit als eine Kraftgröße mit der Dimension kg aufzufassen. Nun verfahren wir so weiter, wie auf Seite 104 für die Ermittlung der Lagerreaktionen angegeben ist: zu den Polstrahlen zeichnen wir das zugehörige Seileck unter Beachtung der Reihenfolge der Seilstrahlen,

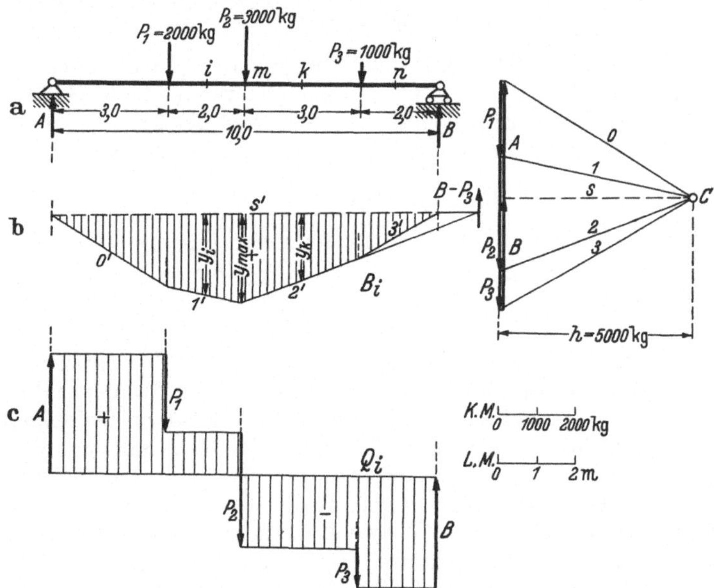

Abb. 184. Momenten- und Querkraftfläche eines in seinen Enden gestützten Balkens.

wobei immer ein Schnittpunkt zweier Seilseiten mit einer Kraft im Seileck einem Dreieck im Krafteck entspricht. Den ersten und letzten Seilstrahl bringen wir mit den Auflagerwirkungslinien zum Schnitt und erhalten damit die Schlußlinie s' des Seilecks. Der zur Schlußlinie s' gehörige Polstrahl s schneidet die beiden Lagerreaktionen aus, wobei A, weil im Seileck geschnitten von den Seilstrahlen $0'$ und s', im Krafteck von den Polstrahlen 0 und s eingeschlossen sein muß; entsprechend liegt B zwischen s und 3. Die Richtungen der beiden Reaktionskräfte A und B sind dadurch festgelegt, daß das Krafteck geschlossen sein muß; A und B sind also nach oben gerichtet. Diese Lagerreaktionen wirken auf den Balken als Kräfte. Wir können uns also auch frei von dem Begriff der Lagerung machen und einfach in A und B Kräfte sehen, in gleicher Weise wie P_1, P_2 und P_3 auf den Balken aufgebracht, die also auch genau so behandelt werden können.

Gemäß unserer obigen Behauptung sollen wir nun in dieser Figur eine Möglichkeit besitzen, das Biegemoment zu bestimmen. Denken wir an die frühere Benutzung des Seilecks: es war (S. 82) die Summe der statischen Momente links oder rechts von einem beliebigen Punkt (die Definition für das Biegemoment), gegeben durch eine Strecke, die auf einer durch diesen Punkt parallel zu den gegebenen Kräften gezogenen Geraden ausgeschnitten wurde von den äußersten Seilstrahlen der in Frage kommenden Kräfte. Übertragen wir dieses Ergebnis auf unser Beispiel, so sehen wir, daß die eingezeichnete Strecke y_i ein Maß sein muß für das Biegemoment an der Stelle i, denn die Strecke y_i ist ausgeschnitten von den Seilstrahlen s' und $1'$, das sind aber die äußersten Seilstrahlen der in Frage kommenden Kräfte A und P_1. Oder, wenn wir die rechte Seite betrachten, sind die Seilseiten s' und $1'$ auch die äußersten Seilstrahlen der dann in Frage kommenden Kräfte P_2, P_3 und B; denn zu diesen Kräften gehören als Seilseiten $1'$, $2'$, $3'$, s'; von diesen laufen aber $2'$ und $3'$ zwischen zwei Kräften und sind deshalb keine äußersten Seiten. Das Biegemoment für die Strecke i ist also gegeben durch den Ausdruck

$$B_i = y_i \cdot h,$$

wobei $[y_i]$ in cm abgegriffen: der *Länge* $n \cdot [y_i]$ der Wirklichkeit, und $[h]$ als Länge in cm: einer *Kraft* $k \cdot [h]$ entspricht. Die tatsächliche Größe des Biegemomentes wird also mit Einführung der betreffenden Strecken der Zeichnung in cm (bezeichnet durch die eckige Klammer) angegeben durch

$$B_i = [y_i] \cdot [h] \cdot k \cdot n \text{ cmkg}.$$

Da nun der Balkenpunkt i willkürlich gewählt war, gilt diese Beziehung für jeden beliebigen Balkenpunkt. So wird z. B. für die Stelle k:

$$B_k = y_k \cdot h.$$

Die durch das geschlossene Seileck aus $0'$, $1'$, $2'$, $3'$, s' dargestellte Fläche heißt Biegemomentenfläche oder kurz *Momentenfläche* oder Momentenlinie, weil sie uns unmittelbar ein Abgreifen der Biegemomente für einen beliebigen Punkt erlaubt. Wir finden das Biegemoment für eine beliebige Balkenstelle, indem wir die lotrecht darunter liegende Ordinate der Momentenfläche mit dem Polabstand h unter Berücksichtigung der Maßstäbe multiplizieren. Wir werden bei der Wahl des beliebigen Pols C zweckmäßig den Abstand h als glatte Zahl wählen (z. B. hier $h = 5000$ kg), um einen einfachen Faktor für die Biegemomentenermittlung zu erhalten. Man beachte, daß die einzelnen Ordinaten immer mit dem gleichen Polabstand h zu multiplizieren sind, daß demgemäß die Momentenfläche den geometrischen Ort der Biegungsmomente darstellt. Beachtenswert ist, daß die Momentenfläche unter einer Last jedesmal einen Knick aufweist, dagegen zwischen den Lasten geradlinig verläuft. Das gilt immer, wenn nur lotrechte Einzellasten wirken. —

Wollen wir für das gleiche Beispiel die Querkraft ermitteln, so müssen wir von der Definition der Querkraft ausgehen, wonach die Querkraft gegeben ist als die Summe aller lotrechten Kräfte links oder rechts von einem Schnittpunkt. Betrachten wir eine Balkenstelle zwischen dem linken Lager und der Kraft P_1, so ist die Querkraft gegeben durch die Größe $+A$, da A nach oben gerichtet ist und wir die Querkraft positiv nennen, wenn sie für den linken Teil nach oben verläuft. Das gilt für *alle* Punkte zwischen der linken Lagerstelle und der Kraft P_1. Für jeden Punkt zwischen der Kraft P_1 und der Kraft P_2 ist die Querkraft

$$Q_i = A - P_1$$

und jeder Punkt des Balkenteils zwischen den Kräften P_2 und P_3 hat die Querkraftgröße

$$Q_k = A - P_1 - P_2,$$

d. h. von der vorher gefundenen Größe ist noch P_2 abzuziehen. Für die nächste Strecke des Balkens zwischen Kraft P_3 und rechtem Lager hat dann jeder Punkt die Querkraft

$$Q_n = A - P_1 - P_2 -- P_3.$$

Diese Größe muß aber, entsprechend der Definition der Querkraft, gleich sein der Summe aller Kräfte rechts vom Schnitt, also hier gleich der Kraft B, und zwar mit negativem Vorzeichen, da B nach oben gerichtet ist, die Querkraft aber für den rechten Teil dann als positiv einzuführen ist, wenn sie nach unten verläuft. Die beiden Werte stimmen ja auch tatsächlich überein, da

$$A - P_1 - P_2 - P_3 = -B$$

ist. Tragen wir nun die verschiedenen, angegebenen Größen für die entsprechenden Abschnitte unter den Balken auf, so erhalten wir die Querkraftsfläche als eine Treppenlinie, bei der, ähnlich wie bei der Biegemomentenfläche, die Ordinate jeweils ein Maß ist für die Querkraft an der darüberliegenden Balkenstelle. Wir erkennen leicht, daß die Querkraftfläche weiter nichts darstellt als ein auseinandergezogenes Krafteck. Zweckmäßig benutzt man für das Auftragen der Querkraftfläche den gleichen Maßstab wie im Krafteck. Man sieht, daß bei einem in seinen Enden gelagerten Balken, auf den nur lotrechte Kräfte in einer Richtung wirken, die Querkraft an den Lagern am größten ist, und zwar gleich A bzw. B. In Abb. 184b ist für den Schnitt k die Resultierende aller Kräfte rechts vom Schnitt dadurch eingezeichnet, daß man die Seilseiten s' und $2'$ zum Schnitt bringt. Ihre Größe ist gegeben durch die Querkraft $(B - P_3)$; ihr Moment für den Punkt k ist das Biegungsmoment.

Die Darstellung der Querkraftfläche, ebenso wie die der Momentenfläche, gibt eine weitere Begründung für die Aussage, daß man den linken oder rechten Teil des Balkens betrachten kann, und für den Wechsel des Richtungs- bzw. Drehsinns bei Betrachtung der Größen *gleichen* Vorzeichens für beide Seiten.

Für die analytische Aufstellung der Querkraft bzw. des Biegemomentes ist es sehr wichtig, daß wir, unter Beachtung der Vorzeichenregel, sowohl den Teil rechts *oder* den Teil links von der zu untersuchenden Balkenstelle betrachten dürfen. Zweckmäßig benutzt man natürlich den Teil mit den wenigsten Kräften.

43. Zusammenhang zwischen Querkraft und Biegungsmoment. Momentenfläche und Querkraftfläche stehen im Zusammenhang. Beim Vergleich der beiden Abb. 184b und c sehen wir, daß an der Stelle m, an der das größte Biegungsmoment auftritt (die Stelle der größten y-Ordinate in der Momentenfläche), die Querkraft durch Null hindurchgeht, also auch den Wert Null aufweist. Wir können ganz allgemein sagen: *An der Stelle, an der die Querkraft durch Null hindurchgeht, also ihr Vorzeichen wechselt, liegt ein Maximum oder Minimum des Biegemoments, vorausgesetzt, daß das Biegemoment nur durch lotrechte Kräfte entsteht.*

Die Richtigkeit dieses Satzes beweisen wir dadurch, daß gezeigt wird, daß die Querkraft an jeder Stelle gegeben ist durch den nach der Balkenlängsrichtung genommenen Differentialquotienten des Biegemoments:

$$Q_i = \frac{dB_i}{dx}. \qquad (26)$$

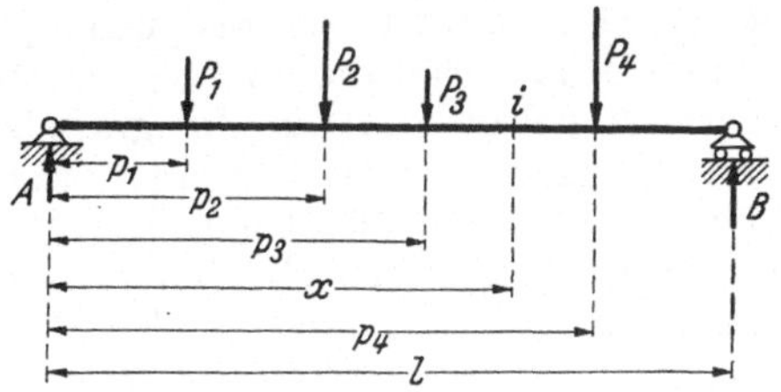

Abb. 185. Zusammenhang zwischen Querkraft und Biegungsmoment.

Zum Beweis der Richtigkeit dieser Behauptung stellen wir für den in Abb. 185 dargestellten Balken an einer beliebigen Stelle i (Entfernung x vom linken Auflager) das Biegemoment nach unserer gegebenen Definition auf:

$$B_i = A \cdot x - P_1(x - p_1) - P_2 \cdot (x - p_2) - P_3 \cdot (x - p_3),$$

differenzieren dieses Moment nach x:

$$\frac{dB_i}{dx} = A - P_1 - P_2 - P_3.$$

Die rechte Seite ist aber nichts anderes als die Querkraft für die Stelle i. Wir sehen also, daß die Querkraft Q_i an der beliebig gewählten Stelle i tatsächlich ausgedrückt ist durch den Differentialquotienten des Biegemoments B_i an dieser Stelle. Soll nun B_i einen Größt- oder Kleinstwert erreichen, dann muß nach der Differentialrechnung ihr erster Differentialquotient verschwinden; dieser erste Differentialquotient ist aber hier gleich Q_i. Wenn also Q_i verschwindet, nimmt das Biegungsmoment einen Größt- oder Kleinstwert an.

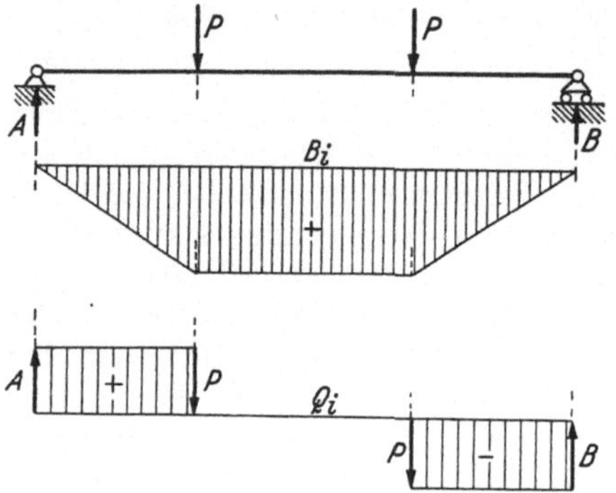

Abb. 186. Die Querkraft verschwindet auf einer bestimmten Strecke des Balkens.

Wir wollen beachten, daß diese Beziehung nur gilt, wenn das Biegemoment eine Funktion von nur lotrechten (senkrecht zur Balkenachse stehenden) Kräften ist. Sie gilt nicht, wenn andere äußere Kräfte oder Momente in der Bestimmungsgleichung für das Biegemoment enthalten sind.

Von dieser Beziehung macht man in der praktischen Anwendung vielfach Gebrauch. Zur Dimensionierung (Gestaltung des Querschnitts) braucht man häufig das größte Biegemoment, dessen Lage sich durch Einführung der Nullstellen der Querkraftfläche leichter bestimmen läßt. Wenn die Querkraft für eine gewisse Länge des Balkens den Wert Null hat, so besitzt auch das Biegungsmoment auf die gleiche Länge einen Größtwert (Abb. 186).

44. Vom Momentenmaßstab. Die analytische Ermittlung der Biegemomente ist entsprechend der Definition auszuführen, indem man für einen beliebigen Punkt die Summe aller statischen Momente links oder rechts vom Schnitt aufstellt. Die erhaltenen Ergebnisse haben die Dimension mkg (oder cmkg). Um die Größen der Biegemomente darstellen zu können, müssen wir uns einen Momentenmaßstab wählen: $1\,\text{cm} \triangleq m$ mkg.

Es kommt zeitweise vor, daß man eine graphisch ermittelte Momentenfläche mit einer solchen, die auf Grund der Rechnung gewonnen ist, zusammenzufügen hat, nämlich dann, wenn verschiedenartige Belastungszustände, zum Teil durch lotrechte, zum Teil durch waagerechte Kräfte bedingt, zu überlagern sind. Dabei ist es natürlich von Bedeutung, daß beide in dem gleichen Maßstab dargestellt sind. Für die analytisch gewonnene Darstellung möge $1\,\text{cm} \triangleq m$ mkg zugrunde gelegt sein, für die graphische Darstellung der Längenmaßstab $1:n$ und der Kräftemaßstab $1\,\text{cm} \triangleq k$ kg; der Polabstand sei h. Wann stimmt nun der Maßstab für beide Darstellungen (Ordinate y_a für das analytische, y_g für das graphische Ergebnis) überein? Bei der Darstellung auf Grund der analytischen Berechnung ist das Biegungsmoment gegeben durch:

$$B = [y_a] \cdot m \ \text{kgcm};$$

bei der graphischen Darstellung durch

$$B = [y_g] \cdot [h] \cdot k \cdot n \ \text{kgcm}$$

oder $\qquad\qquad\qquad B = [y_g] \cdot n \cdot h_{\text{kg}} \ \text{kgcm}.$

Dabei bedeuten wieder die umklammerten Werte Längen, die in cm abzugreifen sind. Wenn nun das Moment B_i bei beiden Darstellungsweisen im gleichen Maßstab erscheinen soll, so muß $y_g = y_a$ sein, also:

$$[y] \cdot m = [y] \cdot [h] \cdot k \cdot n$$

oder
$$[y] \cdot m = [y] \cdot n \cdot h_{\mathrm{kg}},$$

d. h. der Momentenmaßstab muß sein

$$m = [h] \cdot k \cdot n$$

oder
$$m = h_{\mathrm{kg}} \cdot n.$$

Wenn die auf Grund der analytischen und der graphischen Berechnung gewonnenen Ordinaten mit gleichem Maßstab dargestellt werden sollen, so wird man den Momentenmaßstab m nach der gezeichneten Momentenfläche richten, d. h. man wird für die analytisch berechneten Biegungsmomente wählen:

$$m = h_{\mathrm{kg}} \cdot n$$

oder
$$m = [h] \cdot k \cdot n; \qquad (27)$$

(h hat die Dimension kg, $[h]$ die Dimension cm; n ist dimensionslos, k hat die Dimension kg pro cm, d. i. kg/cm und m diejenige cmkg/cm). —

Die Berechnung bei der Darstellung der Momentenfläche vereinfacht sich bei Einzellasten wesentlich, indem hier nur für die Angriffspunkte der Lasten die Biegemomente zu errechnen sind. Darauf wird später nochmals eingegangen.

45. Momenten- und Querkraftflächen beim Auftreten von horizontalen Lasten. Die praktisch vorkommenden Belastungen der technisch ausgeführten Balken und Wellen sind nun nicht immer senkrecht zur Balkenachse stehende Einzellasten. Wir wollen im folgenden (Abb. 187) einen Balken betrachten mit Lasten, die nicht mehr senkrecht zu seiner Achse stehen, aber die Achse schneiden und natürlich in einer Ebene liegen, so daß die Betrachtung der Mittelebene als ebenes Problem berechtigt ist.

Gegeben sei ein Balken mit seinen technischen Maßen; er sei belastet durch vier nichtparallele Kräfte $P_1 = 2000\,\mathrm{kg}$, $P_2 = 3000\,\mathrm{kg}$, $P_3 = 1500\,\mathrm{kg}$, $P_4 = 1000\,\mathrm{kg}$, die ihrer Lage und Richtung nach gegeben sind. Zur Behandlung der Aufgabe zerlegen wir zweckmäßig die schiefwirkenden Kräfte in ihre Komponenten und stellen statt des Momentes der Kraft P die Summe der Momente ihrer Komponenten für den entsprechenden Punkt auf. Die Lagerreaktionen finden wir aus den Gleichgewichtsbedingungen:

1. $\sum H = 0$: $A_h + P_2 \cdot \cos 45° - P_3 \cdot \cos 60° + P_4 = 0,$

wobei A_h willkürlich zunächst mit der Richtung nach rechts eingeführt ist. Es ergibt sich:

$$A_h = -2121{,}3 + 750 - 1000\ \mathrm{kg}$$
$$= -2371{,}3\ \mathrm{kg}.$$

Das negative Vorzeichen bedeutet, daß die nach rechts eingeführte Richtung der Horizontalreaktion A_h falsch war, d. h. die Reaktion A_h geht nach links.

Die Vertikalreaktionen werden, wie schon mehrfach bemerkt, am besten aus den beiden Momentenbedingungen für die Punkte B und A ermittelt.

2. $(\sum M)_A = 0$: $P_1 \cdot 2{,}0 + P_2 \cdot \sin 45° \cdot 6{,}0 + P_3 \cdot \sin 60° \cdot 7{,}0 - B \cdot 10{,}0 = 0,$

daraus
$$B = 2582{,}1\ \mathrm{kg}.$$

3. $(\sum M)_B = 0$: $A_v \cdot 10{,}0 - P_1 \cdot 8{,}0 - P_2 \cdot \sin 45° \cdot 4{,}0 - P_3 \cdot \sin 60° \cdot 3{,}0 = 0,$

daraus
$$A_v = 2838{,}2\ \mathrm{kg}.$$

Die Horizontalkomponenten $P_2 \cdot \cos 45°$ und $P_3 \cdot \cos 60°$ verschwinden in der Momentenbedingung vollständig, sie haben also keinen Einfluß auf die Vertikalreaktionen und, wie wir später sehen werden, auch nicht auf das Biegemoment. Beide lotrechte Reaktionen gehen nach oben. Als Probe der richtigen Ermittlung der senkrechten Lagerkräfte muß die weitere Gleichgewichtsbedingung erfüllt sein:

$$4. \quad \sum V = 0: \qquad P_1 + P_2 \cdot \sin 45 + P_3 \cdot \sin 60 = A_v + B,$$

d. h. $\qquad 2000 + 2121,3 + 1299 = 2582,1 + 2838,2$

$$5420,3 = 5420,3 \text{ kg}.$$

Die gefundenen Lagerreaktionen behandeln wir nun weiter in gleicher Weise wie die gegebenen äußeren Kräfte, stellen uns also gewissermaßen den Balken als freischwebenden Körper vor, an dem die Kräfte A_v, A_h, P_1, P_2, P_3 und B sich das Gleichgewicht halten.

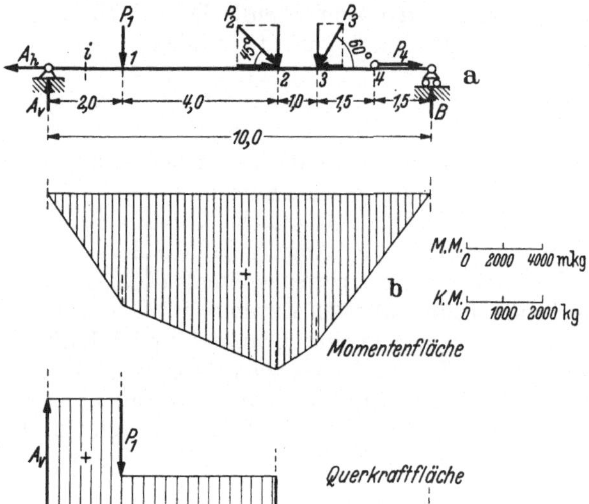

Die Aufstellung der Biegemomente soll analytisch erfolgen. Für einen beliebigen Punkt i zwischen der Lagerkraft A und der Kraft P_1 ergibt sich das Biegemoment:

$$B_i = A_v \cdot x.$$

Die lineare Abhängigkeit des Biegemomentes B_i von der Länge x zeigt uns, daß die Momentenfläche auf dieser Länge durch eine gerade Linie begrenzt ist, die wir damit festlegen können, daß wir den Anfangs- und Endpunkt (oder zwei beliebige Punkte) ermitteln. Am Lagerpunkt A ist das Biegemoment gleich Null (links vom Lager ist keine Kraft mehr vorhanden, die Lagerkraft geht durch den Punkt selbst, hat also keinen Hebelarm und damit kein Moment). An der Angriffsstelle der Kraft P_1 tritt ein Biegemoment auf von der Größe

$$B_1 = +A_v \cdot 2,0 = 5676,4 \text{ mkg}.$$

Abb. 187. Belastung eines Balkens durch lotrechte und schräge Lasten.

Im zweiten Bereich erhalten wir bei der Aufstellung der Biegemomentengleichung für einen beliebigen Punkt wiederum die lineare Abhängigkeit von der Länge x. Es genügt also hier auch die Bestimmung der Biegemomentenwerte für zwei Punkte. Der Anfangswert ist gegeben durch den Endwert des vorhergehenden Bereichs. Am Wirkungspunkt der Kraft P_2 hat das Biegemoment die Größe:

$$B_2 = +A_v \cdot 6,0 - P_1 \cdot 4,0 = 9029,2 \text{ mkg}.$$

Mit den gleichen Überlegungen wie bei den beiden ersten Bereichen finden wir, daß in den letzten zwei Bereichen ebenfalls ein linearer Verlauf der Momentenfläche vorhanden sein muß. Es gilt überhaupt, wie schon auf Seite 109 erwähnt, ganz allgemein, daß zwischen Einzellasten, die die Balkenachse schneiden, die Momentenlinie geradlinig begrenzt ist. Es ist demgemäß das Biegemoment für jeden Punkt bekannt, wenn wir es für die Stellen des Kraftangriffs der Einzellasten kennen. Hier brauchen wir noch das Moment an der Stelle der Last P_3 und für die Lagerstelle B. Für die Angriffsstelle der Kraft P_3 ist das Biegemoment zu ermitteln durch:

$$B_3 = A_v \cdot 7{,}0 - P_1 \cdot 5{,}0 - (P_2 \cdot \sin 45°) \cdot 1{,}0 = 7736{,}1 \text{ mkg}$$

oder einfacher als Summe der statischen Momente der Kräfte auf der rechten Seite:

$$B_3 = +B \cdot 3{,}0 = 7736{,}1 \text{ mkg}.$$

Eine besondere Ermittlung von B_4 (an der Stelle der Last P_4) ist hier nicht nötig, da P_4 in die Balkenachse fällt und das Biegungsmoment an keiner Stelle beeinflußt; es verläuft die Momentenfläche zwischen der Stelle 3 und B geradlinig. Im Lagerpunkt B hat das Biegemoment wieder den Wert Null.

Die ermittelten Werte werden in einem bestimmten Maßstab (1 cm $\hat{=}$ m mkg) aufgetragen und liefern so die Momentenfläche. Wir finden also bei diesem Beispiel die Momentenfläche durch Berechnung der Biegemomente für drei Punkte des Balkens und aus der Erkenntnis, daß an den Enden des Balkens das Biegemoment Null wird. Die Kraft P_4 und die Horizontalkomponenten der Kräfte P_2 und P_3 kommen nicht in den Gleichungen für das Biegemoment der verschiedenen Stellen vor. Das Biegemoment ist also an jeder Stelle eine Funktion von lotrechten Lasten, d. h. es muß jetzt auch die Beziehung gelten:

$$Q_i = \frac{dB_i}{dx}.$$

Die Querkraftfläche ist von den waagerechten Kräften, also auch von P_4, unabhängig. Zeichnen wir sie auf, durch Aneinanderfügen der lotrechten Kräfte unter ihren Angriffsstellen, so sehen wir die durch den angegebenen Differentialquotienten dargestellte Beziehung auch bestätigt: das Maximum der Momentenfläche liegt über der Stelle, bei der die Querkraftlinie durch Null geht. Für beliebige Punkte zwischen Einzellasten verläuft die Momentenfläche geradlinig unter irgendeinem Winkel, die Querkraft dagegen ist als erster Differentialquotient des Biegemoments zwischen zwei Einzellasten konstant. Wechselt die Begrenzungslinie des Biegemoments ihre Richtung, d. h. mathematisch gesprochen: ändert sich der Faktor bei der Abszisse x, dann ändert sich entsprechend auch der Festwert in der Querkraftfläche.

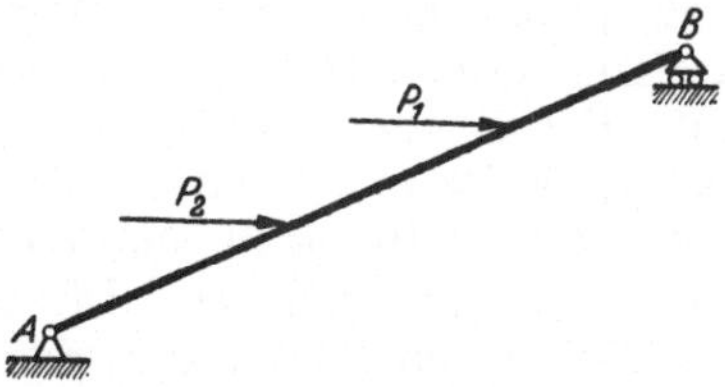

Wenn gesagt wurde, daß durch waagerechte an der Balkenachse angreifende Kräfte kein Moment entsteht, so gilt dies nur für horizontal liegende Balken. Bei dem Balken nach Abb. 188 würden dagegen auch durch horizontale Kräfte allein Biegungsmomente entstehen.

Abb. 188. Schräg liegender Balken mit horizontaler Last.

46. Die Längskraftfläche. Wie wir oben schon gesehen haben, haben die in die Stabachse fallenden Kräfte keinen Anteil an der Momentenfläche; wir können infolgedessen auch keine Abhängigkeit zwischen Biegemoment und Längskraft erwarten; letztere ist ebenso unabhängig von der Querkraft. Für sie kann in gleicher Art wie die Querkraftfläche eine Längskraftfläche aufgezeichnet werden, indem die in der Stabachse wirkenden Kräfte unter ihren Angriffspunkten aneinander getragen werden (Abb. 187d). Links von P_1 wirkt nur A_h als Längs-

kraft ziehend, P_1 hat keinen Einfluß. Für einen Punkt zwischen P_2 und P_3 haben wir links
$$L_i = + A_h -- P_2 \cdot \cos 45°.$$

Für den Balkenteil zwischen P_3 und P_4 ist die Längskraft links gegeben durch
$$L_i = A_h - P_2 \cdot \cos 45° + P_3 \cdot \cos 60°,$$
rechts dagegen durch
$$L_i = + P_4.$$

Beide Werte sind aber gleich groß. Das Vorzeichen ist positiv, wie wir schon früher bemerkten, wenn die Summe der waagerechten Kräfte links oder rechts ziehend auf das andere Schnittufer wirkt.

47. Die zusammenhängende Belastung. Außer den bisher betrachteten Einzellasten kommen in der praktischen Technik noch *zusammenhängende* Belastungen vor, die auch als *kontinuierliche Lasten* bezeichnet werden. Diese Belastung

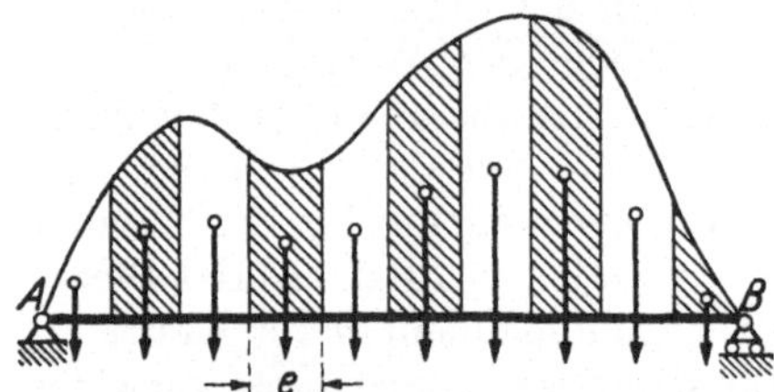
Abb. 189. Darstellung einer zusammenhängenden Belastung.

(Mauerwerk, Schüttgüter usw.) verteilt sich über den ganzen Balken oder einen Teil; sie wirkt von Punkt zu Punkt und ist durch eine Belastungsfläche (Abb. 189) darstellbar. Zur graphischen Behandlung dieser Lasten gehen wir grundsätzlich so vor, daß wir die Belastungsfläche in Streifen aufteilen. Die einem Streifen entsprechende Belastung fassen wir als Einzellast auf und denken sie uns im Schwerpunkt des Streifens angreifend. Wir erhalten damit eine Näherungslösung, die um so genauer wird, je kleiner wir die Streifenbreite wählen. Für die meisten praktischen Fälle ist die Näherung schon durchaus brauchbar, wenn bei gleicher, nicht zu großer Streifenbreite einfach die Mittellinie der Streifen als Kraftmaß genommen und die Kraft in dieser Linie wirkend angenommen wird.

Der prakisch häufigste Fall der kontinuierlichen Belastung ist die *gleichmäßig verteilte Last*. Die Belastung ist über einen Teil des Balkens oder über den ganzen Balken gleichmäßig verteilt (Deckenbalken, Balken mit großem Eigengewicht usw.). Die Last werde mit q kg/m bezeichnet, d. h. auf 1 m Balkenlänge wirken q kg Belastung gleichmäßig verteilt. (Im allgemeinen Falle, Abb. 189, ist q nicht konstant, sondern eine Funktion von x, wenn x wieder die horizontale Entfernung eines Balkenpunktes von A ist.) Zur graphischen Behandlung der Aufgabe (Abb. 190), bei der wir Momentenfläche und Querkraftfläche ermitteln wollen, teilen wir die Belastung in gleich breite Streifen auf. Bei gleicher Streifenbreite e wirkt also auf jede Balkenlänge e die Einzellast $(q \cdot e)$ kg in der Mitte der Strecke e. Wir zeichnen nun zu diesen Einzellasten das Krafteck (**b**) und das zugehörige Seileck (**c**) zunächst ohne Rücksicht auf die Lagerreaktionen. Die Schlußlinie s' des Seilecks, übertragen ins Krafteck, liefert den Polstrahl s, der uns die beiden Lagerreaktionen A und B in der Größe $q \cdot l/2$ ausschneidet. Daß die beiden Lagerreaktionen gleich groß werden, hätten wir schon voraussagen können, denn eine gleichmäßig verteilte Last hat ihre Resultante in der Mitte des Balkens, wirkt also gleichmäßig auf beide Lagerstellen drückend:
$$A = B = \frac{q \cdot l}{2}. \tag{28}$$

Mit dem Seileck erhalten wir zugleich die Momentenfläche für die Einzellasten $(q \cdot e)$. In Wirklichkeit wirken nun aber gar nicht die Einzellasten $(q \cdot e)$. Wir werden eine bessere Näherung erhalten, wenn wir die Streifenbreite e kleiner nehmen, und die Näherung wird zur genauen Lösung, wenn wir im Grenzübergang die Streifen unendlich klein werden lassen. Damit wird aber aus unserem Seilpolygon eine Kurve. Die Kurve berührt das Seilpolygon in den Unterteilungspunkten m, n, … der Streifen, denn für einen solchen Punkt ist die tatsächliche Last links gleich der eingesetzten, z. B. am Punkt p ist die Summe der Einzellasten links gleich $4(q \cdot e)$ und die tatsächliche Last auch $(4 \cdot e) \cdot q$. Wir haben also in dem Linienzug des Seilpolygons einen Tangentenzug für die wahre Kurve der Momentenlinie, diese selbst ist die einbeschriebene Kurve.

Zum Aufzeichnen der Querkraftfläche beginnen wir, genau wie früher, mit der Auftragung der Lagerkraft A und setzen dann jeweils in ihren Wirkungslinien die Einzellasten $(q \cdot e)$ mit Berücksichtigung ihres Richtungspfeiles an.

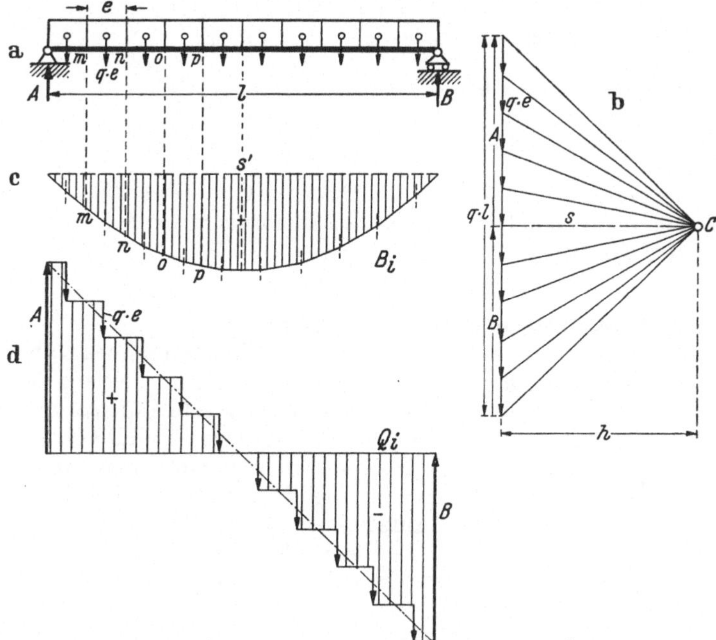

Abb. 190. Gleichmäßig verteilte Belastung in graphischer Behandlung.

Die letzte Strecke muß dann von selbst gleich der Lagerkraft B werden. Hier gehen wir dann in gleicher Weise von den gedachten Einzellasten zur wirklichen gleichmäßig verteilten Last über, d. h. wir wählen die Streifenbreite immer kleiner und im Grenzübergang unendlich klein. Wir beobachten bei diesem Grenzübergang, daß die Stufenhöhen ebenfalls kleiner werden und daß im Grenzfall, der der wirklichen Belastung entspricht, die Querkraftfläche durch eine schief liegende gerade Linie begrenzt ist (in Abb. 190d strichpunktiert eingetragen). Demnach ist die Querkraft linear mit x veränderlich.

Mit Hilfe des Zusammenhangs der Querkraft mit dem Biegemoment $(Q_i = d B_i / d x)$ können wir nun auch eine Aussage über den Charakter der Kurve, die die Momentenfläche begrenzt, machen: stellt die Querkraftfläche eine Gerade dar (lineare Abhängigkeit von x), so ist die Momentenfläche von einer Kurve zweiter Ordnung (quadratische Abhängigkeit von x) begrenzt.

Dieses graphisch erworbene Ergebnis wollen wir auf analytischem Wege bestätigen (Abb. 191). Die Lagerreaktionen lassen sich mit Hilfe der beiden Momentengleichungen um die Lagerpunkte leicht bestimmen. Wir können dabei die gesamte Belastung $(q \cdot l)$ in der Mitte zusammenfassen, da ja das Moment der Resultierenden einer Reihe von Kräften gleich der Summe der Momente der Kräfte ist. Wir haben demgemäß für B als Momentenpunkt

$$A \cdot l - q \cdot l \cdot \frac{l}{2} = 0.$$

Es wird:

$$A = B = \frac{q \cdot l}{2}.$$

Für einen beliebigen Punkt in der Entfernung x vom Lagerpunkt A wollen wir nun Biegemoment und Querkraft anschreiben. Wir haben links vom Punkt x die Lagerkraft A und den Teil der Belastung $q \cdot x$, der auf diese Länge entfällt, einzusetzen. Die Querkraft wird hiernach

$$Q_x = A - q \cdot x = \frac{ql}{2} - q \cdot x,$$

und das Biegemoment läßt sich schreiben:

$$B_x = A \cdot x - q \cdot x \cdot \frac{x}{2} = \frac{ql}{2} \cdot x - \frac{q\,x^2}{2}.$$

In diesen beiden Gleichungen für die Querkraft und das Biegemoment steckt keine Näherung mehr, sondern sie sind mathematisch exakt. Der Zusammenhang der beiden Größen:

$$Q_x = \frac{dB_x}{dx}$$

wird auch aus diesen beiden Gleichungen bestätigt.

Die Querkraft Q ist nach der gewonnenen Gleichung linear abhängig von der Lage x, d. h. rechnet man für verschiedene Stellen x das zugehörige Q aus und trägt diese Werte auf, so ergibt die Verbindungskurve dieser Punkte eine Gerade, wie wir es schon beim Grenzübergang der graphischen Ermittlung feststellen konnten. Zum Aufzeichnen einer Geraden genügt aber die Angabe zweier Punkte.

Für $x = 0$ (Stelle A) ist

$$Q = \frac{q \cdot l}{2};$$

für $x = l$ ist $Q = \frac{q \cdot l}{2} - q \cdot l,$

$$Q = -\frac{q \cdot l}{2}.$$

Mit den beiden Punkten ist die Gerade festgelegt (Abb. 191 b). Es besteht Gegensymmetrie (Antisymmetrie), d. h. die Figur ist zu einer geometrischen Symmetrielinie spiegelbildlich umgekehrt. Die Querkraftlinie muß also in der Mitte durch Null hindurchgehen; nach der Gleichung ist ja auch

$$Q = 0 \text{ für } x = \frac{l}{2}.$$

Für das Biegemoment erhalten wir die Gleichung:

$$B_x = \frac{ql}{2} \cdot x - q \cdot \frac{x^2}{2}.$$

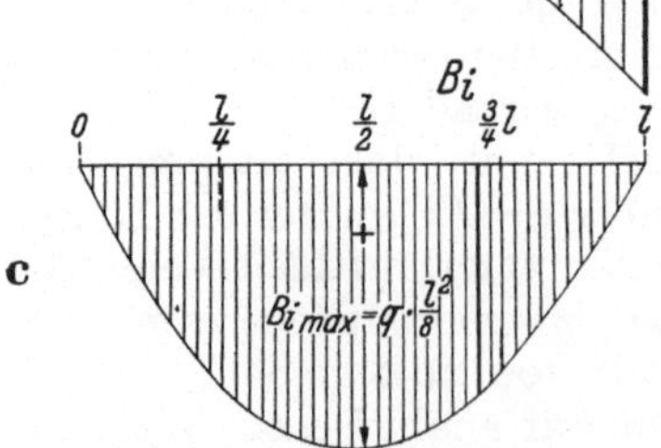

Abb. 191. Gleichmäßig verteilte Belastung in analytischer Behandlung.

Faßt man B_x als Ordinate auf, die zu x als Abszisse gehört, so hat man hier die Gleichung einer Kurve zweiter Ordnung (Kegelschnitt), und zwar eine *Parabel*. Zur Darstellung der Parabel wollen wir einige Punkte festlegen:

für
$$x = 0, \quad \frac{l}{4}, \quad \frac{l}{2}, \quad \frac{3l}{4}, \quad l,$$

wird
$$B_x = 0, \quad \frac{3}{32}\, q \cdot l^2, \quad \frac{1}{8}\, q \cdot l^2, \quad \frac{3}{32}\, q \cdot l^2, \quad 0.$$

Die Darstellung der Momentenfläche (geometrischer Ort aller Biegemomente) liefert also eine Parabel (Abb. 191 c), die zur Symmetrielinie des belasteten Systems symmetrisch ist; die Stelle des größten Biegemoments liegt in der Mitte. Nach unseren früheren Ausführungen muß an dieser Stelle der Differentialquotient des Biegemoments verschwinden:

$$\left(\frac{dB}{dx}\right)_{x\,=\,\frac{l}{2}} = 0.$$

Nun ist:
$$B_x = \frac{q \cdot l}{2} \cdot x - \frac{q \cdot x^2}{2},$$

$$\frac{dB_x}{dx} = \frac{q \cdot l}{2} - \frac{q}{2} \cdot 2x.$$

Für die Mitte ist
$$x = \frac{l}{2},$$

also
$$\left(\frac{dB_x}{dx}\right)_{l/2} = \frac{q \cdot l}{2} - \frac{q}{2} \cdot 2\,\frac{l}{2} = 0.$$

Bei einem in seinen Enden gelagerten, gleichmäßig belasteten Balken liegt also das größte Biegungsmoment in der Mitte und hat die Größe

$$B_{\max} = \frac{q \cdot l^2}{8}. \tag{29}$$

Da q in kg/m dargestellt wurde und l in m, ist $B_{\max}$ in $\text{m}^2 \cdot \text{kg/m}$, also mkg, ausgedrückt.

48. Zusammenhang zwischen den Vorzeichen des Biegungsmomentes und der Beanspruchungsart des Balkens bzw. der Gestalt der Biegelinie. Bei den bisherigen Betrachtungen hatten alle Biegemomente positives Vorzeichen. Betrachten wir nun einmal den Einfluß eines solchen positiven Momentes auf den wirklich ausgeführten Balken. Zu diesem Zweck ist der Balken in Abb. 192 mit seiner Höhenausdehnung dargestellt. Der Balken wird unter dem Einfluß eines Biegemomentes durchgebogen. Stellen wir uns den belasteten Balken etwa aus Gummi vor, so erkennen wir, daß die in

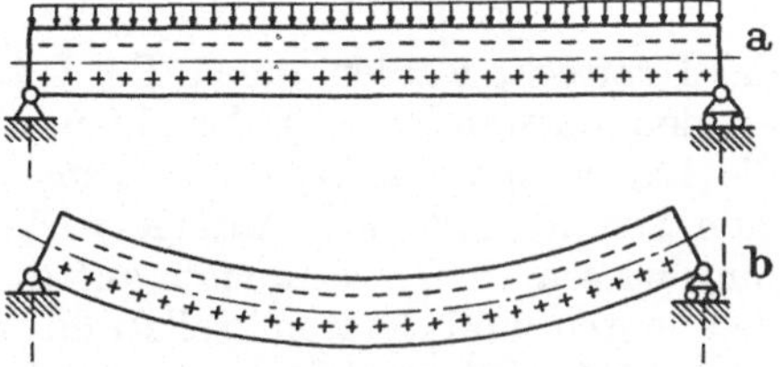

Abb. 192. Zusammenhang zwischen Beanspruchungsart und Verformung.

der Zone unter der Mittellinie liegenden Fasern verlängert, die Fasern über der Mittellinie dagegen verkürzt werden (Abb. 192 b). Eine Verlängerung kann aber nur unter Einwirkung von Zug entstehen, und entsprechend ist eine Verkürzung der Fasern nur durch einen darin wirkenden Druck zu erklären. Wir sehen damit aus der Gestaltsänderung des belasteten Balkens, daß in den oberen Schichten (Hohl- oder Konkavseite) ein Zusammendrücken entsteht, also Druckkräfte auftreten, in der unteren Zone (Konvexseite) Zugkräfte. Diese Zug- und Druckwirkung ist in der Figur durch Anbringung kleiner Vorzeichen (Zug durch $+$)

angedeutet. Ursache für diese Kräfteauslösung ist das positive Biegemoment. Mit dieser Betrachtung können wir die Vorzeichenregel des Biegemoments anders formulieren: Das Biegemoment bzw. die Momentenfläche ist positiv, wenn auf der oberen Seite des Balkens Druck entsteht, auf der unteren Zug oder, anders ausgedrückt, wenn die Hohlseite des verformten Balkens nach oben zeigt, der Balken also nach unten durchgebogen wird; oder umgekehrt: bei Balkenteilen, zu denen ein positives Biegemoment gehört, wird die obere Faser gedrückt und die untere gezogen. Die Kurve, in die bei der Verformung die Balkenachse übergeht, wird *Biegelinie* genannt.

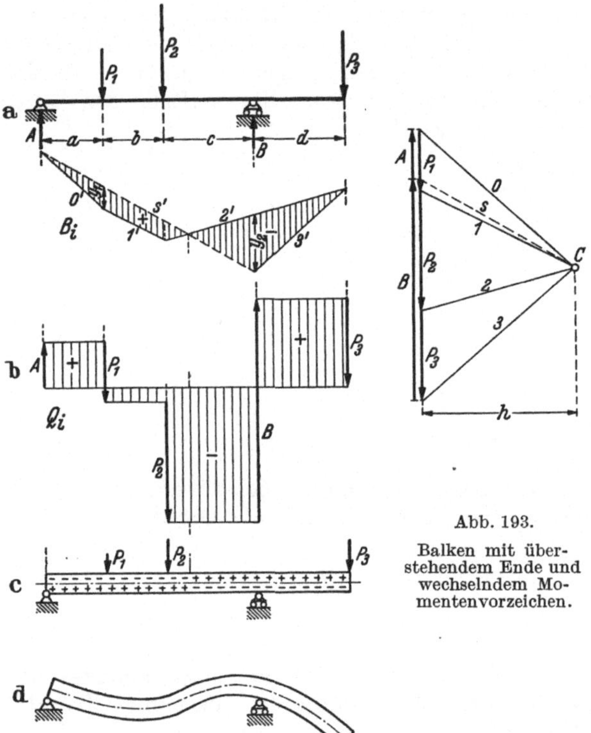

Betrachten wir unter diesem neuen Gesichtspunkt nun ein anderes Beispiel (Abb. 193). Gegeben sei ein Balken in seinen geometrischen Dimensionen, der an einem Ende gelagert ist, dessen anderes Ende dagegen über das Lager hinausragt. Den überragenden Teil des Balkens nennt man *Ausleger* oder *Kragarm*. Auf diesen Balken wirken drei bekannte Kräfte P_1, P_2, P_3, von denen zwei (P_1, P_2) zwischen den Lagern angreifen, die dritte aber am überragenden Ende des Balkens wirkt. Zur graphischen Lösung der Aufgabe wählen wir uns einen Längen- und einen Kräftemaßstab. Die Lösung geht ganz schematisch wie früher: wir zeichnen

Abb. 193.
Balken mit überstehendem Ende und wechselndem Momentenvorzeichen.

das Krafteck, wählen einen Pol C im Abstand h von dem Krafteck, zeichnen zu den entstandenen Polstrahlen das Seileck, ohne zunächst Rücksicht auf die Lager zu nehmen; dann bringen wir die äußersten Seilstrahlen $0'$ und $3'$ zum Schnitt mit den Auflagerwirkungslinien. (Es sei hier besonders darauf hingewiesen, daß wir genau auf die Reihenfolge der Seilstrahlen achten und den ersten und letzten Seilstrahl zum Schnitt mit den Wirkungslinien der Lagerkräfte bringen müssen!) Die Verbindungslinie beider Schnittpunkte liefert die Schlußlinie s' des Seilecks; die Parallele zur Schlußlinie durch den Pol C im Krafteck schneidet die beiden Lagerreaktionen A und B aus. Auf der Linie der Kraft A schneiden sich die Seilstrahlen $0'$ und s', folglich muß im Krafteck die Lagerkraft A zwischen den Polstrahlen 0 und s zu finden sein. Die Richtung der Reaktionen wird durch den einheitlichen Umfahrungssinn des Kraftecks gegeben, beide Lagerreaktionen verlaufen nach oben. Die Figur des Seilecks schließt wieder die Momentenfläche ein, die jetzt, wie wir aus der Figur sehen, durch Null hindurchgeht. Es muß also ein Vorzeichenwechsel im Verlauf der Momentenfläche stattfinden. Zur Feststellung des richtigen Vorzeichens greifen wir am besten eine beliebige Balkenstelle heraus und bestimmen für diese das Vorzeichen nach unserer Grundregel; z. B. tritt für jeden Punkt des Balkens rechts vom Lager B auf der rechten Seite nur die Kraft P_3 als Momentenfaktor auf, diese dreht für jeden dieser Punkte „rechts im Uhrzeigersinn", das Biegemoment ist also negativ. Dementsprechend ist auch dieser ganze Teil der Momentenfläche negativ und der linke positiv. Wir haben als größte Ordinate des positiven Teils der Momentenfläche die Strecke y_1, als größte Ordinate des negativen Teils die unter B liegende Strecke y_2. Es sind also die Maximalwerte der Momentenfläche gegeben durch

$$+B_{max} = y_1 \cdot h\,,$$
$$-B_{max} = y_2 \cdot h$$

(h im Kräftemaßstab, die Strecken y_1 und y_2 im Längenmaßstab gemessen).

Die Querkraftfläche wird wieder gefunden, indem wir, gemäß unserer Definition, die Summe aller quer wirkenden Kräfte links oder rechts bilden, d. h. indem wir von einer Seite kommend die Kräfte jeweils unter ihren Wirkungspunkten mit Berücksichtigung ihres Pfeils aneinander setzen. Für einen Punkt zwischen Lager A und Last P_1 geht die einzige Kraft des linken Teils, die Reaktion, nach oben, die Querkraft ist hier also positiv. Es folgt dann im weiteren Verlauf des Balkens die Kraft P_1 nach unten, dann die Kraft P_2 wieder nach unten und schließlich die nächste Kraft, die Auflagerreaktion B, nach oben. Die Kraft P_3 muß den Verlauf der Querkraftlinie schließen, denn die Betrachtung eines Punktes rechts von B ergibt für die Querkraft den Wert $+P_3$, da rechts nur P_3 nach unten wirkt. Damit ergibt sich eine Kontrolle für die Fläche. Schieben wir die Querkraftfläche in Richtung der Balkenlänge zusammen, dann entsteht wieder das Krafteck. Wir sehen, daß die Querkraftlinie zweimal durch Null hindurchgeht, das entspricht den beiden Größtwerten des Biegemoments $+B_{max}$ und $-B_{max}$.

Wie ist es nun mit der Beanspruchung des Balkens auf Druck und Zug? Die Momentenfläche ändert in ihrem Verlauf das Vorzeichen. Wir haben also auch einen Wechsel in der Art der Beanspruchung zu erwarten. An den Stellen, an denen ein positives Biegemoment auftritt, haben wir nach Seite 118 in der oberen Faser Druck, in der unteren Zug, umgekehrt wird dann natürlich an Stellen mit negativem Biegemoment die untere Faser gedrückt bzw. die obere gezogen. Der Wechsel tritt an der Stelle ein, an der das Biegemoment Null wird (Abb. 193c). Einen entsprechenden Wechsel haben wir auch in der Art der Durchbiegung festzustellen. An allen Punkten, an denen ein positives Biegemoment herrscht, ist die Hohlseite des gebogenen Balkens nach oben gerichtet, an den Stellen mit negativem Biegemoment zeigt die Hohlseite nach unten. Diese Aussage ist physikalisch die gleiche wie die über die Beanspruchungen, denn der Balken wird auf der Hohlseite gedrückt. Das ist, wie wir später sehen werden, für Gebilde, die aus Balken zusammengesetzt sind (Rahmen), von besonderer Bedeutung. Das Wesen der Krümmung ändert sich an der Stelle, an der das Biegemoment Null wird. Wir haben also im Nullpunkt der Momentenfläche einen Wendepunkt der Kurve (Biegelinie) gegeben, zu der sich die Stabachse unter dem Einfluß des Biegemomentes verbiegt.

Ändern wir die Größenverhältnisse der Lasten (Abb. 194) unter Beibehaltung aller übrigen Maße so, daß P_3 gegenüber P_1 und P_2 einen größeren Wert als in der vorigen Aufgabe erhält, so können wir ganz andere Verhältnisse bekommen; es kann der Polstrahl s, der als Parallele zu der Schlußlinie s' gezeichnet wird, außerhalb des ursprünglichen Polstrahlenbildes, d. h. außerhalb des Kraftecks der gegebenen Lasten, fallen. Das bedeutet, wie wir aus der Abb. 194 sehen, daß die Lagerreaktion A nach unten gerichtet ist, denn der durch P_1, P_2, P_3 festgelegte Umfahrungssinn des Kraftecks ergibt ja B nach oben und A nach unten. Wir sprechen in solchem Falle von einer negativen Lagerreaktion. Was bedeutet das? Die Lagerreaktion ist doch die Kraft, mit der sich das Lager gegen eine Bewegung wehrt, oder aber die Kraft, die die Unterlage auf den Balken ausübt. Wir müssen in unserem Falle das Lager A demnach so konstruieren, daß es diese nach unten gerichtete Kraft auch wirklich ausüben kann, d. h. der Balken darf sich nicht abheben können, wir müssen eine „Verankerung" einführen. Würde diese fehlen, so würde sich der Balken um B drehen. Man kann auch sagen: Die umgekehrte Reaktion ist die Kraft, die der Balken auf die Unterlage ausübt, das ist bei A eine Kraft nach oben, also eine Kraft, die bei fehlenden Vorsichtsmaßregeln tatsächlich den Balken von der Unterlage abheben würde. Kommen derartige negative Reaktionen bei einem beweglichen Lager vor, so müssen wir hier eine Verankerung oder auch eine andere geeignete Vorkehrung anbringen, die z. B. entsprechend der Abb. 164 ausgeführt werden kann. Man wird selbstverständlich nach Möglichkeit die Abhebegefahr an ein festes Lager legen, da man hierbei die negativen Lagerreaktionen konstruktiv leichter beherrschen kann: man kann z. B. ein festes Bocklager mit durchgestecktem Bolzen anordnen.

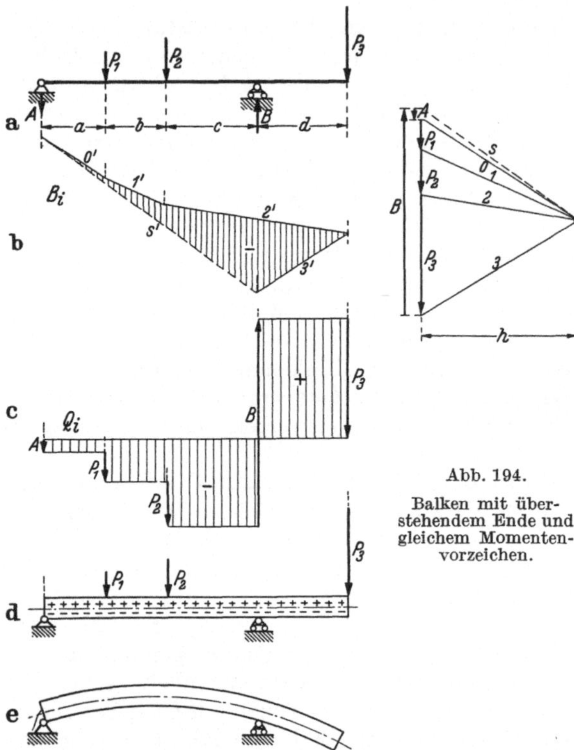

Abb. 194.

Balken mit überstehendem Ende und gleichem Momentenvorzeichen.

Das Biegemoment hat bei der vorliegenden Belastung ein einheitliches Vorzeichen, und zwar ist die ganze Momentenfläche negativ, wie wir leicht durch unsere Vorzeichenregel für einen beliebigen Punkt feststellen können; z. B. für die Angriffsstelle von P_1 liegt links nur die Kraft A, sie dreht, weil nach unten gerichtet, links herum, ergibt also ein negatives Biegemoment. Der Balken wird demnach über seine ganze Länge auf der Unterseite gedrückt, und die Verformungsfigur zeigt an allen Stellen mit ihrer Hohlseite nach unten. Der Einfluß der Kraft P_3 auf das Biegemoment überragt den der anderen Kräfte.

Die Querkraftfläche wird wieder gewonnen durch Aneinanderreihen der Kräfte unter ihren jeweiligen Angriffsstellen, wobei wir jetzt mit der Lagerkraft A nach unten beginnen müssen. Die Querkraft ist also links von der Lagerstelle B negativ, denn es sind für die linke Seite nur nach unten gerichtete Kräfte vorhanden. Rechts vom Lager B wird die Querkraft — entsprechend der nach unten gerichteten Kraft P_3 am rechten Teil — positiv, und zwar muß sie gleich P_3 sein, da dies die einzige Kraft rechts von B ist.

49. Behandlung verschiedener Auslegerbalken. Betrachten wir nun die analytische Bestimmung der Lagerreaktionen an einem ähnlichen Beispiel (Abb. 195), um den Einfluß des Verhältnisses der Kräfte auf die Vorzeichen der Lagerreaktionen zu untersuchen. Zu deren Berechnung führen wir wieder einen Richtungspfeil ein, und zwar nach oben, und bedienen uns zur Ermittlung ihrer Größe und tatsächlichen Richtung der Momentenbedingungen um die Lagerpunkte:

1. $(\sum M)_B = 0:$ $A \cdot (a + b) - P_1 \cdot b + P_2 \cdot c = 0$

$$A = \frac{1}{a + b}(P_1 \cdot b - P_2 \cdot c).$$

2. $(\sum M)_A = 0:$ $P_1 \cdot a - B \cdot (a + b) + P_2 \cdot l = 0,$

$$B = \frac{1}{a + b} \cdot (P_1 \cdot a + P_2 \cdot l).$$

Sehen wir uns die beiden Ausdrücke für die Lagerreaktionen an, so erkennen wir, daß im Ausdruck für die Reaktionskraft B zwei positive Glieder enthalten sind. Die Lagerkraft B wird also stets positiv, d. h. nach oben gerichtet sein. Die Reaktionskraft A kann dagegen je nach der Größe der beiden Glieder in ihrem Ausdruck positiv oder negativ sein.

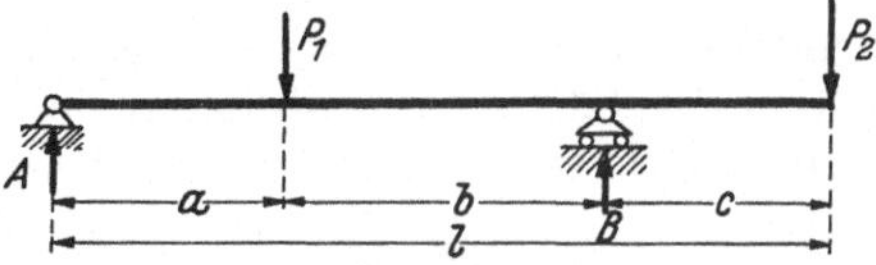

Abb. 195. Analytische Behandlung eines Auslegerbalkens.

a) Ist die Kraft $P_1 > P_2 \cdot c/b$, dann ist die Gegenkraft A positiv, d. h. sie geht nach oben.

b) Ist die Kraft $P_1 < P_2 \cdot c/b$, dann wird die Kraft A negativ, d. h. sie geht nach unten. Konstruktiv müßten wir das Lager verankern.

c) Ist die Kraft $P_1 = P_2 \cdot c/b$, dann wird die Gegenkraft A gleich Null. Wir könnten uns in diesem Fall den Balken ohne Lager A vorstellen. Die Momente der Kräfte P_1 und P_2 um das Lager B heben sich dann auf, d. h. die Kräfte müssen sich „die Waage halten" $(P_1 \cdot b = P_2 \cdot c)$. —

Es sei an dieser Stelle besonders darauf hingewiesen, daß ein grundsätzlicher Unterschied besteht zwischen der Aufstellung einer Momentengleichung als Gleichgewichtsbedingung und der eines Momentenausdrucks zur Ermittlung des Biegemomentes. Die Gleichgewichtsbedingung verlangt, daß die Summe der Momente *aller* Einflüsse am ganzen Balken zusammen Null wird; es müssen also sowohl die Kräfte links als auch rechts vom Momentenpunkt berücksichtigt werden, wie wir es eben bei der Momentengleichung für Punkt B gemacht haben. Das Biegemoment umfaßt dagegen nur die Momente der Kräfte auf einer Seite der untersuchten Schnittstelle, also es ist für den Punkt B entweder durch das Moment von A und P_1 *oder* durch das Moment von P_2 dargestellt. Die Biegemomente sind für die linke und rechte Seite der aufgeschnittenen Stellen entgegengesetzt gleich groß, bildet man also ihre algebraische Summe, so ist diese natürlich Null, weil das *Gesamt*moment für jeden Punkt verschwinden muß. —

Der Balken mit überragendem Ende unter der Einwirkung einer gleichmäßig verteilten Last hat im Flugzeugbau große Bedeutung. Die Lagerung des Balkens (Flugzeugholm) in Abb. 196 geschieht mittels dreier Unbekannten (Fesseln): ein festes Gelenk, d. s. zwei Unbekannte, und ein Stützungsstab, d. i. eine Unbekannte. Die Lagerung ist also statisch bestimmt. Wollen wir nach den Ausführungen unter Nr. 39 den Stützungsstab durch ein bewegliches Lager ersetzen, so müssen wir seine Bewegungsrichtung senkrecht zur Stabachse des Stützungsstabes beweglich einführen (Abb. 196b). Die Schräglage des Stützungsstabes und die damit gegebene schräge Richtung der auf den Holm wirkenden Kraft S hat eine Beanspruchung des Balkens durch eine Längskraft zur Folge, die durch $S \cdot \cos \alpha$ bestimmt ist. Wir werden zur Behandlung der Aufgabe wieder alle Kräfte (auch die Lagerreaktionen) in Komponenten zerlegen, längs und quer zur Balkenachse. Die Kraft S hat hierbei die Komponenten $S \cdot \cos\alpha$ und $S \cdot \sin\alpha$. Beim Aufstellen der Momentengleichungen für die Punkte I und II fallen die Horizontalkräfte heraus, d. h. A_v und $S \cdot \sin\alpha$ sind genau so groß wie die Reaktionen eines Balkens gleicher Abmessungen und Belastung, der aber in II auf einem horizontal beweglichen Lager gestützt ist (vgl. Abb. 197). Die Teilkräfte in Richtung der Balkenachse müssen der Gleichgewichtsbedingung $\sum H = 0$ genügen:

$$A_h = S \cdot \cos\alpha.$$

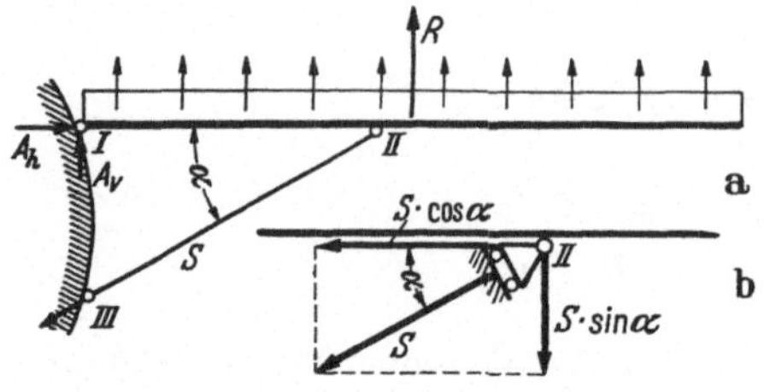

Abb. 196. Flugzeugholm eines Eindeckers.

Wir können also unsere Aufgabe, betr. Ermittlung der Biegemomente und Querkräfte, durch die einfachere nach Abb. 197 ersetzen, wenn wir von der Ermittlung der Längskräfte absehen; dabei tritt das neue A und B an die Stelle von A_v und $S \cdot \sin\alpha$. Wenn aber $B = S \cdot \sin\alpha$ bekannt ist, dann ist dadurch auch S selbst gegeben. Die Belastung möge beim vereinfachten Beispiel nach unten wirken.

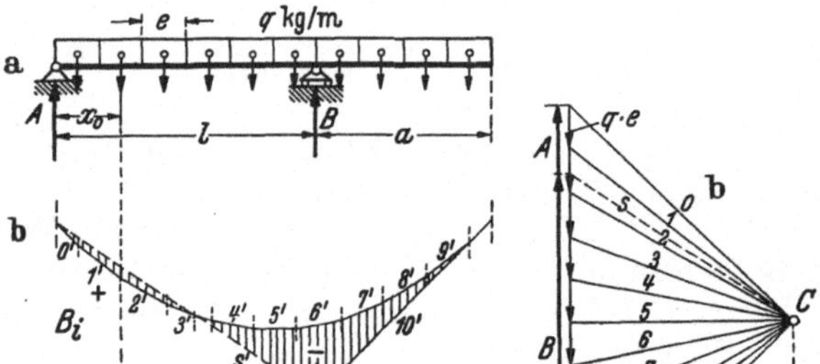

Wir gehen bei der graphischen Behandlung genau so vor wie bei dem früheren Beispiel mit gleichmäßig verteilter Belastung: wir teilen die Belastung q kg/m in gleich breite Streifen und fassen die Lasten in diesen Streifen als Einzelkräfte von der Größe $q \cdot e$ auf. Dann zeichnen wir das Krafteck und mit einem beliebigen Pol im Abstand h vom Krafteck das Seileck dieser Einzellasten, bringen die äußersten Seilstrahlen zum Schnitt mit den Auflagergeraden, ziehen die Schlußlinie s' des Seilecks und finden mit der Parallelen s zur Schlußlinie die Lagerreaktionen A und B. Das Seileck stellt nun erst einen Tangentenzug für die wirkliche Momentenfläche der zusammenhängenden Belastung dar; die wahre Momentenfläche ist die diesem Linienzug einbeschriebene Kurve. Aus der Momentenfläche können wir wieder für jeden beliebigen Punkt des Balkens das Biegemoment finden durch Abgreifen der Ordinate y. Es ist

$$B_i = y \cdot h.$$

Abb. 197. Auslegerbalken mit gleichmäßig verteilter Belastung.

Durch Auftragung der gewonnenen Ordinaten von einer Waagerechten finden wir das Bild der gerade gelegten Momentenfläche, die kennzeichnende Gestalt der Momentenfläche (Abb. 197 c) für einen gleichmäßig belasteten Balken mit überragendem Teil.

Zur Auftragung der Querkraftfläche benutzen wir wieder die Zusammenfassung der zusammenhängenden Belastung zu Einzelkräften $q \cdot e$. Wir erhalten, in ähnlicher Weise wie früher, Treppenlinien, die in ihrem Grenzübergang für e nach Null in schräg liegende Geraden entsprechend Abb. 197d übergehen. Man findet die wahre Querkraftlinie auch auf Grund der Erwägung, daß sie am linken Ende gleich A sein muß, bei B links gleich $(A - ql)$, bei B rechts gleich $(A - ql + B)$ und schließlich am rechten Ende gleich Null. Durch diese vier Punkte ist sie bestimmt, da sie zwischen diesen Punkten geradlinig verlaufen muß. Die beiden schiefliegenden Geraden der Querkraftfläche laufen einander parallel. Die Querkraftlinie dieses Beispiels hat zwei Nullstellen, zu denen zwei Größtwerte der Momentenfläche gehören.

Zur Dimensionierung des Balkens braucht man oft nur den größeren der beiden Biegemomenten-Höchstwerte, aber wir müssen zum Vergleich beide kennen, da es nicht von vornherein klar ersichtlich ist, ob das positive oder das negative Maximalmoment überwiegt; es hängt dies von den Längen l und a ab. Das größte negative Biegemoment tritt an der Lagerstelle B auf; aber die Lage des positiven Größtwertes ist nicht bekannt. Zur Ermittlung der Stelle, an der dieses Biegemoment auftritt, suchen wir zweckmäßig die entsprechende Nullstelle der Querkraftfläche. Da außer den Querkräften keine anderen Einflüsse auf das Biegemoment vorhanden sind, muß diese Nullstelle der gesuchten Größtwertstelle des Biegemomentes entsprechen. Wir haben also zu lösen:

$$Q_{x_0} = A - q \cdot x_0 = 0, \qquad x_0 = \frac{A}{q}, \tag{30}$$

wobei x_0 die Lage des positiven Maximalwertes der Biegemomente angibt. Die Lagerreaktion A, die wir in die Gleichung einsetzen müssen, finden wir aus der Gleichgewichtsbedingung $(\sum M)_B = 0$:

$$A \cdot l - q \cdot (l + a) \cdot \left(l - \frac{l + a}{2}\right) = 0,$$
$$A \cdot l - q \cdot \frac{1}{2} \cdot (l + a) \cdot (l - a) = 0.$$

Daraus wird die Lagerkraft A ermittelt zu

$$A = \frac{q \cdot (l^2 - a^2)}{2l}.$$

Wir haben hierbei zur Ermittlung der Reaktionskraft A die gleichmäßig verteilte Last q zusammengefaßt in eine Resultierende in der Mitte von der Größe $q \cdot (l + a)$. Es darf dies geschehen, da es sich hier ja um die Aufstellung des Momentes der *gesamten* Belastung handelt. Das Ergebnis kann selbstverständlich auch dadurch ermittelt werden, daß wir nach dem Satz vom statischen Moment der Kräfte die gesamte Belastung in zwei Teilresultierende zusammenfassen, von denen die eine die Belastung $q \cdot l$ zwischen den beiden Lagern, die andere die des überragenden Teiles $q \cdot a$ erfaßt. Die Momentengleichung lautet dann:

$$A \cdot l - q \cdot l \cdot \frac{l}{2} + q \cdot a \cdot \frac{a}{2} = 0.$$

Das Ergebnis ist das gleiche wie vorher:

$$A = q \cdot \frac{l^2 - a^2}{2l}.$$

Wir sehen, daß die Lagerreaktion A nichts mit der Maximalstelle der Momentenfläche zu tun hat, A und B sind ja die Lagerreaktionen, die unter dem Einfluß der Gesamtbelastung entstehen. Setzen wir nun den erhaltenen Wert in die obige Gleichung zur Ermittlung der Nullstelle der Querkraft ein, so wird die Nullstelle gefunden durch:

$$x_0 = \frac{A}{q} = \frac{l^2 - a^2}{2\,l},$$

d. h. sie hängt von der Stützweite l und der Länge des Auslegers a ab.

Das größte positive Biegemoment wird jetzt (Abb. 197e):

$$+B_{\max} = A \cdot x_0 - q \cdot \frac{x_0^2}{2}.$$

Demgegenüber hat das größte negative Biegemoment, das am einfachsten aus dem rechten Teil gewonnen wird, den Wert:

$$-B_{\max} = -q \cdot a \cdot \frac{a}{2} = -q \cdot \frac{a^2}{2}.$$

Im praktischen Fall prüfen wir nun die beiden Grenzwerte in bezug auf ihre zahlenmäßige Größe nach und nehmen zur Dimensionierung den *absoluten Größt-*

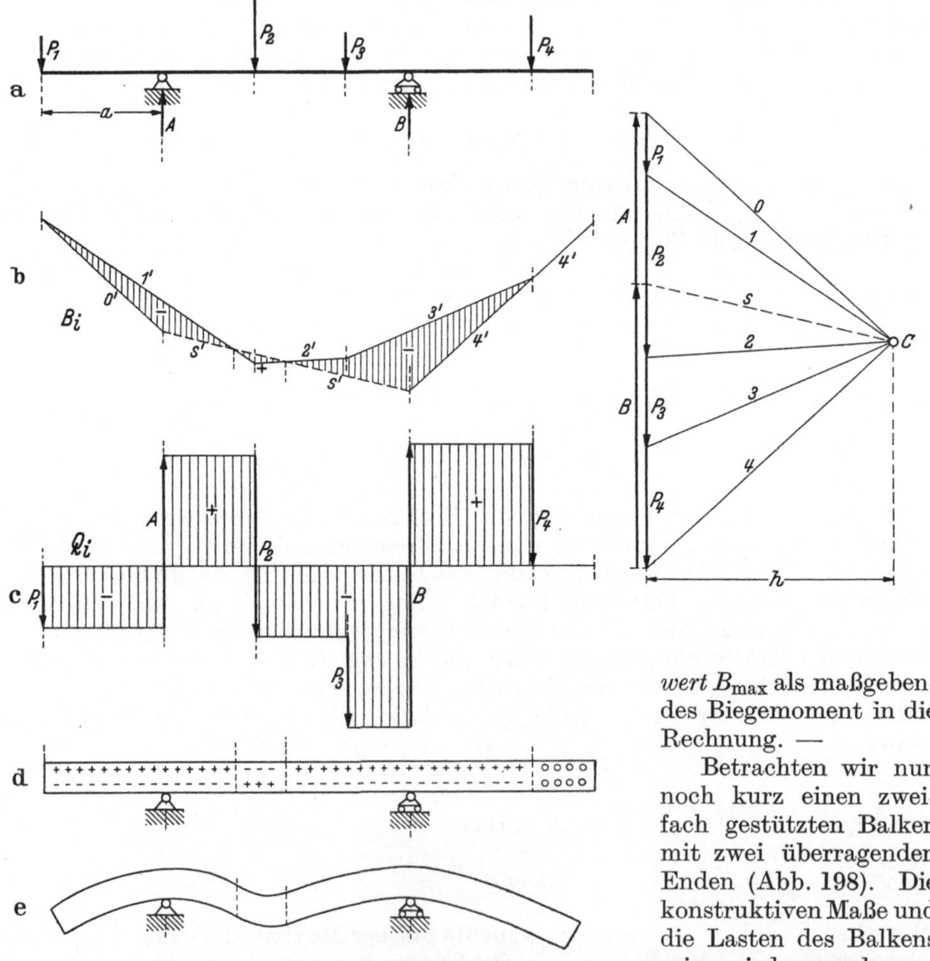

wert $B_{\max}$ als maßgebendes Biegemoment in die Rechnung. —

Betrachten wir nun noch kurz einen zweifach gestützten Balken mit zwei überragenden Enden (Abb. 198). Die konstruktiven Maße und die Lasten des Balkens seien wieder gegeben.

Abb. 198. Balken mit zwei überstehenden Enden.

Wir bestimmen die unter dem Einfluß der äußeren Lasten P_1, P_2, P_3, P_4 entstehenden Lagerreaktionen nach dem uns bekannten Schema: wir zeichnen das Krafteck, nehmen einen willkürlich gewählten Pol im beliebigen Abstand h vom Krafteck an, ziehen die Polstrahlen und tragen das Seileck zunächst ohne Berücksichtigung der Lagerstellen in entsprechender Reihenfolge parallel zu den Polstrahlen auf. Die Schnittpunkte des ersten und letzten Seilstrahls mit den Auflagerlotrechten verbinden wir durch die Schlußlinie s', deren paralleler Polstrahl s im Krafteck die beiden Reaktionen A und B ausschneidet. Die Figur des Seilecks umschließt die Momentenfläche. Die so entstandene Momentenfläche geht zweimal durch Null, wir haben also einen zweimaligen Vorzeichenwechsel im Verlauf des Biegemoments über die Balkenlänge. Das Vorzeichen wird durch Betrachten eines Punktes bestimmt; z. B. ist das Biegemoment an A durch $-P_1 \cdot a$ gegeben, demgemäß ist der linke Teil der Momentenfläche negativ usw. Diese Nullstellen stellen nach früheren Ausführungen (Nr. 48) einen entsprechenden Wechsel in der Zug-Druckverteilung des Querschnittes oder für die Verformung des Balkens Änderungen in der Krümmung der Biegelinie, also Wendepunkte, dar (Abb. 198d und e). Die Stellen der Größtwerte des Biegemoments, positive und negative, müssen in der Querkraftfläche durch Nullstellen der Querkraft gekennzeichnet sein, da die Bedingung, daß das Biegemoment nur von Vertikalkräften (senkrecht zur Balkenachse wirkend) abhängig ist, erfüllt ist. Die Auftragung der Querkraftfläche geschieht in bekannter Weise durch Aneinanderreihen aller wirkenden Kräfte unter ihren jeweiligen Angriffspunkten. Die Querkraftfläche in der Balkenlängsrichtung zusammengeschoben liefert wieder das Krafteck.

Für alle Punkte des rechten Endes des Balkens (rechts von der Kraftangriffsstelle von P_4) ist das Biegemoment Null. Diese in der Seilecksfigur erscheinende Tatsache ist auch analytisch sofort erkennbar: rechts von der Angriffsstelle der Kraft P_4 sind keine Kräfte vorhanden, es können also auch keine Biegemomente errechnet werden. Für die Querschnittsbeanspruchung bedeutet das, daß keine Zug- oder Druckwirkungen zu bemerken sind, und für die Gestaltsänderung heißt dies, es ist die Krümmung Null, d. h. aber, der Balken wird an dieser Stelle nicht gebogen, er verläuft geradlinig.

50. Der eingespannte Balken. Wie wir schon früher gesehen haben, läßt sich ein Balken auch in der Ebene anders festhalten als mit zwei Lagern. Anstatt durch drehbare Anschlüsse (Lager, Gelenk) wollen wir jetzt die Festlegung eines Balkens durch die „Einspannung" bewerkstelligen und die hierbei auftretenden Kräfte bzw. Momente untersuchen. Die Einspannung erlaubt dem Balken weder irgendeine Verschiebung noch eine Drehung.

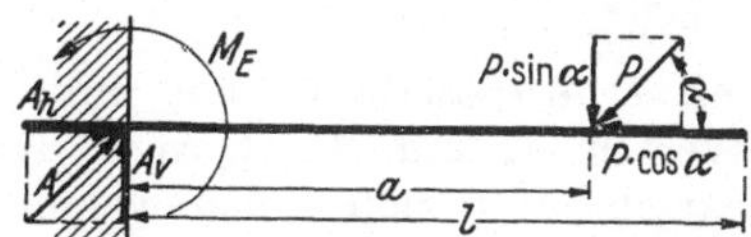

Abb. 199. Grundlage für den eingespannten Balken.

Was ist nun, vom statischen Gesichtspunkt aus betrachtet, das Wesen der Einspannung? Zur Untersuchung der Frage betrachten wir einen eingespannten Balken (Abb. 199), auf den eine allgemein gerichtete Kraft P wirkt. Der auf diese Art gelagerte als starr angesehene Balken bleibt, wie wir schon rein gefühlsmäßig einsehen, in Ruhe, d. h. die in der Lagerung entstehenden reaktiven Wirkungen müssen der Kraft P am Balken das Gleichgewicht halten. Als Angriffsstelle der reaktiven Wirkungen (Reaktionen) betrachten wir den Punkt der Balkenachse, in dem der Balken in das Mauerwerk (oder andere feste Konstruktion) hineingeht, also das innere (linke) Ende des *frei* hinausragenden Balkens. Die Berechtigung dieser Annahme wird später bewiesen. Wir können uns die Kraft P wieder zerlegt denken in eine Horizontal- und eine Vertikalkomponente.

Dann müssen diesen beiden Komponenten von P in der Einspannstelle Gegenkräfte A_h und A_v gegenüberstehen, die die gewollte Verschiebung durch P verhindern, die also den Komponenten der Kraft P entgegengesetzt gleich groß sein müssen. Denken wir uns diese beiden Kräfte A_h und A_v in der Einspannstelle zusammengesetzt, so entsteht damit eine Gegenkraft A, die parallel zur Kraft P verläuft, dieser entgegengesetzt gerichtet und gleich groß ist. Die beiden am Balken angreifenden Kräfte A und P bilden also ein Kräftepaar miteinander. Da nun am Balken Gleichgewicht besteht (der Balken in Ruhe bleiben soll), muß an der Einspannstelle noch ein Gegenmoment auftreten, das dem Kräftepaar aus den Kräften A und P das Gleichgewicht hält; wir nennen dieses Reaktionsmoment: das *Einspannmoment* M_E. Schreiben wir die drei entstandenen Reaktionen (Kräfte und Einspannmoment) nach ihrer Größe auf, so ergibt sich:

$$A_v = P \cdot \sin\alpha,$$
$$A_h = P \cdot \cos\alpha,$$
$$M_E = (P \cdot \sin\alpha) \cdot a.$$

Das Einspannmoment läßt sich immer errechnen als Gegenwirkung für die Summe der Momente aller Kräfte um die Einspannstelle.

Wir sehen, daß auch hier zur eindeutigen Festlegung des Balkens (eines Körpers) in der Ebene drei Größen gehören. Das entspricht unseren drei Gleichgewichtsbedingungen, die auch zur Ermittlung der Lagerreaktionen herangezogen werden. Das notwendige, aber noch nicht ausreichende Kennzeichen für eine statisch bestimmte (unbewegliche und eindeutige) Lagerung ist immer die Übereinstimmung der Anzahl der Unbekannten mit der Anzahl der Gleichungen, welch letztere aus den Gleichgewichtsbedingungen hervorgehen[1].

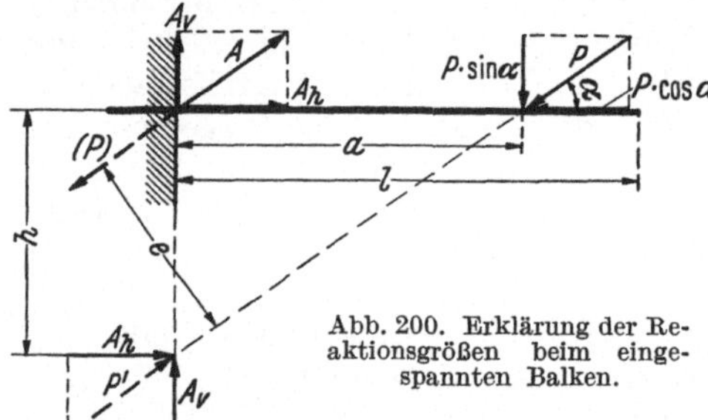

Abb. 200. Erklärung der Reaktionsgrößen beim eingespannten Balken.

Wir können auch auf Grund einer anderen Erwägung zu den drei Gegenwirkungen A_v, A_h und M_E gelangen. Die Kraft P wirkt auf den Balken (Abb. 200), wird durch diesen weitergeleitet nach der Einspannstelle. Wenn nun der Balken in Ruhe bleibt, so muß von der Einspannstelle gegen den Balken eine Gegenkraft P' auftreten, die mit P in dieselbe Gerade fällt. Ihre Komponenten stimmen mit den früheren Werten A_v und A_h überein. Nun kann man aber nach Seite 57 eine Kraft parallel mit sich selbst verschieben, wenn man zur verschobenen Kraft noch ein entsprechendes Kräftepaar hinzufügt. Verschieben wir P' nach dem Mittelpunkt der Einspannstelle, d. i. Angriffspunkt der Kraft A, so muß noch ein Kräftepaar vom Momente $(P \cdot e)$ hinzukommen, dessen Größe auch durch $(A_h \cdot h)$ bestimmt oder durch $(P \cdot \sin\alpha) \cdot a$ angegeben werden kann. Wir haben dann als Gegenwirkung zwei Kräfte A_h und A_v durch den Mittelpunkt der Einspannstelle und das erwähnte Moment M_E.

Die gleiche Erwägung führt zu der bereits früher gezeigten statischen Erklärung des Biegemoments, der Querkraft und der Längskraft. Bei einem allgemein belasteten steifen Balken können wir sagen, daß die in einem Quer-

---

[1] Man kann auch den Balken so einspannen, daß er an der Einspannstelle in der Längsrichtung verschieblich ist; dann treten an der Einspannung nur zwei Unbekannte (lotrechte Lagerkraft und Einspannmoment) auf. Um den Balken festzulegen, benötigt man noch eine weitere Fessel, einen Stützungsstab oder ein bewegliches Lager, dessen Bewegungsrichtung aber nicht waagerecht sein darf.

schnitt zusammenhängenden Balkenteile miteinander unverschieblich, untrennbar und undrehbar verbunden sind. Dieser Querschnitt verhält sich demnach für den einen Balkenteil genau so, wie derjenige einer Einspannstelle. Wie nun hier im allgemeinen Falle eine lotrechte und waagerechte Gegenkraft und das Einspannmoment entstehen, so werden auch dort allgemein durch den Querschnitt eine lotrechte Kraft, eine waagerechte Kraft und ein Moment weitergeleitet. Diese drei Einflüsse sind aber, wie schon auf Seite 106 ausgeführt, nichts anderes als die Querkraft, die Längskraft und das Biegemoment (vgl. Abb. 183).

Um die Einspannung graphisch behandeln zu können, fassen wir den eingespannten Balken als Grenzübergang des zweifach gelagerten Balkens auf. Denken wir uns bei dem in Abb. 201 dargestellten Balken die beiden Lager

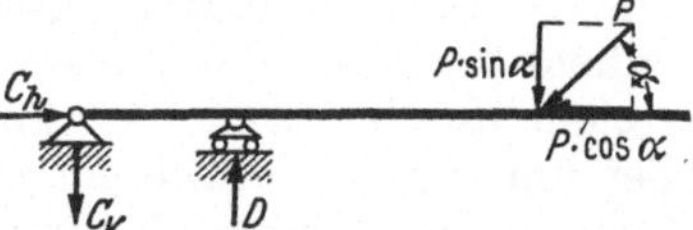

Abb. 201. Übergang vom Balken auf zwei Lagern zum eingespannten Balken.

mit den Reaktionskräften C_v, C_h und D immer näher zusammengerückt, z. B. das Lager C zum Lager D hingeschoben, dann werden im Grenzfall die Lager zusammenfallen. Die beiden Kräfte C_v und D werden, wie sich aus den Momentengleichungen von D bzw. C ergibt, beim Zusammenrücken immer größer, beim Zusammenfallen unendlich groß, aber ihre Differenz $(C_v - D)$ bleibt stets gleich $(P \cdot \sin \alpha)$, da die Summe der lotrechten Kräfte Null sein muß. Wir können auch sagen: Die Gegenkraft D läßt sich in zwei Bestandteile aufteilen, von denen der eine die Größe $P \cdot \sin \alpha$, der andere die Größe der Kraft C_v hat. In der Grenzlage, wo die beiden Lager sich decken, liegen beide Gegenkräfte C_v und D in gleicher Wirkungslinie und sind unendlich groß, so daß dann auf den Balken an lotrechten Kräften wirken: die Lastkomponente von der Größe $P \cdot \sin \alpha$ und zwei unendlich große Kräfte im Abstand Null; diese letzteren stellen aber nach früherem ein Kräftepaar dar. Die Differenz der beiden unendlich großen Kräfte D und C_v ist gleich dem früheren $A_v = P \cdot \sin \alpha$. Damit sind also wieder die Gegenwirkungen der Einspannung (A_h, A_v, M_E) vorhanden, und wir können sagen: *Der eingespannte Balken kann als Sonderfall eines Balkens auf zwei Stützen betrachtet werden, bei dem die beiden Lagerstellen übereinanderliegen.* Wir können deshalb auch den Balken graphisch mit den gleichen Methoden behandeln, die wir bei der Lagerung auf zwei Stützen benutzten.

Bevor darauf eingegangen wird, möge noch in anderer Weise gezeigt werden, daß wir als Angriffspunkt der Lagerkräfte und als Bezugspunkt für das Einspannmoment den Punkt der Stabachse an der Einspannstelle nehmen dürfen.

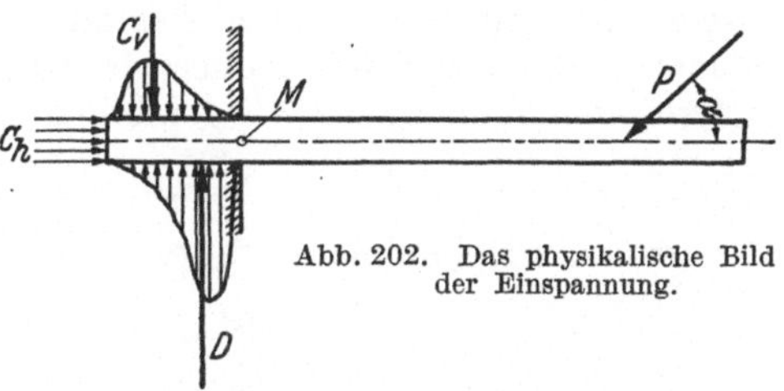

Abb. 202. Das physikalische Bild der Einspannung.

Zu diesem Zwecke machen wir uns das physikalische Bild eines solchen eingespannten (eingemauert oder zwischen zwei Platten eingespannt) Trägerendes klar: unter dem Einfluß der äußeren Kraft P werden auf der Einspannlänge des Balkens Kräfte zwischen Balken und Mauerwerk geweckt, die infolge der Vertikalkomponenten von P auf das untere Mauerwerk nach unten drücken, infolge des Drehbestrebens auf das obere Mauerwerk nach oben wirken; dadurch entstehen Gegenkräfte, die etwa in der in Abb. 202 dargestellten Weise über das eingemauerte Ende verteilt sein mögen. Das Verteilungsgesetz ist nicht bekannt und hängt von verschiedenen Umständen der Einspannung ab, z. B. von der Art des den Träger umgebenden Stoffes, von der Oberfläche des Trägers und von manchen Zufälligkeiten, so daß wir praktisch nie ein genaues

Gesetz für diese Verteilung angeben können. Wir wissen nur, daß die vielen Gegenkräfte in ihrer Gesamtheit den äußeren Kräften des belasteten Balkens (hier der Kraft P) das Gleichgewicht halten müssen. Die Gesamtheit der vom oberen Mauerwerk auf das eingespannte Balkenstück wirkenden Kräfte entspricht dem früheren C_v, diejenige am unteren Mauerwerk dem früheren D. Um mit den Kräften rechnen zu können, werden wir sie zweckmäßig alle in einen Punkt verschieben und wählen dazu den Punkt M der Balkenachse, an dem die Einspannung zu Ende ist, an dem also der freie ausragende Teil des Balkens beginnt. Das Zusammenfassen der Kräfte in diesem Bezugspunkt wird erreicht durch Parallelverschieben von einzelnen Kräften. Wir dürfen Kräfte aber nur parallel verschieben, wenn wir zu jeder Verschiebung ein zusätzliches Moment (Kräftepaar) hinzunehmen. Die so entstehenden Kräftepaare lassen sich vereinigen zu einem resultierenden Kräftepaar. Das gewonnene statische Bild der Reaktionen für die Einspannung ist jetzt: eine Kraft A_v von der Größe $(D - C_v)$ durch den Bezugspunkt M, eine horizontale Kraft $A_h (= C_h)$, die sich ja in ihrer eigenen Wirkungslinie ohne weiteres in den Bezugspunkt verschieben läßt, und ein Kräftepaar M_E; es stimmt also überein mit dem aus statischen Gesichtspunkten aufgestellten Bild.

Bei der graphischen Behandlung eines eingespannten Balkens betrachten wir nach der oben beschriebenen Auffassung die beiden Lagerstellen aufeinanderliegend, und gehen ganz schematisch wie bei dem zweifach gestützten Balken vor. Die konstruktiven Werte des Balkens und die Lasten seien bekannt. Wir zeichnen das Krafteck und mit Hilfe eines willkürlichen Poles im Abstand h vom Krafteck das dazugehörige Seileck, ohne uns zunächst um die Lagerkraftwirkungslinien zu kümmern. Dann bringen wir die äußersten Seilstrahlen mit den Auflagerwirkungslinien zum Schnitt. Diese Auflagerwirkungslinien fallen jetzt aber zusammen, d. h. die beiden Seilseiten $0'$ und $2'$ der Abb. 203 schneiden die Auflagerlinie, d. i. die Lotrechte der Einspannstelle, auf einer Geraden. Die Schlußlinie liegt also in unserem idealisierten Bild der Einspannung senkrecht, würde demnach ins Krafteck übertragen auch zwei unendlich große Reaktionskräfte liefern, deren Differenz gleich der Reaktionskraft A ist. Dies Ergebnis stimmt mit den Betrachtungen über die Einspannung als Grenzwert zweier Lager im unendlich kleinen Abstand überein. Die vom Seileck umschlossene Fläche muß wieder wie früher ein Maß für die Biegemomente an jeder Stelle liefern. Es ist z. B. das Biegemoment an der Stelle i gegeben durch:

$$B_i = y_i \cdot h, \qquad (y_i \text{ im wahren Längenmaß, } h \text{ in kg});$$

das größte Biegemoment ist an der Einspannstelle

$$B_{\max} = B_E = y_E \cdot h = M_E.$$

Es ist zahlenmäßig gleich dem Einspannmoment M_E, wie sich leicht durch die rechnerische Ermittlung zeigen läßt: links von der Auflagerstelle A ist nur das Einspannmoment vorhanden, die Summe aller Momente links von dieser Stelle, d. i. das Biegungsmoment, ist also gleich dem Einspannmoment M_E. Die Ermittlung des Biegemomentes von der rechten Seite, dem freien Ende des Balkens her, führt zur Formel:

$$B_E = -M_E = -(P_1 \cdot p_1 + P_2 \cdot p_2).$$

Das Biegungsmoment ist negativ, der Balken hat also seine Druckseite unten, die Biegelinie zeigt mit der Hohlseite nach unten (Abb. 203 d). Wir werden diese Aussage später umgekehrt benutzen, aus der gefühlsmäßig ermittelten Verformung auf das Vorzeichen des Biegemomentes schließen. An der Einspannstelle geht die Biegelinie horizontal an die Achse des unbelasteten Balkens; rechts von P_2 verläuft die Biegelinie geradlinig.

Für die Aufstellung eines Biegemomentes B_i an einer beliebigen Stelle i wollen wir uns als Merkregel festhalten: *Man berechne bei eingespannten Balken die Biegemomente immer vom freien Ende her.* Nehmen wir nämlich die Einspannstelle mit in die Rechnung, so können sich leicht Fehler einstellen, da man stets die bereits berechneten, also nicht *unbedingt* sicher richtigen Werte des Einspannmomentes und der Lagerreaktion mit in die Gleichung aufnehmen muß. Die Berechnung vom freien Ende her ist dagegen vollständig unabhängig von der vorher durchgeführten Berechnung der Gegenwirkung. Wir erhalten vom Teil links:

$$B_i = -M_E + A \cdot x - P_1(x - p_1)$$

und vom Teil rechts:

$$B_i = -P_2 \cdot x'.$$

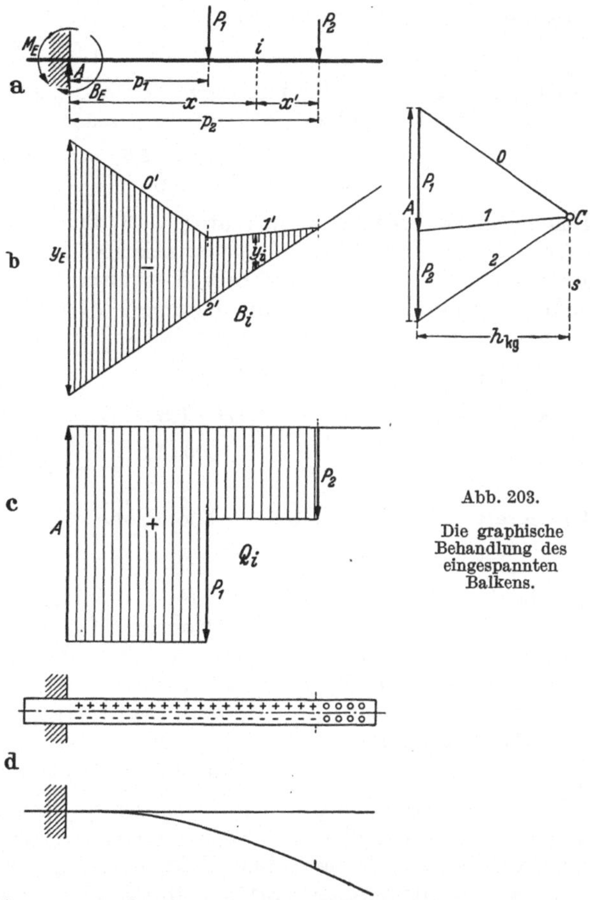

Die Auftragung der Querkraftfläche wird genau wie früher bewerkstelligt (Abb. 203 c). Wir fangen auch hier zweckmäßig am *freien* Ende des Balkens an, dann ergibt sich am Schluß, an der Einspannstelle, die Größe A als letzte Strecke und bietet damit eine Kontrolle für die Berechnung der Lagerkraft. Das Vorzeichen der Querkraftfläche ist entsprechend unserer Vorzeichenregel positiv einzusetzen (rechts nach unten!)

51. Belastung eines Balkens durch eine außermittige waagerechte Kraft. Im Zusammenhang mit den seither betrachteten Balken wollen wir nun noch eine weitere Belastungsart kennenlernen: die Belastung durch eine exzentrische Horizontalkraft.

Mit dem in seinen Konstruktionsmaßen bekannten, zweifach gestützten Balken (Abb. 204) sei eine Scheibe oder ein Hebelarm starr verbunden. Auf diese Scheibe wirke außerhalb der Balkenachse, um das Maß $e = 1{,}5$ m versetzt, die waagerechte Last $H = 2000$ kg. Mit den bisher bekannten graphischen Methoden können wir keine Momentenfläche zeichnen, denn es gelten nicht mehr die früher aufgestellten einfachen Beziehungen zwischen Seileck und Biegemoment, da wir es nicht mehr mit parallelen Kräften allein zu tun haben, und die horizontalen Kräfte (hier die Kraft H) Einfluß auf das Biegemoment haben, wenn sie nicht in die Stabachse fallen. Wohl kann man auch für allgemeine Belastungen das Biegemoment mit Hilfe des Seilecks bestimmen, aber die Ausführung liefert

Abb. 203.

Die graphische Behandlung des eingespannten Balkens.

keine Vorteile. Wir wollen also deshalb den analytischen Weg gehen. Die Lagerreaktionen bestimmen wir mit Hilfe der Gleichgewichtsbedingungen:

1. $\sum H = 0$: $A_h = H = 2000\ \text{kg}$ (A_h ist nach links gerichtet).

Für die Gegenkräfte A_h und B führen wir wieder zunächst willkürlich die Richtungen nach oben ein. Dann wird

2. $(\sum M)_B = 0$: $A_v \cdot 7{,}0 + H \cdot 1{,}5 = 0$.

Die Horizontalkraft hat als eine im Uhrzeigersinn um den Lagerpunkt B drehende Kraft eine positive Drehwirkung:

$$+H \cdot 1{,}5$$

(nicht $H \cdot 2{,}5$!, da ja der Hebelarm der Kraft H für den Punkt B durch dessen Abstand von H gegeben ist). Es wird also:

$$A_v = -\frac{2000 \cdot 1{,}5}{7{,}0} = -428{,}6\ \text{kg}.$$

Das negative Vorzeichen bedeutet, daß die eingeführte Richtung (nach oben) falsch war, die Reaktion A_v geht also nach unten, wie in der Zeichnung eingetragen. Die zweite Lagerkraft B ermitteln wir wieder mit einer Momentenbedingung und verwenden die Komponentenbedingung

$$\sum V = 0$$

als Probe.

3. $(\sum M)_A = 0$: $H \cdot 1{,}5 - B \cdot 7{,}0 = 0$,

$$B = +\frac{2000 \cdot 1{,}5}{7{,}0} = +428{,}6\ \text{kg}.$$

Die Kraft B geht nach oben. Die Probe ergibt:

4. $\sum V = 0$: $A_v + B = 0$.

Die beiden Reaktionen A_v und B sind gleich groß, aber entgegengesetzt gerichtet, d. h. sie bilden ein Kräftepaar. Die beiden übrigen Kräfte H und A_h müssen, wenn Gleichgewicht herrschen soll, ebenfalls ein Kräftepaar von gleicher Größe bilden. Das ist auch tatsächlich der Fall. Es stehen sich am Balken also zwei Kräftepaare (A_v, B) und (A_h, H) gegenüber, die sich in ihren Drehwirkungen aufheben:

$$2000 \cdot 1{,}5 = 428{,}6 \cdot 7{,}0.$$

Bei der Berechnung des Biegemomentes sehen wir wieder, daß das Biegemoment an den Enden des Balkens, den Lagerstellen A und B Null ist. Im weiteren Verlauf gilt die frühere Erkenntnis, daß in den unbelasteten Abschnitten des Balkens die Momentenfläche durch eine gerade Linie begrenzt wird. Es genügt demnach, wenn wir an der Anschlußstelle des Armes oder, richtiger gesagt, an der Stelle i und an der Stelle k das Moment für eine Seite aufstellen. Tun wir das an der Stelle i, unmittelbar links vom Anschlußpunkt des Hebels unter Betrachtung der linken Seite des Balkens, so wird

$$B_i = -A_v \cdot 4{,}5 = -428{,}6 \cdot 4{,}5 = -1928{,}6\ \text{mkg};$$

entsprechend an der Stelle k unter Verwendung der rechten Seite

$$B_k = +B \cdot 2{,}5 = +428{,}6 \cdot 2{,}5 = +1071{,}4\ \text{mkg}.$$

Wir finden also an derselben Stelle (der Anschluß des Hebels an den Balken ist mathematisch punktförmig gedacht) zwei Werte für das Biegemoment, es muß demnach ein *Sprung* in der Momentenfläche auftreten. Die Ursache dieses

Sprunges ist in der außermittig angreifenden waagerechten Kraft H zu suchen. Legt man den Schnitt durch k, unmittelbar rechts von der Anschlußstelle des Armes, so wirkt H links von dieser Stelle, da ja die Kraft an der Armanschlußstelle auf den Balken übertragen wird und diese links von k liegt; so findet man denn tatsächlich unter Betrachtung des linken Balkenteils:

$$B_k = -A_v \cdot 4{,}5 + H \cdot 1{,}5$$
$$= -428{,}6 \cdot 4{,}5 + 2000 \cdot 1{,}5$$
$$= +1071{,}4 \text{ mkg},$$

also denselben Wert wie in der vorigen Rechnung mit dem rechten Abschnitt. Genau so können wir für die Stelle i den richtigen Wert für das Biegemoment ermitteln, wenn wir den von i rechts liegenden Balkenteil mit dem Einfluß der Kraft H betrachten. Der hier auftretende Sprung ist das Charakteristische für die Momentenfläche bei außermittig wirkenden Horizontalkräften. Die beiden Begrenzungslinien links und rechts von der Sprungstelle für die Momentenfläche sind einander parallel, da das bei Überschreitung der Sprungstelle hinzukommende Momentenglied keine Abhängigkeit von der Balkenlängsrichtung zeigt:

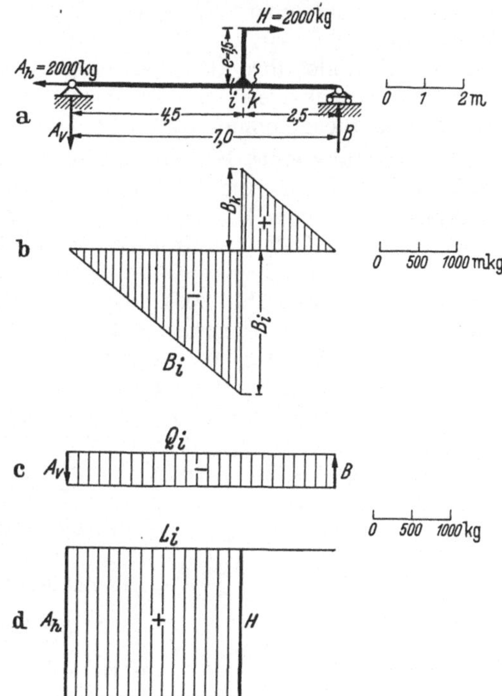

Abb. 204. Belastung durch eine außermittige Kraft.

links von i: $B_x = -A_v \cdot x$,

rechts von k: $B_x = -A_v \cdot x + H \cdot e$;

die so dargestellten Geraden haben also tatsächlich die gleiche Neigung. Die Größe des Sprunges ist gegeben durch das Moment der Horizontalkraft um den Punkt der Balkenachse an der Hebelanschlußstelle (hier durch $H \cdot e = 2000 \cdot 1{,}5$).

Tragen wir die Querkraftfläche auf, indem wir für einen beliebigen Punkt die Querkraft ermitteln, so finden wir, daß für die ganze Länge des Balkens die Querkraft konstant bleibt, da ja waagerechte Kräfte keinen Einfluß haben. Die Sprungstelle zeigt sich in keiner Art in der Querkraftfläche. Das Biegemoment ist also nicht mehr eine Funktion der Querkraft allein, es zeigt sich in der Momentenfläche noch ein Einfluß, der nicht durch quer zur Balkenachse gerichtete Kräfte verursacht ist. Es besteht zwar noch der früher angegebene Zusammenhang der Querkraft mit dem Biegemoment

$$Q_i = \frac{dB_i}{dx}$$

in der Form, daß Q_i die Steigung der Begrenzungslinie der Momentenfläche angibt, aber nicht mehr in der Form, daß die Nullstellen der Querkraftfläche Größtwertstellen der Biegemomentenfläche sind.

Die Längskraftfläche zeigt eine konstante Größe der Längskraft von der Lagerstelle A an bis zum Ansatzpunkt des Hebels, denn für jeden Punkt zwischen A und i wirkt links nur die Horizontalkraft A_h als Zugkraft. An der Anschlußstelle kommt durch H eine neue Längskraft hinzu, entgegengesetzt A_h, so daß zwischen der Ansatzstelle und der Stelle B die Längskraft die Größe Null hat. Die Einleitung der Kraft H in die Balkenachse am Fußpunkt des Hebels können wir statisch so auslegen, als sei die Kraft H parallel mit sich selbst in die Balkenachse verschoben worden. Das dabei anzusetzende zusätzliche Moment erscheint als reines Drehmoment $H \cdot e$ (Kräftepaar!) in der Momentenfläche, die verschobene Kraft H wirkt als Längskraft im Balken weiter zwischen Ansatzstelle und A und findet ihre Gegenwirkung in der Reaktion A_h.

Die Biegelinie weist an der Anschlußstelle des Armes einen Wendepunkt auf, da das Biegemoment hier sein Vorzeichen wechselt.

52. Belastung eines Balkens durch ein Drehmoment. Aus dieser letzten Betrachtung, daß der Angriff der Horizontalkraft statisch betrachtet der Einwirkung eines reinen Momentes gleichkommt, können wir ohne weiteres für die Belastung eines Balkens durch ein reines Drehmoment (Kräftepaar) die Beanspruchungsgrößen (Biegemoment, Querkraft und Längskraft) eines Balkenquerschnitts ermitteln (Abb. 205). Der Angriff des Moments sei symbolisch dargestellt durch einen Vierkant, auf dem ein Rad oder ein Hebel, unter der Einwirkung eines Kräftepaares stehend, aufgesetzt ist. Bei der Ermittlung der Lagerkräfte mit Hilfe der üblichen Momentenbedingungen um die Auflagerpunkte wollen wir beachten, daß wir als äußere Belastung einzig und allein ein Moment (Kräftepaar) haben, das nur eine Drehwirkung (keine Verschiebungswirkung) besitzt. Diese Drehwirkung ist an keinen Bezugspunkt gebunden, denn Kräftepaare sind beliebig in der Ebene verschiebbar, ohne daß sich ihre Wirkung auf den ganzen Körper ändert. Wir erhalten also für die beiden Momentengleichungen:

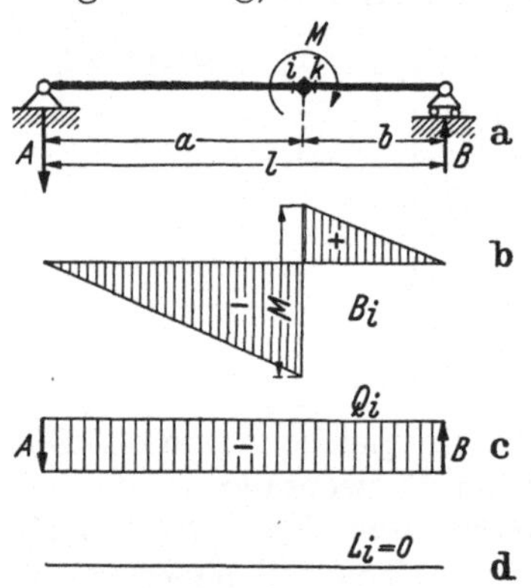

Abb. 205. Belastung eines Balkens durch ein Drehmoment.

$$1. \ (\textstyle\sum M)_A = 0: \quad M - B \cdot l = 0$$

daraus
$$B = +\frac{M}{l}$$

und 2. $(\textstyle\sum M)_B = 0$:

$$M + A \cdot l = 0 \quad (A \text{ nach oben angenommen}),$$

woraus
$$A = -\frac{M}{l}$$

ermittelt wird.

Das negative Vorzeichen heißt, daß die nach oben eingeführte Kraft A in ihrer Richtung umzudrehen ist. Die beiden Gegenkräfte A und B stellen ein Kräftepaar dar, das dem gegebenen Gleichgewicht hält. Die Probe

$$\textstyle\sum V = 0: \qquad A + B = 0$$

zeigt die Richtigkeit der errechneten Werte. Horizontalkräfte sind keine vorhanden, also ist auch keine waagerechte Lagerreaktion zu erwarten.

Mit den ermittelten Auflagerkräften A und B läßt sich die Momentenfläche rechnerisch ermitteln, indem wir für verschiedene Punkte das Biegemoment ausrechnen. Wir werden uns hier selbstverständlich wieder die bereits gewonnene Erkenntnis zunutze machen, daß die Momentenfläche längs unbelasteter Balkenteile geradlinig begrenzt ist. Ermitteln wir für einen Punkt i kurz vor der Angriffsstelle des Momentes das Biegemoment, so wird bei Betrachtung der linken Seite

$$B_i = -A \cdot a.$$

Von rechts her gerechnet, muß das Ergebnis

$$B_i = +B \cdot b - M$$

den gleichen Zahlenwert liefern. Mit der Berechnung des Biegemomentes für eine Stelle k kurz hinter dem Angriff des Momentes ist die Momentenfläche vollständig ermittelt, denn an den Lagerstellen ist das Biegemoment jeweils Null. Die Stelle k hat ein Biegemoment von der Größe

$$B_k = +B \cdot b \qquad \text{für den rechten Teil,}$$

oder $\qquad B_k = -A \cdot a + M \qquad$ für den Teil links von der Schnittstelle.

Wir finden also hier wieder einen Sprung in dem Verlauf der Momentenfläche, der durch das angreifende Moment M verursacht wird. Je nach der Angriffsstelle des Drehmomentes M wird der Sprung verschiedene Lagen haben, also die Momentenfläche sich ändern; aber die Lagerreaktionen bleiben dabei ungeändert, ebenso die Richtungen der schrägen Begrenzungslinien der Momentenfläche.

Die Querkraftfläche zeigt wieder, genau wie beim vorigen Beispiel, einen konstanten Wert für die Querkraft über der ganzen Balkenlänge. Die Längskraftfläche ist überall Null, wenn das Drehmoment in einem Punkt auf den Balken wirkt, da überhaupt keine Kräfte parallel der Stabachse auftreten und auch keine horizontalen Lagerkräfte geweckt werden können.

Der Unterschied zwischen der Einwirkung eines reinen in einem Punkt übertragenen Momentes (Kräftepaares) und der Einwirkung einer außermittigen waagerechten Kraft besteht demnach nur in der Längskraftfläche. Betrachten wir im letzteren Belastungsfall in der schon angegebenen Weise die Horizontalkraft H und die gleich große entgegengerichtete Längskraft A_h am festen Lager als Kräftepaar, dann sehen wir die Übereinstimmung der beiden Aufgaben. Die Längskraftfläche entsteht hier dadurch, daß das Kräftepaar nicht in einem Punkt auf den Balken wirkt, sondern seine beiden Kräfte an verschiedenen Stellen angreifen.

53. Gleichzeitige Beanspruchung eines Balkens durch verschiedenartige Belastungen. Wirken auf einen Balken diese verschiedenen Belastungsarten zusammen, so läßt sich auf analytischem Wege ohne Schwierigkeit die Ermittlung der Lagerreaktionen und die Bestimmung der Momenten-, Quer- und Längskraftfläche durchführen, wobei wir die charakteristischen Eigenschaften der Momentenfläche und der Querkraftfläche an den einzelnen Stellen des Balkens benutzen können.

Belastungsart	Eigenschaften der		Zusammenhang
	Momentenfläche	Querkraftfläche	
Unbelastetes Balkenstück . . .	geradliniger Verlauf (linear veränderlich)	Verlauf parallel zur Nullinie (konstant)	$Q_i = dB_i/dx$
Lotrechte Einzelkraft	Knick $\wedge$	Sprung $\sqsupset$	$Q_i = dB_i/dx$
Gleichmäßig verteilte Belastung	parabolischer Verlauf (quadratisch veränderlich)	geradliniger Verlauf (linear veränderlich)	$Q_i = dB_i/dx$
Außermittige waagerechte Kraft .	Sprung	unbeeinflußt	$Q_i \neq dB_i/dx$
Reines Drehmoment	Sprung	unbeeinflußt	$Q_i \neq dB_i/dx$

Die Längskraftfläche steht nicht im Zusammenhang mit den beiden anderen Beanspruchungen und verläuft bei Einzellasten parallel zur Nullinie mit Sprung an den Angriffsstellen der einzelnen parallel zur Stabachse wirkenden Kräfte.

Manchmal ist es von Vorteil, die Einflüsse der einzelnen Belastungensarten in ihrer Wirkung auf die Momentenfläche getrennt zu kennen. Man ermittelt in diesem Fall die Momentenflächen dieser verschiedenen Belastungsarten gesondert und addiert die so entstehenden Teilmomentenflächen. Daß wir diese Addition vornehmen können, ist eine Aussage des *Superpositionsgesetzes* (Überlagerungsgesetz). Der Beweis dafür liegt in der Definition des Biegemoments als Summe aller biegenden Einflüsse auf einer Seite der zu untersuchenden Schnittstelle des Balkens. Wir können darnach die Einflüsse einzeln ermitteln und übereinander auftragen (graphische Addition).

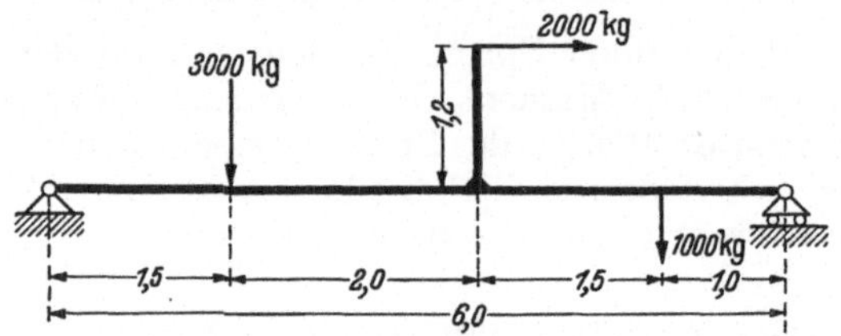

Abb. 206. Belastung durch lotrechte und waagerechte Kräfte.

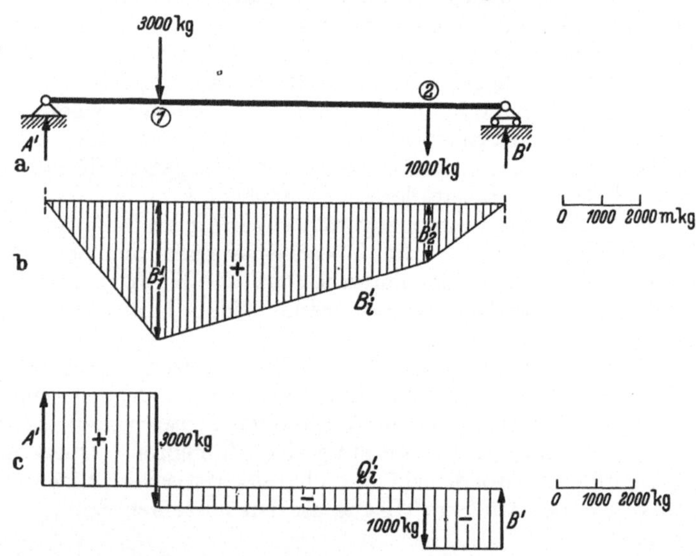

Abb. 207. Teilbelastung durch lotrechte Kräfte.

Zur näheren Erläuterung betrachten wir einen Balken, auf den lotrechte Lasten und eine außermittige waagerechte Kraft wirken (Abb. 206). Wir teilen die Gesamtbelastung auf in

a) eine Belastung durch nur lotrechte Lasten (Abb. 207) und

b) eine Belastung durch die außermittige waagerechte Kraft allein (Abb. 208). Statt der einen Aufgabe haben wir jetzt also zwei Aufgaben zu lösen

a) *Die erste Teilaufgabe* (Abb. 207) bezieht sich auf einen Balken auf zwei Stützen mit zwei lotrechten Einzelkräften. Die Lagerreaktionen (bezeichnet mit einem Strich ') ergeben sich hierfür zu:

1. $(\sum M)_A = 0$: $3000 \cdot 1{,}5 + 1000 \cdot 5{,}0 - B' \cdot 6{,}0 = 0,$

$$B' = 1583{,}3 \text{ kg}.$$

2. $(\sum M)_B = 0$: $A' \cdot 6{,}0 - 3000 \cdot 4{,}5 - 1000 \cdot 1{,}0 = 0,$

$$A' = 2416{,}7 \text{ kg}.$$

Beide Gegenkräfte gehen nach oben. Die Probe ergibt die Richtigkeit der Rechnung:
$$\sum V = 0: \qquad 3000 + 1000 - 1583,3 - 2416,7 = 0.$$

Die Momentenfläche (Abb. 207b) ist durch Berechnung zweier Biegemomente (an den Angriffspunkten der Lasten) aufzuzeichnen:

An der Stelle ① mit Benutzung der linken Seite:
$$B_1' = +A' \cdot 1,5 = +3625 \ \text{mkg}.$$

An der Stelle ② mit Benutzung der rechten Seite:
$$B_2' = +B' \cdot 1,0 = +1583,3 \ \text{mkg}.$$

An den Lagerstellen ist das Biegemoment Null. Die dazwischenliegenden unbelasteten Balkenstücke weisen eine geradlinige Begrenzung der Momentenfläche auf, so daß diese durch Verbindung der vier Punkte gezeichnet werden kann.

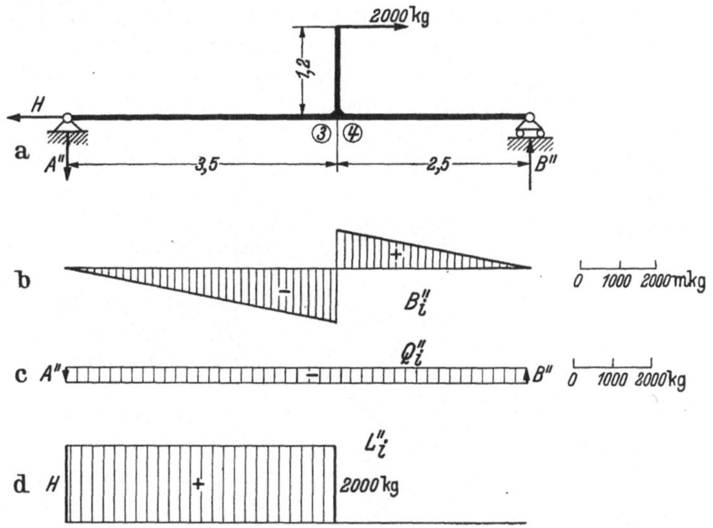

Abb. 208. Teilbelastung durch eine außermittige waagerechte Kraft.

Die Querkraftfläche wird in der üblichen Weise, durch Aneinanderreihen der vertikalen Kräfte in ihren jeweiligen Wirkungsstellen, gewonnen (Abb. 207c).

b) *Die zweite Teilaufgabe* (Abb. 208) umfaßt den Balken auf zwei Stützen mit einer außermittigen, waagerechten Kraft. Die Lagerreaktionen (bezeichnet mit zwei Strichen '') ergeben sich zu:

1. $(\sum M)_A = 0:$ $\qquad 2000 \cdot 1,2 - B'' \cdot 6,0 = 0,$

$\qquad B'' = 400 \ \text{kg}$, nach oben gerichtet.

2. $(\sum M)_B = 0:$ $\qquad 2000 \cdot 1,2 + A'' \cdot 6,0 = 0,$

$\qquad A'' = -400 \ \text{kg}$, negatives Vorzeichen, d. h. A'' ist nach unten gerichtet.

3. $\sum H = 0:$ $\qquad H = 2000 \ \text{kg}.$

Die Momentenfläche (Abb. 208b) ist durch Ermittlung der Biegemomente zweier Punkte links und rechts von der Hebelanschlußstelle (Sprungstelle der Momentenfläche) festgelegt. Es wird für die Stelle ③ (linke Seite):

$$B_3'' = -A'' \cdot 3,5 = -1400 \ \text{mkg},$$

für die Stelle ④ (rechte Seite):

$$B_4'' = +B'' \cdot 2{,}5 = +1000 \text{ mkg}.$$

An den Lagerstellen ist das Biegemoment Null. Die Begrenzung der Momentenfläche ist gegeben durch die geradlinige Verbindung der vier Punkte. Die Querkraft der zweiten Teilbelastung ist über die ganze Länge des Balkens konstant.

Die bei der wirklichen Belastung entstehenden Lagerkräfte sind durch die algebraischen Summen der eben errechneten gegeben:

$$A_v = A' + A'' = 2416{,}7 - 400 = 2016{,}7 \text{ kg (nach oben gerichtet),}$$

und　$B = B' + B'' = 1583{,}3 + 400 = 1983{,}3 \text{ kg (nach oben gerichtet).}$

Wollen wir nun die beiden Momentenflächen übereinanderlagern (graphisch addieren), so ist es selbstverständlich, daß wir für die Auftragung der beiden Teilmomentenflächen den gleichen Maßstab wählen müssen, ebenso für die beiden Querkraft- und Längskraftflächen. Die resultierende Momentenfläche ergibt sich als die von beiden Momentenlinien umgrenzte übrigbleibende Fläche (Abb. 209a). Man kann die so gewonnenen Ordinaten von einer horizontalen Achse aus auftragen und erhält dann die in Abb. 209b dargestellte Fläche.

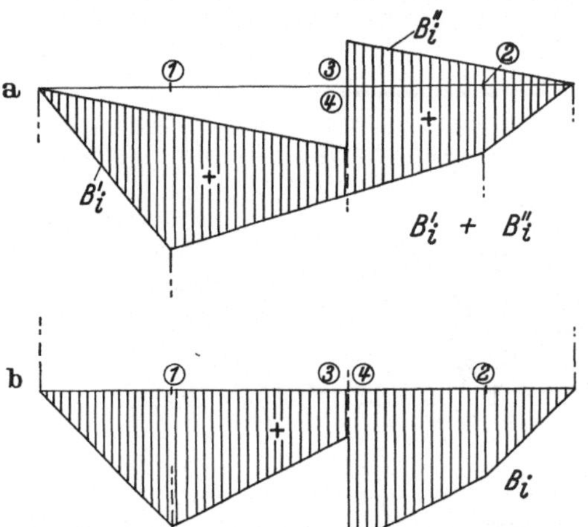

Abb. 209. Algebraische Addition der Momentenflächen.

Die Ermittlung der ersten Teilmomentenfläche (Teilaufgabe a) kann nun auch graphisch erfolgen, während für die zweite keine graphische Lösung anzusetzen ist. Beide Momentenflächen müssen bei der Überlagerung den gleichen Maßstab besitzen. Wir werden dann den Maßstab der zweiten Teilmomentenfläche nach dem der ersten richten, und müssen deshalb feststellen, welcher Maßstab der graphischen Lösung der ersten Teilaufgabe zugrunde liegt. Es wird bei der graphischen Ermittlung das Biegemoment gefunden durch

$$B_i' = [y_i] \cdot h \cdot n,$$

wobei $[y_i]$ die aus der Zeichnung abgegriffene Ordinate in cm darstellt und h in kg ausgedrückt ist. Soll nun ein Moment der zweiten Teilmomentenfläche mit dem Maßstab 1 cm = m mkg in dem gleichen Maßverhältnis erscheinen, dann muß nach Formel (27) der Maßstab

$$m = h_{\text{kg}} \cdot n$$

gewählt werden.

In gleicher Weise wie die Momentenflächen lassen sich auch die Querkraftflächen (und evtl. die Längskraftflächen) der beiden Teilaufgaben überlagern.

Natürlich können alle die endgültigen Ergebnisse (zusammengesetzte Momentenfläche, Querkraftfläche und endgültige Lagerreaktionen) auch durch direkte Betrachtung der gesamten Belastung des gegebenen Beispiels gewonnen werden (Abb. 210). Es ergeben sich die Lagerreaktionen aus den Momentenbedingungen für die beiden Lagerpunkte:

$$(\textstyle\sum M)_A = 0: \qquad 3000 \cdot 1{,}5 + 2000 \cdot 1{,}2 + 1000 \cdot 5{,}0 - B \cdot 6{,}0 = 0\,,$$
$$B = 1983{,}3 \text{ kg}.$$

$$(\textstyle\sum M)_B = 0: \qquad A_v \cdot 6{,}0 - 3000 \cdot 4{,}5 + 2000 \cdot 1{,}2 - 1000 \cdot 1{,}0 = 0\,,$$
$$A_v = 2016{,}7 \text{ kg}.$$

Für die Aufzeichnung der Momentenfläche beachten wir, daß an den Angriffsstellen der lotrechten Einzelkräfte Knickstellen in der Begrenzungslinie der Momentenfläche entstehen; wir werden an diesen Punkten ① und ② also die

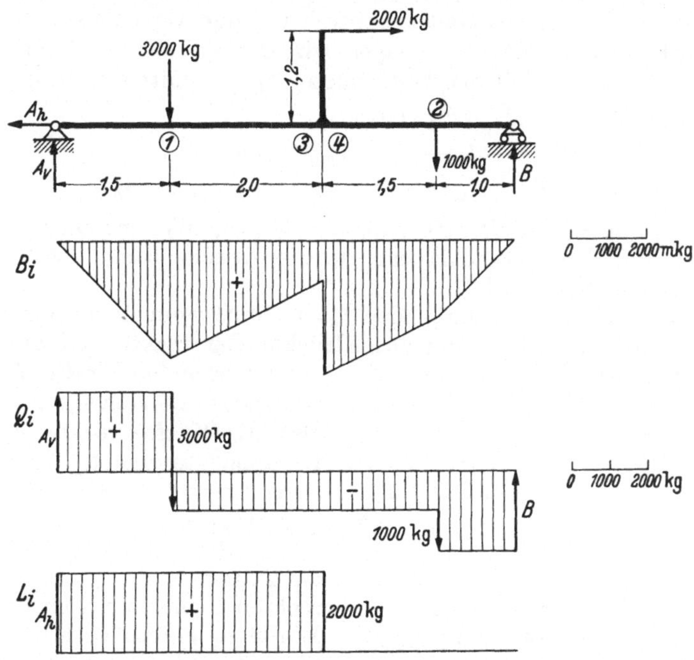

Abb. 210. Zur analytischen Behandlung von lotrechten und außermittigen Kräften.

Biegemomente errechnen müssen. An der Anschlußstelle des Hebels mit der Horizontalkraft entsteht ein Sprung in der Momentenlinie; wir müssen demnach für diesen Sprung die beiden Werte des Biegemoments bestimmen (Stelle ③ und ④). Es wird das Biegemoment an den verschiedenen Stellen:

$$B_1 = +A \cdot 1{,}5 = +3025 \text{ mkg}\,,$$
$$B_2 = A \cdot 5{,}0 - 3000 \cdot 3{,}5 + 2000 \cdot 1{,}2$$

oder einfacher:
$$B_2 = B \cdot 1{,}0 = 1983{,}3 \text{ mkg}\,,$$
$$B_3 = A \cdot 3{,}5 - 3000 \cdot 2{,}0 = 1058{,}3 \text{ mkg}\,,$$
$$B_4 = B \cdot 2{,}5 - 1000 \cdot 1{,}5 = 3458{,}3 \text{ mkg}\,.$$

Der Sprung in der Momentenfläche ist gleich dem Moment der Horizontalkraft:

$$2000 \cdot 1{,}2 = 2400 \text{ mkg}.$$

54. Innere Kräfte bei Balkenkonstruktionen. Wir haben schon früher den Begriff einer inneren Kraft kennengelernt, zunächst bei Stäben, die durch eine Längskraft beansprucht werden: wenn der Stab von außen her gezogen wird, so wehrt er sich gegen diese Einflüsse und übt selbst Gegenkräfte gegen die Endpunkte aus. Auf diese Weise wurde die von außen wirkende Kraft durch den Stab nach dem anderen Endpunkt weitergeleitet: sie wurde also durch den Stab übertragen. An dem Endpunkt entstand so eine Gegenkraft gleich P. Diese im Stab geweckte Kraft P ist eine innere Kraft und geht durch jeden Querschnitt. Etwas Ähnliches liegt auch bei einem Balken in allgemeiner Belastung vor. Wir haben gesehen, daß im allgemeinen für jede Stelle eines Balkens eine Längskraft, eine Querkraft und ein Biegungsmoment entstehen, die berechnet werden können. Diese Einflüsse werden nach den Ausführungen auf Seite 106 in den einzelnen Querschnitten auftreten. Wenn nun in dem betreffenden Querschnitt die beiden Balkenteile so miteinander verbunden sind, daß sie sich nicht gegeneinander verdrehen oder verschieben können (weder lotrecht noch waagerecht), dann sagen wir, der Querschnitt kann diese Beanspruchung übertragen. Für den bezeichneten Querschnitt i in Abb. 211 tritt auf:

eine Querkraft $Q_i = A_v - P_1 \cdot \cos \alpha$,

eine Längskraft $L_i = -A_h - P_1 \cdot \sin \alpha$ und

ein Biegemoment $B_i = A_v \cdot a - P_1 \cdot \cos \alpha\,(a - p_1) - A_h \cdot \dfrac{h}{2} + P_1 \cdot \sin \alpha \cdot \dfrac{h}{2}$

(das Moment von A_h und $P_1 \cdot \sin \alpha$ für den Mittelpunkt des Querschnitts wurde in früheren Aufgaben vernachlässigt, da die Höhenausdehnung h des Balkens zu Null angenommen wurde).

Diese Einflüsse müssen durch den Querschnitt vom linken auf den rechten übertragen werden, oder anders ausgedrückt: Der rechte Teil muß unter der Einwirkung dieser Einflüsse und der auf ihn wirkenden Kräfte P_2 und B im Gleichgewicht stehen. Danach müssen also die Kräfte rechts eine lotrechte Komponente ergeben, gleich aber entgegengesetzt Q_i, eine waagerechte, gleich aber entgegengesetzt L_i und ein Moment, gleich aber entgegengesetzt dem Biegungsmoment B_i. Es sind also die vom rechten nach dem linken Teil wirkenden Einflüsse entgegengesetzt denjenigen, die vom linken gegen den rechten Teil wirken. Das ist einfach das Gesetz von Wirkung und Gegenwirkung. Daraus ergibt sich wieder die Berechtigung, die positive Querkraft für den rechten Teil

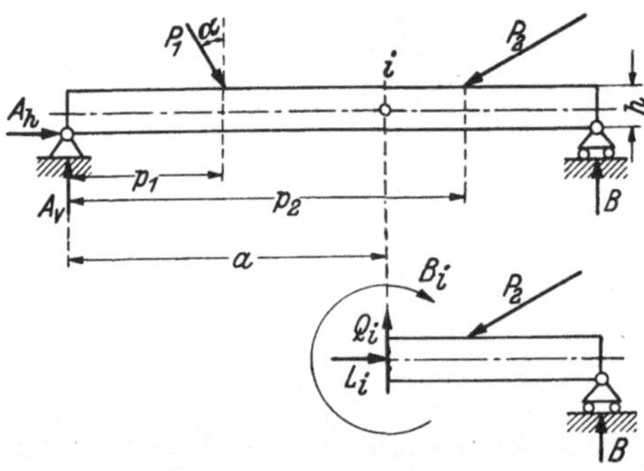

Abb. 211. Innere Einflüsse eines Querschnittes.

mit umgekehrter Richtung einzuführen, wie für den linken Teil, das positive Moment links mit entgegengesetztem Drehsinn von rechts. Die durch die Balkenquerschnitte geleiteten Einflüsse nennt man, wie schon auf Seite 106 bemerkt, innere Einflüsse, also innere Kräfte oder inneres Moment. Wir können den rechten Balkenteil losgelöst denken und ihn für sich betrachten, wenn wir außer den auf ihn von außen wirkenden Kräften (P_2, B) noch die inneren Einflüsse wirken lassen; unter der Einwirkung der äußeren Kräfte und dieser inneren Einflüsse muß dann ein Gleichgewichtszustand vorliegen. Für die Dimensionierung der Querschnitte eines Balkens muß man diese inneren Kräfte und Momente kennen; der einzelne Querschnitt muß so ausgebildet werden, daß diese Einflüsse sicher übertragen werden können. Wie dies zu geschehen hat, ist eine Frage der Festigkeitslehre.

Wie schon auf Seite 106 ausgeführt wurde, üben die Querkraft, Längskraft und das Biegungsmoment zusammengenommen die gleiche Wirkung auf den

Querschnitt aus wie die Resultante aller Kräfte links oder rechts vom Querschnitt. Man kann also die Resultierende aller Kräfte links bilden, und diese muß, da die Balkenteile in dem betreffenden Querschnitt zusammenhängen, durch diesen Querschnitt auf den rechten Teil übertragen werden; also ist der Querschnitt so auszubilden, daß er diese Kraft übertragen kann. Das ergibt dieselbe Aussage wie die obige, d. h.: ob wir uns ausdrücken, der Querschnitt muß die Querkraft, die Längskraft und das Biegungsmoment übertragen können, oder ob wir sagen, er muß die eben erwähnte Resultierende nach dem rechten Teil überführen können, kommt auf das gleiche hinaus.

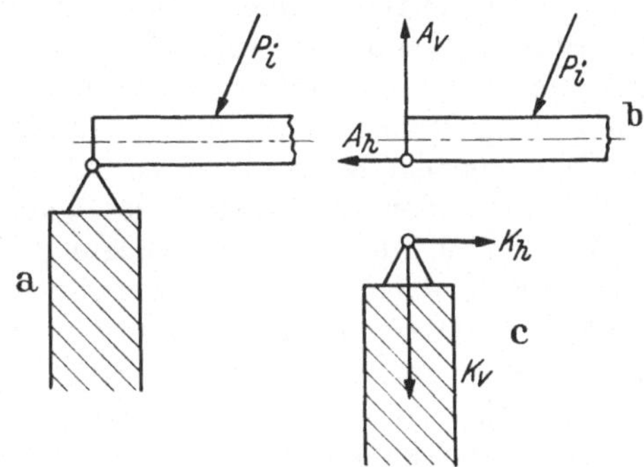

Abb. 212. Kraft zwischen Balken und Unterlage.

Diese inneren Einflüsse treten zunächst gar nicht in Erscheinung; sie kommen dem Betrachter erst zum Bewußtsein, wenn er sich überlegt, welche Einflüsse durch einen Querschnitt von der einen Seite des Balkens nach der anderen übertragen werden. Es ist etwas ganz Ähnliches wie bei den Lagern: wenn wir die ganze Konstruktion, den Balken mit seinen Pfeilern, betrachten (Abb 212), dann erscheinen die Lagerreaktionen nicht; in jedem Lager wirken die Kraft vom Balken auf die Unterlage, Komponenten K_v und K_h, und gleichzeitig die Gegenkraft von der Unterlage gegen den Balken, Komponenten $A_v = K_v$ und $A_h = K_h$; diese heben sich gegenseitig auf. Wenn wir aber den Balken für sich ansehen, d. h. nur die Kräfte berücksichtigen, die auf den Balken wirken, wenn wir also den Balken losgelöst von der Unterlage denken, dann müssen wir die Lagerreaktionen als Kräfte, die von der Unterlage gegen ihn wirken, einführen (Abb. 212 b). So ist es auch mit den inneren Kräften bei einem Balken. Wir können uns einen Balkenteil durch den Querschnitt von dem anderen Balkenteil losgelöst denken, müssen aber dann die Kräfte, die von dem abgelösten auf den anderen Teil wirken, berücksichtigen. Diese letzteren sind innere Kräfte.

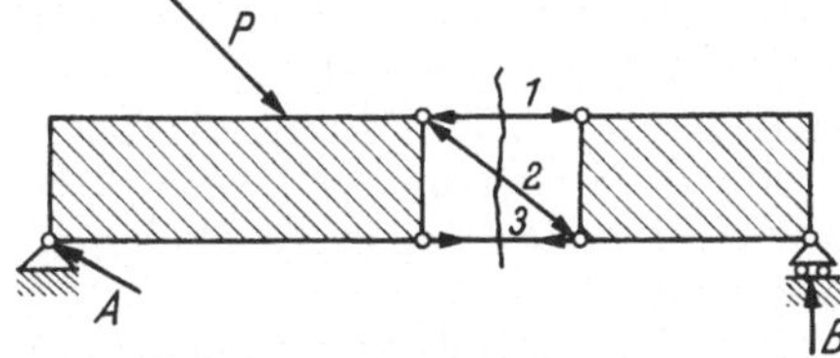

Abb. 213. Ersatz der festen Querschnittsverbindung durch drei Stäbe.

Wenn der Balken festhalten soll, so muß Sorge getragen werden, daß die von dem einen auf den anderen Teil wirkende Kraft bzw. — was auf dasselbe herauskommt — die erzeugte Querkraft, Längskraft und das Biegungsmoment sicher nach dem anderen Teil geleitet werden. Das kann durch die feste undrehbare und unverschiebliche Verbindung der beiden Balkenteile, also durch das feste Verbundensein in einem Querschnitt geschehen. Es ist dies aber auch dadurch möglich, daß zwischen den beiden Teilen drei Stäbe eingezogen werden. Die Resultierende R aller Kräfte des einen Balkenteiles kann ja durch die Stäbe eindeutig weitergeleitet werden. Wir brauchen nur diese Resultante in drei Komponenten in Richtung dieser Stäbe zu zerlegen und haben damit die Kräfte, die in den Stäben auf den rechten Teil wirken; die umgekehrten Kräfte der Stäbe würden dann mit den auf den linken Teil wirkenden Kräften im Gleichgewicht stehen. Im vorliegenden Falle (Abb. 213) würde der obere Stab und die Strebe drückend wirken, der untere Stab ziehend. Statt der drei Einflüsse: Querkraft, Längskraft und Biegungsmoment treten jetzt die drei Stabkräfte auf. Man findet offenbar die Stabkräfte selbst unmittelbar dadurch, daß man die Resultierende der Kräfte auf der einen Seite mit ihnen ins Gleichgewicht setzt und die Pfeile an *den* Stabenden einträgt, die zu dem betreffenden Balkenteil gehören; so ist hier B im Gleichgewicht mit S_1, S_2, S_3 (mit den rechts vom Schnitt liegenden Richtungspfeilen).

Um diese inneren Einflüsse zu erkennen, müssen wir also Schnitte legen; beim vollwandigen Balken Querschnitte, im letzten Falle einen Schnitt durch drei Stäbe. Wenn man sagt, das Biegungsmoment ist die algebraische Summe der Momente aller Kräfte links von einer Stelle, so ist dies tatsächlich nicht präzis ausgedrückt, sondern wir müssen uns einen Schnitt gelegt denken und das Moment aller Kräfte links von dem Schnitt für einen bestimmten Punkt aufstellen, etwa den Mittelpunkt des Querschnittes.

Wir haben also bei dem Biegungsmoment, der Querkraft und der Längskraft mit inneren Einflüssen gerechnet, ohne daß deren Wirkung seither besonders hervorgetreten ist. Solange wir die *Gesamt*konstruktion betrachten, werden wir von diesen inneren Kräften nichts merken, brauchen sie also nicht in Rechnung zu setzen. Denn Einflüsse, die innerhalb einer Konstruktion so auftreten, daß sie nach außen keine Wirkung irgendwelcher Art ausüben, stehen innerhalb dieser Konstruktion im Gleichgewicht, z. B. das Biegungsmoment von links und das von rechts. Es wird demnach zu jeder inneren Kraft eine gleich große entgegengerichtete Kraft in gleicher Wirkungslinie gehören, so daß diese Kräfte bei Betrachtung der Gesamtkonstruktion in ihrer Wirkung sich aufheben. Das gilt auch, wie oben bemerkt, für die Kraft zwischen Balken und Unterlage, wenn wir Balken *und* Unterlage als Gesamtkonstruktion betrachten. Will man die inneren Einflüsse berechnen, so muß man einen Schnitt gelegt und einen Teil der Konstruktion abgelöst denken.

Die seitherige scheinbar ungleiche Behandlung der inneren Kräfte bei Ermittlung einerseits der Lagerreaktionen durch die Gleichgewichtsbedingungen, andererseits z. B. der Biegemomente als Summe aller Momente auf einer Seite der Schnittstelle, bietet also keinen Widerspruch, denn wenn wir nur einen Teil einer Konstruktion (durch Abtrennung) betrachten, so ist eine der beiden inneren Kräfte, die sich in der Gesamtkonstruktion aufheben, weggeschnitten und die übrigbleibende tritt in Erscheinung; das war bei Abtrennung des Balkens vom Lager der Fall.

55. Balken mit Nebenkonstruktionen. Bei solchen Schnitten können, je nach der Ausbildung der Konstruktion, unter Umständen andere Konstruktionsteile getroffen werden, die ihrerseits innere Kräfte weiterleiten und für die Aufstellung der im Balken gesuchten inneren Einflüsse (z. B. Biegungsmoment) von wesentlicher Bedeutung sind. Das sei nun an Beispielen klargemacht.

In dem ersten Beispiel seien die „inneren Kräfte" als Seilkräfte wirksam. An dem in Abb. 214a dargestellten Balken ist an dem einen Ende ein Seil befestigt, das über eine Rolle, die oberhalb des zweiten Balkenendes angebracht ist, geleitet wird und mit einem Gewicht Q belastet ist. Wir haben hier eine Scheibe, die aus dem Balken und dem steif mit ihm verbundenen Arm besteht, an dessen Ende die Rolle befestigt ist. Wollen wir die Lagerreaktionen errechnen, so betrachten wir den Gleichgewichtszustand der gesamten Konstruktion losgetrennt von der Unterlage. Wir haben von außen betrachtet an dem ganzen System nur die Last Q. Mit dieser müssen die beiden Lagerreaktionen A und B im Gleichgewicht stehen. Wir sehen sofort, daß die Kraft $B = Q$ ist und die Lagerkraft A Null wird (der Rollendurchmesser wird vernachlässigt). Die Belastung kann geradezu durch die nach Abb. 214b ersetzt werden. Beachten wir, daß in dieser Konstruktion „innere Kräfte" vorhanden sind in Form der Seilkraft, dann müßten wir auch unter Berücksichtigung *aller* inneren Kräfte zum gleichen Ergebnis kommen. Die Seilkraft wird erkenntlich, wenn wir das Seil durchschneiden und *uns* in den Schnitt eingefügt denken. Wir müßten in diesem Fall, um das Gleichgewicht (Ruhezustand) aufrechtzuerhalten, einen beiderseitigen Zug ausüben, d. i. also eine Kraft, die sowohl auf den Punkt A als auch auf die Rolle ziehend wirkt. Diese Seilkraft ist gleich der Belastung Q.

Es wirken also, rein statisch gesehen, drei Kräfte (Abb. 214c) auf den Balken: die äußere Belastung Q (an der Rollenstützung) und die beiden inneren Kräfte von der Größe Q, die eine am linken Balkenende unter dem Winkel α nach rechts oben, die andere an der Rollenstütze nach links unten. Bei den Gleichgewichtsbetrachtungen am ganzen Körper (Konstruktion) sind die beiden Seilkräfte in ihrer Gesamtwirkung Null, sie heben sich auf, d. h. wir brauchen sie in diesem Fall nicht zu berücksichtigen. Würden wir sie beide etwa in die Momentengleichung für B einführen, so fielen die Momente dieser beiden Seilkräfte fort und wir hätten:

$$A \cdot l + Q \cdot r - Q \cdot r = 0,$$
$$A = 0.$$

Wollen wir aber das Biegemoment für einen beliebigen Punkt i im Abstand x von der linken Lagerstelle ermitteln, so müssen wir das statische Bild mit den beiden Seilkräften betrachten. Wir zerlegen zweckmäßig die Seilkräfte, die unter dem Winkel α gegen die Stabachse geneigt sind, in ihre beiden Komponenten $Q \cdot \sin\alpha$ und $Q \cdot \cos\alpha$. Das nun entstandene Bild ist ein Balken mit lotrechter und außermittiger waagerechter Belastung, den wir in bekannter Weise behandeln können. Das Biegemoment für den Punkt i wird

$$B_i = (Q \cdot \sin\alpha) \cdot x.$$

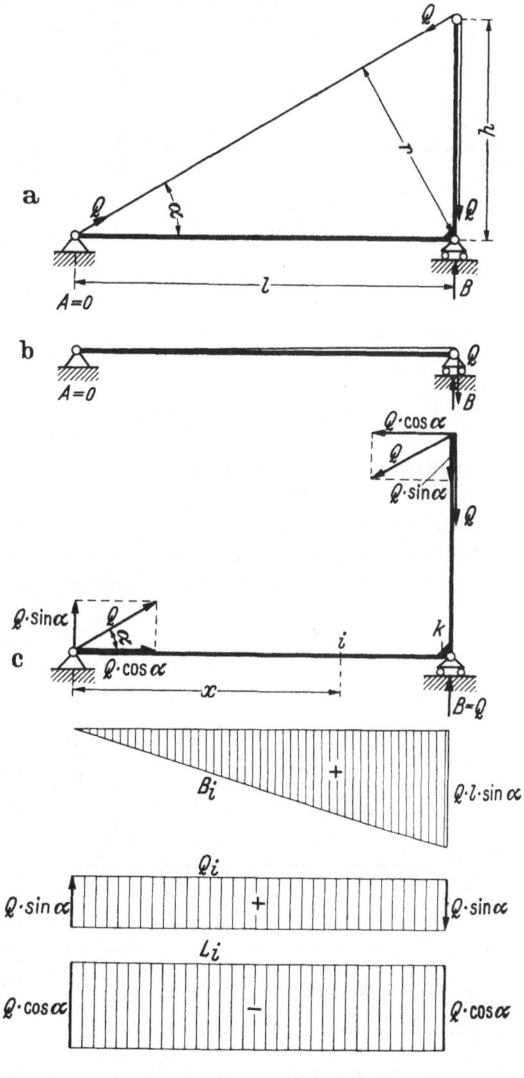

Abb. 214. Balken, durch eine Seilkraft beansprucht.

Wir können diesen Gedanken auch etwas anders ausdrücken: Um das Biegemoment zu erhalten, müssen wir einen Schnitt legen, und zwar einen Schnitt durch die ganze betrachtete Konstruktion (Abb. 215). Dieser Schnitt trifft hier auch das Seil. Wir können den rechten Teil fortnehmen, wenn wir noch die im Seil von dem rechten auf den linken Teil wirkende Kraft $S = Q$ als äußere Kraft einführen; so entsteht für den linken Teil das Bild 215b. Das Biegungsmoment ist gegeben durch $B_i = (Q \cdot \cos\alpha) \cdot y.$

Statt dessen können wir auch die Kraft S am Punkt A in zwei Komponenten zerlegen und erhalten:

$$B_i = (Q \cdot \sin\alpha) \cdot x.$$

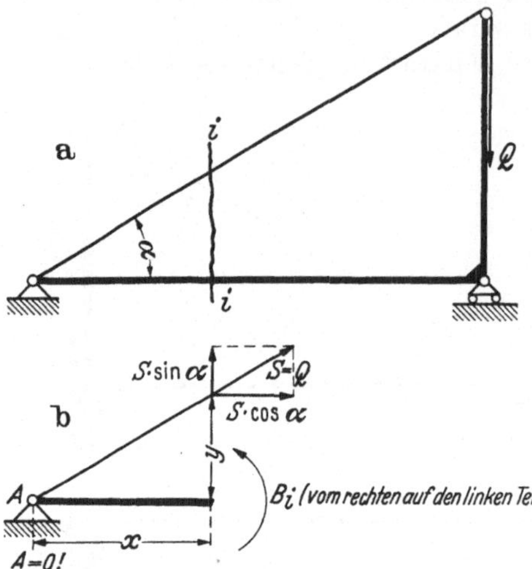

Abb. 215. Schnitt durch die Konstruktion.

Beide Ausdrücke stimmen überein, da

$$y = x \cdot \operatorname{tg}\alpha.$$

Die Querkraft ist durch $S \cdot \sin\alpha$ gegeben, die Längskraft durch $S \cdot \cos\alpha$.

Die Momentenfläche ist, da der Ausdruck für B_i die Größe x nur linear enthält, eine schräge Gerade, die am rechten Lager mit einem Sprung (entsprechend der exzentrischen Horizontalkraft) auf Null abfällt (Abb. 214c). Stellt man das Biegemoment für einen Punkt unmittelbar links von B unter Berücksichtigung des rechten Teiles auf, so hat man:

$$B_k = Q \cdot \cos\alpha \cdot h + Q \cdot 0 + Q \cdot \sin\alpha \cdot 0 - B \cdot 0;$$

bei Verwendung des linken Teiles:

$$B_k = Q \cdot \sin\alpha \cdot l,$$

also das gleiche Ergebnis, da $h = l \cdot \operatorname{tg}\alpha$.

Das Biegemoment ist positiv, der Balken wird also nach unten durchgebogen (Hohlseite nach oben).

Ganz anders wäre die Sachlage, wenn das am Balkenende A befestigte Seil nicht über eine solche Rolle liefe, die am System selbst, sondern die außerhalb, d. h. an einem anderen Körper befestigt wäre (Abb. 216). Dann wirkt auf den Balken selbst nur die Kraft $S = Q$ am linken Lager, und es wäre:

$$A_v = S \cdot \sin\alpha, \quad A_h = S \cdot \cos\alpha,$$
$$B = 0.$$

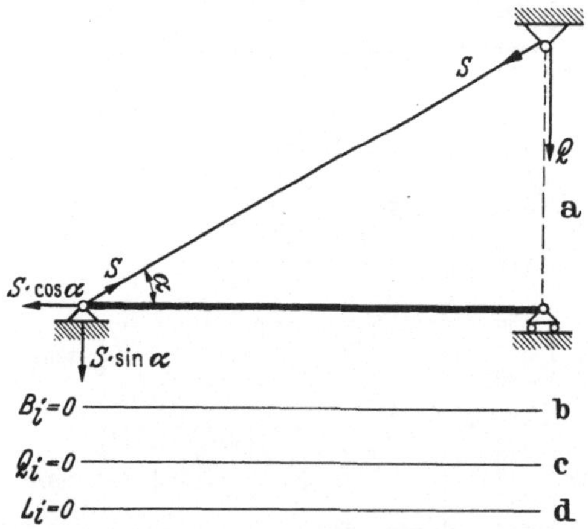

Biegungsmoment, Querkraft und Längskraft sind für alle Balkenachsenpunkte gleich Null.

Ein weiteres Beispiel, bei dem die äußere Belastung überhaupt ganz fehlt, ist der in Abb. 217 dargestellte Balken, der durch die Verspannung (Spannschloß K) eines Spannseiles beansprucht und durchgebogen wird. Bei Betrachtung der Gesamtkonstruktion ist keine Kraft zu erkennen; der Balken ist also äußerlich unbelastet, die Lagerreaktionen werden Null, sofern die Konstruktion als gewichtslos angesehen wird. In Wirklichkeit haben die angebrachten Lager das Eigengewicht der Konstruktion zu tragen, aber nur dieses. Für die Aufstellung der Biegemomente zeichnen wir uns wieder (Abb. 217b) das statische Bild der äußeren (hier Null!) und inneren Kräfte auf, d. h. wir denken das gespannte Seil durchschnitten und führen die Seilkraft als äußere Kraft ein. Wir finden das Biegemoment für jeden Punkt des Balkens

$$B_i = \text{konst.} = S \cdot h.$$

Abb. 216. Balken mit Belastung durch ein Seil, das außerhalb befestigt ist.

Die Momentenfläche ist also durch ein Rechteck mit der Höhe $S \cdot h$, aufgetragen im Momentenmaßstab, dargestellt. Die Querkraftfläche verschwindet völlig und die Längskraftfläche zeigt an jeder Stelle des Balkens die Längskraft von der Größe S. — Auch hier können wir selbstverständlich wieder einen Schnitt durch die ganze Konstruktion legen und erhalten das gleiche Ergebnis.

Außer als Seil- oder Stabkräfte können die inneren Kräfte auch in Form von Kraft und Gegenkraft an der Anschlußstelle eines Konstruktionsteils an einem anderen auftreten, wie es z. B. die Abb. 218 zeigt.

Für die Ermittlung der Lagerreaktionen des unteren Balkens (Kranträger) genügt es, wenn wir nur die äußere Kraft Q betrachten. Sobald wir aber Biegemomente oder Querkräfte für den Balken aufstellen wollen, müssen wir die Zwischenreaktionen C und D ermitteln und so einführen, wie sie auf den zu untersuchenden Balken wirken. Diese Verbindungskräfte C und D stellen hier wieder innere Kräfte dar, die beim Gesamtbild nicht in Erscheinung treten, weil sie als Kraft und Gegenkraft vorkommen, also sich innerhalb der Konstruktion das Gleichgewicht halten. Die ausgezogen gezeichneten Kräfte C und D sind diejenigen, die vom Kran auf den Träger wirken, die gestrichelten die Gegenkräfte C' und D' vom Träger gegen den Kran. Der Träger ist also hier die Unterlage für den Kran als Balken auf zwei Stützen. Wir trennen den eigent-

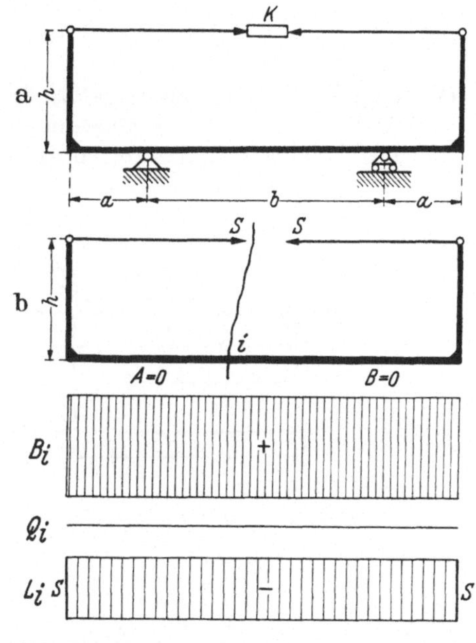

Abb. 217. Balken, belastet durch ein Spannseil mit Vorspannung.

lichen Kran von seinem Träger ab und ermitteln die Gegenkräfte C' und D' für diesen Kran aus Gleichgewichtsbetrachtungen, indem wir zunächst C' und D' nach oben einführen:

1. $(\sum M)_C = 0$: $\qquad Q \cdot (b + d) - D' \cdot b = 0,$

$$D' = Q \cdot \frac{b+d}{b}, \text{ auf den Kran nach oben wirkend.}$$

2. $(\sum M)_D = 0$: $\qquad Q \cdot d + C' \cdot b = 0,$

$$C' = -Q \cdot \frac{d}{b} \, ; \ C' \text{ wirkt also auf den Kran nach unten.}$$

(Diese negative Lagerreaktion verlangt eine entsprechend abhebsichere Konstruktion.)

Diese Gegenkräfte C' und D', die in der angegebenen Weise auf den Kran wirken, entstehen dadurch, daß der Kran seinerseits auf den Träger gestützt ist, also auf ihn Kräfte ausübt. Diese (C und D) sind den eben ermittelten Kräften (C' und D') entgegengesetzt (Aktion = Reaktion). Hier haben wir wieder die Bestätigung, daß innere Kräfte immer innerhalb der Gesamtkonstruktion ihre Gegenwirkung finden, daß sie also bei der Betrachtung der Gesamtkonstruktion als wirkende Kraft nicht mehr in Erscheinung treten.

Die Lagerreaktionen des Kranträgers (Balken AB) lassen sich demgemäß, wie schon vorhin erwähnt, mit der äußeren Kraft Q allein ermitteln:

1. $(\sum M)_A = 0:$ $\qquad Q \cdot (a + b + d) - B \cdot l = 0,$

$$B = Q \cdot \frac{a + b + d}{l}, \text{ nach oben gerichtet.}$$

2. $(\sum M)_B = 0:$ $\qquad Q \cdot (d - c) + A \cdot l = 0,$

$$A = -Q \cdot \frac{d - c}{l}.$$

Die Lagerkraft A ist als negative Lagerreaktion nach unten gerichtet.

Für die Aufstellung der Biegemomente werden wir uns am besten das statische Bild des Balkens mit den durch die Trennung frei gewordenen inneren Kräften

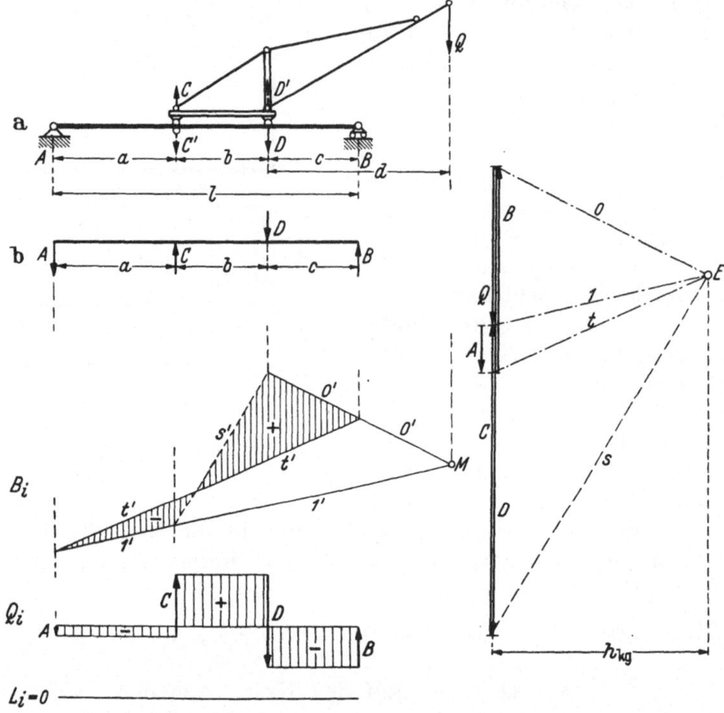

Abb. 218.   Balken, belastet durch einen Kran.

aufzeichnen (Abb. 218 b) und hierfür die Momentenfläche ermitteln. Diese ganze Aufgabe läßt sich sehr bequem auch rein graphisch durchführen. Wir ersetzen wieder zuerst für den Kranträger die Kraft Q durch die Kräfte (Aktionen) C und D, d. h. wir zerlegen die Last Q in ihre Komponenten C und D. Die praktische Durchführung ist nach Seite 84 die, daß wir nach Annahme eines beliebigen Poles E durch einen willkürlichen Punkt M auf der Wirkungslinie von Q die Seilseiten $0'$ und $1'$ zeichnen, sie mit den Wirkungslinien von C und D zum Schnitt bringen und diese Schnittpunkte durch die Schlußlinie s' verbinden. Die Parallele s im Krafteck zu dieser Schlußlinie schneidet die beiden Komponenten C und D aus. Die Richtung der Komponenten ist dadurch gegeben, daß sie dem durch die Last Q festgelegten Umfahrungssinn entgegengerichtet sind, also C nach oben, D nach unten. Für die weitere Behandlung der Aufgabe sind nun die beiden Komponenten (Aktionen) C und D als Belastung des Balkens aufzufassen. Es stehen am Kranträger die Kräfte C und D mit den Lagerreaktionen A und B im Gleichgewicht. Die Lösung dieser Gleichgewichtsaufgabe erfolgt in der bekannten Weise: zunächst werden die zu den Kräften C und D gehörigen Pol- und Seilstrahlen so angetragen, daß in einem Punkt einer Kraft im Kräftebild (Balken) *die* beiden Strahlen sich treffen, die im Krafteck die entsprechende Kraft einschließen. Diese Anordnung ist nun bei unserer Aufgabe schon gegeben durch die vorherige Zerlegungsaufgabe: auf der Wirkungslinie der Kraft C schneiden sich die Seilstrahlen $1'$ und s', auf der Wirkungslinie von D die Seilstrahlen s' und $0'$, und andererseits liegt im Krafteck zwischen 1 und s die Kraft C und zwischen s und 0 die Kraft D. Der Linienzug $1', s', 0'$ ist demnach das zu den Kräften C und D gehörige Seileck. Wir brauchen also nach den früheren Ausführungen nur die Seilstrahlen $1'$ und $0'$ als äußere Seilseiten zum Schnitt zu bringen mit den Wirkungslinien der Auflagerreaktionen und erhalten das richtige Seileck $t', 1', s', 0', t'$. Schlußlinie dieses Seilecks ist die Seilseite zwischen A und B, also t'. Die Parallele zur Schlußlinie t' durch den Pol E schneidet uns im Krafteck die Auflagergegenkräfte A und B aus. Die Richtungen dieser Reaktionen sind als Gleichgewichtskräfte in dem durch D und C gegebenen Umfahrungssinn einzutragen.

Nach unserer früheren Aussage über das Wesen der inneren Kräfte müßten sich die beiden Lagerkräfte auch direkt mit der Last Q ermitteln lassen. Wir finden tatsächlich diese Aussage hier bestätigt, denn um Q mit A und B ins Gleichgewicht zu setzen, mußten ja nach Annahme eines beliebigen Pols E durch einen willkürlichen Punkt M auf der Wirkungslinie von Q Parallelen zu 0 und 1 gezogen und diese mit den Geraden von A und B zum Schnitt gebracht werden; es entsteht die Schlußlinie t'. Das Krafteck und Seileck mit den Strahlen $0, 1, t$ bzw. $0', 1', t'$ stellt also die Lösung der Gleichgewichtsaufgabe dar, die Last Q mit den Lagerreaktionen A und B ins Gleichgewicht zu setzen. Diese Seilfläche $0'—1'—t'$ stimmt aber nicht mit der Momentenfläche überein; um *diese* zu erhalten, müssen die Komponenten C und D von Q, die ja tatsächlich auf den Balken wirken, verwendet, d. h. das Seileck $t', 1', s', 0', t'$ muß benutzt werden. Sie ist gegeben durch die schraffierte Fläche, d. i. durch das zu den beiden Kräften C und D und den Lagerkräften A und B gehörige Seileck. Wir finden also auch hier wieder, daß wir bei Ermittlung der eigentlichen Lagerkräfte A, B (Betrachtung des Gesamtbildes der Konstruktion) die inneren Kräfte nicht zu berücksichtigen brauchen; bei der Bestimmung der Biegemomente dagegen (Betrachtung eines Teiles der Konstruktion) müssen wir uns das statische Bild der inneren Kräfte, (hier Zwischenkräfte), die unmittelbar auf den Balken wirken, klarstellen und diese für die Biegemomente als Beanspruchungskräfte verwenden.

Das nächste Beispiel (Abb. 219) zeigt die Beanspruchung eines Flugzeugflügelholms durch die Luftkräfte im Flug. Der Balken (Holm) ist an den Rumpf angeschlossen durch ein festes Gelenk und durch eine außermittig zur Holmachse angebrachte Strebe. Die Lagerung der Konstruktion ist also gegeben durch ein festes Lager mit zwei Unbekannten und durch einen Stützungsstab (Strebe) mit einer Unbekannten. Die drei Unbekannten der Lagerung und die gleiche Anzahl der bestehenden statischen Gleichungen (Gleichgewichtsbedingungen) kennzeichnen den Aufbau als statisch bestimmte Konstruktion.

Die Luftkräfte seien gleichmäßig verteilt. Die entstehende Reaktion im Stab hat als Stabkraft die Richtung der Strebe. Wir erkennen damit, daß diese durch die Belastung entstehende Kraft den Balken auch in Längsrichtung beansprucht und zerlegen am zweckmäßigsten den Einfluß der Strebe in eine verti-

kale Kraft $S \cdot \sin\alpha$ und eine horizontale $S \cdot \cos\alpha$. Zur Ermittlung der Lagerreaktionen stellen wir die Momentenbedingung um das feste Lager A auf:

$$\left(\sum M\right)_A = 0: \quad -q \cdot (l+a) \cdot \left(\frac{l+a}{2}\right) + (S \cdot \sin\alpha) \cdot l + (S \cdot \cos\alpha) \cdot e = 0$$

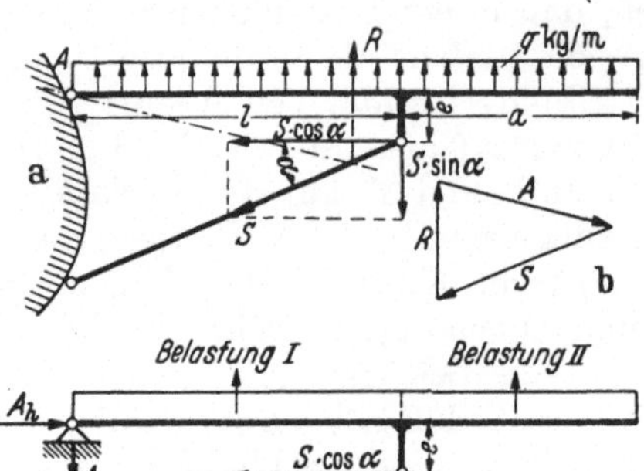

und ermitteln daraus:

$$S = \frac{q}{2} \cdot \frac{(l+a)^2}{l \cdot \sin\alpha + e \cdot \cos\alpha}.$$

Die andere Lagerreaktion A brauchen wir nicht zur Aufstellung der Momentenflächen, wie sich sogleich zeigen wird. Die Stabkraft S (Reaktion) läßt sich auch in einfacher Weise graphisch finden, indem man die gesamte Belastung zu einer Resultierenden R zusammenfaßt und diese, in ihrem Schnittpunkt mit der Wirkungslinie der Stabkraft, mit den beiden Lagerkräften A und S ins Gleichgewicht setzt. Die Kraft A muß durch diesen Schnittpunkt gehen, da die drei Kräfte nur im Gleichgewicht stehen können, wenn sie sich in einem Punkt schneiden. Die Größen der Kräfte sind dann durch ein Kraftdreieck gegeben (Abb. 219b). Wir finden die Strebe als Zugstab wirkend.

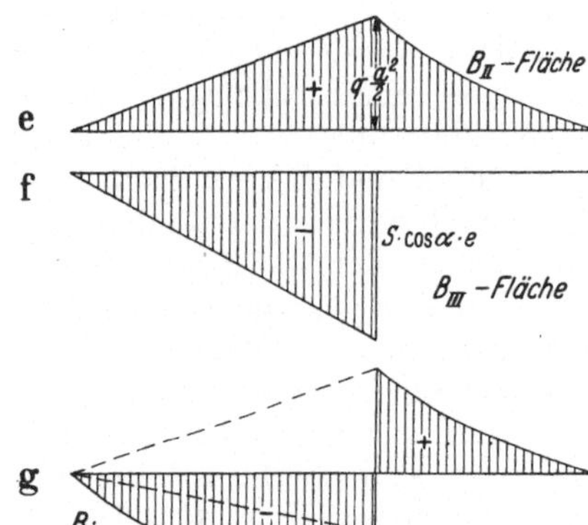

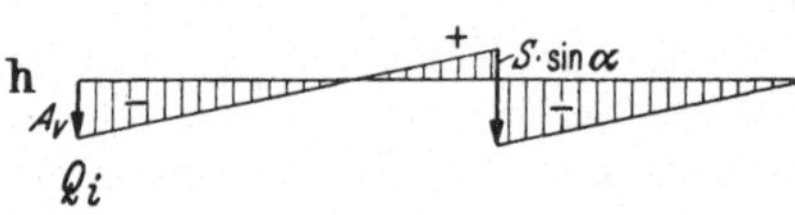

Weiterhin wollen wir bei diesem Beispiel so vorgehen, daß wir die Belastung in einzelne Belastungen aufteilen und uns damit eine Reihe von Momentenflächen schaffen, die wir in ihren Charakteristiken bereits kennen und die wir dann übereinander lagern, d. h. algebraisch addieren müssen. Zu diesem Zweck sehen wir den Holm mit dem kleinen Pfosten als Balken in einem festen und einem beweglichen Lager an, auf den drei verschiedene Belastungen wirken (Abb. 219c). Als Belastung I wollen wir die Luftkräfte $q \cdot l$ betrachten, die zwischen den beiden Lagerstellen angreifen, die Belastung II ist durch die restlichen Luftkräfte $q \cdot a$ bestimmt, und als Belastung III sehen wir die waagerechte Kraft $S \cdot \cos\alpha$ an, die an der Stelle des Strebenanschlusses wirkt. Die lotrechte Lagerkraft am beweglichen Lager ist für die Gesamtbelastung gleich $S \cdot \sin\alpha$.

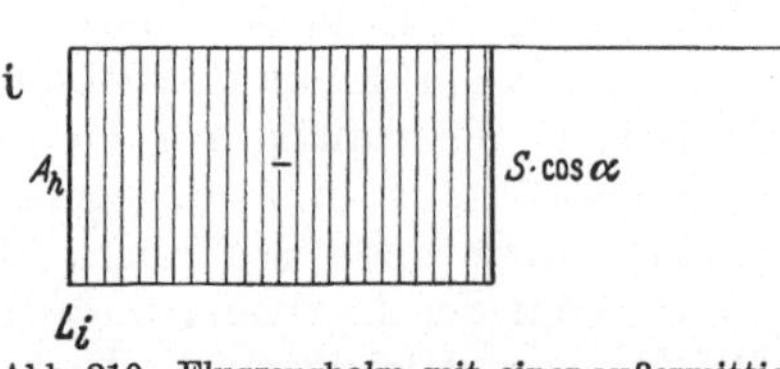

Abb. 219. Flugzeugholm mit einer außermittig angebrachten Strebe.

Die Belastung I liefert die B_{I}-Fläche, die wir aus der früheren Betrachtung des gleichmäßig belasteten Balkens auf zwei Stützen bereits kennen. Das größte Moment ist in der Mitte mit der Größe $\dfrac{q \cdot l^2}{8}$ gegeben. Die Momentenfläche der Belastung II allein (B_{II}-Fläche) muß bis zur beweglichen Gelenkstütze (bewegliches Auflager) parabelförmig verlaufen, weil dieser Teil gleichförmig belastet ist, und weist von der rechten Seite her an der Anschlußstelle die Größe $\frac{q \cdot a^2}{2}$ auf; von hier an ist der Balken bis zur Lagerstelle A unbelastet; der Verlauf der B_{II}-Fläche ist also über der Strecke l geradlinig begrenzt. Der Momentenwert im Lager A ist Null. Die dritte Teilmomentenfläche, B_{III}-Fläche, wird erzeugt durch die exzentrische Horizontalkraft $S \cdot \cos\alpha$ am Hebelarm e. Außermittige Horizontalkräfte bedeuten für die Momentenfläche einen Sprung an ihrer Wirkungsstelle. Da B_{III} rechts vom Strebenanschluß Null ist, hat also die B_{III}-Fläche eine sprungförmig mit der Größe $S \cdot \cos\alpha \cdot e$ an dem Strebenansatz beginnende und, entsprechend dem weiteren unbelasteten Verlauf des Balkens, geradlinig nach Null im Punkt A abfallende Begrenzungslinie. Die wirkliche Biegungsbeanspruchung des Balkens (resultierende Momentenfläche) wird dann gefunden durch die entsprechend dem Vorzeichen richtige Überlagerung der drei Teilmomentenflächen, die auf einfachste Weise aus bekannten Momentenflächenbildern gewonnen wurden. Die so gewonnene Abb. 219g hätte auch durch analytische Berechnung der Biegungsmomente an einzelnen Punkten aufgestellt werden können.

Die Querkraftlinie wird nach unserem seitherigen Schema durch Aneinandertragen der senkrecht zur Balkenachse wirkenden Kräfte aufgestellt. In den Balkenlängen, in denen die gleichmäßig verteilten Kräfte angreifen, verläuft die Querkraftlinie als schiefe Gerade mit der Neigung $\frac{dQ_i}{dx} = q$. Auf die Länge l steigt die Querkraftlinie um $q \cdot l$; während an A die Höhe gleich $-A_v$ ist, besitzt sie unmittelbar links vom Pfosten die Höhe $(-A_v + q \cdot l)$. Die Längskraft ist konstant vom Lager A bis zur Pfostenanschlußstelle. Die Längskraftfläche zeigt auf dieser Länge die gleiche Höhe $L_i = -S \cdot \cos\alpha$.

Übungsaufgaben über Balken.

1. Aufgabe. Auf die Auslegerteile des in Abb. 220 dargestellten Balkens wirken die beiden angegebenen gleichmäßig verteilten Belastungen ein und außerdem zwischen den Lagern eine lotrechte Last. Querkraft- und Momentenfläche sind gesucht unter Verwendung der Aufteilungsmöglichkeit der Belastung in Symmetrie und Gegensymmetrie.

Lösung. Die Gesamtbelastung läßt sich leicht in eine symmetrische und eine gegensymmetrische Teilbelastung aufteilen. Für die beiden Anteile können die Momenten- und Querkraftflächen nun getrennt ermittelt werden. Die aufgetragenen Flächen der Belastungsanteile zeigen, daß im Symmetriefall die Momentenfläche symmetrisch, die Querkraftfläche dagegen gegensymmetrisch wird; im Gegensymmetriefall ist die Momentenfläche antisymmetrisch, die Querkraftfläche aber symmetrisch. Die wirkliche Momenten- und Querkraftfläche der Gesamtbelastung ergibt sich als algebraische Summe der beiden Anteilflächen.

Die Aufteilung der Gesamtbelastung in die beiden Anteile bietet hier zwar keine wesentlichen Vorteile für die Errechnung der Beanspruchungsgrößen, kann aber unter entsprechenden Umständen von großer Bedeutung bei der Ermittlung der Einflüsse sein; (vgl. Nr. 60)

2. Aufgabe. Auf den in Abb. 221 dargestellten eingespannten Balken von 5 m Länge wirke eine lotrechte Einzellast, eine zusammenhängende lotrechte Belastung und eine horizontale Last. Gesucht sind Momentenfläche, Querkraft- und Längskraftfläche.

Lösung. Die Biegungsmomente werden rechnerisch ermittelt für die Punkte 1, 2, 3, 4, jeweils für den abgeschnittenen rechten Teil. Zwischen 1 und 3

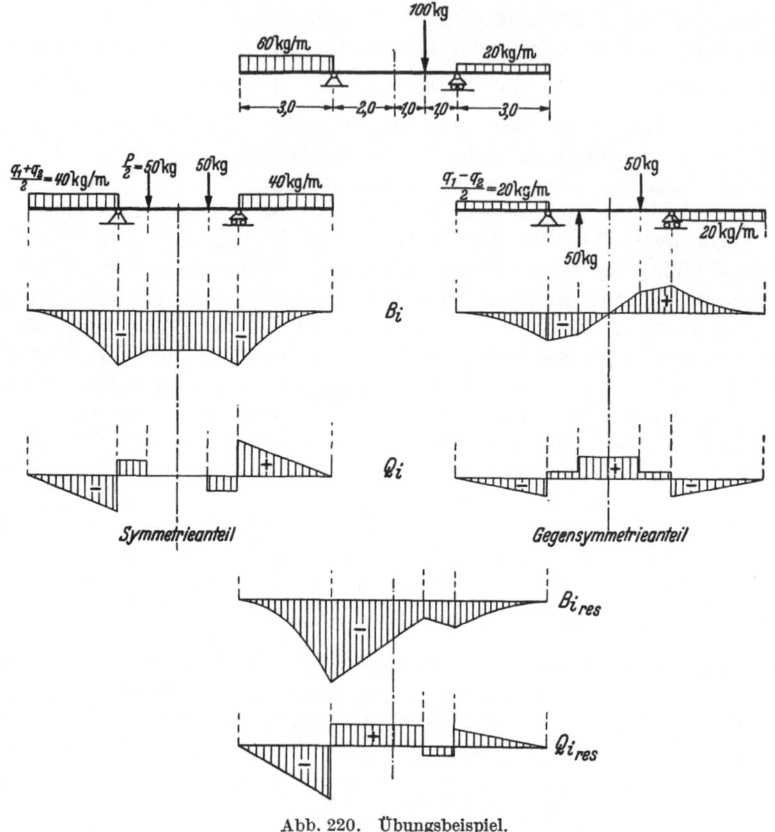

Abb. 220. Übungsbeispiel.

ändert sich das Moment nach der Gleichung einer Parabel; der errechnete Wert B_2 ergibt einen dritten Punkt dieser Parabel in 1,5 m Entfernung vom rechten Ende. Unmittelbar an Stelle 1 haben wir rechts vom Schnitt lediglich die horizontale Last am Hebelarm 1,0, also:

$$B_1 = -100 \cdot 1,0 = 100 \text{ kgm}.$$

Weiter ist:

$$B_2 = -100 \cdot 1,0 - 200 \cdot 1,5 - 1,5 \cdot 60 \cdot \frac{1,5}{2} = -467,5 \text{ kgm},$$

$$B_3 = -100 \cdot 1,0 - 200 \cdot 3,0 - 3,0 \cdot 60 \cdot \frac{3,0}{2} = -970 \quad \text{kgm},$$

$$B_4 = -100 \cdot 1,0 - 200 \cdot 5,0 - 3,0 \cdot 60 \cdot 3,5 = -1730 \quad \text{kgm}.$$

Bei dieser Berechnungsart benötigt man zur Ermittlung der Biegemomente also nicht die Lagerreaktionen. Die Lagerkräfte sind gegeben durch

$$A_h = 100 \text{ kg}, \quad A_v = 380 \text{ kg}.$$

Dazu tritt als weitere Gegenwirkung an der Stützungsstelle das Einspannmoment, das zahlenmäßig gleich B_4, aber entgegengesetzt gerichtet ist. Diese drei Gegenwirkungen, die mit der äußeren Belastung im Gleichgewicht stehen, sind an der Einspannstelle in Abb. 221 eingetragen.

Für die Ermittlung der Querkräfte betrachtet man auch zweckmäßig stets den Teil rechts von dem jeweiligen Schnitt.

$Q_1 = +200$,

$Q_3 = +200 + 3,0 \cdot 60 = 380$ kg,

$Q_4 = Q_3$.

Zwischen 1 und 3 verläuft die Querkraft geradlinig, aber schräg; zwischen 3 und 4 waagerecht. Die Längskraft ist für den ganzen Balken gleich, und zwar eine Zugkraft von der Größe $L_i = +100$ kg.

3. Aufgabe. Für den Balken der in Abb. 222 angegebenen Tragkonstruktion sollen Momentenfläche, Querkraft- und Längskraftfläche gezeichnet werden.

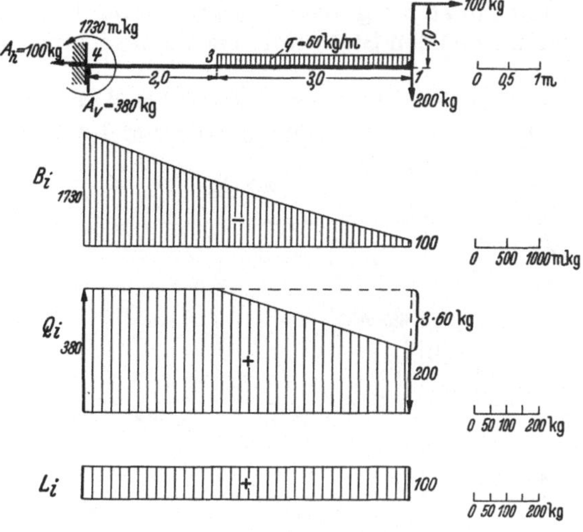

Abb. 221. Übungsbeispiel.

Lösung. Als Reaktionskräfte treten auf: die Kraft B im lotrechten Stützungsstab und die Lagerkräfte A_v und A_h im festen Lager. Zur Ermittlung der lotrechten Lagerkräfte werden die entsprechenden Momentengleichungen aufgestellt. Die horizontale Lagerreaktion ist $A_h = 3000$ kg. Bei Ermittlung der Momenten-, Querkraft- und Längskraftfläche ist zu beachten, welche Kräfte an den Stellen 1 und 2 auf den Balken wirken, d. s. die Kräfte, die in den beiden Stäben I und II infolge der waagerechten und lotrechten Kraft von 3000 bzw. 1000 kg entstehen. In den Stab I kommt eine Druckkraft von 4000 kg, die auf den Balken von oben nach unten wirkt, in den Stab II eine Zugkraft von der Größe

$$S_{II} = \sqrt{3000^2 + 3000^2},$$

die am Balken nach rechts oben angreift. Ihre Komponenten sind $S_{IIv} = 3000$ kg, $S_{IIh} = 3000$ kg. Unter Zugrundelegung dieser Kräfte erhalten wir die Biegungsmomente

$B_1 = 0$,

$B_2 = -4000 \cdot 4,0 = -16000$ mkg.

Man könnte hier aber auch B_2 unmittelbar aus den äußeren Kräften berechnen:

$B_2 = -3000 \cdot 4,0 - 1000 \cdot 4,0 = -16000$ mkg.

Für alle Punkte links von 2 können für das Biegungsmoment entweder die äußeren Lasten 1000 kg und 3000 kg oder die Stabkräfte verwendet werden. Man findet die in Abb. 222 aufgetragene Momentenfläche.

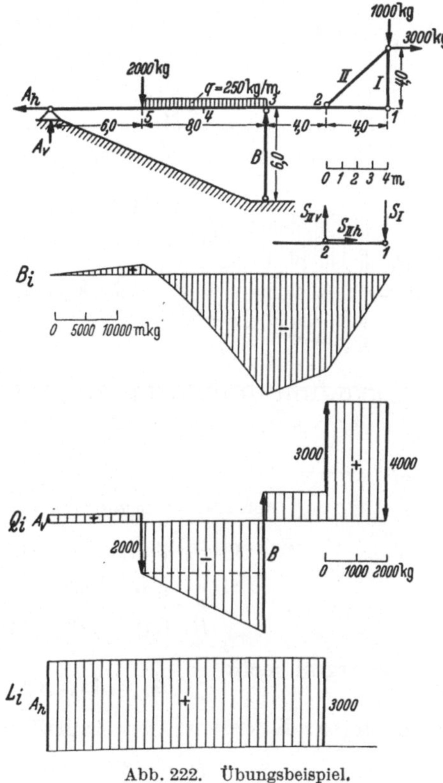

Abb. 222. Übungsbeispiel.

Für Aufstellung der Querkraft und Längskraft an den Stellen 1 und 2 ist ebenfalls mit den Stabkräften zu rechnen.. Sie finden sich im übrigen in bekannter Weise.

4. Aufgabe. Auf den Balken der Abb. 223 wirke außer der lotrechten Last von 400 kg noch ein Drehmoment von 100 kgm. Es sollen wieder die Momentenlinie, Querkraft- und Längskraftflächen ermittelt werden.

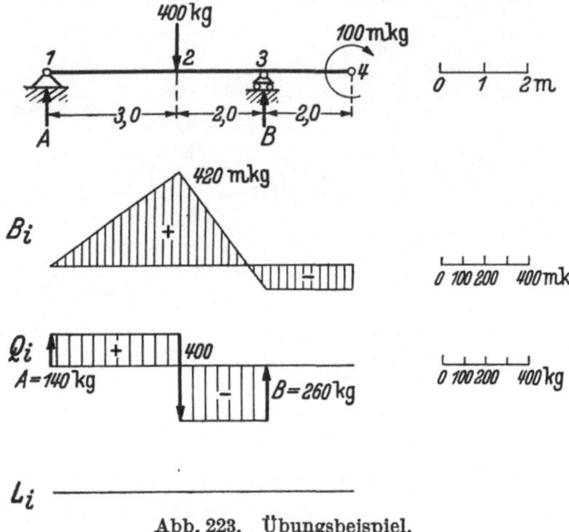

Abb. 223. Übungsbeispiel.

Lösung. Die Lagerreaktionen sind bestimmt durch die Gleichungen:

$$1.\ (\textstyle\sum M)_A = 0:$$

$$400 \cdot 3,0 + 100 - B \cdot 5,0 = 0,$$
$$B = 260 \text{ kg}.$$

$$2.\ (\textstyle\sum M)_B = 0:$$

$$+A_v \cdot 5,0 - 400 \cdot 2,0 + 100 = 0,$$
$$A_v = 140 \text{ kg}.$$

Die Nachprüfung ergibt, daß die Summe von A und B gleich der lotrechten Last 400 kg ist. Das Biegemoment ist an der Stelle 1 gleich Null; zwischen 3 und 4 konstant, da für jeden Punkt dieser Strecke rechts vom Schnitt nur das Drehmoment 100 kgm wirkt. B_2 wird am besten für den Teil links ausgerechnet:

$$B_2 = +140 \cdot 3,0 = +420 \text{ kgm}.$$

Die Querkraftfläche ist in bekannter Weise aufzuzeichnen; zwischen 3 und 4 hat sie den Wert Null, da ein Kräftepaar keine Kraft in lotrechter Richtung aufweist.

Längskraft ist keine vorhanden.

5. Aufgabe. Der Balken der Abb. 224 trägt sowohl eine lotrechte wie eine außermittige waagerechte Kraft und ein Drehmoment. Es sind wieder Biegungsmoment, Querkraft und Längskraft zu ermitteln.

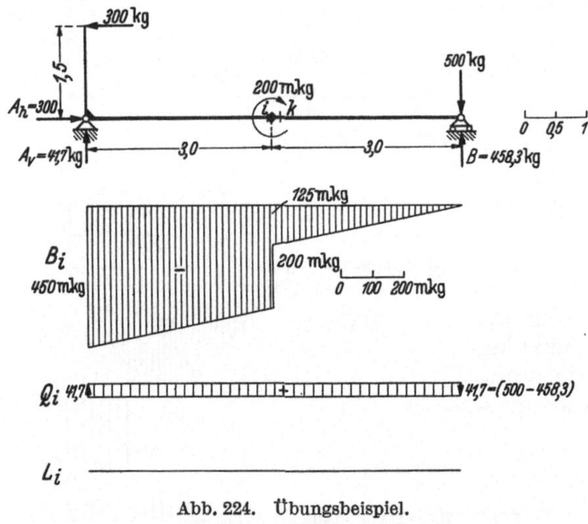

Abb. 224. Übungsbeispiel.

Lösung. Die Lagerreaktionen finden sich aus den Momentengleichungen:

$$A_v \cdot 6,0 - 300 \cdot 1,5 + 200 = 0,$$
$$-B \cdot 6,0 + 500 \cdot 6,0 + 200 - 300 \cdot 1,5 = 0,$$

daraus ergibt sich:

$$A_v = 41,7 \text{ kg}, \qquad B = 458,3 \text{ kg}.$$

Unmittelbar links von der Angriffsstelle des drehenden Moments haben wir:

$$B_i = 41,7 \cdot 3,0 - 300 \cdot 1,5 = -325 \text{ kgm};$$

unmittelbar rechts von dem Angriffspunkt:

$$B_k = 458,3 \cdot 3,0 - 500 \cdot 3,0 = -125 \text{ kgm}.$$

Durch das Drehmoment von 200 kgm entsteht ein Sprung von dieser Größe. An der Lagerstelle A herrscht das Biegungsmoment

$$B_A = -300 \cdot 1,5 = -450 \text{ kgm}.$$

Die Querkraft ist überall konstant; die Längskraft ist stets Null, da die waagerechte Kraft von 300 kg unmittelbar durch das feste Auflager aufgenommen wird.

6. Aufgabe. Auf den in einem festen und einem beweglichen Lager gestützten Balken (Abb. 225) wirken die beiden Drehmomente M_1 und M_2. Gesucht sind wiederum Biegemoment, Querkraft und Längskraft.

Lösung. Wenn nur das Moment M_1 auf den Balken wirken würde, wäre die Momentenfläche ein Dreieck (Abb. 225 b); wäre nur M_2 vorhanden, dann entspräche das Dreieck der Abb. 225 c der Momentenfläche. Wirken beide Momente zusammen, so ergibt sich als Momentenfläche die algebraische Summe der eben gezeichneten Flächen (Abb. 225 d). Diese resultierende Momentenfläche könnte man auch sofort zeichnen: denn bei A hat das Biegungsmoment den Wert M_1, bei B die Größe M_2, und da zwischen A und B keine Einflüsse vorhanden sind, verläuft die Momentenfläche geradlinig.

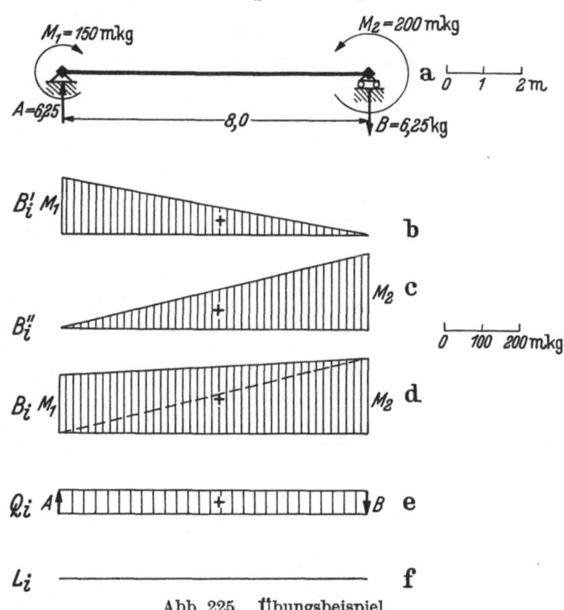

Abb. 225. Übungsbeispiel.

Die Lagerreaktionen findet man in bekannter Weise durch Aufstellung der Momente für die Lagerpunkte. Sie bilden ein Kräftepaar, dessen Moment gleich $(M_2 - M_1)$ ist:

$$6,25 \cdot 8,0 = 200 - 150.$$

Durch die Lagerkräfte ist die Querkraftlinie bestimmt.

Längskräfte treten nicht auf.

Der hier gegebene Belastungsfall ist von Bedeutung für einen beiderseits eingespannten Balken (Abb. 226). Der Unterschied gegenüber dem Balken auf zwei Drehlagern ist der, daß außer den Komponenten der Lagerreaktionen noch Einspannmomente auftreten. Man kann den eingespannten Balken also auch als einen in zwei Punkten gelagerten Balken auffassen, auf den die Einspannmomente, die man dann natürlich zunächst nicht kennt, wirken. Die Momentenlinien für die Einspannmomente sind oben angegeben. Darüber lagert sich die Momentenfläche, die durch die Belastung P entsteht; das ist ein Dreieck (Abb. 226 d). Bei dem hier eingeführten Drehsinn ist die Momentenfläche durch die Einspannmomente negativ, die aus P ermittelte positiv. Die resultierende Momentenfläche hat demgemäß die in der Abb. 226 angegebenen Vorzeichen. Beim Auftragen von einer Waagerechten ergibt sich die Momentenfläche der

Abb. 226f, die charakteristische Gestalt der Momentenfläche eines eingespannten Balkens, der durch eine Einzellast beansprucht wird.

7. Aufgabe. Ein schräg liegender Balken (Abb. 227) sei in einem festen und einem beweglichen Lager gestützt, wobei letzteres einmal waagerecht geführt ist und einmal parallel zur Stabachse. Gesucht ist die Momentenfläche.

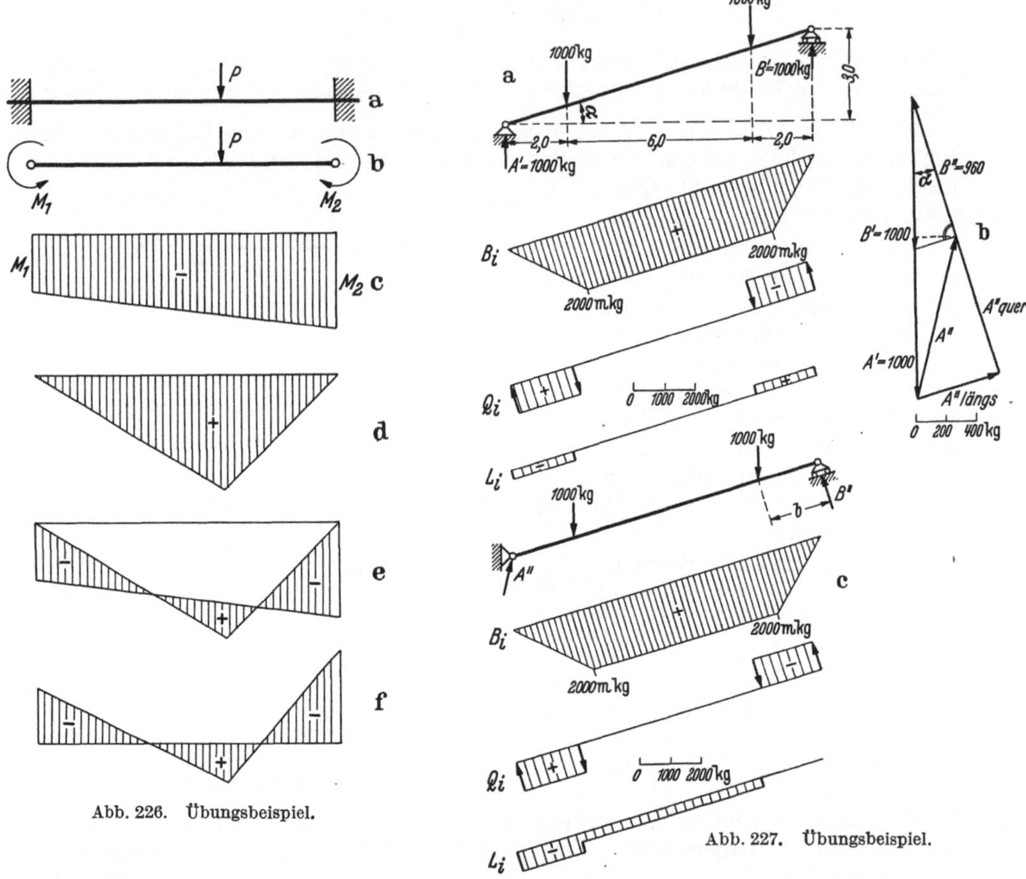

Abb. 226. Übungsbeispiel.

Abb. 227. Übungsbeispiel.

Lösung. Im ersten Fall (Abb. 227a) laufen beide Lagerreaktionen lotrecht und haben infolge der symmetrischen Belastung gleiche Größe:

$$A' = B' = 1000 \text{ kg}.$$

Das Biegungsmoment an den Stellen 1 und 2, den Lastangriffsstellen, ist gegeben durch:

$$B_1 = B_2 = 1000 \cdot 2{,}0 = 2000 \text{ kgm}.$$

Im zweiten Fall laufen beide Lagerreaktionen schräg. Sie sind hier graphisch ermittelt (Abb. 227b), und man erkennt, daß die lotrechte Komponente der neuen Raktion A'' größer ist als die Reaktion A' im ersten Fall, also

$$A'' > A',$$

dagegen

$$B'' < B'.$$

Da

$$B'' = B' \cdot \cos\alpha,$$

ist jetzt

$$B_2 = B'' \cdot b = B'' \cdot \frac{2{,}0}{\cos\alpha} = B' \cdot \cos\alpha \cdot \frac{2{,}0}{\cos\alpha} = B' \cdot 2{,}0 = 2000 \text{ kgm}.$$

Also ist das Biegungsmoment an der Stelle 2 im zweiten Fall genau so groß wie im ersten Fall. Das gleiche gilt natürlich für die Stelle 1. Demgemäß sind die Momentenflächen in beiden Fällen die gleichen.

Die Querkraftflächen sind ebenfalls in beiden Fällen gleich, aber die Längskraftflächen sind verschieden.

8. Aufgabe. Für den Balken der Abb. 228, der in einem Drehlager gestützt und an einem Seil aufgehängt ist, sind Momenten-, Querkraft- und Längskraftfläche zu zeichnen.

Lösung. Es möge hier die Momentenfläche in der Weise gezeichnet werden, daß man die Einzellast und die zusammenhängende Belastung in ihrer Wirkung auf den Balken für sich betrachtet und die so entstehenden Momentenflächen algebraisch addiert. Würde auf den Balken AB nur die zusammenhängende Belastung wirken, so wäre die Momentenfläche (nach S. 122) durch die B'_i-Fläche gegeben. Sie verläuft sowohl zwischen A und B wie am Kragarm parabolisch. Die größte Höhe an der Befestigungsstelle des Seiles ist bestimmt durch:

$$B'_2 = 50 \cdot 1{,}0 \cdot \frac{1{,}0}{2} = 25 \text{ kgm}.$$

Wollte man B'_2 aus dem linken Balkenteil bestimmen, so benötigte man noch A'_v.

Wäre nur die Last $P = 2000$ kg vorhanden, so entstände die B''_i-Fläche, wobei

$$B''_2 = 100 \cdot 1{,}0 = 100 \text{ kgm}$$

ist. Die wirkliche Momentenfläche ist die algebraische Summe der beiden.

Man benötigt also zum Aufzeichnen

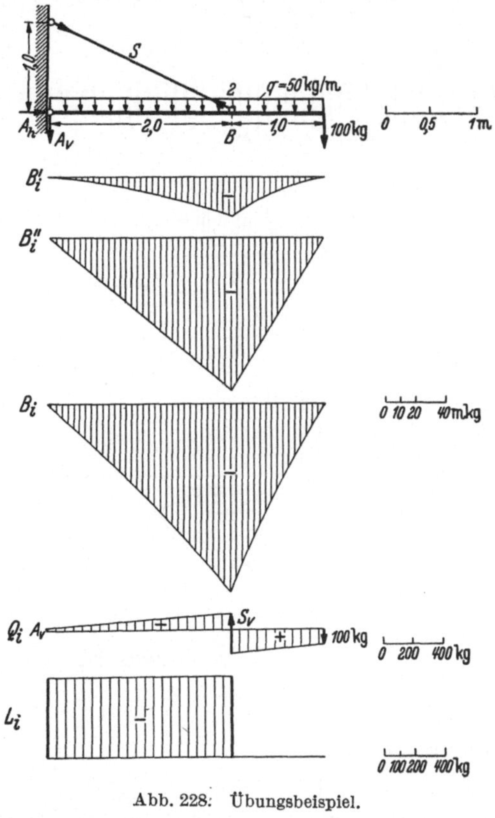

Abb. 228. Übungsbeispiel.

der Momentenfläche nicht die Seilkraft S, wohl aber ist diese nötig für die Querkraft- und Längskraftfläche. Will man S analytisch berechnen, so stellt man die Summe der Momente aller Kräfte für den linken Auflagerpunkt des Balkens auf, wobei man zweckmäßig S in zwei Komponente S_v und S_h zerlegt. Es ist:

$$\frac{S_h}{S_v} = \frac{2{,}0}{1{,}0} \,;$$

die Momentengleichung ergibt:

$$50 \cdot 3{,}0 \cdot \frac{3{,}0}{2} + 100 \cdot 3{,}0 - S_v \cdot 2{,}0 = 0,$$

$$S_v = 262{,}5 \text{ kg},$$

$$S_h = S_v \cdot 2 = 525 \text{ kg}.$$

Die Komponenten der Lagerreaktion am Gelenk A besitzen die Größen:

$$A_h = S_h = 525 \text{ kg}, \quad A_v = S_v - 3 \cdot 50 - 100 = +12{,}5 \text{ kg}.$$

A_v geht nach unten.

9. Aufgabe. An einem Flugzeug stehen die Auftriebskräfte, die nach Angabe der Abb. 229 verteilt sind, mit dem in der Mitte wirkenden Gesamtgewicht im Gleichgewicht. Die Querkraft- und Momentenfläche ist aufzuzeichnen.

Lösung. Das Flugzeug kann als ein auf der Luft gestützter Balken aufgefaßt werden, wobei jetzt die Stützung wie eine zusammenhängende Last anzusehen ist. Die Stützungskräfte sind die auf die Flügel wirkenden Luftkräfte, die Auftriebskräfte. Die Querkraftfläche verläuft zwischen den Punkten m und r geradlinig, dagegen zwischen r und p ist sie durch eine Kurve begrenzt. An einer beliebigen Stelle x zwischen q und m ist Q_x gegeben durch

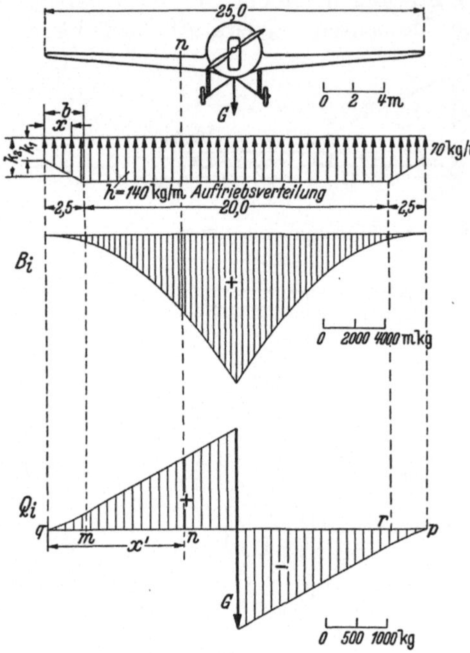

Abb. 229. Übungsbeispiel.

$$Q_x = \frac{k_1 + k_2}{2} \cdot x \text{ kg},$$

wobei

$$k_2 = k_1 + \frac{h - k_1}{2,5} \cdot x = 70 + 70 \cdot \frac{x}{2,5}.$$

An einer Stelle n ist:

$$Q_{x'} = \frac{k_1 + h}{2} \cdot b + h(x' - 2,5) \text{ kg}.$$

Das Biegungsmoment an der Stelle m oder r ist gegeben durch

$$B_r = \frac{k_1 + h}{2} \cdot b \cdot s,$$

wobei

$$s = \frac{2,5}{3} \cdot \frac{h + 2 k_1}{h + k_1} \quad \text{ist.}$$

Für eine beliebige Stelle n zwischen m und r entsteht

$$B_{x'} = \frac{k_1 + h}{2} \cdot b \cdot (x' - 2,5 + s) + h \cdot \frac{(x' - 2,5)^2}{2}.$$

Es ergibt sich für

$x =$	1	2	2,5	5	8	10	12,5 m
$B_i =$	39,65	117,3	291,5	1397	3860	6196	9920 mkg
$Q_i =$	84	196	262,5	612,5	1032,5	1312,5	1662,5 kg.

10. Aufgabe. Für die in Abb. 230 angedeutete Signalspannvorrichtung soll die Spannkraft S ausgerechnet und Biegungsmoment und Querkraft für beide Teile angegeben werden.

Lösung. Auf den aus dem waagerechten Balken und dem lotrechten Pfosten bestehenden Hebel wirken das Spanngewicht von 80 kg, ferner die beiden Kräfte S und die Lagerreaktion A. Letztere beträgt, da die Summe der lotrechten Kräfte Null sein muß, 80 kg. Die beiden ersteren findet man aus einer Momentengleichung für den Lagerpunkt:

$$80 \cdot 2,5 = S \cdot 1,5,$$
$$S = 133,3 \text{ kg}.$$

Auf die Konstruktion wirken also zwei Kräftepaare mit dem Moment:

$$80 \cdot 2,5 \quad \text{bzw.} \quad S \cdot 1,5 \text{ kgm}.$$

Das Biegungsmoment für die Balkenpunkte links vom Auflager ist konstant, gegeben durch das Kräftepaar $S \cdot 1{,}5$, und fällt dann nach dem rechten Ende auf Null ab. Für den Pfostenteil bestimmen wir das Biegungsmoment für die beiden Punkte 1 und 2 unmittelbar neben der Anschlußstelle; es sind

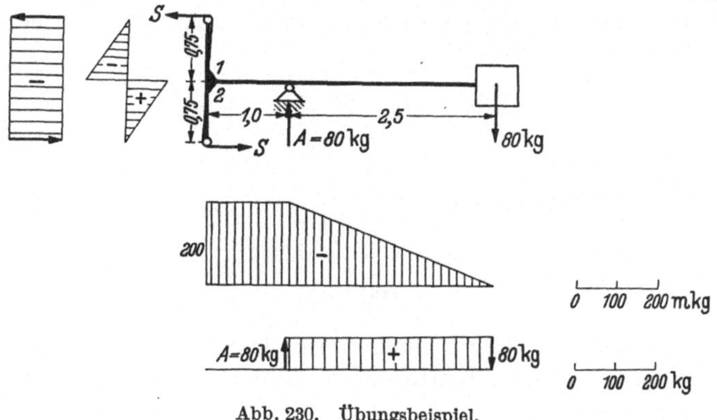

Abb. 230. Übungsbeispiel.

B_1 und B_2 gleich groß, haben aber entgegengesetztes Vorzeichen. Der entstehende Sprung ist durch das Biegemoment des waagerechten Balkens an der Anschlußstelle, also durch 200 kgm, gegeben.

11. Aufgabe. An dem Auslegerkran der Abb. 231 seien die Stabkräfte der Stäbe 1 und 2 und die Biegemomente, Querkräfte und Längskräfte für die Kransäule zu ermitteln.

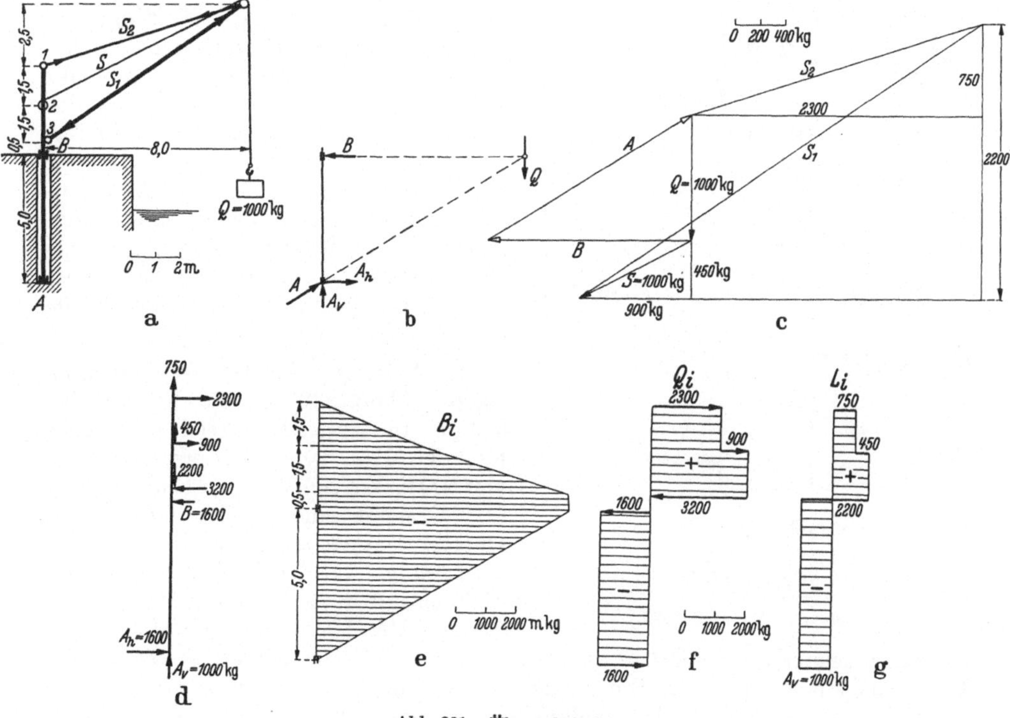

Abb. 231. Übungsbeispiel.

Lösung. In der Konstruktion, als Ganzes gesehen, liegt ein Balken auf zwei Stützen vor, mit dem festen Auflager in A und dem beweglichen in B. Als Kräfte wirken die Last Q und die beiden Seilkräfte S am oberen und unteren Ende des Seils, die gleich Q sind. Da sich in den zur Ermittlung der Lagerkräfte aufzustellenden Momentengleichungen diese beiden Seilkräfte (innere Kräfte) aufheben, sind die Lagerkräfte nur von Q abhängig. Es ergibt sich für den Punkt A als Momentenpunkt:

$$1000 \cdot 8,0 - B \cdot 5,0 = 0,$$
$$B = 1600 \text{ kg}.$$

Die Komponentenbedingungen liefern:

$$A_h = B = 1600 \text{ kg},$$
$$A_v = 1000 \text{ kg}.$$

Graphisch findet man die Lagerunbekannten leicht auf Grund der Erwägung, daß auf das System nur drei Kräfte Q, B, H wirken, die nur dann im Gleichgewicht stehen können, wenn sie durch einen Punkt hindurchgehen (Schnittpunkt von Q und B, Abb. 231b). Das Kraftdreieck gibt die Größe von A und B an. Die Stabkräfte S_1 und S_2 müssen an der oberen Rolle mit Q und der Seilkraft S im Gleichgewicht stehen. Das zugehörige Krafteck ist ebenfalls in Abb. 231c dargestellt. Diese Kräfte wirken in den Punkten 1 und 3 auf die Kransäule. Für das Biegungsmoment benötigen wir nur die Komponenten senkrecht zur Kransäule. Sie ergeben sich im Krafteck zu 2300 kg und zu 3200 kg. Außer ihnen wirkt noch am Punkt 2 die Seilkraft mit 1000 kg auf die Kransäule ein (bzw. ihre waagerechte Komponente von 900 kg). Die zugehörige Momentenfläche ist in Abb. 231e dargestellt, die Querkraft- und Längskraftfläche in Abb. 231f und g.

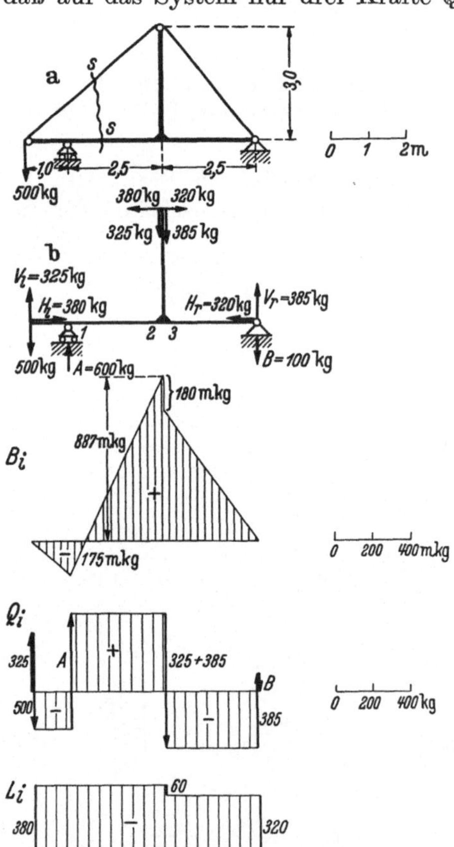

Abb. 232.   Übungsbeispiel.

12. Aufgabe. An dem waagerechten Balken (Abb. 232) ist ein Pfosten befestigt, an dessen Ende sich eine Rolle befindet, über die ein Seil mit einer Last von 500 kg an seinem freien Ende geführt ist. Gesucht sind wieder Momenten-, Querkraft- und Längskraftfläche.

Lösung. Auf den Balken wirken tatsächlich außer der Last von 500 kg noch die in Abb. 232b durch ihre Komponenten angegebenen Seilkräfte, die selbst alle die Größe 500 kg besitzen. Die Lagerreaktionen sind von ihnen ganz unabhängig, da sich je zwei Seilkräfte gegeneinander aufheben. Die Seilkräfte sind innere Kräfte und treten in den

für die Ermittlung der Lagerkräfte aufzustellenden Momentengleichungen gar
nicht auf. Die Lagerreaktionen ergeben sich zu

$$A = +600 \text{ kg (nach oben)},$$
$$B = -100 \text{ kg (nach unten)}.$$

Die Seilkräfte beeinflussen aber das Biegungsmoment, denn wenn man für eine
beliebige Stelle einen Schnitt s—s legt (Abb. 232a), so trifft dieser auch das Seil,
und auf den Teil links wirkt die Last von 500 kg, die Lagerreaktion und die
Seilkraft. Das Moment dieser drei Kräfte ergibt das Biegungsmoment. Zweckmäßig zerlegt man jede Kraft S in ihrem Angriffspunkt in zwei Komponenten.
Es ist auf Grund der gegebenen Maße:

$$H_l = 500 \cdot \frac{3{,}5}{\sqrt{3{,}5^2 + 3^2}} = 380 \text{ kg},$$

$$V_l = 500 \cdot \frac{3{,}0}{\sqrt{3{,}5^2 + 3^2}} = 325 \text{ kg},$$

$$H_r = 500 \cdot \frac{2{,}5}{\sqrt{2{,}5^2 + 3^2}} = 320 \text{ kg},$$

$$V_r = 500 \cdot \frac{3{,}0}{\sqrt{2{,}5^2 + 3^2}} = 385 \text{ kg}.$$

Die Momentenfläche ist bestimmt durch das Biegungsmoment an den Stellen
1, 2, 3. Es ergibt sich:

$$B_1 = \quad 325 \cdot 1{,}0 - 500 \cdot 1{,}0 = -175 \text{ kgm},$$
$$B_2 = 325 \cdot 3{,}5 - 500 \cdot 3{,}5 + 600 \cdot 2{,}5 = 887 \text{ kgm}$$
$$\text{(linker Teil betrachtet)},$$
$$B_3 = -100 \cdot 2{,}5 + 385 \cdot 2{,}5 = +712{,}5 \text{ kgm}$$
$$\text{(rechter Teil betrachtet)}.$$

Der entstehende Sprung ist bestimmt durch das Moment der waagerechten
Kräfte für die Anschlußstelle des Armes:

$$-380 \cdot 3{,}0 + 320 \cdot 3{,}0 = -180 \text{ kgm}.$$

Querkraft- und Längskraftfläche können in bekannter Weise auf Grund der
Abb. 232b gezeichnet werden.

X. Balken in nichthorizontaler Lage.

Die bisher betrachteten Balken hatten horizontale Lage und dazu senkrechte
Hebelansätze zur Aufnahme der Horizontalkräfte. Es ist selbstverständlich,
daß Balken in schiefer Lage oder senkrechter Lage nach den gleichen Gesichtspunkten zu behandeln sind wie die waagerecht liegenden Balken, wie schon die
Kransäule Abb. 231 zeigte. Wir werden nur in der Bezeichnung auf die all-
gemeinere Lage des Balkens Rücksicht nehmen müssen, also nicht mehr schlecht-
hin von lotrechten und waagerechten Kräften sprechen, sondern diese wirkenden Kräfte in bezug auf die Balkenachse besser bezeichnen mit: senkrecht zur
Balkenachse und in Richtung der Balkenachse.

56. Lotrecht stehender Balken (Mast, Pfosten). Betrachten wir als Beispiel
(Abb. 233) einen senkrecht stehenden Balken, der an seinem unteren Ende gelenkig gelagert und durch eine Strebe (Draht) in der Ebene gegen Verdrehung

um den Fußpunkt gesichert ist (Abspannmast einer Hochspannungsleitung).
Als Belastung sei eine Zugkraft Z am oberen Ende angebracht (Seilzug). Die
Lagerreaktionen, d. h. die nach Größe und Richtung unbekannte Kraft A am
Fußpunkt und die der Größe nach einschließlich Vorzeichens unbekannte Stabkraft S in der Strebe, werden am einfachsten graphisch ermittelt. Die Lagerkraft A muß durch den Schnittpunkt der Kräfte S und Z gehen, wenn sie mit
diesen im Gleichgewicht stehen soll. Die Größe der Lagerkräfte wird dann durch
ein Krafteck bestimmt. Dieses Krafteck benutzen wir zugleich dazu, die Kom-

ponenten der Kräfte
senkrecht zur Balken-
achse und in Richtung
der Balkenachse zu er-
mitteln. Wir zeichnen
zu diesem Zweck ein
Rechteck um das Kraft-
eck, dessen Seiten par-
allel und senkrecht zur
Balkenachse verlaufen,
und das durch alle vor-
kommenden Eckpunkte
des Kraftecks geht. Auf
diese Weise können wir
im umgebenden Recht-
eck alle erforderlichen
Komponentengrößen
ablesen. Das jetzige A_q
entspricht dem früheren
A_v und ebenso A_a der
Kraft A_h.

Die Biegemomente
der einzelnen Balken-
stellen sind genau so zu
finden wie beim hori-
zontal liegenden Balken.
Um dies zu erkennen,
braucht man nur den
Balken um 90° zu drehen.
Das Biegemoment am
Fußpunkt A ist Null,

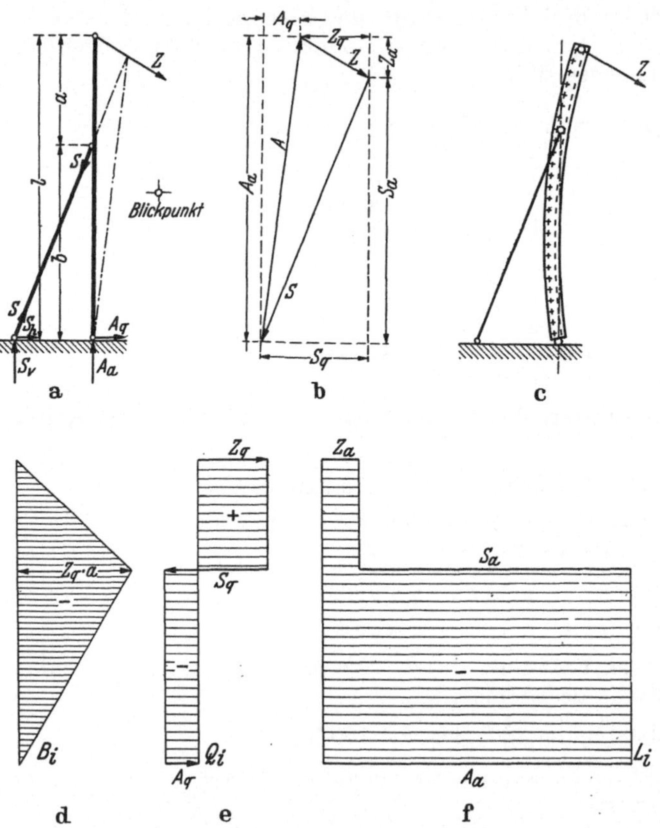

Abb. 233. Der lotrechte Balken (Pfosten oder Mast).

ebenso am oberen Ende des Balkens. Über den unbelasteten Balkenstrecken a und b
wird entsprechend unseren früheren Erkenntnissen die Momentenfläche geradlinig begrenzt sein. Es genügt also für die Aufzeichnung der Momentenfläche
(Abb. 233d) die Ermittlung des Biegemomentes für den Anschlußpunkt der
Verspannung. Bezüglich des Vorzeichens für das Biegemoment müssen wir
allerdings eine neue Aussage machen, denn nach unserer früheren Definition
$\left(\overset{\cdot B i}{\underset{+}{}}\right)$ ergäben sich verschiedene Vorzeichen für das Biegemoment, wenn wir
uns einmal gedanklich auf die rechte Seite des Balkens stellen und diesen senk-
recht zur Blickrichtung liegend betrachten, das andere Mal den Balken aber
auf der linken Seite stehend ansehen. Wir müssen uns also über den Standpunkt für unsere Definition entscheiden. Die gewählte Seite bezeichnet man
durch einen Punkt. In Verbindung mit diesem Punkt im Konstruktionsbild gibt dann das Vorzeichen der Momentenfläche eine eindeutige Biegungs-

wirkung an. Wir sagen: Das Vorzeichen des Biegemoments ist positiv einzusetzen, wenn vom eingezeichneten Punkt aus gesehen, die Summe aller Momente links von der Schnittstelle im Uhrzeigersinn, rechts dagegen gegen den Uhrzeigersinn dreht; alsdann wird die dem Punkt zugekehrte Faser gezogen und die Biegelinie hat ihre erhabene Seite (konvex) dem Punkt zugekehrt. Also das Biegemoment ist positiv, wenn die dem gewählten Blickpunkt nächstliegende Faser gezogen und der Balken nach diesem Blickpunkt hin ausgebogen wird. Übertragen wir diese Definition auf den horizontal liegenden Balken, dann müßten wir dort dementsprechend unseren Punkt stets unter den Balken einzeichnen; so haben wir aber auch seither den waagerechten Balken betrachtet. Das Biegemoment für die Anschlußstelle der Strebe hat demnach mit dem Punkt (Standpunkt der Beobachtung) auf der rechten Seite des Mastes die Größe:

$$\text{oder} \qquad \begin{aligned} B &= -Z_q \cdot a \\ &= -A_q \cdot b. \end{aligned}$$

Die Querkraftfläche wird, genau wie früher, gefunden durch Aneinanderreihen der senkrecht zur Balkenachse stehenden Kräfte an ihren Wirkungsstellen. Das Vorzeichen ist mit der Wahl des Standpunktes an der Stelle des eingezeichneten Punktes, gemäß unserer früheren Definition, auch eindeutig bestimmt. Was früher „nach unten" hieß, ist jetzt „nach dem Blickpunkt zu", also links vom Strebenanschluß ist die Querkraft negativ. Die quer zur Balkenachse wirkenden Komponenten der einzelnen Kräfte sind aus dem, das Krafteck umgebenden, Rechteck zu entnehmen.

Für die Längskraftfläche ist die Angabe des Standpunktes unserer Betrachtung nicht erforderlich: die Längskraft ist stets positiv, wenn an einer Schnittstelle die beiden Schnittufer auseinandergezogen werden (Zugwirkung). Man denke sich etwa den Balkenteil auf der einen Seite der Schnittfläche festgehalten und prüfe, ob dieser Balkenteil durch die Kraft des anderen Teils gezogen (positiv) oder gedrückt (negativ) wird (in Abb. 233 gedrückt!). Man kann sich auch die Hand in die Schnittfläche eingefügt denken und feststellen, ob sie durch die Kraftwirkung der beiden Balkenteile gezogen oder gedrückt wird.

57. Offener Rahmen aus zwei zueinander senkrechten Balken. Sind nun zwei oder mehrere Balken in beliebiger Lage und von beliebiger Gestalt starr miteinander verbunden, so, daß die Belastungen des einen Balkens zunächst in einen anderen Balkenteil und von diesem erst in die Erde (als Aktionen, die den Lagerreaktionen entgegenwirken) weitergeleitet werden, so sprechen wir von einem *Rahmen* (einer Rahmenkonstruktion). Dazu wollen wir zuerst als einfaches Beispiel eine starre Verbindung zweier senkrecht zueinander stehender Balken betrachten, die beide belastet sind, aber von denen nur einer gelagert ist (Abb. 234). Zur Ermittlung der Lagerreaktionen fassen wir die ganze Konstruktion als einen einheitlichen Körper (Scheibe) auf und bestimmen die drei Kenngrößen der Einspannung: das Einspannmoment M_E und die beiden Kräfte in lotrechter und waagerechter Richtung bzw. in Längs- und Querrichtung des eingespannten Endes. Es ist aus den Gleichgewichtsbedingungen zu errechnen:

1. $\sum H = 0$: $A_q = H$, die Reaktionskraft A_q ist nach links gerichtet.

2. $\sum V = 0$: $A_a = q \cdot c + P$, die Reaktionskraft A_a geht nach oben.

3. $(\sum M)_E = 0$: $P \cdot c + q \cdot \dfrac{c^2}{2} + H \cdot a - M_E = 0$,

$$M_E = P \cdot c + q \cdot \frac{c^2}{2} + H \cdot a, \quad \text{das Einspannmoment } M_E, \text{ als}$$

Gegenmoment, dreht entgegen dem Uhrzeigersinn.

Für die Ermittlung der Biegemomente und Querkräfte tragen wir uns zur Festlegung der Vorzeichen die Punkte ein, von denen aus wir die Balken betrachten wollen. Für den Übergang von einem Rahmenteil auf einen anderen ist es für das Vorzeichen wichtig, daß beide Teile von derselben Seite betrachtet werden. Wir dürfen also nicht bei Eintragung der Vorzeichenpunkte über den Balken weggehen, sondern müssen mit der Punktbezeichnung auf der einen Seite am Balken entlang gehen. Wir merken uns am besten, daß bei Rahmen für alle Teile *ein* Vorzeichenpunkt in dem Rahmengebilde gezeichnet wird. Die Ermittlung der Momentenfläche unseres Beispiels beginnen wir, wie bei jeder Einspannung, am freien Ende. Es ist für den oberen horizontal liegenden Rahmenteil (Balken) das Biegemoment an jeder Stelle gegeben durch:

$$B_x = -P \cdot x - q \cdot \frac{x^2}{2}$$

(Teil rechts im Uhrzeigersinn, also negativ), wenn x die Entfernung vom rechten freien Ende her bezeichnet. Die Momentenfläche dieses Teils ist also eine Überlagerung von einer schräg liegenden Geraden ($P \cdot x$, Einfluß der Kraft P) und einer Parabel ($qx^2/2$, Einfluß der gleichmäßig verteilten Belastung q). Am linken Ende des Querteils beträgt das Biegemoment

$$B_i = -P \cdot c - q \cdot \frac{c^2}{2} \, .$$

Was geschieht nun mit diesem Moment? Offenbar ist doch der starre Anschluß des Querteils des Rahmens an den senkrechten Pfosten aufzufassen als Einspannung des einen Teils in den anderen. Dann ist aber das Biegemoment B_i der Einfluß (Aktion) des waagerechten Balkens auf den lotrechten Balken des Rahmens, d. h. das Biegemoment B_i wirkt sowohl biegend auf den waagerechten Balken als auch auf den senkrechten Pfosten, es wird in gleicher Größe in den nächsten Teil weitergeleitet. Das Biegemoment für den horizontalen Balken unmittelbar rechts von dem Eckpunkt (i) ist also gerade so groß wie dasjenige auf den Pfosten unmittelbar unterhalb des Eckpunktes (k); das Biegemoment B_k des Pfostens ist damit bekannt. Da nun für den Pfosten, wie bei jedem Balken, das Biegemoment längs seiner unbelasteten Strecken einen geradlinigen Verlauf aufweist, muß die Momentenlinie zwischen Punkt (1) (oder (k)) und (2) und zwischen den Punkten (2) und (3) geradlinig verlaufen. Es genügt demnach zu ihrer Aufzeichnung die Kenntnis der Biegemomente für die Stellen (2) und (3). Zur Aufstellung des Biegemomentes für den Punkt (2) denke man sich den Rahmenteil oberhalb der Stelle (2) abgetrennt und stelle für den Punkt das Moment aller auf diesen Punkt wirkenden Kräfte auf:

$$B_2 = -P \cdot c - \frac{q \cdot c^2}{2} \, ,$$

das Biegemoment bleibt also längs der Strecke b konstant. An der Stelle (3) ist das Biegemoment gleich dem negativen Einspannmoment, also

$$B_3 = -M_E = -P \cdot c - q \cdot \frac{c^2}{2} - H \cdot a \, .$$

Das Vorzeichen der Momentenfläche ist für alle Teile negativ. Der Rahmen zeigt in seiner Verformungsfigur (Abb. 234c) mit der Hohlseite nach dem Vorzeichenpunkt zu.

Die Querkraftfläche bietet für den oberen Balken keinerlei neue Erscheinungen, sie wird in der üblichen Weise aufgetragen durch die Aneinanderreihung der quer zur Balkenachse wirkenden Kräfte (Abb. 234d). Sie ist für den oberen Balken an der Verbindungsstelle (1) beider Balken von der Größe ($P + q \cdot c$).

Diese Kraft wirkt nun keineswegs als Querkraft weiter auf den senkrechten Pfosten, denn was für den oberen Balken Querrichtung war, wird für den Pfosten Längsrichtung. Wir leiten diese Querkraft des waagerecht liegenden Rahmenteils also als Längskraft in den lotrechten Teil des Rahmens ein (Abb. 234e). Diese Längskraft wird über der ganzen Länge nicht mehr verändert, da nirgends eine in Richtung der Balkenachse wirkende Last hinzukommt:

$$L_i = P + q \cdot c = A_a.$$

Die Querkraftfläche des Pfostens müßte dann umgekehrt nach denselben Überlegungen oben mit der Längskraft des waagerechten Balkens beginnen. Diese

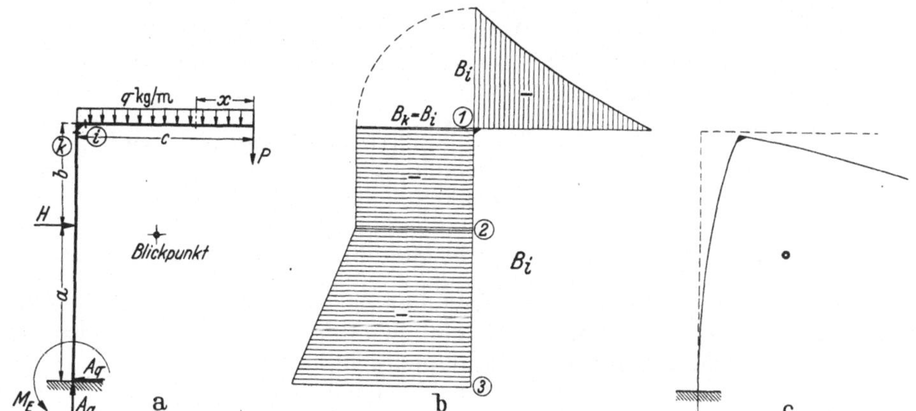

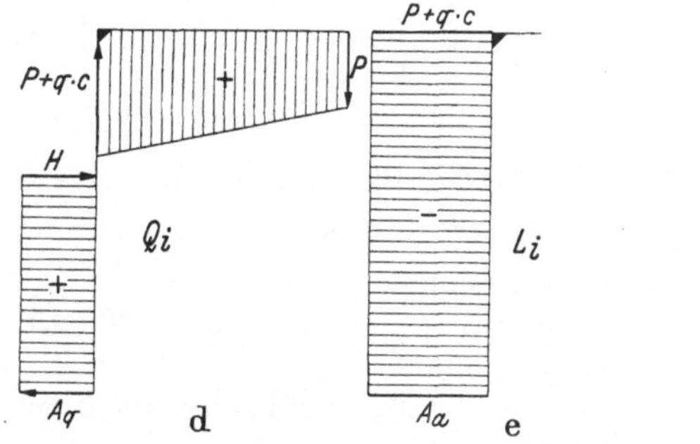

ist aber Null, so daß oberhalb von H die Querkraft gleich Null ist, und die Querkraftfläche des senkrechten Pfostens wird nur aus den Kräften H und A_q gebildet. Die Richtigkeit erkennt man sofort, wenn man einen Punkt des Pfostens zwischen H und Lager A betrachtet und die Querkraft für den Teil unterhalb (links) dieser Stelle ermittelt; da A_q nach links, d. h. vom

Abb. 234. Offener Rahmen aus zwei senkrechten Teilen.

Blickpunkt aus nach oben, geht, ist die Querkraft positiv. Damit sind die Querkraftflächen und Längskraftflächen der beiden aneinandergesetzten Balken bestimmt.

Wir wollen uns allgemein für die Aufstellung der Quer- und Längskraftflächen merken: Es sind erst beide Flächen für einen Teil zu bestimmen. Der wirkende Einfluß, Quer- bzw. Längskraft, wird an der Anschlußstelle in den nächsten Balken übergeleitet, wobei aber die Beanspruchungsart als Quer- bzw. Längskraft nicht mehr erhalten bleibt, sondern sich entsprechend der Richtung der neuen Balkenachse ändert. Im vorliegenden Fall, wo die Rahmenteile aufeinander senkrecht stehen, wird aus der Querkraft eine Längskraft und umgekehrt.

58. Offener Rahmen aus zwei schief zueinander stehenden Balken. Zum besseren Verständnis dieses Wechsels an den Anschlußstellen betrachten wir noch ein Beispiel, bei dem der Rahmen aus Balken besteht, die nun nicht mehr senk-

recht aneinander befestigt sind. Die Rahmenkonstruktion der Abb. 235 (Dach-
rahmen) sei in ihren Maßen gegeben. Die Lagerung des Rahmens ist durch ein
festes Lager und ein bewegliches Lager statisch bestimmt. Die Belastung des
Dachträgers sei hier, einer Belastung durch Wind entsprechend, senkrecht zur
Achse des Dachbalkens gerichtet und gleichmäßig verteilt; außerdem wirke auf
den Stützbalken (Pfosten) eine waagerechte Last $W = 250$ kg und, an einem
Ausleger angreifend, eine lotrechte Last $P = 500$ kg.

Zur Ermittlung der Lagerreaktionen betrachten wir wieder zunächst den
ganzen Rahmen (als Scheibe). Es sind dann aus den Gleichgewichtsbetrachtungen die Größen der Reaktionen bestimmbar.

1. $(\sum M)_A = 0:$ $B \cdot 3{,}5 - (5 \cdot q) \cdot a - W \cdot 2{,}5 + P \cdot 1{,}5 = 0.$

Der Wert der Strecke a ist aus einer maßstäblichen Zeichnung zu entnehmen:
es ist $a = 3{,}08$ m. Damit wird

$$B = \frac{5 \cdot 80 \cdot 3{,}08 + 250 \cdot 2{,}5 - 500 \cdot 1{,}5}{3{,}5} = 316{,}3 \text{ kg (nach oben gerichtet).}$$

2. $\sum H = 0:$ $A_q - W - (q \cdot 5) \cdot \dfrac{1{,}5}{\sqrt{3{,}5^2 + 1{,}5^2}} = 0.$

Der Ausdruck $(q \cdot 5) \cdot \dfrac{1{,}5}{\sqrt{3{,}5^2 + 1{,}5^2}}$ stellt die Horizontalkomponente der Resultierenden aus der gleichmäßig verteilten Last q dar, und ist gegeben durch die
Größe $(q \cdot 5)$[1] mal dem Sinus des Neigungswinkels α der Resultierenden gegen
die lotrechte Richtung; letzterer ist ausgedrückt durch:

$$\sin \alpha = \frac{1{,}5}{\sqrt{3{,}5^2 + 1{,}5^2}} = \frac{1{,}5}{3{,}808} = 0{,}394.$$

Es wird also die quer zum Pfosten gerichtete Kraft A_q im festen Lager ermittelt zu

$$A_q = 250 + 400 \cdot 0{,}394 = 407{,}6 \text{ kg (nach rechts gerichtet).}$$

Die achsial gerichtete Lagerkraft A_a ist bestimmt durch die dritte Bedingung:

3. $(\sum M)_B = 0:$ $(q \cdot 5) \cdot 2{,}5 + W \cdot 3{,}5 + P \cdot 5{,}0 - A_q \cdot 6{,}0 - A_a \cdot 3{,}5 = 0,$

daraus ergibt sich

$$A_a = \frac{400 \cdot 2{,}5 + 250 \cdot 3{,}5 + 500 \cdot 5{,}0 - 407{,}6 \cdot 6{,}0}{3{,}5},$$

$$A_a = 551{,}3 \text{ kg (nach oben gerichtet).}$$

Als Kontrolle der Rechnung dient uns die Gleichung:

4. $\sum V = 0:$ $B + A_a = P + (q \cdot 5) \cdot \dfrac{3{,}5}{3{,}808},$

$$316{,}3 + 551{,}3 = 500 + 367{,}6,$$

$$867{,}6 = 867{,}6.$$

Die so ermittelten Lagerreaktionen bedeuten für uns in der folgenden Rechnung
nur Kräfte, die genau so behandelt werden wie die äußeren Kräfte, d. h. wir
können uns, wie schon mehrfach betont, frei machen von dem Begriff der Lagerung und uns den Rahmen außer seiner äußeren Belastung noch weiterhin durch
die drei Kräfte A_a, A_q und B belastet vorstellen.

Für die Ermittlung des Biegemoments einer Balkenstelle legen wir einen
Schnitt durch den Rahmen an dem betreffenden Punkt und betrachten die
Drehwirkung aller auf einen abgeschnittenen Teil (links *oder* rechts) wirkenden
Kräfte. Zur Festlegung des Vorzeichens tragen wir uns in das Rahmeninnere

---

[1] In Abb. 235 steht irrtümlich 9,5 statt $(q \cdot 5)$.

den Vorzeichenpunkt V ein. Für den überhängenden Teil des Dachbalkens gilt natürlich der im Innern der Rahmenfläche eingetragene Punkt des Balkens mit; für den Ausleger an der Lagerstelle A beachten wir bei der Festlegung des Vorzeichenpunktes unsere Regel, daß wir auf einer Seite dem Rahmen entlang gehen müssen, die Rahmenachse also nicht überschreiten dürfen; dadurch kommt der Vorzeichenpunkt unter den Ausleger zu liegen (z. B. V').

Bei der Aufzeichnung der Momentenfläche (Abb. 235b) benutzen wir natürlich wieder die bisherigen Erkenntnisse über den charakteristischen Verlauf der Begrenzungslinie für bestimmt belastete Balkenstücke: sie wird für den Dachträger durch eine Parabel gebildet und ist für die anderen Rahmenteile aus Geraden zusammengesetzt. Wir können auf diese Art sofort die Punkte der Rahmenachse festlegen, an denen zur Aufzeichnung der Momentenfläche die Ermittlung des Biegemomentes notwendig ist. In unserem Falle benötigen wir die Biegemomente an den Punkten der Rahmenachse ② bis ⑥. Außerdem wird noch der Punkt ① gewählt, um einen Punkt der Parabelkurve zum besseren Zeichnen dieser Kurve zu erhalten; er liege im Abstand 2 m, in Richtung der Balkenachse gemessen, vom linken Auflager B entfernt. Wir erhalten für die Biegemomente folgende Werte:

$$\text{Am Lager } B: \qquad B_B = 0$$

am Punkt ①:
$$B_1 = B \cdot \cos\alpha \cdot 2{,}0 - q \cdot 2{,}0 \cdot 1{,}0$$
$$= 316{,}3 \cdot 0{,}919 \cdot 2{,}0 - 160 \cdot 1{,}0 = +421{,}43 \text{ mkg};$$

am Punkt ②:
$$B_2 = B \cdot \cos\alpha \cdot 3{,}808 - q \cdot 3{,}808 \cdot 1{,}904$$
$$= 290{,}71 \cdot 3{,}808 - 304{,}64 \cdot 1{,}904 = +527 \text{ mkg};$$

an der Stelle ③:
$$B_3 = B \cdot \cos\alpha \cdot 3{,}808 - q \cdot 3{,}808 \cdot 1{,}904 + W \cdot 2{,}0$$
$$+ P \cdot 1{,}5 - A_q \cdot 4{,}5$$
$$= 290{,}71 \cdot 3{,}808 - 304{,}64 \cdot 1{,}904 + 250 \cdot 2{,}0$$
$$+ 500 \cdot 1{,}5 - 407{,}6 \cdot 4{,}5$$
$$= -57{,}21 \text{ mkg}.$$

Für die Aufstellung dieses Momentes B_3 müssen wir alle Kräfte links vom angedeuteten Schnitt 3 betrachten; dazu gehört also auch P.

Einfacher wird B_3 von der rechten Seite her, mit dem abgeschnittenen überragenden Ende des Dachbalkens, berechnet:

$$B_3 = -q \cdot 1{,}192 \cdot 0{,}596 = -57{,}18 \text{ mkg}.$$

(Die kleinen Unterschiede der Ergebnisse erklären sich aus der Abrundung der errechneten Kräfte.)

Der Sprung der Momentenfläche von Punkt ② nach dem Wert des Punktes ③ ist das vom Stützbalken hinzukommende, auf den Dachbalken wirkende Biegemoment an der Stelle ④; dies muß sich in der weiteren Rechnung erweisen. Es ist

an der Stelle ④:
$$B_4 = A_q \cdot 4{,}5 - W \cdot 2{,}0 - P \cdot 1{,}5$$
$$= 407{,}6 \cdot 4{,}5 - 250 \cdot 2{,}0 - 500 \cdot 1{,}5$$
$$= +584{,}2 \text{ mkg}.$$

Wir erkennen, daß dies tatsächlich den Sprung ergibt, denn es ist

$$B_4 = B_2 - B_3 = 527 - (-57{,}2) = +584{,}2 \text{ mkg}.$$

An der Stelle ⑤:
$$B_5 = A_q \cdot 2{,}5 - P \cdot 1{,}5$$
$$= 407{,}6 \cdot 2{,}5 - 500 \cdot 1{,}5 = +269 \text{ mkg}.$$

An der Stelle ⑥:
$$B_6 = -500 \cdot 1{,}5 = -750 \text{ mkg}.$$

Dieses Moment gilt auch in gleicher Größe für das Biegemoment des Auslegerarmes an dessen Anschlußstelle. Am Ende des Armes ist das Biegemoment Null. Mit den errechneten Werten ist die Momentenfläche aufzuzeichnen. Sie verläuft längs des Dachbalkens mit einer parabolischen Begrenzung, hat an der Anschlußstelle des Stützbalkens (Pfostens) einen Knick und einen Sprung und endigt im überragenden Teil an die Achse tangierend in Null. Der Pfosten zeigt eine geradlinig begrenzte Momentenfläche als Verbindung der einzelnen Endpunkte der errechneten und aufgetragenen Werte. Die Vorzeichen sind, entsprechend unserer Regeln vom Vorzeichenpunkt aus betrachtet, für die Momentenfläche des Dachbalkens positiv für den linken Teil, negativ für den überragenden rechten Teil. Der Stützbalken zeigt in seinem oberen Teil positives, im unteren negatives Vorzeichen für das Biegemoment.

Die Aufstellung der Querkraftfläche (Abb. 235c) erfolgt wieder dadurch, daß für die maßgebenden Punkte die Summe aller Kräfte auf einer Seite *senkrecht* zu dem betreffenden Balken aufgestellt wird. Wir beginnen links oben; unmittelbar rechts vom Lager ist die Querkraft bestimmt durch die Komponente von B senkrecht zum Balken, also

$$B \cdot \cos\alpha = +290,7 \text{ kg},$$

dann wird die Querkraftfläche infolge der gleichmäßig verteilten Last geradlinig abfallen. Unmittelbar links vom Pfostenanschluß beträgt sie:

$$Q_2 = B \cdot \cos\alpha - q \cdot 3,808.$$

Die Neigung ist gegeben durch $dQ_i/dx = q$. An der Stelle ②/③ wird nun eine einzelne Kraftkomponente, die, aus dem Stützbalken kommend, quer zur Achse des Dachbalkens wirkt, einen Sprung in der Querkraftfläche erzeugen. Zur Bestimmung dieses Sprungwertes betrachten wir alle vom Stützbalken herkommenden Kräfte und setzen diese unbeachtet ihrer Lage mittels eines Kraftecks zusammen, denken uns sie geradezu in dem Anschlußpunkt der beiden Balken zusammengeschoben. Die so entstehende Resultierende R zerlegen wir in eine Komponente in Richtung der Dachbalkenachse (L_R) und eine Komponente senkrecht dazu (Q_R). Dann ist der Sprung in der Querkraftfläche durch die Komponente Q_R und der Sprung in der später zu besprechenden Längskraftfläche durch die Komponente L_R gegeben. Als Beweis dient uns die Definition der Querkraft, wonach die Querkraft an einer beliebigen Stelle gegeben ist durch die algebraische Summe aller Kraftkomponenten für die Richtung senkrecht zur Balkenachse an dieser Stelle. Der Sprung in der Querkraftfläche ist offenbar die zur vorhandenen Querkraft hinzukommende Summe aller derjenigen Kräfte quer zur Balkenachse, die auf den Pfosten wirken. Nun ist es doch gleichgültig, ob wir jede einzelne Kraft in ihre Komponenten quer und längs der Balkenachse zerlegen und die quer wirkenden Komponenten algebraisch addieren, oder ob wir aus allen vorhandenen Kräften zuerst eine Resultierende bilden und dann die Komponente der Resultierenden quer zur Balkenachse bestimmen. Die dargestellte Komponente Q_R ist also tatsächlich die Summe aller auf den Pfosten wirkenden Kraftkomponenten senkrecht zur Dachbalkenachse an der Stelle ②/③, d. h. also *der* Querkraftanteil des Dachbalkens, der durch die Kräfte des Pfostens bedingt ist. Würden wir von den auf den Pfosten wirkenden Kräften A_a, A_q, P, W die Komponenten senkrecht zum Dachbalken bilden und algebraisch summieren, so müßten wir das gleiche Ergebnis bekommen:

$$Q_R = A_a \cdot \cos\alpha - P \cdot \cos\alpha + A_q \cdot \sin\alpha - W \cdot \sin\alpha.$$

Es liegt bei der erwähnten Zusammensetzung der zerstreut liegenden Kräfte (nicht durch einen Punkt gehend) mit Hilfe eines Kraftecks scheinbar ein Widerspruch mit unseren seitherigen Erkenntnissen über die Behandlung zerstreut wirkender Kräfte vor. Wir haben früher gesehen, daß zur Zusammensetzung dieser Kräfte noch ein Seileck gehört. Der Widerspruch klärt sich aber sofort auf, weil wir hier gar nicht die Lage der Resultierenden benötigen (wofür das Seileck verwendet wurde), sondern nur ihre Größe und Richtung. Wollen wir aber die tatsächliche Wirkung der in Frage kommenden Kräfte A_q, A_a, P, W feststellen, so haben wir zu dieser eben angegebenen Resultierenden noch ein zusätzliches Moment (Kräftepaar) hinzuzunehmen. Die resultierende Kraft R am Anschlußpunkt ② des untersuchten Balkens *und* dieses zusätzliche Moment geben uns die Wirkung aller Kräfte des Stützbalkens auf die Stelle ②/③ an, sie ersetzen also die Wirkung des belasteten angeschlossenen Pfostens auf diese Stelle; d. h. sie zusammen stellen die Beanspruchung des Balkens an dieser Stelle dar, die durch Biegemoment, Querkraft und Längskraft hervorgerufen wird. Die Aufstellung des Biegemoments für die Schnittstelle (d. i. der Summe der Momente der

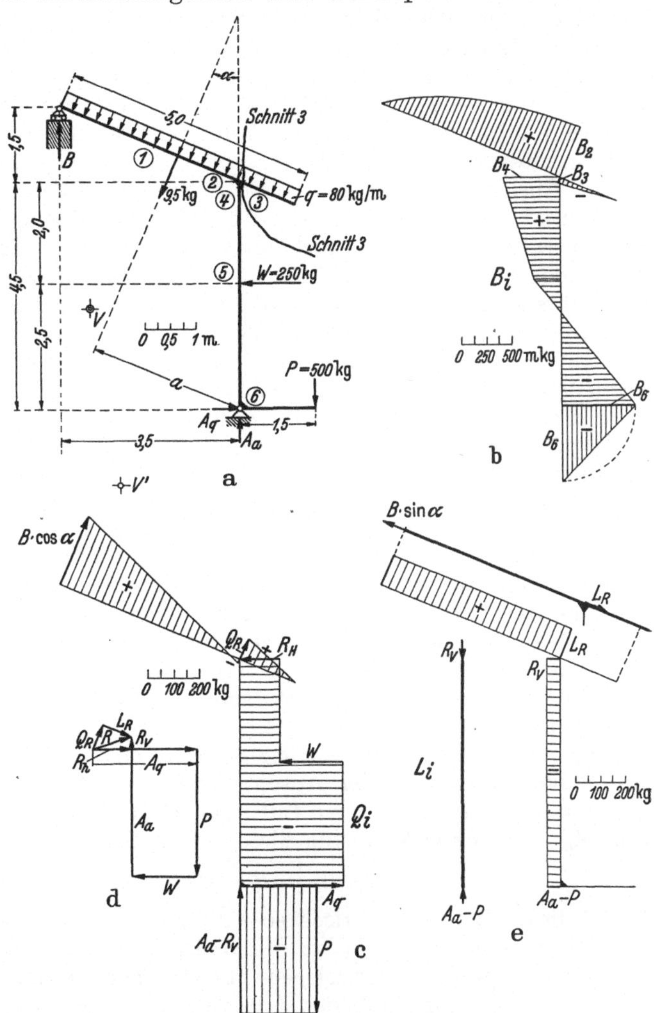

Abb. 235. Offener Rahmen aus zwei Teilen, die nicht aufeinander senkrecht stehen.

auf den angeschlossenen Rahmenteil wirkenden Kräfte für den untersuchten Punkt) ersetzt hier das Seileck, es erlaubt, gerade so wie dies, die Ermittlung der wahren Lage der Resultierenden, und das einfache Krafteck gibt uns diese Kraftwirkung nur nach Größe und Richtung; sie zerlegen wir dann entsprechend der Balkenachse in einen Querkraft- und einen Längskraftanteil.

Damit ist also die Querkraftfläche weiterzuzeichnen. Als Kontrolle für die richtige Ermittlung des Sprunges in der Querkraftfläche an der Stelle ②/③ muß der weitere Verlauf der Querkraftlinie, unter der gleichen Neigung q, am Ende des überragenden Teiles in den Wert Null übergehen.

Die Querkraftfläche für den Pfosten wird am zweckmäßigsten an der Stelle des Lagers A begonnen. Es wirkt hier zunächst A_q nach rechts (vom Blickpunkt aus gesehen nach oben!), die Querkraftlinie verläuft dann parallel zur Balkenachse bis zur Angriffsstelle der Kraft W, dann, um diesen Betrag W vermindert, bis zur Anschlußstelle des Dachbalkens ebenfalls parallel der Stabachse. Der hier vorhandene Betrag der Querkraft $(A_q - W)$ muß gleich dem Anteil der in den Dachbalken übertragenen Kraft R sein, der senkrecht zum Pfosten gerichtet ist, also R_h. Es sei nochmals ausdrücklich darauf hingewiesen, daß dieser Betrag weder Querkraft noch Längskraft für den Dachbalken bedeutet, sondern nur den waagerechten Anteil der Kraft R, die in den Dachbalken weitergeleitet wird.

Der Auslegerarm mit der Kraft P hat eine Querkraftlinie parallel zur Auslegerachse im Abstand P von der Achse.[1] Die Schlußordinate ist gegeben durch die Lagerkraft A_a, vermindert durch den in dieser Richtung hinzukommenden Betrag der Längskraft des Pfostens; denn wenn man für einen Punkt unmittelbar rechts von A den linken Teil betrachtet, so gehört ja zu diesem auch der Pfosten, auf ihn wirkt also vom Dachbalken in lotrechter Richtung die Kraft R_v, aber nun in entgegengesetzter Richtung, da wir vorhin die Kraft R vom Pfosten gegen den Dachträger betrachteten, jetzt aber die Gegenwirkung. Diese Kraft R_v wird für den Stützbalken die Längskraft sein.

Beginnen wir bei der Auftragung der Längskraftfläche (Abb. 235 e) am linken Ende des Dachbalkens, so haben wir zunächst als längs der Balkenachse wirkende Kraft die Größe

$$B \cdot \sin \alpha = 316{,}3 \cdot 0{,}394.$$

Die gleichmäßig verteilte Last hat keinen Einfluß auf die Längskraft (keine Komponenten in der Balkenachse), die Längskraftfläche verläuft also konstant bis zum Anschlußpunkt des Pfostens. Hier kommt der Einfluß des Pfostens hinzu, d. i. aber, wie wir bei Ermittlung der Querkraft bereits gesehen haben, die Kraftkomponente L_R von R (vgl. Krafteck). Damit fällt die Längskraft auf Null ab. Der überragende Teil des Dachbalkens hat keine Längskraftbeanspruchung.

Für den Pfosten beginnen wir am unteren Ende (Punkt ⑥). Schneiden wir den Balken kurz über der Anschlußstelle des Auslegers auf, dann wirken auf den unteren abgeschnittenen Teil ziehend die Kraft P und drückend die Reaktion A_a. Die Längskraft für diese Schnittstelle ist also

$$L_6 = P - A_a = -51{,}3 \ \text{kg}.$$

Es ist dieser Betrag praktisch so entstanden zu denken, daß erst die Kraft A_a eingeleitet, aber sofort davon die Kraft P wieder abgezogen wird. Läge also der Anschlußpunkt des Auslegers etwas höher als der Gelenkpunkt des Lagers, dann herrschte unterhalb des Anschlusses des Auslegers die Längskraft

$$L = -A_a = -551{,}3 \ \text{kg}.$$

Im weiteren Verlauf des Pfostens sind bis zum Anschluß des Dachbalkens keine die Längskraft beeinflussende Kräfte mehr vorhanden, die Längskraftfläche besitzt also einen konstanten Wert bis zur Stelle ④. Hier wird die noch bestehende Längskraft in den Dachbalken eingeleitet, sie stimmt mit R_v des Kraftecks überein, die nun aber vom Dachträger auf den Pfosten wirkt.

Zusammenfassend läßt sich also für die Übergänge eines Rahmenteiles in einen anderen, unter einem bestimmten Winkel zum ersten stehenden, Rahmenteil sagen, daß alle Kräfte auf der einen Seite dieser Stelle zusammengesetzt werden

---

[1] Diese Querkraft ist positiv; in der Abbildung ist sie irrtümlich negativ angegeben.

müssen zu einer resultierenden Balkenkraft R. Diese Balkenkraft wird vom nächstfolgenden Balken aufgenommen und gibt, nach der Zerlegung in zwei Komponenten quer und in Richtung zur neuen Balkenachse, für diesen neuen Balken die Quer- und Längskraftgrößen. Stehen die beiden starr zusammengefügten Rahmenteile aufeinander senkrecht, dann wird die Längskraft des einen Balkens zur Querkraft des anderen und umgekehrt.

59. Der gekrümmte Rahmen. Bei den bisherigen Betrachtungen wurden Momentenflächen, Querkraft- und Längskraftflächen stets für Konstruktionen ermittelt, die im Verlauf ihrer Achse eine Gerade oder eine Reihe von Geraden darstellten. Die Definition der drei Beanspruchungsgrößen: Biegemoment, Querkraft und Längskraft ist natürlich auch bei Balken oder Rahmen mit gekrümmter Achse gültig. Es läßt sich ein solcher krummer Balken oder gewölbter Rahmen auffassen als die Zusammenfügung unendlich vieler, unendlich kleiner Balkenelemente mit gerader Achse; wir werden demgemäß zur Gewinnung von Längskraft und Querkraft in jedem Punkte eine übertragene Balkenkraft, d. h. die Resultierende aller Kräfte auf der einen Seite des Schnittes, neu zerlegen müssen in Längsrichtung und Querrichtung des kleinen Balkenelementes, oder, besser gesagt, in Tangential- und Normalrichtung der Balkenachse. Die Querkraft in einem Schnittpunkt kann also jetzt auch definiert werden als Summe aller einseitigen Kraftkomponenten in der Richtung senkrecht zur Tangente der Balkenachse an der zu untersuchenden Stelle, d. h. von *jeder* Kraft links ist die Komponente in Richtung der Balkenachsennormalen an der betrachteten Stelle zu berücksichtigen. Entsprechendes gilt für die Längskraft bezüglich der tangentialen Richtung. Die Momente aller Kräfte, auf der einen Seite des Trägers, um den zu untersuchenden Schnittpunkt stellen dann genau wie früher das Biegemoment dar. Nach Einführung bestimmter Bildpunkte (Vorzeichenpunkte) werden die Vorzeichen wieder eine eindeutige Biegungswirkung festlegen.

Wir betrachten zur Veranschaulichung dieser Aussagen einen krummen Träger, der unter allgemeiner Belastung P_1, P_2 und P_3 stehen soll und in zwei Stützpunkten statisch bestimmt gelagert ist (Abb. 236). Die Lagerreaktionen werden am besten graphisch bestimmt: wir zeichnen das Krafteck aus den drei gegebenen Kräften und nach Wahl eines beliebigen Poles C die dazugehörigen Polstrahlen. Um die Durchführung der Aufgabe möglichst einfach zu gestalten, beginnen wir das Seileck im technischen Konstruktionsbild nun so, daß der erste Seilstrahl $0'$ durch den Auflagerpunkt des festen Lagers A hindurchgeht. Der damit gewonnene Vorteil ist leicht zu erkennen: wir müssen ja zum Schluß des graphischen Lösungsganges die Schnittpunkte der Auflagerwirkungslinien mit den äußersten Seilstrahlen bestimmen; von der Wirkungslinie der Lagerkraft A ist aber zunächst nur der Punkt des Lagers bekannt, durch den die Kraft A bestimmt hindurchgehen muß, es fehlt die Richtung. Dadurch, daß wir $0'$ durch A ziehen, erreichen wir nun, daß der Auflagerpunkt A ein Punkt der Schlußlinie s' wird. Die Konstruktion des Seilecks geht dann wie üblich weiter. Der letzte Seilstrahl $3'$ wird mit der Wirkungslinie des beweglichen Lagers B zum Schnitt gebracht. Das liefert einen zweiten Punkt der Schlußlinie s', die also als Verbindungslinie dieses Schnittpunktes ($3'$ mit der Wirkungslinie der Kraft B) mit A zu zeichnen ist. Die Parallele s zur Schlußlinie im Krafteck schneidet die Kraft B auf der durch den Eckpunkt IV parallel zu B gezogenen Geraden aus. Die Verbindungsstrecke zwischen Endpunkt der Kraft B und dem Anfangspunkt I des Kraftecks (der Kraft P_1) ergibt die Kraft A, die als Schlußlinie des Kraftecks dieses schließt und damit das Gleichgewicht aller Kräfte P_1, P_2, P_3, B, A herstellt. Dadurch ist also Größe und Richtung von A

bestimmt. Es sei hier nochmals darauf hingewiesen, daß das so entstandene geschlossene Seileck für die Ermittlung der Biegemomente des Balkens keine vorteilhafte Verwendung darbietet, weil es sich nicht um lauter lotrechte Kräfte handelt.

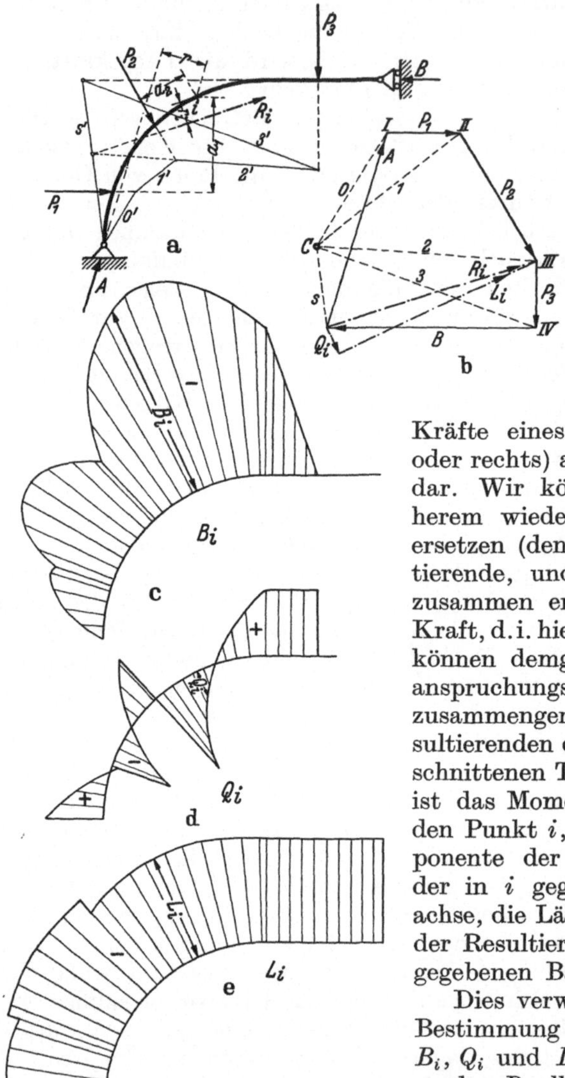

Wollen wir nun in unserem Beispiel die drei Beanspruchungsgrößen: Biegemoment, Querkraft und Längskraft für einen Schnittpunkt i bestimmen, so gehen wir am besten folgendermaßen vor: wir denken uns den Rahmen an der betreffenden Stelle i aufgeschnitten; dann stellen die drei Einflüsse B_i, Q_i und L_i zusammengenommen die Gesamtwirkung aller Kräfte eines abgeschnittenen Teiles (links oder rechts) auf den anderen im Querschnitt i dar. Wir können diese Einflüsse nach früherem wieder durch eine Resultierende R_i ersetzen (denn Q_i und L_i ergeben eine Resultierende, und eine Kraft und ein Moment zusammen ergeben die parallel verschobene Kraft, d. i. hier die gesuchte Resultierende R_i), können demgemäß auch sagen, die drei Beanspruchungsgrößen B_i, Q_i und L_i stellen zusammengenommen die Wirkung der Resultierenden der Kräfte an dem einen abgeschnittenen Teil dar; also: das Biegemoment ist das Moment der Resultierenden R_i um den Punkt i, die Querkraft Q_i ist die Komponente der Resultierenden R_i normal zu der in i gegebenen Richtung der Balkenachse, die Längskraft L_i ist die Komponente der Resultierenden R_i tangential zu der in i gegebenen Balkenachse.

Dies verwenden wir für die tatsächliche Bestimmung der drei Beanspruchungsgrößen B_i, Q_i und L_i, indem wir von der Resultierenden R_i aller Kräfte (A, P_1, P_2) links von i ausgehen, die ja aus dem Krafteck (Abb. 236 b) abzulesen ist. Q_i ist deren Komponente normal zur Balkenachse an der Stelle i, L_i ihre Komponente in der tangentialen Richtung. Da die Resultierende R_i durch den Schnittpunkt der Seilseiten s' und $2'$ hindurchgeht, ist ihr Moment für i mit Hilfe der abzugreifenden Größe r_i anzuschreiben:

$$B_i = -R_i\, r_i.$$

Abb. 236. Der gekrümmte Rahmen.

Wie für den Punkt i ist nun für jeden weiteren Punkt des Rahmens zu verfahren, und es ergibt sich aus diesen ermittelten Größen in den verschiedensten Punkten durch Auftragung die Momentenfläche, die Querkraftfläche und die

Längskraftfläche für den Rahmen. In den Abb. 236c und d sind die ermittelten Werte B_i und Q_i stets normal zum betreffenden Bogenelement aufgetragen; in Abb. 236e in gleicher Weise die Längskraft L_i.

60. Belastungsumordnung. Symmetrie und Gegensymmetrie. Wir finden in der technischen Gestaltung sehr häufig Rahmenkonstruktionen und Balkenanordnungen symmetrisch zu einer Mittellinie ausgeführt. Kommt nun zu dieser geometrischen Symmetrie noch eine Symmetrie in der Belastung hinzu, so können wir für die Beanspruchungsgrößen Aussagen machen, die uns das Aufzeichnen der drei kennzeichnenden Flächen wesentlich erleichtern. Belastungs*symmetrie* ist gegeben, wenn die Belastung zur Mittellinie der geometrischen Symmetrie *spiegelbildlich* angeordnet ist. Als Gegenstück dazu sprechen wir von *Antisymmetrie* oder *Gegensymmetrie* der Belastung, wenn bei geometrischer Symmetrie (die stets vorausgesetzt sein muß) die Belastung so angeordnet ist, daß sie zur Mittellinie *spiegelbildlich mit umgekehrtem Vorzeichen* aufgebracht wird. Für beide Belastungsarten der symmetrischen

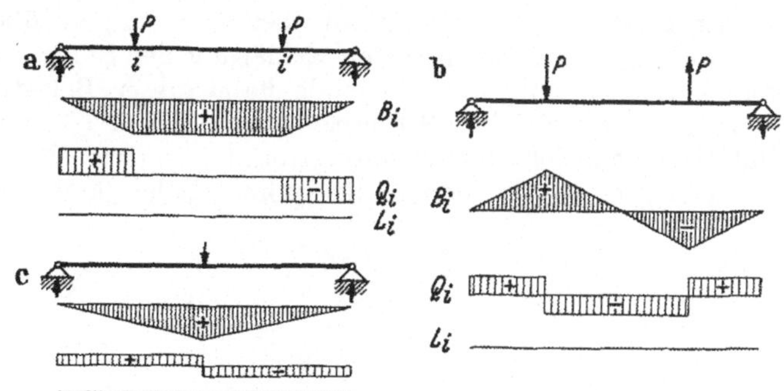

Abb. 237a bis c.

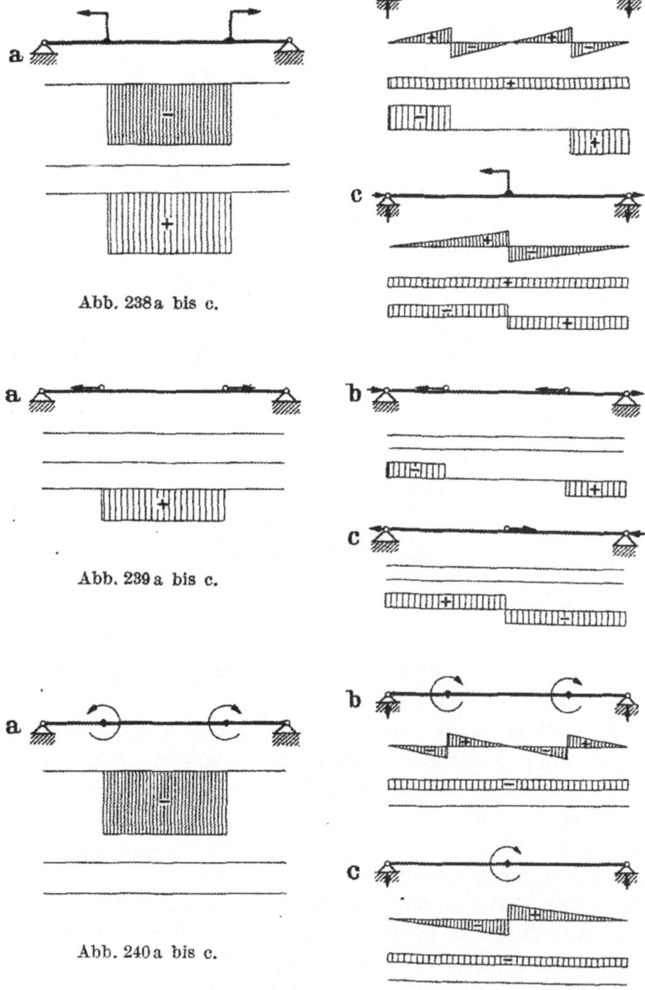

Abb. 238a bis c.

Abb. 239a bis c.

Abb. 240a bis c.

Abb. 237 bis 240. Verschiedene Balken auf zwei Lagern mit symmetrischer und gegensymmetrischer Belastung.

Konstruktionen gibt es vereinfachende Aussagen über die erzeugten Beanspruchungsgrößen. Zur besseren Erklärung der Symmetrie und Gegensymmetrie wollen wir uns einige grundlegende Fälle dieser Belastungsarten ansehen:

In den Abb. 237 bis 240 haben die Balken als Lagerung zwei feste Gelenke, sind also eigentlich statisch unbestimmt gelagert. Bei Einführung eines beweglichen Lagers würde jedoch die geometrische (konstruktive) Symmetrie nicht

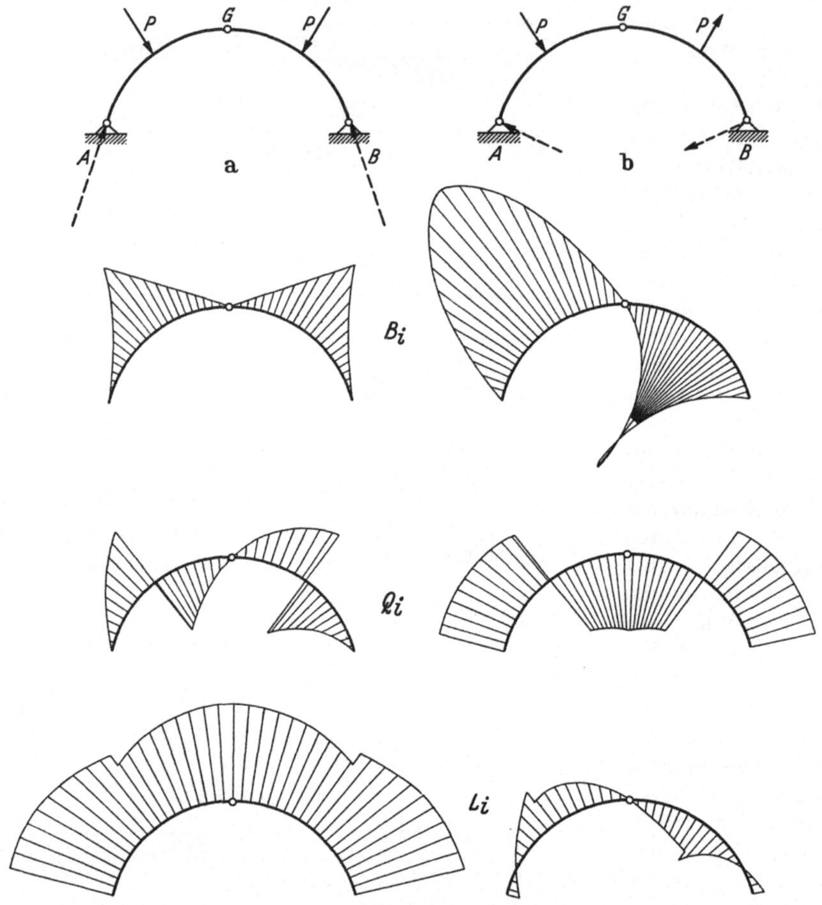

Abb. 241.   Dreigelenkbogen mit symmetrischer und gegensymmetrischer Belastung.

mehr voll gewahrt sein, und wir könnten zunächst nicht mehr von symmetrischen oder gegensymmetrischen Belastungsfällen sprechen. Um die statische Unbestimmtheit wegzubringen, setzen wir voraus, daß evtl. auftretende Horizontaltreakionen auf beide Lager gleichmäßig verteilt werden. Die beiden Bilder der Abb. 241 zeigen eine gelenkige Verbindung zweier Halbrahmen; diese Konstruktion ist statisch bestimmt und heißt Dreigelenkbogen. Die Behandlung des Dreigelenkbogens wird im folgenden Abschnitt durchgeführt. Das letzte Bild der aufgeführten Fälle (Abb. 242) stellt einen Balken dar, der in der Mitte in Form einer Einspannung festgehalten wird. Die mit a bezeichneten Balken weisen symmetrische Belastung auf, die mit b bezeichneten dagegen gegensymmetrische Lasten; der Fall c gibt jedesmal eine Grenzlage der Belastung an.

Es ist für jede Anordnung die Momenten-, Querkraft- und Längskraftfläche gezeichnet.

Die vereinfachenden Aussagen der Symmetrie und Gegensymmetrie sind folgende:

Bei geometrischer Symmetrie gilt im Falle der *Symmetrie der Belastung*:
die Reaktionskräfte sind symmetrisch;
die Momentenfläche ist symmetrisch zur geometrischen Mittellinie;
die Querkraft ist im Symmetrieschnitt Null, die Querkraftfläche ist gegensymmetrisch;
die Längskraft ist symmetrisch zur geometrischen Mittellinie.

Im Falle der *Gegensymmetrie der Belastung* gilt:
Die Reaktionskräfte sind gegensymmetrisch;
das Biegemoment ist im Symmetrieschnitt Null, die Momentenfläche gegensymmetrisch;
die Querkraftfläche ist symmetrisch;
die Längskraft ist im Symmetrieschnitt Null, die Längskraftfläche gegensymmetrisch.

Unsere Annahme über die waagerechten Lagerreaktionen ist in diesen Aussagen mit enthalten und gilt also genau so wie die anderen Aussagen.

Die Richtigkeit der ausgesprochenen Vereinfachungen der Symmetrie ergibt sich sofort bei Betrachtung eines der angegebenen Fälle (z. B. Abb. 237a). Es gehört zu jeder Kraft P eine entsprechende spiegelbildlich zur Mittellinie gelegene; zu jedem Punkt i der einen Seite ist spiegelbildlich ein entsprechender i' auf der anderen Seite zugeordnet. Stellen wir nun für einen beliebigen Punkt i auf der linken Hälfte das Biegemoment für den linken abgeschnittenen Teil auf und für seinen symmetrischen Punkt i' auf der rechten Hälfte das Biegemoment für den rechten abgeschnittenen Teil, so sehen wir aus der Gleichung für beide Punkte das gleiche Moment erstehen, da ja die Lagerreaktionen gleich

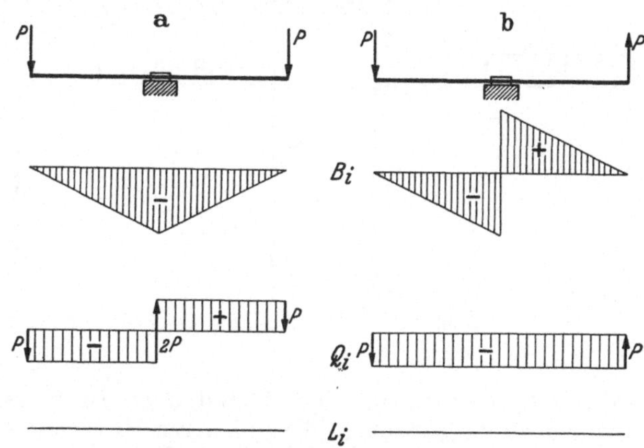

Abb. 242. Eingespannter Balken mit symmetrischer und gegensymmetrischer Belastung.

sind und die spiegelbildliche Anordnung des Momentendrehsinnes das gleiche Vorzeichen besitzt $\left(\curvearrowright\!\underset{+}{B_i}\!\curvearrowleft\right)$. Bei der Querkraft war die Definition des Vorzeichens so gegeben, daß eine spiegelbildlich umgekehrte Richtung der Querkraft $\left(\uparrow\underset{+}{Q_i}\downarrow\right)$ dem gleichen Vorzeichen entspricht. Wir haben also bei symmetrischer Anordnung der Kräfte verschiedenes Vorzeichen, d. h. die Querkraftfläche ist gegensymmetrisch zur Mittellinie. Die Längskraft besitzt bei symmetrischer Anordnung der Kräfte gleiches Vorzeichen $\left(\leftarrow\underset{+}{L_i}\rightarrow\right)$, verhält sich also wie das Biegemoment, d. h. die Längskraftfläche ist symmetrisch. In gleicher Weise sind aus der Vorzeichenbetrachtung die Aussagen der gegensymmetrischen Belastungsfälle zu beweisen.

Nun ist von allergrößter Bedeutung, daß bei symmetrischen Konstruktionen (gestaltliche Symmetrie) auch die allgemeinste Belastung durch Übereinanderlagerung der erwähnten beiden Belastungszustände (Symmetrie und Gegensymmetrie) hergestellt werden kann. Wir ordnen die gegebene Belastung um, machen aus der einen Aufgabe zwei Probleme: einen symmetrischen Belastungsfall und einen gegensymmetrischen Belastungsfall. Die Ergebnisse der Teilaufgaben lassen sich dann später wieder nach dem Superpositionsgesetz überlagern. Daß uns diese Aufteilung, die schon beim Übungsbeispiel Seite 148 (Abb. 220) angewandt wurde, stets möglich sein wird, ist an einigen Belastungsbeispielen

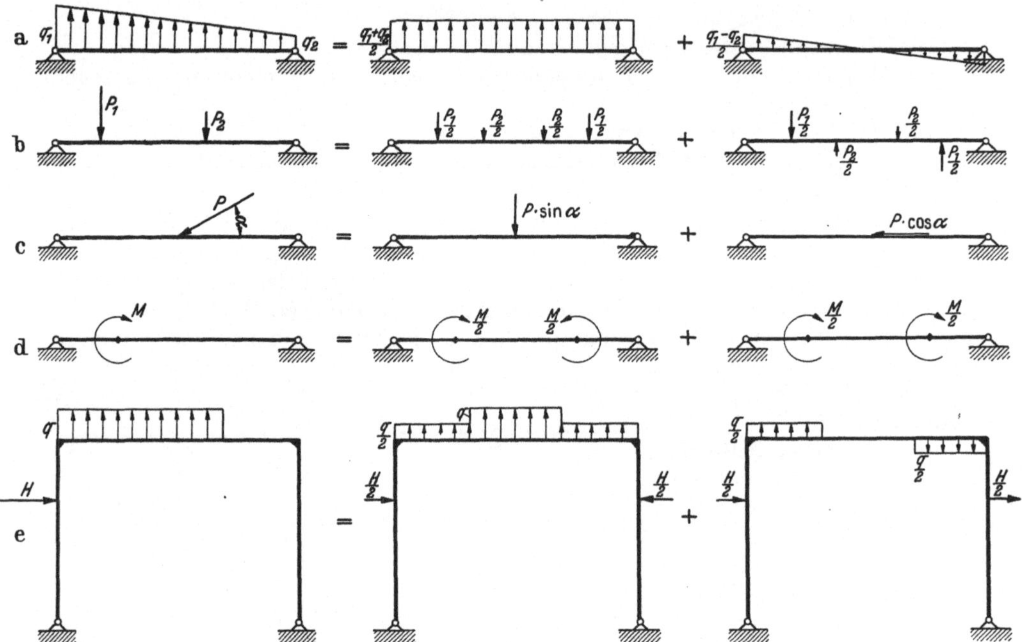

Abb. 243. Belastungsumordnungsverfahren für verschiedene Belastungen.

(Abb. 243) gezeigt. In den Abbildungen ist stets links der tatsächliche Belastungsfall dargestellt, in den mittleren Bildern die symmetrische, in den rechts befindlichen die gegensymmetrische Belastung gezeichnet, die zusammen die wirkliche Belastung ergeben.

Durch diese Belastungs-Umordnung (BU-Verfahren) erreichen wir, daß bei geometrisch symmetrischen Konstruktionen nur noch symmetrische und gegensymmetrische Aufgaben zu lösen sind, bei denen die vorerwähnten Aussagen eine Erleichterung bedeuten. Mit dieser Übereinanderlagerung kommt man häufig schneller zum Ziele, als wenn man die allgemeine Belastung unmittelbar verwendet. Der große Vorteil dieser Aufteilung tritt erst bei räumlichen Belastungen und räumlichen Lagerungen besonders deutlich hervor. Es gelingt uns dabei häufig, durch eine derartige Aufteilung, die schwierig zu behandelnden räumlichen Probleme auf ebene Probleme zurückzuführen. Wir wollen die Anwendungsbeispiele der Belastungsumordnung deshalb auch auf das entsprechende Kapitel zurückstellen.

Übungsaufgaben über ebene Rahmen.

1. Aufgabe. Auf den in Abb. 244 dargestellten offenen Rahmen (Galgen) wirke die angegebene Belastung. Gesucht sind die Beanspruchungsgrößen für Balken und Pfosten.

Lösung. Der Rahmen ist statisch bestimmt, da die Befestigung lediglich in einer Einspannung besteht. Wir rechnen zunächst die Reaktionen an der Einspannstelle aus. Es ist:

$$A_v = 4,0 \cdot 200 + 500 = 1300 \text{ kg} \quad \text{(nach oben)},$$
$$A_h = 1000 \text{ kg} \quad \text{(nach links)}.$$

Für die Aufstellung des Biegungsmomentes wurde der Blickpunkt an der angegebenen Stelle V gewählt. Es beträgt an der Einspannstelle:

$$B_E = - M_E = - 1000 \cdot 3,0 - 800 \cdot 2,0 - 500 \cdot 4,0 = - 6600 \text{ kgm}.$$

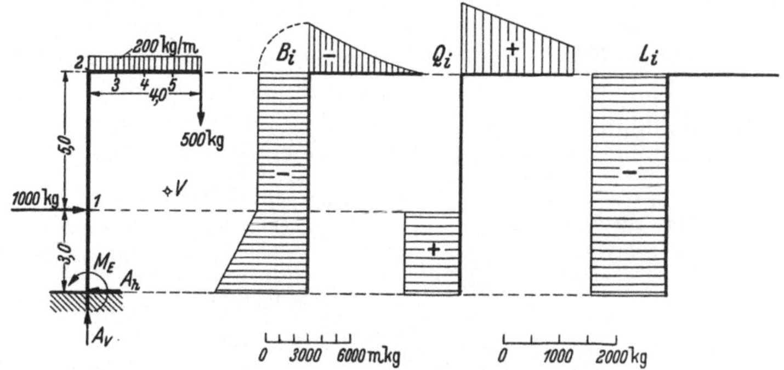

Abb. 244. Übungsbeispiel.

In der Mitte des waagerechten Balkens ist das Biegungsmoment

$$B_4 = -500 \cdot 2,0 - 200 \cdot 2,0 \cdot 1,0 = -1400 \text{ kgm}.$$

Außerdem ist es berechnet für zwei Stellen in der Entfernung 1 m und 3 m vom rechten Balkenende:

$$B_5 = -500 \cdot 1,0 - 200 \cdot 1,0 \cdot 0,5 = - 500 \text{ kgm}.$$
$$B_3 = -500 \cdot 3,0 - 200 \cdot 3,0 \cdot 1,5 = -2400 \text{ kgm}.$$

Am Punkt 2 besitzt das Biegungsmoment für den waagerechten Balken die Größe

$$B_2 = -500 \cdot 4,0 - 200 \cdot 4,0 \cdot 2,0 = -3600 \text{ kgm}.$$

Genau so groß muß das Biegungsmoment für den obersten Punkt des Pfostens sein. Es sei zur Probe für den Pfostenteil links ausgerechnet:

$$B_2 = -M_E + A_h \cdot 8,0 - 1000 \cdot 5,0 = -6600 + 8000 - 5000$$
$$= -3600 \text{ kgm}.$$

An der Angriffstelle der waagerechten Last besitzt das Biegungsmoment den gleichen Wert wie an der Stelle 2:

$$B_1 = -500 \cdot 4,0 - 200 \cdot 4,0 \cdot 2,0 = -3600 \text{ kgm}.$$

Mit diesen Werten wurde die Momentenfläche aufgezeichnet. Die Querkraft- und Längskraftflächen bieten nichts grundsätzlich Neues; an der Stelle 2 muß die Querkraft für den waagerechten Balken genau so groß sein wie die Längskraft für den lotrechten Pfosten.

2. Aufgabe. Auf den in Abb. 245 dargestellten offenen Rahmen wirke eine zusammenhängende lotrechte Belastung und eine waagerechte Last. Die Beanspruchungsgrößen für die drei Rahmenteile sind gesucht.

Lösung. Der Rahmen GDB ist abgestützt durch das feste Lager B und den Stützungsstab GA. Es sind zunächst die Fesselkräfte A (im Stab AG) und B zu ermitteln; es kann dies auf graphischem oder rechnerischem Wege geschehen. In ersterem Falle bringt man die Resultierende R aus der lotrechten und waagerechten Belastung, die auf den rechten Teil GB wirkt, zum Schnitt mit dem Stabe AG und verbindet den Schnittpunkt mit dem Punkt B. Das zugehörige Kraftdreieck ist in Abb. 245 b gezeichnet; daselbst sind auch die Komponenten der gefundenen Lagerkräfte A und B eingetragen. Zur Probe seien diese Komponenten auch analytisch berechnet:

$$(\textstyle\sum M)_B = 0:$$
$$-250 \cdot 5{,}0 \cdot 4{,}5 - 1000 \cdot 4{,}0 + A_v \cdot 9{,}0 = 0,$$
$$A_v = 1069{,}4 \text{ kg}.$$

$$(\textstyle\sum M)_A = 0:$$
$$250 \cdot 5{,}0 \cdot 4{,}5 - 1000 \cdot 4{,}0 - B_v \cdot 9{,}0 = 0,$$
$$B_v = 180{,}6 \text{ kg}.$$

Die Aufstellung aller lotrechten Kräfte ergibt die Richtigkeit der gefundenen Werte. Es ist ferner:

$$A_h : A_v = 2{,}0 : 4{,}0,$$
$$A_h = \tfrac{1}{2} A_v = 534{,}7 \text{ kg} \quad \text{(nach rechts)},$$
$$B_h = 1000 - 534{,}7 = 465{,}3 \text{ kg}$$
$$\text{(nach rechts)}.$$

Das Biegungsmoment für den Stab AG ist überall gleich Null, da jeder Stab immer nur Längskraftträger ist. Am Lager B verschwindet das Biegungsmoment; zwischen B und D verläuft es geradlinig. Es ist berechnet für die Stelle

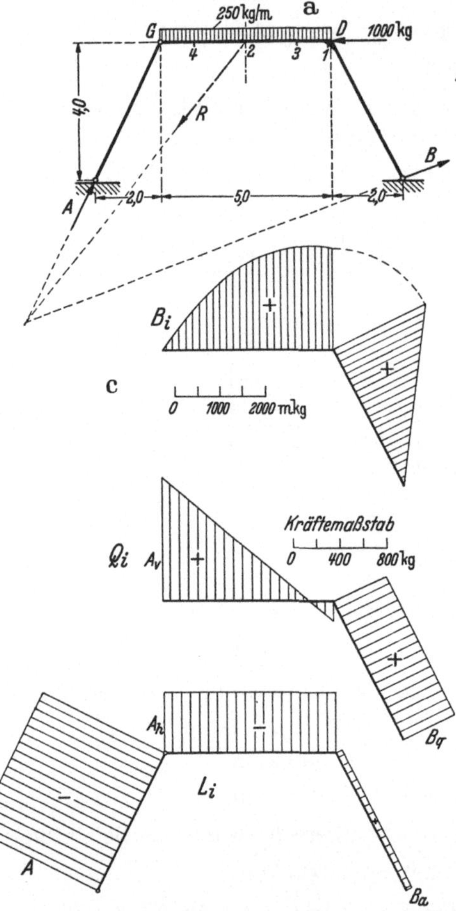

Abb. 245. Übungsbeispiel.

$D(B_1)$, dann für die Mitte des Teiles GD (B_2) und zwei weitere Stellen, die die Entfernung 1,0 m (B_3) und 4,0 m (B_4) vom Punkt D haben. Es ergibt sich:

$$B_1 = 180{,}6 \cdot 2{,}0 + 465{,}3 \cdot 4{,}0 = 2222{,}4 \text{ mkg}.$$
$$B_3 = 180{,}6 \cdot 3{,}0 + 465{,}3 \cdot 4{,}0 - 250 \cdot 1{,}0 \cdot 0{,}5 = 2278{,}0 \text{ mkg}.$$
$$B_2 = 180{,}6 \cdot 4{,}5 + 465{,}3 \cdot 4{,}0 - 250 \cdot 2{,}5 \cdot 1{,}25 = 1892{,}5 \text{ mkg}.$$
$$B_4 = 180{,}6 \cdot 6{,}0 + 465{,}3 \cdot 4{,}0 - 250 \cdot 4{,}0 \cdot 2{,}0 = 944{,}8 \text{ mkg}.$$

Im Gelenk G muß das Biegungsmoment verschwinden; man kann diese Bedingung als Kontrolle verwenden:

$$180{,}6 \cdot 7{,}0 + 465{,}3 \cdot 4{,}0 - 250 \cdot 5{,}0 \cdot 2{,}5 = 0.$$

Es ergibt sich die in Abb. 245 c dargestellte Momentenfläche.

Für die Querkraft- und Längskraftfläche des Teiles BD benötigt man die Komponente von B senkrecht zur Achsenrichtung BD (B_q) und in der Achsenrichtung (B_a), die in Abb. 245b angegeben sind.

3. Aufgabe. Für den Portalrahmen in Abb. 246 sind die Beanspruchungsgrößen für die verschiedenen Rahmenteile zu berechnen.

Lösung. Die Lagerreaktionen werden aus den Momentengleichungen für den Punkt A und B ermittelt:

$$(\textstyle\sum M)_A = 0:$$
$$1500 \cdot 2,0 + 200 \cdot 4,0 \cdot 4,0 + 500 \cdot 6,0$$
$$- 1000 \cdot 0,8 - B \cdot 8,0 = 0,$$
$$B = 1050 \text{ kg}.$$

$$(\textstyle\sum M)_B = 0:$$
$$-500 \cdot 2,0 - 1500 \cdot 6,0 - 200 \cdot 4,0 \cdot 4,0$$
$$- 1000 \cdot 8,8 + A \cdot 8,0 = 0,$$
$$A = 2750 \text{ kg}.$$

Die Biegungsmomente sind für die angegebenen Punkte 1 bis 7 berechnet. Das Moment an 2 muß gegenüber demjenigen von 1 verschieden sein um den Momentenbetrag der Kraft Q, also um $Q \cdot 2,0$ mkg. Die Biegemomente an den Punkten 3 und 7 sind für den schräg liegenden Teil und den waagerechten Balken gleich groß.

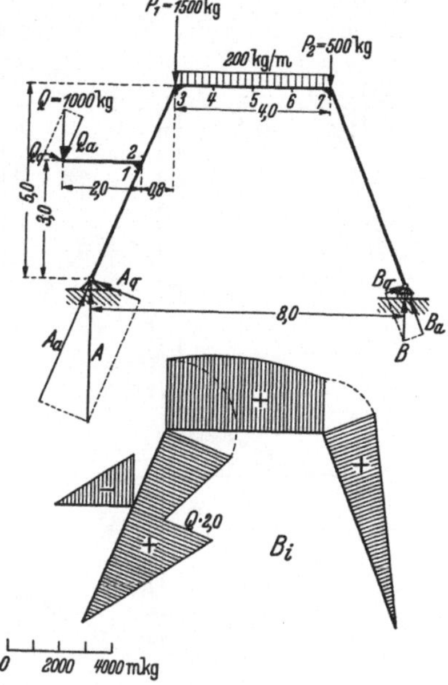

$B_1 = 2750 \cdot 1,2 = 3300$ kgm.

$B_2 = 2750 \cdot 1,2 - 1000 \cdot 2,0 = 1300$ kgm.

$B_3 = 2750 \cdot 2,0 - 1000 \cdot 2,8 = 2700$ kgm.

$B_4 = 1050 \cdot 5,0 - 500 \cdot 3,0 - 200 \cdot 3,0 \cdot 1,5$
$\quad\ = 2850$ kgm.

$B_5 = 1050 \cdot 4,0 - 500 \cdot 2,0 - 200 \cdot 2,0 \cdot 1,0$
$\quad\ = 2800$ kgm.

$B_6 = 1050 \cdot 3,0 - 500 \cdot 1,0 - 200 \cdot 1,0 \cdot 0,5$
$\quad\ = 2550$ kgm.

$B_7 = 1050 \cdot 2,0 = 2100$ kgm.

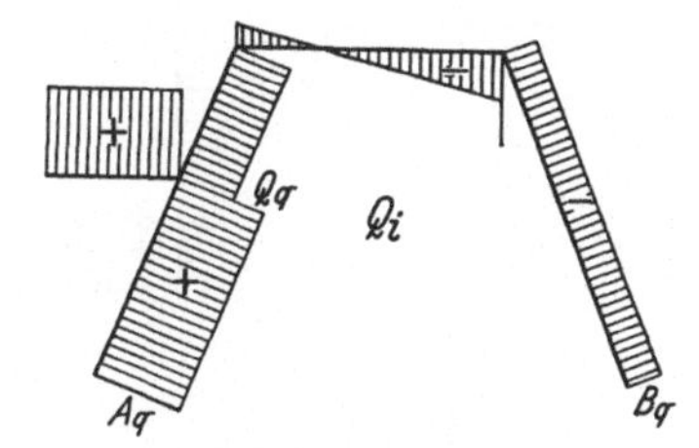

Für die Berechnung der Momente für die Punkte 1, 2, 3 wurden die Teile links von der Schnittstelle verwendet, für die Punkte 4, 5, 6, 7 diejenigen rechts von der Stelle. Außerdem wurde zur Kontrolle für den Punkt 3 auch das

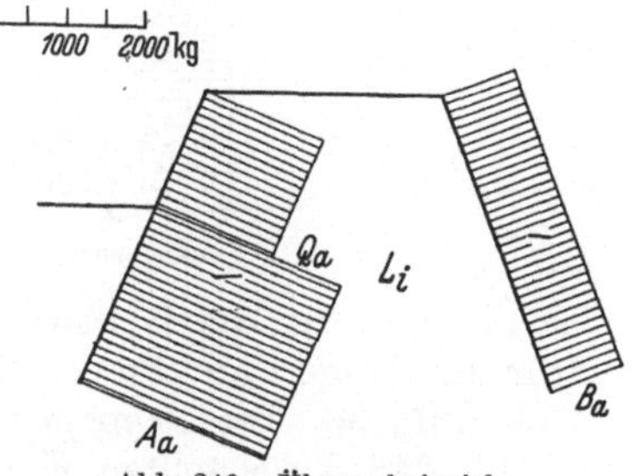

Abb. 246. Übungsbeispiel.

Biegungsmoment von rechts aufgestellt. Die Querkraft ist an der Stelle 1 durch A_q gegeben, an Stelle 2 durch $(A_q - Q_q)$, entsprechend die Längskraft an diesen beiden Stellen durch A_a und $(A_a - Q_a)$. Für den oberen Balken ist die Längskraft Null.

4. Aufgabe. Die Beanspruchungsgrößen sind für die verschiedenen Teile der in Abb. 247 dargestellten Konstruktion zu ermitteln.

Lösung. Es handelt sich um ein statisch bestimmtes Gebilde: der starre Teil ADB ist durch das feste Auflager A und den Stab 2 abgestützt; daran ist durch den Stab (Balken) I der Punkt C angeschlossen, der andererseits durch den Stab 1 festgehalten wird und so unverschieblich angefügt ist. Der Teil I ist also nach diesem Aufbaugesetz ein Balken, der im Punkt B fest gelagert und in C durch den Stab 1 abgestützt ist. Die auf ihn wirkenden Fesselkräfte S_1 und B können durch die Momentengleichungen für die Punkte B und C sofort angegeben werden.

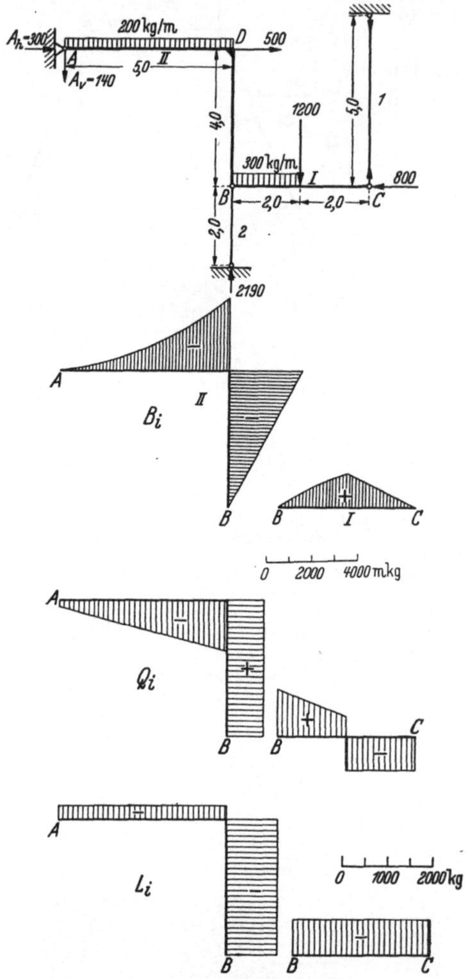

$$(\textstyle\sum M)_B = 0:$$

$$300 \cdot 2{,}0 \cdot 1{,}0 + 1200 \cdot 2{,}0 = S_1 \cdot 4{,}0$$

$$S_1 = 750 \text{ kg} \quad (\text{Zug}).$$

$$(\textstyle\sum M)_C = 0:$$

$$1200 \cdot 2{,}0 + 300 \cdot 2{,}0 \cdot 3{,}0 = B_v \cdot 4{,}0,$$

$$B_v = 1050 \text{ kg} \quad (\text{nach oben}).$$

Weiter ist:

$$B_h = 800 \text{ kg} \quad (\text{nach rechts}).$$

Auf den Rahmen ADB, der in A fest und in B durch den Stab 2 abgestützt ist, wirken die umgekehrten Kräfte B_v nach unten und B_h nach links. Es ergeben sich die Momentengleichungen:

$$(\textstyle\sum M)_A = 0:$$

$$200 \cdot 5{,}0 \cdot 2{,}5 + 800 \cdot 4{,}0 + 1050 \cdot 5{,}0$$
$$+ S_2 \cdot 5{,}0 = 0,$$

$$S_2 = -2190 \text{ kg} \quad (\text{Druck}).$$

$$(\textstyle\sum M)_B = 0:$$

$$500 \cdot 4{,}0 + 300 \cdot 4{,}0 - 200 \cdot 5{,}0 \cdot 2{,}5$$
$$+ A_v \cdot 5{,}0 = 0,$$

$$A_v = -140 \text{ kg} \quad (\text{nach unten}).$$

Darin ist $A_h = 300$ kg eingesetzt, was sich aus der Betrachtung der waagerechten Kräfte sofort ergibt.

Die Nachprüfung zeigt, daß die Summe aller lotrechten Kräfte tatsächlich verschwindet. Der Aufzeichnung der Flächen für die Beanspruchungsgrößen stehen dann keine Schwierigkeiten mehr im Wege; am Punkt B ist natürlich das Biegungsmoment gleich Null.

Abb. 247. Übungsbeispiel.

5. Aufgabe. Die Beanspruchungsgrößen sind für die verschiedenen Teile der in Abb. 248 dargestellten Konstruktion (Lagerhallenrahmen) anzugeben.

Lösung. Auf dem Rahmen mit überstehendem Ende ist eine schräg liegende Brücke durch das Gelenk K und den Stützungsstab S angebracht. Die zusammenhängende Belastung werde in der Mitte zusammengefaßt ($R = 700$ kg) und in zwei Komponenten zerlegt:

$$V = 700 \cdot \frac{11{,}0}{\sqrt{11{,}0^2 + 3{,}5^2}} = 666{,}5 \text{ kg},$$

$$H = 700 \cdot \frac{3{,}5}{\sqrt{11{,}0^2 + 3{,}5^2}} = 212{,}1 \text{ kg}.$$

Damit findet sich unter Verwendung der Momentengleichung:

$$(\textstyle\sum M)_K = 0: \quad -666{,}5 \cdot 6{,}67 - 212{,}1 \cdot 2{,}12 - S \cdot 11{,}0 = 0,$$
$$S = -445{,}5 \text{ kg} \quad (\text{Druck}).$$

Ferner ergibt sich:

$$K_v = 666{,}5 - 445{,}5 = 221 \text{ kg} \quad (\text{nach oben für den Balken}),$$
$$K_h = 212{,}1 \text{ kg} \quad (\text{nach rechts für den Balken}).$$
$$K = \sqrt{221^2 + 212{,}1^2} = 306{,}2 \text{ kg}.$$

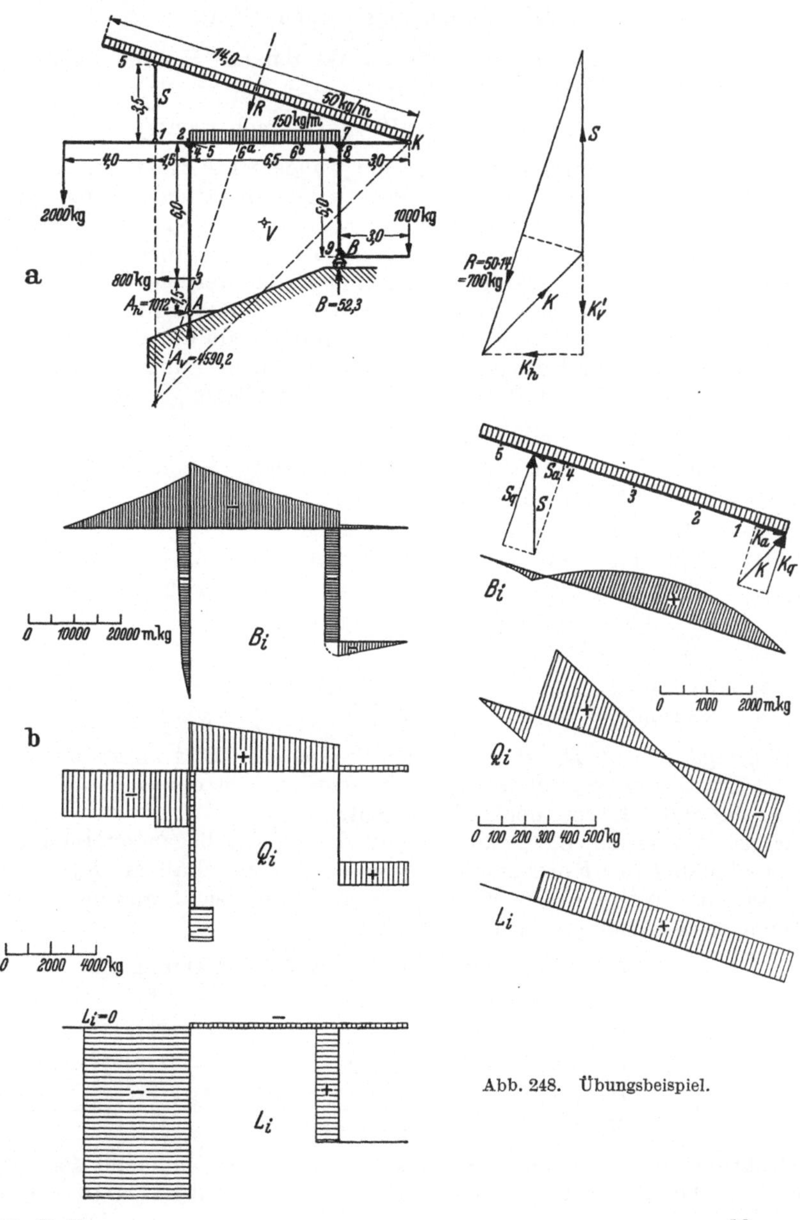

Abb. 248. Übungsbeispiel.

Für die Ermittlung der Lagerreaktionen B, A_v, A_h des Rahmens benötigen wir allerdings diese Kräfte K und S nicht, da wir für die gesamte Konstruktion die Summen der Momente für die Punkte A und B gleich Null setzen können:

$$(\textstyle\sum M)_A = 0: \quad 1000 \cdot 9{,}5 + 150 \cdot 6{,}5 \cdot 3{,}25 + 666{,}5 \cdot 2{,}83 - 800 \cdot 1{,}5$$
$$-2000 \cdot 5{,}5 - 212{,}1 \cdot 9{,}62 - B \cdot 6{,}5 = 0,$$
$$B = 52{,}3 \text{ kg} \quad \text{(nach oben)}.$$

$$(\textstyle\sum M)_B = 0: \quad -2000 \cdot 12{,}0 - 666{,}5 \cdot 3{,}67 - 212{,}1 \cdot 7{,}12 - 1012{,}1 \cdot 2{,}5$$
$$- 150 \cdot 6{,}5 \cdot 3{,}25 + 1000 \cdot 3{,}0 + 800 \cdot 1{,}0 + A_v \cdot 6{,}5 = 0,$$
$$A_v = 4590{,}2 \text{ kg} \quad \text{(nach oben)}.$$

Die Nachprüfung ergibt, daß mit diesen Werten die Summe aller lotrechten Kräfte verschwindet. Weiter findet sich:

$$A_h = 800 + 212{,}1 = 1012{,}1 \text{ kg} \quad \text{(nach rechts)}.$$

(Würde auf den Rahmen AB nur eine waagerechte Kraft in K wirken, so würden auch dadurch in A und B lotrechte Lagerreaktionen entstehen, die ein Kräftepaar bilden, das dem Kräftepaar K_h und $A_h = K_h$ Gleichgewicht hält.)

Mit den gewonnenen Werten können alle Biegungsmomente am eigentlichen Rahmen sowie am oberen schrägen Balken ermittelt werden. Dabei muß natürlich letzterer vom Rahmen abgetrennt und die Anschlußkräfte S und K müssen als Kräfte, die einerseits auf den Rahmen, andererseits auf den Balken wirken, eingeführt werden. Als Blickpunkt wählen wir einen Punkt V im Innern des Rahmens. Es ergeben sich für den Rahmen die Biegungsmomente:

$$B_1 = -2000 \cdot 4{,}0 = -8000 \text{ mkg}.$$
$$B_2 = -2000 \cdot 5{,}5 - 445{,}5 \cdot 1{,}5 = -11\,668 \text{ mkg}.$$
$$B_3 = -1012 \cdot 1{,}5 = -1518 \text{ mkg}.$$
$$B_4 = -1012 \cdot 7{,}5 + 800 \cdot 6{,}0 = -2790 \text{ mkg}.$$
$$B_5 = -2000 \cdot 5{,}5 - 445{,}5 \cdot 1{,}5 - 1012 \cdot 7{,}5 + 800 \cdot 6{,}0 = -14458 \text{ mkg}.$$
$$B_{3a} = -221 \cdot 7{,}0 - 1000 \cdot 7{,}0 + 52{,}3 \cdot 4{,}0 - 150 \cdot 4{,}0 \cdot 2{,}0 = -9539 \text{ mkg}.$$
$$B_{6b} = -221 \cdot 5{,}0 - 1000 \cdot 5{,}0 + 52{,}3 \cdot 2{,}0 - 150 \cdot 2{,}0 \cdot 1{,}0 = -6301 \text{ mkg}.$$
$$B_7 = -221 \cdot 3{,}0 = -663 \text{ mkg}.$$
$$B_8 = -3000 \text{ mkg}.$$
$$B_9 = -3000 \text{ mkg}.$$

Das Biegungsmoment B_5 ist gleich der Summe der Biegungsmomente von B_2 und B_4. Die Biegungsmomente B_1 bis B_5 wurden von der linken Seite her berechnet, die anderen von der rechten Seite.

Zur Ermittlung der Biegemomente für den schräg liegenden Balken benutzt man zweckmäßig die Komponente K_q senkrecht zum Balken ($K_q = 275$ kg); es finden sich die Werte für 6 Punkte, deren Lagen leicht aus den Hebelarmen der Momentengleichungen zu ersehen sind:

$$B_1 = 275 \cdot 2{,}0 - 50 \cdot 2{,}0 \cdot 1{,}0 = +450 \text{ mkg}.$$
$$B_2 = 275 \cdot 4{,}0 - 50 \cdot 4{,}0 \cdot 2{,}0 = +700 \text{ mkg}.$$
$$B_3 = 275 \cdot 7{,}0 - 50 \cdot 7{,}0 \cdot 3{,}5 = +700 \text{ mkg}.$$
$$B_4 = 275 \cdot 10{,}0 - 50 \cdot 10{,}0 \cdot 5{,}0 = +250 \text{ mkg}.$$
$$B_S = - 50 \cdot 2{,}46 \cdot 1{,}23 = -151{,}3 \text{ mkg}.$$
$$B_5 = - 50 \cdot 1{,}0 \cdot 0{,}5 = -25 \text{ mkg}.$$

Der Größtwert des Biegungsmomentes liegt über der Nullstelle der Querkraftfläche. Um Querkraft und Längskraft für diesen Balken zu finden, benötigt man die Komponenten von S bzw. K in der Richtung der Achse und senkrecht dazu. Es ist:

$$S_q = 445{,}5 \cdot \frac{11}{11{,}54} = 425 \text{ kg},$$

$$S_a = 445{,}5 \cdot \frac{3{,}5}{11{,}54} = 135 \text{ kg},$$

$$K_a = 135 \text{ kg},$$

$$K_q = 275 \text{ kg}.$$

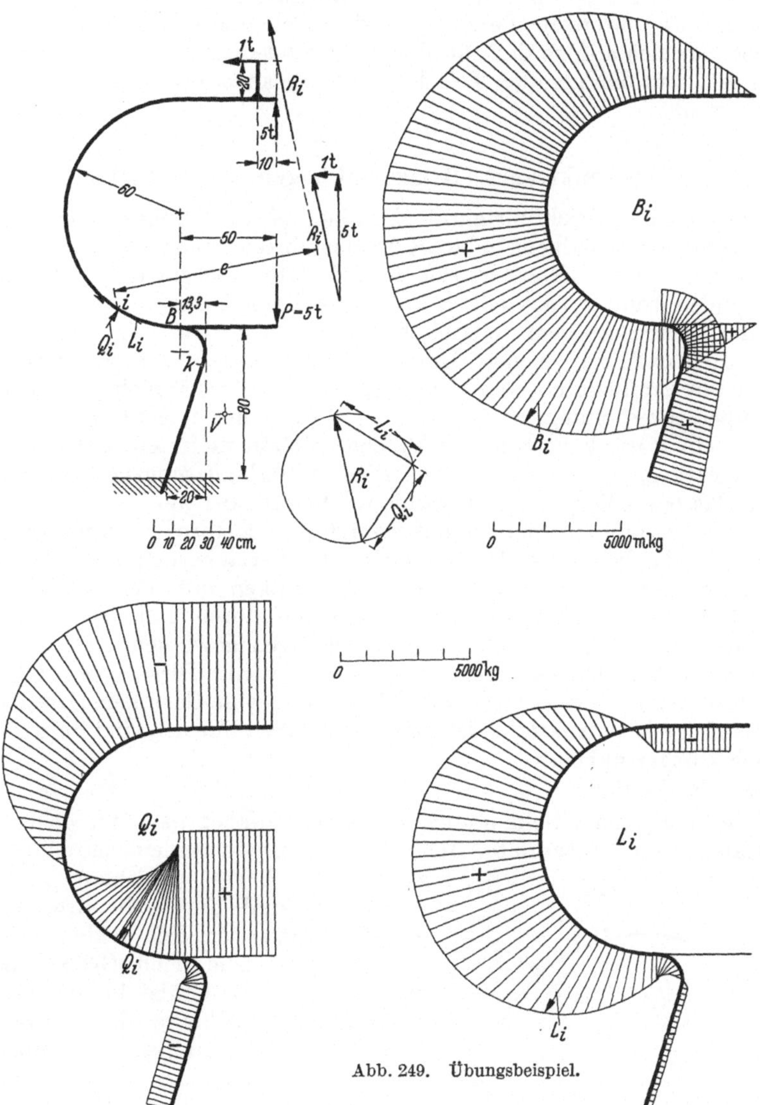

Abb. 249. Übungsbeispiel.

6. Aufgabe. Für den in Abb. 249 dargestellten gekrümmten Rahmen (Maschinenrahmen) sind die Beanspruchungsgrößen zu ermitteln.

Lösung. Es handelt sich um einen eingespannten statisch bestimmten Rahmen. Die oberen Lasten von 1 t und 5 t werden zur Resultierenden R_i zusammengesetzt. Für alle Punkte zwischen dem oberen Ende und der Anschlußstelle B wirkt dann oberhalb eines beliebigen Punktes i nur die Kraft R_i, das Biegungsmoment ist gegeben durch. $+R_i \cdot e$. Die Längskraft und Querkraft für einen Punkt i wird durch Zerlegung der Kraft R_i in eine tangentiale und normale Komponente gefunden (in der Zeichnung ist dies für den Punkt i angegeben). Für den Teil zwischen Anschlußpunkt B und rechtem Ende benutzt man naturgemäß den rechts von B gelegenen Teil.

Für die Punkte des unteren Haltestücks hat man zu beachten, daß oberhalb eines Punktes k sowohl R_i als auch die Last P wirkt. Da aber die obere Last 5 t und die untere in dieselbe Gerade fallen und entgegengesetzt gerichtet sind, heben sie sich auf, so daß für alle Punkte k lediglich die Last 1 t zu berücksichtigen ist. Für den geraden Teil des Haltestücks ist die Querkraft und Längskraft konstant.

XI. Gelenkträger (Dreigelenkbogen, Gerberbalken).

Die praktische Durchführung technischer Konstruktionen verlangt häufig die Lagerung eines Balkens oder Rahmens durch mehr als drei Fesselungen (Unbekannten). Diese Konstruktionen sind dann alle statisch unbestimmt gelagert. Andererseits wird vielfach aus besonderen Gründen aber Wert darauf gelegt, die Konstruktionen statisch bestimmt zu bauen, vor allem mit Rücksicht darauf, daß bei solchen Konstruktionen durch Temperaturänderungen keine inneren Einflüsse hervorgerufen werden. Wirkt nämlich auf einen Balken eine Temperaturerhöhung, so sucht er sich unter ihrem Einfluß zu verlängern. Liegt nun ein statisch bestimmter Balken mit einem festen und einem beweglichen Lager vor, so gibt der Balken diesem Verlängerungsbestreben nach, indem sich das bewegliche Lager verschiebt. Wirkt aber die Temperaturerhöhung auf einen unbestimmten Balken mit zwei festen Lagern, so kann er dem Einfluß nicht nachgeben, er widerstrebt also der Verlängerung, und dadurch entstehen innere Kräfte. Wollen wir nun den Balken mit mehr als drei Fesseln statisch bestimmt machen, so müssen wir ihn durch technische Maßnahmen so verändern, daß wir so viele neue Gleichungen gewinnen, daß die Zahl der Gleichungen gleich der Zahl der Unbekannten wird. Diese neuen Gleichungen werden fast immer gewonnen durch Einführung von Gelenken (Drehbolzen) in den Verlauf der Konstruktion. Die so entstehenden Formen sind im wesentlichen

1. der Dreigelenkbogen,
2. der Gerberträger.

61. Die analytische Behandlung des Dreigelenkbogens. Wir gehen aus von einem Rahmen mit gekrümmter Achse, der in seinen beiden Endpunkten durch zwei feste Lager (Gelenke) gestützt ist (Abb. 250) und durch die drei Kräfte P_1, P_2, P_3 belastet ist. Die beiden festen Lager vermögen je eine nach Größe und Richtung (oder nach Größe in zwei gegebenen Richtungen) unbekannte Kraft aufzunehmen bzw. auf den Rahmen auszuüben. Wir haben also insgesamt vier unbekannte Lagerreaktionen: A_v, A_h, B_v, B_h. Der Rahmen ist statisch unbestimmt, da gegenüber den vier Unbekannten nur drei unabhängige Gleichgewichtsbedingungen aufgestellt werden können. Nun können wir das System dadurch statisch bestimmt machen, daß wir den Rahmen aufteilen in zwei Rahmenteile und diese wieder mit einem Gelenk aneinanderfügen

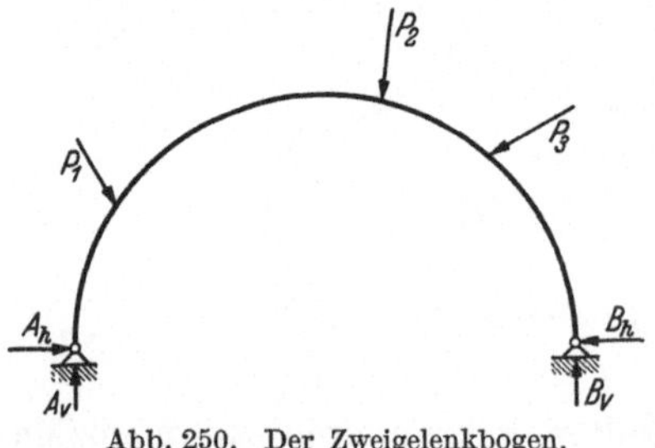

Abb. 250. Der Zweigelenkbogen.

(Abb. 251). Das ganze System besteht also jetzt aus zwei Einzelrahmen, die miteinander verbunden sind durch ein Gelenk und deren anderes Ende jeweils in einem festen Gelenk an der Erde gelagert ist. Die drei vorkommenden Gelenke (zwei an den Lagern) geben der Konstruktion ihren Namen: *Dreigelenkbogen*. Die vier Lagerunbekannten sind noch da, aber das Gelenk erlaubt uns, eine neue Gleichung aufzustellen zur Ermittlung der vierten Unbekannten. Im Gelenk stützt sich nämlich der linke Körperteil I gegen den rechten II, es drückt also der Teil I gegen II und umgekehrt II gegen I. Beide Kräfte (Gelenkkräfte) müssen gleich groß, aber entgegengesetzt gerichtet sein, wenn Ruhe herrschen soll. Auf den linken Teil wirken demgemäß im ganzen P_1, A_v, A_h und die Gelenkkraft K von Teil II gegen I (Abb. 252). Die Kräfte müssen im Gleichgewicht stehen, oder anders ausgedrückt, die Resultierende R_l aus P_1, A_v und A_h muß im Gleichgewicht mit der Gelenkkraft K stehen, das ist aber nur möglich, wenn die erwähnte Resultierende mit K in dieselbe Gerade fällt, d. h. *die Resultante der Kräfte links vom Gelenk muß durch den Gelenkpunkt gehen.* Wir können dies auch anders ausdrücken: Wenn diese Resultierende der Kräfte links durch den Gelenkpunkt geht, dann ist ihr Moment für diesen Punkt Null; da aber das Moment der Resultierenden gleich der Summe der Momente ihrer Kräfte ist, verschwindet für diesen Punkt auch die Summe der Momente aller Kräfte links von G. Also *für das Gelenk muß die Summe der Momente aller Kräfte links*

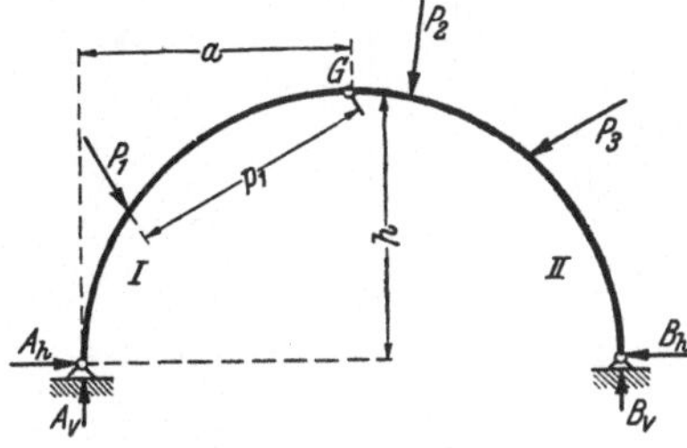

Abb. 251. Der Dreigelenkbogen.

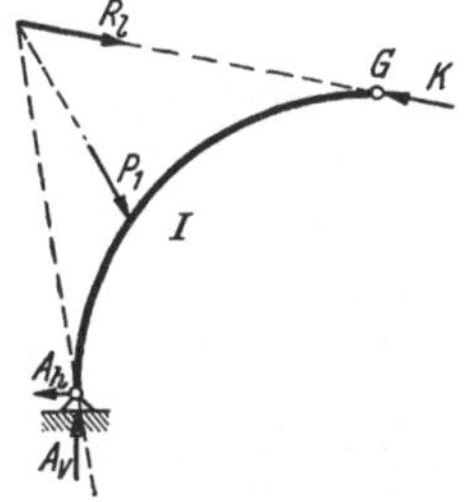

Abb. 252. Kräftespiel für einen Teil des Dreigelenkbogens.

oder rechts verschwinden; (der Zusatz „oder rechts" ist deswegen berechtigt, weil wir dieselbe Überlegung auch für den rechten Teil anstellen können). Für den Dreigelenkbogen der Abb. 251 gilt also:

$$+A_v \cdot a - A_h \cdot h - P_1 \cdot p_1 = 0.$$

Nun nannten wir aber die Summe der Momente links oder rechts von einer Balkenstelle das Biegemoment; infolgedessen können wir auch sagen: *Im Gelenkpunkt ist das Biegemoment Null.* Diese neue Erkenntnis ist auch physikalisch leicht einzusehen. Stellen wir uns ein praktisch ausgeführtes Gelenk vor (Scharnier, Bolzen), so kann damit eine Längskraft weitergeleitet werden, denn es ist nicht möglich, das Gelenk auseinander zu ziehen. Außerdem ist es möglich, mit dem Gelenk eine Querkraft weiterzugeben an den nächsten Balkenteil, denn der Zusammenhang der beiden Balken kann auch nicht durch eine Kraft quer zur Balkenachse gestört werden. Nicht möglich ist es dagegen, einen biegenden Einfluß des einen Teiles auf den nächsten mit dem Gelenk zu übertragen, denn das Scharnier würde sich in diesem Falle einfach drehen. Wir sehen also damit rein anschaulich, daß *im Gelenk eine Querkraft und eine Längskraft übertragen wird, aber kein Biegemoment.* Die durch das Gelenk weitergeleitete Querkraft bzw. Längskraft sind die Komponenten der Gelenkkraft K.

Die erwähnte zusätzliche Gleichung für das Gelenk stellt uns nun, mathematisch betrachtet, die vierte Gleichung zur Lösung der vier Lagerunbekannten dar. Als Beispiel für die Ermittlung der Lagerreaktionen und der Beanspruchungsgrößen (Biegungsmoment, Querkraft, Längskraft) eines Dreigelenkbogens betrachten wir eine solche Konstruktion, auf die nur lotrechte Lasten wirken sollen (Abb. 253). Es können entsprechend den festen Lagern an beiden Enden in den Lagerstellen lotrechte und waagerechte Lagerkräfte auftreten. Es liegt nun sehr nahe, im Gedanken an den Balken auf zwei Stützen, der nur unter lotrechten Lasten stand, zu sagen, die beiden Horizontalreaktionen der Lager seien Null. Diese Annahme ist aber falsch. Wir können nur aussagen, daß die Summe der waagerechten Reaktionen gleich Null sein muß. Damit haben wir schon eine Gleichgewichtsbedingung angesetzt:

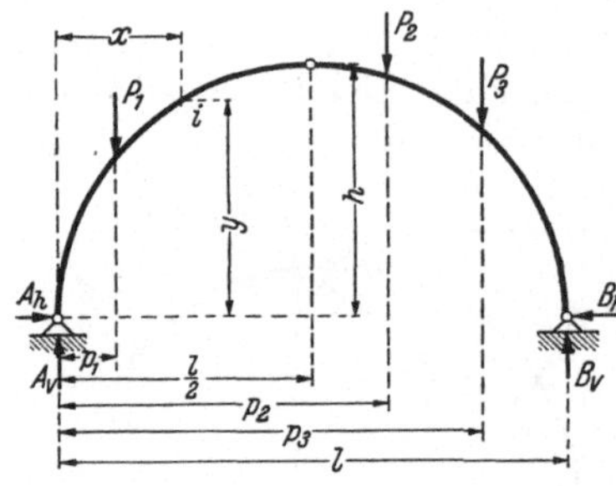

Abb. 253. Dreigelenkbogen mit lotrechten Lasten.

$$1. \ \textstyle\sum H = 0: \quad A_h = B_h.$$

Die weiteren Gleichungen stellen wir in der bisher gewohnten Weise als Momentenbedingungen für die Lager auf:

$$2. \ \left(\textstyle\sum M\right)_B = 0: \ A_v \cdot l - P_1 \cdot (l - p_1) - P_2 \cdot (l - p_2) - P_3 \cdot (l - p_3) = 0 \ \text{ und}$$

$$3. \ \left(\textstyle\sum M\right)_A = 0: \ P_1 \cdot p_1 + P_2 \cdot p_2 + P_3 \cdot p_3 - B_v \cdot l = 0.$$

Diese drei Gleichungen stellen also die Gleichgewichtsbedingungen dar, die wir für jede beliebig gestaltete Scheibe, die unter dem Einfluß von Kräften und Momenten steht, aufstellen können. Die Gleichungen zur Ermittlung von A_v und B_v stimmen vollständig mit denjenigen eines geraden Balkens von der gleichen Länge und derselben Belastung überein (Abb. 254). Demnach sind die lotrechten Komponenten A_v, B_v des Dreigelenkbogens genau so groß wie die Lagerkräfte A,

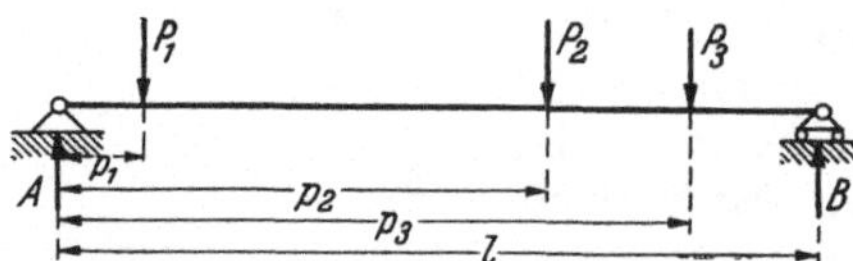

Abb. 254. Balken auf zwei Stützen mit lotrechten Lagerkräften.

B eines gewöhnlichen Balkens, der durch die gleichen lotrechten Lasten beansprucht wird. Neu hinzu kommt die vierte Gleichung, die die Aussage unserer neuen Erkenntnis enthält: Das Biegemoment an der Stelle des Gelenks ist Null:

$$4. \ B_G = 0:$$

$$A_v \cdot \frac{l}{2} - P_1 \cdot \left(\frac{l}{2} - p_1\right) - A_h \cdot h = 0$$

oder unter Benutzung der rechten Seite vom Gelenkpunkt:

$$B_v \cdot \frac{l}{2} - P_2 \cdot \left(p_2 - \frac{l}{2}\right) - P_3 \cdot \left(p_3 - \frac{l}{2}\right) - B_h \cdot h = 0.$$

Wir sehen aus den Gleichungen, daß die waagerechte Reaktion A_h und damit auch B_h *nicht* Null wird, und erhalten damit einen charakteristischen Unterschied zwischen dem Dreigelenkbogen und einem Träger auf einem festen und einem beweglichen Lager. Denken wir uns etwa einen Dreigelenkbogen (Abb. 255a) als Stützrahmen eines Daches ausgeführt, auf den nur lotrechte Lasten wirken, dann muß das Stützungslager auf der Umfassungsmauer gegen den Rahmen

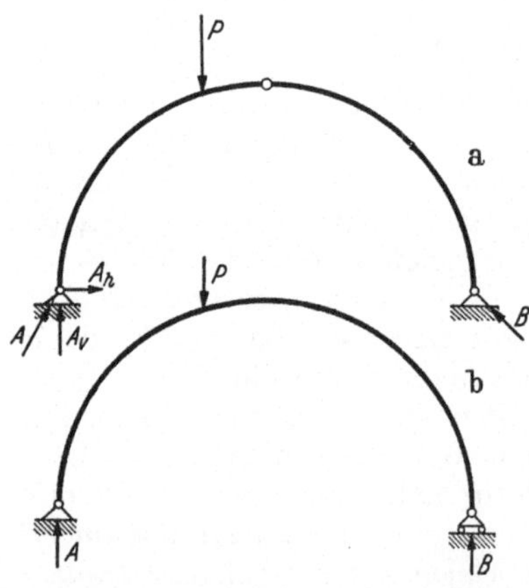

Abb. 255. Unterschied der Lagerkräfte beim Dreigelenkbogen und beim Balken mit einem festen und einem beweglichen Lager.

eine schiefe Reaktion, also eine waagerechte Kraftkomponente A_h ausüben, um diesen im Gleichgewicht zu halten. Das bedeutet aber umgekehrt für die stützende Mauer, daß sie in entgegengesetzter Richtung beansprucht, also nach außen gedrückt wird, und zwar auch bei nur lotrechten Lasten. Der Balken in einem festen und einem beweglichen Lager (einerlei ob gerade oder krumm) übt dagegen bei lotrechter Belastung nur lotrechte Kräfte auf die Unterlage aus (Abb. 255b). Damit eine Mauer einer seitlichen Einwirkung standhält, muß sie aber wesentlich stärker gemacht werden, als wenn sie nur lotrecht belastet ist. Es liegt demgemäß bei der Ausführung eines Dachrahmens als Dreigelenkbogen eine ungünstigere Beanspruchung der Mauern vor als beim gewöhnlichen Balken, der bei lotrechten Lasten nur senkrecht auf seine Unterlage (Mauer) wirkt. Wir stellen somit in der Art der Wirkung auf die Unterlage (Pfeiler) einen Nachteil des Dreigelenkbogens gegenüber dem gewöhnlichen Träger in einem festen und einem beweglichen Lager fest. Demgegenüber finden wir aber eine wesentliche Verkleinerung der Biegemomente des Dreigelenkbogens durch die waagerechte Lagerkraft. Wenn wir nämlich für einen beliebigen Punkt i (vgl. Abb. 253) das Biegemoment aufstellen, wird:

$$B_i = A_v \cdot x - P_1 \cdot (x - p_1) - A_h \cdot y,$$

während das Biegemoment für einen entsprechenden Träger mit gewöhnlicher Lagerung in gleicher Entfernung x vom linken Lager die Größe besäße:

$$B_i = A_v \cdot x - P_1(x - p_1),$$

da ja keine waagerechte Lagerkraft auftritt. Diese Verringerung des Biegemomentes bedeutet für die Dimensionierung (Gestaltung des Querschnitts) eine geringere Stoffaufwendung, d. h. eine Gewichtsersparnis. Also der Dreigelenkbogen ergibt eine Stoffersparnis für den Träger, dagegen eine Vermehrung des Stoffaufwandes für die Unterlage. Praktisch führt man die Bogenkonstruktion besonders gern bei größeren Spannweiten aus.

Es gibt nun ein einfaches Mittel, um die auf das Mauerwerk wirkende Horizontalkomponente wegzuschaffen: setzen wir den Bogen auf ein bewegliches und ein festes Lager und verbinden die beiden Lagerpunkte mit einem Stab (Zugband), (Abb. 256), dann gleichen sich die gleich großen waagerechten Reaktionen A_h und B_h in diesem Stab aus; der Stab wird damit zu einem Zugstab mit der Stabkraft

$$H = A_h = B_h.$$

Das Mauerwerk hat jetzt also, genau wie beim geraden Balken, nur noch lotrechte Kräfte zu tragen, die gleich und entgegengesetzt den lotrechten Reaktionen A und B sind. Wir haben

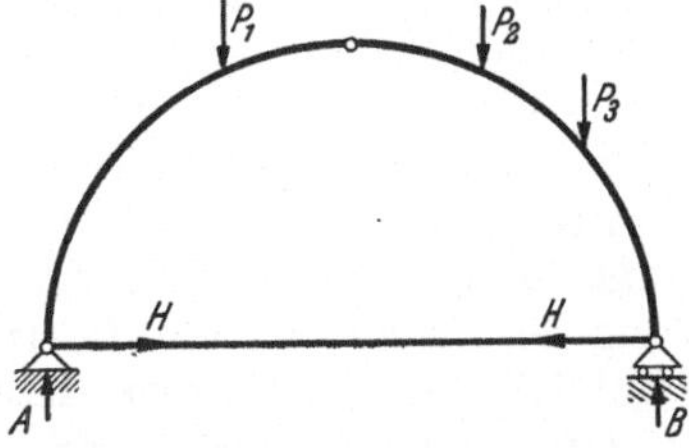

Abb. 256. Dreigelenkbogen mit Zugband.

mit der Einordnung des Zugstabes die „äußeren Kräfte" A_h und B_h in „innere Kräfte" umgewandelt, also einen Ausgleich der Horizontalwirkungen, die in diesem Falle an beiden Enden gleich groß waren, innerhalb der Konstruktion erreicht. Wir verwenden die Anordnung von solchen Zugbändern oder Zugankern sehr häufig bei Gewölben und Hallendächern, die auf senkrechten Mauern mit geringerer Quersteifigkeit ruhen. Die Ausführung einer Tragkonstruktion mit Dreigelenkbogen und Zugankern wird bei größerer Stützenweite immer noch leichter als eine Ausführung mit geraden Balken auf zwei Stützen.

Für die Ausbildung des Gelenks ist von Bedeutung, zu wissen, wie groß die vom einen Rahmenteil auf den anderen wirkende Gelenkkraft ist. Zur Ermittlung dieser Kraft machen wir uns die Erkenntnis zunutze, daß die übertragene Kraft nichts anderes darstellt als die Weiterleitung der Quer- und Längskraft durch das Gelenk. Wir können also für den Gelenkpunkt Querkraft und Längskraft aufstellen und erhalten als Resultierende beider Beanspruchungsgrößen die Gelenkkraft. Wie schon oben bemerkt wurde, muß die Gelenkkraft, für beide Teile getrennt bestimmt, dieselbe Kraft in entgegengesetzter Richtung sein (Aktion und Reaktion), denn die aus Quer- und Längskraft an jeder beliebigen Stelle zusammensetzbare Balkenkraft ist für eine Schnittstelle immer an beiden Schnittufern gleich groß und entgegen gerichtet.

62. Die graphische Behandlung des Dreigelenkbogens. Wir betrachten zunächst einen Bogenträger, der nur auf einer Seite belastet ist (Abb. 257). Auf die rechte Seite des in seinen konstruktiven Maßen gegebenen Dreigelenkbogens

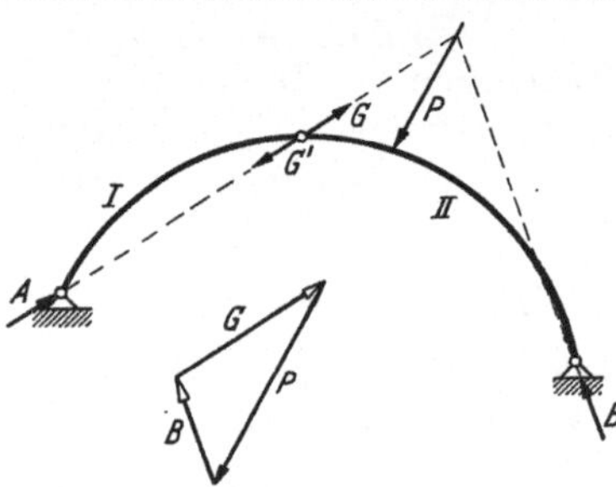

Abb. 257. Graphische Behandlung des einseitig belasteten Dreigelenkbogens.

wirke eine Kraft P (auch als Resultierende einer Reihe von Kräften aufzufassen). Wenn der Gelenkbogen in Ruhe bleiben soll, so müssen die an ihm angreifenden Kräfte im Gleichgewicht stehen. Der rechte (belastete) Rahmenteil steht unter dem Einfluß dreier Kräfte: der äußeren Kraft P, der Lagerreaktion B und der Gelenkkraft G, die der unbelastete Teil I auf den belasteten II ausüben muß. Die Kraft P ist bekannt, von der Kraft B kennen wir nur einen Punkt ihrer Wirkungslinie, die Lagerstelle B. Die Gelenkkraft G geht durch den Gelenkpunkt G, und wir können außerdem eine Aussage über ihre Richtung machen; denn auf den linken Teil wirken als Kräfte nur die Lagerreaktion in A und die Gelenkkraft $G' = G$; wenn der ganze Bogen im Ruhezustand sein soll, muß dies natürlich auch der linke Teil für sich sein, d. h. die auf ihn wirkenden Kräfte A und G' müssen im Gleichgewicht stehen. Zwei Kräfte können aber nur im Gleichgewicht stehen, wenn sie in dieselbe Linie fallen, das ist hier die Verbindungslinie AG. Die im Gelenk wirkende Kraft muß also durch A gehen, Gelenkkraft G' und Lagerreaktion A heben sich auf. Damit liegt also die von I auf II zu übertragende Kraft G in ihrer Richtungslinie als Verbindungslinie der beiden Gelenke A und G fest. Der unbelastete Teil eines Dreigelenkbogens wirkt demnach wie ein Stab auf den belasteten Teil.

Zur weiteren Durchführung der Lösung verhilft uns nun die Aussage, daß drei Kräfte an einer Scheibe nur dann im Gleichgewicht stehen können, wenn ihre Wirkungslinien durch einen Punkt gehen. Damit ist für den rechten Teil auch die Richtung der Lagerreaktion B als Verbindungslinie der Lagerstelle mit dem Schnittpunkt der beiden anderen Kraftwirkungslinien P und G festgelegt. Die Unbekannten B und G werden durch das Krafteck der drei Kräfte P, B und G gefunden. Die Reaktion G des Gelenks auf den belasteten Rahmenteil wirkt als Aktion G' in umgekehrter Richtung auf den unbelasteten Teil. Diese Aktionskraft G' weckt im unteren Lager die Reaktion A, die gleich der Kraft G' sein muß. Die Lagerkraft A ist also von der Größe G', aber entgegengesetzt gerichtet, sie entspricht in Größe und Richtung der auf den belasteten Teil wirkenden Reaktionskraft G. In Wirklichkeit ist es natürlich auch die gleiche Kraft, denn das Gelenk am oberen Ende übt auf den belasteten Teil eine Kraft aus, die am Lager A entsteht und durch den unbelasteten Teil an das obere Gelenk geleitet wird. Der linke Teil dient nur als Kraftleiter; es liegen hier die gleichen Verhältnisse vor wie in den Kraftleitern der Abb. 258, wo die Kraft P nach dem linken Gelenkanschluß weitergeleitet wird und dort die gleich große Kraft P bewirkt.

Bei einseitiger Belastung kommen wir also zur Ermittlung der Lagerkräfte, indem wir auf der unbelasteten Seite das Auflagergelenk mit dem Scheitelgelenk verbinden, diese Gerade zum Schnitt bringen mit der Last P (bzw. der Resultierenden der gegebenen Lasten) und dann durch diesen Schnittpunkt und den anderen Lagerpunkt eine Gerade ziehen. Diese Verbindungsgerade ist Wirkungslinie der Lagerkraft am belasteten Teil.

Sind nun beide Teile eines Dreigelenkbogens belastet, so teilen wir die Belastung derart auf, daß wir zweimal je einen Dreigelenkbogen mit *einer* unbelasteten Seite betrachten können. Wir haben damit zwei Aufgaben statt der einen zu lösen, von denen jede nach dem Schema des letzten Beispiels gelöst werden kann (Abb. 259). Die aus den beiden Teilaufgaben (einmal nur Belastung links, einmal nur Belastung rechts) erhaltenen Reaktionskräfte A' und B' bzw. A'' und B'' werden dann zusammengesetzt (Superpositionsgesetz) und ergeben die Lagerreaktionen des wirklichen Systems (Abb. 259a). Größe und Richtung der Gelenkkraft können dadurch gefunden werden, daß wir die Resultierende der wirklichen Reaktion und der äußeren Belastung auf der einen Seite ermitteln, oder aber wir können die Gelenkkräfte der beiden

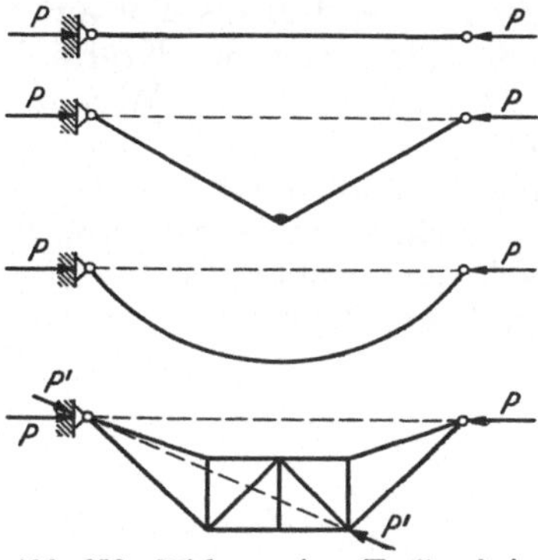

Abb. 258. Wirkung einer Kraft auf eine gelenkig angeschlossene Scheibe.

Teilaufgaben (gleich den Reaktionen B' bzw. A'' der unbelasteten Seiten) im Gelenk zusammensetzen (Abb. 259a), wobei wir aber beachten müssen, daß wir stets die Reaktionskräfte so einzuführen haben, wie sie auf denselben Teil, den linken (G' und G'') *oder* rechten wirken.

Die graphische Lösung eines Dreigelenkbogens führt zum Begriff der *Stützlinie*, die hier an einem Beispiel (Abb. 260) mit nur lotrechten Kräften gezeigt

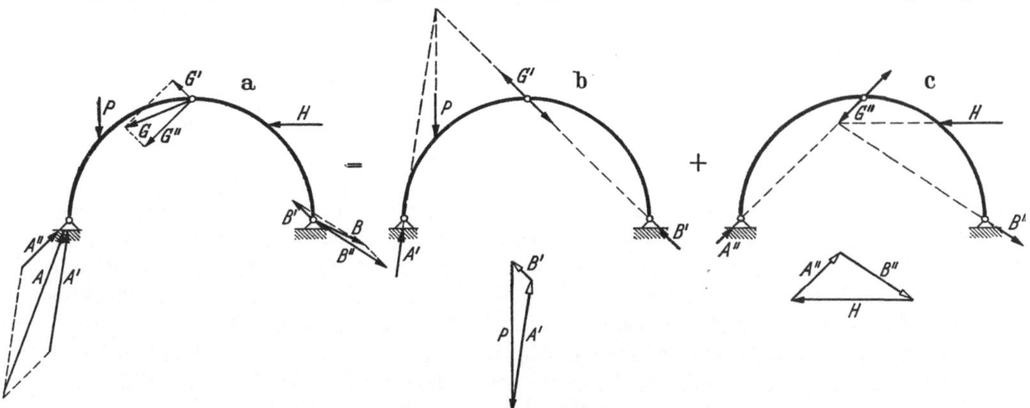

Abb. 259. Graphische Behandlung des allgemein belasteten Dreigelenkbogens.

werden soll. Wir tragen die gegebenen äußeren Kräfte P_1, P_2, P_3 in einem Krafteck auf, betrachten zuerst den rechten Teil des Dreigelenkbogens als unbelastet und ermitteln die Lagerreaktionen A' und B' der Teilaufgabe durch Auftragung eines Kraftecks P_1, P_2, B', A'. (Durch Bestimmung des Schnittpunktes der Resultierenden R_{12} mit der Wirkungslinie der Kraft B', die als Verbindungslinie der beiden Gelenke B und G festgelegt ist, bekommen wir die Richtung der Lagerkraft A'. Die Größe der beiden Kräfte A', B' wird aus dem Krafteck entnommen.) Dann lösen wir die zweite Teilaufgabe, die Kraft P_3 mit den Lagerkräften A'' und B'' ins Gleichgewicht zu setzen; dabei fällt A'' in die Verbindungslinie von A mit G. Setzen wir nun die Teilreaktionen zusammen, indem wir die Kraft A'' an die Kraft A', und die Reaktion B' an die Kraft B'' anfügen (Kraftdreieck), so erhalten wir die endgültigen Reaktionen A, B als Schlußlinien der dargestellten Zusammensetzungs-Kraftdreiecke. Das fertige Bild des Kraftecks zeigt das aus den Kräften P_1, P_2, P_3, B und A gebildete geschlossene Krafteck. Fassen wir den Schnittpunkt der beiden Reaktionen A und B als Pol auf und zeichnen die Polstrahlen nach den Anfangs- und Endpunkten der Kräfte, so können wir damit ein Seileck zeichnen, in dem die erste Seilseite die Wirkungslinie der Kraft A darstellt, während ihre Größe durch den ersten Polstrahl gegeben ist. Der Linienzug des so entstehenden Seilecks muß durch den Gelenkpunkt G gehen, weil die Kraft G die Resultierende aller Kräfte links von G ist (A, P_1, P_2) und diese ja durch den Punkt G nach dem rechten Teil weitergeleitet wird. Der letzte Seilstrahl läuft wieder durch das Lager B; der zu ihm gehörige Polstrahl stellt im Krafteck wieder

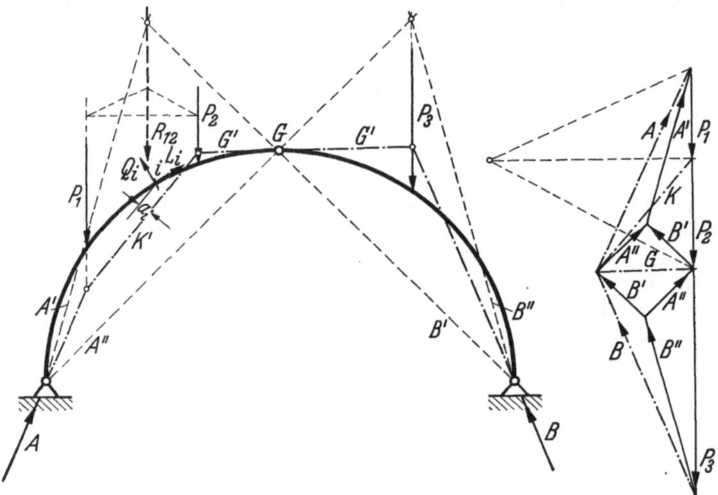

Abb. 260. Die Stützlinie beim Dreigelenkbogen.

die Wirkungslinie der Lagerreaktion B dar. Wir nennen den so gewonnenen Linienzug (Seileck) die *Stützlinie*. Verfolgen wir nun den Verlauf der Stützlinie in Konstruktion und Krafteck, so sehen wir weiterhin allgemein, daß jede Seilseite der Resultierenden aller Kräfte auf der einen Seite eines Punktes der betreffenden Seilseite entspricht, z. B. Seite K' gibt die Lage der Resultierenden von A und P_1 an, ihre Größe ist durch die Länge des Polstrahles K bestimmt. Die Stützlinie stellt also an jeder Stelle die Wirkungslinie der längs des Bogens geleiteten Kraft (Resultierende aus Quer- und Längskraft) dar. Dieser Umstand erlaubt uns, an einer beliebigen Stelle i des Dreigelenkbogens die Beanspruchungsgrößen Biegemoment, Querkraft und Längskraft aus der zu der betreffenden Stelle gehörenden Stützliniengeraden folgendermaßen zu bestimmen: das Biegemoment ist gleich der Kraft K (zum Punkt i gehöriger Polstrahl der Stützlinie) mal dem Abstand a_i des Punktes von der Stützlinie

$$B_i = -K \cdot a_i.$$

Die Querkraft und Längskraft wird gewonnen aus der Zerlegung der Bogenkraft K in Richtung normal und tangential zur Bogenachse an der Stelle i. Das Vorzeichen ist nach den früheren Betrachtungen entsprechend der Lage des Vorzeichenpunktes im Innern des Rahmens einzusetzen.

Nach dem soeben Gesagten ist also an jeder Stelle des Dreigelenkbogens der Abstand der Bogenachse von der Stützlinie ein Faktor (nicht ein Maßstab!) der Größe des Biegemomentes. · Wir schließen daraus, daß an Stellen, an denen die Stützlinie durch die Bogenachse hindurchgeht, das Biegemoment Null wird. Das ist auch, wie wir gesehen haben, am Gelenk erfüllt; die hier entstehende Bogenkraft in Richtung der Seilseite der Stützlinie stellt ja, wie oben bemerkt, die Gelenkkraft G dar. Verfolgen wir im Krafteck nochmals die Größe der Gelenkkraft G, so sehen wir hier, daß die Kraft G auch als Zusammensetzung der beiden Lagerreaktionen B' und A'' erscheint, für den linken Rahmenteil nach links und für den rechten Teil nach rechts gehend.

Würden wir unsere Konstruktion nun so abändern, daß der Abstand der Balkenachse von der Stützlinie überall Null ist, d. h. den Dreigelenkbogen in Form der Stützlinie ausbilden, so entstände eine Konstruktion, die keine Biegemomente und keine Querkräfte aufzunehmen hat. Eine Konstruktion, die nur aus Längskraftträgern besteht, ist aber ein Aufbau aus Stäben. Würden wir also eine Stabanordnung von der Form der Stützlinie treffen, so muß diese den aufgegebenen Kräften das Gleichgewicht halten, d. h. die Konstruktion bleibt als tragende Konstruktion in Ruhe; die Stabanordnung stimmt mit einem Seileck überein.

Die beschriebenen Eigenschaften machen die Stützlinie zu einem wichtigen Hilfsmittel bei der Konstruktion von Bogenträgern aus einem Stoff, der keine oder nur eine geringe Zugkraft aufnehmen kann (Stein, Beton). Wir werden bei diesen Konstruktionen die Form möglichst so wählen, daß die in der Stützlinie weitergeleitete Kraft keinen Zug in den Querschnitten erzeugt. —

In Abb. 241 sind für einen Dreigelenkbogen die Momenten-, Querkraft- und Längskraftflächen gezeichnet, und zwar einmal bei symmetrischer und einmal bei gegensymmetrischer Belastung. Die betreffende Beanspruchungsgröße wurde für eine Reihe von Punkten ausgerechnet und dann in dem jeweiligen Punkte von der Bogenachse aus radial angetragen. Bei symmetrischer Belastung ist die Querkraftfläche gegensymmetrisch, bei gegensymmetrischer Belastung ist dagegen Momentenfläche und Längskraftfläche gegensymmetrisch.

63. Der Gerberträger mit lotrechten Lasten. Auf gleicher Grundlage wie der Dreigelenkbogen beruht auch die Konstruktion des Gerberträgers. Ein Balken auf mehr als zwei Stützen, von denen eine als festes Lager ausgebildet sein muß, um eine Verschiebung zu verhindern, ist statisch unbestimmt, da den vorhandenen drei Gleichgewichtsbedingungen mehr als drei Unbekannte gegenüberstehen. Der in Abb. 261 dargestellte Träger auf drei Stützen (ein festes Gelenk, zwei bewegliche Lager) besitzt vier Lagerunbekannte (Fesselungen). Die drei Gleichgewichtsbedingungen genügen also nicht, die Lagerreak-

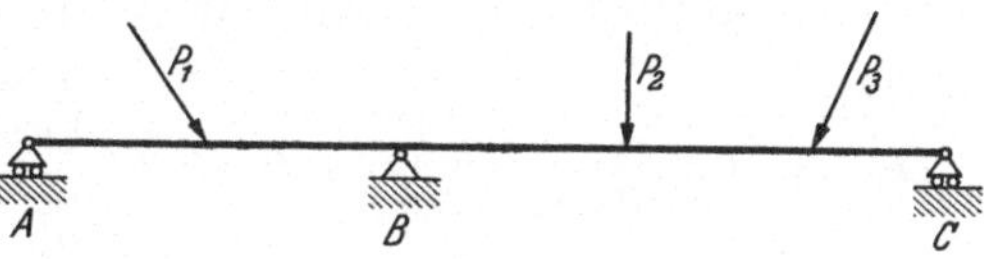
Abb. 261.   Balken auf drei Stützen.

tionen zu bestimmen. Wollen wir das System statisch bestimmt machen, so ist das, wie wir vorher gesehen haben, zu erreichen durch Einführung eines Gelenks. Das Gelenk ist statisch genau wieder so definiert wie beim Dreigelenkbogen: es kann eine Querkraft und eine Längskraft übertragen, aber kein Biegemoment. Ein in mehr als zwei Stützen gelagerter Balken, der durch Einführung von Gelenken statisch bestimmt gemacht wurde, führt den Namen *Gerberträger*[1]. Für jedes Gelenk erhalten wir eine neue Gleichung (das Biegemoment am Gelenk ist Null), so daß wir so viel Gelenke zur Erreichung der statischen Bestimmtheit einführen müssen, als Unbekannte zu viel sind (mehr als drei).

---

[1] Genannt nach GERBER; 1873—1885 Generaldirektor der MAN.

Wir betrachten zunächst einen Balken mit drei Stützen und einem Gelenk, der unter der Einwirkung von lotrechten Kräften steht (Abb. 262). Durch diese Belastung treten nur lotrechte Reaktionskräfte auf, denn die einzige Stelle, an der eine waagerechte Kraft auftreten kann, ist das feste Lager A; diese mögliche Horizontalkraft muß aber gleich Null sein, da die Gleichgewichtsbedingung

$$\sum H = 0$$

erfüllt sein muß. Damit ist also über eine der drei Gleichgewichtsbedingungen bereits verfügt. Die beiden anderen werden in üblicher Weise als Momentenbedingung um die Lager angesetzt:

$$(\sum M)_B = 0: \quad P_1 \cdot a + P_2 \cdot (a+b) - A \cdot l_1 + P_3 \cdot (l_1 + d)$$
$$+ P_4 \cdot (l - g) - C \cdot l = 0$$

und $\quad (\sum M)_C = 0: \quad B \cdot l - P_1 \cdot (l - a) - P_2 \cdot (l_2 + l_3 + c) + A \cdot (l_2 + l_3)$
$$- P_3 \cdot (l_3 + e) - P_4 \cdot g = 0.$$

Stellen wir nun noch eine weitere Gleichung (z. B. $(\sum M)_A = 0$) auf, so sagt diese nichts Neues mehr aus, sie ist mit ihrer Aussage identisch den beiden anderen Momentengleichungen. Die vierte Gleichung liefert uns vielmehr die Aussage über das Biegemoment am Gelenkpunkt:

$$B_G = 0: \quad C \cdot l_3 - P_4(l_3 - g) = 0.$$

Mit diesen Gleichungen sind dann die unbekannten Lagerkräfte A, B, C zu bestimmen.

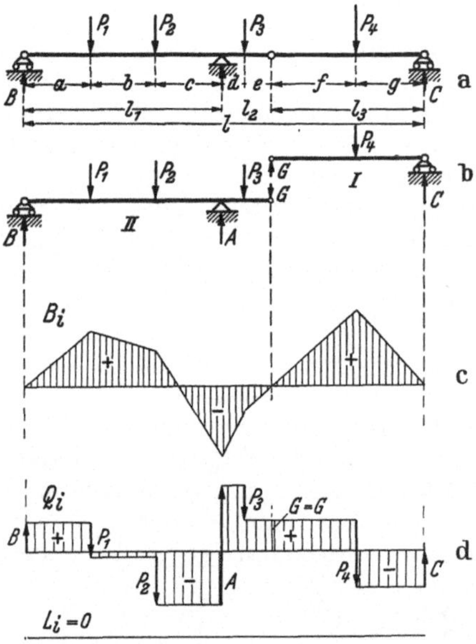

Eine einfache Überlegung gestattet uns, die Bestimmungsgleichungen der Lagerkräfte noch einfacher zu gestalten. Schneiden wir den Balken im Gelenk auf, zerlegen ihn also in zwei Teile, dann müssen wir nach dem, was wir über innere Kräfte an früherer Stelle ausgesagt haben, an der Schnittstelle auf jeden Balkenteil die inneren Kräfte als äußere Kräfte wirken lassen, um den wirklichen Gleichgewichtszustand nicht zu fälschen. Die durch das Gelenk geleitete freigewordene innere Kraft ist die aus Quer- und Längskraft resultierende Balkenkraft oder „Gelenkkraft" G (in unserem Beispiel ist die Längskraft im Gelenk Null, die Gelenkkraft ist also hier gleich der Querkraft); diese Gelenkkraft G wirkt sowohl auf das Balkenstück I als auch auf das Balkenstück II ein und steht mit den anderen auf den betreffenden Balkenteil wirkenden Kräften (Abb. 262b) im Gleichgewicht, genau so wie bei einem in G und C gelagerten Balken die Reaktion G mit den wirkenden Lasten und der anderen Reaktion C im Gleichgewicht stehen muß. Wir können also den abgeschnittenen Teil als Einzelbalken auffassen, für den das Gelenk genau so wirkt, wie ein festes Lager (eine im allgemeinen nach Größe und Richtung unbekannte Reaktion). Die am Gelenk entstehende „Reaktion" für den Balkenteil I wirkt in umgekehrter Richtung als Aktion auf den anderen Teil II und belastet diesen mit der Gelenkkraft (in Wirklichkeit ist das natürlich die übergeleitete Balkenkraft am anderen Schnittufer). Wir werden also

Abb. 262. Gerberbalken auf drei Stützen, analytische Behandlung.

in Zukunft zweckmäßig den Gerberträger in einzelne Balken auf zwei Stützen aufteilen, wobei an den Gelenken die Trennungsstellen liegen, und gehen aus von dem eingehängten Teile I. Die Gelenkkraft ist dann als Lagerreaktion für diesen Teil, als Belastung für den anderen aufzufassen.

Stellen wir nun an unserem aufgeteilten Balken die Gleichgewichtsbedingungen für die selbständigen Balkenstücke I und II auf, so wird für den Balken I:

$$(\textstyle\sum M)_G = 0: \qquad -C \cdot l_3 + P_4(l_3 - g) = 0.$$
$$(\textstyle\sum M)_C = 0: \qquad G \cdot l_3 - P_4 \cdot g = 0.$$

Daraus sind die beiden „Reaktionen" C und G zu errechnen. Die Kraft G wirkt in umgekehrter Richtung auf den Balken II, und es wird für ihn mit der nunmehr bekannten Kraft G:

$$(\textstyle\sum M)_A = 0: \quad B \cdot l_1 - P_1(l_1 - a) - P_2 \cdot c + P_3 \cdot d + G \cdot l_2 = 0.$$
$$(\textstyle\sum M)_B = 0: \quad P_1 \cdot a + P_2(a + b) - A \cdot l_1 + P_3 \cdot (l_1 + d) + G \cdot (l_1 + l_2) = 0.$$

Das sind vier Gleichungen, in denen je nur eine Unbekannte vorkommt. Die Gleichungen sind zu lösen und die Ergebnisse mit der Komponentenbedingung nachzuprüfen:

$$\textstyle\sum V = 0: \qquad A + B + C = P_1 + P_2 + P_3 + P_4.$$

Die mit Hilfe der errechneten Reaktionen und der Gelenkkraft aufzustellenden Biegemomente können nun ebenfalls an den beiden Teilbalken getrennt bestimmt werden. Tragen wir die ermittelten Werte über einer Geraden längs der gesamten Balkenlänge auf, so sehen wir, daß am Gelenkpunkt die Momentenfläche durch Null geht und in ihrer Begrenzungslinie auch keinen Knick zeigt. Da aber nur bei lotrechten Einzellasten immer ein Knick in der Momentenlinie auftritt, ist das geradlinige Durchlaufen der Momentenlinie durch den Gelenkpunkt eine Notwendigkeit. Denn die Gelenkkraft stellt ja keine *äußere* Last dar, sondern nur die im Balkenquerschnitt übertragene Querkraft, die aber genau so gut an jeder anderen Stelle festgestellt werden kann. Dementsprechend darf auch die Gelenkkraft nicht als Sprung in der Querkraftfläche in Erscheinung treten, denn am Gelenk treten ja gleichzeitig zwei gleich große entgegengesetzt gerichtete Kräfte auf. Betrachten wir die beiden Balkenteile getrennt und führen die für einen Teilbalken ermittelte Gelenkkraft G in der Querkraftfläche ein, so dürfen wir nicht vergessen, die gleich große entgegengerichtete Kraft G für den anderen Teilbalken anzusetzen, so daß wir tatsächlich wieder an den gleichen Punkt der Querkraftlinie zurückkehren.

64. Graphische Behandlung. Die graphische Lösung, die genau wie beim gewöhnlichen Balken auf zwei Stützen auch nur bei waagerechtem Balken, mit lotrechten Kräften belastet, im Seileck ein Maß für die Momentenfläche durch die Ordinaten liefert, ist nach dem gleichen Schema wie früher zu finden (Abb. 263): wir zeichnen zunächst ohne Rücksicht auf die Lager ein Krafteck und mit Hilfe eines beliebigen Poles im Abstand h vom Krafteck das zugehörige Seileck $0'$, $1'$, $2'$, $3'$. Dann ziehen wir die Schlußlinie s' als Verbindungslinie des letzten Seilstrahls mit dem unter dem Gelenk G befindlichen Punkt des Seilzuges (auf dem Seilstrahl $2'$). Diese Schlußlinie s' verlängern wir und bringen sie zum Schnitt mit der Wirkungslinie der Lagerkraft A. Die Verbindungslinie dieses Schnittpunktes N (Kraftwirkungslinie A mit Seilstrahl s') mit der Schnittstelle M des ersten Seilstrahls mit der Wirkungslinie der Lagerkraft B liefert eine zweite Schlußlinie t'. Beide Schlußlinien s' und t', parallel in das Krafteck verschoben, schneiden die Lagerkräfte aus, und zwar so, daß entsprechend der Seileckkonstruktion die Lagerkraft C von den Polstrahlen 3 und s, die Lagerkraft A von den Polstrahlen s und t und die Lagerreaktion B von den Polstrahlen 0 und t eingeschlossen wird. Um die Richtigkeit dieser graphischen Lösung zu beweisen, fassen wir die beiden durch das Gelenk verbundenen Balkenteile wieder als selbständige Einzelbalken auf. Auf den rechten Teilbalken wirkt als Belastung nur die Kraft P_3. Die Seileckfigur dieser Belastung ist also dargestellt durch die beiden Seilstrahlen $2'$ und $3'$, die zugleich

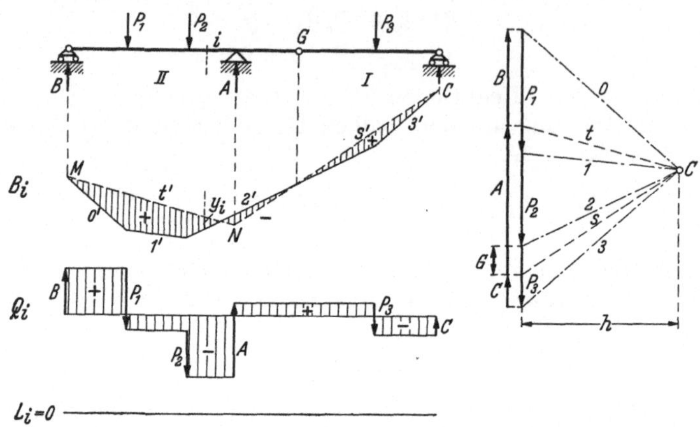

Abb. 263. Gerberbalken auf drei Stützen, graphische Behandlung.

als äußerste Seilstrahlen zu betrachten sind. Bringen wir diese zum Schnitt mit den Wirkungslinien der beiden Auflager, das sind für den Teilbalken I Lager C und „Lager" G, so liefert die Schlußlinie s', parallel ins Krafteck als Polstrahl s übertragen, die beiden Reaktionen C und G (nach oben gerichtet). Gehen wir nun zum linken Teilbalken über, dann haben wir als Belastung die Kräfte P_1, P_2 und G (jetzt als Aktion nach unten verlaufend); das hierzu gehörige Seileck wird gebildet aus dem Linienzug $0'$, $1'$, $2'$ und s'. Die beiden äußersten Seilstrahlen $0'$ und s' zum Schnitt gebracht mit den Wirkungslinien der Auflagerkräfte B und A liefern die Schlußlinie t', deren Parallele t im Krafteck die Lagerkräfte A und B ausschneidet. Somit ist die Richtigkeit der durchgeführten Lösung bewiesen und wir sehen auch, daß die auf den Gesamtbalken wirkenden Kräfte P_1, P_2, P_3, C, A und B ein geschlossenes Krafteck bilden, also, da auch ihr Seileck geschlossen, im Gleichgewicht stehen.

Das entstandene Seileck umschließt die Momentenfläche, aus der sich die Größen der Biegemomente wieder errechnen lassen durch

$$B_i = y_i \cdot h;$$

wobei y_i im wirklichen Längenmaß, h im Kraftmaß zu messen ist.

Hat ein Balken mehr als drei Lager, so sind, wie oben bemerkt, entsprechend mehr Gelenke einzuführen. Besonders wird der Gerberbalken oft als Träger über drei

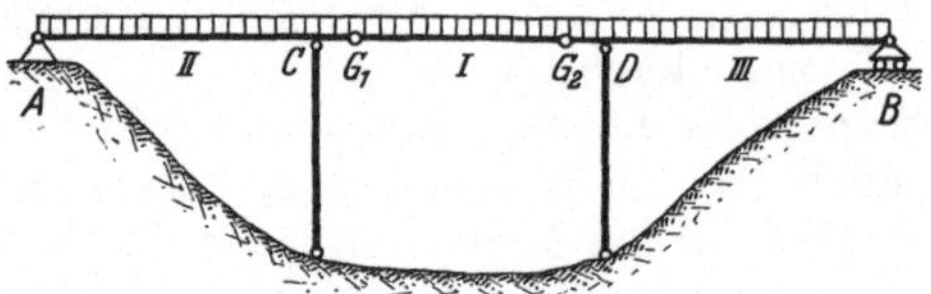

Abb. 264. Gerberträger über drei Öffnungen, Gelenke in der Mittelöffnung.

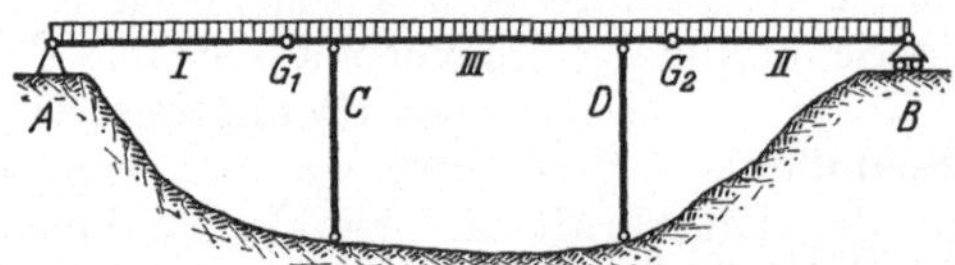

Abb. 265. Gerberträger über drei Öffnungen, Gelenke in den äußeren Öffnungen.

Öffnungen ausgeführt. Dabei werden die nötigen zwei Gelenke meistens in der Mittelöffnung angeordnet (Abb. 264), können aber auch beide in den äußeren Öffnungen liegen (Abb. 265). Die angegebene Aufteilung in drei Balken gibt sofort das Rechnungsverfahren an: man beginnt z. B. bei der Anordnung nach Abb. 264 mit dem mittleren Teil I, die hier ermittelten Gelenkkräfte G_1 und G_2 sind in umgekehrter Richtung als Kräfte auf die Teile II und III einzuführen.

65. Der Gerberträger mit waagerechter Belastung. Bei einer außermittigen waagerechten Belastung gibt es wiederum keine so einfache graphische Lösungsmöglichkeit. Haben wir eine in allgemeiner Art aus lotrechten und waagerechten Kräften zusammengesetzte Belastung (Abb. 266), so können wir diese zur Lösung wieder aufteilen in eine reine vertikale Belastung $(P_1 \cdot \sin\alpha_1,\ P_2,\ P_3 \cdot \sin\alpha_3)$[1], für diese eine graphische Behandlung zur Ermittlung der Momentenfläche und der Reaktionen ansetzen, *und* eine horizontale Belastung $(P_1 \cdot \cos\alpha_1,\ P_3 \cdot \cos\alpha_3,\ H)$, die analytisch weiterzubehandeln ist. Die Ergebnisse lassen sich nach dem Superpositionsgesetz überlagern. Dabei ist darauf zu achten, daß die Maßstäbe der beiden Teillösungen übereinstimmen. Anstatt die Trennung der Lasten vorzunehmen, läßt sich natürlich der Balken auch mit seiner gesamten Belastung analytisch behandeln. Meistens ist eine solche direkte rechnerische Durchführung beim Vorkommen außermittiger Kräfte oder reiner Momente als einfacheres Lösungsverfahren zu empfehlen. Es möge bei dem in Abb. 266 dargestellten Beispiel angewandt werden. Zum Ansetzen der ersten Gleichgewichtsbedingung

$$\sum H = 0,$$

betrachten wir am günstigsten den ganzen Balken (nicht in einzelne Balken an den Gelenken aufgeteilt). Da A das einzige feste Lager ist, müssen alle

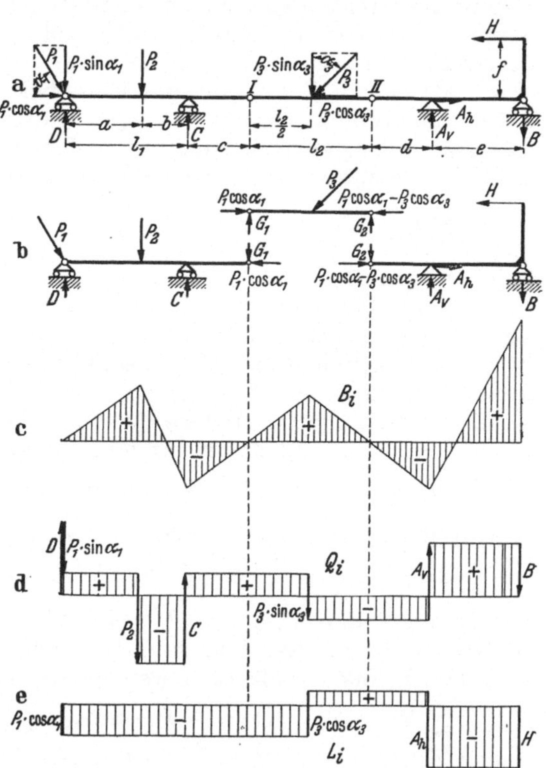

Abb. 266. Gerberträger über drei Öffnungen mit allgemeiner Belastung.

waagerechten Kräfte dorthin geleitet werden; die Gelenke stören nicht, da sie ja eine Längskraft übertragen können. Die Horizontalkomponente $P_1 \cdot \cos\alpha_1$ der Kraft P_1 wird durch das Gelenk I auf den mittleren Balkenteil weitergeleitet. In der Mitte des eingehängten Balkenteiles tritt zu dieser Längskraft eine entgegengesetzte $P_3 \cdot \cos\alpha_3$, und die alsdann noch bestehende Größe $(-P_1 \cdot \cos\alpha_1 + P_3 \cdot \cos\alpha_3)$ wird durch das Gelenk II in den rechten Balken übergeführt und im festen Lager A aufgenommen. Die in den rechten Balkenteil von der rechten Seite durch die außermittige Horizontalkraft H eingeleitete Längskraft wird ebenfalls vom Lager A übertragen. Es ist also die horizontale Lagerkraft-

---

[1] In Abb. 266a ist irrtümlich der Winkel α_3 zwischen P_3 und der lotrechten Richtung eingetragen; α_3 ist zu messen zwischen P_3 und der Balkenachse.

komponente des Lagers A zu ermitteln aus:

$$\sum H = 0: \qquad P_1 \cdot \cos\alpha_1 - P_3 \cdot \cos\alpha_3 - H = A_h.$$

A_h geht nach links, wenn der errechnete Betrag ein positives Vorzeichen besitzt. Die Aufzeichnung der Längskraftfläche (Abb. 266e) bereitet keine Schwierigkeit. Da, wie oben erwähnt, die Gelenke die Längskraft unbeeinflußt weiterleiten, tritt an diesen Stellen keine Änderung auf.

Nach dieser Vorbereitung, durch die wir alle in den Gelenken I und II übertragenen Längskräfte kennen, teilen wir den Gerberbalken in Einzelbalken auf, indem wir die Konstruktion in den Gelenken durchschneiden. Die durch den Schnitt frei werdenden inneren Kräfte sind die waagerechten und lotrechten Komponenten der Gelenkkräfte, oder anders ausgedrückt: die in den Gelenken übertragenen Längs- und Querkräfte, die wir unserem Schnittprinzip entsprechend als äußere Kräfte für die Einzelbalken einführen müssen. Die Längskräfte sind bereits bekannt, die Querkräfte können sofort angegeben werden, nachdem die Lagerreaktionen mit den Momentenbedingungen für die aufgeteilten Teilbalken ermittelt sind. Es wird für den mittleren eingehängten Balkenteil:

$$(\textstyle\sum M)_\mathrm{I} = 0: \qquad P_3 \cdot \sin\alpha_3 \cdot \frac{l_2}{2} - G_2 \cdot l_2 = 0$$

und $\;(\textstyle\sum M)_\mathrm{II} = 0: \qquad -P_3 \cdot \sin\alpha_3 \cdot \frac{l_2}{2} + G_1 \cdot l_2 = 0.$

Damit sind die beiden lotrechten Gelenkkräfte G_1 und G_2 ermittelt. (Sie sind in dem vorliegenden Beispiel einander gleich groß.) Während diese Gelenkkräfte (Querkräfte im Gelenk) für den eingehängten Teil als Reaktionen aufgefaßt werden konnten, sind sie für die beiden anderen Trägerteile als Belastung einzuführen. Es wird damit für den rechten Balkenteil:

$$(\textstyle\sum M)_A = 0: \qquad -G_2 \cdot d - H \cdot f - B \cdot e = 0.$$

B wird offensichtlich als Ergebnis negativ, d. h. die Reaktion B geht nach unten.

$$(\textstyle\sum M)_B = 0: \qquad -G_2 \cdot (d + e) - H \cdot f + A_v \cdot e = 0.$$

Die Lagerreaktionen A_v und B lassen sich also für den rechten Teil getrennt bestimmen, da die Gelenkkraft G_2 aus obiger Rechnung bereits bekannt ist.

Für den linken Balkenteil werden die Momentenbedingungen:

$$(\textstyle\sum M)_C = 0: \qquad D \cdot l_1 - P_1 \cdot \sin\alpha_1 \cdot l_1 - P_2 \cdot b + G_1 \cdot c = 0$$

und $(\textstyle\sum M)_D = 0: \qquad P_2 \cdot a - C \cdot l_1 + G_1 \cdot (l_1 + c) = 0.$

Damit sind auch die letzten Lagerkräfte C und D bekannt. Als Kontrolle läßt sich nun sowohl für den gesamten Balken als auch für jeden einzelnen Teil die Summe der lotrechten Kräfte aufstellen, die Null ergeben muß:

$$\sum V = 0: \qquad P_1 \cdot \sin\alpha_1 + P_2 + P_3 \cdot \sin\alpha_3 - A_v + B - C - D = 0$$

oder: $\qquad P_3 \cdot \sin\alpha_3 = G_1 + G_2 \quad$ und $\quad G_2 + B = A_v$

und $\qquad P_1 \cdot \sin\alpha_1 + P_2 + G_1 = D + C.$

Die Aufzeichnung der Querkräfte bietet nach unserem gewohnten Schema keine weiteren Schwierigkeiten. Die lotrechten Gelenkkräfte sind in Wirklichkeit sich aufhebende Querkräfte, erscheinen also nicht als Sprung in der Querkraftfläche.

Die Biegungsmomente werden am besten wieder für die einzelnen Teile getrennt bestimmt und dann für den ganzen Balken aufgetragen. An unbelasteten Gelenken muß die Begrenzungslinie ohne Knick durch Null gehen.

Die konstruktive Ausführung der Gelenke für Gerberbalken und Dreigelenkbogen ist für einige technische Anwendungsgebiete in Abb. 267 gezeigt. Das Wesentliche aller Gelenke ist die Drehbeweglichkeit, d. h. die Nachgiebigkeit gegen ein aufgebrachtes Biegemoment, die uns die Möglichkeit zum Ansatz der vierten Gleichgewichtsbedingung gibt.

66. Das Gelenk in abgewinkelten Balken.
Seither wurden Fälle betrachtet, bei denen die Balkenachsen der einzelnen Teile des Gerberbalkens in eine Gerade fielen. Es können natürlich auch Tragkonstruktionen gebaut werden, bei denen die Achsen einen Winkel gegeneinander bilden. Dabei entstehen bezüglich der Beanspruchungen besondere Verhältnisse, die näher betrachtet werden sollen. In Abb. 268 ist der Teil I in einem festen und einem beweglichen Lager gestützt, der Teil II nur in einem beweglichen. Wirkt auf den Teil I

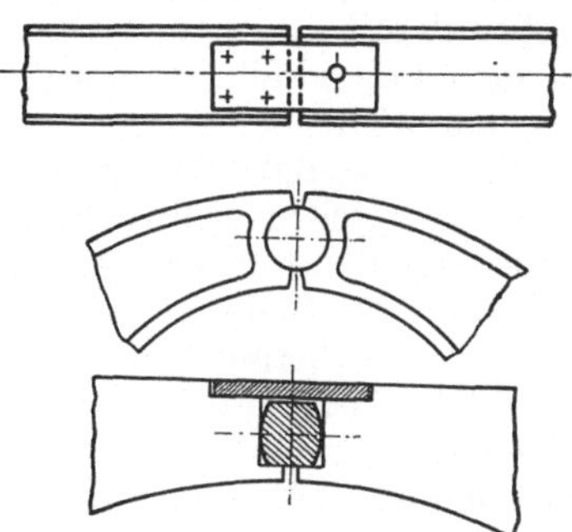

Abb. 267. Verschiedene Ausführungen von Gelenken.

eine Längskraft L_1, so wird diese vom Lager A aufgenommen, der Teil II bleibt dabei ohne Beanspruchungen. Wirkt dagegen eine Längskraft L_2 auf den Teil II, so muß diese nach dem festen Lager A weitergeleitet werden, da das Lager C keine Längskraft aufnehmen kann. Diese Längskraft muß aber nun in die Stabachse I übergeführt werden; das ist nur möglich, wenn im Gelenk G eine Querkraft Q_1 auftritt; oder anders ausgedrückt: die Komponenten von L_2, das sind die Kräfte Q_1 und L_1, wirken auf den Teil I. Die Kraft Q_1 erzeugt aber ein Biegemoment, das durch den Balken AB aufgenommen werden muß. Wir sehen also, daß durch eine reine Längskraft L_2 im anderen Teil I eine Biegungsbeanspruchung entsteht.

Ganz entsprechend liegen die Verhältnisse beim Gerberbalken nach Abb. 269, dessen linker Teil in einem beweglichen Lager und dessen rechter Teil in einem festen und einem beweglichen Lager gestützt ist. Durch eine Längskraft L_1 entsteht im Balken II eine Längskraft L_2 und

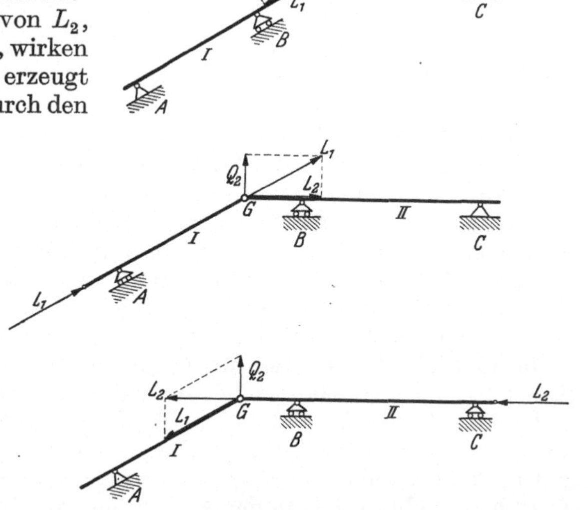

Abb. 268 bis 270. Abgewinkelte Gerberbalken mit verschiedenen Lageranordnungen.

außerdem ein Biegungsmoment infolge der Kraft Q_2, die auf den Balken wirkt.

Anders ist das statische Bild, wenn der eine Teil I nur in einem festen Lager, der andere Balkenteil in zwei beweglichen Lagern gestützt ist (Abb. 270) und eine Längskraft auf den letzteren Teil wirkt. Da der Balkenteil I nur ein festes Auflager aufweist, kann er kein Biegemoment aufnehmen, er würde sich einfach um A drehen, eine Belastung nach Abb. 268 ist also für den Teil I nicht möglich. Da aber auch jetzt wieder L_2 in L_1 umgelenkt werden muß, zerlegen wir L_2 in zwei Komponenten L_1 und Q_2, die zusammen die Kraft L_2 ersetzen. Von diesen beiden Komponenten wird nur L_1 in den Balken I weitergeleitet und von ihm nach dem festen Auflager übertragen; dagegen wirkt die Querkraft Q_2 lediglich auf den Balken II, sie erzeugt in diesem ein Biegungsmoment. Wir haben damit die zunächst befremdende Erscheinung, daß durch eine Längskraft in dem Balkenteil, an dem sie angreift, mittelbar ein Biegungsmoment hervorgerufen wird.

67. Aufstellung neuer Gleichungen durch Längs- oder Querverschieblichkeit von Balkenteilen gegeneinander. Die neue Gleichung bei Einführung des Gelenks war dadurch gegeben, daß das Biegemoment für das Gelenk Null ist. Es liegt nun der Gedanke nahe, an Stelle des Biegemoments eine andere Beanspruchungsgröße, nämlich die Querkraft oder Längskraft, durch eine geeignete konstruktive Maßnahme zu beseitigen, dadurch in anderer Weise eine ergänzende Gleichung zu den drei Gleichgewichtsbedingungen aufzustellen und so einen unbestimmten Balken bestimmt zu machen. Wenn wir an einer Stelle einer Balken-

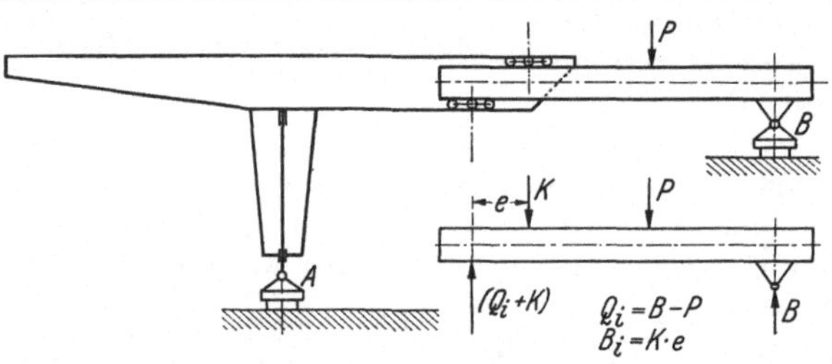

Abb. 271. Balken, durch innere Längsverschieblichkeit statisch bestimmt gemacht.

oder Rahmenkonstruktion die Überleitungsmöglichkeit einer Längskraft beseitigen, also Längsverschiebung ermöglichen, wird für den ganzen konstruktiven Aufbau zu den drei Gleichgewichtsbedingungen als vierte Gleichung hinzukommen: die Längskraft, d. h. die Summe aller Kräfte links oder rechts in Achsenrichtung ist an der betreffenden Balkenstelle Null. Ein Balken in zwei festen Lagern könnte auf diese Weise statisch bestimmt gemacht werden. Eine ähnliche Gleichung ließe sich mittels einer querverschieblichen, aber längsfesten und biegesteifen Konstruktion für die Querkraft aufstellen. Während die letzte Art zur Erreichung statischer Bestimmtheit in der konstruktiven Praxis nicht angewandt wird, findet man vereinzelt, z. B. in der konstruktiven Ausführung von Abraumförderbrücken, die Anordnung der Längskraftbeseitigung im Balken- bzw. Rahmenverlauf. Die Abb. 271 zeigt eine längsverschiebliche Abraumförderbrücke, bei der zur Aufnahme des Biegemomentes und der Querkraft der linke Balkenteil in den rechten mit Rollwagen eingebaut ist. Die Gesamtkonstruktion ist in zwei festen Lagern gestützt, besitzt also vier Unbekannte. Zur Lösung haben wir die drei Gleichgewichtsbedingungen und die durch die Längsverschieblichkeit erreichte vierte Bedingung: an jedem inneren Ende der beiden Teile ist die Längskraft gleich Null. Zur Behandlung der Aufgabe läßt sich, genau wie beim Gelenk, der Balken wieder in zwei Teile zerlegen durch Auftrennen der Gesamtkonstruktion an ihren Berührungsstellen. Jeder der Teile ist für sich zu behandeln, wobei an der Auftrennung die beiden tatsächlich vorhandenen Beanspruchungsgrößen, Biegemoment und Querkraft, als äußere Belastungen eingeführt werden müssen.

68. Gegliederte Scheiben. Der Balken, den wir seither als im wesentlichen der Länge nach ausgedehnte Scheibe unter ebener Belastung betrachtet haben, kann in seiner technischen Ausführung auch aufgegliedert sein in einzelne Stäbe, wobei die einzelnen Stäbe so angeordnet sind, daß ein unverschiebliches Gebilde entsteht. Wir werden also auch eine, der Abb. 272 entsprechende, als Fachwerkträger ausgebildete Krananlage als Balken ansehen können. Es lassen sich bei einem derartigen Träger für jeden Querschnitt wieder die gleichen Beanspruchungsgrößen Querkraft, Längskraft und Biegemoment bestimmen, wie für einen vollwandig ausgebildeten Träger. Diese drei Einflüsse sind ja gegeben durch die Resultierende aller Kräfte auf der einen Seite des Schnitts. Durch die Resultierende werden nun in den einzelnen Stäben Beanspruchungen auf reine Längskraft auftreten, deren Ermittlung nach den Bemerkungen auf Seite 139 vorgenommen werden kann und in einem späteren Kapitel noch ausführlich behandelt werden wird. Wir wollen den Begriff des „*Balkens*"

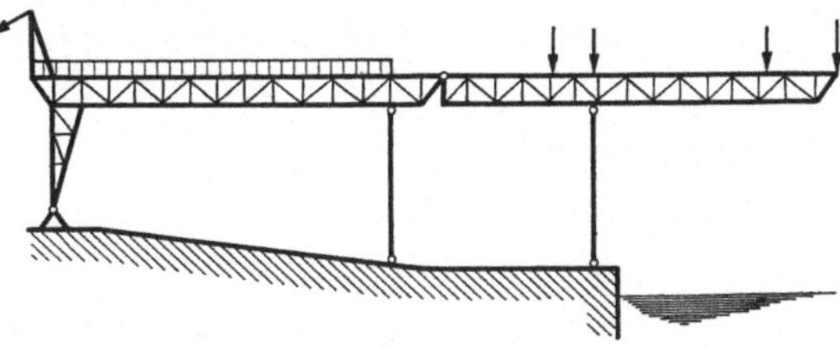

Abb. 272. Gegliederter Gerberbalken.

und des „*Rahmens*" ganz allgemein auf ebene unverschiebliche Scheiben anwenden, die in einem Querschnitt die drei Beanspruchungsgrößen *Biegemoment, Querkraft und Längskraft* übertragen können, den Begriff „*Stab*" dagegen für Konstruktionsglieder verwenden, die nur eine *Längskraft* übertragen.

Übungsaufgaben über Gelenkträger.

1. Aufgabe. Für die in Abb. 273 dargestellte Tragkonstruktion (Längsträger von Bahnsteigdächern) mit fünf Stützungsstäben und zwei Gelenken sind Biegungsmomente und Querkräfte zu ermitteln.

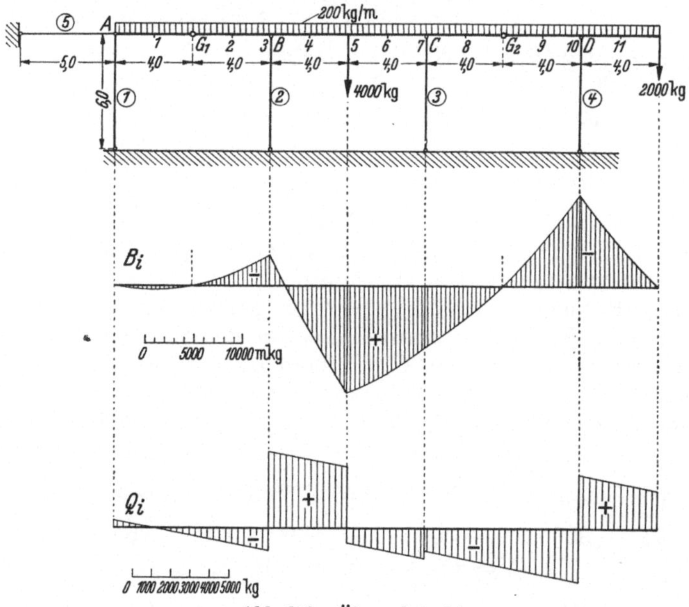

Abb. 273. Übungsbeispiel.

Lösung. Infolge der zwei Gelenke ist die Konstruktion statisch bestimmt. Man zerlegt sie in die drei Balken AG_1, G_2D und G_1G_2 und errechnet für diese die auftretenden Reaktionen. Für den Balken AG_1 ergibt sich:

$$S_1 = q \cdot \frac{l}{2} = 400 \text{ kg} \quad \text{(Druck)},$$

$$G_1 = q \cdot \frac{l}{2} = 400 \text{ kg} \quad \text{(nach oben)};$$

13*

für den Balken $G_2 D$: $G_2 = 2000$ kg (nach unten),
$S_4 = 5600$ kg (Druck).

Auf den Balken $G_1 G_2$ wirken dann außer den gegebenen Lasten noch:

$$G_1 =\ \ 400 \text{ kg} \text{ (nach unten)},$$
$$G_2 = 2000 \text{ kg} \text{ (nach oben)}.$$

Die Momentenbedingungen lauten:

$$(\textstyle\sum M)_B = 0:\quad 4000 \cdot 4,0 - 2000 \cdot 12,0 + 200 \cdot 12,0 \cdot 6,0 - 200 \cdot 4,0 \cdot 2,0$$
$$- 400 \cdot 4,0 = S_3 \cdot 8,0,$$

$$S_3 = 400 \text{ kg} \text{ (nach oben, Druck)}.$$

$$(\textstyle\sum M)_C = 0:\quad -4000 \cdot 4,0 - 2000 \cdot 4,0 - 400 \cdot 12,0 - 200 \cdot 12,0 \cdot 6,0$$
$$+ 200 \cdot 4,0 \cdot 2,0 = S_2 \cdot 8,0,$$

$$S_2 = -5200 \text{ kg} \text{ (nach oben, Druck)}.$$

Die Biegungsmomente sind außer an den Kraftangriffsstellen noch ausgerechnet für die angegebenen Punkte 1, 2 usw.; es ergeben sich die Werte:

$$B_1 \ = 400 \cdot 2,0 - 200 \cdot 2,0 \cdot 1,0 = 800 - 400 = +400 \text{ mkg}.$$
$$B_2 \ = -400 \cdot 2,0 - 200 \cdot 2,0 \cdot 1,0 = -1200 \text{ mkg}.$$
$$B_3 \ = -400 \cdot 4,0 - 200 \cdot 4,0 \cdot 2,0 = -3200 \text{ mkg}.$$
$$B_4 \ = -400 \cdot 6,0 - 200 \cdot 6,0 \cdot 3,0 + 5200 \cdot 2,0 = +4400 \text{ mkg}.$$
$$B_5 \ = -400 \cdot 8,0 - 200 \cdot 8,0 \cdot 4,0 + 5200 \cdot 4,0 = +11\,200 \text{ mkg}$$

oder
$$B_5 \ = 2000 \cdot 8,0 + 400 \cdot 4,0 - 200 \cdot 8,0 \cdot 4,0 = +11\,200 \text{ mkg}.$$
$$B_6 \ = 2000 \cdot 6,0 + 400 \cdot 2,0 - 200 \cdot 6,0 \cdot 3,0 = +9200 \text{ mkg}.$$
$$B_7 \ = 2000 \cdot 4,0 - 200 \cdot 4,0 \cdot 2,0 = +6400 \text{ mkg}.$$
$$B_8 \ = 2000 \cdot 2,0 - 200 \cdot 2,0 \cdot 1,0 = +3600 \text{ mkg}.$$
$$B_9 \ = -2000 \cdot 2,0 - 200 \cdot 2,0 \cdot 1,0 = -4400 \text{ mkg}.$$
$$B_{10} = -2000 \cdot 4,0 - 200 \cdot 4,0 \cdot 2,0 = -9600 \text{ mkg}.$$
$$B_{11} = -2000 \cdot 2,0 - 200 \cdot 2,0 \cdot 1,0 = -4400 \text{ mkg}.$$

2. Aufgabe. Für den in Abb. 274 dargestellten Doppel-Hallenbinder sind die Biegungsmomente und Querkräfte anzugeben.

Lösung. Der Rahmen AB stellt einen Dreigelenkbogen dar, mit den Gelenken an A, G und B; an ihn angeschlossen ist der Rahmen GDC, und zwar in G in einem festen Drehlager, in C in einem beweglichen Lager. Es handelt sich also um ein statisch bestimmtes System. Wir betrachten zuerst den Teil GDC. In G entstehen Kräfte G_h und G_v, in C nur eine lotrechte Kraft. Es ist:

$$G_h = 300 + 300 = 600 \text{ kg} \text{ (nach rechts)}.$$

Die Momentengleichungen für die Punkte C und G ergeben:

$$(\textstyle\sum M)_C = 0:\quad -300 \cdot 2,0 - 300 \cdot 4,0 - 800 \cdot 4,0 + G_h \cdot 6,0 + G_v \cdot 8,0 = 0,$$
$$G_v = 175 \text{ kg} \text{ (nach oben)}.$$

$$(\textstyle\sum M)_G = 0:\quad +800 \cdot 4,0 + 300 \cdot 2,0 + 300 \cdot 4,0 - C \cdot 8,0 = 0,$$
$$C = 625 \text{ kg} \text{ (nach oben)}.$$

Die Biegungsmomente sind für die Punkte 1 bis 4 zu berechnen. Es ergibt sich:

$$B_1 = +175 \cdot 4,0 = +700 \text{ mkg}.$$
$$B_2 = +175 \cdot 8,0 - 800 \cdot 4,0 = -1800 \text{ mkg}.$$
$$B_3 = -300 \cdot 2,0 = -600 \text{ mkg}.$$
$$B_4 = 0.$$

Die umgekehrte Kraft G_v (nach unten) geht in den Stab GB über, dagegen die umgekehrt gerichtete Kraft G_h (nach links) in den Rahmen GA und wird von dem festen Lager A aufgenommen:

$$A_h = G_h = 600 \text{ kg} \quad (\text{nach rechts}).$$

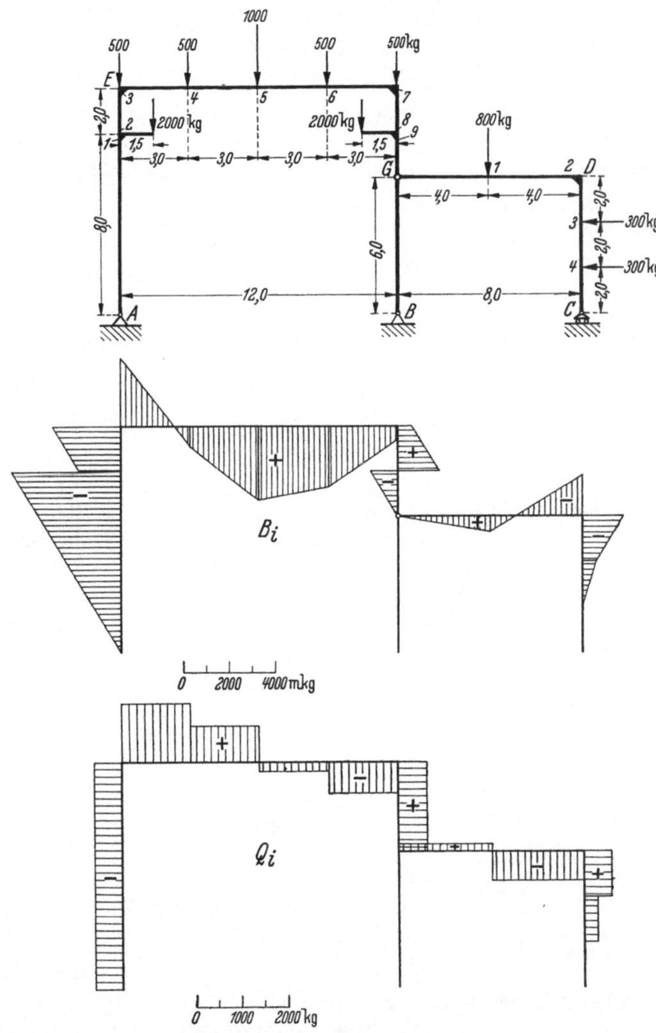

Abb. 274. Übungsbeispiel.

Die Gelenkkraft $G_h = 600$ kg (nach links) tritt mit den gegebenen Lasten in der Momentengleichung für A auf:

$$(\textstyle\sum M)_A = 0: \quad 2000 \cdot 1{,}5 + 500 \cdot 3{,}0 + 1000 \cdot 6{,}0 + 500 \cdot 9{,}0 + 500 \cdot 12{,}0$$
$$+ 2000 \cdot 10{,}5 - 600 \cdot 6{,}0 = G_v' \cdot 12{,}0,$$
$$G_v' = 3200 \text{ kg} \quad (\text{nach oben}).$$

$$(\textstyle\sum M)_G = 0: \quad -2000 \cdot 1{,}5 - 500 \cdot 3{,}0 - 1000 \cdot 6{,}0 - 500 \cdot 9{,}0 - 500 \cdot 12{,}0$$
$$- 2000 \cdot 10{,}5 - A_h \cdot 6{,}0 + A_v \cdot 12{,}0,$$
$$A_v = 3800 \text{ kg} \quad (\text{nach oben}).$$

Die umgekehrte Kraft G_v' wird ebenso wie die bereits ermittelte Kraft G_v von Stab GB aufgenommen, so daß dieser eine Druckkraft enthält von $(3200 + 175) = 3375$ kg. Die Biegungsmomente des Rahmens AG sind für die angegebenen Punkte 1 bis 9 zu berechnen. Es ergeben sich die Werte:

$$B_1 = -600 \cdot 8{,}0 = -4800 \text{ mkg}.$$
$$B_2 = -600 \cdot 8{,}0 + 2000 \cdot 1{,}5 = -1800 \text{ mkg}.$$
$$B_3 = -600 \cdot 10{,}0 + 2000 \cdot 1{,}5 = -3000 \text{ mkg}.$$
$$B_4 = 3800 \cdot 3{,}0 - 600 \cdot 10{,}0 - 500 \cdot 3{,}0 - 2000 \cdot 1{,}5 = +900 \text{ mkg}.$$
$$B_5 = 3800 \cdot 6{,}0 - 600 \cdot 10{,}0 - 2000 \cdot 4{,}5 - 500 \cdot 6{,}0 - 500 \cdot 3{,}0 = +3300 \text{ mkg}.$$
$$B_6 = 3200 \cdot 3{,}0 - 600 \cdot 4{,}0 - 500 \cdot 3{,}0 - 2000 \cdot 1{,}5 = +2700 \text{ mkg}.$$
$$B_7 = 2000 \cdot 1{,}5 - 600 \cdot 4{,}0 = +600 \text{ mkg}.$$
$$B_8 = 2000 \cdot 1{,}5 - 600 \cdot 2{,}0 = +1800 \text{ mkg}.$$
$$B_9 = -600 \cdot 2{,}0 = -1200 \text{ mkg}.$$

Die Längskraftfläche ist nicht aufgezeichnet, weil ihr Verlauf leicht zu übersehen ist. Von C bis D hat die Längskraft die Größe 625 kg, einer Druckkraft entsprechend; von D bis G ist sie 600 kg (Druck), zwischen G und den Punkten 8 bis 9 beträgt sie 3200 kg (Druck), von da bis zum oberen Eckpunkt 1200 kg. Für den oberen waagerechten Balken ist die Längskraft konstant 600 kg (Druck), für den linken Pfosten zwischen A und dem angeschlossenen Arm 3800 kg (Druck), von da bis zum Eckpunkt E 1800 kg (Druck).

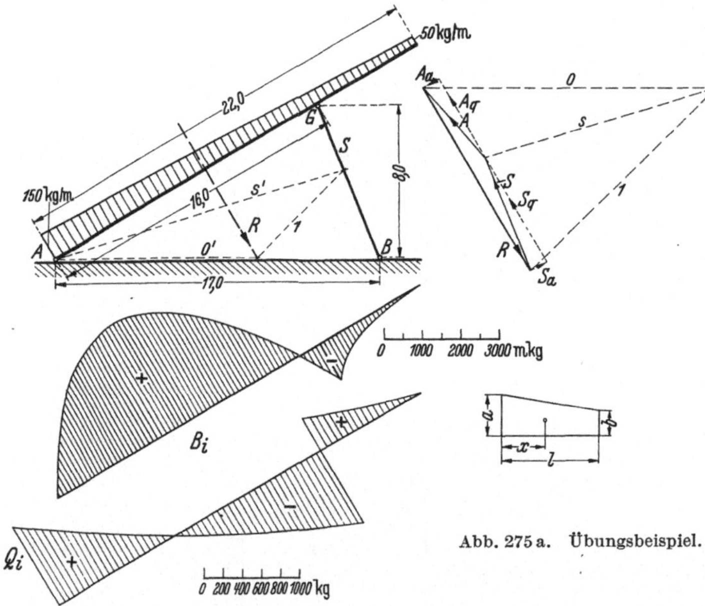

Abb. 275 a. Übungsbeispiel.

3. Aufgabe. Auf den in Abb. 275a dargestellten, schräg liegenden, durch einen Stab abgestrebten Mast wirke eine trapezförmig verteilte Belastung. Biegungsmoment und Querkraft sind zu ermitteln.

Lösung. Die Konstruktion kann sowohl als Dreigelenkbogen aufgefaßt werden wie auch (weil auf den Stab GB keine quer liegenden Kräfte wirken) als ein Balken, der bei A festgelagert und durch den Stab abgestützt ist. Zur Ermittlung der Lagerkraft in A und der Stabkraft S faßt man die gesamte Belastung zu einer Resultierenden R zusammen, die im Schwerpunkt des Belastungstrapezes angreift. Für ein rechtwinkliges Trapez mit der größeren Höhe a, der kleineren Höhe b und der Grundlinie l ist die Schwerpunktsentfernung von der größeren Höhe gegeben durch

$$x = \frac{l}{3} \cdot \frac{a + 2b}{a + b};$$

bei vorliegender Belastung ergibt sich:

$$x = \frac{22}{3} \cdot \frac{150 + (2 \cdot 50)}{200} = \frac{55}{6} = 9{,}16 \text{ m}.$$

Die Größe der Resultierenden ist durch den Inhalt des Trapezes dargestellt:

$$R = \frac{a+b}{2} \cdot l = \frac{200 \text{ kg/m}}{2} \cdot 22{,}0 \text{ m} = 2200 \text{ kg}.$$

Die Fesselkräfte A und S sind graphisch vermittels des Seilecks bestimmt; um unnötige Linien zu ersparen, wurde die erste Seilseite durch den Punkt A gelegt (vgl. S. 91). Zur Kontrolle wurde die Komponente von S in der Richtung lotrecht zum Mast analytisch berechnet:

$$S_q = \frac{2200 \cdot 9{,}16}{16{,}0} = 1260 \text{ kg}.$$

Zum Auftragen der Querkraft und der Biegemomente braucht man A nicht zu kennen, wenn man diese Beanspruchungsgrößen von rechts aus berechnet, sondern lediglich S_q. Das Biegungsmoment wurde ermittelt für eine Reihe von Stellen, die vom rechten Ende die Entfernung $z = 2, 4, 6 \ldots 20$ m haben. In der Tabelle sind jeweils die Schwerpunktsabstände s_i von der betreffenden Stelle aus gerechnet, ferner die Inhalte der betreffenden einzelnen Trapeze. Diese Inhalte J_i stellen zwischen dem oberen Mastende und dem Stabanschluß unmittelbar die Querkraft dar. Dagegen links von der Anschlußstelle ist die Querkraft bestimmt durch:

$$Q_i = J_i - S_q = J_i - 1260 \text{ kg}.$$

Das Biegungsmoment für die Punkte oberhalb des Anschlusses ist gegeben durch

$$B_i = Q_i \cdot s_i,$$

jedoch für die Punkte unterhalb des Anschlusses durch:

$$B_i = J_i \cdot s_i - S_q \cdot (z - e),$$

wobei e die Länge des überragenden Mastes ($e = 6{,}0$ m) angibt.

Für zwei Punkte in der Entfernung 2,0 bzw. 12,0 m vom oberen Ende hat man folgende Werte:

	$z = 2{,}0$ m	$z = 12{,}0$ m
$a_i =$	59,1 m	104,5 m
$s_i =$	$\dfrac{2}{3} \cdot \dfrac{59{,}1 + 100{,}0}{109{,}1} = 0{,}972$ m	$\dfrac{12}{3} \cdot \dfrac{104{,}5 + 100{,}0}{154{,}5} = 5{,}29$ m
$Q_i =$	$(59{,}1 + 50{,}0) \cdot \dfrac{2{,}0}{2} = 109{,}1$ kg	$(104{,}5 + 50{,}0) \cdot \dfrac{12{,}0}{2} - 1260 = -333$ kg
$B_i =$	$-109{,}1 \cdot 0{,}972 = -106$ kgm	$-927{,}0 \cdot 5{,}29 + 1260 \cdot (12{,}0 - 6{,}0) = +2656$ kgm

Die Querkraftlinie ist hier keine Gerade, weil es sich bei der Belastung nicht um eine gleichförmig verteilte Last handelt.

4. **Aufgabe.** Auf dem in Abb. 275b dargestellten Sägebock liegt ein Zylinder von gegebenem Gewicht Q. Der Bock ist unten lose aufgestellt, aber die beiden Fußpunkte A und B sind durch ein Seil miteinander verbunden. Die Biegungsmomente sind zu ermitteln.

Lösung. Die Aufgabe hat mit der vorhergehenden das Gemeinsame, daß es sich wiederum um einen Dreigelenkbogen handelt mit Teilen, die über das Gelenk hinausragen. Die Punkte A und B sind allerdings nicht fest gelagert,

aber die lotrechten Reaktionen (Reibung vernachlässigt) *und* die infolge des
Seils auf die Punkte A und B wirkenden Kräfte ergeben zusammen die gleiche
Wirkung wie ein festes Gelenk. Die Schwerkraft Q wird in zwei Komponenten
N_1 und N_2 lotrecht zu den Konstruktionsteilen I—I und II—II zerlegt. Denkt
man sich nur den Teil I—I belastet (durch N_1), so muß die Kraft an B (das
ist die Resultierende aus V_2' und H') in die Verbindungslinie BG fallen. Hiermit ist N_1 zum Schnitt zu bringen und dieser Schnittpunkt mit A zu verbinden.
Es entstehen so die Kräfte A' und B' im Krafteck. Entsprechend wird N_2 mit
der Geraden AG geschnitten und dieser Punkt mit B verbunden. N_2 ruft die

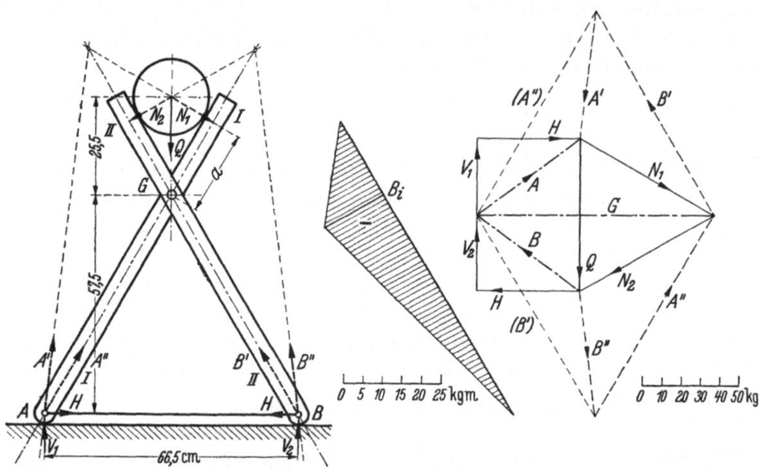

Abb. 275 b. Übungsbeispiel.

Gegenkräfte A'' und B'' hervor. Die Resultierende von A' und A'' bzw. B'
und B'' ergeben die Kräfte A und B, die in V_1 und H bzw. V_2 und H zu zerlegen sind. Das Krafteck aus Q, H, V_2, V_1, H muß geschlossen sein.

    Man hätte hier allerdings die gesamten Fesselkräfte V_1, V_2 und H einfacher
finden können. Infolge der Symmetrie muß sein:

$$V_1 = V_2 = \frac{G}{2}.$$

Denkt man andererseits den einen Balken vom anderen losgetrennt und setzt
für das Gelenk die Summe aller auf den Balken II wirkenden Momente gleich
Null, so hat man:

$$-N_2 \cdot a - V_2 \cdot \frac{66,5}{2} + H \cdot 57,5 = 0.$$

Die Momentenfläche ist ein Dreieck, das Biegungsmoment an der Gelenkstelle
ist gegeben durch $N_2 \cdot a$.

    Daß hier an der Gelenkstelle ein Biegungsmoment auftritt, scheint ein Wider-
spruch gegen die frühere Aussage zu sein, daß das Biegungsmoment am Gelenk
verschwinden muß; aber der Widerspruch klärt sich leicht auf, denn hier wird
das fragliche Biegungsmoment nicht durch das Gelenk übertragen, also nicht
vom Balken I—I auf den Balken II—II weitergeleitet, sondern das Biegungsmoment bleibt in dem *einen* Balken.

    5. Aufgabe. Für das in Abb. 276a dargestellte Schleusentor soll das Bie-
gungsmoment ermittelt werden.

    Lösung. Die Konstruktion ist für eine allgemeine Belastung nicht steif, da
die Verbindung (Anlehnung) am Punkt M so ausgebildet ist, daß nur eine Kraft

in Richtung der angegebenen symmetrischen Belastung, d. i. von oben nach unten, übertragen werden kann, aber nicht umgekehrt. Für die angegebene Belastung kann man die Berührungsstelle der beiden Schleusentore als ein Gelenk auffassen, das die Übertragung des Biegungsmomentes verhindert, dagegen die Gelenkkraft selbst überträgt. Es liegt also für diesen Fall ein Dreigelenkbogen vor. Da die Belastung symmetrisch ist, muß die Gelenkkraft M waagerecht verlaufen. Man findet sie, indem man die waagerechte Linie mit W_1 zum Schnitt bringt und durch diesen Schnittpunkt eine Verbindungslinie nach A zieht; dasselbe führt man für die rechte Seite aus. Das Krafteck gibt dann Größe und Richtung von M, A und B an. Die Momentenflächen sind infolge der gleichmäßig verteilten Belastung Parabeln.

6. Aufgabe. Für den Siebengelenkträger der Abb. 276b sind die inneren Kräfte zu ermitteln.

Lösung. Das System, das einem steifen Stollengerüst nachgebildet ist,

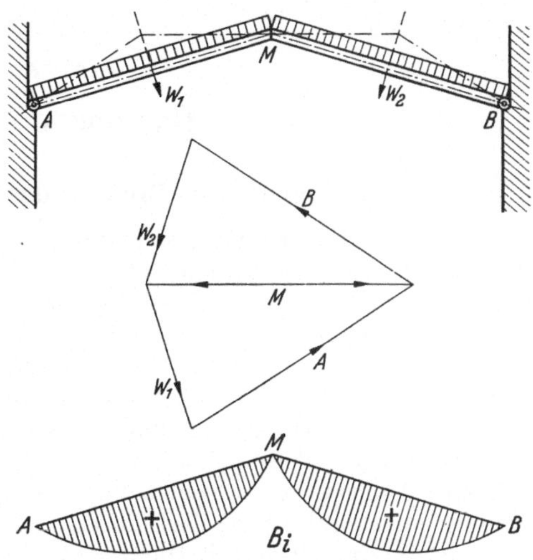

Abb. 276 a. Übungsbeispiel.

hat mit der Konstruktion der vorhergehenden Aufgabe das Gemeinsame, daß es bei den angegebenen Gelenken für eine beliebige Belastung nicht mehr unverschieblich ist. Es bleibt aber dann in Ruhe, wenn die zu den gegebenen Lasten

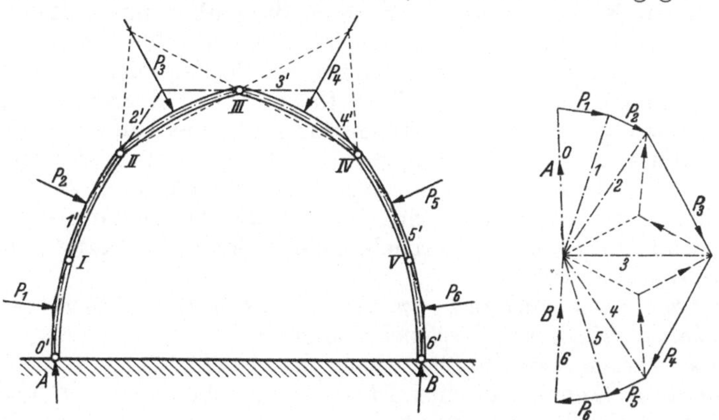

Abb. 276 b. Übungsbeispiel.

$P_1 \ldots P_5$ zugehörigen Seilseiten durch die Gelenke I bis V gehen, wie es hier angegeben ist. Die Stützungslinie verläuft also durch die Gelenke. Die Größe der durch die Gelenke geleiteten Kräfte G_I bis G_V ist, wie aus der Begründung des Seilecks (Seite 77) hervorgeht, durch die Länge der Polstrahlen 1, 2, ... angegeben. Die Lagerreaktionen A und B fallen mit der ersten und letzten Seilseite zusammen und sind der Größe nach durch den ersten und letzten Polstrahl dargestellt. Die Resultierende aus A und P_1 erzeugt die Gelenkkraft G_I, die Resultierende aus G_I und P_2 die Gelenkkraft G_{II}. Die Kräfte P_1 bis P_6 stehen mit A und B im Gleichgewicht, weil das zugehörige Kraft- und Seileck geschlossen ist.

Vierter Teil.

Das ebene Fachwerk.

XII. Begriff und Bildung des freien ebenen Fachwerks.

69. Begriff des bestimmten Fachwerks. Das Fachwerk im Sinne der Mechanik ist ein System von einzelnen Stäben, z. B. Dachbinder, Fachwerkhaus, Brücken, Gerüstbauten, Tragwand eines Flugzeugflügels usw. Für unsere Betrachtungen in der Statik nehmen wir an, daß alle Stäbe gelenkartig miteinander verbunden sind. Sofern äußere Kräfte nur in diesen verbindenden Knotenpunkten wirken, erreichen wir mit der gemachten Annahme, daß die das Fachwerk bildenden Stäbe nur Längskraftträger sind, daß in den Stäben also keine Biegemomente und Querkräfte auftreten (wie beim Balken). Betrachten wir die technisch ausgeführten Fachwerke, so sehen wir, daß diese Bedingung der gelenkartigen Verbindung aller Stäbe praktisch in den allerseltensten Fällen erfüllt ist, daß z. B. bei Brücken im Gegenteil die Stabverbindungen möglichst steif durchgeführt sind. Wenn wir trotzdem gelenkige Knoten für die Rechnung voraussetzen, so geschieht dies deshalb, weil der Unterschied zwischen den Stabkräften bei gelenkigem und steifem Knotenanschluß im allgemeinen nur einen geringen Betrag ausmacht, und weil man überhaupt von vornherein den Fachwerkträger nicht anders berechnen kann (statische Unbestimmtheit). Will man die Stabkräfte bei steifen Knotenpunkten ermitteln (was aber nur selten nötig ist), so muß man zunächst diejenigen bei gelenkartigen Anschlüssen bestimmen und kann dann nachträglich den Einfluß der starren Verbindungen feststellen. Also ist die Berechnung nach der gemachten theoretischen Annahme immer nötig. Weiterhin nehmen wir an, daß die Stäbe starr sind, eine Annahme, die unter bestimmten Voraussetzungen eine unverschiebliche Gesamtkonstruktion gewährleistet. In der praktischen Durchführung haben wir allerdings elastische Stäbe, deren Formänderung jedoch so gering ist, daß die Abweichung des belasteten Fachwerks vom unbelasteten vernachlässigbar klein in bezug auf die entstehenden Stabkräfte wird.

Wir verstehen unter Fachwerk ein Gebilde aus starren Stäben, die an ihren Enden gelenkartig miteinander verbunden sind.

Die Stäbe werden zweckmäßig wieder dargestellt durch ihre Stabachsen. Liegen diese Stabachsen alle in einer Ebene, so sprechen wir vom „ebenen Fachwerk", sind die Stäbe dagegen räumlich angeordnet, so erhalten wir das „Raumfachwerk".

Die Aufgabe des ebenen Fachwerks, das zunächst zugrunde gelegt sein soll, ist es, Kräfte in seiner Ebene durch das Stabsystem (die Verbindung der Längskraftträger) nach der Erde oder einer anderen festen Konstruktion weiterzuleiten. Das Fachwerk ist also stets gelagert. Die Lasten, die auf ein solches Fachwerk wirken, wecken in den Lagerstellen Reaktionskräfte, die den äußeren Kräften (Lasten) das Gleichgewicht halten. Die Konstruktion des Fachwerks an sich, ohne Lagerung, heißt freies ebenes Fachwerk. Wandelt man das gestützte Fachwerk in ein freies um, so müssen die Lagerreaktionen als äußere Kräfte eingeführt werden, die zu den vorhandenen Lasten hinzutreten und ein

Gleichgewichtssystem bewirken. Unsere Aufgabe ist zunächst, das freie Fachwerk unter dem Einfluß von Kräften, die unter sich im Gleichgewicht stehen, zu betrachten und die entstehenden Stabkräfte (Längskräfte) zu ermitteln. Wir müssen uns also die Fragen stellen:

Unter welchen Umständen sind diese Stabkräfte bei jeder beliebigen Belastung eindeutig bestimmbar? und

Wie groß sind die Stabkräfte, bzw. wie kann man die Größe der Stabkräfte ermitteln?

Die Forderung, daß die Stabkräfte eindeutig und endlich werden müssen, ist eine technische Notwendigkeit, denn bei vieldeutigen Stabkräften wissen wir nicht, welchen Wert wir der Dimensionierung der Stäbe (Gestaltung des Querschnitts) zugrunde legen sollen; bei unendlich großen Stabkräften können wir überhaupt keine haltbare Ausbildung eines Stabquerschnittes ausführen, denn dazu wäre ein unendlich großer Querschnitt erforderlich.

Neben dieser statischen Forderung werden wir aber auch noch eine andere Forderung an das Fachwerk stellen müssen, nämlich daß es eine steife unverschiebliche Konstruktion darstellt.

Ein Fachwerk, bei dem die Stabkräfte für jede beliebige Belastung auf Grund der statischen Gleichungen (Gleichgewichtsbedingungen) eindeutig und endlich werden, nennen wir ein *statisch bestimmtes Fachwerk*. Es wird offensichtlich zum Aufbau eines statisch bestimmten Fachwerks eine bestimmte Anzahl von Stäben nötig sein, und zwar können wir aus der Bedingung der eindeutigen und endlichen Stabkräfte ganz allgemein sagen: Es muß die Zahl der Stabkräfte, die ja die Unbekannten beim freien Fachwerk darstellen, genau so groß sein, wie die Zahl der uns zur Verfügung stehenden Gleichungen. Betrachten wir nun ein ebenes freies Fachwerk, das unter der Wirkung äußerer Kräfte im Gleichgewicht steht (Abb. 277), so sind für die Gesamtkonstruktion aus Gleichgewichtsgründen drei Bedingungen zu erfüllen, weil es sich um den Gleichgewichtszustand von Kräften in der Ebene handelt, die nicht durch einen Punkt gehen. Befindet sich aber das ganze System im Ruhezustand, dann muß an jedem Knoten-

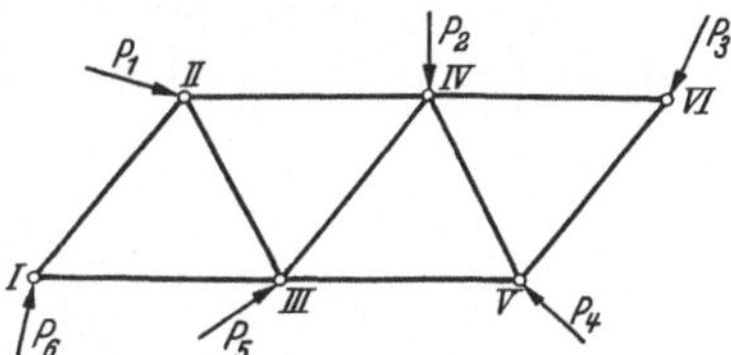

Abb. 277. Zum Begriff des statisch bestimmten Fachwerkes.

punkt des Fachwerks ebenfalls Gleichgewicht bestehen, d. h. an jedem Punkt müssen sich alle angreifenden Kräfte (äußere und innere, also Lasten und Stabkräfte) aufheben. An jedem Knotenpunkt liegen demnach zwei Gleichgewichtsbedingungen vor (Kräfte in einem Punkt angreifend). Nennen wir die Anzahl der Knotenpunkte n, so erhalten wir, entsprechend den jeweiligen zwei Gleichungen am einzelnen Knotenpunkt insgesamt $2n$ Gleichungen. Wenn aber an allen Knotenpunkten Gleichgewicht vorliegt, so ist damit das Gleichgewicht des ganzen Systems gesichert. Für *diese* Bedingung bestehen aber, wie vorhin bemerkt, schon drei Gleichungen: infolgedessen haben wir jetzt nicht mehr $2n$ unabhängige Gleichungen, sondern deren nur noch $(2n-3)$. Diese Gleichungszahl muß mit der Anzahl der vorhandenen Unbekannten übereinstimmen, so daß wir als Ergebnis erhalten:

Ein statisch bestimmtes ebenes freies Fachwerk muß $(2n-3)$ Stäbe besitzen:

$$s = 2n - 3. \tag{31}$$

Die so gewonnene Aussage über die Anzahl der Fachwerkstäbe ist *notwendig*, aber *nicht hinreichend*, d. h. ein Fachwerk, bei dem die Stabkräfte eindeutig und endlich sind, muß diese Stabzahl besitzen, aber umgekehrt braucht ein Fachwerk, das die Stabzahl $s = 2n - 3$ aufweist, nicht statisch bestimmt zu sein, da s Gleichungen mit s Unbekannten nicht eindeutige, endliche Lösungen ergeben müssen. Hat das Fachwerk mehr als $(2n - 3)$ Stäbe, dann ist die Zahl der Unbekannten größer als die Zahl der Gleichungen; man nennt es statisch unbestimmt.

Um in die Frage der Unverschieblichkeit eines Fachwerks Einblick zu gewinnen, gehen wir von dem einfachsten Fachwerk, dem Dreieck, aus (Abb. 278). Das Stabdreieck, gebildet aus drei Stäben und drei Knoten, ist unverschieblich; denn wäre der Punkt III nur durch den Stab 1 (I, III) gegenüber Stab 2 angeschlossen, so könnte er sich auf einem Kreisbogen um I bewegen, entsprechend

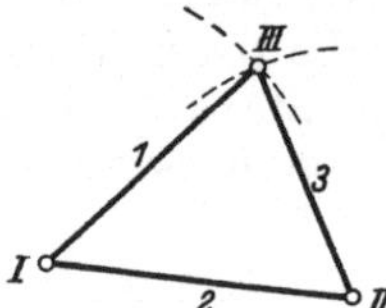

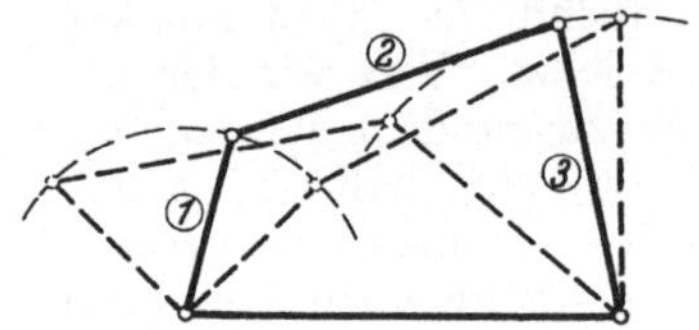

Abb. 278. Das einfachste unverschiebliche Fachwerk.   Abb. 279. Gelenkviereck.

bei alleinigem Anschluß an II auf einem Kreisbogen um II; weil er aber durch die beiden Stäbe angefügt ist, kann er sich nur gleichzeitig auf beiden Kreisbogen bewegen. Da diese beiden sich aber in einem Punkt schneiden, liegt der Punkt III fest. Die Stäbe bleiben also in dieser einzig möglichen Lage. Das Stabviereck (Abb. 279), gebildet aus vier Stäben und vier entsprechenden Knoten ist verschieblich, wir haben hier das sogenannte Gelenkviereck. Wir können es unbeweglich machen durch Einführung eines Diagonalstabs. Wir erkennen, daß ein unverschiebliches Gebilde von vier Punkten mindestens fünf Stäbe benötigt. Entsprechende Überlegungen für Stabsysteme mit mehr Knotenpunkten ergeben, daß für die Unverschieblichkeit eines Fachwerks nötig sind:

$$
\begin{array}{ll}
\text{bei 3 Knoten} & \text{3 Stäbe,} \\
\text{bei 4 Knoten} & \text{5 Stäbe,} \\
\text{bei 5 Knoten} & \text{7 Stäbe,} \\
\text{bei 6 Knoten} & \text{9 Stäbe usw.}
\end{array}
$$

Allgemein finden wir, daß zum Aufbau eines unverschieblichen Fachwerks mindestens

$$s = 2n - 3$$

Stäbe gehören. Man kann natürlich noch mehr Stäbe einziehen, die dann aber für die Bedingung der Unverschieblichkeit überflüssig sind. Ein Fachwerk, das die Mindeststabzahl $s = 2n - 3$ besitzt und unverschieblich ist, nennen wir ein *kinematisch bestimmtes Fachwerk*. Hat das unverschiebliche Fachwerk mehr als zur Unverschieblichkeit unbedingt notwendige Stäbe $(s > 2n - 3)$, so nennen wir das Fachwerk kinematisch überbestimmt, hat es weniger Stäbe, so wird es kinematisch unbestimmt genannt.

Wir sehen, daß die geforderte Stabzahl $(2n - 3)$ für die Bedingung der statischen Bestimmtheit und für die Bedingung der kinematischen Bestimmtheit die gleiche ist. Es läßt sich, wie A. Föppl[1] bewiesen hat, ganz allgemein sagen:

Jedes kinematisch bestimmte Fachwerk ist auch statisch bestimmt, und umgekehrt: *jedes statisch bestimmte Fachwerk ist auch kinematisch bestimmt*.

Man spricht deshalb einfach von bestimmten Fachwerken[2]. Ein Fachwerk

---

[1] August Föppl wirkte von 1894 bis 1921 als Professor der Mechanik an der Technischen Hochschule in München.

[2] Ein allgemeiner Beweis dieser Aussage läßt sich mit Hilfe der Determinanten aus den Koeffizienten der Unbekannten aufstellen. Vgl. z. B. Föppl: Techn. Mechanik II. Bd.

mit überzähligen Stäben ($s > 2n - 3$) ist also kinematisch überbestimmt und statisch unbestimmt; ist die Stabzahl dagegen kleiner als die Mindestzahl ($s < 2n - 3$), dann ist das Fachwerk beweglich, kinematisch unbestimmt und statisch überbestimmt (Bewegungsmechanismus).

70. Die Bildungsgesetze der freien ebenen bestimmten Fachwerke. Die Bildungsgesetze des ebenen, freien, statisch bestimmten Fachwerks geben an, in welcher Weise solche Fachwerke aufgebaut werden können.

Erstes Bildungsgesetz: *Ein statisch bestimmtes Fachwerk wird gewonnen, indem man, ausgehend von einem Stab, nacheinander Knotenpunkte anschließt durch je zwei Stäbe, die nicht in einer Geraden liegen.*

Als Beweis für dieses Bildungsgesetz weisen wir nach, daß so aufgebaute Fachwerke unverschieblich sind, und daß bei jeder beliebigen Belastung die Stabkräfte endlich und eindeutig werden. Die Unverschieblichkeit der Fachwerke, die nach dem ersten Bildungsgesetz aufgebaut sind, geht aus der gleichen Betrachtung hervor, die wir bereits oben benutzt haben, um die Mindeststabzahl des kinematisch bestimmten Fachwerks zu ermitteln. Wir gehen (Abb. 280) aus von einem Stab 1 mit den Endpunkten I und II, und schließen an diese Punkte einen weiteren Punkt III durch zwei weitere Stäbe 2 und 3 gelenkig an; dieser Punkt liegt gegenüber I und II unverschieblich fest; das Dreieck ist unverschieblich. An dieses starre Stabdreieck läßt sich nun in gleicher Weise mit zwei weiteren Stäben 4 und 5 ein vierter Knotenpunkt IV unverschieblich anschließen. Dieser neue festliegende Knoten kann wieder zum Anschluß eines neuen Stabes 6 dienen, der mit dem an Knoten II befestigten Stab 7 den neuen Knoten V festlegt. In gleicher Weise werden weitere Punkte mit je zwei weiteren Stäben anzuschließen sein, wobei nicht immer Stabdreiecke aufzutreten brauchen. Wir haben also damit ein Fachwerk unverschieblich mit der kleinstmöglichen Anzahl von Stäben aufgebaut. Die Bedingung, daß ($2n - 3$) Stäbe vorliegen, ist erfüllt, denn wir haben in Abb. 280 sechs Knoten und neun Stäbe, also

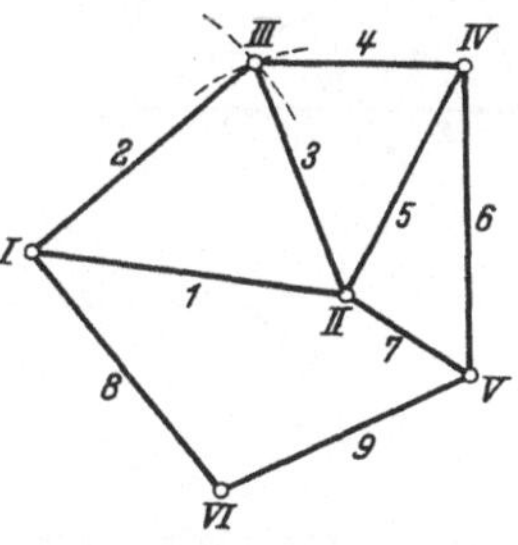

Abb. 280. Das Fachwerk nach dem ersten Bildungsgesetz, kinematischer Beweis.

$$9 = 2 \cdot 6 - 3.$$

Daß diese Bedingung der Stabzahl immer beim ersten Bildungsgesetz erfüllt ist, geht aus folgender Erwägung hervor: Wir haben als Grundlage einen Stab mit zwei Knoten an beiden Enden

$$s_1 = 1, \quad n_1 = 2$$

oder　　　$$s_1 = 2 \cdot 2 - 3 = 2 \cdot n_1 - 3.$$

Alle weiteren Knoten n_2 sind durch je zwei Stäbe (im ganzen s_2) angeschlossen:

$$s_2 = 2 n_2.$$

Also ist:　　　$$(s_1 + s_2) = 2 (n_1 + n_2) - 3.$$

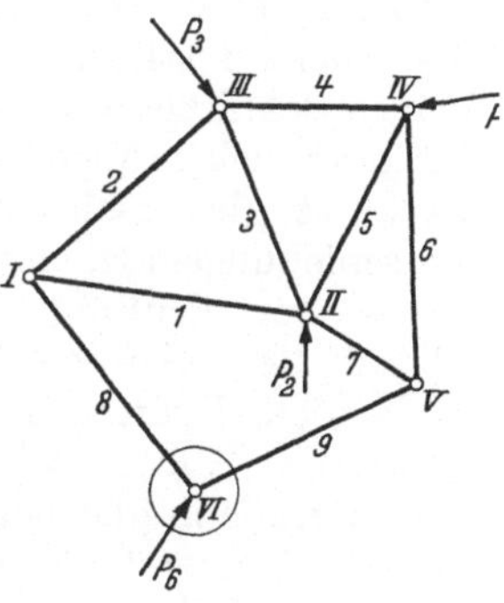

Abb. 281. Das Fachwerk nach dem ersten Bildungsgesetz, statischer Beweis.

($s_1 + s_2$) stellt die Gesamtzahl s der vorhandenen Stäbe dar und entsprechend ist ($n_1 + n_2$) die Gesamtzahl n der vorhandenen Knoten, so daß damit ganz allgemein für Fachwerke nach dem ersten Bildungsgesetz die Bedingung für die Stabzahl erfüllt ist:

$$s = 2 n - 3.$$

Zum Nachweis der statischen Bestimmtheit nehmen wir beliebige Lasten an, die am Fachwerk im Gleichgewicht stehen sollen (Abb. 281). Wir benutzen zur Bestimmung der Stabkraftgrößen die Aussage, daß an jedem einzelnen Knoten die äußeren Kräfte mit den inneren Kräften (Stabkräften) im Gleichgewicht stehen müssen. Betrachten wir z. B. den Knotenpunkt VI, trennen ihn ab, indem wir die beiden Stäbe 8 und 9 durchschnitten denken, so müssen die durch diesen Schnitt frei gewordenen Stabkräfte S_8 und S_9 mit der wirkenden Last P_6 im Gleichgewicht stehen und können mit Hilfe der Gleichgewichtsbedingungen eindeutig bestimmt werden (zwei Unbekannte mit zwei Gleichungen) oder graphisch durch ein geschlossenes Krafteck. Die Stabkraft S_9 wirkt nun als bekannte Kraft auf den Knoten V, und an diesem Knoten finden wir durch die gleiche Gleichgewichtsbetrachtung die Stabkräfte S_7 und S_6. In gleicher Weise finden wir durch die bekannte Kraft S_6 am Knoten IV mit Hilfe eines Kraftecks die Stabkräfte in den Stäben 5 und 4. Am Knoten III stehen dann die bekannten Kräfte P_3 und S_4 den beiden Unbekannten S_2 und S_3

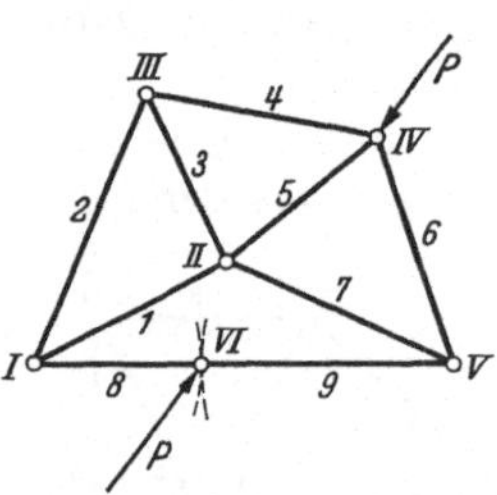

gegenüber, die also auch zu ermitteln sind. Der Knoten II und der Knoten I liefern nun Gleichgewichtsprobleme, bei denen weniger als zwei Unbekannte vorliegen, die demgemäß als Kontrolle aufzufassen sind. (Nähere Ausführungen unter Nr. 73.) Wir sehen jedenfalls, daß für alle Knotenpunkte eine Lösung der Gleichgewichtsaufgabe (Krafteck) besteht, daß demnach alle Stäbe eindeutige und endliche Stabkräfte besitzen, was aber als Forderung der statischen Bestimmtheit des Fachwerks aufgestellt war. Ein Fachwerk nach dem ersten Bildungsgesetz ist also statisch und kinematisch bestimmt.

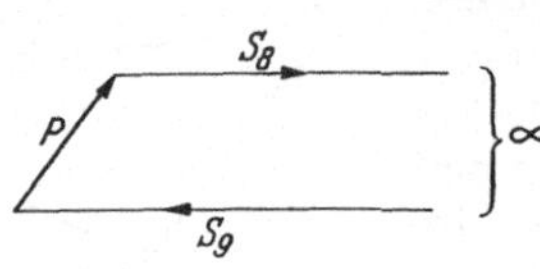

Abb. 282. Verschiebliches Fachwerk nach dem ersten Bildungsgesetz.

Für den im Bildungsgesetz ausgenommenen Sonderfall, daß die beiden Anschlußstäbe eines Knotens in einer Geraden liegen, betrachten wir Abb. 282. Der Knoten VI ist an die beiden festliegenden Knotenpunkte I und V angeschlossen durch zwei Stäbe 8 und 9, die in einer Geraden liegen. Es ist ohne weiteres klar, daß der Punkt VI hier nicht festliegt, denn die beiden Kreisbogen der Stäbe 8 und 9 liefern keinen Schnittpunkt, sondern haben nur eine Berührung gemeinsam. Der Punkt VI kann sich infolgedessen um ein sehr kleines Stückchen bewegen. Das Fachwerk ist also nicht mehr kinematisch bestimmt. Dabei beschränkt sich die Verschiebungsmöglichkeit nur auf den einen Punkt VI bzw. die Stäbe 8 und 9. — Zur Prüfung der statischen Bestimmtheit betrachten wir eine Kraft P auf den Knoten VI wirkend, die mit den anderen am Fachwerk angreifenden Kräften natürlich wieder im Gleichgewicht stehen muß. Wir erhalten am Knoten VI das Bild einer Kraft unter einem Winkel auf zwei Stäbe wirkend, die in gleicher Richtung liegen. Das Krafteck liefert für die Stabkräfte S_8 und S_9 unendlich große Werte. Die Stabkräfte werden demnach nicht endlich: das Fachwerk ist statisch unbestimmt.

Würden wir an das Stabgebilde weitere Stäbe anschließen unter Benutzung des Knotens VI als Anschlußstelle für einen Stab, so würden die weiter angeschlossenen Punkte ebenfalls nicht fest liegen, da Punkt VI verschieblich ist. Wir würden auf diese Weise ein Fachwerk bauen, das nur zu einem Teil statisch bestimmt und unverschieblich ist. Da die Stäbe aber praktisch stets elastisch sind, wird ein durch zwei Stäbe in derselben Geraden angeschlossener Punkt etwas aus der Verbindungsgerade heraus verschoben, die zugehörigen Stabkräfte S_8, S_9 werden dann zwar nicht mehr unendlich groß, aber immer noch sehr groß.

Zweites Bildungsgesetz: *Aus zwei bestimmten Fachwerken wird ein neues bestimmtes dadurch erhalten, daß man zwischen den beiden Fachwerken drei Verbindungsstäbe einzieht, die nicht durch einen Punkt gehen; ein beiden Fachwerken gemeinsamer Knoten ersetzt zwei Verbindungsstäbe.*

Wir legen also beim zweiten Bildungsgesetz dem Aufbau eines Fachwerks einen ganz anderen Gedanken zugrunde: vorhanden sind zwei statisch bestimmte Fachwerke (nach dem ersten Bildungsgesetz aufgebaut); aus diesen beiden Fachwerken wollen wir nun *ein* unverschiebliches Fachwerk machen, d. h. wir wollen das Teilfachwerk A gegen das Teilfachwerk B unverschieblich festlegen (lagern). Wir ziehen zunächst (Abb. 283) die beiden Stäbe ① und ② zwischen beliebigen Knotenpunkten der beiden Fachwerke ein.

Damit liegt das Fachwerk B noch nicht unverschieblich gegen A fest, denn diese Verbindung erlaubt noch eine Drehung beider Fachwerksteile gegeneinander um den Knotenpunkt I (wir setzen ja Gelenke in den Knoten voraus). Diese Drehmöglichkeit wird durch Anordnung eines dritten Stabes ③ aufgehoben; denn wären nur die Stäbe ①, ② eingezogen, so könnte sich Knoten V auf einem Kreisbogen um I drehen; ist aber noch Stab ③ vorhanden, so kann sich V nur gleichzeitig auf einem Kreis um I und einem um II drehen, d. h. V liegt unverschieblich fest

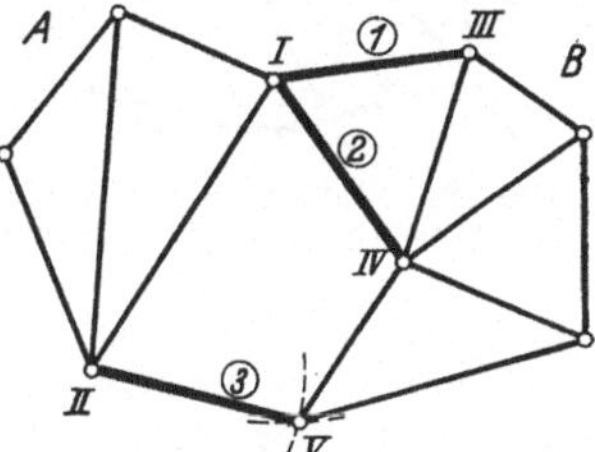

Abb. 283. Das zweite Bildungsgesetz.

gegenüber A und damit auch das ganze Gebilde B, das nach Voraussetzung in sich selbst unverschieblich ist. Die beiden Fachwerke sind zu einem unverschieblichen Gebilde vereinigt worden. Wir erkennen auch sofort, daß die drei verbindenden Stäbe nicht durch einen Punkt gehen dürfen, denn wenn der Stab ③ zwischen den Knoten I und V eingezogen würde, hätten wir damit das Drehvermögen der Fachwerke gegeneinander nicht ausgeschaltet.

Die Frage nach der Stabzahl des neu entstandenen Fachwerks liefert wieder unsere bekannte Beziehung

$$s = 2\,n - 3.$$

Denn das nach Voraussetzung bestimmte Fachwerk A besitzt n_A Knoten und s_A Stäbe, die zusammenhängen nach der Gleichung:

$$s_A = 2\,n_A - 3.$$

Entsprechend ist für Fachwerk B:

$$s_B = 2\,n_B - 3.$$

Hinzugekommen sind drei Verbindungsstäbe (s_V), aber keine neuen Knoten:

$$s_V = 3.$$

Die Addition der drei Gleichungen ergibt:

$$s_A + s_B + s_V = 2\,(n_A + n_B) - 6 + 3.$$

Da aber ($s_A + s_B + s_V$) die Gesamtzahl s der Stäbe ist und ($n_A + n_B$) die Zahl der Knoten, so haben wir:

$$s = 2\,n - 3.$$

Damit ist also erwiesen, daß die für das kinematisch und statisch bestimmte Fachwerk nötige Stabzahl vorhanden ist.

Zum Nachweis der statischen Bestimmtheit betrachten wir das Gesamtfachwerk unter dem Einfluß von Kräften, die unter sich im Gleichgewicht stehen

(Abb. 284). Schneiden wir nun die drei Verbindungsstäbe ①, ②, ③ durch, so trennen wir damit die beiden Teilfachwerke A und B wieder auseinander. Durch den Schnitt werden aber die inneren Kräfte (Stabkräfte) der drei geschnittenen Stäbe S_1, S_2 und S_3 frei und für jedes abgeschnittene Fachwerk (links oder rechts) müssen nun die äußeren Lasten oder, anders ausgedrückt, ihre Resultierende mit den drei unbekannten Stabkräften im Gleichgewicht stehen. Wenn die drei Stäbe nicht durch einen Punkt gehen, was aber schon als Forderung der kinematischen Bestimmtheit ausgesprochen wurde, erhalten wir für die Stabkräfte eine eindeutige und endliche Lösung; denn zur Berechnung der drei Unbekannten stehen die drei Gleichgewichtsbedingungen der in der Ebene zerstreut wirkenden Kräfte zur Verfügung, bzw. sie können mit Hilfe des CULMANNschen Verfahrens ermittelt werden. Die übrigen Stabkräfte sind dann mit Rücksicht auf die nach Voraussetzung vorhandene statische Bestimmtheit der Teilfachwerke ebenfalls endlich und eindeutig.

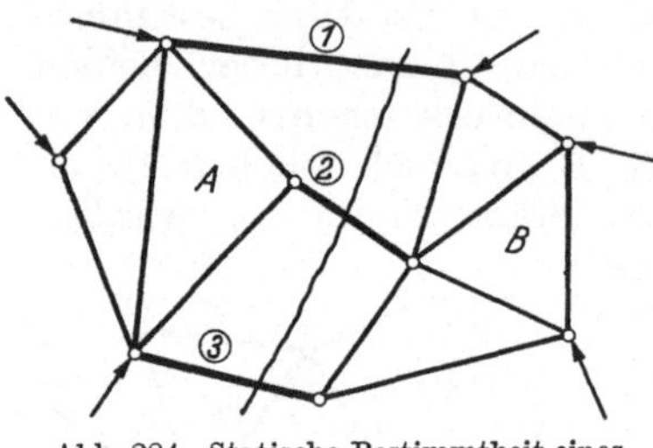

Abb. 284. Statische Bestimmtheit eines Fachwerkes nach dem zweiten Bildungsgesetz.

Somit ist bewiesen, daß das nach dem zweiten Bildungsgesetz aufgebaute Fachwerk statisch und kinematisch bestimmt ist, wenn die drei Verbindungsstäbe nicht durch einen Punkt gehen. Die letzte Forderung, daß die Stäbe nicht durch einen Punkt gehen dürfen, schließt auch den Fall ein, daß die verbindenden Stäbe parallel laufen (Abb. 285). Die drei Stäbe schneiden sich in einem Punkt, der hier im Unendlichen liegt.

Im zweiten Bildungsgesetz ist weiterhin ausgedrückt, daß zwei Fachwerke auch statisch und kinematisch bestimmt verbunden sind, wenn sie einen Punkt gemeinsam haben, und an einer anderen Stelle ein Stab, der nicht durch den

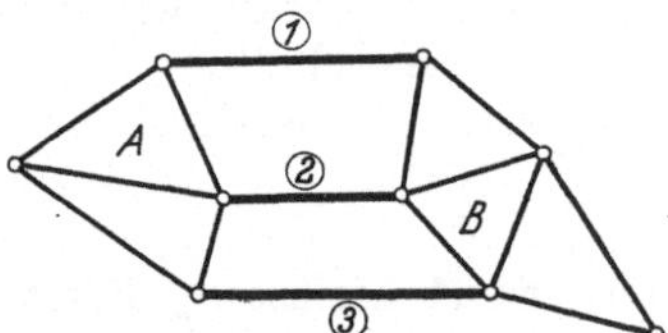

Abb. 285. Verschiebliches Fachwerk nach dem zweiten Bildungsgesetz.

Abb. 286. Sonderfall des zweiten Bildungsgesetzes.

gemeinsamen Punkt geht, eingezogen wird (Abb. 286). Die Richtigkeit ist leicht zu erkennen: durch den gemeinsamen Punkt ist lediglich eine Verbindung der Teilfachwerke, aber nicht Aufhebung der Drehmöglichkeit erreicht; dieses Drehvermögen wird aber durch Einziehen des weiteren Stabes beseitigt. Die kinematische Bestimmtheit ist damit erwiesen. Der Beweis der statischen Bestimmtheit geht klar aus der Betrachtung des gemeinsamen (Gelenk-) Punktes G hervor: es können in einem Gelenk nur Kräfte übertragen werden (zwei Unbekannte!), die Übertragung von Momenten ist nicht möglich; wir werden also unsere dritte Gleichgewichtsbedingung $(\sum M)_G = 0$ zur Lösung der Kraft im Verbindungsstab benutzen können (vgl. S. 224). Fassen wir in der Abb. 283 das ursprüngliche Teilfachwerk B erweitert durch die beiden Stäbe ① und ② als neues Teilfachwerk auf, so deckt sich dieser Fall der Fachwerkverbindung mit dem letzten, denn die Verbindung des erweiterten Teilfachwerks B mit dem Teilfachwerk A geschieht dann auch durch einen gemeinsamen Punkt (Knoten I) und einen Stab ③.

Daß die hier erörterte Festlegung des Fachwerks A gegenüber B auf dasselbe herauskommt, wie die frühere Festlegung eines Balkens gegenüber einer Unterlage, ist leicht zu erkennen.

Drittes Bildungsgesetz (Gesetz der Stabvertauschung): *Jedes nach dem ersten oder zweiten Bildungsgesetz aufgebaute, also bestimmte Fachwerk, kann durch Fortnahme eines Stabes und Wiedereinfügung eines anderen Stabes, d. i. durch Stabvertauschung, in ein anderes bestimmtes Fachwerk verwandelt werden. Dies neue Fachwerk ist tatsächlich bestimmt, wenn der Ersatzstab zwischen zwei solchen Punkten eingezogen wird, die sich nach Fortnahme des Tauschstabes gegeneinander bewegen können, und deren Abstand bei dieser Bewegung nicht gerade einen maximalen oder minimalen Wert hat.*

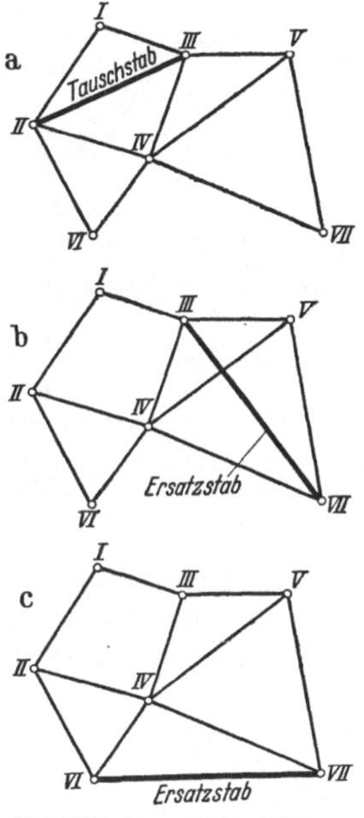

Abb. 287. Zum dritten Bildungsgesetz.

Zur Erläuterung dieses Bildungsgesetzes betrachten wir ein nach dem ersten Bildungsgesetz aufgebautes Fachwerk (Abb. 287a), aus dem ein Stab (Tauschstab) herausgenommen wird. Das nunmehr entstandene Stabgebilde ist nicht mehr unverschieblich, denn es hat nicht mehr die unbedingt nötige Stabzahl ($2n-3$), sondern einen Stab weniger. Es ist eine Verschiebung möglich, da die vier Knoten I, II, IV, III ein Gelenkviereck, d. i. aber ein bewegliches System, bilden. Ziehen wir nun etwa den neuen Stab (Ersatzstab) zwischen den Knotenpunkten III und VII ein (Abb. 287b), so ist damit die Verschieblichkeit des Stabsystems noch nicht aufgehoben. Das bereits in sich unverschiebliche Viereck aus den Knoten III, V, VII, IV ist durch den Ersatzstab als zweite Diagonale doppelt gesichert gegen Verschiebung, während das Gelenkviereck I, II, IV, III noch nicht unbeweglich gemacht wurde. Es ist offenbar nötig, daß wir den Ersatzstab so einziehen, daß er eine mögliche Bewegung verhindert. Das ist z. B. in Abb. 287c erreicht; das durch Stabvertauschung entstandene Fachwerk ist, wie wir uns leicht überzeugen können (an Stab VI, VII sind der Reihe nach angeschlossen die Knoten IV, II, V, III, I), nach dem ersten Bildungsgesetz aufgebaut, daher statisch und kinematisch bestimmt. — Selbstverständlich hätte der Ersatzstab auch sonstwie eingefügt werden können (z. B. zwischen Knoten I und IV oder I und VII oder I und VI usw.), wobei die eine Bedingung besteht, daß das Einziehen des Ersatzstabes eine Bewegungsmöglichkeit des Systems beseitigt, d. h. der Ersatzstab muß zwischen zwei solchen Punkten eingezogen werden, die nach Fortnahme des Tauschstabes ihre Entfernung gegeneinander ändern können. Unter Beseitigung der Be-

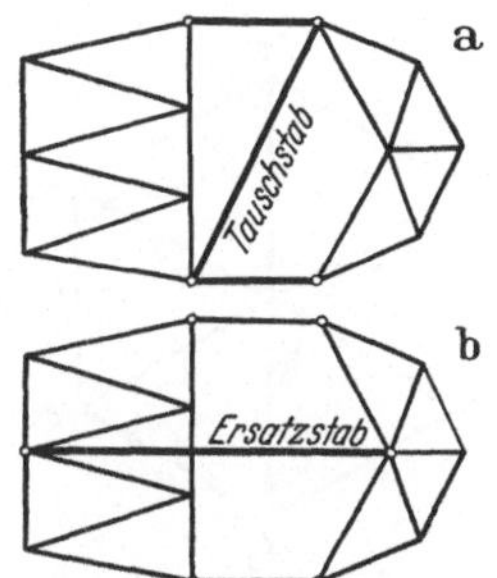

Abb. 288. Fachwerk nach dem dritten Bildungsgesetz mit unendlich kleiner Verschieblichkeit.

wegungsmöglichkeit verstehen wir auch die Verhinderung jener sehr kleinen Bewegung, die z. B. auch entsteht, wenn im ersten Bildungsgesetz ein neuer Knotenpunkt mit zwei Stäben angeschlossen wird, die in eine Gerade fallen. Diese kleinen Verschiebungsmöglichkeiten kommen praktisch immer dann vor, wenn der Stab zwischen zwei solchen Punkten eingezogen wird, die bei Beseitigung des Tauschstabes in ihrer möglichen Bewegung (Bahnkurve) gerade ein Maximum oder ein Minimum ihrer Entfernung haben.

Als Beispiel betrachten wir das in Abb. 288a dargestellte, nach dem zweiten Bildungsgesetz aufgebaute Fachwerk: der für den herausgenommenen Tauschstab eingeführte Ersatzstab (Abb. 288b) verbindet zwei Punkte, die gerade im Maximum ihrer Entfernung sind bei der augenscheinlichen Bewegungsmöglichkeit des Fachwerks ohne Tauschstab. Es ist dann noch eine kleine Bewegung möglich. In anderer Lage der Bewegungsfigur würde durch einen solchen Ersatzstab die Unverschieblichkeit des Fachwerks erreicht. Im Falle der Abb. 289 würde durch den eingezogenen Ersatzstab die Bewegungsmöglichkeit überhaupt nicht aufgehoben, d. h. es ist endliche Bewegung möglich. Hier gehen aber auch in jeder Lage die drei verbindenden Stäbe durch einen (den unendlich fernen) Punkt. Es deckt sich dieser Sonderfall mit dem zu vermeidenden Ausnahmefall des zweiten Bildungsgesetzes, daß nämlich die drei Verbindungsstäbe nicht durch einen Punkt gehen dürfen.

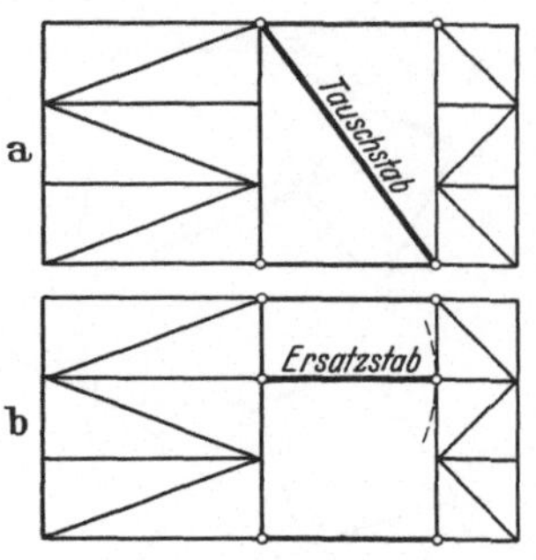

Abb. 289.   Fachwerk nach dem dritten Bildungsgesetz mit endlicher Verschieblichkeit.

Weniger offensichtlich erscheint dagegen die bestehende Bewegungsmöglichkeit bei einem Sechseckrahmen, dessen gelenkige Eckpunkte in den drei Hauptdiagonalenrichtungen mit Stäben ausgesteift sind; das Stabgebilde ist nämlich dann verschieblich, wenn das Sechseck ein *regelmäßiges* Sechseck ist (Abb. 290c). Wir denken uns das System durch Stabvertauschung entstanden aus dem in Abb. 290a dargestellten, nach dem ersten Bildungsgesetz aufgebauten Fachwerk. Durch Fortnahme des Tauschstabes wird das System beweglich. Zur Ermittlung der Bahnkurve des Knotenpunktes, nach dem der Stab vom Knoten I aus eingezogen werden soll, halten wir den linken unteren Randstab fest und bestimmen die Bahn des oberen Punktes II (Abb. 290b). Die entstehende Bahnkurve des Knotens II und deren Abstand vom Knoten I zeigt, daß in der Stellung der sechs Randstäbe als regelmäßiges Sechseck, die Entfernung der beiden zu verbindenden Kno-

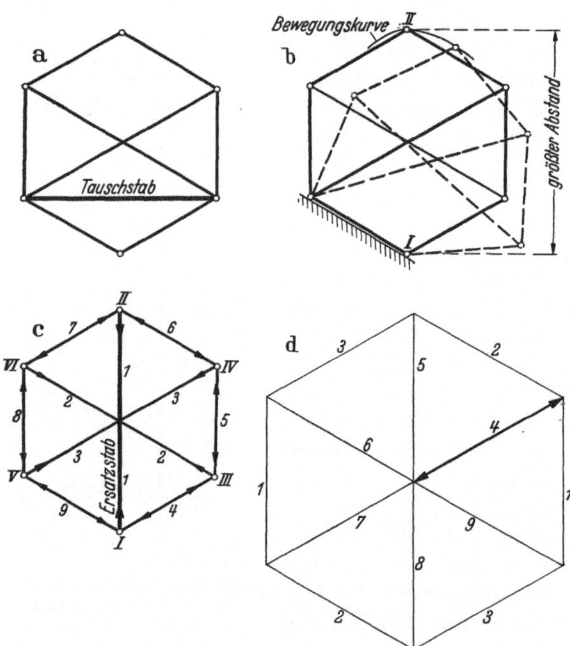

Abb. 290. Fachwerk nach dem dritten Bildungsgesetz mit unendlich kleiner Verschieblichkeit.

ten gerade ein Maximum ergibt. Der eingezogene Ersatzstab ist demnach als Verbindungsstab zweier Knoten in größtmöglichem Abstand (d. i. gleichbedeutend mit: senkrecht zur möglichen Bewegungsrichtung) falsch eingeführt; er würde noch eine unendlich kleine Bewegung gestatten, und das entstehende Fachwerk (Abb. 290c) ist wegen dieser unendlich kleinen Bewegungsmöglichkeit der beiden Knoten I und II gegeneinander nicht kinematisch bestimmt.

Die statische Unbestimmtheit kann durch den Nachweis erbracht werden, daß die Stabkräfte nicht eindeutig werden. Wir legen zu diesem Zweck den Fall zugrunde, daß keine äußere Belastung wirkt, und nehmen an, in irgendeinem Stab, z. B. 4, herrsche eine beliebige Stabkraft S. Mit dieser Kraft ermitteln wir, indem wir nacheinander die Knotenpunkte betrachten, die Stabkräfte (Krafteck, Abb. 290d) und erkennen, daß überall Gleichgewicht besteht, daß sogar alle Stabkräfte gleich groß werden. Nun war aber S ganz willkürlich eingeführt, d. h. wir können mit jeder beliebigen Kraft im Stab I, III Gleichgewicht für das Fachwerk herstellen oder, anders ausgedrückt, die Stabkräfte sind nicht eindeutig, also ist das Stabgebilde trotz richtiger Stabzahl $(2n-3)$ statisch unbestimmt. Es wäre tatsächlich bestimmt, wenn beim Fehlen von äußeren Lasten in allen Stäben eindeutig die Kraft Null aufträte[1], wie wir es schon früher bei ebenen und räumlichen Bockgerüsten gesehen haben. Die Berechnung der nach dem dritten Bildungsgesetz aufgebauten Fachwerke wird unter Nr. 76 eingehend betrachtet (Ersatzstabverfahren von L. HENNEBERG).

Zusammenfassend können wir also jetzt sagen: Das bestimmte freie Fachwerk ist ein mit gelenkigen Knoten und starren Stäben hergestelltes Stabgebilde mit einer Stabzahl $s = 2n - 3$, das nach einem der drei Bildungsgesetze aufgebaut ist. Solange die Belastung des Fachwerks nur in den Knotenpunkten angreift, treten in den Stäben nur Längskräfte (Stabkräfte) auf.

XIII. Der statisch bestimmte Fachwerksträger. Bildung und Berechnung.

71. Bildung bestimmter Fachwerksträger. Das freie ebene Fachwerk ist eine in sich selbst starre ebene Figur, eine „Scheibe", die zur Aufnahme und Weiterleitung von Kräften dient. Es ist praktisch durchweg an eine andere Konstruktion oder an die Erde angeschlossen (gelagert) und führt in dieser Verwendung den Namen *Fachwerksträger*. Die Lagerung eines freien Fachwerks geschieht in gleicher Weise wie beim Balken und überhaupt bei jedem krafttragenden Körper. Die Ermittlung der in den Abstützungen geweckten Gegenkräfte (Reaktionen) können wir in gleicher Weise vornehmen wie beim gewöhnlichen Balken. Die Anzahl der Lagerunbekannten (Fesselungen) muß entsprechend den Gleichgewichtsbedingungen bei einer statisch bestimmten Lagerung wiederum drei sein. Wir können also statisch bestimmte ebene Fachwerksträger entsprechend den früheren Ausführungen lagern:

1. durch Einspannung;

2a. auf zwei Lagern (ein bewegliches und ein festes Gelenklager) (Abb. 291a und b);

2b. mit drei Stäben (①, ②, ③), die nicht durch einen Punkt gehen (Abb. 292a und b).

Der Zusammenhang zwischen Lagern und Stützungsstäben ist wieder der, daß jedes feste Auflager durch zwei, jedes bewegliche Lager durch einen Stützungsstab ersetzt werden kann (vgl. Nr. 39). Selbstverständlich können auch beide Befestigungsmöglichkeiten nebeneinander mit insgesamt drei Lagerunbekannten verwendet werden, z. B. ein festes Auflager und ein Stützungsstab (Abb. 293).

Diese Lagerungen lassen sich nun auch noch von anderen Gesichtspunkten her betrachten. Nehmen wir z. B. den Fall der Lagerung durch drei Stäbe (Abb. 292a) und denken uns an Stelle der Erde (die ja auch irgendeine andere

---

[1] Diese Stabilitätsforderung wurde zuerst von L. HENNEBERG ausgesprochen, HENNEBERG war 1878—1920 Professor der Mechanik an der Technischen Hochschule in Darmstadt.

Konstruktion darstellen kann) ein Fachwerk (Erdfachwerk) als festliegendes Gebilde gesetzt, so erhalten wir bei dieser Lagerungsart direkt die Verwendung des zweiten Bildungsgesetzes für die Lagerung eines Fachwerks gegen das andere. Andererseits kann der Fachwerksträger in Abb. 292 b aufgefaßt werden als aufgebaut nach dem ersten Bildungsgesetz:

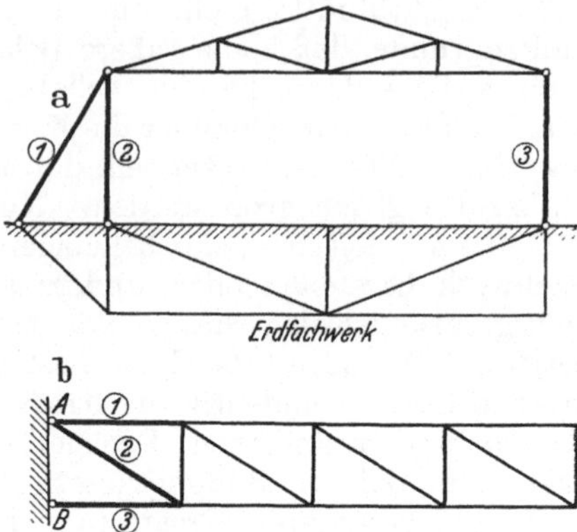

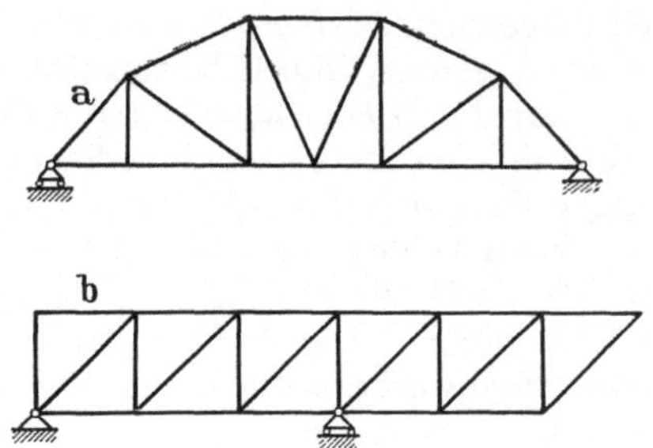

Abb. 291. Statisch bestimmter Fachwerksträger in Lagern.

Abb. 292. Statisch bestimmter Fachwerksträger mit Stützungsstäben.

ausgehend von den beiden festen Punkten A und B wird jeweils ein weiterer Knoten durch zwei Stäbe angeschlossen. Das gleiche Beispiel kann aber auch

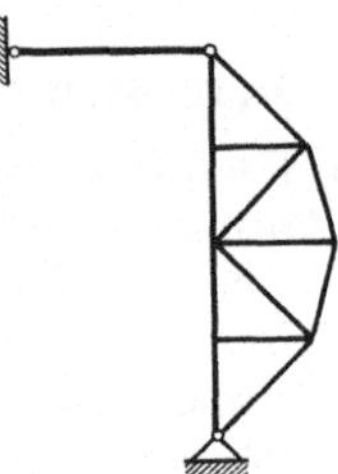

als dem zweiten Bildungsgesetz entsprechend angesehen werden, wenn wir den Festteil (Erde, Mauer od. a.) wieder als Fachwerk und die drei ersten Stäbe als Verbindungsstäbe des übrigbleibenden Fachwerks mit dem Festteil ansehen. *Man kann demgemäß einen Fachwerksträger dadurch gewinnen, daß man unter Benutzung des Erdfachwerkes entweder das erste Bildungsgesetz (Anschluß der einzelnen Knotenpunkte durch je zwei Stäbe) oder das zweite Bildungsgesetz (Festlegung durch drei Stäbe bzw. Fesseln) verwendet.* Den Fall der Abb. 292 b können wir auch gewissermaßen als Einspannung des Fachwerks betrachten: bei der Einspannung tritt ja eine Reaktion *und* ein Moment auf oder, anders ausgedrückt, *eine* Kraft, die entsprechende, allgemeine Lage hat. *Diese* eine Kraft wird hier durch die drei Stäbe ①, ②, ③ aufgenommen und weitergeleitet.

Abb. 293. Statisch bestimmter Fachwerksträger mit Lager und Stützungsstab.

Alle die so entstandenen Fachwerksträger weisen drei Lagerunbekannten bzw. Stützungsstäbe auf. Die Zahl dieser „Fesseln" möge allgemein r genannt werden. Dann ist, da das freie, bestimmte Fachwerk $(2n-3)$ Stäbe besitzt, für *diese* Fachwerksträger die Gleichung erfüllt:

$$s + r = 2\,n. \qquad (32)$$

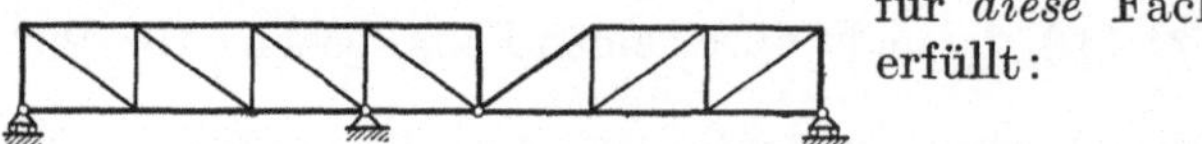

Abb. 294. Der Gerberträger als Fachwerksträger.

72. Gelenkträger. In der Weiterverfolgung der Analogie zwischen einem gestützten Balken und dem Fachwerksträger können wir einen Fachwerksträger auch als Gerberträger (Abb. 294) und als Dreigelenkbogen (Abb. 295) aufbauen, bei denen jedesmal an einem einzelnen Knoten zwei für sich starre Gebilde gelenkig zusammenhängen. An diesem Gelenk ist nur die Übertragung einer einzelnen Kraft (der aus Querkraft und Längskraft zusammengesetzten Gelenkkraft) möglich, aber keines Biegungsmomentes. Als neue Gleichung für die zusätzliche Lagerunbekannte tritt also die Bedingung auf: die Summe der Momente aller Kräfte in bezug auf den Gelenkpunkt muß für jeden der beiden starren Teile (links *oder* rechts von der Gelenkstelle) Null sein. Die Lagerreaktionen bzw. die Gelenkkräfte sind demgemäß bei diesen Trägern genau so zu bestimmen wie bei den entsprechenden Balken.

Diese beiden Arten von Gelenkkonstruktionen (Gerberbalken und Dreigelenkbogen) können wir uns nach dem dritten Bildungsgesetz entstanden vorstellen: wir beseitigen in einem statisch bestimmten Fachwerksträger (Abb. 296) einen

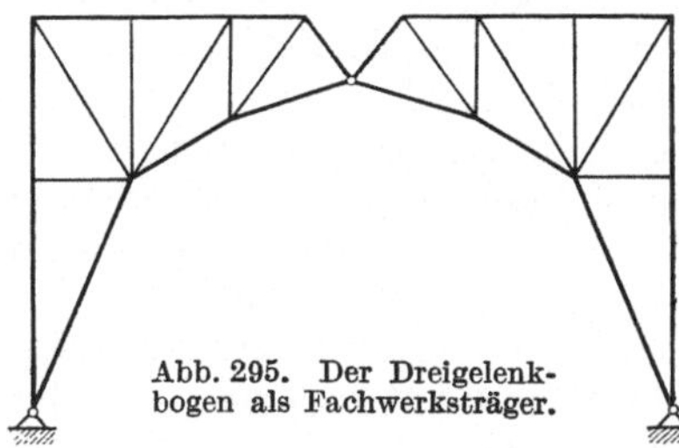

Abb. 295. Der Dreigelenkbogen als Fachwerksträger.

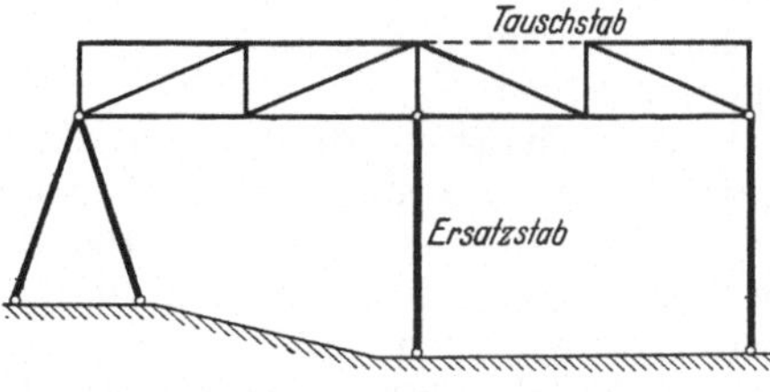

Abb. 296. Gewinnung des Gelenk-Fachwerksträgers durch Stabvertauschung.

Stab T (Tauschstab, gestrichelt eingezeichnet), so daß ein Gelenk entsteht (Drehmöglichkeit beider Teile um einen Knoten). Diesen herausgenommenen Stab führen wir als Ersatzstab bzw. als gleichwertige Lagerkraft an einem Punkte ein, der sich nach der Fortnahme des Tauschstabes gegen die Erde bewegen würde; die Anbringung der neuen Fesselung (Stützungsstab) muß auch hier selbstverständlich jede Bewegungsmöglichkeit (auch unendlich kleine) beseitigen. Wir sehen an dieser Betrachtung der Gelenkträger, daß sich also Stäbe des Fachwerks mit Fesselungen (Lagerkräften) austauschen lassen. Ursprünglich hatten wir $r = 3$ Fesseln und $(2n - 3)$ Stäbe; die Summe bleibt beim Austausch stets konstant, so daß wir allgemein für jeden statisch bestimmten Fachwerksträger die Gleichung haben:

$$s + r = 2n,^1$$

wobei s die Anzahl der Stäbe, r die Anzahl der Lagerfesselungen (Lagerunbekannten) und n die Anzahl der Knoten bedeutet.

Der Aufbau eines statisch bestimmten Fachwerksträgers muß nach einem der drei erwähnten Bildungsgesetze möglich sein, wenn wir den Festteil (Erde oder andere Konstruktion) als ein für sich statisch bestimmtes Fachwerk an-

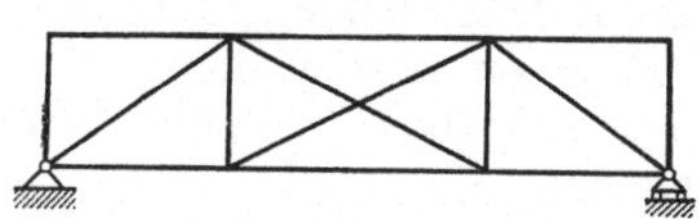

Abb. 297. Innerlich statisch unbestimmter Fachwerksträger.

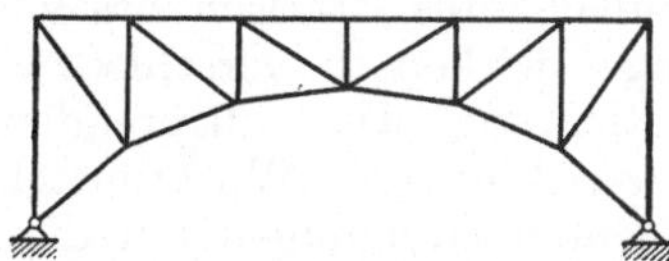

Abb. 298. Äußerlich statisch unbestimmter Fachwerksträger.

sehen. Ist $(s + r) > 2n$, dann ist der Fachwerksträger statisch unbestimmt, es kann dabei die Zahl der Stäbe s zu groß sein, oder auch die Zahl der Fesseln r. Im ersteren Falle spricht man von innerer statischer Unbestimmtheit (Abb. 297), in letzterem Falle von äußerer Unbestimmtheit (Abb. 298). —

Für die Ermittlung der in den Stäben auftretenden Längskräfte eines belasteten statisch bestimmten Fachwerksträgers müssen wir zunächst die Lagerreaktionen bestimmen. Diese Reaktionskräfte werden dann wie beim Balken, zusammen mit den Lasten, als äußere Kräfte behandelt. Wir schaffen uns also durch die Ermittlung der Lagerkräfte das Bild eines freien Fachwerks,

---

[1] MOHRsche Gleichung. MOHR war bis 1918 Professor der Mechanik an der Technischen Hochschule in Dresden.

an dem die sämtlichen Kräfte (Lasten *und* Lagerreaktionen) im Gleichgewicht stehen. Als wichtigste Verfahren zur Ermittlung der Stabkräfte kommen in Frage:

1. Das Knotenpunktverfahren (Cremonaplan).
2. Das Schnittverfahren.

73. Stabkraftbestimmung mittels des Knotenpunktverfahrens; der CREMONAsche Kräfteplan. Dies Verfahren baut sich auf dem Gedanken auf, daß sowohl am ganzen Fachwerk als auch an jedem einzelnen Knoten Gleichgewicht herrscht (Ruhezustand). Demgemäß können wir an jedem Knoten die Gleichgewichtsbedingungen ansetzen ($\sum X_i = 0$; $\sum Y_i = 0$) und, bei Vorhandensein von nur zwei unbekannten Kräften, diese lösen. Bei der Betrachtung der einzelnen Knotenpunkte denken wir uns den zu betrachtenden Knoten losgetrennt, indem wir alle an ihm angeschlossenen Stäbe durchschneiden. Die inneren Kräfte der vom Schnitt getroffenen Stäbe, die Stabkräfte, müssen auf den Knoten wie äußere Kräfte wirken, d. h. an jedem Knoten muß die Last mit den Stabkräften im Gleichgewicht stehen. Das so erhaltene Bild eines Knotens stellt eine Reihe von Kräften dar, die durch einen Punkt gehen. Wenn nur zwei Unbekannte vorliegen, können diese eindeutig berechnet werden. Die Lösung erfolgt hier graphisch durch das geschlossene Krafteck. Wir gehen aus (Abb. 299) von einem Knotenpunkt mit zwei unbekannten Stabkräften, z. B. I, ermitteln daselbst S_1 und S_2, gehen dann über zu einem anderen Knoten mit zwei unbekannten Stabkräften, z. B. II, bestimmen hier die Kräfte S_3 und S_4 usw. Es werden also der Reihe nach Knoten mit je zwei Unbekannten betrachtet. Sofern das Fachwerk nach dem ersten Bildungsgesetz aufgebaut ist, wird es immer möglich sein, nacheinander Knotenpunkte mit zwei Unbekannten zu erhalten, indem man umgekehrt dem Aufbau die einzelnen Knoten betrachtet. Als Lösung der Stabkräfte des gesamten Fachwerks bekommen wir also eine Reihe von Kraftecken. Jede Stabkraft kommt dabei in zwei Kraftecken vor, z. B. S_1 sowohl beim Krafteck I als auch bei Krafteck II. Man kann aber auch alle diese Kraftecke zu einem einzigen Kräfteplan vereinen, wobei dann jede Stabkraft nur einmal erscheint; dieser führt den Namen CREMONAscher Kräfteplan[1]. Wir wollen die Regeln zur Aufstellung des CREMONAschen Kräfteplans, deren Befolgung für die Durchführung nötig ist, an einem Beispiel kennenlernen.

Das in Abb. 299 dargestellte Fachwerk ist ein nach dem ersten Bildungsgesetz aufgebautes, statisch bestimmt gelagertes Fachwerk. Auf diesen Fachwerksträger wirken in verschiedenen Knotenpunkten bekannte Lasten in lotrechter Richtung. Die auftretenden Lagerreaktionen werden demnach ebenfalls lotrecht gerichtet sein. Wir ermitteln sie, wie beim Balken, am einfachsten durch die Momentenbedingungen um die Lagerstellen:

$$1. (\sum M)_A = 0: \quad 1000 \cdot 2{,}0 + 1000 \cdot 4{,}0 + 5000 \cdot 6{,}0 + 3000 \cdot 10{,}0 - B \cdot 12{,}0 = 0,$$
$$B = 5500 \text{ kg} \quad \text{(nach oben gerichtet)}.$$
$$2. (\sum M)_B = 0: \quad -3000 \cdot 2{,}0 - 5000 \cdot 6{,}0 - 1000 \cdot 8{,}0 - 1000 \cdot 10{,}0 + A \cdot 12{,}0 = 0,$$
$$A = 4500 \text{ kg} \quad \text{(nach oben gerichtet)}.$$

Die Kontrollgleichung $$\sum V = 0$$

liefert die Bestätigung der richtigen Rechnung:

$$4500 + 5500 = 1000 + 5000 + 3000 + 1000.$$

Damit sind alle äußeren Kräfte bestimmt, deren zugehöriges Krafteck aus Gleichgewichtsgründen geschlossen sein muß.

---

[1] CREMONA wirkte von 1873 ab als Professor der Mathematik an dem Polytechnikum in Rom.

Dieses Krafteck tragen wir zunächst auf; dabei haben wir uns nun bezüglich der Reihenfolge an ein bestimmtes Gesetz zu halten, und das ist die *erste* Regel zur Aufstellung des Cremonaplans: *Wir fügen die Kräfte in einer solchen Reihenfolge aneinander, wie sie uns beim Umschreiten des Fachwerks im Uhrzeigersinn oder entgegengesetzt begegnen*; den Umlaufsinn, mit oder gegen den Uhrzeigersinn, können wir beliebig wählen. Bei unserer Aufgabe ist als Umlaufsinn der Uhrzeigerdrehsinn eingeführt, also sind die Kräfte in folgender Reihenfolge aneinander zu tragen: beginnend mit der Kraft 1000 kg begegnen wir bei Umschreiten des Kraftecks im vorgegebenen Umlaufsinn der nächsten Kraft 5000 kg, dann der Kraft 3000 kg und danach der Lagerkraft $B = 5500$ kg;

an die Reaktionskraft B schließt die untere Kraft 1000 kg an, und das Krafteck wird mit der letzten Kraft A geschlossen. Dieses geschlossene Krafteck der äußeren Kräfte gibt die Grundlage des Kräfteplans; an diese Grundfigur werden alle entstehenden Knotenkraftecke angeschlossen.

Zur Bestimmung der Stabkräfte selbst betrachten wir nun die einzelnen Knoten, und zwar ausgehend von einem, an dem nur zwei Unbekannte vorkom-

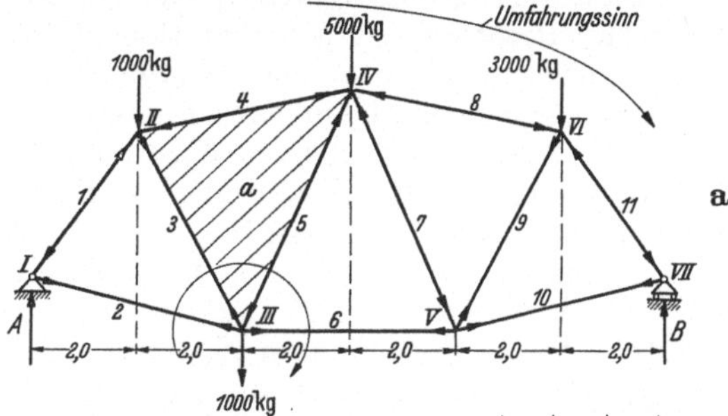

Abb. 299. Der CREMONAsche Kräfteplan.

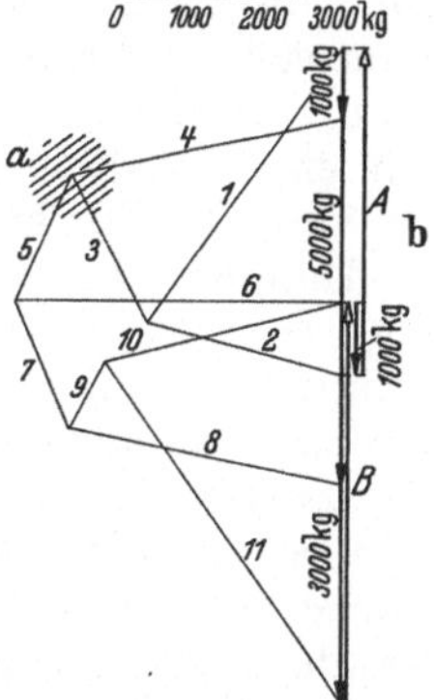

men. In unserem Fall können wir also mit dem linken oder rechten Lagerpunkt beginnen, denn hier sind jeweils nur zwei unbekannte Stabkräfte vorhanden, die mit der bekannten Lagerkraft im Gleichgewicht stehen. Die *zweite* Regel zum Aufbau des Cremonaplans sagt nun aus, *daß wir an jedem Knotenpunkt bei der Aufstellung des zugehörigen Kraftecks in dem gleichen Sinn herumgehen müssen, wie er vorher als Umlaufsinn für das ganze Fachwerk gewählt war*, d. h. daß wir die Kräfte in der Reihenfolge aneinanderzutragen haben, in der sie uns bei Umschreiten des einzelnen Knotenpunktes in dem vorher für das ganze Fachwerk festgelegten Umlaufsinn begegnen. Wir werden also beim Ausschneiden der Knoten auf die Reihenfolge der geschnittenen Stäbe bzw. Kräfte in diesem gegebenen Umlaufsinn achten müssen.

Diese beiden Regeln sind die unbedingt zu beachtenden Maßnahmen bei der Aufstellung des Kräfteplans; wird gegen sie verstoßen, so ist die Aufzeichnung des gewünschten einfachen Kräfteplans nicht möglich. Die Reihenfolge der betrachteten Knoten ist grundsätzlich beliebig, jedoch darf jeder Knoten immer nur zwei Unbekannte aufweisen. Wir können also links anfangen, nach der Betrachtung einiger Knoten abbrechen, dann rechts weiterfahren, usw. Alle entstehenden Knotenkraftecke schließen sich an das Krafteck der äußeren Kräfte an und bilden in ihrer Gesamtheit den CREMONAschen Kräfteplan.

In unserem Beispiel wollen wir an der linken Lagerstelle I beginnen: es steht die Reaktionskraft A im Gleichgewicht mit den beiden Stabkräften S_1 und S_2. Das Krafteck wird gebildet, indem wir von der bekannten Kraft A ausgehen, und die Reihenfolge $A, 1, 2$ beachten, dementsprechend an die im Krafteck vorhandene Lagerkraft A erst eine Parallele zum Stab 1 ziehen und dann mit einer Parallelen zu Stab 2 das Krafteck schließen. Die Reihenfolge

der Kräfte A, 1, 2 ist durch den für das ganze Fachwerk einmal angenommenen
Umlaufsinn (hier Uhrzeigersinn) vorgeschrieben. Die sich ergebenden Richtungen
der Stabkräfte (aus dem durch die Reaktion A festgelegten Umfahrungssinn
des Kraftecks) tragen wir im Konstruktionsbild an dem Punkt ein, an dem
wir die Gleichgewichtsbetrachtung angestellt haben, also hier an Punkt I; es
ergibt sich für S_1 eine Druck-, für S_2 eine Zugkraft. Die Stabkräfte S_1 und S_2
sind am anderen Ende in entgegengesetzter Richtung wirksam, also S_1 wirkt
drückend auf Knoten II, S_2 ziehend an Knoten III; die entsprechenden Pfeile
werden an diesen Punkten II, III eingetragen. Wir gehen nun über zu einem
anderen Knoten mit nur zwei unbekannten Stabkräften, also entweder II oder VII.
Am Knoten II ist die Kraft S_1 nach Größe und Richtung bekannt (Größe im
Krafteck, Richtung im Konstruktionsbild durch Pfeil gegeben); ferner ist die
Last gegeben, dagegen S_3 und S_4 unbekannt. Schneiden wir nun den Knoten II
aus, so begegnen uns beim Umschreiten des Knotens im Uhrzeigersinn als erste
bekannte Kraft die Stabkraft S_1, dann die äußere Last 1000 kg und danach
die beiden unbekannten Stabkräfte der Stäbe 4 und 3. Die Feststellung, welches
die erste bekannte Kraft ist, die uns beim Umlaufen entgegentritt, ist wichtig;
dies ist hier S_1, denn S_3 ist ja noch unbekannt. Diese bekannte Kraft suchen
wir nun im Kräfteplan auf und zeichnen das Krafteck des Punktes II. Auf S_1
hat 1000 kg zu folgen, dann S_4 und S_3. Wir sehen, daß im Kräfteplan sich
bereits 1000 kg unmittelbar an S_1 (nach rechts oben gerichtet) mit dem richtigen
Pfeil anschließt, die Parallelen zu 4 und 3 ergänzen das Krafteck. Das zugehörige
Krafteck im Kräfteplan beginnt also mit der schon eingezeichneten Größe S_1
schräg nach rechts oben, dann folgt die Kraft 1000 kg nach unten, daran tragen
wir eine Parallele zu Stab 4 und schließen das Krafteck mit einer Parallelen
zu Stab 3. Die aus dem geschlossenen Krafteck sich ergebenden Richtungen
im Umfahrungssinn der gegebenen Kräfte S_1 und 1000 kg werden am Knoten II
eingezeichnet; es ergibt sich S_3 Zug, S_4 Druck. Wir sehen schon bei Betrachtung der beiden Knoten I und II, daß im Krafteck die Strecke der Stabkraft S_1
zweimal benutzt wurde, und zwar einmal in der Richtung nach unten (Knoten I),
das zweite Mal in der Richtung nach oben (Knoten II); ein bei der Ermittlung
von S_1 am Knoten I ins Krafteck eingezeichneter Richtungspfeil würde also
nur stören, da die Kraft beim nächsten Knoten in umgekehrter Richtung verwendet wird. Diese doppelte Benutzung im Krafteck erfolgt nun für alle Strecken
der Stabkräfte; wir wollen deshalb *im Krafteck* für die *Stabkräfte keine Pfeile*
einführen, sondern die erhaltenen Pfeilrichtungen jeweils nur am untersuchten
Knoten im Konstruktionsbild eintragen; dann müssen wir stets am anderen
Ende des Stabes die umgekehrten Pfeile hinzufügen. Dadurch ergibt sich dann
im Konstruktionsbild ein Aufbau von Zug- und Druckstäben, die in ihrer
charakteristischen Art dargestellt sind und eindeutig im Vorzeichen ihrer Stabkräfte festliegen. Die Größen sind aus dem in einem bestimmten Kräftemaßstab aufgetragenen Kräfteplan zu entnehmen.

Die am Punkt II für S_3 und S_4 gefundenen Pfeile sind also als Zug- und
Druckpfeile an den Punkten III und IV eingetragen. Versuchen wir, in der
Weiterbetrachtung unseres Beispiels (Abb. 299) am Knoten IV ein Krafteck
aufzustellen, so sehen wir, daß hier noch drei Unbekannte (S_5, S_7, S_8) vorhanden
sind; wir können demnach diesen Knotenpunkt noch nicht betrachten, es dürfen
ja nur zwei Unbekannte an einem Knoten vorkommen. Der Knoten III erfüllt
diese Bedingung, wir können also hier aus der Aneinanderreihung von 1000 kg,
S_2, S_3 und den daran anschließenden unbekannten Stabkräften S_5 und S_6 ein
geschlossenes Krafteck aufbauen. Dabei beginnen wir wieder mit der uns beim
Umlaufen im Uhrzeigersinn zuerst entgegentretenden bekannten Kraft, d. i. hier

1000 kg. Diese suchen wir im Kräfteplan auf und erkennen, daß die bekannten Kräfte (1000 kg, S_2, S_3) bereits in der geforderten Reihenfolge im Krafteck erscheinen. Die Parallelen zu S_5 und S_6 schließen das Krafteck. Die durch dessen Umfahrungssinn bestimmten Richtungen von S_5 und S_6 werden am Knoten III eingezeichnet, das andere Ende der Stäbe wird mit umgekehrtem Richtungspfeil versehen.

So gehen wir nun von Knoten zu Knoten weiter, jeweils immer einen Knoten heraussuchend, an dem nur noch zwei Unbekannte vorhanden sind: Knoten IV, dann V und VI. Immer stellt sich dann heraus, daß die bereits bekannten Kräfte schon von selbst in der richtigen Reihenfolge im Krafteck erscheinen. Der Knotenpunkt VI zeigt allerdings nur noch eine Unbekannte. Das im Kräfteplan erscheinende Krafteck von S_9, S_8 und 3000 kg muß also so beschaffen sein, daß die Verbindungslinie des Anfangspunktes von S_9 und des Endpunktes von 3000 kg parallel zu Stab 11 läuft, denn sonst hätten wir kein richtiges Krafteck. Wir sehen, wir erhalten so eine Kontrolle, die uns auch nochmals am letzten Knoten VII entgegentritt. An diesem Punkt haben wir nämlich keine Unbekannte mehr. Das zu dem Knotenpunkt VII gehörige Krafteck, das in dem Kräfteplan bereits durch die vorher verwendeten Kraftecke fertig gezeichnet vorliegt, muß also die Parallelen zu B, S_{10} und S_{11} aufweisen. Wenn diese Forderung am letzten Knoten erfüllt ist, dann sagen wir, der Kräfteplan schließt sich. Die so entstandene Kontrolle ist natürlich von besonderer Bedeutung. Wir haben also bei allen Knotenpunkten zwei Unbekannte bis auf den vorletzten mit nur einer und den letzten mit keiner mehr. Das muß so sein, denn die Zahl der Stäbe ist ja nicht $2n$, sondern nur $(2n-3)$ und es fehlten deshalb am letzten Punkt zwei Unbekannte, am vorhergehenden eine.

Das entstandene Lösungsbild zeigt im Krafteck (im Kräftemaßstab aufgetragen!) die Größen der Stabkräfte an. Den Charakter der Beanspruchung, ob Zug- oder Druckstab, können wir dem Konstruktionsbild entnehmen. Gehen die Pfeile an den Enden nach der Mitte zu (ziehend an den Endknoten), so ist der Stab Zugstab (Stäbe 2, 3, 6, 9, 10), gehen die Pfeile von der Mitte weg (drückend auf die Endknoten), so ist der Stab Druckstab (Stäbe 1, 4, 5, 7, 8, 11).

Die Figuren des Kräfteplans und des Konstruktionsbildes (Fachwerk) stehen in einem bestimmten Zusammenhang. Jedem Eckpunkt (Knotenpunkt) des Fachwerks entspricht ein Polygon (Krafteck) im Kräfteplan, das nach der durchgeführten Konstruktion aus den an dem Punkt angreifenden Kräften gebildet wird, z. B. dem Knoten II das Polygon S_1, 1000, S_4, S_3. Es entspricht aber auch umgekehrt, wie sich leicht feststellen läßt, jedem Eckpunkt im Kräfteplan ein Vieleck aus den gleichen Stabkräften im Konstruktionsplan, z. B. dem Punkt a im Kräfteplan das Dreieck a im Fachwerk. Es bestehen also die gleichen Wechselbeziehungen zwischen Fachwerk und Kräfteplan, wie sie zwischen Seileck und Krafteck gezeigt wurden. Wir sagen: Fachwerk und Kräfteplan sind reziproke Figuren. Die Wechselbeziehungen der Reziprozität erlauben vielfach eine einfache Kontrolle bei dem Aufbau des Kräfteplans.

Das Lösungsverfahren mit dem Cremonaplan beim Fachwerk, das nach dem ersten Bildungsgesetz aufgebaut ist, stellt gewissermaßen einen Abbau des Fachwerks dar. Es werden die Stabkräfte eines Knotenpunktes bestimmt und diese am anderen Ende des Stabes in ihrer Größe als belastende Kräfte für den nächsten Knoten eingesetzt, das heißt also, wir betrachten die ermittelten Stabkräfte am anderen Ende wie äußere Kräfte (Stäbe durchgeschnitten gedacht). An diesem neuen Knoten werden dann wieder die beiden unbekannten Stabkräfte bestimmt, die mit den gegebenen äußeren Lasten und den bekannten Stabkräften im Gleichgewicht stehen müssen. Die neuen Stabkräfte dienen für die folgenden

Knoten wieder als bekannte wirkende Kräfte. Verfolgen wir diesen Gang weiter, dann sehen wir, daß damit die Knoten, umgekehrt wie beim Aufbauen nach dem ersten Bildungsgesetz, abgebaut werden.

Ein Fachwerksträger, der, *ausgehend von zwei festen Punkten* (Erde oder andere Konstruktion), nach dem ersten Bildungsgesetz aufgebaut ist, muß demnach, bei dem zuletzt aufgebauten Knoten beginnend, bis auf die beiden festen Punkte abgebaut werden können, d. h. die Stabkräfte müssen sich ohne vorherige Kenntnis der Lagerreaktionen bestimmen lassen. Dies werde an dem in Abb. 300 dargestellten Kranfachwerk gezeigt, das von den beiden festen Punkten A und B (feste Gelenke) aus nach dem ersten Bildungsgesetz im Sinne der Bezifferung aufgebaut ist. Wir beginnen mit der Ermittlung der Stabkräfte am zuletzt aufgebauten Knotenpunkt V. Dazu legen wir zunächst einen bestimmten Umlaufsinn fest, der in unserem Falle dem Uhrzeigersinn entsprechen soll. Wir trennen also den Knoten V ab (durch Schneiden der beiden Stäbe 9 und 10) und bilden aus den freigewordenen Stabkräften S_9 und S_{10} und der Last P ein Krafteck, dessen Umfahrung die Stabkräfte in der Reihenfolge der im Umlaufsinn angetroffenen Stäbe gibt, also P, S_{10}, S_9. Die durch das geschlossene Kraft-

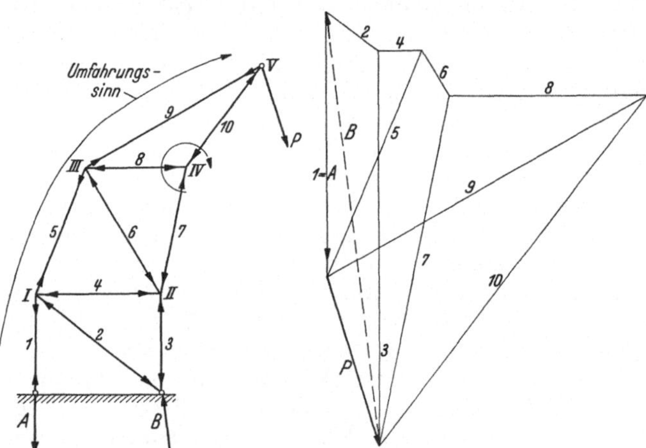

Abb. 300. CREMONAscher Kräfteplan für einen Auslegerkran.

eck sich ergebenden Stabkräfte werden in ihrer Richtung an dem betrachteten Knoten im Fachwerk eingezeichnet, es ergibt sich für S_9 Zug, für S_{10} Druck. Am anderen Ende der Stäbe wird dann die Richtung umgekehrt eingeführt. Der nächste zu behandelnde Knoten ist, umgekehrt dem angegebenen Aufbau entsprechend, Punkt IV. Als Belastung dient die bekannte Stabkraft S_{10}, die Reihenfolge der Stäbe beim Umschreiten des Knotens ist: S_{10}, S_7, S_8; in der gleichen Reihenfolge wird das Krafteck aufgetragen unter Benutzung der schon vorhandenen Größe S_{10} im Kräfteplan. Die erhaltenen Richtungen der Stabkräfte werden wieder im Konstruktionsbild am betrachteten Knoten IV eingetragen, die entgegengesetzten Richtungen an den anderen Enden der Stäbe; es ergibt sich damit für die Stäbe 7 und 8 das Bild eines Druckstabes. Der nächste Knoten für unsere Gleichgewichtsbetrachtungen ist der Punkt III. Bekannte Kräfte sind die Stabkräfte S_9 und S_8, die bereits im Krafteck in der richtigen Reihenfolge liegen; unbekannt sind die Stabkräfte S_6 und S_5, die mit den bekannten Kräften ein geschlossenes Krafteck bilden; wir zeichnen es, beginnend mit der ersten bekannten Kraft S_9, die wir beim Umlaufen des Knotens antreffen. In gleicher Weise betrachten wir die Knotenpunkte II und I und erhalten damit die restlichen Stabkräfte S_4, S_3, S_2 und S_1. Die Resultierende aus S_2 und S_3 steht mit der Reaktion B im Gleichgewicht, die Stabkraft S_1 mit A. Wir erhalten also sämtliche Stabkräfte des Fachwerks ohne vorherige Kenntnis der Lagerreaktionen, nehmen aber dafür die Kontrolle für die richtige Ermittlung der Stabkräfte weg, die uns sonst im letzten und vorletzten Knoten durch das schon vorhandene Krafteck gegeben ist. Praktisch werden wir deshalb bei derartigen Fachwerksträgern zunächst die Lagerkräfte als Gleichgewichtskräfte des gesamten Belastungssystems der unverschieblichen Scheibe ermitteln, hiermit das Polygon sämtlicher äußeren Kräfte zeichnen und dann am Schluß des Kräfteplans die durch die einzelnen Stabkräfte bestimmten Reaktionen vergleichen mit den ursprünglich berechneten. —

Die Lagerung unseres Fachwerks läßt sich wieder verschieden deuten (vgl. S. 212): Wir können uns einerseits die Festlegung des Stabsystems in den beiden „Lagern" A und B, dargestellt durch zwei feste Gelenke, denken. Die Richtung der Reaktion A ist festgelegt durch die Stabrichtung des Stabes 1, denn durch diese in ihrer Richtung eindeutige Stabkraft kann im Gelenk nur eine in gleicher Wirkungslinie liegende Reaktionskraft geweckt werden. Das Lager A bzw. Stab 1 ist also gleichbedeutend mit einem beweglichen Auflager (1 Fesselung). Das Lager B dagegen stellt die Verbindung eines (durch die zwei Stäbe 2 und 3 festgelegten) unverschieblichen Punktes des Fachwerks mit der Erde dar, ist also eine feste Gelenklagerung mit zwei Fesselungen. Das Gesamtbild sieht damit jetzt so aus: in Punkt A wird eine der Richtung nach bekannte Reaktion auftreten, in Punkt B dagegen eine nach Größe und Richtung unbekannte Reaktion. Wir können auch sagen: das Fachwerk I B II ... V ist in einem Gelenk B und einem Stützungsstab 1 gegen die Erde gelagert. Eine andere Auffassung über die Lagerung des Kranfachwerks ist die, daß wir das Fachwerk erst mit den beiden Knoten I und II beginnen lassen und die drei Stäbe 1, 2, 3 als Stützungsstäbe bezeichnen. Dann stellt Knoten I das unverschiebliche Lager dar (festgelegt durch die beiden Stäbe 1 und 2) und Knoten II ist das bewegliche Lager (Stab 3 als Pendelstütze).

Die Lagerung ist in allen drei Auffassungen stets eine Lagerung mit einer nach Richtung und Größe und einer der Größe nach unbekannten Kraft. Die analytische Lösung der Lagerkräfte erfolgt am besten wieder durch die Momentengleichung um die Lagerpunkte, bzw. die Komponentenbedingungen, die wir bereits an anderen Beispielen kennengelernt haben. Zur graphischen Lösung der Reaktionskräfte benutzten wir die Aussage, daß drei Kräfte (die Resultierende aller Lasten und die beiden Reaktionskräfte) nur dann im Gleichgewicht stehen können, wenn sie durch einen Punkt gehen.

Das in Abb. 301 dargestellte Pultdach diene als Beispiel für die Ermittlung der Reaktionen bei einer Lagerung durch einen festen Punkt A (Gelenk) und einen Stützungsstab S.

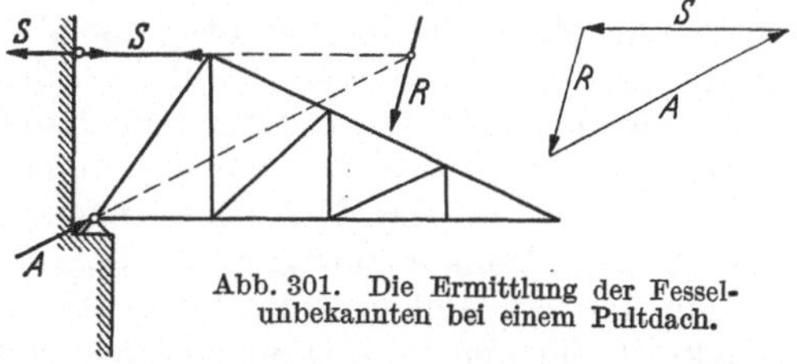

Abb. 301. Die Ermittlung der Fesselunbekannten bei einem Pultdach.

Die drei Kräfte: Reaktion A, Reaktion S und die Resultierende aller Lasten, müssen im Gleichgewichtsfall durch einen Punkt gehen, der gefunden wird als Schnittpunkt der Richtung des Stützungsstabes mit der Resultierenden R. Damit ist die Richtung der Reaktion A als Verbindungslinie des Lagers mit diesem Schnittpunkt festgelegt und das zugehörige Krafteck liefert die Größen der beiden Kräfte.

74. Berechnung mittels des Schnittverfahrens.

Die Stabkraftermittlung mit dem Cremonaschen Kräfteplan (Knotenpunktverfahren) liefert im Kräfteplan sämtliche Stabkräfte. Es ist nicht möglich, für einen bestimmten, mitten im Fachwerk befindlichen Knoten eine einzelne Stabkraft für sich allein zu ermitteln. Wollen wir nur einige bestimmte Stabkräfte in ihrer Größe finden, so sind wir auf das Schnittverfahren angewiesen. Es kann graphisch nach Cul-

MANN, analytisch nach RITTER[1] durchgeführt werden. Der Grundgedanke ist für beide Verfahren der gleiche. An dem in Abb. 302 dargestellten statisch bestimmten Fachwerksträger lassen sich ohne Schwierigkeiten die Reaktionen A und B in der üblichen Weise bestimmen. Wir setzen die ermittelten Lagerkräfte wieder als äußere Belastungen ein, machen uns also frei vom Begriff des Lagers. Schneiden wir nun das Fachwerk in zwei Teile, so muß jeder der beiden Teile unter dem Einfluß sämtlicher auf ihn wirkenden Kräfte für sich im Gleichgewicht stehen; zu diesen Kräften gehören auch die durch den Schnitt getroffenen inneren Kräfte, die also als äußere Kräfte einzuführen sind. Es müssen demnach am linken Teil P_1, P_2, P_3, A mit O, D, U im Gleichgewicht stehen.

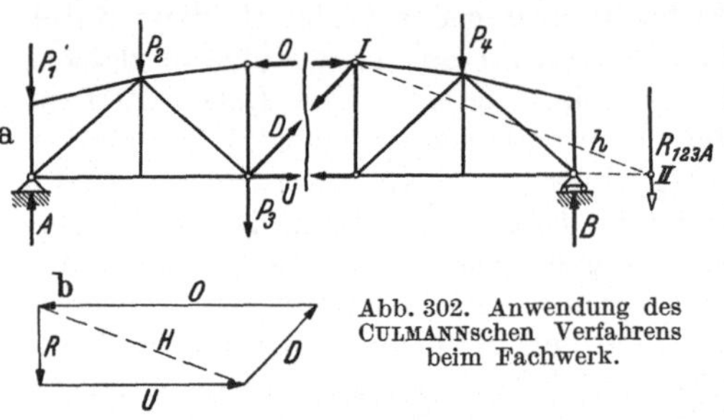

Abb. 302. Anwendung des CULMANNschen Verfahrens beim Fachwerk.

Wenn wir den Gleichgewichtsfall mit Hilfe der zur Verfügung stehenden drei Gleichgewichtsbedingungen lösen wollen, dürfen nur drei Unbekannte (Stabkräfte) auftreten, der Schnitt muß also drei Stäbe treffen. Die drei Stäbe O, D, U, die durch den Schnitt getrennt werden, haben die Aufgabe, die Kräfte des einen Fachwerkteils auf den anderen zu übertragen, sie sind gewissermaßen als Stützungsstäbe des einen Fachwerks anzusehen, das damit gegenüber der zweiten Hälfte (andere Konstruktion) abgestützt wird. Wir haben also ein bekanntes Problem zu lösen: eine belastete Scheibe (ein Fachwerkteil) ist durch drei Stützungsstäbe gelagert, die Stabkräfte sind zu ermitteln. Aus den Belastungen des einen Teils (z. B. des linken Teils: A, P_1, P_2, P_3) läßt sich eine Resultierende R bestimmen, die nun mit den drei Stabkräften O, D und U ins Gleichgewicht zu setzen ist. (Die hier eingezeichnete Resultierende R_{123A} ist die der Kräfte links!)

Die praktische Durchführung der Gleichgewichtsaufgabe ist graphisch mit dem CULMANNschen Verfahren möglich. Wir bringen je zwei der vier gegebenen Kraftrichtungen zum Schnitt (Schnittpunkt I als Schnitt von O mit D, Schnittpunkt II als Schnitt von R mit U) und ziehen die Hilfsgerade h als Verbindungslinie dieser beiden Schnittpunkte. Nun setzen wir R_{123A} mit der Kraft in Richtung der Hilfsgeraden h und der Stabkraft U durch das zugehörige Krafteck ins Gleichgewicht. Die entstandene Hilfskraft H wird ersetzt durch ihre beiden Komponenten D und O. Die sich aus dem Umfahrungssinn des gewonnenen Kraftvierecks ergebenden Richtungen der Stabkräfte sind an den Knotenpunkten des Teils anzutragen, an dem die Gleichgewichtsbetrachtung angestellt wurde, also am linken Teil. So erhalten wir für den Stab U und Stab D eine Zugkraft, für den Stab O eine Druckkraft. Die umgekehrten Pfeile sind für die Knotenpunkte des rechten Teils maßgebend. Wir haben also hier wieder die bei jeder Lagerung (Stützungsstäbe) wesentliche Wechselbeziehung zwischen Aktion und Reaktion.

Das analytische Schnittverfahren (RITTERsches Schnittverfahren) beruht auf der gleichen Grundlage: wir trennen das Fachwerk wieder mittels eines Schnitts durch drei Stäbe in zwei Teile (Abb. 303), so daß zwei einzelne Fachwerke entstehen, von denen jedes für sich im Gleichgewicht steht, wenn zu den äußeren Lasten die durch den Schnitt getroffenen Stabkräfte als äußere Kräfte eingeführt werden. Die Reaktionskräfte A und B sind auch hier wieder am Gesamtfachwerk zu ermitteln und als Belastung aufzufassen. Die Lösung des Gleichgewichts-

---

[1] RITTER war in den letzten Jahrzehnten des vorigen Jahrhunderts Professor der Mechanik an der Technischen Hochschule in Aachen.

problems, die äußeren Kräfte des linken abgeschnittenen Teils A, P_1, P_2 mit den *drei* freigemachten Stabkräften O, U und D ins Gleichgewicht zu setzen, erfolgt am besten durch die Bedingungen, daß die Summe aller Momente um drei Punkte verschwinden muß. Wir führen die Stabkräfte zunächst alle als Zugstäbe ein (Abb. 303 b) und wählen zur Ermittlung einer Stabkraft den Schnittpunkt der beiden anderen Stäbe als Momentenpunkt, also Punkt I für die Berechnung von U, entsprechend die Punkte II und III für die Berechnung von O bzw. D. Die entstehenden Momentengleichungen enthalten da-

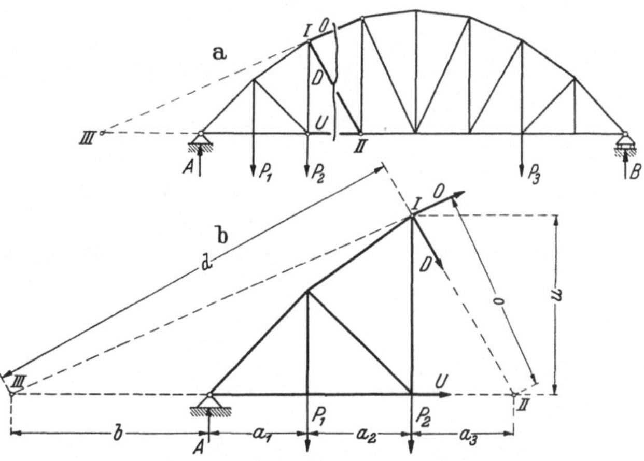

Abb. 303. Das RITTERsche Schnittverfahren.

durch je eine Unbekannte und sind außerdem unabhängig voneinander, weil die drei Bezugspunkte nicht auf einer Geraden liegen können. Wir erhalten, entsprechend der Abb. 303 b:

1. $(\sum M)_\mathrm{I} = 0$: $\quad A(a_1 + a_2) - P_1 \cdot a_2 - U \cdot u = 0$;

es ergibt sich
$$U = + \frac{A \cdot (a_1 + a_2) - P_1 \cdot a_2}{u}.$$

2. $(\sum M)_\mathrm{II} = 0$: $A(a_1 + a_2 + a_3) - P_1(a_2 + a_3) - P_2 \cdot a_3 + O \cdot o = 0$;

demnach
$$O = - \frac{A(a_1 + a_2 + a_3) - P_1 \cdot (a_2 + a_3) - P_2 a_3}{o}.$$

3. $(\sum M)_\mathrm{III} = 0$: $A \cdot b - P_1 \cdot (b + a_1) - P_2 \cdot (b + a_1 + a_2) - D \cdot d = 0$.

Statt des linken Fachwerkteils hätten wir geradesogut den rechten benutzen können.

Aus diesen Bestimmungsgleichungen lassen sich die drei Stabkräfte errechnen. Sind die Werte für die Stabkraftgrößen positiv, so stellt der Stab einen Zugstab dar, negative Werte bedeuten entsprechend einen Druckstab. Wenn das Fachwerk in seinen Endpunkten gelagert ist und die Lasten nach unten gehen, dann wird stets der ganze Obergurt gedrückt und der ganze Untergurt gezogen, ganz entsprechend den Ergebnissen beim Balken, wo die obere Faser gedrückt und die untere gezogen wurde.

Selbstverständlich kann man an Stelle von zwei Momentenbedingungen auch

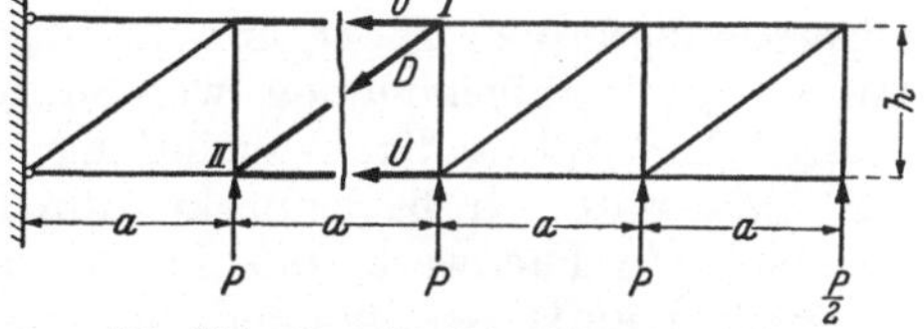

Abb. 304. Das Schnittverfahren bei einem Parallelträger.

Komponentenbedingungen $(\sum V = 0;\ \sum H = 0)$ einführen. Das *müssen* wir im besonderen dann tun, wenn zwei der geschnittenen Stäbe parallel laufen, also z. B. bei einem Parallelträger (Obergurt parallel zum Untergurt) (Abb. 304). Der Schnittpunkt des aufgetrennten Obergurtstabes mit dem Untergurtstab liegt im Unendlichen, so daß wir für die Strebe (Diagonale) keine Momentengleichung aufstellen können. Man verwendet dafür die Bedingung, daß die Summe der Komponenten aller Kräfte senkrecht zur Richtung O und U verschwinden muß, damit die Stabkräfte O und U aus der Komponentenbedingung herausfallen:

$$\sum V = 0: \qquad P + P + \frac{P}{2} - D \cdot \frac{h}{\sqrt{a^2 + h^2}} = 0.$$

Für die beiden anderen Stabkräfte werden naturgemäß wieder Momentengleichungen verwendet:

$$(\sum M)_\mathrm{I} = 0: \qquad \frac{P}{2} \cdot 2\,a + P \cdot a - U \cdot h = 0.$$

$$(\sum M)_\mathrm{II} = 0: \qquad \frac{P}{2} \cdot 3\,a + P \cdot 2\,a + P \cdot a + O \cdot h = 0.$$

Als Kontrollgleichung kann man dann etwa benutzen:

$$\sum H = 0: \qquad O + U + D \cdot \frac{a}{\sqrt{a^2 + h^2}} = 0.$$

Betrachten wir die bei den Beispielen erhaltenen Momentengleichungen um die beiden Bezugspunkte I und II näher, so sehen wir, daß die Momente der äußeren Kräfte links *oder* rechts von dem Bezugspunkt mit dem Moment der inneren Kräfte ins Gleichgewicht gesetzt werden. Die Definition der Summe aller Momente links oder rechts von einer Schnittstelle für einen Punkt in der Schnittebene lernten wir aber früher kennen als Biegemoment für den Schnitt. Hier liegen die gleichen Verhältnisse vor, das nach Abb. 303b aufgestellte Moment

$$A \cdot (a_1 + a_2) - P_1 \cdot a_1$$

ist das Biegemoment für den Punkt I; entsprechend stellt

$$A \cdot (a_1 + a_2 + a_3) - P_1(a_1 + a_2) - P_2 \cdot a_3$$

das Biegemoment für Punkt II dar. Wir haben also:

$$U = + \frac{B_\mathrm{I}}{u} \quad \text{und} \quad O = - \frac{B_\mathrm{II}}{o}.$$

Legten wir durch einen vollwandigen Träger (Balken) an einer beliebigen Stelle der Balkenachse einen Schnitt, so wurden damit die drei Einflüsse frei, die der eine abgeschnittene Balkenteil auf den anderen überträgt: Biegemoment, Querkraft und Längskraft. Diese drei Einflüsse können, wie schon mehrfach erwähnt, durch *eine* Kraft R (im allgemeinen außerhalb des Querschnitts) ersetzt werden. Beim gegliederten Träger (Fachwerk) treten die gleichen Einflüsse auf, wenn wir hier den entsprechenden Schnitt durch drei Stäbe legen, d. h. die Beanspruchungsgrößen B_i, Q_i und L_i oder ihre Ersatzkraft R ($R_{1\,2\,3\,A}$ in Abb. 302) müssen jetzt aufgenommen werden durch die im Schnitt entstehenden Stabkräfte. Die vollwandige Verbindung, wie sie beim Balken auftritt, kann also, wie schon unter Nr. 54 bemerkt, durch drei Stäbe ersetzt werden. Wir dürfen demnach ein Fachwerk, das im wesentlichen der Länge nach ausgedehnt ist, als Balken auffassen, können für einen Schnitt die Einflüsse (Biegemoment, Querkraft und Längskraft) bestimmen, aus diesen Beanspruchungsgrößen die durch den Schnitt getroffenen Stabkräfte ermitteln.

In Abb. 305 ist für eine Verladeanlage (zweifach gestützter Parallelträger) die Momentenfläche und die Querkraftfläche aufgetragen (die Längskraft verschwindet beim Fehlen horizontaler Lasten), die derart gewonnen sind, daß, wie beim Balken auf zwei Stützen, die Lagerreaktionen errechnet und die Momente und Querkräfte für die einzelnen Punkte der Achse aufgetragen wurden. Wollen wir nun für drei beliebige Stäbe die Größe der Beanspruchungen bestimmen, so können wir das so machen, daß wir den Fachwerksträger an der betreffenden Stelle aufschneiden, für diese Stelle i das Biegemoment und die Querkraft bestimmen (in unserem Beispiel $B_i = -4400$ mkg, $Q_i = -1200$ kg, $L_i = 0$). Diese Einflüsse müssen ersetzt werden durch die drei Stabkräfte O, D und U. Wir setzen also die Wirkungen der Stabkräfte auf den linken Teil (Reaktionen) gleich dem des Biegemoments und der Querkraft, im allgemeinen Fall auch noch der Längskraft (Aktionen), und können so die Stabkräfte ermitteln. In unserem Fall wird für den Punkt i (Achsenpunkt im Abstand 7 m vom linken Lager) die Aussage über das Biegemoment in der Form zu schreiben sein:

$$B_i = U \cdot \frac{h}{2} - O \cdot \frac{h}{2} \,.$$

Darin ist B_i positiv, wenn es links vom Schnitt im Uhrzeigersinn dreht, O und U sind auf den gleichen Teil als Zugstäbe wirkend positiv eingesetzt. Die Gleichung lautet mit den Werten des gegebenen Beispiels:

$$-4400 = U \cdot 1{,}0 - O \cdot 1{,}0 \,;$$

die Aussage für die Querkraft ergibt, wie schon oben gezeigt:

$$Q_i = D \cdot \cos\alpha \,.$$

Q_i ist positiv, wenn es auf den linken Teil nach oben wirkt, D ist als Zugstab auf den linken Teil wirkend mit positivem Vorzeichen eingesetzt. Mit den Werten des Beispiels wird:

$$-1200 = D \cdot 0{,}707 \,.$$

Die dritte Aussage über die Längskraft lautet allgemein:

$$L = O + U + D \cdot \sin\alpha \,.$$

Darin ist L wieder positiv, wenn es auf den betrachteten linken Teil nach links

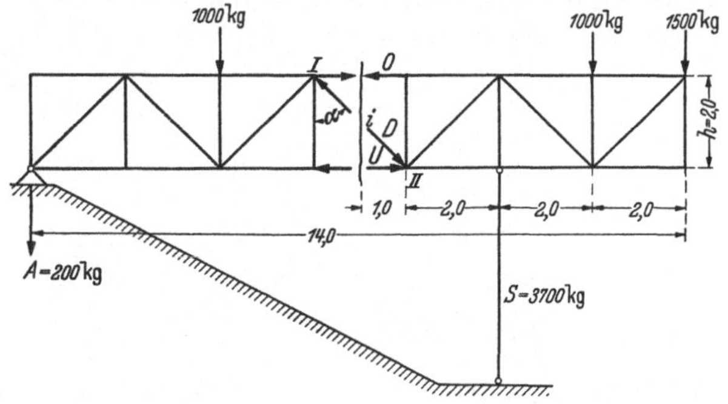

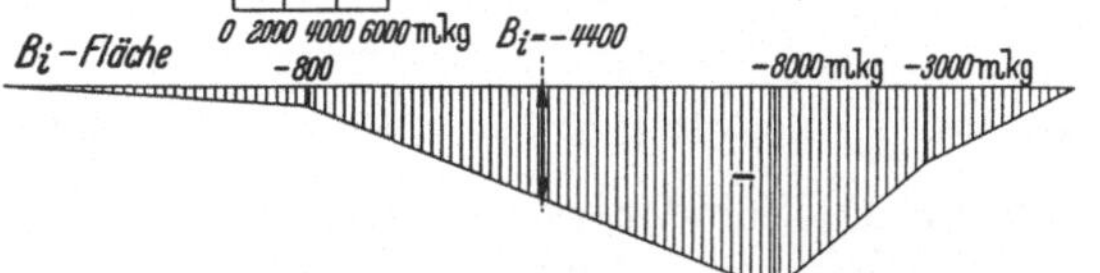

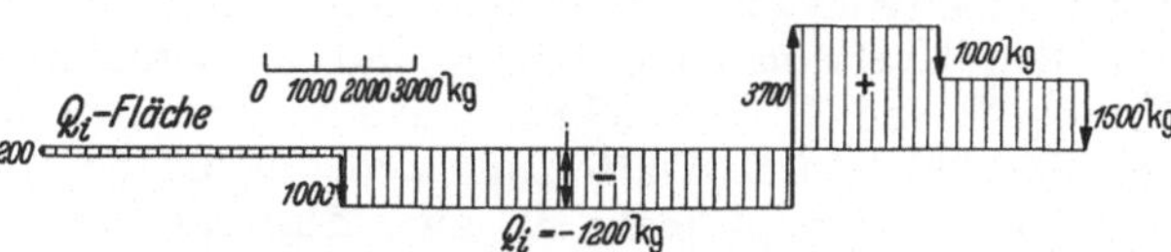

Abb. 305. Ermittlung der Stabkräfte aus Biegungsmoment, Querkraft und Längskraft.

(ziehend) wirkt; die Stabkräfte sind, wie immer, zunächst als Zugstäbe positiv einzusetzen. In unserem Beispiel verschwindet die Längskraft, die Gleichung läßt sich also schreiben:

$$0 = O + U + D \cdot 0{,}707 = O + U - 1200 \,.$$

Damit haben wir drei Gleichungen erhalten, aus denen sich die Stabkräfte errechnen lassen:

$$D = -\frac{1200}{0{,}707} = -1700 \text{ kg} \quad \text{(Druckstab)}.$$

$$O - U = 4400, \quad \text{daraus} \quad O = +2800 \text{ kg (Zugstab)},$$

$$O + U = 1200 \qquad\qquad U = -1600 \text{ kg (Druckstab)}.$$

Praktisch wird man naturgemäß nicht die oben aufgestellten drei Gleichungen verwenden, sondern, wie vorhin angegeben:

$$U = \frac{B}{h} \text{ (Momentenpunkt I)}, \quad O = -\frac{B_{\mathrm{II}}}{h} \text{ (Momentenpunkt II)}, \quad D = \frac{Q_i}{\cos\alpha} \,.$$

Bei lang ausgestreckten Tragwerken werden wohl vielfach mehrere Stäbe aus den gleichen Stabprofilen ausgeführt, dann empfiehlt es sich immer, die Stabkräfte auf diese Art zu ermitteln. Die Stellen größter Beanspruchung (maximale Stabkräfte) sind in den Beanspruchungsflächen (Biegemoment, Querkraft und Längskraft) sofort zu erkennen, so daß sich eine Ermittlung der sämtlichen Stabkräfte erübrigt und die Dimensionierung (Auswahl des Profilquerschnitts) nach den größten Stabkräften vorgenommen wird.

75. Verbindung von Schnittverfahren und CREMONAschem Kräfteplan. Eine weitere Bedeutung kommt dem Schnittverfahren zu bei Fachwerken, für die der Cremonaplan nicht sofort begonnen werden kann. Diese Fachwerke sind nicht vollständig nach dem ersten Bildungsgesetz aufgebaut und zeigen beim Abbau mit dem Cremonaplan an einigen Stellen Knotenpunkte, die mehr als zwei Unbekannte aufweisen, so daß dort eine Stabkraftbestimmung mit dem Kräfteplan nicht möglich ist. Ein derartiges Fachwerk ist der in Abb. 306

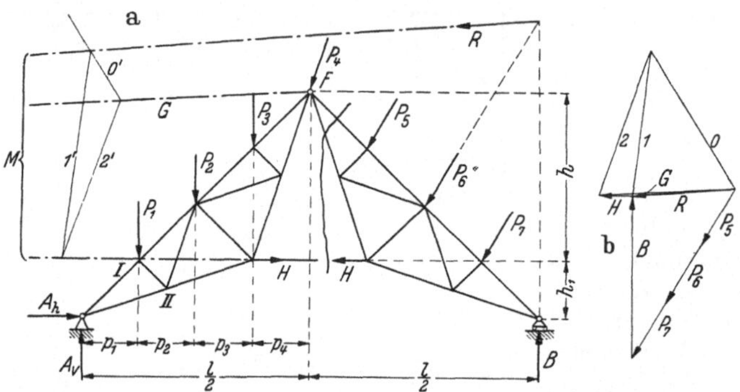

Abb. 306. Die Ermittlung der Zugbandkraft H beim Wiegmannträger, graphisch und analytisch.

dargestellte Dachbinder (Wiegmannträger[1]), der nach dem zweiten Bildungsgesetz aufgebaut ist. Die Lagerreaktionen lassen sich mit Hilfe der Gleichgewichtsbetrachtungen der Gesamtkonstruktion ermitteln. Dann können wir mit dem Kräfteplan am Lagerpunkt A beginnen und die Kraftecke auch für Knoten I und II aufzeichnen. Weiter kommen wir aber mit der Auftragung der Stabkräfte im Kräfteplan nicht mehr, denn jeder der beiden folgenden Knotenpunkte zeigt mehr als zwei Unbekannte. Der Anfang des Kräfteplans im Lager B liefert auch nicht mehr als die drei entsprechenden Knotenpunkte auf der rechten Seite. Wir sind demnach bei diesem Fachwerk gezwungen, eine Unbekannte der folgenden Knotenpunkte mit einem Sonderverfahren zu lösen. Wir legen einen Schnitt durch drei Stäbe so, daß das Zugband H mitgeschnitten wird, und errechnen die Stabkraft in diesem Zugband mit Hilfe der Momentenbedingung um den Firstpunkt F für den linken (oder rechten) abgeschnittenen Teil:

$$(\textstyle\sum M)_F = 0: \quad A_v \cdot \frac{l}{2} - A_h \cdot (h + h_1) - P_1 \cdot (p_2 + p_3 + p_4)$$
$$- P_2 \cdot (p_3 + p_4) - P_3 \cdot p_4 - H \cdot h = 0.$$

Die Ermittlung der Zugkraft H im Zugband des Wiegmannträgers kann natürlich auch mit Hilfe des CULMANNschen Verfahrens gefunden werden. Wir müssen dann aus allen Kräften der einen Seite (hier rechts) eine Resultierende R bilden, diese mit H zum Schnitt bringen und den Schnittpunkt M mit dem Firstpunkt (Linie G) verbinden. Der Firstpunkt ist der Schnittpunkt der beiden

---

[1] Der Träger wurde von WIEGMANN angegeben, von POLONÇEAU zuerst ausgeführt.

anderen geschnittenen Stabkräfte, deren Größe uns zunächst nicht zu interessieren braucht. Das Krafteck aus der Resultierenden R, der Zugkraft H und der Ersatzkraft G der beiden anderen Schnittstäbe liefert die Größe der Stabkraft H im Zugband. Die zeichnerische Ermittlung nach CULMANN bietet unter Umständen insofern Schwierigkeiten, als eine ungünstige Lage der Resultierenden der Kräfte auf einer Seite das Krafteck sehr flach und damit ungenau werden läßt (Abb. 306 b). Man hilft sich dann mit dem Seileck, das ebenso wie für parallele Kräfte auch für fast parallele Kräfte anzusetzen ist und stets klare Schnittpunkte im Krafteck liefert.

Wir werden also die Bestimmung der Stabkräfte des Wiegmannträgers am besten so vornehmen, daß wir die Lagerkräfte A_v, A_h und B berechnen, dann die Zugkraft H auf eine der beschriebenen Arten bestimmen. Die erhaltene Stabkraft H betrachten wir nun, in gleicher Weise wie die Lagerreaktionen, als

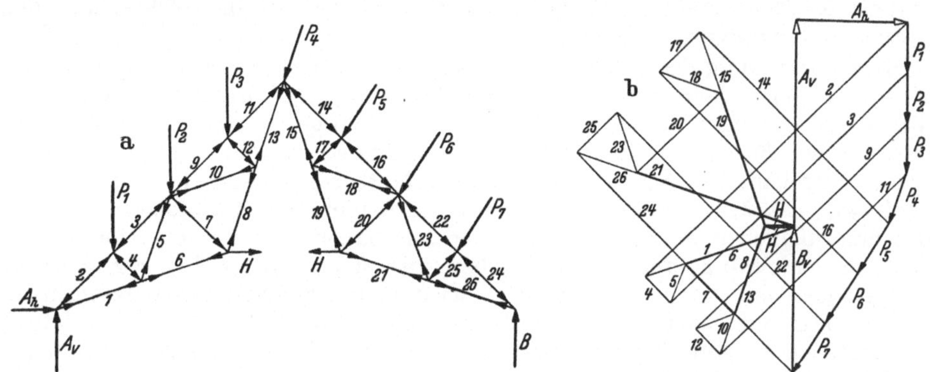

Abb. 307. CREMONAscher Kräfteplan für den Wiegmannträger.

äußere Kraft, die sowohl auf den Knotenpunkt links wie auf den rechts wirkt, so daß für die Aufzeichnung des Kräfteplans der äußeren Kräfte jetzt das in Abb. 307 dargestellte Bild entsteht. Die Durchführung der Zeichnung bietet keine Schwierigkeiten mehr: unter Beachtung des festgelegten Umlaufsinns beim Aufzeichnen des Kraftecks der äußeren Kräfte und beim Umschreiten der einzelnen Knoten entsteht der CREMONAsche Kräfteplan, aus dem alle Stabkräfte zu entnehmen sind (Abb. 307 b).

76. Das Verfahren der Stabvertauschung (HENNEBERGsche Methode). Fachwerke, die nach dem ersten oder zweiten Bildungsgesetz aufgebaut sind, können immer mittels der behandelten Verfahren berechnet werden. Diese lassen uns aber im Stich bei Stabsystemen, die anders aufgebaut sind. Für solche Fachwerke führt das Verfahren der Stabvertauschung oder des Ersatzstabs immer zum Ziel. Das in Abb. 308 dargestellte bestimmte Fachwerk ist nicht nach dem ersten Bildungsgesetz aufgebaut und dementsprechend auch nicht mit Hilfe des CREMONAschen Kräfteplans in seinen Stabkräften zu bestimmen. Es läßt sich ebensowenig durch drei Stäbe, die nicht durch einen Punkt gehen, ein Schnitt legen, der einen Teil des Fachwerks abtrennt. Um nun zu einer Lösung zu gelangen, tauschen wir Stäbe gegeneinander aus und verwandeln das gezeichnete Fachwerk in ein solches nach dem ersten Bildungsgesetz, indem wir an Knoten, an denen mehr als zwei Unbekannte auftreten, einen Stab wegnehmen (*Tauschstab*) und an einer anderen Stelle einen *Ersatzstab* einziehen.

Dabei geht man zweckmäßig folgendermaßen vor. Nach Berechnung der Lagerreaktionen A und B denken wir uns die Lager fortgenommen und erhalten ein freies Fachwerk, auf das die gegebenen Lasten und die Lagerreaktionen wirken. Nun nimmt man an einem Knotenpunkt mit drei Stäben einen Stab fort, z. B. den Tauschstab 1 (t), geht dann der Reihe nach zu Knotenpunkten über mit zwei Stäben und streicht diese fort, also: Knoten I mit Stab 2 und 3; dann II mit 7, 11; III mit 6, 8; IV mit 12, 15; V mit 9, 13; dann IX mit 4,5. Es bleibt übrig das Zweiseit 10, 14 mit den Punkten VI, VII, VIII (Abb. 208b). Wäre *dieses* Gebilde fest, dann wäre das ursprüngliche Fachwerk *ohne* den Stab t sicher bestimmt, da in diesem Gebilde je ein Knoten durch zwei Stäbe angeschlossen ist. Da aber dieses übriggebliebene System beweglich ist, ist auch das Fachwerk ohne den Stab t verschieblich. Machen wir es aber dadurch fest, daß wir den Stab VI, VIII einzeichnen (Ersatzstab e), so sind auch alle anderen Punkte unverschieblich angeschlossen, d. h. das Fachwerk nach Abb. 308c ist statisch bestimmt. Also durch Fortnehmen des Stabes t (Tauschstab) und Einfügung des Ersatzstabes e ist das gegebene Fachwerk in ein solches nach dem ersten Bildungsgesetz verwandelt.

Zur Berechnung des ursprünglichen Fachwerks benutzen wir das gewonnene Ersatzfachwerk. Wir lassen zunächst (Abb. 308c) die wirkliche Belastung auf dieses wirken. Alle Stabkräfte können als eindeutige Werte bestimmt werden, da ja dieses Fachwerk auf Grund der Umbildung nach dem ersten Bildungsgesetz aufgebaut ist. Ein beliebiger Stab erhalte bei dieser Belastung die Stabkraft $_oS_i$. Natürlich werden diese Stabkräfte nicht die wirklichen Stabkräfte des ursprünglichen Fachwerks sein, denn wir haben ja nicht mehr den Stab t, sondern den Stab e, und der Stab t bzw. die in ihm tatsächlich wirkende, zunächst noch unbekannte Stabkraft T wird ja die anderen Stäbe beeinflussen. Wirken nun auf das Ersatzfachwerk die äußeren Kräfte *und* die Stabkraft T, so entstehen in den einzelnen Stäben Kräfte, die sich zusammensetzen aus $_oS_i$ *und* den Stabkräften infolge T, die für einen beliebigen Stab i mit $_TS_i$ bezeichnet werden mögen:

$$S_i = {_oS_i} + {_TS_i}.$$

Dabei kennen wir allerdings T noch nicht, also auch noch nicht $_TS_i$. Lassen wir aber in den Endpunkten des Stabes t statt der Kraft T eine Kraft „1" wirken (Abb. 308e) und ermitteln für diese Belastung sämtliche Stabkräfte S'_i, so ist die Stabkraft infolge T selbst gegeben durch

$$_TS_i = T \cdot S'_i,$$

und es stellt sich demgemäß jede Stabkraft des neuen Fachwerks infolge der äußeren Belastung *und* der Stabkraft T in der Form dar:

$$S_i = {_oS_i} + T \cdot S'_i. \tag{33}$$

Dabei sind $_oS_i$ und S'_i eindeutig bestimmte Stabkräfte, weil sie sich auf Stäbe eines Fachwerks nach dem ersten Bildungsgesetz beziehen. Nun soll aber T die wirkliche Stabkraft im ursprünglichen Fachwerk sein und nichts anderes. Wie finden wir da eine klärende Aussage? In Wirklichkeit ist der Stab e gar nicht vorhanden, also kann in ihm auch keine Stabkraft auftreten: es muß sein:

$$S_e = 0.$$

Nun gilt aber für den Ersatzstab genau wie für alle Stäbe des Ersatzfachwerks die Beziehung:

$$S_i = {_oS_i} + T \cdot S'_i,$$

also ist:

$$S_e = {_oS_e} + T \cdot S'_e,$$

wobei $_oS_e$ die Spannung im Ersatzstab ist infolge der äußeren Belastung (in Abb. 308d mit E bezeichnet), S_e' diejenige in dem gleichen Stabe infolge $T=1$

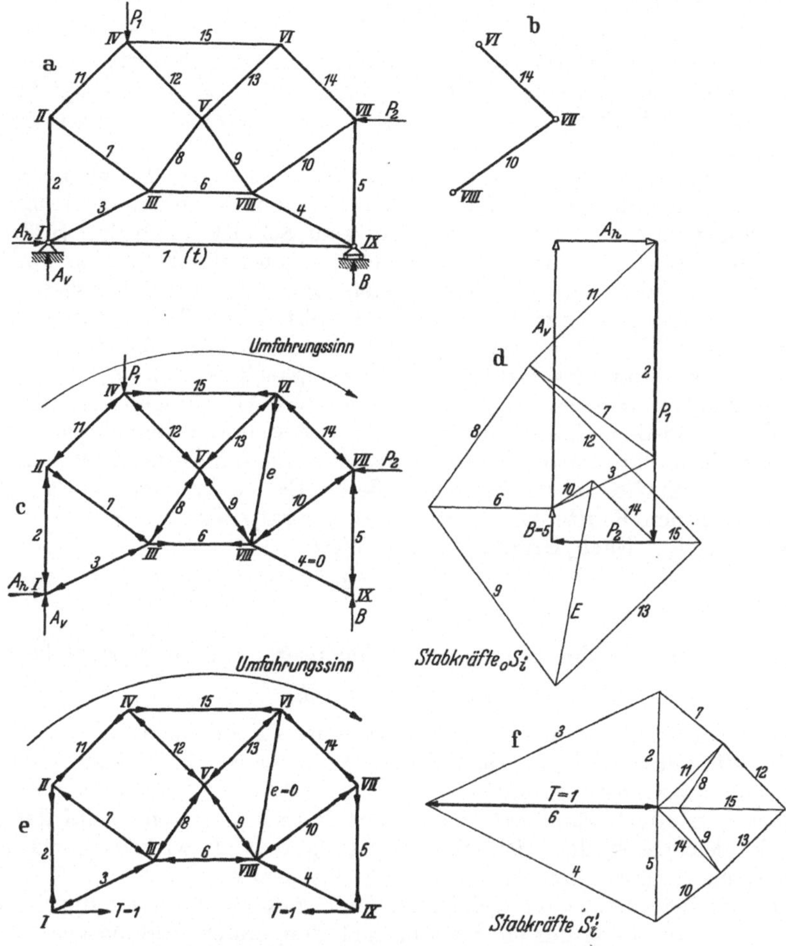

Abb. 308. Einfache Stabvertauschung nach Henneberg.

(Abb. 308e). Wir haben also für die wirkliche Stabkraft T im ursprünglichen Fachwerk die Bedingung

$$_oS_e + T \cdot S_e' = 0$$

oder

$$T = -\frac{_oS_e}{S_e'}, \tag{34}$$

wobei $_oS_e$ von der äußeren Belastung abhängt, dagegen S_e' nur eine Wirkung von $T=1$, also unabhängig von der äußeren Belastung ist.

Man erkennt, daß T eindeutig und endlich wird, sofern

$$S_e' \gtrless 0,$$

daß aber T unendlich groß oder vieldeutig wird, wenn

$$S_e' = 0.$$

Wenn aber T vieldeutig und unendlich groß ist, dann gilt dies nach Formel (33) auch für S_i und andererseits wird bei eindeutigem T auch S_i eindeutig, da ja,

15*

wie erwähnt, $_oS_i$ und S_i' als Stabkräfte eines bestimmten Fachwerks (Ersatz-fachwerk) eindeutig sind. *Das ursprüngliche Fachwerk ist demgemäß dann statisch bestimmt, wenn*

$$S_e' \gtreqless 0.$$

In dem Beispiel Abb. 308 ist $S_e' = 0$, wie man aus dem Kräfteplan (Abb. 308f) ersehen kann. Das gegebene Fachwerk (Abb. 308a) ist also *nicht* bestimmt. Man hat also den Kräfteplan (Abb. 308d) umsonst gezeichnet, da das Fachwerk unbrauchbar ist.

Um unnötige Rechnungen zu ersparen, wird man immer zuerst die Stabilität nachprüfen; d. h. soll man ein Fachwerk berechnen, das nicht nach dem ersten Bildungsgesetz aufgebaut ist und bei dem kein Schnitt durch drei Stäbe gelegt werden kann, so wird man in der oben angegebenen Weise das vorliegende Fachwerk verwandeln in ein solches nach dem ersten Bildungsgesetz; dann läßt man auf dieses Fachwerk in den Endpunkten des Tauschstabes die Kraft $T = 1$ wirken und bestimmt auf möglichst einfachem Wege die dadurch hervor-gerufene Stabkraft im Ersatzstab e. Ist diese gleich Null, so ist das Fachwerk nicht bestimmt, und es erübrigt sich eine weitere Durchrechnung. Ist aber S_e' von Null verschieden, dann schreitet man zur weiteren Berechnung: man er-mittelt sämtliche Stabkräfte S_i' des Ersatzfachwerks infolge der Belastung $T = 1$, ferner die Stabkräfte $_oS_i$ infolge der äußeren Belastung, beide etwa mit Hilfe des CREMONASchen Kräfteplans. In ersterem Kräfteplan erscheint auch S_e', im zweiten Plan $_oS_e$. Nach Ermittlung des Wertes

$$T = -\frac{_oS_e}{S_e'}$$

kann man die Stabkräfte im gegebenen Fachwerk mit der Formel bestimmen:

$$S_i = {_oS_i} + T \cdot S_i'.$$

T erscheint in dieser Formel als eine unbenannte Zahl, da ja $_oS_i$ und S_i' Kräfte sind. In Wirklichkeit ist natürlich T eine Kraft, es ist ein Vielfaches der Kraft-einheit, die wir eingeführt haben.

Selbstverständlich kann man auch nach Berechnung von T auf das Ersatz-fachwerk gleichzeitig die wirkliche Belastung *und* T wirken lassen und be-kommt damit unmittelbar die wirklichen Stabkräfte.

Daß man bei einem ganz beliebigen Fachwerk nicht immer durch eine ein-fache Stabvertauschung auf ein System nach dem ersten Bildungsgesetz gelangt, ist zu erwarten. Ein solches Stabgebilde ist in Abb. 309a dargestellt. Es besitzt $(2n-3)$ Stäbe, *kann* also statisch bestimmt sein. Wir wollen es mittels des oben angegebenen Gedankenganges umwandeln in ein Fachwerk nach dem ersten Bildungsgesetz und streichen zu diesem Zweck zunächst die Punkte fort, an denen zwei Stäbe auftreten; das ist Knotenpunkt VII mit 17, 18 und Knoten-punkt VIII mit 19, 20. Weitere Knotenpunkte mit zwei Stäben sind zunächst nicht vorhanden. Wir nehmen nun am Knotenpunkt I den Stab 21 als Tausch-stab t_1 fort, streichen dann I mit 1 und 2, II mit 3 und 4, III mit 6 und 7 IV mit 8 und 9 und haben dann keinen Knotenpunkt mehr mit zwei Stäben. Wohl ist am Knoten XII nur noch ein Stab, aber diesen Punkt berücksichtigen wir nicht, da wir grundsätzlich immer zwei Stäbe wegschneiden müssen, um auf das erste Bildungsgesetz beim Ersatzfachwerk kommen zu können. An V, wo drei Stäbe vorliegen, nehmen wir Stab 10 als neuen Tauschstab t_2 fort, ent-fernen V mit 12 und 13, weiter VI mit 14, 16 und IX mit 11, 15. Nicht berück-sichtigt sind dann die Knoten X, XI und XII und es bleiben lediglich übrig der Stab 5 mit den Knoten XI und XII und der freie Knoten X. An dieses

Gebilde sind alle übrigen Knotenpunkte durch je zwei Stäbe angeschlossen: IX, VI, V, IV, III, II, I, VIII, VII, wobei aber die Tauschstäbe fehlen. Wäre das Gebilde X, XI, XII fest, so wäre auch das Stabsystem ohne die Tauschstäbe t_2 und t_1 unverschieblich. Nun ist aber der Punkt X gegenüber dem Stab 5 tatsächlich nicht festgelegt, also ist das Fachwerk ohne die Tauschstäbe verschieblich; das muß natürlich so sein, weil es *zwei* Stäbe zu wenig hat. Zieht man aber die Stäbe X, XI und X, XII ein, so haben wir ein unverschiebliches Dreieck, und dann liegen alle übrigen Knotenpunkte fest. Wenn

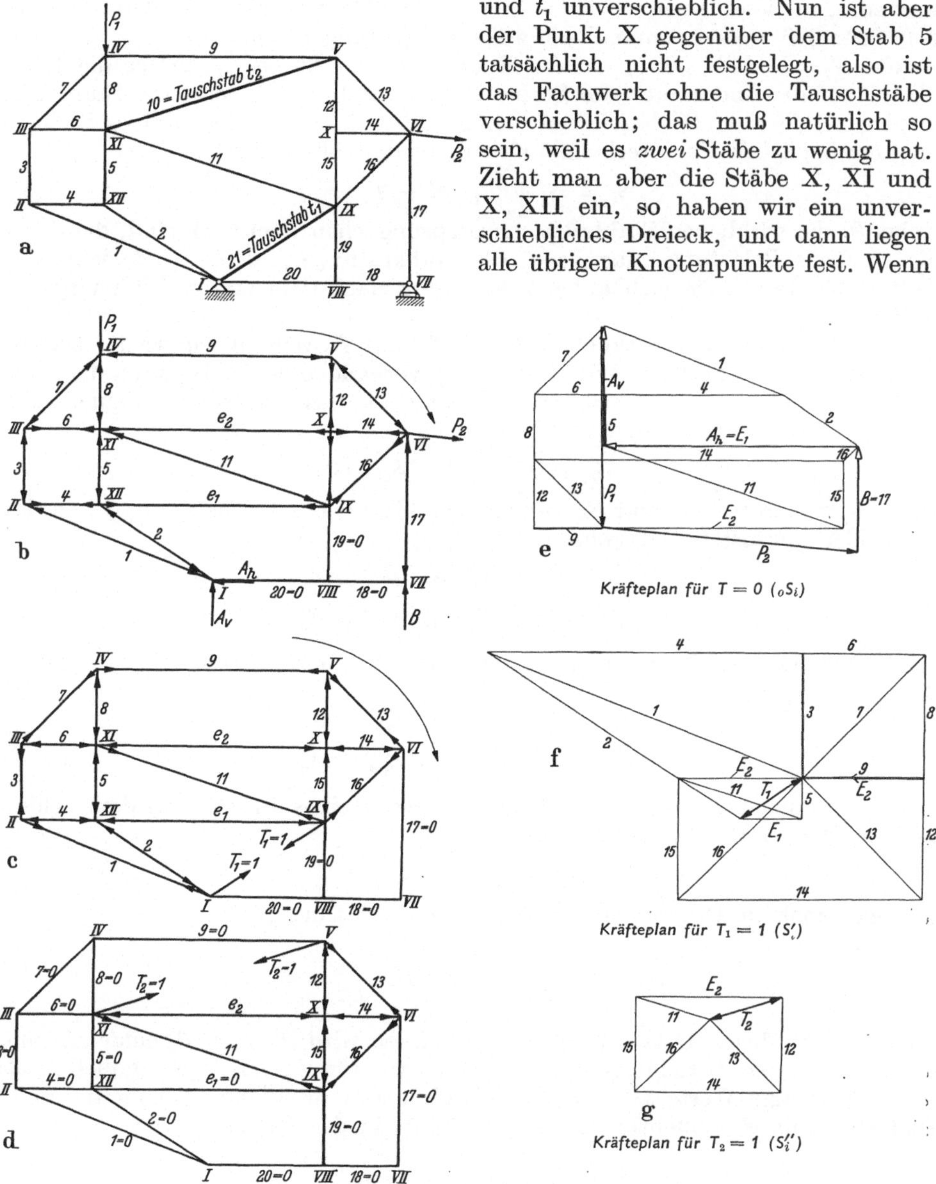

Abb. 309. Doppelte Stabvertauschung.

man also an Stelle der Tauschstäbe t_1, t_2 die beiden Ersatzstäbe XI, X und XII, X einfügte, erhielte man ein Fachwerk nach dem ersten Bildungsgesetz.

Man kann auch nach Streichung der Knoten I, II, III, IV, V und VI den Knoten IX noch stehen lassen, dann bleibt übrig das System der drei Stäbe 5, 11, 15 mit den Punkten XII, XI, IX, X, also wieder ein verschiebliches System, das erst nach Einfügung zweier Stäbe, z. B. X, XI und IX, XII starr wird. Dann sind also diese Stäbe die Ersatzstäbe, und man gewinnt als Ersatzfachwerk das in Abb. 309b dargestellte. Letzteres Ersatzfachwerk möge hier zugrunde gelegt werden. Auf dieses lassen wir in entsprechender Erweiterung des Gedankenganges von Seite 226 wirken: einmal die äußere Belastung (Stabkräfte $_0S_i$), dann die Kräfte $T_1 = 1$ (Abb. 309c) auf die Endpunkte des Stabes t_1, ferner die Kraft $T_2 = 1$ auf die Endpunkte des Stabes t_2 (Abb. 309d). Die letzteren Stabkräfte mögen mit S_i' bzw. S_i'' bezeichnet werden. Die Stabkraft irgendeines Stabes i im ursprünglichen Fachwerk läßt sich dann darstellen durch:

$$S_i = {}_0S_i + T_1 \cdot S_i' + T_2 \cdot S_i'', \tag{35}$$

wobei S_i die wirklichen Stabkräfte im ursprünglichen Fachwerk sind, die durch die gegebene Belastung entstehen. Die Stabkräfte $_0S_i$, S_i', S_i'' sind sicher eindeutige Werte, da sie sich auf ein Fachwerk nach dem ersten Bildungsgesetz beziehen.

Zur Ermittlung der wirklichen Werte T_1 und T_2 werden wir wieder berücksichtigen, daß die Stäbe e_1 und e_2 gar nicht vorhanden sind, also auch die Stabkräfte S_{e_1} und S_{e_2} im ursprünglichen Fachwerk nicht auftreten können, daß also die Bedingungen bestehen:

$$S_{e_1} = 0 \quad \text{und} \quad S_{e_2} = 0.$$

Für die Stabkräfte S_{e_1} und S_{e_2} gelten aber die obigen Formeln für S_i, so daß die beiden Ausdrücke entstehen:

$$S_{e_1} = {}_0S_{e_1} + T_1 \cdot S_{e_1}' + T_2 \cdot S_{e_1}'',$$
$$S_{e_2} = {}_0S_{e_2} + T_1 \cdot S_{e_2}' + T_2 \cdot S_{e_2}''.$$

Wir haben demgemäß für die Berechnung der wirklichen Stabkräfte T_1 und T_2 die Gleichungen:

$$\begin{aligned} {}_0S_{e_1} + T_1 \cdot S_{e_1}' + T_2 \cdot S_{e_1}'' &= 0, \\ {}_0S_{e_2} + T_1 \cdot S_{e_2}' + T_2 \cdot S_{e_2}'' &= 0. \end{aligned} \tag{36}$$

Die Lösung nach T_1 und T_2 erscheint in Gestalt eines Bruches, in dem beidesmal im Nenner die Größe auftritt:

$$S_{e_1}' \cdot S_{e_2}'' - S_{e_2}' \cdot S_{e_1}'',$$

die man auch in Determinantenform schreiben kann:

$$\begin{vmatrix} S_{e_1}' & S_{e_1}'' \\ S_{e_2}' & S_{e_2}'' \end{vmatrix} \equiv D.$$

Ist dieser Ausdruck D von Null verschieden, so wird T_1 und T_2 eindeutig und endlich. Ist aber D gleich Null, dann haben wir für T_1 und T_2 unendlich große oder vieldeutige Werte zu erwarten. Sind jedoch diese Werte eindeutig, dann sind auch alle S_i eindeutig, da, wie erwähnt, in der Formel:

$$S_i = {}_0S_i + T_1 \cdot S_i' + T_2 \cdot S_i''$$

die Größen $_0S_i$, S_i' und S_i'' eindeutige und endliche Stabkräfte sind. Vor der Berechnung des Fachwerks wird man zunächst die Stabilitätsprüfung vornehmen, d. h. die Stabkräfte S_{e_1}', S_{e_2}', S_{e_1}'', S_{e_2}'' auf einfachstem Wege ermitteln und obigen Ausdruck D aufstellen. (In den Kräfteplänen sind die Kräfte in den Ersatzstäben wieder mit E bezeichnet.) Erst nachdem man sich überzeugt hat, daß

$$D \gtrless 0,$$

geht man zur Einzelberechnung über, ermittelt für die Belastung des Ersatzfachwerks durch die äußeren Kräfte (Abb. 309b) die Stabkräfte $_0S_i$, dann diejenigen durch $T_1 = 1$ (Abb. 309c) und durch $T_2 = 1$ (Abb. 309d), berechnet T_1 und T_2 auf Grund der angegebenen Gleichungen (36) und bestimmt dann für jeden Stab die Stabkraft nach der Formel:

$$S_i = {}_0S_i + T_1 \cdot S_i' + T_2 \cdot S_i'' .$$

Selbstverständlich kann man auch jetzt wieder, nachdem man T_1 und T_2 ermittelt hat, auf das Stabsystem der Abb. 309b gleichzeitig die äußere Belastung und die Belastung durch T_1 und T_2 wirken lassen und dafür einen Kräfteplan zeichnen.

Mit Hilfe dieses HENNEBERGschen Verfahrens der Stabvertauschung kann man jedes beliebige Fachwerk berechnen. Würden zwei Stabvertauschungen nicht ausreichen, und wäre etwa noch eine dritte notwendig, so würde man entsprechend den drei Ersatzstäben drei Gleichungen zur Ermittlung der drei Unbekannten T_1, T_2, T_3 erhalten, und das System wäre stabil, wenn

$$\begin{vmatrix} S_{e_1}' & S_{e_1}'' & S_{e_1}''' \\ S_{e_2}' & S_{e_2}'' & S_{e_2}''' \\ S_{e_3}' & S_{e_3}'' & S_{e_3}''' \end{vmatrix} \gtrless 0 .$$

Es ist selbstverständlich nicht nötig, die Stabvertauschung so vorzunehmen, daß ein Fachwerk nach dem ersten Bildungsgesetz entsteht, sondern wesentlich ist, daß ein statisch bestimmtes Gebilde geschaffen wird, das man gut berechnen kann; es kann also auch ein solches nach dem zweiten Bildungsgesetz sein. Die oben angeführten Regeln geben aber ein ganz allgemeines Verfahren an, mit dem die gewünschte Umwandlung sicher zu erreichen ist.

Dieses HENNEBERGsche Verfahren der Stabvertauschung ist das erste gewesen, das die Berechnung eines beliebigen Fachwerks erlaubte. Erst später wurden andere Verfahren bekannt, die auf kinematischer Grundlage beruhen und die für ebene Fachwerke vielfach einfachere Lösungen ermöglichen.

77. Schlaffe Gegendiagonalen. Eine besondere Bauart von Fachwerken, die vor allem im Flugzeugbau häufig angewandt wird, wird gebildet durch das Auskreuzen von Vierecken mit „schlaffen Diagonalen". Schlaffe Diagonalen entstehen durch die vorspannungsfreie Auskreuzung eines Fachwerks mit Baugliedern, die nur Zugkräfte aufnehmen können: Seile, dünne Drähte, Ketten usw. Druckkräfte können durch diese Diagonalglieder nicht übertragen werden, sie geben einer Druckwirkung nach und hängen durch (werden schlaff). Wird beispielsweise das in Abb. 310 dargestellte ausgekreuzte Fachwerk mit einer Belastung von

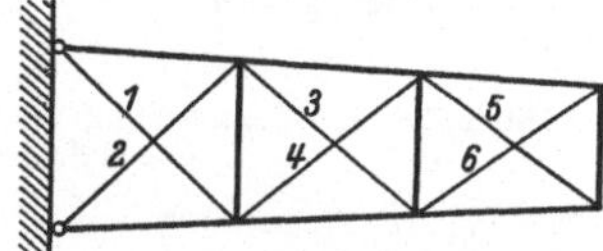

Abb. 310. Fachwerksträger mit schlaffen Gegendiagonalen.

oben nach unten beansprucht (Gewichtslasten), so werden die Drähte 1, 3 und 5 als Zugglieder beansprucht; die Diagonalen 2, 4 und 6 fallen aus, da sie unter der Druckwirkung, deren sie ausgesetzt sind, durchhängen. Ändert sich nun die Belastung derart, daß die Kräfte von unten nach oben wirken (Luftkräfte am Flugzeugflügel), so fallen die Diagonalglieder 1, 3 und 5 aus, während die Drähte 2, 4 und 6 Zugspannungen aufzunehmen haben. Auf diese Weise ist die Konstruktion mit ausgekreuzten schlaffen Diagonalen immer als statisch bestimmtes Fachwerk anzusehen. Wesentlich anders liegt die Sache aber, wenn ein Diagonalglied mit Vorspannung (innere Kraft) eingezogen wird. Alsdann können bei entsprechender äußerer Belastung beide Diagonalglieder Zugkräfte bekommen und der Aufbau des ausgekreuzten Fachwerks wird statisch unbestimmt. Wir müssen also für den statisch bestimmten Fachwerkträger mit Auskreuzung stets die Voraussetzung machen, daß die Diagonalglieder *ohne Vorspannung* eingezogen sind (genau passend).

Für die Ermittlung der Stabkräfte in diesem Fall betrachten wir ein Fachwerk nach Abb. 311a, das allgemein belastet ist, bei dem wir nicht von vornherein sagen können, welche der Diagonalglieder für den Kraftverlauf einzusetzen sind und welche ausfallen. Die Stäbe 1 bis 9 seien starre (druckfeste) Glieder, die Auskreuzungen 10 bis 15 seien schlaffe Drähte. Zur Ermittlung der Stab-

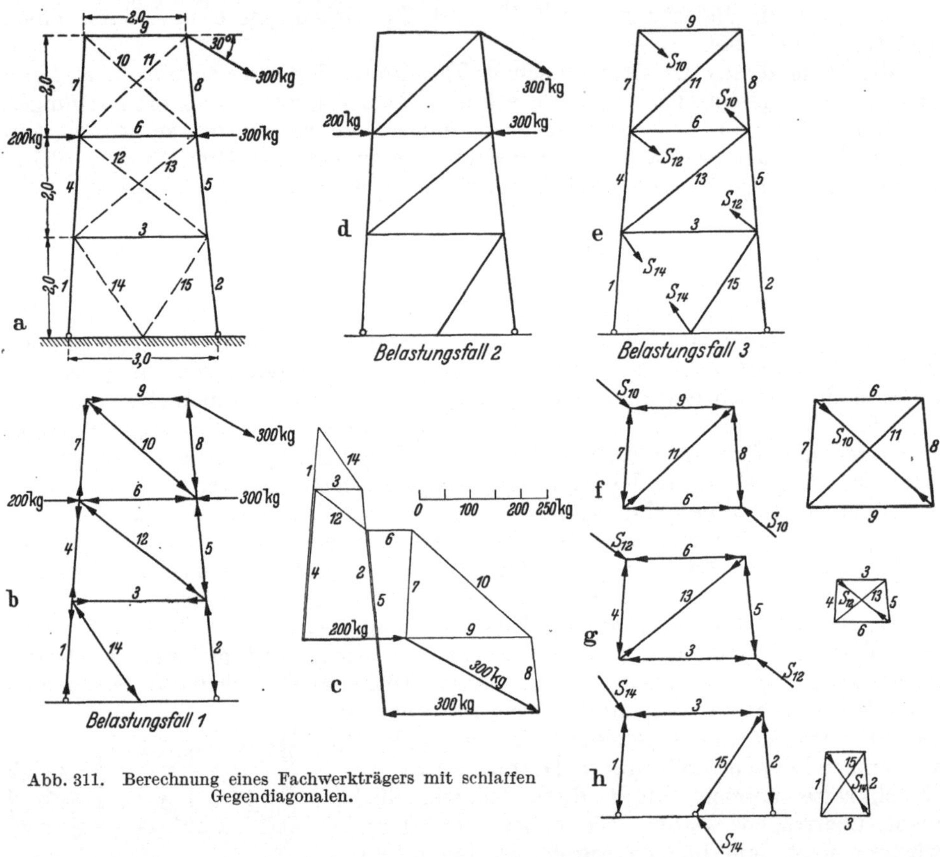

Abb. 311. Berechnung eines Fachwerkträgers mit schlaffen Gegendiagonalen.

kräfte müssen wir zunächst ein statisch bestimmtes Fachwerk zugrunde legen, d. h. je eine der gekreuzten Streben entfernt denken. Es seien hier die Drähte 11, 13 und 15 beseitigt und dafür die bleibenden Diagonalen 10, 12 und 14 als starr angenommen. Das Fachwerk ist nach dem ersten Bildungsgesetz aufgebaut, wir können also die entstehenden Stabkräfte an diesem umgebildeten Fachwerk mit Hilfe des Kräfteplans ermitteln. Wir finden für alle noch vorhandenen schlaffen Diagonalglieder (S_{10}, S_{12} und S_{14}) Druckkräfte, die von diesen aber nicht übernommen werden können. Hätten wir für die sämtlichen Diagonalglieder Zugkräfte erhalten, so wäre die Rechnung damit schon beendet. Wir könnten nun so weiter gehen, daß wir statt der Streben 10, 12, 14 die Gegenstreben 11, 13, 15 einführen und für dieses neue Fachwerk (nach Abb. 311d) einen neuen Kräfteplan zeichnen; damit wäre die Aufgabe erledigt. Statt dieser ganz neuen Betrachtung können wir aber auch einen anderen Gedankengang anwenden, der in seiner Grundlage auch bei dem Ersatzstabverfahren (Stabvertauschung) des vorigen Abschnittes benutzt wurde. Wir überlagern dem bereits ermittelten Fachwerk eine zweite Belastung, die nun so beschaffen ist, daß die als Druckglieder erschienenen Auskreuzungen die Stabkraft Null erhalten, d. h. wir führen in dem abgeänderten Fachwerk mit den Gegendiagonalen 11, 13 und 15 (Abb. 311e) die erhaltenen Druckkräfte S_{10}, S_{12} und S_{14} an den entsprechenden Knotenpunkten als Zugkräfte ein, so daß bei der Überlagerung der beiden Belastungsfälle 1 und 3 (nach den Abb. 311b und c) die Diagonalglieder 10, 12 und 14 tatsächlich verschwinden und dafür die Zugdiagonalen 11, 13 und 15 in Erscheinung treten. Die algebraische Addition der durch die beiden Belastungsfälle 1 und 3 gefundenen Stabkräfte gibt nach dem Superpositionsgesetz für jeden Stab die wirkliche Stabkraft an. Sie decken sich mit den durch Belastungsfall 2 ermittelbaren Stabkräften. Die durch Belastungsfall 3 bewirkten Änderungen gegenüber der Belastung 1 spielen sich nur jeweils innerhalb des Rahmens ab, in dem die Diagonalen zur Versteifung eingezogen sind. So werden z. B. bei Einführung der Zugdiagonale 13 (statt 12) nur noch die Stäbe 3, 4, 5, 6, nach der in Abb. 311g angegebenen Weise beansprucht; oder im unteren Felde bei Ersatz der Druckdiagonale 14 durch die Zugdiagonale 15 nur noch die Stäbe 1, 3, 2, 15 (Abb. 311h). Da der Stab 3 sowohl dem oberen wie unteren Felde angehört, ist die für ihn gegenüber dem Belastungsfall 1 eintretende Stabkraftänderung durch die algebraische Summe des Wertes S_3 aus Abb. 311g und h gegeben. In der Tabelle ist zusammengestellt, inwieweit die Stabkräfte des Falles 1 durch den Eintritt der Gegendiagonale an Stelle von 10, 12, 14 beeinflußt werden.

Es sei hier noch darauf hingewiesen, daß es in einem Fachwerk mit schlaffen Gegendiagonalen bei gewissen Belastungszuständen auch vorkommen kann, daß beide Diagonalen gezogen werden. In diesem Fall ist das Fachwerk aber als statisch unbestimmte Konstruktion zu betrachten und nicht mehr mit einfachen Gleichgewichtsbetrachtungen zu lösen.

Weiterhin ist zu beachten, daß Fachwerke mit ausgekreuzten vorspannungsfreien Diagonalen ähnlich wie alle statisch unbestimmten Konstruktionen sehr leicht Wärmespannungen unterworfen sind. Sind z. B. die umrahmenden Pfosten aus Holz und die Diagonalglieder als Stahldrähte ausgeführt, so wird bei einer stärkeren Temperaturänderung eine nicht mehr vernachlässigbare Spannung in den einzelnen Gliedern auftreten. Die Berechnung dieser Beanspruchungen ist ebenfalls nicht mehr mit einfachen Gleichgewichtsbetrachtungen zu erledigen.

Übungsaufgaben über ebene Fachwerke.

1. Aufgabe. Für den in Abb. 312 dargestellten Fachwerksträger ist der CREMONAsche Kräfteplan zu zeichnen.

Tabelle der Stabkräfte aus den einzelnen Belastungszuständen.

Stab Nr.	1	2	3	4	5	6	7	8	9	10	11	12	13	14	15
Stabkräfte der 1. Annahme	+425	−450	+95	+300	−365	−90	+215	−150	+250	−315	—	−135	—	−150	—
Änderung durch S_{10}	—	—	—	—	—	−215	−215	−215	−250	+315	+315	—	—	—	—
Änderung durch S_{12}	—	—	−95	−85	−85	−110	—	—	—	—	—	+135	+135	—	—
Änderung durch S_{14}	−125	−125	+95	—	—	—	—	—	—	—	—	—	—	+150	+150
Wirkliche Stabkräfte als Summe	+300	−575	+95	+215	−450	−415	0	−365	0	0	+315	0	+135	0	+150

Lösung. Das Fachwerk ist nach dem ersten Bildungsgesetz aufgebaut und in drei Fesseln (einem festen Auflager und einem Stützungsstab) gelagert; der

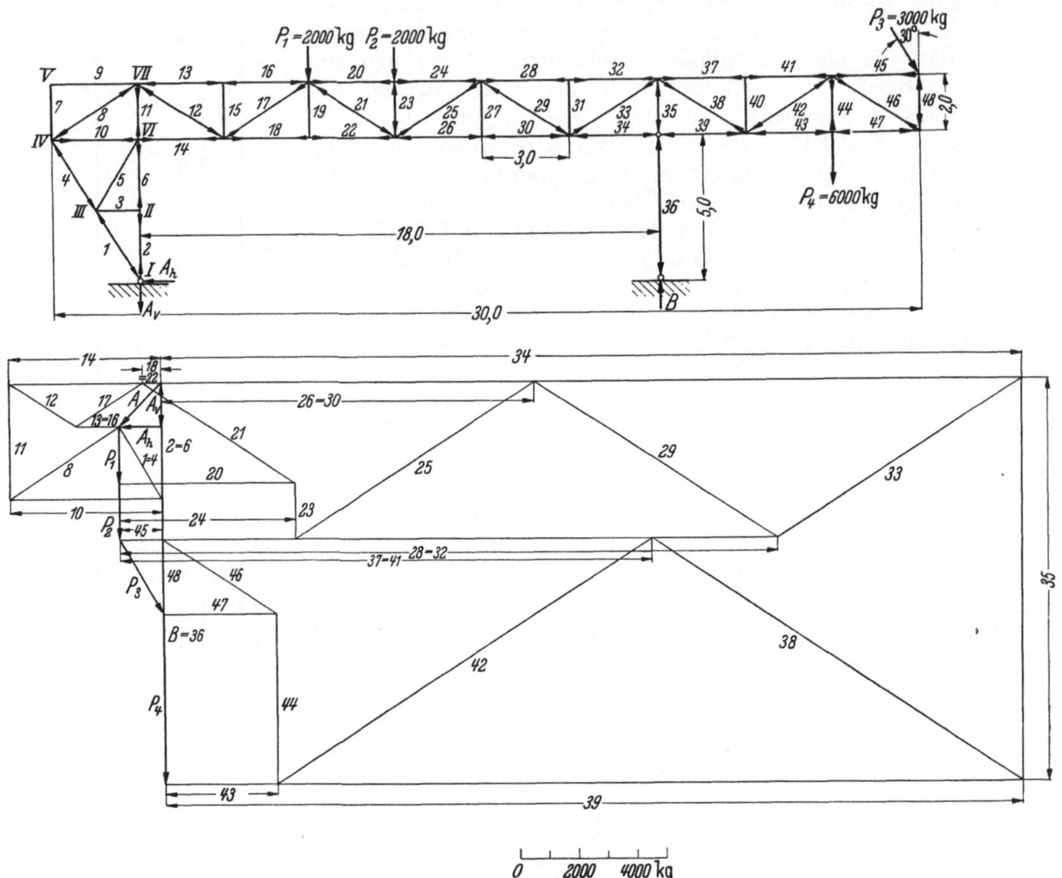

Abb. 312. Übungsbeispiel.

Fachwerksträger ist also statisch bestimmt. Wir rechnen zunächst die Fesselkräfte aus:

$$(\textstyle\sum M)_A = 0: \quad 2000 \cdot 6{,}0 + 2000 \cdot 9{,}0 + 6000 \cdot 24{,}0 + 3000 \cdot \cos 30° \cdot 27{,}0$$
$$+ 3000 \cdot \sin 30° \cdot 7{,}0 = B \cdot 18{,}0 ,$$
$$B = 14\,146 \text{ kg (nach oben).}$$

$$(\textstyle\sum M)_B = 0: \quad 2000 \cdot (12{,}0 + 9{,}0) - 6000 \cdot 6{,}0 - 3000 \cdot \cos 30° \cdot 9{,}0$$
$$- 3000 \cdot \sin 30° \cdot 7{,}0 = A_v \cdot 18{,}0 ,$$
$$A_v = 1549 \text{ kg (nach unten).}$$

$$\textstyle\sum H = 0: \quad 3000 \cdot \sin 30° = A_h ,$$
$$A_h = 1500 \text{ kg.}$$

Nun trägt man sämtliche äußere Kräfte auf in der Reihenfolge, die sich ergibt, wenn man entweder im Uhrzeigersinn oder umgekehrt das Fachwerk umfährt. Hier ist der Umfahrungssinn übereinstimmend mit dem Uhrzeigerdrehsinn gewählt.

Anfangend bei dem Knotenpunkt I sind dann die Kraftecke für die einzelnen Knotenpunkte eingetragen, immer übergehend zu weiteren Knoten mit je zwei Unbekannten: II, III usw. Am Knoten IV liegen allerdings drei Unbekannte vor; aber aus Knoten V geht hervor, daß die Stäbe 7 und 9 keine Kräfte erhalten, so daß an IV die Kraft S_4 mit S_{10} und S_8 ins Gleichgewicht zu setzen ist.

2. Aufgabe. Für die in Abb. 313a dargestellte Hängebrücke sind die Stabkräfte zu ermitteln.

Lösung. Der Fachwerksträger ist statisch bestimmt. Man erkennt leicht die richtige Stabzahl auf Grund folgender Erwägungen. Die Punkte C und D sind festgelegt durch ein bewegliches Lager und einen Stützungsstab 22 bzw. 33. Der untere Träger ruht in einem festen und in einem beweglichen Lager und besitzt ein Gelenk G; sollte er für sich statisch bestimmt sein, so müßte das Gelenk G fehlen oder, anders ausgedrückt, es müßte ein Verbindungsstab zwischen 43 und 48 eingezogen sein. Nehmen wir zunächst an, der untere Träger wäre durch Einfügen dieses Verbindungsstabes bestimmt gemacht worden, dann wären die Punkte II, III … VI durch je zwei Stäbe (21 und 2 bzw. 20 und 3 …) unverschieblich angeschlossen, ebenso von der anderen Seite die Punkte X, IX, VIII, VII. Wir hätten also ein festes System beim Vorhandensein des Zwischenstabes am Gelenk, aber beim Fehlen des Stabes VI, VII. Durch Fortnahme des ersten Stabes und Einfügen des Stabes 16 erhält man den gegebenen Fachwerksträger. Er hat also die richtige Stabzahl und ist auch bestimmt.

Da nur lotrechte Lasten wirken, treten auch nur lotrechte Lagerreaktionen auf. Die Lagerkräfte werden bezeichnet mit A_o am Lager C, A_u am Lager A, B_o an D und B_u an B; andererseits sei genannt:

$$A_o + A_u = A, \qquad B_o + B_u = B.$$

Zur Ermittlung der Reaktionen läßt man die Stabkräfte 22 bzw. 23 als freie Kräfte in C bzw. D wirken und zerlegt sie in zwei Komponenten H und V, wobei

$$V = \frac{H \cdot 22{,}5}{15{,}0} = 1{,}5 \cdot H.$$

Die Momentengleichungen für die Punkte C und D ergeben:

$(\textstyle\sum M)_D = 0:$

$$-P_1 \cdot 56{,}0 - P_2 \cdot 49{,}0 - P_3 \cdot 21{,}0 - P_4 \cdot 14{,}0 - V_{22} \cdot 70{,}0 + A \cdot 70{,}0 = 0,$$

wobei $\qquad\qquad\qquad V_{22} = H \cdot 1{,}5;$

$(\textstyle\sum M)_C = 0:$

$$P_1 \cdot 14{,}0 + P_2 \cdot 21{,}0 + P_3 \cdot 49{,}0 + P_4 \cdot 56{,}0 + 1{,}5 \cdot H \cdot 70{,}0 - B \cdot 70{,}0 = 0.$$

In beiden Gleichungen ist noch die unbekannte Kraft H enthalten. Sie stellt den konstanten Horizontalzug der Kette dar, d. h. die Kettenglieder haben eine gleich große Horizontalkraft H. Zur Berechnung dieser Kraft legt man einen Schnitt durch das Gelenk und stellt die Summe der Momente aller Kräfte links oder rechts von G für G als Momentenpunkt auf. Der Schnitt trifft den Stab 16. S_{16} wird in zwei Komponenten zerlegt, von denen nur die waagerechte mit der Größe H ein Moment für G aufweist. Für den Fall links wird außer durch die Kräfte P_i und A noch durch S_{22} bzw. ihre Komponenten H und $V_{22} = 1{,}5\,H$ ein Momentenbeitrag geliefert:

$(\textstyle\sum M)_G = 0:$

$$-1{,}5\,H \cdot 35{,}0 - H \cdot 22{,}5 + H \cdot 1{,}5 - P_1 \cdot 21{,}0 - P_2 \cdot 14{,}0 + A \cdot 35{,}0 = 0.$$

Es findet sich aus den drei Gleichungen:

$$H = 130 \text{ t} \quad (\text{demnach } V_{22} = 195 \text{ t}),$$
$$A = 369 \text{ t},$$
$$B = 321 \text{ t}.$$

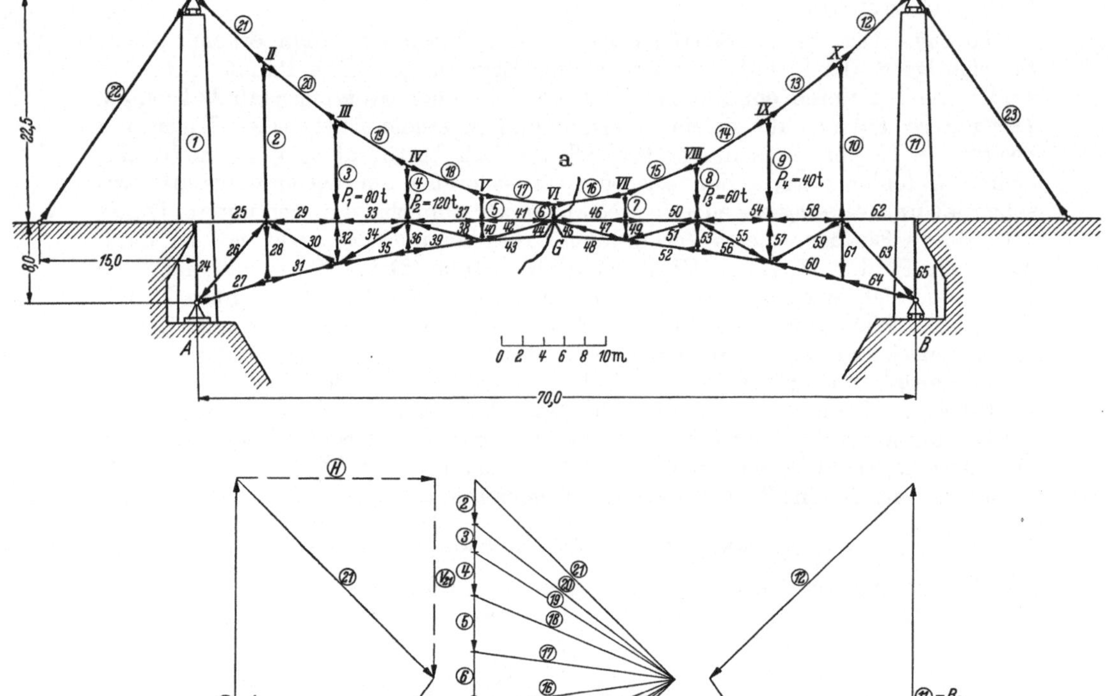

Abb. 313 a u. b. Übungsbeispiel.

Da sämtliche Kettenkräfte die gleiche Horizontalkomponente haben, stellt sich die zeichnerische Ermittlung der Kräfte in den Kettenstäben und Hängestäben sehr einfach dar (Abb. 313 b). Es ergibt sich für die lotrechten Komponenten der Kettenkräfte:

$$V_{21} = V_{12} = 130{,}0 \text{ t}, \qquad V_{18} = V_{15} = 55{,}714 \text{ t},$$
$$V_{20} = V_{13} = 102{,}143 \text{ t}, \quad V_{17} = V_{16} = 18{,}571 \text{ t},$$
$$V_{19} = V_{14} = 83{,}571 \text{ t},$$

Andererseits ist für die Hängestäbe:

$$S_2 = V_{21} - V_{20} = 27{,}857 \text{ t}, \qquad S_5 = V_{18} - V_{17} = 37{,}143 \text{ t},$$
$$S_3 = V_{20} - V_{19} = 18{,}572 \text{ t}, \qquad S_6 = 2 \cdot V_{17} = 37{,}143 \text{ t}.$$
$$S_4 = V_{19} - V_{18} = 27{,}857 \text{ t},$$

Die Lagerreaktionen auf den Pylonen ergeben sich zu:

$$A_o = B_o = V_{22} + V_{21} = 195 + 130 = 325 \text{ t}.$$

Es ist demgemäß:

$$A_u = A - A_o = 369 - 325 = 44 \text{ t},$$
$$B_u = B - B_o = 321 - 325 = -4 \text{ t} \quad (\text{nach unten gerichtet.})$$

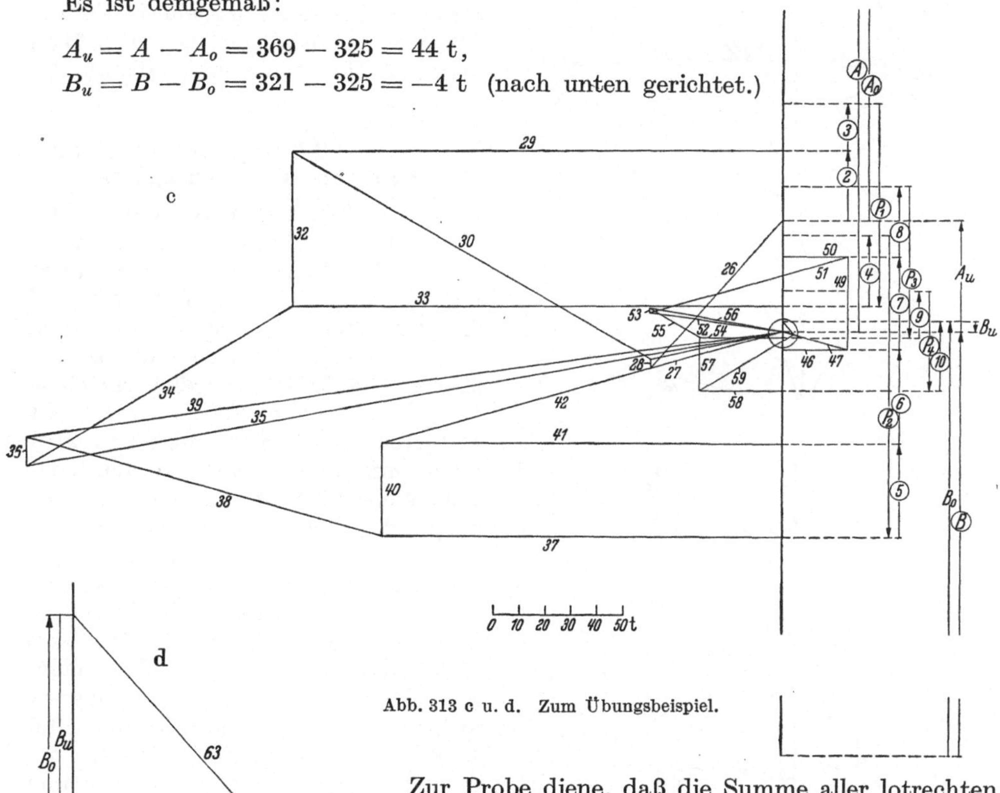

Abb. 313 c u. d. Zum Übungsbeispiel.

Zur Probe diene, daß die Summe aller lotrechten Kräfte, die auf die Kette wirken, verschwinden muß.

$$V_{22} - A_o + \sum_{2}^{10} S_i + V_{23} - B_o = 0,$$
$$195 - 325 + 260 + 195 - 325 = 0.$$

Ebenso muß die Summe aller lotrechten Kräfte, die am Gelenkträger angreifen, Null sein:

$$P_1 + P_2 + P_3 + P_4 - A_u - B_u - \sum_{2}^{10} S_i = 0,$$
$$300 - 44 - (-4) - 260 = 0.$$

Selbstverständlich muß auch die Summe aller lotrechten Kräfte, die auf das ganze System wirken, verschwinden; es ist dies die Folge der beiden letzten Gleichungen:

$$P_1 + P_2 + P_3 + P_4 + V_{22} + V_{23} - A - B = 0.$$

Zur Aufzeichnung des CREMONAschen Kräfteplanes schneidet man am besten den unteren Träger ab; es wirken auf ihn die Kräfte S_2, S_3, P_1, S_4, P_2, S_5, S_6, S_7, S_8, P_3, S_9, P_4, S_{10}, B_u, A_u. Ihr Krafteck muß geschlossen sein. In Abb. 313c sind diese Kräfte aneinandergetragen in der Reihenfolge, die sich durch Umfahrung des Fachwerks im Uhrzeigersinn ergibt. Die Zeichnung des Kräfteplanes macht dann keine Schwierigkeiten.

Da bei dem eingeführten Kraftmaßstab das zu Punkt B zugehörige Krafteck zu klein ausfällt, ist es in Abb. 313d nochmals in größerem Maßstab gezeichnet.

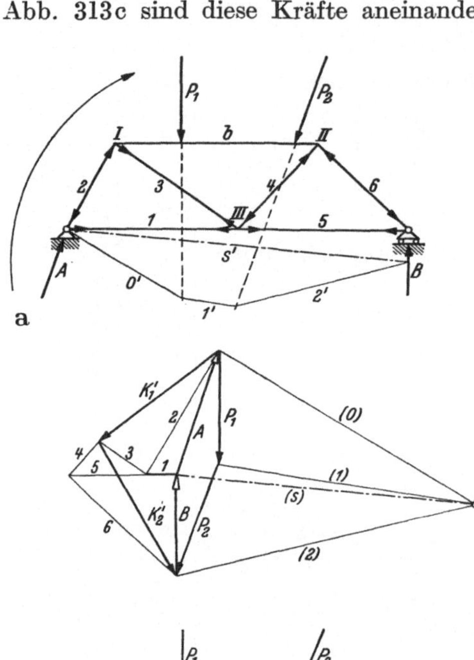

XIV. Konstruktionsgebilde aus Stäben und Balken. Gemischtbauweise.

78. Aufbau und Berechnung. Das Fachwerk besteht aus Längskraftträgern. Die Belastung durch äußere Kräfte mußte im Fachwerk nur auf die Knotenpunkte beschränkt sein, damit tatsächlich auch nur Längskräfte (Stabkräfte) in den einzelnen Baugliedern auftreten. Nun sind sehr viele technische Konstruktionen aber nicht mit diesen Knotenlasten oder wenigstens nicht mit ihnen allein beansprucht, sondern die Belastung wirkt oft zwischen zwei Knoten als Einzellast oder auch als zusammenhängende Last. Der von dieser Art Belastung betroffene Stab (I, II — Abb. 314) wird dadurch nicht mehr reiner Längskraftträger bleiben, sondern er ist auch noch durch Querbelastung und Biegung beansprucht; er muß, um diese Lasten wirksam aufnehmen und weiterleiten zu können, auch Querkräfte und Biegemomente übertragen. Er ist damit zum „Balken" geworden, der entsprechend unseren früheren Betrachtungen in seinen Befestigungspunkten I, II (Festlegung am Stabsystem) Lagerreaktionen auslösen wird.

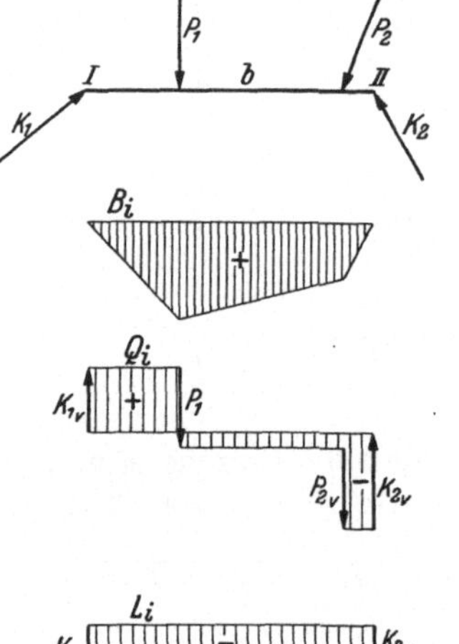

Abb. 314. Gemischtbauweise: Fachwerk aus Balken und Stäben.

Wir sehen also als erste wichtige Erkenntnis, daß der *Balken* in einem Stabgebilde auf jeden Anschlußpunkt mit zwei Unbekannten wirkt (Größe und Richtung der Lagerkraft K' oder Größe der Lagerkräfte in Richtung der Balkenachse und senkrecht zu ihr), zum Unterschied vom *Stab*, der nur die Größe der in ihrer Richtung durch die Stabachse festliegenden Stabkraft als Unbekannte aufweist. Wir müssen demgemäß bei einer Konstruktion in gemischter Bauweise (Stäbe und Balken zusammengefügt) scharf unterscheiden zwischen den eigentlichen *Stäben* (Längskraftträger) und den *Balken* (Träger mit Längskraft, Biegemoment und Querkraft). Bei dem in Abb. 314a dargestellten Stabsystem ist das obere Konstruktionsglied b ein Balken, alle anderen Glieder 1 bis 6 sind Stäbe[1].

Für den Aufbau dieser Konstruktionen kommen die gleichen Gesetze wie beim gewöhnlichen Fachwerk in Frage, so daß für die Prüfung des Aufbaus nach einem der drei Bildungsgesetze der Balken in diesen Konstruktionen zunächst als Stab betrachtet werden kann, wobei zu beachten ist, daß der Balken auch über den Knotenpunkt hinausragen kann. Die Lagerkräfte A und B des gesamten Stabsystems sind als Gleichgewichtskräfte an einer starren Scheibe mit Hilfe des Kraft- und Seilecks (oder auch rechnerisch mit den Gleichgewichtsbedingungen) in der bekannten Weise zu bestimmen. Zur Ermittlung der Stabkräfte betrachten wir nun die einzelnen Knoten. Am Lagerpunkt A steht die Reaktionskraft A den beiden Stäben 1 und 2 gegenüber, beide Stäbe haben eindeutige Stabkräfte in Richtung ihrer jeweiligen Stabachse, die Größen lassen sich mit dem Kräfteplan bestimmen. Wollen wir nun am Knoten I Gleichgewicht herstellen, so haben wir eine unbekannte Stabkraft S_3 und die erwähnte Kraft K_1' mit unbekannter Größe und Richtung (zwei Unbekannten), die der Balken b auf diesen Knoten ausübt, mit der bekannten Stabkraft S_2 ins Gleichgewicht zu setzen. Wir begegnen hier also drei Unbekannten, d. h. das Krafteck ist nicht zu zeichnen. Die Kräfte K_1' und K_2' bzw. ihre Gegenkräfte K_1 und K_2 könnte man auch nicht durch Betrachtung des Balkens b gewinnen (Abb. 314c), da wir hier einen Balken mit zwei festen Gelenklagern haben. Am Lager B ist dagegen das Gleichgewichtskrafteck aus der Kraft B und den Stabkräften S_5 und S_6 aufzutragen. Für Knoten II gilt das gleiche, das für Knoten I gesagt wurde. Der Knoten III weist nun nach Ermittlung der Stabkräfte S_5 und S_1 nur noch zwei Unbekannte S_3 und S_4 auf, die mit Hilfe eines Kraftecks bestimmt werden können. Sind aber die Stabkräfte S_1 bis S_6 bekannt, dann ist auch das Gleichgewichtsproblem des Knotens I und das des Knotens II zu lösen; denn hier stehen am Knoten I den bekannten Stabkräften S_2 und S_3 die beiden Unbekannten der Kraft K_1' (Größe und Richtung) gegenüber, also K_1' ist durch das Krafteck S_2, S_3 und K_1' bestimmt; desgleichen ist am Knoten II das Krafteck aus den Stabkräften S_4 und S_6 und der Kraft K_2' aufzutragen. Die beiden Kräfte K_1' und K_2' sind, genau wie die in den Stäben auftretenden reinen Längskräfte, die Wirkungen des Balkens b auf die Knoten I und II, also das, was wir seither immer mit Aktion bezeichnet haben; sie stehen mit S_2, S_3 bzw. S_4 und S_6 im Gleichgewicht. Als Reaktionen des Balkens K_1 bzw. K_2 würden wir die Resultierende aus S_2 und S_3 bzw. aus S_4 und S_6 bezeichnen müssen, die natürlich gleich groß, aber entgegengesetzt gerichtet den Kräften K_1' und K_2' sind. Wir sehen auch im Krafteck (Abb. 314b), daß die äußere Belastung des Balkens (P_1 und P_2) ersetzt wird durch die beiden Kräfte K_1' und K_2', während K_1 und K_2 mit P_1 und P_2 im Gleichgewicht stehen.

Während nun alle Stäbe auf Druck bzw. Zug dimensioniert werden können, genügt dies für den Balken b noch nicht, da auf ihn ja die drei Einflüsse wirken: Biegemoment, Querkraft und Längskraft. Diese drei Größen sind für die Dimensionierung maßgebend, müssen also bekannt sein. Wir stellen demgemäß für alle Balken in derartigen Stabkonstruktionen noch diese drei Beanspruchungsgrößen fest, indem wir die Balkenglieder aus der Konstruktion heraustrennen und alle Kräfte, die durch die Trennung beseitigt wurden (K_1 und K_2 als Reaktionen!), als äußere Kräfte einführen (Abb. 314c). Wir erhalten damit das Bild eines freien Balkens, dessen Kräfte unter sich im Gleichgewicht stehen. Die

---

[1] Natürlich ist an allen Knotenpunkten wieder gelenkartiger Stabanschluß vorausgesetzt.

Ermittlung der Momentenfläche, Querkraftfläche und der Längskraftfläche erfolgt dann in der bekannten Weise.

Die Stabsysteme in der Gemischtbauweise erlauben naturgemäß auch den Einbau von Gelenken und lassen so die Bildung von Gelenkträgern, z. B. Gerberträgern, zu. Die Lagerung dieser Konstruktionen kann jetzt übrigens auch durch Einspannung eines *Balken*gliedes erfolgen (Abb. 315), was bei den Längskraftgliedern, den reinen Stäben, des Fachwerks nicht möglich war. Zur Ermittlung der Stabkräfte S_i und der Balkenkräfte K_i benutzen wir je nach Zweckmäßigkeit nebeneinander Krafteck oder Komponentengleichungen (für Kräfte an einem Punkt) und Momentengleichungen. Wir werden nicht auf eine bestimmte „reine Methode" Wert legen, sondern je nach Bedarf mit unseren Gleichgewichtsbedingungen rechnen, wie sie gerade am einfachsten und bequemsten anzusetzen sind. Das Schnittverfahren ist in diesen gemischten Konstruktionen mit Vorsicht anzuwenden: ein durchschnittener *Stab* besitzt *eine* Unbekannte, die in der Schnitt-

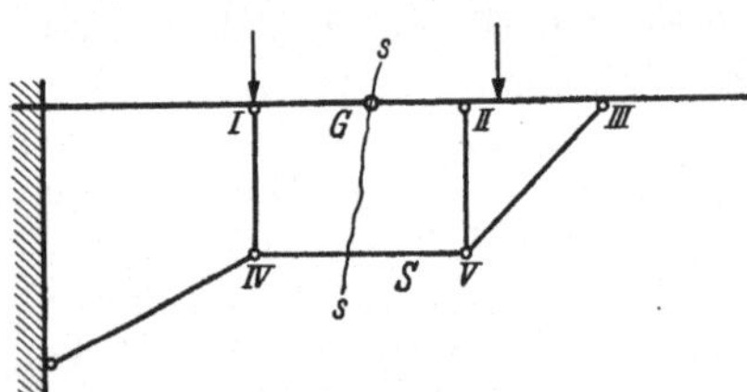

stelle als äußere Kraft auftritt, schneiden wir dagegen einen *Balken* durch, so entstehen an dem Schnitt *drei* Unbekannte: Biegemoment, Querkraft, Längskraft. Das Aufschneiden von Konstruktionen zur Berechnung der Einflüsse im Schnitt hat aber selbstverständlich nur dann Sinn, wenn, entsprechend den zur Verfügung stehenden Gleichgewichtsbedingungen, nicht mehr und

Abb. 315.   Gemischtbauweise mit Gelenk.

nicht weniger als drei voneinander unabhängige Unbekannten auftreten. Bei der Anordnung nach Abb. 315 kann man einen Schnitt s—s durch das Gelenk G legen und dann die Summe der Momente aller Kräfte des rechten Teiles für Punkt G aufstellen. In dieser Gleichung ist die Stabkraft S die einzige Unbekannte. Am Punkt IV und V können die anderen Stabkräfte ermittelt werden, so daß dann der Balken berechnet werden kann.

In Abb. 316 ist ein Sprengwerk gegeben, das in gemischter Bauweise nach dem zweiten Bildungsgesetz aufgebaut ist. An den Balken b_1 ist der Punkt I durch die beiden Stäbe ① und ② angeschlossen, es bilden also b_1, ①, ② ein unverschiebliches System nach dem ersten Bildungsgesetz. Das entsprechende System finden wir rechts aus Balken b_2 und den Stäben ④ und ⑤. Diese beiden bestimmten Systeme sind nun zusammengefügt durch einen gemeinsamen Punkt (Gelenk in der Mitte) und einen Stab (③), d. h. die Gesamtkonstruktion ist statisch bestimmt nach dem zweiten Bildungsgesetz. Die Lagerkräfte A und B müssen bei lotrechten Lasten senkrecht verlaufen, da das eine Lager horizontal verschieblich ist; sie lassen sich errechnen zu:

$$(\textstyle\sum M)_A = 0: \quad 1000 \cdot 1,5 + 1500 \cdot 4,5 - B \cdot 6,0 = 0,$$

$$B = 1375 \text{ kg}.$$

$$(\textstyle\sum M)_B = 0: \quad 1500 \cdot 1,5 + 1000 \cdot 4,5 - A \cdot 6,0 = 0;$$

$$A = 1125 \text{ kg}.$$

Die Kontrolle

$$\textstyle\sum V = 0: \quad 1000 + 1500 = 1375 + 1125$$

beweist die Richtigkeit der Rechnung. Versuchen wir nun weiter die Stabkräfte zu bestimmen, so begegnen wir an jedem Knotenpunkt drei Unbekannten. Es sei hier ausdrücklich nochmals darauf hingewiesen, daß die Aufzeichnung eines Kraftecks z. B. am Knotenpunkt des Lagers A mit den gegebenen Richtungen des Stabes 1 und des Balkens b_1 falsch ist, denn der Balken überträgt ja nicht nur eine Längskraft, sondern auch eine Querkraft, es wird also durch ihn außer einer Kraftkomponenten in der Achsrichtung auch eine Kraft senkrecht dazu ausgeübt. Es begegnen uns also auch hier *drei* Unbekannte, nämlich diese beiden Komponenten und S_1. Der erste Lösungsschritt ist bei diesem Beispiel ein solcher Schnitt durch das System, daß eine vollständige Trennung erreicht wird und dabei nicht mehr als drei Einflüsse frei werden. Der Schnitt muß offenbar durch das Gelenk G und den unteren Stab ③ geführt werden, denn im Gelenk kann nur eine Kraft (kein Moment!) übertragen werden, deren Größe *und* Richtung als Unbekannte in Erscheinung treten, im Stab ③ ist als dritte Unbekannte nur die Stabkraft (Längskraft) vorhanden. Schneiden wir dagegen an einer anderen Stelle des Balkens das System auf, so treffen wir mit dem Schnitt stets drei Unbekannte im Balken allein (Biegemoment, Querkraft und Längskraft), wozu noch als vierte Größe dann die Stabkraft S_3 hinzukommt. Der angegebene Schnitt s—s erlaubt uns nun durch die Gleichgewichtsbedingungen für einen der beiden abgetrennten Teile die geschnittenen Größen zu errechnen. Auf den linken abgeschnittenen Teil wirken A, S_3 und die Komponenten der Gelenkkraft G_v und G_h. Wir ermitteln die Stabkraft S_3 durch die Momentenbedingung um das Gelenk G für die Kräfte des linken Teils:

$$\left(\sum M\right)_G = 0:$$
$$A \cdot 3,0 - P_1 \cdot 1,5 - S_3 \cdot 1,0 = 0,$$

mit den Zahlenwerten

$$1125 \cdot 3,0 - 1000 \cdot 1,5 = S_3 \cdot 1,0,$$
$$S_3 = 1875 \text{ kg (Zugstab).}$$

Die Kraftecke für die beiden Knoten I und II, links und rechts von Stab ③, liefern die übrigen Stabkräfte S_1, S_2 bzw. S_4 und S_5. Wollen wir die Beanspruchungsgrößen der beiden Balkenteile b_1, b_2 ermitteln, so machen wir wieder am besten diese beiden Konstruktionsglieder frei (Abb. 316 c), indem wir alle angreifenden Kräfte als äußere Belastungen auffassen. Die Errechnung der Biegemomente erfolgt dann in der üblichen Art. Für die Stelle (1) ist das Biegemoment

$$B_1 = A \cdot 1,5 - S_{1v} \cdot 1,5 = 1125 \cdot 1,5 - 1250 \cdot 1,5 = -187,5 \text{ mkg,}$$

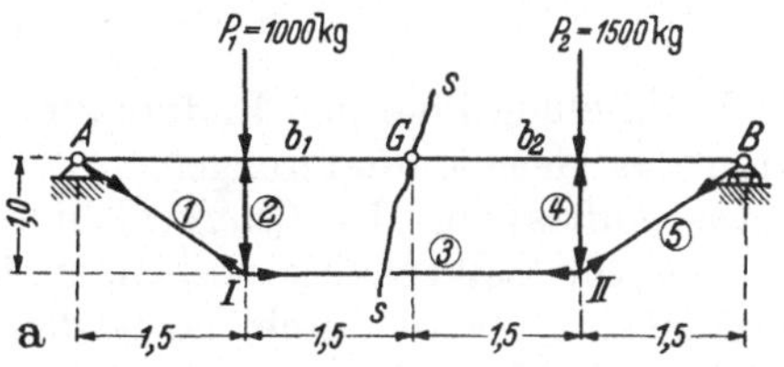

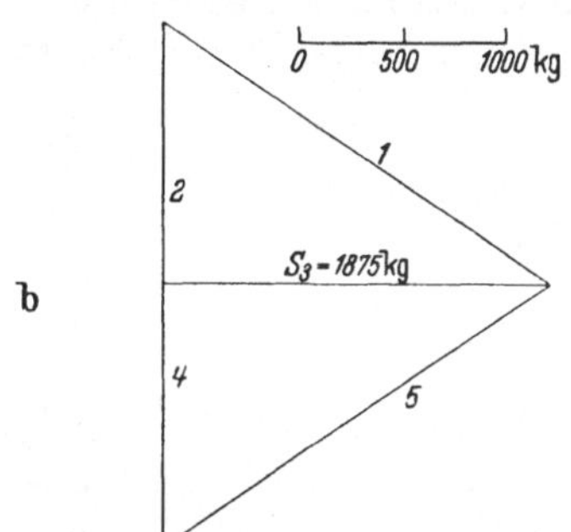

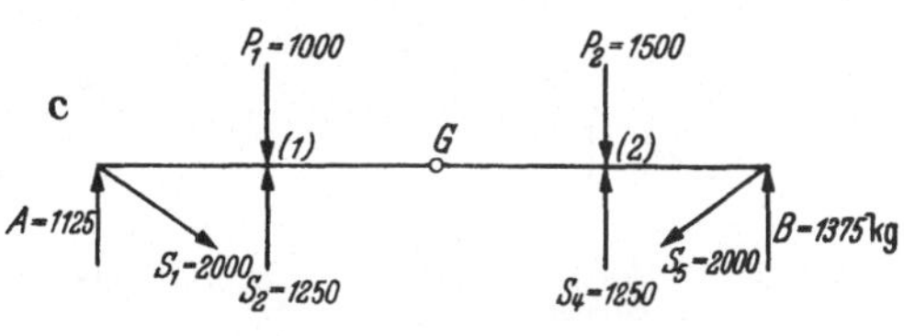

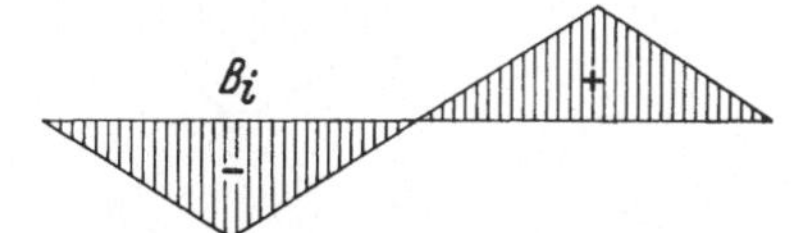

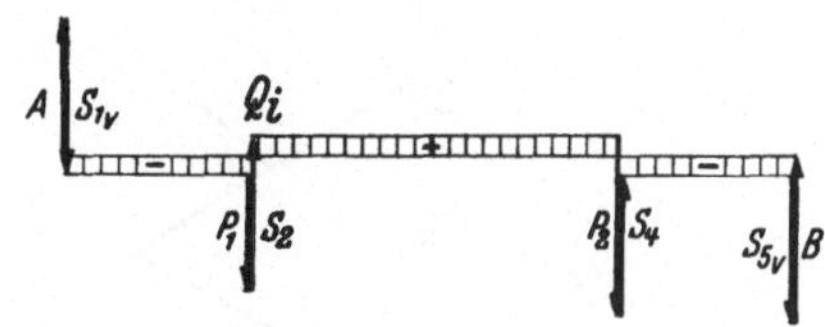

Abb. 316. Sprengwerk mit Gelenk.

für die Stelle (2) wird

$$B_2 = \quad B \cdot 1{,}5 - \quad S_{5v} \cdot 1{,}5,$$
$$B_2 = 1375 \cdot 1{,}5 - 1250 \cdot 1{,}5 = +187{,}5 \text{ mkg}.$$

Die Verbindungslinie der Endpunkte der aufgetragenen Größe B_1 und B_2 muß durch das Gelenk hindurchgehen.

Die Auftragung der Querkraftlinie erfolgt wieder durch Aneinanderreihung der quer zur Balkenachse wirkenden Kräfte an ihren jeweiligen Angriffsstellen. Die Längskraft wird durch die beiden Horizontalkomponenten S_{1h} und S_{5h} geliefert; sie bleibt, da keine weiteren Kräfte in Achsrichtung auf den Balken wirken, konstant.

79. Innere statische Bestimmtheit und Grad der Unbestimmtheit. Die bisher betrachteten Beispiele von Stabsystemen (Fachwerke und Gemischtsysteme)

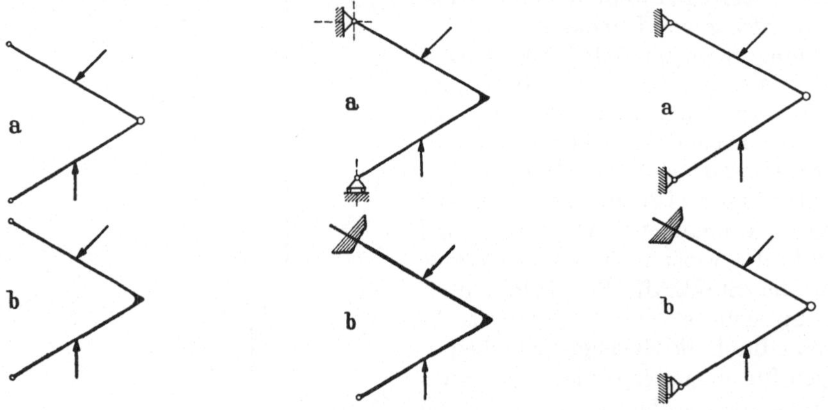

Abb. 317. Freies System aus zwei Balken.

Abb. 318. Statisch bestimmtes System aus zwei Balken.

Abb. 319. Bestimmtes gestütztes System aus zwei Balken.

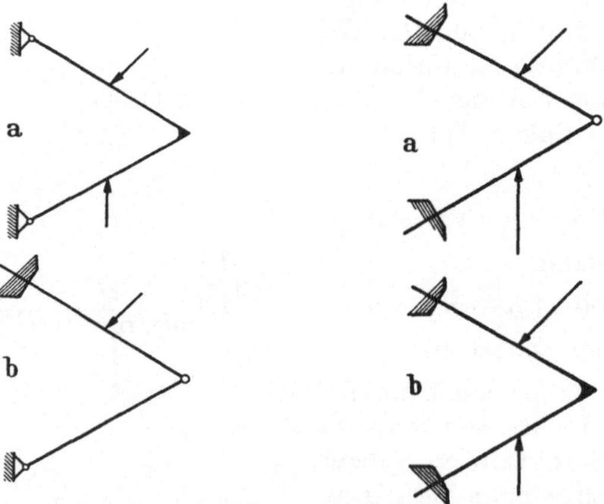

Abb. 320.　Einfach unbestimmtes gestütztes System aus zwei Balken.

Abb. 321.　Mehrfach unbestimmtes gestütztes System aus zwei Balken.

waren alle statisch bestimmt, und zwar sowohl in der Lagerung (äußere statische Bestimmtheit) als auch im Aufbau (innere statische Bestimmtheit). Bei innerlich statisch unbestimmten Systemen ist es häufig nicht ganz einfach, den Grad der statischen Unbestimmtheit (Anzahl der auftretenden überzähligen Unbekannten) zu erkennen. Wir wollen deshalb an einigen einfachen ebenen Konstruktionen das Wesen der statischen Unbestimmtheit kennenlernen. Die zwei in Abb. 317a dargestellten gelenkig aneinandergefügten Stäbe stellen ein bewegliches System dar. Unter dem Einfluß einer allgemeinen Belastung würde das System nicht in seiner Lage und seiner Form erhalten bleiben. Machen wir dagegen die Anschlußstelle der beiden Stäbe starr (Abb. 317b), so wird die Form bleiben. Zur Festlegung dieses Systems in der Ebene bei einer allgemeinen Belastung genügen drei Fesselungen, die das Gebilde als starre Scheibe in der Ebene statisch bestimmt festlegen, wie es z. B. in Abb. 318a und b dargestellt ist. Dagegen sind die beiden gegeneinander beweglichen Stäbe der Abb. 317a nicht mit den gleichen Lagerungen festzulegen, das System bliebe beweglich. Um es unverschieblich zu lagern, benötigen wir statt dreier Fesseln deren vier (Abb. 319). Jede weitere Fesselung der in den Abb. 318 und 319 dargestellten Fälle bedeutet eine überzählige Unbekannte und macht das System statisch unbestimmt. Da diese Unbestimmtheit durch eine äußere Wirkung (Fessel) herbeigeführt wird, sprechen wir von „äußerer" Unbestimmtheit. Das System wird auch statisch unbestimmt,

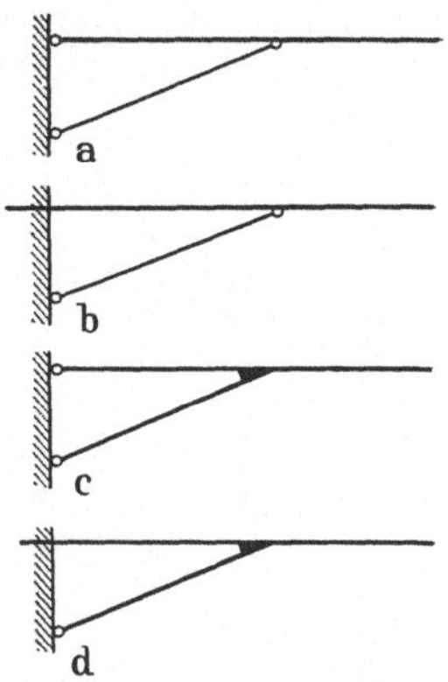

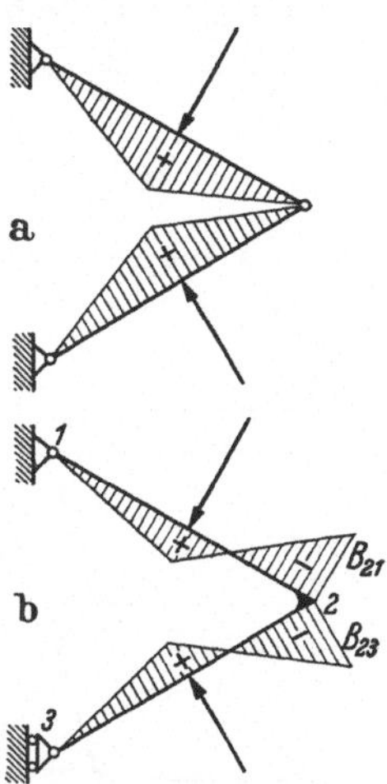

Abb. 322. Einfach abgestützter Flugzeugholm in statisch bestimmter und unbestimmter Ausbildung.

wenn der gelenkige Anschluß der beiden Fälle der Abb. 319 durch eine starre Eckverbindung (Schweißstelle, Knotenblech) ersetzt wird, da alsdann ein Moment übertragen werden kann und so eine neue Unbekannte entsteht. Es ist also die Konstruktion nach Abb. 320a (entstanden aus den Abb. 318 oder 319a) mit *einer* Fessel zuviel gelagert, das System ist einfach statisch unbestimmt.

Abb. 320b stellt dementsprechend ebenfalls ein einfach statisch unbestimmtes System dar. Dieses System, mit einer weiteren Fessel versehen, wird also zweifach statisch unbestimmt (Abb. 321a). Fügen wir dazu noch eine starre Eckverbindung am Gelenk (Abb. 321b), so erhalten wir ein dreifach statisch unbestimmtes System. Weiter kann mit diesen einfachen Baugliedern der Grad der statischen Unbestimmtheit nicht mehr gesteigert werden. An Stelle der einfachen Balken können die Bauglieder natürlich auch als überragende oder abgewinkelte Konstruktionsglieder ausgeführt sein, so ist z. B. die Lagerung des Flugzeugholms in Abb. 322a statisch bestimmt, nach Abb. 322b und c einfach, die nach Abb. 322d zweifach statisch unbestimmt.

Es sei nochmals ausdrücklich darauf hingewiesen, daß bei gelenkartigem Anschluß der beiden Stäbe das Biegemoment an der Anschlußstelle immer Null sein muß (Abb. 323a), dagegen bei steifem Anschluß nicht (Abb. 323b). Es ist in bekannter Weise zu ermitteln, indem man die Summe der Momente aller Kräfte auf

Abb. 323. Das Biegungsmoment bei gelenkiger und steifer Eckverbindung.

der einen Seite des Anschlußpunktes aufstellt. Die Biegemomente sind, wie aus den früheren Betrachtungen der Rahmen hervorgeht, an der Anschlußstelle für die beiden Stäbe gleich. Es muß das sein, weil der Anschlußpunkt sich in Ruhe befindet und für den Gleichgewichtsfall die Summe der Momente B_{21} und B_{23} verschwinden muß.

Bei den Konstruktionen, die aus mehr als zwei Baugliedern hergestellt sind, können wir, wie schon kurz bemerkt, den Aufbau nach den Bildungsgesetzen der Fachwerke nachprüfen, wobei wir an Stelle des „Stabes" allgemein ein „Bauglied", d. i. eine in sich starre statisch bestimmte Scheibe, einführen. Diese Bauglieder können dargestellt werden durch Stäbe, Balken, statisch bestimmte Rahmen oder auch statisch bestimmte Teilfachwerke. Das in Abb. 324a dargestellte Tragwerk ist also statisch bestimmt, weil es aus zwei Stäben ①, ②

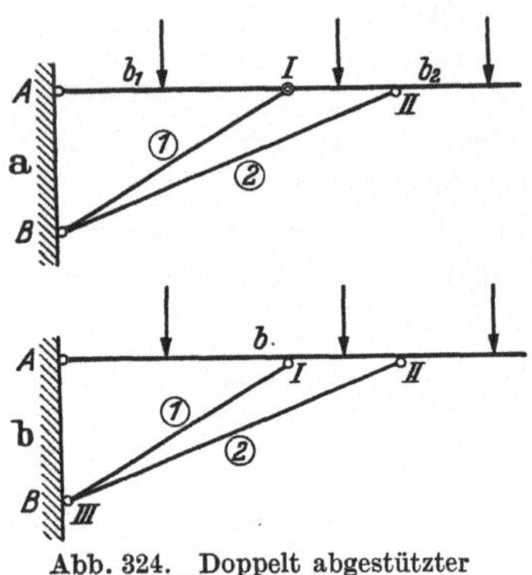

Abb. 324. Doppelt abgestützter Flugzeugholm.

und zwei Balken b_1, b_2 nach dem ersten Bildungsgesetz aufgebaut ist: Knoten I ist an die beiden festen Ausgangspunkte A und B durch die Bauglieder b_1 und ① angeschlossen, dann II durch b_2 und Stab ② an B und den festliegenden Knoten I. Anders liegen die Verhältnisse bei dem in Abb. 324b dargestellten System. Als freie Konstruktion (ohne Lagerung) ist es wohl gleichfalls nach dem ersten Bildungsgesetz aufgebaut, da an den steifen Balken b der Punkt III durch zwei Stäbe angeschlossen ist, aber infolge der Lagerung in zwei festen Gelenken, d. i. mit vier Fesseln, ist es einfach statisch unbestimmt. Wir können zu diesem letzten Bild sagen, die Konstruktion ist innerlich statisch bestimmt, aber äußerlich (in der Lagerung) einfach statisch unbestimmt. Wir können das System auch auffassen als Balken, der in einem festen Gelenklager (A) und zwei Stützungsstäben an den Punkten I und II gefesselt ist, also als Balken mit vier Lagerunbekannten.

Sehen wir nun einmal von der Lagerung ab und betrachten die freie Konstruktion von Tragwerken, die unter dem Einfluß einer Reihe von in allgemeiner Lage befindlichen Kräften im Gleichgewicht stehen. Das in Abb. 325a dargestellte System mit gelenkigen Stabanschlüssen ist nach dem ersten Bildungsgesetz aufgebaut, also statisch bestimmt. Nehmen wir der Konstruktion einen Stab weg (z. B. die Diagonale) und führen dafür eine starre Eckverbindung ein (Abb. 325b), so ist auch dieses neu entstandene System nach dem ersten Bildungsgesetz aufgebaut, also ebenfalls statisch bestimmt, denn an dem Rahmen I, I ist ein Punkt M durch zwei Stäbe gelenkartig angefügt. Bringen wir noch eine weitere steife Eckverbindung statt eines Gelenkes in einem dieser statisch bestimmten Systeme an, so erhalten wir damit eine neue Unbekannte, nämlich das zu übertragende Eckmoment. Die Konstruktion nach Abb. 325c ist also einfach statisch unbestimmt. Versteifen wir nun auch noch die beiden restlichen Ecken, dann haben wir offenbar zwei weitere Unbekannte in die Konstruktion hineingebracht, der geschlossene steife Rahmen (Abb. 325d) ist demgemäß dreifach statisch unbestimmt.

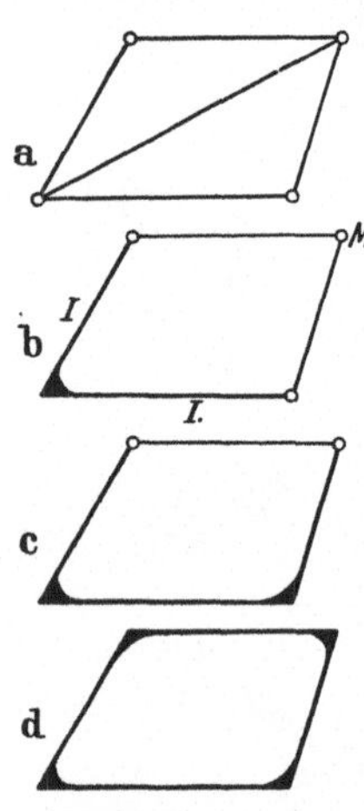

Abb. 325. Verschiedene Ausbildung eines Stabvierecks.

Diesen Grad der Unbestimmtheit können wir auch anders bestimmen: schneiden wir den geschlossenen Rahmen an einer Stelle auf, so erhalten wir einen offenen Rahmen, der nach unseren früheren Betrachtungen als starre Scheibe statisch bestimmt ist. Durch den Schnitt eines Balkens oder eines Rahmens (der ja weiter nichts ist als eine steife Aneinanderfügung von Balken) (Abb. 326) haben wir aber in der Schnittstelle drei Unbekannte ausgelöst, d. h. frei gemacht: das Biegemoment, die Querkraft und die Längskraft. Ist das nach dem Schneiden übrigbleibende System statisch bestimmt, so waren die im Schnitt beseitigten Einflüsse überzählig, d. h. die Anzahl der beseitigten Einflüsse gibt den Grad der statischen Unbestimmtheit an. Im vorliegenden Fall findet sich also die dreifache Unbestimmtheit bestätigt. Ist das übrigbleibende Gebilde aber noch statisch unbestimmt, so schneidet man weiter auf, nimmt also entsprechende Einflüsse fort, bis es statisch bestimmt wird. Mit diesem Gedanken der Auftrennung bis zu einem statisch bestimmten System und der Zählung der beseitigten Einflüsse können wir sehr häufig auf einfache Art und Weise den Grad der statischen Unbestimmtheit ermitteln, wie nun an einigen Beispielen gezeigt werden soll.

Zunächst sehen wir, daß jede Rahmenform der Abb. 326 durch einen Schnitt, der die drei Einflüsse des Rahmenquerschnitts beseitigt, in ein statisch bestimmtes System verwandelt wird. Da aber durch den Querschnitt drei Einflüsse (Moment und zwei Kraftkomponenten) übertragen werden, so sind also alle Formen von einfachen geschlossenen Rahmen innerlich dreifach statisch unbestimmt. Diese innerlich statisch unbestimmten Rahmen können nun noch außerdem statisch unbestimmt gelagert sein (äußerlich statisch unbestimmt). So ist z. B. das in Abb. 327 dargestellte Stabgebilde vierfach statisch unbestimmt, als Rahmen innerlich dreifach und durch die Lagerung mit vier Fesseln (zwei festen Gelenken) äußerlich einfach. Bei einem solchen Rahmen mit steifen Anschlüssen treten, wie mehrfach erwähnt, an den Enden der Stäbe, also an den Stellen 1, 2 … 6 Biegemomente auf; das sind gegenüber dem Gelenkdreieck sechs Unbekannte mehr. Aber diese Biegemomente müssen an derselben Anschlußstelle einander gleich sein (weil ja für jeden Anschlußpunkt die Summe der Momente gleich Null sein muß!), so daß noch drei Bedingungen vorliegen, also nur drei Unbekannte übrigbleiben. Um die Anzahl der überzähligen Unbekannten an den beiden Rahmengebilden der Abb. 328a und 329a zu bestimmen, wenden wir wieder unser Schnittprinzip an, d. h. wir schneiden den Rahmen so lange durch, bis ein statisch bestimmtes Balkensystem, d. i. ein offener Rahmen (*ohne innere Öffnung*) entsteht. Wir sehen, daß wir das bei der Konstruktion Abb. 328 mit zwei Schnitten, bei Konstruktion in Abb. 329 mit drei Schnitten erreichen können. Jeder Schnitt durch einen Balken bedeutet die Beseitigung von drei Unbekannten, der Rahmen Abb. 328 ist also sechsfach, der Rahmen Abb. 329 neunfach unbestimmt.

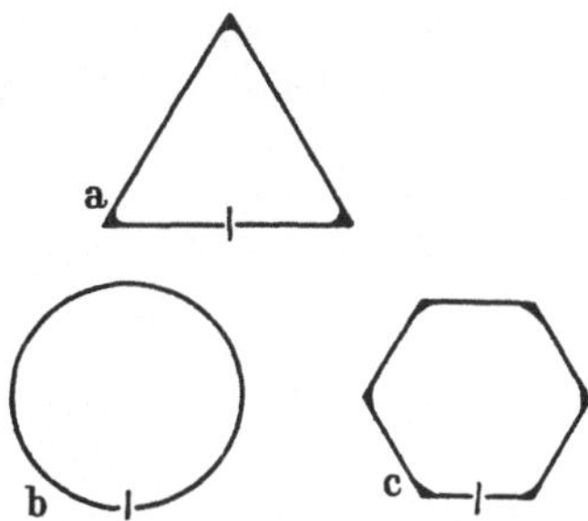

Abb. 326. Der starre geschlossene Rahmen.

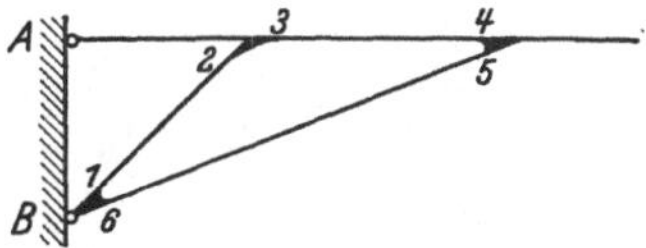

Abb. 327. Gelagerter geschlossener Rahmen mit überstehenden Teilen.

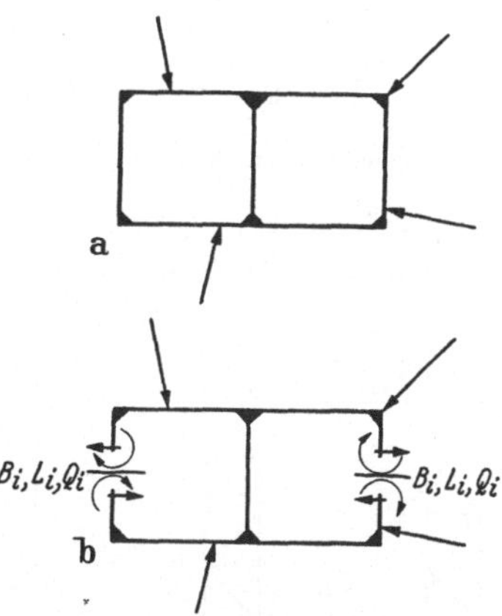

Abb. 328. Geschlossener Rahmen mit zwei inneren Öffnungen.

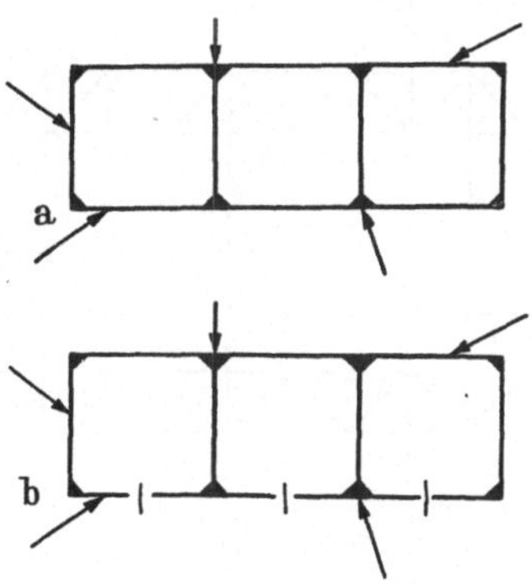

Abb. 329. Geschlossener Rahmen mit mehreren inneren Öffnungen.

Ähnlich wie wir nun früher den Begriff des Balkens und Rahmens auf Fachwerke ausgedehnt hatten, die im wesentlichen als der Länge nach ausgedehnte

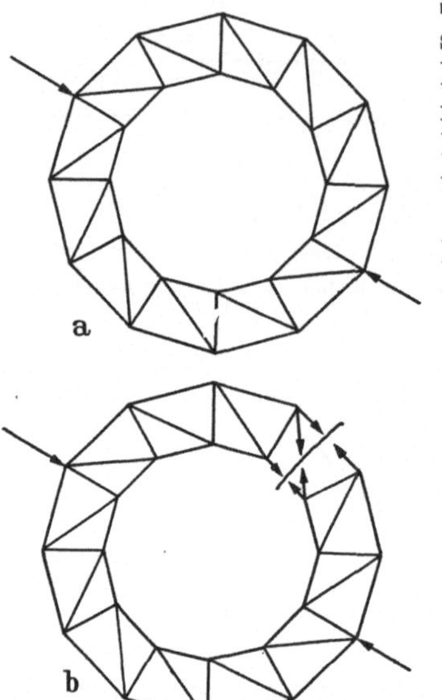

Scheiben ausgebildet waren, können wir eine entsprechende Erweiterung auch hier gelten lassen. Die in Abb. 330 und 331 dargestellten Rahmenfachwerke sind also entsprechend den obigen Betrachtungen dreifach und sechsfach statisch unbestimmt. Ein Schnitt durch die Wand des „Rahmens" der Abb. 330 zeigt hier auch tatsächlich, daß sich nach Wegnahme der drei Stäbe ein offenes, freies, statisch bestimmtes Fachwerk ergibt (Abb. 330 b). Wären diese drei Stabkräfte bekannt, so könnten alle anderen Stabkräfte ermittelt werden. Eine offene Ringscheibe, die aus lauter Stabdreiecken besteht, muß übrigens nicht immer statisch bestimmt sein. Das hängt ganz von dem Aufbau ab; sie ist sicher statisch bestimmt, wenn die Knoten nur auf dem Rande liegen, wie es hier angegeben ist.

Die beiden Schnitte am „Doppelrahmen" (Abb. 331 b), die zur Erreichung eines statisch bestimmten Rahmens nötig sind, beseitigen je drei, das sind im ganzen sechs überzählige Stabkräfte.

Abb. 330. Gegliederte Scheiben mit einer inneren Öffnung.

Führen wir diese beseitigten Stabkräfte wieder an den Schnittstellen als unbekannte äußere Kräfte ein, so sehen wir, daß an dem freien statisch bestimmten Fachwerk sechs Unbekannte auftreten. Das Fachwerk ist also sechsfach statisch unbestimmt.

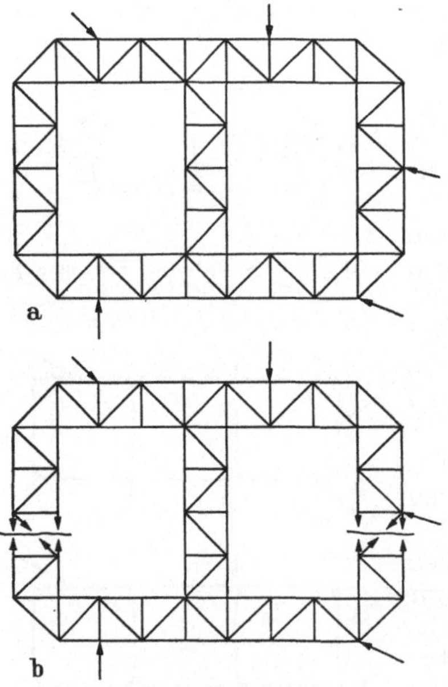

a

b

Abb. 331. Gegliederte Scheiben mit zwei inneren Öffnungen.

Es ist sehr wichtig, zu erkennen, wie man ein unbestimmtes System durch Fortnahme von entsprechenden Einflüssen in ein statisch bestimmtes überführen kann, weil bei der Berechnung eines unbestimmten Systems dieses immer erst in ein bestimmtes verwandelt

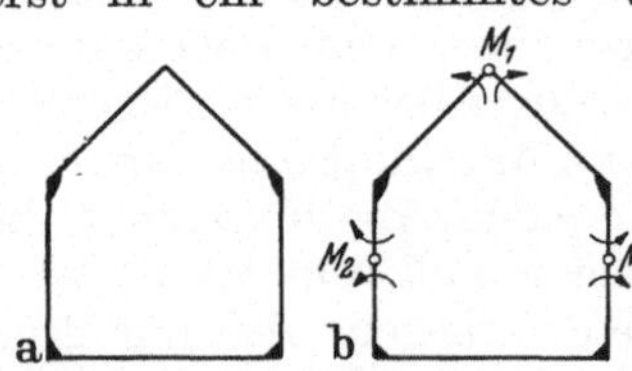

Abb. 332. Rückführung eines unbestimmten Systems auf ein bestimmtes.

werden muß. Das kann natürlich auch durch das Einführen von Gelenken geschehen, und so können auch diese benutzt werden, den Grad der Unbestimmtheit zu erkennen. Durch die Einführung eines Gelenkes wird ja das Biegemoment, das an der betreffenden Stelle im Balken weitergeleitet wird, herausgenommen, d. h. es kann nicht übertragen werden, während die beiden übrigen Einflüsse, Querkraft und Längskraft, durch das Gelenk übergeleitet werden. Wollen wir also nach Einfügung eines Gelenkes den alten wirklichen Zustand wiederherstellen, so müssen wir ein äußeres Moment, das in seiner Größe unbekannt ist, einführen. Im geschlossenen Rahmen der Abb. 332 erreichen wir z. B. durch Einführung von drei Gelenken eine statisch bestimmte Konstruktion (Dreigelenkbogen).

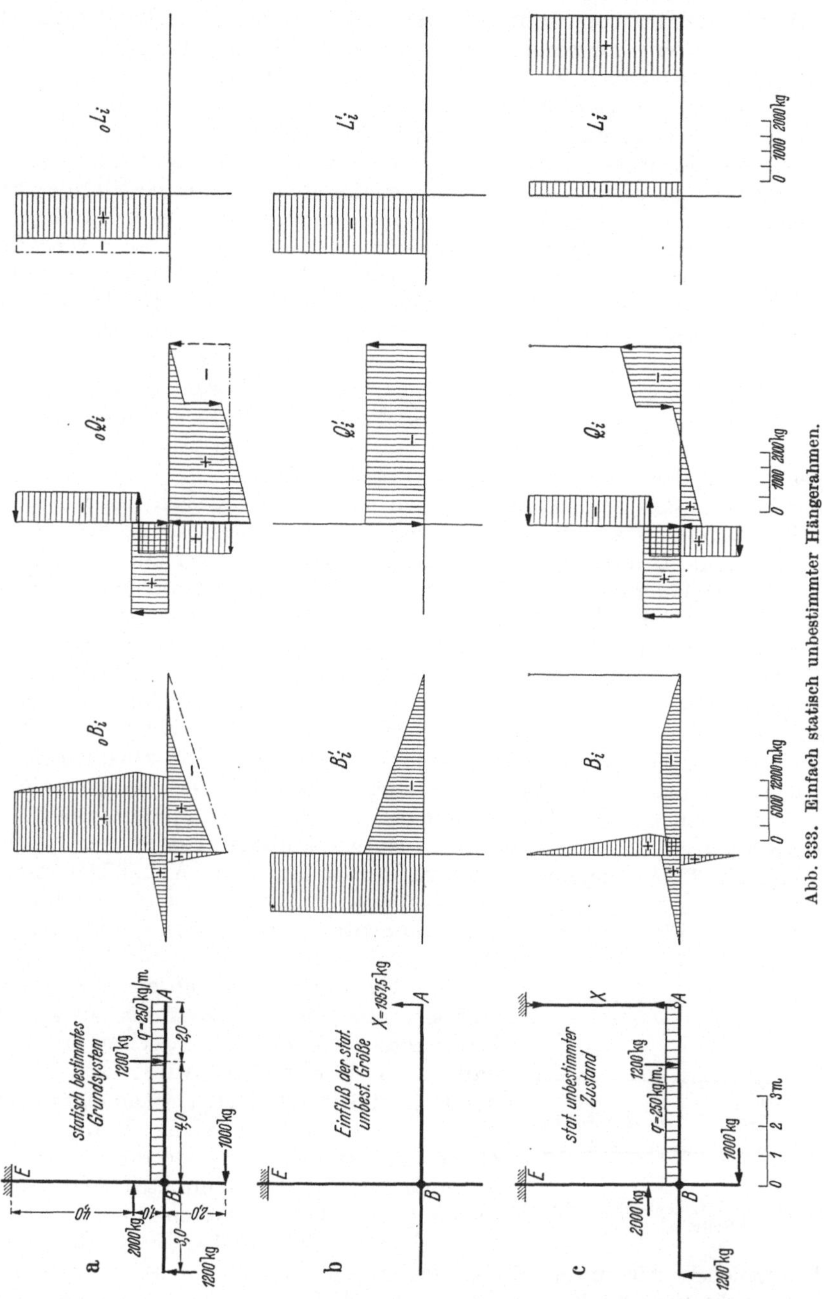

Abb. 333. Einfach statisch unbestimmter Hängerahmen.

Die durch die Einführung der Gelenke beseitigten Biegemomente sind als äußere Momente M_1, M_2 und M_3 an den Gelenkstellen einzuführen. Diese drei unbekannten Größen stellen jetzt die überzähligen Unbekannten dar. Wir sehen also auch hieraus, daß der einfach geschlossene Rahmen dreifach statisch unbestimmt ist.

Der Zweck, der allen diesen gedankenmäßigen Konstruktionsänderungen (Gelenk oder Schnitt) bei unbestimmten Gebilden zur Erreichung eines statisch bestimmten Aufbaus zugrunde liegt, ist die Sichtbarmachung der inneren Einflüsse, die die Konstruktion zu einer statisch unbestimmten machen. Durch den Schnitt oder die Einführung eines Gelenkes werden diese inneren Einflüsse frei, d. h. sichtbar gemacht, und müssen zur Wiederherstellung des *wirklichen* (statisch unbestimmten) Zustandes für das Restgebilde als unbekannte äußere Belastungen eingesetzt werden. Bei Berechnung statisch unbestimmter Systeme geht man immer in dieser Weise vor: Man schafft sich zuerst durch geeignete Anordnung dieser Reduziermittel (Schnitte, Gelenk u. a.), also Wegschaffung einzelner Einwirkungen, ein *statisch bestimmtes Grundsystem*, an dem man die durch die Änderungsmaßnahmen freigewordenen inneren Einflüsse als unbekannte, aber sichtbar gemachte äußere Beanspruchungen einführt. Die Berechnung dieser Größen gelingt aber dann nicht mehr mit einfachen Gleichgewichtsbedingungen, wir brauchen dazu Aussagen über die Formänderung, die aus der Festigkeitslehre entnommen werden. Sind diese Einflüsse berechnet, so hat man ein statisch bestimmtes Gebilde mit lauter bekannten Einwirkungen (Kräfte, Momente) und der Berechnung steht nichts im Wege.

Der in Abb. 333 gezeichnete Rahmen ist einfach statisch unbestimmt. Man kann ihn dadurch statisch bestimmt machen, daß man den rechten Stützungsstab fortnimmt. Um dann die wirklichen Verhältnisse zu erhalten, muß man, an Stelle des fortgenommenen Stabes, die in ihm tatsächlich wirkende Kraft X als äußere (bekannte) Kraft einführen. Die Berechnung dieser statisch unbestimmten Größe ist nur möglich unter Benutzung von Formänderungsbetrachtungen des Systems, auf die in diesem Buch nicht eingegangen wird. Es findet sich aus einer solchen Rechnung: $X = 1957{,}5$ kg. Auf das statisch bestimmte Grundsystem wirken also: die gegebenen äußeren Belastungen und die Kraft $X = 1957{,}5$ kg. Beide Lastgruppen lassen sich getrennt behandeln. Die wirklichen Einflußgrößen, Biegemoment, Querkraft und Längskraft, setzen sich demgemäß an jeder Stelle zusammen aus den Beanspruchungen infolge der äußeren Belastung und derjenigen durch X. Die ersteren, aus den äußeren Lasten hervorgehenden, sind in Abb. 333a, diejenigen infolge der Kraft X in Abb. 333b dargestellt. Die algebraische Addition liefert die tatsächliche Biegemomenten-, Querkraft- und Längskraftfläche (Abb. 333c).

Bei der Zurückführung eines *symmetrischen* statisch unbestimmten Systems auf ein statisch bestimmtes werden wir zweckmäßig beachten, daß es so durchgeführt wird, daß das entstehende Grundsystem wieder symmetrisch ist; man wird also Schnitte und Gelenke in der Symmetrieebene oder symmetrisch zu ihr anbringen. Die Vereinfachungen der Symmetrie und Gegensymmetrie (vgl. S. 171) gestatten uns dann durchweg eine leichtere Weiterbehandlung der Aufgaben.

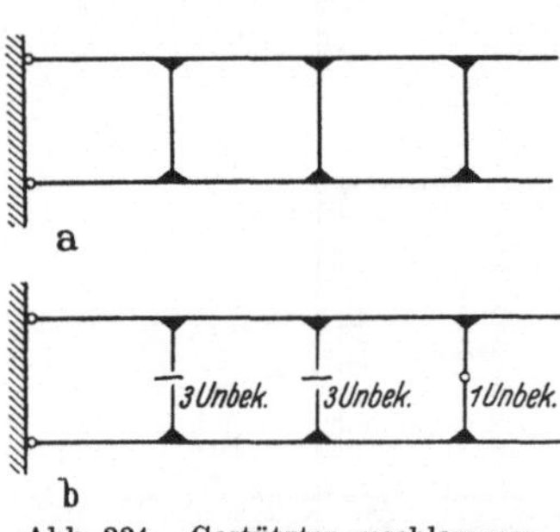

Abb. 334. Gestützter geschlossener Rahmen.

Untersuchen wir unter diesen Gesichtspunkten die in Abb. 334a gegebene statisch unbestimmte Konstruktion, so finden wir, daß dieser „Rahmenträger" siebenfach statisch unbestimmt ist. Als Grundsystem kann man hier den in Abb. 334b dargestellten statisch bestimmten Dreigelenkbogen auffassen, auf dem an den beiden Schnittstellen je drei Unbekannte wirken und am Gelenk das unbekannte Biegemoment auftritt.

Der in Abb. 335a dargestellte Fachwerkträger mit gelenkartigen Anschlüssen ist statisch bestimmt, da er nach dem ersten Bildungsgesetz aufgebaut ist. Sind dagegen steife Knotenanschlüsse vorhanden (die bei Stahlstäben praktisch erreicht werden durch entsprechende Knotenbleche, auf die die einzelnen Stäbe fest aufgenietet oder geschweißt sind), so wird es vielfach statisch unbestimmt (Abb. 335b). Als Grundsystem kann man das bestimmte Fachwerk in Abb. 335a betrachten. Während bei diesem Fachwerk an den Anschlußstellen für die Stäbe keine Momente auftreten können, wird jetzt infolge der starren Verbindung am Ende eines jeden Stabes ein Biegungsmoment übertragen. Es treten also z. B. bei dem Knoten III (Abb. 335c) gegenüber dem Fachwerk mit gelenkigen Anschlüssen an neuen Unbekannten vier Endmomente auf; allerdings gibt dieses nicht vier neue Unbekannte, da die Summe dieser Momente gleich Null sein muß (weil ja der Knotenpunkt III in Ruhe bleibt). Wir erhalten allgemein bei k Endstäben, die an einem Punkte zusammentreffen $(k-1)$ neue Unbekannte, nämlich die Endmomente. Der in Abb. 335b dargestellte Träger ist demgemäß 16fach unbestimmt. Wäre etwa der erste obere Gurtstab eingespannt, so wäre er 17fach unbestimmt. Sind die Diagonalstäbe biegungsweich (Drähte) bzw. an ihren Endpunkten drehbar angeschlossen, so läßt sich die Konstruktion gemäß Abb. 336a darstellen. Das Fachwerk ist dann nur zehnfach statisch unbestimmt. Es wirken in diesem Träger nur die Rahmen- und Pfostenstäbe als Balken (mit Biegemoment, Querkraft und Längskraft), während die Diagonalen nur als Stäbe (Längskraft allein) anzusprechen sind. Sind auch die Pfosten gelenkartig angeschlossen (Abb. 336b), aber die beiden Gurte durchlaufend, dann liegt ein vierfach statisch unbestimmtes System vor.

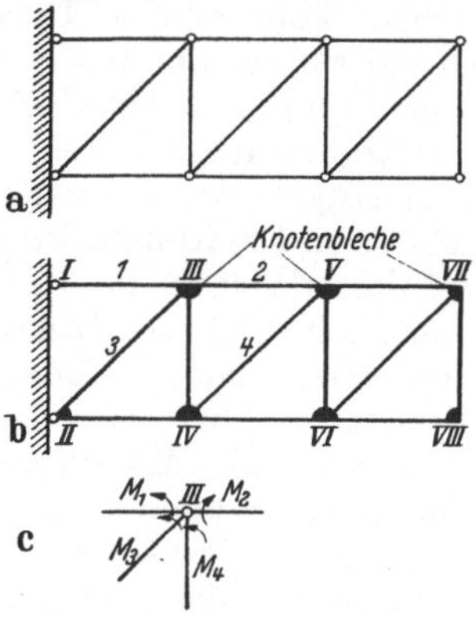

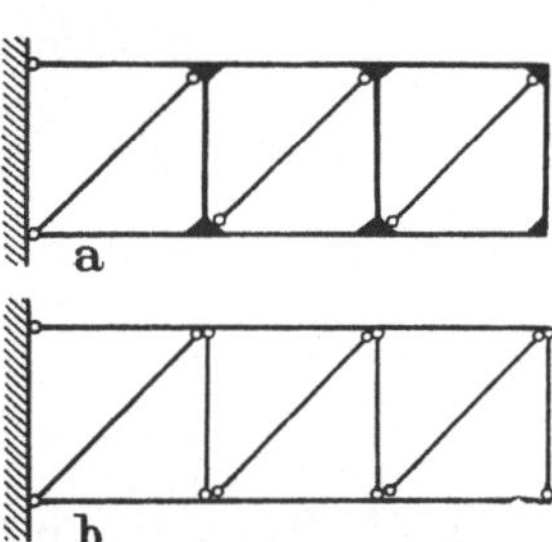

Abb. 335. Gestütztes Fachwerk mit gelenkigen und steifen Stabanschlüssen.

Abb. 336. Verschiedenartige Stabanschlüsse eines Fachwerkträgers.

Es wurde auf diese Verhältnisse eingegangen, weil es von besonderer Bedeutung ist, daß man sich über die Wirkung der verschiedenen Anschlüsse ganz klar ist. Greifen die Lasten bei diesen Fachwerken der Abb. 335, 336 nicht in den Knoten an, so entstehen schon beim Grundsystem (Abb. 335a) nicht nur Längskräfte in den Stäben, sondern auch Querkräfte und Biegungsmomente; die betreffenden Stäbe sind also nun wieder als Balken gesondert zu behandeln, wie dies unter Nr. 78 (S. 238) ausgeführt wurde. Das Grundsystem bleibt aber auch bei dieser Belastung statisch bestimmt, und bei den unbestimmten Gebilden ist die Anzahl der statisch unbestimmten Größen wieder die gleiche, da mit den gleichen Maßnahmen ein statisch bestimmtes Grundsystem geschaffen wird.

Übungsaufgaben über ebene Gemischtsysteme.

1. Aufgabe. Auf den in Abb. 337 gezeichneten Auslegerkran wirken die Last P, die über die angegebenen Rollen geführt ist, und ein Gegengewicht G. Gesucht sind die Lagerreaktionen in den Punkten A und B und die Beanspruchungsgrößen in allen Teilen.

Lösung. In seiner wirklichen Ausführung ist ein derartiger Kran wohl statisch unbestimmt, da die Stäbe an ihren Enden steif miteinander verbunden sind. Die statisch unbestimmten Größen werden aber verhältnismäßig klein, so daß die aus dem betrachteten bestimmten Grundsystem errechneten Kräfte eine genügend sichere konstruktive Durchführung erlauben. Als statisch bestimmtes ebenes Grundsystem führen wir das in Abb. 337a dargestellte ein. Die Kransäule V und Stab ② sind mit dem Balken I gelenkartig verbunden, ebenso Stab ③ und ④ mit der Kransäule (man denke sich diese Anschlußpunkte außerhalb des eigentlichen Balkens gelegen). Ferner sind die Stäbe ②, ③, ④ gelenkartig aneinander angeschlossen. Die Konstruktionsteile ②, ③, ④ sind reine Stäbe, die nur Längskräfte erhalten, dagegen die Teile I und V Balken. An dem durch ein festes Lager A und ein bewegliches Lager B festgelegten Balken V (Kransäule) ist Punkt M durch die Stäbe ③ und ④ eindeutig angeschlossen. Der Balken I ist im Punkt C mit zwei Fesseln drehbar angefügt (festes Auflager) und im Punkt D durch einen Stützungsstab. Mit diesem Balken beginnen wir die Untersuchung; alle Rollendurchmesser können zunächst als vernachlässigbar klein angenommen werden.

Auf den Balken wirken als Lasten G, P und die drei Seilkräfte $K = P$; sie müssen im Gleichgewicht stehen mit den Kräften C_h, C_v (Komponenten der Reaktion C auf den Balken) und S_2 (Abb. 337b). Als Gleichgewichtsbedingungen werden verwendet die Momentenbedingungen für den Punkt C und D und die Komponentenbedingung für waagerechte Kräfte. Die Komponenten der schräg laufenden Seilkraft K sind dabei bestimmt durch

$$K_v = K \cdot \frac{5{,}5}{\sqrt{5{,}5^2 + 2{,}3^2}},$$

$$K_v = 4000 \cdot \frac{5{,}5}{5{,}96} = 3690 \text{ kg (von oben nach unten gerichtet)},$$

$$K_h = 4000 \cdot \frac{2{,}3}{5{,}96} = 1545 \text{ kg (nach links verlaufend)}.$$

1. $(\sum M)_C = 0$: $4000 \cdot 6{,}75 - S_{2v} \cdot 4{,}7 + K_v \cdot 2{,}3 - 6000 \cdot 2{,}0 = 0$,

$$S_{2\,v} = 5000 \text{ kg.}$$

2. $(\sum M)_D = 0$: $6000 \cdot 6{,}7 + 3690 \cdot 2{,}4 - 4000 \cdot 2{,}05 - C_v \cdot 4{,}7 = 0$,

$$C_v = 8695 \text{ kg.}$$

Da $\dfrac{S_{2h}}{S_{2v}} = \dfrac{2{,}4}{1{,}55}$,

so ist:

$$S_{2\,h} = 5000 \cdot \frac{2{,}4}{1{,}55} = 7740 \text{ kg.}$$

3. $\sum X_i = 0$: $-S_{2h} + K_h + C_h = 0$

$$+7740 - 1545 = C_h = 6195 \text{ kg.}$$

Die Stabkräfte S_3 und S_4 findet man, nach Berechnung von S_2, am Knotenpunkt M durch das zugehörige Krafteck.

Die Fesselkräfte A_h, A_v und B der Kransäule ermittelt man am bequemsten, indem man die Gesamtkonstruktion betrachtet; es müssen die Lasten P und G mit den Fesselkräften im Gleichgewicht stehen. Es ergibt sich:

$(\sum M)_A = 0$: $4000 \cdot 6{,}75 - 6000 \cdot 2{,}0 = B \cdot 5{,}0$,

$$B = 3000 \text{ kg (nach links).}$$

$\sum H = 0$: $A_h = B = 3000$ kg (nach rechts).

$\sum V = 0$: $A_v = P + G = 4000 + 6000 = 10\,000$ kg.

Damit sind alle Kräfte ermittelt, die auf die Kransäule wirken: C, S_3, B, S_4, Seilkraft K und A, und es steht der Untersuchung der Kransäule nichts im Wege.

Bevor darauf eingegangen wird, möge noch gezeigt werden, wie die entsprechenden Kräfte graphisch zu ermitteln sind. Wir trennen den Balken I von der übrigen

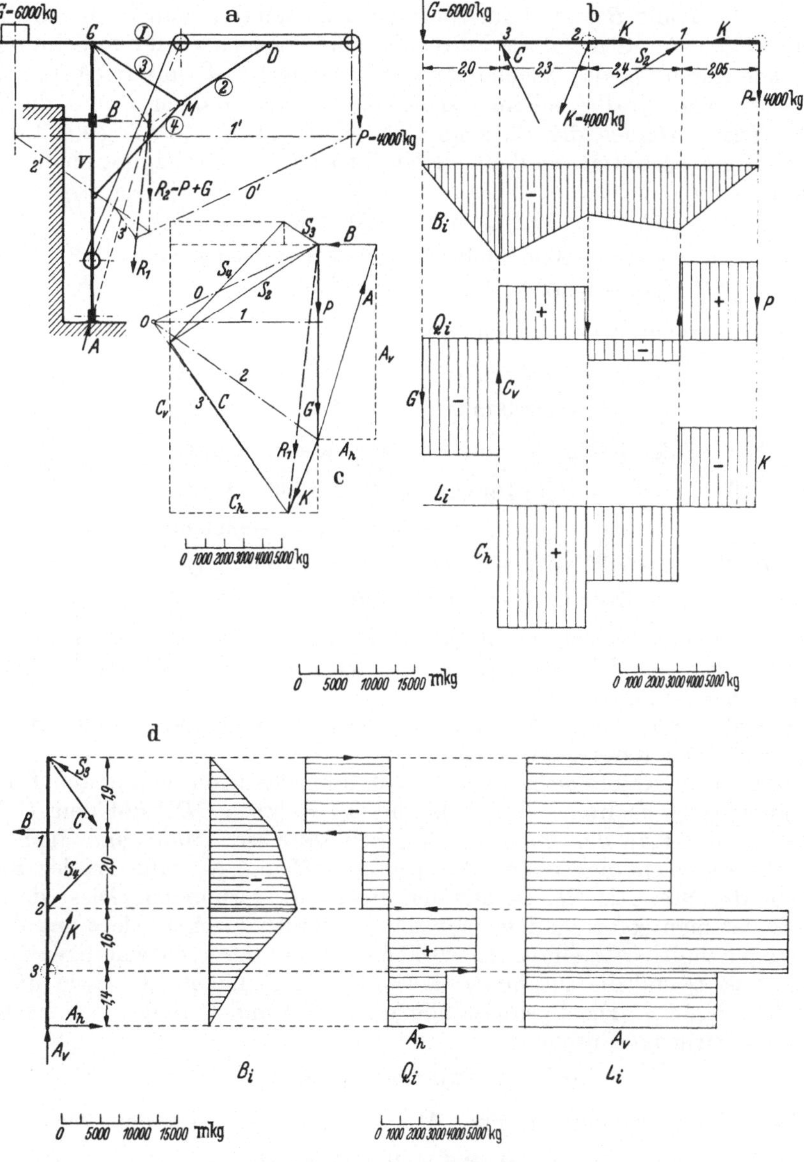

Abb. 337. Übungsbeispiel.

Konstruktion ab. Auf ihn wirken dann, außer den Lasten P und G, noch die geschnittenen Kräfte (frei gewordene innere Kräfte) K, S_2 und C, von denen die letzte nach Größe und Richtung und die vorletzte nach Größe unbekannt sind. Man ermittelt aus P, G und K die Resultierende R_1 (mit Krafteck und Seileck); der Schnittpunkt von S_2 mit R_1 gibt dann den Punkt an, durch den auch C gehen muß, und das zu R_1, S_2 und C gehörige Krafteck liefert die Größen der unbekannten Kräfte C und S_2. Nach Ermittlung von S_2 ergibt das Kraftdreieck aus S_2 und den Parallelen zu den Stäben ③ und ④ die Stabkräfte S_3 und S_4. Damit sind alle Lasten, die auf die Kransäule wirken, bekannt: C, S_3, S_4 und K (an der Rolle auf der Säule); es fehlen nur noch A und B. Die letzteren können wieder dadurch ermittelt werden, daß man die Gesamtkonstruktion betrachtet: es müssen P, G mit B und A im Gleichgewicht stehen; man bringt die Resultierende R_2 aus P und G zum Schnitt mit B und zieht nach ihrem Schnittpunkt eine Gerade durch A; das zugehörige Krafteck liefert A und B (Abb. 337c).

Nachdem alle Kräfte bekannt sind, die auf den Balken I und die Kransäule V wirken, können die Biegemomente, Querkräfte und Längskräfte in der üblichen Weise bestimmt werden. Es ergibt sich für die Biegungsmomente am Balken I:

$$B_1 = -4000 \cdot 2{,}05 = -8200 \text{ mkg},$$
$$B_2 = -4000 \cdot 4{,}45 + 5000 \cdot 2{,}4 = -5800 \text{ mkg},$$
$$B_3 = -6000 \cdot 2{,}0 = -12000 \text{ mkg},$$

bzw. beim Betrachten des linken Teiles:

$$B_3 = -4000 \cdot 6{,}75 + 5000 \cdot 4{,}7 - 3690 \cdot 2{,}3$$
$$= -12000 \text{ mkg}.$$

Für die Kransäule finden sich die Biegungsmomente am

Punkt (1): $(S_{3h} - C_h) \cdot 1{,}9 = [-6195 + 1790] \cdot 1{,}9$
$$= -4405 \cdot 1{,}9 = -8360 \text{ mkg},$$

Punkt (2): $-4405 \cdot 3{,}9 + 3000 \cdot 2{,}0 = -11160 \text{ mkg},$

Punkt (3): $-3000 \cdot 1{,}4 = -4200 \text{ mkg}.$

Mit den erhaltenen Werten wurden die Momentenflächen für Balken und Kransäule aufgezeichnet. Die Auftragung von Querkraft- und Längskraftfläche geschieht in bekannter Weise.

2. Aufgabe. Für das in Abb. 338a dargestellte Tragsystem sollen die Beanspruchungsgrößen untersucht werden.

Lösung. Das System ist so gestaltet, daß an das nach dem ersten Bildungsgesetz aufgebaute Fachwerk der rechtwinklige Rahmen CDE mit dem Gelenk C und dem Stab 24 an das Fachwerk angeschlossen ist. Man kann auch sagen: Das Fachwerk reicht nur bis zu den Punkten M und N, dann ist der Rahmen durch die drei Stäbe 22, 23, 24 mit dem Fachwerk verbunden. Diese drei Stabkräfte findet man sofort, indem man einen Schnitt durch sie legt und den Teil rechts vom Schnitt betrachtet. Es wirken dann auf den rechtwinkligen Rahmen ein: die Last Q und die zusammenhängende Belastung $q \cdot 7{,}0$ sowie die Stabkräfte S_{22}, S_{23}, S_{24}. Die Resultierende aus $q \cdot 7{,}0$ und Q findet sich nach ihrer Größe und Richtung durch:

$$R = 40 \cdot 7{,}0 + 400 = 680 \text{ kg};$$

nach Lage durch Aufstellung einer Momentengleichung für den Punkt D:

$$q \cdot 7{,}0 \cdot 3{,}5 + 400 \cdot 7{,}0 = R \cdot x,$$
$$x = 5{,}55.$$

Die drei gesuchten Stabkräfte sind in Abb. 338b auf graphischem Wege mit Hilfe des CULMANNschen Verfahrens ermittelt: S_{24} wurde mit R zum Schnitt gebracht, dadurch die Hilfslinie h festgelegt und in bekannter Weise weiter verfahren. Es sei ausdrücklich darauf hingewiesen, daß an dem Punkt C kein Gleichgewicht zwischen S_{22}, S_{23} und der Kraft in Richtung des Pfostens besteht, da ja letzterer auf Biegung beansprucht wird und das erwähnte Gleichgewicht nur dann vorhanden wäre, wenn in CD nur eine Längskraft aufträte.

Der waagerechte Balken DE erhält ebenfalls Biegungsbeanspruchung. Die Momentenfläche für den ganzen rechteckigen Rahmen ist in Abb. 338d dargestellt.

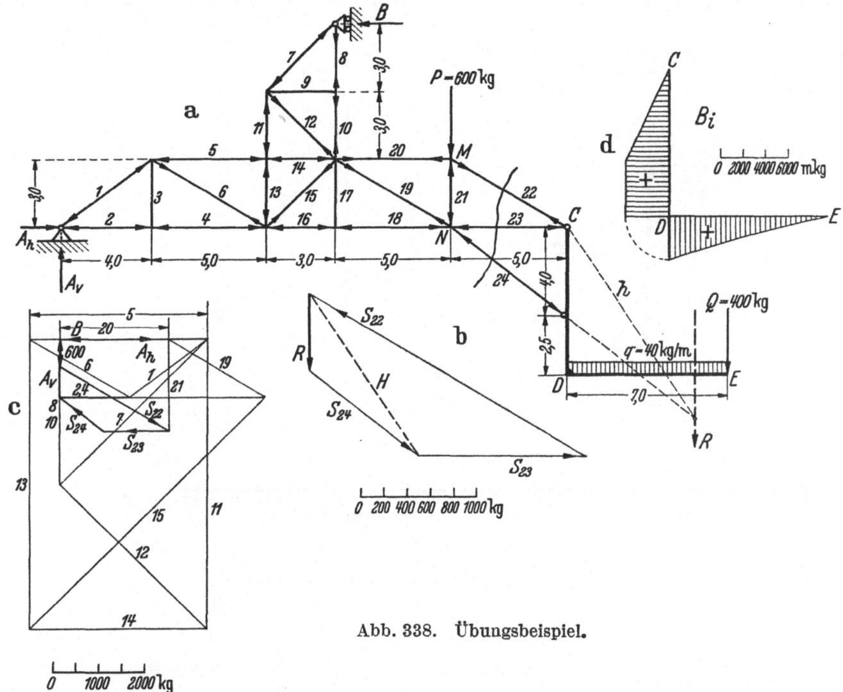

Abb. 338. Übungsbeispiel.

Die Lagerreaktionen A und B des Gesamtsystems werden am einfachsten aus der Betrachtung der ganzen Konstruktion ermittelt. Es findet sich:

1. $\sum V = 0$: $A_v - 600 - 40 \cdot 7{,}0 - 400 = 0$,

   $A_v = 1280$ kg (nach oben).

2. $(\sum M)_A = 0$: $600 \cdot 17{,}0 + 400 \cdot 29{,}0 + 280 \cdot 25{,}5 = B \cdot 9{,}0$,

   $B = 3215$ kg (nach links).

3. $(\sum M)_B = 0$: $400 \cdot 17{,}0 + 280 \cdot 13{,}5 + 600 \cdot 5{,}0 + 1280 \cdot 12{,}0 - A_h \cdot 9{,}0 = 0$,

   $A_h = 3215$ kg (nach rechts).

Als Kontrolle dient:

$\sum H = 0$: $A_h - B = 0$,

   $3215 - 3215 = 0$.

Das Polygon aller äußeren Kräfte mit dem Umlaufsinn des Uhrzeigers um die ganze Konstruktion ist gegeben durch P, $q \cdot 7{,}0$, Q, A_v, A_h, B. Wenn man nur den, oben erwähnten, abgetrennten linken Teil betrachtet, besteht das Krafteck aus den Kräften: P, S_{22}, S_{23}, S_{24}, A_v, A_h und B (Abb. 338c). Die Einzeichnung des Cremonaplans in dieses Krafteck bereitet keine Schwierigkeiten. Man fängt etwa an A an, ermittelt der Reihe nach die Stabkräfte 1, 2, 3, 4, 5, 6. Der nächste Knotenpunkt bietet allerdings drei Unbekannte, und man wird, um weiter zu kommen, deshalb nach Ermittlung von S_5 und S_6 den Punkt B betrachten und kann dann für alle Knotenpunkte die Kraftecke einzeichnen.

3. Aufgabe. In dem in Abb. 339 dargestellten Drehkran sind die Stäbe und Balken zu untersuchen.

Lösung. Das Gebilde der Stäbe ① bis ⑥ mit dem waagerechten Balken I ist auf dem eingespannten Pfosten AB gelagert, und zwar in A als festem und in B als beweglichem Lager. Dieses System übt auf den Pfosten Kräfte aus,

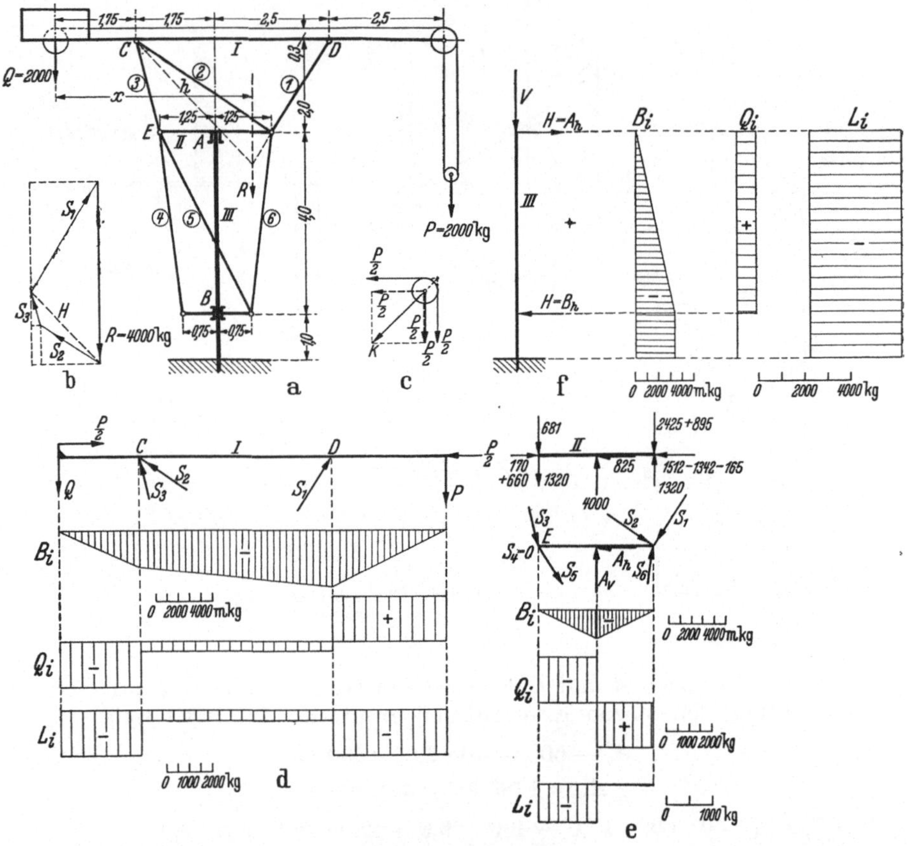

Abb. 339. Übungsbeispiel.

in A eine waagerechte und lotrechte Kraft, H bzw. V, und in B nur eine waagerechte Kraft H (Abb. 339f). Die umgekehrten Kräfte A_h, A_v, B_h sind die Reaktionen, die von dem Pfosten auf das obere System wirken. Diese Lagerreaktionen müssen mit den wirkenden Lasten Q und P im Gleichgewicht stehen. Es ergeben sich die drei Gleichungen:

1. $(\sum M)_A = 0:$ $P \cdot 5{,}15 - Q \cdot 3{,}5 - B_h \cdot 4{,}0 = 0,$
$$B_h = 825 \text{ kg (nach rechts).}$$

2. $\sum V = 0:$ $A_v = G + P = 4000 \text{ kg (nach oben).}$

3. $\sum H = 0:$ $A_h = B_h = 825 \text{ kg (nach links).}$

Das Aufzeichnen der Flächen der Beanspruchungsgrößen bietet für den Pfosten nun keine Schwierigkeiten (Abb. 339f).

Wir nehmen an, die Stäbe ① bis ⑥ seien gelenkartig miteinander verbunden und ebenso die Stäbe ①, ②, ③ an den Balken I drehbar angeschlossen. Alsdann liegt ein statisch bestimmtes System vor und die Stäbe ①, ②, ..., ⑥ sind Stäbe mit einer konstanten Längskraft. Die Teile I und II sind, ebenso wie der Pfosten, Balken, die durch Biegung, Querkräfte und Längskräfte beansprucht werden. Bei der wirklichen Ausführung ist natürlich das ganze System statisch unbestimmt, wenn die gelenkartigen Anschlüsse durch steife Verbindungen ersetzt sind.

Wir gehen von dem waagerechten Balken I aus, der im Punkt C auf den beiden Stützungsstäben ② und ③ und in D auf dem Stützungsstab ① ruht, haben also einen Balken mit drei Fesseln, d. h. eine statisch bestimmte Konstruktion (Abb. 339 d). Die Resultierende aus den Stabkräften S_2 und S_3 gibt die Lagerreaktion in C an, die Stabkraft S_1 wirkt unmittelbar in ihrer Richtung auf den Balken. Wir denken uns sowohl C wie S_1 in je eine waagerechte und eine lotrechte Komponente zerlegt und können dann mit der Momentengleichung für den Punkt C die Kraft S_1 ermitteln:

$$(\textstyle\sum M)_C = 0: \quad 2000 \cdot 6,9 - 2000 \cdot 1,75 - S_{1,v} \cdot 4,25 = 0,$$
$$S_{1\,v} = 2425 \text{ kg (nach oben gerichtet)};$$

ferner ist:
$$S_{1\,v} : S_{1\,h} = 2 : 1,25,$$
$$S_{1\,h} = 1512 \text{ kg (nach rechts gerichtet)}.$$

Weiter ergibt sich:
$$\textstyle\sum V = 0: \quad 4000 - 2425 - C_v = 0,$$
$$C_v = 1575 \text{ kg (nach oben)}.$$
$$\textstyle\sum H = 0: \quad C_h = S_{1\,h} = 1512 \text{ kg (nach links)}.$$

Mit Hilfe von C findet man leicht die Stabkräfte S_2 und S_3 mittels zweier Komponentenbedingungen, z. B. unter Verwendung der Formeln (17).

Es ist:
$$l_2 = \sqrt{3,0^2 + 2,0^2} = 3,61 \text{ m}.$$
$$l_3 = \sqrt{0,5^2 + 2,0^2} = 2,06 \text{ m}.$$
$$\frac{S_2}{3,61} \cdot 3,0 + \frac{S_3}{2,06} \cdot 0,5 = -1512,$$
$$\frac{S_2}{3,61} \cdot 2,0 + \frac{S_3}{2,06} \cdot 2,0 = -1575,$$
$$S_2 = -1612 \text{ kg},$$
$$S_3 = -\ 701 \text{ kg}.$$

Beide Stäbe erhalten also Druck.

Zur graphischen Ermittlung bildet man die Resultierende R aus Q und P. Ihre Größe ist bestimmt durch
$$R = P + Q$$
$$= 4000 \text{ kg}.$$

Ihre Lage errechnet sich aus der Momentengleichung für den Angriffspunkt von Q:
$$R \cdot x = 2000 \cdot 8,65,$$
$$x = 4,325 \text{ m}.$$

Diese Kraft R kann nach dem CULMANNschen Verfahren mit S_1, S_2, S_3 ins Gleichgewicht gesetzt werden (Abb. 339 a, b).

Beim Aufzeichnen der Momentenfläche für den Balken I muß man die Seilkraft im einzelnen verfolgen. Auf der linken Seite am Gegengewicht G wirkt die Seilkraft $P/2$ waagerecht nach rechts; an der rechten Rolle wirken als Seilkräfte $P/2$ waagerecht nach links und die beiden Kräfte $P/2$ lotrecht nach unten, eine in der Entfernung von 0,3 m vom Rollenmittelpunkt. Die waagerechte Seilkraft $P/2$ und die letztere lotrechte $P/2$ lassen sich zu einer Resultierenden K vereinen, die durch den Rollenmittelpunkt geht und unter $45°$ verläuft; ihre Komponenten sind je $P/2$. Es wirken demgemäß an der Rolle diese Resultierende K durch den Mittelpunkt und die Seilkraft $P/2$ nach unten, ebenfalls durch den Mittelpunkt (Abb. 339c). Diese beiden Kräfte zusammen ergeben eine Komponente $P/2$ in der Balkenachse nach links und eine von der Größe $2 \cdot P/2$ durch den Rollenmittelpunkt nach unten. Diese Kräfte sind in Abb. 339d eingetragen. Die Ermittlung der Momenten-, Querkraft- und Längskraftfläche geschieht dann auf üblichem Wege.

Auf den mittleren waagerechten Balken II wirken von oben die Stabkräfte S_3 bzw. S_1 und S_2; sie sind in waagerechte und lotrechte Komponenten zerlegt, die in Abb. 339e eingetragen sind. Außerdem wirken auf den Balken II noch A_v, A_h, die oben berechnet sind, ferner als zunächst unbekannte Kräfte S_5, S_6 und S_4. Die letzte Stabkraft muß allerdings Null sein, wie aus dem unteren Knotenpunkt des Stabes ④ hervorgeht. Die Momentengleichung für den Punkt E ergibt:

$$(\textstyle\sum M)_E = 0: \qquad 3320 \cdot 2{,}5 - 4000 \cdot 1{,}25 = S_{6,v} \cdot 2{,}5,$$

$$S_{6\,v} = 1320 \text{ kg (nach oben gerichtet)}.$$

Es findet sich weiter:

$$S_{6\,h} : S_{6\,v} = 0{,}50 : 4{,}0,$$

$$S_{6\,h} = 165 \text{ kg (nach rechts)},$$

$$S_6 = \sqrt{1320^2 + 165^2} = 1334 \text{ kg (Druck)}.$$

Die Bedingung $\textstyle\sum V = 0$ für den unteren Knotenpunkt liefert:

$$S_{5\,v} = S_{6\,v} = 1320 \text{ kg}.$$

Dann ist:
$$S_{5\,h} : S_{5\,v} = 2{,}0 : 4{,}0,$$

$$S_{5\,h} = \frac{1}{2}\, S_{5\,v} = \frac{1320}{2}\,\text{kg} = 660 \text{ kg (nach rechts)}.$$

Das Biegungsmoment in der Mitte des Balkens II ergibt sich zu

$$B_M = -\,3320 \cdot 1{,}25 + 1320 \cdot 1{,}25$$
$$= -\,2500 \text{ mkg}.$$

Die Längskraftfläche erstreckt sich für den Balken II zwischen E und A in der Größe -830 kg, die Summe der waagerechten Komponenten von S_1, S_2, S_6 liefert die Größe der Längskraft für die rechte Balkenhälfte zu -5 kg.

4. Aufgabe. In der Verladeanlage der Abb. 340 sollen die Beanspruchungsgrößen der Stäbe und Balken ermittelt werden.

Lösung. Das Fachwerk der Stäbe ⑧, ⑨ ... ㉒, bei dem die Stäbe gelenkartig miteinander verbunden sein sollen, ist durch das feste Lager A (Gelenk) und den Stützungsstab in B an die Erde angeschlossen und ist dadurch ein statisch bestimmter Fachwerksträger. Die Stäbe erhalten nur Längskräfte. An dem Fachwerk ist der Punkt E durch zwei Stäbe ⑥ und ⑦ festgelegt. Von C und E aus ist dann der Balken DC unverschieblich gehalten. Statisch bestimmt ist das ganze System nur unter Annahme der eingezeichneten Gelenke.

Die Lagerkraft A mit ihren Komponenten A_v und A_h und die Kraft des Stützungsstabes B müssen mit den auf das *gesamte* System wirkenden Lasten im Gleichgewicht stehen. Die Bedingung

$$\sum H = 0$$

liefert $\qquad\qquad\qquad\qquad A_h = 0\,.$

A_v und B werden in üblicher Weise aus den Momentengleichungen für den oberen Punkt des Stabes B bzw. für den Punkt A berechnet.

$$(\textstyle\sum M)_B = 0: \quad -5000 \cdot 15{,}5 + 1000 \cdot 1{,}5 + 1500 \cdot 3{,}0 + 1200 \cdot 6 = A_v \cdot 10{,}5\,,$$

$$A_v = -6120 \text{ kg (nach unten).}$$

$$(\textstyle\sum M)_A = 0: \quad 5000 \cdot 26{,}0 + 1000 \cdot 9{,}0 + 1500 \cdot 7{,}5 + 1200 \cdot 4{,}5 = B \cdot 10{,}5\,,$$

$$B = 14\,820 \text{ kg (nach oben).}$$

Als Probe: $\quad \sum V = 0: \quad 5000 + 1000 + 1500 + 1200 = 14\,820 - 6120\,.$

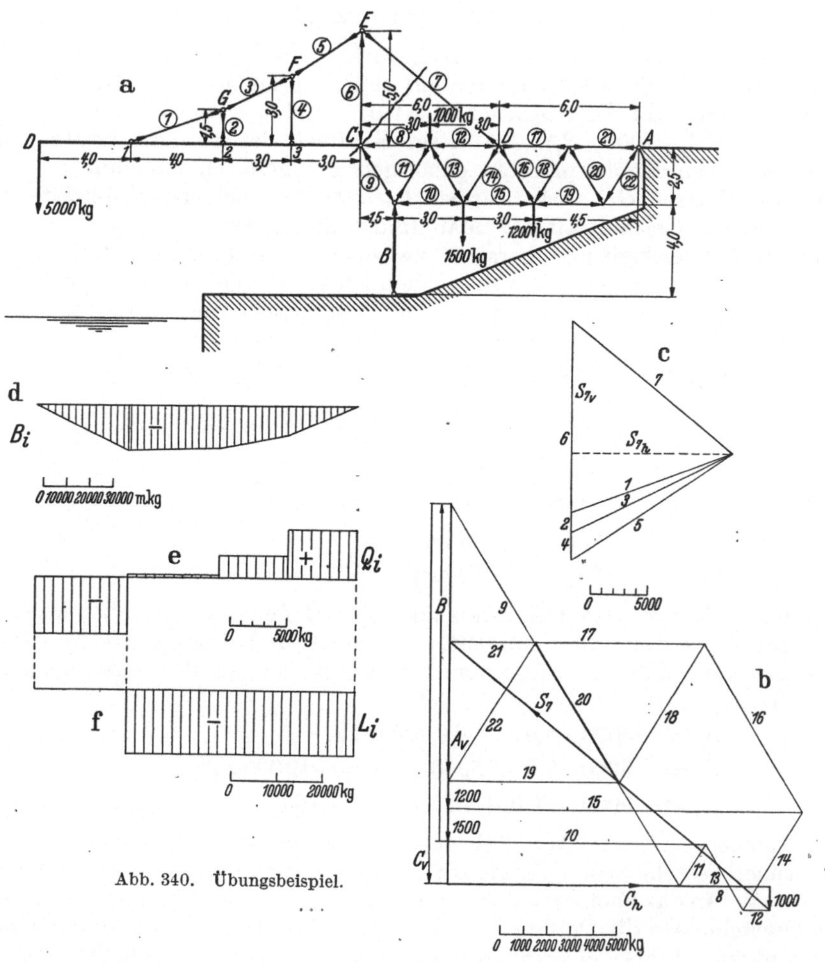

Abb. 340. Übungsbeispiel.

Um die Kräfte der Fachwerkstäbe finden zu können, benötigt man noch die Kraft im Stab ⑦. Man findet sie vermittels des durch das Gelenk C und den Stab ⑦ gelegten Schnittes, indem man für den Punkt C das Moment aller Kräfte links vom Schnitt aufstellt:

$$-5000 \cdot 14{,}0 + S_{7h} \cdot 5{,}0 = 0,$$
$$S_{7h} = 14000 \text{ kg},$$
$$S_{7v} = \frac{5}{6} \cdot 14000 = 11670 \text{ kg}.$$

$$S_7 = \sqrt{14000^2 + 11670^2} = 18240 \text{ kg (Zug)}.$$

Beginnend mit Knotenpunkt A kann nun der Kräfteplan aufgezeichnet werden (Abb. 340b). Er liefert auch die Stabkräfte S_8 und S_9, bietet aber an sich keine Kontrolle, da die im Punkt C auf das Fachwerk übertragene Kraft noch nicht bekannt ist. Zweckmäßig wird man darum erst diese Gelenkkraft C ausrechnen; sie muß für den abgeschnittenen linken Teil im Gleichgewicht stehen mit 5000 kg und S_7. Es ergibt sich:

$$C_v = 5000 + S_{7v} = 5000 + 11670 = 16670 \text{ kg (nach oben)}.$$
$$C_h = S_{7h} = 14000 \text{ kg (nach links)}.$$

Die umgekehrten Kräfte C_v und C_h wirken im Punkt C auf das Fachwerk ein und müssen mit allen anderen an ihm angreifenden Kräften im Gleichgewicht stehen. Ihr Krafteck (Abb. 340b) muß geschlossen sein (A_v, 1200, 1500, B, C_v, C_h, 1000, S_7). In dieses Krafteck der äußeren Kräfte sind die zu den einzelnen Knotenpunkten gehörigen Polygone eingezeichnet.

Auf den Balken CD wirken außer $P = 5000$ kg noch die Stabkräfte S_1, S_2, S_4, S_6 und die Gelenkkraft C. Man findet die fehlenden Kräfte, indem man am Punkt E Gleichgewicht herstellt zwischen S_7 und S_5, S_6, dann weiter an Punkt F zwischen S_5, S_4, S_3 und schließlich an G Gleichgewicht zwischen S_3, S_2 und S_1 (Abb. 340c). Man kann auch auf grapho-analytischem Wege vorgehen, indem man für die Knotenpunkte E, F und G die Kraftecke flüchtig aufskizziert und ins Analytische überträgt. Es findet sich:

$$S_6 = 14000 \cdot \frac{5 + 4}{6} = 21000 \text{ kg (Druck)}.$$
$$S_4 = 2333 \text{ kg (Zug)}.$$
$$S_2 = 1657 \text{ kg (Zug)}.$$

Weiter ist:
$$\left.\begin{array}{l} S_{1h} = 14000 \text{ kg} \\ S_{1v} = 5250 \text{ kg} \end{array}\right\} \text{ (Zug)}.$$

Nachdem so alle Kräfte bekannt sind, die auf den Balken CD wirken, kann die Berechnung von Biegemoment, Querkraft und Längskraft in bekannter Weise erfolgen. Für die Biegemomente ergibt sich an der Anschlußstelle der Stäbe ①, ②, ④:

$$B_1 = -5000 \cdot 4{,}0 = -20000 \text{ mkg},$$
$$B_2 = -5000 \cdot 8{,}0 + 5250 \cdot 4{,}0 = -19000 \text{ mkg},$$
$$B_3 = -5000 \cdot 11{,}0 + 5250 \cdot 7{,}0 + 1657 \cdot 3{,}0 = -13280 \text{ mkg}.$$

5. Aufgabe. Das in Abb. 341 gezeichnete Gemischtsystem (Verladeanlage) ist in seinen verschiedenen Teilen auf die Beanspruchungsgrößen zu untersuchen.

Lösung. An das Fachwerk der Stäbe ④, ⑤ ... ⑯ sind durch je zwei Bauglieder noch angeschlossen die Punkte D und G. Das Fachwerk mit diesen angeschlossenen Punkten ist also ein unverschiebliches Gebilde, eine Scheibe. Sie ist im Punkt B mit der Erde fest verbunden, außerdem im Punkt G durch den starren Balken AG abgestützt. Wäre dieser Balken nicht belastet, so würde die von ihm auf das Gebilde *GBC* ausgeübte Kraft in seine Achse *AG* fallen. Da aber auf den Balken eine lotrechte Last wirkt, erhält er Biegung; er wird also nicht nur auf Längskraft (Stabkraft) beansprucht, und die Lagerreaktion bei *A* bzw. die Gelenkkraft bei *G* fällt nicht in die Richtung der Achse *AG*. Betrachtet man *AG* als Balken für sich, so liegt eine unbestimmte Konstruktion vor: wohl sind die lotrechten Komponenten der Lagerkräfte A_v, G_v bestimmt,

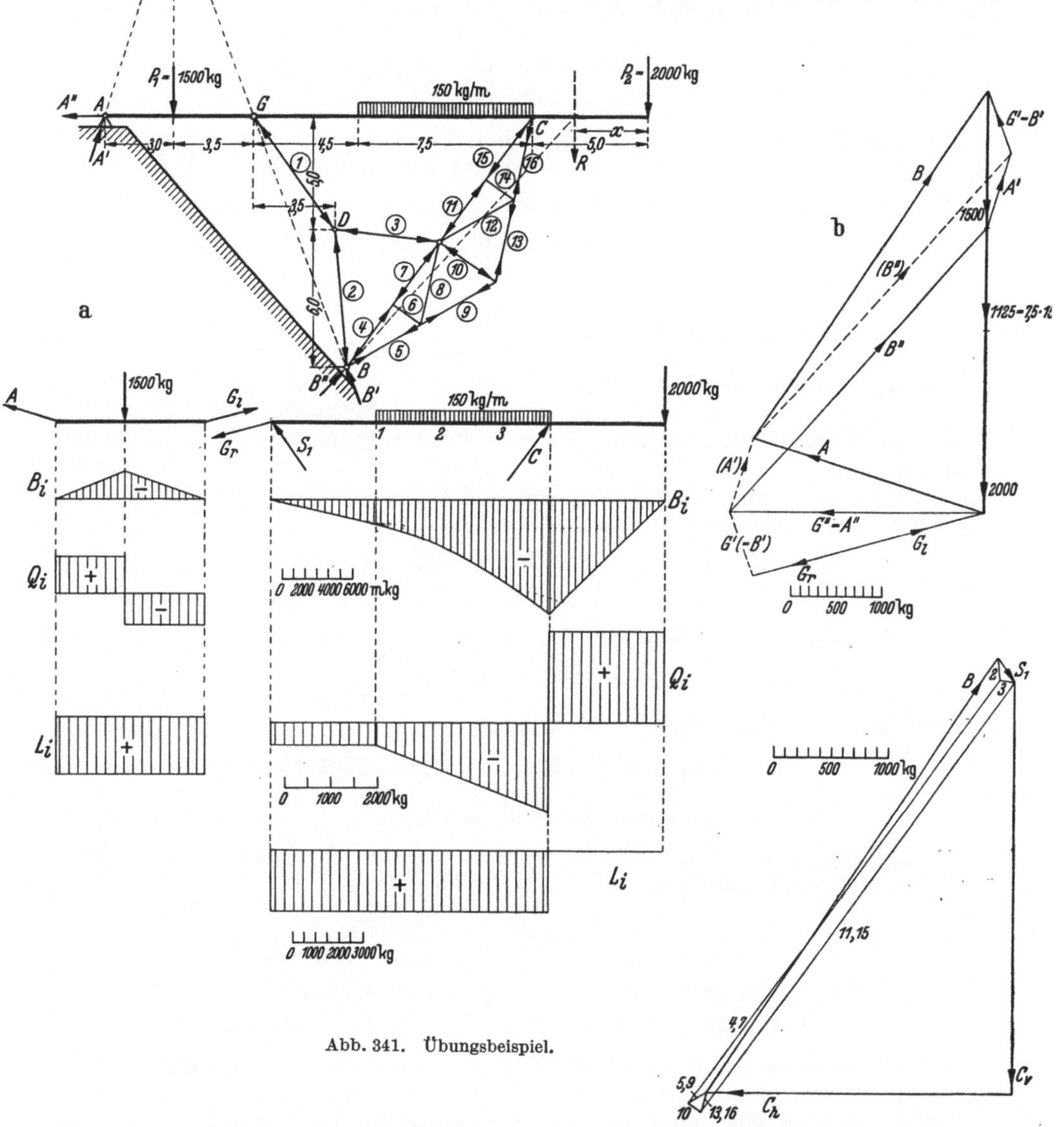

Abb. 341. Übungsbeispiel.

aber nicht die waagerechten, von denen man nur weiß, daß sie einander gleich groß sein müssen. Aber die ganze Konstruktion ist tatsächlich doch bestimmt. Man erkennt dieses, wenn man sie als Dreigelenkbogen mit den Gelenken *A*, *B*, *G* auf-faßt. Man findet die Reaktion in *A* und *B*, indem man einmal den linken Teil, das ist Balken *AG*, mit 1500 kg belastet und dann den rechten Teil nur mit

17*

der Resultierenden R aus den Lasten $P_2 = 2000$ kg und $P_3 = q \cdot e = (150 \cdot 7{,}5)$ kg. Durch die erstere Belastung entstehen die Reaktionen A', B', durch die letzteren A'', B'' (Abb. 341 b). Die Resultierenden aus A' und A'' bzw. B' und B'' ergeben die wirklichen Lagerkräfte. Die Gelenkkraft ist durch den Strahl $(G_r = G_l)$ bestimmt. Die erwähnte Resultierende R ist der Größe nach gegeben durch

$$R = 2000 + (150 \cdot 7{,}5) \text{ kg},$$

der Lage nach dadurch, daß man eine Momentengleichung für einen Punkt von P_2 aufstellt:

$$R \cdot x = 150 \cdot 7{,}5 \cdot 8{,}75,$$
$$x = 3{,}15.$$

Um eine Kontrolle zur Zeichnung Abb. 341 b zu haben, werden zweckmäßig A_v und G_v nochmals rechnerisch aus der Betrachtung des Balkens AG ermittelt:

$$(\textstyle\sum M)_G = 0: \quad 1500 \cdot 3{,}5 = A_v \cdot 6{,}5,$$
$$A_v = 808 \text{ kg (nach oben)}.$$

$$(\textstyle\sum M)_A = 0: \quad 1500 \cdot 3{,}0 = G_v \cdot 6{,}5,$$
$$G_v = 692 \text{ kg (nach oben)}.$$

Mit diesen Werten kann dann das Biegungsmoment ermittelt werden.

Auf den Teil $GCBD$ wirken als Kräfte P_2, $q \cdot e$, G und B. Der obere waagerechte Balken GC wird naturgemäß auf Biegung beansprucht. Er ist abgestützt durch den Stützungsstab ① und das feste Drehlager im Punkt C. Die Lagerkraft im Lager C und die Stabkraft S_1 im Stab ① müssen mit der Resultierenden aus den wirkenden Kräften P_2, $q \cdot e$ und G_r im Gleichgewicht stehen. Man ermittelt sie in bekannter Weise:

$$(\textstyle\sum M)_G = 0: \quad 2000 \cdot 17{,}0 + 150 \cdot 7{,}5 \cdot 8{,}25 = C_v \cdot 12,$$
$$C_v = 3607 \text{ kg (auf den Balken nach oben)}.$$

$$(\textstyle\sum M)_C = 0: \quad 692 \cdot 12{,}0 + 150 \cdot 7{,}5 \cdot 3{,}75 - 2000 \cdot 5{,}0 = S_{1v} \cdot 12{,}0,$$
$$S_{1v} = 210 \text{ kg (Druck)}.$$

Weiter ist:
$$S_{1h} = S_{1v} \cdot \frac{3{,}5}{5{,}0} = 147{,}2 \text{ kg},$$
$$C_{1h} = G_h + S_{1h} = 2520 + 147{,}2 = 2667{,}2 \text{ kg}.$$
$$S_1 = \sqrt{210^2 + 147{,}2^2} = 256 \text{ kg}.$$

Damit sind alle Größen für die Berechnung der Biegungsmomente, Querkräfte und Längskräfte bekannt und es findet sich:

$$B_1 = -(692 - 210) \cdot 4{,}5 = -2170 \text{ mkg},$$
$$B_2 = -(482 \cdot 7{,}5) - 150 \cdot 3{,}0 \cdot 1{,}5 = -4285 \text{ mkg},$$
$$B_3 = -(482 \cdot 9{,}5) - 150 \cdot 5{,}0 \cdot 2{,}5 = -6455 \text{ mkg},$$
$$B_C = -(482 \cdot 12{,}0) - 150 \cdot 7{,}5 \cdot 3{,}75 = -10000 \text{ mkg}.$$

Mit den bekannten Kräften B, S_1, C kann der Kräfteplan des Fachwerks ②, ③ ... ⑯ aufgezeichnet werden. Daß das System in der wirklichen Ausführung, wo die Gelenke fehlen, vielfach statisch unbestimmt ist, braucht nicht besonders bemerkt zu werden.

6. Aufgabe. Bei der in Abb. 342 dargestellten Bühnenkonstruktion sollen für sämtliche Teile die Beanspruchungsgrößen angegeben werden.

Lösung. Falls die in der Abbildung angedeuteten Gelenke tatsächlich ausgeführt würden, wäre die Konstruktion bei allgemeiner Lage von ② noch einfach statisch unbestimmt; denn ohne Stab ② ist das System bestimmt: das Dreieck ABD (Balken I, III, IV) ist in D durch ein festes Lager angeschlossen und in A durch einen Stützungsstab; an dieses Dreieck ist der Balken V durch das Gelenk A angefügt und im übrigen durch das bewegliche Lager F abgestützt; weiter ist der Balken II an das Ausgangssystem angeschlossen durch ein Gelenk im Punkt B und den Stützungsstab ③. Die Gelenke in A und B sind dabei so angenommen, daß alle zusammenlaufenden Stäbe sich gegeneinander verdrehen können. Der zusätzlich eingezogene Stab ② macht das System bei allgemeiner Lage von ② statisch unbestimmt; hier dagegen, wo ② an die Mitte von Balken IV angeschlossen ist, ist es, wie unten gezeigt wird, bestimmt.

Die Behandlung der Balken V und II bereitet keine Schwierigkeiten. Bei ersterem entstehen in F und A nur lotrechte Reaktionen (Abb. 342e), da nur eine lotrechte Last wirkt. Sie sind beide gleich groß und das Biegungsmoment in der Mitte ist gegeben durch:

$$B_M = 50 \cdot 2{,}0 = 100 \text{ mkg}.$$

Der Balken II verläuft von B bis zur Last 300 kg am rechten Ende. Das Gelenk an der Stelle B unterbricht den ganzen Balken ABC, so daß tatsächlich zwei getrennte Balken mit gleichem Gelenkauflager an B vorliegen. In B entsteht für den Balken II eine schief gerichtete Reaktion mit den Komponenten $B_{\text{II},v}$ und $B_{\text{II},h}$. Es ergibt sich:

$$(\textstyle\sum M)_B = 0: \qquad 300 \cdot 7{,}0 + 50 \cdot 3{,}0 \cdot 1{,}5 = S_{3,v} \cdot 4{,}5,$$

$$S_{3,v} = 516{,}7 \text{ kg (nach oben)},$$

$$S_{3,h} = 516{,}7 \cdot \frac{4{,}5}{3{,}5} = 664{,}3 \text{ kg (nach rechts)}.$$

$$(\textstyle\sum M)_C = 0: \quad -50 \cdot 3{,}0 \cdot 3{,}0 + 300 \cdot 2{,}5 + B_{\text{II},v} \cdot 4{,}5 = 0,$$

$$B_{\text{II},v} = 66{,}7 \text{ kg (nach unten)}.$$

$$\textstyle\sum H = 0: \qquad B_{\text{II},h} = S_{3,h} = 664{,}3 \text{ kg (nach links)}.$$

Der Balken I ist in A durch Stab ① und Balken IV, in B mit einem Gelenklager drehbar angeschlossen; es könnten also grundsätzlich waagerechte Reaktionen $A_{\text{I},h}$ und $B_{\text{I},h}$ auftreten, deren Größen unbestimmt wären. Da aber, wie nachher erkenntlich wird, von Balken IV her nur eine lotrechte Kraft ($= A_{\text{IV},v}$) in A entsteht, auch vom Balken V nur eine lotrechte Kraft ($= 50$ kg) übertragen wird, muß die von I auf A wirkende Kraft ($= A_{\text{I},v}$) ebenfalls lotrecht verlaufen. Es ergibt sich:

$$A_{\text{I},h} = B_{\text{I},h} = 0.$$

$$(\textstyle\sum M)_A = 0: \qquad 50 \cdot 4{,}5 \cdot 5{,}25 = B_{\text{I},v} \cdot 7{,}5,$$

$$B_{\text{I},v} = 157{,}5 \text{ kg (nach oben)}.$$

$$(\textstyle\sum M)_B = 0: \qquad 50 \cdot 4{,}5 \cdot 2{,}25 = A_{\text{I},v} \cdot 7{,}5,$$

$$A_{\text{I},v} = 67{,}5 \text{ kg (nach oben)}.$$

Es wirken demgemäß auf die Balken I und II die in Abb. 342b angegebenen Kräfte. Der Ermittlung der Beanspruchungsgrößen steht nichts mehr im Wege. Es findet sich:

für den Balken I: $\quad B_1 = 67{,}5 \cdot 3{,}0 = 202{,}5 \text{ mkg},$

$$B_3 = 157{,}5 \cdot 1{,}5 - 50 \cdot 1{,}5 \cdot 0{,}75 = 180 \text{ mkg},$$

$$B_2 = 157{,}5 \cdot 3{,}0 - 50 \cdot 3{,}0 \cdot 1{,}5 = 247{,}5 \text{ mkg};$$

für den Balken II: $\quad B_1 = -300 \cdot 2{,}5 = -750 \text{ mkg},$

$$B_2 = -300 \cdot 4{,}0 + 516{,}7 \cdot 1{,}5 = -425 \text{ mkg},$$

$$B_3 = -66{,}7 \cdot 1{,}5 - 50 \cdot 1{,}5 \cdot 0{,}75 = -156{,}24 \text{ mkg}.$$

Auf den Balken III wirken die umgekehrt gerichteten Kräfte $B_{II,v}$, $B_{II,h}$, $B_{I,v}$, ferner die Stabkraft S_3 mit ihren Komponenten $S_{3,h}$ und $S_{3,v}$, die Stabkraft S_2, die Anschlußkraft in D zwischen Balken IV und III und die Reaktionskraft vom Boden gegen D. Die letzten drei Kräfte sind noch unbekannt. Um sie zu ermitteln, betrachten wir zunächst den Stab ② und den Balken IV. Bei der

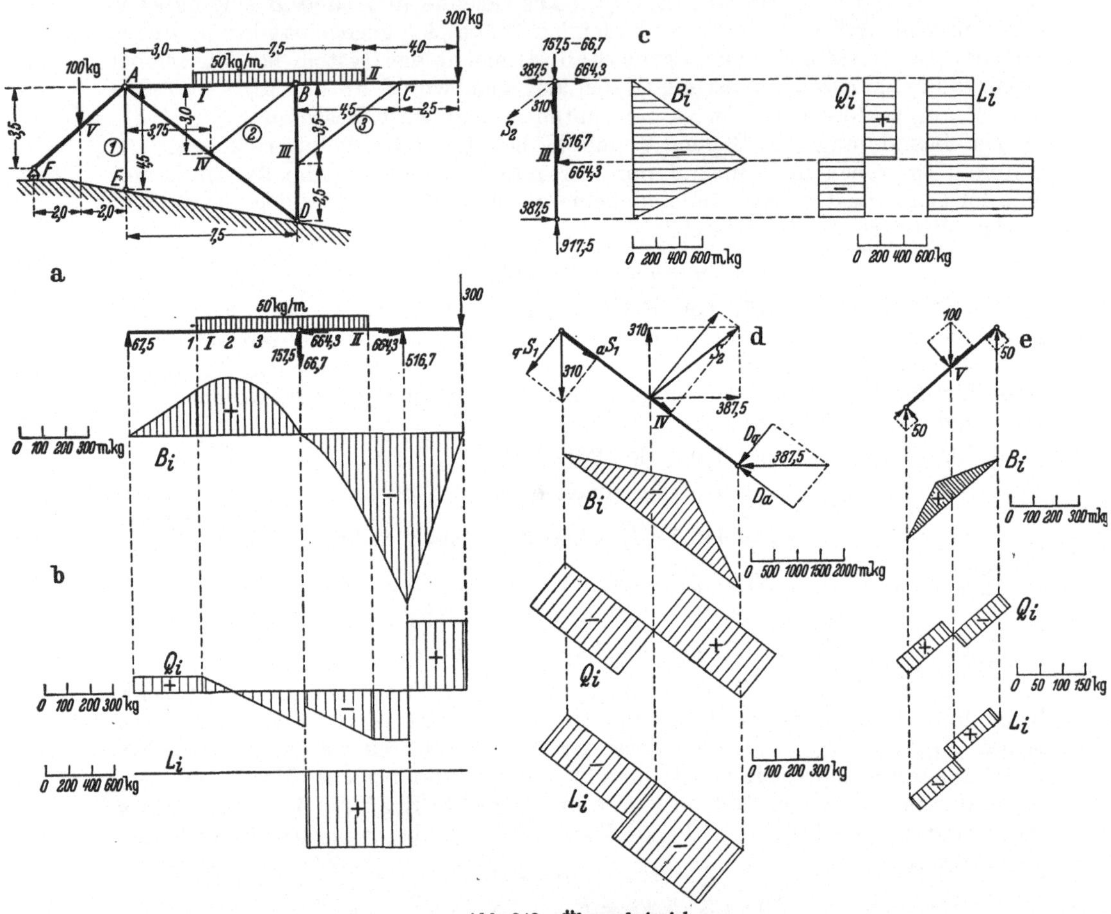

Abb. 342. Übungsbeispiel.

hier vorliegenden Ausführung, wo der Stab ② nach der Mitte des Balkens IV geht, kann die Kraft $B_{II,h}$ nur durch den Stab ② weitergeleitet werden, da $A_{IV,h}$ verschwindet (s. unten) und demgemäß auch $A_{I,h}$ null sein muß. Es berechnet sich nach Abb. 342c:

$$(\textstyle\sum M)_D = 0: \quad 664{,}3 \cdot 3{,}5 = S_{2,h} \cdot 6{,}0,$$

$$S_{2,h} = 387{,}5 \text{ kg},$$

$$S_{2,v} = \frac{3{,}0}{3{,}75} \cdot 387{,}5 = 310 \text{ kg}.$$

Stab ② wird gezogen.

Nach der Berechnung von S_2 kann der Balken IV behandelt werden (Abb. 342d). Er ist in A und D gelagert. Bei der hier angeführten Anordnung entsteht, wie bereits erwähnt, in A nur eine lotrechte Reaktion und in D nur eine waagerechte. Erstere ist gleich der lotrechten Komponenten von S_2, letztere gleich der waagerechten $S_{2,h}$. Es ergibt sich dies aus der Momentengleichung für den Punkt D:

$$(\textstyle\sum M)_D = 0: \qquad 387{,}5 \cdot 3{,}0 + 310 \cdot 3{,}75 = A_{\mathrm{IV},v} \cdot 7{,}5,$$
$$A_{\mathrm{IV},v} = 310\ \text{kg (Zug)}.$$

Da am oberen Ende des Balkens IV, wie sich oben aus der Momentengleichung ergeben hat, die lotrechte Lagerkraft $A_{\mathrm{IV},v}$ gleich $S_{2,v}$ ist, bilden die beiden ein Kräftepaar, dem das Kräftepaar aus $S_{2,h}$ und $D_{\mathrm{IV},h}$ Gleichgewicht hält:

$$310 \cdot 3{,}75 = 387{,}5 \cdot 3{,}0.$$

Diese Beziehung zwischen den beiden Kräftepaaren gilt immer, wenn der Stab von der Ecke des rechtwinkligen Dreiecks ABD nach der Mitte von AD läuft, weil dann für die Komponenten von S_2 gilt:

$$\frac{S_{2,h}}{S_{2,v}} = \frac{\dfrac{BD}{2}}{\dfrac{BA}{2}} \left(= \frac{3{,}0}{3{,}75} = \frac{310}{387{,}5} \right).$$

Vom Balken IV entsteht also in D nur eine waagerechte Anschlußkraft von der Größe 387,5 kg. Damit sind alle Kräfte bestimmt, die infolge der angeschlossenen Teile auf den Balken III wirken: B_{I}, B_{II}, S_2, S_3, D_{IV}. Es kann die lotrechte Reaktion in D ermittelt werden ($D_h = 0$, $D_v = 917{,}5$) und die Aufzeichnung der Momenten-, Querkraft- und Längskraftflächen erfolgt wie gewöhnlich. Es ist an der Anschlußstelle von Stab ③

$$B_3 = -387{,}5 \cdot 2{,}5 = -969\ \text{mkg}.$$

Für den Balken IV ist das Moment in der Mitte:

$$B_M = -310 \cdot 3{,}75 = -1162{,}5\ \text{mkg}.$$

Fünfter Teil.

Zerstreute Kräfte im Raum.

XV. Sätze über Kräftepaare und statische Momente.

Im zweiten Teil wurden räumliche Kräfte betrachtet, die durch einen Punkt hindurchgehen. Es stellte sich heraus, daß sie im allgemeinen zu einer Resultierenden zusammengefaßt werden können, die der Größe und Richtung nach durch die Formeln bestimmt ist:

$$R = \sqrt{(\textstyle\sum X_i)^2 + (\textstyle\sum Y_i)^2 + (\textstyle\sum Z_i)^2},$$

$$\cos\alpha_R = \frac{\sum X_i}{R}, \qquad \cos\beta_R = \frac{\sum Y_i}{R}, \qquad \cos\gamma_R = \frac{\sum Z_i}{R}.$$

Im Gleichgewichtsfalle mußten die Summen der Komponenten in drei Richtungen verschwinden. Es sollen nun beliebige Kräfte im Raum behandelt werden. Wir gehen dabei in ähnlicher Weise vor wie bei der Zusammensetzung der Kräfte in der Ebene und betrachten zunächst wieder Sätze über Kräftepaare und statische Momente.

80. Kräftepaare in parallelen Ebenen. Vom Kräftepaar haben wir kennengelernt, daß es in seiner eigenen Ebene willkürlich verschoben werden kann, ohne daß sich seine Wirkung auf den Körper ändert. Wir gehen nun einen Schritt weiter und betrachten Kräftepaare in parallelen Ebenen. Es gilt der Satz:

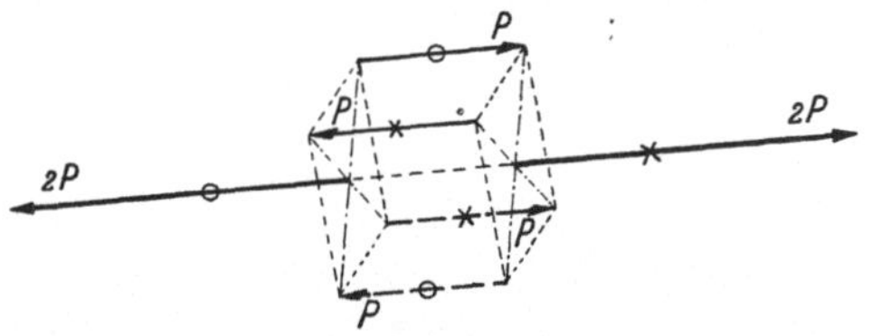

Ein Kräftepaar kann nicht nur in seiner eigenen, sondern in jede parallele Ebene willkürlich verschoben werden.

Zum Beweis wird zunächst gezeigt, daß ein Kräftepaar senkrecht zu seiner Ebene ohne Wirkungsänderung verschoben werden kann. In Abb. 343 ist in parallel-perspektivischer Darstellung das gegebene Kräftepaar ausgezogen gezeichnet, in einer parallelen Ebene ist nochmals ein gleiches Kräftepaar gestrichelt angegeben. Um das räumliche Bild klar hervortreten zu lassen, sind noch entsprechende Verbindungslinien eingetragen. Nun werden in den Mittelpunkten der entstandenen seitlichen Parallelogramme zwei weitere Kräfte hinzugefügt von gleicher Größe, und zwar gleich $2P$ in entgegengesetzter Richtung. Diese beiden Kräfte heben sich auf, also das ausgezogene Kräftepaar und diese beiden Kräfte zusammengenommen üben die gleiche Wirkung aus wie das ausgezogene Kräftepaar allein. Die beiden angekreuzten Kräfte P und $2P$ fassen wir nun zu einer Resultierenden zusammen. Die Resultierende zweier Kräfte einer Ebene muß in der gleichen Ebene liegen, also auch diejenige zweier paralleler Kräfte; nach dem Hebelgesetz muß diese Resultierende die Größe P haben, von $2P$ nach der anderen Seite genau so weit entfernt sein wie P, und muß die Richtung der Kraft $2P$, als der größeren der beiden Kräfte, aufweisen; d. h. die angekreuzte, gestrichelte Kraft P ist die Resultierende der beiden angekreuzten Kräfte P und $2P$. Anderer-

Abb. 343. Verschiebung eines Kräftepaares in eine parallele Ebene.

seits ist die angekreiste gestrichelte Kraft P die Resultierende aus der angekreisten ausgezogenen Kraft P und der angekreisten Kraft $2P$. Es können demnach das gegebene Kräftepaar und die zwei Kräfte $2P$ ersetzt werden durch das gestrichelte Kräftepaar. Da aber die beiden Kräfte $2P$ sich aufheben, ist die Wirkung des gestrichelten Kräftepaares die gleiche wie die des ausgezogenen. Dieses neue Kräftepaar kann nun nach früherem in seiner eigenen Ebene willkürlich verschoben werden, ebenso wie auch das ursprüngliche, so daß in der Tat ein Kräftepaar nicht nur in seiner eigenen, sondern auch in jeder parallelen Ebene willkürlich verschoben werden darf.

Damit ist schon sehr viel gewonnen, denn die früher für Kräftepaare in der gleichen Ebene angegebenen Sätze gelten nun auch noch für solche in parallelen Ebenen; also:

Beliebige Kräftepaare $M_1 \ldots M_i \ldots M_n$ in parallelen Ebenen können ersetzt werden durch ein einziges resultierendes Kräftepaar, das in einer parallelen Ebene liegt und dessen Moment M_r gegeben ist durch die algebraische Summe der Momente der einzelnen Kräftepaare: $M_r = \sum M_i$.

Kräftepaare in parallelen Ebenen stehen im Gleichgewicht, üben also auf einen masselosen Körper keine Wirkung aus, wenn die algebraische Summe ihrer Momente verschwindet:

$$\sum M_i = 0.$$

(Diese Aussage widerspricht scheinbar unserem Empfinden, aber es hängt damit zusammen, daß wir immer einen Körper mit Masse vor uns sehen, hier aber einen masselosen Körper voraussetzen müssen.)

81. Kräftepaare in beliebiger Ebene. Geometrische Behandlung. Schwieriger gestaltet sich die Zusammensetzung von Kräftepaaren, die im Raum zerstreut sind, also nicht mehr in parallelen Ebenen liegen. Wir kommen bei dieser Aufgabe am besten vorwärts, wenn wir eine andere Darstellungsweise des Kräftepaares verwenden. Ein Kräftepaar im Raum ist gegeben, wenn seine Ebene, seine Momentengröße und sein Drehsinn bekannt ist. Wie können wir diese drei Angaben am einfachsten festlegen? Die Lage einer Ebene kann man ja dadurch angeben, daß man die Richtungswinkel ihrer Normalen gegenüber den drei Koordinatenachsen festlegt. Auf dieser Normalen können wir unter Verwendung eines Momentenmaßstabs die Größe des Kräftepaares angeben, indem wir einführen 1 cm $\widehat{=}$ m kgm. Es fehlt dann noch die Angabe des Drehsinns.

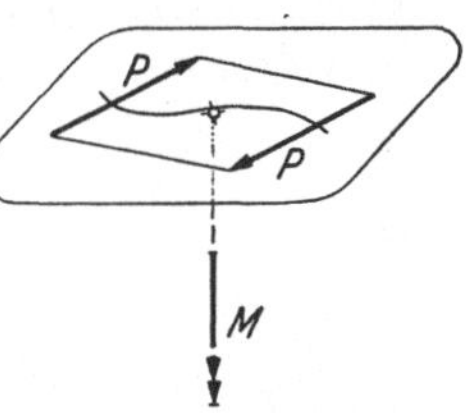

Abb. 344. Der Momenten-Vektor.

Diesen wollen wir dadurch kennzeichnen, daß wir die Normale mit einem Richtungspfeil versehen, und zwar so, daß er der Bewegungsrichtung einer rechtsgängigen Schraube entspricht, die diese unter dem Einfluß der ausgeübten Drehwirkung annimmt. Die Bewegungsrichtung einer rechtsgängigen Schraube hängt ja eindeutig vom Drehsinn ab. Wenn beispielsweise auf eine in Holz eingelassene rechtsgängige Schraube von oben eine Drehung im Uhrzeigersinn ausgeübt wird, so geht sie tiefer ins Holz; wird eine umgekehrte Drehung ausgeübt, so löst sie sich aus dem Holz. Dieser Gedanke wird auf das Kräftepaar übertragen. Der Drehsinn des in Abb. 344 parallel-perspektivisch gezeichneten Kräftepaares erscheint im Uhrzeigersinn, wenn wir die Ebene von oben betrachten; aber im umgekehrten Sinn, wenn wir sie von unten ansehen. Also eine Aussage: „Drehung im Uhrzeigersinn" wäre für ein Kräftepaar im Raum nicht eindeutig, wenn nicht hinzugefügt würde, von welcher Seite aus man die Ebene ansieht. Aber mit Einführung des Gedankens der Schraube wird eine eindeutige Aussage möglich, denn die rechtsgängige Schraube dreht sich eben unter dem Einfluß des angegebenen Kräftepaares nach unten. Dabei ist von keiner Bedeutung, ob man die Drehung von unten oder von oben betrachtet. Der Richtungspfeil muß nun im Sinne der Bewegungsrichtung der rechtsgängigen Schraube eingezeichnet werden, das wäre also hier nach unten. Man kann demgemäß das betrachtete Kräftepaar darstellen durch eine auf der Normalen abgetragenen Strecke, die der Größe des Kräftepaares entspricht, mit einem Richtungspfeil nach unten, also durch eine nach unten gerichtete Strecke. Von welchem Punkt der Normalen aus die Strecke abgetragen wird, ist gleichgültig, da ja das Kräftepaar in jede parallele Ebene gelegt werden kann. Man nennt diese gerichtete Strecke den „Vektor des Kräftepaares" oder auch „Momentenvektor"; er kann in seiner eigenen Wirkungslinie beliebig verschoben werden.

Früher haben wir ja schon kennengelernt, daß die Kraft auch ein Vektor ist; sie war durch eine gerichtete Strecke dargestellt. Wir sind demnach durch diese neue Darstellung des Kräftepaares auf einen uns bekannten Begriff zurückgekommen. Wir wollen zunächst feststellen, ob die beiden Vektoren in jeder Hinsicht gleichartig sind. Wir haben gesehen, daß eine Kraft in ihrer eigenen Wirkungslinie verschoben werden darf; dasselbe stellten wir eben für den Momentenvektor fest, also in dieser Hinsicht verhalten sich die beiden Vektoren gleichartig. Aber in anderer Beziehung verhalten sie sich wesentlich verschieden. Eine Kraft darf nicht parallel zu sich selbst verschoben werden, bzw. wenn wir sie aus irgendeinem Grunde verschieben wollten, mußten wir zu der verschobenen Kraft noch ein Kräftepaar hinzufügen, um dieselbe Wirkung zu erhalten. Ein Kräftepaar dagegen dürfen wir in seiner eigenen und jeder parallelen Ebene willkürlich verschieben, also auch seinen Vektor. Der Kraftvektor ist demgemäß an seine Wirkungslinie gebunden (linienflüchtiger Vektor), während der Momentenvektor parallel mit sich selbst verschoben werden darf (freier Vektor). Es ist hiernach einfacher, mit Momentenvektoren zu arbeiten als mit Kraftvektoren. Alles das, was wir früher mit Kräften durchgeführt haben, die durch den gleichen Punkt gehen, können wir nun auch mit zerstreuten Momentenvektoren machen, da sie ja alle nach einem Punkt verschoben werden können.

Durch diese Ausführungen ist die Zusammensetzung von Kräftepaaren grundsätzlich erledigt. Nehmen wir zunächst zwei Kräftepaare[1] in verschiedenen Ebenen an, Abb. 345; die beiden Ebenen mögen senkrecht zur Zeichnungsebene liegen. Ihre Spuren sind durch die Geraden E_1 und E_2 dargestellt. Von oben gesehen möge sich das in der Ebene E_1 liegende Kräftepaar im Uhrzeigersinn drehen, dagegen M_2 entgegengesetzt. Im ersten Falle wird eine rechtsgängige Schraube nach unten bewegt, im zweiten nach oben. Die Momentenvektoren weisen dementsprechend die angegebenen Richtungspfeile auf. Ihre Größen sind durch die Momentengrößen bestimmt, nachdem ein Momentenmaßstab gewählt ist. Diese beiden Vektoren

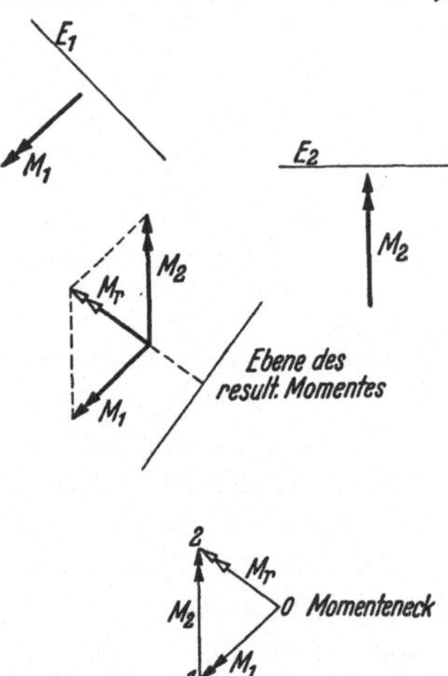

Abb. 345. Zusammensetzung zweier Kräftepaare.

können wir nun beliebig verschieben. Wir verschieben sie nach irgendeinem Punkt und behandeln sie wie zwei Kräfte, die durch diesen Punkt hindurchgehen. Der resultierende Vektor wird demgemäß mit dem Vektorparallelogramm gefunden. Das resultierende Kräftepaar selbst liegt in irgendeiner Ebene senk-

---

[1] Die Momentenvektoren sind mit doppelten Pfeilen bezeichnet.

recht zu M_r, hat die Größe, die durch die Länge des Vektors unter Berücksichtigung des Momentenmaßstabs dargestellt ist, und der Drehsinn ist der Uhrzeigersinn, wenn man im Sinne des Pfeils gegen die Ebene sieht.

Natürlich hätte man auch genau so wie früher bei zwei Kräften statt des Vektorparallelogramms ein Vektordreieck zeichnen können. Es wird gewonnen durch Aneinanderfügung der Vektoren M_1 und M_2 unter Berücksichtigung ihrer Pfeile (Abb. 345); der resultierende Vektor ist gegeben durch die Schlußlinie 0 2, seine Richtung verläuft vom Anfangspunkt 0 nach dem Endpunkt 2, oder anders ausgedrückt: der Richtungspfeil des resultierenden Vektors verläuft dem durch die gegebenen Vektoren M_1 und M_2 festgelegten Umfahrungssinn des „Momentenecks" entgegengesetzt.

Nun sind wir früher von zwei Kräften unter entsprechender Verwendung dieses Kraftecks zu Kräften im Raume übergegangen, die durch einen Punkt gehen. Wir fanden dort, daß die Resultierende gegeben ist durch die Schlußlinie des aus den Kräften gezeichneten räumlichen Kraftecks. Entsprechendes gilt hier: wenn wir beliebige Kräftepaare im Raume haben, so können wir diese durch ihre Vektoren ersetzen und sie alle nach einem Punkt verschoben denken; dann setzen wir sie genau so zusammen wie die Kräfte; also:

Beliebige Kräftepaare im Raume kann man zu einem resultierenden Kräftepaar vereinen, indem man durch Aneinanderfügung ihrer Momentenvektoren das Momenteneck konstruiert und die Schlußlinie einträgt; ihre Länge gibt die Größe des resultierenden Momentenvektors an, seine Richtung ist dem durch die gegebenen Vektoren festgelegten Umfahrungssinn entgegengesetzt.

Dieses resultierende Kräftepaar selbst liegt dann in einer beliebigen Ebene senkrecht zum Vektor M_r, und sein Drehsinn ist durch den Richtungspfeil des resultierenden Vektors im Sinne der rechtsgängigen Schraube bestimmt.

Natürlich kann auch der Fall vorkommen, daß Kräftepaare im Raum im Gleichgewicht stehen, d. h. daß die auf einen Körper wirkenden Kräftepaare keine Bewegung des Körpers hervorrufen. Es ist dieses offenbar dann der Fall, wenn das zugehörige Momenteneck geschlossen ist. Wir haben also das Ergebnis:

Kräftepaare im Raum stehen im Gleichgewicht, wenn das aus ihren Momentenvektoren gebildete Vektoreck (Momenteneck) geschlossen ist.

82. Analytische Behandlung von Kräftepaaren im Raum. Durch die vorhergehenden Ausführungen ist die Zusammensetzung von Kräftepaaren im Raum in ihrer geometrischen Behandlung erledigt. Nun wollen wir zur analytischen Behandlung übergehen. Wie sind wir bei den Kräften im Raum an gleichem Punkt vorgegangen? Wir haben an die Spitze der Ausführungen die Aufgaben gestellt:

1. Drei Komponenten X, Y, Z zu einer Resultierenden zusammenzusetzen und

2. eine Kraft P in drei Komponenten zu zerlegen.

Entsprechendes machen wir jetzt bei den Kräftepaaren.

1. Gegeben: drei Kräftepaare M_x, M_y, M_z; gesucht: das resultierende Kräftepaar, d. h.

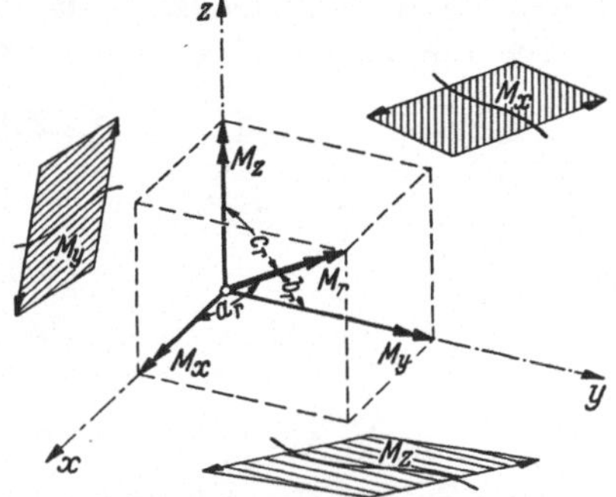

Abb. 346. Zusammensetzung dreier Kräftepaare.

die Größe und Richtung des Vektors M_r. Seine Richtung sei festgelegt durch die Winkel a_r, b_r, c_r.

Die Kräftepaare sollen in den Koordinatenebenen liegen, ihre Vektoren fallen entsprechend in die Koordinatenachsen (Abb. 346). M_x ist ein Vektor in der

x-Richtung und stellt ein Kräftepaar in der y, z-Ebene vor usw. Wir setzen die Vektoren genau so zusammen wie früher die Kräfte X, Y, Z und haben nach den Formeln (11) und (12):

$$M_r = \sqrt{M_x^2 + M_y^2 + M_z^2},$$

$$\cos a_r = \frac{M_x}{M_r}; \qquad \cos b_r = \frac{M_y}{M_r}; \qquad \cos c_r = \frac{M_z}{M_r}. \tag{37}$$

Das resultierende Kräftepaar liegt natürlich in irgendeiner Ebene senkrecht zum Vektor M_r.

2. Gegeben: ein Kräftepaar mit dem Moment M, dessen Vektor durch die Winkel a, b, c festgelegt ist. Gesucht: die Teilkräftepaare in den Koordinatenebenen oder, anders ausgedrückt, ihre Vektoren in der x-, y-, z-Richtung.

Die Lösung ist sofort gegeben, da es sich lediglich um die Umkehrung der vorigen Aufgabe handelt:

$$\left. \begin{aligned} M_x &= M \cdot \cos a, \\ M_y &= M \cdot \cos b, \\ M_z &= M \cdot \cos c. \end{aligned} \right\} \tag{38}$$

Haben wir nun n Kräftepaare im Raume verteilt und sollen sie zusammensetzen, so kann dieses dadurch geschehen, daß man die Vektoren bildet und sie dann weiter genau so behandelt wie Kräfte, die durch einen Punkt gehen. Bei letzteren hatten wir nach den Formeln (14) und (15):

$$R = \sqrt{(\textstyle\sum X_i)^2 + (\sum Y_i)^2 + (\sum Z_i)^2},$$

$$\cos\alpha_R = \frac{\sum X_i}{R}; \qquad \cos\beta_R = \frac{\sum Y_i}{R}; \qquad \cos\gamma_R = \frac{\sum Z_i}{R},$$

wobei $\sum X_i$, $\sum Y_i$, $\sum Z_i$ die Summen der Komponenten der Kräfte in den Koordinatenrichtungen bedeuten. Ganz Entsprechendes gilt auch hier bei Kräftepaaren. An die Stelle der Kraftvektoren P_i treten nun die Momentenvektoren M_i und an die Stelle der Komponenten von P_i die Komponenten der Vektoren von M_i. Wir haben also nun

gegeben: n Kräftepaare M_i, deren Lagen im Raum bestimmt sind durch die Winkel a_i, b_i, c_i;

gesucht: das resultierende Kräftepaar M_r und die Winkel a_r, b_r, c_r, die dessen Vektor mit den Koordinatenrichtungen einschließt.

Die Lösung ist dargestellt durch die Formeln:

$$M_r = \sqrt{(\textstyle\sum {}_xM_i)^2 + (\sum {}_yM_i)^2 + (\sum {}_zM_i)^2},$$

$$\cos a_r = \frac{\sum {}_xM_i}{M_r}; \qquad \cos b_r = \frac{\sum {}_yM_i}{M_r}; \qquad \cos c_r = \frac{\sum {}_zM_i}{M_r}, \tag{39}$$

wobei
$$\begin{aligned} {}_xM_i &= M_i \cdot \cos a_i, \\ {}_yM_i &= M_i \cdot \cos b_i, \\ {}_zM_i &= M_i \cdot \cos c_i. \end{aligned}$$

Die gefundenen Ausdrücke für R und M_r bzw. die zugehörigen Winkel geben die nötigen Größen der Vektoren $\overline{R}$ und $\overline{M}_r$ in algebraischer Darstellung an. Sie sind nach früheren Ausführungen bestimmt nach Größe und Richtung durch die Schlußlinien des entsprechenden Vektorecks oder, anders ausgedrückt: durch die geometrische Summe der einzelnen Vektoren; nach Einführung der gebräuchlichen Vektorenbezeichnungen kann man diese auch schreiben:

$$\overline{R} = \sum \overline{P}_i \qquad \text{bzw.} \qquad \overline{M}_r = \sum \overline{M}_i.$$

Diese Ausdrücke geben also in geometrischer Darstellung dasselbe an wie die obigen Formeln für R und M_r in algebraischer Darstellung. Für Zahlenrechnungen ist man auf die algebraische Darstellung angewiesen.

Mit der für M_r gewonnenen Formel erledigt sich sofort die Frage nach dem Gleichgewicht von Kräftepaaren im Raume. Offenbar ist dieser Zustand vorhanden, wenn M_r verschwindet; das ist aber der Fall, wenn die drei Summen unter dem Wurzelzeichen Null werden. So ergibt sich der Satz:

Kräftepaare im Raum stehen im Gleichgewicht, wenn die Summen ihrer Vektorenkomponenten in drei Richtungen verschwinden, oder wenn die Summen der Teilkräftepaare in den drei Koordinatenebenen verschwinden:

$$\sum{}_x M_i = 0, \qquad \sum{}_y M_i = 0, \qquad \sum{}_z M_i = 0. \tag{40}$$

Dieser Satz läßt sich auch etwas anders gestalten. Die Zerlegung eines Kräftepaares im Raum in die drei Kräftepaare der Koordinatenebenen kann man auch dadurch gewinnen, daß man das Kräftepaar auf die drei Koordinatenebenen projiziert. Den gleichen Gedankengang kann man natürlich auch für ein System von Kräftepaaren verwenden, und dann stellt $\sum{}_z M_i$ die Summe der Momente aller Kräftepaare dar, die durch die Projektion der räumlichen Kräftepaare auf der x, y-Ebene entstehen. Entsprechendes gilt für die $\sum{}_x M_i$ und $\sum{}_y M_i$. Diese drei Summen müssen aber, wenn der Körper unter dem Einfluß von Kräftepaaren im Raum im Ruhezustand bleiben soll, verschwinden; das würde bedeuten, daß jedesmal die Summe der Momente der auf die Koordinatenebenen projizierten Kräftepaare Null werden muß. Wenn dies der Fall ist, dann stehen aber die jeweiligen Projektionen in der betreffenden Koordinatenebene im Gleichgewicht, da Kräftepaare in der gleichen Ebene dann im Gleichgewicht stehen, wenn die Summe ihrer Momente verschwindet. Wir haben also damit das Ergebnis:

Kräftepaare im Raum stehen im Gleichgewicht, wenn ihre Projektionen auf drei Ebenen für sich im Gleichgewicht stehen.

83. Statisches Moment im Raum für Punkt und Achse. Das statische Moment einer Kraft für einen Punkt im Raum ist genau so wie in der Ebene definiert durch das Produkt Kraft mal Hebelarm. Das Moment liegt in der durch die Kraft P und den Momentenpunkt 0 bestimmten Ebene. Durch die Verbindungslinien von 0 nach den Endpunkten von P (Abb. 347) ist ein Dreieck bestimmt, dessen Inhalt $(P \cdot r/2)$ den halben Wert des Moments darstellt. Dasselbe Moment erhalten wir durch ein Kräftepaar, dessen eine Kraft mit der oben eingeführten Kraft P zusammenfällt, während die dazu gehörige parallele Gegenkraft durch 0 hindurchgeht. Dieses Kräftepaar kann aber nach obigen Ausführungen in drei Teilkräftepaare in den Koordinatenebenen, Ursprung 0,

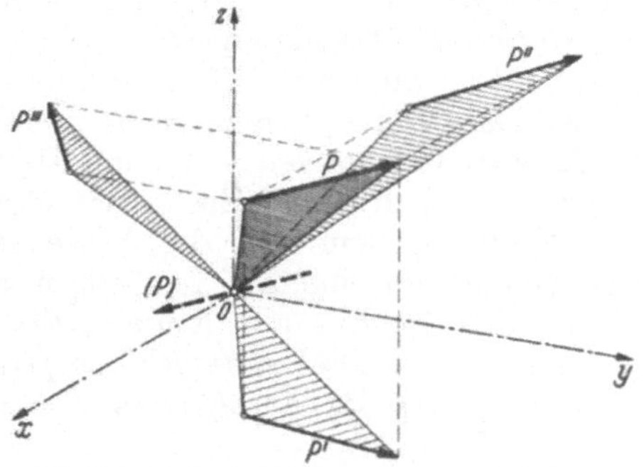

Abb. 347. Zerlegung eines räumlichen Momentes für einen Punkt in drei Teilmomente.

zerlegt werden, die durch die Projektionen des räumlichen Kräftepaares gegeben sind. Da nun bei der Projektion jenes Kräftepaares auf die x, y-Ebene die Projektion der einen Kraft wieder durch 0 hindurchgeht (Abb. 347), ist das Moment dieses projizierten Kräftepaares gleich dem Moment der projizierten Kraft P' für den Punkt 0. Entsprechendes gilt für die beiden anderen Koordinatenebenen. Daraus geht hervor, daß ein Moment für einen beliebigen Punkt 0 im

Raume sich in drei Teilmomente in den durch 0 laufenden Koordinatenebenen zerlegen läßt, die ihrerseits jeweils bestimmt sind durch das Moment der auf die einzelne Ebene projizierten Kraft für den Punkt 0 als Momentenpunkt.

Natürlich gilt dies auch für ein System von beliebigen Kräften im Raum: *Ihr Gesamtmoment für einen beliebigen Punkt 0 kann man in drei Teilmomente zerlegen, die jeweils dadurch gegeben sind, daß man das ganze Kraftsystem auf die betreffende durch 0 gelegte Ebene projiziert und in dieser Ebene das Moment der projizierten Kräfte für den Punkt 0 aufstellt.*

Im Raume gibt es auch Momente für eine Achse. Um darüber ins klare zu kommen, bedenke man folgendes: Auf einen Körper, der drehbar um eine Achse AA gelagert ist, wirke eine Kraft P (Abb. 348). Wir ziehen durch den Punkt C eine Parallele zur Achse AA. Dadurch ist eine Ebene parallel zu AA festgelegt. In dieser Ebene zerlegen wir die Kraft P in eine Komponente P'' in Richtung der eben erwähnten Parallelen zur Achse AA und eine andere senkrecht zu ihr, P'. Erstere Komponente sucht den Körper in Richtung der Achse zu verschieben und übt keine Drehwirkung aus, letztere dagegen will den Körper um die Achse drehen. Als Moment der Kraft P für die Achse AA bezeichnen wir das Produkt aus dieser Komponenten P' und dem kürzesten Abstand der beiden aufeinander senkrecht stehenden Geraden AA und P'. Nun stimmt aber diese Komponente P' überein mit der

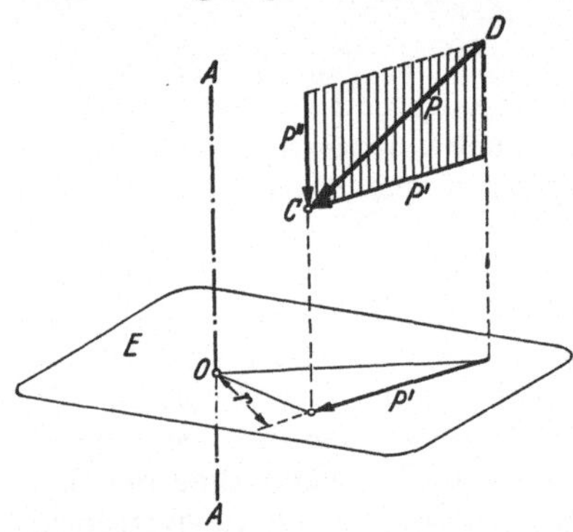

Abb. 348. Das Moment einer Kraft für eine Achse.

Projektion der Kraft P auf eine Ebene E senkrecht zur Achse AA, und die Entfernung dieser projizierten Kraft P' vom Punkt 0, in dem sich die Achse AA selbst projiziert, ist genau so groß wie die erwähnte kürzeste Entfernung; also stellt das Moment der projizierten Kraft P' für den Punkt 0 das Moment der Kraft P für die Achse AA dar, $P' \cdot r$. Fassen wir etwa die Achse AA als z-Achse auf, so ist die senkrechte Ebene die x, y-Ebene, dann ist das Moment für die z-Achse gleich dem Moment der auf die x, y-Ebene projizierten Kraft P' für den Ursprung. Das Moment für die z-Achse möge mit M_z bezeichnet werden; sein Vektor fällt natürlich in die z-Achse hinein. Allgemein kann man also sagen: Das Moment einer Kraft im Raum für eine beliebige Achse kann dadurch bestimmt werden, daß man die Kraft auf eine Ebene senkrecht zur Achse projiziert und in dieser Ebene das Moment der projizierten Kraft aufstellt für den Punkt, in dem sich die Achse selbst projiziert. Das gilt natürlich nicht nur für eine einzelne Kraft, sondern auch für ein Kraftsystem:

Um das Moment von Kräften, die auf einen Körper wirken, für irgendeine Achse (etwa die Drehachse des Körpers) zu erhalten, projiziert man die ganzen Kräfte auf eine zur betreffenden Achse senkrecht stehende Ebene und bildet das Moment ihrer Projektionen für den Punkt, in dem die Achse die Ebene durchschneidet.

Man kommt auf diese Weise von der räumlichen Aufgabe zu einer Aufgabe der Ebene. Wenn man also beispielsweise das Moment von räumlichen Kräften für die z-Achse haben will, wird man die Kräfte auf die x, y-Ebene projizieren und das Moment dieser Projektionen für den Ursprung des Koordinatensystems aufstellen.

Nun haben wir aber oben kennengelernt, daß man (Abb. 347) das Moment einer Kraft P im Raum für einen Punkt 0 in drei Teilmomente zerlegen kann.

Das Teilmoment in einer Projektionsebene ist aber nach den eben gemachten Ausführungen nichts anderes als das Moment der räumlichen Kraft für die zur Projektionsebene senkrechte Achse, d. h. das Moment der auf die x, y-Ebene projizierten Kraft P', wie sie in Abb. 347 dargestellt ist, ist das Moment der räumlichen Kraft für die z-Achse, vorhin M_z genannt. *Man kann demgemäß das Moment einer Kraft P für einen beliebigen Punkt 0 im Raume in drei Teilmomente in den durch 0 laufenden Koordinatenebenen zerlegen, die ihrerseits gegeben sind durch das Moment der räumlichen Kraft für die zur betreffenden Ebene senkrecht stehende Achse, d. h. durch M_x, M_y, M_z.*

Es läßt sich dieses Ergebnis auch etwas anders auffassen. Das Moment einer Kraft P im Raum für einen beliebigen Punkt 0 liegt naturgemäß in der durch P und 0 bestimmten Ebene. Es hat die Größe: P mal Abstand r der Kraft P von 0. Genau so groß ist aber auch das Moment für eine Achse AA, die durch 0 senkrecht zur Ebene P—0 gelegt ist, da der für das Moment in Frage kommende Abstand der Kraft P von dieser Achse durch die kürzeste Entfernung dieser beiden aufeinander senkrecht stehenden Geraden gegeben ist. Man kann also jederzeit das Moment einer Kraft P für einen Punkt 0 ersetzen durch das Moment derselben Kraft P für eine durch 0 senkrecht zur Momentenebene gehende Achse. Gerade so groß ist aber auch das Moment einer anderen Kraft K (Abb. 349) im Raum, deren Projektion auf die Ebene P—0 durch P dargestellt ist. Da nun das Moment

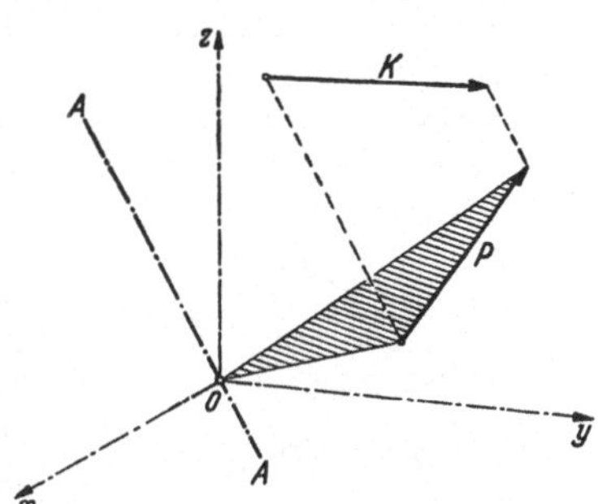

Abb. 349. Ersatz eines Momentes für eine Achse durch drei Teilmomente.

der Kraft P für 0 durch drei Teilmomente ersetzt werden kann, gilt dies auch für das Moment von K bezüglich einer Achse und man hat das neue Ergebnis:

Das Moment einer beliebigen räumlichen Kraft für eine Achse AA kann ersetzt werden durch drei Teilmomente in den Koordinatenebenen, die ihrerseits gegeben sind durch die Momente der räumlichen Kraft für die x-, y-, z-Achsen, deren Ursprung 0 auf der Achse AA liegt.

Die verschiedenen Sätze hätten natürlich auch unmittelbar mit Hilfe der Momentenvektoren aufgestellt werden können. —

Ähnlich wie bei der Zusammensetzung von Kräften in der Ebene benötigen wir auch jetzt bei der Zusammensetzung von Kräften im Raum die Sätze über das statische Moment und das Kräftepaar. Dabei ist noch zu bemerken, daß naturgemäß der Satz vom statischen Moment der Kräfte für den Raum mit derselben Berechtigung gilt wie für die Ebene. Nach den oben gemachten Ausführungen über den Zusammenhang zwischen Moment für einen Punkt und Moment für eine Achse, kann er sowohl auf einen Momentenpunkt als auch auf eine Momentenachse bezogen werden:

Die Summe der statischen Momente von beliebigen Kräften im Raum für einen Punkt bzw. eine Achse ist gleich dem Moment ihrer Resultierenden für denselben Punkt bzw. dieselbe Achse.

Bezüglich der Aufstellung von Momenten für Achsen sei ausdrücklich darauf hingewiesen, daß das Moment wohl mittels der angegebenen Projektion aufgestellt werden kann, daß dies aber nicht immer der einfachste Weg ist. Man kann es auch anders bilden, nur muß man stets berücksichtigen, daß maßgebend für das Moment einer Kraft bezüglich einer Achse nur die Komponente der Kraft ist, die senkrecht zur Achse verläuft. Hat man beispielsweise (Abb. 350) eine Kraft P senkrecht zu einer Ebene gegeben, in der die Achse liegt, und ist

die Entfernung des Durchstoßpunktes der Kraft von der Achse mit a bezeichnet,
so ist das Moment unmittelbar durch P mal a gegeben, was sich natürlich mit
dem Gedanken des angegebenen Projektionsverfahrens deckt. Bei allgemeiner

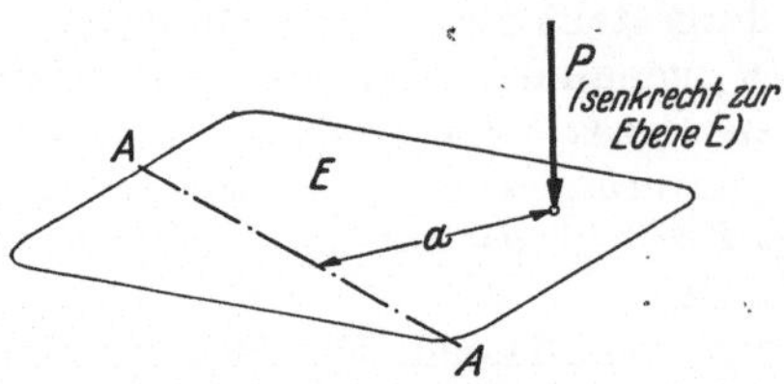

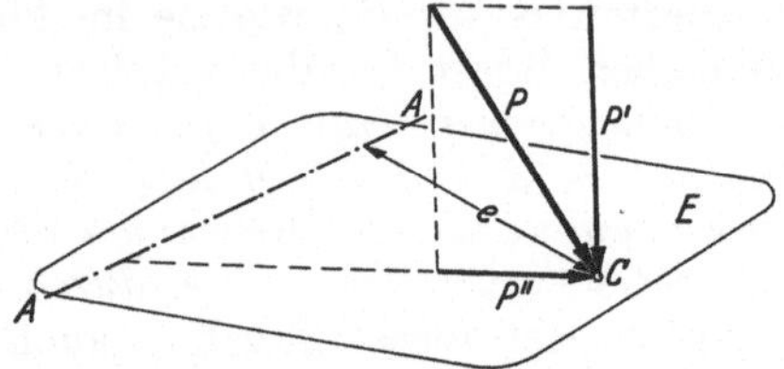

Abb. 350. Sonderfall für das räumliche Moment   Abb. 351. Ermittlung des Momentes einer Kraft
einer Kraft.   für eine Achse.

Lage von Kraft und Achse (Abb. 351) kann man das Moment dadurch finden,
daß man durch die Achse AA eine beliebige Ebene E legt und die Kraft P in
dem Durchdringungspunkt C von P mit E in zwei Komponenten zerlegt, eine senkrecht zur Ebene (P') und eine in der Ebene (P''). Die in der Ebene E liegende Komponente P'' schneidet die Achse AA, hat also kein Moment, dage-

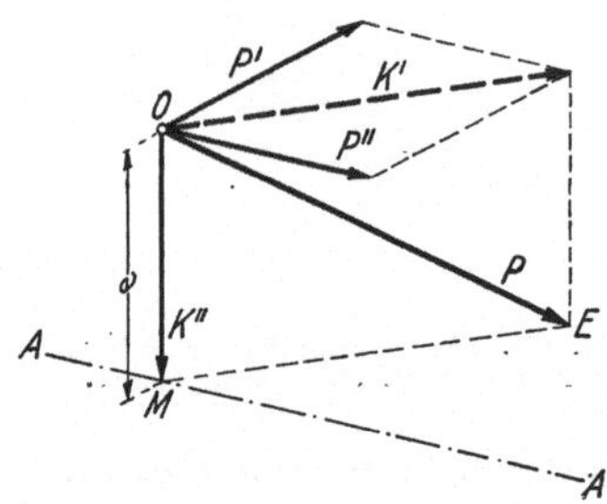

gen hat P' das Moment $P' \cdot e$, so daß das Moment der Kraft P selbst für die Achse AA gegeben
ist durch $P' \cdot e$. Dabei ist e der Abstand des
Durchdringungspunktes C von der Achse AA.

Der hier verwendete Gedanke zur Aufstellung
eines Momentes, die Kraft in zweckmäßige Komponenten zu zerlegen, führt vielfach zu einer einfacheren Aufstellung des Moments als die schema-
tische Verwendung der Projektion der Kraft auf
eine Ebene senkrecht zur Achse.

Abb. 352. Ermittlung des Momentes
einer Kraft durch entsprechende
Kraftkomponenten.

In Abb. 352 ist durch P eine beliebige Ebene
gelegt, die die Achse A—A im Punkt M schneidet.
Durch das so gewonnene Dreieck OME ist eine Ebene
festgelegt, in der P in zwei Komponenten K' und K'' in Richtung von ME
und OM zerlegt wird. K'' hat dann kein Moment für A—A. Die Kraft K' wird
weiterhin in zwei Komponenten zerlegt, eine parallel zu A—A und eine senkrecht dazu, von denen nur die letztere einen Momentenbetrag ergibt. Also ist
das Moment von P für die Achse A—A gegeben durch $P' \cdot e$.

XVI. Zusammensetzung beliebiger Kräfte im Raum.

84. Die möglichen Fälle bei der Zusammensetzung. Es seien n im Raume
zerstreute Kräfte P_i *gegeben*:

nach Größe durch $P_1 \ldots P_i \ldots P_n$,

nach Richtung durch $\alpha_1 \beta_1 \gamma_1 \ldots \alpha_i \beta_i \gamma_i \ldots \alpha_n \beta_n \gamma_n$,

nach Lage etwa durch die Koordinaten $x_i,\ y_i,\ z_i$ eines beliebigen Punktes
auf jeder Kraft P_i oder in irgendeiner anderen Weise.

Gesucht: Ihre Zusammensetzung.

Lösung. Der zum Ziele führende Gedankengang ist der gleiche wie in der
Ebene. Man verschiebt jede Kraft P_i nach einem ganz beliebigen Punkt 0,
durch den wir auch das Koordinatenkreuz legen wollen (Abb. 353). Diese Verschiebung dürfen wir nur vornehmen, wenn zu jeder verschobenen Kraft noch ein
Kräftepaar hinzugefügt wird, das in der durch P_i und 0 gegebenen Ebene liegt
und dessen Moment gegeben ist durch das Moment der ursprünglichen Kraft P_i
für den Punkt 0, also:

$$M_i = P_i \cdot r_i.$$

Da die Kräfte P_i im Raume verteilt sind, werden auch die verschiedenen, durch P_i und 0 bestimmten, Momentenebenen nicht in derselben Ebene liegen, vielmehr fächerartig um 0 herum angeordnet sein. Wir bekommen also n Kräftepaare in verschiedenen Ebenen. Nach der Verschiebung der Kräfte P_i nach 0 liegen demgemäß n Kräfte durch den willkürlichen Punkt 0 vor und außerdem n Kräftepaare M_i im Raume. Die n an dem Punkt 0 angreifenden Kräfte können nach früherem zu einer Resultierenden vereinigt werden, deren Größe und Richtung durch die Formeln (14) und (15) bestimmt sind. Ebenso lassen sich die n Kräftepaare im Raume zu einem resultierenden Kräftepaar vereinigen, dessen Lage und Moment durch die Formeln (39) gegeben sind. Was bedeuten aber nun die einzelnen Größen? $_xM_i$, $_yM_i$, $_zM_i$ sind die Komponenten des Kräftepaares mit dem Moment M_i, wobei

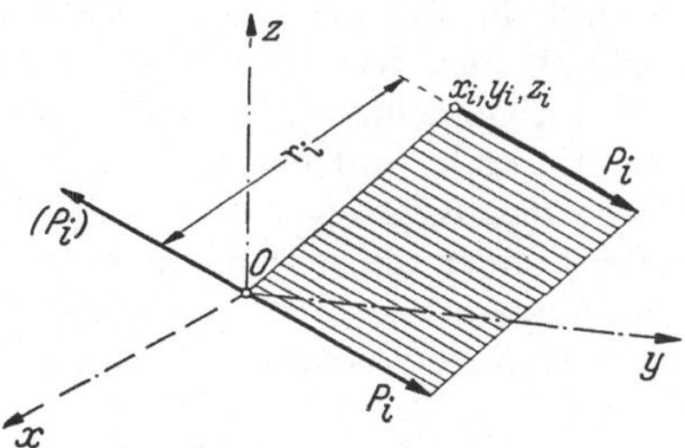

Abb. 353. Zur analytischen Zusammensetzung von beliebigen Kräften im Raum.

dieses M_i gegeben ist durch das statische Moment der Kraft P_i für den Punkt 0. Dieses Moment kann aber nach den Ausführungen auf Seite 271 zerlegt werden in drei Teilkräftepaare in den Koordinatenebenen, die bestimmt sind durch das Moment der räumlichen Kraft P_i für die x, y, z-Achse; demnach sind $_xM_i$, $_yM_i$, $_zM_i$ die Momente der Kraft P_i für die Koordinatenachsen, und es bedeuten dann weiter $\sum _xM_i$: die Summe der Momente aller räumlichen Kräfte für die x-Achse, $\sum _yM_i$: das Moment aller Kräfte für die y-Achse, und entsprechend stellt $\sum _zM_i$ das Moment für die z-Achse dar. Damit gewinnen diese Summen eine klare Bedeutung. Die durch diese Momentensummen dargestellten Kräftepaare können zu einem resultierenden Kräftepaar mit dem Moment M_r zusammengesetzt werden.

Man kann demnach beliebige Kräfte im Raum ersetzen durch eine durch einen beliebigen Punkt 0 gehende Resultierende $\bar{R}$, deren Größe und Richtung bestimmt ist durch

$$R = \sqrt{(\sum X_i)^2 + (\sum Y_i)^2 + (\sum Z_i)^2},$$

$$\cos\alpha_R = \frac{\sum X_i}{R}, \qquad \cos\beta_R = \frac{\sum Y_i}{R}, \qquad \cos\gamma_R = \frac{\sum Z_i}{R} \qquad (41)$$

und ein resultierendes Kräftepaar $\bar{M}_r$, dessen Moment, Lage und Drehsinn durch die Formeln gegeben sind:

$$M_r = \sqrt{(\sum _xM_i)^2 + (\sum _yM_i)^2 + (\sum _zM_i)^2},$$

$$\cos a_r = \frac{\sum _xM_i}{M_r}, \qquad \cos b_r = \frac{\sum _yM_i}{M_r}, \qquad \cos c_r = \frac{\sum _zM_i}{M_r}. \qquad (41\,b)$$

Dabei bedeuten $\sum X_i$, $\sum Y_i$, $\sum Z_i$ die Summen aller Kräfte in der x, y, z-Richtung und $\sum _xM_i$, $\sum _yM_i$, $\sum _zM_i$ stellen die Summen der Momente aller Kräfte für die x, y, z-Achse dar. Die Winkel α_R, β_R, γ_R sind diejenigen, die die Resultierende mit den Koordinatenachsen einschließt, während a_r, b_r, c_r die entsprechenden Winkel des resultierenden Momentenvektors darstellen.

Da $\bar{R}$ und $\bar{M}_r$ Vektoren sind, kann man natürlich das gewonnene Ergebnis auch vektoriell anschreiben in der Form:

$$\bar{R} = \sum \bar{P}_i, \qquad \bar{M}_r = \sum M_i.$$

Ausdrücklich sei nochmals darauf hingewiesen, daß der Punkt 0 ganz willkürlich gewählt ist; die Achsen x, y, z, für die die Momente aufgestellt werden, gehen durch den Punkt 0, da ja die statischen Momente der Kräfte P_i für diesen Punkt aufgestellt und diese dann in $_xM_i$, $_yM_i$, $_zM_i$ zerlegt wurden. Diese mögliche willkürliche Annahme des Punktes 0 bedeutet keine Vieldeutigkeit bei der Zusammensetzung der Kräfte: bei anderer Lage von 0 ändern sich auch die Momente M_i, also nimmt auch M_r einen anderen Wert an, und dies neue M_r und die Resultierende R durch den neuen Punkt üben zusammen die gleiche Wirkung aus, wie R durch den alten Punkt 0 und das alte M_r.

Im allgemeinen läßt sich also ein Kraftsystem im Raum ersetzen durch eine Resultierende und ein Kräftepaar. Diese Kraft braucht natürlich nicht in der Ebene des Kräftepaares zu liegen; wenn aber dies ausnahmsweise der Fall ist, dann können diese beiden Einflüsse (Kraft und Kräftepaar) noch weiter zusammengesetzt werden zu einer Kraft, die durch eine Parallelverschiebung der ursprünglichen Kraft dargestellt ist.

Den Einfluß von Kraft und Kräftepaar im Raum kann man auch etwas anders darstellen. In Abb. 354 ist die Resultierende R durch den Punkt 0 gezeichnet und das Kräftepaar M_r durch die beiden Kräfte K dargestellt. Das Kräftepaar ist in einer parallelen Ebene so verschoben, daß die eine Kraft K die Resultierende R schneidet; dann kann sie mit R zu einer neuen Resultierenden R' vereinigt werden. Es bleiben so übrig die andere Kraft K und die Resultierende R'; diese beiden Kräfte liegen windschief zueinander. Man nennt nun die Gemeinschaft von zwei solchen windschiefen Kräften ein *Kraftkreuz*. Dieses Kraftkreuz hat also die gleiche Wirkung wie R *und* das Kräftepaar M_r zusammen. Dabei beachte man

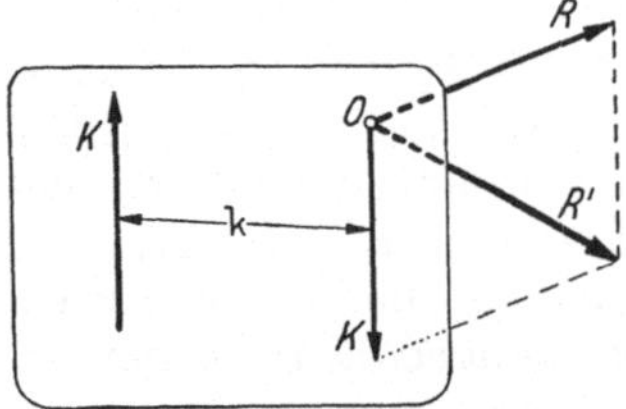

Abb. 354. Ersatz eines Kräftesystems durch ein Kraftkreuz.

folgendes: Das Kräftepaar $M_r = K \cdot k$ kann in jeder parallelen Ebene in der verschiedensten Weise durch ein anderes ersetzt werden, es muß nur stets das Produkt von Kraft und Entfernung der beiden Kräfte des Kräftepaares gleich $K \cdot k$ bleiben. Je nach der Darstellung des Kräftepaares M_r wird dann aber auch R' anders werden, weil ja R' die Resultierende von R und der einen Kraft des Kräftepaares ist. Dementsprechend ändert sich auch das Kraftkreuz, da sich die Größen K und R' und ihre Richtungen ändern werden. *Es ist also ein räumliches Kräftesystem auf unendlich viele Weise durch ein Kraftkreuz ersetzbar. Alle diese Kraftkreuze sind naturgemäß gleichwertig, d. h. sie üben auf den Körper die gleiche Wirkung aus.*

Gerade so wie bei Kräften in der Ebene sind auch hier zwei Grundwerte aufgetreten, die für die Lösung der Zusammensetzung maßgebend sind: R und M_r. Je nachdem nun diese beiden Größen:

$$R = \sqrt{(\textstyle\sum X_i)^2 + (\textstyle\sum Y_i)^2 + (\textstyle\sum Z_i)^2},$$

$$M_r = \sqrt{(\textstyle\sum {}_xM_i)^2 + (\textstyle\sum {}_yM_i)^2 + (\textstyle\sum {}_zM_i)^2}$$

von Null verschieden oder gleich Null sind, gibt es verschiedene Fälle bei der Zusammensetzung der Kräfte.

1. $R \neq 0$ und $M_r \neq 0$. Dann liegt der allgemeine Fall vor, der eben behandelt wurde. Es ist also das Kräftesystem ersetzbar durch eine eindeutig bestimmte Resultierende R, die durch einen beliebigen Punkt 0 geht, und ein eindeutig bestimmtes resultierendes Kräftepaar M_r. Beide Einflüsse können zu einem Kraftkreuz vereinigt werden.

2. $R \neq 0$, $M_r = 0$. Hierbei verschwindet das Kräftepaar, und es kann demgemäß das Kräftesystem zurückgeführt werden auf eine einzige Kraft, die durch

den willkürlich gewählten Punkt 0 geht und durch die Formeln:

$$R = \sqrt{(\textstyle\sum X_i)^2 + (\sum Y_i)^2 + (\sum Z_i)^2}$$

und

$$\cos\alpha_R = \frac{\sum X_i}{R}, \qquad \cos\beta_R = \frac{\sum Y_i}{R}, \qquad \cos\gamma_R = \frac{\sum Z_i}{R}$$

bestimmt ist. — Durch eine einzige Kraft R kann auch dann das Kräftesystem ersetzt werden, wenn R im Falle 1 in die Ebene des resultierenden Kräftepaares fällt; dann geht aber diese Kraft nicht durch den Punkt 0 hindurch.

3. $R = 0$, $M_r \neq 0$. Dann ist das Kräftesystem ersetzbar durch ein resultierendes Kräftepaar, bestimmt durch die Gleichungen:

$$M_r = \sqrt{(\textstyle\sum {}_x M_i)^2 + (\sum {}_y M_i)^2 + (\sum {}_z M_i)^2},$$

$$\cos a_r = \frac{\sum {}_x M_i}{M_r}, \qquad \cos b_r = \frac{\sum {}_y M_i}{M_r}, \qquad \cos c_r = \frac{\sum {}_z M_i}{M_r}.$$

4. $R = 0$; $M_r = 0$. Dann tritt für den Körper, auf den das Kräftesystem wirkt, weder Verschiebung noch Verdrehung auf, d. h. es besteht Gleichgewicht.

Nach früheren Ausführungen ist $R = 0$, wenn das zugehörige räumliche Krafteck geschlossen ist, andererseits $M_r = 0$, wenn das zugehörige räumliche Momenteneck geschlossen ist. Wir haben also Gleichgewicht, wenn diese beiden Vektorenecke geschlossen sind. Unter Verwendung der Vektorendarstellung kann man auch die vier Fälle in der Weise unterscheiden:

1. *Krafteck und Momenteneck offen:* Das Kräftesystem ist ersetzbar durch ein Kraftkreuz.

2. *Krafteck offen, Momenteneck geschlossen:* Die Kräfte können durch eine Resultierende ersetzt werden.

3. *Krafteck geschlossen, Momenteneck offen:* Das Kräftesystem ist auf ein resultierendes Kräftepaar zurückführbar.

4. *Krafteck geschlossen, Momenteneck geschlossen:* Es besteht Gleichgewicht.

85. Gleichgewichtszustand von Kräften im Raum. Mit den Gleichgewichtsfällen wollen wir uns etwas näher beschäftigen. Die Größen R und M_r enthalten unter dem Wurzelzeichen jeweils die Summe von drei Quadraten. Eine solche Summe verschwindet, wenn die einzelnen quadratischen Glieder für sich selbst Null werden, demgemäß tritt Gleichgewicht auf, wenn:

$$\left.\begin{array}{lll} \sum X_i = 0, & \sum Y_i = 0, & \sum Z_i = 0; \\ \sum {}_x M_i = 0, & \sum {}_y M_i = 0, & \sum {}_z M_i = 0. \end{array}\right\} \qquad (42)$$

Die Bedeutung der einzelnen Summen ist oben angegeben: $\sum X_i$, $\sum Y_i$, $\sum Z$, stellen die Komponenten aller Kräfte in der x, y, z-Richtung dar, $\sum {}_x M_i$, $\sum {}_y M_{ii}$ $\sum {}_z M_i$ die Summen der Momente aller Kräfte für die x, y, z-Achse. Man kann nun die ganze Betrachtung auch auf ein schiefwinkliges Achsenkreuz statt auf das rechtwinklige — wie es hier gemacht wurde — beziehen und bekommt damit den Satz:

Kräfte im Raum stehen im Gleichgewicht, wenn die Summen ihrer Komponenten in drei beliebigen Richtungen verschwinden, und außerdem die Summen der Momente aller Kräfte für drei Achsen Null sind. Es würde also demgemäß ein Körper, auf den Kräfte wirken, die diese sechs Bedingungen erfüllen, in Ruhe bleiben.

An Stelle der Aussage, im Gleichgewichtsfalle verschwinden die Summen der Komponenten und die Summen der Momente für drei Achsen, kann man auch auf Grund früherer Ausführungen sagen: „Im Gleichgewichtsfalle müssen die Summen der Komponenten der Kräfte in drei Richtungen Null werden, und außerdem muß die Summe der Momente aller Kräfte für einen beliebigen Punkt verschwinden."

Für den Gleichgewichtszustand von zerstreuten Kräften im Raum liegen also sechs Bedingungen, d. h. sechs Gleichungen vor. Eine Kraft im Raum kann demgemäß mit sechs anderen, deren Wirkungslinien gegeben sind, im allgemeinen ins Gleichgewicht gesetzt bzw. in sechs Komponenten zerlegt werden.

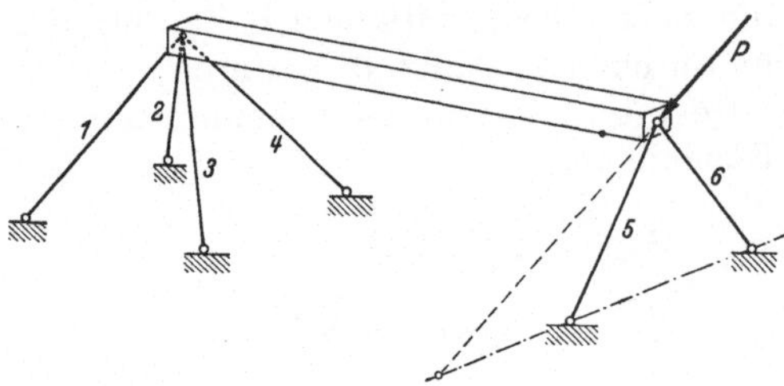

Abb. 355. Sonderfall des Gleichgewichts einer Kraft mit sechs anderen.

Natürlich kann es auch vorkommen, daß die sechs Unbekannten keine eindeutigen und endlichen Werte erhalten, da ja sechs Gleichungen mit sechs Unbekannten nicht immer eindeutige Lösungen liefern. Wenn z. B. die sechs Wirkungslinien so verteilt sind, daß sich vier in einem Punkt schneiden und die beiden anderen ebenfalls in einem Punkt, und wenn außerdem die Kraft P in der Ebene der beiden letzten liegt und durch deren Schnittpunkt geht (Abb. 355), dann werden wohl diese beiden letzten Kräfte 5 und 6 eindeutig, dagegen sind die vier Kräfte 1 bis 4 vieldeutig, da vier Kräfte im Raum, die an einem Punkt angreifen, beliebige Größen im Gleichgewichtsfall annehmen können. Auf solche Ausnahmefälle — Sonderlagen der Kräfte — soll erst später eingegangen werden.

Gehen wir zunächst auf die sechs Gleichgewichtsbedingungen zurück. Wir wollen sie in etwas anderer Form schreiben:

$$\sum X_i = 0, \qquad \sum Y_i = 0, \qquad \sum_z M_i = 0;$$
$$\sum Y_i = 0, \qquad \sum Z_i = 0, \qquad \sum_x M_i = 0;$$
$$\sum Z_i = 0, \qquad \sum X_i = 0, \qquad \sum_y M_i = 0.$$

Daß dabei jede Komponentensumme doppelt angeschrieben, ist von keiner Bedeutung. Was sagen dann die Gleichungen der ersten Reihe? Man denke sich das gegebene Kräftesystem auf die x, y-Ebene projiziert. Die Komponenten dieser projizierten Kräfte P'_i sind dann doch X_i und Y_i, und es wären also $\sum X_i$ bzw. $\sum Y_i$ die Summen der Komponenten aller projizierten Kräfte P'_i in der x- bzw. y-Richtung. Andererseits ist $\sum_z M_i$ die Summe der Momente aller Kräfte für die z-Achse. Diese kann aber dargestellt werden durch die Momente der auf die x, y-Ebene projizierten Kräfte P'_i für den Koordinatenursprung, d. i. einen Punkt in der x, y-Ebene. Also die drei Gleichungen der ersten Reihe sagen aus, daß die Summen der Komponenten der Kräfte P'_i in zwei Richtungen und die Summe ihrer Momente für einen Punkt der Ebene verschwinden. Das sind aber die Gleichgewichtsbedingungen für Kräfte in der Ebene. Demgemäß drücken die drei Gleichungen der ersten Reihe aus, daß die auf der x, y-Ebene projizierten Kräfte P'_i im Gleichgewicht stehen. Entsprechendes sagen die Gleichungen der zweiten Reihe für die Projektionen in der y, z-Ebene aus und die Gleichungen der dritten Reihe für die z, x-Ebene. Wir kommen damit zu dem Ergebnis:

Kräfte im Raum stehen im Gleichgewicht, wenn ihre Projektionen auf drei Ebenen für sich im Gleichgewicht stehen.

Es sei ausdrücklich darauf hingewiesen, daß es nicht genügt, wenn die Projektionen auf zwei Ebenen ein Gleichgewichtsbild ergeben, sondern es muß dies für drei Ebenen der Fall sein. Zur Erläuterung dieser Aussage denke man sich

(Abb. 356) ein Kräftepaar aus zwei lotrechten Kräften, das in einer zur x, z-Ebene parallelen Ebene liegt. Dieses Kräftepaar projiziert sich auf die x, y-Ebene in zwei Punkten, d. h. in der x, y-Ebene zeigt sich keine Wirkung; in der y, z-Ebene entstehen zwei Kräfte in der gleichen Geraden von gleicher Größe, aber entgegengesetzter Richtung, die sich aufheben. Also die Projektionen in der x, y-Ebene und y, z-Ebene stellen Gleichgewichtszustände dar; trotzdem ist aber kein Gleichgewicht vorhanden, denn ein Körper, auf den ein Kräftepaar wirkt, bleibt nicht in Ruhe. Daß tatsächlich kein Gleichgewicht besteht, zeigt die dritte Projektion auf die x, z-Ebene; diese Projektion ergibt nämlich das Kräftepaar selbst.

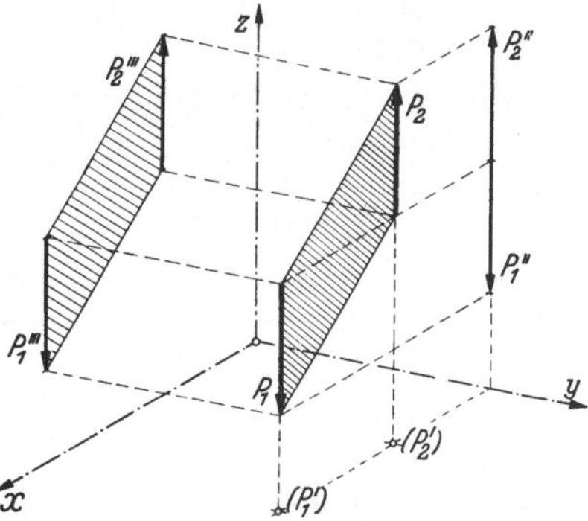

Abb. 356. Zur Darstellung des Gleichgewichtes durch die Kraftprojektionen.

Wir können noch eine andere Aussage über den Gleichgewichtszustand angeben. Für zerstreute Kräfte in der Ebene hatten wir zunächst als Gleichgewichtsbedingungen gefunden, daß die Summen der Komponenten in zwei Richtungen verschwinden müssen und außerdem die Summe der Momente für einen beliebigen Punkt. Andererseits war aber damals bewiesen worden, daß bei Gleichgewicht die Summe der Momente für jeden beliebigen Punkt Null sein muß. Da aber nur drei unabhängige Gleichungen bestanden, kamen wir zu dem Ergebnis, daß Gleichgewicht in der Ebene dann vorliegt, wenn die Summen der Momente aller Kräfte für drei Punkte verschwinden, die aber nicht in einer Geraden liegen durften. Im Raume haben wir nun drei Komponentenbedingungen und drei Momentenbedingungen. Auch hier gilt der Satz, daß im Gleichgewichtsfalle die Summe der Momente aller Kräfte für jeden beliebigen Momentenpunkt verschwinden muß. Nun haben wir aber gesehen, daß das Moment einer Kraft für einen Punkt auch in drei Teilmomente zerlegt werden kann, die ihrerseits durch das Moment der projizierten Kräfte für eine zur Projektionsebene senkrechten Achse gegeben sind. Durch Weiterverfolgung dieses Gedankens erkennt man, daß bei Gleichgewicht von Kräften im Raum die Summe ihrer Momente für jede beliebige Achse verschwinden muß. Nun bestehen aber für den Gleichgewichtszustand, wie wir gesehen haben, nur sechs unabhängige Gleichgewichtsbedingungen. Infolgedessen werden auch diese beliebig vielen Momentengleichungen nicht unabhängig voneinander sein, sondern tatsächlich unabhängig sind nur deren sechs. Wir kommen zu dem Ergebnis:

Zerstreute Kräfte im Raume stehen im Gleichgewicht, wenn die Summen ihrer Momente für sechs Achsen verschwinden, die sich in allgemeiner Lage befinden.

Die Worte „in allgemeiner Lage" sollen ein Hinweis darauf sein, daß gewisse Ausnahmelagen vermieden werden müssen. Genau so wie in der Ebene die drei Momentenpunkte nicht ganz beliebige Lagen haben durften (nicht auf einer Geraden!), so sind auch hier Sonderlagen auszuscheiden. Sie sind allerdings nicht so einfach zu kennzeichnen wie in der Ebene; es möge lediglich erwähnt werden, daß die sechs Achsen nicht von einer und derselben Geraden getroffen werden dürfen. Die allgemeine Betrachtung dieser Sonderlagen ist von keiner praktischen Bedeutung, so daß wir von einer weiteren Erörterung hier absehen können. Wie sich die Berechnung selbst gestaltet, ist weiter unten an verschiedenen Beispielen gezeigt.

Die Frage liegt nahe, ob man nicht unter alleiniger Verwendung von Momenten der Kräfte für einen *Punkt* ausreichende Gleichgewichtsaussagen machen kann. Wenn die Summe der räumlichen Momente für zwei Punkte verschwindet, so sichert dies noch kein Gleichgewicht. Denn das sind in Wirklichkeit nur fünf unabhängige Gleichungen: ein Moment im Raume für einen Punkt kann in drei Momente für Achsen zerlegt werden; da aber die Verbindungslinie der beiden Punkte eine beiden Punkten gemeinsame Achse ist, stellen die beiden Punkte tatsächlich keine sechs unabhängigen Momentenbedingungen dar, sondern nur fünf. Es muß also noch eine sechste Bedingung hinzukommen, und wir können sagen:

Kräfte im Raum stehen im Gleichgewicht, wenn ihre Momente für zwei beliebige Punkte und eine Achse verschwinden, die die Verbindungslinie nicht schneidet (in letzterem Fall würden ja sechs Momentenachsen von der Verbindungsgeraden geschnitten).

Der Fall, daß die Summen der Momente für zwei Punkte verschwinden, kommt auf den hinaus, daß die Summen der Momente für sechs Achsen Null werden, die von einer Geraden (d. i. hier die Verbindungslinie der beiden Punkte) geschnitten werden, und es ist damit bestätigt, daß allgemein sechs Momentengleichungen zur Sicherung des Gleichgewichts nicht ausreichen, wenn die sechs Momentenachsen von einer Geraden geschnitten werden.

86. Mögliche Gleichgewichtsfälle bei Kräften. Wir haben festgestellt, daß bei zerstreuten Kräften im Raum sechs Gleichgewichtsbedingungen bestehen, daß demgemäß die Möglichkeit vorhanden ist, eine Kraft P mit sechs Kräften in gegebenen Wirkungslinien im Raum ins Gleichgewicht zu setzen, oder anders ausgedrückt, daß sieben Kräfte im Raum im allgemeinen ins Gleichgewicht gesetzt werden können. Bei mehr als sieben Kräften kann selbstverständlich auch Gleichgewicht bestehen, aber die Aufgabe ist vieldeutig, da nach Annahme einer dieser Kräfte mehr als sechs Unbekannte vorliegen, denen nur sechs Gleichungen gegenüber stehen. Wie ist es nun mit weniger als sieben Kräften? Wir haben gesehen, daß zwei Kräfte nur im Gleichgewicht stehen können, wenn sie in die gleiche Gerade fallen, drei Kräfte nur dann, wenn sie in derselben Ebene liegen und sich in einem Punkte schneiden. Zwei windschiefe Kräfte können nie einen Gleichgewichtszustand bilden, ebensowenig drei Kräfte der Ebene, die sich nicht schneiden, auch nicht drei Kräfte im Raume, einerlei, ob sie durch einen Punkt gehen oder nicht. Bei vier Kräften ist nach Annahme einer Kraft ein *allgemeiner* Gleichgewichtszustand nur dann eindeutig möglich, wenn sie, sofern sie im Raume liegen, durch einen Punkt gehen und, sofern sie in einer Ebene liegen, nicht durch einen Punkt laufen. Vier Kräfte im Raum, die nicht durch einen Punkt gehen, können ausnahmsweise auch im Gleichgewicht stehen. Denn wir wissen ja, daß es ganz verschiedenartige, gleichwertige Kraftkreuze gibt; drehen wir nun in einem von zwei gleichwertigen Kraftkreuzen die Richtungspfeile um und lassen diese beiden Kraftkreuze auf einen Körper wirken, so bleibt er im Ruhezustand. Natürlich kann eine Kraft in der Ebene auch mit drei und mehr Kräften, die sich auf ihr schneiden, ins Gleichgewicht gesetzt werden; jedoch ist die Lösung nicht eindeutig. Dasselbe gilt von fünf und mehr Kräften in der Ebene, die sich nicht schneiden. Unter gewissen Voraussetzungen können fünf und sechs Kräfte im Raume im Gleichgewicht stehen, aber ein allgemeiner Gleichgewichtszustand ist nicht möglich, da uns ja sechs Gleichgewichtsbedingungen zur Verfügung stehen und wir bei fünf oder sechs Kräften (nach Annahme einer Kraft P) weniger als sechs Unbekannte haben. Ein allgemeiner Gleichgewichtszustand im Raum liegt erst bei sieben Kräften vor, d. h. nach Annahme einer Kraft können wir die sechs anderen in gegebenen Wirkungslinien im allgemeinen eindeutig berechnen.

Übungsaufgabe für Zusammensetzung von Kräften im Raume.

Der in Abb. 357 dargestellte Körper (Windmühlengerüst) steht unter dem Einfluß von vier Kräften (P_1, P_2, P_3, P_4) und zwei äußeren Momenten (M_I, M_II), die durch einen Zapfen in das Fundament weitergeleitet werden sollen. Die Beanspruchungsgrößen des Zapfens sind zu ermitteln.

Lösung. Wir verschieben alle Kräfte in die Zapfenstelle (Abb. 357 d). Diese Kraftverschiebung, die in der durch Zapfenstelle und Kraft bestimmten Ebene vor sich geht, ist begleitet von zusätzlich auftretenden Verschiebungsmomenten aus Kraft mal Entfernung des Zapfens von der Kraft. Also treten zur äußeren verschobenen Belastung noch vier zusätzliche Momente hinzu:

$M_1 = P_1 \cdot a$, als Vektor in der negativen y-Richtung darzustellen,

$M_2 = P_2 \cdot b_2$, ebenfalls als Vektor in der negativen y-Richtung,

$M_3 = P_3 \cdot b_3$, als Vektor in der positiven x-Richtung,

$M_4 = P_4 \cdot c$, als Vektor in der positiven y-Richtung.

Die Verschiebung der Momente in die Zapfenstelle kann ohne weiteres vorgenommen werden (Abb. 357 g, e, f).

Es sind also an der Zapfenstelle jetzt die vier Kräfte zusammenzusetzen, was am einfachsten über die Bildung der drei resultierenden Komponenten R_x, R_y, R_z geschieht (Abb. 357 i, k). An Momentenvektoren kommen zu den äußeren Momenten M_I und M_II die vier Verschiebungsmomente M_1, M_2, M_3, M_4, deren sechs Vektoren in gleicher Weise wie die Kräfte zu dem resultierenden Momentenvektor M_r zusammengesetzt werden (Abb. 357 h, k). Steht der Zapfen senkrecht, dann stellen

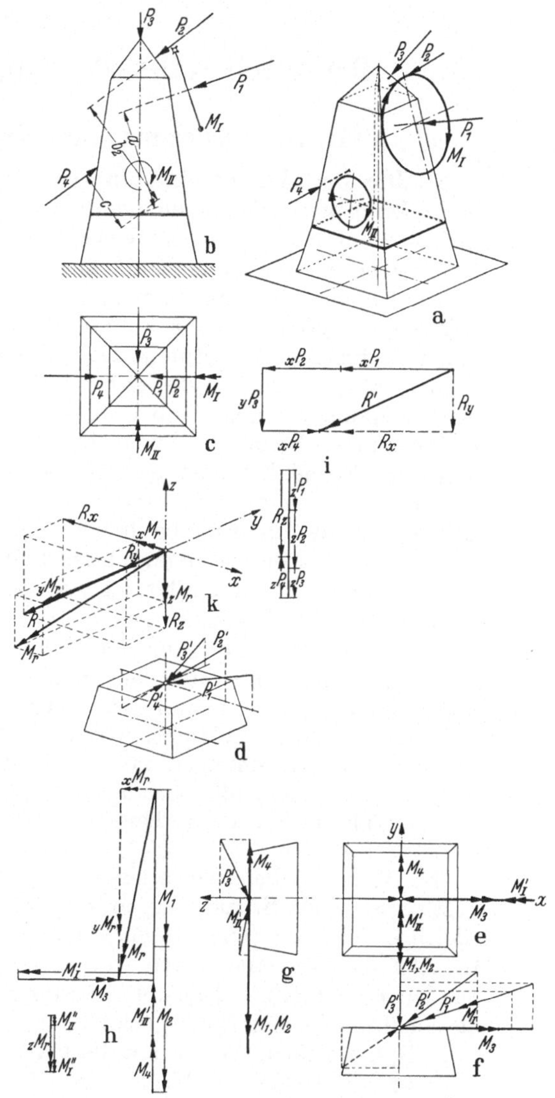

Abb. 357. Beispiel: Zusammensetzung von Kräften im Raum.

$_xM_r$, $_yM_r$ die Biegungsmomente und $_zM_r$ das Torsionsmoment dar, mit dem dieser Zapfen beansprucht wird. R_x, R_y sind die Querkräfte und R_z ist die Längskraft der Zapfenstelle.

Sechster Teil

Der durch Stäbe oder Lager abgestützte Körper.

XVII. Die Festlegung eines Körpers durch Stützungsstäbe.

87. Die Berechnung eines in sechs Stäben gestützten Körpers. Statt der sechs Momentengleichungen kann man als Gleichgewichtsbedingungen auch fünf Momentenbedingungen verwenden und eine Komponentenbedingung oder vier Momenten- und zwei Komponentengleichungen oder auch drei Momenten- und drei Komponentenbedingungen. Mehr als drei unabhängige Komponentenbedingungen können nicht aufgestellt werden, da eine Kraft durch drei Komponenten im Raum bestimmt ist. Welche Gleichungen man zweckmäßig verwendet, hängt ganz von der Art der einzelnen Aufgabe ab. Im allgemeinen ist auch im Raum, ähnlich wie bei Aufgaben der Ebene, die Anwendung von Momentengleichungen besonders fruchtbar.

In der Ebene handelte es sich um die Berechnung von drei Unbekannten, und wir konnten dort dreimal je eine Gleichung mit einer Unbekannten aufstellen und so die Aufgabe in einfacher Weise lösen. Mit Rücksicht auf das Bestehen von drei Gleichgewichtsbedingungen konnte eine Scheibe durch drei Stützungsstäbe in ihrer Ebene gegenüber der Erde festgelegt werden. Zur Ermittlung der drei Unbekannten S_1, S_2, S_3 (vgl. Abb. 107 auf S. 64) wurde dann eine Momentengleichung für den Schnittpunkt von S_2 und S_3 aufgestellt und damit eine Gleichung mit der einen Unbekannten S_1 gefunden. Dann wurden entsprechend die Momentengleichungen für die Schnittpunkte von S_1 und S_3 und von S_1 und S_2 gebildet, woraus S_2 und S_3 bestimmt werden konnten. Es waren so drei Gleichungen mit je einer Unbekannten entstanden. Wie würde sich das entsprechende Verfahren im Raum gestalten? Um uns nicht unnötig auf abstraktem Wege zu bewegen, gehen wir wieder von einer praktischen Konstruktion aus.

Im Raum haben wir sechs Gleichgewichtsbedingungen, benötigen also zur Festlegung eines Körpers gegenüber der Erde sechs Stützungsstäbe, wenn wir Gleichgewicht und eindeutige Kräfte in den Stützungsstäben erwarten wollen. In Abb. 358 ist eine Platte durch sechs Stützungsstäbe mit der Erde verbunden und durch P belastet; hierdurch werden Kräfte in den Stützungsstäben, die an ihren beiden Enden gelenkartig angeschlossen sind, erzeugt, die wir mit $S_1 \ldots S_6$ bezeichnen. Wenn nun die Platte im Ruhezustand sein soll, dann müssen alle auf sie wirkenden Kräfte im Gleichgewicht stehen; dies sind die Kräfte P, S_1, $S_2 \ldots S_6$. Zur Berechnung dieser sechs Unbekannten stehen sechs Gleichungen zur Verfügung, z. B. sechs Momentenbedingungen. Wenn man nun so vorgehen wollte wie in der Ebene, müßte man sechsmal je eine Gleichung aufstellen mit einer Unbekannten. Wie wäre das möglich? Falls wir etwa eine Momentengleichung anschreiben wollten, die nur S_1 enthält, müßten wir eine Momentenachse einführen, die die fünf Stäbe ②…⑥ schneidet. Für diese Gerade als Momentenachse haben ja die Kräfte S_2 bis S_6 kein Moment, weil der Hebelarm Null ist. Es bleibt in der Tat in der Momentengleichung

außer der bekannten Kraft P nur die eine Unbekannte S_1 übrig. Entsprechend wäre zur Ermittlung der Stabkräfte $S_2 \ldots S_6$ zu verfahren. Nun ist aber die Schwierigkeit die, daß es im allgemeinen Fall nicht eine Gerade gibt, die fünf andere Geraden schneidet, also hier fünf Stäbe trifft. In Abb. 358 gibt es wohl eine Gerade $A\,A$, die die Stäbe ② bis ⑥ schneidet, aber es läßt sich keine Gerade angeben, die die Stäbe ①, ③, ④, ⑤, ⑥ schneidet. Es gibt also demgemäß im allgemeinen kein Ver-
fahren, das dem der Ebene entspricht, daß man nämlich durch das sechsmalige Aufstellen von einer Gleichung mit einer Unbekannten zum Ziele kommt. Bei besonderen Lagen der Stäbe kann es natürlich sein — wie eben erwähnt —, daß fünf Stäbe von einer Achse ge-
schnitten werden; man soll deshalb bei solchen Aufgaben immer nachprüfen, ob sich eine Ge-
rade finden läßt, die fünf Stäbe schneidet. Dann liefert eben diese Gerade eine Momentengleichung mit nur einer Unbekannten.

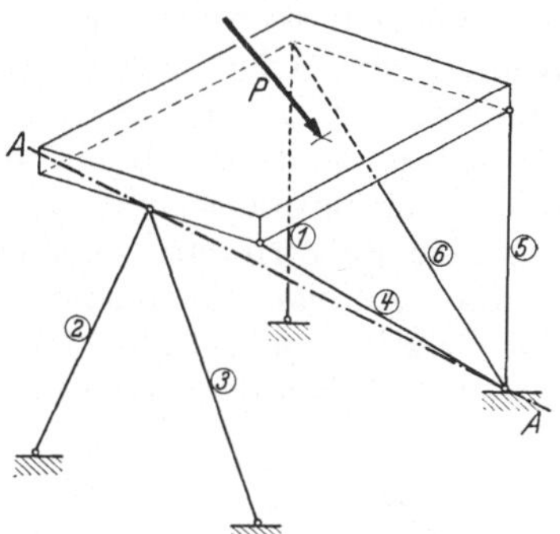

Abb. 358. Ein durch sechs Stützungs-
stäbe gehaltener Körper (eine Achse schneidet fünf Stäbe).

Bevor darauf und auf die allgemeine Berechnung eingegangen wird, möge zunächst die Frage betrachtet werden: Kann man bei einem gestützten Körper von vornherein feststellen, ob die Stabkräfte eindeutig und endlich werden oder nicht? Es war ja schon oben gesagt, daß im allgemeinen eine Kraft P mit sechs anderen eindeutig ins Gleichgewicht gesetzt werden kann, daß es aber Ausnahmefälle geben wird, da ja das Vorhandensein von sechs Gleichungen bei sechs Unbekannten wohl eine notwendige Bedingung für das Auftreten ein-
deutiger und endlicher Lösungen ist, aber keine hinreichende.

Wann ist sicher *keine* eindeutige Gleichgewichtslage vorhanden? Eine Antwort darauf gibt uns der Umstand, daß Gleichgewicht nur bestehen kann, wenn

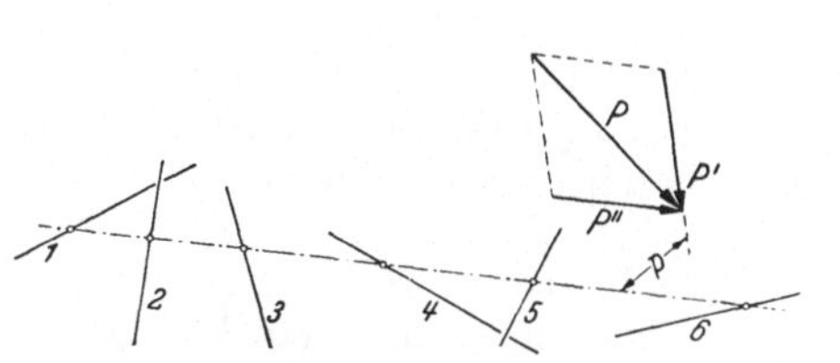

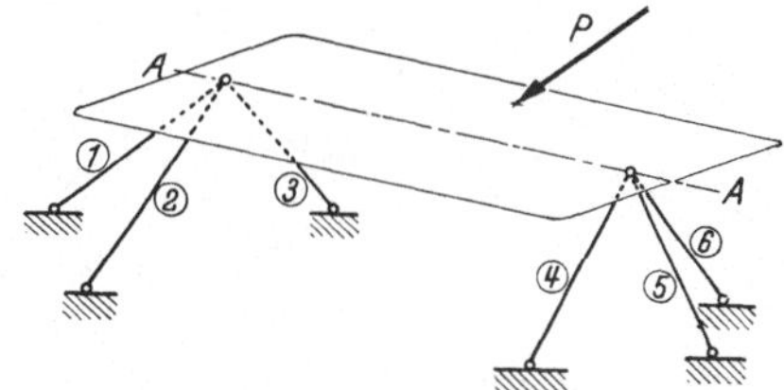

Abb. 359. Sonderfall: Eine Gerade schneidet die sechs unbekannten Kräfte.

Abb. 360. Je drei der sechs unbekannten Kräfte gehen durch einen Punkt.

die Summe der Momente aller wirkenden Kräfte für jede beliebige Achse verschwindet. Das ist sicher nicht der Fall, wenn sich eine Gerade angeben läßt, die die sechs unbekannten Stäbe schneidet (Abb. 359). In solchem Fall haben nämlich die sechs gesuchten Kräfte für diese Achse kein Moment, während aber P ein Moment hat, solange P die Achse nicht schneidet. Es schrumpft also die Summe der Momente zusammen auf $(P' \cdot p)$, und das ist von Null verschieden. Die Momentenbedingung ist also für diese Achse nicht erfüllt, und es entspricht dieser Fall demjenigen der Ebene, daß die drei unbekannten Stabkräfte durch den gleichen Punkt hindurchgehen. Wir erkennen die Sachlage klar an einem Sonderfall, wenn nämlich je drei Stäbe durch einen Punkt laufen (Abb. 360); dann schneidet ja die Verbindungslinie AA dieser beiden Punkte alle sechs Stabkräfte, und deren Moment ist Null. Die Summe der Momente für AA ist

demgemäß gegeben durch das Moment von P für diese Achse, dieses ist aber nicht Null, d. h. also, es kann kein Gleichgewicht bestehen, solange P die Achse nicht schneidet. Das ist ja auch einleuchtend: wenn der Körper an den beiden Schnittpunkten der drei Stäbe gelenkartig angeschlossen ist, wie wir es ja immer voraussetzen, dann dreht er sich unter dem Einfluß der Kraft P um seine Achse. Wenn P die Achse AA schneidet, dann hat diese Kraft allerdings auch kein Moment, und dann ist Gleichgewicht möglich. Aber es ist kein eindeutiger Gleichgewichtszustand vorhanden, denn man kann nicht sagen, welcher Anteil von P auf den einen und welcher auf den anderen Anschlußpunkt kommt. Wir haben also eine unbestimmte Lösung.

Das gilt ganz allgemein: wenn die sechs Stäbe so verteilt sind, daß sich eine Gerade angeben läßt, die alle sechs schneidet, dann ist entweder kein Gleichgewicht möglich oder die Aufgabe ist im allgemeinen vieldeutig. Natürlich kann auch einmal eine solche Sonderbelastung vorliegen, daß eindeutige Stabkräfte auftreten. Das wäre z. B. bei Abb. 361 der Fall, wo nur *eine* Kraft im Schnittpunkt der drei Stäbe ④, ⑤, ⑥ wirkt. Im Flugzeugbau kommt für das Fahrgestell eine Anordnung vor, daß zwischen Radachse und Rumpf bzw. Flügel sechs Stäbe liegen (Abb. 362). Bei allgemeiner Belastung kann sich natürlich ein solches

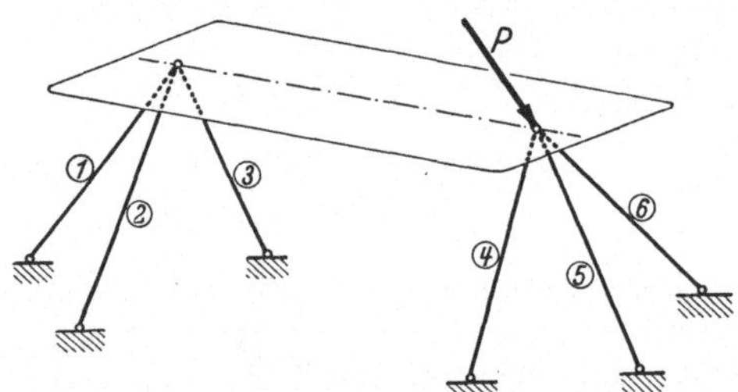

Abb. 361. Sonderfall der vorhergehenden Anordnung.

Flugzeug um die Achse AB drehen; es kann nach vorn bzw. nach hinten kippen. Wenn jedoch die äußere Kraft (d. i. die Resultierende der Lasten) die Verbindungslinie der beiden Knotenpunkte schneidet, dann ist Gleichgewicht möglich, aber die Verteilung auf die Punkte A und B ist nicht bestimmt. Die Stabkräfte werden aber eindeutig, wenn die vom Boden auf die Räder wirkenden Reaktionen R_1, R_2 bekannt sind, dann wird bei entsprechender Ausführung R_1 durch drei Stäbe aufgenommen und ebenso R_2. Die statische Unbestimmtheit liegt hier in den Größen R_1 und R_2.

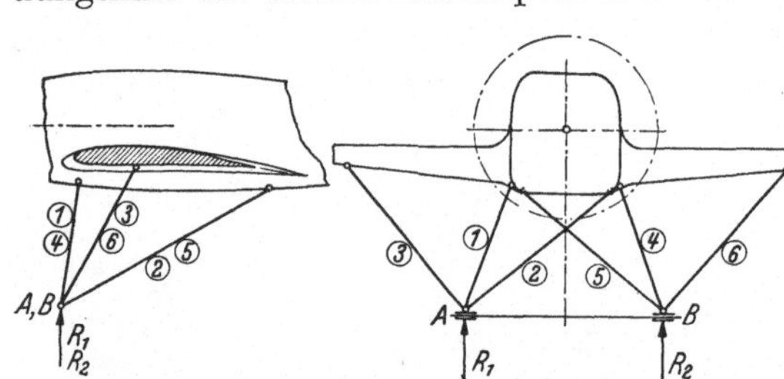

Abb. 362. Fahrgestell eines Flugzeuges.

Wir wollen uns jedenfalls merken: Wenn eine Gerade sechs Verbindungsstäbe schneidet, dann haben wir für allgemeine Belastung keine eindeutige Gleichgewichtslage; soll das System für *beliebige* Belastungen Ruhe halten, so darf eine solche Anordnung nicht verwendet werden. Hat man also eine derartige Verteilung der sechs Stäbe bzw. allgemein der sechs unbekannten Kräfte, dann braucht man nicht weiter zu untersuchen. Man wird deshalb immer erst die Prüfung vornehmen, ob ein solcher Ausnahmefall vorliegt, d. h. ob sich eine Gerade angeben läßt, die die sechs Stäbe schneidet, und nur wenn dies nicht der Fall ist, wird man weiter rechnen.

Dieser Sonderfall liegt immer vor, wenn:

1. vier (oder mehr) von den sechs Stäben durch einen Punkt gehen;
2. vier (oder mehr) von den sechs Stäben in einer Ebene liegen;
3. je drei Stäbe durch einen Punkt gehen und
4. je drei Stäbe in eine Ebene fallen.

Läßt sich keine Gerade angeben, die die sechs Stäbe schneidet, so hat man damit allerdings noch immer nicht die Sicherheit, daß ein *bestimmtes* Gebilde vorliegt, aber diese Feststellung überläßt man der weiteren Rechnung.

Wie geht man nun vor? Man versucht zunächst, ob man eine Gerade legen kann, die fünf von den Stäben trifft. Das wird, wie oben erwähnt, nicht immer möglich sein, aber in manchen praktischen Fällen gelingt es tatsächlich, und man kommt zu einer Momentengleichung mit einer Unbekannten. Es ist dies immer möglich, wenn wenigstens drei von den sechs Stäben durch einen Punkt gehen oder in eine Ebene fallen.

In Abb. 363 liegen die Stäbe ②, ③, ④ in einer Ebene, ebenso ⑤ und ⑥; infolgedessen wird die

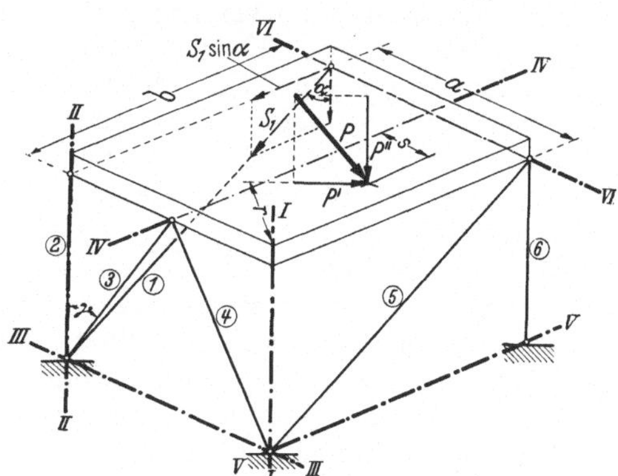

Abb. 363. Beispiel, bei dem fünf Stäbe durch eine Gerade getroffen werden.

Schnittlinie beider Ebenen von allen fünf Stäben ② bis ⑥ getroffen. Die Momentengleichung für die Achse I—I enthält nur S_1 und P:

$$(\text{Moment von } S_1)_\text{I} + (\text{Moment von } P)_\text{I} = 0.$$

Das Moment der Stabkraft S_1 für die Achse I—I ist dabei sehr leicht aufzustellen. Man zerlegt S_1, als Zugkraft angenommen, in eine horizontale und eine vertikale Richtung. Die lotrechte Komponente verläuft parallel zu I—I, hat also für diese Achse kein Moment. Dagegen $S_1 \cdot \sin\alpha$ liefert den Momentenbeitrag $(S_1 \cdot \sin\alpha) \cdot a$. Das Moment von P kann man dadurch finden, daß man P auf eine Ebene senkrecht zu I—I projiziert und in dieser Ebene das Moment der projizierten Kraft P' für den Durchdringungspunkt von I aufstellt. Man findet (Abb. 363):

$$(-S_1 \cdot \sin\alpha) \cdot a + P' \cdot r = 0.$$

Nachdem wir so eine Kraft gefunden haben, werden wir versuchen, ob wir eine andere Gerade ziehen können, die wieder fünf Stäbe trifft. Das ist im vorliegenden Beispiel der Fall für die Achse II—II; auf ihr schneiden sich die Stäbe ②, ①, ③, ④, ⑥ (der letzte Stab läuft ja parallel). Die Summe aller Momente der Achse II—II liefert dann die Gleichung:

$$(S_5 \cdot \sin\beta) \cdot a + (\text{Moment von } P)_\text{II} = 0,$$

worin β den Winkel zwischen den Stäben ⑤ und ⑥ darstellt. Wenn man zwei von den sechs Unbekannten berechnet hat, dann ist schon viel gewonnen und man kommt dann meistens verhältnismäßig leicht vorwärts. Bei unserer Anordnung können wir noch eine weitere Gerade angeben, die fünf Stäbe schneidet, Achse III—III. Es entsteht die Gleichung:

$$+S_6 \cdot b + (\text{Moment von } P)_\text{III} = 0.$$

Die Momentengleichung für die Achse IV—IV erlaubt die Berechnung von S_2.

$$-S_2 \cdot \frac{a}{2} - S_1 \cos\alpha \cdot \frac{a}{2} + S_6 \cdot \frac{a}{2} + S_5 \cdot \cos\beta \cdot \frac{a}{2} + P'' \cdot s = 0.$$

Schließlich können dann noch die Stabkräfte S_3 und S_4 mittels der Momentengleichungen für die Achsen V—V und VI—VI berechnet werden; es ergibt sich z. B. für S_3:

$$-S_3 \cdot \cos\gamma \cdot a - S_2 \cdot a - S_1 \cdot \cos\alpha \cdot a + (\text{Moment von } P)_\text{V} = 0.$$

So ist man also mit sechs Momentengleichungen zum Ziele gekommen, und zwar mit sechs Gleichungen, die immer nur eine Unbekannte enthalten. Allerdings beruht die Berechnung verschiedener Unbekannten auf vorheriger Kenntnis anderer Unbekannten. Wenn also eine falsch berechnet war, werden die nachfolgenden auch falsch. Man soll deshalb immer eine Probe machen; als solche kann man etwa nachprüfen, ob die Summe aller Komponenten in einer Richtung, beispielsweise einer waagrechten, verschwindet.

Wie ist es nun, wenn die Anordnung so beschaffen ist, daß sich keine Gerade angeben läßt, die fünf Stäbe schneidet? Dann leistet uns folgender Satz eine wertvolle Hilfe:

Für vier beliebige Geraden im Raum lassen sich stets zwei Geraden angeben, die alle vier Geraden schneiden. (Der Satz läßt sich beweisen unter Benutzung des einschaligen Hyperboloides: durch drei windschiefe Geraden ist ein Hyperboloid festgelegt; die vierte Gerade schneidet es in zwei Punkten p und q; durch jeden dieser beiden Punkte kann aber eine Gerade der zweiten Schar gelegt werden, die die drei ersten Geraden und, weil der Schnittpunkt p bzw. q auf der vierten liegt, auch diese Gerade schneidet.)

Zur Berechnung der sechs Unbekannten kann man mit Hilfe dieses Satzes so vorgehen, daß man vier von sechs Unbekannten zusammenfaßt, beispielsweise S_1 bis S_4 (Abb. 364), die beiden Geraden I—I und II—II einführt und für jede dieser beiden eine Momentengleichung aufstellt. Für jede der Gleichungen fallen die Kräfte S_1 bis S_4 heraus, da diese Kräfte die beiden Achsen schneiden, und es entstehen zwei Momentengleichungen, die nur S_5 und S_6 und P enthalten, also zwei Gleichungen mit den beiden Unbekannten S_5 und S_6. Wenn man dann die Kräfte S_3 bis S_6 zusammenfaßt und sie durch zwei Achsen schneidet, so er-

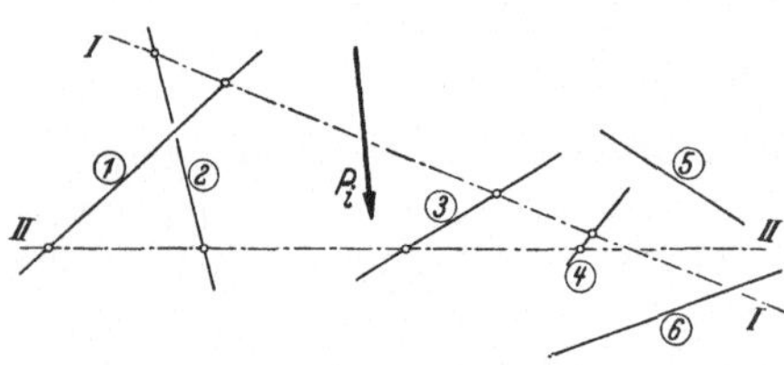

Abb. 364. Von den sechs Stützungsstäben werden vier durch je zwei Geraden geschnitten.

hält man zwei Momentengleichungen, in denen S_1 und S_2 unbekannt, und wenn man schließlich durch S_1, S_2, S_5, S_6 zwei Geraden legt, so liefern die Momentengleichungen für diese beiden Achsen zwei Gleichungen mit den Unbekannten S_3 und S_4. Man bekommt also dreimal zwei Gleichungen mit je zwei Unbekannten, dabei hat man den Vorteil, daß die Berechnung eines solchen Paares von Unbekannten unabhängig von den anderen Unbekannten ist, also z. B. für die Berechnung von S_3 und S_4 brauchen wir nicht die anderen Unbekannten zu kennen.

Nun taucht natürlich sofort die Frage auf, wie findet man dann bei gegebener Anordnung zweckmäßig die verschiedenen Geraden, die je vier schneiden sollen. In den meisten Fällen lassen sich solche Geraden ohne Schwierigkeit angeben. Es möge dies an Abb. 365 gezeigt werden. Ein Körper, etwa eine Tischplatte, soll durch die angegebenen sechs Stäbe gegen die Erde abgestützt werden. Gesucht sind die auftretenden Stabkräfte S_1 bis S_6. Wir wollen im Sinne der obigen Ausführungen der Reihe nach berechnen S_1 und S_2, dann S_3 und S_4 und schließlich S_5 und S_6. Zur Berechnung von S_1 und S_2 benötigen wir zwei Geraden, die gleichzeitig die Stäbe ③, ④, ⑤, ⑥ schneiden. Da sich ③ und ④ in einem Punkt treffen, ebenso ⑤ und ⑥, so ist die Verbindungslinie dieser beiden Schnittpunkte schon eine der beiden gesuchten Geraden. Da andererseits ③, ④ und ⑤, ⑥ je in einer Ebene liegen, wird die Schnittlinie der beiden Ebenen von allen vier Stäben ③, ④, ⑤, ⑥ geschnitten; also ist diese Schnittlinie die gesuchte zweite Gerade für die Stäbe ① und ②. Die Aufstellung der Momentengleichungen für diese beiden Geraden I—I und II—II macht keine Schwierigkeiten. Wir zerlegen jede Stabkraft S_1 und S_2 in der lotrechten Ebene in zwei Komponenten, eine horizontale und eine vertikale. Diese Komponenten besitzen die Größe $S_1 \cdot \sin\alpha$, $S_2 \cdot \sin\alpha$ bzw. $S_1 \cdot \cos\alpha$ und $S_2 \cdot \cos\alpha$. Statt das Moment der Kräfte S_1 und S_2 aufzustellen, bilden wir es für ihre Komponenten. Für die Achse I—I haben aber $S_1 \cdot \sin\alpha$ und $S_2 \cdot \sin\alpha$ kein Moment, weil diese Komponenten die Achse I—I schneiden (bzw. ihr parallel laufen); die Komponenten $S_1 \cdot \cos\alpha$ und $S_2 \cdot \cos\alpha$ dagegen stehen senkrecht zur Achse. Die Momentengleichung für Achse I—I lautet also:

$$(S_1 \cos\alpha) \cdot e + (S_2 \cos\alpha) \cdot e + P'' \cdot p = 0,[1]$$

wobei e den lotrechten Abstand der Stabkraftkomponenten von der Achse I—I bedeutet. Andererseits laufen die Komponenten $S_1 \cdot \cos\alpha$ und $S_2 \cdot \cos\alpha$ parallel zur Achse II—II, liefern also keinen Momentenbeitrag, während die beiden anderen Komponenten senkrecht zu dieser Achse gerichtet sind und den Abstand h besitzen. So entsteht für die Achse II—II die Gleichung:

$$(S_1 \cdot \sin\alpha) \cdot h - (S_2 \cdot \sin\alpha) \cdot h - P' \cdot r = 0.$$

Es sind also zwei Gleichungen mit zwei Unbekannten in der denkbar einfachsten Form gewonnen, da sich die Unbekannten sofort durch Summierung bzw. Subtraktion der beiden Gleichungen ergeben.

In entsprechender Weise findet man S_3 und S_4, indem man die Momentengleichungen für die Achsen III—III und IV—IV aufstellt, und schließlich S_5 und S_6 aus den Momentengleichungen für die Achsen V—V und VI—VI.

Man wird auch hier nicht versäumen, eine Probe zu machen, und zwar wiederum unter Verwendung von Komponentenbedingungen. Zu diesem Zwecke denkt man sich jede Kraft in eine lotrechte und eine waagerechte Komponente zerlegt, wie dies schon oben für S_1 und S_2 durchgeführt wurde. Die Summe der lotrechten Teilkräfte lautet dann:

$$S_1 \cdot \cos\alpha + S_2 \cdot \cos\alpha + S_3 \cdot \cos\beta + S_4 \cdot \cos\beta + S_5 \cdot \cos\gamma + S_6 \cdot \cos\gamma + P'' = 0.[2]$$

Die horizontalen Komponenten sind in Abb. 365b angegeben. Wir zerlegen sie jedesmal in eine X- und Y-Komponente und erhalten die Gleichungen:

$$-S_1 \cdot \sin\alpha + S_2 \cdot \sin\alpha + (S_3 \cdot \sin\beta - S_4 \cdot \sin\beta) \cdot \sin\varphi$$
$$+ (S_5 \cdot \sin\gamma - S_6 \cdot \sin\gamma) \cdot \sin\psi + P_x = 0,$$

$$(S_4 \cdot \sin\beta - S_3 \cdot \sin\beta) \cdot \cos\varphi + (S_5 \cdot \sin\gamma - S_6 \cdot \sin\gamma) \cdot \cos\psi + P_y = 0.$$

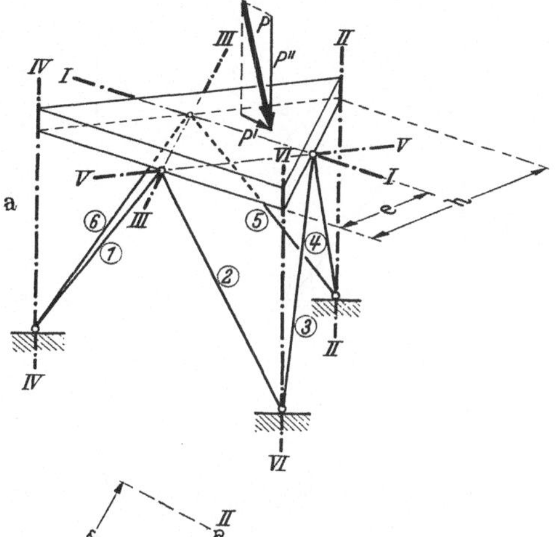

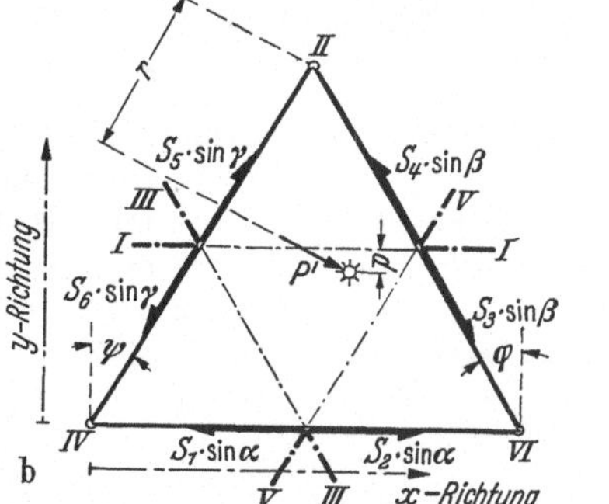

Abb. 365. Beispiel mit Bildung von dreimal zwei Gleichungen mit je zwei Unbekannten.

---

[1] Die Platte ist als sehr dünn angenommen, so daß das Moment von P' um die Achse I vernachlässigt werden kann.

[2] Im vorliegenden Beispiel ist $\alpha = \beta = \gamma$ und $\varphi = \psi$.

Es ist natürlich durchaus nicht gesagt, daß der hier eingeschlagene Weg, je zwei Gleichungen mit zwei Unbekannten mittels der Momentenbedingungen aufzustellen, der einfachste ist. Unter Umständen liegen die hierfür nötigen Achsen so ungünstig, daß man mit anderen Gleichungen schneller vorwärts kommt, auch wenn die einzelnen Gleichungen mehr als zwei Unbekannte aufweisen.

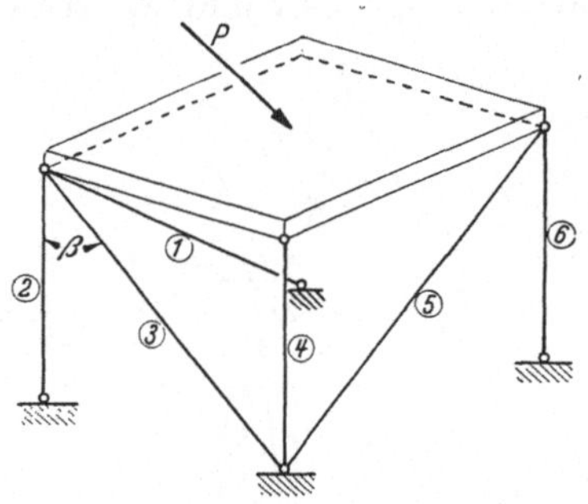

Abb. 366. Ersatz einer Momentengleichung durch eine Komponentengleichung.

In den unten gebrachten Beispielen wird dies noch näher erläutert. Es kann auch sein, daß eine Momentenachse, die vier oder fünf Stäbe schneidet und demgemäß für die Berechnung vorteilhaft ist, ins Unendliche fällt. In Abb. 366 liegen die Stäbe ① und ② in einer Ebene, ebenso ④, ⑤, ⑥. Die Schnittgerade der beiden Ebenen wird also von diesen fünf Stäben getroffen, so daß in der Momentengleichung für diese Achse außer P nur noch S_3 auftritt. Aber die Aufstellung der Gleichung scheitert daran, daß diese Achse ins Unendliche fällt; wir können sie nicht verwenden, da sowohl für P als auch S_3 unendlich große Hebelarme auftreten. In diesem Falle kommt man aber mit einer Komponentengleichung bequem vorwärts, indem wir die Normale zu den Ebenen (1, 2) und (4, 5, 6) als maßgebende Richtung einführen. Die Komponentenbedingung lautet ganz einfach:

$$P \cdot \cos\alpha + S_3 \cdot \sin\beta = 0,$$

wobei α den Winkel zwischen P und der Normalen zur Ebene (4, 5, 6) bedeutet.

Fruchtbringend ist bei Aufgaben für räumliche Kräfte auch ein Satz, auf den schon bei Kräften in der gleichen Ebene hingewiesen wurde:

Es verhält sich allgemein eine Kraft S zu ihrer Projektion S′ auf eine beliebige Richtung (d. i. ihre Komponente) wie die Stablänge l zu ihrer auf die gleiche Richtung vorgenommenen Projektion l′:

$$\frac{S}{S'} = \frac{l}{l'}. \tag{43}$$

Die Richtigkeit des Satzes beruht auf dem Zusammenhang zwischen technischem Kraftbild und Krafteck.

88. Beispiele für den durch sechs Stützungsstäbe festgelegten Körper. Schon das erste Beispiel soll uns klarmachen, daß es im allgemeinen Fall durchaus nicht immer ratsam ist, die sechs Achsen nach den angegebenen Regeln auszusuchen. Wir wählen dazu den Anschluß eines Schwimmers an einem Flugzeug (Schwimmeranschluß der Ju A 50), dessen idealisierte Darstellung in Abb. 367 gegeben ist. Die Belastung des Schwimmkörpers sei durch die Kraft P dargestellt.

Nach den obigen Ausführungen sollen wir zunächst nachprüfen, ob sich eine Achse angeben läßt, die alle sechs Verbindungsstäbe schneidet; es ist dies nicht der Fall. Dann versucht man eine Gerade zu legen, die fünf Verbindungsstäbe schneidet. Als solche Achsen kommen hier in Frage die Achsen IV—IV, V—V, VI—VI (Abb. 368). Erstere ist die Verbindungslinie des Schnittpunktes der Stäbe 2, 3, 4 mit demjenigen von 4, 5, 6. Diese Gerade IV—IV fällt mit dem Stab 4 zusammen und bietet eine Momentengleichung mit S_1 als Unbekannte. Die Achse V—V ist die Schnittlinie der Ebene (1, 2, 3) mit der Ebene (5, 6); S_4 ist der einzige Stab, der diese Gerade nicht schneidet, kann also mit der entsprechenden Momentengleichung berechnet werden. Schließlich schneidet die Verbindungslinie VI—VI des Schnittpunktes der Stäbe 1, 2 mit dem von 4, 5, 6 diese fünf .Stäbe und erlaubt die Aufstellung einer Momentengleichung mit S_3 als einziger Unbekannten. Da sich eine weitere Gerade, die fünf Stäbe trifft, nicht mehr angeben läßt, sucht man nun solche Geraden, die vier Stabkräfte schneiden.

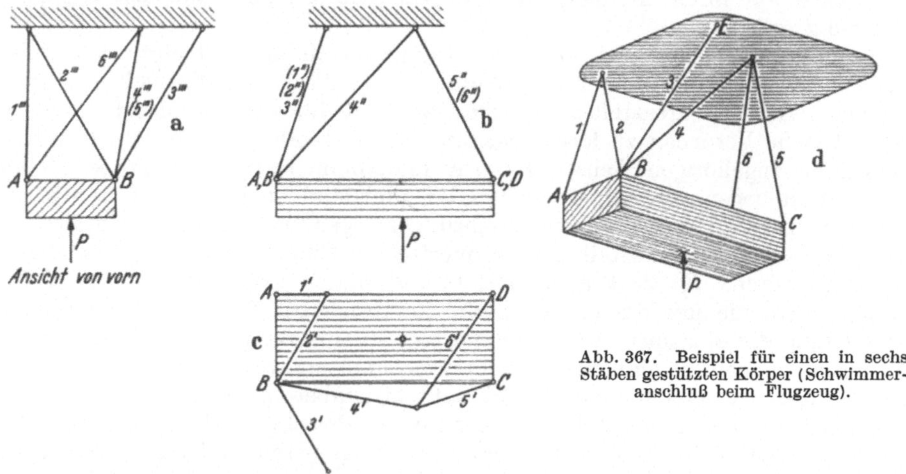

Abb. 367. Beispiel für einen in sechs Stäben gestützten Körper (Schwimmeranschluß beim Flugzeug).

Eine solche ist beispielsweise die Schnittlinie der Ebene (3, 4) und (5, 6), das ist die Achse III—III, oder auch die Verbindungsgerade des oberen Endpunktes von 3 und des Schnittpunktes von 4, 5, 6 (Achse III′—III′); beide schneiden die vier

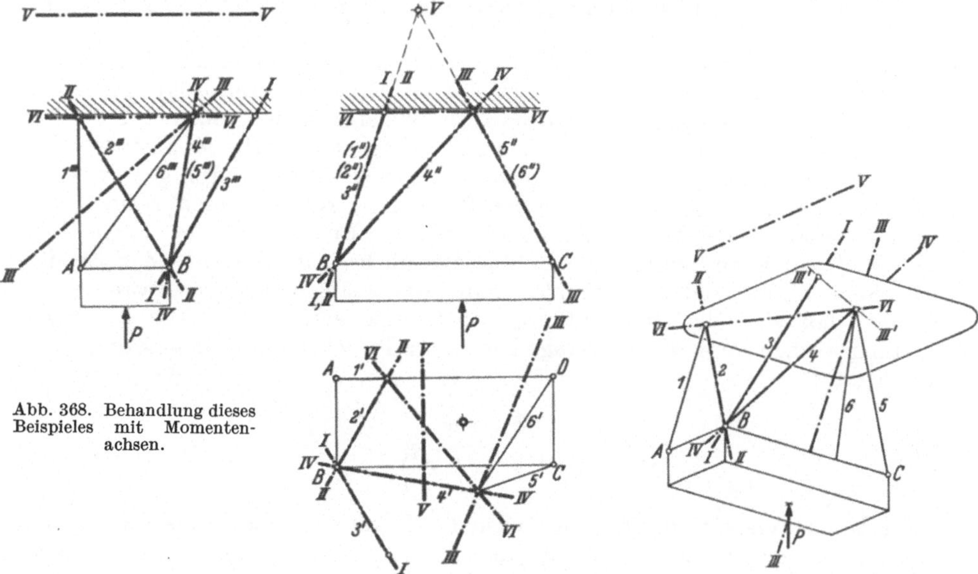

Abb. 368. Behandlung dieses Beispieles mit Momentenachsen.

Stäbe 3, 4, 5, 6, erlauben also Gleichungen aufzustellen mit S_1 und S_2 als Unbekannten. Da nun S_1 bereits bekannt ist, steht der Berechnung von S_2 mit Hilfe jeder dieser Gleichungen nichts im Wege. Es fehlen noch S_5 und S_6; zu ihrer Ermittlung werden wir zwei Geraden durch die vier anderen Stäbe 1, 2, 3, 4 legen. Als erste Achse I—I kann die Schnittgerade der Ebene (1, 2) mit der Ebene (3, 4) gewählt werden, die mit dem Stab 3 zusammenfällt. Die entsprechende Achse II—II ist die Schnittgerade der Ebenen (1, 3) und (2, 4), die auf den Stab 2 zu liegen kommt. Die Momentenbedingungen für beide Achsen liefern zwei Gleichungen mit den beiden einzigen Unbekannten S_5 und S_6. Man hätte übrigens auch die Verbindungslinie der Anschlußpunkte A und B als Achse einführen können, die die Aufstellung einer einfachen Momentengleichung erlaubt.

Grundsätzlich stellt sich also das Lösungsverfahren recht einfach dar. Versuchen wir aber, die Momentengleichungen für die so in allgemeiner Lage gefundenen Achsen aufzustellen, so sehen wir, daß für einzelne eine beträchtliche geometrische Vorarbeit zu leisten ist, um die Abstände der einzelnen Stabkräfte von ihren zugehörigen Achsen zu ermitteln, denn sowohl die Stäbe als auch die Achsen liegen windschief zueinander und sind auch, bis auf wenige Ausnahmen, nicht zu den Projektionsrichtungen irgendwie günstig orientiert. Wir bezahlen somit den Vorteil der rechnerischen Einfachheit mit geometrischen Schwierigkeiten. Es liegt nahe, auf Grund dieser Erkenntnis andere Achsen aufzusuchen, die uns die umfangreiche Zeichenarbeit der Umprojektionen zur Ermittlung der einzelnen Abstände ersparen. Selbstverständlich werden wir dafür ein nicht mehr so einfaches Gleichungssystem mit voneinander unabhängigen Gleichungen zu erwarten haben. Es läßt sich aber in fast allen Fällen durch günstige Anordnung der Achsen, die zu einer Projektionsebene orientiert (parallel oder senkrecht) sein sollen, ein Gleichungssystem aufstellen, bei dem in jeder Gleichung nur wenige Unbekannte enthalten sind. Liegen die Achsen so, daß sie einer Projektionsebene parallel oder senkrecht zu ihr sind, so sind die für die Momentengleichungen erforderlichen Abstände aus dieser Projektion direkt abzugreifen, wie schon das Beispiel der Abb. 365 zeigte. Die Gleichungen lassen sich dann sofort anschreiben, ohne daß viel geometrische Arbeit vorausgehen müßte.

Betrachten wir als Beispiel zu diesen Ausführungen das gleiche Stabsystem mit den geometrisch besseren Achsen I′—I′ bis VI′—VI′ (Abb. 369), die selbstverständlich so ausgewählt werden, daß die einzelne Achse neben ihrer Orientierung zu einer der Projektionsebenen möglichst viele Stäbe schneidet.

Bei der Aufstellung der Momente werden wir vielfach dadurch gut vorwärts kommen, daß man die betreffende Kraft in zwei Komponenten zerlegt, von denen die eine mit der Momentenachse in gleicher Ebene liegt, die andere senkrecht zu dieser Ebene verläuft. Nur die letztere hat ein Moment. Zur Ermittlung dieser Komponenten verwendet man zweckmäßig die oben erwähnte Beziehung, daß sich die Stabkraft S_i zur Komponente S_i' in einer beliebigen Richtung verhält, wie die Stablänge l_i zu ihrer Projektion auf diese Komponentenrichtung:

$$\frac{S_i'}{S_i} = \frac{l_i'}{l_i}$$

oder

$$S_i' = S_i \cdot \frac{l_i'}{l_i}.$$

In der Momentengleichung für die Achse I′—I′ kommen die Stabkräfte S_1, S_2, S_3, S_4 nicht vor. Es treten nur auf die Momente von P, S_5, S_6. Ersteres ist sofort anzugeben durch $P \cdot p_1$. Um das Moment von S_5 zu ermitteln, legt man durch den Punkt C eine Lotrechte und zerlegt in der durch diese Lotrechte und die Stabachse von 5 bestimmten Ebene die Kraft S_5 in eine lotrechte Komponente und eine solche in der durch C gehenden waagerechten Ebene. Die letzte Komponente schneidet die Achse I′—I′; erstere ist nach obiger Beziehung gegeben durch:

$$\frac{S_5}{l_5} \cdot h.$$

Für die Achse I′—I′ hat sie den Hebelarm d. Ebenso wird S_6 in zwei Komponenten zerlegt, von denen die eine in die durch D gelegte horizontale Ebene fällt, während die andere in der durch D gezogenen Lotrechten liegt. Ihre Komponente ist gegeben durch:

$$\frac{S_6}{l_6} \cdot h \, .$$

Ihr Hebelarm für die Achse I′—I′ ist wieder gleich d. Es lautet demgemäß die Momentengleichung für die Achse I′—I′ unter Annahme von Zugkräften in den Stäben:

$$-\frac{S_5}{l_5} \cdot h \cdot d - \frac{S_6}{l_6} \cdot h \cdot d - P \cdot p_1 = 0 \, .$$

Die Momentengleichungen für die Achsen II′—II′ und III′—III′ bereiten keine Schwierigkeiten; es ergeben sich mit den Bezeichnungen nach Abb. 369:

$$\frac{S_1}{l_1} \cdot h \cdot b + \frac{S_6}{l_6} \cdot h \cdot b + P \cdot \frac{b}{2} = 0 \, ,$$

$$\frac{S_1}{l_1} \cdot h \cdot e - \frac{S_5}{l_5} \cdot h \cdot e - P \cdot p_3 = 0 \, .$$

Die Momentenachse V′—V′ verläuft lotrecht. S_1 liegt in der hinteren lotrechten Ebene über AD. Eine Zerlegung in die lotrechte Richtung und AD ergibt zwei

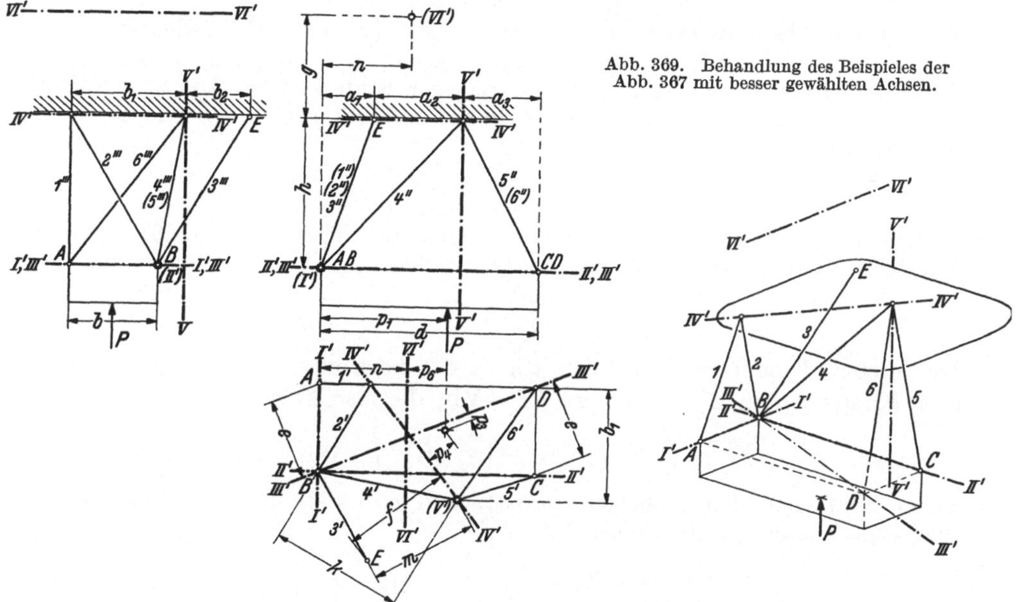

Abb. 369. Behandlung des Beispieles der Abb. 367 mit besser gewählten Achsen.

Komponenten, von denen nur die letztere ein Moment für V′—V′ aufweist. Wird die Projektion von l_1 mit a_1 bezeichnet, so drückt sich diese Komponente in der Form aus:

$$\frac{S_1}{l_1} \cdot a_1 \, .$$

Entsprechendes gilt für die Kräfte S_2 und S_3, während P kein Moment hat. Es ergibt sich demgemäß für die Achse V′—V′ die Momentengleichung:

$$\frac{S_1}{l_1} \cdot a_1 \cdot b_1 + \frac{S_2}{l_2} \cdot l_2' \cdot k - \frac{S_3}{l_3} \cdot l_3' \cdot m = 0 \, ,$$

wobei l_2' und l_3' die aus dem Grundriß zu entnehmenden Projektionen der Stablängen darstellen.

Für die Aufstellung der Momente um die Achse IV′—IV′ überlegen wir uns folgendes: Die Achse IV′—IV′ liegt in einer horizontalen Ebene, bildet sich also im Grundriß in wahrer Lage ab. Eine Zerlegung der Stabkraft S_3 im Anschlußpunkt B bringt uns keinerlei Vorteile, da sämtliche dort zu erwartenden Komponenten Momente um die Achse IV′—IV′ besitzen, also alle in der Gleichung erscheinen müßten. Zu weit günstigeren Verhältnissen gelangen wir jedoch, wenn wir die am Knotenpunkt B wirkende Stabkraft S_3 in den Punkt E verschieben, was ja als Verschiebung in der eigenen Wirkungslinie erlaubt ist, und dort eine entsprechende Komponentenzerlegung vornehmen. Punkt E liegt mit der Achse IV′—IV′ gemeinsam in der oberen horizontalen Anschlußebene. Die Zerlegung der Kraft S_3 in eine Komponente S_3' in dieser Ebene und eine Komponente S_3'' senkrecht dazu zeigt, daß S_3' durch die Achse hindurchgeht, also nur die zweite mit der Größe

$$S_3'' = \frac{S_3}{l_3} \cdot h$$

ein Moment um die Achse IV′—IV′ besitzt. Die Momentengleichung für die Achse IV′—IV′ lautet also:

$$\frac{S_3}{l_3} \cdot h \cdot f - P \cdot p_4 = 0,$$

worin f den Abstand des Punktes E von der Achse IV′—IV′ bedeutet.

Die Achse VI′—VI′ ist die Schnittgerade der Ebenen (1, 2, 3) und (5, 6). Diese fünf Stäbe schneiden die Gerade, dagegen Stab 4 nicht. Die Stabkraft S_4 wird in zwei Komponenten zerlegt, S_4' in der lotrechten Geraden und S_4'' in der waagerechten Ebene:

$$S_4' = \frac{S_4}{l_4} \cdot h, \qquad S_4'' = \frac{S_4}{l_4} \cdot l_4',$$

wobei l_4' die Projektion von l_4 auf die waagerechte Ebene (Grundriß) darstellt. Das Moment der ersteren ist sofort aufzustellen:

$$\frac{S_4}{l_4} \cdot h \cdot n.$$

Die letztere Komponente zerlegen wir in der horizontalen Ebene nochmals in zwei Komponenten $\overline{S}_4''$ parallel zu VI′—VI′, die also kein Moment hat, und

$$\overline{\overline{S}}_4'' = \frac{S_4''}{l_4'} \cdot (a_1 + a_2) = \left(\frac{S_4}{l_4} \cdot l_4' \right) \cdot \frac{1}{l_4'} \cdot (a_1 + a_2).$$

Diese Kraft hat den Hebelarm $(g + h)$, und es entsteht demgemäß als Momentengleichung für die Achse VI′—VI′:

$$\frac{S_4}{l_4} \cdot [(h \cdot n) - (a_1 + a_2) \cdot (g + h)] - P \cdot p_6 = 0.$$

Die Stablängen sind aus ihren Projektionen zu errechnen:

$$l_i = \sqrt{l_i'^2 + h^2}.$$

Die anderen Maße sind aus den Abbildungen zu entnehmen. Wir sehen also aus diesem Beispiel, daß die Aufstellung der Gleichungen mit den neuen Achsen verhältnismäßig einfach wird und sich die Rechenarbeit zur Auflösung der Gleichungen nicht wesentlich erschwert. Die Gleichungen für die Achsen IV′—IV′ und VI′—VI′ enthalten nur eine Unbekannte und liefern die Stabkräfte S_3 und S_4; aus den Gleichungen für die Achsen I′—I′, II′—II′ und III′—III′ finden wir S_1, S_5 und S_6, und schließlich läßt sich die letzte Stabkraft S_2 noch aus der Gleichung für die Achse V'—V' ermitteln. —

Ein weiteres Beispiel (Abb. 370) soll uns zeigen, wie man sich bei besonderen Lagen von Momentenachsen durch Momentenzerlegung und mit Komponentenbedingungen helfen kann. Wir versuchen bei der Ermittlung der Stabkräfte zunächst wieder dadurch vorwärts zu kommen, daß wir dreimal je zwei Gleichun-

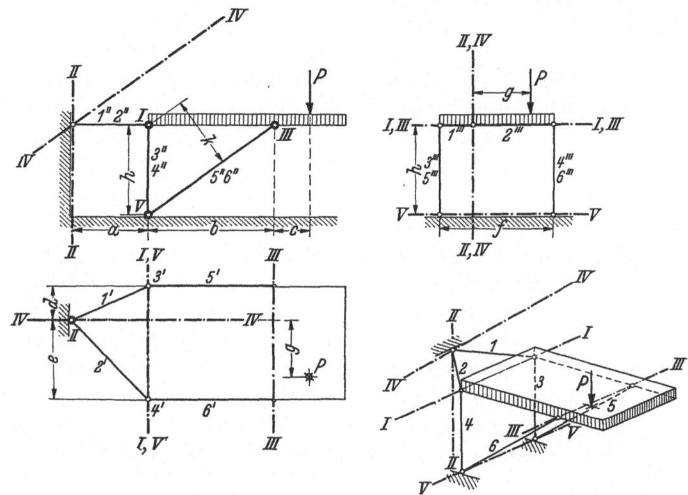

Abb. 370. Allgemeines Beispiel für den durch sechs Stäbe festgehaltenen Körper.

gen mit zwei Unbekannten aufstellen, nachdem wir uns überzeugt haben, daß keine Gerade zu finden ist, die fünf von den sechs Stäben schneidet. Zur Ermittlung der Stabkräfte S_5 und S_6 dienen die Achsen I—I und II—II, die beide die Stäbe 1, 2, 3, 4 schneiden. Die Momentengleichungen lauten:

für I—I:
$$\left(\frac{S_5}{l_5} + \frac{S_6}{l_6}\right) \cdot h \cdot b + P \cdot (b + c) = 0;$$

für II—II:
$$\frac{S_5}{l_5} \cdot b \cdot d - \frac{S_6}{l_6} \cdot b \cdot e = 0.$$

Zur Berechnung der Stabkräfte S_3 und S_4 können die Achsen III und IV dienen. Erstere ist die Schnittgerade der Ebenen (1, 2) und (5, 6), letztere ist die Verbindungsgerade des Schnittpunktes der Stäbe 1, 2 bzw. 5 und 6. Da letzterer im Unendlichen liegt, ist IV—IV die durch den Schnittpunkt 1, 2 parallel zu 5 und 6 gezogene Gerade. Das Moment für IV—IV können wir dadurch aufstellen, daß wir seinen Vektor, der in die Achse IV—IV fällt, in zwei Komponenten in Richtung IV'' (lotrecht) und IV' (waagerecht) zerlegen; dann ist:

$$M_{\mathrm{IV}}^2 = M_{\mathrm{IV}'}^2 + M_{\mathrm{IV}''}^2.$$

Für die Achse IV'' haben aber die fraglichen Kräfte S_3, S_4 und P kein Moment, so daß das Moment für IV' zugleich auch das gesuchte Moment M_{IV} ergibt. Da aber S_3, S_4 und P senkrecht zu IV' verlaufen, ist das Moment leicht anzuschreiben; es ergibt sich:

$$S_3 \cdot d - S_4 \cdot e - P \cdot g = 0.$$

Das Moment für III—III liefert:

$$(S_3 + S_4) \cdot b - P \cdot c = 0.$$

Es fehlen dann noch S_1 und S_2. Die Achse V—V als Schnittgerade der Ebene (3, 4) und (5, 6) ist eine geeignete Momentenachse. Es ergibt sich:

$$\left(\frac{S_1}{l_1} + \frac{S_2}{l_2}\right) a \cdot h - P \cdot (b + c) = 0.$$

Die andere Momentenachse wäre entsprechend die Schnittgerade der Ebenen 3, 5 und 4, 6. Diese Schnittgerade liegt in unendlicher Ferne. Es würden demgemäß die Kräfte P, S_1, S_2 unendlich große Hebelarme erhalten; damit ist aber nichts anzufangen. Wir werden in diesem Falle, wie schon auf Seite 286 angegeben, die Momentenbedingung durch eine Komponentenbedingung ersetzen, und zwar in Richtung senkrecht zu den beiden fraglichen Ebenen (3, 5) bzw. (4, 6) und erhalten als Gleichung:

$$-\frac{S_1}{l_1} \cdot d + \frac{S_2}{l_2} \cdot e = 0.$$

Wir werden also bei der Bestimmung der Achsen stets darauf achten, daß diese wenigstens zu einer der drei Projektionsebenen orientiert sind und die Hebelarme der Momentengleichungen einfach abzumessen sind. Andererseits wollen wir uns nicht auf Momentengleichungen versteifen, sondern bedenken, daß unter Umständen Komponentenbedingungen nützlicher sind, die dann an Stelle einer oder mehrerer (bis drei) Momentenbeziehungen eingesetzt werden können. Im übrigen kann man auch unter Umständen durch unmittelbare Verwendung der Projektionen günstigere Lösungsverfahren bekommen. Man könnte im vorliegenden Beispiel folgendermaßen vorgehen: Man projiziert das Kraftbild auf die Aufrißtafel, also eine Ebene parallel zur Ebene (3, 5) bzw. (4, 6) (Abb. 371a)

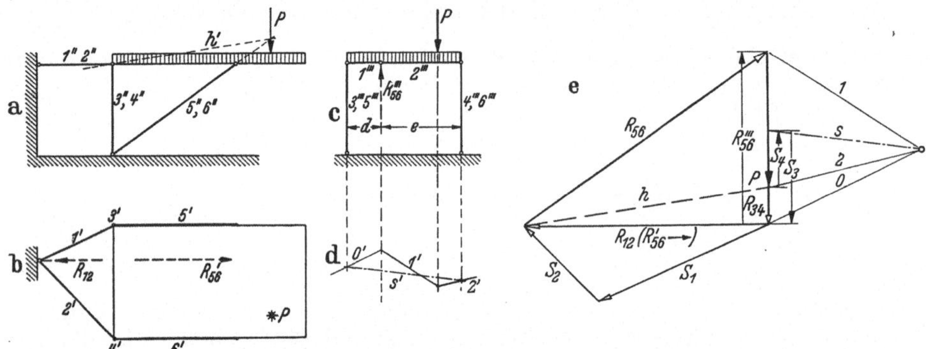

Abb. 371. Behandlung der Konstruktion der Abb. 370 mittels Projektionen.

und stellt nun Gleichgewicht zwischen P und den Kräften in den Geraden 1″, 3″, 5″ her; so bekommt man die Resultierenden von S_1, S_2 (R_{12}) bzw. S_3, S_4 (R_{34}) und S_5, S_6 (R_{56}) in der Aufrißprojektion. Mit Hilfe des CULMANNschen Verfahrens findet man das in Abb. 371e angegebene Krafteck. Im Grundriß muß die Grundrißprojektion von R_{56}, also R_{56}' im Gleichgewicht stehen mit S_1 und S_2; aber da drei Kräfte nur im Gleichgewicht stehen können, wenn sie durch einen Punkt gehen, ist die Lage R_{56}' bestimmt und so auch $R_{12} = R_{56}'$ und dadurch S_1 und S_2. Aus dem Seitenriß erhalten wir dann S_3 und S_4. Es fehlt noch die Größe von S_5 und S_6 selbst; da aber Lage und Größe ihrer Resultierenden bekannt sind, bestehen die beiden Gleichungen:

$$S_5 + S_6 = R_{56},$$
$$S_5 \cdot d = S_6 \cdot e,$$

womit sie eindeutig bestimmt sind.

89. Behandlung bei Symmetrie und Gegensymmetrie. Eine wesentliche Erleichterung für die Ermittlung der Stabkräfte beim Sechsstabanschluß tritt dann ein, wenn die Festlegung des Körpers, durch die sechs Stäbe symmetrisch zu einer Ebene angeordnet ist. Es läßt sich dann genau wie in früheren Fällen (Nr. 60) wieder die allgemeine Belastung aufteilen in einen symmetrischen und einen gegensymmetrischen Lastanteil. Bei der Konstruktion in Abb. 372, die als Grundlage einen Motoreinbau bei Flugzeugen hat, besteht die Belastung aus drei Komponenten P_x, P_y, P_z durch einen beliebigen, günstig gewählten Punkt 0 und drei Drehmomente M_x, M_y, M_z. Nach früherem kann nun jedes beliebige räumliche Lastsystem ersetzt werden durch drei Komponenten durch einen ganz beliebigen Punkt und drei Kräftepaare; es stellt also die hier dargestellte Beanspruchung den allgemeinsten Fall dar, da sie jede beliebige Belastung zu ersetzen vermag.

Die Belastungssymmetrie für ebene Probleme wurde auf Seite 169ff. behandelt. Wir können in Erweiterung der dort gegebenen Sätze für den Raum folgendes aussagen: Bei geometrischer Symmetrie sind im Falle der *Symmetrie der Belastung* die Reaktionskräfte, d. h. in unserem Falle die Stabkräfte, symmetrisch zur Mittelebene. Es werden symmetrisch angeordnete Stäbe also die gleiche Last aufnehmen. Im Falle der *Gegensymmetrie der Belastung* sind die Reaktionskräfte gegensymmetrisch. Die zugeordneten Stabkräfte S_1 und S_2 bzw. S_3 und S_4 bzw. S_5 und S_6 werden also gleich groß, aber entgegengesetzt gerichtet sein.

Für unser Beispiel ist die *symmetrische Belastung* (zur Symmetrieebene spiegelnd!) dargestellt durch die beiden Kräfte P_x, P_z und das Moment M_y. Für diese Belastung ist die Stabkraft $S_1^* = S_2^*$, $S_3^* = S_4^*$, $S_5^* = S_6^*$. (Der Anzeiger * bezeichnet Größen, die aus der symmetrischen Belastungsgruppe hervorgehen, der Anzeiger ** bezeichnet die aus der gegensymmetrischen Belastung ermittelten Größen.) Da die Stäbe geometrisch symmetrisch angeordnet sind und je zwei sich in einem Punkt auf der Mittelebene schneiden, haben diese beiden Stäbe eine Stabkraftresultierende, die in der Mittelebene liegt. Bilden wir nun diese Mittelebene ab, mit den Resultierenden R_{12}^* aus S_1^* und S_2^*, R_{34}^* aus S_3^* und S_4^*, R_{56}^* aus S_5^* und S_6^*, so ergibt diese das gleiche Bild wie der Aufriß (Abb. 372d). Es entsteht somit ein ebenes Problem, das in bekannter Weise gelöst werden kann.

$$(\textstyle\sum M)_{\mathrm{I}} \ = 0: \qquad P_z \cdot a - P_x \cdot b - M_y + R_{12}^* \cdot e_1 = 0,$$

$$(\textstyle\sum M)_{\mathrm{II}} \ = 0: \qquad P_z \cdot d - P_x \cdot f - M_y + R_{34}^* \cdot e_2 = 0,$$

$$(\textstyle\sum M)_{\mathrm{III}} = 0: \qquad P_z \cdot g + P_x \cdot c - M_y - R_{56}^* \cdot e_3 = 0.$$

Die errechneten Werte für die Stabkraftresultierenden R_{12}^*, R_{34}^* und R_{56}^* müssen noch in die einzelnen Stabkräfte zerlegt werden. Diese Zerlegung erledigen wir zweckmäßig jedoch erst zusammen mit den gegensymmetrischen Stabkräften.

Die *gegensymmetrische Belastung* (zur Symmetrieebene spiegelnd mit umgekehrtem Richtungssinn) ist dargestellt durch die Kraft P_y und die beiden Momente M_x und M_z. Die geometrisch symmetrischen Stäbe 1 und 2 erhalten durch die gegensymmetrische Belastung gleich große aber entgegengesetzt gerichtete (gegensymmetrische) Stabkräfte, die wir im Schnittpunkt der Stäbe zu einer Resultierenden R_{12}^{**} zusammenfassen können. Diese Resultierende R_{12}^{**} muß in der Ebene der beiden Stäbe liegen und wegen der Gleichheit der Kraftgrößen senkrecht zur Mittelebene stehen. Sie wird also in all den Projektionen in wahrer Größe vorhanden sein, in denen die Mittelebene als Linie erscheint, d. i. der Grundriß und Seitenriß. Das gleiche gilt von R_{34}^{**} und R_{56}^{**}.

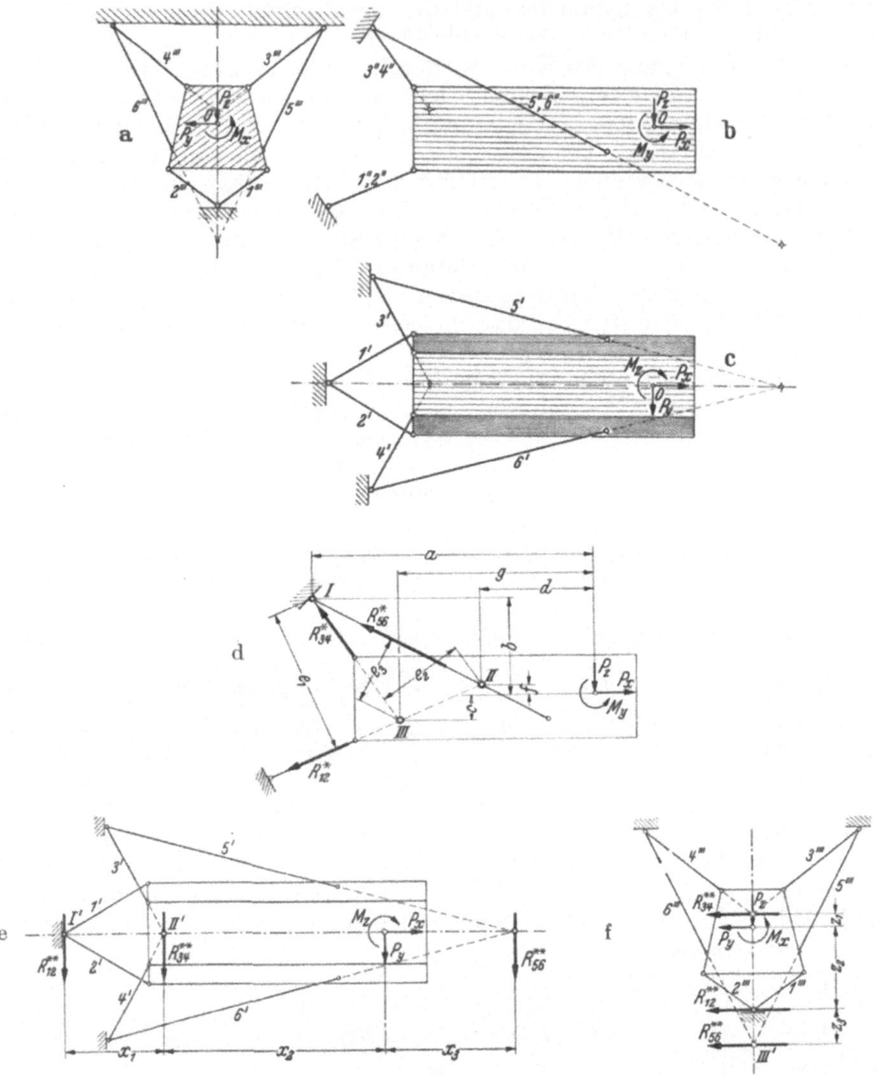

Abb. 372a bis f. Behandlung eines Körperanschlusses mittels Belastungsumordnung
(Motoreinbau beim Flugzeug).

Diese beiden Projektionen benutzen wir zur Ermittlung der Stabkräfte bzw.
ihrer Resultierenden R_{ik}^{**}. Im Grundriß (Abb. 372e) erhalten wir die Gleichungen:

$$(\textstyle\sum M)_{\mathrm{I}'} = 0: \quad R_{34}^{**} \cdot x_1 + P_y(x_1 + x_2) + M_z + R_{56}^{**}(x_1 + x_2 + x_3) = 0,$$
$$(\textstyle\sum M)_{\mathrm{II}'} = 0: \quad -R_{12}^{**} \cdot x_1 + P_y \cdot x_2 + M_z + R_{56}^{**}(x_2 + x_3) = 0;$$

im Seitenriß (Abb. 372f):

$$(\textstyle\sum M)_{\mathrm{III}'} = 0: \quad R_{12}^{**} \cdot z_3 + P_y(z_2 + z_3) + M_x + R_{34}^{**}(z_1 + z_2 + z_3) = 0.$$

Als Kontrollgleichung können wir uns noch der für beide Projektionen gültigen
Komponentengleichung bedienen:

$$\textstyle\sum Y_i = 0: \qquad R_{12}^{**} + R_{34}^{**} + R_{56}^{**} + P_y = 0.$$

Gleichgewicht von Kräften im Raum ist nur dann gesichert, wenn in allen drei Projektionen Gleichgewicht besteht. Also müßte bei der gegensymmetrischen Belastung auch noch in der Aufrißprojektion Gleichgewicht vorhanden sein. Das ist aber auch erfüllt, da ja im Aufriß (Mittelebene) die gegensymmetrischen Belastungsgrößen P_y, M_x, M_z verschwinden, also keine Stabkräfte bzw. keine Resultierenden R_{12}^{**}, R_{34}^{**}, R_{56}^{**} auftreten. Wir können demgemäß auch sagen: Für die *gesamte Belastung* (Symmetrie *und* Gegensymmetrie) haben wir in den drei Projektionen Gleichgewicht hergestellt.

Damit sind aus den beiden Belastungszuständen für den allgemeinsten Fall die Resultierenden R_{ik}^{*} und R_{ik}^{**} gefunden. Diese Resultierenden der Stabkräfte müssen nun noch in ihre ursprünglichen Stabkräfte zerlegt werden. Das kann

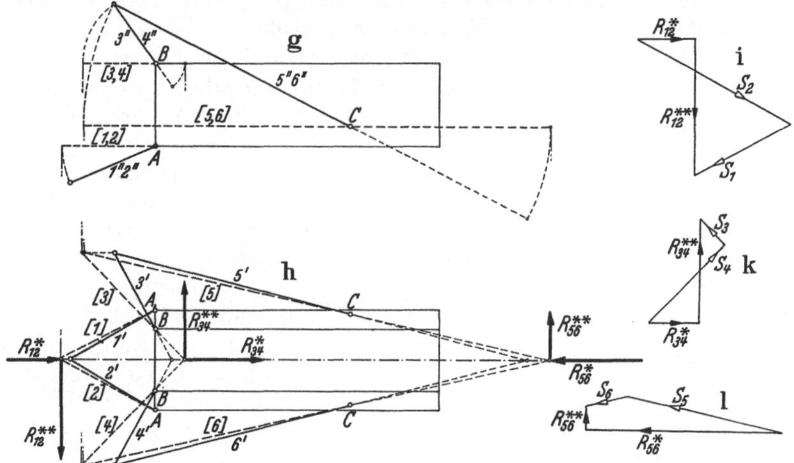

Abb. 372 g bis l. Bestimmung der Stabkräfte aus den ermittelten Resultierenden.

aber nur in der Ebene der entsprechenden Stäbe geschehen. Zu diesem Zweck bilden wir die Ebenen (1, 2) bzw. (3, 4) und (5, 6) vermittels Grund- und Aufriß naturgetreu ab (Abb. 372 g, h), indem wir jedesmal die Stabebene in eine Lage parallel zur Grundrißebene drehen; als Drehachsen wurden die Geraden AA bzw. BB und CC benutzt. Damit erhalten wir die Richtungen der Stäbe in ihrer eigenen Ebene und können die ermittelten Teilresultierenden in ihre Stabbestandteile zerlegen.

Auf diese Weise ist also das räumliche Problem des sechsstäbigen symmetrischen Anschlusses auf ebene Probleme zurückzuführen. Die allgemeingültige Aussage, daß die drei Projektionen im Gleichgewicht stehen müssen, ist hier schrittweise erfüllt worden: die symmetrische Belastung liefert ein Gleichgewichtsbild des Aufrisses, die gegensymmetrische die Gleichgewichtsbilder des Grund- und Seitenrisses.

XVIII. Die Festlegung eines Körpers durch Lager und entsprechende Anschlüsse.

90. Der in Drehlagern gestützte Körper. Wir haben in den letzten Ausführungen Körper betrachtet, die durch besondere Stützungsstäbe mit der Erde verbunden sind. Geradeso wie bei der ebenen Stützung können nun auch hier statt der Stützungsstäbe andere Verbindungen zwischen Körper und Erde (bzw. einem starren Gebilde) gewählt werden, Anschlüsse, Lager, und es ist die Frage, welcher Zusammenhang zwischen ihnen und den Stützungsstäben besteht. Wir gehen von den einfachsten Lagern aus. Die bei den ebenen Balken betrachteten Abstützungen waren: das feste Auflager (drehbar, aber unverschieblich), das bewegliche Auflager (drehbar und verschieblich) und die Einspannung (undrehbar und unverschieblich). Bei den beiden ersteren war der Balken mit der Unterlage durch ein Gelenk verbunden, so daß kein Moment vom Balken auf die Unterlage weitergeleitet werden konnte. Wollen wir nun Vorkehrungen treffen, daß vom räumlichen Balken oder Körper auf die Unterlage kein Moment übertragen wird, so müssen wir ein Kugelgelenk anordnen, damit jede Drehmöglichkeit vorhanden ist. Den unteren Teil des Lagers können wir dann unverschieblich gestalten (Abb. 373a), also fest mit dem Mauerwerk verbunden, oder verschieblich *in einer* Richtung (Abb. 373b, c) oder verschieblich *in jeder* Richtung (Abb. 373d). Die Verschieblichkeit in einer Richtung kann mittels Rollen herbeigeführt werden, die für jede Richtung mit Hilfe von Kugeln, die zwischen Lagerklotz und Unterlager eingeordnet werden. Durch diese Lager können keine Momente übertragen werden, also für jedes ist $\overline{M} = 0$ oder, anders ausgedrückt, M_x, M_y, M_z können nicht auf die Unterlage weitergeleitet werden. Andererseits kann durch das feste Auflager jede Kraft weitergeführt werden, d. h. es können die drei Komponenten X, Y, Z übertragen werden oder, mit anderen Worten: beim festen Auflager im Raum mit Kugelgelenk kann eine Lagerreaktion in der x-, y- und z-Richtung auftreten (bei dem ebenen festen Lager nur eine solche in der lotrechten und in der waagerechten Richtung). Bei dem Rollendrehlager entsteht in der Verschiebungsrichtung keine Lagerkraft,

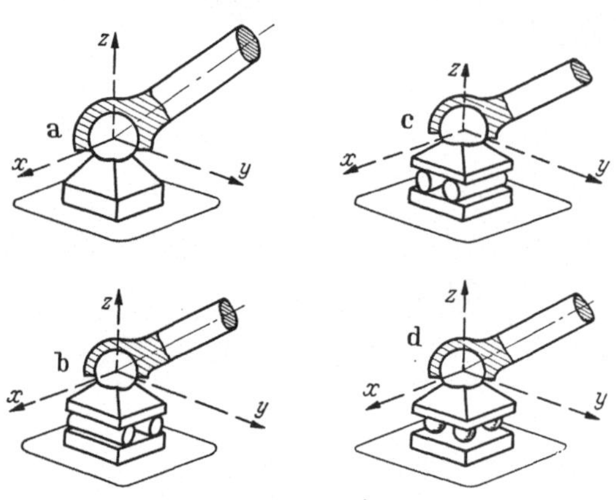

Abb. 373. Die verschiedenen Kugeldrehlager.

also können nur Kräfte übertragen werden in der lotrechten Richtung und in der waagerechten Ebene senkrecht zur Bewegungsrichtung; bei Abb. 373b solche in der y-Richtung, bei Abb. 373c in der x-Richtung. Bei dem Kugellager der Abb. 373d kann überhaupt keine waagerechte Kraft übertragen werden, sondern nur die z-Komponente. Es stellt demgemäß das feste Raumlager mit Kugelgelenk drei Unbekannte dar, das Rollendrehlager zwei, das Kugeldrehlager eine. Im letzten Falle liegt die Lagerkraft senkrecht zur Stützungsebene, im zweiten Falle liegen beide Komponenten in einer Ebene senkrecht zur Bewegungsrichtung, also fällt auch die Lagerkraft selbst in diese Ebene hinein. Im ersten Falle kann die Lagerkraft jede beliebige Richtung annehmen.

Der Zusammenhang zwischen diesen Lagern und den Stützungsstäben ist leicht zu erkennen; wenn ein Punkt A gegenüber der Erde unverschieblich festgelegt werden soll, benötigt man drei Stäbe. Es bewirken also drei Stützungsstäbe (Abb. 374a) das gleiche wie das feste Auflager. Selbstverständlich dürfen diese drei Stützungsstäbe nicht in dieselbe Ebene fallen, denn alsdann wäre ja Punkt A nicht räumlich fest angeschlossen. Ist andererseits ein Punkt B durch zwei Stäbe an die Erde angefügt (Abb. 374b, c), so kann er nur Bewegungen auf einem Kreisbogen ausführen, der an der Stelle B senkrecht zur Ebene der Stäbe 1, 2 verläuft. Praktisch wird bei einem gestützten Körper von diesem Kreisbogen nur ein kleines Stück in Frage kommen, ein Element, das senkrecht zur Ebene

(1, 2), also in x- bzw. y-Richtung verläuft. Die gleiche Bewegung wird aber erreicht durch ein Rollenlager, dessen Bewegungsrichtung senkrecht zur Ebene (1, 2) verläuft. Hat man schließlich einen Anschluß nur durch einen Stab (Abb. 374d), so kann der Punkt sich auf einer Kugelfläche bewegen, von der im praktischen Falle nur ein kleines Flächenstück (Flächenelement) in Frage kommt, das senkrecht zu dem Stab liegt. Also könnte der Punkt die gleiche Bewegung ausführen wie bei seiner Stützung in einem Kugeldrehlager. Wir erkennen aus dieser Betrachtung: *ein festes räumliches Lager mit Kugelgelenk kann durch drei Stützungsstäbe ersetzt werden, ein Rollendrehlager durch zwei, die in der Ebene senkrecht zur Bewegungsgeraden liegen müssen, und ein Kugeldrehlager durch einen Stützungsstab, der senkrecht zur Bewegungsebene gerichtet ist. Die Zahl der Lagerunbekannten stimmt mit der Zahl der Stützungsstäbe überein.*

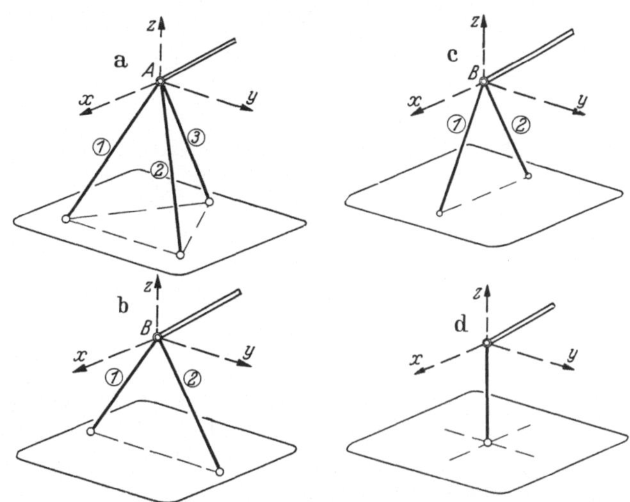

Abb. 374. Ersatz der Kugeldrehlager durch Stützungsstäbe.

Da ein Körper durch sechs Stützungsstäbe gegenüber der Erde festgelegt werden kann, so kann dieses auch geschehen durch drei Rollendrehlager (je zwei Stützungsstäbe) *oder* zwei Rollendrehlager (je zwei Stützungsstäbe) und zwei Kugeldrehlager (je einen Stützungsstab) *oder* ein Rollendrehlager, ein festes Drehlager (drei Stützungsstäbe) und ein Kugeldrehlager *oder* ein festes Drehlager und drei Kugeldrehlager. Es ist allerdings nicht gesagt, daß eine solche Lagerung immer den Körper unverschieblich festlegt; das bedarf einer Nachprüfung. Man kann eine solche etwa dadurch vornehmen, daß man die Lager durch Stützungsstäbe ersetzt und feststellt, ob diese Stäbe eindeutige und endliche Kräfte erhalten. Wir bekommen diese sicher nicht, wenn die sechs Stützungsstäbe von einer Geraden getroffen werden können. Es ist beispielsweise der in Abb. 375 dargestellte Körper, der in einem festen und drei Kugeldrehlagern auf

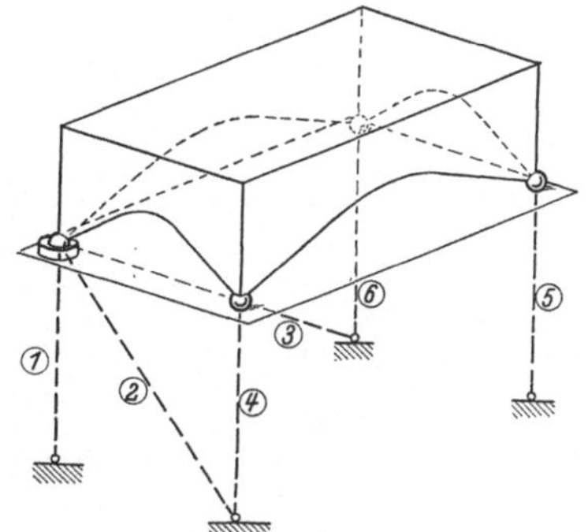

Abb. 375. Verschieblich gestützter Körper.

horizontaler Ebene aufliegt, nicht mehr unverschieblich. Das erkennt man schon ohne Stützungsstäbe, da sich der Körper um das feste Lager drehen kann. Ersetzen wir die Lager durch Stützungsstäbe, so schneidet die mit Stab 1 zusammenfallende Gerade alle sechs Stäbe, also haben wir kein eindeutiges System. Ändert man die Bewegungsebenen der Kugeln, daß die drei Stützungsstäbe nicht mehr durch einen Punkt gehen, so kann eine unverschiebliche Lagerung entstehen. In Abb. 376a ist ein Körper durch ein festes Drehlager, ein Rollen- und ein Kugeldrehlager abgestützt. Die Stützungsstäbe für diese Lager können in der in

Abb. 376b angegebenen Weise eingezogen werden; man erkennt, daß sich jetzt keine Gerade angeben läßt, die alle sechs Stäbe schneidet. Zur Berechnung der Lagerkräfte könnte man so vorgehen, daß man in der unter Nr. 87 angegebenen Weise die Kräfte der Stützungsstäbe berechnet. Die Resultierende der Stab-

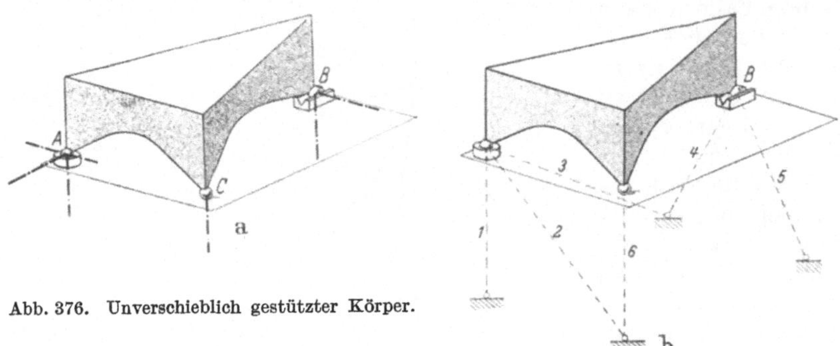

Abb. 376. Unverschieblich gestützter Körper.

kräfte S_1, S_2, S_3 ist dann die Reaktion A, diejenige von S_4 und S_5 die Reaktion bei B und die Stabkraft S_6 gibt die Reaktion in C an. Man kann natürlich auch die Reaktionen unmittelbar ausrechnen, indem man von den üblichen Komponenten ausgeht; das kommt auf dasselbe hinaus, wie wenn man Stützungsstäbe in diesen Richtungen einführt.

91. Die räumliche Einspannung. — Beanspruchungsgrößen eines beliebigen Querschnittes. Die ebene Einspannung legt das Balkenende undrehbar und unverschieblich fest. Dasselbe gilt von der räumlichen Einspannung: auch hier haben wir unverschieblichen und undrehbaren Anschluß. Wie viele Unbekannte treten nun an der Einspannstelle auf? An dieser kann jede beliebige Kraft und jedes beliebige Moment übertragen werden, weil aber sowohl die Kraft als auch das Moment (Kräftepaar) durch drei Angaben bestimmt ist (z. B. die drei Kraftkomponenten bzw. die drei Komponenten des Momentenvektors), so liegen sechs Unbekannte vor. Da bei der Einspannung jede Verschiebung ausgeschlossen ist, kann sich der Balken (Abb. 377) weder in der x-, noch in der y-, noch in der z-Richtung verschieben, d. h. er kann die Komponenten der Lagerkraft in diesen drei Richtungen übertragen; und da Drehungen ebenfalls unmöglich sind, kann er sich weder um die x-, noch um die y-, noch um die z-Achse drehen; er kann also an der Einspannstelle das Moment um die x-Achse (M_x), sowie diejenigen

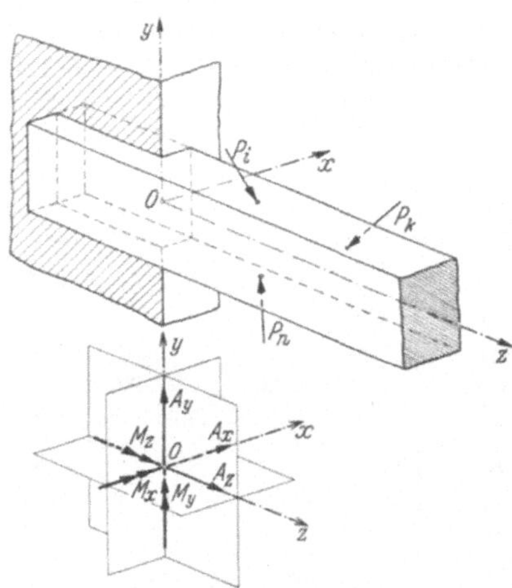

Abb. 377. Die Reaktionsgrößen bei der Einspannung.

um die y- und die z-Achse (M_y, M_z) ebenfalls weiterleiten. Das Moment um die x-Achse ist ein solches, dessen Vektor in die x-Achse fällt[1], das Moment selbst liegt in der y, z-Ebene; es entspricht dem Biegungsmoment des ebenen Balkens, das ja in der Symmetrieebene des Balkens wirkt. Das Moment M_y liegt in der x, z-Ebene; es ist auch ein Biegungsmoment, aber nicht in einer

---

[1] Die Momentenvektoren sind durch Doppelpfeile gekennzeichnet, die Kraftvektoren durch einfache Pfeile.

lotrechten Längsebene, sondern in einer waagerechten; es will den Balken in der horizontalen Richtung verbiegen. Das Moment M_z dagegen liegt *in* einer Querschnittsebene und wirkt verdrehend auf den Balken; man bezeichnet es als Verdrehungsmoment. Ein Verdrehungsmoment (Torsionsmoment) wirkt also in einer Ebene senkrecht zur Längsachse, sein Vektor fällt in die Längsachse des Balkens; dagegen liegt ein Biegungsmoment in einer Längsebene, sein Vektor steht senkrecht zur Stabachse. Von den drei Lagerkräften stellt die x- und y-Kraft eine Querkraft dar (senkrecht zur Balkenachse), die z-Kraft dagegen eine Längskraft. Wir können also sagen: In der räumlichen Einspannstelle sind außer den drei Momenten drei Lagerkräfte, zwei Querkräfte A_x, A_y und eine Längskraft A_z, unbekannt. Bei der ebenen Einspannung lagen dagegen nur drei Unbekannte vor, nämlich zwei Lagerkräfte und ein Biegemoment. Natürlich kann man die drei Kraftkomponenten zu einer Kraft, der *Lagerkraft*, vereinigen und die drei Momentenanteile ebenfalls zu einem resultierenden Moment zusammenfassen, das man wieder als *Einspannmoment* bezeichnet.

Die Einspannung ist die einfachste Verbindungsmöglichkeit eines Körpers mit einem anderen starren Körper, also eine undrehbare und unverschiebliche Befestigung. Wirken auf den eingespannten Balken beliebige Kräfte, so können diese nach früherem ersetzt werden durch eine Resultierende R', die durch einen beliebigen Punkt geht, und ein resultierendes Kräftepaar M'_r. Diese beiden Einflüsse wirken also auf den Balken und werden durch den Einspannquerschnitt weiter nach der Einspannstelle selbst übertragen. Gegen diese Einflüsse wehrt sich die Unterlage; es entsteht dadurch eine Gegenkraft $R = R'$ und ein Gegenmoment $M_r = M'_r$. Die Komponenten von R sind dann die eben erwähnten Gegenkräfte A_x, A_y, A_z, und die Teilmomente von M_r sind die Momente $_eM_x$, $_eM_y$, $_eM_z$. Diese sechs Unbekannten sind bestimmt durch:

$$A_x = -\sum X_i, \qquad {}_eM_x = -\left(\sum M_i\right)_x,$$
$$A_y = -\sum Y_i, \qquad {}_eM_y = -\left(\sum M_i\right)_y,$$
$$A_z = -\sum Z_i, \qquad {}_eM_z = -\left(\sum M_i\right)_z,$$

wobei wie früher bedeuten: $\sum X_i$ die Summe der Komponenten aller auf den Balken wirkenden Lasten in der x-Richtung und $\left(\sum M_i\right)_x$ die Summe der Momente aller Lasten und der etwa vorhandenen äußeren Momente für die x-Achse.

Bei der Konstruktion nach Abb. 378 ergibt sich:

$$A_x = 0, \qquad A_z = 0, \qquad A_y = P_1 + P_2.$$
$${}_eM_x = P_1 \cdot c + P_2 \cdot (b + c),$$
$${}_eM_y = 0,$$
$${}_eM_z = P_2 \cdot a.$$

Da man ein räumliches Kräftesystem statt durch eine Kraft und ein Kräftepaar auch ersetzen kann durch ein Kraft-

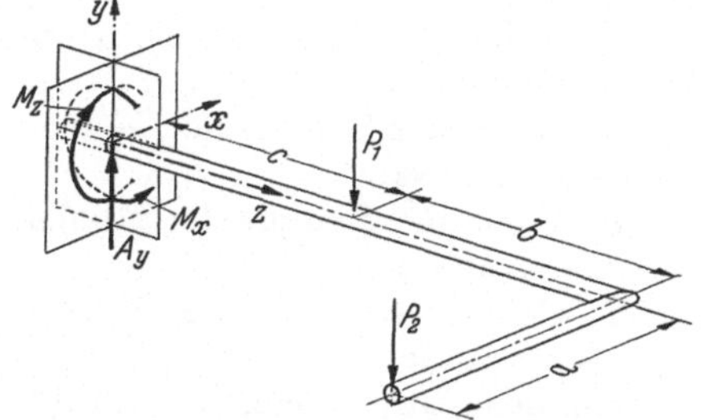

Abb. 378. Beispiel zur Berechnung der Reaktionsgrößen bei der Einspannung.

kreuz, können wir sagen: Durch den Einspannquerschnitt werden die zwei Kräfte eines Kraftkreuzes übertragen, die je nach der Gestalt des auf den Balken wirkenden Kraftsystems gegenüber der Einspannstelle ganz verschiedene Lagen und Größen haben, ähnlich wie bei der ebenen Einspannung eine Kraft in allgemeiner Lage auftrat, (die durch zwei Kraftkomponenten und ein Moment ersetzt werden konnte).

Nach den obigen Ausführungen werden durch den Einspannquerschnitt sechs Beanspruchungsgrößen weitergeleitet, die herrühren von einer Resultierenden R, die durch einen beliebigen Punkt (vgl. Nr. 84) geht, und einem Kräftepaar. Als beliebigen Punkt wird man zweckmäßig den Schnittpunkt 0 der z-Achse mit der Einspannebene wählen, so daß dann die Gesamtheit der auf den Balken wirkenden Einflüsse (Kräfte und Momente) ersetzbar ist durch eine Resultierende R durch diesen Punkt 0 und ein Moment M_r. Diese Betrachtungen haben große Bedeutung für jeden Querschnitt eines räumlich belasteten Balkens. Die Wirkung aller Einflüsse auf den vom Querschnitt links liegenden Balkenteil I muß durch den Querschnitt auf den anderen Teil II weitergeleitet werden.

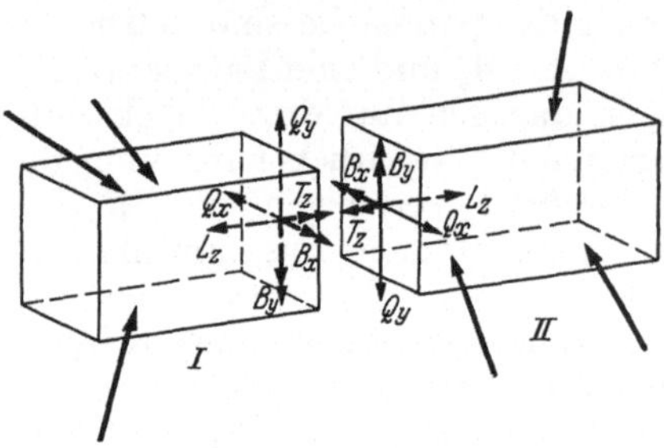

Abb. 379. Die sechs Beanspruchungsgrößen eines beliebigen Querschnittes.

Alle auf den einen Balkenteil wirkenden Einflüsse lassen sich aber nach den obigen Ausführungen ersetzen (Abb. 379) durch zwei Querkräfte Q_x, Q_y und eine Längskraft L_z in einem beliebigen Punkt, (z. B. dem Mittelpunkt des Querschnitts), zwei Biegungsmomente B_x, B_y und ein Verdrehungsmoment T_z. Also werden im allgemeinen diese sechs Beanspruchungsgrößen im Querschnitt auftreten. Beim ebenen Balken war es eine Längskraft, eine Querkraft und ein Biegungsmoment. Dort lagen demgemäß drei Beanspruchungsgrößen vor, entsprechend dem Umstand, daß für ebene Kräfte drei Gleichgewichtsbedingungen aufstellbar waren. Jetzt im Raum haben wir sechs Beanspruchungsgrößen, aber auch sechs Gleichgewichtsbedingungen. Wenn die Verbindung zwischen den beiden Körperteilen so ausgeführt wird, daß diese sechs Beanspruchungsgrößen sicher weitergeleitet werden können, dann sind beide Teile undrehbar und unverschieblich miteinander verbunden. Selbstverständlich müssen die sechs Beanspruchungsgrößen, die die Kraftwirkung des linken Teiles I ersetzen, mit den gesamten Kräften des rechten Teiles II im Gleichgewicht stehen und umgekehrt. Es ist also:

Q_x gleich der Summe aller X-Komponenten der auf den einen Teil wirkenden Kräfte;

Q_y gleich der Summe aller Y-Komponenten der auf den einen Teil wirkenden Kräfte;

L_z gleich der Summe aller Z-Komponenten der auf den einen Teil wirkenden Kräfte;

B_x gleich der Summe der Momente aller auf den einen Teil wirkenden Kräfte für die x-Achse;

B_y gleich der Summe der Momente aller auf den einen Teil wirkenden Kräfte für die y-Achse;

T_z gleich der Summe der Momente aller auf den einen Teil wirkenden Kräfte für die z-Achse.

Soll der ganze Balken die auf ihn wirkenden Lasten sicher übertragen können, so müssen stets die auftretenden sechs Beanspruchungsgrößen durch die Verbindungsstelle zwischen dem Teil links und dem Teil rechts weitergeleitet werden können. Man erkennt leicht, daß es zu diesem Zweck nicht nötig ist, daß die Balkenteile durch einen vollwandigen Querschnitt verbunden sind. Man kann ja jedes Kraftsystem im Raum durch sechs Kräfte in allgemeiner Lage ersetzen oder sie mit sechs Kräften ins Gleichgewicht setzen, sofern ihre Wirkungslinien allgemeine Lage haben. Da man dieses mit jeder auf einen Balkenteil wirkenden Belastung machen kann, werden wir eine sichere Verbindung zwischen dem linken und dem rechten Teil auch dann erreichen, wenn, statt der unmittelbaren festen Verbindung der beiden Balkenteile mittels eines gemeinsamen Querschnitts, zwischen den beiden Teilen *sechs Verbindungsstäbe in allgemeiner Lage* eingezogen werden; denn diese Stabkräfte können mit der gesamten äußeren Belastung links oder rechts ins Gleichgewicht gesetzt werden. Die sechs Stabkräfte zusammengenommen ergeben genau die gleiche Wirkung wie die eben eingeführten Größen Q_x, Q_y, L_z, B_x, B_y, T_z. Es liegen hier entsprechende Verhältnisse wie in der Ebene vor, wo statt der unmittelbaren festen Verbindung zweier Balkenteile auch drei Verbindungsstäbe zwischen den Balkenteilen verwendet werden konnten (Nr. 54).

92. Verschiedene Anschlußarten. Zur eindeutigen Festlegung eines Körpers brauchen wir sechs Fesseln, die sowohl durch Lagerkräfte als auch durch Momente dargestellt werden können. Bei der Einspannung hatten wir z. B. drei Momente und drei Kräfte, bei den vorher betrachteten räumlichen Lagerungen sechs Kräfte. Selbstverständlich muß in jedem einzelnen Fall nachgeprüft werden, ob der Balken bei der Verwendung von sechs Fesseln auch unverschieblich und undrehbar festliegt oder, anders ausgedrückt, ob die sechs Unbekannten eindeutige Werte erhalten[1].

Bis jetzt hatten wir als Anschlüsse für einen Balken an die Unterlage betrachtet das Kugelgelenk, das überhaupt kein Moment übertragen kann, mit festem Lager, Rollenlager und Kugellager (mit drei bzw. zwei bzw. einer Unbekannten) und die Einspannung mit sechs Unbekannten. Neben diesen Anschlüssen kommen in der Technik noch mancherlei andere Ausführungen vor, darunter auch solche, die vier und fünf Unbekannte aufweisen. Sie mögen nun im Zusammenhang betrachtet werden.

Wenn man den Balken mit einem Zapfen versieht und diesen auf einem Lager unverschieblich stützt (Abb. 380), so kann er nur eine Drehung

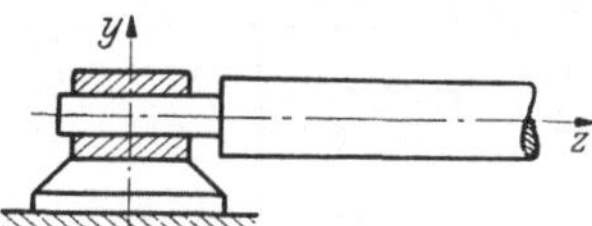

Abb. 380. Zylinderlager, drehbar um eine waagerechte Achse.

um eine Achse, hier die z-Achse, ausführen. Es werden also hier übertragen: M_x, M_y und A_x, A_y, A_z, dagegen kann das Verdrehungsmoment M_z nicht

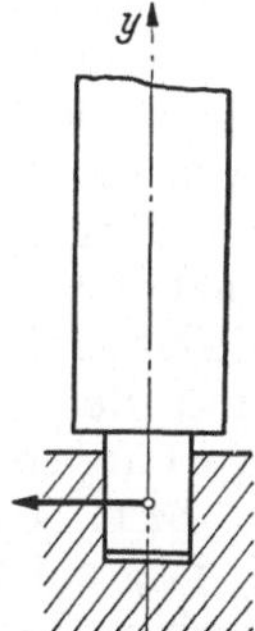

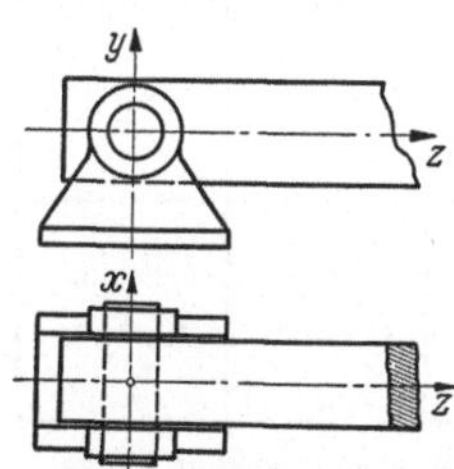

Abb. 381. Zylinderlager, drehbar um eine lotrechte Achse.

Abb. 382. Zylinderlager, drehbar um eine waagerechte Achse senkrecht zur Hauptebene.

Abb. 383. Verschiebliches Zylinderlager.

weitergeleitet werden. Wird der Zapfen verschieblich in der z-Richtung angeordnet, dann fällt auch die Kraft A_z fort.

Man kann natürlich auch ein Zylindergelenk mit der Achse in der y-Richtung (Abb. 381) oder x-Richtung (Abb. 382) anbringen und kommt durch letztere Anordnung zu einem Lager, wie es meistens als festes Lager für ebene Konstruktionen angeordnet wird. Es kann hierbei das Moment M_x nicht übertragen, es kann also nur weitergeleitet werden: M_y als verbiegendes Moment,

---

[1] Ähnlich wie man eine Lagerkraft durch einen Stützungsstab ersetzen kann, könnte man auch ein Lagermoment durch einen „Momentenstab" ersetzen, der mit dem Momentenvektor zusammenfällt und eine Fessel darstellt.

M_z als verdrehendes Moment und A_x, A_y, A_z. Wird der Lagerklotz auf Rollen gesetzt (Abb. 383), so fällt noch A_z fort. Wird der Lagerklotz auf Kugeln gelagert, so kann er außer M_y und M_z nur A_y übertragen[1]. Je nach der Ausführung (Reibung usw.) könnte es sein, daß nur ein gewisser Betrag der Momente übertragen werden kann.

Im ganzen erhält man die in der Tabelle (Abb. 384) angegebenen Grundformen von Lagern. Für die Darstellung ist zwischen Balken und Unterlage ein Lagerklotz eingeführt. Je nachdem dieser Klotz mit dem Balken und andererseits mit der Unterlage verbunden ist, erhält man die verschiedenen Übertragungsmöglichkeiten. In der Tabelle ist angegeben, welche Größe (Kraft oder Moment) durch das betreffende Lager weitergeleitet werden kann. In Reihe 1 sind die Lageranordnungen angegeben, bei denen Balken und Klotz unmittelbar fest miteinander verbunden sind, in der 2. und 3. Reihe diejenigen, bei denen ein Zylindergelenk mit waagerechter Achse zwischen Balken und Klotz vorhanden ist, in der 4. Reihe Konstruktionen mit stehendem Bolzen, und in der 5. Reihe haben wir Lager, bei denen zwischen Balken und Klotz ein Kugelgelenk liegt. Je nachdem, ob in den verschiedenen Stellen der Klotz mit der Unterlage steif verbunden oder auf Rollen bzw. Kugeln eingeordnet ist, entstehen verschiedenartige Verhältnisse. Dabei ist in den

| | | **Anordnung bezügl. Verschiebung** (Lagerung des Unterteils) | | | |
		a. unverschieblich	**b.** Rollen, verschieblich in z–Richtung	**c.** Rollen, verschieblich in y–Richtung	**d.** Kugeln, verschieblich in y-u.z-Richtg.
Anordnung bezügl. Drehung (Zwischenverbindung)	**1.** Balken m. Klotz undrehbar verbunden	M_x, M_y, M_z / A_x, A_y, A_z	M_x, M_y, M_z / $A_x, A_y, -$	M_x, M_y, M_z / $A_x, -, A_z$	M_x, M_y, M_z / $A_x, -, -$
	2. Zylindergelenk	$M_x, -, M_z$ / A_x, A_y, A_z	$M_x, -, M_z$ / $A_x, A_y, -$	$M_x, -, M_z$ / $A_x, -, A_z$	$M_x, -, M_z$ / $A_x, -, -$
	3. Zylindergelenk	$M_x, M_y, -$ / $A_x, A_y, A_z,$	$M_x, M_y, -$ / $A_x, A_y, -$	$M_x, M_y, -$ / $A_x, -, A_z$	$M_x, M_y, -$ / $A_x, -, -$
	4. Zylindergelenk	$-, M_y, M_z$ / A_x, A_y, A_z	$-, M_y, M_z$ / $A_x, A_y, -$	$-, M_y, M_z$ / $A_x, -, A_z$	$-, M_x, M_y$ / $A_x, -, -$
	5. Kugelgelenk	$-, -, -$ / A_x, A_y, A_z	$-, -, -$ / $A_x, A_y, -$	$-, -, -$ / $A_x, -, A_z$	$-, -, -$ / $A_x, -, -$

Abb. 384. Übertragungsmöglichkeiten der verschiedenen Lager.

Fällen b, c, d angenommen, daß durch entsprechende Anordnungen der Rollen bzw. Kugeln die Übertragung der angegebenen Momente wirklich möglich ist.

Selbstverständlich kann man sich auch andere Lageranordnungen vorstellen. Es könnten z. B. zwei Drehmöglichkeiten — etwa nach Nr. 2 und 3 — miteinander verbunden sein, dann würde gleichzeitig eine Drehung um die y- und z-Achse erfolgen, also könnte nur noch M_x übertragen werden. Diese Anordnung würde einem Kreuzgelenk (Doppelscharnier) entsprechen.

93. Verschiedene praktische Lagerungen und Anschlüsse. Wenn auch nicht alle in der Tabelle aufgeführten Lager bzw. Anschlüsse in praktischer Ausführung vorkommen, so ist diese Zusammenstellung doch sehr wichtig, um über die ganze

---

[1] Dabei ist die Anordnung der Kugeln so vorausgesetzt, daß tatsächlich M_y und M_z auch aufgenommen werden kann.

Kraftwirkung an den Lagern Klarheit zu gewinnen. Auf einzelne praktische Ausführungen sei nun eingegangen. Häufig findet man bei größeren Konstruktionen, beispielsweise Brückenträgern, die Lager 2, a und 2, b, das sind die Auflager, wie wir sie bei ebenen Balken kennengelernt haben. Der ganze Brückenträger (Abb. 385) ist ein räumliches Gebilde; aber seine Haupttragteile sind eben, meistens lotrecht stehende Wände ($ABCD$ und $EFGH$), die man dann als Scheiben durch die angegebenen Lager abstützt. Die Auflager A und E haben nach der

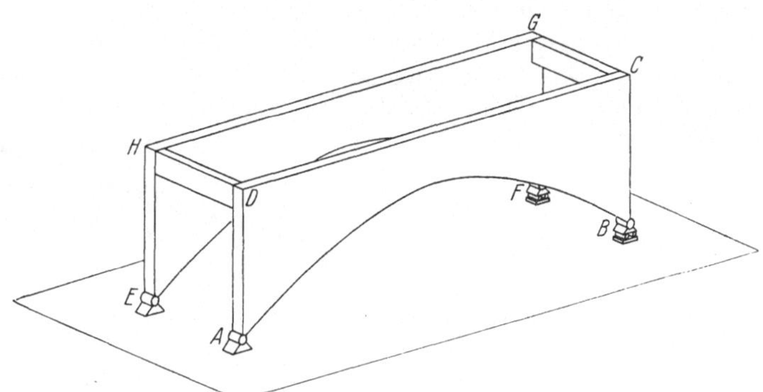

Abb. 385. Lagerung eines Brückenträgers.

Tabelle je fünf Auflagerunbekannte, die Lager B und F je vier, so daß im ganzen 18 Unbekannte vorhanden sind. Nun bedarf aber der räumliche Körper zur statisch bestimmten Lagerung nur sechs Fesseln, also ist der hier dargestellte räumliche Körper zwölffach statisch unbestimmt. Die beiden Tragwände $ABCD$ und $EFGH$ seien, als ebene Träger betrachtet, beide innerlich statisch bestimmt und statisch bestimmt gelagert. Tatsächlich ist aber der ganze Brückenträger ein räumliches Gebilde und als solches vielfach statisch unbestimmt. Unter gewissen Umständen (z. B. Windbelastung quer zur Fahrbahn) ist es nötig, darauf zu achten, daß die ebenen Scheiben Teile eines räumlichen Gebildes sind, so daß auch Einflüsse, die außerhalb der Ebene der Scheiben liegen, von dem Gebilde aufgenommen werden können.

Die Flügel eines Flugzeugs sind vermittels der Holme an dem Rumpf entweder mit Kugel- oder Zylindergelenk oder auch durch Einspannung befestigt und vielfach noch abgestützt.

Von anderen Anschlüssen, wie sie bei verschiedenen Konstruktionsgebilden auftreten, betrachten wir zunächst die Lagerung einer Abraumförderbrücke. Die oft ungenauen Gleisanlagen und die Unebenheiten des Bodens einer Braunkohlengrube fordern eine „Raumbeweglichkeit" dieser Brücken, aber doch so, daß die gesamte Konstruktion „festliegt". Es ist also bei der Lagerung darauf zu achten, daß die Förderbrücke ohne inneren Zwang den verschiedenartigsten Bewegungen des Geländes und damit der beiden Radwerke folgen kann. „Ohne inneren Zwang" ist aber die gleichlautende Forderung mit „statisch bestimmt". Die Ausführung dieser statisch bestimmten Lagerung bietet bei derartig schweren Gebilden insofern Schwierigkeiten, als die Verbindung mit dem Boden auf zahlreiche Räder verteilt werden muß, um die einzelnen Raddrücke nicht zu groß werden zu lassen. Konstruktive Möglichkeiten sind in den Abb. 386 und 387 angegeben.

In Abb. 386 ist z. B. die Auflagerung einer Förderbrücke in zwei Geleissträngen mit je 32 Rädern, das sind insgesamt 64 Räder, bewerkstelligt. Trotz dieser 64 Auflagerpunkte ist die Förderbrücke aber statisch bestimmt, d. h. mit sechs Unbekannten in allgemeiner Lage gelagert.

Die an einer Lagerstelle (linkes oder rechtes Stützungssystem der Brücke) angebrachten 32 Räder sind mit Traversen zu je 16 Stück in zwei Drehgestellen zusammengefaßt, und zwar so, daß sich eine auf die Stützstelle C, D, E oder F wirkende lotrechte Kraft gleichmäßig auf die 16 Räder verteilt. Damit wirkt jeder der vier Stützpunkte der einzelnen Drehgestelle als Auflagerstelle, die sowohl in der lotrechten Richtung als auch — bei Feststellung (Bremsung) der Räder — innerhalb der waagerechten Ebene in und senkrecht zur Fahrtrichtung keine Bewegung zulassen.

Vom statischen Gesichtspunkt können somit die Stützpunkte an den Drehgestellen als Ausgangspunkte (feste Kugelgelenke) für die Stützung des Brückensystems betrachtet werden. Damit in der Fahrtrichtung der einzelnen Wagen

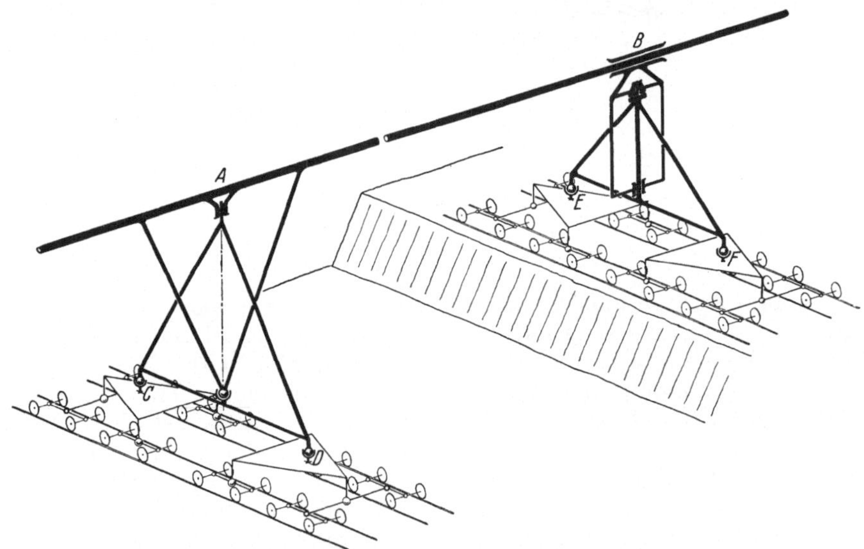

Abb. 386. Lagerung einer Förderbrücke auf 64 Rädern.

kein Zwang auftritt, wird nur einer der Drehgestellwagen gebremst; außerdem ist die durch die Drehbeweglichkeit der Brückenstütze A gewonnene Verschiebungsmöglichkeit der beiden Drehgestellstützpunkte C und D eine Gewähr für die eindeutige Aufnahme von Kräften in Richtung der Brückenachse, eine derartige Kraft wird sich zu gleichen Teilen auf die beiden Punkte C und D verteilen.

Über diesen Drehgestellpunkten C und D ist die linke Stütze A aus zwei Rahmengliedern aufgebaut, von denen das eine starr, das andere drehbar um eine lotrechte Achse mit dem Brückenträger verbunden ist. Damit ist erreicht, daß die Brücke in bezug auf das linke „Lager" A eine Drehung um die lotrechte Achse und eine Drehung um die Verbindungslinie der Drehgestellstützpunkte CD ausführen kann. Es werden also nur aufgenommen: die drei Kraftkomponenten A_x, A_y, A_z und ein Moment um die Brückenhauptachse (Verdrehungsmoment des Brückenträgers), das sind insgesamt vier Lagerfesselungen am linken Auflager A.

Am rechten Lager B sehen wir als Verbindung des eigentlichen Brückenträgers mit dem Stützrahmenwerk ein Hülsengelenk; das bedeutet, daß hier sowohl die Längskraft als auch das um die Brückenachse drehende Moment sich auswirken könnten. Ebenso sind die beiden übrigen Drehwirkungen (um die lotrechte Achse und um die Verbindungslinie der Drehgestellstützpunkte E und F)

durch entsprechende Anordnung des Rahmenwerks ermöglicht. Es verbleiben als aufnehmbare Unbekannte nur die beiden Komponenten in lotrechter Richtung und in Fahrtrichtung. Die letztere wird wieder eindeutig bestimmbar durch Abbremsen nur eines Drehgestellwagens. Diese beiden Fesseln des rechten Lagers B ergeben mit den beschriebenen vier Fesselungen des linken Stützwerkes A insgesamt sechs Fesselungen, also eine statisch bestimmte Lagerung der Förderbrücke.

Die in der Abb. 387 dargestellte Lagerung der Förderbrücke auf Raupenfahrwerken fordert eine erhöhte Bewegungsmöglichkeit der Abstände der beiden Fahrwerke gegenüber der Schienenlagerung. Auch hier wieder wird auf jeder Seite nur ein Raupenfahrwerk abgebremst, um die Kraftaufnahme in der Fahrt-

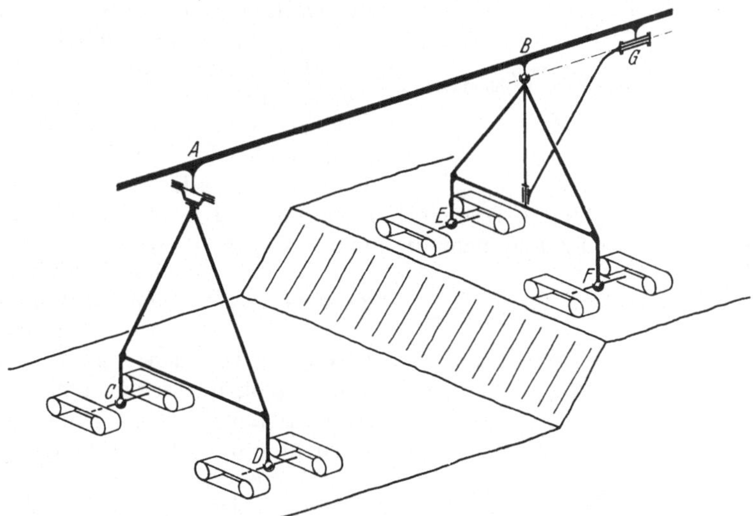

Abb. 387. Andere Lagerung einer Förderbrücke.

richtung eindeutig werden zu lassen. Die Traversenanordnung der Raupenbänder erlaubt uns wieder, die Punkte C, D, E und F als Festpunkte für unseren Aufbau (Gelenke mit eindeutigen Kräften) anzusehen.

Das linke Lager A ist, außer seiner Drehbarkeit um eine lotrechte Achse, drehbeweglich um die waagerechte Achse senkrecht zur Brückenhauptachse, und zwar doppelt, denn die Verbindung der Stützpunkte CD stellt ebenso wie die am oberen Ende des Rahmens A angegebene Scharnieranordnung eine Drehmöglichkeit dar; durch diese beiden parallel angeordneten Gelenke ist ein Ausschwenken des Rahmenwerkes aus der lotrechten Ebene möglich, d. h. es kann in A keine in Richtung der Brückenachse wirkende Kraft aufgenommen werden. Es verbleiben somit am Lager A nur die drei Fesselungen: eine Lagerkraft in Fahrtrichtung, eine solche lotrecht und ein Torsionsmoment der Brücke.

Am Lager B stellt die Achse durch die Auslegeranordnung G und das Kopflager der Stütze B eine Drehbeweglichkeit der Brücke um die Hauptbrückenachse dar. Weiterhin ist eine Drehung um die lotrechte Achse ermöglicht, und ebenso die Drehung um die Achse EF. Hier können also nur die drei Kraftkomponenten B_x, B_y und B_z gehalten werden. (In Längsrichtung wird die Kraft durch die Sperrung der Längsverschieblichkeit am Hülsenlager G aufgenommen.) Diese drei Fesseln stellen zusammen mit den drei Fesselungen des linken Lagers also wiederum eine mit sechs Fesseln gehaltene statisch bestimmte Festlegung der Förderbrücke dar.

Weitere Raumlagerungen des Hebezeugbaues sind die der Drehkrane, die ebenfalls meistens statisch bestimmt ausgeführt werden (Abb. 388). Das Drucklager (Königsstuhl genannt) besitzt drei Fesseln (zwei quer und eine längs der Drehachse wirkende Kräfte), das Halslager zwei Lagerkräfte. Die übrigbleibende Drehmöglichkeit wird durch eine Bremse, als sechste Fesselung, beseitigt, wenn der Kran feststehen soll; wird die Bremse gelöst, so ist damit nicht mehr die Drehbewegung gefesselt und der Kran kann gedreht werden. Die Bremse stellt somit hier eine ausschaltbare Drehmomentenlagerung dar.

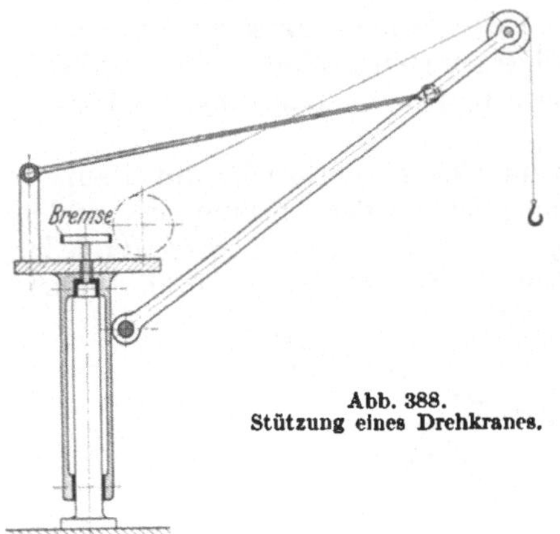

Abb. 388.
Stützung eines Drehkranes.

Eine ähnliche Lagerung finden wir bei der Kurbelwelle (Abb. 389), der Transmissionswelle, der Schiffsschraubenwelle usw. Sie sind alle in fünf Fesseln, ein festes und ein verschiebbares Drehlager, gehalten, und es ist bei all diesen antreibenden Wellen das Drehmoment die einzige Größe, die sich auswirken kann und die sich mit dem Kupplungsdrehmoment bzw. dem widerstehenden Moment des Arbeitsvorganges aufhebt. Wenn wir von den Anlauf- und Auslaufvorgängen absehen, steht bei konstantem Lauf dieser Wellen das Drehmoment am Ende der Welle mit dem Arbeitsdrehmoment im Gleichgewicht, d. h. es ist diese Gegenwirkung geradezu

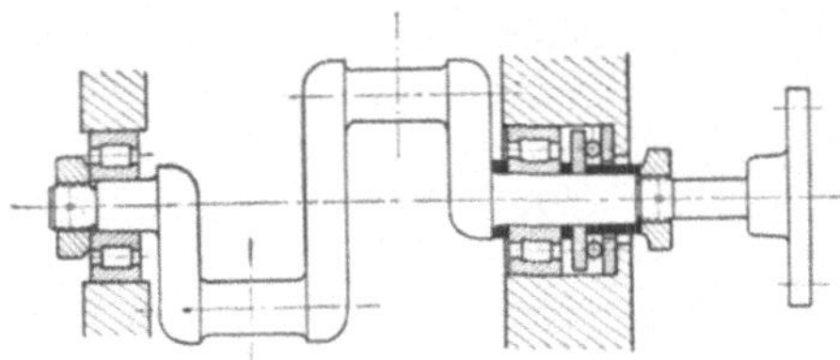

Abb. 389. Lagerung einer Kurbelwelle.

einer Lagerfesselung gleichwertig. Bei Transmissionswellen werden wegen der sonst zu großen Durchbiegung oft weitere Lager angebracht, das führt aber dann zu einer statisch unbestimmten Lagerung. Die statisch bestimmte Lagerung hat den Vorteil, daß sich keine inneren Spannungen (sog. „Zwang") ausbilden können, d. h. daß die entstehenden Beanspruchungsgrößen des Werkstücks eindeutig aus der äußeren Belastung bestimmt werden können.

Zur Vermeidung dieser inneren Spannungen müssen auch alle temperaturwechselnden Maschinenteile, selbst ohne äußere Lasten, stets so gelagert sein, daß sich die Wärmeausdehnungen bei diesen Maschinen auswirken können. Anderenfalls entstehen „Wärmespannungen", die ihrem Wesen nach die gleichen inneren Spannungen sind wie die durch unbestimmte Lagerung erzeugten „elastischen Spannungen". So ist z. B. die in Abb. 390 dargestellte Lagerung einer Dampfturbine derart

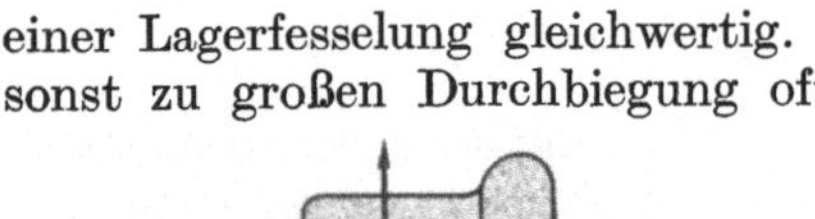

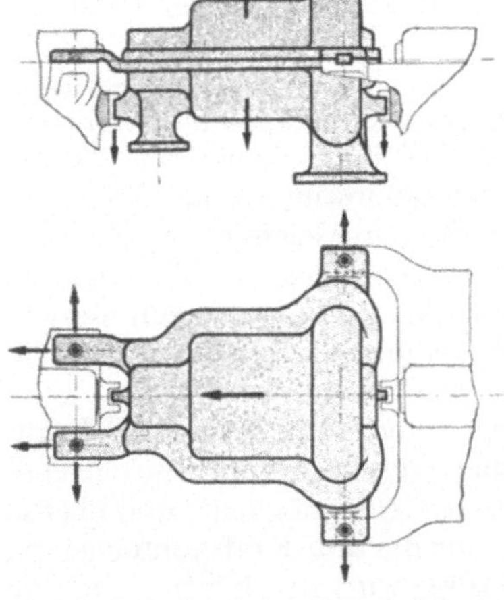

Abb. 390. Lagerung einer Dampfturbine.

ausgebildet, daß vom Abdampfstutzen her, der an dem starren Kondensator unverschieblich angebracht ist, die Maschine einer Wärmeausdehnung in jeder Richtung nachgeben kann. Die seitliche Ausdehnung der beiden Pratzen am

Niederdruckende ist durch Feder und Nut erreicht, die Ausdehnungsmöglichkeit in der Ebene (zwei Richtungen) ist für die Hochdruckseite durch größer gebohrte Löcher in den dortigen Pratzen gegeben. Die Dampfzufuhr in dem verschieblichen Hochdruckteil der Maschine muß entsprechend mit einem elastischen Rohr, einem Metallschlauch, erfolgen. Die beiden in vertikalen Nuten geführten Nasen des Gehäuses verhüten eine Querverschiebung der Maschine. Die so ausgeführte Lagerung der Turbine gestattet eine unbehinderte Wärmedehnung des Gehäuses und der darinsitzenden Maschinenteile, ist aber vom statischen Gesichtspunkt aus immer noch zweifach statisch unbestimmt, denn es liegen an den größer gebohrten Löchern je eine, das sind im ganzen zwei, an den mit Nut und Feder versehenen Auflagerpratzen je zwei, das sind vier, und schließlich an jeder Führungsnase noch eine, das sind zwei, also insgesamt acht Unbekannte vor, während zur statisch bestimmten Lagerung sechs Unbekannte nötig und gefordert sind.

Neben dem Großmaschinenbau finden wir die Forderung nach statisch bestimmter Lagerung auch in der feinmechanischen Meßtechnik. Die Lagerung vieler Meßinstrumente (Abb. 391) beruht, ähnlich wie bei der Kranlagerung, in der Festlegung der Achse des beweglichen Anzeigeteils in zwei Lagern, von denen eines drei, das andere zwei Komponenten aufnimmt. Damit sind alle Kräfte und alle Biegemomente der Achse aufzunehmen. Das verdrehende Moment kann nicht aufgenommen werden; es dient zur Messung der zu untersuchenden Größen. Die Drehung wird erschwert durch irgendeine bekannte Feder oder dergleichen, die aber einen Ausschlag zuläßt, der als Maß des Drehmoments bzw. der zu messenden Größe abgelesen werden kann. Da mit jeder Lagerung unvermeidlich ein gewisser Reibungswiderstand verbunden ist, verzichtet man bei hochempfindlichen

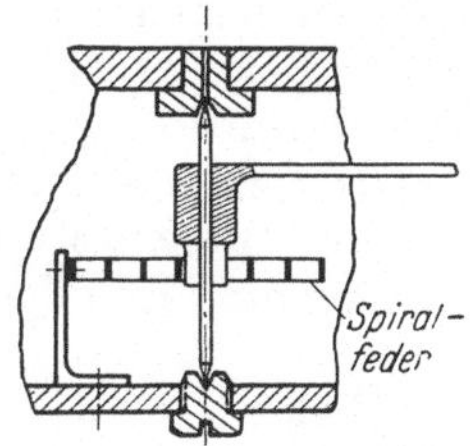

Abb. 391. Stützung eines Meßinstrumentes.

Instrumenten, die schon auf ganz geringe Erregungen ausschlagen sollen, oft auf das Halslager, nimmt dem Instrument, z. B. Elektrometer, aber damit die Möglichkeit, seitliche Kräfte oder Biegemomente aufzunehmen; es ist also gegenüber diesen Einflüssen nicht gesichert. All diese Instrumente müssen außer Gebrauch arretiert, d. h. diesen seitlichen Kräften und Momenten gegenüber festgestellt sein. Vor Gebrauch wird das Instrument mit Hilfe einer Libelle so ausgerichtet, daß die Schwerkraft des Fadens und des beweglichen Instrumententeils genau in der Drehachse wirkt. Das als Meßgröße aufzubringende Moment muß als reines Drehmoment in die Instrumentenachse eingeleitet werden, da jede übrigbleibende Komponente die aufgehängte Meßapparatur seitlich verschieben kann. Es stellen diese Arten von Meßinstrumenten in gewissem Sinne ein raumbewegliches Pendel dar, dem durch eine Torsionsfederung (z. B. eine bifilare Aufhängung) die freie Drehbewegung genommen ist. Das Instrument würde versagen, wenn irgendwelche seitlichen Rüttelbewegungen (Schwingungen) des Instrumententisches Kräfte auf den Drehteil ausüben (Massenkräfte).

Diese *Anpassung der Lagerung* an die tatsächlich auftretenden Kräfte, die hier nur mit allen Vorsichtsmaßregeln aufgebracht werden, können, da für andere Kräfte das System nicht mehr stabil ist, bei größeren Bauwerken und Kräften unter Umständen zu einer großen Gefahr werden. Jede auftretende Kraft, die nicht in den zu erwartenden berechneten Kräften enthalten ist, würde zum Zusammenbruch der Gesamtkonstruktion führen. Es ist überhaupt bei Raumwerken die Frage der Steifigkeit (Stabilität) immer besonders nachzuprüfen und vor allem darauf zu achten, daß solche Gebilde gegen alle Verschiebungsmöglichkeiten gesichert sind, nicht bloß etwa in *der* Ebene, in der die wesentlichen Kräfte auftreten. Würden wir z. B. eine große Brücke so ausführen, daß die tragenden Wände als selbständige ebene Scheiben ausgebildet sind, zwischen die die Fahrbahn genau symmetrisch angeordnet ist, so wäre unter der normalen Brückenbelastung kein Grund zum Zusammenbruch vorhanden, aber die geringste seitlich gerichtete Windkraft würde die beiden Seitenwände zu einem räumlich belasteten ebenen Gebilde machen, das bei fehlender Steifigkeit um die Achsen in der Wandebene zusammenbrechen würde. Eine Baugrube darf daher nicht nur in der Querrichtung durch ebene Versteifungswände ausgesteift werden, sondern es muß mit der Möglichkeit gerechnet werden, daß auch Längskräfte auftreten[1]; ein Bergwerksstollen darf nicht allein durch eingesetzte Bogen gegen den Druck von oben und seitlich abgestützt sein, sondern die Bogen müssen gegeneinander versteift werden, damit auch ein seitlich wirkender Druck aufgenommen werden kann.

XIX. Der räumlich belastete Balken.

94. Berechnung der sechs Beanspruchungsgrößen eines Querschnitts beim geraden Balken. Die sechs Lagerfesselungen der Einspannung eines räumlich belasteten Balkens entsprechen, wie wir bereits in Nr. 91 gesehen haben, den sechs Beanspruchungsgrößen, die für einen beliebigen Querschnitt auftraten. Die Definition der Beanspruchungsgrößen ist gleichartig der der Ebene: Es ist das Biegemoment einer Schnittstelle gleich der Summe aller biegenden Einflüsse (äußere Momente und Momente aller Kräfte) für den abgeschnittenen Teil links oder rechts. Im allgemeinen Fall werden diese Momente in verschiedenen Ebenen,

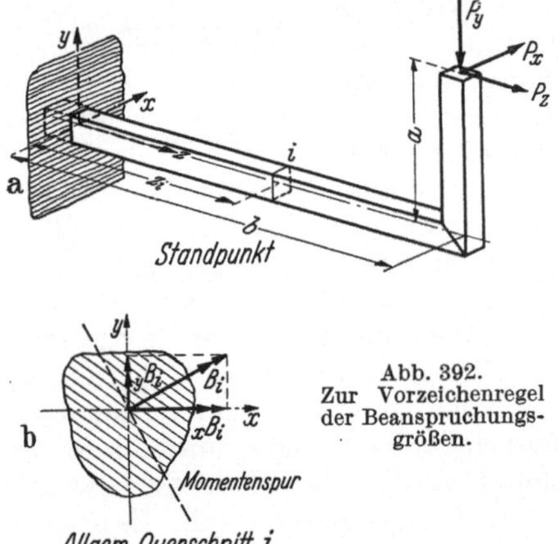

Abb. 392.
Zur Vorzeichenregel der Beanspruchungsgrößen.

die alle die z-Achse enthalten, liegen. Ihre Vektoren fallen also in verschieden gerichtete Geraden; als Summe ist dann natürlich der resultierende Vektor dieser verschiedenen Momentenvektoren aufzufassen. Es handelt sich dabei um eine geometrische Summe. Entsprechend ist das Torsionsmoment für eine Schnittstelle die Summe (jetzt algebraisch!) aller verdrehenden Einflüsse für den abgeschnittenen Teil links oder rechts. Das erwähnte resultierende Biegungsmoment können wir in zwei Teilmomente $_xB_i$, $_yB_i$ zerlegen (Abb. 392; es ist dabei $_xB_i$ das Biegemoment für die Schnittstelle i, dessen Vektor in der x-Richtung steht. Es stellt dieser Vektor ein (Biege-) Moment dar, das um die x-Achse dreht, also in der y, z-Ebene wirkt, wobei die x, y-Ebene mit einer Querschnittebene zusammenfällt, während die z-Richtung in der Längsachse verläuft. Das Verdrehungsmoment müßte dementsprechend den Anzeiger z erhalten, was aber überflüssig ist, da es nach seiner Definition eindeutig festgelegt ist mit einem Vektor in der Richtung der Balkenachse. Selbstverständlich können die beiden

---

[1] Im Jahre 1935 ereignete sich beim Bau der Untergrundbahn in Berlin der Einsturz einer Baugrube, dem viele Menschenleben zum Opfer fielen. Es wurde dann festgestellt, daß der Absteifung der Baugrube die genügende Stabilität fehlte. Man hatte zu wenig darauf geachtet, daß auch Kräfte in der Längsrichtung des Gerüstes auftreten können und hatte in dieser Richtung keine genügenden Zwischenversteifungen angebracht. „Es zeigte sich, daß es bei den großen Aussteifungssystemen von Baugruben grundlegend wichtig ist, daß man das Kräftespiel nicht nur eben betrachtet, sondern auch die Folge von kleinen räumlichen Verschiebungen untersucht und gegebenenfalls unterbindet."

Biegungsmomente und das Torsionsmoment auch dadurch gewonnen werden, daß man sämtliche äußeren Momente und die Momente aller Kräfte links oder rechts von dem betreffenden Schnitt vektoriell zusammensetzt und dann diesen resultierenden Vektor zerlegt in drei Komponenten, in der x-, y-, z-Richtung; die beiden ersteren Komponenten stellen dann die Biegungsmomente $_xB_i$ und $_yB_i$ dar, letztere das Verdrehungsmoment T_i.

Die Quer- und Längskräfte sind ebenso wie in der Ebene definiert als die Summe aller Kräfte links oder rechts quer bzw. längs der Balkenachse. Es ist z. B. die Querkraft $_xQ_i$ dargestellt durch die Summe der X-Komponenten aller Kräfte für den abgeschnittenen Teil links oder rechts. Bei der Längskraft können wir uns wieder, genau wie beim Torsionsmoment, den Anzeiger z schenken, da die Richtung längs der Balkenachse eindeutig festgelegt ist.

Bezüglich der Vorzeichenfrage wollen wir eine Regel festsetzen, in der die Vorzeichenregelung des ebenen Balkens mit enthalten ist. Wir nennen das Biegemoment, z. B. $_xB_i$, positiv, wenn es für den linken abgeschnittenen Teil einen Vektor in Richtung der festgelegten positiven Koordinatenrichtung x (von vorn nach hinten) ergibt und für den rechten abgeschnittenen Teil einen der Koordinatenrichtung entgegengesetzten Richtungssinn liefert. Für die Festlegung von „links" und „rechts" wählen wir einen Standpunkt, den wir uns in der Zeichnung am besten durch einen Punkt andeuten. In gleicher Weise treffen wir auch eine Festlegung des Vorzeichens für das Torsionsmoment: es ist positiv, wenn für den linken abgeschnittenen Teil der Torsionsmomentenvektor in Richtung der festgesetzten positiven z-Koordinate verläuft. Für die Vorzeichen von Quer- und Längskraft gelte: die Querkraft ist positiv, wenn sie für den linken abgeschnittenen Teil in Richtung der Koordinate, für den rechten entgegen der Koordinatenrichtung verläuft; die Längskraft ist als Zugwirkung positiv, als Druckwirkung negativ.

Man erkennt leicht, daß die Vorzeichenregel für Querkraft und Biegemoment beim ebenen Balken sich mit der hier angeführten deckt. Die Vorzeichenregel der drei Beanspruchungsmomente läßt sich ohne weiteres auch in folgender Form bringen: Bezeichnen wir bei der Draufsicht auf eine Querschnittsfläche die Richtung nach oben mit $+y$, die Richtung nach rechts mit $+x$, so sind die Biegemomente mit dem Vorzeichen zu versehen, das ihr Vektor in bezug auf das so gewählte Koordinatensystem besitzt; das Torsionsmoment ist positiv, wenn es aus dem Querschnitt im Sinn einer rechtsgängigen Schraube herausdreht, also nach dem Standorte zu.

Die Vektoren der beiden Biegemomente liegen in der Querschnittsfläche und stehen senkrecht zu ihrer Wirkungsebene. Setzen wir die beiden Vektoren $_xB_i$ und $_yB_i$ zusammen, so erhalten wir das resultierende Biegemoment B_i, zunächst als Vektor in der Querschnittsebene. Gemäß der Darstellungsart der Momente durch Vektoren, die senkrecht stehen auf der Wirkungsebene des Momentes, wirkt demgemäß das resultierende Biegemoment in der Ebene, die gebildet wird aus der Balkenachse (z-Achse) und einer Senkrechten zum Momentenvektor B_i. Die Senkrechte zum Vektor B_i stellt den Schnitt der jeweiligen Momentenwirkungsebene mit dem Querschnitt dar und heißt die „Momentenspur" (Abb. 392b). Sehr oft wird es für die weitere Behandlung des Balkens nicht von großer Bedeutung sein, die Momentenspur zu bestimmen, es genügt vielmehr die Angabe der beiden Momentenvektoren $_xB_i$ und $_yB_i$ bzw. der Biegemomente in der y, z-Ebene und der x, z-Ebene. Es wird sich die Zusammensetzung der beiden Teilmomente $_xB_i$ und $_yB_i$ zum resultierenden Biegemoment nur dann empfehlen, wenn es sich um einen runden Querschnitt (Kreis oder Kreisring) handelt, in allen anderen Fällen werden wir es zweckmäßig bei der Aufteilung des resultierenden Biegemomentes in die beiden Teilmomente $_xB_i$ und $_yB_i$ belassen.

Die Darstellung des resultierenden Biegemomentes (bei Wellen und kreisrunden Achsen) kann nun auf zwei verschiedene Arten folgen: wir tragen entweder die Momentenvektoren in ihrer Größe und Richtung senkrecht zur Balkenachse auf, oder wir geben die Biegemomente in ihrer Größe als Längen (Ordinaten) auf der Momentenspur des betreffenden Querschnitts an. Die letztere Art der Darstellung entspricht dem Bild der Momentenfläche des ebenen belasteten Balkens (Nr. 42). Die beiden Auftragsarten ergeben jedoch die gleichen Bilder, die nur um die Balkenachse um den Winkel 90° verdreht sind. Wir wählen für unsere Darstellungen am besten die mit der Ebene übereinstimmende Abtragung der Momentengrößen auf der Momentenspur. Wenn man für jeden Querschnitt des Balkens die resultierende Ordinate (aus B_x und B_y) bestimmt und sie nach Größe und Richtung auf der Momentenspur von der Achse aus aufträgt, erhält man die „resultierende Momentenfläche", die an jeder Stelle der Balkenachse die Größe und Lage (Wirkungsebene gegeben durch die Ordinate und Balkenachse) des Biegemomentes B_i zeigt. Die resultierende Momentenfläche ist im allgemeinen eine verwundene Fläche, die sich mehr oder weniger um die Balkenachse herumschraubt. Der Verlauf der Biegemomentengrößen zwischen Einzelkräften ist jedoch nicht mehr durch ein lineares Gesetz gegeben, da die Größen senkrecht auf der Stabachse nach einer zu dieser Stabachse windschiefen Geraden gemessen werden, also einem hyperbolischen Gesetz folgen.

Ein Beispiel soll die Ausführungen klarer machen.

Übungsaufgabe.

Auf der in Abb. 393 dargestellten Transmissionswelle sind vier Riemenscheiben aufgebracht, die die angegebenen Kräfte übertragen. Es sollen die Biegungsmomente in der waagerechten und lotrechten Ebene und die Verdrehungsmomente ermittelt werden.

Lösung: Die Lasten laufen in ganz verschiedener Richtung. Ihre waagerechten Komponenten ergeben Biegemomente in der waagerechten Ebene, ihre lotrechten dagegen solche in der lotrechten Ebene. Da die auf die einzelnen Scheiben wirkenden Lasten verschieden groß sind, entstehen außerdem auch Verdrehungsmomente. Die in der Abbildung eingetragenen Längen sind in Millimeter angegeben.

Wir denken uns jede Kraft in eine lotrechte und eine waagerechte Komponente zerlegt und betrachten zunächst die lotrechten Kräfte.

An der Scheibe E treten keine lotrechten Kräfte auf, an Scheibe F zwei Komponenten nach oben, an Scheibe G laufen beide Kräfte lotrecht, und an H sind zwei lotrechte Komponenten nach unten vorhanden. Mit Einführung ihrer Größen ergeben die Momentengleichungen für die Punkte A und B:

$$(\textstyle\sum M)_A = 0:$$

$$-(150 + 300) \cdot \sin 45° \cdot 0{,}2 + (100 + 50) \cdot 1{,}6 + (200 + 100) \cdot \sin 30° \cdot 2{,}5$$
$$- B_v \cdot 2{,}7 = 0,$$
$$B_v = 204{,}2 \text{ kg (nach oben)};$$

$$(\textstyle\sum M)_B = 0:$$

$$-(200 + 100) \cdot \sin 30° \cdot 0{,}2 - (100 + 50) \cdot 1{,}1 + (300 \cdot 150) \cdot \sin 45° \cdot 2{,}5$$
$$+ A_v \cdot 2{,}7 = 0,$$
$$A_v = -222{,}4 \text{ kg (nach unten)}.$$

Die Nachprüfung ergibt, daß die Gesamtsumme der lotrechten Lasten sich gegen die errechneten Werte aufhebt.

Die Biegungsmomente für die lotrechte Belastung errechnen sich zu:

$B_A = 0$,

$B_F = -222{,}4 \cdot 0{,}2 = -44{,}72$ mkg.

$B_G = -222{,}4 \cdot 1{,}6 + (300 + 150) \cdot \sin 45° \cdot 1{,}4 = 89{,}63$ mkg.

$B_H = 204{,}2 \cdot 0{,}2 = +40{,}84$ mkg.

(Zur Probe wurde B_G auch für den rechten Teil errechnet:

$B_G = 204{,}2 \cdot 1{,}1 - (200 + 100) \cdot \sin 30° \cdot 0{,}9 = 89{,}63$ mkg.)

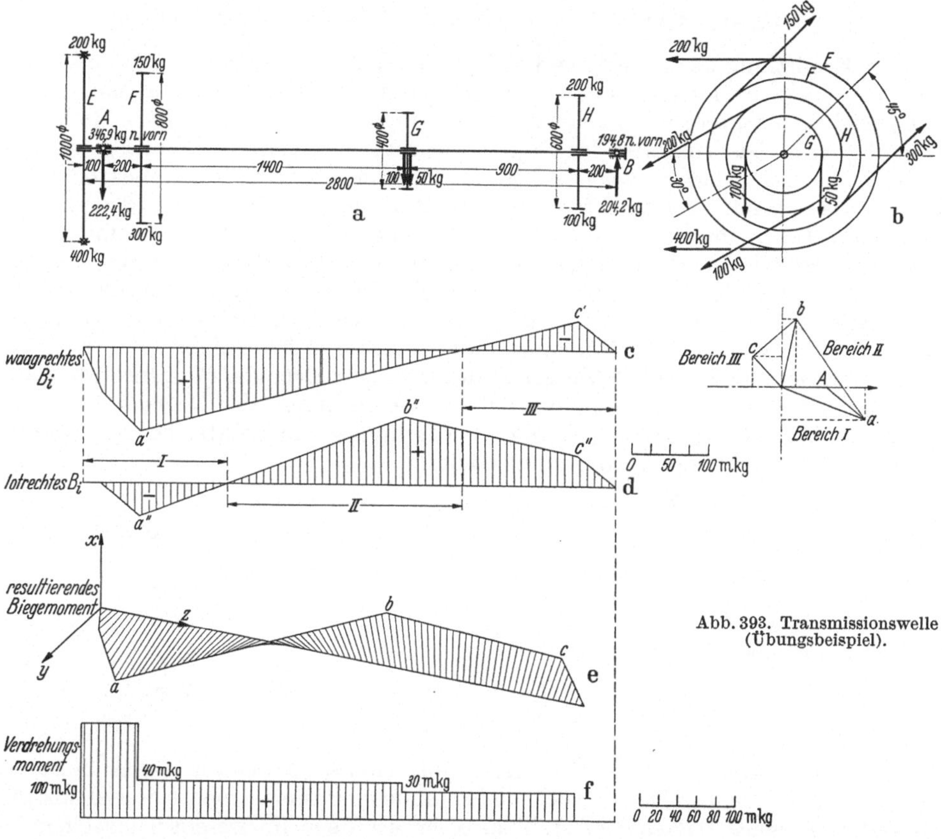

Abb. 393. Transmissionswelle (Übungsbeispiel).

Die Momentenfläche für die lotrechten Lasten ist in Abb. 393d dargestellt.

Zur Ermittlung der waagerechten Biegemomente wird die Welle von oben betrachtet. Dann wirken die waagerechten Kräfte an den Scheiben E und H nach hinten, dagegen an Scheibe F nach vorn. Es findet sich aus den Momentengleichungen für die Punkte A und B:

$(\textstyle\sum M)_A = 0$:

$(400 + 200) \cdot 0{,}1 + (300 + 150) \cdot \cos 45° \cdot 0{,}2 - (200 + 100) \cdot \cos 30° \cdot 2{,}5$
$+ B_h \cdot 2{,}7 = 0$,

$B_h = 194{,}8$ kg (nach vorn);

$(\textstyle\sum M)_B = 0$:

$-(200 + 100) \cdot \cos 30° \cdot 0{,}2 + (300 + 150) \cdot \cos 45° \cdot 2{,}5 - (400 + 200) \cdot 2{,}8$
$+ A_h \cdot 2{,}7 = 0$,

$A_h = 346{,}9$ kg (nach vorn).

Die Nachprüfung bestätigt, daß die Summe aller waagerechten Komponenten
verschwindet; bei der Ansicht von oben auf die waagerechte Schnittebene erhalten wir:

$$B_A = +600 \cdot 0,1 = +60 \text{ mkg},$$
$$B_F = +600 \cdot 0,3 - 346,9 \cdot 0,2 = +110,62 \text{ mkg},$$
$$B_H = -194,8 \cdot 0,2 = -38,95 \text{ mkg}.$$

Zur Probe sei B_H auch von links her berechnet:

$$B_H = +600 \cdot 2,6 - 318,15 \cdot 2,3 - 346,9 \cdot 2,5 = -38,95 \text{ mkg}.$$

Zur Ermittlung der resultierenden Biegemomentenfläche muß man beachten,
daß ein positives lotrechtes Biegemoment auf der Momentenspur nach oben,
ein positives waagerechtes nach vorn aufgetragen werden soll (x- u. y-Richtung
in Abb. 393 e). Die Vektoren der Biegemomente stehen senkrecht zur Momentenspur, d. h. das positive waagerechte Biegemoment ergibt einen Vektor nach
unten, das positive lotrechte einen Vektor nach hinten (für den linken
abgeschn. Teil). Im Gebiet III des Balkens fällt demgemäß das resultierende
Biegemoment in den zweiten Quadranten, im Gebiet I dagegen in den vierten
Quadranten, und im Gebiet II, wo sowohl B_w wie B_l positiv war, in den ersten
Quadranten. Dieses resultierende Biegemoment wurde konstruiert und dann jeweils auf der zugehörigen Momentenspur in seiner Größe aufgetragen. Die eingezogenen Geraden in Abb. 393 c geben die wirkliche Lage der Momentenspur an,
das ist der Schnittlinie der jeweiligen Momentenebene mit der Querschnittebene.

In Abb. 393 f ist schließlich die Verdrehungsmomentenfläche dargestellt.
Links von A wirkt das Verdrehungsmoment

$$T_E = (400 - 200) \cdot 0,5 = 100 \text{ mkg}.$$

Es bleibt konstant zwischen den Scheiben E und F. Rechts von Scheibe F bis
zur Scheibe G hat das Torsionsmoment die Größe

$$T_F = (400 - 200) \cdot 0,5 - (300 - 150) \cdot 0,4 = 40 \text{ mkg},$$

zwischen Scheibe G und Scheibe H:

$$T_G = (400 - 200) \cdot 0,5 - (300 - 150) \cdot 0,4 - (100 - 50) \cdot 0,2 = 30 \text{ mkg},$$

zwischen H und B: $\qquad\qquad T_H = 0.$

95. Der räumlich belastete Rahmen mit ebener Mittellinie. Den Betrachtungen der Ebene zufolge ist auch der räumliche Rahmen nichts weiter als die
Erweiterung eines Balkens; es stellt also der Rahmen im wesentlichen einen in
verschiedenen Richtungen abgebogenen und evtl. mit angesetzten Balkenteilen
versehenen Balken dar. Wir werden demzufolge in jedem beliebigen Schnitt
wieder die sechs Beanspruchungsgrößen antreffen, die auch den Balkenschnitt
kennzeichnen, das sind die beiden Biegemomente in senkrecht zueinander stehenden Ebenen, das Verdrehungsmoment, die beiden Querkräfte und die Längskraft. Wir betrachten zunächst einen Rahmen, dessen Mittellinie in einer Ebene
liegt. Der Rahmen ist gelagert (Abb. 394) in einem Zylindergelenk B mit festem
Klotz und einem verschieblichen Kugelgelenk A. Letzteres stellt eine Unbekannte,
die lotrechte Reaktion, dar; ersteres enthält, da das Zylindergelenk nur einem
Drehmoment um die x-Achse nachgeben kann, fünf Unbekannte: X, Y, Z, M_y,
M_z. Es sind also im ganzen sechs Unbekannte, sechs Fesseln, die den Rahmen
unverschieblich festlegen. Als ebener Rahmen betrachtet, lägen nur drei Unbekannte vor, zwei Kräfte am rechten und eine Kraft am linken Auflager. Das
Koordinatensystem, mit Hilfe dessen wir die einzelnen Momente und Kräfte,

also die Beanspruchungsgrößen, bezeichnen, werden wir zweckmäßig so einordnen, daß es nach dieser Mittelebene orientiert ist, daß also eine Achse z. B. die y-Achse des Querschnitts, in die Mittelebene zu liegen kommt und mit der z-Achse (Längsachse) zusammen diese Mittelebene darstellt. Das ist die gleiche Einführung wie beim geraden Balken, Abb. 379. Allerdings muß nun die Längsachse (z-Achse) für jeden einzelnen geraden Teil neu festgelegt werden, und damit erhält auch die Ebene der beiden anderen Achsen (Querschnittsachsen x und y) neue Lagen. Die Achsen werden also jeweils nach dem Querschnitt des Schnittes (i oder k) eingeordnet, wobei wir stets beachten wollen, daß die z-Achsenlinie einen einheitlichen Zug besitzt für die ganze Konstruktion, also z. B. am linken Auflager (Abb. 394) beginnt und entlang der Mittellinie nach dem rechten Lager zu läuft.

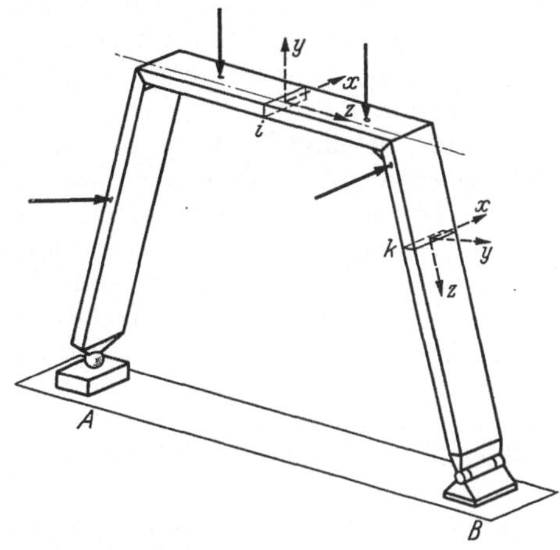

Abb. 394. Portalrahmen mit ebener Mittellinie.

Damit sind die Beanspruchungsmomente auch folgendermaßen zu definieren: $_xB_i$ ist das Biegemoment des Rahmenschnittes in der Rahmenmittelebene, $_yB_i$ das Biegemoment senkrecht zur Mittelebene, T_i das Verdrehungsmoment des Rahmenschnittes. Entsprechend sind die inneren Kräfte zu bezeichnen: $_xQ_i$ als Querkraft senkrecht zur Mittelebene, $_yQ_i$ als Querkraft in der Rahmenmittelebene und L_i als Längskraft des Rahmenquerschnittes. Diese Darstellungsart wurde gewählt, da sie auch bei Rahmen, deren Mittellinie eine beliebig gekrümmte ebene Linie darstellt, angewendet werden kann (vgl. Abb. 395). Jetzt gibt es keine geraden Achsenstücke mehr bzw. nur unendlich kleine, und für die Querschnitte dieser Rahmen wird jeweils ein Koordinatensystem gewählt, dessen x- und y-Achse in der Querschnittebene liegen, während die z-Achse in die Tangente an die Mittellinie fällt.

Der in Abb. 395 dargestellte Rahmen ist sowohl an A wie bei B verschieblich gelagert; die sechs Unbekannten sind A_x, A_y, B_x, B_y, M_x, M_y.

Zur Ermittlung der Beanspruchungsgrößen können wir zweckmäßig bei den äußeren Momenten die Vektorendarstellung benutzen (die in den Lagern etwa auftretenden Reaktionsmomente zählen hierbei zu den äußeren Momenten) und

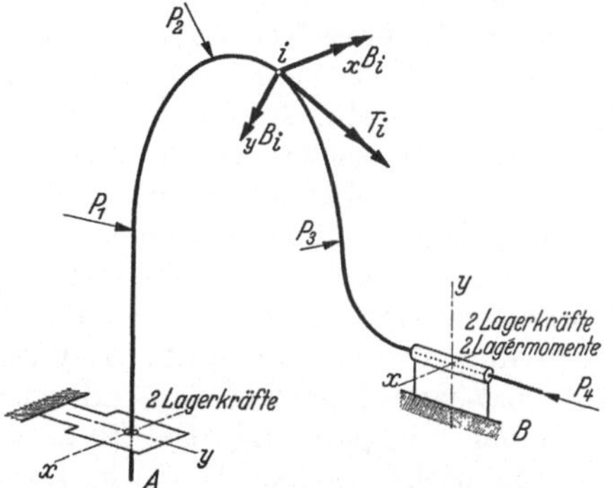

Abb. 395. Gekrümmter Rahmen mit ebener Mittellinie.

verschieben alle Kräfte und Momentenvektoren des abgeschnittenen Rahmenteils in den zu untersuchenden Querschnittspunkt i. Die auf den abgeschnittenen Teil wirkenden Momente können wir, da sie freie Vektoren haben, ohne weiteres nach dem Punkte i verschieben. Bei der Parallelverschiebung der Kräfte treten noch neue Kräftepaare, also neue Momente auf; deren Vektoren werden mit den Vektoren der auf den abgeschnittenen Teil wirkenden Momente zu einem resultierenden Momentenvektor zusammengesetzt. Zerlegen wir nun den entstehenden resultierenden Momentenvektor $\overline{M}_r = \sum \overline{M}_i$ in seine drei Komponenten $_xB_i$, $_yB_i$ und T_i, so erhalten wir damit die drei Momentenbeanspruchungen als Biegemoment $_xB_i$ in der Rahmenebene, Biegemoment $_yB_i$ senkrecht zur Rahmenebene und Torsionsmoment T_i. Die nach dem Querschnittspunkt i verschobenen Kräfte lassen sich zu einer Resultierenden zusammensetzen, die ihrerseits wieder nach den drei Koordinatenrichtungen zu zerlegen ist: in die Querkraft $_yQ_i$ in der Rahmenmittelebene, die Querkraft $_xQ_i$ senkrecht zu dieser Ebene und die Längskraft L_i. — Selbstverständlich ist $_xB_i$, $_yB_i$, T_i die Summe der an einem Rahmenteil wirkenden Momente und der Momente der wirkenden Kräfte für die eingeführte x-, y- und z-Achse; und $_xQ_i$, $_yQ_i$, L_i ist die Summe der Komponenten aller Kräfte für einen Rahmenteil in der x-, y- und z-Richtung.

Die Betrachtung des Rahmens mit ebener Mittellinie unter allgemeiner Belastung erlaubt auch noch eine andere Zusammenfassung. Statt zunächst alle vorhandenen äußeren Belastungen (Kräfte und Momente) im Punkt i zusammenzufassen, können wir auch nacheinander zuerst die Kräfte und Momente zusammennehmen, die sich auf das Biegemoment und die Querkraft in der Mittelebene ($_xB_i$, $_yQ_i$) und die Längskraft (L_i) auswirken, d. h. alle diejenigen Einflüsse, die in der Mittelebene auftreten (M_x, P_y und P_z), betrachten und dann die übrigbleibenden Momente und Kräfte senkrecht zur Rahmenebene (M_y, M_z, P_x), die für das Biegemoment senkrecht zur Mittelebene ($_yB_i$), das Torsionsmoment (T_i) und die Querkraft ($_xQ_i$) senkrecht zur Rahmenebene von Einfluß sind. Beide Teilbelastungen wirken nicht aufeinander ein, so daß wir ganz allgemein sagen können:

Für jeden ebenen Rahmen läßt sich die räumliche Belastung zerlegen in eine solche, die in der Rahmenmittelebene, und eine solche, die senkrecht zur Rahmenebene wirkt. Beide Teilbelastungszustände lassen sich getrennt voneinander behandeln.

Da nun auch die Lagerreaktionen mit unter die äußere Belastung zu zählen sind, heißt das, daß für die ebene Belastung in der Mittelebene auch nur die Reaktionen in Frage kommen, die selbst in dieser Ebene liegen. Wir erhalten somit für die erste Teilbelastung ein rein ebenes Problem: einen in seiner eigenen Mittelebene belasteten ebenen Rahmen mit der statisch bestimmten Lagerung durch drei Fesseln, A_z, B_y, B_z (Abb. 394). Die restlichen, der räumlichen Gesamtbelastung entsprechenden drei Fesseln dienen zur Festlegung des senkrecht zu seiner eigenen Mittelebene belasteten zweiten Rahmenbildes, das sind hier eine Lagerkraft B_x und zwei Momente M_y, M_z.

Wir sehen also aus dieser Aufteilung, daß ein ebener Rahmen mit einer Belastung senkrecht zur Rahmenebene zur statisch bestimmten Festlegung drei Fesselungen aufweisen muß. Der in Abb. 378 dargestellte, als ebener Rahmen aufzufassende Konstruktionsteil wird demnach bei der gezeichneten Belastung in seiner Einspannung drei Reaktionsgrößen wecken, die zur Erhaltung des Gleichgewichts dienen. Wir erhalten, wie schon auf S. 299 gezeigt, als Reaktionen

$$M_z = -P_2 \cdot a\,,$$
$$M_x = -(P_1 \cdot c + P_2 \cdot (b + c)$$
und
$$A_y = -(P_1 + P_2).$$

Alle anderen möglichen Reaktionen (M_y, A_x und A_z) werden bei dieser Belastung gleich Null, wie wir es nach unserer Aussage erwarteten.

Bei dem Rahmen nach Abb. 395 fallen von den Reaktionswirkungen A_y, B_y, M_x in die Mittelebene, dagegen A_x, B_x, M_y senkrecht dazu.

96. Der allgemeine, räumlich angeordnete Rahmen. Während wir beim räumlich belasteten Rahmen mit dessen Mittellinie noch auf ein ebenes Problem zurückgreifen konnten, wird uns das beim allgemein ausgebildeten räumlichen Rahmen nicht mehr gelingen. Der räumlich angeordnete Rahmen ist sinngemäß als beliebig im Raum abgebogener bzw. mit anderen Balkenteilen zusammengesetzter Balken aufzufassen. Wie beim räumlichen Balken und dem soeben untersuchten Rahmen, treffen wir in einem beliebigen Querschnitt des Rahmens auch hier wieder die sechs Beanspruchungsgrößen an. Die Ermittlung dieser Größen bietet uns gegenüber der allgemeingültigen Ermittlung der Querschnittsbeanspruchungen für den mit ebener Rahmenmittellinie, wie wir sie im vorigen Abschnitt kennenlernten, grundsätzlich keine neuen Schwierigkeiten. Es wird jetzt natürlich nötig sein, eine eindeutige Koordinatenrichtung für jeden Rahmenschnitt aufzustellen, eine Maßnahme, die *bei jeder gegebenen Aufgabe neu vorgenommen* werden muß. Wir werden dabei zweckmäßig die Orientierung der Achsen nach den konstruktiven Eigenheiten des räumlich ausgebildeten Rahmens richten. Die z-Richtung liege stets in Richtung der Rahmenachse, bzw. als Tangente an die Rahmenachse, sobald diese gekrümmt ist. Die beiden Querschnittskoordinaten müssen dann nach irgendwelchen Gesichtspunkten für das vorliegende Problem festgelegt werden, die sich aus der Querschnittsform oder aus dem Gesamtaufbau der Konstruktion ergeben.

Der allgemeine Weg, der zur Ermittlung der Beanspruchungsgrößen führt, ist zweckmäßig wieder folgender: Man bildet für den zu untersuchenden Querschnitt den resultierenden Vektor sämtlicher auf den einen Rahmenteil wirkenden Momente und der Momente aller auf diesen Teil wirkenden Kräfte. Die Komponenten dieses resultierenden Momentenvektors stellen dann, nach den Querschnittskoordinaten benannt, die zwei Biegemomente und das Torsionsmoment dar. Andererseits denkt man sich alle auf den einen Rahmenteil wirkenden Kräfte nach Punkt i verschoben, bildet deren Resultierende und zerlegt diese dann nach den drei Achsenrichtungen der Querschnittskoordinaten; die Teilkräfte liefern die beiden Querkräfte und die Längskraft. Die praktische Durchführung dieses gedanklich einfach erscheinenden Verfahrens stellt eine Verschiebung von Kräften und die Zusammensetzung von Momenten im Raum dar. Es wird daher nicht immer ganz einfach sein, diese Vorgänge zeichnerisch abzubilden.

Bei der Schraubenfeder der Abb. 396 sind die Verhältnisse leicht zu überblicken. Die einzige Kraft auf der einen Seite des Schnittes i ist die Last P; beim Verschieben dieser Last nach dem Mittelpunkt i tritt noch ein Moment auf in der Ebene P, i, dessen Vektor horizontal verläuft in der lotrechten Tangentialebene des Punktes i. Dieser Vektor M_i (Abb. 396c) wird in der erwähnten Ebene zerlegt in eine Komponente tangential an der Schraubenmittellinie und eine senkrecht dazu; erstere Komponente gibt das Verdrehungsmoment an, letztere das Biegungsmoment in einer Ebene senkrecht zur verwendeten Tangentialebene, das ist eine Ebene, die die Mittellinie am Punkt i im Aufriß berührt, also unter dem Winkel α gegen die Waagerechte geneigt ist. Ebenso

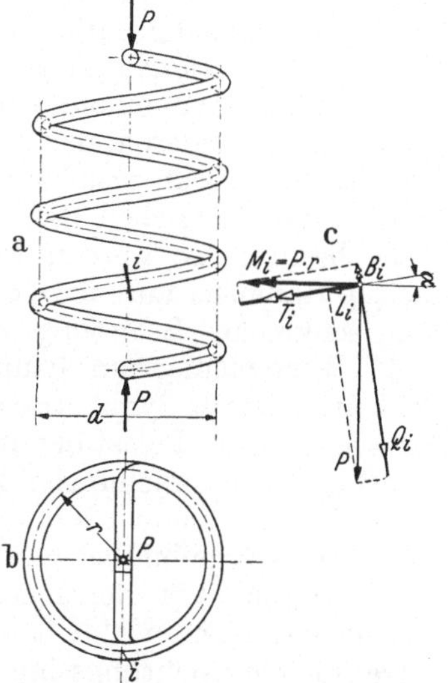

Abb. 396. Schraubenfeder als räumlicher Rahmen.

wird die nach i verschobene Kraft P in die beiden Komponenten L_i (Längskraft) und Q_i (Querkraft, senkrecht zur Tangentialebene) zerlegt. Das zweite Biegungsmoment und die zweite Querkraft verschwinden hier. —

Vielfach ist der Satz von Nutzen, daß das Moment einer Kraft um einen Punkt 0 gleich ist der geometrischen Summe der Momente der einzelnen Projektionen der Kräfte in drei senkrecht zueinander stehenden Tafeln, bezogen auf den Koordinatenanfangspunkt 0 als Momentenpunkt. Mit Hilfe des Grund-, Auf- und Seitenrisses können wir also die Momente der Kräfte in ihren drei Projektionen in den Abbildungstafeln bestimmen, indem wir einfach die Momente der Projektionen der Kräfte für den Punkt 0 bilden. In dieser Weise lassen sich für jeden Punkt der Rahmenachse die durch Verschiebung der Kräfte nach dem betreffenden Punkte 0 bzw. i entstehenden Momente, und ebenso die auf den Rahmen unmittelbar wirkenden Lastmomente, in ihren Projektionen ermitteln. Diese in jeder Projektionsebene entstehenden Gesamtmomente sind durch ihre Vektoren darstellbar.

Fallen die eingeführten Projektionstafeln mit der y, z-, x, z-, x, y-Ebene des betreffenden Rahmenquerschnittes zusammen, so finden wir aus den Projektionen sofort die Größen $_xB_i$, $_yB_i$ und T_i. Hat man aber zunächst andere Projektionstafeln gewählt, so wird man zuerst die gewonnenen Momentenvektoren zu einem resultierenden Momentenvektor zusammenfassen.

Die resultierende Kraft R wird durch die Projektionen der Kräfte in zwei Tafeln bestimmt; diese Projektionen wurden aber gerade auch zur Aufstellung der Momente verwendet, so daß R und damit auch deren Komponente $_xQ_i$, $_yQ_i$, L_i leicht zu ermitteln sind. —

Die Gesamtheit der Momente und der Kräfte stellt immer zwei Gruppen von Vektoren, Momentenvektoren und Kraftvektoren, dar, die durch einen Punkt gehen. Die Zusammensetzung dieser Vektoren zu einem resultierenden Momentenvektor und einem resultierenden Kraftvektor geschieht nach bekanntem Verfahren unter Benutzung des Grund- und Aufrisses dieser einzelnen Kraft- und Momentenvektoren. Die Zerlegung des resultierenden Momentenvektors, und ebenso des Kraftvektors, nach den Querschnittsachsen, sofern zunächst als Projektionsebenen andere Ebenen gewählt waren, stellt im wesentlichen eine Koordinatentransformation dar, deren zeichnerische Lösung am besten durch zwei Umprojektionen gewonnen wird. Diese Umprojektionen werden dann zweckmäßig so vorgenommen, daß in der einen der Querschnitt sich in wahrer Größe, in der anderen als Gerade abbildet, damit erhalten wir dann unmittelbar die gesuchten Beanspruchungsgrößen $_xQ_i$, $_yQ_i$, L_i, $_xB_i$, $_yB_i$, T_i.

Sind die räumlichen Rahmen so ausgebildet, daß Teile von ihnen eine Mittelebene besitzen, so werden wir dann natürlich für diese Teile die Vorteile des ebenen Rahmens auszunutzen suchen, das ist die Aufteilbarkeit in ebene und dazu senkrechte Belastung verwenden.

97. Verwendung von Symmetrie und Gegensymmetrie. Belastungsumordnung. Bei konstruktiver Symmetrie des Rahmens haben wir wieder durch die Aufteilung der allgemeinen Belastung in eine symmetrische und eine gegensymmetrische Belastung Vereinfachungen zu erwarten, die entsprechend ausgenutzt werden können. Der Symmetriefall liegt dann vor, wenn die Belastung (Kräfte oder Momente) spiegelbildlich angeordnet ist zur Symmetrieebene der vorliegenden Konstruktion. Von der gegensymmetrischen Belastung sprechen wir, wenn die Lasten und äußeren Momente zur geometrischen Mittelebene spiegelbildlich mit umgekehrtem Richtungssinn aufgebracht werden. Da wir nun früher gesehen haben (vgl. Nr. 60), daß sich jede beliebige Belastung eines zu einer Mittelebene symmetrisch aufgebauten Rahmens in diese zwei Einzelfälle aufteilen läßt, sind für jeden geometrisch-symmetrischen Rahmen die Vereinfachungen der Symmetrie und Gegensymmetrie anwendbar. Diese vereinfachenden Aussagen sind folgende:

Bei *konstruktiver Symmetrie* (Abb. 397) zu einer Mittelebene sind

a) im Falle der *Belastungssymmetrie* (Achse *a a*):

die Reaktionen symmetrisch (Kräfte und Momente),

die Biegemomentenflächen symmetrisch zur Mittelebene,

die Querkräfte im Symmetrieschnitt Null, die Querkraftflächen gegensymmetrisch,

die Längskraftflächen symmetrisch zur Mittelebene.

Das Torsionsmoment im Symmetrieschnitt ist Null, die Torsionsmomentenfläche ist dem Vorzeichen nach gegensymmetrisch[1].

b) Im Falle der *Belastungsgegensymmetrie* werden:

die Reaktionen gegensymmetrisch,

die Biegemomente im Symmetrieschnitt Null, die Biegemomentenflächen gegensymmetrisch,

die Querkraftflächen symmetrisch zur Mittelebene,

die Längskraft im Symmetrieschnitt wird Null, die Längskraftfläche wird gegensymmetrisch;

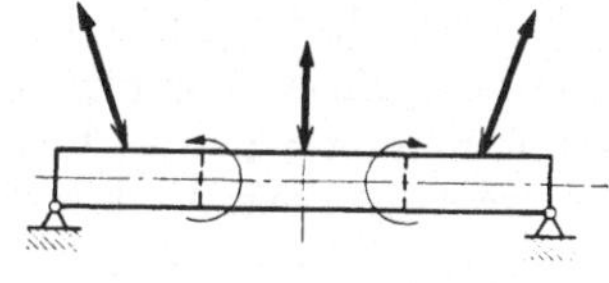
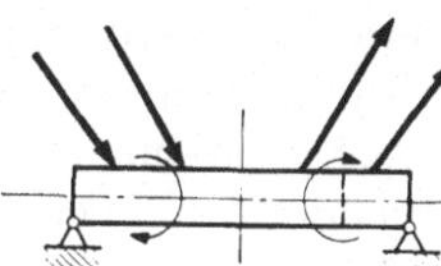
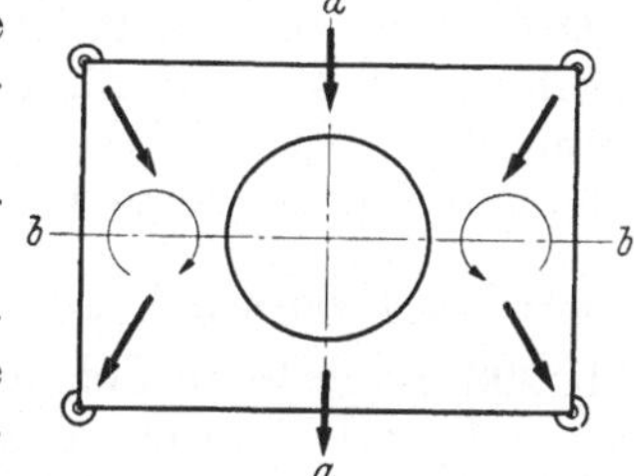

Abb. 397.
Räumliche Symmetrie und
Gegensymmetrie.

die Torsionsmomentenfläche ist dem Vorzeichen nach symmetrisch.

Als Beweis für die Richtigkeit dieser Aussagen können uns dieselben Gedankengänge dienen, die wir bereits für ebene Probleme angewandt haben: Bei Symmetrie gehört zu jeder Kraft eine entsprechende spiegelbildlich dazu angeordnete jenseits der Mittelebene, ebenso zu jedem Moment ein entsprechendes, auf der anderen Seite der Mittelebene liegendes, spiegelbildlich angeordnetes Moment. Jedem Punkt auf der einen Seite der Mittelebene entspricht spiegelbildlich ein zugeordneter Punkt auf der anderen Seite der Symmetrieebene. Stellen wir nun z. B. das Biegemoment für einen beliebigen Punkt auf der einen Seite der Mittelebene an dem in diesem Punkt abgetrennten Teil des Rahmens auf, so erhalten wir hier das gleiche Moment, wie wir es für den zugeordneten Punkt auf der anderen Seite mit dem entsprechenden abgeschnittenen Teil ermitteln könnten. Da nun die *spiegelbildliche* Anordnung des Biegemomentendrehsinns für beide Seiten (links und rechts von einer Schnittstelle) das gleiche Vorzeichen besitzt, sind die entsprechenden Biegemomente symmetrisch. Bei der Querkraft und beim Torsionsmoment waren die Definitionen so gegeben, daß für den linken und rechten Teil das gleiche Vorzeichen der *umgekehrten* Richtung des Spiegelbildes entspricht, diese beiden Größen sind also im Symmetriefall gegensymmetrisch. Im Symmetrieschnitt muß nun aus Symmetriegründen das Torsionsmoment und die Querkraft des einen Schnittufers zu dem des anderen Schnittufers spiegelbildlich zugeordnet sein, d. h. sie müssen unmittelbar am Symmetrieschnitt gleiche Größe haben, andererseits jedoch, der eingeführten Vorzeichenregel entsprechend, verschiedene Vorzeichen aufweisen. Das erfordert aber, daß Torsionsmoment und Querkraft im Symmetrieschnitt

---

[1] Die Momente, sowohl Biege- als auch Torsionsmomente, sind in ihrer Drehwirkung, nicht in Vektorenform, zu betrachten. In Vektorenbetrachtung sind die Begriffe „symmetrisch" und „gegensymmetrisch" gerade vertauscht. In den Sätzen ist für diese Begriffe das Vorzeichen zugrunde gelegt, das die einzelnen Momente tragen werden.

durch Null hindurchgehen. Für die Längskraft gilt das für das Biegemoment Gesagte.

Für den Gegensymmetriefall ergeben sich aus den gleichen Überlegungen gleichgerichtete, gleich große Biegemomente und Längskräfte für die einander zugeordneten Punkte links und rechts von der Mittelebene, also Größen mit entgegengesetztem Vorzeichen, d. h. die beiden zugehörigen Größen sind gegensymmetrisch (gleich groß mit entgegengesetztem Vorzeichen). In entsprechender Analogie zu den obigen Betrachtungen finden wir im Symmetrieschnitt die Größen der Biegemomente und der Längskraft gleich Null. Torsionsmoment und Querkräfte werden für symmetrisch liegende Punkte entgegengerichtet gleich groß und damit unter Beachtung ihrer Vorzeichendefinition symmetrisch.

Die Belastungsumordnung in einen symmetrischen und einen gegensymmetrischen Anteil besitzt den großen Vorteil, daß bei der Rechnung infolge der Zuordnung von links und rechts einige Größen herausfallen, und ergibt so einen besseren Überblick über das behandelte Problem. Der scheinbare Nachteil, daß wir nun zwei Aufgaben statt einer zu behandeln haben, besteht in Wirklichkeit nicht, da wir die Beanspruchungsgrößen nur für eine Hälfte des Rahmens zu ermitteln haben und die gefundenen Werte, entsprechend den angegebenen Aussagen, für die zweite Hälfte sofort aufzeichnen können.

Übungsaufgaben über räumlich belastete Rahmen.

1. Aufgabe. Der in Abb. 398 dargestellte Portalrahmen ist belastet mit drei Kräften in der Mittelebene und zwei Kräften senkrecht zur Mittelebene. Die sechs Beanspruchungsgrößen sind zu ermitteln.

Lösung: Der räumliche Rahmen, der bereits in Abb. 394 dargestellt war, ist durch sechs Fesseln abgestützt: In A ein Kugeldrehlager, das in der Ebene beliebig verschieblich, in B ein Zylinderlager mit der Drehachse senkrecht zur Mittelebene (x-Achse), das fest mit der Unterlage verbunden ist. Im Lager A kann nur eine lotrechte Kraft übertragen werden, in B dagegen treten drei Kraftkomponenten auf, und außerdem zwei Momente, eines in der horizontalen Ebene ($_B M_v$) und eines in einer senkrechten Ebene ($_B M_h$, dessen Vektor senkrecht zu AB steht). Nach den Ausführungen in Nr. 95 kann man die Belastungen in der Mittelebene und senkrecht dazu unabhängig voneinander behandeln. Für die erstere Belastung handelt es sich um einen Rahmen, der als Lagerunbekannte die Kräfte A_v, $\bar{B}_h$ und $\bar{B}_v$ aufweist; bei der zweiten Belastung treten als Lagerunbekannte $\bar{B}'_h$, dann $_B M_h$ und $_B M_v$ auf[1]. Durch die erstere Belastung werden erzeugt die Beanspruchungsgrößen $_y Q_i$, L_i, $_x B_i$, durch die letztere Belastung dagegen $_x Q_i$, $_y B_i$, T_i.

Die Belastung in der Mittelebene bietet gegenüber früheren Ausführungen nichts Neues, und die Flächen $_x B_i$, $_y Q_i$ und L_i, die zur Abb. 398 b gehören, sind leicht verständlich. Es ergeben sich aus den Momentengleichungen für A und B die Werte:

$$\bar{B}_v = 600 \text{ kg,}$$
$$A = 725 \text{ kg;}$$

ferner ist
$$\bar{B}_h = 250 \text{ kg.}$$

Die Biegungsmomente für die Eckpunkte C und D betragen:

$$B_C = 725 \cdot 1{,}65 - 430 \cdot 0{,}45 - 250 \cdot 2{,}1 = + 451 \text{ mkg,}$$
$$B_D = 606 \cdot 1{,}65 - 250 \cdot 7{,}75 = - 950 \text{ mkg.}$$

---

[1] Um hier eine Verwechslung mit dem Biegungsmoment zu vermeiden, sind die Lagerkräfte in B mit $\bar{B}$ bezeichnet.

Bei der Belastung lotrecht zur Mittelebene tritt in A keine Reaktion auf. Es könnte also für *diese* Belastung das Lager A fortgelassen werden. Die Befestigung B wirkt mit ihren drei Reaktionen wie eine Art Einspannung; es entstehen die

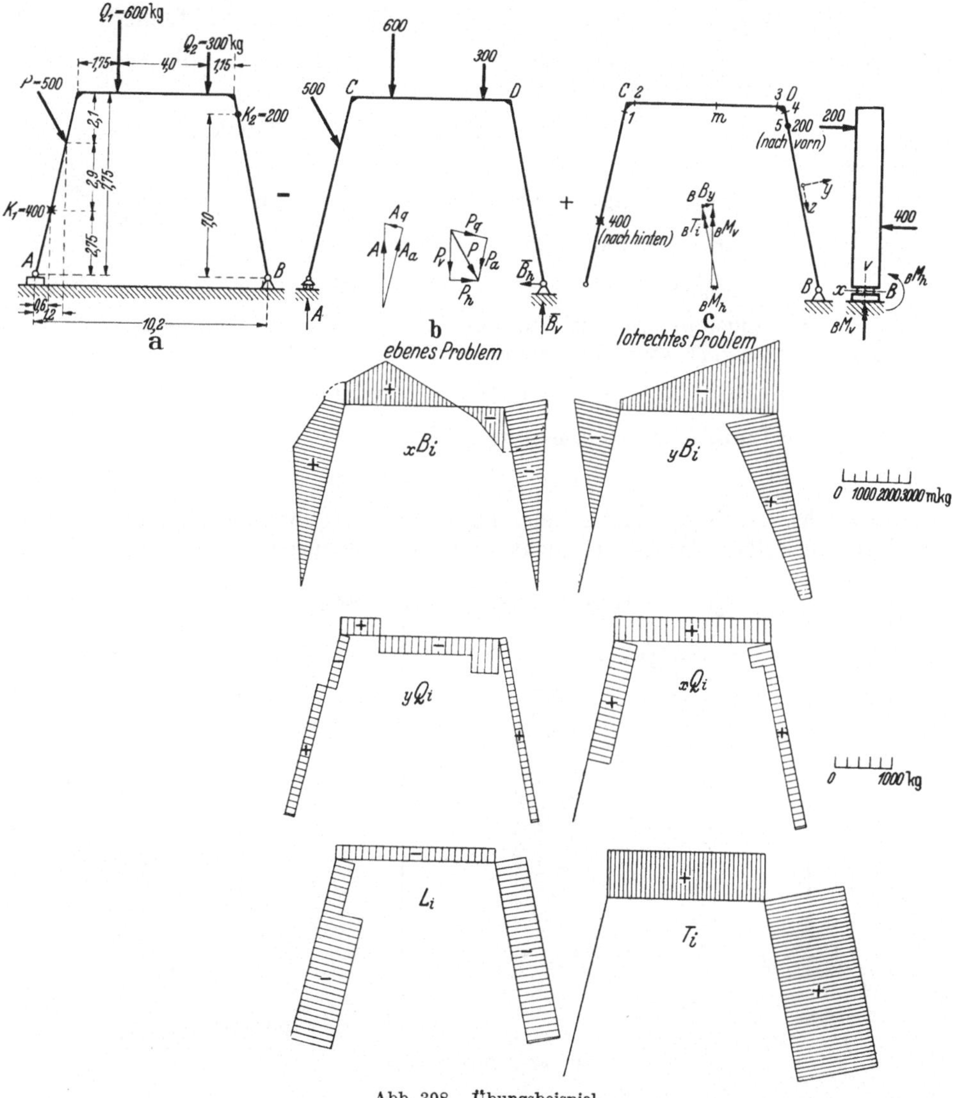

Abb. 398. Übungsbeispiel.

Gegenkraft $\overline{B}_h'$ und die Gegenmomente $_BM_h$, $_BM_v$. Die Reaktionskraft $\overline{B}_h'$ ist gegeben durch die Summe der senkrecht zur Rahmenebene wirkenden Lasten:

$$\overline{B}_h' = 400 - 200 = 200 \text{ kg (nach vorn).}$$

Weiter ist:

$$_BM_h = 200 \cdot 7,0 - 400 \cdot 2,75 = 300 \text{ mkg (als Reaktionsmoment in der lot-}$$
rechten Ebene nach hinten drehend, der Vektor geht nach dem Rahmeninnern),

$$_BM_v = 400 \cdot 9,6 - 200 \cdot 1,5 = 3540 \text{ mkg (als Reaktionsmoment in der waage-}$$
rechten Ebene nach vorn drehend, der Vektor geht nach oben).

Die Resultierende beider Vektoren, zerlegt in die Richtung der Geraden BD, und senkrecht dazu, gibt das Verdrehungsmoment $_BT_i$ und der Biegungsmoment $_BB_y$. Für einen beliebigen Punkt, z. B. 5, wird das Biegungsmoment:

$$_5B_y = {}_BB_y + \overline{B}_h' \cdot (B, 5) = {}_BB_y + 200 \cdot \sqrt{7{,}0^2 + 1{,}5^2} = 1920 \text{ mkg}.$$

Bequemer wird es von der anderen Seite her berechnet, da hier nur die waagerechte Belastung von 400 kg in Frage kommt. Es ist weiter:

$$_4B_y = {}_BB_y + \overline{B}_h' \cdot (B, 4) + 200 \cdot 0{,}78 = 2076 \text{ mkg}.$$

Ferner ist:

$$_1B_y = -400 \cdot \sqrt{5{,}0^2 + 1{,}05^2} = -2044 \text{ mkg},$$

$$_2B_y = -400 \cdot 1{,}05 = -420 \text{ mkg},$$

$$_3B_y = -400 \cdot (1{,}05 + 6{,}90) = -3180 \text{ mkg}.$$

Ein Verdrehungsmoment tritt für den Rahmenteil AC nicht auf. Für alle Punkte des Teiles CD ist es konstant:

$$T_m = 400 \cdot 5{,}0 = 2000 \text{ mkg};$$

ebenso für alle Punkte des Rahmenteiles DB:

$$T_5 = 400 \cdot 8{,}8 = 3520 \text{ mkg}.$$

2. Aufgabe. Auf den in Abb. 399 dargestellten Mast wirken die angegebenen, im Raum verteilten Kräfte. Gesucht sind die Beanspruchungsgrößen.

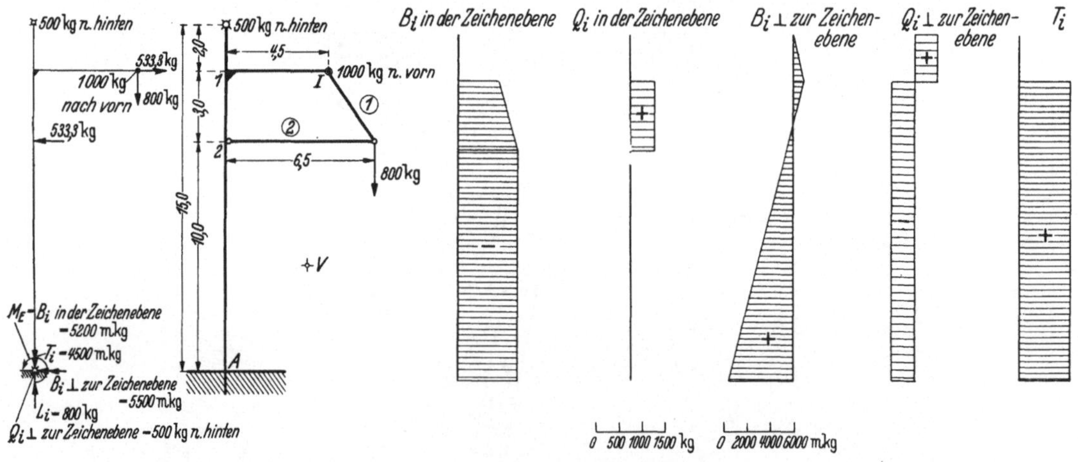

Abb. 399. Übungsbeispiel.

Lösung: Es handelt sich um einen statisch bestimmten ebenen Rahmen, der räumlich belastet ist. An der Einspannstelle entstehen bei allgemeiner Belastung sechs Reaktionsgrößen (drei Kräfte und drei Momente). Zu ihrer Berechnung werden wir die Belastung wieder trennen in eine solche in der Rahmenebene und eine senkrecht zu ihr. Bei der ersten Teilbelastung entsteht eine lotrechte Lagerkraft

$$A_v = 800 \text{ kg},$$

während

$$A_h = 0;$$

außerdem ein Einspannmoment von der Größe

$$_eM = 800 \cdot 6{,}5 = 5200 \text{ mkg}.$$

Durch die Belastung senkrecht zur Ebene tritt eine horizontale Lagerkraft von 500 kg nach hinten gerichtet auf und ein Einspannmoment in der lotrechten Ebene von der Größe

$$_sM_h = 500 \cdot 15,0 - 1000 \cdot 13,0 = -5500 \text{ mkg},$$

ferner ein Einspannmoment in der horizontalen Ebene

$$_sM_v = 1000 \cdot 4,5 = 4500 \text{ mkg}.$$

Durch die Belastung der 800 kg entstehen *in der Zeichenebene* ein Biegungsmoment, eine Querkraft und eine Längskraft. Man ermittelt zunächst die Stabkräfte S_1 und S_2:

$$S_2 = \frac{2}{3} \cdot 800 = 533,3 \text{ kg} \quad (\text{Druck}),$$

$$S_1 = \frac{\sqrt{4 + 9}}{3} \cdot 800 = 960 \text{ kg} \quad (\text{Zug}).$$

S_1 wirkt auf den Punkt I. Man zerlegt diese Zugkraft in eine waagerechte und eine lotrechte Komponente von 533,3 kg und 800 kg und findet damit:

$$_zB_1 = -800 \cdot 4,5 = -3600 \text{ mkg},$$

$$_zB_2 = -800 \cdot 6,5 = -800 \cdot 4,5 - 533,3 \cdot 3,0 = -5260 \text{ mkg},$$

$$_zB_A = -800 \cdot 6,5 = -5200 \text{ mkg}.$$

Eine Querkraft ist nur auf der Strecke 1 ... 2 vorhanden, und zwar in der Größe 533,3 kg. Die Längskraft ist zwischen der Einspannstelle und der Stelle 2 gleich 800 kg, sonst verschwindet sie.

Durch die Belastung *senkrecht zur Zeichenebene* entstehen die Biegungsmomente:

$$_sB_1 = -500 \cdot \ \ 2,0 = -1000 \text{ mkg} \quad (\text{nach hinten}),$$

$$_sB_2 = -500 \cdot \ \ 5,0 + 1000 \cdot \ \ 3,0 = +500 \text{ mkg} \quad (\text{nach vorne}),$$

$$_sB_A = -500 \cdot 15,0 + 1000 \cdot 13,0 = +5500 \text{ mkg}.$$

Die Querkraft ist zwischen dem oberen Ende und der Stelle 1 gleich 500 kg, verläuft nach hinten für den oberen Teil; für die Punkte zwischen 2 und der Einspannstelle ist sie auch gleich 500 kg, aber nach vorn verlaufend (für den oberen Teil betrachtet).

Ein Verdrehungsmoment tritt zwischen 1 und Einspannstelle auf und ist stets konstant:

$$T_i = 1000 \cdot 4,5 = 4500 \text{ mkg}.$$

3. Aufgabe. *Räumlich gekrümmter Rahmen.*

Lösung: Der in Abb. 400 dargestellte räumlich gekrümmte Rahmen (Sessellehne) sei belastet mit zwei Lasten, P_1 und P_2, parallel zur Mittelebene (Symmetrieebene), und durch zwei Lasten, Q_1 und Q_2, senkrecht dazu. Diese Kräfte sind paarweise gleich ($P_1 = P_2 = 30$ kg; $Q_1 = Q_2 = 10$ kg) und symmetrisch angeordnet, so daß zur geometrischen Symmetrie noch die Belastungssymmetrie hinzukommt. Die Lagerung des Rahmens ist in den beiden festen Gelenkpunkten A und B mit je drei Fesseln, und im Punkt C durch einen Stab, also eine Fessel, bewerkstelligt. Diese sieben Unbekannte bilden eine statisch unbestimmte Lagerung des Rahmens, über die wir aber wegen der Symmetrie etwas aussagen können. Da die Symmetrie der Lagerreaktionen gewahrt bleiben muß, ist die Lagerkraftkomponente senkrecht zur Mittelebene in A gleich der in B ($A_2 = B_2$). Die Größe dieser Lagerkomponenten kann nun, je nach Art einer eventuellen Vorspannung im Rahmen, oder einer leichten Nachgiebigkeit (Biegesteifigkeit)

in der Mitte, alle möglichen Größen annehmen (auch Null). Hier sei die dort
auftretende Lagerkraft A_2 und B_2 mit je 10 kg nach innen angenommen, eine
Kraft, die jederzeit durch eine entsprechende Vorspannung erreicht werden kann.
(Der Fall $A_2 = B_2 = 0$ ist ohne Vorspannung nur dann möglich, wenn der
Rahmen völlig biegesteif gemacht wird.) Die übrigbleibenden Lagerkraftkomponenten sind eindeutig zu bestimmen. P_1 und P_2 haben als Resultierende
eine im Aufriß mit der Wirkungslinie der Kräfte zusammenfallende, in der

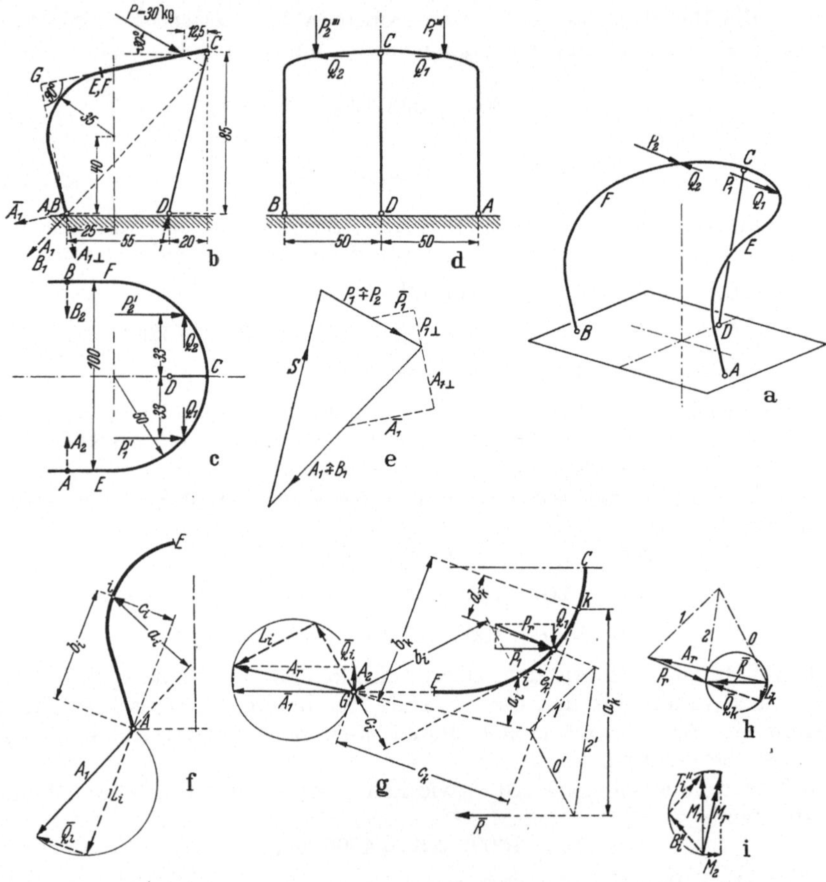

Abb. 400 a bis i. Übungsbeispiel.

Symmetrieebene liegende Kraft $(P_1 \mathbin{\widehat{+}} P_2) = 60$ kg. Ebenso lassen sich A_1 und B_1
zu einer Resultierenden $(A_1 \mathbin{\widehat{+}} B_1)$ in der Mittelebene zusammenfassen. Diese
beiden Kräfte stehen mit der Stabkraft S des Stützstabes CD im Gleichgewicht,
und es können die Kräfte $(A_1 \mathbin{\widehat{+}} B_1)$ und S aus dem zugehörigen Krafteck
(Abb. 400e) gewonnen werden. Aus Symmetriegründen ist

$$A_1 = B_1 = \frac{(A_1 \mathbin{\widehat{+}} B_1)}{2}.$$

Der Stützstab hat nach dieser Lösung die Druckkraft $S = 117$ kg auszuhalten.
Damit sind alle Krafteinflüsse auf das Hauptsystem bekannt.

    Zur Ermittlung der sechs Beanspruchungsgrößen nehmen wir uns möglichst
einfache Orientierungsebenen an, nach denen wir uns bei der Bestimmung der

Biegemomente und Querkräfte richten wollen. Wir trennen den Rahmen in den beiden Punkten E und F auf und erhalten damit drei ebene Rahmengebilde, von denen AE und BF symmetrisch zugeordnet und belastet sind. Es genügt also die Betrachtung des einen Teiles. Der obere Rahmenteil ECF, der in einer schrägen Ebene liegt, ist ebenfalls symmetrisch ausgebildet. Wir brauchen demgemäß auch für ihn nur die eine Hälfte EC zu betrachten.

Rahmenteil AE. Die ebene Ausdehnung des Rahmens gestattet uns eine einfache Aufteilung der Belastung in eine in der Rahmenebene liegende und eine dazu senkrecht stehende Belastung. In der Rahmenebene wirkten am Fußpunkt A die Lagerkraftkomponente A_1 und im Schnitt E die entsprechenden inneren Einflüsse $\overline{B}_E$, $\overline{Q}_E$, L_E. Das Biegemoment $(\overline{B}_i)$ in der Rahmenebene für einen beliebigen Punkt i des Rahmenteiles finden wir (Abb. 400f) zu

$$\overline{B}_i = a_i \cdot A_1.$$

Die Querkraft in der Ebene $\overline{Q}_i$ und die Längskraft L_i ergeben sich aus der Zerlegung der Kraft A_1 in die Komponenten quer und längs zur Balkenachse (im Thaleskreis der Abb. 400f).

Als Belastung senkrecht zur Ebene des Rahmenteiles ist außer den entsprechenden Beanspruchungsgrößen in E nur die im Fußpunkt A angenommene Lagerkomponente A_2 wirksam. Das Biegemoment $(B_{i\perp})$ senkrecht zur Rahmenebene ergibt sich nach Abb. 400f zu

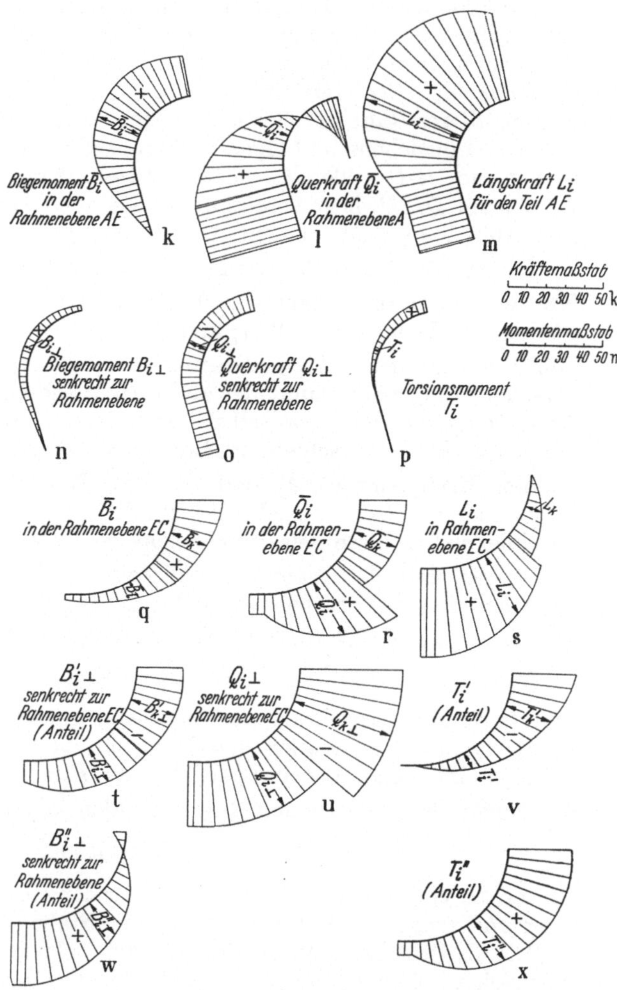

Abb. 400k bis x. Übungsbeispiel.

das Torsionsmoment T_i zu

$$B_{i\perp} = A_2 \cdot b_i,$$
$$T_i = A_2 \cdot c_i;$$

die Querkraft ist konstant $(Q_{i\perp} = -A_2)$.

Zur Festlegung der Vorzeichen laufen wir vom Lagerpunkt A her der Rahmenachse (z-Richtung) entlang und sehen auf den Querschnitt des abgeschnittenen Teiles (mit dem Ende in A). Geht der Momentenvektor des Biegemomentes senkrecht zur Rahmenebene $(B_{i\perp})$ nach dem Innern der Teilrahmenebene, also nach dem Krümmungsmittelpunkt, dann ist das Moment positiv zu bezeichnen. Für die Biegemomente in der Rahmenebene B_i haben wir dann ein positives Vorzeichen einzuführen, wenn die entsprechenden Vektoren nach dem Innern des Rahmenraumes, d. h. für die Rahmenteile AE und BF nach der Symmetrieebene, für Teilrahmen ECF nach unten, gerichtet sind. Längskraft und Torsionsmoment werden in ihren Vorzeichen in bekannter Weise so festgelegt, daß Zugspannungen einer positiven Längskraft und ein dem Beschauer des untersuchten Querschnitts entgegenkommender Torsionsmomentenvektor einem positiven Torsionsmoment entsprechen. (Auftragungen der Beanspruchungsgrößen für den Rahmenteil AE bzw. BF in Abb. 400 k—p.)

 Rahmenteil ECF (bzw. EC und CF). Auch hier gestattet uns die ebene Ausführung dieses Rahmenteiles wieder eine Aufteilung der Belastung in einen Anteil in der Rahmenebene und einen zweiten senkrecht dazu stehenden. Als Belastung wirken auf AEC außer den in der Mitte auftretenden Einflüssen die Kräfte A_1, A_2, P_1 und Q_1. Q_1 liegt bereits in der Rahmenebene ECF, P_1 läßt sich im Krafteck (Abb. 400 e) leicht in seine beiden nach der Ebene orientierten Komponenten $\overline{P}_1$ (in der Ebene) und $P_{1\perp}$ (senkrecht dazu), zerlegen. Ebenso läßt sich im gleichen Krafteck A_1 in die entsprechenden Komponenten $\overline{A}_1$ und $\dot{A}_{1\perp}$ zerlegen, jedoch ist dabei zu bedenken, daß A_1 und A_2 *außerhalb* der Rahmenebene ECF im Fußpunkt A angreifen. Wir gehen nun so vor, daß wir $\overline{A}_1$ und A_2 in den Punkt G verschieben, der ein Punkt der zu bestimmenden Rahmenebene ist (siehe Aufriß Abb. 400 b), $A_{1\perp}$ geht von selbst durch diesen Punkt, für diese Kraft ist demnach kein zusätzliches Verschiebungsmoment hinzuzunehmen, wohl aber für die beiden anderen Komponenten $\overline{A}_1$ und A_2. Der Einfluß dieser Verschiebungsmomente wirkt sich nur bei der senkrecht zur Ebene stehenden Belastung aus und wird anschließend an diese Belastungsgruppe gesondert behandelt. In der Rahmenebene werden $\overline{A}_1$ und A_2 zusammengefaßt zu A_r, ebenso $\overline{P}_1$ und Q_1 zu P_r (Abb. 400 g).

 Nach dieser Vorarbeit entsteht das ebene Belastungsbild der Abb. 400 g. Das Biegemoment $\overline{B}_i$ für eine Stelle i ergibt sich zu

$$\overline{B}_i = A_r \cdot a_i.$$

Querkraft und Längskraft werden wieder gewonnen durch die Zerlegung von A_r in die Komponenten quer und längs zur Balkenachse im Thaleskreis. Für eine Stelle k sind beide Belastungen A_r und P_r zu beachten. Man setzt am besten die beiden Kräfte zu einer Resultierenden $\overline{R}$ zusammen und bildet dann:

$$\overline{B}_k = R \cdot a_k.$$

$\overline{Q}_k$ und L_k gewinnt man durch Zerlegung der Resultierenden $\overline{R}$ in die Richtungen quer und längs zur Balkenachse an der Stelle k (Abb. 400 h).

 Die Kräfte (nicht Momente), die die Belastung senkrecht zur Rahmenebene ausmachen, sind $A_{1\perp}$ und $P_{1\perp}$; die daraus abzuleitenden Momente sind:

$$B'_{i\perp} = A_{1\perp} \cdot b_i \quad \text{und} \quad B'_{k\perp} = A_{1\perp} \cdot b_k + P_{1\perp} \cdot d_k,$$
$$T'_i = A_{1\perp} \cdot c_i \quad \text{und} \quad T'_k = A_{1\perp} \cdot c_k + P_{1\perp} \cdot e_k.$$

Die Querkraft ist von E bis zur Angriffsstelle von P konstant, von der Größe $A_{\perp 1}$, von da an von der Größe $A_{1\perp} + P_{1\perp}$ bis zur Mitte.

 Nun bleibt noch der Einfluß der Verschiebungsmomente der Kräfte A_2 und $\overline{A}_1$ zu untersuchen. Bei der vorgenommenen Verschiebung von A_2 nach G müssen wir noch ein Moment M_2 hinzufügen, dessen Größe gleich A_2 mal der Strecke AG ist. Bezeichnen wir diese Strecke mit l, so wird $M_2 = A_2 \cdot l$ (dargestellt in Abb. 400 i). Die Verschiebung von $\overline{A}_1$ liefert ein anfallendes Moment $M_1 = \overline{A}_1 \cdot l$. M_2 greift in Punkt E als Torsionsmoment T_E, M_1 als Biegemoment $B''_{E\perp}$ an.

Beide Momente lassen sich zusammensetzen zum resultierenden Moment M_r, das für jede beliebige Stelle i wiederum in Richtung senkrecht und tangential zur Balkenachse zerlegt werden kann in B_i'' und T_i''. Diese Beanspruchungen sind mit denen aus der senkrechten Belastung des ebenen Rahmens hervorgehenden algebraisch zu addieren:

$$B_{i\perp} = B_{i\perp}' + B_{i\perp}'' \quad \text{und} \quad T_i = T_i' + T_i''.$$

Weitere Einflüsse haben diese Verschiebungsmomente nicht.

Die Vorzeichenfrage wurde mit der Betrachtung des ersten Teilrahmens geklärt. Die Ergebnisse für den Teilrahmen ECF sind in den Abb. 400 q—x dargestellt.

4. Aufgabe. Die in Abb. 401 dargestellte Kurbelwelle ist bezüglich ihrer Biegungs- und Verdrehungsmomente zu untersuchen.

Lösung: Die Kurbelwelle ist in Abb. 401 a axonometrisch dargestellt, außerdem in Abb. 401 b der Verlauf der geometrischen Achse mit Angabe der Kraftkomponenten in der jeweiligen Kröpfungsebene und senkrecht dazu. Ferner ist in Abb. 402 a, b die Kurbelwelle in Aufriß und Seitenriß gezeichnet und in Abb. 402 d die notwendige Kraftzerlegung angegeben; in Abb. 402 c sind die Punkte bezeichnet, für die die verschiedenen Momente ausgerechnet sind.

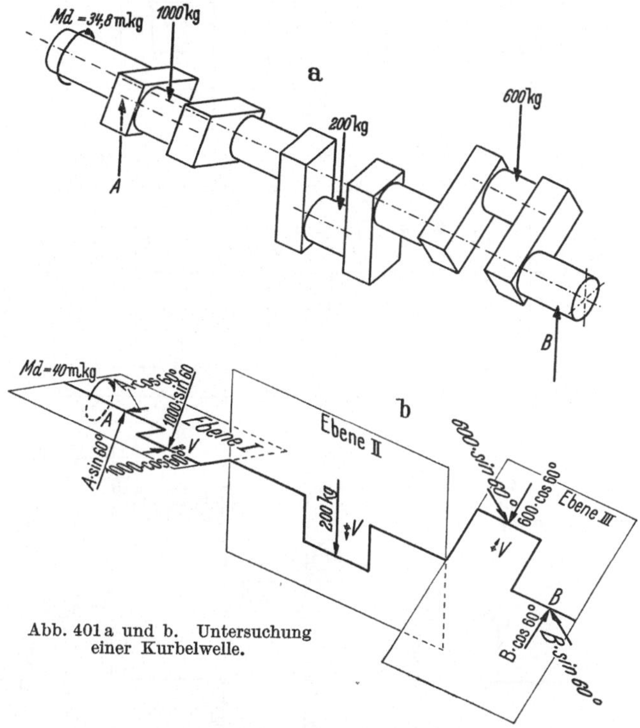

Abb. 401 a und b. Untersuchung einer Kurbelwelle.

Zunächst wurden die Lagerreaktionen ermittelt. Da alle Lasten senkrecht verlaufen, sind auch A und B senkrecht gerichtet. Es ergibt sich nach Abb. 402 c:

$$(\textstyle\sum M)_A = 0: \quad 1000 \cdot 0{,}145 + 200 \cdot 0{,}425 + 600 \cdot 0{,}705 - B \cdot 0{,}850 = 0,$$

$$B = 768{,}2 \text{ kg (nach oben)},$$

$$(\textstyle\sum M)_B = 0: \quad -600 \cdot 0{,}145 - 200 \cdot 0{,}425 - 1000 \cdot 0{,}705 + A \cdot 0{,}805 = 0,$$

$$A = 1031{,}8 \text{ kg (nach oben)}.$$

Das abzunehmende Drehmoment ist gegeben durch

$$M_d = -1000 \cdot 0{,}1 \cdot \sin 60° + 600 \cdot 0{,}1 \cdot \sin 60° = 34{,}6 \text{ mkg}.$$

An den verschiedenen Stellen treten Biegungsmomente auf, die am besten zerlegt werden in solche in der jeweiligen Kröpfungsebene und in den durch die einzelnen Wellenachsen senkrecht zur jeweiligen Kröpfungsebene gelegten Ebenen. Um die beiden Biegungsmomente aufstellen zu können, sind die Kräfte jedesmal zu zerlegen in eine Komponente in der Kröpfungsebene (bzw. ihrer Spur) und senkrecht dazu (Abb. 402d). Zur Festlegung der Vorzeichen für die Biegungsmomente muß ein bestimmter Standort eingeführt werden. Wir stellen uns bei der ersten und dritten Kurbelkröpfung von oben her auf die betreffende Kröpfungsebene zwischen die beiden Wangen, mit Blickrichtung nach den Kurbeln, bei der mittleren Kröpfung von vorn auf die betreffende Ebene. Die Vorzeichen-

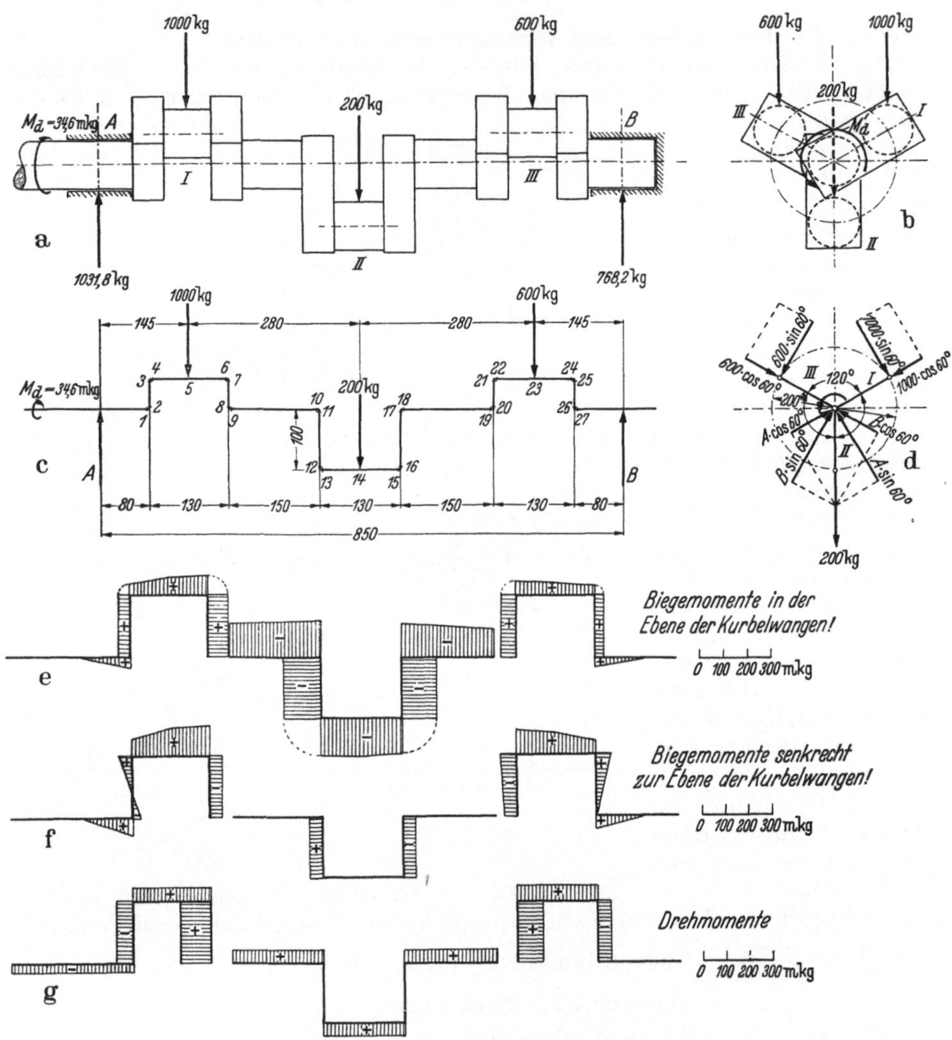

Abb. 402. Untersuchung einer Kurbelwelle.

punkte V sind in Abb. 401b eingetragen. Auf den Teil, der zur Ebene I gehört, wirken die Lagerreaktion A, die Last von 1000 kg und das Drehmoment M_d; die Komponenten $A \cdot \cos 60°$ und $1000 \cdot \cos 60°$ sind von Einfluß auf das Biegungsmoment in der Kröpfungsebene I. Mit ihnen sind die Biegungsmomente in den Punkten 1 bis 9 in bekannter Weise zu berechnen (vgl. die Zusammenstellung der Tabelle). Das Biegungsmoment senkrecht zur Ebene ist an der Stelle 1 einfach gegeben durch die Kraft $A \cdot \sin 60°$ mal dem Hebelarm, aber für die Wangen-

Biegungs- und Verdrehungsmomente bei einer Kurbelwelle.

	Stelle	Biegemoment in der Kröpfungsebene	Biegemoment senkrecht zur Kröpfungsebene	B_{res}	Verdrehungsmoment
		beginnend von links: mkg	mkg		mkg
Bezogen auf Ebene I	1	$A \cdot \cos 60° \cdot 0{,}08 = +41{,}3$	$+A \cdot \sin 60° \cdot 0{,}08 = +71{,}5$	82,5	$-M_d = -34{,}6$
	2	$A \cdot \cos 60° \cdot 0{,}08 = +41{,}3$	$-M_d = -34{,}6$	53,9	$-A \cdot \sin 60° \cdot 0{,}08 = -71{,}5$
	3	$A \cdot \cos 60° \cdot 0{,}08 = +41{,}3$	$-M_d + A \cdot \sin 60° \cdot 0{,}1 = +54{,}8$	68,6	$-A \cdot \sin 60° \cdot 0{,}08 = -71{,}5$
	4	$A \cdot \cos 60° \cdot 0{,}08 = +41{,}3$	$+A \cdot \sin 60° \cdot 0{,}08 = +71{,}5$	82,5	$-M_d + A \cdot 0{,}1 \cdot \sin 60° = +54{,}8$
	5	$A \cdot \cos 60° \cdot 0{,}145 = +74{,}8$	$+A \cdot \sin 60° \cdot 0{,}145 = +129{,}6$	149,6	$-M_d + A \cdot 0{,}1 \cdot \sin 60° = +54{,}8$
	6	$A \cdot \cos 60° \cdot 0{,}21 - 1000 \cdot \cos 60° \cdot 0{,}065 = +75{,}8$	$+A \cdot \sin 60° \cdot 0{,}21 - 1000 \cdot \sin 60° \cdot 0{,}065 = +131{,}8$	151,7	$-M_d + A \cdot 0{,}1 \cdot \sin 60° = +54{,}8$
	7	$A \cdot \cos 60° \cdot 0{,}21 - 1000 \cdot \cos 60° \cdot 0{,}065 = +75{,}8$	$+M_d - A \cdot \sin 60° \cdot 0{,}1 = -54{,}8$	93,5	$A \cdot \sin 60° \cdot 0{,}21 - 1000 \cdot \sin 60° \cdot 0{,}065 = +131{,}3$
	8	$A \cdot \cos 60° \cdot 0{,}21 - 1000 \cdot \cos 60° \cdot 0{,}065 = +75{,}8$	$+M_d - 1000 \cdot 0{,}1 \cdot \sin 60° = -52{,}0$	91,7	$A \cdot \sin 60° \cdot 0{,}21 - 1000 \cdot \sin 60° \cdot 0{,}065 = +131{,}3$
Bezogen auf Ebene II	9	$-A \cdot 0{,}21 + 1000 \cdot 0{,}065 = -151{,}7$	0	151,7	$-M_d + 1000 \cdot 0{,}1 \cdot \sin 60° = +52{,}0$
	10	$-A \cdot 0{,}36 + 1000 \cdot 0{,}215 = -156{,}4$	0	156,4	$-M_d + 1000 \cdot 0{,}1 \cdot \sin 60° = +52{,}0$
	11	$-A \cdot 0{,}36 + 1000 \cdot 0{,}215 = -156{,}4$	$-M_d + 1000 \cdot 0{,}1 \cdot \sin 60° = +52{,}0$	164,6	0
	12	$-A \cdot 0{,}36 + 1000 \cdot 0{,}215 = -156{,}4$	$-M_d + 1000 \cdot 0{,}1 \cdot \sin 60° = +52{,}0$	164,6	0
	13	$-A \cdot 0{,}36 + 1000 \cdot 0{,}215 = -156{,}4$	0	156,4	$-M_d + 1000 \cdot 0{,}1 \cdot \sin 60° = +52{,}0$
	14	$-A \cdot 0{,}425 + 1000 \cdot 0{,}28 = -158{,}5$	0	158,5	$-M_d + 1000 \cdot 0{,}1 \cdot \sin 60° = +52{,}0$
	15	$-A \cdot 0{,}43 + 1000 \cdot 0{,}345 + 200 \cdot 0{,}065 = -147{,}6$	0	147,6	$-M_d + 1000 \cdot 0{,}1 \cdot \sin 60° = +52{,}0$
	16	$-A \cdot 0{,}43 + 1000 \cdot 0{,}345 + 200 \cdot 0{,}065 = -147{,}6$	$+M_d - 1000 \cdot 0{,}1 \cdot \sin 60° = -52{,}0$	156,7	0
	17	$-A \cdot 0{,}43 + 1000 \cdot 0{,}345 + 200 \cdot 0{,}065 = -147{,}6$	$+M_d - 1000 \cdot 0{,}1 \cdot \sin 60° = -52{,}0$	156,7	0
		beginnend von rechts:			
	18	$-B \cdot 0{,}36 + 600 \cdot 0{,}215 = -147{,}6$	0	147,6	$600 \cdot 0{,}1 \cdot \sin 60° = +52{,}0$
	19	$-B \cdot 0{,}21 + 600 \cdot 0{,}065 = -122{,}3$	0	122,3	$600 \cdot 0{,}1 \cdot \sin 60° = +52{,}0$
Bezogen auf Ebene III	20	$B \cdot \cos 60° \cdot 0{,}21 - 600 \cdot \cos 60° \cdot 0{,}065 = +61{,}2$	$-600 \cdot 0{,}1 \cdot \sin 60° = -52{,}0$	80,3	$+B \cdot \sin 60° \cdot 0{,}21 - 600 \cdot \sin 60° \cdot 0{,}065 = +105{,}9$
	21	$B \cdot \cos 60° \cdot 0{,}21 - 600 \cdot \cos 60° \cdot 0{,}065 = +61{,}2$	$-B \cdot 0{,}1 \cdot \sin 60° = -66{,}5$	90,4	$+B \cdot \sin 60° \cdot 0{,}21 - 600 \cdot \sin 60° \cdot 0{,}065 = +105{,}9$
	22	$B \cdot \cos 60° \cdot 0{,}21 - 600 \cdot \cos 60° \cdot 0{,}065 = +61{,}2$	$-600 \cdot \sin 60° \cdot 0{,}065 + B \cdot \sin 60° \cdot 0{,}21 = +105{,}9$	122,3	$+B \cdot \sin 60° \cdot 0{,}1 = +66{,}5$
	23	$B \cdot \cos 60° \cdot 0{,}145 = +55{,}7$	$B \cdot \sin 60° \cdot 0{,}145 = +96{,}5$	111,6	$+B \cdot \sin 60° \cdot 0{,}1 = +66{,}5$
	24	$B \cdot \cos 60° \cdot 0{,}08 = +30{,}7$	$B \cdot \sin 60° \cdot 0{,}08 = +53{,}2$	61,3	$+B \cdot \sin 60° \cdot 0{,}1 = +66{,}5$
	25	$B \cdot \cos 60° \cdot 0{,}08 = +30{,}7$	$B \cdot \sin 60° \cdot 0{,}1 = +66{,}5$	73,2	$-B \cdot \sin 60° \cdot 0{,}08 = -53{,}2$
	26	$B \cdot \cos 60° \cdot 0{,}08 = +30{,}7$	0	30,7	$-B \cdot \sin 60° \cdot 0{,}08 = -53{,}2$
	27	$B \cdot \cos 60° \cdot 0{,}08 = +30{,}7$	$B \cdot \sin 60° \cdot 0{,}08 = +53{,}2$	61,3	0

stellen 2 und 3 ist das Drehmoment M_d ein verbiegendes Moment, und für den Punkt 3 selbst tritt durch $A \cdot \sin 60°$ ein Moment auf von der Größe $A \cdot \sin 60° \cdot \overline{2,3}$. Entsprechendes gilt für die Punkte 7 und 8.

Das Torsionsmoment wird als positiv bezeichnet, wenn es, gegen das Schnittufer gesehen, links herum dreht, also der Momentenvektor auf den Beschauer zu gerichtet ist. Beim Torsionsmoment muß man darauf achten, daß sowohl die Lastkomponenten in der Kröpfungsebene als auch diejenigen senkrecht zur Kröpfungsebene ein Verdrehungsmoment hervorrufen können; so entsteht z. B. für den Punkt 3 ein verdrehendes Moment von der Größe $A \cdot \sin 60° \cdot 8$ cmkg. Für Punkt 7 wird das Torsionsmoment beeinflußt durch $A \cdot \sin 60°$ und $1000 \cdot \sin 60°$, und für Punkt 13 z. B. ist außer dem Drehmoment auch die volle Kraft 1000 kg (d. h. beide Komponenten) von Einfluß.   .

Für die einzelnen Schnitte sind in der angedeuteten Weise die Biegungsmomente und das Torsionsmoment ausgerechnet und in der Tabelle zusammengestellt. Die errechneten Werte sind dann in Abb. 402 e—g aufgetragen.

XX. Gelenkträger und verwandte Anordnungen.

98. Umwandlung statisch unbestimmter Körper in statisch bestimmte durch besondere konstruktive Maßnahmen. — Verschiedenartige Gelenke. In Abschnitt XI haben wir gesehen, daß es für den ebenen Balken und Rahmen konstruktive Maßnahmen gibt, die einen statisch unbestimmt gelagerten Balken oder Rahmen zurückführen auf ein statisch bestimmtes System. Das geschah durch *die Anordnung von Gelenken*, und es entstanden so der Gerberbalken und der Dreigelenkbogen. Ein solches Gelenk ergab als neue Bedingung, daß das Biegungsmoment für das Gelenk Null sein muß. Man erreicht durch eine solche Anordnung, daß durch den betreffenden Querschnitt nur noch eine Querkraft und Längskraft weitergeleitet werden kann, aber nicht mehr ein Biegemoment. Ebenso konnte man (Nr. 67) eine Anordnung treffen, daß durch einen Querschnitt keine Längskraft mehr übertragen wird, sondern nur eine Querkraft und ein Biegungsmoment, und als neue Bedingung trat dann auf: die Summe aller Längskräfte links oder rechts der betreffenden Stelle muß gleich Null sein. Durch diese Änderungen wurde eine neue Bedingung geschaffen, die es gestattet, eine zunächst überzählige Lagerunbekannte zu ermitteln.

In gleicher Weise werden wir nun auch für den räumlich belasteten Balken und den räumlichen Rahmen konstruktive Maßnahmen vornehmen können, die statisch unbestimmt gelagerte oder auch innerlich statisch unbestimmte Systeme wieder auf ein statisch bestimmtes Gebilde zurückführen. Entsprechend der jetzt vorhandenen größeren Anzahl (sechs) der unbekannten Beanspruchungsgrößen, die für einen Querschnitt auftreten, oder anders ausgedrückt: die beim Schnitt des Balkens frei werden, werden wir nun ganz verschiedene Arten dieser Maßnahmen (meist Gelenke) ausführen können. Sie erlauben, eine oder mehrere der sechs Beanspruchungsgrößen zu Null werden zu lassen und damit eine entsprechende Zahl neuer Gleichungen zu liefern. Mit deren Hilfe können die überzähligen Lagerreaktionen und die noch auftretenden Beanspruchungsgrößen der Querschnitte ermittelt werden; das heißt mit anderen Worten: das statisch unbestimmte System kann dadurch bestimmt gemacht werden.

So ist z. B. der in Abb. 403 dargestellte Körper in neun Fesseln gelagert; er weist die neun Unbekannten A_x, A_y, A_z, B_z, C_x, C_y, C_z, D_x, D_z auf, ist also dreifach statisch unbestimmt. Zerlegt man ihn nun in zwei Teile und verbindet diese beiden durch ein Kugelgelenk, so tritt als neue Bedingung auf, daß durch diesen Punkt kein Moment übertragen werden kann, oder anders gesagt, es

können weder die beiden Biegemomente noch das Verdrehungsmoment weitergeleitet werden. Wir haben also drei neue Bedingungen:

$$_xB_i = 0 , \quad _yB_i = 0, \quad T_i = 0 .$$

Dadurch ist die Zahl der Gleichungen von sechs auf neun erhöht worden, und
wir haben geradesoviel Gleichungen wie Unbekannte. Durch das Kugelgelenk
können sowohl die beiden Quer-
kräfte $_xQ_i$ und $_yQ_i$ als auch die
Längskraft L_i weitergeleitet werden; die Resultierende dieser drei
gibt die Gelenkkraft an. Auf den
linken Teil wirken außer den gegebenen Lasten vier Lagerunbekannte und drei Gelenkunbekannte;
auf den rechten Teil außer den
gegebenen Lasten fünf Lagerunbekannte und drei Gelenkunbekannte, also im ganzen fünfzehn
Unbekannte. Andererseits stehen
für den linken Teil sechs Glei-

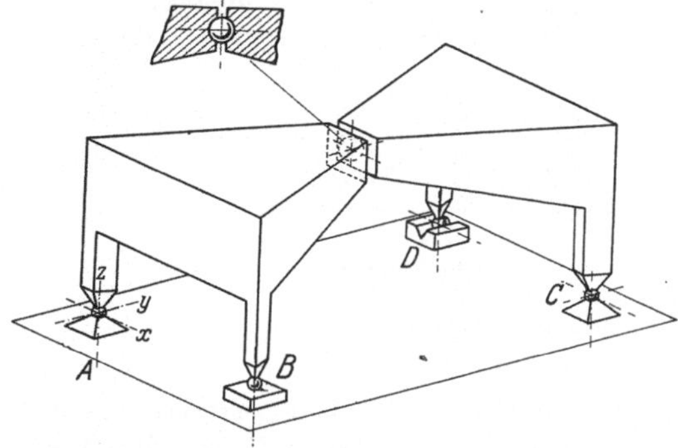

Abb. 403. Bestimmter Gelenkträger mit mittlerem Kugelgelenk.

chungen zur Verfügung, für den rechten Teil ebenfalls sechs, das sind im ganzen
zwölf. Da aber die drei Gelenkkräfte von links nach rechts genau so groß sind
wie die von rechts nach links, haben wir tatsächlich nicht fünfzehn, sondern
nur zwölf Unbekannte, so daß ihre Zahl gleich der Zahl der Gleichungen ist.

Je nachdem man die beiden Körperteile miteinander verbindet, erhält man
ganz verschiedenartige neue Bedingungen. Würde man statt des Kugelgelenks
ein Zylindergelenk einführen, so würde dadurch nur eine neue Bedingung entstehen, indem das Moment um die Zylinderachse, gleichgültig ob der Bolzen
waagerecht oder lotrecht liegt, verschwinden muß.

Es ist nun durchaus nicht immer gesagt, daß diese Maßnahmen nur dem
Zweck dienen, die statische Bestimmtheit einer Konstruktion wiederherzustellen,
sondern sehr häufig begegnen wir direkt der konstruktiven Forderung nach einer
bestimmten Gelenkausführung, die aus praktischen Gründen notwendig wird.
Dann müssen wir zur Erzielung einer statisch bestimmten Konstruktion sozusagen den umgekehrten Weg gehen, d. h. die gegebene Gelenkkonstruktion so
lagern, daß sie so viel Lagerreaktionen aufweist, wie es den sechs Gleichgewichtsbedingungen *und* den zusätzlichen Aussagen über das Gelenk entspricht.

Auch zur *Berechnung statisch unbestimmter
Konstruktionen* sind solche Gelenke von Bedeutung, da diese auf ein statisch bestimmtes
Grundsystem zurückgeführt werden müssen,
und dabei wird man vielfach gedanklich von
diesen Gelenkarten Gebrauch machen.

Die Betrachtungen über die erwähnten
Konstruktionsmaßnahmen erfordern die Kenntnis der verschiedenen Gelenktypen. Die in der
Praxis vorkommenden Ausführungen, die zur
Schaffung statisch bestimmter Systeme oder
auch aus anderen Gründen angewandt werden,
sind folgende:

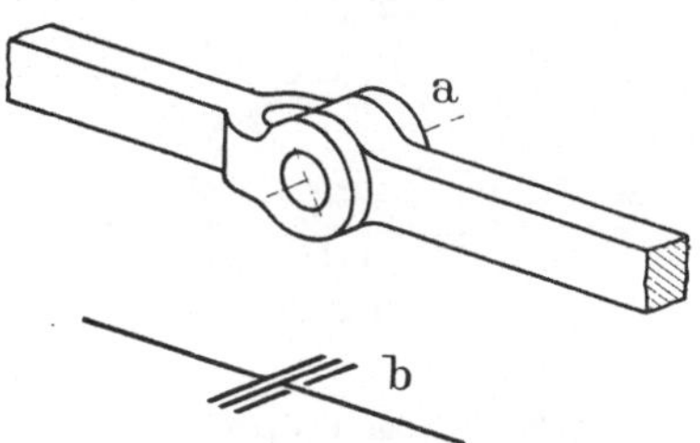

Abb. 404. Das Scharnier oder Zylindergelenk (eine Freiheit, also eine Gleichung:
$_iB_x = 0$).

1. *Das Scharnier* (*Zylindergelenk*). Diese Anordnung (Abb. 404) gibt dem
Balken oder Rahmen eine Drehbeweglichkeit um die Bolzenachse, d. h. für diese

Achse ist das Biegemoment gleich Null; oder anders ausgedrückt: durch das Scharnier kann kein Biegemoment in der Ebene senkrecht zur Scharnierachse weitergeleitet werden. Die fünf anderen Beanspruchungsgrößen dagegen können übertragen werden. Wir haben also durch diese Gelenkart *eine* neue Bedingung gewonnen: daß das Biegemoment für eine Ebene senkrecht zur Scharnierachse am Scharnier verschwindet.

2. *Die Hülse* (das Hülsengelenk). Unterbrechen wir den Balken an einer Stelle und legen um die Schnittstelle eine über beide Schnittufer hinausragende Hülse (Abb. 405), so kann diese sowohl jedes Biegemoment wie auch jede Querkraft (als Druck und Zug) übertragen, und falls die Verbindung so ausgeführt wird, daß sich die Balkenteile in ihrer Längsrichtung nicht verschieben können, auch eine Längskraft. Es ist nämlich durch die Hülse keine Drehmöglichkeit um eine beliebige Querschnittsachse gegeben, ebensowenig eine

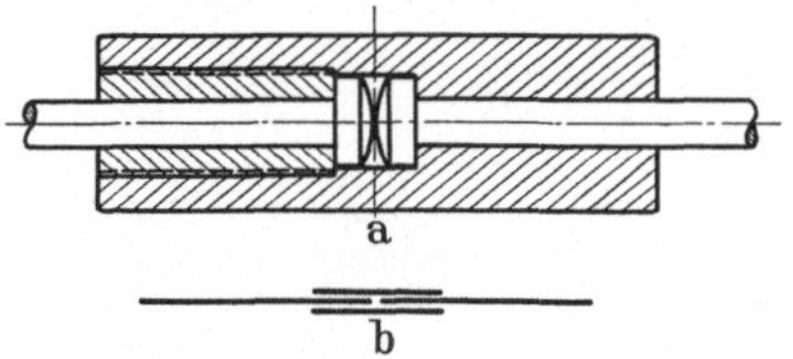

Abb. 405. Das Hülsengelenk (eine Gleichung: $T_i = 0$).

Verschieblichkeit der Querschnitte gegeneinander. Dagegen wird nicht übertragen das Torsionsmoment, da durch ein solches Moment eine Drehung der Querschnitte um die Balkenachse eintritt, d. h. das Torsionsmoment für den Hülsenanschluß ist Null. Es liegt also auch hier *eine* neue Bedingung vor.

3. *Die genutete Hülse.* Wird gegenüber der normalen Hülse noch die Verdrehung der beiden Querschnitte um die Balkenachse verhindert, daß sie also auch das Torsionsmoment übertragen kann, andererseits aber die Längsverschieblichkeit ermöglicht, d. h. die Übertragung der Längskraft verhindert, so entsteht die genutete Hülse (Abb. 406). Die statische Bedingung für diese konstruktive Maßnahme lautet also: für die genutete Hülse ist die Längskraft Null. Die genutete Hülse besitzt praktische Bedeutung als Kupplungsmuffe, oder in Getrieben als Verstellritzwelle (Sternwelle). Wird die genutete Hülse auch gegen Längsverschiebung gesichert (festklemmen), so stellt sie eine starre Verbindung (links und rechts von einer Schnittstelle) zweier Wellen dar, die vom statischen Gesichtspunkt aus als durchgehende Welle betrachtet werden kann.

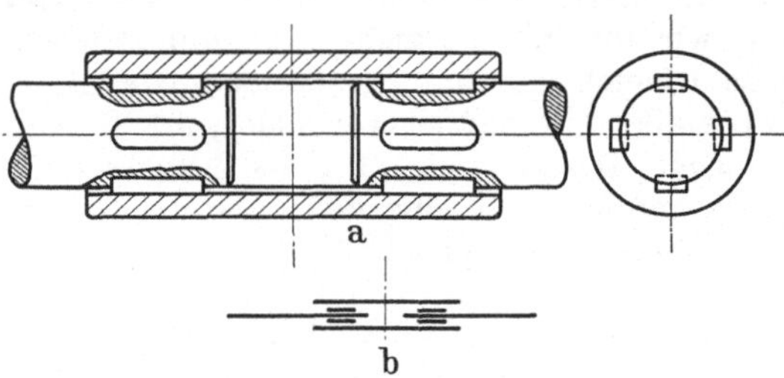

Abb. 406. Die genutete Hülse (eine Freiheit: $L_i = 0$).

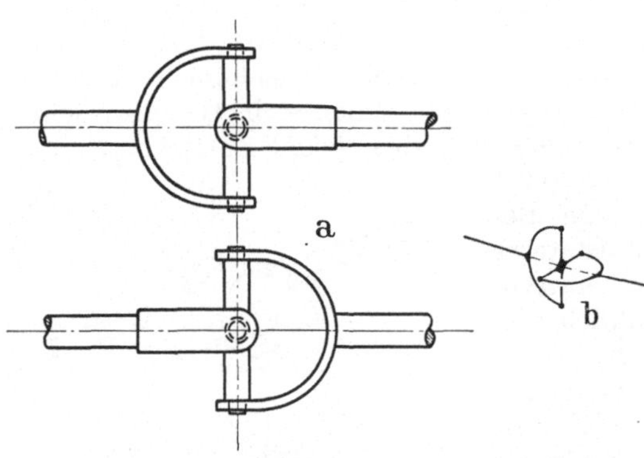

Abb. 407. Das Kreuzgelenk (zwei Gleichungen: $_iB_x = 0, \ _iB_y = 0$).

4. *Das Doppelscharnier oder Kreuzgelenk.* Das einfache Scharnier mit Drehachse in der x-Richtung erlaubte außer der Übertragung eines Torsionsmomentes auch noch die Übertragung eines Biegemoments in der x, z-Ebene. Verbinden wir nun mit diesem einfachen Scharnier ein zweites, das die biegende Verdrehung

der Balkenachse in einer senkrecht zur ersten liegenden Ebene, also der x, z-Ebene, gestattet, so erhalten wir ein Kreuzgelenk (Abb. 407) und damit eine sogenannte Gelenkwelle, d. h. einen Balken, der in jeder beliebigen Richtung aus seiner Achse um das Kreuzgelenk abgebogen werden kann (soweit die technische Ausführung des Gelenks das erlaubt). Statisch betrachtet heißt das, daß das Kreuzgelenk wohl ein Torsionsmoment, aber kein Biegemoment übertragen kann, wodurch wir die zwei Bedingungen als neue Bestimmungsgleichungen erhalten: die Biegemomente (definitionsgemäß also die Summe aller biegenden Momente und die der Momente aller Kräfte links oder rechts vom Gelenk für zwei Querachsen) in zwei zueinander senkrechten Längsebenen sind für das Kreuzgelenk Null. Die Querkräfte und die Längskraft verschwinden bei entsprechender Ausführung natürlich nicht für das Kreuzgelenk.

Stehen die beiden, durch das Kreuzgelenk miteinander verbundenen Wellen (Balken) unter einem bestimmten Winkel zueinander, so kann damit von einer Welle auf die andere ein Torsionsmoment übertragen werden, deren Vektoren unter dem gleichen Winkel zueinander stehen. Diese Überleitung und Ablenkung der Torsionsmomentenvektoren erfordert eine eingehende Untersuchung der Vorgänge am Kreuzgelenk, die wir am Schluß dieser Zusammenstellung anstellen wollen (Nr. 99).

5. *Die Kupplung mit Querverschieblichkeit.* Das Wesen dieser Art Kupplungen (Abb. 408) ist die Verbindung zweier Gabeln durch ein Kreuz aus Vierkantbolzen, die keine biegende und tordierende Verdrehung, auch keine Längsverschiebung, wohl aber eine Verschiebung der beiden Wellenenden in Richtung beider Querkräfte erlauben. Die beiden Bedingungen dieser Kupplungsart lauten also: die beiden Querkräfte an der querverschieblichen Kupplung sind Null.

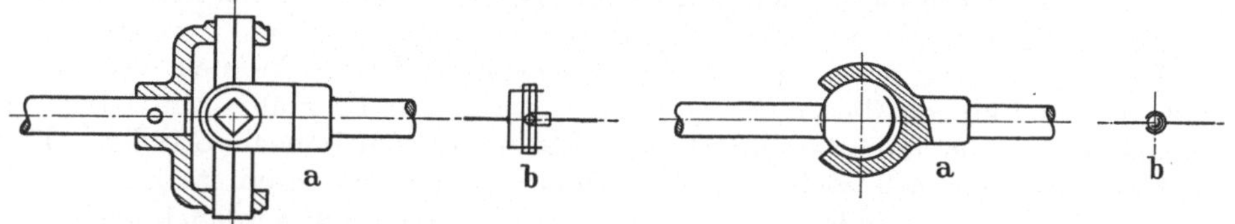

<table>
<tr><td>Abb. 408. Die querverschiebliche Kupplung (zwei
Gleichungen: $iQ_x = 0$, $iQ_y = 0$).</td><td>Abb. 409. Das Raumgelenk, Kugelgelenk (die drei
Momente verschwinden).</td></tr>
</table>

6. *Das Kugelgelenk.* Das Kugelgelenk (Abb. 409), das als Vereinigung zweier senkrecht zueinander stehender Scharniere und einer Hülse aufgefaßt werden kann, läßt jede beliebige Verdrehung der beiden Wellenenden zu; es können also weder die beiden Biegemomente noch das Verdrehungsmoment übertragen werden. Wir erhalten durch die Einführung dieses Gelenkes in eine Konstruktion somit die drei zusätzlichen statischen Aussagen: die Biegemomente in zwei zueinander senkrechten Richtungen und das Torsionsmoment für das Kugelgelenk sind gleich Null.

7. *Das Kreuzgelenk mit Querverschieblichkeit (Drehschiebekreuzgelenk).* Vereinigen wir die Drehungsmöglichkeit des Kreuzgelenks mit der Verschieblichkeit der querverschieblichen Kupplung, so erhalten wir damit eine Gelenkart (Abb. 410), die sowohl einer biegenden Verdrehung als auch einer Querverschiebung der beiden Wellenenden keinen Widerstand entgegensetzt, die beiden Biegemomente

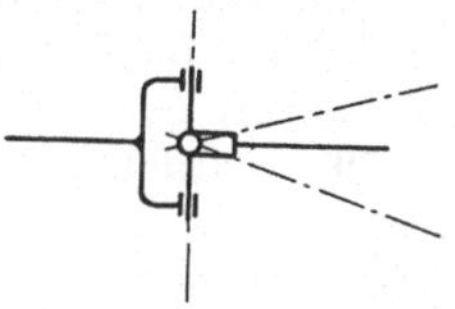

Abb. 410. Das Kreuzgelenk mit Querverschieblichkeit (beide Querkräfte und beide Biegungsmomente werden Null).

und Querkräfte können also nicht übertragen werden. Dagegen ist die Längsverschieblichkeit und die tordierende Drehbeweglichkeit der Wellenteile gegeneinander unterbunden. Das so gebaute Gelenk, das sich von der querverschieb-

lichen Koppel nur dadurch unterscheidet, daß statt der drehsteifen Vierkantbolzen ein Kreuz aus runden Drehbolzen eingesetzt ist, ist statisch charakterisiert
durch die vier Bedingungen: für das Drehschiebkreuzgelenk sind die Biegemomente und die Querkräfte in zwei zueinander senkrechten Ebenen gleich Null.

8. *Die reine Drehkoppel.* Nehmen wir dem Drehschiebekreuzgelenk auch noch
die Übertragungsmöglichkeit der Längskraft ab, so entsteht damit die reine
Torsionsmomentenübertragung zweier Wellen. Diese Gelenkart (Abb. 411) findet

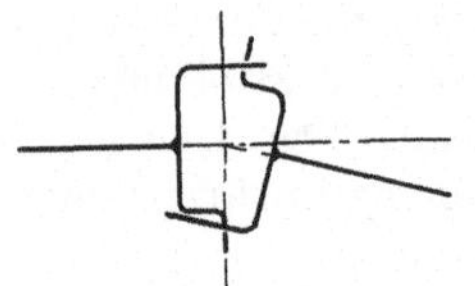

Abb. 411. Die Drehkoppel
(Kreuzgelenk mit Quer- und
Längsverschieblichkeit. Es
verschwinden die beiden Querkräfte, Biegungsmomente und
die Längskraft).

sich in der praktischen Anwendung in verschiedenster
Ausführung als Knorpelgelenke, Drehmomentenkupplungen, Kegelradgetriebe usw. Die normale Drehmomentenkupplung, als Wellenkupplung zweier Maschinen, besitzt
zwar keine ganz freie Quer- und Drehverschieblichkeit,
aber die diesen Verschiebungen sich widersetzenden
Größen (meist Kräfte) sind „weich" gemacht, d. h. durch
elastische Beilagen werden die durch die Verschiebungen
entstehenden Kräfte in sehr kleinen Grenzen gehalten,
so daß sie fast ausschließlich durch die elastischen

Verformungen dieser Beilagen aufgenommen werden und das Gesamtgetriebe
nur sehr wenig belasten. Die bei dem Eingriff der Verzahnung entstehenden
Längs- und Querkräfte müssen von den dicht an den Kegelrädern sitzenden
Lagern aufgenommen werden, die damit auch den richtigen Eingriff der Zähne
gewährleisten. Für das Gesamtbild ist also keine Weiterleitung von Quer- oder
Längskraft anzunehmen. Hier gilt die statische Charakterisierung weniger als
neue Aussage, sondern mehr als Forderung für die Konstruktion. Die fünf neuen
Bedingungen lauten: für die reine Drehkoppel sind die Biegemomente in zwei
zueinander senkrechten Ebenen und die Querkräfte in zwei zueinander senkrecht
stehenden Richtungen und die Längskraft Null.

Es können nun durch entsprechend gewählte Konstruktionen auch noch
andere Anordnungen dieser Art getroffen werden, z. B. Hülse mit Längsverschieblichkeit, die dann entsprechende Bedingungsgleichungen erfüllen. Hier
sind nur die technisch wichtigen Maßnahmen behandelt, deren statische Merkmale auch auf jedes andere Gelenk sinngemäß übertragen werden können.

9. *Der Schnitt* (Abb. 412). Als größte Steigerung der Beseitigung von Beanspruchungsgrößen, und damit Schaffung neuer Bedingungsgleichungen, ist schließ

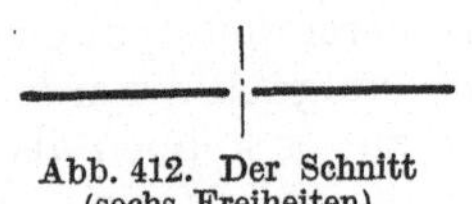

Abb. 412. Der Schnitt
(sechs Freiheiten).

lich noch der Schnitt zu nennen, den wir zur Ermittlung
der inneren Einflüsse gelegt zu denken haben. Mit der
vollständigen Auftrennung eines Balkens durch den Schnitt
wird selbstverständlich die Weiterleitung jeder Kraft und
jedes Momentes unmöglich gemacht. Der Schnitt hat also

als Aussage: für den Schnitt sind die sechs Beanspruchungsgrößen, das sind
die beiden Biegemomente, das Torsionsmoment, die beiden Querkräfte und die
Längskraft gleich Null.

99. Betrachtungen über das Kreuzgelenk und verwandte Anordnungen.
Während beim Scharnier, der Hülse und der genuteten Hülse die angegebenen
Aussagen ohne weiteres als zusätzliche Gleichungen zu den Gleichgewichtsbedingungen angesetzt werden können, ist, wie bereits oben erwähnt, für das
Kreuzgelenk eine besondere Betrachtung der Übertragungsvorgänge notwendig,
wenn es als Verbindung zweier unter einem bestimmten Winkel zueinander
stehenden Wellen verwandt wird[1]. Bei dieser Anwendung in den Gelenkwellen
wird durch das Kreuzgelenk ein Verdrehungsmoment von einer Welle in die

---

[1] Vgl. zu den folgenden Ausführungen: H. DIETZ, „Die Übertragung von Momenten
in Kreuzgelenken". Z. VDI 1938 S. 825 und 1939 S. 508.

andere, also sozusagen „um die Ecke" geleitet. Das Kreuzgelenk gibt einer verbiegenden Wirkung der beiden Wellen in jeder Richtung nach, setzt einer solchen keinen Widerstand entgegen. Das erhellt auch schon daraus, daß für eine umlaufende Wellenverbindung die Neigung der beiden Wellenachsen möglich ist, was ja relativ zur Welle betrachtet einem Biegen der Wellenverbindung um den Kreuzgelenkmittelpunkt in einer umlaufenden (also jede Lage einnehmenden) Ebene gleichkommt. Diese Eigentümlichkeit des Kreuzgelenkes zeigt uns, daß über das Gelenk hinaus kein Biegemoment von einer Welle auf die andere übertragen werden kann. Unsere oben aufgestellten Aussagen, daß die Biegemomente in dem Gelenk Null sind, sind also voll berechtigt, andererseits ist aber, wie gezeigt werden soll, gerade dieses Kreuzgelenk die Ursache für ein Biegemoment, das nicht von außen aufgebracht wird, sondern durch die Umlenkung des Drehmoments entsteht.

Für die weitere Betrachtung sei die in Abb. 413 dargestellte Wellenkonstruktion zugrunde gelegt. Unter der Voraussetzung, daß die drei Lager A, B, C Drehlager sind, daß also keine Momente, sondern nur Kräfte übertragen werden können, ist diese Konstruktion statisch bestimmt. Es liegen nämlich durch das eine feste und die zwei beweglichen Lager (Halslager) 1×3 und 2×2 Unbekannte vor, dazu kommt die eine Fessel einer Drehmomentenkupplung, also im ganzen acht Fesseln. Demgegenüber stehen die sechs Gleichgewichtsbedingungen der

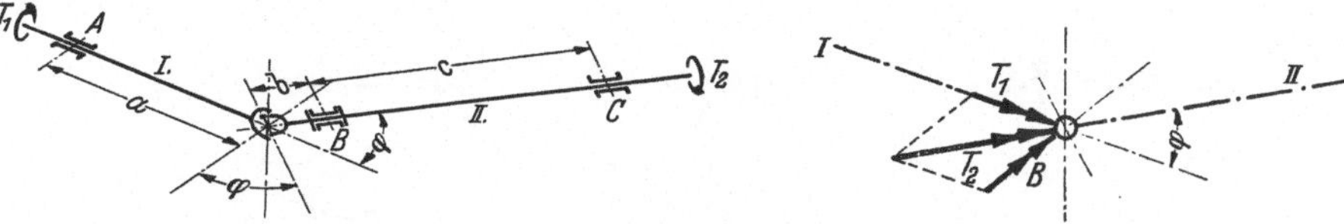

<table>
<tr><td>Abb. 413. Bestimmte Lagerung einer Wellenführung mit Kreuzgelenkkupplung.</td><td>Abb. 414. Die Weiterleitung eines Verdrehungsmomentes in die zweite Welle.</td></tr>
</table>

gesamten Konstruktion und die zwei Bedingungen des Kreuzgelenks, daß die beiden Biegungsmomente verschwinden müssen. In der Konstruktion wird das eingeleitete Torsionsmoment mit seinem Vektor T_1, das an der Gelenkstelle in der Welle I vorhanden ist, durch das Gelenk als ein Torsionsmoment um eine andere Achse, also als ein andersgerichteter Momentenvektor T_2, in die nächstfolgende Welle weitergeleitet. Diese vektorielle Änderung des Momentenvektors T_1 in T_2 kann aber nur mit Hilfe eines zweiten Vektors B geschehen sein, welch letzterer, aus der Ablenkungsart zu schließen, in der Ebene der Wellen und nur als Biegemoment in den Gabelebenen des Gelenks vorhanden sein kann, und zwar sowohl in dem rechten als auch im linken Konstruktionsteil. Dieser Vektor B muß so beschaffen sein, daß der resultierende Vektor von B und T_1 den Vektor T_2 der Welle II ergibt. Das Kreuzgelenk, das also gerade seine Eigenart darin besitzt, kein Biegemoment weiterzuleiten, muß hiernach offenbar zwangsläufig ein Biegemoment erzeugen, das nicht durch äußere Kräfte oder Momentenbelastungen bedingt ist. Um diese seltsame Erscheinung aufzuklären, müssen wir uns das Gelenk in seiner baulichen Gestaltung und dem dadurch bedingten Kräftespiel näher ansehen.

Das hier zu untersuchende Kreuzgelenk besteht im wesentlichen aus zwei Gabeln an den Enden der Wellen I und II (vgl. Abb. 415), die an einem starren Achsenkreuz K so angeordnet sind, daß die beiden Scharnierachsen der Gabeln stets unter einem Winkel von 90° stehen (grundsätzlich führt auch eine Neigung der Achsen des Kreuzes K unter einem anderen Winkel wie 90° zu brauchbaren Kreuzgelenken). Zur einfacheren Betrachtung der wirkenden Kräfte bzw. Momente lassen wir auf die Welle I nur ein reines Drehmoment einwirken, das auf die unter dem Winkel φ gegen die Welle I geneigte Welle II übertragen werden soll. Es sollen zwei Stellungen betrachtet werden: In der Stellung a (Abb. 415) liege die Gabel der Welle I in der gemeinsamen Ebene der beiden Wellenachsen; dagegen in Stellung b (Abb. 416) liege die Gabel der Welle II in

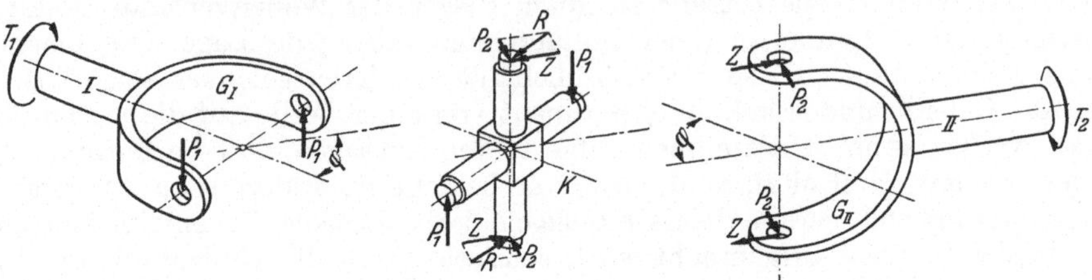

Abb. 415. Aufgelöstes Kreuzgelenk in Ausgangsstellung.

der gemeinsamen Ebene der beiden Wellenachsen. Die Gabel G_I (Gabel der Welle I) drückt auf das Achsenkreuz mit den beiden Kräften P_1, die zusammen das auf das Achsenkreuz ausgeübte Torsionsmoment $T_1 = P_1 \cdot h$ der Welle I darstellen[1]. Da von der Welle II jedoch auch nur ein Drehmoment abgenommen werden soll, wirken auf die beiden anderen Lagerzapfen des Achsenkreuzes K die beiden Kräfte P_2, die zusammen wiederum das auf das Achsenkreuz wirkende

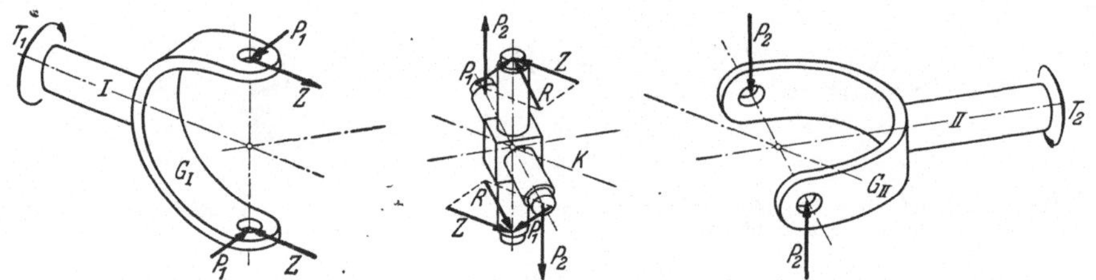

Abb. 416. Aufgelöstes Kreuzgelenk nach Drehung um 90°.

Torsionsmoment $T_2 = P_2 \cdot h$ der Welle II darstellen. Die umgekehrten Kräfte P_1 bzw. P_2 wirken auf die Gabeln G_I und G_II und halten in ihrer Wirkung mit T_1 bzw. T_2 Gleichgewicht. Die am Achsenkreuz angreifenden beiden Belastungen der P_1 und P_2, die also aus den äußeren Einflüssen zu entnehmen sind, vermögen allein sich nicht am Achsenkreuz K auszugleichen, da die beiden Kräftepaare nicht in derselben Ebene liegen. Die Zusammenwirkung der beiden Momente $P_1 \cdot h$ und $P_2 \cdot h$ würde vielmehr eine Drehung des Achsenkreuzes ergeben, die aber in Wirklichkeit nicht vorliegt. Es müssen somit noch Zusatzkräfte Z geweckt werden, die ein solches Kräftepaar bilden, daß das Übertragungsglied (Achsenkreuz K) in Ruhe bleibt. Diese Zusatzkräfte Z müssen in der zweiten Gabelebene liegen, da die Gabel nur in ihrer eigenen Ebene ein Kräftepaar auf das Achsenkreuz ausüben kann. Jede dieser beiden Kräfte Z läßt sich mit einer der Kräfte P_2 zu einer Resultierenden R zusammenfassen. Diese beiden Kräfte R müssen ein Kräftepaar $R \cdot h$ ergeben, das seinerseits dem von der Gabel I herrührenden Kräftepaar $P_1 \cdot h$ das Gleichgewicht hält, also in derselben Ebene liegen muß. Da nun

$$R \cdot h = P_1 \cdot h$$

sein muß, folgt, daß die erwähnten Kräfte R gleich sind den Kräften P_1, die von der Gabel I auf das Achsenkreuz K ausgeübt werden. Dadurch sind die Größen dieser beiden Zusatzkräfte bestimmt.

$$Z = R \sin\varphi = P_1 \sin\varphi\,.$$

---

[1] h ist die Maulweite der Gabeln, s. Abb. 418.

Das zusätzliche Kräftepaar $Z \cdot h$ stellt also ein Biegemoment für die Welle II dar, das in der Gabelebene der Welle II liegt, am Kreuzgelenk entsteht und die Größe besitzt:

$$Z \cdot h = P_1 \cdot h \, \sin\varphi = T_1 \cdot \sin\varphi \,,$$

da ja $P_1 \cdot h$ das in die Welle I eingeleitete Torsionsmoment darstellt.

Wir können auch einen etwas anderen Gedankengang anwenden. Auf das Achsenkreuz wirken infolge des eingeleiteten Verdrehungsmomentes T_1 und des weitergeleiteten T_2 zwei Kräftepaare:

$$P_1 \cdot h = T_1$$

und
$$P_2 \cdot h = T_2 \,.$$

Der Vektor des ersteren liegt in der Drehachse I, der des zweiten in der Drehachse II. Diese zwei Vektoren können nicht im Gleichgewicht stehen, weil sie nicht parallel gerichtet sind (Abb. 417). Damit nun doch Gleichgewicht entsteht, muß ein Vektor hinzugefügt werden, der das Vektoreneck schließt. Dieser Zusatzvektor muß natürlich so angeordnet werden, daß sein Moment durch die Konstruktion aufgenommen werden kann; es kann aber nur ein Kräftepaar übertragen werden, das in der Ebene der Gabel G_{II} liegt, also ein Biegungsmoment. Sein Vektor steht senkrecht zu dieser Ebene, also auch senkrecht zur Welle II (B_2). Das Vektoreck aus T_1, T_2 und B_2 muß geschlossen sein, es findet sich:

$$B_2 = T_1 \cdot \sin\varphi \,.$$

Der Vektor B_2 gibt aber ein Biegemoment an, das durch die Welle II aufgenommen wird. Das weitergeleitete Drehmoment ist bestimmt durch

$$T_2 = T_1 \cdot \cos\varphi \,.$$

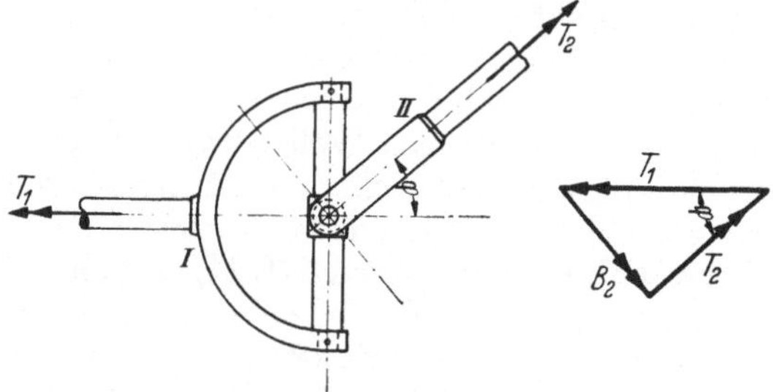

Abb. 417. Der Zusatz-Vektor (Biegungsmoment) bei der Ausgangsstellung.

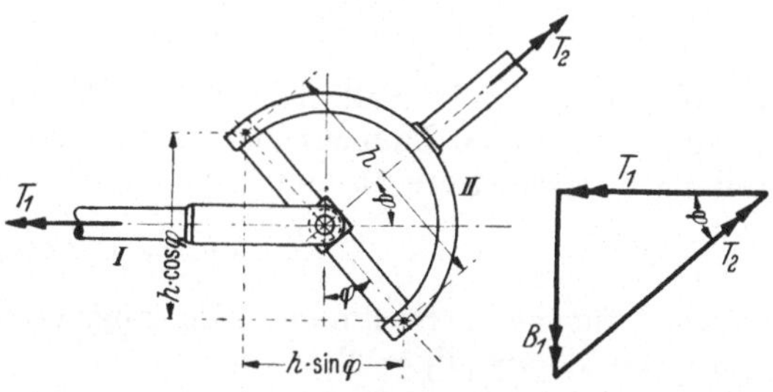

Abb. 418. Der Zusatz-Vektor (Biegungsmoment) bei der zweiten Stellung.

Wir können auch einfach sagen, der Drehmomentenvektor T_1 wird durch das Achsenkreuz K zerlegt in einen Biegemomentenvektor B_2 (entsprechend dem Moment $Z \cdot h$) und einen Drehmomentenvektor T_2, welchen beiden von der Welle II gegenwirkende Momente entgegengesetzt werden müssen, um Gleichgewicht herzustellen. Die Zerlegung des Drehmomentenvektors bzw. die Lösung der am Achsenkreuz auftretenden Gleichgewichtsaufgabe führt direkt auf das Ergebnis

$$T_2 = T_1 \cdot \cos\varphi \,,$$
$$B_2 = T_1 \cdot \sin\varphi \,.$$

Das Biegemoment B_2 muß durch die beiden Lagerstellen B und C aufgenommen werden. Es werden also die Lagerreaktionen:

$$B = C = T_1 \frac{\sin\varphi}{c} \,.$$

Daß diese Betrachtung der Zerlegung des Momentenvektors nicht allgemeingültig ist und nur in dem hier behandelten Fall a, wo die Gabel der Welle I horizontal, d. h. in der gemeinsamen Ebene der Wellenachsen liegt, Gültigkeit hat, zeigt die folgende Überlegung für die Stellung b des Kreuzgelenks (Abb. 416). In dieser Stellung stehe nun die Gabel G_{II} der Welle II in der den beiden Wellenachsen gemeinsamen Ebene. Das eingeleitete Drehmoment T_1 erzeugt am Achsenkreuz K ein Kräftepaar $P_1 \cdot h$, dem das durch T_2 als Reaktionsmoment erzeugte Kräftepaar $P_2 \cdot h$ gegenübersteht. Es ist aber nun durch diese beiden Kräftepaare wieder nicht möglich, das Achsenkreuz K im Gleichgewicht zu halten, da sie in verschiedenen Ebenen liegen. Um Gleichgewicht herbeizuführen, muß wieder ein weiteres Kräftepaar hinzugefügt werden, derart, daß das zugehörige Vektoreck geschlossen ist. Der Vektor des Kräftepaares $P_1 \cdot h$ fällt in die Achse I, des Vektors von $P_2 \cdot h$ in die Wellenachse II. Der Ergänzungsvektor muß in der gleichen Ebene der beiden Achsen liegen, das Moment selbst also in einer Ebene senkrecht zur Wellenebene (I, II). Wie es auch eingeführt wird, immer entsteht ein Biegungsmoment, da der ergänzende Vektor aus den Achsen I und II herausfällt. Nun muß aber dieses Zusatzkräftepaar selbstverständlich so liegen, daß es durch die Konstruktion übertragen werden kann. An der Gabel G_{II} bzw. an der zugehörigen Welle kann aber ein solches zusätzliches Kräftepaar, das ein Biegungsmoment ergibt, nicht aufgenommen werden, da die Endpunkte der Gabel nicht in der Ebene des nötigen zusätzlichen Kräftepaares, das ist eine Ebene senkrecht zur Ebene (I, II), liegen. Es kann allein von den Gabelenden der Gabel G_{I} als das in Abb. 416 eingezeichnete Kräftepaar $Z \cdot h$ als Biegemoment übernommen werden. Es ist also nun Gabel G_{I} bzw. Welle I Träger des entstehenden Biegemoments. Die Bestimmung der Größen mit Hilfe des Vektorendreiecks der Momente (Abb. 418) liefert:

$$T_2 = \frac{T_1}{\cos\varphi}; \quad B_1 = T_1 \cdot \operatorname{tg}\varphi .$$

Wir sehen also, daß im Falle b das aus Welle II abgenommene Torsionsmoment $_b T_2$, das als abgeleitetes Moment betrachtet werden soll, größer ist als das in der Stellung a hergeleitete Moment $_a T_2$. Es ist, da

$$_a T_2 = T_1 \cdot \cos\varphi$$

(T_1 wird für beide Stellungen, als eingeleitetes Drehmoment, gleich groß angenommen $_a T_1 = {}_b T_1 = T_1$)
und

$$_b T_2 = \frac{T_1}{\cos\varphi},$$

das Verhältnis:

$$\frac{_a T_2}{_b T_2} = \cos^2\varphi = \frac{T_{2\,\mathrm{min}}}{T_{2\,\mathrm{max}}}$$

ein Maß für das Schwanken des abgeleiteten Torsionsmomentes.

Das in die Welle I durch die Umlenkung des Drehmoments eingehende Biegemoment muß durch entsprechende Lagerkräfte wieder aufgehoben werden. Da die Welle I nur *ein* Drehlager (A) aufzuweisen hat, andererseits aber zur Aufnahme eines Biegemoments zwei Kräfte an verschiedener Stelle erforderlich sind, wird hier die Eigenschaft des Kreuzgelenks ausgenutzt, daß es eine Querkraft übertragen kann. Das Gelenk ist das zweite Lager für die Welle I, in ihm stützt sie sich gegen die andere Welle II ab. Im Gelenk wird also in dieser Stellung b sowohl eine Querkraft Q gegen Teil I ausgelöst, wie eine gleich große, entgegengesetzt gerichtete Querkraft Q' für den Teil II. Durch diese Querkraft, die für den abgetrennten Wellenteil II wie eine äußere Belastung in der Gelenkstelle wirkt, wird also auch die Welle II mit einem zusätzlichen Biegemoment beansprucht, dessen Größe von den Abständen der einzelnen Lagerstellen abhängt. Es wird mit den Bezeichnungen der Abb. 413:

$$A \cdot a = B_1, \quad \text{woraus} \quad A = \frac{T_1}{a} \cdot \operatorname{tg} \varphi$$

und

$$Q \cdot (b + c) = B \cdot c, \quad \text{woraus} \quad B = Q \cdot \frac{b + c}{c}.$$

Da aber

$$Q = A = \frac{T_1}{a} \cdot \operatorname{tg} \varphi$$

ist, wird

$$B = T_1 \cdot \operatorname{tg} \varphi \cdot \frac{b + c}{a \cdot c}.$$

Weiterhin ist

$$Q \cdot b = C \cdot c$$

und damit

$$C = T_1 \cdot \operatorname{tg} \varphi \cdot \frac{b}{a \cdot c}.$$

Die Betrachtung dieser beiden Stellungen zeigt uns, daß die Umlenkung des zu übertragenden Drehmomentes immer mit Hilfe von Biegemomenten erfolgen muß, das von einem bzw. in den Zwischenstellungen auch von beiden Wellenteilen aufgebracht werden muß, und daß weiterhin das entnommene Verdrehungsmoment (T_2) in seiner Größe beim Umlauf der Wellen schwankt. Es treten also wechselnde Biegebeanspruchungen auf in beiden Wellenteilen, und die Schwankungen der Biegemomente und des Verdrehungsmomentes können die Ursache von Schwingungen werden.

Wir haben hier die eigentümliche Erscheinung, daß in dem Gelenk unmittelbar kein Biegemoment entstehen kann, daß aber mittelbar durch die Gelenkanordnung doch ein Biegemoment hervorgerufen wird durch die Querkraft, die auftritt und weitergeleitet wird. Die Verhältnisse sind in gewissem Sinne ähnlich denen der gewinkelten Gerberbalken (Nr. 66).

Die Ermittlung der in beliebiger Lage auftretenden zusätzlichen Biegemomente läßt sich durch die Betrachtung der Momentenvektoren in zwei Ebenen vornehmen. Bei jeder beliebigen Stellung des Achsenkreuzes (Koppelglied K) ist das umlenkende Zusatzmoment, das als resultierendes Moment der beiden einzelnen Biegemomente entsteht, so gerichtet, daß sein Vektor erstens in der Ebene der beiden Wellenachsen, und zweitens in der Ebene des um 90° voreilenden Achsenkreuzes K liegt. Die Schnittlinie dieser beiden Ebenen gibt uns also die Lage des zusätzlichen Momentenvektors und das Vektorendreieck der Momente in der Ebene der beiden Wellen die Größe des zusätzlichen Momentes an.

Die Zerlegung des Zusatzmomentes in seine beiden Bestandteile, die Biegemomente der Wellen, kann nun in der oben beschriebenen Ebene des um 90° voreilenden Achsenkreuzes erfolgen. Zerlegen wir den Zusatzmomentenvektor in Richtung der beiden Achsen des voreilenden Koppelgliedes K, also senkrecht zu den wirklichen Scharnierachsen der Wellen, so stellen diese Teilvektoren unmittelbar die Momentengrößen der beiden Biegemomente dar, die von den beiden Gabeln bzw. den beiden Wellen aufgebracht werden müssen. Der Biegemomentenvektor der Gabel G_I steht z. B. senkrecht zu seiner Gabelebene, d. h. in Richtung der um 90° voreilenden zugehörigen Achse des Koppelgliedes. Wie die Biegemomente von den Wellen selbst aufgebracht werden, hat die Betrachtung der Stellungen a und b gezeigt. Bei doppelt gelagerten Wellenteilen werden die beiden Lager belastet, bei *einer* Lagerstelle im weiteren Verlauf des Wellenteiles wird die im Gelenk übertragbare Querkraft zur Aufnahme des Biegemomentes herangezogen.

Das Drehschiebekreuzgelenk besitzt nun diese Übertragungsmöglichkeit der Querkraft nicht. Das bedeutet, daß für den Wellenteil I unter gleicher Belastung wie Abb. 413 bei Verwendung eines querverschieblichen Kreuzgelenkes ein zweites Lager anzubringen ist, damit das entstehende Biegemoment durch entsprechende Lagerkräfte aufgenommen werden kann.

Im übrigen gelten die gleichen Ergebnisse für das querverschiebliche Kreuzgelenk wie die oben beschriebenen für das normale Kreuzgelenk. Die zusätzliche Anbringung des Lagers entspricht auch durchaus den Bedingungen, die wir an früherer Stelle für dieses Gelenk ausgesprochen haben; durch die Einführung des Kreuzgelenkes mit Querverschieblichkeit kommen zu den sechs allgemeinen Gleichgewichtsbedingungen noch die vier weiteren Aussagen, daß die beiden Biegemomente und die beiden Querkräfte der äußeren Belastung an der Gelenkstelle Null sind. Diesen insgesamt zehn Gleichungen entsprechen auch die auftretenden zehn Unbekannten der Fesselungen. Als Unbekannte treten auf: die sechs unbekannten Fesseln der drei Halslager, die drei Fesseln des unverschieblichen Lagers und die Drehmomentenfesselung der Gesamtkonstruktion. —

Auch die Drehmomentenübertragung durch Knorpelgelenke und Kegelräder ist in der oben beschriebenen Weise zu betrachten. Als neue Fessel tritt hier, entsprechend unserer Aussagen über die reine Drehkoppel, eine Aufnahmemöglichkeit für die Längskraft auf. Während bei Knorpelgelenken (mit zwei Eingriffsstellen) die beiden Kräfte, die zusammen das Drehmoment bilden, von den beiden Eingriffsstellen des Gelenkes selbst aufgebracht werden, die Welle also mit einem reinen Torsionsmoment beanspruchen, ist beim Kegelzahnradtrieb (Abb. 419) nur eine übertragene Einzelkraft, der Zahnflankendruck, vorhanden. Die andere Kraft, die mit dem Zahndruck zusammen für das entstehende Drehmoment verantwortlich ist, muß von einem Lager aufgebracht werden, wodurch die Forderung entsteht, daß das Lager möglichst nahe an das Übertragungsglied, also hier das Kegelrad, herangebaut werden muß, wenn eine große Biegebeanspruchung vermieden werden soll. Wegen der Stetigkeit der Kraftangriffsstelle in bezug auf die beiden Wellenachsen bzw. der beiden Achsen gemeinsamen Ebene, ist hier auch ein stets gleichbleibender Beanspruchungszustand zu erwarten, der je nach der Zähnezahl nur ganz schwache Schwankungen aufweist. Die übertragende Kraft P ist mit großer Annäherung eine festliegende konstante exzentrische Querkraft, die sowohl ein Biegemoment als auch ein Torsionsmoment in der Welle erzeugt.

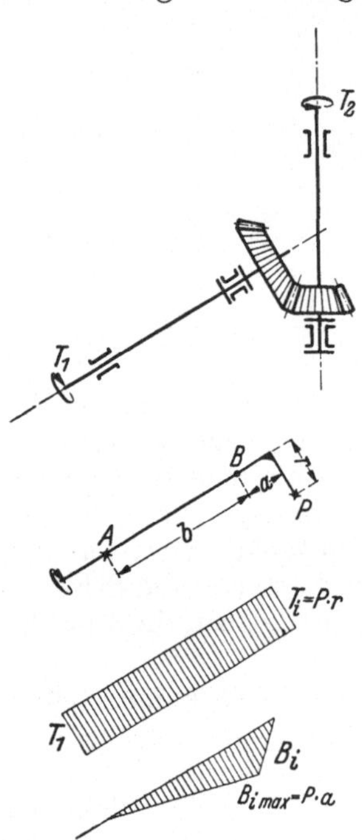

Abb. 419. Kegelradgetriebe als Beispiel einer Drehkoppel.

Siebenter Teil

Das Raumfachwerk und allgemeine Raumwerk.

XXI. Begriff und Bildung des räumlichen Fachwerks.

100. Die Bildungsgesetze für das freie Fachwerk. Das räumliche Fachwerk stellt genau wie das ebene eine Verbindung von Stäben dar, die zu einem unverschieblichen tragenden Gerüst so vereinigt sind, daß alle Bauglieder nur Längskräfte aufnehmen, sofern die Lasten nur in den Knotenpunkten wirken. Als Voraussetzungen für diese Bedingung gelten wieder, daß 1. alle Stäbe starr, 2. die Stäbe gelenkig miteinander verbunden sind.

Statisch bestimmt nennen wir das Fachwerk, wenn bei jeder beliebigen Belastung in allen Stäben eindeutige und endliche Stabkräfte auftreten. Es muß dann notwendigerweise die Zahl der zur Verfügung stehenden Gleichungen gleich der Zahl der Unbekannten sein; letztere sind durch die Stabkräfte dargestellt, also muß die Zahl der Stäbe gleich der Zahl der Gleichungen sein. Die Gleichungen sind dadurch bedingt, daß das Fachwerkgleichgewicht gesichert ist. Zu diesem Zweck müssen sowohl die gesamten äußeren Kräfte im Gleichgewicht stehen, wie auch die auf jeden Knotenpunkt wirkenden Kräfte (Last und Stabkräfte). Für die erste Forderung müssen sechs Gleichungen erfüllt sein, weil es sich um zerstreute Kräfte im Raume handelt; für die zweite Forderung jedesmal drei Bedingungen, da Kräfte im Raume durch einen Punkt vorliegen. Bei n Knotenpunkten würden demgemäß $3n$ Knotenpunktsbedingungen bestehen. Wenn aber an allen Knotenpunkten Gleichgewicht vorhanden ist, dann gilt dieses auch ohne weiteres für die sämtlichen äußeren Kräfte des ganzen Fachwerks. Dafür waren aber schon sechs Gleichungen nötig, so daß wir tatsächlich nicht mehr $3n$ unabhängige Gleichungen haben, sondern nur noch $(3n-6)$; *es muß demgemäß jedes statisch bestimmte freie Raumfachwerk*

$$s = 3n - 6 \qquad\qquad (44)$$

Stäbe besitzen. Das ist eine notwendige Bedingung, aber keine ausreichende, da ja s Gleichungen mit s Unbekannten nicht immer eindeutige Lösungen zu haben brauchen.

Zur geforderten *unverschieblichen* Festlegung des Fachwerks brauchen wir eine bestimmte Mindestzahl von Stäben. Es läßt sich zeigen, daß diese Mindestzahl auch wieder $(3n-6)$ ist. Ein Fachwerk, das diese Mindestzahl von Stäben besitzt und unverschiebbar ist, nennt man kinematisch bestimmt. A. Föppl hat nachgewiesen, daß jedes statisch bestimmte Fachwerk auch kinematisch bestimmt ist, und umgekehrt[1].

Für den Aufbau der bestimmten Raumfachwerke lassen sich wie bei den ebenen Fachwerken drei Bildungsgesetze aufstellen.

Erstes Bildungsgesetz. Zur Festlegung eines neuen Knotens in der Ebene gehören zwei Stäbe, im Raum dagegen drei (Dreibockgerüst). Wir werden also ein bestimmtes Raumfachwerk erhalten, wenn wir den Aufbau so vornehmen,

---

[1] Vgl. A. Föppl: Das Fachwerk im Raum, Leipzig 1892.

daß von bereits vorhandenen festliegenden Knotenpunkten ausgehend je drei Stäbe einen neuen Knoten bilden.

Wir erhalten damit das **erste Bildungsgesetz:**

Ein bestimmtes Raumfachwerk wird gewonnen, wenn ausgehend von einem Dreieck weitere Knotenpunkte durch je drei Stäbe angeschlossen werden, die nicht in einer Ebene liegen.

Die *kinematische Bestimmtheit* (Unverschieblichkeit) dieser Knotenanschlüsse und damit des ganzen Raumfachwerks ist leicht einzusehen: Schließen wir an ein Stabdreieck (bzw. an ein starres Gebilde) einen Punkt S (Abb. 420) mit zwei Stäben ① und ② an, so kann sich der Punkt S auf einem Kreisbogen um die Achse AB drehen. Andererseits erlaubt

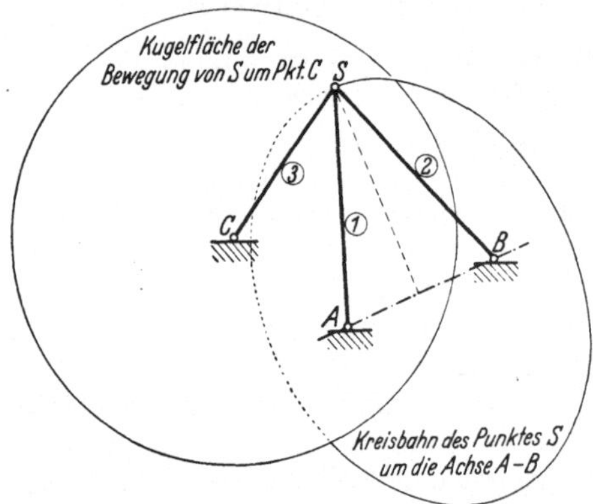

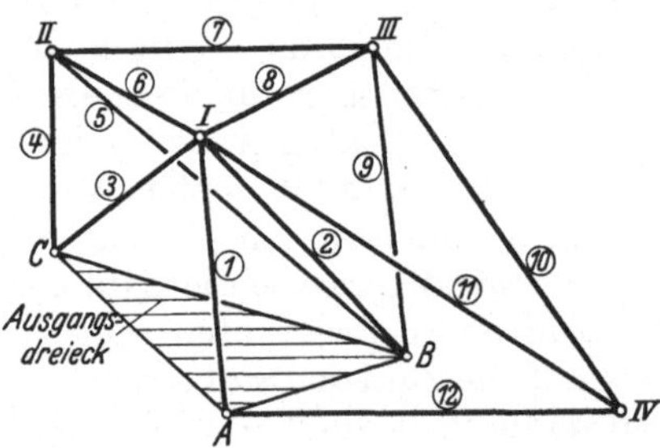

Abb. 420. Unverschieblichkeit eines durch drei Stäbe angeschlossenen Punktes.   Abb. 421. Fachwerk nach dem ersten Bildungsgesetz.

ein einzelner Stab ③ seinem Endpunkt S eine Bewegung auf einer Kugeloberfläche. Da aber Punkt S sowohl durch die Stäbe ① und ② als auch durch ③ angeschlossen ist, muß er sich gleichzeitig auf der Kugel und dem angegebenen Kreis bewegen, d. h. er liegt fest, da Kugel und Kreis einen eindeutigen Schnittpunkt haben, sofern die drei Stäbe nicht in einer Ebene liegen.

Daß das nach dem ersten Bildungsgesetz aufgebaute Raumfachwerk (Abb. 421) zugleich *statisch bestimmt* ist, geht aus den Gleichgewichtsbedingungen der einzelnen Knoten hervor. Ähnlich wie bei dem ebenen Fachwerk können wir auch hier der Reihe nach immer einen Knotenpunkt (IV, III usw.) abtrennen, und zwar jetzt mit je drei Stäben, und dabei jedesmal die Stabkräfte mit Hilfe der drei Gleichgewichtsbedingungen eindeutig berechnen, sofern die drei betreffenden Stäbe am Knoten nicht in einer Ebene liegen. Wenn ein Punkt durch drei Stäbe in der gleichen Ebene angeschlossen ist, so weist er Verschieblichkeit auf, und die durch ihn laufenden Stäbe erhalten vieldeutige bzw. unendlich große Stabkräfte, ganz entsprechend dem Fall des ebenen Fachwerks, wo zwei Stäbe in die gleiche Gerade fallen.

Für die Stabzahl eines Raumfachwerks nach dem ersten Bildungsgesetz ergibt sich $(3n-6)$; denn

für den an das Dreieck angeschlossenen Teil ist $s_2 = 3n_2,$

für das Dreieck selbst $(n_1 = 3, \; s_1 = 3)$ $s_1 = 3n_1 - 6;$

also für das Gesamtgebilde $s_1 + s_2 = 3(n_1 + n_2) - 6$

$$s = 3n - 6.$$

Diese Stabzahl ist also zur Erreichung der Unverschieblichkeit notwendig.

Als **zweites Bildungsgesetz** können wir aufstellen: *Zwei statisch bestimmte Raumfachwerke lassen sich zu einem Fachwerk vereinigen durch Einführung von sechs Verbindungsstäben, die sich in allgemeiner Lage befinden müssen, im beson-*

deren nicht durch eine Gerade geschnitten werden dürfen. Drei Stäbe können durch einen gemeinsamen Punkt ersetzt werden.

Wir sehen hier wieder die Analogie zum zweiten Bildungsgesetz des ebenen Fachwerks. Zum Nachweis der richtigen Stabzahl der statischen und kinematischen Bestimmtheit benutzen wir die gleichen Gedankengänge wie dort. Die Stabzahl der beiden Teilfachwerke nach dem ersten Bildungsgesetz beträgt:

$$s_1 = 3n_1 - 6$$

und

$$s_2 = 3n_2 - 6;$$

hinzu kommen die Verbindungsstäbe:

$$s_3 = 6,$$

so daß als Gesamtstabzahl besteht

$$s_1 + s_2 + s_3 = 3(n_1 + n_2) - 12 + 6$$
$$s = 3n - 6.$$

Die *statische Bestimmtheit* des nach dem zweiten Bildungsgesetz aufgebauten Raumfachwerks ist klar ersichtlich, wenn wir die beiden Teilfachwerke (Abb. 422) als für sich bestehende unverschiebliche räumliche Gebilde, die wir in Zukunft mit „Raumwerk" bezeichnen wollen (entsprechend der unverschieblichen „Scheibe" in der Ebene), betrachten und diese gegeneinander lagern. Zur unverschieblichen Lagerung eines Körpers oder eines irgendwie gestalteten unverschieblichen Raumwerks gegen eine feste Unterlage sind sechs voneinander unabhängige Fesselungen nötig, die hier durch

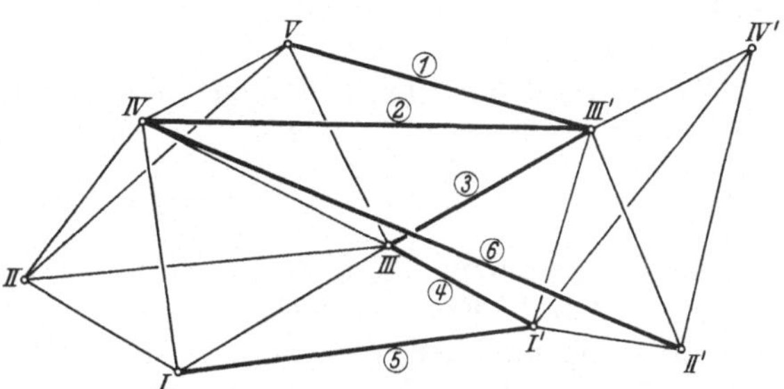

Abb. 422. Fachwerk nach dem zweiten Bildungsgesetz.

die sechs Stabkräfte dargestellt sind. Wie früher unter Nr. 87 gesagt, müssen diese Stäbe gewisse Sonderlagen vermeiden, dürfen insbesondere nicht von einer Geraden getroffen werden können. Ein Schnitt durch die sechs Stäbe liefert dann eindeutig die sechs unbekannten Stabkräfte, die mit der gesamten Last links oder rechts im Gleichgewicht stehen müssen. Diese sechs Stabkräfte wirken auf den Teil links, wie auch auf den Teil rechts ein; da aber diese Teile nach Voraussetzung statisch bestimmt sind, erhalten sie eindeutige und endliche Stabkräfte.

Die Unverschieblichkeit eines nach diesem Bildungsgesetz aufgebauten Raumfachwerkträgers, und damit die kinematische Bestimmtheit, ist aus geometrischen Betrachtungen festzustellen.

Entsprechend der Bildungsgesetze des ebenen Fachwerks können wir auch im Raume ein drittes Bildungsgesetz, das Gesetz der Stabvertauschung, angeben:

Ein nach dem ersten oder zweiten Bildungsgesetz aufgebautes Raumfachwerk, allgemein ein bestimmtes Raumfachwerk, kann durch Stabvertauschung in ein anderes statisch bestimmtes Raumfachwerk umgewandelt werden, wenn der Ersatzstab zwischen zwei solchen Punkten, die sich nach Fortnahme des Tauschstabes gegeneinander bewegen können, eingezogen wird, und zwar so, daß die Beweglichkeit (auch eine unendlich kleine) aufgehoben wird.

In Abb. 423 ist ein Raumfachwerk nach dem ersten Bildungsgesetz hergestellt: an das Dreieck I, II, III sind der Reihe nach die anderen Knoten durch je drei

Stäbe angeschlossen. Durch Entfernung des Tauschstabes t entsteht ein bewegliches System. Denkt man sich nun in diesem Gebilde den einen von den beiden
Knotenpunkten, zwischen denen der Ersatzstab eingezogen werden soll (etwa A),

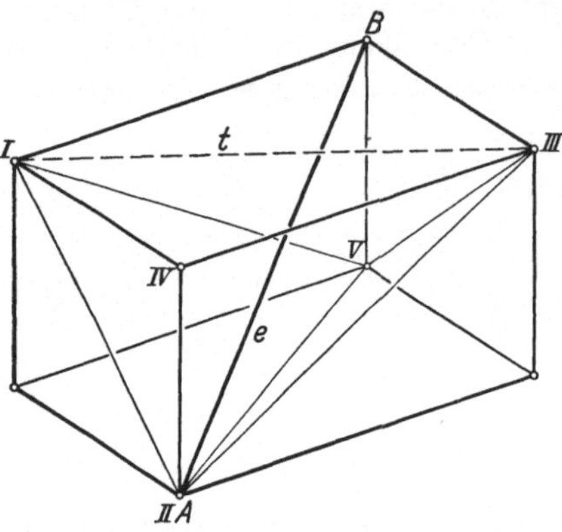

Abb. 423. Fachwerk nach dem dritten Bildungsgesetz: Stabvertauschung.

festgehalten, so beschreibt der andere Endpunkt B im allgemeinen eine Raumkurve.
Andererseits erlaubt der Ersatzstab e, der
im Punkt II angeschlossen wird, seinem
anderen Endpunkt B eine Bewegungsmöglichkeit auf einer Kugeloberfläche, deren
Mittelpunkt in II liegt. Besitzt nun die
entstehende Raumkurve des Punktes B nur
einen einzigen Punkt mit der Kugeloberfläche gemeinsam, d. h. schneidet die
Raumkurve die Kugelfläche, so ist der Ersatzstab richtig eingezogen, das Fachwerk
ist unverschieblich. Liegt die Raumkurve
dagegen auf der Kugel der Ersatzstabbewe-
gung, oder berührt sie diese Kugelfläche,
so wird das Fachwerk durch Einführung

des Ersatzstabes nicht unverschieblich, d. h. der Ersatzstab ist an einer anderen
Stelle einzufügen.

Die Stabzahl der durch einfache oder mehrfache Stabvertauschung hervor-
gegangenen Fachwerke ist wieder wie bei den beiden Bildungsgesetzen

$$s = 3n - 6,$$

da ja kein Stab hinzugekommen ist; für die herausgenommenen Tauschstäbe wird
die gleiche Anzahl Ersatzstäbe eingeführt. Die kinematische Bestimmtheit, d. h.
die Unverschieblichkeit des Fachwerks, wird durch Vermeidung der falschen
Ersatzstäbe gesichert, die statische Bestimmtheit liegt alsdann auch vor, da ein
kinematisches bestimmtes Fachwerk zugleich statisch bestimmt ist. Sie läßt
sich auch jederzeit auf Grund des auf S. 354 angegebenen Berechnungsganges
erweisen.

Es sei hier noch auf eine besonders einfache Gestalt von Raumfachwerken
hingewiesen: das FÖPPLsche *Flechtwerk*, eine Form, die die meisten praktisch

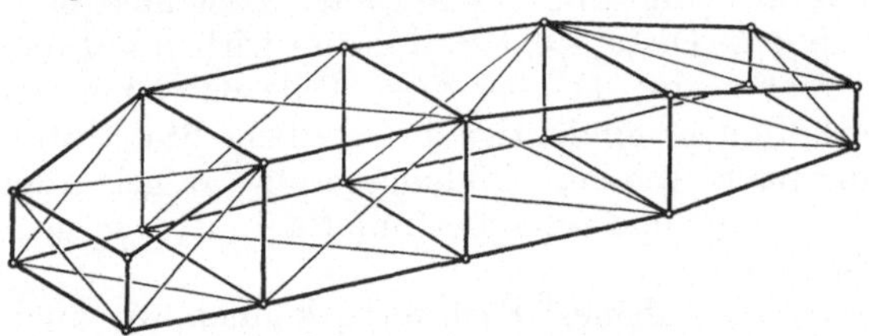

Abb. 424. Einfaches Flechtwerk.

ausgeführten Raumfachwerke
als Grundlage haben. *Man versteht unter Flechtwerk ein System
von Stäben, das aus lauter anein-
andergrenzenden Dreiecken besteht, die einen einfach zusammenhängenden Raum umschließen.*
Es stellt also einen einfachen
Hohlraum dar, der von einem

Fachwerksmantel in Form eines Dreiecknetzes umschlossen wird (Abb. 424).
Solche Stabsysteme besitzen immer eine Stabzahl von

$$s = 3n - 6,$$

also so viel, wie für die statische und kinematische Bestimmtheit erforderlich ist.
Der Beweis ist einfach: nach dem bekannten EULERschen Satz besteht für einen
Vielflächner der Zusammenhang:

$$k = e + f - 2,$$

wobei k die Zahl der Kanten, e diejenige der Ecken und f die der Seitenflächen bedeutet. Denken wir nun den Vielflächner aus lauter Dreiecken begrenzt, etwa einen Achtflächner, so ist die Zahl der Kanten

$$k = \frac{3f}{2} \left(\frac{1}{2}, \text{ weil jede Kante zweimal vorkommt}\right).$$

Diesen Wert in die obere Gleichung eingesetzt, ergibt:

$$k = 3e - 6.$$

Ersetzen wir die Kanten durch Stäbe und die Ecken durch die Knotenpunkte, so ist damit die Gültigkeit der aufgestellten Bestimmung allgemein erwiesen, da es ja für die Stabzahl ganz gleichgültig ist, ob die einzelnen Dreieckseiten in Körperkanten liegen oder in dieselbe Ebene fallen.

Es ist damit aber noch nicht gesagt, daß die Flechtwerke auch tatsächlich bestimmt sind, denn die Formel für die Mindestzahl der Stäbe stellt bezüglich der Bestimmtheit eine notwendige, aber noch keine hinreichende Bedingung dar. So ist z. B. das in Abb. 425 dargestellte Flechtwerk, bei dem die Fachwerkswände ein sechsseitiges Prisma umschließen, dessen obere und untere Begrenzungswand durch sechs in gleicher Ebene liegende Dreiecke gebildet wird, nicht statisch bestimmt, obwohl es $(3n-6)$ Stäbe besitzt. Die mittleren Knotenpunkte A, B, um die die sechs Dreiecke in einer Ebene herumliegen, sind gegeneinander beweglich. Das ist ganz allgemein stets der Fall, wenn sich die um einen Knotenpunkt herumliegenden Dreiecke in einer Ebene befinden.

Flechtwerke lassen sich also bilden, indem man ein beliebiges Dreieckssystem über irgendeine räumliche Fläche ausbreitet, die einen einfachen Hohlraum umschließt. Statisch bestimmte Flechtwerke

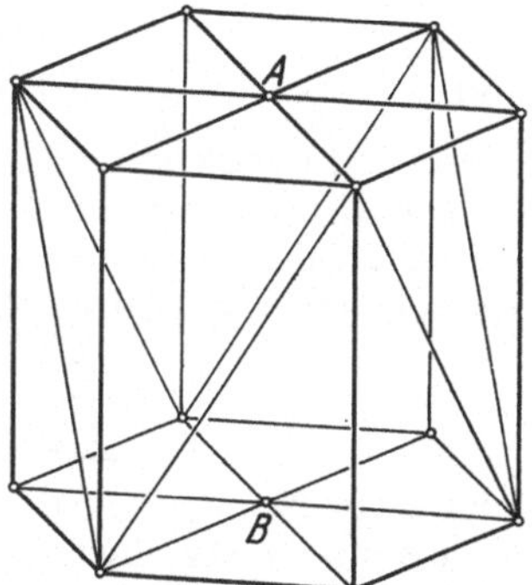

Abb. 425. Zum Teil verschiebliches Flechtwerk.

im Raum stellen ein „Raumwerk" dar. Sie entsprechen in der Ebene einer bestimmten „Scheibe", die aus lauter Dreiecken zusammengesetzt ist. Wenn eine solche ebene Dreiecksscheibe innere Öffnungen aufweist, wird sie, wie in Nr. 79 gezeigt, unbestimmt, und zwar tritt mit jeder Öffnung eine dreifache Unbestimmtheit auf. Ebenso wird auch ein von lauter Dreiecken umschlossenes räumliches Mantelgebilde unbestimmt, wenn es eine oder mehrere Öffnungen aufweist, und zwar entsteht durch jede Öffnung eine sechsfache Unbestimmtheit. Eine mit Dreiecken überzogene Wulstfläche ist z. B. sechsfach unbestimmt. Es entstehen so die mehrfachen Flechtwerke.

101. Gestützte Raumfachwerke. (Räumliche Fachwerksträger.) Die Raumfachwerke dienen dazu, als Raumträger Kräfte aufzunehmen und in den Boden oder eine andere Konstruktion weiterzuleiten. Freie Raumfachwerke, d. h. solche, an denen sich die äußeren Kräfte ohne Lagerung das Gleichgewicht halten, kommen fast nur im Flugzeugbau vor, und auch hier kann man von einer Lagerung der Rumpffachwerke an den Flügel oder der Flügelfachwerke an den Rumpf sprechen bzw. von Stützung des ganzen Flugzeugs auf der Luft. Im allgemeinen ist also das Raumfachwerk stets mit einer anderen Konstruktion (Erde oder anderes Raumwerk) zur Weiterleitung der Kräfte verbunden bzw. an diese gelagert. Zur unverschieblichen und statisch bestimmten Verbindung (Stützung) eines Raumwerks mit einem anderen sind nach früherem sechs Fesselungen nötig, die als Stützungsstäbe oder Lager und andere Anschlüsse ausgeführt werden können. Da die Erde als Fachwerk angesehen werden kann, stellt die Verbindung eines freien Raumfachwerks mit ihr durch sechs Stäbe nichts anderes als das zweite Bildungsgesetz dar. Dieses System kann nun wieder weiter verwandelt werden, indem wir nach dem dritten Bildungsgesetz dem Fachwerk einen Stab fortnehmen und die entstehende Beweglichkeit des ganzen Raumsystems (Fachwerk + Erde) durch Einfügung eines anderen Fachwerkstabes oder eines neuen Stützungsstabes (Ersatzstab) bzw. einer entsprechenden Fesselung beseitigen. Die Gesamtzahl von Fachwerksstäben + Stützungsstäben ändert sich bei dieser Stabvertauschung nicht und wir erhalten damit wieder eine ähnliche Beziehung zwischen Knotenzahl, Stabzahl und Anzahl der Fesselungen, wie wir sie beim ebenen Fachwerk aufgestellt hatten. Im Ausgangsfachwerk hatten wir

$$6 + s = 3n,$$

und allgemein wird jetzt der Zusammenhang dieser drei Größen gegeben durch

$$r + s = 3n, \tag{45}$$

wobei $s =$ Anzahl der Stäbe,

            $r =$ Anzahl der Lagerbedingungen (Fesseln)

und $n =$ Anzahl der Knoten.

Diese Bedingung gilt also für jeden statisch bestimmten Raumfachwerkträger.

Die Ermittlung der sechs Lagerreaktionen geschieht mit den sechs Gleichgewichtsbedingungen für zerstreut im Raum wirkende Kräfte, also etwa mit drei Komponenten und drei Momentenbedingungen

$$\sum X_i = 0, \quad \sum Y_i = 0, \quad \sum Z_i = 0,$$
$$\sum {}_xM_i = 0, \quad \sum {}_yM_i = 0, \quad \sum {}_zM_i = 0;$$

oder sechs Momentenbedingungen: die Momente um sechs Achsen in allgemeiner Lage müssen verschwinden. Sonderlagerungen (Lagerung beweglicher Systeme durch mehr als sechs Fesselungen, entsprechend dem dritten Bildungsgesetz) können durch Legen jeweils geeigneter Schnitte oder durch Stabvertauschung berechnet werden, wenn wir in bekannter Weise die durch den Schnitt getroffenen, also freigemachten Lagerkräfte und inneren Kräfte als unbekannte äußere Kräfte einführen, die auf den losgelösten Fachwerksteil wirken.

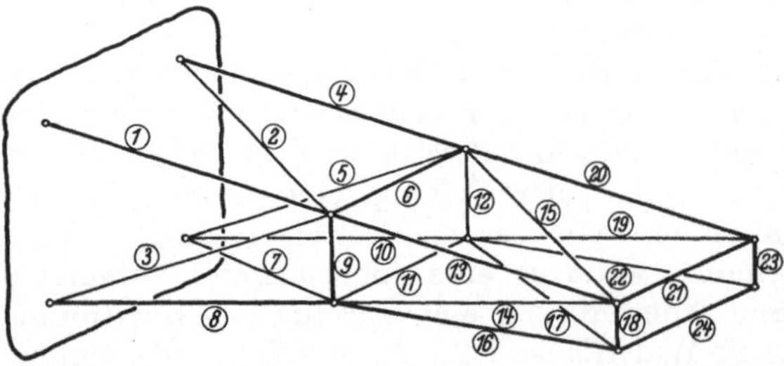

Abb. 426. Fachwerksträger nach dem ersten Bildungsgesetz.

Jedes unverschiebliche freie Raumfachwerk stellt also, wie jeder Körper, ein Raumwerk dar, das durch sechs Fesselungen statisch bestimmt an die Erde oder eine andere Konstruktion angeschlossen und so als Raumfachwerksträger ausgebildet werden kann. Es kann aber ein Raumfachwerksträger auch unmittelbar nach dem ersten Bildungsgesetz aufgebaut werden: ausgehend von einem starren Körper (Erde) wird je ein Punkt durch drei Stäbe angeschlossen (Abb. 426).

XXII. Berechnung der räumlichen Fachwerksträger.

102. Die Stabkräfte bei Fachwerksträgern nach dem ersten Bildungsgesetz. Bei jedem gestützten Raumfachwerk können naturgemäß alle Stabkräfte grundsätzlich dadurch gefunden werden, daß man die $(3n - 6)$ Gleichgewichtsbedingungen aufstellt, indem man für die einzelnen Knotenpunkte die Komponentenbedingungen verwendet, es entstehen so $(3n-6)$ Gleichungen mit $(3n-6)$ Unbekannten. Das gibt aber eine sehr umfangreiche Rechenarbeit.

Die beim Aufbau gefundene Analogie des räumlichen Fachwerks mit dem ebenen Fachwerk legt uns den Gedanken nahe, auch in der Berechnung der Stabkräfte die entsprechenden Verfahren zu verwenden, die sich aus der sinngemäßen Übertragung des Lösungsverfahrens für das ebene Fachwerk auf das räumliche Problem ergeben. Wir werden hiernach im Raum Knotenpunktsverfahren und Schnittverfahren aufstellen können, die allerdings in der allgemeinen Form, besonders bei der graphischen Behandlung, in ihrer praktischen Durchführung auf mehr oder weniger große Hindernisse stoßen, weil sich eine klare und übersichtliche Anordnung der räumlichen Lasten und damit auch der Stabkräfte nicht ohne weiteres darstellen läßt. Diese Tatsache der schlechten Darstellbarkeit der Lösungsverfahren führt dann zu Sonderlösungswegen, die lediglich aus dem praktischen Gesichtspunkt entstanden sind, die Arbeit (Rechen- oder Zeichenarbeit) bei der Ermittlung der Stabkräfte zu vereinfachen.

Der Grundgedanke zur Ermittlung der Kräfte in den Stäben eines Fachwerksträgers, der nach dem ersten Bildungsgesetz aufgebaut ist, ist der des ebenen Fachwerks: wir führen einen Abbau der Knoten durch, wobei wir die umgekehrte Reihenfolge des Aufbaues innehalten. Wir untersuchen also zunächst den zuletzt aufgebauten Knotenpunkt, das ist den Knotenpunkt, der nur drei Unbekannte aufweist. In Abb. 427 ist der zuletzt aufgebaute, also zuerst abzubauende Knoten der Punkt VIII. Wir finden hier eine bekannte äußere Kraft P_3 vor, die mit den drei Stabkräften S_{22}, S_{23} und S_{24} im Gleichgewicht stehen muß. Dann gehen wir zu anderen Knoten über, wo je drei Unbekannte vorliegen.

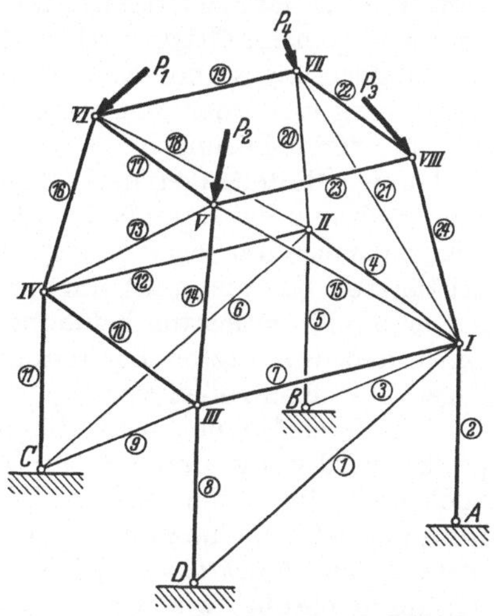

Abb. 427. Das Knotenpunktsverfahren beim Fachwerksträger.

Ist ein freies, nach dem ersten Bildungsgesetz aufgebautes Fachwerk durch sechs Fesseln festgelegt, so wird man zweckmäßig zunächst die Fesselkräfte berechnen und dann das gleiche Abbauverfahren anwenden können.

Es begegnet uns also an den einzelnen Knoten das Problem des räumlichen Dreibocks: eine Kraft ist mit drei anderen in gegebenen Richtungen ins Gleichgewicht zu setzen. Für diese Aufgabe sind in Nr. 18 und 19 verschiedene Verfahren analytischer und graphischer Art angegeben.

Es sollen X_3, Y_3 und Z_3, die Komponenten der Kraft P_3, in den drei Achsenrichtungen sein. Dann lassen sich die Gleichungen für diesen Knotenpunkt in allgemeiner Form aufstellen nach den Formeln (17):

$$\frac{S_{22}}{l_{22}} \cdot x_{22} + \frac{S_{23}}{l_{23}} \cdot x_{23} + \frac{S_{24}}{l_{24}} \cdot x_{24} + X_3 = 0,$$

$$\frac{S_{22}}{l_{22}} \cdot y_{22} + \frac{S_{23}}{l_{23}} \cdot y_{23} + \frac{S_{24}}{l_{24}} \cdot y_{24} + Y_3 = 0,$$

$$\frac{S_{22}}{l_{22}} \cdot z_{22} + \frac{S_{23}}{l_{23}} \cdot z_{23} + \frac{S_{24}}{l_{24}} \cdot z_{24} + Z_3 = 0.$$

Darin bedeuten: l_i die Stablänge des Stabes i; x_i, y_i, z_i die Projektionen der Stablänge l_i auf die Koordinatenrichtungen. x, y, z sind positiv, wenn ihre Projektionen auf die positiven Achsenteile fallen, und umgekehrt. Wie von vornherein das Koordinatenkreuz eingeführt wird, ist gleichgültig. Mit Hilfe dieser drei Gleichungen können die drei Stabkräfte S_{22}, S_{23} und S_{24} errechnet werden. Der nächste zu betrachtende Knoten wäre dann der dem Aufbau entsprechende Punkt VII. Wir finden hier die beiden bekannten Kräfte P_4 und S_{22} vor, denen durch die drei unbekannten Stabkräfte S_{19}, S_{20} und S_{21} das Gleichgewicht gehalten wird. Es lassen sich nun ganz allgemein auch für diesen Knoten die Gleichgewichtsbedingungen aufstellen, die drei Gleichungen liefern, aus denen die unbekannten Stabkräfte errechnet werden. Die damit bekannte Kraft S_{19} belastet zusammen mit der äußeren Kraft P_1 den Knoten VI, an dem nun wiederum drei Gleichungen für die unbekannten Stabkräfte S_{16}, S_{17}, S_{18} aufzustellen sind. So gehen wir von Knoten zu Knoten weiter, wobei, entsprechend dem Aufbau nach dem ersten Bildungsgesetz, an jedem Knotenpunkt nur drei Unbekannte auftreten. Es läßt sich damit für alle Stäbe die Größe ihrer Längskraft bestimmen. Dieses allgemeingültige analytische Verfahren besitzt den Vorteil, daß es ganz schematisch angewandt werden kann, andererseits hat es aber den Nachteil, daß die Lösung aus einer Menge verschiedener unübersichtlicher Gleichungssysteme besteht, deren Lösung nicht ohne viel Rechenarbeit zu bewältigen ist.

Ist der Raumträger nach dem zweiten Bildungsgesetz gelagert (Verbindung eines bestimmten Raumfachwerks mit der Erde durch sechs Fesseln) und hat man zunächst die sechs Lagerunbekannten berechnet, so sind beim Abbau am drittletzten Knotenpunkt nur noch zwei Unbekannte vorhanden, am vorletzten nur eine und am letzten keine mehr, weil das freie Fachwerk $(3n - 6)$ Stäbe hat. Da in den drei letzten Knotenpunkten aber auch je drei Gleichungen bestehen, liegen hier Kontrollen vor.

Auf Vereinfachungen bei diesem Lösungsweg mit Hilfe der einzelnen Knotenpunkte wird weiter unten noch besonders hingewiesen. Selbstverständlich werden auch noch die beiden anderen Verfahren, die zur Lösung der Dreibockaufgabe führten, vielfach eine zweckmäßige Stabkraftermittlung des Raumfachwerks darbieten: das *Projektionsverfahren* und das *Momentenverfahren*. Das Projektionsverfahren beruht, wie wir unter Nr. 18 gesehen haben, auf der Projektion der Last und einer Stabkraft auf eine zur Ebene der beiden anderen Stäbe senkrechtstehende Achse. Wir erreichen damit, daß eine Gleichung entsteht, in der nur eine unbekannte Stabkraft auftritt. Das Momentenverfahren liefert ebenfalls eine solche Gleichung mit nur einer Unbekannten, indem wir die Summe aller Momente um eine Achse aufstellen, die durch zwei Stäbe, etwa ihre Fußpunkte, geht (vgl. die Übungsaufgabe auf S. 360).

Aus der Analogie zum ebenen Kräfteplan, dem Cremonaplan, können wir auf die Möglichkeit eines räumlichen Kräfteplanes schließen. Die praktische Ausführung dieser Art der Stabkraftbestimmung scheitert jedoch an der Unmöglichkeit, das Bild des Kräfteplanes in ebenen Tafeln einfach aufzuzeichnen. Die Grundaufgabe eines Dreibocks wird auf *graphischem* Wege mit den unter Nr. 19 beschriebenen Verfahren gelöst werden können, das sind die *Komponentenzerlegung der Last* (bzw. der Resultierenden aller bekannten Kräfte) in die Richtungen der Stäbe und das CULMANNsche *Verfahren*. Offenbar wird bei diesen graphischen Knotenpunktsverfahren vielfach eine Menge Zeichenarbeit nötig sein, die auf den Grundlagen der Darstellenden Geometrie aufbauend, durch Umprojektion der einzelnen Knotenpunkte die Größen der Stabkräfte ermitteln läßt. —

Wenn auch diese Verfahren für die allgemeine Lösung eines Raumfachwerks weniger Bedeutung haben, wegen der damit verbundenen Zeichenarbeit, so wird doch in vielen Fällen bei besonders günstigem Aufbau der Fachwerke der Grundgedanke dieser Verfahren zu einer vereinfachten Lösung führen. Diese vereinfachenden Anwendungsmöglichkeiten der angeführten Verfahren wird weiter unten an Beispielen gezeigt.

103. Das Verfahren der zugeordneten ebenen Abbildung. Das Bedürfnis der Statik des Raumfachwerks nach einem Verfahren, das die Gleichgewichtsprobleme der Knoten mit den räumlich angeordneten Kräften in einer ebenen Darstellung behandelt, führte zu dem von MAYOR und MISES angegebenen Verfahren[1], das wir hier das „*Verfahren der zugeordneten ebenen Abbildung*" nennen wollen. Die Tatsache, daß sowohl die Kräfte im Raum durch einen Punkt als auch zerstreute Kräfte in der Ebene die gleiche Anzahl von Gleichgewichtsbedingungen besitzen, ermöglicht es, das räumliche Problem auf ein ebenes mit der gleichen Anzahl von Gleichgewichtsbedingungen zurückzuführen; wir müssen dann nur die dritte Komponente des Raumes durch eine Größe ersetzen, die der dritten Gleichgewichtsbedingung der zerstreuten Kräfte in der Ebene eigentümlich ist, also durch ein Moment. Man kann nun, wie sich leicht zeigen läßt, eine eindeutige Zuordnung der drei Komponenten der Raumkraft mit den zwei Komponenten und einer Momentengröße in einer Ebene aufstellen. Wir bezeichnen die Komponenten eines Raumvektors (einer im Raum liegenden Kraft) mit X^*, Y^* und Z^* (Abb. 428), die entsprechenden Größen in der beliebig zu wählenden Ebene mit X, Y und M und können nun die umkehrbar eindeutige Zuordnung dieser Größen in der Form aufstellen:

$$X^* = X$$
$$Y^* = Y$$
$$c \cdot Z^* = M,$$

worin c eine beliebig große konstante Strecke darstellt[2]. Die Komponenten X^*, Y^* der wirkenden Raumkraft P stimmen überein mit den Komponenten X, Y in der x, y-Ebene

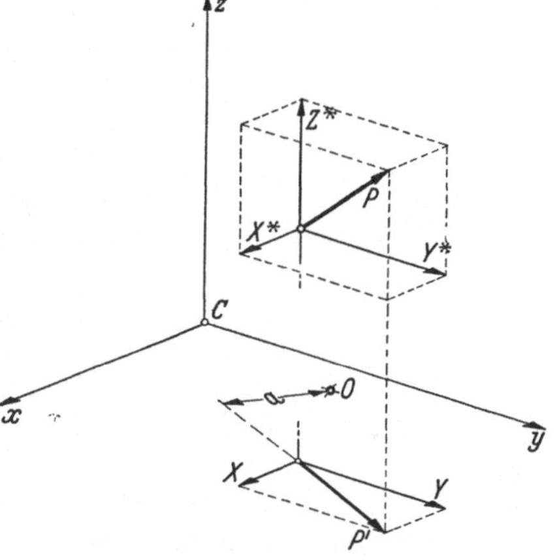

Abb. 428. Verfahren der zugeordneten ebenen Abbildung.

bzw. Abbildungsebene, oder anders ausgedrückt, die Projektion P' der Raumkraft auf die x, y-Ebene stimmt nach Größe und Richtung überein mit der abgebildeten Kraft in der x, y-Ebene. Die noch fehlende dritte Komponente Z^* ist dargestellt durch die Beziehung

$$c \cdot Z^* = M,$$

dabei ist M das Moment der abgebildeten Kräfte X, Y, oder also der Kraft P' in der x, y-Ebene für den willkürlich gewählten Punkt 0. Wenn M bekannt ist, dann ist durch die angegebene Beziehung auch Z^* dargestellt, und umgekehrt ist M ausdrückbar, wenn Z^* gegeben ist. In der Abbildungsebene muß also P' eine solche Lage haben, daß ihr Moment $P' \cdot a$ für den gewählten Bezugspunkt O gleich $c \cdot Z^*$ ist. Zur Ermittlung der Entfernung a, die die abgebildete Kraft P' (das ist also die Projektion der Kraft P auf die Abbildungsebene) von dem Bezugspunkt O haben muß, bedenke man, daß ihr Moment für diesen Punkt gegeben ist durch

$$M = P' \cdot a = a \cdot \sqrt{X^2 + Y^2}$$

---

[1] Zeitschrift für Mathematik u. Physik 1916.

[2] Man kann auch, wie W. PRAGER gezeigt hat, für die Zuordnung eine Komponenten- und zwei Momentendarstellungen verwenden und kommt zu einer anderen Abbildung, die für rein statische Aufgaben umständlicher wird, aber für kinematische Betrachtungen von Raumfachwerken größere Bedeutung hat.

und daß andererseits $\qquad M = Z^* \cdot c$,

so daß also $\qquad\qquad P' \cdot a = Z^* \cdot c$

oder $\qquad\qquad\qquad \dfrac{P'}{Z^*} = \dfrac{c}{a}$

sein muß.

Wenn man also das willkürlich gewählte c auf P' aufträgt, die Endpunkte auf P'' herauflotet und mit dieser Strecke herüber auf die z-Achse geht, so wird dadurch auf der Achse die Größe a ausgeschnitten (Abb. 429).

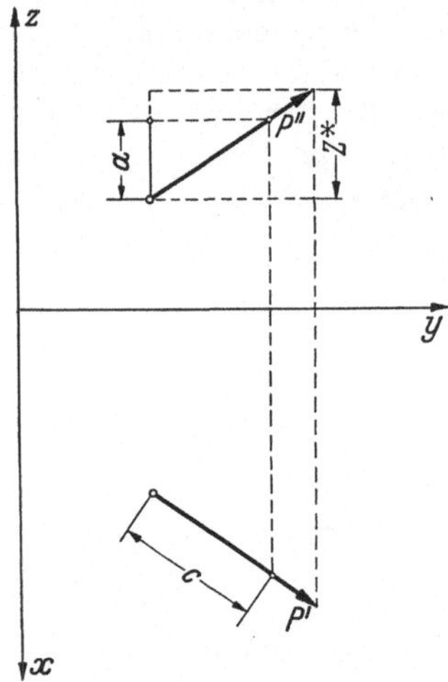

Abb. 429. Zum Verfahren der zugeordneten ebenen Abbildung.

Wenn die Größe und Richtung von P gegeben ist, so kann man nach Annahme von c mit Hilfe dieser Konstruktion a finden, und das Moment ihrer Projektion für den Bezugspunkt ist bestimmt durch

$$M = P' \cdot a,$$

also ist die räumliche Kraft P dargestellt durch eine Kraft in der Abbildungsebene, deren Größe durch die Projektion von P und deren Lage durch die Entfernung a vom Bezugspunkt O gegeben ist. Ist umgekehrt a bekannt und X, Y, also auch P', so kann man aus obiger Gleichung M berechnen und daraus Z^*, oder auch mit Hilfe obiger Konstruktion P finden, nachdem c willkürlich eingeführt ist.

Das zur räumlichen Kraft zugeordnete ebene Bild besitzt rein *physikalisch* keinen Zusammenhang mit dieser, es dient lediglich dazu, das räumliche Gleichgewichtsproblem *mathematisch* auf ein ebenes zurückzuführen. In dieser Zuordnung entspricht also jeder Kraft im Raum bzw. jeder Resultierenden von Raumkräften eine Kraft in der Ebene bzw. eine Resultierende von ebenen Kräften, und demgemäß einem Gleichgewichtszustand von Raumkräften an dem gleichen Punkt der Gleichgewichtszustand der zugeordneten ebenen Kräfte. Handelt es sich um eine Reihe von Raumkräften, die zusammen zu behandeln sind, etwa um Gleichgewichtsaufgaben, so muß man für alle das gleiche c annehmen. Es soll das Verfahren auf einen Dreibock angewandt werden.

Die Aufgabe: „Eine bekannte Kraft ist im Raum mit drei Kräften ins Gleichgewicht zu setzen, deren Wirkungslinien bekannt sind und sich auf der Wirkungslinie der bekannten Kraft in einem Punkt schneiden", ist also auf das ebene Problem zurückzuführen: „Eine Kraft ist mit drei Kräften ins Gleichgewicht zu setzen, deren Wirkungslinien in der gleichen Ebene mit der Kraft liegen und nicht durch einen Punkt gehen." Jeder bestimmten Kraftgeraden im Raum entspricht mit obiger Zuordnung eine bestimmte Wirkungslinie in der Ebene. Parallele Raumkräfte (bzw. Raumkraftträger, das sind aber Stäbe) haben auch in der ebenen Abbildung parallele Wirkungslinien. Wollen wir den in Abb. 430 durch Grund- und Aufriß dargestellten Dreibock in einem zugeordneten ebenen Bild darstellen, so wählen wir uns zunächst eine Abbildungsebene, z. B. parallel zu der Grundrißebene, und in dieser Ebene den Konstruktionsanfangspunkt, Bezugspunkt O, ferner eine Abbildungskonstante c (beliebige Strecke, die aber für die ganze Aufgabe konstant bleiben muß). Die Richtungslinien der zugeordneten Kräfte in der Abbildungsebene sind gegeben durch die Grundrißprojektionen der Raumgeraden. Zur Ermittlung der Abstände a_p, a_1, a_2, a_3 der ebenen Wirkungslinien w_P, w_1, w_2 und w_3 vom Festpunkt O (Abb. 430 b), tragen wir am

besten die Abbildungsstrecke c im Grundriß des Bockgerüstes auf allen Grundrißprojektionen der Stäbe und der Kraft ab und ermitteln die zu diesen Grundriß-
längen gehörige Höhe a in der Aufrißtafel nach dem oben angegebenen Verfahren.
Die Lage der Wirkungslinie in der Abbildung wird so gewählt, daß der Drehsinn
der ebenen Zuordnung dem Vorzeichen der Komponente Z^* entspricht; in
unserem Beispiel ist dieser Zusammenhang so eingeführt, daß einer nach unten
gerichteten Kraft Z^* der Uhrzeigerdrehsinn des ebenen Momentes zugehört; es
entspricht also den als Zugstäbe angenommenen Raumkräften der Uhrzeiger-

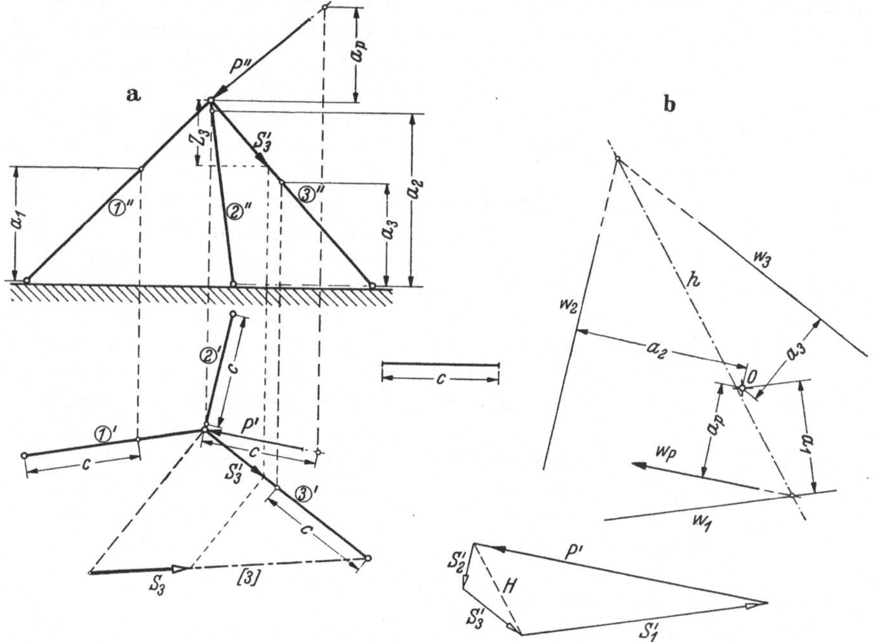

Abb. 430. Anwendung des Verfahrens der zugeordneten ebenen Abbildung auf einen Dreibock.

drehsinn. Das so erhaltene Gleichgewichtsproblem der zugeordneten Abbildung
(Abb. 430b) ist als Gleichgewichtsaufgabe zerstreuter Kräfte in der Ebene leicht
zu lösen. Wir bedienen uns dafür am besten graphisch der CULMANNschen
Methode.

Die Ergebnisse der Lösung stellen dann die tatsächlichen Grundrißprojektionen
S_i' der gesuchten Stabkräfte S_i^* dar, und durch ihr in der Abbildung bestimmtes
Moment

$$M_i = S_i' \cdot a_i$$

ist auch die Z-Komponente Z^* mit Vorzeichen gegeben (S_1^*, S_2^* Druck, S_3^* Zug).
Die wirklichen Größen S_i^* können nach der Formel:

$$S_i^* = \sqrt{S_i'^2 + \left(\frac{M_i}{c}\right)^2} = S_i' \cdot \sqrt{1 + \left(\frac{a_i}{c}\right)^2}$$

berechnet werden.

Natürlich sind bei dem durch Grundriß und Aufriß dargestellten Bockgerüst
aus den Kräften S_i' im Grundriß auch die Aufrisse bestimmt durch Lotung der
Grundrisse auf die Stäbe im Aufriß. Die wirklichen Größen der Stabkräfte finden
wir dann graphisch wieder am einfachsten durch geeignete Umklappung oder
Drehung in der Grund- und Aufrißfigur, wie es in Abb. 430a für S_3 angegeben
ist. Ist jedoch diese Auftragung nicht genügend genau durchzuführen, so erhalten

wir die Größen S_i^* der wirklichen Stabkräfte am besten durch die angegebene Formel, wobei S_i' die in der ebenen Zuordnung erscheinende Stabkraft bedeutet und M_i das Moment dieser Kraft S_i' um den Punkt 0 darstellt.

Für die praktische Durchführung dieses Verfahrens der zugeordneten ebenen Abbildung an Raumfachwerken werden wir also das Zuordnungsbild des Raumfachwerks entwerfen und dann die verschiedenen Gleichgewichtsprobleme der einzelnen räumlichen Knotenpunkte als Gleichgewichtsaufgaben zerstreut wirkender ebener Kräfte lösen. Der Vorteil dieses Verfahrens liegt in der ebenen Behandlung des Raumproblems und in der Möglichkeit, die Aufgabe bei gegebenen Auf- und Grundrißfiguren auf rein zeichnerischem Wege durchzuführen. Da die zugeordnete Abbildung eine entsprechend dem Raumfachwerk geschlossene Figur ergibt, zeigt das Verfahren auch eine verhältnismäßig leicht zu überblickende Übersichtlichkeit. Einen gewissen Nachteil bedeutet vielleicht die Ermittlung der Abbildungsfigur, aber dafür ist man auch vom räumlichen Problem auf ein ebenes übergegangen.

104. Vereinfachungen bei Knotenpunktsverfahren. Die Betrachtung dieser allgemeingültigen Lösungsverfahren erweckt den Anschein, als seien Raumfachwerke grundsätzlich nur mit einer großen Rechen- oder Zeichenarbeit zu lösen. In Wirklichkeit bieten aber vielfach die praktisch ausgeführten Raumfachwerke für die Ermittlung der Stabkräfte wesentliche Erleichterungen durch eine gewisse Regelmäßigkeit des Aufbaues: es begegnen uns immer wieder Fachwerke, die in Form von rechtwinklig (oder auch schiefwinklig) aneinandergesetzten Fachwerkswänden als Flechtwerksteilen aufgebaut sind, oder wir finden bei manchen technisch angewandten Fachwerksträgern eine Symmetrieebene, wobei allerdings weniger die Symmetrie der einzelnen Stäbe als die Symmetrie in sich bestimmter ebener Fachwerkswände betrachtet werden muß. Diese statisch bestimmten Wände können als unverschiebliche Scheiben aufgefaßt werden, und die Berechnung der Stabbeanspruchungen kann in diesen Wänden als ebenes Problem gesondert betrachtet werden. Die durch solche Regelmäßigkeiten ausgezeichneten Raumfachwerke werden dann nicht mehr gelöst durch wiederholte Anwendung der Grundaufgabe des räumlichen Dreibocks, sondern die Durchführung der Berechnung erscheint nach einigen Vorbereitungen als Summe von Aufgaben bei einfachen ebenen Problemen. Die Vorbetrachtungen selbst gründen sich auf die bereits beschriebenen Lösungsmethoden der Raumknoten, vor allem auf die Komponentenmethode und das Projektionsverfahren, je nachdem, welches von diesen Verfahren für den vorliegenden Fall gerade besonders geeignet erscheint. Zum besseren Verständnis dieser vereinfachenden Vorbetrachtungen seien hier einige augenfällige Beispiele gezeigt.

Das in Abb. 431 dargestellte Tragwerk ist offenbar nach dem ersten Bildungsgesetz aufgebaut. Man könnte also die Knotenpunkte IV, III, II und I nacheinander als Dreibock behandeln. Das ist aber hier nicht nötig. Die äußere Belastung soll am Knoten II aus einer in der waagerechten Ebene gelegenen Kraft P_{II} (dargestellt durch ihre beiden Komponenten K_1 und K_2), am Knoten IV aus einer in allgemeiner Richtung liegenden Kraft P_{IV} (dargestellt durch die Komponenten (K_3, K_4, K_5) und am Knoten III aus einer waagerechten Kraft H senkrecht zur Ebene der Stäbe ⑧, ⑨ und ⑫ bestehen. Der Hauptteil des Tragwerks, der aus den Stäben ⑤, ⑦, ⑧, ⑨ bestehende Rahmen, liegt in einer Ebene, der auch die Stäbe ① und ④ angehören; nach dieser Ebene wollen wir unsere Orientierung vornehmen. Die Zerlegung der Kraft P_{II} in ihre Komponenten K_1 und K_2, die in und senkrecht zu der Hauptebene liegen, macht keine Schwierigkeiten, ebensowenig die Zerlegung der Kraft P_{IV} in ihre Komponenten K_3 und K_4 in der Hauptebene (durch den Aufriß) und die Komponente K_5 senkrecht zu dieser (im Grundriß). Damit zerfällt aber die Betrachtung dieses Raumfachwerks in eine Reihe ebener Probleme, d. h. die Stabkräfte sind an den einzelnen Knoten durch einfache Kräftecke zu finden. Aus der Betrachtung der einzelnen Knotenpunkte erkennen wir nämlich folgendes: die Komponente K_3 wird ganz von Stab ⑨ aufgenommen (da sich S_7, S_{10} mittels der Projektionsmethode zu Null ergeben) und dann am Knoten III weitergeleitet in Stab ⑫; K_4 geht in Stab ⑦ über, während K_5 in diesem Stab keine Stabkräfte erzeugt (weil 7 senkrecht steht zur Ebene K_5—9—10), sondern von Stab ⑨ und ⑩ übertragen wird. Da am Knoten III der Stab ⑧ senkrecht zur Ebene H—12—11 steht, wird H lediglich durch Stab ⑪ und ⑫ übertragen. Am Knoten II wirken die Kräfte K_1, K_2 und S_7, die vom Knoten IV her bekannt ist. S_7 kann nur in ④ und ⑤ eine Kraft erzeugen, ebenso K_1 nur in ④ und ⑤, andererseits K_2 in ⑤ und ⑥. Die Kraft S_5 wird am Knoten I durch S_2 aufgenommen, während sich S_8 aus Betrachtung des Knotens III zu Null ergibt; dadurch verschwinden auch S_1 und S_3, wie Knotenpunkt I zeigt. Wenn man diese Spannungsermittlung verfolgt, erkennt man leicht, daß sich alle Stabkräfte aus den Gleichgewichtslösungen dreier ebener Fachwerke bestimmen lassen. Die erste Ebene ist die Hauptebene mit den Kräften K_1 und K_4 und den Stäben ①, ②, ④, ⑤, ⑦, ⑧, ⑨, ⑫. Die zweite Ebene stellt die Ebene der Stäbe ⑨, ⑩, ⑪, ⑫ mit den

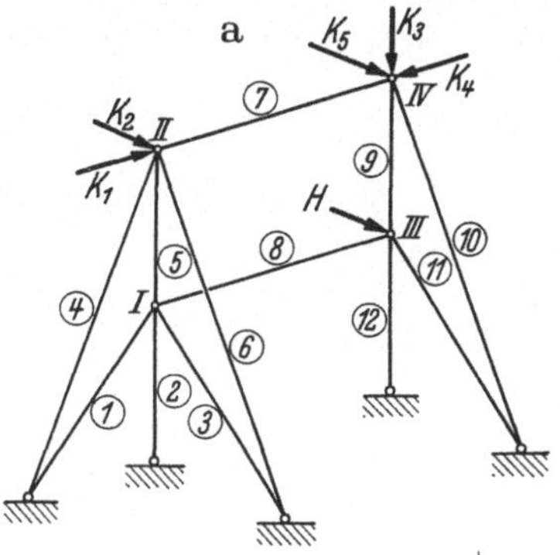

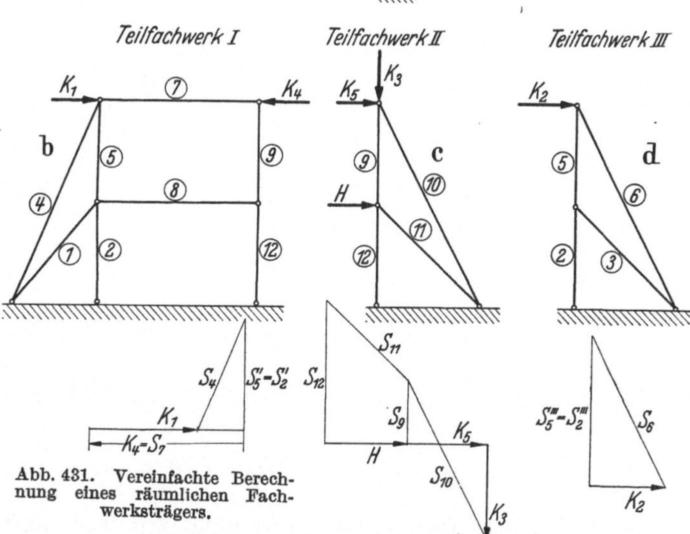

Abb. 431. Vereinfachte Berechnung eines räumlichen Fachwerksträgers.

Kräften K_3, K_5 und H dar, und schließlich umfaßt die dritte Ebene die Stäbe ②, ③, ⑤, ⑥ und die Kraft K_2. Diese ebenen Teilfachwerk I, II und III sind mit ihren zugehörigen Kräfteplänen in Abb. 431 b—d dargestellt. Die wirklichen Stabkräfte werden als algebraische Summe der einzelnen Teilgrößen (Superpositionsgesetz) bestimmt.

Betrachten wir nun weiter das in Abb. 432 dargestellte Raumfachwerk, das symmetrisch zu einer Ebene durch die drei Knoten I, II und III aufgebaut ist und unter der Belastung zweier beliebig gerichteter Kräfte P_I am Knoten I und P_{III} am Knotenpunkt III steht. Die äußeren Kräfte P_I, P_{III} werden in zwei Komponenten zerlegt, von denen die eine P_I'', P_{III}'' mit der Aufrißprojektion übereinstimmt, während die andere A_I, A_{III} senkrecht zur Aufrißtafel verläuft. Dabei ist die Aufrißtafel parallel zur geometrischen Symmetrieebene gelegt. Die Kraftkomponenten P_I'', P_{III}'' stellen symmetrische Anteile dar, die Komponenten A_I, A_{III} dagegen gegensymmetrische. Nach früherem sind die zur Mittelebene symmetrisch angeordneten Stabkräfte bei einer symmetrischen (das ist spiegelbildlichen) Belastung gleich. Wir erhalten also durch die Belastung P_I'' und P_{III}'' gleich große Stabkräfte in den Stäben ② und ③, ebenso in den Stäben ⑧ und ⑨ und entsprechend in ⑤ und ⑥. Die Resultierende zweier symmetrischer Stabkräfte fällt demgemäß in die Mittelebene, und das Problem der symmetrischen Teilbelastung ist damit auf ein ebenes Fachwerksproblem (Abb. 432b) gemäß der Aufrißprojektion zurückgeführt. Die Lösung erfolgt mit dem Kräfteplan (Abb. 432c), der z. B. die Resultierende der symmetrischen Teilkräfte $_sS_2$ und $_sS_3$

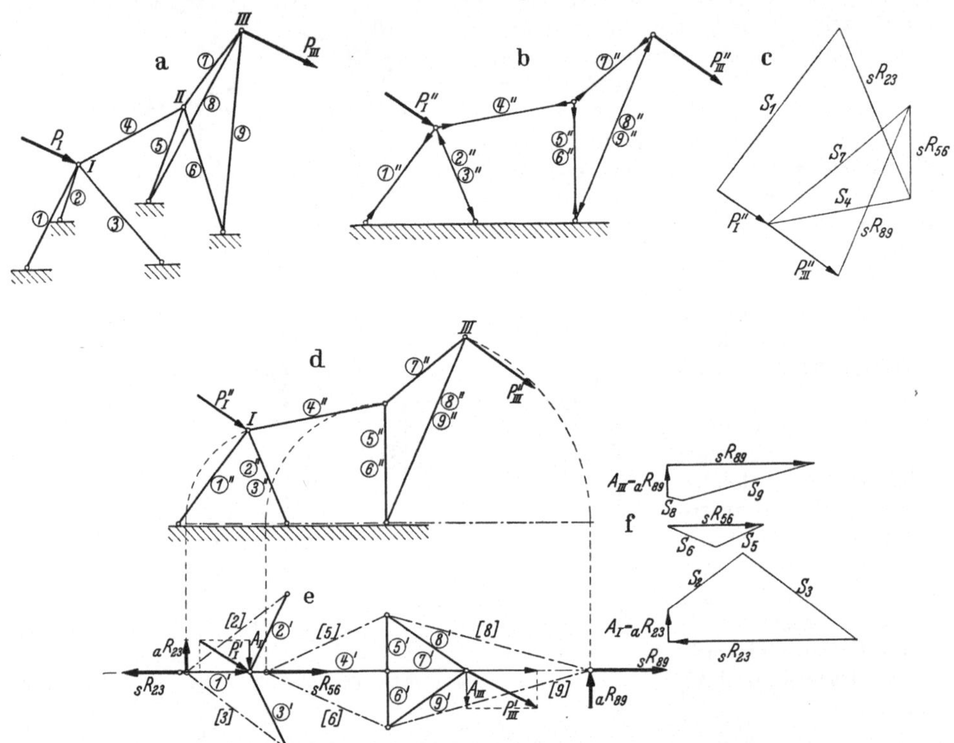

Abb. 432. Vereinfachte Berechnung eines räumlichen Fachwerksträgers.

als $_sR_{2,3}$ liefert. Der gegensymmetrische Anteil A_I und A_{III} der Belastung (das ist spiegelbildlich mit umgekehrtem Vorzeichen) erzeugt in den symmetrisch angeordneten Stäben ②, ③ bzw. ⑧, ⑨ gleich große, aber entgegengesetzte Stabkräfte. Die Resultierende der Symmetriestäbe steht also senkrecht zur Mittelebene. Die Resultierende $_aR_{89}$ der gegensymmetrischen Stabkräfte $_aS_8$ und $_aS_9$ liegt hiernach in der Wirkungslinie der Kraft A_{III} und ist aus Gleichgewichtsgründen dieser Kraft gleich groß entgegengerichtet, da ja in den Stab ⑦, der senkrecht zu A_{III} steht, durch A_{III} keine Kraftwirkung kommt. Ebenso finden wir die Resultierende $_aR_{23}$ der gegensymmetrischen Stabkräfte $_aS_2$ und $_aS_3$ in der Wirkungslinie der Teilkraft A_I, dieser Kraft entgegenwirkend, gleich groß. Die Zerlegung der Resultierenden der symmetrischen Stabkräfte $_sR_{23}$, $_sR_{56}$, $_sR_{89}$ sowohl wie die der gegensymmetrischen Stabkräfte $_aR_{23}$ und $_aR_{89}$ wird in der Ebene der entsprechenden Stäbe vorgenommen, die am besten durch Umklappung der Ebenen in die Grundrißtafel in wahrer Lage ermittelt werden;

dabei werden zweckmäßig jedesmal die Resultierende R_s und R_a zusammen betrachtet (Abb. 432d—f).

Wir sehen also, daß regelmäßig aufgebaute Fachwerke einen wesentlich günstigeren Lösungsweg gegenüber der allgemeingültigen Verfahren der Raumprobleme erlauben.

105. Das Schnittverfahren. Häufig liegen solche Raumfachwerke vor, bei denen man mit der Betrachtung der einzelnen Knotenpunkte nicht vorwärts kommt, dann gelingt aber vielfach eine Lösung durch ein Schnittverfahren. Das gilt vor allem von Fachwerken, die nach dem zweiten Bildungsgesetz aufgebaut sind, also solchen, die aus der Verbindung zweier statisch bestimmter Raumfachwerke durch sechs Stäbe in allgemeiner Lage oder vermittels eines Punktes und dreier Stäbe entstanden sind. Das Schnittverfahren gründet sich hierbei im wesentlichen auf die unter Nr. 87 ausgeführten Betrachtungen des räumlichen Anschlusses eines Raumwerkes gegen die Erde oder ein anderes Raumwerk. Legen wir bei einem solchen Raumfachwerk einen Schnitt, der sechs Stäbe in allgemeiner Lage trifft und das Fachwerk in zwei Teile zerlegt, so lassen sich die geschnittenen Stäbe als Stützungsstäbe des einen Fachwerksteils gegen den anderen betrachten. Wir haben somit den Fall des durch sechs Stäbe in allgemeiner Lage gestützten Raumwerks. Die ermittelten Stabkräfte der Schnitt- oder „Stützungs"-Stäbe führen wir dann als äußere Belastung für die Teilfachwerke ein und bestimmen deren Stabkräfte nach den oben beschriebenen Lösungsverfahren, z. B. aus der Betrachtung der einzelnen Knoten.

Ein Sonderfall von derartigen Fachwerken ist der, daß zwei bestimmte Fachwerke durch einen gemeinsamen Punkt und drei Stäbe miteinander verbunden sind (Abb. 433). Man kommt hier grundsätzlich dadurch vorwärts, daß man einen räumlichen Flächenschnitt legt, der durch das Gelenk geht und die drei Verbindungsstäbe trifft. Auf das abgetrennte Fachwerk an dem Teil rechts wirken dann außer den gegebenen äußeren Kräften noch eine unbekannte Gelenkkraft K (drei Unbekannte!) und die Kräfte der durchschnittenen Stäbe. Die drei letzten Unbekannten kann man dadurch finden, daß man die Summen der Momente von den auf den rechten Teil wirkenden Kräften für drei durch den Gelenkpunkt G laufende Achsen

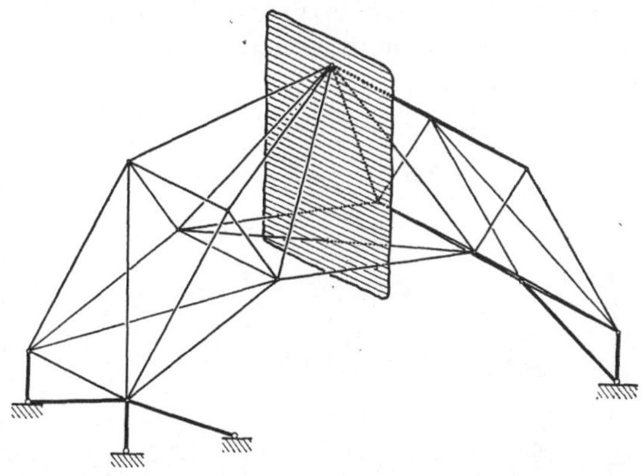

Abb. 433. Bestimmter Fachwerksträger mit Kugelgelenk.

aufstellt. Die Gelenkkraft K muß dann mit den auf den rechten Teil wirkenden äußeren Kräften und den drei Stabkräften S_1, S_2, S_3 im Gleichgewicht stehen. Sie können durch Komponentenbedingungen gefunden werden. Nachdem die Gelenkkraft und die Kräfte der Verbindungsstäbe ermittelt sind, können die beiden Fachwerksteile für sich betrachtet und ihre Stabkräfte berechnet werden.

Aber auch bei anders aufgebauten Fachwerksträgern kommt man vielfach durch Legen von geeigneten Schnitten vorwärts. Hierbei wird die Anwendung von Momentengleichungen meistens zweckmäßig sein. Manchmal wird es z. B. gelingen, zwei Schnitte zu legen, die dieselben zwei Stäbe so treffen, daß sich zwei Momentengleichungen mit zwei Unbekannten aufstellen lassen. Auf ein Beispiel wird am Schluß des Abschnitts eingegangen.

106. Das HENNEBERGsche Verfahren der Stabvertauschung. Das Fachwerk, das weder das erste noch das zweite Bildungsgesetz aufweist, wird hierbei durch Stabvertauschung in ein solches übergeführt, das nach dem ersten oder zweiten Bildungsgesetz aufgebaut ist. Wir sprechen bei Fachwerken, die vollständig mit Knotenpunktsbetrachtungen gelöst werden können, von „einfachen" Fachwerken. Zur Gewinnung eines derartigen Fachwerks gehen wir in entsprechender Weise vor, wie es beim Verfahren der Stabvertauschung in der Ebene beschrieben wurde, Nr. 76. Nach Wegnahme der störenden Stäbe, das sind diejenigen, die als überzählige Stäbe an Knotenpunkten auftreten, erhalten wir ein bewegliches System, in dem die Ersatzstäbe so einzuführen sind, daß das neue Fachwerk dem ersten Bildungsgesetz entspricht. Der allgemeine Weg, der hier immer zum Ziele führt, ist folgender: Da kein Knotenpunkt mit nur drei Stäben vorhanden ist, geht man von einem Knotenpunkt mit vier Stäben aus und entfernt einen Stab als störenden Stab (Tauschstab), oder auch von einem Knotenpunkt mit fünf Stäben, und nimmt dann zwei störende Stäbe (Tauschstäbe) fort, baut dann weiter nacheinander Knotenpunkte mit je drei Stäben ab, bis man nur noch solche Knoten hat, die weniger als drei Stäbe aufweisen. Dieses Restsystem ist beweglich, da es zu wenig Stäbe besitzen *muß*, indem ja außer den Knoten mit je drei Stäben auch noch die störenden Stäbe fortgenommen sind; wir müssen es nun unverschieblich in sich selbst gestalten, indem wir Ersatzstäbe einziehen. Es ergibt sich von selbst, daß deren Zahl genau so groß ist wie die Zahl der fortgenommenen Tauschstäbe, sofern das ursprüngliche System die richtige Stabzahl besaß. Ist nun das Restsystem unverschieblich gemacht, so ist auch das ganze System ohne Tauschstäbe steif, da ja je ein Knoten durch drei Stäbe angefügt ist.

Es sei dieses Verfahren an dem Turmfachwerk der Abb. 434a gezeigt, das an die Erde angeschlossen ist. Es liegt kein Knotenpunkt mit drei Stäben vor. Wir könnten nun an einem Knotenpunkt mit vier Stäben, etwa V, einen Tauschstab fortnehmen, dann weiter zu solchen mit je drei Stäben übergehen, würden dann bald wieder an einen Knoten mit vier Stäben kommen, wo aufs neue ein Tauschstab entfernt werden müßte. Wir können aber auch vom oberen Knotenpunkt I ausgehen und dort gleich zwei störende Stäbe t_1, t_2 beseitigen und dann den weiteren Abbau in der oben beschriebenen Weise durchführen: wir streichen zunächst Knoten I mit den Stäben ①, ② und ③, dann Knoten II mit den Stäben ④, ⑤, ⑥, ebenso Knoten III mit den Stäben ⑦, ⑧, ⑨ und Knoten IV mit den Stäben ⑩, ⑪ und ⑫. Es steht dann als Restfachwerk noch eine Wand da, die aus den Stäben ⑬, ⑭, ⑮ und ⑯ gebildet wird und die Knotenpunkte V und VI enthält; dies System ist verschieblich gegenüber der Erde. Um es festzustellen, brauchen wir zwei Stäbe, als welche wir die beiden Ersatzstäbe e_1 und e_2 einziehen. Das so entstandene Ersatzfachwerk (Abb. 434b) ist nach dem ersten Bildungsgesetz aufgebaut, indem Knoten VI durch drei Stäbe an die Erde an-

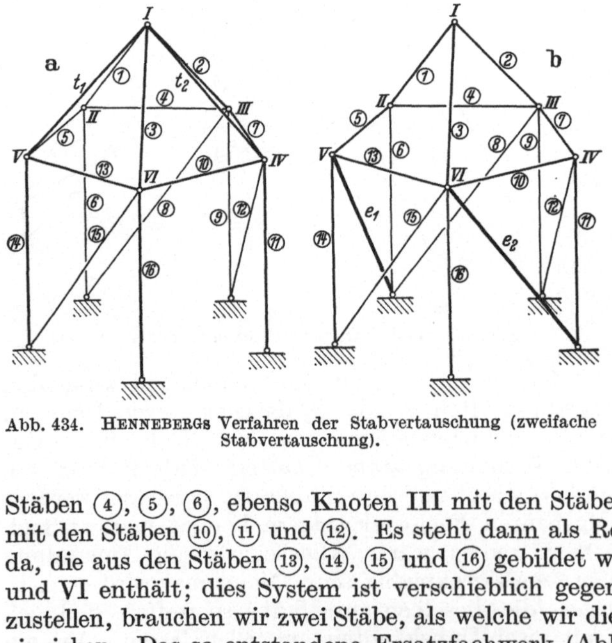

Abb. 434. HENNEBERGs Verfahren der Stabvertauschung (zweifache Stabvertauschung).

geschlossen ist, und dann weiter angefügt sind die Punkte V, IV, III, II, I durch je drei Stäbe.

Die Bestimmung der Stabkräfte in dem Ersatzfachwerk kann nun nach einem der beschriebenen Knotenpunktsverfahren erfolgen. Die in diesem Fachwerk durch die gegebene Belastung der Kräfte P_i erhaltenen Stabkräfte $_0S_i$ sind nun keineswegs diejenigen im ursprünglichen, denn wir haben ja das Fachwerk durch die Einführung der Ersatzstäbe e_1 und e_2 an Stelle der Tauschstäbe t_1 und t_2 verändert. Wir müssen demnach eine Berichtigung anbringen, die als Überlagerung zu den Stabkräften $_0S_i$ beim Ersatzfachwerk die wirklichen Stabkräfte S_i liefert. Diese Berichtigung muß geradeso wie bei den ebenen Systemen beschaffen sein, nämlich so, daß die erhaltenen Stabkräfte S_{e_1} und S_{e_2} in den Ersatzstäben wieder verschwinden. In Anlehnung an das entsprechende Verfahren bei den ebenen Fachwerken werden wir auf das Ersatzfachwerk nebeneinander die drei verschiedenen Belastungen a) wirklicher Lastzustand (Stabkräfte $_0S_i$), b) Zustand $T_1 = 1$ (Stabkräfte S_i') und c) $T_2 = 1$ (Stabkräfte S_i'') wirken lassen und für jeden von ihnen die Stabkräfte ermitteln. Die wirklichen Stabkräfte im ursprünglichen Fachwerk sind dann gegeben durch:

$$S_i = {}_0S_i + T_1 \cdot S_i' + T_2 \cdot S_i''.$$

Dabei ist allerdings T_1 und T_2 noch nicht bekannt. Nun bekommen wir aber bei den drei angegebenen Belastungen auch in den Ersatzstäben e_1 und e_2 Kräfte $_0S_{e_1}$, S_{e_1}' und S_{e_1}'' bzw. $_0S_{e_2}$, S_{e_2}' und S_{e_2}'', aus denen sich die tatsächlichen Stabkräfte nach der Formel für S_i zusammensetzen, z. B.:

$$S_{e_1} = {}_0S_{e_1} + T_1 \cdot S_{e_1}' + T_2 \cdot S_{e_1}''.$$

Die wirklichen Kräfte in diesen beiden Ersatzstäben müssen jedoch Null sein, so daß wir schreiben können:

$$_0S_{e_1} + S_{e_1}' \cdot T_1 + S_{e_1}'' \cdot T_2 = 0\,,$$
$$_0S_{e_2} + S_{e_2}' \cdot T_1 + S_{e_2}'' \cdot T_2 = 0\,.$$

Aus diesen beiden Gleichungen lassen sich die unbekannten Stabkräfte T_1 und T_2 berechnen, da alle übrigen Größen bekannt sind. Sind aber die Kräfte in den Tauschstäben ermittelt, so lassen sich auch alle anderen Stabkräfte nach obigem Ausdruck für S_i berechnen:

$$S_i = {}_0S_i + S_i' \cdot T_1 + S_i'' \cdot T_2.$$

In dieser Gleichung sind sicher $_0S_i$, S_i', S_i'' eindeutig bestimmte endliche Werte, da sie sich auf das Ersatzfachwerk, das ist ein statisch bestimmtes Fachwerk, beziehen. Die Stabkräfte S_i können nur dann unendlich oder vieldeutig werden, wenn T_1 bzw. T_2 unendlich groß oder vieldeutig ist. Genau wie bei den ebenen Systemen (Nr. 76) ergeben sich für T_1 und T_2 Lösungen, die einen Bruch darstellen, und zwar sind die Zählerausdrücke abhängig von der äußeren Belastung, die Nenner dagegen unabhängig davon. Der Nenner D hat in beiden Ausdrücken die gleiche Größe:

$$D = S_1' \cdot S_{e_2}'' - S_{e_2}' \cdot S_{e_1}'' = \begin{vmatrix} S_{e_1}' & S_{e_2}' \\ S_{e_1}'' & S_{e_2}'' \end{vmatrix}.$$

Wenn dieser Ausdruck D von Null verschieden ist, wird jeder der beiden Brüche eindeutig, wenn er aber gleich Null ist, wird der Wert des Bruches unendlich groß oder vieldeutig, d. h. also: die Größen T_1 und T_2 werden dann eindeutig und endlich, wenn D von Null verschieden ist; alsdann werden aber auch alle Stabkräfte S_i eindeutig und endlich. Als Kriterium für die statische Bestimmtheit des ursprünglichen Fachwerkes haben wir also die Bedingung

$$S_{e_1}' \cdot S_{e_2}'' - S_{e_1}'' \cdot S_{e_2}' \gtrless 0\,.$$

Da man bei einem beliebigen vorliegenden Fachwerk, das nicht nach dem ersten oder zweiten Bildungsgesetz aufgebaut ist, nicht weiß, ob es bestimmt ist, ist es zweckmäßig, vor allem die Steifigkeitsprüfung vorzunehmen, d. h. festzustellen, ob diese Ungleichung erfüllt ist. Man wird deshalb, bevor man auf die allgemeine Rechnung eingeht, zunächst versuchen, die Stabkräfte S'_{e_1}, S'_{e_2} und S''_{e_1}, S''_{e_2} zu ermitteln, das sind die Kräfte in den beiden Ersatzstäben des umgebildeten Fachwerkes, die entstehen durch die Belastung $T_1 = 1$ und $T_2 = 1$. Ergibt sich dann die Kriteriumsgröße D gleich Null, so erübrigt sich die Berechnung des Fachwerks, da es verschieblich ist. Im andern Fall rechnet man T_1 und T_2 aus den beiden Gleichungen aus und kann dann für jeden Stab S_i ermitteln.

107. Fachwerk mit Netzwerkwänden. Ein etwas anderer Lösungsweg bei dem Tauschstabverfahren, das in entsprechender Erweiterung bei Flechtwerken größere Bedeutung hat, sei an dem in Abb. 435 dargestellten Rechtflach gezeigt, das durch die angezeigten Kräfte, die sich am Stabsystem das Gleichgewicht halten, belastet ist. Wir trennen die Belastung in eine waagerechte (Q und R) und eine lotrechte (P). Das im Bild a dargestellte Flechtwerk ist weder nach dem ersten noch nach dem zweiten Bildungsgesetz aufgebaut; es möge hier mit Rücksicht auf die zu schließenden Folgerungen mittels der Stabvertauschung behandelt werden[1]. Wir können es in ein einfaches Fachwerk überführen, wenn wir die beiden Diagonalen t_1 und t_2 der Seitenflächen austauschen gegen die in der gleichen Seitenfläche liegenden Gegendiagonalen e_1 und e_2; damit entsteht ein Fachwerk nach dem ersten Bildungsgesetz: an das Dreieck I, III, IV sind der Reihe nach angeschlossen die Knoten V, VII, VIII, VI, II. Diese Art des Austausches von Stäben innerhalb der gleichen Ebene wird bei vielen praktisch vorkommenden Flechtwerken möglich sein. Das damit erhaltene Flechtwerk (Abb. 435b) ist als einfaches Fachwerk mit Knotenpunktsbetrachtungen in seinen Stabkräften zu bestimmen. Die Kräfte Q und R (*waagerechte* Lasten) bilden eine Belastung in der oberen Ebene, sie beeinflussen nicht die aus dieser Ebene heraustretenden Einzelstäbe 1 und 14. Wir erhalten also durch *diese* Belastung (Abb. 435c) Stabkraftanteile $_1S_i$ für

$$_1S_6 = -1500 \text{ kg}$$
$$_1S_5 = -1000 \text{ ,,}$$
$$_1S_8 = -1500 \text{ ,,}$$
$$_1S_{15} = -1000 \text{ ,,}$$
$$_1S_7 = +1803 \text{ ,,}$$

Alle übrigen Stabkräfte $_1S_i$ werden Null. Man kann dies finden, indem man das Fachwerk etwa in der Reihenfolge VIII, VI, III, V, VII, IV, I, II abbaut.

Durch die Belastung mit den *lotrechten* Lasten P allein entstehen Stabkräfte $_2S_i$. Mit Betrachtung der räumlichen Knotenpunkte II, III, VI und VIII finden wir zunächst:

$$_2S_2 = 0 \qquad\qquad _2S_{14} = 0$$
$$_2S_3 = -1000 \text{ kg} \qquad _2S_{15} = 0$$
$$_2S_9 = 0 \qquad\qquad _2S_8 = 0$$
$$_2S_1 = -1000 \text{ kg} \qquad _2S_{11} = 0$$
$$_2S_5 = 0 \qquad\qquad _2S_{12} = 0$$
$$_2S_6 = 0 \qquad\qquad _2S_{13} = 0$$

---

[1] Das vorliegende Beispiel ließe sich auch durch andere Bestimmungsverfahren (geeignete Schnitte usw.) berechnen.

Das nun zu behandelnde Stabtetraeder aus den Stäben 4, e_2, 7, 10, e_1 und 16 steht unter der Belastung von S_1 am Knotenpunkt I, von S_3 am Knoten IV,

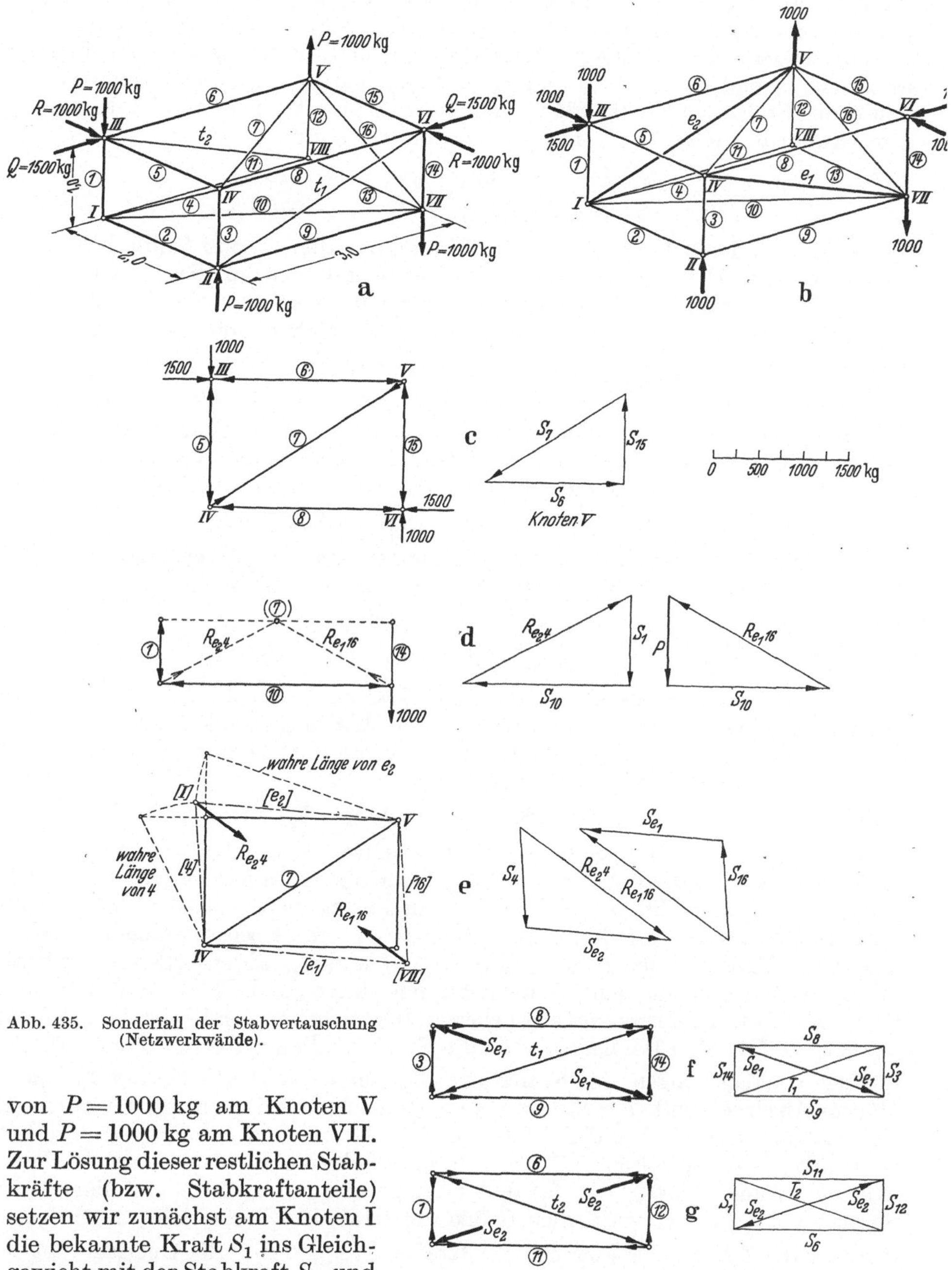

Abb. 435. Sonderfall der Stabvertauschung (Netzwerkwände).

von $P = 1000$ kg am Knoten V und $P = 1000$ kg am Knoten VII. Zur Lösung dieser restlichen Stabkräfte (bzw. Stabkraftanteile) setzen wir zunächst am Knoten I die bekannte Kraft S_1 ins Gleichgewicht mit der Stabkraft S_{10} und einer Resultierenden $R_{e_2, 4}$ aus S_4 und S_{e_2}, die mit S_{10} und S_1 in einer Ebene liegen muß, d. h. in die Verbindungslinie von I mit der Mitte der oberen Begrenzungswand (Mitte des Stabes ⑦) fällt. Diese Gleichgewichtsaufgabe ist also in der Ebene der Stäbe (1), (10) und (14) zu behandeln, in der auch die Kräfte S_{10} und R_{e_1}, S_{16}, die der Kraft $P = 1000$ kg am Knoten VII Gleichgewicht halten, gefunden werden können. Wir finden in dieser Ebene (Abb. 435d) die Stabkraft $_2S_{10} = -1803$ kg. Die beiden Resultierenden $R_{e_2,4}$, und $R_{e_1,16}$ lassen sich in ihren entsprechenden Ebenen, das ist die Ebene 4, e_2 und die Ebene 16, e_1, in ihre Bestandteile S_4 und S_{e_2} bzw. S_{16} und S_{e_1} zerlegen, indem wir diese Ebenen um die Achse des Stabes (7) in die Fläche der oberen Begrenzungswand, d. h. parallel zum Grundriß, drehen (Abb. 435e). Wir finden damit:

$$_2S_4 = +1115 \text{ kg}; \qquad _2S_{16} = +1115 \text{ kg},$$
$$_2S_{e_2} = +1575 \text{ kg}; \qquad _2S_{e_1} = +1575 \text{ kg}.$$

Nun sind noch die Belastungen an den Knotenpunkten IV und V (die bekannten Kräfte S_3 bzw. $P = 1000$ kg) in gleicher Weise mit den an diesen Knoten zusammentreffenden Stabkräften ins Gleichgewicht zu setzen. Die Lösung liefert wegen der geometrischen Gleichheit der Gleichgewichts- und Zerlegungsfiguren

$$_2S_7 = _2S_{10} = -1803 \text{ kg}.$$

Die anderen Stabkräfte S_{e_1}, S_4, S_{e_2} und S_{16} ergeben, da sie mit den der vorigen Zerlegung übereinstimmen müssen, eine Kontrolle für die Richtigkeit der Lösung.

Die Stabkraftanteile der einzelnen Teillösungen sind nun zusammenzusetzen. Wir finden bei unserem Beispiel, daß nur der Stab (7) zwei Anteile aufweist, es ist

$$S_7 = _1S_7 + _2S_7 = +1803 - 1803 = 0.$$

Alle anderen Stäbe kommen in den Teillösungen nur einmal vor, sind also durch die dort bestimmten Stabkräfte $_1S_i$ oder $_2S_i$ ermittelt. Es ist z. B.

$$_0S_{e_1} = _2S_{e_1}^0 = 1575 \text{ kg},$$
$$_0S_{e_2} = _2S_{e_2}^0 = 1575 \text{ kg}.$$

Alle so ermittelten Stabkräfte stellen die Kräfte $_0S_i$ dar, die im *Ersatzfachwerk* infolge der äußeren Belastung auftreten. Die Kräfte $_0S_i$ stellen aber noch nicht die wirklichen Kräfte im *ursprünglichen* Fachwerk dar; diese sind vielmehr nach früherem bestimmt durch die Formel

$$S_i = _0S_i + S_i' \cdot T_1 + S_i'' \cdot T_2,$$

wobei S_i' bzw. S_i'' die Stabkräfte des Ersatzfachwerks infolge $T_1 = 1$ bzw. $T_2 = 1$ darstellen. Nun werden aber durch $T_1 = 1$ nur die Stäbe der Fachwerkswand II, IV, VII, VI, d. h. die Stäbe (3), (8), (14), (9) und e_1, beansprucht, alle übrigen Stäbe des Ersatzfachwerks erhalten die Stabkraft $S_i' = 0$. Ebenso entstehen infolge $T_2 = 1$ nur Kräfte in den Stäben (1), (6), (12), (11) und e_2, während alle übrigen Stäbe die Kraft $S_i'' = 0$ bekommen. Demgemäß sind durch $_0S_i$ die Kräfte all derjenigen Stäbe des Ersatzfachwerks bereits gegeben, die *außerhalb* der Ebenen II, IV, VII, VI bzw. I, III, V, VIII liegen. Für die Stäbe in diesen Ebenen finden wir die nötigen Überlagerungen der Stabkräfte (das sind die Werte $\overline{S}_i$ und $\overline{\overline{S}}_i$, die in obigem Ausdruck mit $T_1 \cdot S_i'$ und $T_2 \cdot S_i''$ bezeichnet sind) am besten durch die Betrachtung, die wir bei den schlaffen Gegendiagonalen kennengelernt haben: es wird S_{e_1} in der erhaltenen Größe mit umgekehrtem Richtungssinn im ebenen Bild der Wand (3), (9), (14), (8) und t_1 eingesetzt (Abb. 435f) und liefert eine Stabkraft T_1, die der wirklichen Größe der Kraft in t_1 entspricht, außerdem in den anderen Stäben des Vierecks die Kräfte $T_1 \cdot S_i' \equiv \overline{S}_i$. Bei Überlagerung der Kräfte $_0S_i$ und $\overline{S}_i$ erkennen wir, daß die Kraft im Ersatzstab verschwindet und die Größen der Randstäbe durch die Überlagerungsgleichung

$$S_i = _0S_i + \overline{S}_i$$

ermittelt werden, wobei $\overline{S}_i = T_1 \cdot S_i'$ nach der früheren Bezeichnung ist. Die entsprechende ebene Lösungsaufgabe für die Stabkraft T_2 im Tauschstab t_2 und die Stabkräfte $\overline{\overline{S}}_i$ in den Randstäben ①, ⑪, ⑫, ⑥ finden wir (Abb. 435g), indem wir die bekannte Kraft S_{e_2} mit umgekehrtem Vorzeichen (entgegengesetzte Richtung) einführen. Es ist dann entsprechend für die Randstäbe

$$S_i = {}_0S_i + \overline{\overline{S}}_i.$$

Die Überlagerung geschieht wieder am besten in Form einer Tabelle.

Diese letzte Art der Bestimmung der Stabkräfte in den Tauschstäben hat eine allgemeine Bedeutung für den Fall, daß die Flechtwerke kompliziert ausgebildete durchgehende Seitenwände mit mehreren Streben (Netzwerk) besitzen. Es läßt sich dann nämlich für die ganze Ausfachung der Seitenwand gemäß Abb. 436

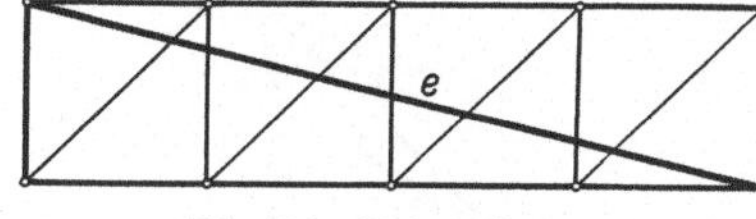

Abb. 436. Netzwerkwand.

eine einzige Ersatzstrebe e einführen. Man berechnet zunächst das so gewonnene wesentlich einfachere Fachwerk. Die Berichtigung ist wieder durch die Lösung des ebenen Problems der Seitenwand mit der bekannten Kraft $(-S_e)$ gegeben. Alle Stäbe, die nicht in dieser Wand enthalten sind, in der e die Diagonale darstellt, werden von der Berichtigung nicht beeinflußt.

Übungsaufgaben über Raumfachwerke.

1. Aufgabe. Die Stabkräfte des in Abb. 437 dargestellten Stabsystems sind zu berechnen.

Lösung: Es handelt sich um ein Fachwerk nach dem ersten Bildungsgesetz. Knotenpunkt M ist durch drei Stäbe an die Erde angeschlossen, dann Punkt N angefügt durch den Stab ④ und die beiden Stützungsstäbe ⑤ und ⑥. Man wird

Tabelle zur Stabkraftermittlung mittels des HENNEBERGschen Verfahrens.

Stab Nr.	1	2	3	4	5	6	7	8	9	10	11	12	13	14	15	16	e_1	e_2	T_1	T_2
Stabkräfte des Ersatzfachwerkes ${}_0S_i$ in kg — ${}_1S_i$	0	0	0	0	−1000	−1500	+1803	−1500	0	0	0	0	0	0	−1000	0	0	0	—	—
${}_2S_i$	−1000	0	−1000	+1115	0	0	−1803	0	0	−1803	0	0	0	0	0	+1115	+1575	+1575	—	—
Stabkräfte $\overline{S}_i$ in kg infolge $S_{e_1} = -{}_0S_{e_1}$	0	0	+500	0	0	0	0	+1500	+1500	0	0	0	0	+500	0	0	−1575	0	−1575	0
Stabkräfte $\overline{\overline{S}}_i$ in kg infolge $S_{e_2} = -{}_0S_{e_2}$	+500	0	0	0	0	+1500	0	0	0	0	+1500	+500	0	0	0	0	0	−1575	0	−1575
Wirkliche Stabkräfte S_i als Summe	−500	0	−500	+1115	−1000	0	0	0	+1500	−1803	+1500	+500	0	+500	−1000	+1115	0	0	−1575	−1575

das Gebilde so berechnen, daß man am Knotenpunkt N die Last P mit S_4, S_5 und S_6 ins Gleichgewicht setzt und dann S_4 mit S_3, S_2 und S_1. Es soll hier das *Momentenverfahren* angewandt werden. Da die Kräfte P, S_4, S_5 und S_6 Gleichgewicht miteinander bilden, muß die Summe ihrer Momente für jede beliebige Achse verschwinden. Will man S_4 berechnen, wird man die Momentenachse so wählen, daß S_5 und S_6 keinen Momentenbeitrag liefern, d. h. in der Ebene der Stäbe ⑤ und ⑥. Wir wählen als Momentenachse die Verbindungslinie der Fußpunkte D und E; für diese Achse ergeben nur P und S_4 ein Moment. Wir führen

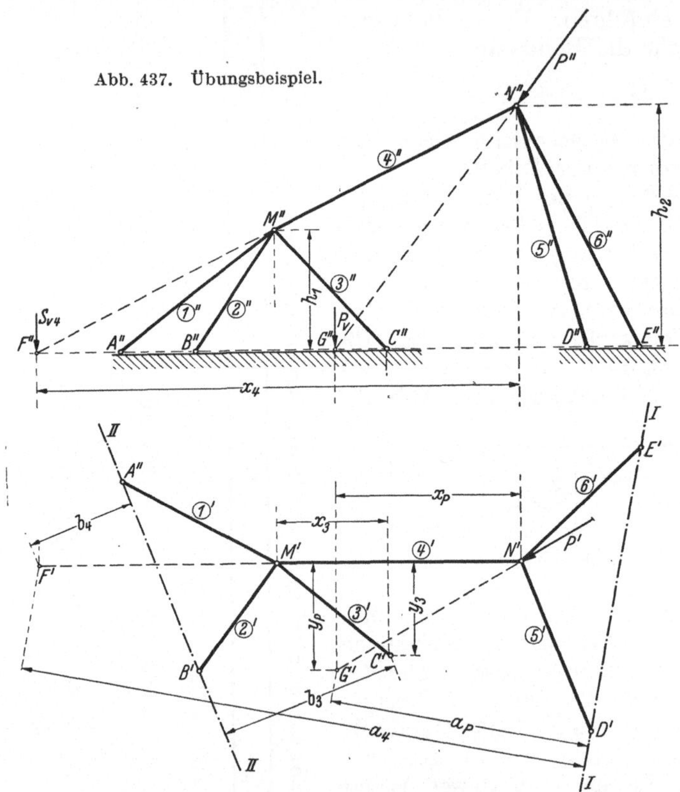

Abb. 437. Übungsbeispiel.

zunächst eine Zugkraft im Stabe ④ mit Punkt N als Angriffspunkt der Kräfte ein. Zur Aufstellung des Momentes selbst verschieben wir diese Zugkraft S_4 nach dem Durchdringungspunkt vom Stab ④ mit der horizontalen Ebene und zerlegen sie daselbst in eine lotrechte Komponente und eine waagerechte in dieser Ebene. Letztere liefert keinen Momentenbeitrag, erstere $_vS_4$ verläuft unter Zugrundelegung des Zugpfeiles nach unten (vgl. Aufriß); ihre Größe ist nach der Formel (43) bestimmt durch

$$\frac{_vS_4}{S_4} = \frac{h_2}{F N}\,.$$

Dabei ist

$$\overline{F N}^2 = x_4^2 + h_2^2\,.$$

Der Hebelarm dieser Kraft $_vS_4$ bezüglich der Achse I—I ist gegeben durch die Entfernung des Punktes F' von der Achse I—I, also durch a_4.

    Entsprechend verfahren wir mit P. Sie wird zum Schnitt gebracht mit der horizontalen Ebene, und in diesem Schnittpunkt G zerlegt in eine lotrechte und eine waagerechte Komponente, von denen nur die erste einen Momentenbeitrag liefert. Die Komponente von P, die in G angreift, also P_v, geht nach unten; sie ist gegeben durch

$$\frac{P_v}{P} = \frac{h_2}{GN} = \frac{h_2}{\sqrt{G'N'^2 + h_2^2}} = \frac{h_2}{\sqrt{x_P^2 + y_P^2 + h_2^2}}.$$

Ihr Hebelarm ist durch die Entfernung des Punktes G' von I—I bestimmt, also durch a_P. Damit ergibt sich die Momentengleichung (mit Blickrichtung von D' nach E'):

$$-S_4 \frac{h_2}{FN} \cdot a_4 - P \frac{h_2}{GN} a_P = 0.$$

Zur Ermittlung von S_5 ist als Achse die Verbindungslinie FE zu benutzen, für S_6 die Gerade DF. Dabei ist das Moment von P gegeben durch P_v mal Entfernung des Punktes G' von der Geraden $E'F'$ bzw. $F'D'$ (im Grundriß).

Zur Berechnung von S_3 wird als Momentenachse die Verbindungslinie AB verwendet. Der Durchdringungspunkt von S_3 mit der horizontalen Ebene ist C; derjenige von S_4 ist F. Da S_4 bereits als Druckkraft erkannt ist, geht ihr Richtungspfeil gegen M, ist also bei der Verschiebung in den Punkt F auch nach diesem Punkt F hin gerichtet. Die Kraft S_3 wird als Zug angenommen; sie geht bei der Verschiebung nach dem Punkt C ebenfalls von oben nach unten; die Momentengleichung lautet dann:

$$-_vS_4 \cdot b_4 + {}_vS_3 \cdot b_3 = 0.$$

Dabei ist

$$_vS_3 = S_3 \cdot \frac{h_1}{\sqrt{M'C'^2 + h_1^2}} = S_3 \cdot \frac{h_1}{\sqrt{x_3^2 + y_3^2 + h_1^2}}.$$

Die Berechnung von S_1 und S_2 hat dann zu geschehen mittels der Achse BC bzw. AC.

2. Aufgabe. Für die in Abb. 438 in Grundriß, Aufriß und Seitenriß dargestellte Scheibenkuppel[1] sind die Kräfte in den Streben ④ und ⑥ zu berechnen.

Lösung: Die Kuppel, auf die beliebige Lasten wirken sollen, ist in den Eckpunkten A, B, C, D, E auf freien drehbeweglichen Kugellagern gestützt, in den Fußpunkten F, G, H, J, K dagegen auf Kugeldrehlagern, die auf Rollen gesetzt sind, deren Verschiebungsmöglichkeit stets senkrecht zum betreffenden Ringstab gerichtet ist. In den ersten Lagern entsteht nur *eine* unbekannte Gegenkraft, in den Rollenlagern dagegen treten deren *zwei* auf, eine in Richtung des Ringstabes und eine in lotrechter Richtung.

Zur Ermittlung der beiden Stabkräfte S_4 und S_6 sollen zwei Momentengleichungen verwendet werden, die durch Legen von zwei Schnitten entstehen. Ein räumlicher Flächenschnitt ist um den Lagerpunkt F herumgeführt; er trifft die Stäbe ③, ④, ⑥, ⑦. Ein anderer räumlicher Flächenschnitt ist um die Knotenpunkte I *und* II gelegt, der die Stäbe ㉙, ㉚, ②, ④, ⑥, ⑧, ⑩, ⑪ trifft. Für den ersten Schnitt müssen die geschnittenen Stabkräfte mit der Last P und den Lagerkräften F_h und F_v im Gleichgewicht stehen, für den letzteren Schnitt die entsprechenden Stabkräfte mit P_{I} und P_{II}. Die Momentenachse wird für jeden Schnitt so gewählt, daß in der betreffenden Gleichung außer S_4 und S_6 nur die bekannten Lasten auftreten. Für den ersten Schnitt erfüllt diese Bedingung jede Gerade in der lotrechten Ebene, die die Ringstäbe ③, ⑦ enthält, für den letzteren Schnitt liefert die Schnittlinie der Ebenen (29, 30, 2) und (11, 10, 8) die gewünschte Momentenachse. Die Momentenachse I—I wurde hier waagerecht eingeführt; sie projiziert sich im Seitenriß als Punkt. Dasselbe gilt von den Kräften S_3, S_7 und F_h. Die Kraft F_v geht in der Seitenrißprojektion durch den

---

[1] Vgl. W. Schlink, Statik der Raumfachwerke, 1907.

Punkt I hindurch, die Kraft F_h läuft parallel der Achse I—I; beide haben also kein Moment um diese Achse. Die Kräfte S_4 und S_6 denkt man sich in ihrer Trapezebene zerlegt in eine Komponente in Richtung des Ringes und eine in

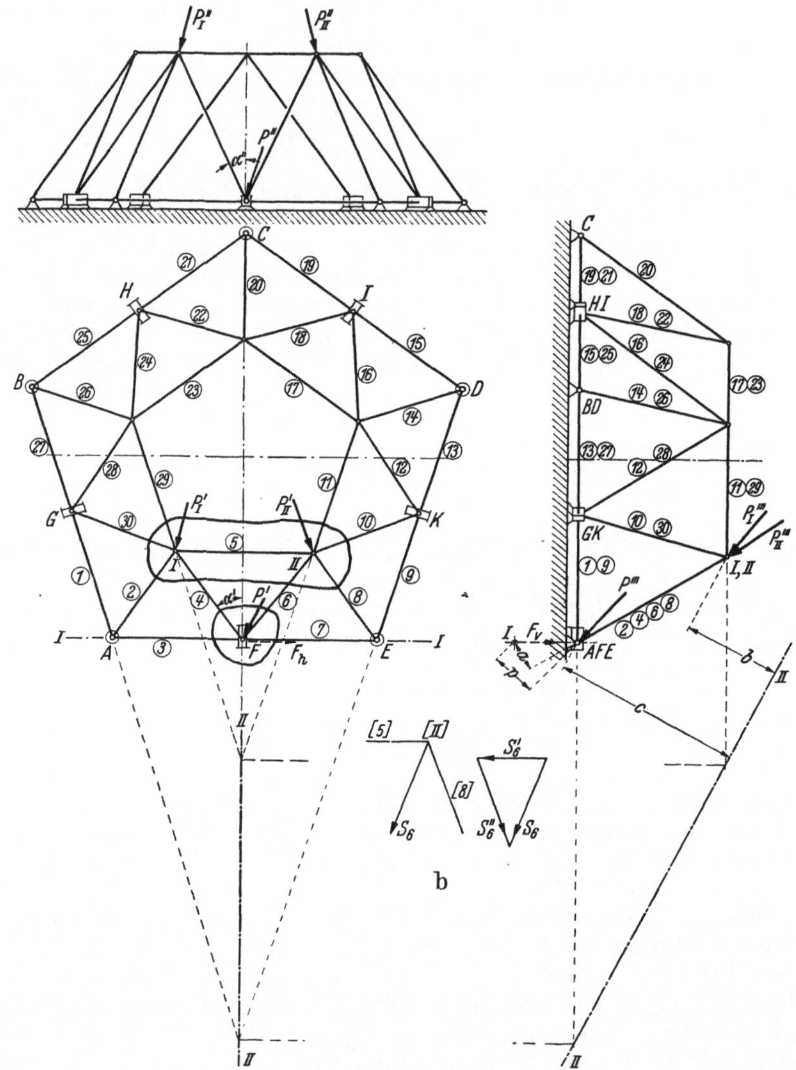

Abb. 438. Übungsbeispiel (Scheibenkuppel).

Richtung der Winkelhalbierenden; letztere sind gegeben durch $S_4 \cdot \cos\alpha$ und $S_6 \cdot \cos\alpha$. Die Momentengleichung lautet also:

$$P''' \cdot p - (S_4 + S_6) \cdot \cos\alpha \cdot a = 0.$$

Für die zweite Momentengleichung kann man sich die Stabkräfte S_4 und S_6 zerlegt denken in zwei Komponenten, von denen die eine in Richtung des Stabes ⑤ fällt, die andere in Richtung ② bzw. ⑧. Letztere Komponenten fallen in die Ebene (29, 30, 2) bzw. (11, 10, 8), schneiden also die Achse II—II. Erstere Komponenten projizieren sich im Seitenriß in einem Punkt. Beide haben den gleichen

Hebelarm b für die Achse II—II. Aus einem Kräftdreieck (Abb. 438b) entnimmt man das Verhältnis der fraglichen Komponente S_4' bzw. S_6' zu S_4 und S_6. Es sei

$$S_6' = \lambda \cdot S_6 .$$

Die Kraft P_I (bzw. P_II) kann man in drei Komponenten zerlegen in Richtung der Stäbe ㉙, ⑤, ② (bzw. ⑪, ⑤, ⑧). Nur die ersteren Komponenten $_5P_\mathrm{I}$ und $_5P_\mathrm{II}$ liefern einen Momentenbeitrag, und zwar am gleichen Hebelarm b. Es entsteht die Gleichung:

$$(-\lambda S_4 - {_5}P_\mathrm{I})\, b + (\lambda \cdot S_6 + {_5}P_\mathrm{II}) \cdot b = 0 .$$

Die beiden Gleichungen erlauben, die Unbekannten S_4 und S_6 zu berechnen.

Das Moment der Kräfte S_4 und S_6 für die Achse II—II kann man auch in anderer Weise aufstellen: man verschiebt die an den Punkten I und II angreifenden Stabkräfte S_4 und S_6 nach dem unteren Endpunkt F und zerlegt dort jede (wie vorhin bezüglich der Achse I—I angegeben) in zwei Komponenten, von denen eine in die Mittellinie des Trapezfeldes fällt, die andere in den Ringstab ③, ⑦; die ersteren Komponenten schneiden die Achse II—II, die letzteren Komponenten $S_4 \cdot \sin\alpha$ und $S_6 \cdot \sin\alpha$ ergeben für die Achse II—II den Momentenbeitrag:

$$(-S_4 \cdot \sin\alpha + S_6 \cdot \sin\alpha) \cdot c .$$

3. Aufgabe. Für den in Abb. 439a dargestellten Abspannmast sind die Stabkräfte zu ermitteln.

Lösung: Der Mast ist als räumliches Fachwerk aufgebaut, und zwar sind im wesentlichen vier Kantenstäbe (Gratstäbe) hochgeführt, die sich in einem Punkt S schneiden. Die entstehenden Seitenwände sind entsprechend der Belastung und der entstehenden Längen ausgefacht. Als Belastung wirken auf den Mast an der Spitze S eine lotrechte Kraft $V = 1000$ kg und vier waagerechte Kräfte $P_1 = 500$ kg, $P_2 = 400$ kg, $P_3 = 300$ kg und $P_4 = 450$ kg in der in Abb. 439d gegebenen Anordnung. Diese horizontalen Kräfte lassen sich in einfacher Weise (Abb. 439e) zu einer Resultierenden R bzw. zu zwei Einzelkräften X und Y zusammenfügen. An den Ausfachungsrahmen des Mastfachwerkes greifen weiterhin in der x-Richtung die in Abb. 439a und b gezeichneten Kräfte $P_5 = 300$ kg, $P_6 = 300$ kg, $P_7 = 200$ kg, $P_8 = 200$ kg, $P_9 = 200$ kg, $P_{10} = 200$ kg an.

Die Lösung des Fachwerks nach dem Knotenpunktsverfahren bietet gleich bei Beginn am oberen Knoten S insofern Schwierigkeiten, als hier vier unbekannte Stabkräfte mit der gegebenen Belastung zusammentreffen, d. h. das Fachwerk ist eigentlich statisch unbestimmt. Durch eine einfache Überlegung kommt man hier jedoch sehr schnell zu einer vereinfachten Lösung. Da das Fachwerk doppelsymmetrisch ist, wird die Last V zu gleich großen Teilen in die vier Gratstäbe geleitet. Wir können auch sagen: Wir zerlegen V in zwei Komponenten K_1 und K_2, eine in der vorderen Wand ASB und eine in der hinteren Wand CSD (Abb. 439f). Erstere ruft in den Stäben ① und ③, letztere in den Stäben ② und ④ gleich große Kräfte hervor.

Wir schneiden das Mastfachwerk längs der Kantenlinien (Gratstäbe) bis zu den Anschlußpunkten $ABCD$ auf und klappen die vier Seitenwände um ihre Fußpunkte um, also die Ebene ABS um die Linie AB, die Seitenfläche ADS um die Linie AD usw. Bei der Umklappung nehmen wir die an den ebenen Seitenfachwerken angreifenden Kräfte mit. Die Kräfte X und Y werden zu gleichen Teilen verteilt (Abb. 439g und h), so daß also $X/2$ in die vordere Wand ABS und $X/2$ in die hintere Wand CDS zu liegen kommt, und entsprechend $Y/2$ in die linke Seitenwand ADS und $Y/2$ in die rechte Wand BCS. Dazu tritt für die vordere Wand die erwähnte Kraft K_1, für die hintere Wand die Kraft K_2.

Durch diese Aufteilung ist für den oberen Teil das Problem des räumlichen Fachwerks zurückgeführt worden auf vier ebene Probleme der Seitenfachwerke.

Zur Lösung dieser ebenen Aufgaben bedienen wir uns des CREMONAschen Kräfteplans, der uns (nach Abb. 439i und k) die Stabkräfte in bekannter Weise liefert. Wir müssen uns dabei vor Augen halten, daß die Kantenstäbe sowohl in einem als auch im anderen Fachwerk auftreten, daß also die sich im Cremona-Plan ergebenden Stabkräfte nur Teilkräfte darstellen, die erst nach der Addition der beiden Anteile die wirklichen Stabkräfte liefern.

Die Seitenwände ABS und BDS, ebenso die Wände ADS und BCS sind konstruktiv wie belastungsmäßig gleich, so daß wir bei dieser Aufgabestellung mit der Stabkraftermittlung einer Wand die zugehörige gegenüberliegende Seitenwand sofort mit ermittelt haben. (Wären die Wände ungleich belastet, dann müßten die Stabkräfte für die gegenüberliegende Wand in einem neuen Krafteck bzw. Cremona-Plan ermittelt werden.)

In der Ringebene $ABCD$ tritt ein Knick in den Gratstäben und damit auch ein Knick in den begrenzenden Seitenflächen auf. Die Überleitung der Kräfte in diesen vier Eckpunkten wird damit auch nicht mehr in einem ebenen Bild weitergeführt werden können. Um nun ein mit geringstem Zeichenaufwand allgemeingültiges Lösungsverfahren des Restproblems zu erhalten, lenken wir die an den Knotenpunkten A, B, C und D auftretenden Kräfte (vgl. Abbildung 439l) in die vier neuen Ebenen des unteren Mastteiles um. Verfolgen wir einmal die Umlenkung bzw. die Komponentenbildung an den Ecken A und B. Die Trennung der Stabkraftanteile in den Stäben ㉑, ㉗ aus den beiden ebenen Problemen soll

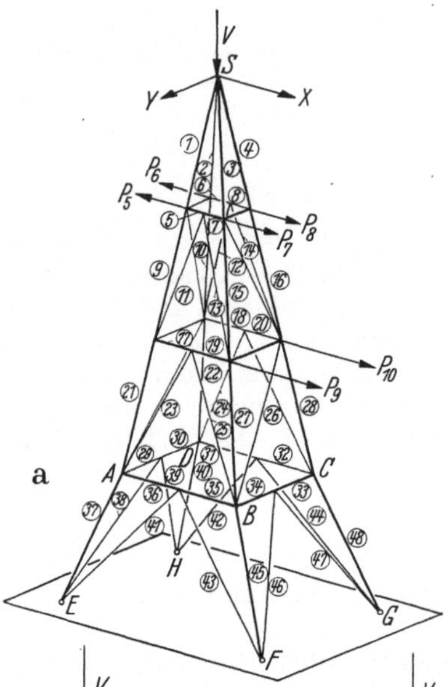

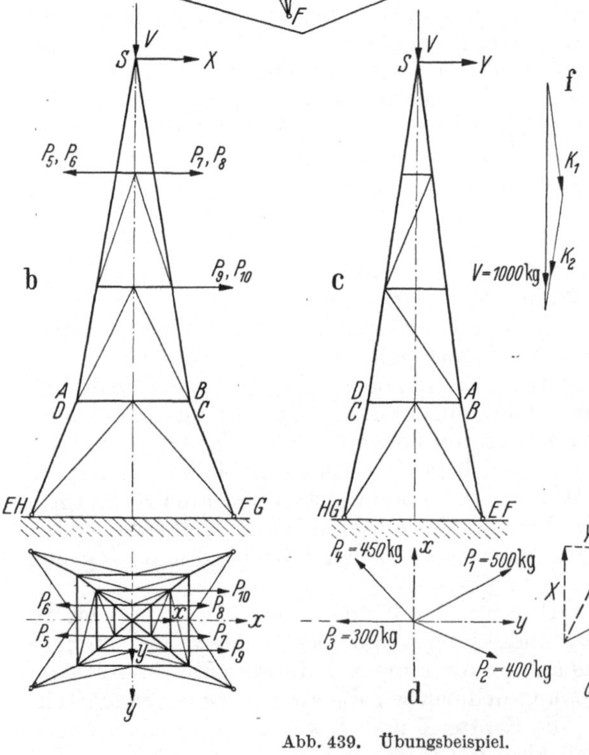

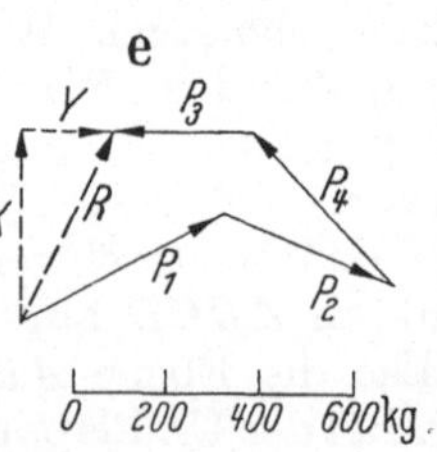

Abb. 439. Übungsbeispiel.

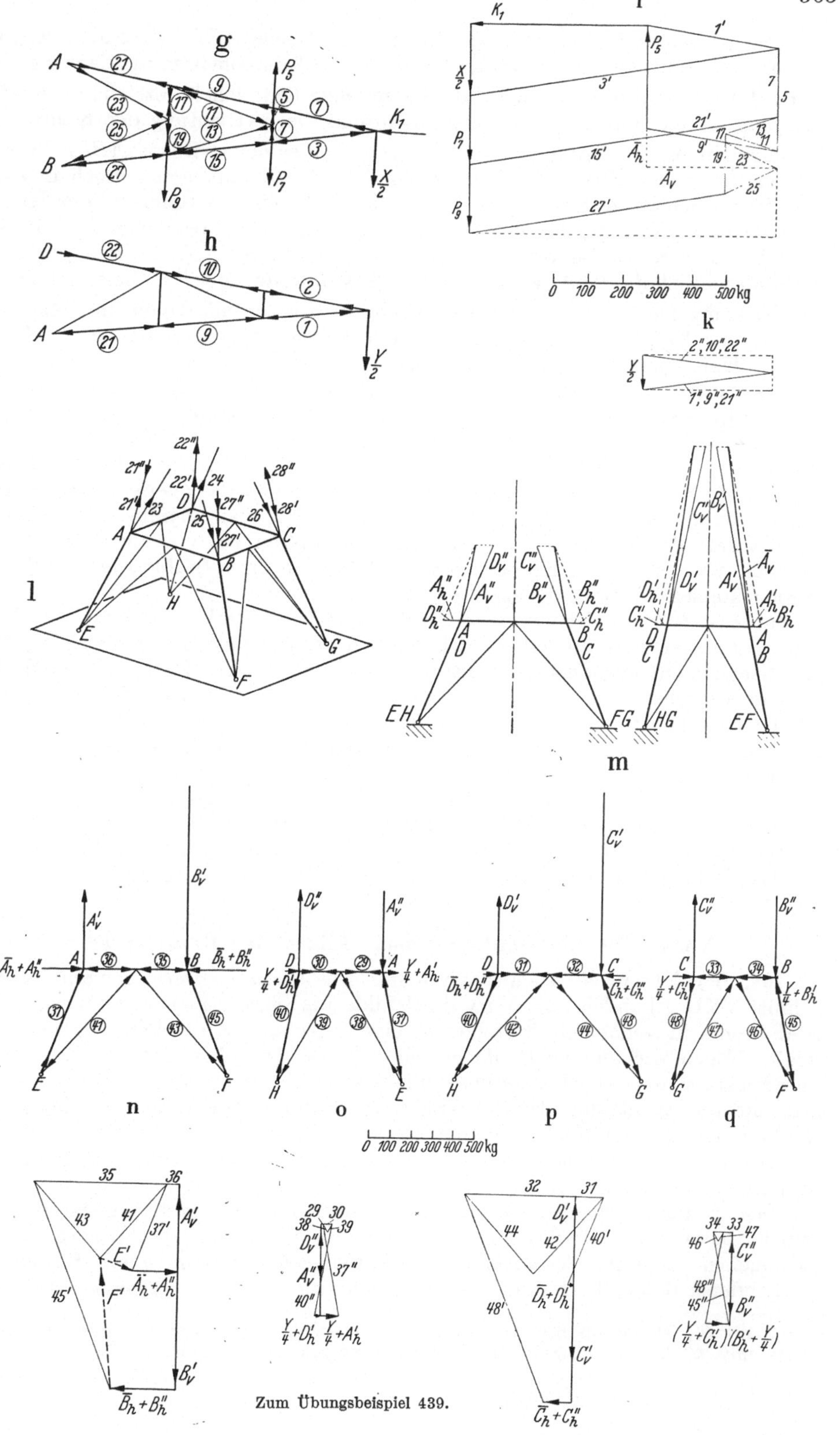

g
h
i
k
l
m
n
o
p
q
Zum Übungsbeispiel 439.

zunächst aufrechterhalten bleiben. Die in der Ebene ABS wirkenden Kräfte S'_{21}, S_{23}, S_{25} und S'_{27}[1] (Abb. 439l) lassen sich in Komponenten in Richtung AB (z. B. $\overline{A}_h$) und senkrecht dazu (z. B. $\overline{A}_v$) zerlegen (gestrichelt gezeichnete Kraftzerlegung im Kräfteplan, Abb. 439i). Während die in Richtung der Kante AB verlaufenden Komponenten (z. B. $\overline{A}_h$) bereits in der neuen Ebene $ABEF$ liegen, müssen die in der Ebene ABS enthaltenen Vertikalkomponenten noch in zwei Unterkomponenten zerlegt werden, von denen die eine in Richtung der Kante AD (A'_h) bzw. BC liegt, die andere aber (A'_v) in die neue Ebene $ABFE$ zu liegen kommt. Diese Komponentenbildung ist im Seitenriß der Abb. 439 m angegeben, wobei absichtlich die Pfeile weggelassen sind (vgl. weiter unten). Die so erhaltene Vertikalkomponente (A'_v), die vorher erhaltene Horizontalkomponente ($\overline{A}_h$) und die aus der Komponentenzerlegung in der anliegenden Seitenfläche ABS anfallende Komponente (A''_h) bilden zusammen die ebene Belastung (im Punkte A) der ebenen Begrenzungsfläche ($ABFE$), die damit wieder als ebenes Problem (Abb. 439n) weiterbehandelt werden kann. Nach den gleichen Grundgedanken wird dann auch die Komponentenzerlegung in den anderen Seitenflächen vorgenommen, indem erst die wirksamen Kräfte in der oberen Ebene in zwei Komponenten in Richtung der unteren Kante und senkrecht dazu zerlegt werden, die letztere dann umgelenkt wird (unter Zuhilfenahme der angrenzenden oberen Mastfläche). Wir erhalten damit auch für den unteren Teil vier ebene Probleme, die nach dem bekannten Knotenpunktsverfahren in ihren Stabkräften bestimmt werden können (Abb. 439n—q).

Zur ausgeführten Zeichnung sei bemerkt, daß die Stäbe mit der Kraft Null keine Stabziffer erhalten haben. Die einfach gestrichenen Stabzahlen (21′, 22′) beziehen sich auf Ergebnisse aus der vorderen bzw. hinteren Fachwerkswand; die doppelt gestrichenen deuten die Ergebnisse aus der Betrachtung der Seitenwand an. Die Umlenkung der Kräfte am Knick ist absichtlich ohne Vorzeichen bzw. Richtungspfeil angegeben, da sie für den vorderen Stab z. B. nach hinten, für den hinteren nach vorne eingeführt werden müßte, was nur zu Unübersichtlichkeit führen kann. Bei Behandlung des Restfachwerks (Abb. 439l) mit den eingezeichneten Stabkräften wird die Richtung ohnedies klar genug angegeben.

Bei der Nachprüfung beachte man, daß mit Rücksicht auf die Deutlichkeit der Darstellung zwei verschiedene Kräftemaßstäbe verwendet sind.

XXIII. Die Gemischtbauweise. Allgemeine Raumwerke.

108. Der Aufbau der Gemischtsysteme. Das Raumfachwerk, das wir im Abschnitt XXII behandelt haben, ist ein Gebilde aus reinen Längskraftträgern; jeder Stab besitzt in seiner Schnittstelle nur eine Unbekannte, die Längs- oder Stabkraft. Fügen wir nun an Stelle einzelner Stäbe *Balken* in Art der Fachwerke zusammen, so entsteht das *Raumwerk in Gemischtbauweise*. Wie wir für den Aufbau und die Ermittlung der Stabkräfte des Raumfachwerks uns die Ebene als Vorbild nehmen konnten, können wir nun auch die Erweiterungen des ebenen Fachwerks durch Rahmen und Balkenteile als Grundlage für das gemischte Raumwerk dienen lassen.

Den Bedingungen des räumlichen Balkens entsprechend, müssen die allgemein belasteten Teile des gemischten Raumwerks durch sechs Lagerfesseln in allgemeiner Lage im Gesamtbild festgehalten sein. Ein in einem Raumwerk vorhandener Balken I, II kann also nicht mehr durch zwei Kugelgelenke (Abb. 440)

---

[1] Mit S'_{21} ist die aus der Betrachtung der vorderen Wand ABS hervorgehende Stabkraft, mit S''_{21} die aus der Seitenwand ADS hervorgehende, bezeichnet.

festgelegt werden, sobald er Lasten trägt, die auch ein Torsionsmoment hervorrufen; denn ein solches würde ja den Balken um die Verbindungslinie der Kugelgelenke verdrehen können. Sind aber bei einem geraden Balken nur solche Kräfte vorhanden, die seine Achse schneiden, d. h. fehlt das Torsionsmoment, so genügen die beiden Endgelenke zu seiner Festlegung. Allerdings tritt dann zunächst eine Unbestimmtheit auf für die Komponenten der Gelenkkräfte in der Stabrichtung, weil man nicht weiß, welchen Anteil der eine und welchen der andere Anschlußpunkt aufnimmt. Bestimmt wäre es, wenn in dem einen Anschlußpunkt drei unbekannte Lagerkräfte, aber in dem anderen nur deren zwei vorhanden wären (Abb. 441). Ein räumlich gestützter Balken, der nur durch Kräfte belastet wird, die die Balkenachse schneiden (also keine Torsionsmomente hervorrufen), bedarf demgemäß zu seiner Lagerung fünf Fesseln; dieser Fall würde dem ebenen Balken mit drei Fesseln entsprechen (Abb. 442).

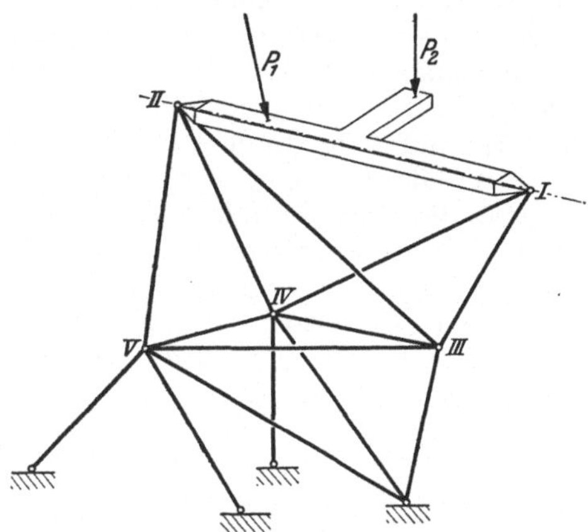

Abb. 440. Raumwerk mit einem Balken, der unter allgemeiner Belastung steht.

Wir werden also zu unterscheiden haben zwischen gemischten Raumwerken mit *allgemein* belasteten Konstruktionsgliedern und solchen mit Stäben und Biegebalken, die *keine* Torsionsmomente aufnehmen. Ein Raumwerk, das aus Stäben und torsionsfreien Biegebalken zusammengesetzt ist, ist dann statisch bestimmt, wenn sein Aufbau einem Bildungsgesetz des Raumfachwerks entspricht.

Dieses System der Gemischtbauweise kann grundsätzlich in zweifacher Weise

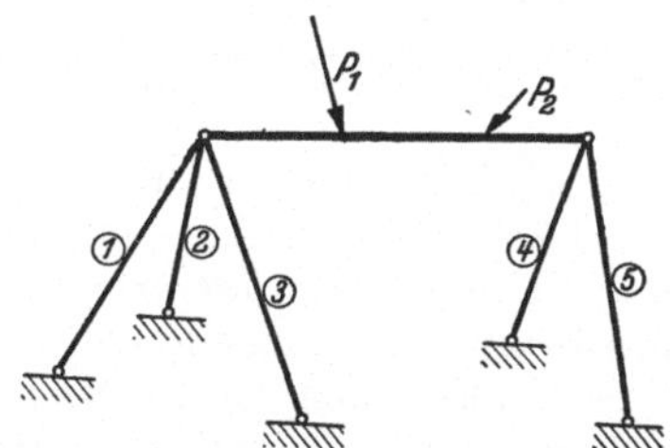

Abb. 441. Fester Anschluß eines Balkens ohne Torsionsbeanspruchung.

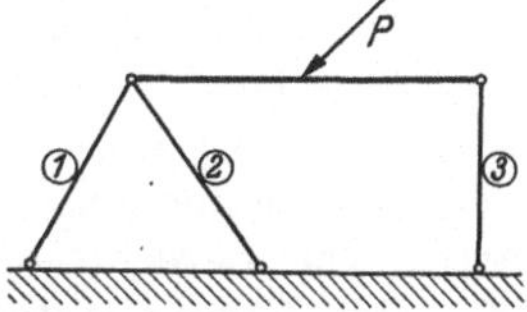

Abb. 442. Ebener Balken mit drei Fesseln.

untersucht werden. Entweder schneidet man den zu untersuchenden Balken heraus, ermittelt die Reaktionen, die in seinen Endpunkten an ihm angreifen und läßt die umgekehrten Reaktionen auf das übrige System ohne den Balken (Restsystem) einwirken. Oder man betrachtet das ganze System, geht von Knoten aus, an denen nur drei Unbekannte vorliegen, baut dann entsprechend ab und ermittelt so zunächst alle *Stab*kräfte. An dem *Balken* kennt man dann alle Kräfte, die in seinen Endpunkten zusammenlaufen, und hat demgemäß einen Balken, auf den nur bekannte Einflüsse wirken.

Das erstere Verfahren ist nicht allgemein anwendbar, wird aber immer dann zum Ziele führen, wenn einer der Balkenendpunkte der Schlußknoten des nach dem ersten Bildungsgesetz aufgebauten Gemischtsystems ist. In Abb. 443 ist ein Raumwerk gezeichnet, in dem nur das Konstruktionsglied ⑫ auf Biegung beansprucht wird. Dieser Balken ist gegenüber dem System I—VI angeschlossen durch das Kugelgelenk I (in welchem Knoten vier Stäbe zusammenkommen) und

durch das Gelenk VI im Endpunkt der beiden Stäbe ⑩ und ⑪. Die von dem
eigentlichen Stabsystem auf den Balken wirkenden Kräfte, also die Reaktionen
des Balkens, sind leicht zu ermitteln. Die Reaktion in I muß durch den Punkt I
gehen, kann aber ganz beliebige Richtung haben; die Reaktion durch VI muß
natürlich durch VI gehen und außerdem in der Ebene der Stäbe ⑩, ⑪ liegen.
Die auf den Balken wirkenden Lasten können hier durch eine Resultierende (im
allgemeinen Fall durch ein Kraftkreuz, also zwei Resultierende) ersetzt werden.
Es müssen im Gleichgewicht stehen diese Resultierende R mit einer Kraft durch
I (R_I) und einer durch VI (R_VI) in der Ebene ⑩, ⑪. Drei Kräfte können aber
nur im Gleichgewicht sein, wenn sie durch einen Punkt gehen. Man hat dem-
gemäß die Resultierende R zum Schnitt zu bringen mit der Ebene ⑩, ⑪ und verbindet diesen Schnittpunkt M mit VI und I. Dadurch sind die Reaktionen R_VI
und R_I in ihrer Richtung bestimmt und damit alle Kräfte bekannt, die auf den
Balken I, VI wirken. (Sollte ein Kraftkreuz vorliegen, so muß man natürlich
diese Durchführung mit jeder der beiden Kräfte machen und dann die erhaltenen

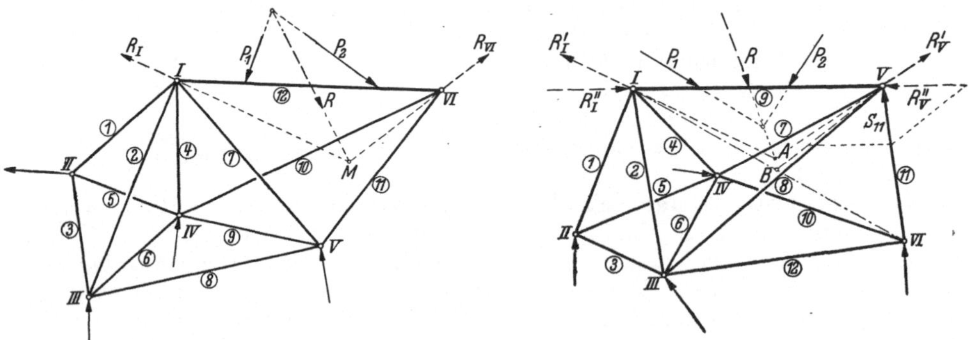

Abb. 443. Raumwerk mit einem auf Biegung beanspruchten Balken.

Abb. 444. Allgemeines Raumwerk mit einem auf
Biegung beanspruchten Balken.

Kräfte zusammensetzen.) Die umgekehrten Kräfte (K_I, K_VI) wirken auf das Restsystem, und in diesem treten für alle Stäbe nur Längskräfte auf, während der
Balken unter dem Einfluß der auf ihn wirkenden Lasten und der errechneten
Reaktionen im allgemeinen Querkräfte, Längskräfte und Biegungsmomente aufweisen wird. Die Berechnung der übrigen Stäbe macht nach Ermittlung von
S_{10} und S_{11} (den Komponenten von R_VI) keine Schwierigkeiten mehr, da in den
Punkten V, IV, III jedesmal nur drei Unbekannte auftreten. Die Knoten III
und II ergeben eine Kontrolle, ebenso auch der Punkt I, wo die Resultierende
von S_1, S_2, S_4, S_7 gleich R_I sein muß.

Führt dieses erste Verfahren nicht zum Ziele, dann muß man das oben an-
geführte andere Verfahren benutzen. Wenn man in Abb. 444 den Balken I—V
abtrennt, so sind die Reaktionen in I und V nicht eindeutig bestimmbar, denn
die Resultierende R ist ins Gleichgewicht zu setzen mit einer Kraft durch I und
einer durch V (beide mit unbekannter Richtung!), und das ist vieldeutig. Hier wird
man ausgehen vom letzten Knotenpunkt VI, ermittelt daselbst die Stabkräfte S_{10},
S_{11}, S_{12}, dann weiter am Knoten II die Kräfte S_1, S_5, S_3, am Knoten III die
Kräfte S_2, S_6, S_8 und schließlich am Knoten IV noch die Stabkräfte S_4 und S_7.
An diesem Knoten liegt bereits eine Kontrolle vor, da die Resultierende aus S_{10},
S_5, S_6 und P_IV in die Ebene der noch unbekannten Kräfte S_4 und S_7 fallen muß.
Die Resultierende von S_1, S_2, S_4 gibt nun die Reaktion R_I an, die auf den Balken I—V wirkt, und die Resultierende aus S_7, S_8, S_{11} die Reaktion R_V. Die Berechnung des Balkens bereitet dann keine Schwierigkeiten mehr.

Man kann übrigens, nachdem man den Knotenpunkt VI und die Stabkräfte S_{10}, S_{11}, S_{12} berechnet hat, auch anders vorgehen. Am Knoten V muß Gleichgewicht bestehen zwischen S_{11}, S_8, S_7 und der Kraft K_V, die vom Balken I—V im Punkt V auf die Stäbe (7), (8), (11) ausgeübt wird. (Es besteht also kein Gleichgewicht zwischen den Kräften S_{11}, S_8, S_7 und „S_9", denn im Stab (9) tritt ja nicht nur eine Längskraft auf.) Nun kennt man ja die Richtung dieser Kraft K_V bzw. R_V noch nicht, wohl aber können wir uns den Lösungsgang der vorigen Aufgabe (Abb. 443) zunutze machen, indem wir die bekannte Stabkraft S_{11} genau wie R als Belastung des Balkens ansehen und damit die Komponenten R_V' (infolge R) und R_V'' der auf den Balken wirkenden Kraft R_V getrennt bestimmen.

Die Wirkungen der beiden Belastungen R und S_{11}, die im allgemeinen windschief zueinander stehen, müssen gesondert behandelt werden, wenn sich durch Stab (9), (11) und R keine gemeinsame Ebene legen läßt. R liefert die beiden Kräfte R_I' und R_V' auf den Balken (9), wobei wieder die Richtung von R_V' gegeben ist durch die Verbindungslinie des Durchstoßpunktes A, von R, durch die Ebene der Stäbe (7), (8) mit dem Knoten V, und entsprechend verläuft R_I' in der Linie $A\,I$. Um den Einfluß der „Belastung" S_{11} auf den Balken (9) zu ermitteln, betrachten wir die Schnittlinie der Ebenen (7), (8) mit der Ebene 9, 11. In diese Schnittlinie BV und die Richtung des Stabes (9) wird S_{11} zerlegt; erstere Komponente wird von den Stäben (7) und (8) aufgenommen, letztere wirkt auf (9). Der Balken (9) verhält sich somit bei dieser Knotenpunktsbelastung wie ein Stab, und zwar wirkt er als Druckstab. Die maßgebende Komponente von S_{11}, das ist die auf den Balken (9) (bzw. jetzt Stab (9)) wirkende, wird somit als eine auf den Stab (9) drückende Teilkraft R_v'' gefunden, die eine entsprechend drückende Teilkraft R_I'' am anderen Ende I des Balkens zur Folge hat. R_I' und R_I'' und andererseits R_V' und R_V'' stellen somit die auf den Balken (9) einwirkenden Belastungen dar, die an diesem mit R (bzw. P_1 und P_2) Gleichgewicht halten.

Liegen Raumwerke in Gemischtbauweise vor, die nach dem zweiten oder dritten Bildungsgesetz aufgebaut sind und bei denen für die einzelnen Balken keine Torsionsmomente auftreten, so wird man unter Verwendung der früheren Ausführungen über Berechnung der Raumfachwerke und Benutzung der oben angewendeten Gedankengänge vorwärtskommen. —

Treten in einem Raumwerk Balken auf, die durch Verdrehungsmomente beansprucht werden, so werden diese drehenden Momente, wie schon früher bemerkt, den in zwei Kugelgelenken angeschlossenen Balken nicht im Ruhezustand lassen, da die Kugelgelenke an beiden Enden sechs Lagerreaktionen darstellen, die alle durch eine Gerade, die Balkenachse, gehen und damit eine Drehung um diese Achse zulassen. Wir müssen also bei Torsionsmomententrägern eine Lagerung anbringen, die diese Drehung verhindert. Allgemein belastete Balken- oder Rahmenteile müssen demnach im Fachwerk an festen Knotenpunkten des Raumwerks so angeschlossen werden, wie es dem räumlichen Anschluß eines allgemein ausgebildeten und allgemein belasteten Körpers entspricht. Beim Aufbau des in Abb. 445 dargestellten gemischten Raumwerks,

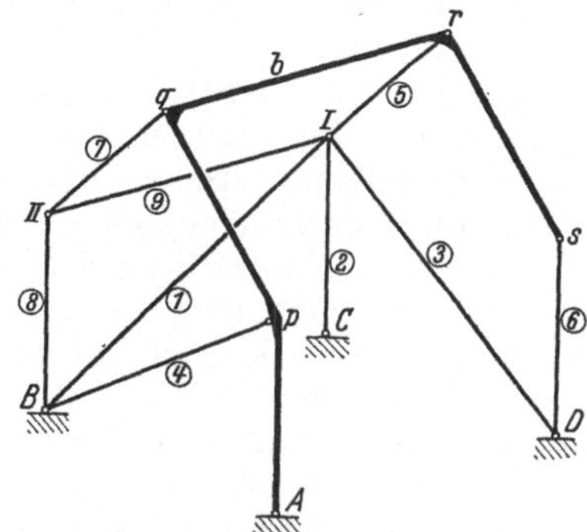

Abb. 445. Allgemeines Raumwerk mit torsionsfestem Rahmen.

das aus neun Stäben (1)—(9) und einem räumlich ausgebildeten Rahmen b (A, p, q, r, s) besteht und bei dem die Lasten nur für den Rahmenteil außerhalb der Gelenkpunkte wirken sollen, kann man ausgehen von den Stäben (1), (2) und (3), die den Punkt I festlegen. Dieser Knotenpunkt kann neben den festen Punkten A, B, C, D als Ausgangsstelle für neue Anschlüsse, z. B. auch für den Rahmen benutzt werden. Der Rahmen ist unverschieblich angeschlossen durch das feste Gelenk A mit drei Unbekannten und durch die von festen Punkten ausgehenden Stäbe ④, ⑤ und ⑥ mit je einer Unbekannten. Die Anschlußkräfte gehen nicht durch eine gemeinsame Gerade; der Rahmen ist gegen jede allgemeine Belastung unverschieblich festgelegt. Das damit entstandene unverschiebliche Raumwerk kann nun durch weitere Stabanschlüsse erweitert werden, wie es hier z. B. durch die Stäbe ⑦, ⑧, ⑨ mit dem neuen Knoten II gezeigt ist. —

Ein, dem ersten bzw. dem zweiten Bildungsgesetz der Raumfachwerke entsprechendes gemischtes Raumwerk, das aus Balken oder Rahmen und Stäben zusammengefügt ist, muß also so aufgebaut sein, daß von jeweils festen Punkten aus der neue Teil seinen Belastungen entsprechend angeschlossen wird. Bei Stäben bilden drei Stäbe einen neuen Knoten, bei *torsionsfreien* Biegebalken wird der Aufbau genau so vorgenommen wie bei Stäben; Balken und Rahmen *mit* Torsionsbeanspruchungen dagegen müssen durch sechs Fesseln gehalten werden, deren Kraftrichtungen in allgemeiner Lage gegeben sind, vor allem also nicht eine gemeinsame Gerade schneiden.

Für den Anschluß des allgemein belasteten Rahmenteils können als Ausgangspunkte natürlich auch die Knoten eines nach einem anderen als dem ersten Bildungsgesetz aufgebauten unverschieblichen Raumfachwerks dienen. Ebenso können über diesen Rahmenteil hinaus wieder Fachwerke nach einem anderen Bildungsgesetz weitergebaut werden.

Die Ermittlung der Längskräfte und der anderen Beanspruchungsgrößen läßt sich bei solchen Systemen durch den entsprechenden Abbau erreichen, wie dies bei Fachwerken bzw. bei Abb. 443 und 444 gezeigt wurde. In umgekehrter Reihenfolge des Aufbaus werden die einzelnen Bauteile abgeschnitten, die Anschlußkräfte (als Reaktionen allgemein ausgebildeter und belasteter Bauelemente) nach bekannten Verfahren bestimmt und für den mit nunmehr bekannten Kräften belasteten Teil die Beanspruchungsgrößen ermittelt. Das ganze Raumwerk zerfällt damit in eine Reihe von Einzelaufgaben, die nach bereits bekannten Methoden gelöst werden können.

Natürlich können bei solchen Raumwerken in Gemischtbauweise auch Zwischengelenke auftreten, es können auch Balken über einen Knoten hinausragen usw. Die früher bei Balken bzw. Rahmen gemachten Ausführungen können hier entsprechend verwendet werden.

109. Statisch unbestimmte Raumwerke und der Grad der statischen Unbestimmtheit. Das Wesen der statischen Unbestimmtheit ist uns bereits aus früherem bekannt. Im Aufbau und der Lagerung einer Konstruktion sind mehr Unbekannte vorhanden, als der Anzahl der zur Verfügung stehenden Gleichungen — Gleichgewichtsbedingungen *und* zusätzliche Aussagen durch konstruktive Maßnahmen (Gelenke), die auch auf Gleichgewichtsbedingungen beruhen — entspricht. Die statisch unbestimmte Konstruktion läßt sich also nicht mehr durch Gleichgewichtsbetrachtungen allein lösen. Wir können, wie bei den ebenen Gebilden, auch hier wieder unterscheiden zwischen innerlicher und äußerlicher statischer Unbestimmtheit. Innerlich statisch unbestimmt sind solche Gebilde, die nicht nach einem Bildungsgesetz der Raumfachwerke oder, bei allgemeiner Belastung, nicht nach dem Aufbaugesetz der gemischten Raumwerke gebaut sind. Äußere statische Unbestimmtheit ist gekennzeichnet durch überzählige Lagerunbekannte. Sehr häufig wird jedoch ein innerlich bewegliches System (statisch unterbestimmt) durch überzählige Lagerfesseln unverschieblich gemacht, so daß hier die scheinbare äußere statische Unbestimmtheit die innerliche Verschieblichkeit aufhebt; das Gesamtbild wird dadurch statisch bestimmt. Es ist daher zweckmäßig, die innerliche und äußere statische Bestimmtheit stets zusammen als tatsächliche Unbestimmtheit zu prüfen. Den Grad der statischen Unbestimmtheit gibt die Anzahl der Unbekannten an, die über die Zahl der Gleichgewichtsbedingungen und der aus den konstruktiven Maßnahmen hervorgehenden anderen Bedingungen hinausgehen. Es stellt der Grad der statischen Unbestimmtheit also die Anzahl der unbekannten Größen dar, die beseitigt werden müssen, damit das übrige (statisch bestimmte) Gebilde mit statischen Aussagen gelöst werden kann.

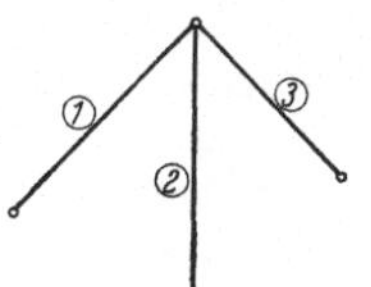

Abb. 446. Räumliches Dreistabsystem mit Kugelgelenk.

Zur Ermittlung des Grades der statischen Unbestimmtheit mögen die folgenden Ausführungen dienen. Die drei Stäbe der Abb. 446 sind infolge der Gelenke gegeneinander beweglich. Zur Festlegung der Stäbe gegeneinander ist die starre Anordnung sowohl von Stab ② als auch von Stab ③ an den Stab ① nötig (Abb. 447), und zwar so, daß sich die beiden Stäbe auch nicht scharnierartig um die Achse des Stabes ① drehen können (durchgehend steife Knoten). Mit dieser Festlegung ist ein allgemein ausgebildeter räumlicher Balken entstanden, der bei beliebiger Belastung mit sechs Fesseln in allgemeiner Lage gegen die Erde festgelegt werden kann (Abb. 448). Der in Abb. 449 gezeichnete Dreibock mit steifem Knotenanschluß und Lagerung in drei Kugelgelenken stellt demnach ein innerlich statisch bestimmtes System dar, die drei Lagergelenke besitzen jedoch zusammen neun Fesseln (je drei Kräfte in der x-, y- und z-Richtung), d. h. der in Abb. 449 gegebene Dreibock ist bei allgemeiner Belastung äußerlich dreifach statisch unbestimmt. Wir können aber auch ausgehen von dem früher betrachteten Dreibock, bei dem die Stäbe gelenkig miteinander verbunden und diese nun in Kugellagern abgestützt sind (Abb. 450). Dieses Gebilde ist statisch bestimmt. Verbindet man nun die Stäbe oben völlig steif miteinander, so kann jeder Stab ein ganz beliebiges Moment aushalten, oder anders ausgedrückt, er kann zwei Biegungsmomente und ein Verdrehungsmoment übertragen; das wären im ganzen neun unbekannte Momentengrößen. Diese neun Größen sind allerdings nicht unabhängig voneinander, da sie an die Bedingung geknüpft sind, daß sie miteinander im Gleichgewicht stehen müssen, daß also an dem Knotenpunkt die Summen der Momente in drei verschiedenen Ebenen verschwinden müssen; es liegen tatsächlich keine neun, sondern nur sechs Unbekannte vor. Hiernach wäre das System sechsfach unbestimmt, während es nach der früheren Überlegung nur dreifach unbestimmt wäre. Der Widerspruch klärt sich aber leicht auf. Das System der Abb. 450 ist tatsächlich für eine allgemeine Belastung nicht bestimmt, sondern nur für eine solche, die keine Verdrehungsmomente auf die Stäbe ausübt; denn der einzelne Stab kann infolge des gelenkigen Anschlusses an seinen Enden keinem verdrehenden Moment standhalten, er dreht sich unter dem Einfluß eines solchen Momentes. Der Dreibock nach Abb. 450 ist also für eine *allgemeine* Belastung (einschließlich Torsionsmoment) dreifach

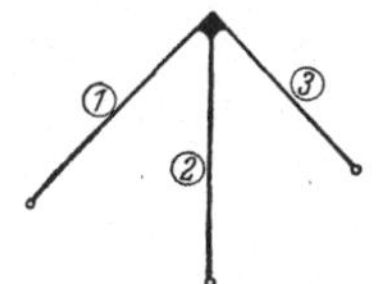

Abb. 447. Räumliches Dreistabsystem mit steifer Verbindung.

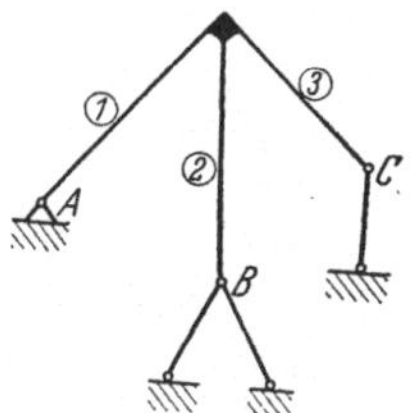

Abb. 448. Bestimmte Lagerung des versteiften Dreibocks.

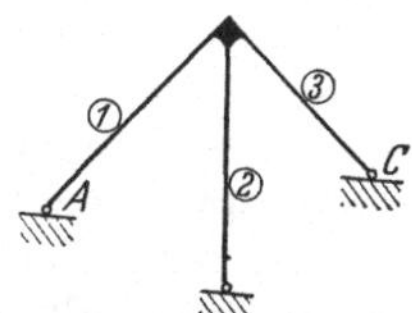

Abb. 449. Unbestimmte Lagerung eines steifen Dreibockes.

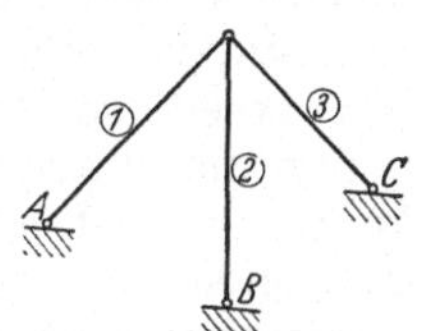

Abb. 450. Dreibock mit lauter Kugelgelenken.

unsicher, dreifach verschieblich; nun kommen durch die Ausbildung eines steifen oberen Knotenpunktes sechs Unbekannte hinzu, so daß der Dreibock nach Abb. 449 im ganzen dreifach unbestimmt ist. Bei dieser Betrachtungsweise kommen wir auf eine innere Unbestimmtheit, nämlich drei unbekannte Momente, während wir nach der ersten Betrachtung eine äußere Unbestimmtheit, nämlich drei unbekannte Auflagerkräfte, erhalten haben.

Wollen wir ein solches dreifach unbestimmtes System statisch bestimmt gestalten, so müssen drei neue Bedingungen, etwa durch Einführung technischer Anordnungen, wie z. B. durch Einfügen von Gelenken, zu den bestehenden Gleichgewichtsbedingungen hinzugefügt werden. —

Um ein unbestimmtes System zu berechnen, muß man es auf ein statisch bestimmtes Grundsystem zurückführen, hier entweder dadurch, daß man von den neun Lagerunbekannten drei fortnimmt, oder aber dadurch, daß man durch Einführung geeigneter Maßnahmen im Inneren der Konstruktion drei Unbekannte fortschafft. Auf das so entstandene bestimmte System wirken dann außer den äußeren Einflüssen auch noch die fortgenommenen Unbekannten (äußere oder innere Einflüsse) ein, die man naturgemäß noch nicht kennt. Es könnten hier z. B. statt dreier fester Kugellager eingeführt werden: ein festes Kugellager, ein einfach bewegliches (zwei Unbekannte) und ein doppelbewegliches (eine Unbekannte) Kugellager nach Abb. 448; oder aber es könnte in einem Stabteil ein Kreuzgelenk mit zwei neuen Gleichungen und im anderen ein Scharnier mit einer neuen Gleichung eingeführt werden. Das statisch bestimmte Grundsystem kann demnach in verschiedener Gestalt auftreten, aber es ist zu berücksichtigen, daß zur Wahl des Grundsystems bestimmte Zweckmäßigkeitsbedingungen bestehen, die man nach Möglichkeit stets befolgen soll. Auf Einzelheiten möge jedoch hier nicht weiter eingegangen werden.

Dem Aufbaugesetz der Gemischtbauweise entsprechend, können wir nach früheren Ausführungen auch hier wieder unterscheiden zwischen Raumwerken aus allgemein belasteten Balken- und Rahmenteilen und solchen, die nur aus torsionsfreien Balken und Stäben zusammengesetzt sind. Die Raumwerke aus geraden torsionsfreien Biegebalken entsprechen in ihrem statisch bestimmten Aufbau ganz den Fachwerken. Ist ein Raumwerk mit nur torsionsfreien Balken infolge steifer Anschlüsse statisch unbestimmt, so ist es dadurch auf ein statisch bestimmtes Grundsystem zurückzuführen, daß man an den steifen Knotenpunkten allgemeine Gelenke (Kugelgelenke) bzw. an den Stäben so viel Gelenke einführt, bis das neue Gebilde einem statisch bestimmten Raumwerk entspricht. Das in einen Biegebalken eingeführte Gelenk beseitigt zwei Unbekannte, da ja das Torsionsmoment voraussetzungsgemäß schon Null war. Ein steifer Knotenpunkt mit k angeschlossenen Balkenteilen wird also bei diesen Raumwerken aus torsionsfreien Biegebalken mit einem allgemeinen, alle Anschlußteile umfassenden Gelenk zum statisch bestimmten Knoten eines fachwerksmäßigen Raumwerks gemacht. Wir beseitigen dabei $(2\,k-3)$ Unbekannte, denn jeder einzelne Biegebalken besitzt im starren Anschluß Biegemomente in zwei Ebenen, für den Gesamtknoten besteht jedoch die Bedingung, daß die Momente für drei verschiedene Ebenen verschwinden müssen. Das *allgemein* belastete Raumwerk (mit Torsionsgliedern) verliert entsprechend, bei der Einführung eines durchgehenden Gelenks an Stelle eines steifen Knotens, in der Anschlußstelle von k Bauteilen $(3\,k-3)$ Unbekannte, da hierbei für jeden einzelnen Anschlußteil noch das Torsionsmoment hinzukommt.

Der in Abb. 450 dargestellte räumliche Dreibock ist bei der Belastung aller Teile (Stäbe oder Biegebalken) mit Kräften, die die Achsen schneiden, statisch bestimmt, das Ausgangsgebilde Abb. 449 demnach durch Einführung des durchgehenden Gelenks an der Knotenstelle der drei Stäbe statisch bestimmt gemacht worden; es war also $(2k-3) =$ dreifach statisch unbestimmt. Bei allgemeiner Belastung wäre, wie oben schon bemerkt, das Gebilde Abb. 450 verschieblich, da jeder einzelne Teil einer Verdrehung gegenüber nachgeben kann; es ist also dreifach verschieblich. Das muß so sein, denn das System der Abb. 449 war dreifach unbestimmt; bei allgemeiner Belastung verschwinden durch das allgemeine Knotengelenk $(3k-3) =$ sechs Unbekannte, also hat das System der Abb. 450 für allgemeine Belastung drei Unbekannte, d. h. drei Fesseln zu wenig.

Die Verschiedenartigkeit der Raumwerke bei diesen beiden Arten der Belastung (allgemeine und solche, die die Achsen schneidet) erklärt sich dadurch, daß durch die Voraussetzung, daß die Teile nicht auf Verdrehung beansprucht werden, schon einige Unbekannte von vornherein fortfallen.

Die statisch begründete Erklärung, daß der in Abb. 449 dargestellte Dreibock dreifach statisch unbestimmt ist, kann auch auf kinematischem Wege sehr leicht bewiesen werden. Die allgemeine Beweglichkeit des Dreistabsystems in sich selbst, die ja bei der Lagerung in drei festen Gelenklagern zur statischen Bestimmtheit notwendig ist, kann dadurch in eine Unverschieblichkeit (entsprechend dem steifen Knoten) verwandelt werden, daß z. B. Stab ③ nach Abb. 451 durch einen Zwischenstab I gegenüber Stab ① in der Ebene beider Stäbe unbeweglich gemacht wird, ebenso Stab ② durch den Zwischenstab II. Beide Stäbe ② und ③ können sich jetzt nur noch um die Stabachse des Stabes 1 gegeneinander drehen. Wird aber auch noch der Zwischenstab III eingezogen, dann ist die Unverschieblichkeit dieser beiden angeschlossenen Stäbe ② und ③ gegeneinander gesichert. Da jeder Zwischenstab nur eine Unbekannte besitzt (Längskraft), ist damit durch drei

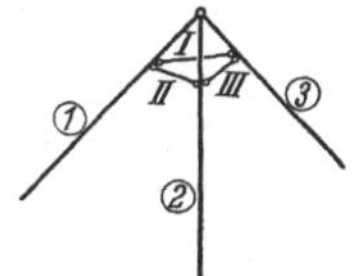

Abb. 451. Unverschiebliches, freies Dreistabsystem.

Unbekannte die Unverschieblichkeit des Knotens festgelegt. Wird dies System in drei festen Kugellagern gestützt, so wird es dreifach statisch unbestimmt; also ist das in drei Kugelgelenken gelagerte Dreibockgerüst mit steifem Knoten dreifach unbestimmt, wie es auch oben durch die statische Aussage schon bewiesen war. —

Ähnlich wie bei den ebenen Gebilden, Nr. 79, können wir auch im Raum verschiedenartig aufgebaute Systeme betrachten. Solange nur Kräfte wirken, die die Stabachse schneiden, die also kein Verdrehungsmoment auslösen, entstehen keine besonderen Schwierigkeiten, aber stets ist Vorsicht geboten, wenn auch Torsionsmomente übertragen werden sollen. So ist beispielsweise (Abb. 452) der in Kugelgelenken befestigte Dreibock, bei dem zwei Stäbe steif miteinander verbunden sind und der dritte durch ein Raumgelenk angeschlossen ist, für Übertragung von Längskräften und Biegungsmomenten fest,

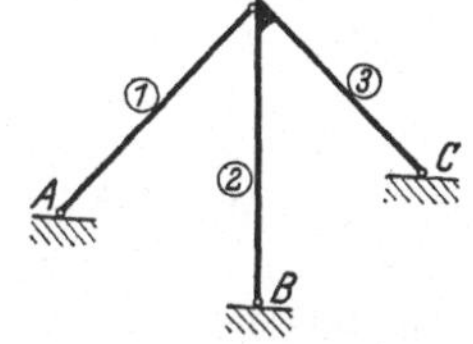

Abb. 452. Unbestimmter Dreibock.

und zwar ist er nicht etwa zweifach, sondern nur einfach statisch unbestimmt (für das Gelenk müssen zwei Biegungsmomente verschwinden); dagegen für ein wirkendes Torsionsmoment auf Stab ① wäre dieser Dreibock nicht mehr fest.

Das in Abb. 453 dargestellte Fachwerk mit zwölf Knotenpunkten wäre statisch bestimmt, wenn alle Stäbe gelenkartig miteinander verbunden wären. Liegen dagegen steife Knotenpunkte vor und werden die Balkenstäbe auch auf Verdrehung beansprucht, so gibt jeder Knoten, an dem k-Stäbe zusammenlaufen, $(3k-3)$ Unbekannte. Wir haben also bei n Knoten eine $n \cdot (3k-3)$-fache Unbestimmtheit. Jeder Stab kommt nun mit je einem Ende an zwei verschiedene Karten vor, die Anzahl der Stabenden ist also $2s = n \cdot k$. Damit beträgt, bei allgemeiner Belastung und überall steifen Knotenanschlüssen, der Grad der Unbestimmtheit $3 \cdot (2s - n)$. Wenn aber keine Torsionsmomente für die einzelnen Stäbe auftreten, dann liegt nur eine $n \cdot (2k - 3)$-fache Unbestimmtheit vor oder eine $(2 \cdot 2s - 3n)$-fache. Werden jedoch im letzten Fall die Streben und die Zwischen-

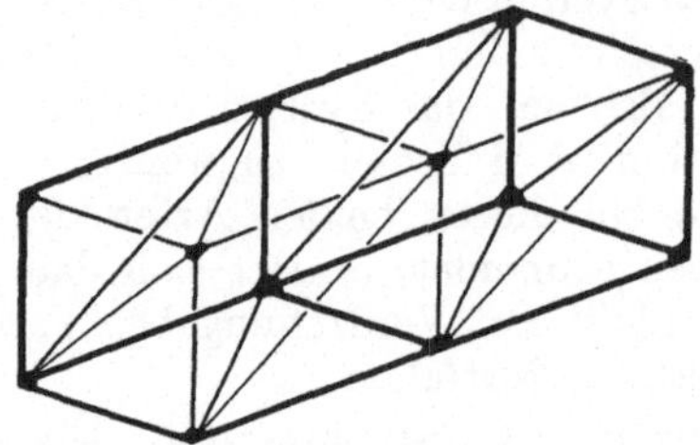

Abb. 453. Räumliches Fachwerk mit steifen Knotenpunkten.

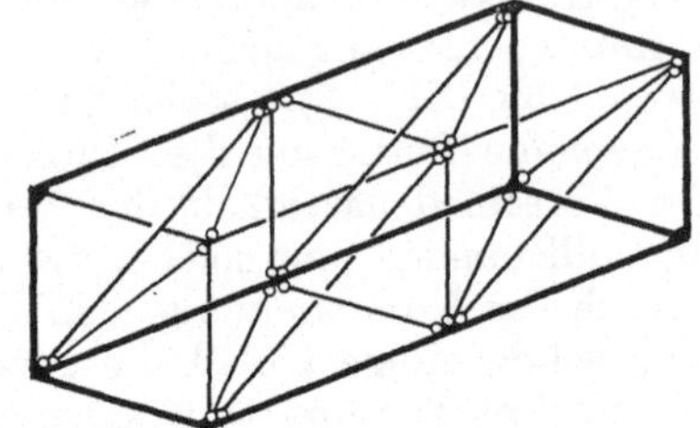

Abb. 454. Räumliches Fachwerk mit steifen und gelenkigen Stabanschlüssen.

pfosten mittels Raumgelenken angeschlossen (Abb. 454), dann würden für die vierzehn Stäbe je zwei Momente, also im ganzen 28 Unbekannte fortfallen. —

Wir sprachen oben von dem statisch unbestimmten Grundsystem, in das ein n-fach unbestimmtes Fachwerk durch Fortnahme von n Unbekannten übergeführt werden kann. Durch geschickte Wahl des Grundsystems kann man es erreichen, daß bei gewissen Belastungen des Raumwerks eine oder mehrere der

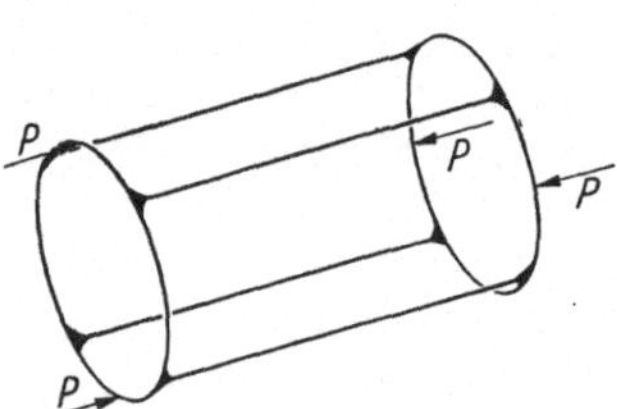

Abb. 455. Statisch unbestimmtes Raumwerk (Verbindung von Spanten durch Längsträger).

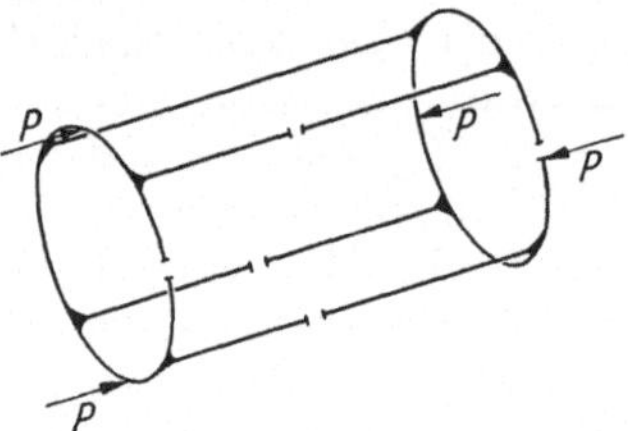

Abb. 456. Das statisch bestimmte Grundsystem zu Abbildung 455.

unbekannten unbestimmten Größen Null werden, wodurch die Berechnung der statisch unbestimmten Größen stark vereinfacht werden kann. Es ist z. B. das in Abb. 455 dargestellte Raumwerk gegenüber *allgemeiner* Belastung 30fach statisch unbestimmt, denn es ist durch die angegebenen Schnitte an fünf Stellen ein allgemein ausgebildeter statisch bestimmter Balken nach Abb. 456 herzustellen. Mit jedem Schnitt werden sechs Unbekannte beseitigt (zwei Biegemomente, ein Torsionsmoment, zwei Querkräfte und eine Längskraft), im ganzen also 30 Unbekannte. Bei der in Abb. 455 gegebenen Belastung ist das System aber nur 21fach statisch unbestimmt. Wenn wir uns die bewirkte Gestaltsänderung des Grundsystems vorstellen, so erkennen wir ohne weiteres, daß bei der vorliegenden Belastung eine Verformung der beiden Endringe (Spanten) in ihrer eigenen Ebene nicht zu erwarten ist, daß also in *dieser* Ebene keine Längskraft, kein Biegemoment und keine Querkraft auftreten, demnach auch nicht durch den Schnitt beseitigt zu werden brauchen. Es bleiben in diesen beiden Schnitten also als Unbekannte nur übrig: die Querkraft, das Biegemoment senkrecht zur Ebene und das Verdrehungsmoment. Des weiteren sehen wir aus den entstehenden Verformungen des Grundsystems, daß in den durchschnittenen Längsgliedern (Streben) keine Verdrehung zu erwarten ist, da durch die beschriebene Verformung der Endringe (keine Verformung in der Ringebene!) keine Torsion eingeleitet werden kann. Damit kommen also in den Spantenschnitten je drei Unbekannte, in den Strebenschnitten je eine Unbekannte, das sind insgesamt $(2 \cdot 3 + 3 \cdot 1) = 9$ Unbekannte in Wegfall, die die 30fache statische Unbestimmtheit des allgemein belasteten Raumsystems auf eine 21fache Unbestimmtheit des speziell belasteten Systems zurückführen.

Sehr deutlich zeigen sich diese Vereinfachungen bei *eben* ausgebildeten Rahmen (auch als Teilgebilde von Raumwerken, wie in Abb. 455). Der in Abb. 457 dargestellte geschlossene ebene Rahmen ist mit seiner *ebenen* Belastung (Momente in der Rahmenebene) innerlich dreifach statisch un-

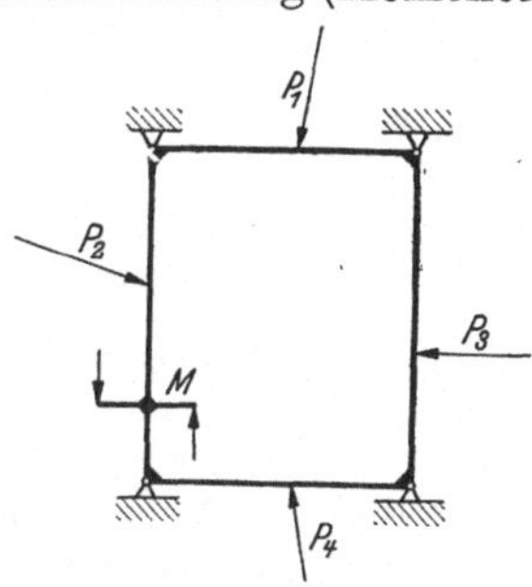

bestimmt. Bei Lagerung in den vier Endpunkten mit räumlichen Gelenklagern sind die senkrecht zur Rahmenebene stehenden Lagerkomponenten als Null zu erkennen, da in dieser Richtung keine Kräfte aufgegeben, also auch keine aufzunehmen sind. Die in der Rahmenebene übrigbleibenden acht Lagerkomponenten bilden eine fünffach statisch unbestimmte Lagerung, so daß das eben ausgebildete und eben belastete System insgesamt achtfach statisch unbestimmt ist. Bei der Belastung des gleichen Rahmens durch Kräfte und Momente *senkrecht* zu seiner Ebene (Abb. 458) ist nicht zu erwarten, daß der Rahmen sich in seiner eigenen Ebene verformt. In einem Schnitt der Rahmen-

Abb. 457. Ebener, aber räumlich gelagerter Rahmen belastet durch Einflüsse in seiner Ebene.

achse wird daher die Längskraft, das Biegemoment und die Querkraft in der Rahmenebene Null werden; der Rahmen ist innerlich nur dreifach unbestimmt. Ebenso verschwinden damit die in der Rahmenebene liegenden Lagerkräfte; es bleiben noch vier übrig, aber drei sind nur nötig. Es besteht also für das ebene Gebilde, das senkrecht zu seiner Ebene belastet ist, eine dreifache innere und eine einfache äußere, d. h. insgesamt eine vierfache statische Unbestimmtheit. Da sich nun jede allgemeine Belastung zerlegen läßt in eine in der Ebene liegende und eine senkrecht dazu stehende (vgl. Nr. 95), müßte die statische Unbestimmtheit des allgemeinen Belastungsfalles als Summe dieser beiden Sonderfälle gegeben, d. h.

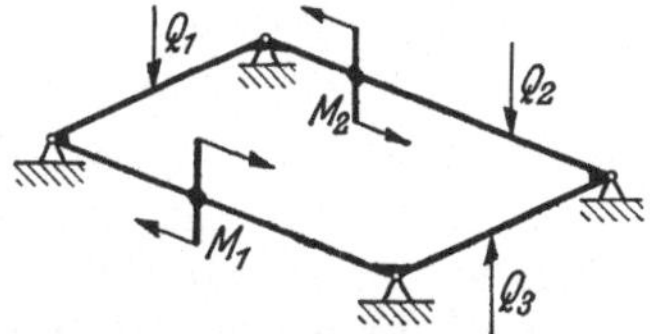

Abb. 458. Derselbe Rahmen belastet durch Einflüsse senkrecht zu seiner Ebene.

der Rahmen zwölffach unbestimmt sein. Dies ergibt sich auch für das allgemein belastete System: es ist innerlich sechsfach unbestimmt, wie das Aufschneiden des Rahmens an einer beliebigen Stelle zeigt; ferner ist es, da mit $4 \cdot 3 = 12$ Lagerfesseln gehalten, äußerlich auch sechsfach unbestimmt. Der allgemein belastete ebene Rahmen ist also innerlich sechsfach und äußerlich sechsfach, insgesamt also zwölffach statisch unbestimmt.

Weitere Vereinfachungen dieser Art bieten die *symmetrisch* aufgebauten Raumwerke. Nach Nr. 97 lassen sich bei allen symmetrischen Gebilden die Lasten stets aufteilen in eine symmetrische und eine gegensymmetrische Belastung. Mit den dort bereits gemachten Feststellungen, daß für den symmetrischen Anteil im Symmetrieschnitt die Längskraft und die Biegemomente und für den gegensymmetrischen Lastanteil die Querkraft und das Torsionsmoment verschwinden, kann durch den Wegfall dieser Größen die Anzahl der auftretenden Unbekannten vermindert werden. So ist z. B. das in Abb. 459 dargestellte ebene Gebilde bei einer allgemeinen Belastung innerlich 18fach statisch unbestimmt, da es durch die in Abb. 460 angegebenen Schnitte a, b und c in einen allgemein (hier eben) ausgebildeten Balken übergeführt werden kann. Die Lagerung in den vier Gelenklagern A, B, C und D ergibt $4 \cdot 3 = 12$ Fesseln, so daß zu der 18fachen inneren

statischen Unbestimmtheit noch eine sechsfache äußere hinzukommt und das
Gesamtgebilde somit 24fach statisch unbestimmt gebaut ist. Da dieses eben
ausgebildete Raumwerk neben seiner ebenen Bauart auch noch sowohl zur Quer-
achse q—q als auch zur Längsachse l—l symmetrisch aufgebaut ist, läßt sich
die Belastung (allgemein eine in der Rahmenebene und eine senkrecht zur Ebene

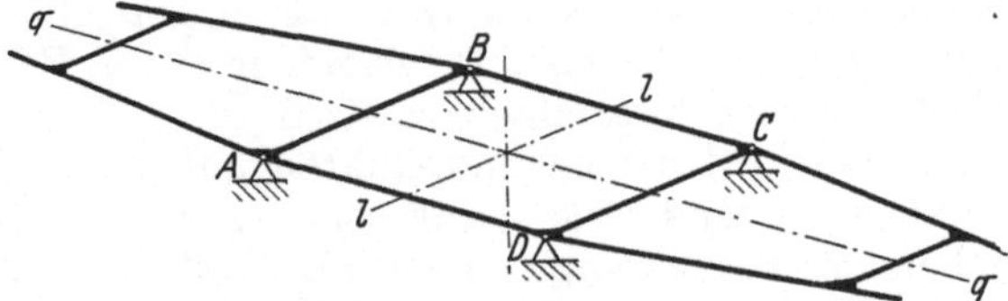

Abb. 459. Vierundzwanzigfach unbestimmter ebener Rahmen mit räumlicher Lagerung.

stehende) umordnen in eine symmetrische und eine gegensymmetrische zu den
beiden Mittellinien. Die vorliegende Doppelsymmetrie läßt eine besonders weitgehende Zurückführung des Grades der statischen Unbestimmtheit erwarten.
Für die Gewinnung des statisch bestimmten Grundsystems ist es natürlich
wichtig, daß die geometrische Symmetrie des Aufbaus nicht gestört wird, d. h.
daß das Grundsystem die gleichen Symmetrien aufweist. Wir werden also die Maßnahmen zur Erreichung der statischen Bestimmtheit nur in den Symmetrielinien

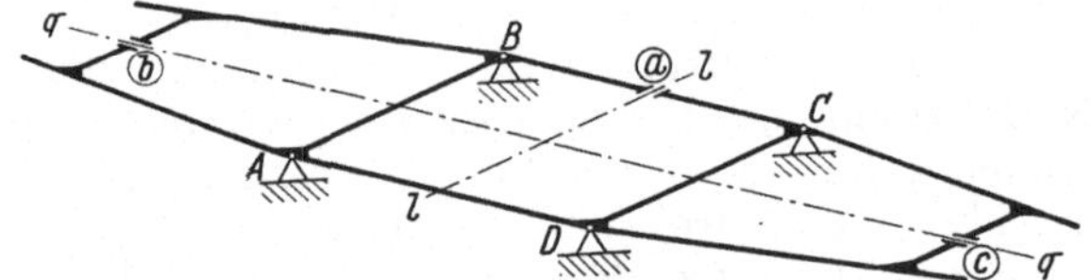

Abb. 460. Ein einfach symmetrisches Grundsystem zu der Konstruktion Abb. 459.

(bzw. -ebenen) anbringen dürfen. Die in Abb. 460 gezeigte Zurückführung auf
ein innerlich statisch bestimmtes Grundsystem durch die drei Schnitte, in denen
dann je sechs unbekannte äußere Beanspruchungen einzuführen wären, wäre
demnach in bezug auf den Schnitt a nicht zweckmäßig, da damit die bauliche
Symmetrie des Rahmens für die Achse q—q gestört wird. Wenden wir den Schnitt
aber trotzdem an (zur Erreichung des Grundsystems), so dürfen wir dann nur
noch von einer Symmetrie zur Achse l—l sprechen, die Symmetrie zur Achse q—q

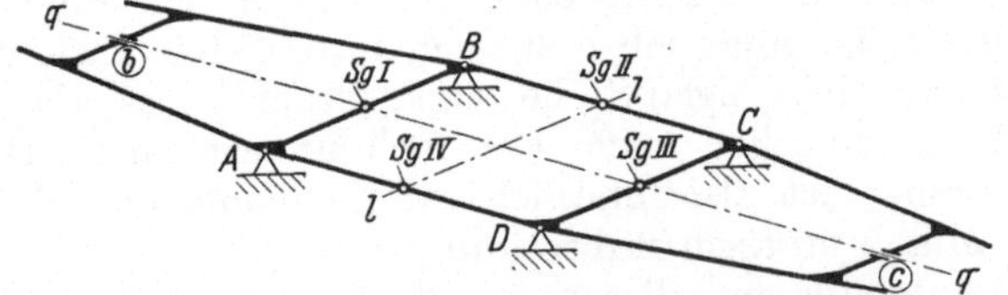

Abb. 461. Ein doppelt symmetrisches Grundsystem zur Konstruktion Abb. 459.

dagegen ist nicht mehr vorhanden. Außer der inneren Unbestimmtheit ist natürlich auch noch die äußere statische Unbestimmtheit, die durch die Lagerung bedingt
ist, fortzuschaffen; es kann etwa geschehen durch geeignete Beweglichmachung
der einzelnen Lager. Es wird auch dabei nicht immer ganz einfach sein, unter Wah-
rung der Symmetrie für beide Achsen, die günstigste Zurückführung zu finden.

Grundsätzlich soll man bei gegebener geometrischer Symmetrie einer statisch
unbestimmten Konstruktion auch die Symmetrie des Grundsystems immer an-
streben und die daraus erwachsenden Vorteile ausnutzen. So wäre für den
gegebenen Rahmen das statisch bestimmte Grundsystem etwa in der Art der
Abb. 461 auszubilden, wobei bei b und c Trennungsschnitte gelegt und in den

Symmetriestellen des mittleren Rahmenteils Gelenke angebracht sind (Sondergelenke I bis IV), die folgendermaßen beschaffen sind: sie übertragen keine Längskraft, kein Torsionsmoment und kein Biegemoment in der Rahmenebene, also in jedem Gelenk fallen gegenüber der festen Verbindung drei Unbekannte fort. Die technische Ausbildung dieses Gelenktyps wäre etwa nach Abb. 462 zu denken. Durch diese vier Sondergelenke I bis IV und die beiden Schnitte b und c ist der ebene Rahmen statisch bestimmt gemacht worden (es sind $4 \cdot 3$ und $2 \cdot 6$, das sind 24 Unbekannte beseitigt worden, ohne eine Verschieblichkeit des Gesamtgebildes zuzulassen). Der statisch unbestimmte gestützte Rahmen kann also als ein von vornherein statisch bestimmter betrachtet werden, auf den außer den vorhandenen Lasten noch an äußeren Einflüssen wirken:

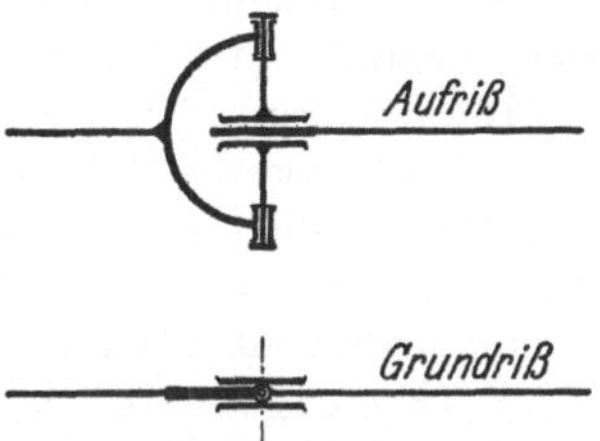

Abb. 462. Darstellung der in Abb. 461 angewandten Gelenke.

in jedem Schnitt sechs Unbekannte (zwei Querkräfte, eine Längskraft, zwei Biegungsmomente, ein Verdrehungsmoment) und in jedem Sondergelenk eine Längskraft, ein Torsionsmoment und ein Biegemoment in der Rahmenebene.

Ist nun der Rahmen nur *senkrecht* zu seiner Rahmenebene belastet, so fallen nach den oben angestellten Betrachtungen in den Schnitten b und c infolge dieser Sonderbelastung je drei Unbekannte heraus (Biegungsmoment in der Rahmenebene, Querkraft in der Rahmenebene und Längskraft), und außerdem verschwindet für jedes Sondergelenk die als unbekannte äußere Kraft eingeführte Längskraft und das Biegungsmoment in der Rahmenebene. Somit wird durch die Besonderheit der Belastung selbst die Anzahl der Unbekannten um vierzehn vermindert, und wir haben nur noch zehnfache Unbestimmtheit. Bei *Belastungssymmetrie* (doppelseitiger) verschwindet weiterhin im Schnitt b und c die Querkraft und das Torsionsmoment, in jedem Sondergelenk das Torsionsmoment, was eine Reduzierung der statisch Unbestimmten um weitere acht Größen bedeutet. Das senkrecht zu seiner Ebene doppelsymmetrisch belastete Rahmengebilde ist also nur noch $(24 - 22) = 2$fach statisch unbestimmt. Die Unbekannten sind die Biegungsmomente senkrecht zur Rahmenebene an den Stellen b und c. Dabei ist noch zu bemerken, daß die beiden Unbekannten einander gleich sind und damit tatsächlich nur eine einfache statische Unbestimmtheit entsteht. Die *gegensymmetrische* Belastung senkrecht zur Rahmenebene läßt hier, außer der Verminderung der Unbekannten durch diese Belastungsart an sich (14), in den beiden Schnitten je ein Biegemoment zu Null werden, das ist Fortfall zweier Unbekannten. Die Querkräfte in b und c sind sich paarweise zahlenmäßig gleich, ebenso die Verdrehungsmomente in den Querschnittstellen und an den Sondergelenken, so daß weitere sechs Unbekannte fortfallen und wir in diesem Sonderfall nur auf eine vierfache statische Unbestimmtheit $(24 - 14 - 6)$ gelangen.

Eine entsprechende Untersuchung läßt sich für die Belastung in der Rahmenebene anstellen. Da sich nun jede allgemeine Belastung aufteilen läßt in eine Teilbelastung senkrecht zur Rahmenebene und eine Teilbelastung in der Rahmenebene, so können die Vorteile der Belastung in der Rahmenebene und diejenigen der Belastung senkrecht zur Rahmenebene ausgenutzt werden.

Es ergeben sich bei weitgehendster Aufteilung des allgemein belasteten Systems nach Abb. 459 folgende vereinfachende Teilzustände:

I. Belastung senkrecht zur Rahmenebene, allgemein zehnfach unbestimmt.

a) Beiderseitig symmetrisch: zweifach statisch unbestimmt bzw. wegen der Gleichheit der Unbekannten (s. v.) nur einfach.

b) Symmetrisch zur Achse q—q, gegensymmetrisch zur Achse l—l: vierfach bzw. zweifach statisch unbestimmt.

c) Beiderseitig gegensymmetrisch: achtfach bzw. vierfach statisch unbestimmt.

d) Gegensymmetrisch zur Achse q—q, symmetrisch zur Achse l—l: sechsfach bzw. dreifach statisch unbestimmt.

II. Belastung in der Rahmenebene, allgemein vierzehnfach unbestimmt.

a) Beiderseitig symmetrisch: zwölffach bzw. sechsfach statisch unbestimmt.

b) Symmetrisch zur Achse q—q, gegensymmetrisch zur Achse l—l: achtfach bzw. vierfach statisch unbestimmt.

c) Beiderseitig gegensymmetrisch: zweifach bzw. einfach statisch unbestimmt.

d) Gegensymmetrisch zur Achse q—q, symmetrisch zur Achse l—l: sechsfach bzw. dreifach statisch unbestimmt.

Eine derartig weitgehende Aufteilung der Belastung wird in der Praxis meist nicht nötig sein, da fast immer irgendwelche Belastungsbeschränkungen gegeben sind. Aber es ist grundsätzlich bei den räumlichen Problemen immer von Vorteil, eine gegebene konstruktive Symmetrie auszunutzen. Das Gesamtbild verliert durch die Lastaufteilung durchaus nichts an Übersichtlichkeit, und wir haben für die Ermittlung der Beanspruchungsgrößen den großen Vorteil einer guten Überwachbarkeit der Rechnung. Weiterhin brauchen wir, wie schon früher erwähnt wurde, nur die Hälfte der gegebenen Konstruktion durchzurechnen (für jeden Teilbelastungszustand), da sich wegen der Symmetrie und Gegensymmetrie die sich ergebenden Beanspruchungsgrößen auf der gegenüberliegenden Seite wiederholen (symmetrisch oder gegensymmetrisch sind).

Die Wahl des statisch bestimmten Grundsystems ist, wie wir bereits früher gesehen haben, in weiten Grenzen willkürlich. Wir können also für eine gegebene statisch unbestimmte Konstruktion verschiedene Grundsysteme wählen, die alle als Ausgangssystem für die statisch unbestimmte Rechnung dienen können, indem auf sie außer den wirklichen Lasten oder äußeren Einflüssen die statisch unbestimmten Größen, das sind die bei der Umformung fortgenommenen Einflüsse, wirken. Dieser freien Wählbarkeit des Grundsystems wird nun vom rein rechentechnischen Standpunkt aus eine Beschränkung auferlegt. Wir sollen nämlich von allen möglichen Grundsystemen dasjenige wählen, das noch die größte Steifigkeit besitzt. Da die Gleichungssysteme zur Errechnung der statisch unbestimmten Größen, die sogenannten „Elastizitätsgleichungen“, auf Formänderungsbetrachtungen aufgebaut sind, werden die Verformungen eines steifen Grundsystems durch die äußeren Lasten klein, die Gleichungen dadurch fehlerunempfindlicher, und für die Lösungsverfahren ergibt sich eine schnellere Ermittlung der gesuchten Größen. Grundsätzlich führt jedoch auch jede andere Wahl des Grundsystems zur Lösung der Unbekannten. Die Suche nach dem möglichst steifen Grundsystem ist also eine vom Zweckmäßigkeitsstandpunkt aus erhobene Forderung, aber keine notwendige Bedingung.

Die Berechnung der statisch unbestimmten Größen selbst gehört nicht in die Statik, da sie, wie schon erwähnt, Kenntnisse über Formänderungen von Körpern voraussetzt, die in der Elastizitätstheorie (Festigkeitslehre) gebracht werden.

Aufgabe über räumliche Gemischtsysteme.

Das in Abb. 463a dargestellte Raumwerk soll bezüglich seiner Beanspruchungsgrößen untersucht werden.

Lösung: Das vorliegende Gemischtsystem besteht aus einem ebenen Rahmen ACB, der mit sechs Stabgebilden an einen festen anderen Konstruktionsteil (Wand) angeschlossen ist. Der Rahmen selbst ist allgemein, d. h. mit Kräften in und senkrecht zu der Rahmenebene, belastet. Außerdem sitzen auf den beiden Stabgebilden ① und ② in der Mitte Lasten, wodurch diese beiden Konstruktionsteile zu Balken, d. h. Biegemomententrägern, werden. Der Rahmen wird entsprechend seiner allgemeinen Belastung alle sechs Einflüsse der räumlich belasteten Rahmen $(\bar{B}_i,\ B_{i\perp},\ \bar{Q}_i,\ Q_{i\perp},\ L_i,\ T_i)$ aufzunehmen haben, während die beiden Balken ① und ② nur in der Vertikalebene biegend beansprucht werden, also nur die Beanspruchungsgrößen der ebenen Belastung $(B_i,\ Q_i,\ L_i)$ aufweisen. Zur Lösung betrachten wir zunächst die beiden Balken ① und ②, und zwar in ihrer Eigenschaft als Balken gegenüber den lotrechten Lasten. Die in der Mitte

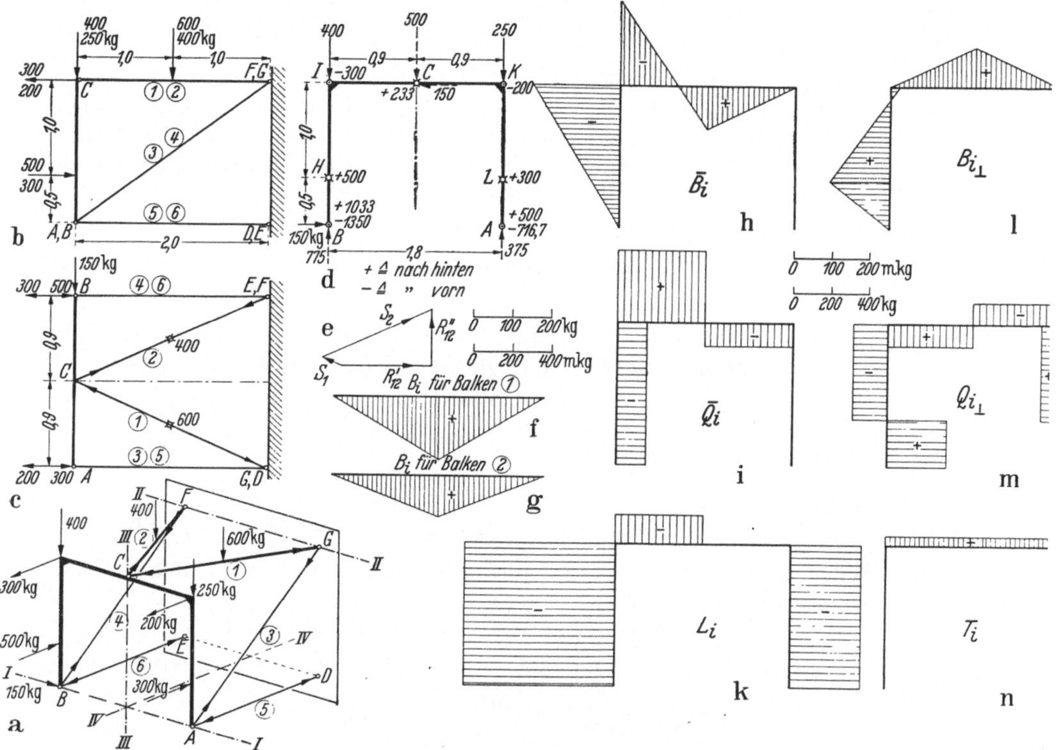

Abb. 463. Übungsbeispiel.

angreifenden Lasten verteilen sich zu gleichen Teilen auf die Endlager; die Momentenflächen dieser Balken sind in Abb. f und g dargestellt. In Richtung des Balkens sind keine Kräfte vorhanden, also entstehen auch durch die eigentliche Balkenbelastung keine Längskräfte in den Balken. Wohl aber sind diese beiden Balken Längskraftträger durch ihre Eigenschaft als stützende Stabgebilde gegenüber dem allgemein belasteten Balken ACB, wie es sich aus den folgenden Betrachtungen ergibt. Es sei noch erwähnt, daß alle eventuell eingeleiteten Achsialkräfte nach den Wandlagern hin abgeleitet werden würden, daß also für einen allgemein belasteten Balken ① oder ② das Wandlager als festes Lager, das am Rahmen angeschlossene „Lager" nur als bewegliches Lager aufzufassen ist. Zur Berechnung der sechs Stabkräfte (wobei auch die in den „Balken" ① und ② übertragenen Längskräfte eingeschlossen sind) nehmen wir die aus den Lasten in der Mitte der Balken ① und ② in Punkt C entstehenden „Aktionen" mit zur Belastung des Rahmens, d. h. auf den durch die sechs „Stäbe" ①, ②, ③, ④,

⑤, ⑥ gehaltenen Rahmen wirkt außer den gegebenen Lasten in C eine weitere Kraft von 500 kg ($=200+300$). Die Stabkräfte errechnen sich durch folgende sechs Gleichgewichtsgleichungen:

Für die Achse AB:

1. $(\sum M)_\mathrm{I} = 0$: $(300 + 500) \cdot 0,5 - (300 + 200) \cdot 1,5 + R'_{12} \cdot 1,5 = 0$.

R'_{12} ist die Komponente der Resultierenden aus S_1 und S_2 in der Richtung senkrecht zum Rahmen (Momentenanteil von R_{12}).

$$R'_{12} = \frac{350}{1,5} = 233,3 \text{ kg.}$$

2. $\sum Y_i = 0$:   ($y =$ Richtung parallel zur Achse I—I)

$$R''_{12} = 150 \text{ kg (nach links gerichtet).}$$

R''_{12} ist die Komponente der Resultierenden R_{12} in der gewählten y-Richtung.

R_{12} und R'_{12} bilden zusammen die Resultierende R_{12} der beiden Stabkräfte S_1 und S_2, die ja in deren Ebene liegen muß; R_{12} läßt sich im Grundriß durch ein Krafteck (Abb. 463e) in die beiden Stabkräfte zerlegen. Wir messen ab:

$$S_1 = - \; 52 \text{ kg (Druck),}$$
$$S_2 = +310 \text{ kg (Zug).}$$

Für Achse FG:

3. $(\sum M)_\mathrm{II} = 0$: $(400 + 500 + 250) \cdot 2,0 + (500 + 300) \cdot 1,0 + (S_5 + S_6) \cdot 1,5 = 0$,

(Für S_5 und S_6 sind dabei zunächst Zugpfeile eingeführt.)

$$(S_5 + S_6) = - \frac{2300 + 800}{2} = -2066,7 \text{ kg.}$$

Für die lotrechte Achse durch C:

4. $(\sum M)_\mathrm{III} = 0$:

$$(200 + 500) \cdot 0,9 - (300 + 300) \cdot 0,9 - (S_{3\,h} - S_{4\,h}) \cdot 0,9 - (S_5 - S_6) \cdot 0,9 = 0 .$$

Zur endgültigen Lösung brauchen wir noch eine Aussage über S_3 und S_4 bzw. ihre Komponenten; es findet sich:

Für die waagerechte Achse in der Mitte zwischen Stab 5 und 6:

5. $(\sum M)_\mathrm{IV} = 0$: $R''_{12} \cdot 1,5 + 400 \cdot 0,9 - 250 \cdot 0,9 + (S_{3,\,v} - S_{4,\,v}) \cdot 0,9 = 0$,

$$(S_{3,\,v} - S_{4,\,v}) = - \frac{360}{0,9} = -400 \text{ kg};$$

außerdem:

6. $\sum V = 0$:

bzw. $\sum Z_i = 0$: $500 + 400 + 250 = S_{3,\,v} + S_{4,\,v}$

$$(S_{3,\,v} + S_{4,\,v}) = 1150 \text{ kg .}$$

Aus Gleichung 6 und 5 ergibt sich:

$$S_{3,\,v} + S_{4,\,v} = 1150$$
$$S_{3,\,v} - S_{4,\,v} = -400$$

$$S_{3,\,v} = +375 \text{ kg,}$$
$$S_{4,\,v} = +775 \text{ kg.}$$

Ferner ist: $S_{3,\,h} = \frac{4}{3} \cdot 375 = 500 \text{ kg,}$

$$S_{4,\,h} = \frac{4}{3} \cdot 775 = 1033,3 \text{ kg.}$$

Der Wert: $S_{3,h} - S_{4,h} = -\dfrac{4}{3} \cdot 400 = -533{,}3$ in Gleichung 4 eingesetzt, liefert:

$$S_5 - S_6 = +\ 633{,}3;$$

dazu
$$S_5 + S_6 = -2066{,}7$$

ergibt
$$S_5 = -\ 716{,}7 \ \text{kg},$$
$$S_6 = -1350 \ \text{kg}.$$

Damit findet sich das in Abb. 463d dargestellte Belastungsbild für den ebenen Rahmen, an dem dann in bekannter Weise die Einflüsse zu ermitteln sind.

Es errechnen sich die Größen zu:

Punkt	B	H	J	C	K	L	A
$\overline{B}_i$	0	-75	-225	$+112{,}5$	0	0	0
$B_{i\perp}$	0	$+158{,}3$	$-25/0$	$+105$	$0/+25$	$108{,}3$	0
T_i	0	0	$0/+25$	25	$+25/0$	0	0

(Q_i und L_i sind die aneinandergereihten Kräfte in der Quer- und Längsrichtung.)

Sachverzeichnis.